시작하는 방법은
말을 멈추고
즉시 행동하는 것이다.

– 월트 디즈니(Walt Disney)

에듀윌
산업안전기사

실기 작업형

차례

PART 01 작업형 출제예상문제

PART 02　작업형 기출문제

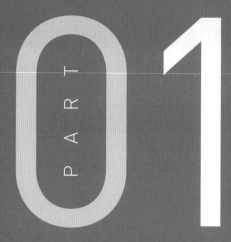

작업형 출제예상문제

▌합격 GUIDE

산업안전기사 실기 작업형 시험은 주어진 동영상을 보고 주관식 답안을 적는 시험으로 5개 분야로 구분됩니다. 출제예상문제 파트에서는 유형별로 시험에 자주 나오는 영상의 상황을 제시하고 영상과 관련된 예상문제를 정리했습니다. 특히 자주 나오는 영상은 애니메이션으로 복원하여 제공하고 있습니다. 출제예상문제를 학습한 후 헷갈렸던 부분 위주로 [작업형 빈출 모음집]을 활용하여 암기하고 기출문제를 회독하면 단기간에 합격점수를 만들 수 있습니다.

핵심유형별로 정리한
최빈출 기출문제

출제예상문제

최빈출 기출문제로 유형 파악

| 학습 FLOW

출제예상문제		10개년 기출문제
최빈출 기출문제로 유형 파악	➡	과년도 기출문제로 반복학습

01 / 기계안전

※ 삽화 및 사진, 애니메이션은 실제 시험 동영상과는 차이가 있습니다.

핵심유형 01 | 롤러기 작업

01 화면을 보고 롤러기의 청소 시 안전작업수칙 3가지를 쓰시오.

▶ 동영상 설명

작업자가 인쇄용 윤전기의 전원을 끄지 않고 롤러를 걸레로 닦고 있다. 체중을 실어서 힘 있게 닦고, 위험하게 맞물리는 지점까지 걸레를 집어넣는 순간 작업자의 장갑이 롤러기 사이에 끼인다.

정답

① 회전기계 취급 시 (말려들기 쉬운)장갑을 착용하지 않는다.
② 점검 · 수리 시 전원 차단 후 작업한다.
③ 롤러기에 방호장치를 설치한다.

02 인쇄윤전기에 설치한 방호장치의 성능을 확인하기 위하여 윤전기 롤러의 표면원주속도를 구하려고 한다. 표면원주속도[m/min]를 구하는 공식을 쓰시오.

정답

표면원주속도: $V = \dfrac{\pi DN}{1,000}$[m/min]

여기서, D: 롤러의 지름[mm], N: 분당회전수[rpm]

03 화면을 보고 작업자 행동의 위험요인 및 안전대책을 각각 2가지씩 쓰시오. 그리고 롤러기에서 발생할 수 있는 위험점의 명칭과 위험점의 발생조건을 쓰시오.

▶ 동영상 설명

작업자가 가동 중인 롤러기의 전원 차단 스위치를 꺼 정지시킨 후 내부 수리를 하던 중 다시 롤러기를 가동시켜 내부의 이물질을 면장갑을 착용한 손으로 제거하다 손이 롤러기에 말려 들어간다.

정답

(1) 위험요인
　① 회전기계 작업 중 (말려들기 쉬운)장갑 착용
　② 점검 전 전원 미차단
　③ 방호장치 미설치
(2) 안전대책
　① 회전기계 취급 시 (말려들기 쉬운)장갑을 착용하지 않는다.
　② 점검·수리 시 전원 차단 후 작업한다.
　③ 롤러기에 방호장치를 설치한다.
(3) 위험점 및 발생조건
　① 위험점: 물림점
　② 발생조건: 회전체가 서로 반대방향으로 맞물려 회전되어야 한다.

04 롤러기의 방호장치(급정지장치)의 종류별 설치 위치를 쓰시오.

정답

① 손조작식: 밑면에서 1.8[m] 이내
② 복부조작식: 밑면에서 0.8[m] 이상 1.1[m] 이내
③ 무릎조작식: 밑면에서 0.6[m] 이내

프레스 작업

01 화면에 나타나는 기계에 유효한 방호장치 2가지를 쓰시오.

▶ **동영상 설명**

작업자가 프레스기로 철판에 구멍을 뚫는 작업 중 철판 위 가루를 털어내다 작동하는 프레스에 손을 다친다. 프레스에는 급정지기구가 설치되지 않았다.

정답

① 가드식 방호장치
② 수인식 방호장치
③ 손쳐내기식 방호장치
④ 양수기동식 방호장치

02 크랭크 프레스로 철판에 구멍을 뚫는 작업을 하고 있다. 이 프레스가 작동 후 작업점까지의 도달시간이 0.6초 걸렸다면 양수기동식 방호장치의 설치거리는 최소 몇 [cm]가 되어야 하는지 쓰시오.

정답

$D_m = 1,600 \times T_m$

여기서, D_m: 안전거리[mm], T_m: 누름버튼을 누른 때부터 사용하는 프레스의 슬라이드가 하사점에 도달하기까지의 소요 최대시간[초]

$D_m = 1,600 \times 0.6[초] = 960[mm] = 96[cm]$

03 화면을 보고 재해의 재발을 방지하기 위하여 페달에 설치해야 하는 장치의 이름을 쓰고, 상형과 하형 사이의 간격을 얼마 이하로 하는 것이 바람직한지 쓰시오.

> ▶ 동영상 설명

프레스로 작업 중인 작업자가 실수로 페달을 밟아 슬라이드가 하강하여 금형 사이에 손이 끼는 재해가 발생한다.

정답
① 설치장치: (U자형)덮개
② 설치간격: 8[mm]

04 화면을 보고 재해 예방을 위해 조치하여야 할 사항 2가지를 쓰시오.

> ▶ 동영상 설명

작업자가 몸을 기울인 채 손으로 프레스의 이물질을 제거하는 작업을 하다가 실수로 페달을 밟아 손이 다치는 재해가 발생한다.

정답
① 이물질 제거 시 수공구(플라이어 등)를 이용한다.
② 프레스를 일시 정지할 때에는 페달에 U자형 덮개를 씌운다.

05 화면을 보고 작업 중 위험요인 3가지를 쓰시오.

> ▶ 동영상 설명

작업자가 크랭크 프레스로 철판에 구멍을 뚫던 중 철판의 바닥을 손으로 만져보며 구멍을 확인한다. 손으로 철판을 털어내다 프레스가 갑자기 작동하며 재해가 발생한다. 프레스에는 방호장치가 설치되어 있지 않고, 페달에는 커버가 부착되어 있지 않다.

정답
① 이물질 제거 시 전용공구(수공구) 미사용
② 청소 전 전원 미차단
③ 프레스 방호장치 및 페달 덮개 미설치

핵심유형 03 둥근톱기계 작업

01 화면을 보고 작업자의 불안전한 행동 3가지를 쓰시오.

▶ 동영상 설명

보호구를 착용하지 않은 작업자가 둥근톱을 이용하여 나무를 자르는 작업을 하고 있다. 작업 중 좌측 둥근톱이 정지되자 면장갑을 낀 손으로 목재 위 파편을 털고 톱날을 만져본다. 반대편 둥근톱은 여전히 작동 중이다.

정답

① 개인 보호구(보안경, 방진마스크 등) 미착용
② (이물질 제거 시)전용공구(수공구) 미사용
③ 점검 전 전원 미차단

02 화면에 나타나는 기계에 고정식 날접촉예방장치(덮개)를 설치하고자 한다. 이때 덮개 하단과 가공재 사이의 간격, 덮개 하단과 테이블 사이의 높이는 각각 얼마로 조정하는지 쓰시오.

> ▶ 동영상 설명
>
> 둥근톱기계의 정면에서 작업자가 나무를 자르고 있다. 작업 중 나무 파편이 튀어 눈을 찌푸리고 있다. 또 다른 곳을 보다가 손가락이 잘린다. 둥근톱기계에는 방호장치가 설치되어 있지 않다.

▎정답

(1) 8[mm] 이하
(2) 25[mm] 이하

최대 8[mm]　최대 25[mm]

03 자율안전확인대상 둥근톱기계의 방호장치와, 자율안전확인대상 연삭기 덮개에 자율안전확인표시 외에 추가로 표시해야 할 사항을 쓰시오.

▎정답

① 둥근톱기계의 방호장치: 반발예방장치, 톱날접촉예방장치
② 표시사항: 숫돌사용 주 속도, 숫돌 회전방향

핵심유형 04 · 선반 작업

01 화면을 보고 안전준수사항을 지키지 않고 작업할 때 일어날 수 있는 재해요인 2가지를 쓰시오.

▶ 동영상 설명

작업자가 선반에서 샌드페이퍼로 작업을 하고 있다. 한손으로 기계를 잡고 다른 손으로 샌드페이퍼를 지지하며 작업 중 곁눈질로 다른 곳을 보고 있다. 회전부에는 덮개가 설치되어 있지 않다.

정답

① 불안정한 작업자세(샌드페이퍼를 손으로 지지)
② 작업에 집중하지 못하고 있음
③ 방호장치(덮개) 미설치

관련 영상

02 화면에 나타나는 재해의 위험점과 그 정의를 쓰시오.

▶ 동영상 설명

작업자가 회전물에 샌드페이퍼를 감고 손으로 지지하여 작업을 하다 장갑을 낀 손이 회전부에 말려 들어가는 재해가 발생한다.

정답

① 위험점: 회전말림점
② 위험점의 정의: 회전하는 물체의 회전부위에 장갑, 작업복 등이 말려드는 위험점

핵심유형 05 드릴 작업

01 드릴 작업 시 안전작업수칙 2가지를 쓰시오.

정답

① 말려들기 쉬운 장갑이나 소매가 넓은 옷은 착용하지 않는다.

② 칩은 전용공구를 사용하여 제거한다.

③ 개인 보호구(보안경 등)를 착용하고 작업한다.

④ 드릴 관통 확인 시 손으로 가공물 바닥을 만지지 않는다.

02 화면을 보고 재해위험요인 2가지를 쓰시오.

> ▶ **동영상 설명**
>
> 면장갑을 착용한 작업자가 드릴 작업 중인 모습을 보여준다. 작업자는 드릴 작업을 하면서 이물질을 입으로 불어 제거하고, 동시에 손으로 제거하려다 회전하는 날에 손을 다친다.

정답

① 전용공구(브러시 등) 미사용
② 청소 전 전원 미차단
③ (말려들기 쉬운)장갑 착용

03 화면을 보고 재해발생원인 2가지를 쓰시오.

> ▶ **동영상 설명**
>
> 보호구를 착용하지 않은 작업자가 드릴 작업을 하고 있다. 손으로 작은 물체를 잡고 구멍을 뚫는데, 물체가 흔들리며 이탈한다.

정답

① 개인 보호구(보안경, 방진마스크 등) 미착용
② 물건을 바이스, 클램프 등으로 고정하지 않음

핵심유형 06 | 연마 작업

01 화면에 나타나는 재해의 기인물과 연마 작업 시 파편이나 칩의 비래에 의한 위험에 대비하기 위해 설치해야 하는 장치명을 쓰시오. 또, 작업 시 숫돌과 가공면과의 각도는 어느 범위가 적당한지 쓰시오.

▶ 동영상 설명

작업자가 탁상용 연삭기를 이용해 연마 작업 중인 모습을 보여준다. 봉강 연마 작업 중 환봉 파편이 튀어 작업자가 눈을 찡그린다.

정답

① 기인물: 탁상용 연삭기

② 장치명: 칩비산방지판

③ 각도: 15~30°

핵심유형 07   용접 작업

01 배관플랜지 용접 작업 중 위험요인 2가지를 쓰시오.

> 정답

① 고열 및 불티에 의한 화재 및 폭발의 위험
② 충전부 접촉에 의한 감전의 위험
③ 용접 흄, 유해가스, 유해광선, 소음, 고열에 의한 건강장해

02 화면을 보고 작업장의 불안전한 요소 3가지를 쓰시오.(단, 작업자의 불안전한 행동은 제외한다.)

> ▶ 동영상 설명

작업자가 가스 용기와 멀리 떨어진 곳에서 용접 작업을 하고 있다. 작업 중 눕혀져 있는 용기에 연결된 호스를 당기다가 호스가 용기와 분리되며 화재가 발생한다. 작업장 바닥에는 여러 자재가 흩어져 있고, 소화기는 보이지 않는다.

> 정답

① 가스용기가 바닥에 눕혀져 있다.
② 소화기를 비치하지 않았다.
③ (용접불티 비산방지덮개, 용접방화포 등)불꽃, 불티 등 비산방지조치가 미흡하다.

03 화면에 나타나는 작업 시 위험요인 3가지를 쓰시오.

> ▶ 동영상 설명

용접용 보호구를 착용한 작업자가 혼자서 피복아크용접을 하고 있다. 주위에 인화성 물질 경고가 붙은 빨간색 드럼통이 보이고, 작업장 바닥이 정돈되어 있지 않다. 한 손으로 용접기를 지탱하고, 다른 손으로 작업봉을 받친 채 용접한다. 용접 중에 발생한 불꽃이 사방으로 튄다.

> 정답

① 작업자 주변에 인화성 물질 방치
② 작업장 정리상태 불량
③ (용접불티 비산방지덮개, 용접방화포 등)불꽃, 불티 등 비산방지조치 미흡

핵심유형 08 　지게차 작업

01 화면에 나타나는 재해발생요인 3가지를 쓰시오.

▶ 동영상 설명

납품시간이 촉박한 지게차 운전자가 급히 물건을 적재(화물을 높게 적재하여 시계 불충분)하여 운반하던 중 통로의 작업자와 충돌한다. 화물은 로프 등으로 결박되지 않았다.

정답

① 물건의 적재불량(과적)으로 인한 운전자의 시야 불충분
② 지게차의 운행 경로상 근로자 출입 미통제
③ 작업지휘자(유도자) 미배치
④ 물건의 불안전한 적재(로프 미사용)

02 지게차의 작업시작 전 점검사항 3가지를 쓰시오.

정답

① 제동장치 및 조종장치 기능의 이상 유무
② 하역장치 및 유압장치 기능의 이상 유무
③ 바퀴의 이상 유무
④ 전조등 · 후미등 · 방향지시기 및 경보장치 기능의 이상 유무

03 화물의 낙하에 의하여 지게차의 운전자에게 위험을 미칠 우려가 있는 경우, 지게차 헤드가드가 갖추어야 하는 조건에 대하여 알맞은 것을 쓰시오.

| 보기 |
① 강도는 지게차의 최대하중의 (　　　)배의 값(4톤을 넘는 값에 대해서는 4톤)의 등분포정하중에 견딜 수 있을 것
② 상부틀의 각 개구의 폭 또는 길이가 (　　　)[cm] 미만일 것

정답
① 2
② 16

04 화면을 보고 다음 물음에 답하시오.

▶ 동영상 설명

작업자가 지게차의 포크를 올리고 시동을 끈 뒤 지게차를 점검 중이다. 갑자기 포크가 하강하여 아래 작업자가 깔리는 사고가 발생한다.

① 화면에서와 같이 지게차의 포크가 올라가 있을 때 지게차 점검 시 어떠한 조치를 해야 하는가?
② 이 장비의 고장원인은 작업시작 전 점검사항 중 어떤 내용을 확인하면 예방할 수 있는가?
③ 가해물은?

정답
① 안전지지대 또는 안전블록을 포크에 받쳐놓고 작업한다.
② 하역장치 및 유압장치 기능의 이상 유무
③ 포크

05 지게차의 안정도를 각각 쓰시오.(단, 지게차는 5톤 미만이다.)

① 하역작업 시 전후 안정도
② 주행 시 전후 안정도
③ 하역작업 시 좌우 안정도
④ 지게차가 5[km/h]의 속도로 주행 시 좌우 안정도

정답

① 4[%] 이내
② 18[%] 이내
③ 6[%] 이내
④ $(15+1.1V)[\%] = 15+1.1 \times 5 = 20.5[\%]$ 이내
　　※ 여기서, V : 구내최고속도[km/h]

06 지게차에 적재된 화물이 현저하게 시계를 방해할 경우 운전자의 조치사항 3가지를 쓰시오.

정답

① 하차하여 주변의 안전을 확인 후 주행한다.
② 유도자를 배치하여 지게차를 유도하고 후진으로 서행한다.
③ 지게차의 이동 상태를 알리는 경적, 경광등을 사용한다.

핵심유형 09 · 컨베이어 작업

01 컨베이어의 작업시작 전 점검사항 4가지를 쓰시오.

> 정답
>
> ① 원동기 및 풀리 기능의 이상 유무
> ② 이탈 등의 방지장치 기능의 이상 유무
> ③ 비상정지장치 기능의 이상 유무
> ④ 원동기 · 회전축 · 기어 및 풀리 등의 덮개 또는 울 등의 이상 유무

02 컨베이어 작업 시 화물의 낙하로 인해 근로자에게 위험이 미칠 경우 설치하는 낙하위험방지장치 2가지를 쓰시오.

> 정답
>
> ① 덮개
> ② 울

03 컨베이어 벨트에서 하역작업 시 위험을 방지하기 위한 방호장치 3가지를 쓰시오.

> 정답
>
> ① 이탈 및 역주행 방지장치
> ② 비상정지장치
> ③ 덮개 또는 울
> ④ 건널다리

04 화면을 보고 컨베이어 벨트 점검 시 재해예방대책 2가지를 쓰시오.

> ▶ 동영상 설명
>
> 작업자가 어두운 장소에서 플래시를 들고 컨베이어 벨트를 점검하는 모습을 보여준다. 잠시 한눈을 판 사이 손이 벨트 사이에 말려 들어간다.

정답

① 점검 전 전원 차단 후 작업한다.
② 비상정지장치를 설치한다.(작업자가 신속히 조작 가능한 위치)
③ 끼임 위험부위에 방호덮개를 설치한다.
④ 작업장에 적정 조도를 유지한다.

05 화면에 나타나는 재해위험요인 2가지와 재해발생 시 조치사항을 쓰시오.

> ▶ 동영상 설명
>
> 작업자가 작동 중인 경사형 컨베이어에 기계 오른쪽의 포대를 컨베이어 벨트 위로 올리고 있다. 작업자 한 명은 경사진 컨베이어 위에 회전하는 벨트 양 끝부분 모서리에 다리를 벌리고 서 있고, 아래 작업자가 포대를 빠르게 컨베이어에 올리던 중 컨베이어 위의 작업자 발에 포대 끝부분이 부딪친다. 작업자가 무게 중심을 잃고 기계 오른쪽으로 쓰러지면서 팔이 기계 하단으로 들어간다.

정답

(1) 재해위험요인
    ① 불안정한 작업자세
    ② 작업발판 미확보
(2) 조치사항: 비상정지장치를 작동하여 기계를 정지시킨다.

06 화면을 보고 작업자의 안전하지 않은 행동 2가지를 쓰시오.

> ▶ 동영상 설명
>
> 작업자가 작동 중인 컨베이어 벨트 끝부분에 발을 딛고 올라서서 불안정한 자세로 형광등을 교체하다 추락한다.

정답

① 불안정한 작업자세(작업발판)
② 작업 전 전원 미차단

핵심유형 10   V벨트, 양수기 작업

V벨트

01 화면을 보고 재해위험요인 3가지를 쓰시오.

▶ 동영상 설명

작업자가 작동 중인 양수기를 점검하고 있다. 맞은편의 작업자와 잡담을 하며 수공구를 던져주던 중 장갑을 낀 손이 벨트에 물려 들어간다.

정답

① 작업 전 전원 미차단
② 작업상태 불량(공구 던지기 등)
③ (말려 들어가기 쉬운)장갑 착용
④ 방호장치(덮개, 울 등) 미설치

02 V벨트 교체 작업 시 안전작업수칙에 대하여 3가지를 쓰시오. 또, 교체 작업 중 풀리와 V벨트 사이에 손이 끼이는 경우 기계설비의 위험점 중 어느 것에 해당하는지 쓰시오.

정답

(1) 안전작업수칙
　　① 작업 시작 전(V벨트 교체 작업 전) 전원 차단
　　② V벨트 교체 작업은 천대 장치 사용
　　③ 보수 작업 중임을 알리는 안내 표지를 부착 후 작업
(2) 위험점: 접선물림점

03 화면을 보고 재해발생원인 2가지와 위험점, 그 정의를 쓰시오.

▶ 동영상 설명

작업자가 장갑을 끼고 양수기를 닦고 있다. 풀리 부분을 닦던 중 벨트와 덮개 사이에 손이 끼인다.

정답

(1) 재해발생원인
　　① 회전기계(부위) 점검 시 장갑 착용
　　② 청소 전 전원 미차단
(2) 위험점: 끼임점
(3) 위험점의 정의: 기계의 고정부분과 회전 또는 직선운동 부분 사이에 형성되는 위험점

핵심유형 11	크레인 작업

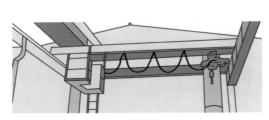

▲ 천장 크레인　　　　　　　　▲ 이동식 크레인

01 화면을 보고 작업 중 위험요인을 쓰시오.

▶ 동영상 설명

이동식 크레인이 배관을 매달고 위쪽으로 인양하는 상황을 보여준다. 신호수가 배관 아래에서 수신호를 실시하고 있으며 보조로프를 설치하지 않고 작업을 하고 있다.

정답

① 위험반경 내 크레인 수신호 실시
② 보조로프(유도로프) 미설치

02 화면을 보고 재해발생형태와 그 정의를 쓰시오.

▶ 동영상 설명

이동식 크레인으로 전주를 옮기던 중 크레인 아래를 지나던 작업자가 흔들리는 전주에 머리를 맞는다.

정답

① 재해발생형태: 맞음(비래)
② 정의: 구조물, 기계 등에 고정되어 있던 물체가 중력, 원심력, 관성력 등에 의하여 고정부에서 이탈하거나 또는 설비 등으로부터 물질이 분출되어 사람을 가해하는 경우

03 화면을 보고 재해유형 및 재해원인 2가지를 쓰시오.

▶ 동영상 설명

크레인(호이스트)을 이용하여 변압기를 트럭에 하역하는 작업을 하던 중 변압기가 떨어져 아래에서 수신호를 하던 작업자가 맞는 재해가 발생한다.

정답

(1) 재해발생형태: 맞음(낙하)
(2) 재해원인
　① 보조로프(유도로프)를 사용하지 않았다.
　② 위험반경 내에서 크레인 수신호를 실시하고 있다.

04 화면을 보고 화물의 낙하 · 비래 위험을 방지하기 위한 조치사항 3가지를 쓰시오.

▶ 동영상 설명

이동식 크레인을 이용하여 배관을 위로 올리는 작업을 하고 있다. 배관 아래의 신호수가 크레인 운전자에게 수신호를 보낸다. 흔들리는 배관에는 유도로프가 보이지 않는다.

정답

① 보조로프(유도로프) 사용
② 작업 전 신호체계 확립
③ 와이어로프 등 체결 상태 점검
④ 낙하 위험구간 근로자 출입 통제

05 이동식 크레인의 방호장치와 작업시작 전 점검사항을 각각 3가지씩 쓰시오.

정답

(1) 방호장치
  ① 권과방지장치
  ② 과부하방지장치
  ③ 비상정지장치
  ④ 제동장치
(2) 작업시작 전 점검사항
  ① 권과방지장치나 그 밖의 경보장치의 기능
  ② 브레이크 · 클러치 및 조정장치의 기능
  ③ 와이어로프가 통하고 있는 곳 및 작업장소의 지반상태

핵심유형 12 　리프트 작업

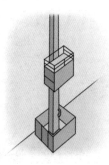
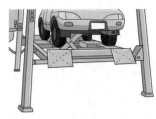

▲ 차량 정비용 리프트

01 리프트를 사용하여 작업할 때 작업시작 전 점검사항 2가지를 쓰시오.

정답
① 방호장치·브레이크 및 클러치의 기능
② 와이어로프가 통하고 있는 곳의 상태

02 화면을 보고 버스 정비 작업 중 안전을 위해 취해야 할 사전 안전조치사항 3가지를 쓰시오. 또한 화면의 작업자가 당한 사고는 기계설비의 위험점 중 어느 것에 해당하는지 쓰시오.

▶ 동영상 설명

시내버스를 정비하기 위하여 차량용 리프트로 차량을 들어 올린 상태에서 한 작업자가 버스 밑에 들어가 샤프트(Shaft) 계통을 점검하고 있다. 그런데 다른 한 사람이 주변 상황을 전혀 살피지 않고 버스에 올라 엔진을 시동하였다. 그 순간 밑에 있던 작업자의 소매가 버스의 회전하는 샤프트에 말려들며 재해가 발생한다.

정답
(1) 안전조치사항
　① 정비 작업 중임을 나타내는 표지판을 설치할 것
　② 작업 과정을 지휘할 작업자를 배치할 것
　③ 기동(시동)장치에 잠금장치를 할 것
　④ 작업 시 운전금지를 위하여 열쇠를 별도 관리할 것
　⑤ 말려 들어갈 위험이 있는 작업복은 착용을 금할 것
(2) 위험점: 회전말림점

핵심유형 13 | 승강기 작업

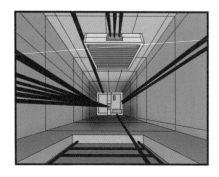 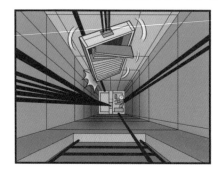

01 화면을 보고 재해발생원인 3가지를 쓰시오.

▶ 동영상 설명

작업자가 승강기 설치 전 피트 내부를 청소하고 있다. 순간 작업발판이 흔들리며 작업자가 추락한다.

정답

① 불안정한 작업발판
② 안전대 및 안전대 부착설비 미사용
③ 추락방호망 미설치

02 피트 점검 작업 시 안전수칙을 쓰시오.

정답

① 작업 중임을 알리는 안내표지 부착 후 작업한다.
② 작업지휘자 배치 후 작업한다.
③ 개인 보호구(안전모, 안전대 등)를 착용한다.

03 화면에 나타나는 위험점과 재해발생형태, 그 발생형태의 정의를 쓰시오.

▶ 동영상 설명

작업자가 모터 벨트 부분에 묻은 기름과 먼지를 걸레로 청소하던 중 벨트와 덮개 사이에 손이 끼인다.

정답

① 위험점: 끼임점
② 재해발생형태: 끼임
③ 재해발생형태의 정의: 두 물체 사이의 움직임에 의하여 일어난 것으로 직선 운동하는 물체 사이의 끼임, 회전부와 고정체 사이의 끼임, 롤러 등 회전체 사이에 물리거나 또는 회전체·돌기부 등에 감긴 경우
※ 작동 중인 모터 벨트와 풀리 사이에 손이 끼이는 경우: 접선물림점

핵심유형 14 **슬라이스 기계 작업**

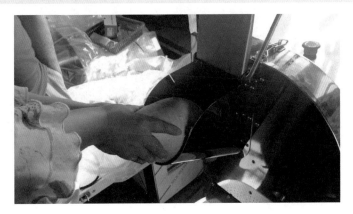

01 슬라이스 기계 중 무채를 썰어내는 부분에서 형성되는 위험점과 그 정의를 쓰시오.

정답

① 위험점: 절단점

② 위험점의 정의: 회전히는 운동부분 자체의 위험이나 운동하는 기계부분 자체의 위험에서 초래되는 위험점

02 슬라이스 작업의 안전예방대책 3가지를 쓰시오.

정답

① 인터록 장치(연동장치) 설치

② 점검 전 전원 차단

③ 슬라이스 부분에 방호장치(덮개) 설치

④ 슬라이스 청소(무채 제거) 시 전용공구(수공구) 사용

03 화면을 보고 기인물과 가해물을 각각 쓰시오.

▶ 동영상 설명

작업자가 무채 슬라이스 기계로 작업 중이다. 기계가 급정지하여 맨손으로 끼인 무를 제거하던 중 기계가 갑자기 작동하며 작업자가 쓰러진다.

정답

(1) 기인물: 무채 슬라이스 기계

(2) 가해물

① 절단되는 경우: 슬라이스 칼날

② 감전되는 경우: 전기(전류)

핵심유형 15 | 배관 작업

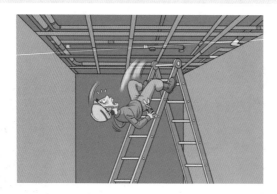

01 화면을 보고 재해위험요인 3가지를 쓰시오.

▶ **동영상 설명**

장갑과 보안경을 착용하지 않은 작업자가 이동식 사다리에 올라가 증기가 흐르는 고소 배관을 점검하고 있다. 양손으로 작업 중 사다리가 흔들리며 작업자가 바닥으로 추락한다.

정답

① 개인 보호구(방열복, 방열장갑 등) 미착용
② 불안정한 작업발판(이동식 사다리 미고정)
③ 불안정한 작업자세

02 화면에 나타나는 재해를 「산업재해 기록·분류에 관한 지침」에 따라 분류할 때 해당되는 재해발생형태를 쓰시오.

▶ **동영상 설명**

작업자가 스팀배관의 보수를 위해 누출부위를 점검하던 중 배관에서 누출된 스팀에 의해 재해가 발생한다.

정답

이상온도 노출·접촉
※ "이상온도 노출·접촉"이라 함은 고·저온 환경 또는 물체에 노출·접촉된 경우를 말한다.

02 / 전기안전

※ 삽화 및 사진, 애니메이션은 실제 시험 동영상과는 차이가 있습니다.

핵심유형 01 　습윤상태(수중펌프)에서의 전기작업

01 작업자가 수중펌프 접속부위에 감전사고를 당했을 경우, 그 원인을 인체의 피부저항과 관련하여 설명하시오.

정답

관련 영상

인체의 피부저항은 물에 젖어 있을 경우 약 $\frac{1}{25}$로 감소하므로 그만큼 통전전류가 커져 감전의 위험이 높아진다.

02 화면에 나타나는 작업과 같이 감전방지용 누전차단기를 설치해야 하는 대상 3가지를 쓰시오.

▶ 동영상 설명

　작업자가 핸드그라인더로 철물을 연삭하는 작업을 하고 있다. 주변에 물이 흥건하고 마지막에는 전선 같은 것이 보인다.

정답

① 대지전압이 150[V]를 초과하는 이동형 또는 휴대형 전기기계 · 기구
② 물 등 도전성이 높은 액체가 있는 습윤장소에서 사용하는 저압용 전기기계 · 기구
③ 철판 · 철골 위 등 도전성이 높은 장소에서 사용하는 이동형 또는 휴대형 전기기계 · 기구
④ 임시배선의 전로가 설치되는 장소에서 사용하는 이동형 또는 휴대형 전기기계 · 기구

03 화면을 보고 재해방지대책 3가지를 쓰시오.

▶ 동영상 설명

　작업자가 단무지 공장 작업장에서 작업을 하고 있다. 무릎 정도 물이 찬 상태에서 펌프를 작동함과 동시에 감전재해가 발생한다.

정답

① 사용 전 수중펌프와 전선 등의 절연상태 점검
② 전원 측에 감전방지용 누전차단기 설치
③ 수중 모터 외함 접지상태 확인

핵심유형 02 　양수기 수리작업

01　화면을 보고 재해발생원인 3가지를 쓰시오.

> ▶ 동영상 설명

작업자가 전원을 차단하지 않은 상태에서 양수기를 수리하던 중 감전을 당하여 쓰러진다. 작업자는 맨손이고, 양수기 주변으로 물 웅덩이가 보인다.

정답

① 점검 전 전원 미차단

② 전원 측에 (감전방지용)누전차단기 미설치

③ 절연용 보호구(절연장갑 등) 미착용

핵심유형 03   습윤상태에서의 전기작업

01 화면을 보고 동종의 재해가 발생하지 않도록 예방조치사항 3가지를 쓰시오.

▶ 동영상 설명

작업자가 습윤상태에서 기계의 모터를 점검하던 중 감전을 당해 쓰러진다.

정답

① 습윤상태(또는 장소)에서 사용하는 전선은 충분한 절연효과가 있는 것을 사용
② 전원 측에 (감전방지용)누전차단기 설치
③ 전선을 접속하는 경우 해당 전선의 절연성능 이상으로 충분히 피복 또는 적합한 접속기구 사용

02 화면을 보고 재해발생형태와 재발방지대책을 쓰시오.

▶ 동영상 설명

작업장 바닥에 물기가 많은 염색작업장에서 작업자가 맨손으로 크레인 수리 작업 중이다. 작업자의 손이 220[V] 전압이 충전된 펜던트스위치 단자부에 접촉된 순간 작업자가 쓰러진다.

정답

(1) 재해발생형태: 감전

(2) 재발방지대책

    ① 수리 전 정전작업 실시

    ② 절연용 보호구(절연장갑 등) 착용

03 화면을 보고 안전대책 2가지를 쓰시오.

▶ 동영상 설명

작업자가 천장 마감재 내부에 설치된 철제 하수배관의 누수부분을 수리작업 중이다. 인근의 충전부가 노출된 220[V] 전등 배선에 작업자의 목 뒷부분이 접촉되는 순간 작업자가 쓰러진다.

정답

① 배선의 절연관리 철저

② 작업 전 주변 위험상황 파악 및 안전조치 실시

| 핵심유형 04 | 배전반(분전반) 작업 |

01 화면을 보고 패널 작업 시 감전방지대책 3가지를 쓰시오.

> ▶ 동영상 설명

작업자가 맨손으로 배전반(분전반) 내부 패널 작업을 하고 있다. 다른 작업자가 개폐기의 전원 버튼을 누르는 순간, 패널 작업을 하던 작업자가 쓰러진다.

정답

① 작업 전 검전기 등을 통한 충전상태 확인
② 작업 전 신호체계 확립 및 작업지휘자에 의한 작업지휘
③ 절연용 보호구(절연장갑 등) 착용

관련 영상

02 화면을 보고 다음 물음에 답하시오.

▶ 동영상 설명

작업자가 1만[V]가 인가된 배전반의 볼트를 조이던 중 깜짝 놀라며 쓰러진다.

(1) 이 작업의 사고유형 및 그 용어에 대하여 설명하시오.
(2) 화면을 참고하여 작업자가 착용해야 할 보호구의 명칭 3가지를 쓰시오.
(3) 이 작업 시 기인물, 가해물을 쓰시오.
(4) 안전수칙 3가지를 쓰시오.

정답

(1) ① 사고유형: 감전
    ② 사고유형의 정의: 인체의 일부 또는 전체에 전류가 흐르는 현상
(2) 보호구: 절연장갑, 절연용 안전모, 절연복, 절연용 고무소매 등
(3) ① 기인물: 배전반
    ② 가해물: 전기(전류)
(4) 안전수칙
    ① 점검 전 정전작업 실시
    ② 절연용 보호구(절연장갑 등) 착용
    ③ 유자격자 외에는 전기기계 및 기구에 전기적인 접촉 금지

핵심유형 05 임시 배전반(분전반) 작업

01 화면을 보고 핵심위험요인 2가지를 쓰시오.

▶ 동영상 설명

작업자가 임시 배전반 앞에서 휴대용 연삭기로 작업을 하고 있다. 다른 작업자가 임시 배전반을 열고 조작하는 모습이 보인 후 연삭 작업을 하던 작업자가 감전된다. 작업자는 안전모를 착용하지 않았고 맨손으로 작업을 하고 있다.

정답

① 절연용 보호구(절연장갑 등) 미착용
② 작업지휘자 미배치
③ 작업 전 정전작업 미실시

핵심유형 06 | **가설전선 점검작업**

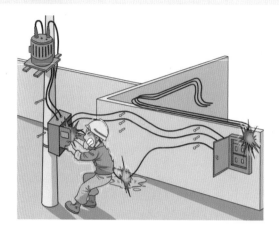

관련 그림

01 화면을 보고 재해발생형태 및 그 정의와 동종 재해의 예방대책 3가지를 쓰시오.

▶ 동영상 설명

도로상 가설전선·이동전선 작업 중 발생한 여러 재해사례를 보여준다. 작업자는 절연장갑을 착용하지 않았고, 전선은 활선상태이다.

정답

⑴ 재해발생형태: 감전

⑵ 재해발생형태의 정의: 인체의 일부 또는 전체에 전류가 흐르는 현상

⑶ 재해예방대책

① 절연용 보호구(절연장갑 등) 착용

② 점검 전 정전작업 실시

③ 전원 측에 (감전방지용)누전차단기 설치

④ 전원을 접속하는 경우 해당 전선의 절연성능 이상으로 충분히 피복 또는 적합한 접속기구 사용

핵심유형 07 사출성형기 금형작업

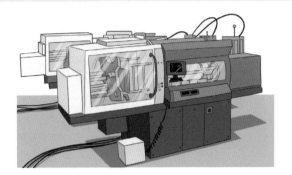

관련 그림

01 사출성형기 V형 금형 작업 중 감전재해가 발생했을 때, 다음 물음에 답하시오.

(1) 화면에서 발생한 감전재해 대책을 쓰시오.

(2) 화면에 나타난 재해에 대하여 기인물을 쓰시오.

정답

관련 영상

(1)

간접접촉(누전)에 의한 감전인 경우	충전부 직접접촉에 의한 감전인 경우
① 전기기계 · 기구 접지 실시	① 정전작업 실시(작업 전 전원 차단)
② 누전차단기 접속 · 사용	② 노출 충전부 방호조치
③ 주기적인 절연저항 측정	③ 절연 보호구 착용

▶ 여러 경우가 출제될 수 있으므로 화면을 보고 두 가지 중 한 가지를 쓰면 된다.

(2) 사출성형기

02 화면과 같은 상황에서 발생할 수 있는 재해의 예방대책 3가지를 쓰시오.

▶ 동영상 설명

작업자가 사출성형기를 점검하던 중 성형기 틈에 끼인 이물질을 잡아당기다 감전된다.

정답

① 점검 전 전원 차단
② 절연용 보호구(절연장갑, 안전모 등) 착용
③ 청소 시 전용공구(수공구) 사용
④ 사출성형기 충전부 방호조치(덮개) 실시

03 화면을 보고 재해발생형태 및 원인을 쓰시오.

▶ 동영상 설명

작업자가 전원을 차단하지 않고 맨손으로 사출성형기 점검을 하던 중 충전부에 접촉하는 순간 쓰러진다.

정답

(1) 재해발생형태: 감전
(2) 재해발생원인
　　① 점검 전 정전작업 미실시
　　② 절연용 보호구(절연장갑 등) 미착용 등

핵심유형 08   **퓨즈 교체 작업**

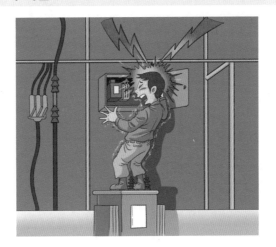

01 전기기계·기구 중 누전에 의한 감전위험을 방지하기 위하여 누전차단기를 접속(설치)하여야 할 조건 3가지를 쓰시오.

정답

① 대지전압이 150[V]를 초과하는 이동형 또는 휴대형 전기기계·기구

② 물 등 도전성이 높은 액체가 있는 습윤장소에서 사용하는 저압용 전기기계·기구

③ 철판·철골 위 등 도전성이 높은 장소에서 사용하는 이동형 또는 휴대형 전기기계·기구

④ 임시배선의 전로가 설치되는 장소에서 사용하는 이동형 또는 휴대형 전기기계·기구

핵심유형 09 　전기 형강 작업

관련 그림

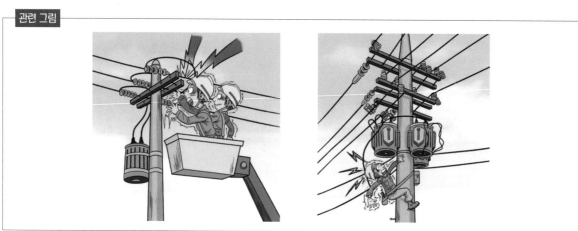

01　화면을 보고 전기 형강 작업 중 위험요인 3가지를 쓰시오.

▶ 동영상 설명

　전주를 아래에서부터 위로 보여주는데 발판용 볼트에 COS(Cut Out Switch)가 임시로 걸쳐 있음이 보인다. 작업자 1명은 변압기 위에 올라가서 볼트를 풀면서 흡연을 하며 작업하고 있고, 다른 작업자 근처에서는 이동식 크레인에 작업대를 매달고 또 다른 작업을 하는 화면을 보여준다.

정답

① 작업자세 및 상태불량 등
② 절연용 보호구 미착용
③ 불안정한 작업발판
④ COS 고정상태 불량
⑤ (크레인 이용 작업 시)이격거리 미준수

관련 영상

02 01에 나타나는 작업에서 재해예방대책 3가지를 쓰시오.

> 정답
>
> ① 작업 중 흡연을 하지 않는다.
> ② 절연용 보호구를 착용한다.
> ③ U자 걸이용 안전대를 착용·부착한다.
> ④ COS 고정상태를 확인한다.
> ⑤ (크레인을 이용한 작업 시)고압선과의 이격거리를 준수한다.

03 전기 형강 작업 시 작업자가 착용해야 할 보호구 2가지를 쓰시오.

> 정답
>
> ① 안전(절연)모(AE종, ABE종)　　② (U자 걸이용)안전대　　③ 안전화
> ④ 절연장갑　　⑤ 활선접근경보기

04 전신주에서 정전 작업(형강 교체 작업) 시 위험요인 2가지를 쓰시오.

> 정답
>
> (1) 감전위험
> 　　① 근접 활선에 대한 감전 위험
> 　　② 개폐기 오조작에 의한 감전 위험
> (2) 기타 위험
> 　　① 추락 위험
> 　　② 낙하·비래물에 의한 하부 작업자의 접촉·충돌 위험

05 정전작업을 완료한 후 조치사항 3가지를 쓰시오.

> 정답
>
> ① 작업기구, 단락 접지기구 등을 제거하고 전기기기 등이 안전하게 통전될 수 있는지를 확인할 것
> ② 모든 작업자가 작업이 완료된 전기기기 등에서 떨어져 있는지를 확인할 것
> ③ 잠금장치와 꼬리표는 설치한 근로자가 직접 철거할 것
> ④ 모든 이상 유무를 확인한 후 전기기기 등의 전원을 투입할 것

핵심유형 10 　변압기 관련 작업

01　화면을 보고 다음 물음에 답하시오.

▶ 동영상 설명

작업자가 변압기의 2차 전압을 측정하기 위해 변전실 밖의 작업자에게 전원을 투입하라는 신호를 보낸다. 측정 완료 후 다시 전원 차단 신호를 보내고 측정기기를 철거하다 감전사고가 발생한다. 변전실 안의 작업자는 보호구를 착용하지 않았다.

(1) 재해원인을 3가지로 분류하여 쓰시오.
(2) 작업자가 착용해야 하는 보호구 2가지를 쓰시오.
(3) 변압기 활선 작업 시 감전사고 예방을 위한 활선 유무 확인방법 3가지를 쓰시오.

정답

관련 영상

(1) 재해원인
　　① 절연용 보호구(절연장갑 등) 미착용
　　② 신호전달체계 불량
　　③ 작업자 안전수칙 미준수(활선 및 정전상태 미확인 후 작업)
(2) 보호구
　　① 절연장갑
　　② 절연화
　　③ 안전모(AE종, ABE종)
　　④ 절연복
(3) 확인방법
　　① 검전기(활선접근경보기)로 확인
　　② 테스터기 활용(지시치 확인)
　　③ 변압기 전로의 전원투입 개폐기 투입상태 확인

02 화면을 보고 다음 물음에 답하시오.

▶ **동영상 설명**

어린이들이 고압변전설비(66,000[V]) 부근에서 공놀이를 하다가 공이 울타리 안쪽에 위치한 변압기 상단의 충전부에 떨어져 공을
주우러 가고 있다.

(1) 예상되는 재해발생형태를 쓰시오.
(2) 재해방지대책 4가지를 쓰시오.

정답

(1) 재해발생형태: 감전
(2) 재해방지대책
　　① 변전실 출입구에 잠금장치 설치
　　② 변전실 전원 차단 후 위험물질(공) 제거
　　③ 근로자에게 전기안전교육 실시
　　④ 관계자 외 출입 금지 표지 설치
　　⑤ 경고표지 부착

핵심유형 11 정전작업

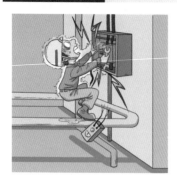

01 정전작업 시의 조치사항 3가지를 쓰시오.

정답

단계	정전작업 시의 조치사항(「안전보건규칙」 제319조)
작업 전(정전절차)	① 전기기기 등에 공급되는 모든 전원을 관련 도면, 배선도 등으로 확인할 것 ② 전원을 차단한 후 각 단로기 등을 개방하고 확인할 것 ③ 차단장치나 단로기 등에 잠금장치 및 꼬리표를 부착할 것 ④ 개로된 전로에서 유도전압 또는 전기에너지가 축적되어 근로자에게 전기위험을 끼칠 수 있는 전기기기 등은 접촉하기 전에 잔류전하를 완전히 방전시킬 것 ⑤ 검전기를 이용하여 작업 대상 기기가 충전되었는지를 확인할 것 ⑥ 전기기기 등이 다른 노출 충전부와의 접촉, 유도 또는 예비동력원의 역송전 등으로 전압이 발생할 우려가 있는 경우에는 충분한 용량을 가진 단락 접지기구를 이용하여 접지할 것
작업 중/종료 후	① 작업기구, 단락 접지기구 등을 제거하고 전기기기 등이 안전하게 통전될 수 있는지를 확인할 것 ② 모든 작업자가 작업이 완료된 전기기기 등에서 떨어져 있는지를 확인할 것 ③ 잠금장치와 꼬리표는 설치한 근로자가 직접 철거할 것 ④ 모든 이상 유무를 확인한 후 전기기기 등의 전원을 투입할 것

02 작업자가 정전상태를 확인하면서 작업할 수 있도록 하기 위한 경보장치는 무엇인지 쓰시오.

정답

활선접근경보기

03 화면을 보고 동종재해방지대책 3가지를 쓰시오.

▶ 동영상 설명

작업자가 MCCB 패널의 문을 열고 스피커를 통해 나오는 지시사항을 정확히 듣지 못한 상태에서 차단기 2개를 쳐다보며 어느 것을 투입할까 고민하다 그중 하나를 투입하여 재해가 발생한다.

정답

① 작업 전 검전기 등을 통한 충전상태 확인

② 작업 전 신호체계 확립

③ 연락 장비(무전기 등) 활용하여 명확한 지시 전달

핵심유형 12 　활선작업

01 활선 작업 시 내재되어 있는 핵심위험요인 3가지를 쓰시오.

정답

① 근접활선(절연용 방호구 미설치)에 대한 감전위험

② 절연용 보호구 착용상태 불량에 따른 감전위험

③ 활선 작업거리 미준수에 따른 감전위험

핵심유형 13　전선로 근접작업

01 고압전선로 인근에서 항타기·항발기 작업 시 안전작업수칙 2가지를 쓰시오.

정답

① 절연용 방호구 설치

② 울타리 설치 또는 감시인 배치

③ 이격거리 확보: 차량 등을 충전부로부터 300[cm] 이상 이격시켜 유지시키되, 대지전압이 50[kV]를 넘는 경우 10[kV]가 증가할 때마다 이 격거리 10[cm]씩 증가

④ 접지된 차량 등이 충전전로와 접촉할 우려가 있는 경우 근로자가 접지점에 접촉하지 않도록 조치

02 화면을 보고 다음 물음에 답하시오.

▶ 동영상 설명

30[kV] 전압이 흐르는 고압선 아래에서 작업 중인 모습을 보여준다. 이동식 크레인에 하물을 매달아 옮기던 중 크레인의 붐대가 전선에 닿아 감전재해가 발생한다.

(1) 크레인을 이용하여 고압선 주변에서 작업할 경우 안전대책 3가지를 쓰시오.
(2) 이 경우 충전전로의 이격거리를 쓰시오.

정답

관련 영상

(1) 안전대책
　① 절연용 방호구 설치
　② 울타리 설치 또는 감시인 배치
　③ 이격거리 확보: 차량 등을 충전부로부터 300[cm] 이상 이격시켜 유지시키되, 대지전압이 50[kV]를 넘는 경우 10[kV]가 증가할 때마다
　　 이격거리 10[cm]씩 증가
　④ 접지된 차량 등이 충전전로와 접촉할 우려가 있는 경우 근로자가 접지점에 접촉하지 않도록 조치
(2) 이격거리: 300[cm]
　충전전로 인근에서의 차량 · 기계장치 작업(「안전보건규칙」 제322조)
　충전전로 인근에서 차량, 기계장치 등(이하 '차량 등')의 작업이 있는 경우에는 차량 등을 충전전로의 충전부로부터 300[cm] 이상 이격시켜
　유지시키되, 대지전압이 50[kV]를 넘는 경우 이격거리는 10[kV] 증가할 때마다 10[cm]씩 증가시킨다. 다만, 차량 등의 높이를 낮춘 상태에
　서 이동하는 경우에는 이격거리를 120[cm] 이상(대지전압이 50[kV]를 넘는 경우에는 10[kV] 증가할 때마다 이격거리를 10[cm]씩 증가)으
　로 할 수 있다.

03 화면을 보고 다음 물음에 답하시오.

▶ 동영상 설명

항타기로 콘크리트 전주 세우기 작업 중 항타기에 고정된 전주가 조금씩 돌아가더니 항타기를 조금 움직이는 순간 전주가 인접 활선전로에 접촉되며 스파크가 발생한다.

(1) 화면에 나타난 재해발생원인을 쓰시오.
(2) 동종재해를 예방하기 위한 대책 중 관리적 대책 3가지를 쓰시오.

정답
(1) 재해발생원인
　① 충전전로에 대한 접근 한계거리 미준수
　② 인접 충전전로에 절연용 방호구 미설치
(2) 관리적 대책
　① 절연용 방호구 설치
　② 울타리 설치 또는 감시인 배치
　③ 이격거리 확보: 차량 등을 충전부로부터 300[cm] 이상 이격시켜 유지시키되, 대지전압이 50[kV]를 넘는 경우 10[kV]가 증가할 때마다 이격거리 10[cm]씩 증가
　④ 접지된 차량 등이 충전전로와 접촉할 우려가 있는 경우 근로자가 접지점에 접촉하지 않도록 조치

04 화면을 보고 재해발생원인 3가지를 쓰시오.

▶ 동영상 설명

이동식 크레인을 이용하여 철근 운반 중 크레인 붐대가 인접한 특고압전선에 접촉되어 철근 다발을 잡고 있던 작업자가 감전된다.

정답
① 충전전로에 절연용 방호구 미설치
② 감시인(신호수 등) 미배치
③ 이격거리 미확보

핵심유형 14 **교류아크용접 작업**

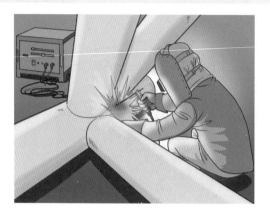

01 교류아크용접 작업 시 재해의 구분에 따라 작업자를 보호하기 위해 착용해야 할 보호구 2가지를 쓰시오.

정답

재해의 구분		보호구
눈	아크에 의한 장애 (가시광선, 적외선, 자외선)	차광보호구(보안경, 보안면)
피부	감전 및 화상	용접용 가죽제품의 장갑, 앞치마, 각반, 안전화
	용접 흄 또는 가스에 의한 재해	방진마스크, 방독마스크, 송기마스크

02 다음 물음에 답하시오.

(1) 교류아크용접기에 부착하는 방호장치를 쓰시오.
(2) 교류아크용접 작업 시 착용하는 보호구 4가지를 쓰시오.

정답
(1) 자동전격방지기
(2) ① 용접용 보안면
　　② 용접용 장갑
　　③ 용접용 앞치마
　　④ 용접용 안전화

핵심유형 15 　폭발성 물질 취급 작업

01 화면과 같이 작업자가 신발에 물을 묻히는 이유와 화재 시 소화방법에 대해 쓰시오.

▶ 동영상 설명

폭발성 물질 저장소에 들어가는 작업자가 신발에 물을 묻히고 있다.

정답

① 신발에 물을 묻히는 이유: 작업화 표면의 대전성 저하로 정전기에 의한 화재 폭발 방지

② 화재 시 소화방법: 다량 주수에 의한 냉각소화

핵심유형 16 **전동 권선기, 카렌더기 작업**

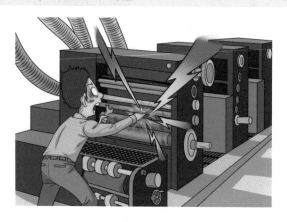

01 화면에 나타난 재해발생형태와 재해발생원인 2가지를 쓰시오.

▶ 동영상 설명

전동 권선기에 동선을 감는 작업 중 기계가 정지한다. 작업자가 기계를 열고 점검하던 중 맨손이 권선기에 닿는 순간 작업자가 깜짝 놀라며 쓰러진다.

정답

(1) 재해발생형태: 감전
(2) 재해발생원인
　① 점검 전 정전작업 미실시
　② 절연용 보호구(절연장갑 등) 미착용

관련 영상

핵심유형 17 · VDT 작업

01 VDT(영상표시단말기) 작업 시 위험요인 3가지를 쓰시오.

정답

① 불편한 자세: 책상 및 컴퓨터의 위치 또는 구조로 인한 불편한 자세 유발

② 반복성: 키보드, 마우스 작업 시 반복작업 발생

③ 정적 자세: 작업 시 정적 자세 발생

④ 접촉 스트레스: 책상 모서리 및 키보드, 마우스 사용 시 접촉 스트레스 발생

02 VDT(영상표시단말기)를 취급하는 작업장 주변 환경의 밝기는 어느 정도의 조도가 적당한지 쓰시오.

정답

① 화면의 바탕 색상이 검정색 계통일 경우: 300[lux] 이상 500[lux] 이하

② 화면의 바탕 색상이 흰색 계통일 경우: 500[lux] 이상 700[lux] 이하

03 VDT 작업 시 올바른 작업자세 3가지를 쓰시오.

정답

① 작업자의 시선은 화면 상단과 눈높이 일치, 시거리 40[cm] 이상 확보할 것
② 위팔은 자연스럽게 늘어뜨리고, 팔꿈치의 내각은 90° 이상이 되도록 할 것
③ 의자 등받이에 작업자의 등이 충분히 지지되도록 할 것
④ 무릎의 내각이 90° 전후가 되도록 할 것
⑤ 작업자의 발바닥 전면이 바닥에 닿도록 하고, 그러지 못할 경우 발 받침대를 조건에 맞는 높이와 각도로 설치할 것

04 화면을 보고 이와 같은 작업자세로 VDT 작업을 장시간 실시할 경우에 올 수 있는 신체이상증상 3가지를 쓰시오.

▶ 동영상 설명

VDT 작업을 하고 있는 작업자가 의자에 엉덩이를 반 정도 걸친 자세로 앉아서 팔이 들린 채로 작업을 하고 있다.

정답

① 장시간 불편한 자세에 의한 요통장애
② 반복작업에 의한 어깨 및 손목 통증
③ 장시간 화면 보기에 의한 시력 저하 및 장애

경추염좌
어깨 건염, 활액낭염
손, 손목 건염
수근관증후근
팔꿈치 외상과염
요통

03 / 화공안전

※ 삽화 및 사진, 애니메이션은 실제 시험 동영상과는 차이가 있습니다.

핵심유형 01 | 유해 · 위험물 취급 작업

01 작업장에서 유해물질을 취급할 경우 작업장 바닥에 해야 할 조치를 쓰시오.

정답

① 작업장 바닥을 불침투성 재료로 마감한다.

② 점화원이 될 수 있는 정전기를 방지할 수 있도록 한다.

③ 청소하기 쉬운 재료로 하여야 한다.

④ 유해물질이 확산되지 않도록 경사를 주거나 높이 15[cm] 이상의 턱을 설치한다.

02 유해물질 취급 시 일반적인 주의사항과 유해물질에 인체가 노출될 경우 인체 흡수 경로를 3가지씩 쓰시오.

정답

(1) 일반적인 주의사항

① 작업시작 전 안전보호구를 착용한다.

② 배기장치의 가동 여부를 확인한다.

③ 후드 개구면 주위에 흡입 방해물이 있는지 확인한다.

④ 약품은 정해진 용도 외에 사용을 금한다.

⑤ 작업장 주위의 점화원을 제거한다.

(2) 인체 흡수 경로

① 피부 및 점막

② 호흡기

③ 구강을 통한 소화기

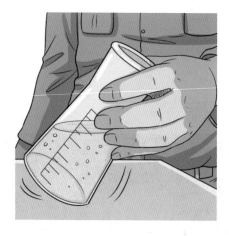

03 작업자가 실험실에서 화학약품을 맨손으로 만지고 있다. 이때 작업자에게 유해물질이 신체로 유입되는 경로 2가지를 쓰시오.

정답

① 피부 및 점막
② 호흡기
③ 구강을 통한 소화기

04 위험물 제조 · 취급 시 화재 및 폭발을 예방하기 위한 일반적인 주의사항 3가지를 쓰시오.

정답

① 위험물 및 그 용기에 전도 및 충격을 금한다.
② 종류가 다른 위험물은 구분하여 별도 보관한다.
③ 위험물 근처에서 불꽃, 담뱃불 등 화기를 금한다.
④ 정전기가 발생하지 않도록 한다.
⑤ 저장소(작업장) 출입 시 규정된 안전수칙을 지킨다.

05 관리대상 유해물질 취급 작업장의 보기 쉬운 장소에 게시 또는 비치하여야 할 사항 3가지를 쓰시오.

정답
① 관리대상 유해물질의 명칭
② 인체에 미치는 영향
③ 취급상 주의사항
④ 착용하여야 할 보호구
⑤ 응급조치와 긴급 방재 요령

핵심유형 02 **화재 예방**

01 화면에서 지게차 운전자의 흡연(담뱃불)에 해당하는 발화원의 형태를 무엇이라고 하는지 쓰시오.

▶ **동영상 설명**

지게차 주유 중 지게차 운전자가 담배를 피우며 주유원과 이야기하고 있다. 이때 지게차는 시동이 걸려 있는 상태이다.

정답

나화

※ 나화: 가연성 가스 등의 물질에 점화할 수 있는 불꽃(담뱃불, 라이터 등)

02 위 화면에 나타난 재해위험요소 2가지를 쓰시오.

정답

① 인화성 물질이 있는 곳에서 담배를 피우고 있다.
② 지게차에 시동이 걸려 있어 임의동작 또는 오동작 위험이 있다.

핵심유형 03   폭발 예방

01 화면에 나타난 재해의 핵심위험요인과 인화성 물질 저장소의 폭발예방방법 3가지를 쓰시오.

▶ 동영상 설명

인화성 물질 드럼통이 세워져 있는 작업장을 보여준다. 작업자가 작은 용기에 있는 것을 큰 용기에 담기 위해 드럼통 뚜껑을 연다. 작업을 잠시 멈추고 옷을 벗는 순간 화재가 발생한다.

정답

(1) 핵심위험요인: 인화성 물질의 증기와 (옷을 벗으며 발생한)정전기가 접촉

(2) 폭발예방방법

   ① 통풍·환기 및 분진 제거 등의 조치를 할 것

   ② (폭발이나 화재를 미리 감지하기 위하여)가스 검지 및 경보 성능을 갖춘 장치를 설치할 것

   ③ 인화성 물질이 담긴 용기의 밀폐를 확실히 하고, 작업자에게 인화성 물질에 대한 안전보건교육을 실시할 것

관련 영상

02 화면에 나타난 재해의 사고유형과 기인물을 쓰시오.

> ▶ 동영상 설명
>
> 어둡고 밀폐된 LPG 저장소에서 작업자가 전등의 전원을 투입하는 순간 '펑'하고 폭발사고가 발생한다.

정답

① 사고유형: 가스누출에 의한 폭발

② 기인물: LPG 저장용기에서 누출된 가스(가연물)

03 LPG 가스에 대한 가스누설감지경보기의 적절한 설치 위치와 경보설정값은 몇 [%]가 적당한지 쓰시오.

정답

① 설치 위치: 바닥에 인접한 낮은 곳에 설치한다.(LPG는 공기보다 무거우므로 가라앉음)

② 경보설정값: 폭발하한계의 25[%] 이하

04 가압상태의 저장용기 내부의 가연성 액체가 대기 중에 누출되어 순간적으로 기화가 일어나 점화원에 의해 발생하는 폭발은 무엇인지 쓰시오.

정답

증기운 폭발(UVCE)

※ 증기운 폭발(UVCE): 가연성의 위험물질이 용기 또는 배관 내에 저장·취급되는 과정에서 지속적으로 누출되면서 대기 중에 구름 형태로 모이게 되어 바람 등의 영향으로 움직이다가 발화원에 의하여 순간적으로 모든 가스가 동시에 폭발하는 현상

05 LPG 용기의 저장장소로 부적절한 곳 3가지를 쓰시오.

> 정답

① 통풍 또는 환기가 불충분한 장소

② 화기를 사용하는 장소 및 그 부근

③ 위험물, 화약류 또는 가연성 물질을 취급하는 장소 및 그 부근

06 화면을 보고 재해안전대책 2가지를 쓰시오.

> ▶ 동영상 설명

작업자가 LNG를 연료로 사용하는 보일러를 사용하기 위해 전원을 켜는 순간 폭발이 발생한다. 보일러 뒤로 LNG 배관에서 누설로 인해 가연성 가스가 체류되고 있는 것이 보인다.

> 정답

① 전기설비 방폭화

② 폭발분위기가 형성되지 않을 정도의 충분한 환기

핵심유형 04 밀폐공간 작업

01 밀폐공간 작업에 대하여 알맞은 것을 쓰시오.

> (1) 밀폐공간에서 작업자가 착용해야 할 보호구를 쓰시오.
> (2) 밀폐공간 작업의 핵심위험요인 3가지를 쓰시오.

관련 영상

정답

(1) 보호구: 공기호흡기, 송기마스크(추락할 우려가 있는 경우 안전대, 구명밧줄)

(2) 핵심위험요인

　① 밀폐공간에서의 산소결핍 위험이 있다.

　② 유독성 가스가 있는 경우 작업자가 질식, 중독의 위험이 있다.

　③ 가연성 가스, 증기 또는 가연성 분진이 존재하는 경우 점화원에 의한 폭발위험이 있다.

02 산소결핍장소란 산소 농도 몇 [%] 미만인가를 쓰고, 밀폐공간에서 위급한 작업자를 구조할 때 구조자가 착용해야 할 보호구를 쓰시오.

정답

① 산소결핍장소: 산소 농도 18[%] 미만

② 구조자가 착용해야 할 보호구: 공기호흡기, 송기마스크

03 밀폐공간 작업 시 관리감독자의 직무 3가지를 쓰시오.

> **정답**
>
> ① 산소가 결핍된 공기나 유해가스에 노출되지 않도록 작업 시작 전에 해당 근로자의 작업을 지휘하는 업무
> ② 작업을 하는 장소의 공기가 적절한지를 작업 시작 전에 측정하는 업무
> ③ 측정장비·환기장치 또는 공기호흡기 또는 송기마스크를 작업 시작 전에 점검하는 업무
> ④ 근로자에게 공기호흡기 또는 송기마스크의 착용을 지도하고 착용 상황을 점검하는 업무

04 적정공기에 대한 설명으로 알맞은 것을 쓰시오.

> 적정공기란 산소 농도의 범위가 (①   )[%] 이상 (②   )[%] 미만, 이산화탄소의 농도가 (③   )[%] 미만, 일산화탄소 농도가 (④   )[ppm] 미만, 황화수소의 농도가 (⑤   )[ppm] 미만인 수준의 공기를 말한다.

> **정답**
>
> ① 18
> ③ 1.5
> ⑤ 10
>
> ② 23.5
> ④ 30

05 산소결핍장소의 안전수칙을 쓰시오.

> **정답**
>
> ① 산소 및 유해가스 농도 측정 후 작업을 시작한다.
> ② 작업 전 및 작업 중에도 계속 환기한다.
> ③ 작업자는 (공기공급식)호흡용 보호구를 착용한다.
> ④ 감시인을 배치하여 작업자와 수시로 연락한다.

06 퍼지 작업의 종류 4가지를 쓰시오.

정답

① 진공퍼지

② 압력퍼지

③ 스위프퍼지

④ 사이폰퍼지

07 퍼지의 목적을 쓰시오.

정답

① 화재 및 폭발사고 방지

② 중독사고 방지

③ 산소결핍에 의한 질식사고 방지

08 화면에 나타나는 장소에 작업자가 들어갈 때 필요한 호흡용 보호구의 종류 2가지를 쓰시오.

▶ 동영상 설명

작업자가 폐수처리조에서 슬러지 제거작업을 하고 있다.

정답

① 공기호흡기
② 송기마스크

09 사업주가 수립·시행해야 하는 밀폐공간 작업 프로그램의 내용 3가지를 쓰시오.(단, 그 밖의 밀폐공간 작업 근로자의 건강장해 예방에 관한 사항은 제외한다.)

정답

① 사업장 내 밀폐공간의 위치 파악 및 관리 방안
② 밀폐공간 내 질식·중독 등을 일으킬 수 있는 유해·위험 요인의 파악 및 관리 방안
③ 밀폐공간 작업 시 사전 확인이 필요한 사항에 대한 확인 절차
④ 안전보건교육 및 훈련

핵심유형 05 **도금작업**

01 도금 작업장 등에 설치하는 국소배기장치 후드의 설치기준을 설명하시오.

정답

① 유해물질이 발생하는 곳마다 설치할 것
② 유해인자 발생형태, 비중, 작업방법 등을 고려하여 해당 분진 등의 발산원을 제어할 수 있는 구조로 설치할 것
③ 후드 형식은 가능한 포위식 또는 부스식 후드를 설치할 것
④ 외부식 또는 리시버식 후드는 해당 분진 등의 발산원에 가장 가까운 위치에 설치할 것

02 화면에 나타나는 위험요소 3가지를 쓰시오.

▶ 동영상 설명

작업자가 크롬 도금 작업을 하고 있다. 담배를 피우며 젖은 손으로 호이스트 팬던트 스위치를 조작하고 있다. 바닥은 쇠망으로 되어 있고 작업자는 고무 장화를 신고 있다.

정답

① 크롬 또는 크롬 화합물 흡입으로 인한 중독발생위험
② 젖은 손으로 팬던트 스위치 조작으로 인한 감전위험
③ 인화성 물질이 존재하는 경우 담뱃불로 인한 화재·폭발위험

03 크롬 또는 크롬 화합물의 흄, 분진, 미스트를 장기간 흡입하여 발생되는 직업병과 그 증상을 쓰시오.

정답
① 직업병: 비중격천공증
② 증상: 콧속 연골(물렁뼈)에 구멍이 뚫림

04 크롬 화합물이 체내에 유입될 수 있는 경로를 쓰시오.

정답
① 피부 및 점막
② 호흡기
③ 구강을 통한 소화기

05 크롬 도금 작업 시 유해물질에 대한 안전수칙 4가지를 쓰시오.

정답
① 국소배기장치 등을 통한 실내환기
② 작업장 격리 또는 작업공정의 은폐
③ 작업 전 적합한 보호구 착용
④ 작업 전 작업장 상태점검 및 작업 후 정리정돈

06 화면을 보고 작업자에게 해당하는 안전을 위한 행동목표 2가지를 쓰시오.

▶ 동영상 설명

작업자가 고무장갑, 고무장화를 착용하고 담배를 피우면서 자동차 부품을 도금한 후 세척하고 있다.

정답

① 점화원을 멀리하여 화재, 폭발을 예방하자.

② 적절한 보호구(불침투성 보호장갑 · 보호장화 등)를 착용하여 유기용제에 의한 중독 등을 예방하자.

07 도금 후 세척조에 시너를 사용할 경우 발생 가능한 재해유형을 쓰시오.

정답

① 화재 또는 폭발로 인한 화상 및 질식 재해

② 유기용제 중독에 의한 재해

핵심유형 06 화학설비 관련 작업

01 특수화학설비 내부의 이상상태를 조기에 파악하기 위하여 설치해야 할 장치 4가지를 쓰시오.

정답
① 온도계
② 유량계
③ 압력계
④ 자동경보장치
※ 계측장치를 묻는 경우: 온도계, 유량계, 압력계
　계측장치 제외하고 묻는 경우: 자동경보장치, 긴급차단장치

04 / 건설안전관리

※ 삽화 및 사진, 애니메이션은 실제 시험 동영상과는 차이가 있습니다.

핵심유형 01 · 비계 작업

01 화면에서와 같이 높이가 2[m] 이상인 작업장소에 적합한 작업발판의 설치기준 3가지를 쓰시오.

▶ **동영상 설명**

건설현장에서 작업자들이 건물 외벽에 쌍줄비계를 설치하고 비계 위에 작업발판을 설치하고 있다.

정답

① 발판재료는 작업할 때의 하중을 견딜 수 있도록 견고한 것으로 할 것

② 작업발판의 폭은 40[cm] 이상으로 하고, 발판재료 간의 틈은 3[cm] 이하로 할 것

③ 작업발판의 지지물은 하중에 의하여 파괴될 우려가 없는 것을 사용할 것

④ 작업발판재료는 뒤집히거나 떨어지지 않도록 둘 이상의 지지물에 연결하거나 고정시킬 것

⑤ 작업발판을 작업에 따라 이동시킬 경우에는 위험 방지에 필요한 조치를 할 것

02 화면을 보고 작업 시 위험요인 2가지와, 이동식 비계 설치 시 준수사항 3가지를 쓰시오.

▶ 동영상 설명

작업자가 이동식 비계 위 목재로 된 작업발판에서 작업하고 있다. 안전난간이 없으며 비계가 흔들리는 모습이 보인다.

정답

(1) 작업 시 위험요인
　① 불안정한 작업발판
　② 안전난간 미설치
　③ 바퀴 미고정(브레이크, 쐐기 등 미사용)
(2) 설치 시 준수사항
　① 바퀴에는 뜻밖의 갑작스러운 이동 또는 전도를 방지하기 위하여 브레이크·쐐기 등으로 바퀴를 고정시킨 다음 비계의 일부를 견고한 시설물에 고정하거나 아웃트리거(Outrigger, 전도방지용 지지대)를 설치하는 등 필요한 조치를 할 것
　② 승강용 사다리는 견고하게 설치할 것
　③ 비계의 최상부에서 작업을 하는 경우에는 안전난간을 설치할 것
　④ 작업발판은 항상 수평을 유지하고 작업발판 위에서 안전난간을 딛고 작업을 하거나 받침대 또는 사다리를 사용하여 작업하지 않도록 할 것
　⑤ 작업발판의 최대적재하중은 250[kg]을 초과하지 않도록 할 것

핵심유형 02　엘리베이터 피트 작업

01 화면을 보고 재해의 발생원인 3가지를 쓰시오.

▶ 동영상 설명

작업자가 엘리베이터 피트 주변에서 작업 중 발을 헛디뎌 피트 단부로 추락한다.

정답

① 피트 내부에 추락방호망 미설치
② 개구부(피트) 단부 안전난간 미설치
③ 안전대 및 안전대 부착설비 미사용

02 화면을 보고 피트에서의 작업 시 안전작업수칙 3가지를 쓰시오.

▶ 동영상 설명

작업자가 피트 뚜껑을 한쪽으로 열어 놓고 불안정한 나무 발판 위에 발을 올려 놓은 상태로 내부를 보고 있다. 왼손으로 뚜껑을 잡고 오른손으로 플래시를 안쪽으로 비추면서 점검하는 중 발이 미끄러지며 재해가 발생한다.

정답

① 피트 내부에 추락방호망 설치
② 피트에 방호장치(안전난간, 울타리 등) 설치
③ 안전대 착용 및 안전대 부착설비 설치

핵심유형 03 **삼각데릭 작업**

01 화면을 보고 인양 작업 중 위험요인 2가지를 쓰시오.

▶ **동영상 설명**

작업자가 눈이 쌓인 작업장에서 삼각데릭을 이용하여 갱폼을 인양하는 작업 중이다.

정답

① 파이프의 아랫부분에만 철사로 고정시켜 무너질 위험이 있다.

② 버팀대가 불안정하다.

③ 작업장의 바닥 상태가 불량하다.

SUBJECT 04

건설안전관리

핵심유형 04 지붕 작업

01 화면을 보고 재해의 발생원인 3가지를 쓰시오.

▶ **동영상 설명**

작업자들이 경사지붕 설치 작업 중 휴식을 취하고 있다. 이때 작업자를 향해 적치되어 있던 자재가 굴러와 작업자가 맞으면서 추락한다. 건물 하부에서 휴식 중인 작업자가 떨어지는 자재에 맞는다.

정답

① 추락 방호망 및 낙하물 방지망 미설치
② 경사지붕 적치상태 불량
③ 안전대 및 안전대 부착설비 미사용
④ 근로자가 낙하 위험 장소에서 휴식
⑤ 낙하 위험구간 출입통제 미실시

핵심유형 05 **이동식 크레인 작업**

01 화면에 나타나는 양중기를 사용하여 작업 시 「산업안전보건법령」에 따른 작업시작 전 점검사항 3가지를 쓰시오.

▶ 동영상 설명

이동식 크레인 붐대 와이어로프로 화물을 매달아 올리는 작업을 보여주고 있다. 와이어로프와 훅, 신호수, 지반의 상태 등 전체적인 작업 장면을 보여준다.

정답

① 권과방지장치나 그 밖의 경보장치의 기능
② 브레이크·클러치 및 조정장치의 기능
③ 와이어로프가 통하고 있는 곳 및 작업장소의 지반상태

02 이동식 크레인의 와이어로프로 화물을 직접 지지하는 경우 와이어로프의 안전계수와 줄걸이용 와이어로프의 적당한 인양 각도는 얼마인지 쓰시오.

정답

① 안전계수: 5 이상
② 각도: 60° 이내

03 화면에서 사용한 장비에 부착하고 유효하게 작동될 수 있도록 미리 조정하여야 하는 방호장치의 종류 3가지를 쓰시오.

> ▶ **동영상 설명**
>
> 이동식 크레인으로 H형강, 강관비계 등을 인양하고 있다.

정답
① 과부하방지장치
② 권과방지장치
③ 비상정지장치
④ 제동장치

04 이동식 크레인의 운전자가 준수해야 할 사항 3가지를 쓰시오.

정답
① 일정한 신호방법을 정하고 신호수의 신호에 따라 작업한다.
② 작업 중 운전석을 이탈하지 않는다.
③ 작업이 끝나면 동력을 차단시키고 정지조치를 확실히 시행한다.
④ 운전석 이탈 시 시동키를 운전대에서 분리시킨다.

핵심유형 06 타워크레인 작업

01 화면에 나타나는 재해위험요인 3가지를 쓰시오.

> ▶ 동영상 설명

타워크레인으로 자재를 운반하는 작업 중이다. 손상된 인양로프와 흔들리는 하물을 보여주고, 이때 신호수는 운반경로 하부에서 수신호를 하고 있다.

정답

① 인양 전 인양로프 미점검
② 보조로프(유도로프) 미사용
③ 신호수가 낙하 위험구간에서 신호실시

02 위와 같은 작업상황에서의 재해방지대책 3가지를 쓰시오.

정답

① 작업 전 인양로프의 손상 유무 및 체결상태 확인
② 보조로프(유도로프) 사용하여 화물의 흔들림 방지
③ 낙하 위험구간에는 근로자 출입금지조치

03 화면을 보고 재해의 발생형태와 그 정의를 쓰시오.

▶ 동영상 설명

타워크레인을 이용하여 자재를 올리던 중 인양로프가 끊어질 것 같아 신호수의 신호에 의해 자재를 내리다가 자재가 흔들리며 작업자의 머리를 친다.

정답

① 재해발생형태: 맞음(비래)

② 정의: 구조물, 기계 등에 고정되어 있던 물체가 중력, 원심력, 관성력 등에 의하여 고정부에서 이탈하거나 또는 설비 등으로부터 물질이 분출되어 사람을 가해하는 경우

※ 영상에 따라 답이 달라질 수 있는 문제입니다.

자재가 추락해서 사람이 맞은 경우: 맞음(낙하)

핵심유형 07 　리프트 작업

01　화면에 나타나는 양중기의 작업시작 전 점검사항 2가지를 쓰시오.

▶ 동영상 설명

아파트 건설 현장에서 건설용 리프트가 운행 중인 모습을 보여준다.

정답

① 방호장치 · 브레이크 및 클러치의 기능
② 와이어로프가 통하고 있는 곳의 상태

핵심유형 08 | 항타기·항발기 작업

01 화면에 나타나는 작업 시 안전작업수칙 3가지를 쓰시오.

▶ 동영상 설명

항타기·항발기가 작업 중이며 인근에 고압전선로가 있다.

정답

① 절연용 방호구 설치

② 울타리 설치 또는 감시인 배치

③ 이격거리 확보: 차량 등을 충전부로부터 300[cm] 이상 이격시켜 유지시키되, 대지전압이 50[kV]를 넘는 경우 10[kV]가 증가할 때마다 이격거리 10[cm]씩 증가

④ 접지된 차량 등이 충전전로와 접촉할 우려가 있는 경우 근로자가 접지점에 접촉하지 않도록 조치

02 항타기 또는 항발기를 조립하거나 해체하는 경우 점검해야 할 사항 3가지를 쓰시오.

> **정답**
>
> ① 본체 연결부의 풀림 또는 손상의 유무
>
> ② 권상용 와이어로프·드럼 및 도르래의 부착상태의 이상 유무
>
> ③ 권상장치의 브레이크 및 쐐기장치 기능의 이상 유무
>
> ④ 권상기의 설치상태의 이상 유무
>
> ⑤ 리더(leader)의 버팀 방법 및 고정상태의 이상 유무
>
> ⑥ 본체·부속장치 및 부속품의 강도가 적합한지 여부
>
> ⑦ 본체·부속장치 및 부속품에 심한 손상·마모·변형 또는 부식이 있는지 여부

03 다음은 항타기 또는 항발기의 조립 작업 시 도르래의 위치에 관한 법적 기준이다. 알맞은 것을 쓰시오.

> 권상장치의 드럼축과 권상장치로부터 첫 번째 도르래의 축 간의 거리를 권상장치 드럼폭의 (①) 이상으로 하여야 하고, 도르래는 권상장치의 드럼 (②)을 지나야 하며 축과 (③) 상에 있어야 한다.

> **정답**
>
> ① 15배
>
> ② 중심
>
> ③ 수직면

04 항타기 또는 항발기에 사용되는 권상용 와이어로프의 안전계수와, 인양하는 말뚝의 최대사용하중이 2[ton]일 때의 와이어로프의 절단하중은 몇 [ton] 이상이어야 하는지를 각각 쓰시오.

정답

① 5 이상

② 10[ton]

안전계수 $= \dfrac{절단하중}{최대사용하중}$, 즉 절단하중 $=$ 안전계수 $\times$ 최대사용하중이다.

따라서 절단하중 $= 5 \times 2 = 10[ton]$ 이상이어야 한다.

핵심유형 09 해체작업

01 화면에 나타나는 작업 시 작업계획서에 포함되어야 하는 사항 3가지를 쓰시오.(단, 그 밖에 안전·보건에 관련된 사항은 제외한다.)

▶ 동영상 설명

압쇄기를 이용한 건물 해체작업을 보여준다.

정답
① 해체의 방법 및 해체 순서도면
② 가설설비·방호설비·환기설비 및 살수·방화설비 등의 방법
③ 사업장 내 연락방법
④ 해체물의 처분계획
⑤ 해체작업용 기계·기구 등의 작업계획서
⑥ 해체작업용 화약류 등의 사용계획서

02 화면에 나타나는 작업 시 안전대책 3가지를 쓰시오.

▶ 동영상 설명

철제 해머 또는 압쇄기를 이용한 건물 해체작업이 진행되고 있다.

정답

① 작업구역 내에는 관계자 외 출입 금지
② 강풍, 폭우, 폭설 등 악천후 시 작업중지
③ 작업자 상호 간 신호규정 준수
④ 적정한 위치에 대피소 설치

핵심유형 10 철골 작업

01 화면에 나타나는 작업 시 작업을 중지해야 하는 조건 3가지를 쓰시오.

▶ 동영상 설명

건설 현장에서 철골기둥 및 철골보를 조립하고 있다.

정답

① 풍속이 초당 10[m] 이상인 경우
② 강우량이 시간당 1[mm] 이상인 경우
③ 강설량이 시간당 1[cm] 이상인 경우

02 화면에 나타나는 작업 시 위험요인 및 안전대책을 각각 2가지씩 쓰시오.

▶ 동영상 설명

안전대를 착용하지 않은 작업자가 공장 지붕 패널 설치 작업 중이다. 주변에는 이동전선 등이 널려있다.

정답

(1) 위험요인

　① 안전대 부착설비 미설치 및 안전대 미착용

　② 추락방호망 미설치

　③ 작업장 정리 상태 불량

(2) 안전대책

　① 안전대 부착설비에 안전대 걸고 작업

　② 작업장 하부에 추락방호망 설치

　③ (걸려 넘어질 우려가 있는)이동전선 등 정리 후 작업

SUBJECT 04

건설안전관리

핵심유형 11 교량 작업

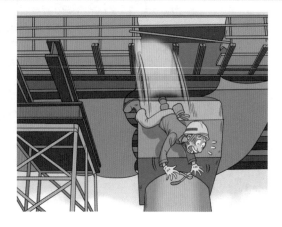

01 화면을 보고 재해발생원인 3가지를 쓰시오.

▶ 동영상 설명

안전대를 착용하지 않은 작업자가 교량 하부 점검 작업 중에 추락한다. 교량에는 추락방지 시설물이나 작업발판이 설치되어 있지 않다.

정답

① 작업발판 미설치
② 안전대 및 안전대 부착설비 미사용
③ 추락방호망 미설치

02 위와 같은 상황에서 작업발판을 설치할 경우 발판의 폭과 발판재료 간의 틈의 기준을 쓰시오.

정답

① 작업발판의 폭: 40[cm] 이상
② 발판재료 간의 틈: 3[cm] 이하

핵심유형 12 **터널 작업**

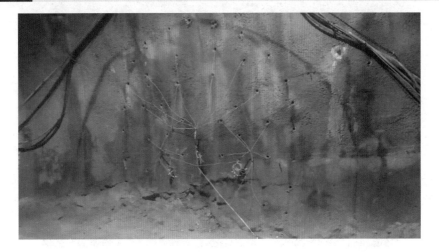

01 화면과 같이 발파를 위한 폭약을 장전할 때 장전구의 사용기준을 쓰시오.

> ▶ 동영상 설명
>
> 작업자들이 터널 굴착을 위한 막장면 발파를 준비하고 있다.

> 정답

장전구는 마찰·충격·정전기 등에 의한 폭발이 발생할 위험이 없는 안전한 것을 사용하여야 한다.

02 발파 작업 후 낙반의 위험을 방지하기 위한 부석의 유무 또는 불발화약의 유무를 확인하기 위해 발파 작업장에 접근할 수 있는 시간은 발파 후 몇 분이 경과한 후인지 쓰시오.

> 정답

① 전기뇌관의 경우: 5분 이상
② 전기뇌관 외의 것인 경우: 15분 이상

03 화면에 나타나는 재해를 방지하기 위해 필요한 조치사항 2가지를 쓰시오.

▶ 동영상 설명

터널 건설 작업 중 낙반에 의한 재해를 보여주고 있다.

정답

① 터널 지보공 설치
② 록볼트 설치
③ 부석의 제거

04 터널 굴착 작업 시 작업계획서에 포함되어야 할 사항 3가지를 쓰시오.

정답

① 굴착의 방법

② 터널 지보공 및 복공의 시공방법과 용수의 처리방법

③ 환기 또는 조명시설을 설치할 때에는 그 방법

05 발파 작업 시 사용하는 발파공의 충진재료로 적당한 것을 쓰시오.

정답

점토 · 모래 등 발화성 또는 인화성의 위험이 없는 재료

06 화면에 나타난 작업 시 공사의 안전성 및 설계의 타당성 판단 등을 확인하기 위해 실시하는 계측의 종류 3가지를 쓰시오.

▶ 동영상 설명

NATM 공법에 의한 터널 굴착 작업을 보여준다.

정답

① 내공변위 측정
② 천단침하 측정
③ 지중, 지표 침하 측정
④ 록볼트 축력 측정
⑤ 뿜어붙이기 콘크리트 응력 측정

07 터널 건설공사 시 인화성 가스가 존재하여 폭발 또는 화재가 발생할 위험이 있을 때 인화성 가스 농도의 이상 상승을 조기에 파악하기 위해 설치해야 하는 장치와 그 장치에 대하여 작업시작 전 점검해야 하는 사항 3가지를 쓰시오.

정답

⑴ 설치장치: 자동경보장치
⑵ 점검사항
 ① 계기의 이상 유무
 ② 검지부의 이상 유무
 ③ 경보장치의 작동상태

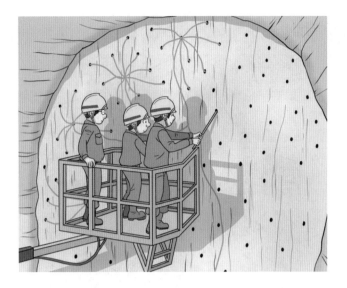

08 화면에 나타나는 작업 시 근로자가 준수해야 할 사항 3가지를 쓰시오.

▶ 동영상 설명

화약을 활용하여 터널 굴착을 위한 발파 작업을 준비하고 있다.

정답

① 얼어붙은 다이나마이트는 화기에 접근시키거나 그 밖의 고열물에 직접 접촉시키는 등 위험한 방법으로 융해되지 않도록 할 것

② 화약이나 폭약 장전 시 그 부근에서 화기 사용이나 흡연 금지

③ 장전구는 마찰·충격·정전기 등에 의한 폭발의 위험이 없는 것 사용

④ 발파공의 충진재료는 발화성 또는 인화성 위험이 없는 재료 사용

핵심유형 13 **전주 작업**

01 화면에 나타나는 재해발생원인 2가지를 쓰시오.

▶ 동영상 설명

작업자가 안전대를 착용하지 않은 상태에서 전주에 오르다가 장애물에 머리를 부딪혀 추락한다.

정답

① 통행에 방해되는 장애물을 이설하지 않았다.
② 머리 위의 시야 확보를 소홀히 하였다.
③ 안전대를 착용하지 않았다.

05 / 보호장구

※ 삽화 및 사진, 애니메이션은 실제 시험 동영상과는 차이가 있습니다.

핵심유형 01 안전모

01 화면에 나타나는 재해의 가해물과 전기를 취급하는 작업을 할 때 착용하여야 할 안전모의 종류를 쓰시오.

▶ 동영상 설명

전주를 옮기는 작업을 하던 중 작업자의 머리가 전주에 부딪힌다.

정답

① 가해물: 전주
② 안전모의 종류: AE종, ABE종

02 다음 보호구의 각부의 명칭을 쓰시오.

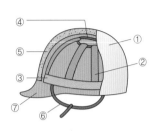

번호	각부 명칭	
①	(㉠)	
②	착장체	(㉡)
③		(㉢)
④		(㉣)
⑤	(㉤)	
⑥	(㉥)	
⑦	챙(차양)	

정답
㉠ 모체
㉡ 머리받침끈
㉢ 머리고정대
㉣ 머리받침고리
㉤ 충격흡수재
㉥ 턱끈

03 안전모의 시험성능기준 항목 6가지를 쓰시오.

정답
① 내관통성
② 충격흡수성
③ 내전압성
④ 내수성
⑤ 난연성
⑥ 턱끈풀림

핵심유형 02 **안전화**

01 가죽제 안전화의 성능기준 항목 3가지를 쓰시오.

정답

① 내압박성 ② 내답발성
③ 내부식성 ④ 내충격성
⑤ 내유성 ⑥ 박리저항

02 물체의 낙하, 충격 또는 날카로운 물체에 의한 찔림 위험으로부터 발을 보호하고 내수성을 겸한 안전화의 종류는 무엇인지 쓰시오.

정답

고무제 안전화

03 화면을 보고 작업자가 착용한 안전화의 사용장소에 따른 구분을 쓰시오.

▶ 동영상 설명

도금 작업장에서 작업자가 불침투성 보호복, 방독마스크, 고무장갑, 고무제 안전화 등을 착용하고 작업 중이다.

정답

① 일반용
② 내유용
※ 일반용은 일반작업장, 내유용은 탄화수소류 윤활유 등을 취급하는 작업장에서 사용한다.

핵심유형 03	안전대

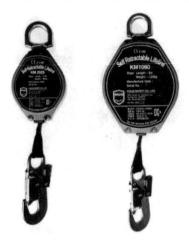

01 화면에 나타나는 보호구 부품의 명칭과 이것이 부착된 안전대의 구조를 쓰시오.

▶ 동영상 설명

안전대 부품의 한 종류인 안전블록을 보여준다.

정답

(1) 명칭: 안전블록

(2) 안전대의 구조

① 안전블록을 부착하여 사용하는 안전대는 신체지지의 방법으로 안전그네만을 사용할 것

② 안전블록은 정격 사용 길이가 명시될 것

③ 안전블록의 줄은 합성섬유로프, 웨빙(webbing), 와이어로프이어야 하며, 와이어로프인 경우 최소지름이 4[mm] 이상일 것

02 안전블록의 정의를 쓰시오.

정답

안전그네와 연결하여 추락발생 시 추락을 억제할 수 있는 자동잠김장치가 갖추어져 있고 죔줄이 자동적으로 수축되는 장치

03 화면에 나타나는 작업 시 작업자가 착용하는 안전대의 명칭은 무엇인지 쓰시오.

▶ 동영상 설명

작업자가 안전대를 착용하고 전주 작업을 실시하고 있다.

정답

U자 걸이용 안전대

핵심유형 04 방열복

01 화면에 나타나는 방열복의 종류별 무게기준을 쓰시오.

> ▶ 동영상 설명

방열복 상·하의, 일체형 방열복, 방열장갑, 방열두건을 차례로 보여준다.

정답
① 방열상의: 3.0[kg] 이하
② 방열하의: 2.0[kg] 이하
③ 방열일체복: 4.3[kg] 이하
④ 방열장갑: 0.5[kg] 이하
⑤ 방열두건: 2.0[kg] 이하

02 방열복 내열원단의 시험성능기준 항목 3가지를 쓰시오.

정답
① 난연성
② 절연저항
③ 인장강도
④ 내열성
⑤ 내한성

핵심유형 05 | **보호복, 보호장갑 등**

01 화면에 나타나는 작업 시 작업자가 착용하여야 할 보호구의 종류 3가지를 쓰시오.

▶ 동영상 설명

작업자가 방진마스크를 착용한 상태에서 평상복을 입고 맨손으로 브레이크 라이닝의 이물질 제거 및 세척 작업을 하고 있다.

정답

① 보안경
② 불침투성 보호복
③ 불침투성 보호장화
④ 불침투성 보호장갑
⑤ 유기화합물용 방독마스크

02 화면에 나타나는 작업 중 건강장해 예방을 위하여 작업자가 착용하여야 할 보호구의 종류 3가지를 쓰시오.

▶ 동영상 설명

도금작업이 진행 중이며 작업자가 작업 도중 내용물을 꺼내어 표면의 상태를 확인하고 냄새를 맡는다. 작업자는 고무장갑과 고무장화를 착용하고 있다.

정답

① 불침투성 보호복
② 유기화합물용 방독마스크
③ 보안경

핵심유형 06   보안경

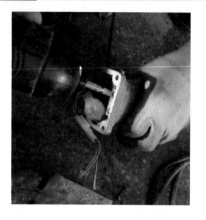 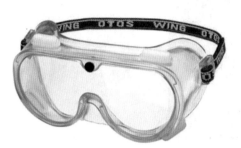

01 화면에 나타나는 작업을 할 때 착용하여야 할 보호구의 종류 3가지를 쓰시오.

▶ 동영상 설명

작업자가 전기드릴을 이용하여 금속제의 구멍을 넓히는 작업을 하고 있다.

정답
① 보안경
② 방진마스크
③ 말려 들어갈 위험이 없는 장갑

02 유해광선에 의한 시력장해의 우려가 있는 장소에서 근로자가 작업을 할 때 착용하여야 하는 보호구는 무엇인지 쓰시오.

정답
차광보안경

핵심유형 07   용접용 보안면

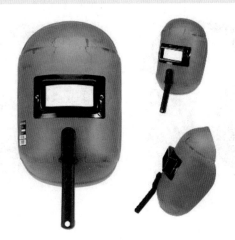

01   용접용 보안면의 성능기준 항목 5가지를 쓰시오.

정답

① 절연시험
② 내식성
③ 굴절력
④ 투과율
⑤ 내충격성
⑥ 내노후성

핵심유형 08 귀마개, 귀덮개

01 강렬한 소음이 발생되는 장소에서 작업자가 반드시 착용해야 할 보호구의 명칭과 기호를 쓰시오.

▶ 동영상 설명

헤드폰처럼 생긴 모양의 보호구를 보여주고 있다.

정답
① 명칭: 귀덮개
② 기호: EM

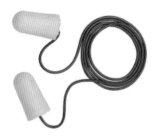

02 방음보호구 중 귀마개의 등급에 따른 기호와 각각의 성능을 쓰시오.

정답

등급	기호	성능
1종	EP-1	저음부터 고음까지 차음하는 것
2종	EP-2	주로 고음을 차음하고 저음(회화음영역)은 차음하지 않는 것

※ 방음용 귀마개 또는 귀덮개의 종류와 등급: 귀마개 1종(EP-1), 귀마개 2종(EP-2), 귀덮개(EM)

핵심유형 09 　방진마스크

 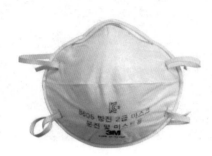 

01 방진마스크의 일반구조 3가지를 쓰시오.

정답

① 착용 시 이상한 압박감이나 고통을 주지 않을 것

② 전면형은 호흡 시에 투시부가 흐려지지 않을 것

③ 분리식 마스크에 있어서는 여과재, 흡기밸브, 배기밸브 및 머리끈을 쉽게 교환할 수 있고 착용자 자신이 안면과 분리식 마스크의 안면부와의
　밀착성 여부를 수시로 확인할 수 있어야 할 것

④ 안면부여과식 마스크는 여과재로 된 안면부가 사용기간 중 심하게 변형되지 않을 것

⑤ 안면부여과식 마스크는 여과재를 안면에 밀착시킬 수 있어야 할 것

SUBJECT 05

보호장구

02 화면에 나타나는 작업 시 안전한 작업을 위해 취하여야 할 작업방법을 쓰시오.

> ▶ 동영상 설명

천장의 석면을 해체하는 작업자들을 보여준다. 작업장에 석면이 날리고 있고 한 작업자는 용기에 주변 바닥으로 흩어진 석면을 빗자루로 쓸어 담고 있다.

> 정답

① 호흡용 보호구(방진마스크 등) 착용
② 국소배기장치 설치 및 작업 중 가동
③ (석면이 흩날리지 않도록)적정 습도 유지

03 일반 마스크를 착용하고 석면 작업을 하는 경우 석면분진 폭로 위험성에 노출되어 직업성 질환으로 이환될 우려가 있다. 그 이유를 상세히 설명하고, 장기간 폭로 시 어떤 종류의 직업병이 발생할 위험이 있는지 3가지를 쓰시오.

> 정답

(1) 이유: 해당 작업자가 착용한 마스크는 방진마스크가 아니기 때문에 석면분진이 흡입될 수 있다.

(2) 발생 가능한 직업병: ① 폐암 ② 석면폐증 ③ 악성중피종

※ 석면해체·제거작업에 근로자를 종사하도록 하는 경우 방진마스크(특등급), 고글형 보호안경, 신체를 감싸는 보호복, 보호장갑 및 보호신발 등을 착용하도록 하여야 한다.

핵심유형 10　송기마스크

01　화면과 같이 산소결핍장소 또는 가스·증기·분진 흡입 등에 의한 근로자의 건강장해가 예상되는 장소에서 작업 시 사용하여야 하는 호흡용 보호구는 무엇인지 쓰시오.

▶ 동영상 설명

산소 농도가 18[%] 미만인 장기간 밀폐된 강재의 보일러 또는 탱크 내부로 작업자가 청소 작업을 위해 들어가고 있다.

정답

① 공기호흡기
② 송기마스크

02 밀폐공간에서 작업 시 안전수칙 3가지를 쓰시오.

정답

① 산소 및 유해가스 농도 측정 후 작업을 시작한다.

② 작업 전 및 작업 중에도 계속 환기한다.

③ 작업자는 (공기공급식)호흡용 보호구를 착용한다.

④ 감시인을 배치하여 작업자와 수시로 연락한다.

핵심유형 11 방독마스크

01 화면에 나타나는 작업 시 작업자가 착용해야 하는 보호구의 종류 3가지를 쓰시오.

▶ **동영상 설명**

작업자가 무색의 암모니아 냄새가 나는 수용성 액체인 유해물질 DMF(디메틸포름아미드) 취급 작업을 하고 있다.

정답

① 유기화합물용 방독마스크
② 보안경
③ 불침투성 보호복
④ 불침투성 보호장갑
⑤ 불침투성 보호장화

02 다음과 같이 정화통 색이 녹색인 방독마스크에 대하여 알맞은 것을 쓰시오.(단, 정화통의 문자 표기는 무시한다.)

① 방독마스크의 종류를 쓰시오.

② 방독마스크의 정화통 흡수제 1가지를 쓰시오.

③ 시험가스 농도가 0.5[%], 파과농도가 25[ppm](±20[%])일 때 파과시간을 쓰시오.

정답

① 암모니아용 방독마스크

② 큐프라마이트

③ 40분 이상

03 화면에 나타나는 방독마스크의 종류와 정화통(흡수관)의 주성분은 무엇인지 쓰시오. 또한 파과시간이 20분일 때 방독마스크의 파과농도는 몇 [ppm]인지 쓰시오.

▶ 동영상 설명

노란색 정화통과 방독마스크를 보여주고 있다.

정답

① 종류: 아황산용 방독마스크

② 주성분: 산화금속, 알칼리제재

③ 파과농도: 5[ppm]

04 화면을 보고 작업자가 착용한 방독마스크의 흡수제의 종류 2가지를 쓰시오.

> ▶ 동영상 설명

작업자가 페인트 도장 작업을 실시하고 있으며 유기화합물용 방독마스크를 착용하고 있다.

> 정답

① 활성탄
② 소다라임
③ 알칼리제재

05 화면에 나타나는 보호구의 성능기준 3가지를 쓰시오.

> ▶ 동영상 설명

격리식 전면형 방독마스크와 6가지의 정화통 색상 등을 차례로 보여준다.

> 정답

① 안면부 흡기저항
② 정화통의 제독능력
③ 안면부 배기저항
④ 안면부 누설률
⑤ 강도, 신장률 및 영구변형률
⑥ 정화통 질량(여과재가 있는 경우 포함)
⑦ 정화통 호흡저항
⑧ 안면부 내부의 이산화탄소 농도

06 다음 방독마스크에 대하여 알맞은 것을 쓰시오.(단, 정화통의 문자 표기는 무시한다.)

> ① 방독마스크의 종류를 쓰시오.
> ② 방독마스크 정화통의 주요성분을 쓰시오.
> ③ 방독마스크 정화통의 시험가스 종류를 쓰시오.

정답

① 할로겐용 방독마스크
② 활성탄, 소다라임
③ 염소가스

참고자료

[방독마스크의 정화통 외부측면의 표시 색]

종류	표시 색
유기화합물용 정화통	갈색
할로겐용 정화통	회색
황화수소용 정화통	회색
시안화수소용 정화통	
아황산용 정화통	노란색
암모니아용 정화통	녹색
복합용 및 겸용의 정화통	복합용의 경우 해당가스 모두 표시(2층 분리) 겸용의 경우 백색과 해당가스 모두 표시(2층 분리)

※ 방독마스크 정화통을 기호로 구분하는 것은 삭제되었음

[방독마스크의 등급 및 사용 장소]

등급	사용장소
고농도	가스 또는 증기의 농도가 100분의 2(암모니아에 있어서는 100분의 3) 이하의 대기 중에서 사용하는 것
중농도	가스 또는 증기의 농도가 100분의 1(암모니아에 있어서는 100분의 1.5) 이하의 대기 중에서 사용하는 것
저농도 및 최저농도	가스 또는 증기의 농도가 100분의 0.1 이하의 대기 중에서 사용하는 것으로서 긴급용이 아닌 것

비고 : 방독마스크는 산소 농도가 18[%] 이상인 장소에서 사용하여야 하고, 고농도와 중농도에서 사용하는 방독마스크는 전면형(격리식, 직결식)을 사용해야 함

대부분의 사람은 마음먹은 만큼 행복하다.

– 에이브러햄 링컨(Abraham Lincoln)

10개년
작업형 기출문제

❙합격 GUIDE

산업안전기사 작업형 시험은 문제에서 요구하는 답안을 정확하게 작성하는 것이 중요합니다. 문제의 절반 이상은 동영상을 보지 않고도 풀 수 있는 문제가 나오기 때문에 영상을 보기 전 출제의도를 정확히 파악한 후, 영상을 보고 문제를 푸는 연습을 하는 것이 좋습니다. 또한 답안의 수, 단위와 같은 기본적인 사항을 꼭 지켜서 부분점수를 잃는 일이 없도록 해야 합니다. 특히 2020년에는 코로나 19의 영향으로 작업형 시험이 여러번 실시되며 신출문제가 많이 나왔으므로 두 번 이상 회독하는 것이 좋습니다.

최신 법 개정을 반영한
10개년 기출문제

2023년 1회 기출문제

1부

#법령 #작업시작 전 점검사항 #프레스

01 프레스를 사용하여 작업을 할 때 작업시작 전 점검사항 4가지를 쓰시오. (6점)

정답

① 클러치 및 브레이크의 기능

② 크랭크축·플라이휠·슬라이드·연결봉 및 연결 나사의 풀림 여부

③ 1행정 1정지기구·급정지장치 및 비상정지장치의 기능

④ 슬라이드 또는 칼날에 의한 위험방지 기구의 기능

⑤ 프레스의 금형 및 고정볼트 상태

⑥ 방호장치의 기능

⑦ 전단기의 칼날 및 테이블의 상태

#재해위험요인 #해체작업 #보호구

02 화면과 같은 작업 시 근로자가 착용하여야 할 보호구 4가지를 쓰시오. (4점)

▶ 동영상 설명

안전화, 안전모, 목장갑을 착용한 작업자가 파괴해머를 이용해서 보도블럭 옆 인도를 파헤치고 있다. 주변에 울타리는 쳐 있지 않으며, 별도의 감시자는 없다. 전원은 리드선에서 따왔는데, 전기줄이 파괴해머를 휘감고 있다. 마지막에 얼굴을 강조하는데, 마스크, 귀마개, 보안경은 없다.

정답

① 방진마스크　　　　　② 방음용 보호구(귀마개 혹은 귀덮개)　　　　　③ 진동 보호구(방진장갑)

④ 보안경　　　　　　　⑤ 안전화　　　　　　　　　　　　　　　　　⑥ 안전모

#법령 #화학설비 #가솔린

03 사업주는 화학설비로서 가솔린이 남아 있는 화학설비, 탱크로리, 드럼 등에 등유나 경유를 주입하는 작업을 하는 경우에는 미리 그 내부를 깨끗하게 씻어내고 가솔린의 증기를 불활성 가스로 바꾸는 등 안전한 상태로 되어 있는지를 확인한 후에 그 작업을 하여야 한다. 다만 다음의 조치를 한 경우에는 그렇지 아니하다. 다음 조치에 관한 내용 중 (　　) 안에 알맞은 내용을 쓰시오. (4점)

(1) 등유나 경유를 주입하기 전에 탱크·드럼 등과 주입설비 사이에 접속선이나 접지선을 연결하여 (　①　)를 줄이도록 할 것

(2) 등유나 경유를 주입하는 경우에는 그 액표면의 높이가 주입관의 선단의 높이를 넘을 때까지 주입속도를 초당 (　②　)[m] 이하로 할 것

정답

① 전위차　　　　　　　　　　　　　　② 1

#재해예방대책 #경사지붕 #추락

04 화면을 보고 재해 예방을 위한 안전대책 4가지를 쓰시오. (4점)

▶ 동영상 설명

안전난간과 추락방호망이 설치되지 않은 경사지붕 위에서 작업자들이 앉아서 휴식 중인 모습을 보여준다. 작업자 뒤에 놓여 있던 적재물이 굴러와 작업자의 등에 부딪히면서 작업자가 추락한다. 작업자들은 안전모와 안전화를 착용한 상태이다.

정답

① 추락 방호망 및 낙하물 방지망 설치
② 낙하 위험 장소에서 휴식 금지
③ 낙하 위험구간 출입통제
④ 안전대 및 안전대 부착설비 사용
⑤ 적재물에 구름멈춤대, 쐐기 등 이용

#법령 #작업계획서 #지게차

05 지게차를 사용하는 작업 시 작업계획서에 포함해야 하는 내용 2가지를 쓰시오. (4점)

정답

① 해당 작업에 따른 추락 · 낙하 · 전도 · 협착 및 붕괴 등의 위험 예방대책
② 차량계 하역운반기계 등의 운행경로 및 작업방법

#법령 #국소배기장치 #덕트

06 「산업안전보건법령」상 분진 등을 배출하기 위하여 설치하는 국소배기장치(이동식 제외)의 덕트의 기준 3가지를 쓰시오. (6점)

정답

① 가능하면 길이는 짧게 하고 굴곡부의 수는 적게 할 것
② 접속부의 안쪽은 돌출된 부분이 없도록 할 것
③ 청소구를 설치하는 등 청소하기 쉬운 구조로 할 것
④ 덕트 내부에 오염물질이 쌓이지 않도록 이송속도를 유지할 것
⑤ 연결 부위 등은 외부 공기가 들어오지 않도록 할 것

#법령 #밀폐공간 #산소 및 유해가스 농도 측정

07 「산업안전보건법령」상 작업을 시작하기 전 밀폐공간의 산소 및 유해가스 농도를 측정하여 적정공기가 유지되고 있는지를 평가할 수 있는 사람 또는 기관 4가지를 쓰시오. (5점)

정답

① 관리감독자

② 안전관리자 또는 보건관리자

③ 안전관리전문기관 또는 보건관리전문기관

④ 건설재해예방전문지도기관

⑤ 작업환경측정기관

⑥ 한국산업안전보건공단이 정하는 산소 및 유해가스 농도의 측정·평가에 관한 교육을 이수한 사람

#법령 #흙막이 지보공 #설치 목적 #점검·보수

08 흙막이 지보공의 설치 목적과 정기적으로 점검하고 이상이 발견된 경우 즉시 보수해야 할 사항 3가지를 쓰시오. (6점)

정답

(1) 설치 목적: 지반이나 토사 등의 붕괴 또는 낙하 방지

(2) 점검·보수사항

① 부재의 손상·변형·부식·변위 및 탈락의 유무와 상태

② 버팀대의 긴압의 정도

③ 부재의 접속부·부착부 및 교차부의 상태

④ 침하의 정도

#핵심위험요인 #활선작업

09 화면과 같은 활선작업 시 핵심위험요인 3가지를 쓰시오. (6점)

▶ 동영상 설명

(1) 작업자가 절연 고소작업차에 탑승한 채로 절연용 방호구를 설치 중에 있다. 작업차 아래 다른 작업자가 절연용 방호구를 달줄로 매달아 도르래로 와이어로프를 연결한 뒤 작업차 위의 근로자에게 올려 보낸다. 와이어로프는 전주 전선에 방호조치 없이 걸려 있으며 두 작업자 간의 신호는 없다. 작업차 위의 작업자는 절연장갑과 절연용 안전모를 착용하였으나 안전대는 착용하지 않았고, 작업차 아래 근로자는 얇은 장갑만 착용하였다.

(2) 절연 고소작업차에 2개의 탑승칸이 있고, 각 칸에 작업자가 탑승한 채로 위치를 조정 중이다. 아웃트리거는 설치되어 있지만 차량이 흔들린다. 전로에 절연용 방호구를 설치하는데 작업자와 작업차가 활선전로에 매우 가까운 상태이다.

정답

① 보호구(작업차 위 작업자의 안전대, 작업차 아래 작업자의 절연용 보호구 등) 미착용

② 활선 작업거리 미준수에 따른 감전위험

③ 근접활선(절연용 방호구 미설치)에 대한 감전위험

④ 고소작업차에 작업자가 탑승한 채 이동

⑤ 바퀴 미고정

2부

#지게차 #안정도

01 지게차의 안정도에 대한 설명이다. (　　) 안에 알맞은 내용을 쓰시오. (6점)

> (1) 지게차는 다음에 해당하는 지면에서 중심선이 지면의 기울어진 방향과 평행할 경우 앞이나 뒤로 넘어지지 아니하여야 한다.
>   ① 지게차의 최대하중상태에서 쇠스랑을 가장 높이 올린 경우 기울기가 (㉠)(지게차의 최대하중이 5[ton] 이상인 경우에는 (㉡))인 지면
>   ② 지게차의 기준 부하상태에서 주행할 경우 기울기가 (㉢)인 지면
> (2) 지게차는 다음에 해당하는 지면에서 중심선이 지면의 기울어진 방향과 직각으로 교차할 경우 옆으로 넘어지지 아니하여야 한다.
>   ① 지게차의 최대하중상태에서 쇠스랑을 가장 높이 올리고 마스트를 가장 뒤로 기울인 경우 기울기가 (㉣)인 지면
>   ② 지게차의 기준 무부하상태에서 주행할 경우 구배가 지게차의 최고주행속도에 1.1을 곱한 후 15를 더한 값인 지면. 다만, 규격이 5,000[kg] 미만인 경우에는 최대 기울기가 100분의 50, 5,000[kg] 이상인 경우에는 최대 기울기가 100분의 40인 지면을 말한다.

정답

㉠ 100분의 4 ㉡ 100분의 3.5
㉢ 100분의 18 ㉣ 100분의 6

#재해위험요인 #선반 작업

02 화면과 같은 선반 작업 시 근로자에게 내재되어 있는 위험요인 3가지를 쓰시오. (5점)

▶ 동영상 설명

> 선반에 덮개 또는 울이 없고 길이가 긴 공작물이 흔들리고 있다. 칩이 끊어지지 않고 길게 나오는 중이며 작업자가 장비 조작부에 손을 얹은 채 선반에서 칩이 나오는 모습을 쳐다보고 있다. 선반에 '비산주의'라는 표지판이 부착되어 있고, 작업자는 맨 손인 상태이다.

정답

① 기계의 회전축에 작업자가 말려들어갈 위험
② 흔들리는 공작물에 작업자가 맞을 위험
③ 비산된 칩에 작업자가 맞을 위험

#위험점 #반대방향 회전운동

03 화면을 보고 위험점과 그 정의를 쓰시오. (4점)

▶ 동영상 설명

> 정지된 롤러기를 정비 후 재가동시키는 모습을 보여준다. 작동 중인 롤러기를 목장갑을 낀 손으로 털다가 회전체 사이에 작업자의 손이 물려 들어간다.

정답

① 위험점: 물림점
② 위험점의 정의: 서로 반대방향으로 맞물려 회전하는 두 회전체 사이에 물려 들어가는 위험점

#핵심위험요인 #습윤장소 #연삭 작업

04 화면을 보고 핵심위험요인 3가지를 쓰시오. (6점)

▶ 동영상 설명

2명의 작업자가 보안경을 착용하지 않고 대리석 연삭 작업을 하고 있다. 이동전선과 충전부가 작업장에 어지럽게 널려 있으며 물웅덩이에 닿은 부분이 보인다. 작업자가 덮개가 없는 연삭기의 측면을 사용하여 작업하는데 대리석 가공물이 튀어오른다.

정답

① 방호장치(연삭기 덮개) 미설치
② 이동전선 및 충전부 감전위험
③ 개인 보호구(보안경 등) 미착용

#플레어 시스템 #화학설비

05 플레어 시스템은 화학설비 및 그 부속설비 중 안전밸브 등으로부터 방출된 기체 및 액체 물질을 안전하게 처리하는 것으로 플레어헤더, 녹아웃드럼, 액체 밀봉드럼 및 이 설비를 포함한다. 이 설비는 스택지지대, 플레어팁, 파이롯버너 및 점화장치 등으로 구성된 설비 일체를 말할 때, 다음 물음에 답하시오. (6점)

(1) 플레어 시스템의 설치 목적을 쓰시오.
(2) 이 설비의 명칭을 쓰시오.

정답

(1) 설치 목적: 안전밸브 등으로부터 방출된 기체 및 액체 물질을 안전하게 처리하는 것
(2) 명칭: 플레어스택

#안전대책 #해체작업

06 화면에 나타나는 작업 시 안전대책 3가지를 쓰시오. (4점)

▶ 동영상 설명

철제 해머 또는 압쇄기를 이용한 건물해체작업이 진행되고 있다.

정답

① 작업구역 내에는 관계자 외 출입금지
② 강풍, 폭우, 폭설 등 악천후 시 작업중지
③ 작업자 상호 간 신호규정 준수
④ 적정한 위치에 대피소 설치

#재해발생형태 #유해물질

07 화면을 보고 재해발생형태와 그 정의를 쓰시오. (6점)

▶ 동영상 설명

실험실에서 작업자가 황산을 비커에 따르다가 손에 묻는다.

정답

① 재해발생형태: 유해·위험물질 노출·접촉

② 정의: 유해·위험물질에 노출·접촉 또는 흡입하였거나 독성동물에 쏘이거나 물린 경우

#법령 #아세틸렌 용접정치

08 「산업안전보건법령」상 용접장치에 대하여 (   ) 안에 알맞은 내용을 쓰시오. (4점)

(1) 사업주는 아세틸렌 용접장치를 사용하여 금속의 용접·용단 또는 가열작업을 하는 경우에는 게이지 압력이 (①) [kPa]을 초과하는 압력의 아세틸렌을 발생시켜 사용해서는 아니 된다.

(2) 사업주는 가스집합 용접장치의 배관을 하는 경우에는 다음의 사항을 준수하여야 한다.

㉠ 플랜지·밸브·콕 등의 접합부에는 개스킷을 사용하고 접합면을 상호 밀착시키는 등의 조치를 할 것

㉡ 주관 및 분기관에는 (②)를 설치할 것. 이 경우 하나의 취관에 2개 이상의 안전기를 설치하여야 한다.

(3) 아세틸렌 용접장치의 발생기실은 건물의 최상층에 위치하여야 하며, 화기를 사용하는 설비로부터 (③)[m]를 초과하는 장소에 설치하여야 한다.

(4) 아세틸렌 용접장치의 발생기실을 옥외에 설치한 경우에는 그 개구부를 다른 건축물로부터 1.5[m] 이상 떨어지도록 하여야 한다.

(5) 사업주는 용해아세틸렌의 가스집합 용접장치의 배관 및 부속기구는 구리나 구리 함유량이 (④)[%] 이상인 합금을 사용하여서는 아니 된다.

정답

① 127   ② 안전기   ③ 3   ④ 70

#재해위험요인 #안전작업수칙 #추락

09 화면과 같은 작업 시 위험요인과 안전작업수칙을 각각 2가지씩 쓰시오. (4점)

▶ 동영상 설명

작업발판이 설치되지 않은 높은 장소에서 작업자가 강관비계에 발을 올린 채 플라이어와 케이블 타이로 그물을 강관비계에 묶다가 추락하였다. 작업자는 안전모는 착용하였지만 안전대는 착용하지 않았다.

정답

(1) 위험요인

① 작업발판 미설치

② 안전대 및 안전대 부착설비 미착용

(2) 안전작업수칙

① 작업발판 설치

② 안전대 및 안전대 부착설비 사용

3부

#기인물 #안전장치 #연삭기

01 화면에 나타나는 재해의 기인물과 연마 작업 시 파편이나 칩의 비래에 의한 위험에 대비하기 위해 설치해야 하는 장치명을 쓰시오. (4점)

> ▶ **동영상 설명**
>
> 작업자가 탁상용 연삭기를 이용해 연마 작업 중인 모습을 보여준다. 봉강 연마 작업 중 환봉 파편이 튀어 작업자가 눈을 찡그린다.

정답

① 기인물: 탁상용 연삭기
② 장치명: 칩비산방지판

#재해발생원인 #활선전로

02 화면에 나타나는 재해의 발생원인 2가지를 쓰시오. (4점)

> ▶ **동영상 설명**
>
> 항타기·항발기 장비로 땅을 파고 콘크리트 전주 세우기 작업 도중에 항타기에 고정된 전주가 조금 불안정한 듯 싶더니 조금씩 돌아가서 항타기로 전주를 조금 움직이는 순간 인접한 고압활선전로에 접촉되어서 스파크가 일어난다.

정답

① (작업 장소 인접 충전전로에)절연용 방호구 미설치
② 울타리 미설치 및 감시인 미배치
③ (충전전로 인근 작업 시)이격거리 미준수

#법령 #파열판

03 입구 측의 압력이 설정압력에 도달하면 판이 파열하면서 유체가 분출하도록 용기 등에 설치된 얇은 판으로 다시 닫히지 않는 압력방출 안전장치에 대하여 다음 물음에 답하시오. (6점)

> (1) 이 장치의 명칭을 쓰시오.
> (2) 이 장치를 설치하여야 하는 경우 2가지를 쓰시오.

정답

(1) 명칭: 파열판

(2) 설치하는 경우

① 반응 폭주 등 급격한 압력 상승 우려가 있는 경우

② 급성 독성물질의 누출로 인하여 주위의 작업환경을 오염시킬 우려가 있는 경우

③ 운전 중 안전밸브에 이상 물질이 누적되어 안전밸브가 작동되지 아니할 우려가 있는 경우

#방호장치 #프레스

04 화면에 나타나는 기계에 유효한 방호장치 4가지를 쓰시오. (4점)

▶ 동영상 설명

작업자가 프레스기로 철판에 구멍을 뚫는 작업 중 철판 위 가루를 털어내다 작동하는 프레스에 손을 다친다. 프레스에는 급정지기구가 설치되지 않았다.

정답

① 가드식 방호장치

② 수인식 방호장치

③ 손쳐내기식 방호장치

④ 양수기동식 방호장치

#법령 #설치기준 #계단

05 다음은 「산업안전보건법령」상 계단의 설치기준이다. (　) 안에 알맞은 내용을 쓰시오. (6점)

> (1) 사업주는 계단 및 계단참을 설치하는 경우 매제곱미터당 (　①　)[kg] 이상의 하중에 견딜 수 있는 강도를 가진 구조로 설치하여야 하며, 안전율은 (　②　) 이상으로 하여야 한다.
> (2) 사업주는 계단을 설치하는 경우 그 폭을 (　③　)[m] 이상으로 하여야 한다. 다만, 급유용·보수용·비상용 계단 및 나선형 계단이거나 높이 (　④　)[m] 미만의 이동식 계단인 경우에는 그러하지 아니하다.
> (3) 사업주는 높이가 (　⑤　)[m]를 초과하는 계단에 높이 3[m] 이내마다 진행방향으로 길이 (　⑥　)[m] 이상의 계단참을 설치하여야 한다.

정답

① 500　　　　　② 4　　　　　③ 1

④ 1　　　　　⑤ 3　　　　　⑥ 1.2

#보호구 #화학물질

06 화면을 보고 작업자가 착용해야 할 보호구 4가지를 쓰시오. (6점)

▶ 동영상 설명

작업자가 화학약품을 사용하여 자동차 부품(브레이크 라이닝)을 세척하는 작업 과정을 보여준다. 세정제가 바닥에 흩어져 있으며, 고무장화 등을 착용하지 않고 작업을 하고 있다.

정답

① 보안경
② 불침투성 보호복
③ 불침투성 보호장화
④ 불침투성 보호장갑
⑤ 유기화합물용 방독마스크

#법령 #조치사항 #정전작업

07 정전작업을 완료한 후 조치사항 3가지를 쓰시오. (3점)

정답

① 작업기구, 단락 접지기구 등을 제거하고 전기기기 등이 안전하게 통전될 수 있는지를 확인할 것
② 모든 작업자가 작업이 완료된 전기기기 등에서 떨어져 있는지를 확인할 것
③ 잠금장치와 꼬리표는 설치한 근로자가 직접 철거할 것
④ 모든 이상 유무를 확인한 후 전기기기 등의 전원을 투입할 것

#방호장치 #이동식 크레인

08 이동식 크레인에 대하여 다음에 알맞은 방호장치를 쓰시오. (6점)

① 권과를 방지하기 위하여 인양용 와이어로프가 일정한계 이상 감기게 되면 자동적으로 동력을 차단하고 작동을 정지시키는 장치
② 훅에서 와이어로프가 이탈하는 것을 방지하는 장치
③ 전도사고를 방지하기 위하여 장비의 측면에 부착하여 전도 모멘트에 대하여 효과적으로 지탱할 수 있도록 한 장치

정답

① 권과방지장치
② 훅 해지장치
③ 아웃트리거

#건설용 리프트 #각부 명칭

09 화면에 나타나는 건설용 리프트 각부의 명칭을 쓰시오. (6점)

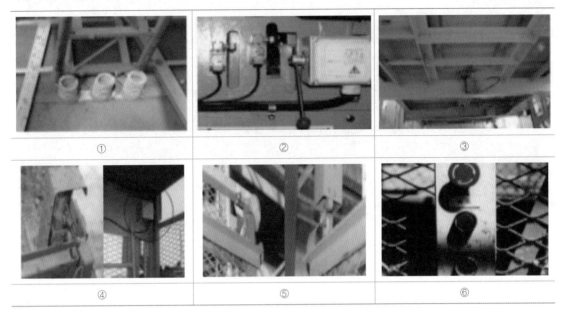

① ② ③

④ ⑤ ⑥

정답

① 완충스프링

② 3상 전원차단장치

③ 과부하방지장치

④ 출입문 연동장치

⑤ 방호울 출입문 연동장치

⑥ 비상정지장치

4부

#법령 #준수사항 #강관비계

01 「산업안전보건법령」상 강관을 사용하여 비계를 구성하는 경우 준수사항이다. ( ) 안에 알맞은 내용을 쓰시오. (4점)

> (1) 비계기둥의 간격은 띠장 방향에서는 (①)[m] 이하, 장선 방향에서는 (②)[m] 이하로 할 것
> (2) 띠장 간격은 2[m] 이하로 할 것
> (3) 비계기둥의 제일 윗부분으로부터 (③)[m] 되는 지점 밑부분의 비계기둥은 2개의 강관으로 묶어 세울 것
> (4) 비계기둥 간의 적재하중은 400[kg]을 초과하지 않도록 할 것

정답

① 1.85   ② 1.5   ③ 31

#법령 #준수사항 #동바리 #조립

02 규격화·부품화 된 수직재, 수평재 및 가새재 등의 부재를 현장에서 조립하여 거푸집을 지지하는 지주 형식의 동바리의 조립 시 준수사항이다. 다음 물음에 답하시오. (4점)

> (1) 이 동바리의 명칭을 쓰시오.
> (2) ( ) 안에 알맞은 내용을 쓰시오.
>   ① 수평재는 수직재와 직각으로 설치하여야 하며, 흔들리지 않도록 견고하게 설치할 것
>   ② 연결철물을 사용하여 수직재를 견고하게 연결하고, 연결부위가 탈락 또는 꺾어지지 않도록 할 것
>   ③ 수직 및 수평하중에 대해 동바리의 구조적 안정성이 확보되도록 조립도에 따라 수직재 및 수평재에는 가새재를 견고하게 설치할 것
>   ④ 동바리 최상단과 최하단의 수직재와 받침철물은 서로 밀착되도록 설치하고 수직재와 받침철물의 연결부의 겹침길이는 받침철물 전체길이의 ( ) 이상 되도록 할 것

정답

(1) 시스템 동바리

(2) $\frac{1}{3}$

#재해위험요인 #용접 작업 #인화성 물질

03 화면을 보고 재해위험요인 3가지를 쓰시오. (6점)

▶ 동영상 설명

교류아크용접 작업장에서 작업자가 혼자 대형 관의 플랜지 아래 부위를 아크용접하고 있다. 작업자는 가죽제 안전장갑을 착용하고 있다. 작업자가 자신의 왼손으로는 플랜지 회전 스위치를 조작해 가며 오른손으로 용접을 하고 있다. 장갑을 낀 왼손으로 용접봉을 잡기도 한다. 그리고 작업장 주위에는 인화성 물질로 보이는 깡통 등이 용접 작업 주변에 쌓여 있고 케이블이 정리되지 않고 널브러져 있으며, 불똥이 날리고 있다.

정답

① 작업자 주변에 인화성 물질 방치　　　　　　　② 작업장 정리상태 불량
③ (용접불티 비산방지덮개, 용접방화포 등)불꽃, 불티 등 비산방지조치 미흡

#사고방지대책 #점검·수리·청소 #차량용 리프트

04 화면을 보고 사고방지대책 3가지를 쓰시오. (6점)

▶ 동영상 설명

시내버스를 정비하기 위하여 차량용 리프트로 차량을 들어 올린 상태에서 한 작업자가 버스 밑에 들어가 샤프트(Shaft) 계통을 점검하고 있다. 그런데 다른 한 사람이 주변 상황을 전혀 살피지 않고 버스에 올라 엔진을 시동하였다. 그 순간 밑에 있던 작업자의 소매가 버스의 회전하는 샤프트에 말려들며 재해가 발생한다.

정답

① 정비 작업 중임을 나타내는 표지판을 설치할 것
② 작업 과정을 지휘할 작업자를 배치할 것
③ 기동(시동)장치에 잠금장치를 할 것
④ 작업 시 운전금지를 위하여 열쇠를 별도 관리할 것
⑤ 말려 들어갈 위험이 있는 작업복은 착용을 금할 것

#법령 #정전전로 #전로 차단 예외

05 사업주는 근로자가 노출된 충전부 또는 그 부근에서 작업함으로써 감전될 우려가 있는 경우에는 작업에 들어가기 전에 해당 전로를 차단하여야 한다. 이때 차단하지 않아도 되는 경우 3가지를 쓰시오. (6점)

정답

① 생명유지장치, 비상경보설비, 폭발위험장소의 환기설비, 비상조명설비 등의 장치·설비의 가동이 중지되어 사고의 위험이 증가되는 경우

② 기기의 설계상 또는 작동상 제한으로 전로차단이 불가능한 경우

③ 감전, 아크 등으로 인한 화상, 화재·폭발의 위험이 없는 것으로 확인된 경우

#재해방지대책 #건설현장 #추락 #낙하

06 화면을 보고 작업자에 대한 추락 방지대책과 낙하물로 인한 재해방지대책을 각각 쓰시오. (4점)

▶ 동영상 설명

가로수 나무 위로 3[m] 높이에 있는 건설 공사 현장에서 작업자가 발판 설치 작업 중인 모습을 보여준다. 작업자가 안전대 없이 위태롭게 망치를 들고 못질을 하던 중 순간 망치를 떨어트린다.

정답

(1) 추락 방지대책

　① 추락방호망 설치

　② 안전대 및 안전대 부착설비 사용

　③ 안전난간 설치

(2) 낙하물로 인한 재해방지대책

　① 낙하물 방지망 설치

　② 방호선반 설치

　③ 출입금지구역 설정

#법령 #조치사항 #용융고열물 #수증기 폭발방지

07 사업주는 용융고열물을 취급하는 피트에 대하여 수증기 폭발을 방지하기 위한 조치를 하여야 한다. 이러한 조치사항 1가지를 쓰시오. (4점)

정답

① 지하수가 내부로 새어드는 것을 방지할 수 있는 구조로 할 것. 다만, 내부에 고인 지하수를 배출할 수 있는 설비를 설치한 경우에는 그러하지 아니하다.

② 작업용수 또는 빗물 등이 내부로 새어드는 것을 방지할 수 있는 격벽 등의 설비를 주위에 설치할 것

#석면 취급 작업 #직업성 질환

08 일반 마스크를 사용하고 석면 작업을 하는 경우 석면분진 폭로 위험성에 노출되어 직업성 질환으로 이환될 우려가 있다. 장기간 폭로 시 어떤 종류의 직업병이 발생할 위험이 있는지 3가지를 쓰시오. (5점)

정답

① 폐암　　　　　　　　② 석면폐증　　　　　　　　③ 악성중피종

#법령 #고열 #보호구

09 「산업안전보건법령」상 고열의 정의와 다량의 고열물체를 취급하거나 매우 더운 장소에서 작업하는 근로자에게 사업주가 지급하고 착용하도록 하여야 하는 보호구 2가지를 쓰시오. (6점)

▶ 동영상 설명

작업자가 끓고 있는 물질을 휘젓다가 살짝 퍼서 바닥에 떨어뜨렸다. 바닥에 닿은 물질의 색이 회색으로 변하면서 작업자의 신발을 크게 보여준다. 작업자는 안전모와 마스크를 착용하지 않았다.

정답

(1) 고열의 정의: 열에 의하여 근로자에게 열경련·열탈진 또는 열사병 등의 건강장해를 유발할 수 있는 더운 온도를 말한다.

(2) 보호구

① 방열장갑　　　　　　　　② 방열복

2023년 2회 기출문제

1부

#피뢰기 #구비조건

01 뇌(雷)에 의해 발생하는 뇌 서지 등의 이상전압을 대지로 방전시켜 전주를 보호하기 위하여 설치하는 것으로, 사진에 표시된 장치의 명칭과 이 장치가 갖추어야 할 구비조건 3가지를 쓰시오. (6점)

정답

(1) 명칭: 피뢰기

(2) 구비조건

① 제한전압 또는 충격방전개시전압이 충분히 낮고 보호능력이 있을 것

② 속류차단이 완전히 행해져 동작책무특성이 충분할 것

③ 뇌전류 방전능력이 클 것

④ 대전류의 방전, 속류차단의 반복동작에 대하여 장기간 사용에 견딜 수 있을 것

⑤ 상용주파방전개시전압은 회로전압보다 충분히 높아서 상용주파방전을 하지 않을 것

#가스누설감지경보기 #설치 위치 #설정값

02 LPG 가스에 대한 가스누설감지경보기의 적절한 설치 위치와 경보설정값은 몇 [%]가 적당한지 쓰시오. (6점)

정답

① 설치 위치: 바닥에 인접한 낮은 곳에 설치한다.(LPG는 공기보다 무거우므로 가라앉음)

② 경보설정값: 폭발하한계의 25[%] 이하

#법령 #설치기준 #작업발판 #2[m] 이상

03 화면에서와 같이 높이가 2[m] 이상인 작업장소에 적합한 작업발판의 설치기준 3가지를 쓰시오.(단, 작업발판의 폭과 틈의 기준은 제외한다.) (5점)

▶ 동영상 설명

작업자 2명이 비계 최상단에서 기둥을 밟고 불안정하게 서서 작업발판을 주고 받다가 추락한다.

정답

① 발판재료는 작업할 때의 하중을 견딜 수 있도록 견고한 것으로 할 것

② 작업발판의 지지물은 하중에 의하여 파괴될 우려가 없는 것을 사용할 것

③ 작업발판재료는 뒤집히거나 떨어지지 아니하도록 둘 이상의 지지물에 연결하거나 고정시킬 것

④ 작업발판을 작업에 따라 이동시킬 경우에는 위험 방지에 필요한 조치를 할 것

#산업용 로봇 #안전매트 #작동원리 #추가표시

04 산업용 로봇의 방호장치인 안전매트의 작동원리와 안전인증의 표시 외에 추가로 표시하여야 할 사항 2가지를 쓰시오. (4점)

▶ 동영상 설명

작업자가 산업용 로봇이 작동 중인 작업장에 들어가는 모습을 보여준다. 작업자는 작업장에 들어가면서 검은색 매트를 밟는다.

정답

(1) 작동원리: 유효감지영역 내의 임의의 위치에 일정한 정도 이상의 압력이 주어졌을 때 이를 감지하여 신호를 발생시킨다.

(2) 추가표시

① 작동하중

② 감응시간

③ 복귀신호의 자동 또는 수동여부

④ 대소인공용 여부

#법령 #준수사항 #낙하물 방지망

05 「산업안전보건법령」상 낙하물 방지망 설치 시 준수사항에 대하여 (   ) 안에 알맞은 내용을 쓰시오. (4점)

(1) 높이 (①   )[m] 이내마다 설치하고, 내민 길이는 벽면으로부터 (②   )[m] 이상으로 할 것

(2) 수평면과의 각도는 (③   )° 이상 (④   )° 이하를 유지할 것

정답

① 10   ② 2   ③ 20   ④ 30

#보호구 #방독마스크

06 화면을 보고 작업자가 착용한 방독마스크 정화통의 흡수제 2가지를 쓰시오. (4점)

▶ 동영상 설명

방독마스크와 보안경을 쓴 작업자가 스프레이건으로 쇠파이프 여러 개를 눕혀 놓고 아이보리색 페인트칠을 하고 있다.

정답

① 활성탄

② 소다라임

③ 알칼리제재

#방호장치 #프레스

07 화면에 나타나는 기계에 유효한 방호장치 4가지를 쓰시오. (6점)

▶ 동영상 설명

작업자가 프레스기로 철판에 구멍을 뚫는 작업 중 철판 위 가루를 털어내다 작동하는 프레스에 손을 다친다. 프레스에는 급정지기구가 설치되지 않았다.

정답

① 가드식 방호장치

② 수인식 방호장치

③ 손쳐내기식 방호장치

④ 양수기동식 방호장치

#법령 #작업시작 전 점검사항 #지게차

08 「산업안전보건법령」상 지게차를 사용하여 작업을 하는 때의 작업시작 전 점검사항 3가지를 쓰시오. (6점)

정답

① 제동장치 및 조종장치 기능의 이상 유무

② 하역장치 및 유압장치 기능의 이상 유무

③ 바퀴의 이상 유무

④ 전조등·후미등·방향지시기 및 경보장치 기능의 이상 유무

#법령 #설치장치 #특수화학설비 #이상상태

09 특수화학설비 내부의 이상상태를 조기에 파악하기 위하여 설치하여야 할 계측장치 3가지를 쓰시오. (4점)

정답

① 온도계   ② 유량계   ③ 압력계

※ 계측장치를 묻는 경우: 온도계, 유량계, 압력계

  계측장치 제외하고 묻는 경우: 자동경보장치, 긴급차단장치

2부

#법령 #방호장치 #컨베이어

01 「산업안전보건법령」상 컨베이어의 방호장치 4가지를 쓰시오. (6점)

정답

① 이탈 및 역주행 방지장치

② 비상정지장치

③ 덮개 또는 울

④ 건널다리

#재해발생요인 #지게차

02 화면을 보고 지게차 재해의 발생요인 3가지를 쓰시오. (6점)

▶ 동영상 설명

지게차의 포크에 박스들이 지게차 운전자의 시야를 가릴 정도로 2열로 높게 쌓아올려져 있고, 박스들은 고정되어 있지 않다. 다른 작업자가 공구 등을 정리하고 뒤돌아서는 순간 지게차와 부딪혀 박스들이 흔들린다.

정답

① 물건의 적재불량(과적)으로 인한 운전자의 시야 불충분

② 지게차의 운행 경로상 근로자 출입 미통제

③ 작업지휘자(유도자) 미배치

④ 물건의 불안전한 적재(로프 미사용)

#법령 #크레인 #작업중지 기준

03 타워크레인 작업 시 작업을 중지하여야 하는 기준에 대하여 알맞은 것을 쓰시오. (4점)

(1) 순간 풍속이 초당 (①)[m]를 초과하는 경우 타워크레인의 설치·수리·점검 또는 해체작업을 중지

(2) 순간 풍속이 초당 (②)[m]를 초과하는 경우에는 타워크레인의 운전 작업을 중지

정답

① 10

② 15

#법령 #준수사항 #이동식 비계

04 이동식 비계 설치 시 준수사항 3가지를 쓰시오. (6점)

> 정답

① 이동식 비계의 바퀴에는 뜻밖의 갑작스러운 이동 또는 전도를 방지하기 위하여 브레이크·쐐기 등으로 바퀴를 고정시킨 다음 비계의 일부를 견고한 시설물에 고정하거나 아웃트리거(Outrigger, 전도방지용 지지대)를 설치하는 등 필요한 조치를 할 것
② 승강용 사다리는 견고하게 설치할 것
③ 비계의 최상부에서 작업을 하는 경우에는 안전난간을 설치할 것
④ 작업발판은 항상 수평을 유지하고 작업발판 위에서 안전난간을 딛고 작업을 하거나 받침대 또는 사다리를 사용하여 작업하지 않도록 할 것
⑤ 작업발판의 최대적재하중은 250[kg]을 초과하지 않도록 할 것

VDT #조치사항

05 「산업안전보건법령」상 반복적인 동작, 부적절한 작업자세, 무리한 힘의 사용, 날카로운 면과의 신체접촉, 진동 및 온도 등의 요인에 의하여 발생하는 건강장해로서 목, 어깨, 허리, 팔·다리의 신경·근육 및 그 주변 신체조직 등에 나타나는 질환의 명칭과 컴퓨터 단말기의 조작업무를 하는 경우 사업주의 조치사항 4가지를 쓰시오. (6점)

> 정답

(1) 질환의 명칭: 근골격계질환
(2) 컴퓨터 단말기 조작업무 시 조치사항
   ① 실내는 명암의 차이가 심하지 않도록 하고 직사광선이 들어오지 않는 구조로 할 것
   ② 저휘도형의 조명기구를 사용하고 창·벽면 등은 반사되지 않는 재질을 사용할 것
   ③ 컴퓨터 단말기와 키보드를 설치하는 책상과 의자는 작업에 종사하는 근로자에 따라 그 높낮이를 조절할 수 있는 구조로 할 것
   ④ 연속적으로 컴퓨터 단말기 작업에 종사하는 근로자에 대하여 작업시간 중에 적절한 휴식시간을 부여할 것

#방호장치 #프레스

06 화면을 보고 재해의 재발을 방지하기 위하여 페달에 설치해야 하는 장치의 이름을 쓰고, 상형과 하형 사이의 간격을 얼마 이하로 하는 것이 바람직한지 쓰시오. (4점)

> ▶ 동영상 설명
>
> 프레스로 작업 중인 작업자가 실수로 페달을 밟아 슬라이드가 하강하여 금형 사이에 손이 끼는 재해가 발생한다.

> 정답

① 설치장치: (U자형)덮개
② 설치간격: 8[mm]

#법령 #준수사항 #가스집합 용접장치

07 가스집합 용접장치(이동식 포함)의 배관을 설치하는 경우, 사업주가 준수해야 할 사항 2가지를 쓰시오. (4점)

정답

① 플랜지·밸브·콕 등의 접합부에는 개스킷을 사용하고 접합면을 상호 밀착시키는 등의 조치를 할 것

② 주관 및 분기관에는 안전기를 설치할 것(이 경우 하나의 취관에 2개 이상의 안전기 설치)

#재해발생형태 #가해물 #보호구 #전주 작업

08 화면을 보고 알맞은 것을 쓰시오. (5점)

▶ 동영상 설명

이동식 크레인으로 전주를 옮기던 중 크레인 아래를 지나던 작업자가 흔들리는 전주에 머리를 맞는다.

① 재해발생형태
② 가해물
③ 전주 작업 시 착용해야 하는 안전모의 종류

정답

① 재해발생형태: 맞음(비래)

② 가해물: 전주

③ 안전모: AE종, ABE종

#법령 #방호장치 #산업용 로봇

09 「산업안전보건법령」상 산업용 로봇의 운전 시 컨베이어 시스템의 설치 등으로 높이 1.8[m] 이상의 울타리를 설치할 수 없는 일부 구간에 대하여 설치하여야 하는 방호장치 2가지를 쓰시오. (4점)

정답

① 안전매트

② 광전자식 방호장치

3부

#준수사항 #크레인 #걸이 작업

01 「운반하역 표준안전 작업지침」상 크레인으로 하물을 인양할 경우 걸이 작업 시 준수사항 3가지를 쓰시오. (6점)

정답

① 와이어로프 등은 크레인의 후크 중심에 걸어야 한다.

② 인양 물체의 안정을 위하여 2줄 걸이 이상을 사용하여야 한다.

③ 밑에 있는 물체를 걸고자 할 때에는 위의 물체를 제거한 후에 행하여야 한다.

④ 매다는 각도는 60° 이내로 하여야 한다.

⑤ 근로자를 매달린 물체 위에 탑승시키지 않아야 한다.

#법령 #크레인 #안전공간

02 화면에 보이는 크레인의 종류를 보기에서 고르고, 작업장 바닥에 고정된 레일을 따라 주행하는 크레인의 새들 (saddle) 돌출부와 주변 구조물 사이의 안전공간은 최소 얼마 이상이어야 하는지 쓰시오. (4점)

| 보기 |

호이스트   갠트리 크레인   지브   세스펜션 크레인

정답

⑴ 크레인의 종류: 갠트리 크레인

⑵ 안전공간: 40[cm]

#법령 #작업시작 전 점검사항 #공기압축기

03 화면에 나타나는 작업장 내 기계 가동 시 작업시작 전 점검사항 4가지를 쓰시오. (4점)

▶ 동영상 설명

작업자가 공기압축실 안에 들어가 전체 시설을 점검한 뒤 공기압축기를 가동한다.

정답

① 공기저장 압력용기의 외관 상태

② 드레인밸브의 조작 및 배수

③ 압력방출장치의 기능

④ 언로드밸브의 기능

⑤ 윤활유의 상태

⑥ 회전부의 덮개 또는 울

⑦ 그 밖의 연결 부위의 이상 유무

#위험점 #선반 작업 #회전부위

04 화면에 나타나는 재해의 위험점과 정의를 쓰시오. (4점)

▶ 동영상 설명

작업자가 회전물에 샌드페이퍼를 감고 손으로 지지하여 작업을 하다 장갑을 낀 손이 회전부에 말려 들어가는 재해가 발생한다.

정답

① 위험점: 회전말림점
② 위험점의 정의: 회전하는 물체의 회전부위에 장갑, 작업복 등이 말려드는 위험점

#둥근톱기계 #덮개

05 안전장치가 없는 둥근톱기계에 고정식 날접촉예방장치(덮개)를 설치하고자 한다. 이때 덮개 하단과 가공재 사이의 간격, 덮개 하단과 테이블 사이의 높이는 각각 얼마로 조정하는지 쓰시오. (4점)

정답

① 8[mm] 이하
② 25[mm] 이하

#습윤장소 #피부저항 #감전

06 작업자가 수중펌프 접속부위에 감전사고를 당했을 경우, 그 원인을 인체의 피부저항과 관련하여 설명하시오. (5점)

▶ 동영상 설명

작업자가 단무지 공장에서 작업을 하고 있다. 무릎 정도 물이 차 있는 작업장에서 작업자가 펌프 작동과 동시에 감전되었다.

정답

인체의 피부저항은 물에 젖어 있을 경우 약 $\frac{1}{25}$로 감소하므로 그만큼 통전전류가 커져 감전의 위험이 높아진다.

#보호구 #화학물질

07 화면을 보고 작업자의 눈, 손, 신체에 필요한 보호구를 각각 쓰시오. (6점)

▶ 동영상 설명

보호구를 착용하지 않은 작업자가 변압기의 양쪽에 나와 있는 선을 양손으로 들고 유기화합물통에 넣었다 빼서 앞쪽 선반에 올리는 작업을 하고 있다.

정답

① 눈: 보안경

② 손: 불침투성 보호장갑

③ 신체: 불침투성 보호복

#법령 #근골격계부담작업 #유해요인조사

08 근골격계부담작업 시 유해요인조사 항목 2가지와 신설되는 사업장의 경우 신설일부터 얼마 이내에 최초의 유해요인조사를 하여야 하는지 쓰시오. (6점)

정답

(1) 유해요인조사 항목

① 설비 · 작업공정 · 작업량 · 작업속도 등 작업장 상황

② 작업시간 · 작업자세 · 작업방법 등 작업조건

③ 작업과 관련된 근골격계질환 징후와 증상 유무 등

(2) 최초 조사기간: 1년 이내

#보호구 #연마작업

09 연마작업 시 착용하여야 하는 보호구 3가지를 쓰시오. (6점)

정답

① 보안경

② 방진마스크

③ 방음용 귀마개 · 귀덮개

2023년 3회 기출문제

1부

#법령 #설치기준 #추락방호망

01 「산업안전보건법령」상 추락방호망의 설치기준으로 알맞은 것을 쓰시오. (5점)

> (1) 추락방호망의 설치 위치는 가능하면 작업면으로부터 가까운 지점에 설치하여야 하며, 작업면으로부터 망의 설치지점까지의 수직거리는 (①)[m]를 초과하지 아니할 것
> (2) 추락방호망은 (②)으로 설치하고, 망의 처짐은 짧은 변 길이의 (③)[%] 이상이 되도록 할 것

정답

① 10
② 수평
③ 12

#안전조치사항 #개구부(피트)

02 화면과 같은 장소에서 작업하는 경우 안전조치사항 3가지를 쓰시오.(단, 안전대 착용에 대한 것은 제외한다.) (6점)

▶ 동영상 설명

작업자 2명이 피트 주위에 앉아서 작업을 하고 있다. 2명 모두 안전모는 착용하고 있지만, 피트 주변에는 안전난간, 추락방호망, 덮개 등의 방호장치가 없다. 작업자 중 1명이 바닥에 놓인 종이를 밟고 미끄러져 피트 아래로 추락한다.

정답

① 안전난간 설치
② 울타리 설치
③ 수직형 추락방망 설치
④ 덮개 설치
⑤ 추락방호망 설치

#법령 #점검사항 #항타기·항발기

03 항타기 또는 항발기를 조립하거나 해체하는 경우 점검해야 할 사항 3가지를 쓰시오. (6점)

정답

① 본체 연결부의 풀림 또는 손상의 유무
② 권상용 와이어로프·드럼 및 도르래의 부착상태의 이상 유무
③ 권상장치의 브레이크 및 쐐기장치 기능의 이상 유무
④ 권상기의 설치상태의 이상 유무
⑤ 리더(leader)의 버팀 방법 및 고정상태의 이상 유무
⑥ 본체·부속장치 및 부속품의 강도가 적합한지 여부
⑦ 본체·부속장치 및 부속품에 심한 손상·마모·변형 또는 부식이 있는지 여부

#법령 #방호장치 #지게차

04 화면에 보이는 장비의 이름과 이 장비에 필요한 방호장치 4가지를 쓰시오. (6점)

정답

(1) 장비의 이름: 지게차

(2) 방호장치

　① 전조등과 후미등

　② 헤드가드

　③ 백레스트

　④ 안전벨트

#재해발생형태 #기인물 #가해물 #작업발판

05 화면을 보고 재해발생형태와 기인물, 가해물을 각각 쓰시오. (6점)

▶ 동영상 설명

작업자가 작업발판용 목재토막을 가공대 위에 올려놓고 한 발로 목재를 고정하고 톱질을 하던 중 약 40[cm] 높이의 작업발판이 흔들리며 작업자가 균형을 잃고 넘어진다.

정답

① 재해발생형태: 넘어짐(전도)

② 기인물: 작업발판

③ 가해물: 바닥

#법령 #방호장치 #동력식 수동대패기

06 화면에 나타나는 기계에 설치해야 하는 방호장치를 쓰시오. (3점)

▶ 동영상 설명

동력식 수동대패기에 작업자가 목재를 밀어 넣는다. 노란색 덮개가 보이고, 기계 아래로 톱밥이 떨어진다.

정답

칼날접촉방지장치

#법령 #보호구 #밀폐공간

07 화면에 나타나는 장소에 작업자가 들어갈 때 필요한 호흡용 보호구의 종류 2가지를 쓰시오. (4점)

▶ **동영상 설명**

작업자가 폐수처리조에서 슬러지 제거 작업을 하고 있다.

정답

① 공기호흡기
② 송기마스크

#법령 #누전차단기 설치 대상

08 감전방지용 누전차단기를 설치해야 하는 대상 3가지를 쓰시오. (6점)

정답

① 대지전압이 150[V]를 초과하는 이동형 또는 휴대형 전기기계·기구
② 물 등 도전성이 높은 액체가 있는 습윤장소에서 사용하는 저압용 전기기계·기구
③ 철판·철골 위 등 도전성이 높은 장소에서 사용하는 이동형 또는 휴대형 전기기계·기구
④ 임시배선의 전로가 설치되는 장소에서 사용하는 이동형 또는 휴대형 전기기계·기구

#유해물질 #유입경로

09 작업자가 실험실에서 화학약품을 맨손으로 만지고 있다. 이때 작업자에게 유해물질이 신체로 유입되는 경로 3가지를 쓰시오. (3점)

정답

① 피부 및 점막
② 호흡기
③ 구강을 통한 소화기

2부

#법령 #안전난간 #추락

01 「산업안전보건법령」상 근로자의 추락 등의 위험을 방지하기 위하여 안전난간을 설치하는 경우 기준에 맞는 구조로 설치하여야 한다. (   ) 안에 알맞은 수치를 쓰시오. (6점)

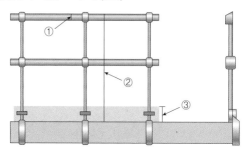

> ① 난간대: 지름 (   )
> ② 상부난간대: (   )
> ③ 발끝막이판: (   )

정답

① 2.7[cm] 이상   ② 90[cm] 이상   ③ 10[cm] 이상

#법령 #안전대책 #밀폐공간

02 「산업안전보건법령」상 산소결핍 장소에서의 안전대책 3가지를 쓰시오.(단, 감시인 배치와 안전교육에 대한 내용은 제외한다.) (6점)

정답

① 작업을 시작하기 전과 작업 중에 해당 작업장을 적정공기 상태가 유지되도록 환기
② 공기호흡기 또는 송기마스크 착용
③ 작업을 시작하기 전 해당 작업장의 산소 및 유해가스 농도 측정
④ 관계 근로자가 아닌 사람의 출입을 금지하고, 출입금지 표지를 보기 쉬운 장소에 게시

#법령 #조치사항 #특수화학설비 #이상상태

03 특수화학설비 내부의 이상상태를 조기에 파악하기 위한 방법 2가지를 쓰시오.(단, 계측장치는 제외한다.) (4점)

정답

① 자동경보장치 설치
② 감시인 배치

#법령 #설치기준 #작업발판 #2[m] 이상

04 화면에서와 같이 높이가 2[m] 이상인 작업장소에 적합한 작업발판의 설치기준 3가지를 쓰시오.(단, 작업발판의 폭과 틈의 기준은 제외한다.) (6점)

> ▶ **동영상 설명**
>
> 작업자 2명이 비계 최상단에서 기둥을 밟고 불안정하게 서서 작업발판을 주고 받다가 추락한다.

정답

① 발판재료는 작업할 때의 하중을 견딜 수 있도록 견고한 것으로 할 것
② 작업발판의 지지물은 하중에 의하여 파괴될 우려가 없는 것을 사용할 것
③ 작업발판재료는 뒤집히거나 떨어지지 아니하도록 둘 이상의 지지물에 연결하거나 고정시킬 것
④ 작업발판을 작업에 따라 이동시킬 경우에는 위험 방지에 필요한 조치를 할 것

#방호장치 #연삭기

05 다음 기구의 자율안전확인대상품상 명칭과 덮개 설치 시 숫돌의 노출 각도를 쓰시오. (4점)

정답

(1) 명칭: 연삭기
(2) 노출 각도: 180° 이내

#법령 #방호장치 #교류아크용접기 #구비조건

06 「산업안전보건법령」상 근로자가 물·땀 등으로 인하여 도전성이 높은 습윤 상태에서 작업하는 장소에서 사용하는 교류아크용접기의 안전장치의 명칭과 용접봉 홀더의 구비조건 1가지를 쓰시오. (4점)

정답

(1) 명칭: 자동전격방지기
(2) 구비조건
   ① 절연내력
   ② 내열성

#방호장치 #롤러기 #설치 위치

07 롤러기의 방호장치(급정지장치)의 종류별 설치 위치를 쓰시오. (6점)

정답

① 손조작식: 밑면에서 1.8[m] 이내
② 복부조작식: 밑면에서 0.8[m] 이상 1.1[m] 이내
③ 무릎조작식: 밑면에서 0.6[m] 이내

#법령 #준수사항 #말비계

08 말비계를 조립하여 사용하는 경우에 사업주의 준수사항이다. ( ) 안에 알맞은 내용을 쓰시오. (4점)

(1) 지주부재의 하단에는 미끄럼 방지장치를 하고, 근로자가 양측 끝부분에 올라서서 작업하지 않도록 할 것
(2) 지주부재와 수평면의 기울기를 (①)° 이하로 하고, 지주부재와 지주부재 사이를 고정시키는 보조부재를 설치할 것
(3) 말비계의 높이가 2[m]를 초과하는 경우에는 작업발판의 폭을 (②)[cm] 이상으로 할 것

정답

① 75   ② 40

#재해발생요인 #지게차

09 화면을 보고 작업자의 불안전한 행동 3가지를 쓰시오. (5점)

▶ 동영상 설명

지게차 포크 위에 팔레트가 얹어져 있고, 그 위에 작업자 2명이 서서 전구를 교체하고 있다. 전구를 교체하자마자 바로 전구에 불이 들어온다. 교체 작업을 완료한 작업자가 포크 위에서 내려오지 않은 상태에서 지게차 운전자가 시동을 걸어 그 반동에 의해 작업자가 지게차에서 떨어진다. 2명 모두 안전모를 착용하지 않았고, 1명은 목장갑, 다른 1명은 절연장갑을 착용하였다. 지게차 주변에 신호수는 없다.

정답

① 지게차의 주된 용도 외 사용
② 전구 교체 전 전원 미차단
③ 보호구(안전모, 절연장갑 등) 미착용

3부

#법령 #특별교육 #밀폐공간

01 「산업안전보건법령」상 밀폐공간에서의 작업 시 특별교육 내용 3가지를 쓰시오.(단, 그 밖에 안전·보건관리에 필요한 사항은 제외한다.) (6점)

> **정답**

① 산소농도 측정 및 작업환경에 관한 사항

② 사고 시의 응급처치 및 비상 시 구출에 관한 사항

③ 보호구 착용 및 보호 장비 사용에 관한 사항

④ 작업내용·안전작업방법 및 절차에 관한 사항

⑤ 장비·설비 및 시설 등의 안전점검에 관한 사항

#재해발생형태 #직선운동−고정부위 #기인물

02 화면은 사출성형기 V형 금형 작업 중 재해가 발생한 모습이다. 재해발생형태와 기인물을 쓰시오. (4점)

> ▶ **동영상 설명**
>
> 작업자가 사출성형기에서 작업 후 잔류물을 제거하기 위해 금형의 볼트를 손으로 빼려다 손이 눌린다.

> **정답**

(1) 재해발생형태: 끼임

(2) 기인물: 사출성형기

#재해위험요인 #드릴 작업

03 화면의 드릴 작업 중 작업방법 및 작업자의 재해위험요인 2가지를 쓰시오. (4점)

> ▶ **동영상 설명**
>
> 탁상용 드릴 작업 중인 모습을 보여준다. 공작물은 바이스에 고정되어 있고 작업자가 작업 중 발생한 이물질을 입으로 불면서 손으로 제거하려다 손이 말려들어가 드릴 날에 접촉되었다. 작업자는 목장갑을 착용하였고, 보안경은 착용하지 않았다.

> **정답**

① 청소 전 전원 미차단

② 전용공구(브러시 등) 미사용

③ (말려들기 쉬운)장갑 착용

#법령 #준수사항 #사다리식 통로

04 「산업안전보건법령」상 고정식 사다리식 통로를 설치하는 경우 준수사항 3가지를 쓰시오.(단, 범위나 수치를 포함하는 내용만 쓰시오.) (6점)

정답

① 발판과 벽과의 사이는 15[cm] 이상의 간격을 유지할 것

② 폭은 30[cm] 이상으로 할 것

③ 사다리의 상단은 걸쳐놓은 지점으로부터 60[cm] 이상 올라가도록 할 것

④ 사다리식 통로의 길이가 10[m] 이상인 경우에는 5[m] 이내마다 계단참을 설치할 것

⑤ 고정식 사다리식 통로의 기울기는 90° 이하로 하고, 그 높이가 7[m] 이상인 경우에는 바닥으로부터 높이가 2.5[m] 되는 지점부터 등받이울을 설치할 것

#가스폭발 #인화성 물질 #구름모양

05 화면을 보고 가스폭발의 종류와 그 정의를 쓰시오. (5점)

▶ 동영상 설명

인화성 물질 취급 및 저장소에서 작업자가 외투를 벗고 있다. 작업자 뒤에 놓인 통에서 새어나온 가스가 구름모양을 만들고, 작업자가 옷을 내려놓으며 유출된 가스가 폭발한다.

정답

① 폭발의 종류: 증기운 폭발(UVCE)

② 정의: 가연성의 위험물질이 서서히 누출되어 대기 중에 구름형태로 모이다 발화원에 의하여 순간적으로 모든 가스가 동시에 폭발하는 현상

#재해위험요인 #충전전로 #이동식 비계

06 화면을 보고 재해위험요인 3가지를 쓰시오. (6점)

▶ 동영상 설명

충전전로 근처에서 조립된 이동식 비계를 보여준다. 비계 위의 작업자는 안전난간의 무릎 높이에 체결한 안전대와 안전모, 면장갑을 착용하였다. 비계는 고정되지 않았고, 다른 작업자가 비계를 붙잡고 있다. 비계 주변에는 여러 개의 전봇대가 일정한 간격으로 설치되어 있다.

정답

① 안전대가 낮은 곳에 체결되어 있다.

② 비계가 고정되지 않았다.(브레이크, 쐐기, 아웃트리거 등 미사용)

③ 절연용 보호구(절연장갑 등)를 착용하지 않았다.

#법령 #준수사항 #낙하물 방지망

07 「산업안전보건법령」상 낙하물 방지망 설치 시 준수사항에 대하여 (   ) 안에 알맞은 내용을 쓰시오. (4점)

> (1) 높이 (①   )[m] 이내마다 설치하고, 내민 길이는 벽면으로부터 (②   )[m] 이상으로 할 것
>
> (2) 수평면과의 각도는 (③   )° 이상 (④   )° 이하를 유지할 것

정답

① 10   ② 2   ③ 20   ④ 30

#재해발생형태 #재해발생원인 #전동 권선기

08 화면을 보고 재해발생형태와 재해발생원인을 각각 쓰시오. (6점)

▶ **동영상 설명**

전동 권선기에 동선을 감는 작업 중인 작업자를 보여준다. 기계가 정지하여 점검하던 중 맨손이 권선기에 닿는 순간 작업자가 깜짝 놀라며 쓰러진다.

정답

(1) 재해발생형태: 감전

(2) 재해발생원인

　　① 절연용 보호구(절연장갑 등) 미착용

　　② 점검 전 정전작업 미실시

#방호장치 #교류아크용접기

09 교류아크용접기용 자동전격방지기의 종류 4가지를 쓰시오. (4점)

정답

① 외장형   ② 내장형

③ 저저항시동형(L형)   ④ 고저항시동형(H형)

2022년 1회 기출문제

1부

#재해예방대책 #감전 #습윤장소

01 화면을 보고 감전사고 예방을 위한 안전대책 3가지를 쓰시오. (6점)

> ▶ **동영상 설명**
>
> 절연장갑을 착용한 작업자가 강재에 물을 뿌리며 휴대용 연마기로 연마작업을 하고 있다. 푸른색 전류가 작업자 손 주변을 타고 나간다. 작업장 주변에는 물이 고여 있으며 전선의 연결부가 젖은 바닥에 놓여있다.

정답

① 습윤상태(또는 장소)에서 사용하는 전선은 충분한 절연효과가 있는 것을 사용

② 전원 측에 (감전방지용)누전차단기 설치

③ 전선을 접속하는 경우 해당 전선의 절연성능 이상으로 충분히 피복 또는 적합한 접속기구 사용

#재해발생요인 #지게차

02 화면에 나타나는 재해발생요인 3가지를 쓰시오. (6점)

> ▶ **동영상 설명**
>
> 납품시간이 촉박한 지게차 운전자가 급히 물건을 적재(화물을 높게 적재하여 시계 불충분)하여 운반하던 중 통로의 작업자와 충돌한다. 화물은 로프 등으로 결박되지 않았다.

정답

① 물건의 적재불량(과적)으로 인한 운전자의 시야 불충분

② 지게차의 운행 경로상 근로자 출입 미통제

③ 작업지휘자(유도자) 미배치

④ 물건의 불안전한 적재(로프 미사용)

#재해위험요인 #이동식 비계

03 화면을 보고 작업 시 위험요인 2가지를 쓰시오. (4점)

> ▶ **동영상 설명**
>
> 작업자가 이동식 비계 위 목재로 된 작업발판에서 작업하고 있다. 안전난간이 없으며 비계가 흔들리는 모습이 보인다.

정답

① 불안정한 작업발판

② 안전난간 미설치

③ 바퀴 미고정(브레이크, 쐐기 등 미사용)

#둥근톱기계 #덮개

04 안전장치가 없는 둥근톱기계에 고정식 날접촉예방장치(덮개)를 설치하고자 한다. 이때 덮개 하단과 가공재 사이의 간격, 덮개 하단과 테이블 사이의 높이는 각각 얼마로 조정하는지 쓰시오. (4점)

정답

① 8[mm] 이하
② 25[mm] 이하

#법령 #설치기준 #작업발판 #2[m] 이상

05 화면에서와 같이 높이가 2[m] 이상인 작업장소에 적합한 작업발판의 설치기준 3가지를 쓰시오.(단, 작업발판의 폭과 틈의 기준은 제외한다.) (6점)

▶ 동영상 설명

작업자 2명이 비계 최상단에서 기둥을 밟고 불안정하게 서서 작업발판을 주고 받다가 추락한다.

정답

① 발판재료는 작업할 때의 하중을 견딜 수 있도록 견고한 것으로 할 것
② 작업발판의 지지물은 하중에 의하여 파괴될 우려가 없는 것을 사용할 것
③ 작업발판재료는 뒤집히거나 떨어지지 아니하도록 둘 이상의 지지물에 연결하거나 고정시킬 것
④ 작업발판을 작업에 따라 이동시킬 경우에는 위험 방지에 필요한 조치를 할 것

#법령 #항타기·항발기 #도르래 위치

06 다음은 항타기 또는 항발기의 조립 작업 시 도르래의 위치에 관한 법적 기준이다. 알맞은 것을 쓰시오. (3점)

권상장치의 드럼축과 권상장치로부터 첫 번째 도르래의 축 간의 거리를 권상장치 드럼폭의 (①) 이상으로 하여야 하고, 도르래는 권상장치의 드럼 (②)을 지나야 하며 축과 (③) 상에 있어야 한다.

정답

① 15배
② 중심
③ 수직면

#위험점 #슬라이스

07 **화면에 나타나는 기계의 무채를 썰어내는 부분에서 형성되는 위험점과 그 정의를 쓰시오. (6점)**

▶ 동영상 설명

작업자가 김치제조 공장에서 무채 슬라이스 작업 중 작동이 멈춰 기계를 점검하는데 갑자기 기계가 작동하며 재해가 발생한다.

정답

① 위험점: 절단점
② 위험점의 정의: 회전하는 운동부분 자체의 위험이나 운동하는 기계부분 자체의 위험에서 초래되는 위험점

#법령 #작업시작 전 점검사항 #리프트

08 **화면에 나타나는 양중기의 작업시작 전 점검사항 2가지를 쓰시오. (4점)**

▶ 동영상 설명

아파트 건설 현장에서 건설용 리프트가 운행 중인 모습을 보여준다.

정답

① 방호장치·브레이크 및 클러치의 기능
② 와이어로프가 통하고 있는 곳의 상태

#법령 #작업계획서 #해체작업

09 **화면에 나타나는 작업 시 작업계획서에 포함되어야 하는 사항 3가지를 쓰시오.(단, 그 밖에 안전·보건에 관련된 사항은 제외한다.) (6점)**

▶ 동영상 설명

압쇄기를 이용한 건물 해체작업을 보여준다.

정답

① 해체의 방법 및 해체 순서도면
② 가설설비·방호설비·환기설비 및 살수·방화설비 등의 방법
③ 사업장 내 연락방법
④ 해체물의 처분계획
⑤ 해체작업용 기계·기구 등의 작업계획서
⑥ 해체작업용 화약류 등의 사용계획서

2부

#재해위험요인 #이동식 비계

01 화면에 나타나는 위험요인 2가지를 쓰시오. (4점)

▶ 동영상 설명

안전모만 착용한 작업자 A가 이동식 비계의 최상층에서 작업 중인데 작업자 B가 이동식 비계를 옆으로 이동하다가 갑자기 멈춰서 작업자 A가 넘어진다. 이동식 비계에 아웃트리거가 4개 설치되어 있지만 고정되지는 않았다. 이동식 비계 최상층에는 안전난간이 4면에 있다.

정답

① 바퀴 미고정
② 작업자가 탑승한 채 이동
③ 안전대 및 안전대 부착설비 미사용

#사용 전 점검사항 #습윤장소 #이동전선

02 습윤한 장소에서 사용되는 이동전선에 대한 사용 전 점검사항 2가지를 쓰시오. (4점)

정답

① 접속부위의 절연상태 점검
② 전선 피복의 손상 유무 점검
③ 전선의 절연저항 측정
④ 감전방지용 누전차단기 설치 여부 확인

#위험점 #선반 작업 #회전부위

03 화면에 나타나는 재해의 위험점과 그 정의를 쓰시오. (5점)

▶ 동영상 설명

작업자가 회전물에 샌드페이퍼를 감고 손으로 지지하여 작업을 하다 장갑을 낀 손이 회전부에 말려 들어가는 재해가 발생한다.

정답

① 위험점: 회전말림점
② 위험점의 정의: 회전하는 물체의 회전부위에 장갑, 작업복 등이 말려드는 위험점

#시험성능기준 #방열복 내열원단

04 다음은 방열복 내열원단의 시험성능기준에 관한 내용이다. 알맞은 것을 쓰시오. (6점)

> (1) 난연성: 잔염 및 잔진시간이 (①)초 미만이고 녹거나 떨어지지 말아야 하며, 탄화길이가 (②)[mm] 이내일 것
> (2) 절연저항: 표면과 이면의 절연저항이 (③)[MΩ] 이상일 것

정답

① 2

② 102

③ 1

#안전작업수칙 #활선전로

05 화면과 같은 작업 시 안전작업수칙 2가지를 쓰시오. (4점)

▶ **동영상 설명**

항타기 · 항발기 장비로 땅을 파고 콘크리트 전주 세우기 작업 도중에 항타기에 고정된 전주가 조금 불안정한 듯 싶더니 조금씩 돌아가서 항타기로 전주를 조금 움직이는 순간 인접한 고압활선전로에 접촉되어서 스파크가 일어난다.

정답

① 절연용 방호구 설치

② 울타리 설치 또는 감시인 배치

③ 이격거리 확보: 차량 등을 충전부로부터 300[cm] 이상 이격시켜 유지하되, 대지전압이 50[kV]를 넘는 경우 10[kV]가 증가할 때마다 이격거리 10[cm]씩 증가

④ 접지된 차량 등이 충전전로와 접촉할 우려가 있는 경우 근로자가 접지점에 접촉하지 않도록 조치

#법령 #누전차단기 설치 대상

06 감전방지용 누전차단기를 설치해야 하는 대상 3가지를 쓰시오. (6점)

정답

① 대지전압이 150[V]를 초과하는 이동형 또는 휴대형 전기기계 · 기구

② 물 등 도전성이 높은 액체가 있는 습윤장소에서 사용하는 저압용 전기기계 · 기구

③ 철판 · 철골 위 등 도전성이 높은 장소에서 사용하는 이동형 또는 휴대형 전기기계 · 기구

④ 임시배선의 전로가 설치되는 장소에서 사용하는 이동형 또는 휴대형 전기기계 · 기구

#법령 #준수사항 #고소작업대 #이동
07 고소작업대 이동 시 준수사항 3가지를 쓰시오. (6점)

정답

① 작업대를 가장 낮게 내릴 것

② 작업자를 태우고 이동하지 말 것. 다만, 이동 중 전도 등의 위험예방을 위하여 유도하는 사람을 배치하고 짧은 구간을 이동하는 경우에는 작업대를 가장 낮게 내린 상태에서 작업자를 태우고 이동할 수 있다.

③ 이동통로의 요철상태 또는 장애물의 유무 등을 확인할 것

#재해발생원인 #크레인 #인양 작업
08 화면에 나타나는 재해발생원인 2가지를 쓰시오. (4점)

▶ 동영상 설명

천장크레인 작업자가 변압기를 2줄걸이로 인양 작업 중 유도로프를 사용하지 않아서 인양물이 흔들거리고 유도자가 손으로 인양물을 붙잡고 있다. 크레인에 훅 해지장치는 있지만 해지장치에 와이어로프는 걸지 않았다. 물건을 내리던 도중 훅에서 와이어로프가 이탈하고 유도자 발에 인양물이 떨어진다.

정답

① 훅 해지장치 미사용

② 보조로프(유도로프) 미사용

③ 유도자가 낙하 위험구간에서 작업

#법령 #흙막이 지보공 #점검·보수
09 흙막이 지보공 설치 시 정기적으로 점검하고, 이상이 발견된 경우 즉시 보수해야 할 사항 3가지를 쓰시오. (6점)

정답

① 부재의 손상·변형·부식·변위 및 탈락의 유무와 상태

② 버팀대의 긴압의 정도

③ 부재의 접속부·부착부 및 교차부의 상태

④ 침하의 정도

3부

01 화면에 나타나는 기계의 「산업안전보건법령」상 작업시작 전 점검사항 3가지를 쓰시오. (6점)

▶ 동영상 설명

정지된 컨베이어를 작업자가 점검하고 있다. 작업자가 점검 중일 때 다른 작업자가 전원 스위치의 전원버튼을 눌러 점검 중이던 작업자가 벨트에 손이 끼이는 재해를 당한다.

정답

① 원동기 및 풀리 기능의 이상 유무
② 이탈 등의 방지장치 기능의 이상 유무
③ 비상정지장치 기능의 이상 유무
④ 원동기·회전축·기어 및 풀리 등의 덮개 또는 울 등의 이상 유무

02 화면에 나타난 재해발생형태와 재해발생원인 2가지를 쓰시오. (4점)

▶ 동영상 설명

전동 권선기에 동선을 감는 작업 중 기계가 정지한다. 면장갑을 착용한 작업자가 기계를 열고 점검하던 중 갑자기 깜짝 놀라며 쓰러진다.

정답

⑴ 재해발생형태: 감전
⑵ 재해발생원인
    ① 절연용 보호구(절연장갑 등) 미착용
    ② 점검 전 정전작업 미실시

03 화면을 보고 작업자가 착용해야 할 보호구 4가지를 쓰시오. (4점)

▶ 동영상 설명

작업자가 화학약품을 사용하여 자동차 부품(브레이크 라이닝)을 세척하는 작업 과정을 보여준다. 세정제가 바닥에 흘려져 있으며, 고무장화 등을 착용하지 않고 작업을 하고 있다.

정답

① 보안경
② 불침투성 보호복
③ 불침투성 보호장화
④ 불침투성 보호장갑
⑤ 유기화합물용 방독마스크

#준수사항 #크레인 #인양 작업

04 화면을 보고 작업 시 준수사항 3가지를 쓰시오. (6점)

▶ 동영상 설명

작업복이 불량한 작업자가 이동식 크레인에 수신호를 하면서 기둥 위 강관 파이프 양중 작업을 하고 있다. 크레인 운전자와 작업자 간의 신호 방법이 맞지 않아 인양물이 흔들리며 작업자 머리 위를 지나 골조에 부딪친다.

정답

① 일정한 신호방법을 정하고 신호수의 신호에 따라 작업
② 보조로프(유도로프)를 사용하여 화물의 흔들림 방지
③ 낙하 위험구간에는 근로자 출입금지조치

#위험점 #직선운동 - 고정부위

05 화면에 나타나는 재해의 위험점과 그 정의를 쓰시오. (5점)

▶ 동영상 설명

작업자가 승강기 모터 벨트 부분에 묻은 기름과 먼지를 걸레로 청소 중 벨트와 덮개 사이에 손이 끼인다.

정답

① 위험점: 끼임점
② 위험점의 정의: 기계의 고정 부분과 회전 또는 직선운동 부분 사이에 형성되는 위험점
※ 작동 중인 모터 벨트와 풀리 사이에 손이 끼이는 경우: 접선물림점

#재해위험요인 #점검·수리·청소 #프레스

06 화면을 보고 작업 중 위험요인 3가지를 쓰시오. (6점)

▶ 동영상 설명

작업자가 크랭크 프레스로 철판에 구멍을 뚫던 중 철판의 바닥을 손으로 만져보며 구멍을 확인한다. 손으로 철판을 털어내다 프레스가 갑자기 작동하며 재해가 발생한다. 프레스에는 방호장치가 설치되어 있지 않고, 페달에는 커버가 부착되어 있지 않다.

정답

① 이물질 제거 시 전용공구(수공구) 미사용
② 청소 전 전원 미차단
③ 프레스 방호장치 및 페달 덮개 미설치

#방호장치 #롤러기 #설치 위치

07 롤러기의 방호장치(급정지장치)의 종류별 설치 위치를 쓰시오. (6점)

정답

① 손조작식: 밑면에서 1.8[m] 이내

② 복부조작식: 밑면에서 0.8[m] 이상 1.1[m] 이내

③ 무릎조작식: 밑면에서 0.6[m] 이내

#법령 #작업계획서 #지게차

08 지게차를 사용하는 작업 시 작업계획서에 포함해야 하는 내용 2가지를 쓰시오. (4점)

정답

① 해당 작업에 따른 추락 · 낙하 · 전도 · 협착 및 붕괴 등의 위험 예방대책

② 차량계 하역운반기계 등의 운행경로 및 작업방법

#재해방지대책 #추락 #낙하

09 화면을 보고 작업자에 대한 추락 방지대책과 낙하물로 인한 재해방지대책을 각각 쓰시오. (4점)

▶ 동영상 설명

가로수 나무 위로 3[m] 높이에 있는 건설 공사 현장에서 작업자가 발판 설치 작업 중인 모습을 보여준다. 작업자가 안전대 없이 위태롭게 망치를 들고 못질을 하던 중 순간 망치를 떨어트린다.

정답

(1) 추락 방지대책

① 추락방호망 설치

② 안전대 착용

(2) 낙하물로 인한 재해방지대책

① 낙하물 방지망 설치

② 방호선반 설치

③ 출입금지구역 설정

2022년 2회 기출문제

1부

#가스폭발 #인화성 물질 #구름모양

01 화면을 보고 가스폭발의 종류와 그 정의를 쓰시오. (5점)

▶ **동영상 설명**

인화성 물질 취급 및 저장소에서 작업자가 외투를 벗고 있다. 작업자 뒤에 놓인 통에서 새어나온 가스가 구름모양을 만들고, 작업자가 옷을 내려놓으며 유출된 가스가 폭발한다.

정답

① 폭발의 종류: 증기운 폭발(UVCE)

② 정의: 가연성의 위험물질이 서서히 누출되어 대기 중에 구름형태로 모이다 발화원에 의하여 순간적으로 모든 가스가 동시에 폭발하는 현상

#재해위험요인 #충전전로 #이동식 비계

02 화면을 보고 재해위험요인 3가지를 쓰시오. (6점)

▶ **동영상 설명**

충전전로 근처에서 조립된 이동식 비계를 보여준다. 비계 위의 작업자는 안전난간의 무릎 높이에 체결한 안전대와 안전모, 면장갑을 착용하였다. 비계는 고정되지 않았고, 다른 작업자가 비계를 붙잡고 있다. 비계 주변에는 여러 개의 전봇대가 일정한 간격으로 설치되어 있다.

정답

① 안전대가 낮은 곳에 체결되어 있다.

② 비계가 고정되지 않았다.(브레이크, 쐐기, 아웃트리거 등 미사용)

③ 절연용 보호구(절연장갑 등)를 착용하지 않았다.

#재해위험요인 #드릴 작업

03 화면을 보고 재해위험요인 2가지를 쓰시오. (4점)

▶ **동영상 설명**

면장갑을 착용한 작업자가 드릴 작업을 하고 있다. 테이블 바닥에 놓인 목재들이 보이고, 목재에 구멍을 여러 개 뚫는 중 목재가 휘청거린다. 마지막 구멍을 뚫을 때에는 드릴날과 장갑이 거의 밀착된 상태이다.

정답

① 개인 보호구(보안경, 방진마스크 등) 미착용

② 물건을 바이스, 클램프 등으로 고정하지 않음

③ (말려들기 쉬운)장갑 착용

#방호장치 #휴대용 연삭기

04 휴대용 연삭기의 방호장치와, 숫돌의 노출 각도를 쓰시오. (4점)

정답

① 방호장치: 덮개

② 노출 각도: 180° 이내

#재해예방대책 #크레인 #인양 작업

05 화면을 보고 재해예방대책 2가지를 쓰시오. (6점)

▶ 동영상 설명

공장 안에서 천장크레인으로 하물을 인양한 상태로 이동 중인 모습을 보여준다. 작업자는 하물의 이동 방향으로 뒷걸음질 치며 스위치를 조작 중이고, 맞은편의 지게차가 후진하던 중 스위치 조작 중이던 작업자와 부딪힌다.

정답

① 작업지휘자 또는 유도자 배치

② 지게차의 운행경로상 근로자 출입 통제

③ 크레인 작업반경 내 근로자 출입 통제

#법령 #방호장치 #습윤장소 #용접 작업

06 화면을 보고 「산업안전보건법령」상 교류아크용접기에 부착하여야 하는 방호장치를 쓰시오. (4점)

▶ 동영상 설명

작업자가 땀, 습기 등으로 인한 습윤장소에서 용접 작업을 하고 있다.

정답

자동전격방지기

#기인물 #가해물 #슬라이스

07 화면을 보고 기인물과 가해물을 각각 쓰시오. (4점)

▶ 동영상 설명

작업자가 무채 슬라이스 기계로 작업 중이다. 기계가 급정지하여 맨손으로 끼인 무를 제거하던 중 기계가 갑자기 작동하며 작업자가 쓰러진다.

정답

(1) 기인물: 무채 슬라이스 기계

(2) 가해물

　① 절단되는 경우: 슬라이스 칼날(기계)

　② 감전되는 경우: 전기(전류)

#재해위험요인 #점검 · 수리 · 청소 #양수기

08 화면을 보고 재해위험요인 3가지를 쓰시오. (6점)

▶ 동영상 설명

작업자가 작동 중인 양수기를 점검하고 있다. 맞은편의 작업자와 잡담을 하며 수공구를 던져주던 중 장갑을 낀 손이 벨트에 물려 들어간다.

정답

① 점검 전 전원 미차단

② 작업상태 불량(공구 던지기 등)

③ (말려 들어가기 쉬운)장갑 착용

④ 방호장치(덮개, 울 등) 미설치

#화학물질 #취급실

09 화면과 같이 작업자가 신발에 물을 묻히는 이유와 화재 시 적합한 소화 방법을 쓰시오. (6점)

▶ 동영상 설명

화학물질 취급실 앞 첫 번째 작업자는 들어가기 전 물이 약간 채워진 철판에 안전화를 담구었다 들어가 작업한다. 두 번째 작업자는 안전화에 물을 묻히지 않고 들어가는데, 바닥의 흰 가루를 밟으면서 폭발음이 들린다.

정답

① 신발에 물을 묻히는 이유: 작업화 표면의 대전성 저하로 정전기에 의한 화재 폭발 방지

② 화재 시 소화방법: 다량 주수에 의한 냉각소화

2부

01
#재해예방대책 #점검 · 수리 · 청소 #컨베이어

화면을 보고 재해예방대책 2가지를 쓰시오. (4점)

▶ 동영상 설명

작업자가 작동 중인 컨베이어 벨트를 점검하는 중 장갑이 끼이며 손이 벨트에 함께 말려 들어간다.

정답

① 점검 전 전원 차단 후 작업한다.
② 비상정지장치를 설치한다.(작업자가 신속히 조작 가능한 위치)
③ 끼임 위험부위에 방호덮개를 설치한다.
④ (말려들기 쉬운)장갑을 착용하지 않는다.

02
#법령 #작업시작 전 점검사항 #지게차

「산업안전보건법령」상 지게차를 사용하여 작업을 하는 때의 작업시작 전 점검사항 3가지를 쓰시오. (6점)

정답

① 제동장치 및 조종장치 기능의 이상 유무
② 하역장치 및 유압장치 기능의 이상 유무
③ 바퀴의 이상 유무
④ 전조등 · 후미등 · 방향지시기 및 경보장치 기능의 이상 유무

03
#준수사항 #활선전로 #크레인

화면을 보고 작업 시 준수사항 3가지를 쓰시오. (6점)

▶ 동영상 설명

신호수가 보호구를 착용하지 않은 상태로 크레인을 올리라는 수신호를 보내고 있다. 감시인은 배치하였으나 근로자들이 출입이 통제되지 않은 작업구역을 지나다니고 있다. 이때 크레인이 고압전로에 닿아 스파크가 발생한다.

정답

① 절연용 보호구(안전모 등) 착용 및 절연용 방호구 설치
② 크레인 작업반경 내 근로자 출입 통제
③ 이격거리 확보: 차량 등을 충전부로부터 300[cm] 이상 이격시켜 유지하되, 대지전압이 50[kV]를 넘는 경우 10[kV]가 증가할 때마다 이격거리 10[cm]씩 증가
④ 접지된 차량 등이 충전전로와 접촉할 우려가 있는 경우 근로자가 접지점에 접촉하지 않도록 조치

#법령 #작업시작 전 점검사항 #공기압축기

04 화면에 나타나는 작업장 내 기계 가동 시 작업시작 전 점검사항 2가지를 쓰시오. (6점)

▶ 동영상 설명

작업자가 공기압축실 안에 들어가 전체 시설을 점검한 뒤 공기압축기를 가동한다.

정답

① 공기저장 압력용기의 외관 상태
② 드레인밸브의 조작 및 배수
③ 압력방출장치의 기능
④ 언로드밸브의 기능
⑤ 윤활유의 상태
⑥ 회전부의 덮개 또는 울
⑦ 그 밖의 연결 부위의 이상 유무

#법령 #사용금지기준 #와이어로프

05 권상용 와이어로프의 폐기 기준 3가지를 쓰시오. (6점)

정답

① 이음매가 있는 것
② 와이어로프의 한 꼬임에서 끊어진 소선의 수가 10[%] 이상인 것
③ 지름의 감소가 공칭지름의 7[%]를 초과하는 것
④ 꼬인 것
⑤ 심하게 변형되거나 부식된 것
⑥ 열과 전기충격에 의해 손상된 것

#준수사항 #고소작업대 #용접 작업

06 화면을 보고 근로자의 준수사항 2가지를 쓰시오. (4점)

▶ 동영상 설명

주변이 어수선하고 정리가 안 된 현장에서 붐을 내린 뒤 고소작업대에 작업자를 태우고 이동한다. 이후 고소작업대를 올려 작업자가 용접을 한다. 작업자는 안전모를 착용하였고, 보안경은 착용하지 않았다. 작업자의 뒤로 소화기가 보인다.

정답

① 작업자를 태우고 고소작업대 이동금지
② 용접용 보호구(보안면 등) 착용
③ 작업장 청소 및 정리 후 작업

#재해발생원인 #건설현장 #추락

07 화면을 보고 재해원인 2가지를 쓰시오. (4점)

> ▶ 동영상 설명

아파트 건설 공사장에서 두 명의 작업자가 각각 창틀, 처마 위에서 작업 중인 모습을 보여준다. 창틀의 작업자가 다른 작업자에게 작업발판을 넘겨주고 옆 처마로 이동하던 중 추락하였다. 현장에는 추락방호망, 안전대, 안전난간 등이 없다.

> 정답

① 안전대 및 안전대 부착설비 미사용
② 추락방호망 미설치
③ 안전난간 미설치

#재해위험요인 #인양 작업

08 화면을 보고 재해위험요인 2가지를 쓰시오. (4점)

> ▶ 동영상 설명

파이프를 로프에 걸어 인양하는 모습을 보여준다. 로프는 1줄걸이이고, 슬링벨트는 손상되어 있다. 이때 인양 중인 하물이 흔들리며 아래를 지나던 작업자에게 부딪힌다.

> 정답

① 화물의 인양상태 불량(1줄걸이, 손상된 슬링벨트)
② 보조로프(유도로프) 미사용
③ 작업반경 내 근로자 출입 미통제

#법령 #설치기준 #추락방호망

09 「산업안전보건법령」상 추락방호망의 설치기준으로 알맞은 것을 쓰시오. (5점)

(1) 추락방호망의 설치 위치는 가능하면 작업면으로부터 가까운 지점에 설치하여야 하며, 작업면으로부터 망의 설치지점까지의 수직거리는 (①   )[m]를 초과하지 아니할 것
(2) 추락방호망은 (②   )으로 설치하고, 망의 처짐은 짧은 변 길이의 (③   )[%] 이상이 되도록 할 것

> 정답

① 10
② 수평
③ 12

3부

#위험점 #반대방향 회전운동

01 화면을 보고 위험점과 그 정의를 쓰시오. (5점)

▶ 동영상 설명

정지된 롤러기를 정비 후 재가동시키는 모습을 보여준다. 작동 중인 롤러기를 목장갑을 낀 손으로 털다가 회전체 사이에 작업자의 손이 물려 들어간다.

정답

① 위험점: 물림점
② 위험점의 정의: 서로 반대방향으로 맞물려 회전하는 두 회전체 사이에 물려 들어가는 위험점

#재해발생형태 #재해발생원인 #감전

02 화면을 보고 재해발생형태와 재해발생원인 2가지를 쓰시오. (6점)

▶ 동영상 설명

배전반에서 작업자가 시동 버튼을 누르고 작업을 시작하는 모습을 보여준다. 재료에서 물이 흐르자 작업자가 흰 천을 들고 맨손으로 기계를 닦는 순간 감전된다.

정답

(1) 재해발생형태: 감전
(2) 재해발생원인
　　① 청소 전 전원 미차단
　　② 절연용 보호구(절연장갑 등) 미착용

#법령 #보호구 #밀폐공간 #작업자

03 화면을 보고 작업자가 착용하여야 하는 호흡용 보호구 2가지를 쓰시오. (4점)

▶ 동영상 설명

작업지휘자가 정화조 입구 밖에 서있고, 또 다른 작업자가 작업장으로 들어간다. 보호구를 착용하지 않은 작업자가 쓰러진다.

정답

① 공기호흡기
② 송기마스크

#재해위험요인 #방호장치 #둥근톱기계

04 화면을 보고 작업 중 위험요인과 기계의 방호장치 2가지를 쓰시오. (6점)

> ▶ 동영상 설명

> 보호구를 착용하지 않은 작업자가 둥근톱을 이용하여 작업 중 한눈을 팔다가 둥근톱의 톱날에 목장갑을 낀 손을 다친다. 둥근톱에는 방호장치가 없다.

정답

(1) 위험요인
　　① 개인 보호구(방진마스크 등) 미착용
　　② 방호장치 미설치
　　③ 작업상태 불량(한눈팔기)
(2) 방호장치
　　① (톱)날접촉예방장치
　　② 반발예방장치

#법령 #특수화학설비 #이상상태

05 「산업안전보건법령」상 특수화학설비를 설치하는 경우 설치하여야 하는 장치를 알맞게 쓰시오. (4점)

> ① 내부의 이상상태를 조기에 파악하기 위하여 설치하여야 하는 장치
> ② 이상상태의 발생에 따른 폭발·화재 또는 위험물의 누출을 방지하기 위하여 설치하여야 하는 장치

정답

① 자동경보장치
② 긴급차단장치

#재해위험요인 #인양 작업

06 화면을 보고 재해위험요인 3가지를 쓰시오. (6점)

> ▶ 동영상 설명

> 안전난간이 없는 비계 위에서 작업자가 하물을 올리는 모습을 보여준다. 1줄걸이로 하물을 묶어 손으로 인양하던 중 로프를 놓쳐 아래의 작업자에게로 하물이 떨어진다.

정답

① 안전난간 미설치
② 화물의 인양상태 불량(1줄걸이, 기구 미사용)
③ 작업반경 내 근로자 출입 미통제

#법령 #방호장치 #설치기준 #보일러 #압력방출장치

07 「산업안전보건법령」상 보일러의 방호장치 설치기준으로 알맞은 것을 쓰시오. (4점)

> 사업주는 보일러의 안전한 가동을 위하여 보일러 규격에 맞는 압력방출장치를 1개 또는 2개 이상 설치하고 (①) 이하에서 작동되도록 하여야 한다. 다만, 압력방출장치가 2개 이상 설치된 경우에는 (①) 이하에서 1개가 작동되고, 다른 압력방출장치는 (①)의 (②) 이하에서 작동되도록 부착하여야 한다.

정답

① 최고사용압력

② 1.05배

#재해발생요인 #크레인 #인양 작업

08 화면을 보고 재해발생요인 3가지를 쓰시오. (6점)

> ▶ **동영상 설명**
>
> 타워크레인을 이용하여 2줄걸이로 여러 개의 파이프를 인양하는 모습을 보여준다. 보조로프(유도로프)는 없고, 로프에 샤클 1개는 반대로 체결되어 있다. 안전대, 안전모를 착용하지 않은 신호수가 비계 중간에서 수신호 중 신호가 잘 이뤄지지 않아 파이프가 H빔에 부딪힌다. 이때 작업자가 손으로 받으려 하다 파이프에 맞는다.

정답

① 보조로프(유도로프) 미사용

② 작업 시 신호체계 미흡

③ 샤클 체결방향 불량

④ 개인 보호구(안전대, 안전모 등) 미착용

#법령 #작업발판 #설치구조

09 「산업안전보건법령」상 다음 장치의 구조에 대하여 알맞은 것을 쓰시오. (4점)

> ⑴ 발판재료는 작업할 때의 하중을 견딜 수 있도록 견고한 것으로 할 것
> ⑵ 작업발판의 폭은 (①)[cm] 이상으로 하고, 발판재료 간의 틈은 (②)[cm] 이하로 할 것. 다만, 외줄비계의 경우에는 고용노동부장관이 별도로 정하는 기준에 따른다.

정답

① 40

② 3

2022년 3회 기출문제

1부

#핵심위험요인 #점검 · 수리 · 청소 #배관 작업

01 화면에서 보여주는 배관 작업 시 핵심위험요인 2가지를 쓰시오. (4점)

> ▶ 동영상 설명

작업자가 증기 스팀배관의 보수를 위해 플라이어로 누출부위를 점검하고 있다. 배관을 감싸고 있는 단열재를 건드린 순간 스팀이 빠져나오며 물이 떨어져 작업자가 얼굴을 찡그린다. 작업자는 안전모를 착용하고 있으며 장갑, 보안경은 착용하지 않았다.

> 정답

① 배관 보수 작업 전 배관 내 스팀 미제거
② 개인 보호구(방열장갑, 보안경 등) 미착용

#보호구 #용접 작업

02 화면을 보고 작업자가 착용해야 할 보호구 4가지를 쓰시오. (4점)

> ▶ 동영상 설명

교류아크용접 작업 중인 작업자가 용접 작업 중 쓰러지는 장면을 보여준다. 작업자는 일반 캡 모자와 일반 장갑을 착용하고 있으며 다른 보호구는 착용하지 않았다.

> 정답

① 용접용 보안면
② 용접용 장갑
③ 용접용 앞치마
④ 용접용 안전화

#법령 #적정공기 #밀폐공간

03 적정공기에 대한 설명으로 알맞은 것을 쓰시오. (5점)

적정공기란 산소 농도의 범위가 (①)[%] 이상 (②)[%] 미만, 이산화탄소의 농도가 (③)[%] 미만, 일산화탄소 농도가 (④)[ppm] 미만, 황화수소의 농도가 (⑤)[ppm] 미만인 수준의 공기를 말한다.

> 정답

① 18
② 23.5
③ 1.5
④ 30
⑤ 10

#재해발생형태 #재해발생원인 #전동 권선기

04 **화면에 나타나는 재해발생형태와 재해발생원인 2가지를 쓰시오. (6점)**

▶ 동영상 설명

전동 권선기에 동선을 감는 작업 중 기계가 정지한다. 작업자가 기계를 열고 점검하던 중 갑자기 깜짝 놀라며 쓰러진다. 작업자는 면장갑을 착용하였고, 그 외 보호구는 착용하지 않았다.

정답

(1) 재해발생형태: 감전

(2) 재해발생원인

 ① 점검 전 정전작업 미실시

 ② 절연용 보호구(절연장갑 등) 미착용

#방호장치 #이동식 크레인

05 **이동식 크레인에 대하여 다음에 알맞은 방호장치를 쓰시오. (6점)**

> ① 권과를 방지하기 위하여 인양용 와이어로프가 일정한계 이상 감기게 되면 자동적으로 동력을 차단하고 작동을 정지시키는 장치
> ② 훅에서 와이어로프가 이탈하는 것을 방지하는 장치
> ③ 전도사고를 방지하기 위하여 장비의 측면에 부착하여 전도 모멘트에 대하여 효과적으로 지탱할 수 있도록 한 장치

정답

① 권과방지장치

② 훅 해지장치

③ 아웃트리거

#재해위험요인 #인양 작업

06 **화면을 보고 재해위험요인 2가지를 쓰시오. (4점)**

▶ 동영상 설명

굴착기 끝 버킷에 와이어로프 2줄걸이로 화물을 매달고 있다. 작업자 2명이 화물을 손으로 잡고 세우려고 하는데 화물이 계속 흔들린다. 작업자가 한 손으로 화물을 잡고, 다른 손으로 수신호를 하지만 굴착기 운전자가 잘 보지 못한다. 화물을 바닥에 세우려는 순간 로프가 탈락되면서 화물을 잡고 있던 작업자가 뒤로 넘어진다.

정답

① 보조로프(유도로프) 미사용

② 신호수 또는 작업지휘자 미배치

#유해물질 #유입경로 #법령 #특별관리물질

07 **다음 물음에 답하시오. (6점)**

(1) 유해물질이 신체로 유입되는 경로 3가지를 쓰시오.

(2) ( ) 안에 알맞은 내용을 쓰시오.

> 사업주는 근로자가 특별관리물질을 취급하는 경우에는 그 물질이 특별관리물질이라는 사실과 「산업안전보건법 시행규칙」에 따른 (①), (②), (③) 등 중 어느 것에 해당하는지에 관한 내용을 게시판 등을 통하여 근로자에게 알려야 한다.

정답

(1) ① 피부 및 점막 ② 호흡기 ③ 구강을 통한 소화기

(2) ① 발암성 물질 ② 생식세포 변이원성 물질 ③ 생식독성 물질

#재해발생원인 #드릴 작업

08 **화면을 보고 재해발생원인 2가지를 쓰시오. (4점)**

▶ 동영상 설명

보호구를 착용하지 않은 작업자가 드릴 작업을 하고 있다. 손으로 작은 물체를 잡고 구멍을 뚫는데, 물체가 흔들리며 이탈한다.

정답

① 개인 보호구(보안경, 방진마스크 등) 미착용

② 물건을 바이스, 클램프 등으로 고정하지 않음

#조치사항 #인화성 물질 #정전기에 의한 화재·폭발

09 **화면에 나타나는 장소에서 인체에 대전된 정전기에 의한 화재 또는 폭발 위험이 있는 경우 조치사항 3가지를 쓰시오. (6점)**

▶ 동영상 설명

인화성 물질 저장창고에 인화성 물질을 저장한 드럼이 여러 개 있고 한 작업자가 인화성 물질이 든 운반용 캔을 운반하는 모습이 보인다.

정답

① 정전기 대전방지용 안전화 착용

② 제전복 착용

③ 정전기 제전용구 사용

④ 작업장 바닥에 도전성 부여

2부

#작업계획서 #작성 시기 #차량계 하역운반기계

01 **차량계 하역운반기계 등을 사용하는 작업 시 작업계획서를 작성해야 하는 시기 2가지를 쓰시오.(단, 일상작업 시 최초 작업개시 전에 작성하는 경우는 제외한다.) (4점)**

정답

① 작업장 내 구조·설비 및 작업방법 변경 시

② 작업장소 또는 화물 상태 변경 시

③ 지게차 등 장비 및 장비 운전자 변경 시

#재해위험요인 #크레인 #인양 작업

02 **화면을 보고 재해위험요인 3가지를 쓰시오. (6점)**

▶ 동영상 설명

화면은 천장크레인을 이용한 화물 인양 작업을 보여준다. 화물은 유도로프가 없고 1줄걸이로 연결되어 있으며 훅에 훅 해지장치가 없다. 작업자는 한 손으로 스위치를 조작하며 다른 한 손에는 배관을 잡고 있다. 작업자가 바닥의 부품에 걸려 넘어지는 장면과 화물이 추락하는 장면을 보여준다.

정답

① 훅 해지장치 미사용

② 보조로프(유도로프) 미사용

③ 화물의 인양상태 불량(1줄걸이)

④ 작업장 정리 상태 불량

#보호구 #충전전로 #활선전로

03 **충전전로 또는 그 인근에서의 작업 시 근로자가 착용해야 하는 절연용 보호구 3가지를 쓰시오. (4점)**

정답

① 내전압용 절연장갑

② 절연장화

③ 안전모(AE종, ABE종)

#법령 #밀폐공간 #작업 프로그램

04 사업주가 수립·시행해야 하는 밀폐공간 작업 프로그램의 내용 3가지를 쓰시오.(단, 그 밖의 밀폐공간 작업 근로자의 건강장해 예방에 관한 사항은 제외한다.) (6점)

정답

① 사업장 내 밀폐공간의 위치 파악 및 관리 방안

② 밀폐공간 내 질식·중독 등을 일으킬 수 있는 유해·위험 요인의 파악 및 관리 방안

③ 밀폐공간 작업 시 사전 확인이 필요한 사항에 대한 확인 절차

④ 안전보건교육 및 훈련

#법령 #작업시작 전 점검사항 #이동식 크레인

05 화면에 나타나는 양중기를 사용하여 작업 시 「안전보건규칙」에 따른 작업시작 전 점검사항 3가지를 쓰시오. (5점)

▶ 동영상 설명

이동식 크레인 붐대 와이어로프로 화물을 매달아 올리는 작업을 보여주고 있다. 와이어로프와 훅, 신호수, 지반의 상태 등 전체적인 작업 장면을 보여준다.

정답

① 권과방지장치나 그 밖의 경보장치의 기능

② 브레이크·클러치 및 조정장치의 기능

③ 와이어로프가 통하고 있는 곳 및 작업장소의 지반상태

#안전작업수칙 #밀폐공간 #열풍기

06 화면에 나타나는 작업 시 안전작업수칙 3가지를 쓰시오. (6점)

▶ 동영상 설명

작업자들이 밀폐된 공간에서 콘크리트를 타설하는 작업을 보여준다. 한 작업자가 콘크리트 양생을 위해 열풍기를 작동시킨다.

정답

① 관리감독자의 지휘 감독에 따라 출입

② 호흡용 보호구 착용

③ 산소 및 유해가스 농도를 측정하여 안전성 확인 후 출입

④ 질식 및 중독사고 방지를 위해 환기설비 설치

⑤ 전기 기계기구 접지 및 누전차단기 등의 기능 점검으로 감전 방지 조치

⑥ 화재 예방 조치 및 소화기 비치

#법령 #준수사항 #가설통로
07 다음은 가설통로를 설치하는 경우 준수하여야 할 사항이다. 알맞은 것을 쓰시오. (4점)

⑴ 견고한 구조로 할 것

⑵ 경사는 (　①　)° 이하로 할 것. 다만, 계단을 설치하거나 높이 2[m] 미만의 가설통로로서 튼튼한 손잡이를 설치한 경우에는 그러하지 아니하다.

⑶ 경사가 (　②　)°를 초과하는 경우에는 미끄러지지 아니하는 구조로 할 것

⑷ 추락할 위험이 있는 장소에는 안전난간을 설치할 것. 다만, 작업상 부득이한 경우에는 필요한 부분만 임시로 해체할 수 있다.

⑸ 수직갱에 가설된 통로의 길이가 15[m] 이상인 경우에는 10[m] 이내마다 계단참을 설치할 것

⑹ 건설공사에 사용하는 높이 8[m] 이상인 비계다리에는 7[m] 이내마다 계단참을 설치할 것

정답

① 30

② 15

#불안전한 요소 #용접 작업 #가스 용기
08 화면을 보고 작업장의 불안전한 요소 3가지를 쓰시오.(단, 작업자의 불안전한 행동은 제외한다.) (6점)

▶ **동영상 설명**

작업자가 가스 용기와 멀리 떨어진 곳에서 용접 작업을 하고 있다. 작업 중 눕혀져 있는 용기에 연결된 호스를 당기다가 호스가 용기와 분리되며 화재가 발생한다. 작업장 바닥에는 여러 자재가 흩어져 있고, 소화기는 보이지 않는다.

정답

① 가스 용기가 바닥에 눕혀져 있다.

② 소화기를 비치하지 않았다.

③ (용접불티 비산방지덮개, 용접방화포 등)불꽃, 불티 등 비산방지조치가 미흡하다.

#법령 #조치사항 #중량물 들어올리는 작업
09 화면과 같이 중량물을 들어올리는 작업을 할 때 조치사항으로 알맞은 것을 쓰시오.(단, 순서는 고려하지 않는다.) (4점)

▶ **동영상 설명**

작업자 2명이 소형 모터를 슬링벨트 1줄걸이로 긴 막대에 걸어 어깨메기로 이동한다. 계단을 오르다가 슬링벨트가 고정이 되지 않아 미끄러져 뒤에 있던 작업자가 균형을 잃고 쓰러진다.

사업주는 근로자가 취급하는 물품의 (　　　)·(　　　)·(　　　)·(　　　) 등 인체에 부담을 주는 작업의 조건에 따라 작업시간과 휴식시간 등을 적정하게 배분하여야 한다.

정답

중량, 취급빈도, 운반거리, 운반속도

3부

#지게차 #안정도

01 지게차의 안정도에 대한 설명이다. 알맞은 것을 쓰시오. (6점)

(1) 지게차는 다음에 해당하는 지면에서 중심선이 지면의 기울어진 방향과 평행할 경우 앞이나 뒤로 넘어지지 아니하여야 한다.
   ① 지게차의 최대하중상태에서 포크를 가장 높이 올린 경우 기울기가 (㉠)(지게차의 최대하중이 5[ton] 이상인 경우에는 (㉡)인 지면
   ② 지게차의 기준 부하상태에서 주행할 경우 기울기가 (㉢)인 지면
(2) 지게차는 다음에 해당하는 지면에서 중심선이 지면의 기울어진 방향과 직각으로 교차할 경우 옆으로 넘어지지 아니하여야 한다.
   ① 지게차의 최대하중상태에서 포크를 가장 높이 올리고 마스트를 가장 뒤로 기울인 경우 기울기가 (㉣)인 지면
   ② 지게차의 기준 무부하상태에서 주행할 경우 구배가 지게차의 최고주행속도에 1.1을 곱한 후 15를 더한 값인 지면. 다만, 규격이 5,000[kg] 미만인 경우에는 최대 기울기가 100분의 50, 5,000[kg] 이상인 경우에는 최대 기울기가 100분의 40인 지면을 말한다.

정답

㉠ 100분의 4
㉡ 100분의 3.5
㉢ 100분의 18
㉣ 100분의 6

#재해위험요인 #용접 작업 #인화성 물질

02 화면에 나타나는 작업 시 위험요인 3가지를 쓰시오. (6점)

▶ **동영상 설명**

용접용 보호구를 착용한 작업자가 혼자서 피복아크용접을 하고 있다. 주위에 인화성 물질 경고가 붙은 빨간색 드럼통이 보이고, 작업장 바닥이 정돈되어 있지 않다. 한 손으로 용접기를 지탱하고, 다른 손으로 작업봉을 받친 채 용접한다. 용접 중에 발생한 불꽃이 사방으로 튄다.

정답

① 작업자 주변에 인화성 물질 방치
② 작업장 정리상태 불량
③ (용접불티 비산방지덮개, 용접방화포 등)불꽃, 불티 등 비산방지조치 미흡

#법령 #조치사항 #충전전로 #전기 작업

03 충전전로에서의 전기 작업 중 조치사항에 대한 설명이다. 알맞은 것을 쓰시오. (4점)

(1) 충전전로를 취급하는 근로자에게 그 작업에 적합한 (①)를 착용시킬 것

(2) 충전전로에 근접한 장소에서 전기 작업을 하는 경우에는 해당 전압에 적합한 (②)를 설치할 것. 다만, 저압인 경우에는 전기 작업자가 (①)를 착용하되, 충전전로에 접촉할 우려가 없는 경우에는 (②)를 설치하지 아니할 수 있다.

(3) 고압 및 특별고압의 전로에서 전기 작업을 하는 근로자에게 활선 작업용 기구 및 장치를 사용하도록 할 것

(4) 근로자가 (②)의 설치·해체작업을 하는 경우에는 (①)를 착용하거나 활선 작업용 기구 및 장치를 사용하도록 할 것

(5) 유자격자가 아닌 근로자가 충전전로 인근의 높은 곳에서 작업할 때에 근로자의 몸 또는 긴 도전성 물체가 방호되지 않은 충전전로에서 대지전압이 50[kV] 이하인 경우에는 (③)[cm] 이내로, 대지전압이 50[kV]를 넘는 경우에는 10[kV]당 10[cm]씩 더한 거리 이내로 각각 접근할 수 없도록 할 것

정답

① 절연용 보호구

② 절연용 방호구

③ 300

#법령 #준수사항 #말비계

04 말비계를 조립하여 사용하는 경우 사업주의 준수사항에 대해 알맞은 것을 쓰시오. (4점)

(1) 지주부재의 하단에는 미끄럼 방지장치를 하고, 근로자가 양측 끝부분에 올라서서 작업하지 않도록 할 것

(2) 지주부재와 수평면과의 기울기를 (①)° 이하로 하고, 지주부재와 지주부재 사이를 고정시키는 (②)를 설치할 것

(3) 말비계의 높이가 2[m]를 초과할 경우에는 작업발판의 폭을 40[cm] 이상으로 할 것

정답

① 75

② 보조부재

#법령 #안전장치 #차량계 건설기계

05 화면에 나타나는 재해를 방지하기 위하여 사업주가 해당 작업에 종사하는 근로자에게 사용하도록 해야 하는 장치 2가지를 쓰시오. (4점)

> ▶ 동영상 설명

건설현장에서 덤프트럭의 적재함을 올리고 실린더 유압장치 밸브를 수리하던 중 트럭의 붐, 암이 갑자기 내려오면서 재해가 발생한다.

> 정답

① 안전지지대
② 안전블록

#재해위험요인 #크레인

06 화면을 보고 재해위험요인 4가지를 쓰시오. (4점)

> ▶ 동영상 설명

크레인으로 베어링이 담긴 상자를 액체에 담궜다가 올려서 뺀다. 조종기의 전선이 세척조에 잠긴다. 작업자는 고무장갑과 고무장화를 착용하고 안전모와 마스크는 착용하지 않은 채 담배를 피우면서 한 손으로는 크레인 조작 스위치를 조작하다가 상자가 걸린 훅을 잡는다. 훅 해지장치는 보이지 않는다.

> 정답

① 훅 해지장치 미사용
② 개인 보호구(마스크 등) 미착용
③ 작업상태 불량(흡연 등)
④ 작업지휘자 부재

#재해위험요인 #개구부(피트)

07 화면을 보고 재해위험요인 3가지를 쓰시오. (6점)

> ▶ 동영상 설명

승강기 피트 내부에서 안전핀을 망치로 제거하던 중 작업자가 추락하였다. 작업발판은 나무로 되어 있고 승강기 피트 입구에 안전난간이 있지만 작업반경 주위에는 없다.

> 정답

① 피트 내부에 추락방호망 미설치
② 개구부(피트) 단부 안전난간 미설치
③ 안전대 및 안전대 부착설비 미사용

#안전대 #부품 #벨트 #정하중

08 「보호구 안전인증 고시」상 안전대 부품 중 벨트의 치수 및 정하중에 대해 알맞은 것을 쓰시오.(단, U자걸이로 사용할 수 있는 안전대는 제외한다.) (5점)

---

(1) 너비: (①)[mm] 이상

(2) 두께: (②)[mm] 이상

(3) 정하중: (③)[kN] 이상

정답

① 50

② 2

③ 15

#법령 #방호장치 #리프트

09 건설용 리프트의 방호장치 3가지를 쓰시오. (6점)

정답

① 과부하방지장치

② 권과방지장치

③ 비상정지장치

④ 제동장치

2021년 1회 기출문제

1부

#법령 #작업시작 전 점검사항 #이동식 크레인

01 화면에 나타나는 양중기를 사용하여 작업 시 「안전보건규칙」에 따른 작업시작 전 점검사항 3가지를 쓰시오. (6점)

> ▶ 동영상 설명

이동식 크레인 붐대 와이어로프로 화물을 매달아 올리는 작업을 보여주고 있다. 와이어로프와 훅, 신호수, 지반의 상태 등 전체적인 작업 장면을 보여준다.

> 정답

① 권과방지장치나 그 밖의 경보장치의 기능
② 브레이크·클러치 및 조정장치의 기능
③ 와이어로프가 통하고 있는 곳 및 작업장소의 지반상태

#재해발생원인 #교량 하부

02 화면을 보고 재해발생원인 2가지를 쓰시오. (4점)

> ▶ 동영상 설명

안전대를 착용하지 않은 작업자가 교량 하부 점검 작업 중에 추락한다. 교량에는 추락방지 시설물이나 작업발판이 설치되어 있지 않다.

> 정답

① 작업발판 미설치
② 안전대 및 안전대 부착설비 미사용
③ 추락방호망 미설치

#재해위험요인 #안전대책 #롤러기

03 화면을 보고 작업자 행동의 위험요인 및 안전대책을 각각 2가지씩 쓰시오. (6점)

▶ **동영상 설명**

작업자가 가동 중인 롤러기의 전원 차단 스위치를 꺼 정지시킨 후 내부 수리를 하던 중 다시 롤러기를 가동시켜 내부의 이물질을 면장갑을 착용한 손으로 제거하다 손이 롤러기에 말려 들어간다.

정답

(1) 위험요인

　① 회전기계 작업 중 (말려들기 쉬운)장갑 착용

　② 점검 전 전원 미차단

　③ 방호장치 미설치

(2) 안전대책

　① 회전기계 취급 시 (말려들기 쉬운)장갑을 착용하지 않는다.

　② 점검·수리 시 전원 차단 후 작업한다.

　③ 롤러기에 방호장치를 설치한다.

#안전작업수칙 #밀폐공간

04 화면을 보고, 밀폐공간 작업 시 안전작업수칙 3가지를 쓰시오. (6점)

▶ **동영상 설명**

탱크 내부의 밀폐된 공간에서 작업자가 그라인더 작업을 하고 있고, 다른 작업자가 외부에 설치된 국소배기장치를 발로 차 전원공급이 차단되어 내부 작업자가 의식을 잃고 쓰러진다.

정답

① 산소 및 유해가스 농도 측정 후 작업을 시작한다.

② 작업 전 및 작업 중에도 계속 환기한다.

③ 작업자는 (공기공급식)호흡용 보호구를 착용한다.

④ 감시인을 배치하여 작업자와 수시로 연락한다.

#법령 #준수사항 #이동식 비계

05 이동식 비계 설치 시 준수사항 3가지를 쓰시오. (6점)

정답

① 이동식 비계의 바퀴에는 뜻밖의 갑작스러운 이동 또는 전도를 방지하기 위하여 브레이크·쐐기 등으로 바퀴를 고정시킨 다음 비계의 일부를 견고한 시설물에 고정하거나 아웃트리거(Outrigger, 전도방지용 지지대)를 설치하는 등 필요한 조치를 할 것

② 승강용 사다리는 견고하게 설치할 것

③ 비계의 최상부에서 작업을 하는 경우에는 안전난간을 설치할 것

④ 작업발판은 항상 수평을 유지하고 작업발판 위에서 안전난간을 딛고 작업을 하거나 받침대 또는 사다리를 사용하여 작업하지 않도록 할 것

⑤ 작업발판의 최대적재하중은 250[kg]을 초과하지 않도록 할 것

#법령 #조치사항 #용융고열물

06 「안전보건규칙」에 따라 용융고열물을 취급하는 설비를 내부에 설치한 건축물에 대하여 수증기 폭발을 방지하기 위하여 사업주가 해야 하는 조치 2가지를 쓰시오. (4점)

정답

① 바닥은 물이 고이지 아니하는 구조로 할 것

② 지붕·벽·창 등은 빗물이 새어들지 아니하는 구조로 할 것

#법령 #작업계획서 #중량물 취급

07 「안전보건규칙」에 따라 중량물 취급 작업 시 작업계획서에 포함해야 하는 내용 3가지를 쓰시오. (6점)

정답

① 추락위험을 예방할 수 있는 안전대책　　② 낙하위험을 예방할 수 있는 안전대책

③ 전도위험을 예방할 수 있는 안전대책　　④ 협착위험을 예방할 수 있는 안전대책

⑤ 붕괴위험을 예방할 수 있는 안전대책

#법령 #조치사항 #충전전로

08 충전전로에서의 전기 작업 중 조치사항에 대하여 알맞은 것을 쓰시오. (2점)

> ① 충전전로를 취급하는 근로자에게 그 작업에 적합한 (   )를 착용시킬 것
>
> ② 충전전로에 근접한 장소에서 전기 작업을 하는 경우에는 해당 전압에 적합한 (   )를 설치할 것

정답

① 절연용 보호구

② 절연용 방호구

#위험점 #선반 작업 #회전부위

09 화면에 나타나는 재해의 위험점과 정의를 쓰시오. (5점)

▶ 동영상 설명

작업자가 회전물에 샌드페이퍼를 감고 손으로 지지하여 작업을 하다 장갑을 낀 손이 회전부에 말려 들어가는 재해가 발생한다.

정답

① 위험점: 회전말림점

② 위험점의 정의: 회전하는 물체의 회전부위에 장갑, 작업복 등이 말려드는 위험점

2부

#법령 #작업시작 전 점검사항 #컨베이어

01 화면에 나타나는 기계의 「산업안전보건법령」상 작업시작 전 점검사항 3가지를 쓰시오. (6점)

▶ 동영상 설명

정지된 컨베이어를 작업자가 점검하고 있다. 작업자가 점검 중일 때 다른 작업자가 전원 스위치의 전원버튼을 눌러 점검 중이던 작업자가 벨트에 손이 끼이는 재해를 당한다.

정답

① 원동기 및 풀리 기능의 이상 유무

② 이탈 등의 방지장치 기능의 이상 유무

③ 비상정지장치 기능의 이상 유무

④ 원동기 · 회전축 · 기어 및 풀리 등의 덮개 또는 울 등의 이상 유무

#불안전한 행동 #점검 · 수리 · 청소 #둥근톱기계

02 화면을 보고 작업자의 불안전한 행동 3가지를 쓰시오. (6점)

▶ 동영상 설명

보호구를 착용하지 않은 작업자가 둥근톱을 이용하여 대리석을 자르는 작업을 하고 있다. 작업 중 좌측 둥근톱이 정지되자 면장갑을 낀 손으로 대리석 위 가루를 털고 톱날을 만져본다. 반대편 둥근톱은 여전히 작동 중이다.

정답

① 개인 보호구(보안경, 방진마스크 등) 미착용

② (이물질 제거 시)전용공구(수공구) 미사용

③ 점검 전 전원 미차단

#불안전한 행동 #재해발생형태 #주유 중

03 화면에 나타나는 불안전한 행동을 자세히 쓰고, 재해발생형태를 쓰시오. (4점)

▶ 동영상 설명

작업자가 시동이 걸린 지게차에 주유를 하고 있다. 주유 중 다른 작업자와 흡연을 하며 이야기를 나누다가 폭발이 발생한다.

정답

(1) 불안전한 행동

① 인화성 물질이 있는 곳에서 담배를 피우고 있다.

② 지게차에 시동이 걸려있어 임의동작 또는 오동작 위험이 있다.

(2) 재해발생형태: 폭발

#재해발생원인 #개구부(피트)

04 화면을 보고 재해의 발생원인 3가지를 쓰시오. (6점)

> ▶ 동영상 설명

작업자가 엘리베이터 피트 주변에서 작업 중 발을 헛디뎌 피트 단부로 추락한다.

정답

① 피트 내부에 추락방호망 미설치
② 개구부(피트) 단부 안전난간 미설치
③ 안전대 및 안전대 부착설비 미사용

#재해발생형태 #유해물질

05 화면을 보고 재해발생형태와 그 정의를 쓰시오. (5점)

> ▶ 동영상 설명

실험실에서 작업자가 황산을 비커에 따르다가 손에 묻는다.

정답

① 재해발생형태: 유해 · 위험물질 노출 · 접촉
② 정의: 유해 · 위험물질에 노출 · 접촉 또는 흡입하였거나 독성동물에 쏘이거나 물린 경우

#법령 #준수사항 #이동식 비계

06 이동식 비계 설치 시 준수사항 3가지를 쓰시오. (6점)

정답

① 이동식 비계의 바퀴에는 뜻밖의 갑작스러운 이동 또는 전도를 방지하기 위하여 브레이크 · 쐐기 등으로 바퀴를 고정시킨 다음 비계의 일부를
    견고한 시설물에 고정하거나 아웃트리거(Outrigger, 전도방지용 지지대)를 설치하는 등 필요한 조치를 할 것
② 승강용 사다리는 견고하게 설치할 것
③ 비계의 최상부에서 작업을 하는 경우에는 안전난간을 설치할 것
④ 작업발판은 항상 수평을 유지하고 작업발판 위에서 안전난간을 딛고 작업을 하거나 받침대 또는 사다리를 사용하여 작업하지 않도록 할 것
⑤ 작업발판의 최대적재하중은 250[kg]을 초과하지 않도록 할 것

#재해발생형태 #재해발생원인 #전동 권선기

07 화면에 나타난 재해발생형태와 재해발생원인 2가지를 쓰시오. (4점)

> ▶ 동영상 설명

전동 권선기에 동선을 감는 작업 중 기계가 정지한다. 면장갑을 착용한 작업자가 기계를 열고 점검하던 중 갑자기 깜짝 놀라며 쓰러진다.

정답

(1) 재해발생형태: 감전
(2) 재해발생원인
    ① 절연용 보호구(절연장갑 등) 미착용   ② 점검 전 정전작업 미실시

#보호구 #화학약품

08 화면을 보고 작업자가 착용해야 할 보호구 4가지를 쓰시오. (4점)

> ▶ 동영상 설명
>
> 작업자가 화학약품을 사용하여 자동차 부품(브레이크 라이닝)을 세척하는 작업 과정을 보여준다. 세정제가 바닥에 흘어져 있으며, 고무장화 등을 착용하지 않고 작업을 하고 있다.

정답

① 보안경

② 불침투성 보호복

③ 불침투성 보호장화

④ 불침투성 보호장갑

⑤ 유기화합물용 방독마스크

#법령 #준수사항 #가설통로

09 다음은 가설통로를 설치하는 경우 준수하여야 할 사항이다. 알맞은 것을 쓰시오. (4점)

(1) 견고한 구조로 할 것

(2) 경사는 (①)° 이하로 할 것. 다만, 계단을 설치하거나 높이 2[m] 미만의 가설통로로서 튼튼한 손잡이를 설치한 경우에는 그러하지 아니하다.

(3) 경사가 (②)°를 초과하는 경우에는 미끄러지지 아니하는 구조로 할 것

(4) 추락할 위험이 있는 장소에는 안전난간을 설치할 것. 다만, 작업상 부득이한 경우에는 필요한 부분만 임시로 해체할 수 있다.

(5) 수직갱에 가설된 통로의 길이가 15[m] 이상인 경우에는 10[m] 이내마다 계단참을 설치할 것

(6) 건설공사에 사용하는 높이 8[m] 이상인 비계다리에는 7[m] 이내마다 계단참을 설치할 것

정답

① 30

② 15

3부

#재해발생요인 #지게차

01 화면을 보고 재해발생요인 2가지를 쓰시오. (4점)

> ▶ 동영상 설명

운전자가 지게차에 화물을 급히 쌓아 올려 운반하던 중 지게차 앞을 지나가던 작업자와 부딪히고 화물이 떨어지며 작업자가 쓰러진다.

> 정답

① 물건의 적재불량(과적)으로 인한 운전자의 시야 불충분

② 지게차의 운행 경로상 근로자 출입 미통제

③ 물건 적재 시 로프 등 미사용(불안정한 적재)

#재해발생원인 #활선전로

02 화면에 나타나는 재해의 발생원인 2가지를 쓰시오. (4점)

> ▶ 동영상 설명

항타기·항발기 장비로 땅을 파고 콘크리트 전주 세우기 작업 도중에 항타기에 고정된 전주가 조금 불안정한 듯 싶더니 조금씩 돌아가서 항타기로 전주를 조금 움직이는 순간 인접한 고압활선전로에 접촉되어서 스파크가 일어난다.

> 정답

① (작업 장소 인접 충전전로에)절연용 방호구 미설치

② 울타리 미설치 및 감시인 미배치

③ (충전전로 인근 작업 시)이격거리 미준수

#법령 #적정공기 #밀폐공간

03 적정공기에 대한 설명으로 알맞은 것을 쓰시오. (5점)

적정공기란 산소 농도의 범위가 (①)[%] 이상 (②)[%] 미만, 이산화탄소의 농도가 (③)[%] 미만, 일산화탄소 농도가 (④)[ppm] 미만, 황화수소의 농도가 (⑤)[ppm] 미만인 수준의 공기를 말한다.

> 정답

① 18

② 23.5

③ 1.5

④ 30

⑤ 10

#재해예방대책 #인양 작업 #낙하·비래

04 화면을 보고 화물의 낙하·비래 위험을 방지하기 위한 재해예방대책 3가지를 쓰시오. (6점)

▶ 동영상 설명

작업자가 크레인을 이용하여 비계를 운반하고 있다. 보조로프 없이 와이어로프로 한 번 둘러 인양하던 중 신호수 간에 신호 방법이 맞지 않아 물체가 흔들리며 철골에 부딪힌 뒤 아래로 떨어진다.

정답
① 보조로프(유도로프) 사용
② 신호방법을 정하고 신호수의 신호에 따라 작업
③ 훅의 해지장치 점검
④ 화물이 빠지지 않도록 점검

#재해방지대책 #개구부(피트)

05 화면을 보고 재해방지대책 3가지를 쓰시오. (6점)

▶ 동영상 설명

작업자가 개구부 근처에서 작업하던 중 발을 헛디뎌 피트 아래로 추락한다.

정답
① 피트 내부에 추락방호망 설치
② 피트에 방호장치(안전난간, 울타리 등) 설치
③ 안전대 착용 및 안전대 부착설비 설치

#법령 #준수사항 #크레인

06 「안전보건규칙」상 타워크레인 작업 시 준수하여야 하는 사항 3가지를 쓰시오. (6점)

정답
① 인양할 하물을 바닥에서 끌어당기거나 밀어내는 작업을 하지 아니할 것
② 미리 근로자의 출입을 통제하여 인양 중인 하물이 작업자의 머리 위로 통과하지 않도록 할 것
③ 인양할 하물이 보이지 않는 경우에는 어떠한 동작도 하지 아니할 것(신호하는 사람에 의하여 작업을 하는 경우 제외)
④ 타워크레인마다 근로자와 조종 작업자 간에 신호수를 각각 두도록 할 것

#방호장치 #롤러기 #설치 위치

07 롤러기의 방호장치(급정지장치)의 종류별 설치 위치를 쓰시오. (6점)

정답

① 손조작식: 밑면에서 1.8[m] 이내
② 복부조작식: 밑면에서 0.8[m] 이상 1.1[m] 이내
③ 무릎조작식: 밑면에서 0.6[m] 이내

#재해발생요인 #점검·수리·청소 #드릴 작업

08 화면을 보고 영상에 나타나는 문제점 2가지를 쓰시오. (4점)

▶ 동영상 설명

면장갑을 착용한 작업자가 드릴 작업 중인 모습을 보여준다. 작업자는 드릴 작업을 하면서 이물질을 입으로 불어 제거하고, 동시에 손으로 제거하려다 회전하는 날에 손을 다친다.

정답

① 전용공구(브러시 등) 미사용
② 청소 전 전원 미차단
③ (말려들기 쉬운)장갑 착용

#방호장치 #휴대용 연삭기

09 휴대용 연삭기의 방호장치와, 숫돌의 노출 각도를 쓰시오. (4점)

정답

① 방호장치: 덮개
② 노출 각도: 180° 이내

2021년 2회 기출문제

1부

#재해예방대책 #감전 #습윤장소
01 화면을 보고 감전사고 예방을 위한 안전대책 3가지를 쓰시오. (6점)

▶ **동영상 설명**

절연장갑을 착용한 작업자가 강재에 물을 뿌리며 휴대용 연마기로 연마작업을 하고 있다. 푸른색 전류가 작업자 손 주변을 타고 나간다. 작업장 주변에는 물이 고여 있으며 전선의 연결부가 젖은 바닥에 놓여있다.

정답

① 습윤상태(또는 장소)에서 사용하는 전선은 충분한 절연효과가 있는 것을 사용
② 전원 측에 (감전방지용)누전차단기 설치
③ 전선을 접속하는 경우 해당 전선의 절연성능 이상으로 충분히 피복 또는 적합한 접속기구 사용

#재해발생원인 #안전대책 #롤러기
02 화면을 보고 재해원인과 그 대책을 각각 2가지씩 쓰시오. (4점)

▶ **동영상 설명**

작업자가 스패너로 롤러기의 볼트를 조인다. 롤러기의 전원을 켠 뒤 면장갑을 착용한 채 입으로 이물질을 불어내며 손으로 롤러기 안의 이물질을 제거하다가 회전 중인 롤러기에 손이 물려 들어간다.

정답

(1) 재해원인
　　① 회전기계 작업 중 (말려들기 쉬운)장갑 착용
　　② 점검 전 전원 미차단
　　③ 방호장치 미설치
(2) 안전대책
　　① 회전기계 취급 시 (말려들기 쉬운)장갑을 착용하지 않는다.
　　② 점검·수리 시 전원 차단 후 작업한다.
　　③ 롤러기에 방호장치를 설치한다.

#재해발생원인 #건설현장 #추락
03 화면을 보고 재해원인 2가지를 쓰시오. (4점)

▶ **동영상 설명**

아파트 건설 공사장에서 두 명의 작업자가 각각 창틀, 처마 위에서 작업 중인 모습을 보여준다. 창틀의 작업자가 다른 작업자에게 작업발판을 넘겨주고 옆 처마로 이동하던 중 추락하였다. 현장에는 추락방호망, 안전대, 안전난간 등이 없다.

정답

① 안전대 및 안전대 부착설비 미사용　　　　② 추락방호망 미설치
③ 안전난간 미설치

#재해위험요인 #선반 작업

04 화면을 보고 안전준수사항을 지키지 않고 작업할 때 일어날 수 있는 재해요인 2가지를 쓰시오. (4점)

▶ 동영상 설명

작업자가 선반에서 샌드페이퍼로 작업을 하고 있다. 한 손으로 기계를 잡고 다른 손으로 샌드페이퍼를 지지하며 작업 중 곁눈질로 다른 곳을 보고 있다. 회전부에는 덮개가 설치되어 있지 않다.

정답

① 불안정한 작업자세(샌드페이퍼를 손으로 지지) ② 작업에 집중하지 못하고 있음
③ 방호장치(덮개) 미설치

#재해발생형태 #재해발생원인 #전동 권선기

05 화면에 나타나는 재해발생형태와 재해발생원인 2가지를 쓰시오. (6점)

▶ 동영상 설명

전동 권선기에 동선을 감는 작업 중 기계가 정지한다. 작업자가 기계를 열고 점검하던 중 갑자기 깜짝 놀라며 쓰러진다. 작업자는 면장갑을 착용하였고, 그 외 보호구는 착용하지 않았다.

정답

(1) 재해발생형태: 감전
(2) 재해발생원인
　　① 점검 전 정전작업 미실시
　　② 절연용 보호구(절연장갑 등) 미착용

#보호구 #에어 컴프레셔

06 화면의 기계를 이용한 작업 시 작업자가 착용하여야 하는 보호구 3가지를 쓰시오. (6점)

▶ 동영상 설명

작업자가 개폐기함 근처에서 에어 컴프레셔를 이용해 먼지를 청소하고 있다. 바닥을 확인하며 작업을 하다 눈을 감싸며 아파한다.

정답

① 보안경 ② 방진마스크
③ 방음용 귀마개 · 귀덮개

#재해발생요인 #변전실 #변압기

07 화면을 보고 재해발생요인 3가지를 쓰시오. (3점)

▶ 동영상 설명

작업자가 변압기의 2차 전압을 측정하기 위해 변전실 밖의 작업자에게 전원을 투입하라는 신호를 보낸다. 측정 완료 후 다시 전원 차단 신호를 보내고 측정기기를 철거하다 감전사고가 발생한다. 변전실 안의 작업자는 보호구를 착용하지 않았다.

정답

① 절연용 보호구(절연장갑 등) 미착용
② 신호전달체계 불량
③ 작업자 안전수칙 미준수(활선 및 정전상태 미확인 후 작업)

#법령 #준수사항 #이동식 비계

08 이동식 비계 설치 시 준수사항 3가지를 쓰시오. (6점)

정답

① 이동식 비계의 바퀴에는 뜻밖의 갑작스러운 이동 또는 전도를 방지하기 위하여 브레이크 · 쐐기 등으로 바퀴를 고정시킨 다음 비계의 일부를 견고한 시설물에 고정하거나 아웃트리거(Outrigger, 전도방지용 지지대)를 설치하는 등 필요한 조치를 할 것
② 승강용 사다리는 견고하게 설치할 것
③ 비계의 최상부에서 작업을 하는 경우에는 안전난간을 설치할 것
④ 작업발판은 항상 수평을 유지하고 작업발판 위에서 안전난간을 딛고 작업을 하거나 받침대 또는 사다리를 사용하여 작업하지 않도록 할 것
⑤ 작업발판의 최대적재하중은 250[kg]을 초과하지 않도록 할 것

#법령 #준수사항 #크레인

09 「안전보건규칙」상 타워크레인 작업 시 준수하여야 하는 사항 3가지를 쓰시오. (6점)

정답

① 인양할 하물을 바닥에서 끌어당기거나 밀어내는 작업을 하지 아니할 것
② 미리 근로자의 출입을 통제하여 인양 중인 하물이 작업자의 머리 위로 통과하지 않도록 할 것
③ 인양할 하물이 보이지 않는 경우에는 어떠한 동작도 하지 아니할 것(신호하는 사람에 의하여 작업을 하는 경우 제외)
④ 타워크레인마다 근로자와 조종 작업자 간에 신호수를 각각 두도록 할 것

2부

#보호구 #섬유공장

01 화면을 보고 작업자가 착용해야 할 보호구 3가지를 쓰시오. (3점)

▶ 동영상 설명

섬유공장에서 실을 감는 기계가 돌아가고 있다. 일반모자를 쓴 작업자가 목장갑만 끼고 기계를 만지고, 손으로 먼지를 닦아낸다. 작업자의 찡그린 맨얼굴을 집중적으로 보여준다.

정답

① 보안경
② 방진마스크
③ 방음용 귀마개 · 귀덮개

#재해발생요인 #전주 작업

02 화면을 보고 재해발생요인 2가지를 쓰시오. (4점)

▶ 동영상 설명

작업자가 안전대를 체결하지 않고 전주에 올라가 볼트로 된 작업발판을 딛고 변압기 볼트를 조이는 작업을 하다 발을 헛디뎌 추락한다.

정답

① 불안정한 작업발판
② 안전대 및 안전대 부착설비 미사용

#재해위험요인 #크레인 #인양 작업

03 화면을 보고 재해위험요인 3가지를 쓰시오. (6점)

▶ 동영상 설명

화면은 천장크레인을 이용한 화물 인양 작업을 보여준다. 화물은 유도로프가 없고 1줄걸이로 연결되어 있으며 훅에 훅 해지장치가 없다. 작업자는 한 손으로 스위치를 조작하며 다른 한 손에는 배관을 잡고 있다. 작업자가 바닥의 부품에 걸려 넘어지는 장면과 화물이 추락하는 장면을 보여준다.

정답

① 훅 해지장치 미사용
② 보조로프(유도로프) 미사용
③ 화물의 인양상태 불량(1줄걸이)
④ 작업장 정리 상태 불량

#방호장치 #컨베이어 #선반 #그라인더

04 다음 기계·기구의 방호장치를 1가지씩 쓰시오. (6점)

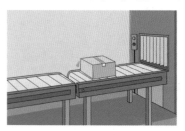

(1) 컨베이어 벨트

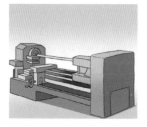

(2) 선반 축(샤프트)

(3) 그라인더(휴대용 연삭기)

정답

(1) 비상정지장치, 덮개, 울

(2) 덮개, 울, 칩비산방지판

(3) 덮개

#재해발생요인 #지게차

05 화면에 나타나는 재해발생요인 3가지를 쓰시오. (6점)

▶ 동영상 설명

납품시간이 촉박한 지게차 운전자가 급히 물건을 적재(화물을 높게 적재하여 시계 불충분)하여 운반하던 중 통로의 작업자와 충돌한다. 화물은 로프 등으로 결박되지 않았다.

정답

① 물건의 적재불량(과적)으로 인한 운전자의 시야 불충분

② 지게차의 운행 경로상 근로자 출입 미통제

③ 작업지휘자(유도자) 미배치

④ 물건의 불안전한 적재(로프 미사용)

#법령 #준수사항 #가설통로

06 다음은 가설통로를 설치하는 경우 준수하여야 할 사항이다. 알맞은 것을 쓰시오. (4점)

> (1) 견고한 구조로 할 것
> (2) 경사는 (①)° 이하로 할 것. 다만, 계단을 설치하거나 높이 2[m] 미만의 가설통로로서 튼튼한 손잡이를 설치한 경우에는 그러하지 아니하다.
> (3) 경사가 (②)°를 초과하는 경우에는 미끄러지지 아니하는 구조로 할 것
> (4) 추락할 위험이 있는 장소에는 안전난간을 설치할 것. 다만, 작업상 부득이한 경우에는 필요한 부분만 임시로 해체할 수 있다.
> (5) 수직갱에 가설된 통로의 길이가 15[m] 이상인 경우에는 10[m] 이내마다 계단참을 설치할 것
> (6) 건설공사에 사용하는 높이 8[m] 이상인 비계다리에는 7[m] 이내마다 계단참을 설치할 것

정답

① 30

② 15

#VDT #작업자세

07 VDT 작업 시 올바른 작업자세 3가지를 쓰시오. (6점)

정답

① 작업자의 시선은 화면 상단과 눈높이 일치, 시거리 40[cm] 이상 확보할 것

② 위팔은 자연스럽게 늘어뜨리고, 팔꿈치의 내각은 90° 이상이 되도록 할 것

③ 의자 등받이에 작업자의 등이 충분히 지지되도록 할 것

④ 무릎의 내각이 90° 전후가 되도록 할 것

⑤ 작업자의 발바닥 전면이 바닥에 닿도록 하고, 그러지 못할 경우 발 받침대를 조건에 맞는 높이와 각도로 설치할 것

#안전작업수칙 #고압전선로 #항타기 · 항발기

08 고압전선로 인근에서 항타기 · 항발기 작업 시 안전작업수칙 3가지를 쓰시오. (6점)

정답

① 절연용 방호구 설치

② 울타리 설치 또는 감시인 배치

③ 이격거리 확보: 차량 등을 충전부로부터 300[cm] 이상 이격시켜 유지하되, 대지전압이 50[kV]를 넘는 경우 10[kV]가 증가할 때마다 이격
거리 10[cm]씩 증가

④ 접지된 차량 등이 충전전로와 접촉할 우려가 있는 경우 근로자가 접지점에 접촉하지 않도록 조치

#재해위험요인 #이동식 비계

09 화면을 보고 작업 시 위험요인 2가지를 쓰시오. (4점)

▶ 동영상 설명

작업자가 이동식 비계 위 목재로 된 작업발판에서 작업하고 있다. 안전난간이 없으며 비계가 흔들리는 모습이 보인다.

정답

① 불안정한 작업발판

② 안전난간 미설치

③ 바퀴 미고정(브레이크, 쐐기 등 미사용)

3부

#재해위험요인 #크레인 #인양 작업

01 화면을 보고 재해위험요인 3가지를 쓰시오. (6점)

▶ **동영상 설명**

마그네틱 크레인(천장크레인, 호이스트)으로 보조로프 없이 금형을 인양하고 있다. 작업자가 상하좌우 조종장치를 누르면서 이동하다가 갑자기 쓰러지면서 오른손이 마그네틱 ON/OFF 봉을 건드린다. 인양하던 금형이 발등으로 떨어지며 재해가 발생한다. 크레인에는 훅 해지장치가 없다.

정답

① 보조로프(유도로프) 미사용
② 작업자가 낙하 위험구간에서 작업
③ 훅 해지장치 미사용
④ 신호수 미배치

#재해위험요인 #경사형 컨베이어

02 화면에 나타나는 재해위험요인 2가지를 쓰시오. (4점)

▶ **동영상 설명**

작업자가 작동 중인 경사형 컨베이어에 기계 오른쪽의 포대를 컨베이어 벨트 위로 올리고 있다. 작업자 한 명은 경사진 컨베이어 위에 회전하는 벨트 양 끝부분 모서리에 다리를 벌리고 서 있고, 아래 작업자가 포대를 빠르게 컨베이어에 올리던 중 컨베이어 위의 작업자 발에 포대 끝부분이 부딪친다. 작업자가 무게 중심을 잃고 기계 오른쪽으로 쓰러지면서 팔이 기계 하단으로 들어간다.

정답

① 불안정한 작업자세
② 작업발판 미확보

#법령 #조치사항 #충전전로

03 「산업안전보건기준에 관한 규칙」에 따른 충전전로에서의 전기 작업 중 조치사항에 대하여 알맞은 것을 쓰시오. (4점)

(1) 충전전로를 취급하는 근로자에게 그 작업에 적합한 (①   )을(를) 착용시킬 것
(2) 충전전로에 근접한 장소에서 전기 작업을 하는 경우에는 해당 전압에 적합한 (②   )을(를) 설치할 것. 다만, 저압인 경우에는 해당 전기 작업자가 (①   )을(를) 착용하되, 충전전로에 접촉할 우려가 없는 경우에는 (②   )을(를) 설치하지 아니할 수 있다.

정답
① 절연용 보호구
② 절연용 방호구

#법령 #작업계획서 #지게차

04 지게차를 사용하는 작업 시 작업계획서에 포함해야 하는 내용 2가지를 쓰시오. (4점)

정답
① 해당 작업에 따른 추락·낙하·전도·협착 및 붕괴 등의 위험 예방대책
② 차량계 하역운반기계 등의 운행경로 및 작업방법

#재해발생형태 #가해물 #배전반

05 화면을 보고 재해발생형태와 가해물을 각각 쓰시오. (4점)

▶ 동영상 설명

배전반 뒤쪽에서 작업자가 보수작업 중이고, 배전반 앞쪽에서도 다른 작업자가 작업 중이다. 배전반 앞의 작업자가 절연저항기를 들고 한 선은 배전반 접지에 꽂은 후 장비의 스위치를 ON시키고, 배선용 차단기에 나머지 한 선을 여기 저기 대보고 있는데 뒤쪽 작업자가 놀라며 쓰러진다.

정답
① 재해발생형태: 감전
② 가해물: 전기(전류)

#위험점 #선반 작업 #회전부위

06 화면에 나타나는 재해의 위험점과 그 정의를 쓰시오. (5점)

▶ 동영상 설명

작업자가 회전물에 샌드페이퍼를 감고 손으로 지지하여 작업을 하다 장갑을 낀 손이 회전부에 말려 들어가는 재해가 발생한다.

정답

① 위험점: 회전말림점

② 위험점의 정의: 회전하는 물체의 회전부위에 장갑, 작업복 등이 말려드는 위험점

#재해위험요인 #용접 작업 #인화성 물질

07 화면에 나타나는 작업 시 위험요인 3가지를 쓰시오. (6점)

▶ 동영상 설명

용접용 보호구를 착용한 작업자가 혼자서 피복아크용접을 하고 있다. 주위에 인화성 물질 경고가 붙은 빨간색 드럼통이 보이고, 작업장 바닥이 정돈되어 있지 않다. 한 손으로 용접기를 지탱하고, 다른 손으로 작업봉을 받친 채 용접한다. 용접 중에 발생한 불꽃이 사방으로 튄다.

정답

① 작업자 주변에 인화성 물질 방치　　　　　　　　　② 작업장 정리상태 불량

③ (용접불티 비산방지덮개, 용접방화포 등)불꽃, 불티 등 비산방지조치 미흡

#보호구 #화학물질

08 화면을 보고 작업자가 착용해야 할 보호구 3가지를 쓰시오. (6점)

▶ 동영상 설명

실험 테이블 위로 페놀 용기와 황산 용기가 보인다. 보호구를 착용하지 않고 가운만 입은 작업자가 실험하는 중에 화학반응으로 인해 비커가 깨진다. 작업자는 갈색 캐주얼화를 신고 있다.

정답

① 보안경　　　　　　　　　　　　　　　　　② 불침투성 보호복

③ 불침투성 보호장화　　　　　　　　　　　　　④ 불침투성 보호장갑

⑤ 유기화합물용 방독마스크

#법령 #작업시작 전 점검사항 #프레스

09 프레스를 사용하여 작업을 할 때 작업시작 전 점검사항 3가지를 쓰시오. (6점)

정답

① 클러치 및 브레이크의 기능

② 크랭크축 · 플라이휠 · 슬라이드 · 연결봉 및 연결 나사의 풀림 여부

③ 1행정 1정지기구 · 급정지장치 및 비상정지장치의 기능

④ 슬라이드 또는 칼날에 의한 위험방지 기구의 기능

⑤ 프레스의 금형 및 고정볼트 상태

⑥ 방호장치의 기능

⑦ 전단기의 칼날 및 테이블의 상태

2021년 3회 기출문제

1부

#법령 #크레인 #작업중지 기준

01 타워크레인 작업 시 작업을 중지하여야 하는 기준에 대하여 알맞은 것을 쓰시오. (4점)

> (1) 순간 풍속이 초당 (①)[m]를 초과하는 경우 타워크레인의 설치 · 수리 · 점검 또는 해체작업을 중지
> (2) 순간 풍속이 초당 (②)[m]를 초과하는 경우에는 타워크레인의 운전 작업을 중지

정답

① 10

② 15

#보호구 #용접 작업

02 화면을 보고 작업자가 착용해야 할 보호구 4가지를 쓰시오. (4점)

> **▶ 동영상 설명**
>
> 교류아크용접 작업 중인 작업자가 용접 작업 중 쓰러지는 장면을 보여준다. 작업자는 일반 캡 모자와 일반 장갑을 착용하고 있으며 다른 보호구는 착용하지 않았다.

정답

① 용접용 보안면   ② 용접용 장갑

③ 용접용 앞치마   ④ 용접용 안전화

#법령 #작업계획서 #해체작업

03 화면에 나타나는 작업 시 작업계획서에 포함되어야 하는 사항 4가지를 쓰시오.(단, 그 밖에 안전·보건에 관련된 사항은 제외한다.) (8점)

▶ 동영상 설명

압쇄기를 이용한 건물 해체작업을 보여준다.

정답

① 해체의 방법 및 해체 순서도면
② 가설설비·방호설비·환기설비 및 살수·방화설비 등의 방법
③ 사업장 내 연락방법
④ 해체물의 처분계획
⑤ 해체작업용 기계·기구 등의 작업계획서
⑥ 해체작업용 화약류 등의 사용계획서

#안전작업수칙 #롤러기 #점검·수리·청소

04 화면을 보고 롤러기의 청소 시 안전작업수칙 3가지를 쓰시오. (6점)

▶ 동영상 설명

작업자가 인쇄용 윤전기의 전원을 끄지 않고 롤러를 걸레로 닦고 있다. 체중을 실어서 힘 있게 닦고, 위험하게 맞물리는 지점까지 걸레를 집어넣는 순간 작업자의 장갑이 롤러기 사이에 끼인다.

정답

① 회전기계 취급 시 (말려들기 쉬운)장갑을 착용하지 않는다.
② 점검·수리 시 전원 차단 후 작업한다.
③ 롤러기에 방호장치를 설치한다.

#재해위험요인 #터널 굴착 작업 #컨베이어

05 화면을 보고 근로자 입장에서 위험요인 2가지를 쓰시오. (4점)

> ▶ 동영상 설명

터널 내부 굴착 작업 중 컨베이어를 이용하여 굴착토를 밖으로 운반하고 있다. 컨베이어에는 방호장치가 설치되어 있지 않고, 주변으로 분진이 날린다. 컨베이어 옆으로는 안전모만 착용한 작업자가 TBM(Tunnel Boring Machine) 안으로 드나드는 모습이 보인다.

> 정답

① 컨베이어에 방호장치(덮개, 울 등) 미설치
② 개인 보호구(방진마스크, 귀덮개 등) 미착용

#재해예방대책 #습윤장소 #수중펌프

06 화면을 보고 재해예방대책 3가지를 쓰시오. (6점)

> ▶ 동영상 설명

무릎 높이 정도로 물이 차 있는 작업장에서 작업자가 펌프를 작동함과 동시에 감전을 당한다.

> 정답

① 사용 전 수중펌프와 전선 등의 절연상태 점검
② 전원 측에 감전방지용 누전차단기 설치
③ 수중 모터 외함 접지상태 확인

#법령 #작업시작 전 점검사항 #지게차

07 「산업안전보건법령」상 지게차를 사용하여 작업을 하는 때의 작업시작 전 점검사항 3가지를 쓰시오. (6점)

정답

① 제동장치 및 조종장치 기능의 이상 유무

② 하역장치 및 유압장치 기능의 이상 유무

③ 바퀴의 이상 유무

④ 전조등 · 후미등 · 방향지시기 및 경보장치 기능의 이상 유무

#법령 #준수사항 #낙하물 방지망

08 낙하물 방지망 설치 시 준수사항에 대하여 알맞은 것을 쓰시오. (4점)

> (1) 높이 10[m] 이내마다 설치하고, 내민 길이는 벽면으로부터 2[m] 이상으로 할 것
> (2) 수평면과의 각도는 (　①　)° 이상 (　②　)° 이하를 유지할 것

정답

① 20

② 30

#시험성능기준 #방열복 내열원단

09 방열복 내열원단의 시험성능기준에 관한 내용이다. 알맞은 것을 쓰시오. (3점)

> (1) 난연성: 잔염 및 잔진시간이 (　①　)초 미만이고 녹거나 떨어지지 말아야 하며, 탄화길이가 (　②　)[mm] 이내일 것
> (2) 절연저항: 표면과 이면의 절연저항이 (　③　)[MΩ] 이상일 것

정답

① 2

② 102

③ 1

2부

#법령 #작업시작 전 점검사항 #컨베이어

01 화면에 나타나는 기계의 작업시작 전 점검사항 3가지를 쓰시오. (6점)

> **▶ 동영상 설명**
>
> 정지된 컨베이어를 작업자가 점검하고 있다. 다른 작업자가 전원 스위치 쪽으로 서서히 다가오더니 전원버튼을 누른다. 그 순간 점검 중이던 작업자의 손이 벨트에 끼인다.

정답

① 원동기 및 풀리 기능의 이상 유무

② 이탈 등의 방지장치 기능의 이상 유무

③ 비상정지장치 기능의 이상 유무

④ 원동기·회전축·기어 및 풀리 등의 덮개 또는 울 등의 이상 유무

#법령 #조치사항 #충전전로

02 「산업안전보건기준에 관한 규칙」에 따른 충전전로에서의 전기 작업 중 조치사항에 대하여 알맞은 것을 쓰시오. (4점)

> (1) 충전전로를 취급하는 근로자에게 그 작업에 적합한 (①)을(를) 착용시킬 것
>
> (2) 충전전로에 근접한 장소에서 전기 작업을 하는 경우에는 해당 전압에 적합한 (②)을(를) 설치할 것. 다만, 저압인 경우에는 해당 전기 작업자가 (①)을(를) 착용하되, 충전전로에 접촉할 우려가 없는 경우에는 (②)을(를) 설치하지 아니할 수 있다.

정답

① 절연용 보호구

② 절연용 방호구

#방호장치 #휴대용 연삭기

03 휴대용 연삭기의 방호장치와, 숫돌의 노출 각도를 쓰시오. (4점)

정답

① 방호장치: 덮개

② 노출 각도: 180° 이내

#가스누설감지경보기 #설치 위치 #설정값

04 LPG 가스에 대한 가스누설감지경보기의 적절한 설치 위치와 경보설정값은 몇 [%]가 적당한지 쓰시오. (4점)

정답

① 설치 위치: 바닥에 인접한 낮은 곳에 설치한다.(LPG는 공기보다 무거우므로 가라앉음)

② 경보설정값: 폭발하한계의 25[%] 이하

#재해발생원인 #전주 작업

05 화면에 나타나는 재해발생원인 3가지를 쓰시오. (6점)

▶ 동영상 설명

작업자가 안전대를 착용하지 않은 상태에서 전주에 오르다가 장애물에 머리를 부딪혀 추락한다.

정답

① 통행에 방해되는 장애물을 이설하지 않았다.

② 머리 위의 시야 확보를 소홀히 하였다.

③ 안전대를 착용하지 않았다.

#재해위험요인 #배관 작업 #이동식 사다리

06 화면을 보고 재해위험요인 3가지를 쓰시오. (6점)

▶ **동영상 설명**

장갑과 보안경을 착용하지 않은 작업자가 이동식 사다리에 올라가 증기가 흐르는 고소 배관을 점검하고 있다. 양손으로 작업 중 사다리가 흔들리며 작업자가 바닥으로 추락한다.

정답

① 개인 보호구(방열복, 방열장갑 등) 미착용
② 불안정한 작업발판(이동식 사다리 미고정)
③ 불안정한 작업자세

#보호구 #화학물질

07 화면을 보고 작업자가 착용해야 할 보호구 3가지를 쓰시오. (3점)

▶ **동영상 설명**

실험 테이블 위로 황산 용기가 보인다. 보호구를 착용하지 않고 가운만 입은 작업자가 삼각플라스크를 만지다가 떨어뜨려 플라스크가 깨져 바닥에 액체가 흐른다.

정답

① 보안경
② 불침투성 보호복
③ 불침투성 보호장화
④ 불침투성 보호장갑
⑤ 유기화합물용 방독마스크

#재해위험요인 #드릴 작업

08 화면을 보고 재해위험요인 3가지를 쓰시오. (6점)

▶ 동영상 설명

면장갑을 착용한 작업자가 드릴 작업 중인 모습을 보여준다. 작업자는 드릴 작업을 하면서 이물질을 입으로 불어 제거하고, 동시에 손으로 제거하려 회전하는 날에 손을 다친다.

정답

① 전용공구(브러시 등) 미사용

② 청소 전 전원 미차단

③ (말려들기 쉬운)장갑 착용

#재해예방대책 #습윤장소

09 화면을 보고 재해 예방을 위한 안전대책 3가지를 쓰시오. (6점)

▶ 동영상 설명

고무장갑을 착용한 작업자가 휴대용 연마기 작업을 하던 중 강재에 물을 뿌린다. 전선의 접속부가 물기 많은 바닥에 닿는 순간 작업자가 감전된다.

정답

① 습윤상태(또는 장소)에서 사용하는 전선은 충분한 절연효과가 있는 것을 사용

② 전원 측에 (감전방지용)누전차단기 설치

③ 전선을 접속하는 경우 해당 전선의 절연성능 이상으로 충분히 피복 또는 적합한 접속기구 사용

3부

#재해위험요인 #크레인 #전선 작업

01 화면을 보고 재해위험요인 3가지를 쓰시오. (6점)

▶ 동영상 설명

두 명의 작업자가 이동식 크레인 위에서 전선 작업을 하고 있다. 크레인의 붐대와 전주 사이 거리가 가까우며 한 명의 작업자는 안전대와 안전모를 착용하지 않았다. 흔들리는 작업발판과 전주 아래로 근로자가 지나가는 모습이 보인다.

정답

① 불안정한 작업발판
② 개인 보호구(안전모, 안전대 등) 미착용
③ 크레인 작업반경 내 근로자 출입 미통제

#재해위험요인 #이동식 비계

02 화면을 보고 작업 시 위험요인 2가지를 쓰시오. (4점)

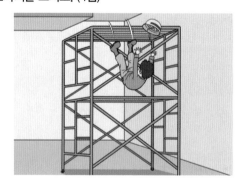

▶ 동영상 설명

이동식 비계 2층에서 작업자가 천장 작업을 하고 있다. 주변은 정리가 되지 않아 어지러우며 안전난간이 설치되어 있지 않다. 작업발판은 불안정하며 비계가 흔들거리는 모습이 보인다.

정답

① 불안정한 작업발판
② 안전난간 미설치
③ 바퀴 미고정(브레이크, 쐐기 등 미사용)

#보호구 #화학약품
03 화면을 보고 작업자가 착용해야 할 보호구 3가지를 쓰시오. (3점)

▶ 동영상 설명

작업자가 화학약품을 사용하여 자동차 부품(브레이크 라이닝)을 세척하는 작업 과정을 보여준다. 세정제가 바닥에 흩어져 있으며, 고무장화 등을 착용하지 않고 작업을 하고 있다.

정답

① 보안경
② 불침투성 보호복
③ 불침투성 보호장화
④ 불침투성 보호장갑
⑤ 유기화합물용 방독마스크

#재해발생요인 #변전실 #변압기
04 화면을 보고 재해발생요인 3가지를 쓰시오. (6점)

▶ 동영상 설명

작업자가 변압기의 2차 전압을 측정하기 위해 변전실 밖의 작업자에게 전원을 투입하라는 신호를 보낸다. 측정 완료 후 다시 전원 차단 신호를 보내고 측정기기를 철거하다 감전사고가 발생한다. 변전실 안의 작업자는 보호구를 착용하지 않았다.

정답

① 절연용 보호구(절연장갑 등) 미착용
② 신호전달체계 불량
③ 작업자 안전수칙 미준수(활선 및 정전상태 미확인 후 작업)

#재해발생요인 #전주 작업

05 화면을 보고 재해발생요인 2가지를 쓰시오. (4점)

> ▶ 동영상 설명

작업자가 안전대를 체결하지 않고 전주에 올라가 볼트로 된 작업발판을 딛고 변압기 볼트를 조이는 작업을 하다 발을 헛디뎌 추락한다.

정답

① 불안정한 작업발판
② 안전대 및 안전대 부착설비 미사용

#재해예방대책 #경사지붕 #추락 #낙하

06 화면을 보고 재해예방대책 3가지를 쓰시오. (6점)

> ▶ 동영상 설명

작업자들이 경사지붕 설치 작업 중 휴식을 취하고 있다. 이때 작업자를 향해 적치되어 있던 자재가 굴러와 작업자가 맞으면서 추락한다. 건물 하부에서 휴식 중인 작업자가 떨어지는 자재에 맞는다.

정답

① 추락 방호망 및 낙하물 방지망 설치   ② 낙하 위험 장소에서 휴식 금지
③ 낙하 위험구간 출입통제   ④ 안전대 및 안전대 부착설비 사용
⑤ 적재물에 구름멈춤대, 쐐기 등 이용

#법령 #설치기준 #작업발판 #2[m] 이상

07 2[m] 이상 비계에 설치하여야 하는 작업발판의 구조에 대하여 작업발판의 폭은 몇 [cm] 이상, 발판의 틈새는 몇 [cm] 이하가 적절한지 쓰시오. (2점)

정답

① 작업발판의 폭: 40[cm] 이상
② 발판재료 간의 틈: 3[cm] 이하

#법령 #특별교육 #밀폐공간

08 「산업안전보건법령」상 밀폐공간에서의 작업 시 특별교육 내용 4가지를 쓰시오.(단, 그 밖에 안전·보건관리에 필요한 사항은 제외한다.) (8점)

정답

① 산소농도 측정 및 작업환경에 관한 사항

② 사고 시의 응급처치 및 비상 시 구출에 관한 사항

③ 보호구 착용 및 보호 장비 사용에 관한 사항

④ 작업내용·안전작업방법 및 절차에 관한 사항

⑤ 장비·설비 및 시설 등의 안전점검에 관한 사항

#재해위험요인 #용접 작업 #인화성 물질

09 화면을 보고 재해위험요인 3가지를 쓰시오. (6점)

▶ 동영상 설명

교류아크용접 작업장에서 작업자가 혼자 대형 관의 플랜지 아래 부위를 아크용접하고 있다. 작업자는 가죽제 안전장갑을 착용하고 있다. 작업자가 자신의 왼손으로는 플랜지 회전 스위치를 조작해 가며 오른손으로 용접을 하고 있다. 장갑을 낀 왼손으로 용접봉을 잡기도 한다. 그리고 작업장 주위에는 인화성 물질로 보이는 깡통 등이 용접 작업 주변에 쌓여 있고 케이블이 정리되지 않고 널브러져 있으며, 불똥이 날리고 있다.

정답

① 작업자 주변에 인화성 물질 방치

② 작업장 정리상태 불량

③ (용접불티 비산방지덮개, 용접방화포 등)불꽃, 불티 등 비산방지조치 미흡

2020년 1회 기출문제

1부

#법령 #설치기준 #작업발판 #2[m] 이상

01 화면에서와 같이 높이가 2[m] 이상인 작업장소에 적합한 작업발판의 설치기준 3가지를 쓰시오.(단, 작업발판의 폭과 틈의 기준은 제외한다.) (6점)

▶ 동영상 설명

작업자 2명이 비계 최상단에서 기둥을 밟고 불안정하게 서서 작업발판을 주고 받다가 추락한다.

정답

① 발판재료는 작업할 때의 하중을 견딜 수 있도록 견고한 것으로 할 것
② 작업발판의 지지물은 하중에 의하여 파괴될 우려가 없는 것을 사용할 것
③ 작업발판재료는 뒤집히거나 떨어지지 아니하도록 둘 이상의 지지물에 연결하거나 고정시킬 것
④ 작업발판을 작업에 따라 이동시킬 경우에는 위험 방지에 필요한 조치를 할 것

#법령 #작업시작 전 점검사항 #이동식 크레인

02 이동식 크레인을 사용하는 작업시작 전 점검사항 3가지를 쓰시오. (6점)

정답

① 권과방지장치나 그 밖의 경보장치의 기능
② 브레이크·클러치 및 조정장치의 기능
③ 와이어로프가 통하고 있는 곳 및 작업장소의 지반상태

#법령 #밀폐공간 #대피용 기구

03 화면에 나타나는 재해에 대하여 비상 시 필요한 피난용구 3가지를 쓰시오. (3점)

▶ 동영상 설명

선박 밸러스트 탱크 내부의 슬러지를 제거하는 작업 중 작업자가 의식을 잃고 쓰러진다.

정답

① 공기호흡기
② 송기마스크
③ 사다리
④ 섬유로프

#안전장치 #프레스 #슬라이드

04 프레스 금형의 조정 작업 중 슬라이드가 갑자기 작동함으로써 근로자에게 발생할 위험을 방지하기 위한 안전장치의 이름을 쓰시오. (2점)

> **정답**

안전블록

#법령 #작업시작 전 점검사항 #지게차

05 「산업안전보건법령」상 지게차를 사용하여 작업을 하는 때의 작업시작 전 점검사항 3가지를 쓰시오. (6점)

> **정답**
>
> ① 제동장치 및 조종장치 기능의 이상 유무
> ② 하역장치 및 유압장치 기능의 이상 유무
> ③ 바퀴의 이상 유무
> ④ 전조등 · 후미등 · 방향지시기 및 경보장치 기능의 이상 유무

#법령 #누전차단기 설치 대상

06 화면에 나타나는 작업과 같이 감전방지용 누전차단기를 설치해야 하는 대상 3가지를 쓰시오. (6점)

> **▶ 동영상 설명**
>
> 작업자가 핸드그라인더로 철물을 연삭하는 작업을 하고 있다. 주변에 물이 흥건하고 마지막에는 전선 같은 것이 보인다.

> **정답**
>
> ① 대지전압이 150[V]를 초과하는 이동형 또는 휴대형 전기기계 · 기구
> ② 물 등 도전성이 높은 액체가 있는 습윤장소에서 사용하는 저압용 전기기계 · 기구
> ③ 철판 · 철골 위 등 도전성이 높은 장소에서 사용하는 이동형 또는 휴대형 전기기계 · 기구
> ④ 임시배선의 전로가 설치되는 장소에서 사용하는 이동형 또는 휴대형 전기기계 · 기구

#재해발생요인 #전주 작업

07 화면을 보고 재해발생요인 2가지를 쓰시오. (4점)

> ▶ 동영상 설명

작업자가 안전대를 체결하지 않고 전주에 올라가 볼트로 된 작업발판을 딛고 변압기 볼트를 조이는 작업을 하다 발을 헛디뎌 추락한다.

정답
① 불안정한 작업발판
② 안전대 및 안전대 부착설비 미사용

#법령 #준수사항 #이동식 비계

08 이동식 비계 설치 시 준수사항 3가지를 쓰시오. (6점)

정답
① 이동식 비계의 바퀴에는 뜻밖의 갑작스러운 이동 또는 전도를 방지하기 위하여 브레이크·쐐기 등으로 바퀴를 고정시킨 다음 비계의 일부를 견고한 시설물에 고정하거나 아웃트리거(Outrigger, 전도방지용 지지대)를 설치하는 등 필요한 조치를 할 것
② 승강용 사다리는 견고하게 설치할 것
③ 비계의 최상부에서 작업을 하는 경우에는 안전난간을 설치할 것
④ 작업발판은 항상 수평을 유지하고 작업발판 위에서 안전난간을 딛고 작업을 하거나 받침대 또는 사다리를 사용하여 작업하지 않도록 할 것
⑤ 작업발판의 최대적재하중은 250[kg]을 초과하지 않도록 할 것

#건설용 리프트 #각부 명칭

09 화면에 나타나는 건설용 리프트 각부의 명칭을 쓰시오. (6점)

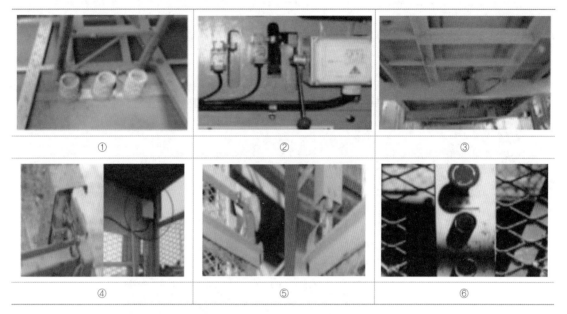

① ② ③
④ ⑤ ⑥

정답

① 완충스프링
② 3상 전원차단장치
③ 과부하방지장치
④ 출입문 연동장치
⑤ 방호울 출입문 연동장치
⑥ 비상정지장치

2부

#재해발생원인 #건설현장 #추락

01 화면을 보고 재해원인 3가지를 쓰시오. (6점)

▶ 동영상 설명

아파트 건설 공사장에서 두 명의 작업자가 각각 창틀, 처마 위에서 작업 중인 모습을 보여준다. 창틀의 작업자가 다른 작업자에게 작업발판을 넘겨주고 옆 처마로 이동하던 중 추락하였다. 현장에는 추락방호망, 안전대, 안전난간 등이 없다.

정답

① 안전대 및 안전대 부착설비 미사용　　　　　② 추락방호망 미설치
③ 안전난간 미설치

#재해위험요인 #배관 작업 #이동식 사다리

02 화면을 보고 재해위험요인 3가지를 쓰시오. (6점)

▶ 동영상 설명

장갑과 보안경을 착용하지 않은 작업자가 이동식 사다리에 올라가 증기가 흐르는 고소 배관을 점검하고 있다. 양손으로 작업 중 사다리가 흔들리며 작업자가 바닥으로 추락한다.

정답

① 개인 보호구(방열복, 방열장갑 등) 미착용　　　② 불안정한 작업발판(이동식 사다리 미고정)
③ 불안정한 작업자세

#재해예방대책 #추락

03 화면을 보고 재해예방대책 2가지를 쓰시오. (4점)

▶ 동영상 설명

안전대를 착용하지 않은 작업자가 공장 지붕 패널 설치 작업 중 발을 헛디디며 재해가 발생한다. 주변에는 이동전선 등이 널려있다.

정답

① 안전대 부착설비에 안전대 걸고 작업　　　　② 작업장 하부에 추락방호망 설치
③ (걸려 넘어질 우려가 있는)이동전선 등 정리 후 작업

#법령 #조치사항 #정전작업

04 정전작업을 완료한 후 조치사항 3가지를 쓰시오. (6점)

정답

① 작업기구, 단락 접지기구 등을 제거하고 전기기기 등이 안전하게 통전될 수 있는지를 확인할 것

② 모든 작업자가 작업이 완료된 전기기기 등에서 떨어져 있는지를 확인할 것

③ 잠금장치와 꼬리표는 설치한 근로자가 직접 철거할 것

④ 모든 이상 유무를 확인한 후 전기기기 등의 전원을 투입할 것

#재해위험요인 #드릴 작업

05 화면을 보고 재해위험요인 2가지를 쓰시오. (4점)

▶ 동영상 설명

목장갑을 낀 작업자가 전기드릴을 이용하여 금속제의 구멍을 넓히는 작업을 하고 있다. 드릴에는 방호장치가 설치되어 있지 않다.

정답

① 개인 보호구(보안경, 방진마스크 등) 미착용　　　② 방호장치(드릴 날 덮개) 미설치

③ (말려들기 쉬운)장갑 착용

#재해위험요인 #밀폐공간

06 화면을 보고 재해위험요인 3가지를 쓰시오. (6점)

▶ 동영상 설명

밀폐된 공간에서 보호구를 착용하지 않은 작업자가 그라인더로 작업을 하고 있다. 다른 작업자가 외부에 설치된 국소배기장치를 발로 차서 전원공급이 차단되고, 내부 작업자가 의식을 잃고 쓰러진다.

정답

① 개인 보호구(공기호흡기 등) 미착용　　　② 감시인 미배치

③ 국소배기장치 전원 차단

#재해위험요인 #인양 작업 #낙하 · 비래

07 화면을 보고 재해위험요인 2가지를 쓰시오. (4점)

▶ 동영상 설명

작업자가 크레인을 이용하여 비계를 운반하고 있다. 보조로프 없이 와이어로프로 한 번 둘러 인양하던 중 신호수 간에 신호 방법이 맞지 않아 물체가 흔들리며 철골에 부딪힌 뒤 아래로 떨어진다.

정답

① 화물의 인양상태 불량　　　② 보조로프(유도로프) 미사용

③ 작업 시 신호체계 미흡

#재해위험요인 #크레인 #인양 작업

08 화면을 보고 재해위험요인 3가지를 쓰시오. (6점)

▶ 동영상 설명

마그네틱 크레인(천장크레인, 호이스트)으로 보조로프 없이 금형을 인양하고 있다. 작업자가 상하좌우 조종장치를 누르면서 이동하다가 갑자기 쓰러지면서 오른손이 마그네틱 ON/OFF 봉을 건드린다. 인양하던 금형이 발등으로 떨어지며 재해가 발생한다. 크레인에는 훅 해지장치가 없다.

정답

① 보조로프(유도로프) 미사용

② 작업자가 낙하 위험구간에서 작업

③ 훅 해지장치 미사용

④ 신호수 미배치

#방호장치 #프레스

09 프레스의 방호장치 중 A-1로 분류되는 것의 종류와 그 기능을 쓰시오. (3점)

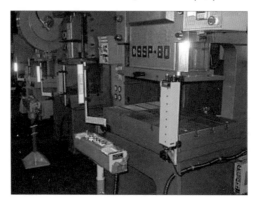

정답

① 종류: 광전자식 방호장치

② 기능: 신체의 일부가 광선을 차단하면 기계를 급정지시키는 방호장치

3부

#재해예방대책 #경사지붕 #추락 #낙하

01 화면을 보고 재해예방대책 3가지를 쓰시오. (6점)

> ▶ **동영상 설명**
>
> 작업자들이 경사지붕 설치 작업 중 휴식을 취하고 있다. 이때 작업자를 향해 적치되어 있던 자재가 굴러와 작업자가 맞으면서 추락한다. 건물 하부에서 휴식 중인 작업자가 떨어지는 자재에 맞는다.

정답

① 추락 방호망 및 낙하물 방지망 설치
② 낙하 위험 장소에서 휴식 금지
③ 낙하 위험구간 출입통제
④ 안전대 및 안전대 부착설비 사용
⑤ 적재물에 구름멈춤대, 쐐기 등 이용

#법령 #방호장치 #크레인 #안전검사

02 크레인에 대하여 알맞은 것을 쓰시오. (4점)

> (1) 방호장치를 쓰시오.
> (2) 크레인(이동식 크레인 제외)은 사업장에 설치가 끝난 날부터 (①)년 이내에 최초 안전검사를 실시하되, 그 이후부터 (②)년(건설현장에서 사용하는 것은 최초로 설치한 날부터 6개월)마다 안전검사를 실시하여야 한다.

정답

(1) 과부하방지장치, 권과방지장치, 비상정지장치, 제동장치
(2) ① 3 ② 2

#둥근톱기계 #덮개

03 안전장치가 없는 둥근톱기계에 고정식 날접촉예방장치(덮개)를 설치하고자 한다. 이때 덮개 하단과 가공재 사이의 간격, 덮개 하단과 테이블 사이의 높이는 각각 얼마로 조정하는지 쓰시오. (4점)

정답

① 8[mm] 이하
② 25[mm] 이하

#재해위험요인 #용접 작업 #인화성 물질
04 화면을 보고 재해위험요인 3가지를 쓰시오. (6점)

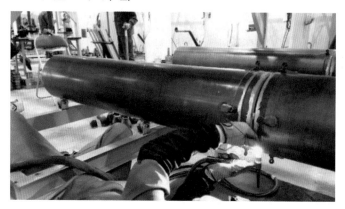

▶ **동영상 설명**

교류아크용접 작업장에서 작업자가 혼자 대형 관의 플랜지 아래 부위를 아크용접하고 있다. 작업자는 가죽제 안전장갑을 착용하고 있다. 작업자가 자신의 왼손으로는 플랜지 회전 스위치를 조작해 가며 오른손으로 용접을 하고 있다. 장갑을 낀 왼손으로 용접봉을 잡기도 한다. 그리고 작업장 주위에는 인화성 물질로 보이는 깡통 등이 용접 작업 주변에 쌓여 있고 케이블이 정리되지 않고 널브러져 있으며, 불똥이 날리고 있다.

정답
① 작업자 주변에 인화성 물질 방치　　　　　　　② 작업장 정리상태 불량
③ (용접불티 비산방지덮개, 용접방화포 등)불꽃, 불티 등 비산방지조치 미흡

#재해위험요인 #드릴 작업
05 화면을 보고 재해위험요인 3가지를 쓰시오. (6점)

▶ **동영상 설명**

보안경을 착용하지 않은 작업자가 드릴로 철판 가공작업을 하고 있다. 면장갑을 낀 손으로 작은 철판을 잡고 구멍을 뚫은 뒤 장갑을 벗고 맨손으로 전원 스위치를 조작한 후 아래의 전선을 만지다가 쓰러진다.

정답
① 개인 보호구(보안경 등) 미착용　　　　　　　② 물건을 바이스, 클램프 등으로 고정하지 않음
③ 전선 접속부 절연조치 미흡

#보호구 #화학물질
06 화면을 보고 작업자의 눈, 손, 신체에 필요한 보호구를 각각 쓰시오. (6점)

▶ **동영상 설명**

보호구를 착용하지 않은 작업자가 변압기의 양쪽에 나와 있는 선을 양손으로 들고 유기화합물통에 넣었다 빼서 앞쪽 선반에 올리는 작업을 하고 있다.

정답
① 눈: 보안경　　　　　　　② 손: 불침투성 보호장갑
③ 신체: 불침투성 보호복

#재해위험요인 #인양 작업 #낙하·비래

07 화면을 보고 재해위험요인 3가지를 쓰시오. (6점)

▶ **동영상 설명**

작업자가 크레인을 이용하여 비계를 운반하고 있다. 보조로프 없이 와이어로프로 한 번 둘러 인양하던 중 신호수 간에 신호 방법이 맞지 않아 물체가 흔들리며 철골에 부딪힌 뒤 아래로 떨어진다.

정답

① 화물의 인양상태 불량
② 보조로프(유도로프) 미사용
③ 작업 시 신호체계 미흡

#보호구 #섬유공장

08 화면을 보고 작업자가 착용해야 할 보호구 3가지를 쓰시오. (3점)

▶ **동영상 설명**

섬유공장에서 실을 감는 기계가 돌아가고 있다. 일반모자를 쓴 작업자가 목장갑만 끼고 기계를 만지고, 손으로 먼지를 닦아낸다. 작업자의 찡그린 맨얼굴을 집중적으로 보여준다.

정답

① 보안경   ② 방진마스크   ③ 방음용 귀마개·귀덮개

#사용 전 점검사항 #습윤장소 #이동전선

09 습윤한 장소에서 사용되는 이동전선에 대한 사용 전 점검사항 2가지를 쓰시오. (4점)

정답

① 접속부위의 절연상태 점검
② 전선 피복의 손상 유무 점검
③ 전선의 절연저항 측정
④ 감전방지용 누전차단기 설치 여부 확인

2020년 2회 기출문제

1부

#재해발생형태 #가해물 #보호구 #전주 작업

01 화면을 보고 알맞은 것을 쓰시오. (6점)

▶ 동영상 설명

이동식 크레인으로 전주를 옮기던 중 크레인 아래를 지나던 작업자가 흔들리는 전주에 머리를 맞는다.

① 재해발생형태
② 가해물
③ 전주 작업 시 착용해야 하는 안전모의 종류

정답

① 재해발생형태: 맞음(비래)
② 가해물: 전주
③ 안전모: AE종, ABE종

#보호구 #제단 작업

02 화면을 보고 작업자가 추가로 착용해야 하는 보호구 3가지를 쓰시오. (3점)

▶ 동영상 설명

안전모와 안전화를 착용한 작업자가 고속절단기로 파이프 제단 작업을 하고 있다. 불꽃이 튀는 모습이 보이고 작업자가 옆으로 피한다.

정답

① 보안경
② 가죽장갑
③ 방음용 귀마개 · 귀덮개

#퍼지 작업

03 퍼지 작업의 종류 4가지를 쓰시오. (4점)

정답

① 진공퍼지
② 압력퍼지
③ 스위프퍼지
④ 사이폰퍼지

#재해위험요인 #배전반

04 화면을 보고 재해위험요인 2가지를 쓰시오. (4점)

▶ 동영상 설명

배전반 차단 스위치가 ON인 상태에서 작업자가 맨손으로 배전반 작업을 하고 있다. 오른손을 배전반 문 틈에 넣은 상황에서 다른 작업자가 문을 닫아 손가락이 끼여 감전된다.

정답

① 절연용 보호구(절연장갑) 미착용

② 작업 시 신호체계 미흡

#계측방법 #NATM 공법

05 NATM 공법에 의한 터널 굴착 작업 시 공사의 안전성 및 설계의 타당성 판단 등을 확인하기 위해 실시하는 계측의 종류 4가지를 쓰시오. (8점)

정답

① 내공변위 측정

② 천단침하 측정

③ 지중, 지표 침하 측정

④ 록 볼트 축력 측정

⑤ 뿜어붙이기 콘크리트 응력 측정

#유해물질 #유입경로

06 작업자가 실험실에서 화학약품을 맨손으로 만지고 있다. 이때 작업자에게 유해물질이 신체로 유입되는 경로 3가지를 쓰시오. (3점)

정답

① 피부 및 점막

② 호흡기

③ 구강을 통한 소화기

#방호장치 #프레스

07 화면에 나타나는 공작기계에 사용할 수 있는 방호장치 4가지와 작업자가 기능을 무력화시킨 방호장치 1가지를 쓰시오. (5점)

▶ 동영상 설명

작업자가 프레스기로 철판에 구멍을 뚫는 작업을 하고 있다. 수광부, 발광부 2개가 프레스 입구를 통해 보인다. 작업자가 센서 1개를 옆으로 밀어두고 다시 작업을 하다가 재해가 발생한다.

정답

① 방호장치: 가드식 방호장치, 수인식 방호장치, 손쳐내기식 방호장치, 양수기동식 방호장치, 광전자식 방호장치
② 광전자식 방호장치

#위험점 #절삭날

08 슬라이스 기계 중 무채를 썰어내는 부분에서 형성되는 위험점과 그 정의를 쓰시오. (4점)

정답

① 위험점: 절단점
② 위험점의 정의: 회전하는 운동부분 자체의 위험이나 운동하는 기계부분 자체의 위험에서 초래되는 위험점

#법령 #점검사항 #항타기 · 항발기

09 항타기 또는 항발기를 조립하거나 해체하는 경우 점검해야 할 사항 4가지를 쓰시오. (8점)

정답

① 본체 연결부의 풀림 또는 손상의 유무
② 권상용 와이어로프 · 드럼 및 도르래의 부착상태의 이상 유무
③ 권상장치의 브레이크 및 쐐기장치 기능의 이상 유무
④ 권상기의 설치상태의 이상 유무
⑤ 리더(leader)의 버팀 방법 및 고정상태의 이상 유무
⑥ 본체 · 부속장치 및 부속품의 강도가 적합한지 여부
⑦ 본체 · 부속장치 및 부속품에 심한 손상 · 마모 · 변형 또는 부식이 있는지 여부

2부

#법령 #보호구 #밀폐공간 #구조자

01 밀폐공간에서 위급한 작업자를 구조할 때 구조자가 착용해야 할 보호구를 쓰시오. (2점)

정답

① 공기호흡기

② 송기마스크

#법령 #작업시작 전 점검사항 #프레스

02 프레스를 사용하여 작업을 할 때 작업시작 전 점검사항 3가지를 쓰시오. (6점)

정답

① 클러치 및 브레이크의 기능

② 크랭크축·플라이휠·슬라이드·연결봉 및 연결 나사의 풀림 여부

③ 1행정 1정지기구·급정지장치 및 비상정지장치의 기능

④ 슬라이드 또는 칼날에 의한 위험방지 기구의 기능

⑤ 프레스의 금형 및 고정볼트 상태

⑥ 방호장치의 기능

⑦ 전단기의 칼날 및 테이블의 상태

#법령 #설치기준 #작업발판

03 화면에 나타나는 작업 시 작업발판을 설치할 경우 발판의 폭과 발판재료 간의 틈의 설치기준을 쓰시오. (4점)

▶ 동영상 설명

안전대를 착용하지 않은 작업자가 교량 하부 점검 작업 중에 추락한다. 교량에는 추락방지 시설물이나 작업발판이 설치되어 있지 않다.

정답

① 작업발판의 폭: 40[cm] 이상

② 발판재료 간의 틈: 3[cm] 이하

#핵심위험요인 #섬유공장

04 화면을 보고 핵심위험요인 2가지를 쓰시오. (4점)

> ▶ 동영상 설명

섬유공장에서 실을 감는 기계가 돌아가고 있다. 실이 끊어지며 기계가 멈추자 작업자가 대형 회전체의 문을 열어 몸을 허리까지 집어넣고 안을 들여다보며 점검한다. 갑자기 기계가 돌아가며 작업자의 손이 회전체에 끼인다.

정답

① 점검 전 전원 미차단
② (기계 열면 작동이 멈추는)연동장치(인터록) 미설치

#재해발생요인 #크레인 #인양 작업

05 화면을 보고 재해발생요인 4가지를 쓰시오. (8점)

> ▶ 동영상 설명

타워크레인을 이용하여 2줄걸이로 여러 개의 파이프를 인양하는 모습을 보여준다. 보조로프(유도로프)는 없고, 로프에 샤클 1개는 반대로 체결되어 있다. 안전대, 안전모를 착용하지 않은 신호수가 비계 중간에서 수신호 중 신호가 잘 이뤄지지 않아 파이프가 H빔에 부딪힌다. 이때 작업자가 손으로 받으려 하다 파이프에 맞는다.

정답

① 보조로프(유도로프) 미사용
② 작업 시 신호체계 미흡
③ 샤클 체결방향 불량
④ 개인 보호구(안전대, 안전모 등) 미착용

#재해발생형태 #재해발생원인 #전동 권선기

06 화면에 나타난 재해발생형태와 재해발생원인 2가지를 쓰시오. (6점)

> ▶ 동영상 설명

전동 권선기에 동선을 감는 작업 중 기계가 정지한다. 면장갑을 착용한 작업자가 기계를 열고 점검하던 중 갑자기 깜짝 놀라며 쓰러진다.

정답

(1) 재해발생형태: 감전
(2) 재해발생원인
    ① 점검 전 정전작업 미실시
    ② 절연용 보호구(절연장갑 등) 미착용

#위험점 #재해발생형태 #직선운동-고정부위

07 화면에 나타나는 위험점, 재해발생형태와 그 정의를 쓰시오. (6점)

> ▶ 동영상 설명

작업자가 모터 벨트 부분에 묻은 기름과 먼지를 걸레로 청소하던 중 벨트와 덮개 사이에 손이 끼인다.

> 정답

① 위험점: 끼임점

② 재해발생형태: 끼임

③ 재해발생형태의 정의: 두 물체 사이의 움직임에 의하여 일어난 것으로 직선 운동하는 물체 사이의 끼임, 회전부와 고정체 사이의 끼임, 롤러 등 회전체 사이에 물리거나 또는 회전체·돌기부 등에 감긴 경우

※ 작동 중인 모터 벨트와 풀리 사이에 손이 끼이는 경우: 접선물림점

#법령 #흙막이 지보공 #점검·보수

08 흙막이 지보공 설치 시 정기적으로 점검하고, 이상이 발견된 경우 즉시 보수해야 할 사항 3가지를 쓰시오. (6점)

> 정답

① 부재의 손상·변형·부식·변위 및 탈락의 유무와 상태

② 버팀대의 긴압의 정도

③ 부재의 접속부·부착부 및 교차부의 상태

④ 침하의 정도

#보호구 #연삭 작업

09 화면을 보고 작업자가 착용해야 할 보호구 3가지를 쓰시오. (3점)

> ▶ 동영상 설명

목장갑을 낀 작업자가 그라인더로 금속 부품 연삭 작업을 하고 있다. 연삭면에서 불꽃이 튀고 작업자는 얼굴을 찡그리며 눈을 비빈다.

> 정답

① 보안경

② 방진마스크

③ 방음용 귀마개·귀덮개

3부

#재해발생형태 #전선 작업

01 화면을 보고 재해발생형태와 그 정의를 쓰시오. (4점)

▶ 동영상 설명

일반 차량도로 공사에서 붉은 도로 구획 전면 점검 중 작업자가 전선끼리 절연테이프로 연결한 부분을 만지다 재해가 발생한다.

정답

① 재해발생형태: 감전

② 재해발생형태의 정의: 인체의 일부 또는 전체에 전류가 흐르는 현상

#조치사항 #터널 건설 작업 #낙반

02 화면에 나타나는 재해를 방지하기 위해 필요한 조치사항 3가지를 쓰시오. (6점)

▶ 동영상 설명

터널 건설 작업 중 낙반에 의한 재해를 보여주고 있다.

정답

① 터널 지보공 설치   ② 록볼트 설치

③ 부석의 제거

#법령 #보호구 #밀폐공간

03 화면에 나타나는 장소에 작업자가 들어갈 때 필요한 호흡용 보호구의 종류 2가지를 쓰시오. (2점)

▶ 동영상 설명

작업자가 폐수처리조에서 슬러지 제거작업을 하고 있다.

정답

① 공기호흡기

② 송기마스크

#화학물질 #취급실

04 화면과 같이 작업자가 신발에 물을 묻히는 이유와 화재 시 소화방법에 대하여 쓰시오. (5점)

정답

① 신발에 물을 묻히는 이유: 작업화 표면의 대전성 저하로 정전기에 의한 화재폭발 방지

② 화재 시 소화방법: 다량 주수에 의한 냉각소화

#불안전한 요소 #용접 작업 #가스 용기

05 화면을 보고 작업장의 불안전한 요소 3가지를 쓰시오.(단, 작업자의 불안전한 행동은 제외한다.) (6점)

▶ 동영상 설명

작업자가 가스 용기와 멀리 떨어진 곳에서 용접 작업을 하고 있다. 작업 중 눕혀져 있는 용기에 연결된 호스를 당기다가 호스가 용기와 분리되며 화재가 발생한다. 작업장 바닥에는 여러 자재가 흩어져 있고, 소화기는 보이지 않는다.

정답

① 가스 용기가 바닥에 눕혀져 있다.

② 소화기를 비치하지 않았다.

③ (용접불티 비산방지덮개, 용접방화포 등)불꽃, 불티 등 비산방지조치가 미흡하다.

#법령 #추락 #안전장치

06 화면을 보고 다음 질문에 알맞은 것을 쓰시오. (4점)

▶ 동영상 설명

안전대를 착용하지 않은 작업자가 교량 하부 점검 작업 중에 추락한다. 교량에는 추락방지 시설물이나 작업발판이 설치되어 있지 않다.

① 추락방지를 위해 추락의 위험이 있는 장소에 설치하는 방망을 쓰시오.
② 작업면으로부터 망의 설치지점까지의 최대수직거리를 쓰시오.

정답

① 추락방호망   ② 10[m]

#준수사항 #크레인 #인양 작업

07 화면을 보고 작업 시 준수사항 3가지를 쓰시오. (6점)

▶ 동영상 설명

작업복이 불량한 작업자가 이동식 크레인에 수신호를 하면서 기둥 위 강관 파이프 양중 작업을 하고 있다. 크레인 운전자와 작업자 간의 신호 방법이 맞지 않아 인양물이 흔들리며 작업자 머리 위를 지나 골조에 부딪친다.

정답

① 일정한 신호방법을 정하고 신호수의 신호에 따라 작업

② 보조로프(유도로프)를 사용하여 화물의 흔들림 방지

③ 낙하 위험구간에는 근로자 출입금지조치

#재해예방대책 #점검 · 수리 · 청소 #컨베이어

08 화면을 보고 컨베이어 벨트 점검 시 재해예방대책 3가지를 쓰시오. (6점)

> ▶ **동영상 설명**
>
> 작업자가 어두운 장소에서 플래시를 들고 컨베이어 벨트를 점검하는 모습을 보여준다. 잠시 한눈을 판 사이 손이 벨트 사이에 말려 들어간다.

정답

① 점검 전 전원 차단 후 작업한다.

② 비상정지장치를 설치한다.(작업자가 신속히 조작 가능한 위치)

③ 끼임 위험부위에 방호덮개를 설치한다.

④ 작업장에 적정 조도를 유지한다.

#핵심위험요인 #활선전로

09 화면에 나타나는 작업 시 내재되어 있는 핵심위험요인 3가지를 쓰시오. (6점)

> ▶ **동영상 설명**
>
> 작업자 2명이 전주에서 활선 작업을 하고 있다. 작업자 1명은 밑에서 절연용 방호구를 올리고 다른 1명은 크레인 위에서 물건을 받아 활선에 절연용 방호구 설치 작업을 하던 중 감전사고가 발생한다.

정답

① 근접활선(절연용 방호구 미설치)에 대한 감전위험

② 절연용 보호구 착용상태 불량에 따른 감전위험

③ 활선 작업거리 미준수에 따른 감전위험

4부

#재해방지대책 #배전반

01 화면을 보고 패널 작업 시 감전방지대책 3가지를 쓰시오. (6점)

▶ 동영상 설명

작업자가 맨손으로 배전반(분전반) 내부 패널 작업을 하고 있다. 다른 작업자가 개폐기의 전원 버튼을 누르는 순간, 패널 작업을 하던 작업자가 쓰러진다.

정답

① 작업 전 검전기 등을 통한 충전상태 확인
② 작업 전 신호체계 확립 및 작업지휘자에 의한 작업지휘
③ 절연용 보호구(절연장갑 등) 착용

#보호구 #유해물질

02 피부 침투성 유해물질을 취급하는 작업장에 비치하여야 할 보호구의 종류 3가지를 쓰시오. (3점)

정답

① 유기화합물용 방독마스크　　　　　② 불침투성 보호복
③ 불침투성 보호장갑　　　　　　　　④ 불침투성 보호장화

#재해예방대책 #프레스

03 화면을 보고 재해 예방을 위해 조치하여야 할 사항 2가지를 쓰시오. (4점)

▶ 동영상 설명

작업자가 몸을 기울인 채 손으로 프레스의 이물질을 제거하는 작업을 하다가 실수로 페달을 밟아 손이 다치는 재해가 발생한다.

정답

① 이물질 제거 시 수공구(플라이어 등)를 이용한다.
② 프레스를 일시 정지할 때에는 페달에 U자형 덮개를 씌운다.

#불안전한 요소 #크레인 #활선전로

04 **화면에 나타나는 작업 시 내재되어 있는 불안전한 요소 3가지를 쓰시오. (6점)**

▶ 동영상 설명

작업자 1명은 밑에서 절연용 방호구를 올리고 다른 작업자 2명은 이동식 크레인의 고소작업대 위에서 달줄을 이용하여 절연용 방호구를 받아 활선에 설치하고 있다. 작업자가 탑승한 차량과 붐대는 활선에 접촉되어 있지 않다. 방호구를 설치하는 작업자는 절연장갑을 착용하였고 밑에서 절연용 방호구를 올리는 작업자는 얇은 장갑을 착용하고 있다.

정답

① 근접활선(절연용 방호구 미설치)에 대한 감전위험
② 절연용 보호구 착용상태 불량에 따른 감전위험
③ 활선 작업거리 미준수에 따른 감전위험

#습윤장소 #피부저항 #감전

05 **작업자가 수중펌프 접속부위에 감전사고를 당했을 경우, 그 원인을 인체의 피부저항과 관련하여 설명하시오. (4점)**

▶ 동영상 설명

작업자가 단무지 공장에서 작업을 하고 있다. 무릎 정도 물이 차 있는 작업장에서 작업자가 펌프 작동과 동시에 감전되었다.

정답

인체의 피부저항은 물에 젖어 있을 경우 약 $\frac{1}{25}$로 감소하므로 그만큼 통전전류가 커져 감전의 위험이 높아진다.

#발화원 형태 #주유 중 #흡연

06 **화면에서 지게차 운전자의 흡연(담뱃불)에 해당하는 발화원의 형태를 무엇이라고 하는지 쓰시오. (4점)**

▶ 동영상 설명

지게차 주유 중 지게차 운전자는 담배를 피우며 주유원과 이야기하고 있다. 이때 지게차는 시동이 걸려 있는 상태이다.

정답

나화

※ 나화: 가연성 가스 등의 물질에 점화할 수 있는 불꽃(담뱃불, 라이터 등)

#재해방지대책 #낙하

07 화면을 보고 낙하물로 인한 재해방지대책 3가지를 쓰시오. (6점)

▶ 동영상 설명

가로수 나무 위로 3[m] 높이에 있는 건설 공사 현장에서 작업자가 발판 설치 작업 중인 모습을 보여준다. 작업자가 안전대 없이 위태롭게 망치를 들고 못질을 하던 중 순간 망치를 떨어트린다.

정답

① 낙하물 방지망 설치
② 방호선반 설치
③ 출입금지구역 설정

#불안전한 요소 #개구부(피트)

08 화면에서 보여주는 작업의 불안전한 요소 3가지를 쓰시오. (6점)

▶ 동영상 설명

피트 위 합판으로 만든 간이 작업발판에서 작업자가 장도리로 콘크리트 타이핀을 떼어내는 작업을 하고 있다. 작업자는 보호구를 착용하지 않았으며, 얼굴로 가루가 튀자 작업발판이 흔들리며 작업자가 피트 아래로 추락한다.

정답

① 불안정한 작업발판
② 안전대 및 안전대 부착설비 미사용
③ 개인 보호구(보안경, 안전모 등) 미착용
④ 개구부(피트) 단부 안전난간 미설치
⑤ 피트 내부 추락방호망 미설치

#법령 #준수사항 #차량계 하역운반기계 #장착 · 해체작업

09 차량계 하역운반기계 등의 수리 또는 부속장치의 장착 및 해체작업을 하는 때 준수사항 3가지를 쓰시오. (6점)

정답

① 작업지휘자를 지정할 것
② 안전지지대 또는 안전블록 등의 사용 상황 등을 점검할 것
③ 작업지휘자가 작업순서를 결정하고 작업을 지휘하게 할 것

5부

#재해예방대책 #경사지붕 #추락 #낙하

01 화면을 보고 재해예방대책 3가지를 쓰시오. (6점)

▶ **동영상 설명**

작업자들이 경사지붕 설치 작업 중 휴식을 취하고 있다. 이때 작업자를 향해 적치되어 있던 자재가 굴러와 작업자가 맞으면서 추락한다. 건물 하부에서 휴식 중인 작업자가 떨어지는 자재에 맞는다.

정답

① 추락 방호망 및 낙하물 방지망 설치
② 낙하 위험 장소에서 휴식 금지
③ 낙하 위험구간 출입통제
④ 안전대 및 안전대 부착설비 사용
⑤ 적재물에 구름멈춤대, 쐐기 등 이용

#가스누설감지경보기 #설치 위치 #설정값

02 LPG 가스에 대한 가스누설감지경보기의 적절한 설치 위치와 경보설정값은 몇 [%]가 적당한지 쓰시오. (4점)

정답

① 설치 위치: 바닥에 인접한 낮은 곳에 설치한다.(LPG는 공기보다 무거우므로 가라앉음)
② 경보설정값: 폭발하한계의 25[%] 이하

#법령 #준수사항 #거푸집 #해체작업

03 거푸집 해체작업 시 준수해야 할 사항 3가지를 쓰시오. (6점)

정답

① 해당 작업을 하는 구역에는 관계 근로자가 아닌 사람의 출입을 금지할 것
② 비, 눈, 그 밖의 기상상태의 불안정으로 날씨가 몹시 나쁜 경우에는 그 작업을 중지할 것
③ 재료, 가구 또는 공구 등을 올리거나 내리는 경우에는 근로자로 하여금 달줄·달포대 등을 사용하도록 할 것
④ 낙하·충격에 의한 돌발적 재해를 방지하기 위하여 버팀목을 설치하고 거푸집을 인양장비에 매단 후에 작업을 하도록 하는 등 필요한 조치를 할 것

#발화원 형태 #주유 중 #흡연

04 화면에서 지게차 운전자의 흡연(담뱃불)에 해당하는 발화원의 형태를 무엇이라고 하는지 쓰시오. (3점)

▶ 동영상 설명

지게차 주유 중 지게차 운전자는 담배를 피우며 주유원과 이야기하고 있다. 이때 지게차는 시동이 걸려 있는 상태이다.

정답

나화

※ 나화: 가연성 가스 등의 물질에 점화할 수 있는 불꽃(담뱃불, 라이터 등)

#재해발생형태 #충전부

05 화면을 보고 재해발생형태 및 원인을 쓰시오. (6점)

▶ 동영상 설명

작업자가 전원을 차단하지 않고 맨손으로 사출성형기 점검을 하던 중 충전부에 접촉하는 순간 쓰러진다.

정답

(1) 재해발생형태: 감전
(2) 재해발생원인
　　① 점검 전 정전작업 미실시
　　② 절연용 보호구(절연장갑 등) 미착용

#법령 #설치장치 #특수화학설비 #이상상태

06 특수화학설비 내부의 이상상태를 조기에 파악하기 위하여 설치해야 할 장치 4가지를 쓰시오. (4점)

정답

① 온도계　　　　　② 유량계　　　　　③ 압력계　　　　　④ 자동경보장치

※ 계측장치를 묻는 경우: 온도계, 유량계, 압력계
　계측장치 제외하고 묻는 경우: 자동경보장치, 긴급차단장치

#재해방지대책 #낙하

07 건설현장에서의 낙하물로 인한 재해방지대책 3가지를 쓰시오. (6점)

정답

① 낙하물 방지망 설치
② 방호선반 설치
③ 출입금지구역 설정

#핵심위험요인 #전자기기

08 화면을 보고 핵심위험요인 2가지를 쓰시오. (4점)

▶ 동영상 설명

작업자가 맨손으로 전자기기를 수리하던 중 다른 작업자가 신호를 받고 전원 버튼을 눌러 수리 중인 작업자가 감전된다.

정답

① 절연용 보호구(절연장갑 등) 미착용

② 작업 시 신호체계 미흡

#안전작업수칙 #고압전선로 #항타기·항발기

09 고압전선로 인근에서 항타기·항발기 작업 시 안전작업수칙 3가지를 쓰시오. (6점)

정답

① 절연용 방호구 설치

② 울타리 설치 또는 감시인 배치

③ 이격거리 확보: 차량 등을 충전부로부터 300[cm] 이상 이격시켜 유지하되, 대지전압이 50[kV]를 넘는 경우 10[kV]가 증가할 때마다 이격 거리 10[cm]씩 증가

④ 접지된 차량 등이 충전전로와 접촉할 우려가 있는 경우 근로자가 접지점에 접촉하지 않도록 조치

2020년 3회 기출문제

1부

#둥근톱기계 #덮개

01 안전장치가 없는 둥근톱기계에 고정식 날접촉예방장치(덮개)를 설치하고자 한다. 이때 덮개 하단과 가공재 사이의 간격, 덮개 하단과 테이블 사이의 높이는 각각 얼마로 조정하는지 쓰시오. (4점)

정답
① 8[mm] 이하
② 25[mm] 이하

#핵심위험요인 #섬유공장

02 화면을 보고 핵심위험요인 2가지를 쓰시오. (4점)

▶ 동영상 설명

섬유공장에서 실을 감는 기계가 돌아가고 있다. 실이 끊어지며 기계가 멈추자 작업자가 대형 회전체의 문을 열어 몸을 허리까지 집 어넣고 안을 들여다보며 점검한다. 갑자기 기계가 돌아가며 작업자의 손이 회전체에 끼인다.

정답
① 점검 전 전원 미차단
② (기계 열면 작동이 멈추는)연동장치(인터록) 미설치

#유해물질 #유입경로

03 작업자가 실험실에서 화학약품을 맨손으로 만지고 있다. 이때 작업자에게 유해물질이 신체로 유입되는 경로 3가지 를 쓰시오. (6점)

정답
① 피부 및 점막
② 호흡기
③ 구강을 통한 소화기

#안전장치 #리프트

04 화면에 나타나는 작업 시 설치해야 하는 안전장치 2가지를 쓰시오. (4점)

▶ 동영상 설명

자동차 하부에서 작업자가 정비 작업을 하고 있다. 작업자가 얼굴 쪽으로 튄 이물질을 팔로 닦다가 리프트 스위치를 건드리며 작업자가 깔리는 재해가 발생한다.

정답

① 안전지지대
② 안전블록

#핵심위험요인 #컨베이어

05 화면을 보고 핵심위험요인 3가지를 쓰시오. (6점)

▶ 동영상 설명

보호구를 착용하지 않은 작업자 두 명이 컨베이어 위에서 작업을 하고 있다. 집게 암이 파지를 들어올려 작업자 머리 위를 통과한 후 컨베이어 오른쪽에 떨어트린다.

정답

① 개인 보호구(안전모 등) 미착용
② 낙하 위험구간에서 작업
③ 불안정한 작업자세(건널다리 없이 컨베이어 위에서 작업)

#안전작업수칙 #밀폐공간

06 밀폐공간에서 작업 시 안전수칙 3가지를 쓰시오. (6점)

정답

① 산소 및 유해가스 농도 측정 후 작업을 시작한다.
② 작업 전 및 작업 중에도 계속 환기한다.
③ 작업자는 (공기공급식)호흡용 보호구를 착용한다.
④ 감시인을 배치하여 작업자와 수시로 연락한다.

#안전대책 #해체작업

07 화면에 나타나는 해체장비의 명칭을 쓰고, 해체작업 시 안전대책 2가지를 쓰시오. (5점)

> **정답**

(1) 해체장비의 명칭: 압쇄기

(2) 안전대책

　　① 작업구역 내에는 관계자 외 출입 금지

　　② 강풍, 폭우, 폭설 등 악천후 시 작업중지

　　③ 작업자 상호 간 신호규정 준수

　　④ 적정한 위치에 대피소 설치

#재해발생원인 #경사지붕 #추락 #낙하

08 화면을 보고 재해의 발생원인 3가지를 쓰시오. (6점)

> ▶ **동영상 설명**
>
> 작업자들이 경사지붕 설치 작업 중 휴식을 취하고 있다. 이때 작업자를 향해 적치되어 있던 자재가 굴러와 작업자가 맞으면서 추락한다. 건물 하부에서 휴식 중인 작업자가 떨어지는 자재에 맞는다.

> **정답**

① 추락 방호망 및 낙하물 방지망 미설치　　　② 경사지붕 적치상태 불량

③ 안전대 및 안전대 부착설비 미사용　　　　④ 근로자가 낙하 위험 장소에서 휴식

⑤ 낙하 위험구간 출입통제 미실시

#핵심위험요인 #전기 작업

09 화면에서 보여주는 작업의 핵심위험요인 2가지를 쓰시오. (4점)

> ▶ **동영상 설명**
>
> 맨손인 작업자가 흔들리는 의자에 올라가 가정용 배전반 전기 점검 작업을 하고 있다.

> **정답**

① 절연용 보호구(절연장갑 등) 미착용　　　② 불안정한 작업발판

2부

#법령 #항타기 · 항발기 #도르래 위치

01 다음은 항타기 또는 항발기의 조립 작업 시 도르래의 위치에 관한 법적 기준이다. 알맞은 것을 쓰시오. (3점)

> 권상장치의 드럼축과 권상장치로부터 첫 번째 도르래의 축 간의 거리를 권상장치 드럼폭의 (①) 이상으로 하여야 하고, 도르래는 권상장치의 드럼 (②)을 지나야 하며 축과 (③) 상에 있어야 한다.

정답

① 15배

② 중심

③ 수직면

#재해발생형태 #스팀배관

02 화면에 나타나는 재해를 「산업재해 기록 · 분류에 관한 지침」에 따라 분류할 때 해당되는 재해발생형태를 쓰시오.

(4점)

▶ 동영상 설명

작업자가 스팀배관의 보수를 위해 누출부위를 점검하던 중 배관에서 누출된 스팀에 의해 재해가 발생한다.

정답

이상온도 노출 · 접촉

※ "이상온도 노출 · 접촉"이라 함은 고 · 저온 환경 또는 물체에 노출 · 접촉된 경우를 말한다.

#재해예방대책 #점검 · 수리 · 청소 #사출성형기

03 화면과 같은 상황에서 발생할 수 있는 재해의 예방대책 3가지를 쓰시오. (6점)

▶ 동영상 설명

작업자가 사출성형기를 점검하던 중 성형기 틈에 끼인 이물질을 잡아당기다 감전된다.

정답

① 점검 전 전원 차단

② 절연용 보호구(절연장갑, 안전모 등) 착용

③ 청소 시 전용공구(수공구) 사용

④ 사출성형기 충전부 방호조치(덮개) 실시

#행동목표 #도금 작업

04 화면을 보고 작업자에게 해당하는 안전을 위한 행동목표 2가지를 쓰시오. (4점)

▶ 동영상 설명

작업자가 고무장갑, 고무장화를 착용하고 담배를 피우면서 자동차 부품을 도금한 후 세척하고 있다.

정답

① 점화원을 멀리하여 화재, 폭발을 예방하자.

② 적절한 보호구(불침투성 보호장갑 · 보호장화 등)를 착용하여 유기용제에 의한 중독 등을 예방하자.

#재해위험요인 #전기 형강 작업
05 화면을 보고 전기 형강 작업 중 위험요인 3가지를 쓰시오. (6점)

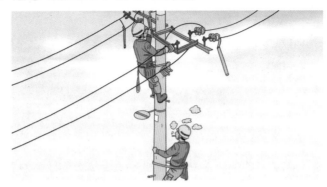

▶ 동영상 설명

전주를 아래에서부터 위로 보여주는데 발판용 볼트에 COS(Cut Out Switch)가 임시로 걸쳐 있음이 보인다. 작업자 1명은 변압기 위에 올라가서 볼트를 풀면서 흡연을 하며 작업하고 있고, 다른 작업자 근처에서는 이동식 크레인에 작업대를 매달고 또 다른 작업을 하는 화면을 보여준다.

정답
① 작업자세 및 상태불량 등
② 절연용 보호구 미착용
③ 불안정한 작업발판
④ COS 고정상태 불량
⑤ (크레인 이용 작업 시)이격거리 미준수

#재해발생요인 #크레인 #인양 작업
06 화면을 보고 재해발생요인 3가지를 쓰시오. (6점)

▶ 동영상 설명

타워크레인을 이용하여 2줄걸이로 여러 개의 파이프를 인양하는 모습을 보여준다. 보조로프(유도로프)는 없고, 로프에 샤클 1개는 반대로 체결되어 있다. 안전대, 안전모를 착용하지 않은 신호수가 비계 중간에서 수신호 중 신호가 잘 이뤄지지 않아 파이프가 H빔에 부딪힌다. 이때 작업자가 손으로 받으려 하다 파이프에 맞는다.

정답
① 보조로프(유도로프) 미사용
② 작업 시 신호체계 미흡
③ 샤클 체결방향 불량
④ 개인 보호구(안전대, 안전모 등) 미착용

#법령 #조치사항 #특수화학설비 #이상상태
07 특수화학설비 내부의 이상상태를 조기에 파악하기 위한 방법 2가지를 쓰시오.(단, 계측장치는 제외한다.) (4점)

> **정답**

① 자동경보장치 설치

② 감시인 배치

#재해발생형태 #재해위험요인 #결선 작업
08 화면에 나타나는 재해발생형태와 재해위험요인 2가지를 쓰시오. (6점)

> ▶ **동영상 설명**
>
> 목장갑을 착용한 작업자가 용접 준비 중에 분전반 판넬에서 전원 차단 없이 용접기 케이블을 결선하고 있다. 결선 작업이 끝나고 용접기에 손을 대는 순간 작업자가 쓰러진다.

> **정답**

(1) 재해발생형태: 감전

(2) 재해위험요인

　① 정전작업 미실시

　② 절연용 보호구(절연장갑 등) 미착용

#불안전한 행동 #지게차 #전기 작업
09 화면을 참고하여 작업자의 불안전한 행동 3가지를 쓰시오. (6점)

> ▶ **동영상 설명**
>
> 작업자가 지게차 포크 위에 올라가서 전구가 켜진 상태로 전구를 갈고 있다. 교체가 완료된 후 포크, 버킷 등이 지면에 다 내려오지 않았는데, 지게차 운전자가 먼저 하역장치를 제동하여 반동에 의해 작업자가 아래로 떨어진다. 작업자는 보호구를 착용하고 있지 않다.

> **정답**

① 지게차 포크 위에 올라가서 작업을 함(용도 외 사용)

② 개인 보호구(안전모, 절연장갑 등) 미착용

③ 전구 교체 전 전원 미차단

3부

#방호장치 #보호구 #교류아크용접기

01 다음 물음에 답하시오. (6점)

> (1) 교류아크용접기에 부착하는 방호장치를 쓰시오.
> (2) 교류아크용접 작업 시 착용하는 보호구 4가지를 쓰시오.

정답

(1) 방호장치: 자동전격방지기

(2) 보호구

  ① 용접용 보안면   ② 용접용 장갑   ③ 용접용 앞치마   ④ 용접용 안전화

#작업안전수칙 #유해물질

02 크롬 도금 작업 시 유해물질에 대한 안전수칙 3가지를 쓰시오. (6점)

정답

① 국소배기장치 등을 통한 실내환기

② 작업장 격리 또는 작업공정의 은폐

③ 작업 전 적합한 보호구 착용

④ 작업 전 작업장 상태점검 및 작업 후 정리정돈

#안전작업수칙 #개구부(피트)

03 화면을 보고 피트에서의 작업 시 안전작업수칙 3가지를 쓰시오. (6점)

▶ 동영상 설명

작업자가 피트 뚜껑을 한쪽으로 열어 놓고 불안정한 나무 발판 위에 발을 올려 놓은 상태로 내부를 보고 있다. 왼손으로 뚜껑을 잡고 오른손으로 플래시를 안쪽으로 비추면서 점검하는 중 발이 미끄러지며 재해가 발생한다.

정답

① 피트 내부에 추락방호망 설치

② 피트에 방호장치(안전난간, 울타리 등) 설치

③ 안전대 착용 및 안전대 부착설비 설치

#핵심위험요인 #습윤장소 #연삭 작업
04 화면을 보고 핵심위험요인 3가지를 쓰시오. (6점)

▶ 동영상 설명

2명의 작업자가 보안경을 착용하지 않고 대리석 연삭 작업을 하고 있다. 이동전선과 충전부가 작업장에 어지럽게 널려 있으며 물웅덩이에 닿은 부분이 보인다. 작업자가 덮개가 없는 연삭기의 측면을 사용하여 작업하는데 대리석 가공물이 튀어오른다.

정답

① 방호장치(연삭기 덮개) 미설치
② 이동전선 및 충전부 감전위험
③ 개인 보호구(보안경 등) 미착용

#VDT #작업자세
05 VDT 작업 시 올바른 작업자세 3가지를 쓰시오. (6점)

정답

① 작업자의 시선은 화면 상단과 눈높이 일치, 시거리 40[cm] 이상 확보할 것
② 위팔은 자연스럽게 늘어뜨리고, 팔꿈치의 내각은 90° 이상이 되도록 할 것
③ 의자 등받이에 작업자의 등이 충분히 지지되도록 할 것
④ 무릎의 내각이 90° 전후가 되도록 할 것
⑤ 작업자의 발바닥 전면이 바닥에 닿도록 하고, 그러지 못할 경우 발 받침대를 조건에 맞는 높이와 각도로 설치할 것

#준수사항 #이동식 사다리
06 이동식 사다리를 설치하여 사용 시 준수사항 3가지를 쓰시오. (6점)

정답

① 길이가 6[m]를 초과해서는 안 된다.
② 다리의 벌림은 벽 높이의 $\frac{1}{4}$ 정도가 적당하다.
③ 벽면 상부로부터 최소한 60[cm] 이상의 연장길이가 있어야 한다.

#물질 특성 #수소가스

07 화면에 나타나는 물질의 취급 시 위험요인을 고려한 특성 2가지를 쓰시오. (2점)

▶ 동영상 설명

작업자가 환풍기가 작동하지 않는 가스 용기 저장소로 들어간다. 저장소 구석으로 수소가스가 담긴 통이 여러 개 보인다.

정답

① 폭발위험성이 커 보관에 유의하여야 한다.　　　　② 폭발범위가 넓고 연소 시 발열량이 크다.

#불안전한 행동 #발파 작업

08 화면에 나타나는 불안전한 행동을 쓰시오. (3점)

▶ 동영상 설명

작업자가 길고 얇은 철근을 이용하여 화약을 발파공 안으로 밀어 넣는다. 3∼4개 정도 넣은 후 접속한 전선을 꼬아서 주변 선에 올려둔다. 주변에는 폭파 스위치 장비와 터널이 보인다.

정답

화약은 충격이나 마찰에 매우 민감하므로 철근으로 찌를 경우 (충격 또는 마찰에 의해)화약이 폭발할 수 있다.

#법령 #작업시작 전 점검사항 #리프트

09 화면에 나타나는 양중기의 작업시작 전 점검사항 2가지를 쓰시오. (4점)

▶ 동영상 설명

아파트 건설 현장에서 건설용 리프트가 운행 중인 모습을 보여준다.

정답

① 방호장치·브레이크 및 클러치의 기능　　　　② 와이어로프가 통하고 있는 곳의 상태

4부

#미준수 사항 #점검 · 수리 · 청소 #차량용 리프트

01 화면을 보고 작업 중 미준수 사항 2가지를 쓰시오. (4점)

▶ 동영상 설명

시내버스를 정비하기 위하여 차량용 리프트로 차량을 들어올린 상태에서 한 작업자가 버스 밑에 들어가 샤프트(Shaft) 계통을 점검하고 있다. 그런데 다른 한 사람이 주변 상황을 전혀 살피지 않고 버스에 올라 엔진을 시동하였다. 그 순간 밑에 있던 작업자의 소매가 버스의 회전하는 샤프트에 말려들며 재해가 발생한다.

정답

① 정비 작업 중임을 나타내는 표지판을 설치하지 않았다.
② 작업 과정을 지휘할 작업자를 배치하지 않았다.
③ 기동(시동)장치에 잠금장치를 하지 않았다.
④ 작업 시 운전금지를 위하여 열쇠를 별도 관리하지 않았다.

#법령 #준수사항 #가스집합 용접장치

02 가스집합 용접장치(이동식 포함)의 배관을 설치하는 경우, 사업주가 준수해야 할 사항 2가지를 쓰시오. (4점)

정답

① 플랜지 · 밸브 · 콕 등의 접합부에는 개스킷을 사용하고 접합면을 상호 밀착시키는 등의 조치를 할 것
② 주관 및 분기관에는 안전기를 설치할 것(이 경우 하나의 취관에 2개 이상의 안전기 설치)

#재해위험요인 #점검 · 수리 · 청소 #양수기

03 화면을 보고 재해위험요인 3가지를 쓰시오. (6점)

▶ 동영상 설명

작업자가 작동 중인 양수기를 점검하고 있다. 맞은편의 작업자와 잡담을 하며 수공구를 던져주던 중 장갑을 낀 손이 벨트에 물려 들어간다.

정답

① 작업 전 전원 미차단
② 작업상태 불량(공구 던지기 등)
③ (말려 들어가기 쉬운)장갑 착용
④ 방호장치(덮개, 울 등) 미설치

#재해발생원인 #인양 작업
04 화면을 보고 재해원인 2가지를 쓰시오. (4점)

▶ 동영상 설명

작업자가 안전난간에 밧줄을 걸쳐 인력으로 하물을 인양하던 중 하물이 떨어져 아래 작업자가 맞고 쓰러진다.

정답

① 낙하물 방지망 미설치
② 낙하 위험구간 출입통제 미실시
③ 물건 인양 시 적당한 기계, 기구 미사용

#법령 #작업시작 전 점검사항 #프레스
05 프레스를 사용하여 작업을 할 때 작업시작 전 점검사항 3가지를 쓰시오. (6점)

정답

① 클러치 및 브레이크의 기능
② 크랭크축 · 플라이휠 · 슬라이드 · 연결봉 및 연결 나사의 풀림 여부
③ 1행정 1정지기구 · 급정지장치 및 비상정지장치의 기능
④ 슬라이드 또는 칼날에 의한 위험방지 기구의 기능
⑤ 프레스의 금형 및 고정볼트 상태
⑥ 방호장치의 기능
⑦ 전단기의 칼날 및 테이블의 상태

#불안전한 요소 #크레인 #활선전로
06 화면에 나타나는 작업 시 내재되어 있는 불안전한 요소 3가지를 쓰시오. (6점)

▶ 동영상 설명

작업자 1명은 밑에서 절연용 방호구를 올리고 다른 작업자 2명은 이동식 크레인의 고소작업대 위에서 달줄을 이용하여 절연용 방호구를 받아 활선에 설치하고 있다. 작업자가 탑승한 차량과 붐대는 활선에 접촉되어 있지 않다. 방호구를 설치하는 작업자는 절연장갑을 착용하였고 밑에서 절연용 방호구를 올리는 작업자는 얇은 장갑을 착용하고 있다.

정답

① 근접활선(절연용 방호구 미설치)에 대한 감전위험
② 절연용 보호구 착용상태 불량에 따른 감전위험
③ 활선 작업거리 미준수에 따른 감전위험

#재해위험요인 #배전반

07 화면을 보고 재해위험요인 3가지를 쓰시오. (6점)

> ▶ 동영상 설명

작업자가 맨손으로 배전반(분전반) 내부 패널 작업을 하고 있다. 다른 작업자가 개폐기의 전원 버튼을 누르는 순간, 패널 작업을 하던 작업자가 쓰러진다.

> 정답

① 절연용 보호구(절연장갑 등) 미착용

② 검전기 등을 통한 충전상태 미확인

③ 작업지휘자 미배치(신호체계 미확립)

#가해물 #방호장치 #프레스

08 화면에 나타나는 재해의 가해물을 쓰고, 그 방호장치 3가지를 쓰시오. (5점)

> ▶ 동영상 설명

작업자가 프레스기로 철판에 구멍을 뚫는 작업 중 철판 위 가루를 털어내다 작동하는 프레스에 손을 다친다. 프레스에는 급정지기구가 설치되지 않았다.

> 정답

(1) 가해물: 프레스

(2) 방호장치

    ① 가드식 방호장치

    ② 수인식 방호장치

    ③ 손쳐내기식 방호장치

    ④ 양수기동식 방호장치

#법령 #준수사항 #낙하물 방지망

09 낙하물 방지망 설치 시 준수사항에 대하여 알맞은 것을 쓰시오. (4점)

(1) 높이 (①) 이내마다 설치하고, 내민 길이는 벽면으로부터 (②) 이상으로 할 것
(2) 수평면과의 각도는 20° 이상 (③) 이하를 유지할 것

> 정답

① 10[m]

② 2[m]

③ 30°

2020년 4회 기출문제

1부

#재해위험요인 #조치사항 #경사형 컨베이어

01 화면에 나타나는 재해위험요인 2가지와 재해발생 시 조치사항을 쓰시오. (7점)

▶ 동영상 설명

작업자가 작동 중인 경사형 컨베이어에 기계 오른쪽의 포대를 컨베이어 벨트 위로 올리고 있다. 작업자 한 명은 경사진 컨베이어 위에 회전하는 벨트 양 끝부분 모서리에 다리를 벌리고 서 있고, 아래 작업자가 포대를 빠르게 컨베이어에 올리던 중 컨베이어 위의 작업자 발에 포대 끝부분이 부딪친다. 작업자가 무게 중심을 잃고 기계 오른쪽으로 쓰러지면서 팔이 기계 하단으로 들어간다.

정답

(1) 재해위험요인
　① 불안정한 작업자세
　② 작업발판 미확보
(2) 조치사항: 비상정지장치를 작동하여 기계를 정지시킨다.

#핵심위험요인 #점검·수리·청소 #배관 작업

02 화면에서 보여주는 배관 작업 시 핵심위험요인 2가지를 쓰시오. (4점)

▶ 동영상 설명

작업자가 증기 스팀배관의 보수를 위해 플라이어로 누출부위를 점검하고 있다. 배관을 감싸고 있는 단열재를 건드린 순간 스팀이 빠져나오며 물이 떨어져 작업자가 얼굴을 찡그린다. 작업자는 안전모를 착용하고 있으며 장갑, 보안경은 착용하지 않았다.

정답

① 배관 보수 작업 전 배관 내 스팀 미제거
② 개인 보호구(방열장갑, 보안경 등) 미착용

#주의사항 #유해물질

03 유해물질 취급 시 일반적인 주의사항 3가지를 쓰시오. (6점)

정답

① 작업시작 전 안전보호구를 착용한다.
② 배기장치의 가동 여부를 확인한다.
③ 후드 개구면 주위에 흡입 방해물이 있는지 확인한다.
④ 약품은 정해진 용도 외에 사용을 금한다.
⑤ 작업장 주위의 점화원을 제거한다.

#법령 #작업시작 전 점검사항 #이동식 크레인
04 이동식 크레인을 사용하는 작업시작 전 점검사항 3가지를 쓰시오. (6점)

정답
① 권과방지장치나 그 밖의 경보장치의 기능
② 브레이크·클러치 및 조정장치의 기능
③ 와이어로프가 통하고 있는 곳 및 작업장소의 지반상태

#보호구 #화학물질
05 화면을 보고 작업자가 착용해야 할 보호구 4가지를 쓰시오. (4점)

▶ 동영상 설명

작업자가 화학약품을 사용하여 자동차 부품(브레이크 라이닝)을 세척하는 작업 과정을 보여준다. 세정제가 바닥에 흩어져 있으며, 고무장화 등을 착용하지 않고 작업을 하고 있다.

정답
① 보안경 　　　　　② 불침투성 보호복 　　　　　③ 불침투성 보호장화
④ 불침투성 보호장갑 　　② 유기화합물용 방독마스크

#위험점 #선반 작업 #회전부위
06 화면에 나타나는 재해의 위험점과 그 정의를 쓰시오. (4점)

▶ 동영상 설명

작업자가 회전물에 샌드페이퍼를 감고 손으로 지지하여 작업을 하다 장갑을 낀 손이 회전부에 말려 들어가는 재해가 발생한다.

정답
① 위험점: 회전말림점
② 위험점의 정의: 회전하는 물체의 회전부위에 장갑, 작업복 등이 말려드는 위험점

#퍼지 작업

07 퍼지 작업의 종류 4가지를 쓰시오. (4점)

정답

① 진공퍼지
② 압력퍼지
③ 스위프퍼지
④ 사이폰퍼지

#재해위험요인 #점검 · 수리 · 청소 #프레스

08 화면을 보고 작업 중 위험요인 3가지를 쓰시오. (6점)

▶ 동영상 설명

작업자가 크랭크 프레스로 철판에 구멍을 뚫던 중 철판의 바닥을 손으로 만져보며 구멍을 확인한다. 손으로 철판을 털어내다 프레스가 갑자기 작동하며 재해가 발생한다. 프레스에는 방호장치가 설치되어 있지 않고, 페달에는 커버가 부착되어 있지 않다.

정답

① 이물질 제거 시 전용공구(수공구) 미사용
② 청소 전 전원 미차단
③ 프레스 방호장치 및 페달 덮개 미설치

#재해위험요인 #점검 · 수리 · 청소 #드릴 작업

09 화면을 보고 재해위험요인 2가지를 쓰시오. (4점)

▶ 동영상 설명

면장갑을 착용한 작업자가 드릴 작업 중인 모습을 보여준다. 작업자는 드릴 작업을 하면서 이물질을 입으로 불어 제거하고, 동시에 손으로 제거하려다 회전하는 날에 손을 다친다.

정답

① 전용공구(브러시 등) 미사용
② 청소 전 전원 미차단
③ (말려들기 쉬운)장갑 착용

2부

#법령 #작업시작 전 점검사항 #컨베이어

01 컨베이어의 작업시작 전.점검사항 3가지를 쓰시오. (6점)

> **정답**
>
> ① 원동기 및 풀리 기능의 이상 유무
> ② 이탈 등의 방지장치 기능의 이상 유무
> ③ 비상정지장치 기능의 이상 유무
> ④ 원동기 · 회전축 · 기어 및 풀리 등의 덮개 또는 울 등의 이상 유무

#지게차 #안정도

02 지게차가 최고속도 5[km/h]로 주행 시 좌우안정도를 구하시오. (3점)

> **정답**
>
> $15+(1.1 \times 5)=20.5[\%]$ 이내
> ※ 주행 시 좌우 안정도$=15+(1.1 \times V)[\%]$ 이내
>   여기서, V: 구내최고속도[km/h]

#핵심위험요인 #배전반

03 화면을 보고 핵심위험요인 2가지를 쓰시오. (4점)

> **▶ 동영상 설명**
>
> 작업자가 임시 배전반 앞에서 휴대용 연삭기로 작업을 하고 있다. 다른 작업자가 임시 배전반을 열고 조작하는 모습이 보인 후 연삭작업을 하던 작업자가 감전된다. 작업자는 안전모를 착용하지 않았고 맨손으로 작업을 하고 있다.

> **정답**
>
> ① 절연용 보호구(절연장갑 등) 미착용
> ② 작업지휘자 미배치
> ③ 작업 전 정전작업 미실시

#재해예방대책 #활선전로 #크레인

04 화면에 나타나는 작업 시 사업주의 감전 예방 조치사항 3가지를 쓰시오. (6점)

> ▶ 동영상 설명

30[kV] 전압이 흐르는 고압선 아래에서 작업 중인 모습을 보여준다. 이동식 크레인에 하물을 매달아 옮기던 중 크레인의 붐대가 전선에 닿아 감전재해가 발생한다.

> 정답

① 절연용 방호구 설치

② 울타리 설치 또는 감시인 배치

③ 이격거리 확보: 차량 등을 충전부로부터 300[cm] 이상 이격시켜 유지하되, 대지전압이 50[kV]를 넘는 경우 10[kV]가 증가할 때마다 이격거리 10[cm]씩 증가

④ 접지된 차량 등이 충전전로와 접촉할 우려가 있는 경우 근로자가 접지점에 접촉하지 않도록 조치

#재해위험요인 #점검 · 수리 · 청소 #띠톱 작업

05 화면을 보고 작업자의 복장 또는 행동의 문제점 2가지를 쓰시오. (4점)

> ▶ 동영상 설명

작업자가 띠톱 작업을 하고 있다. 노란 버튼을 누르면 띠톱이 위로 이동하며 회전하는 장면이 보인다. 띠톱이 정지한 후 작업자가 작업물을 꺼내기 위해 몸을 기울이는데 면장갑이 띠톱에 걸리며 손을 다친다. 작업자는 면장갑과 안전모를 착용했고 보안경은 착용하지 않았다.

> 정답

① (끼일 위험이 있는)장갑 착용

② 자재를 빼낼 때 전원 미차단

③ 개인 보호구(보안경 등) 미착용

#법령 #관리감독자 #밀폐공간

06 밀폐공간 작업 시 관리감독자의 직무 3가지를 쓰시오. (6점)

> **정답**
>
> ① 산소가 결핍된 공기나 유해가스에 노출되지 않도록 작업 시작 전에 해당 근로자의 작업을 지휘하는 업무
> ② 작업을 하는 장소의 공기가 적절한지를 작업 시작 전에 측정하는 업무
> ③ 측정장비 · 환기장치 또는 공기호흡기 또는 송기마스크를 작업 시작 전에 점검하는 업무
> ④ 근로자에게 공기호흡기 또는 송기마스크의 착용을 지도하고 착용 상황을 점검하는 업무

#준수사항 #발파 작업

07 화면에 나타나는 작업 시 근로자가 준수해야 할 사항 3가지를 쓰시오. (6점)

> **▶ 동영상 설명**
>
> 화약을 활용하여 터널 굴착을 위한 발파 작업을 준비하고 있다.

> **정답**
>
> ① 얼어붙은 다이너마이트는 화기에 접근시키거나 그 밖의 고열물에 직접 접촉시키는 등 위험한 방법으로 융해되지 않도록 할 것
> ② 화약이나 폭약 장전 시 그 부근에서 화기 사용이나 흡연 금지
> ③ 장전구는 마찰 · 충격 · 정전기 등에 의한 폭발의 위험이 없는 것 사용
> ④ 발파공의 충진재료는 발화성 또는 인화성 위험이 없는 재료 사용

#재해위험요인 #이동식 비계

08 화면을 보고 작업 시 위험요인 2가지를 쓰시오. (4점)

> **▶ 동영상 설명**
>
> 작업자가 이동식 비계 위 목재로 된 작업발판에서 작업하고 있다. 안전난간이 없으며 비계가 흔들리는 모습이 보인다.

> **정답**
>
> ① 불안정한 작업발판   ② 안전난간 미설치   ③ 바퀴 미고정(브레이크, 쐐기 등 미사용)

#재해방지대책 #건설현장 #추락

09 화면을 보고 재해방지대책 3가지를 쓰시오. (6점)

> **▶ 동영상 설명**
>
> 아파트 건설 공사장에서 두 명의 작업자가 각각 창틀, 처마 위에서 작업 중인 모습을 보여준다. 창틀의 작업자가 다른 작업자에게 작업발판을 넘겨주고 옆 처마로 이동하던 중 추락하였다. 현장에는 추락방호망, 안전대, 안전난간 등이 없다.

> **정답**
>
> ① 추락방호망 설치   ② 안전대 착용 및 안전대 부착설비 설치
> ③ 안전난간 설치   ④ 작업발판 설치

3부

#기인물 #안전장치 #연삭기
01 화면에 나타나는 재해의 기인물과 연마 작업 시 파편이나 칩의 비래에 의한 위험에 대비하기 위해 설치해야 하는 장치명을 쓰시오. (4점)

▶ 동영상 설명

작업자가 탁상용 연삭기를 이용해 연마 작업 중인 모습을 보여준다. 봉강 연마 작업 중 환봉 파편이 튀어 작업자가 눈을 찡그린다.

정답

① 기인물: 탁상용 연삭기
② 장치명: 칩비산방지판

#재해발생요인 #지게차
02 화면을 보고 재해발생요인 3가지를 쓰시오. (6점)

▶ 동영상 설명

납품시간이 촉박한 지게차 운전자가 급히 물건을 적재(화물을 높게 적재하여 시계 불충분)하여 운반하던 중 통로의 작업자와 충돌한다. 화물은 로프 등으로 결박되지 않았다.

정답

① 물건의 적재불량(과적)으로 인한 운전자의 시야 불충분
② 지게차의 운행 경로상 근로자 출입 미통제
③ 작업지휘자(유도자) 미배치
④ 물건의 불안전한 적재(로프 미사용)

#보호구 #고열 작업
03 화면을 보고 작업자의 머리, 손, 신체에 필요한 보호구를 각각 쓰시오. (3점)

▶ 동영상 설명

작업자가 고무래로 용광로 쇳물 표면을 젓고 당기면서 굳은 찌꺼기를 긁어내는 작업을 하고 있다.

정답

① 머리: 방열두건   ② 손: 방열장갑   ③ 신체: 방열복(방열일체복)

#재해발생형태 #기인물 #작업발판

04 화면을 보고 재해발생형태와 기인물을 쓰시오. (5점)

▶ 동영상 설명

작업자가 작업발판용 목재토막을 가공대 위에 올려놓고 한 발로 목재를 고정하고 톱질을 하던 중 약 40[cm] 높이의 작업발판이 흔들리며 작업자가 균형을 잃고 넘어진다.

정답

① 재해발생형태: 넘어짐(전도)

② 기인물: 작업발판

#재해발생형태 #가해물 #배전반

05 화면을 보고 재해발생형태와 가해물을 쓰시오. (5점)

▶ 동영상 설명

작업자가 배전반의 볼트를 조이는 작업을 하다 깜짝 놀란다.

정답

① 재해발생형태: 감전

② 가해물: 전기(전류)

#가스폭발 #인화성 물질 #구름모양

06 화면을 보고 가스폭발의 종류와 그 정의를 쓰시오. (5점)

▶ 동영상 설명

인화성 물질 취급 및 저장소에서 작업자가 외투를 벗고 있다. 작업자 뒤에 놓인 통에서 새어나온 가스가 구름모양을 만들고, 작업자가 옷을 내려놓으며 유출된 가스가 폭발한다.

정답

① 폭발의 종류: 증기운 폭발(UVCE)

② 정의: 가연성의 위험물질이 서서히 누출되어 대기 중에 구름형태로 모이다 발화원에 의하여 순간적으로 모든 가스가 동시에 폭발하는 현상

#재해방지대책 #건설현장 #추락

07 화면을 보고 재해방지대책 4가지를 쓰시오. (8점)

▶ 동영상 설명

아파트 건설 공사장에서 두 명의 작업자가 각각 창틀, 처마 위에서 작업 중인 모습을 보여준다. 창틀의 작업자가 다른 작업자에게 작업발판을 넘겨주고 옆 처마로 이동하던 중 추락하였다. 현장에는 추락방호망, 안전대, 안전난간 등이 없다.

정답

① 추락방호망 설치
③ 안전난간 설치

② 안전대 착용 및 안전대 부착설비 설치
④ 작업발판 설치

#재해위험요인 #안전대책 #롤러기

08 화면을 보고 작업자 행동의 위험요인 및 안전대책을 각각 2가지씩 쓰시오. (4점)

▶ 동영상 설명

작업자가 가동 중인 롤러기의 전원 차단 스위치를 꺼 정지시킨 후 내부 수리를 하던 중 다시 롤러기를 가동시켜 내부의 이물질을 면장갑을 착용한 손으로 제거하다 손이 롤러기에 말려 들어간다.

정답

(1) 위험요인
　　① 회전기계 작업 중 (말려들기 쉬운)장갑 착용
　　② 점검 전 전원 미차단
　　③ 방호장치 미설치
(2) 안전대책
　　① 회전기계 취급 시 (말려들기 쉬운)장갑을 착용하지 않는다.
　　② 점검·수리 시 전원 차단 후 작업한다.
　　③ 롤러기에 방호장치를 설치한다.

#재해발생형태 #유해물질

09 화면을 보고 재해발생형태와 그 정의를 쓰시오. (5점)

▶ 동영상 설명

실험실에서 작업자가 황산을 비커에 따르다가 손에 묻는다.

정답

① 재해발생형태: 유해·위험물질 노출·접촉
② 정의: 유해·위험물질에 노출·접촉 또는 흡입하였거나 독성동물에 쏘이거나 물린 경우

2019년 1회 기출문제

1부

#퍼지 작업 #목적

01 작업공간에 다음과 같은 가스가 존재할 경우 각각 환기(퍼지) 목적을 쓰시오. (6점)

> ① 가연성 가스 및 지연성 가스의 경우
> ② 독성 가스의 경우
> ③ 불활성 가스의 경우

정답

① 화재 및 폭발사고 방지   ② 중독사고 방지   ③ 산소결핍에 의한 질식사고 방지

#보호구 #안전대 #구조조건

02 화면에 나타나는 보호구 부품의 명칭과 이 기구가 갖추어야 하는 구조조건 2가지를 쓰시오. (5점)

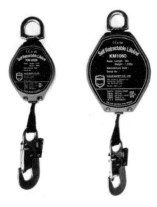

정답

(1) 명칭: 안전블록

(2) 갖추어야 하는 구조

     ① 자동잠김장치를 갖출 것

     ② 안전블록의 부품은 부식방지처리를 할 것

#방호장치 #교류아크용접기

03 교류아크용접기용 자동전격방지기의 종류 4가지를 쓰시오. (4점)

정답

① 외장형   ② 내장형

③ 저저항시동형(L형)   ④ 고저항시동형(H형)

#재해발생형태 #재해위험요인 #배전반

04 화면을 보고 재해발생형태와 화면에서 나타나는 재해위험요인 2가지를 쓰시오. (6점)

▶ 동영상 설명

작업자가 맨손으로 배전반(분전반) 내부 패널 작업을 하고 있다. 다른 작업자가 개폐기의 전원 버튼을 누르는 순간, 패널 작업을 하던 작업자가 쓰러진다.

정답

(1) 재해발생형태: 감전
(2) 재해위험요인
　　① 절연용 보호구(절연장갑 등) 미착용
　　② 작업 시 신호체계 미흡

#안전작업수칙 #석면 취급 작업

05 화면을 보고 안전작업수칙 3가지를 쓰시오.(단, 근로자는 석면의 위험성을 인지하고 있다.) (6점)

▶ 동영상 설명

작업자가 브레이크 패드를 제조하는 중 석면을 사용하고 있다.

정답

① 호흡용 보호구(방진마스크 등) 착용　　　　　② 국소배기장치 설치 및 작업 중 가동
③ (석면이 흩날리지 않도록)적정 습도 유지

#VDT #작업자세

06 화면을 보고 작업자의 올바른 작업자세 3가지를 쓰시오. (6점)

▶ 동영상 설명

작업자가 사무실에서 의자에 앉아 컴퓨터 조작 중이다. 의자 높이가 맞지 않아 다리를 구부리고 앉아 있으며, 모니터를 가까이에서 바라보고 있다. 또한 키보드를 손으로 조작하는데 키보드가 너무 높은 곳에 위치하고 있다.

정답

① 작업자의 시선은 화면 상단과 눈높이 일치, 시거리 40[cm] 이상 확보할 것
② 위팔은 자연스럽게 늘어뜨리고, 팔꿈치의 내각은 90° 이상이 되도록 할 것
③ 의자 등받이에 작업자의 등이 충분히 지지되도록 할 것
④ 무릎의 내각이 90° 전후가 되도록 할 것
⑤ 작업자의 발바닥 전면이 바닥에 닿도록 하고, 그러지 못할 경우 발 받침대를 조건에 맞는 높이와 각도로 설치할 것

#시험성능기준 #안전모

07 안전모의 시험성능기준에 대하여 알맞은 것을 쓰시오. (6점)

> ① AE종, ABE종 안전모 관통거리: (   )[mm] 이하
> ② AB종 안전모 관통거리: (   )[mm] 이하
> ③ 충격흡수성: 최고전달충격력이 (   )[N]을 초과해서는 안 된다.

정답

① 9.5

② 11.1

③ 4,450

#건설현장 #해체장비

08 아파트 등 해체작업 시 작업자는 해체장비로부터 최소 몇 [m] 떨어져야 하는지 쓰시오. (2점)

정답

4[m]

#안전작업수칙 #활선전로

09 화면과 같은 작업 시 안전작업수칙 2가지를 쓰시오. (4점)

▶ 동영상 설명

항타기·항발기 장비로 땅을 파고 콘크리트 전주 세우기 작업 도중에 항타기에 고정된 전주가 조금 불안정한 듯 싶더니 조금씩 돌아가서 항타기로 전주를 조금 움직이는 순간 인접한 고압활선전로에 접촉되어서 스파크가 일어난다.

정답

① 절연용 방호구 설치

② 울타리 설치 또는 감시인 배치

③ 이격거리 확보: 차량 등을 충전부로부터 300[cm] 이상 이격시켜 유지하되, 대지전압이 50[kV]를 넘는 경우 10[kV]가 증가할 때마다 이격거리 10[cm]씩 증가

④ 접지된 차량 등이 충전전로와 접촉할 우려가 있는 경우 근로자가 접지점에 접촉하지 않도록 조치

2부

#재해발생형태 #전선 작업

01 화면을 보고 재해발생형태와 그 정의를 쓰시오. (4점)

▶ 동영상 설명

일반 차량도로 공사에서 붉은 도로 구획 전면 점검 중 작업자가 전선끼리 절연테이프로 연결한 부분을 만지다 재해가 발생한다.

정답

① 재해발생형태: 감전

② 재해발생형태의 정의: 인체의 일부 또는 전체에 전류가 흐르는 현상

#석면 취급 작업 #직업성 질환

02 일반 마스크를 착용하고 석면 작업을 하는 경우 석면분진 폭로 위험성에 노출되어 직업성 질환으로 이환될 우려가 있다. 그 이유를 설명하고, 장기간 폭로 시 어떤 종류의 직업병이 발생할 위험이 있는지 3가지를 쓰시오. (5점)

정답

(1) 이유: 해당 작업자가 착용한 마스크는 방진마스크가 아니기 때문에 석면분진이 흡입될 수 있다.

(2) 발생 가능한 직업병: ① 폐암 ② 석면폐증 ③ 악성중피종

※ 석면해체·제거작업에 근로자를 종사하도록 하는 경우 방진마스크(특등급), 고글형 보호안경, 신체를 감싸는 보호복, 보호장갑 및 보호신발 등을 착용하도록 하여야 한다.

#재해위험요인 #발화원 형태 #주유 중 #흡연

03 화면을 보고 다음 물음에 답하시오. (6점)

▶ 동영상 설명

지게차 주유 중 지게차 운전자는 담배를 피우며 주유원과 이야기하고 있다. 지게차는 시동이 걸려 있는 상태이다.

(1) 화면에서 위험요소 2가지를 쓰시오.

(2) 화면에서 담뱃불에 해당하는 발화원의 형태를 쓰시오.

정답

(1) 위험요소

   ① 인화성 물질이 있는 곳에서 담배를 피우고 있다.

   ② 지게차에 시동이 걸려 있어 임의동작 또는 오동작 위험이 있다.

(2) 발화원의 형태: 나화

PART 02

2019년 1회 기출문제

#재해예방대책 #경사지붕 #추락 #낙하

04 화면을 보고 재해예방대책 3가지를 쓰시오. (6점)

▶ 동영상 설명

작업자들이 경사지붕 설치 작업 중 휴식을 취하고 있다. 이때 작업자를 향해 적치되어 있던 자재가 굴러와 작업자가 맞으면서 추락한다. 건물 하부에서 휴식 중인 작업자가 떨어지는 자재에 맞는다.

정답

① 추락 방호망 및 낙하물 방지망 설치 ② 낙하 위험 장소에서 휴식 금지
③ 낙하 위험구간 출입통제 ④ 안전대 및 안전대 부착설비 사용
⑤ 적재물에 구름멈춤대, 쐐기 등 이용

#재해발생요인 #변전실 #변압기

05 화면을 보고 재해발생요인 3가지를 쓰시오. (6점)

▶ 동영상 설명

작업자가 변압기의 2차 전압을 측정하기 위해 변전실 밖의 작업자에게 전원을 투입하라는 신호를 보낸다. 측정 완료 후 다시 전원 차단 신호를 보내고 측정기기를 철거하다 감전사고가 발생한다. 변전실 안의 작업자는 보호구를 착용하지 않았다.

정답

① 절연용 보호구(절연장갑 등) 미착용 ② 신호전달체계 불량
③ 작업자 안전수칙 미준수(활선 및 정전상태 미확인 후 작업)

#재해발생형태 #재해위험요인 #배전반

06 화면을 보고 재해발생형태와 화면에서 나타나는 재해위험요인 2가지를 쓰시오. (6점)

▶ 동영상 설명

작업자가 맨손으로 배전반(분전반) 내부 패널 작업을 하고 있다. 다른 작업자가 개폐기의 전원 버튼을 누르는 순간, 패널 작업을 하던 작업자가 쓰러진다.

정답

(1) 재해발생형태: 감전
(2) 위험요인
    ① 절연용 보호구(절연장갑 등) 미착용
    ② 작업 시 신호체계 미흡

#보호구 #도금 작업

07 화면에 나타나는 작업 중 건강장해 예방을 위하여 작업자가 착용하여야 할 보호구의 종류 3가지를 쓰시오. (3점)

▶ 동영상 설명

도금 작업이 진행 중이며 작업자가 작업 도중 내용물을 꺼내어 표면의 상태를 확인하고 냄새를 맡는다. 작업자는 고무장갑과 고무장화를 착용하고 있다.

정답

① 불침투성 보호복　　　　　② 유기화합물용 방독마스크　　　　　③ 보안경

#보호구 #용접용 보안면

08 용접용 보안면의 등급을 나누는 기준과 투과율의 종류를 쓰시오. (5점)

정답

⑴ 등급기준: 차광도 번호
⑵ 투과율의 종류
　① 자외선 최대 분광 투과율
　② 시감 투과율
　③ 적외선 투과율

#안전작업수칙 #활선전로

09 화면과 같은 작업 시 안전작업수칙 2가지를 쓰시오. (4점)

▶ 동영상 설명

항타기·항발기 장비로 땅을 파고 콘크리트 전주 세우기 작업 도중에 항타기에 고정된 전주가 조금 불안정한 듯 싶더니 조금씩 돌아가서 항타기로 전주를 조금 움직이는 순간 인접한 고압활선전로에 접촉되어서 스파크가 일어난다.

정답

① 절연용 방호구 설치
② 울타리 설치 또는 감시인 배치
③ 이격거리 확보: 차량 등을 충전부로부터 300[cm] 이상 이격시켜 유지하되, 대지전압이 50[kV]를 넘는 경우 10[kV]가 증가할 때마다 이격거리 10[cm]씩 증가
④ 접지된 차량 등이 충전전로와 접촉할 우려가 있는 경우 근로자가 접지점에 접촉하지 않도록 조치

3부

#법령 #누전차단기 설치 대상

01 화면에 나타나는 작업과 같이 감전방지용 누전차단기를 설치해야 하는 대상 3가지를 쓰시오. (6점)

▶ 동영상 설명

작업자가 핸드그라인더로 철물을 연삭하는 작업을 하고 있다. 주변에 물이 흥건하고 마지막에는 전선 같은 것이 보인다.

정답

① 대지전압이 150[V]를 초과하는 이동형 또는 휴대형 전기기계 · 기구

② 물 등 도전성이 높은 액체가 있는 습윤장소에서 사용하는 저압용 전기기계 · 기구

③ 철판 · 철골 위 등 도전성이 높은 장소에서 사용하는 이동형 또는 휴대형 전기기계 · 기구

④ 임시배선의 전로가 설치되는 장소에서 사용하는 이동형 또는 휴대형 전기기계 · 기구

#유해물질 #유입경로

02 작업자가 실험실에서 화학약품을 맨손으로 만지고 있다. 이때 작업자에게 유해물질이 신체로 유입되는 경로 3가지를 쓰시오. (6점)

정답

① 피부 및 점막

② 호흡기

③ 구강을 통한 소화기

#조치사항 #터널 건설 작업 #낙반

03 화면에 나타나는 재해를 방지하기 위해 필요한 조치사항 2가지를 쓰시오. (4점)

▶ 동영상 설명

터널 건설 작업 중 낙반에 의한 재해를 보여주고 있다.

정답

① 터널 지보공 설치

② 록볼트 설치

③ 부석의 제거

#법령 #관리감독자 #밀폐공간

04 화면에 나타나는 공간에서의 작업 시 관리감독자의 직무 3가지를 쓰시오. (6점)

▶ 동영상 설명

탱크 내부의 밀폐된 공간에서 작업자가 그라인더 작업을 하고 있고, 다른 작업자가 외부에 설치된 국소배기장치를 발로 차 전원공급이 차단되어 내부 작업자가 의식을 잃고 쓰러진다.

정답

① 산소가 결핍된 공기나 유해가스에 노출되지 않도록 작업 시작 전에 해당 근로자의 작업을 지휘하는 업무

② 작업을 하는 장소의 공기가 적절한지를 작업 시작 전에 측정하는 업무

③ 측정장비·환기장치 또는 공기호흡기 또는 송기마스크를 작업 시작 전에 점검하는 업무

④ 근로자에게 공기호흡기 또는 송기마스크의 착용을 지도하고 착용 상황을 점검하는 업무

#습윤장소 #피부저항 #감전

05 작업자가 수중펌프 접속부위에 감전사고를 당했을 경우, 그 원인을 인체의 피부저항과 관련하여 설명하시오. (4점)

정답

인체의 피부저항은 물에 젖어 있을 경우 약 $\frac{1}{25}$ 로 감소하므로 그만큼 통전전류가 커져 감전의 위험이 높아진다.

#재해예방대책 #활선전로 #크레인

06 화면에 나타나는 작업 시 사업주의 감전 예방 조치사항 3가지를 쓰시오. (6점)

▶ 동영상 설명

30[kV] 전압이 흐르는 고압선 아래에서 작업 중인 모습을 보여준다. 이동식 크레인에 하물을 매달아 옮기던 중 크레인의 붐대가 전선에 닿아 감전재해가 발생한다.

정답

① 절연용 방호구 설치

② 울타리 설치 또는 감시인 배치

③ 이격거리 확보: 차량 등을 충전부로부터 300[cm] 이상 이격시켜 유지하되, 대지전압이 50[kV]를 넘는 경우 10[kV]가 증가할 때마다 이격거리 10[cm]씩 증가

④ 접지된 차량 등이 충전전로와 접촉할 우려가 있는 경우 근로자가 접지점에 접촉하지 않도록 조치

#보호구 #귀덮개

07 방음용 귀덮개(EM)의 차음성능기준에 대하여 알맞은 것을 쓰시오. (3점)

중심주파수 [Hz]	차음치 [dB]
1,000	(①) 이상
2,000	(②) 이상
4,000	(③) 이상

정답

① 25   ② 30   ③ 35

#둥근톱기계 #덮개

08 안전장치가 없는 둥근톱기계에 고정식 날접촉예방장치(덮개)를 설치하고자 한다. 이때 덮개 하단과 가공재 사이의 간격, 덮개 하단과 테이블 사이의 높이는 각각 얼마로 조정하는지 쓰시오. (4점)

정답

① 8[mm] 이하   ② 25[mm] 이하

#보호구 #안전대

09 화면에 나타나는 안전대의 명칭과 그 부품의 명칭을 각각 쓰시오. (6점)

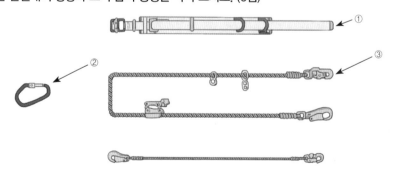

정답

① U자 걸이용 안전대   ② 카라비너(Carabiner)   ③ 훅(Hook)

2019년 2회 기출문제

1부

#계측방법 #NATM 공법

01 NATM 공법에 의한 터널 굴착 작업 시 공사의 안전성 및 설계의 타당성 판단 등을 확인하기 위해 실시하는 계측의 종류 3가지를 쓰시오. (6점)

정답

① 내공변위 측정
② 천단침하 측정
③ 지중, 지표 침하 측정
④ 록 볼트 축력 측정
⑤ 뿜어붙이기 콘크리트 응력 측정

#방호장치 #롤러기 #설치 위치

02 롤러기의 방호장치(급정지장치)의 종류별 설치 위치를 쓰시오. (6점)

정답

① 손조작식: 밑면에서 1.8[m] 이내
② 복부조작식: 밑면에서 0.8[m] 이상 1.1[m] 이내
③ 무릎조작식: 밑면에서 0.6[m] 이내

#보호구 #전주 작업

03 전주 작업 시 작업자가 착용해야 하는 안전대의 명칭을 쓰시오. (3점)

정답

U자 걸이용 안전대

#법령 #설치기준 #작업발판 #2[m] 이상

04 화면에 나타나는 작업 시 작업발판을 설치할 경우 발판의 폭과 발판재료 간의 틈의 설치기준을 쓰시오. (2점)

> **▶ 동영상 설명**
>
> 안전대를 착용하지 않은 작업자가 교량 하부 점검 작업 중에 추락한다. 교량에는 추락방지 시설물이나 작업발판이 설치되어 있지 않다.

정답

① 작업발판의 폭: 40[cm] 이상

② 발판재료 간의 틈: 3[cm] 이하

#안전작업수칙 #보호구 #밀폐공간

05 밀폐공간 작업 시의 안전작업수칙 2가지와 착용해야 할 보호구 2가지를 쓰시오. (6점)

정답

(1) 안전작업수칙

　① 산소 및 유해가스 농도 측정 후 작업을 시작한다.

　② 작업 전 및 작업 중에도 계속 환기한다.

　③ 작업자는 (공기공급식)호흡용 보호구를 착용한다.

　④ 감시인을 배치하여 작업자와 수시로 연락한다.

(2) 착용해야 할 보호구: 공기호흡기, 송기마스크

#시험성능기준 #방열복 #내열원단

06 방열복 내열원단의 시험성능기준 항목 3가지를 쓰시오. (6점)

정답

① 난연성

② 절연저항

③ 인장강도

④ 내열성

⑤ 내한성

#환기장치

07 사업주가 작업장 분진 배출 또는 공기적정상태 유지를 위하여 설치하여야 하는 것 2가지를 쓰시오. (4점)

정답

① 국소배기장치
② 전체환기장치

#법령 #작업시작 전 점검사항 #지게차

08 「산업안전보건법령」상 지게차를 사용하여 작업을 하는 때의 작업시작 전 점검사항 3가지를 쓰시오. (6점)

정답

① 제동장치 및 조종장치 기능의 이상 유무
② 하역장치 및 유압장치 기능의 이상 유무
③ 바퀴의 이상 유무
④ 전조등·후미등·방향지시기 및 경보장치 기능의 이상 유무

#법령 #점검사항 #항타기·항발기

09 항타기 또는 항발기를 조립하거나 해체하는 경우 점검해야 할 사항 3가지를 쓰시오. (6점)

정답

① 본체 연결부의 풀림 또는 손상의 유무
② 권상용 와이어로프·드럼 및 도르래의 부착상태의 이상 유무
③ 권상장치의 브레이크 및 쐐기장치 기능의 이상 유무
④ 권상기의 설치상태의 이상 유무
⑤ 리더(leader)의 버팀 방법 및 고정상태의 이상 유무
⑥ 본체·부속장치 및 부속품의 강도가 적합한지 여부
⑦ 본체·부속장치 및 부속품에 심한 손상·마모·변형 또는 부식이 있는지 여부

2부

#법령 #흙막이 지보공 #점검 · 보수

01 흙막이 지보공 설치 시 정기적으로 점검하고, 이상이 발견된 경우 즉시 보수해야 할 사항 4가지를 쓰시오. (8점)

정답

① 부재의 손상 · 변형 · 부식 · 변위 및 탈락의 유무와 상태

② 버팀대의 긴압의 정도

③ 부재의 접속부 · 부착부 및 교차부의 상태

④ 침하의 정도

#재해위험요인 #점검 · 수리 · 청소 #슬라이스

02 화면을 보고 작업 중 위험요인 2가지를 쓰시오. (4점)

▶ 동영상 설명

작업자가 김치제조 공장에서 무채 슬라이스 기계로 작업 중이다. 작업 중 기계가 급정지하여 맨손으로 끼인 무를 제거하던 중 갑자기 기계가 작동하며 재해가 발생한다.

정답

① 점검 전 전원 미차단

② 이물질 제거 시 전용공구(수공구) 미사용

③ 인터록(연동장치) 미설치

#법령 #보호구 #밀폐공간 #작업자

03 화면을 보고 작업자가 착용하여야 하는 호흡용 보호구 2가지를 쓰시오. (2점)

▶ 동영상 설명

작업지휘자가 정화조 입구 밖에 서있고, 또 다른 작업자가 작업장으로 들어간다. 보호구를 착용하지 않은 작업자가 쓰러진다.

정답

① 공기호흡기

② 송기마스크

#재해예방대책 #활선 유무 확인 #활선 작업

04 변압기 활선 작업 시 감전사고 예방을 위한 활선 유무 확인방법 3가지를 쓰시오. (6점)

> 정답

① 검전기(활선접근경보기)로 확인 ② 테스터기 활용(지시치 확인)
③ 변압기 전로의 전원투입 개폐기 투입상태 확인

#재해위험요인 #배관 작업 #이동식 사다리

05 화면을 보고 재해위험요인 3가지를 쓰시오. (6점)

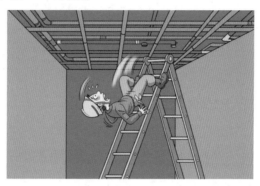

> ▶ 동영상 설명

장갑과 보안경을 착용하지 않은 작업자가 이동식 사다리에 올라가 증기가 흐르는 고소 배관을 점검하고 있다. 양손으로 작업 중 사다리가 흔들리며 작업자가 바닥으로 추락한다.

> 정답

① 개인 보호구(방열복, 방열장갑 등) 미착용
② 불안정한 작업발판(이동식 사다리 미고정)
③ 불안정한 작업자세

#법령 #작업계획서 #해체작업

06 화면에 나타나는 작업 시 작업계획서에 포함되어야 하는 사항 3가지를 쓰시오.(단, 그 밖에 안전·보건에 관련된 사항은 제외한다.) (6점)

> ▶ 동영상 설명

압쇄기를 이용한 건물 해체작업을 보여준다.

> 정답

① 해체의 방법 및 해체 순서도면
② 가설설비·방호설비·환기설비 및 살수·방화설비 등의 방법
③ 사업장 내 연락방법
④ 해체물의 처분계획
⑤ 해체작업용 기계·기구 등의 작업계획서
⑥ 해체작업용 화약류 등의 사용계획서

#가해물 #재해발생원인 #점검 · 수리 · 청소 #컨베이어

07 **화면에 나타나는 재해의 가해물과 재해원인을 각각 쓰시오. (4점)**

▶ **동영상 설명**

작업자가 어두운 장소에서 플래시를 들고 컨베이어 벨트를 점검하는 모습을 보여준다. 잠시 한눈을 판 사이 손이 벨트 사이에 말려 들어간다.

정답

① 가해물: 컨베이어 벨트

② 재해원인: 점검 전 전원 미차단

#보호구 #고무제 안전화

08 **화면에 표시되는 보호구의 사용장소에 따른 종류를 쓰시오. (3점)**

▶ **동영상 설명**

도금 작업에 사용하는 보호구 사진 A, B, C 3가지를 보여준 후, C 보호구에 노란색 동그라미가 표시되면서 정지된다.

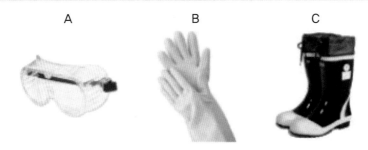

A   B   C

정답

① 일반용

② 내유용

※ 일반용은 일반작업장, 내유용은 탄화수소류 윤활유 등을 취급하는 작업장에서 사용한다.

#재해예방대책 #점검 · 수리 · 청소 #사출성형기

09 **화면과 같은 상황에서 발생할 수 있는 재해의 예방대책 3가지를 쓰시오. (6점)**

▶ **동영상 설명**

작업자가 사출성형기를 점검하던 중 성형기 틈에 끼인 이물질을 잡아당기다 감전된다.

정답

① 점검 전 전원 차단   ② 절연용 보호구(절연장갑, 안전모 등) 착용

③ 청소 시 전용공구(수공구) 사용   ④ 사출성형기 충전부 방호조치(덮개) 실시

3부

#법령 #설치기준 #작업발판 #2[m] 이상

01 화면에 나타나는 작업 시 작업발판을 설치할 경우 작업발판의 폭 및 발판재료 간의 틈의 설치기준을 쓰시오. (4점)

▶ 동영상 설명

안전대를 착용하지 않은 작업자가 교량 하부 점검 작업 중에 추락한다. 교량에는 추락방지 시설물이나 작업발판이 설치되어 있지 않다.

정답

① 작업발판의 폭: 40[cm] 이상
② 발판재료 간의 틈: 3[cm] 이하

#법령 #설치장치 #특수화학설비 #이상상태

02 특수화학설비 내부의 이상상태를 조기에 파악하기 위하여 설치해야 할 장치 4가지를 쓰시오. (4점)

정답

① 온도계
② 유량계
③ 압력계
④ 자동경보장치
※ 계측장치를 묻는 경우: 온도계, 유량계, 압력계
   계측장치 제외하고 묻는 경우: 자동경보장치, 긴급차단장치

#재해위험요인 #선반 작업

03 화면을 보고 안전준수사항을 지키지 않고 작업할 때 일어날 수 있는 재해요인 3가지를 쓰시오. (6점)

▶ 동영상 설명

작업자가 선반에서 샌드페이퍼로 작업을 하고 있다. 한 손으로 기계를 잡고 다른 손으로 샌드페이퍼를 지지하며 작업 중 곁눈질로 다른 곳을 보고 있다. 회전부에는 덮개가 설치되어 있지 않다.

정답

① 불안정한 작업자세(샌드페이퍼를 손으로 지지)
② 작업에 집중하지 못하고 있음
③ 방호장치(덮개) 미설치

#보호구 #방진마스크

04 다음과 같은 마스크의 명칭, 등급, 사용 가능한 장소의 산소 농도를 쓰시오. (6점)

정답

① 명칭: 방진마스크

② 등급: 특급, 1급, 2급

③ 산소 농도: 18[%] 이상

#시험성능기준 #안전모

05 안전모의 시험성능기준에 대하여 알맞은 것을 쓰시오. (6점)

> ① AE종, ABE종 안전모 관통거리: (　　　)[mm] 이하
> ② AB종 안전모 관통거리: (　　　)[mm] 이하
> ③ 충격흡수성: 최고전달충격력이 (　　　)[N]을 초과해서는 안 된다.

정답

① 9.5

② 11.1

③ 4,450

#작업안전수칙 #발파 작업

06 화면은 터널 내 발파 작업에 관한 사항이다. 화면의 내용 중 화약장전 시 안전수칙을 쓰시오. (5점)

▶ 동영상 설명

작업자가 길고 얇은 철근을 이용해서 화약을 발파공 안으로 밀어넣는다. 3~4개 정도 넣은 후 접속한 전선을 꼬아서 주변 선에 올려 둔다. 주변에는 폭파 스위치 장비와 터널이 보인다.

정답

장전구는 마찰·충격·정전기 등에 의한 폭발이 발생할 위험이 없는 안전한 것을 사용하여야 한다.

#행동목표 #도금 작업

07 화면을 보고 작업자에게 해당하는 안전을 위한 행동목표 2가지를 쓰시오. (4점)

▶ 동영상 설명

작업자가 고무장갑, 고무장화를 착용하고 담배를 피우면서 자동차 부품을 도금한 후 세척하고 있다.

정답

① 점화원을 멀리하여 화재, 폭발을 예방하자.

② 적절한 보호구(불침투성 보호장갑 · 보호장화 등)를 착용하여 유기용제에 의한 중독 등을 예방하자.

#방호장치 #교류아크용접기

08 교류아크용접기용 자동전격방지기의 종류 4가지를 쓰시오. (4점)

정답

① 외장형

② 내장형

③ 저저항시동형(L형)

④ 고저항시동형(H형)

#보호구 #안전대

09 화면에 나타나는 안전대의 명칭과 그 부품의 명칭을 각각 쓰시오. (6점)

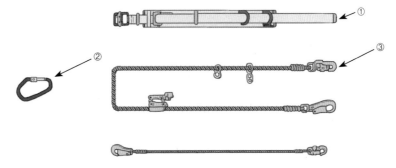

정답

① U자 걸이용 안전대

② 카라비너(Carabiner)

③ 훅(Hook)

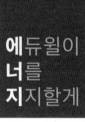

꿈을 품어라.
꿈이 없는 사람은
아무런 생명력도 없는 인형과 같다.

– 발타사르 그라시안(Baltasar Gracian)

2019년 3회 기출문제

1부

#법령 #적정공기 #밀폐공간
01 적정공기에 대한 설명으로 알맞은 것을 쓰시오. (5점)

> 적정공기란 산소 농도의 범위가 (①)[%] 이상 (②)[%] 미만, 이산화탄소의 농도가 (③)[%] 미만, 일산화탄소 농도가 (④)[ppm] 미만, 황화수소의 농도가 (⑤)[ppm] 미만인 수준의 공기를 말한다.

정답

① 18 ② 23.5
③ 1.5 ④ 30
⑤ 10

#법령 #작업계획서 #지게차
02 지게차를 사용하는 작업 시 작업계획서에 포함해야 하는 내용 2가지를 쓰시오. (4점)

정답

① 해당 작업에 따른 추락 · 낙하 · 전도 · 협착 및 붕괴 등의 위험 예방대책
② 차량계 하역운반기계 등의 운행경로 및 작업방법

#재해발생형태 #개구부(피트) #인양 작업
03 화면을 보고 재해발생형태와 그 정의를 쓰시오. (5점)

▶ 동영상 설명

승강기 개구부에서 두 명의 작업자가 작업 중인 모습을 보여준다. 안쪽의 작업자가 물건을 묶은 뒤 위쪽의 작업자가 안전난간에 밧줄을 걸쳐 끌어올리는데, 순간적으로 밧줄을 놓치며 물건이 작업자에게 떨어진다.

정답

① 재해발생형태: 맞음(낙하)
② 정의: 구조물, 기계 등에 고정되어 있던 물체가 중력, 원심력, 관성력 등에 의하여 고정부에서 이탈하거나 또는 설비 등으로부터 물질이 분출되어 사람을 가해하는 경우

#법령 #설치기준 #작업발판 #2[m] 이상

04 화면에서와 같이 높이가 2[m] 이상인 작업장소에 적합한 작업발판의 설치기준 3가지를 쓰시오.(단, 작업발판의 폭과 틈의 기준은 제외한다.) (6점)

> ▶ 동영상 설명

작업자 2명이 비계 최상단에서 기둥을 밟고 불안정하게 서서 작업발판을 주고 받다가 추락한다.

> 정답

① 발판재료는 작업할 때의 하중을 견딜 수 있도록 견고한 것으로 할 것
② 작업발판의 지지물은 하중에 의하여 파괴될 우려가 없는 것을 사용할 것
③ 작업발판재료는 뒤집히거나 떨어지지 아니하도록 둘 이상의 지지물에 연결하거나 고정시킬 것
④ 작업발판을 작업에 따라 이동시킬 경우에는 위험 방지에 필요한 조치를 할 것

#불안전한 행동 #컨베이어

05 화면을 보고 작업자의 안전하지 않은 행동 2가지를 쓰시오. (4점)

> ▶ 동영상 설명

작업자가 작동 중인 컨베이어 벨트 끝부분에 발을 딛고 올라서서 불안정한 자세로 형광등을 교체하다 추락한다.

> 정답

① 불안정한 작업자세(작업발판)   ② 작업 전 전원 미차단

#보호구 #방독마스크

06 화면을 보고 작업자가 착용한 방독마스크 정화통의 흡수제 3가지를 쓰시오. (6점)

> ▶ 동영상 설명

방독마스크와 보안경을 쓴 작업자가 스프레이건으로 쇠파이프 여러 개를 눕혀 놓고 아이보리색 페인트칠을 하고 있다.

> 정답

① 활성탄   ② 소다라임   ③ 알칼리제재

#재해발생원인 #안전대책 #롤러기

07 화면을 보고 재해원인과 그 대책을 각각 2가지씩 쓰시오. (4점)

> ▶ 동영상 설명

작업자가 스패너로 롤러기의 볼트를 조인다. 롤러기의 전원을 켠 뒤 면장갑을 착용한 채 입으로 이물질을 불어내며 손으로 롤러기 안의 이물질을 제거하다가 회전 중인 롤러기에 손이 물려 들어간다.

> 정답

(1) 재해원인
　① 회전기계 작업 중 (말려들기 쉬운)장갑 착용
　② 점검 전 전원 미차단
　③ 방호장치 미설치

(2) 안전대책
　① 회전기계 취급 시 (말려들기 쉬운)장갑을 착용하지 않는다.
　② 점검·수리 시 전원 차단 후 작업한다.
　③ 롤러기에 방호장치를 설치한다.

#시험성능기준 #방독마스크

08 화면과 같은 보호구의 시험성능기준 4가지를 쓰시오. (8점)

▶ 동영상 설명

격리식 전면형 방독마스크와 6가지 정화통 색상 등을 차례로 보여준다.

정답

① 안면부 흡기저항
② 정화통의 제독능력
③ 안면부 배기저항
④ 안면부 누설률
⑤ 강도, 신장률 및 영구변형률
⑥ 정화통 질량(여과재가 있는 경우 포함)
⑦ 정화통 호흡저항
⑧ 안면부 내부의 이산화탄소 농도

#법령 #방호장치 #동력식 수동대패기

09 화면에 나타나는 기계에 설치해야 하는 방호장치를 쓰시오. (3점)

▶ 동영상 설명

동력식 수동대패기에 작업자가 목재를 밀어 넣는다. 노란색 덮개가 보이고, 기계 아래로 톱밥이 떨어진다.

정답

칼날접촉방지장치

2부

#재해위험요인 #용접 작업 #인화성 물질

01 화면을 보고 재해위험요인 3가지를 쓰시오. (6점)

▶ 동영상 설명

교류아크용접 작업장에서 작업자가 혼자 대형 관의 플랜지 아래 부위를 아크용접하고 있다. 작업자는 가죽제 안전장갑을 착용하고 있다. 작업자가 자신의 왼손으로는 플랜지 회전 스위치를 조작해 가며 오른손으로 용접을 하고 있다. 장갑을 낀 왼손으로 용접봉을 잡기도 한다. 그리고 작업장 주위에는 인화성 물질로 보이는 깡통 등이 용접 작업 주변에 쌓여 있고 케이블이 정리되지 않고 널브러져 있으며, 불똥이 날리고 있다.

정답

① 작업자 주변에 인화성 물질 방치

② 작업장 정리상태 불량

③ (용접불티 비산방지덮개, 용접방화포 등)불꽃, 불티 등 비산방지조치 미흡

#재해발생형태 #유해물질

02 화면을 보고 재해발생형태와 그 정의를 쓰시오. (5점)

▶ 동영상 설명

실험실에서 작업자가 황산을 비커에 따르다가 손에 묻는다.

정답

① 재해발생형태: 유해·위험물질 노출·접촉

② 정의: 유해·위험물질에 노출·접촉 또는 흡입하였거나 독성동물에 쏘이거나 물린 경우

#재해발생원인 #전주 작업

03 화면에 나타나는 재해발생원인 2가지를 쓰시오. (4점)

▶ 동영상 설명

작업자가 안전대를 착용하지 않은 상태에서 전주에 오르다가 장애물에 머리를 부딪혀 추락한다.

정답

① 통행에 방해되는 장애물을 이설하지 않았다.

② 머리 위의 시야 확보를 소홀히 하였다.

③ 안전대를 착용하지 않았다.

#재해발생형태 #재해발생원인 #전동 권선기

04 화면에 나타난 재해발생형태와 재해발생원인을 쓰시오. (4점)

> ▶ 동영상 설명
>
> 전동 권선기에 동선을 감는 작업 중 기계가 정지한다. 면장갑을 착용한 작업자가 기계를 열고 점검하던 중 갑자기 깜짝 놀라며 쓰러진다.

정답

(1) 재해발생형태: 감전
(2) 재해발생원인
   ① 절연용 보호구(절연장갑 등) 미착용
   ② 점검 전 정전작업 미실시

#법령 #작업계획서 #해체작업

05 화면에 나타나는 작업 시 작업계획서에 포함되어야 하는 사항 3가지를 쓰시오.(단, 그 밖에 안전 · 보건에 관련된 사항은 제외한다.) (6점)

> ▶ 동영상 설명
>
> 압쇄기를 이용한 건물 해체작업을 보여준다.

정답

① 해체의 방법 및 해체 순서도면
② 가설설비 · 방호설비 · 환기설비 및 살수 · 방화설비 등의 방법
③ 사업장 내 연락방법
④ 해체물의 처분계획
⑤ 해체작업용 기계 · 기구 등의 작업계획서
⑥ 해체작업용 화약류 등의 사용계획서

#재해예방대책 #인양 작업 #낙하 · 비래

06 화면을 보고 화물의 낙하 · 비래 위험을 방지하기 위한 재해예방대책 3가지를 쓰시오. (6점)

> ▶ 동영상 설명
>
> 작업자가 크레인을 이용하여 비계를 운반하고 있다. 보조로프 없이 와이어로프로 한 번 둘러 인양하던 중 신호수 간에 신호 방법이 맞지 않아 물체가 흔들리며 철골에 부딪힌 뒤 아래로 떨어진다.

정답

① 보조로프(유도로프) 사용
② 신호방법을 정하고 신호수의 신호에 따라 작업
③ 훅의 해지장치 점검
④ 화물이 빠지지 않도록 점검

#점화원 유형 #인화성 물질

07 화면에 나타나는 재해의 점화원의 유형과 종류를 쓰시오. (4점)

▶ 동영상 설명

인화성 물질 드럼통이 세워져 있는 작업장을 보여준다. 작업자가 작은 용기에 있는 것을 큰 용기에 담기 위해 드럼통 뚜껑을 연다. 작업을 잠시 멈추고 옷을 벗는 순간 화재가 발생한다.

정답

① 점화원의 유형: 작업복에 의한 정전기
② 점화원의 종류: 박리대전

#법령 #준수사항 #고소작업대 #이동

08 고소작업대를 이동하는 경우의 준수사항 2가지를 쓰시오. (4점)

정답

① 작업대를 가장 낮게 내릴 것
② 작업자를 태우고 이동하지 말 것. 다만, 이동 중 전도 등의 위험예방을 위하여 유도하는 사람을 배치하고 짧은 구간을 이동하는 경우에는 작업 대를 가장 낮게 내린 상태에서 작업자를 태우고 이동할 수 있다.
③ 이동통로의 요철상태 또는 장애물의 유무 등을 확인할 것

#법령 #준수사항 #고소작업대

09 고소작업대를 사용하는 경우 준수사항 3가지를 쓰시오. (6점)

정답

① 작업자는 안전모, 안전대 등 보호구를 착용할 것
② 관계자가 아닌 사람이 작업구역에 들어오는 것을 방지하기 위하여 필요한 조치를 할 것
③ 안전한 작업을 위하여 적정수준의 조도를 유지할 것
④ 전로에 근접하여 작업을 하는 경우에는 작업감시자를 배치하는 등 감전사고를 방지하기 위하여 필요한 조치를 할 것
⑤ 작업대를 정기적으로 점검하고 붐·작업대 등 각 부위의 이상 유무를 확인할 것
⑥ 전환스위치는 다른 물체를 이용하여 고정하지 말 것
⑦ 작업대는 정격하중을 초과하여 물건을 싣거나 탑승하지 말 것
⑧ 작업대의 붐대를 상승시킨 상태에서 탑승자는 작업대를 벗어나지 말 것. 다만, 작업대에 안전대 부착설비를 설치하고 안전대를 연결하였을 때에는 그러하지 아니하다.

3부

#안전작업수칙 #선로 작업

01 화면을 보고 안전작업수칙 5가지를 쓰시오. (10점)

> ▶ 동영상 설명

안전모를 쓰지 않은 작업자들이 철길 위에 기름통을 놓고 작업하고 있다. 작업자들이 대화를 나누는 모습 뒤로 다가오는 기차가 보인다.

> 정답

① 감시인 배치
③ 작업 중 잡담금지
⑤ 철도 운행 중지 시간에 작업

② 사전 교육 실시
④ 철도 기관사에게 작업 사실 공지
⑥ '작업 중'이란 표시판을 설치

#재해발생형태 #가해물 #배전반

02 화면을 보고 재해발생형태와 가해물을 각각 쓰시오. (4점)

> ▶ 동영상 설명

배전반 뒤쪽에서 작업자가 보수작업 중이고, 배전반 앞쪽에서도 다른 작업자가 작업 중이다. 배전반 앞의 작업자가 절연저항기를 들고 한 선은 배전반 접지에 꽂은 후 장비의 스위치를 ON시키고, 배선용 차단기에 나머지 한 선을 여기 저기 대보고 있는데 뒤쪽 작업자가 놀라며 쓰러진다.

> 정답

① 재해발생형태: 감전
② 가해물: 전기(전류)

#가스폭발 #인화성 물질 #구름모양

03 화면을 보고 가스폭발의 종류와 그 정의를 쓰시오. (5점)

> ▶ 동영상 설명

인화성 물질 취급 및 저장소에서 작업자가 외투를 벗고 있다. 작업자 뒤에 놓인 통에서 새어나온 가스가 구름모양을 만들고, 작업자가 옷을 내려놓으며 유출된 가스가 폭발한다.

> 정답

① 폭발의 종류: 증기운 폭발(UVCE)
② 정의: 가연성의 위험물질이 서서히 누출되어 대기 중에 구름형태로 모이다 발화원에 의하여 순간적으로 모든 가스가 동시에 폭발하는 현상

#법령 #설치기준 #작업발판 #2[m] 이상

04 화면에 나타나는 작업 시 작업발판을 설치할 경우 발판의 폭과 발판재료 간의 틈의 설치기준을 쓰시오. (2점)

> ▶ 동영상 설명

안전대를 착용하지 않은 작업자가 교량 하부 점검 작업 중에 추락한다. 교량에는 추락방지 시설물이나 작업발판이 설치되어 있지 않다.

> 정답

① 작업발판의 폭: 40[cm] 이상
② 발판재료 간의 틈: 3[cm] 이하

#재해위험요인 #감전

05 화면을 보고 위험요인 2가지를 쓰시오. (4점)

> ▶ 동영상 설명

작업자가 분전반 앞에서 그라인더 작업을 준비 중이다. 차단기를 올리고 맨손으로 콘센트에 플러그를 꽂는 순간 작업자가 감전된다.

> 정답

① 절연용 보호구(절연장갑 등) 미착용
② 전원 측에 (감전방지용)누전차단기 미설치

#방호장치 #컨베이어 #선반 #그라인더

06 다음 기계·기구의 방호장치를 1가지씩 쓰시오. (6점)

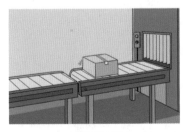

(1) 컨베이어 벨트

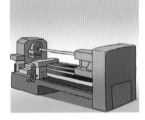

(2) 선반 축(샤프트)

(3) 그라인더(휴대용 연삭기)

> 정답

(1) 비상정지장치, 덮개, 울
(2) 덮개, 울, 칩비산방지판
(3) 덮개

#보호구 #방독마스크

07 **화면을 보고 작업자가 착용한 방독마스크 정화통의 흡수제 2가지를 쓰시오. (4점)**

▶ 동영상 설명

방독마스크와 보안경을 쓴 작업자가 스프레이건으로 쇠파이프 여러 개를 눕혀 놓고 아이보리색 페인트칠을 하고 있다.

정답

① 활성탄

② 소다라임

③ 알칼리제재

#재해위험요인 #안전대책 #롤러기

08 **화면을 보고 재해원인과 그 대책을 각각 2가지씩 쓰시오. (4점)**

▶ 동영상 설명

작업자가 스패너로 롤러기의 볼트를 조인다. 롤러기의 전원을 켠 뒤 면장갑을 착용한 채 입으로 이물질을 불어내며 손으로 롤러기 안의 이물질을 제거하다가 회전 중인 롤러기에 손이 물려 들어간다.

정답

(1) 재해원인

　① 회전기계 작업 중 (말려들기 쉬운)장갑 착용

　② 점검 전 전원 미차단

　③ 방호장치 미설치

(2) 안전대책

　① 회전기계 취급 시 (말려들기 쉬운)장갑을 착용하지 않는다.

　② 점검 · 수리 시 전원 차단 후 작업한다.

　③ 롤러기에 방호장치를 설치한다.

#재해발생원인 #교량 하부

09 **화면을 보고 재해발생원인 3가지를 쓰시오. (6점)**

▶ 동영상 설명

안전대를 착용하지 않은 작업자가 교량 하부 점검 작업 중에 추락한다. 교량에는 추락방지 시설물이나 작업발판이 설치되어 있지 않다.

정답

① 작업발판 미설치

② 안전대 및 안전대 부착설비 미사용

③ 추락방호망 미설치

2018년 1회 기출문제

1부

#재해위험요인 #밀폐공간

01 화면을 보고 재해위험요인 2가지를 쓰시오. (4점)

▶ **동영상 설명**

밀폐된 공간에서 보호구를 착용하지 않은 작업자가 그라인더로 작업을 하고 있다. 다른 작업자가 외부에 설치된 국소배기장치를 발로 차서 전원공급이 차단되고, 내부 작업자가 의식을 잃고 쓰러진다.

정답

① 개인 보호구(공기호흡기 등) 미착용　　　　　② 감시인 미배치
③ 국소배기장치 전원 차단

#핵심위험요인 #활선전로

02 화면에 나타나는 작업 시 내재되어 있는 핵심위험요인 3가지를 쓰시오. (6점)

▶ **동영상 설명**

작업자 2명이 전주에서 활선 작업을 하고 있다. 작업자 1명은 밑에서 절연용 방호구를 올리고 다른 1명은 물건을 받아 활선에 절연용 방호구 설치작업을 하던 중 감전사고가 발생한다.

정답

① 근접활선(절연용 방호구 미설치)에 대한 감전위험
② 절연용 보호구 착용상태 불량에 따른 감전위험
③ 활선 작업거리 미준수에 따른 감전위험

#재해예방대책 #활선전로 #크레인

03 **화면에 나타나는 작업 시 사업주의 감전 예방 조치사항 3가지를 쓰시오. (6점)**

▶ **동영상 설명**

30[kV] 전압이 흐르는 고압선 아래에서 작업 중인 모습을 보여준다. 이동식 크레인에 하물을 매달아 옮기던 중 크레인의 붐대가 전선에 닿아 감전재해가 발생한다.

정답

① 절연용 방호구 설치
② 울타리 설치 또는 감시인 배치
③ 이격거리 확보: 차량 등을 충전부로부터 300[cm] 이상 이격시켜 유지하되, 대지전압이 50[kV]를 넘는 경우 10[kV]가 증가할 때마다 이격거리 10[cm]씩 증가
④ 접지된 차량 등이 충전전로와 접촉할 우려가 있는 경우 근로자가 접지점에 접촉하지 않도록 조치

#안전작업수칙 #개구부(피트) #인양 작업

04 **화면과 같은 작업 진행 시 안전수칙 2가지를 쓰시오. (4점)**

▶ **동영상 설명**

승강기 개구부에서 두 명의 작업자가 작업 중인 모습을 보여준다. 안쪽의 작업자가 물건을 묶은 뒤 위쪽의 작업자가 안전난간에 밧줄을 걸쳐 끌어올리는데, 순간적으로 밧줄을 놓치며 물건이 작업자에게 떨어진다.

정답

① 물건 인양 시 적당한 기계, 기구 이용　　　　　② 개구부에는 안전난간 설치
③ 난간을 설치하기 곤란한 경우 안전대 착용　　④ 낙하 위험구간 출입통제

#안전작업수칙 #드릴 작업

05 **드릴 작업 시 안전작업수칙 3가지를 쓰시오. (6점)**

정답

① 말려들기 쉬운 장갑이나 소매가 넓은 옷은 착용하지 않는다.
② 칩은 전용공구를 사용하여 제거한다.
③ 개인 보호구(보안경 등)를 착용하고 작업한다.
④ 드릴 관통 확인 시 손으로 가공물 바닥을 만지지 않는다.

#사고방지대책 #점검·수리·청소 #차량용 리프트

06 화면을 보고 사고방지대책 2가지를 쓰시오. (4점)

▶ 동영상 설명

시내버스를 정비하기 위하여 차량용 리프트로 차량을 들어 올린 상태에서 한 작업자가 버스 밑에 들어가 샤프트(Shaft) 계통을 점검하고 있다. 그런데 다른 한 사람이 주변 상황을 전혀 살피지 않고 버스에 올라 엔진을 시동하였다. 그 순간 밑에 있던 작업자의 소매가 버스의 회전하는 샤프트에 말려들며 재해가 발생한다.

정답

① 정비 작업 중임을 나타내는 표지판을 설치할 것
② 작업 과정을 지휘할 작업자를 배치할 것
③ 기동(시동)장치에 잠금장치를 할 것
④ 작업 시 운전금지를 위하여 열쇠를 별도 관리할 것
⑤ 말려 들어갈 위험이 있는 작업복은 착용을 금할 것

#재해예방대책 #경사지붕 #추락 #낙하

07 화면을 보고 재해예방대책 3가지를 쓰시오. (6점)

▶ 동영상 설명

작업자들이 경사지붕 설치 작업 중 휴식을 취하고 있다. 이때 작업자를 향해 적치되어 있던 자재가 굴러와 작업자가 맞으면서 추락한다. 건물 하부에서 휴식 중인 작업자가 떨어지는 자재에 맞는다.

정답

① 추락 방호망 및 낙하물 방지망 설치
② 낙하 위험 장소에서 휴식 금지
③ 낙하 위험구간 출입통제
④ 안전대 및 안전대 부착설비 사용
⑤ 적재물에 구름멈춤대, 쐐기 등 이용

#법령 #보호구 #밀폐공간

08 화면에 나타나는 장소에 작업자가 들어갈 때 필요한 호흡용 보호구의 종류 2가지를 쓰시오. (3점)

▶ 동영상 설명

작업자가 폐수처리조에서 슬러지 제거작업을 하고 있다.

정답

① 공기호흡기
② 송기마스크

#보호구 #성능기준 항목 #가죽제 안전화

09 가죽제 안전화의 성능기준 항목 3가지를 쓰시오. (6점)

정답

① 내압박성
② 내답발성
③ 내부식성
④ 내충격성
⑤ 내유성
⑥ 박리저항

2부

#화학물질 #취급실

01 화면과 같이 작업자가 신발에 물을 묻히는 이유와 화재 시 소화방법에 대하여 쓰시오. (5점)

정답

① 신발에 물을 묻히는 이유: 작업화 표면의 대전성 저하로 정전기에 의한 화재폭발 방지

② 화재 시 소화방법: 다량 주수에 의한 냉각소화

#보호구 #용접작업

02 화면을 보고 작업자가 착용해야 할 보호구 4가지를 쓰시오. (4점)

▶ 동영상 설명

교류아크용접 작업 중인 작업자가 용접 작업 중 쓰러지는 장면을 보여준다. 작업자는 일반 캡 모자와 일반 장갑을 착용하고 있으며 다른 보호구는 착용하지 않았다.

정답

① 용접용 보안면   ② 용접용 장갑

③ 용접용 앞치마   ④ 용접용 안전화

#법령 #설치장치 #특수화학설비 #이상상태

03 특수화학설비 내부의 이상상태를 조기에 파악하기 위하여 설치해야 할 장치 3가지를 쓰시오. (3점)

정답

① 온도계

② 유량계

③ 압력계

④ 자동경보장치

※ 계측장치를 묻는 경우: 온도계, 유량계, 압력계

　계측장치 제외하고 묻는 경우: 자동경보장치, 긴급차단장치

#법령 #준수사항 #차량계 하역운반기계 #장착 · 해체작업

04 차량계 하역운반기계 등의 수리 또는 부속장치의 장착 및 해체작업을 하는 때 준수사항 3가지를 쓰시오. (6점)

정답

① 작업지휘자를 지정할 것

② 안전지지대 또는 안전블록 등의 사용 상황 등을 점검할 것

③ 작업지휘자가 작업순서를 결정하고 작업을 지휘하게 할 것

#법령 #방호장치 #컨베이어

05 컨베이어 벨트에서 하역작업 시 위험을 방지하기 위한 방호장치 3가지를 쓰시오. (3점)

정답

① 이탈 및 역주행 방지장치

② 비상정지장치

③ 덮개 또는 울

④ 건널다리

#재해발생원인 #건설현장 #추락

06 화면을 보고 재해원인 3가지를 쓰시오. (6점)

▶ 동영상 설명

아파트 건설 공사장에서 두 명의 작업자가 각각 창틀, 처마 위에서 작업 중인 모습을 보여준다. 창틀의 작업자가 다른 작업자에게 작업발판을 넘겨주고 옆 처마로 이동하던 중 추락하였다. 현장에는 추락방호망, 안전대, 안전난간 등이 없다.

정답

① 안전대 및 안전대 부착설비 미사용
② 추락방호망 미설치
③ 안전난간 미설치

#안전작업수칙 #인양 작업

07 화면을 보고 하물 인양 작업 시 안전수칙 3가지를 쓰시오. (6점)

▶ 동영상 설명

파이프를 로프에 걸어 인양하는 모습을 보여준다. 로프는 1줄걸이이고, 슬링벨트는 손상되어 있다. 이때 인양 중인 하물이 흔들리며 아래를 지나던 작업자에게 부딪힌다.

정답

① 하물 줄걸이 상태(슬링벨트 손상 여부 등) 확인
② 보조로프(유도로프) 사용
③ 작업반경 내 근로자 출입 통제

#보호구 #방독마스크

08 다음 방독마스크에 대하여 알맞은 것을 쓰시오.(단, 정화통의 문자 표기는 무시한다.) (6점)

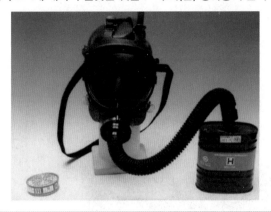 

> ① 방독마스크의 종류를 쓰시오.
> ② 방독마스크의 형식을 쓰시오.
> ③ 방독마스크 정화통의 시험가스 종류를 쓰시오.

정답

① 암모니아용 방독마스크

② 격리식 전면형

③ 암모니아가스

#안전작업수칙 #밀폐공간

09 화면을 보고 밀폐공간 작업 시 안전작업수칙 3가지를 쓰시오. (6점)

▶ **동영상 설명**

탱크 내부의 밀폐된 공간에서 작업자가 그라인더 작업을 하고 있고, 다른 작업자가 외부에 설치된 국소배기장치를 발로 차 전원공급이 차단되어 내부 작업자가 의식을 잃고 쓰러진다.

정답

① 산소 및 유해가스 농도 측정 후 작업을 시작한다.

② 작업 전 및 작업 중에도 계속 환기한다.

③ 작업자는 (공기공급식)호흡용 보호구를 착용한다.

④ 감시인을 배치하여 작업자와 수시로 연락한다.

3부

#재해발생원인 #활선전로

01 화면에 나타나는 재해의 발생원인 2가지를 쓰시오. (4점)

▶ 동영상 설명

항타기·항발기 장비로 땅을 파고 콘크리트 전주 세우기 작업 도중에 항타기에 고정된 전주가 조금 불안정한 듯 싶더니 조금씩 돌아가서 항타기로 전주를 조금 움직이는 순간 인접한 고압활선전로에 접촉되어서 스파크가 일어난다.

정답

① (작업 장소 인접 충전전로에)절연용 방호구 미설치　　　② 울타리 미설치 및 감시인 미배치
③ (충전전로 인근 작업 시)이격거리 미준수

#법령 #설치기준 #작업발판 #2[m] 이상

02 2[m] 이상 비계에 설치하여야 하는 작업발판의 구조에 대하여 발판의 폭과 발판재료 간의 틈의 설치기준을 쓰시오.
(3점)

정답

① 작업발판의 폭: 40[cm] 이상　　　② 발판재료 간의 틈: 3[cm] 이하

#법령 #작업계획서 #중량물 취급

03 「안전보건규칙」에 따라 중량물 취급 작업 시 작업계획서에 포함해야 하는 내용 3가지를 쓰시오. (6점)

정답

① 추락위험을 예방할 수 있는 안전대책　　　② 낙하위험을 예방할 수 있는 안전대책
③ 전도위험을 예방할 수 있는 안전대책　　　④ 협착위험을 예방할 수 있는 안전대책
⑤ 붕괴위험을 예방할 수 있는 안전대책

#재해예방대책 #활선전로 #크레인

04 화면에 나타나는 작업 시 사업주의 감전 예방 조치사항 3가지를 쓰시오. (6점)

▶ 동영상 설명

30[kV] 전압이 흐르는 고압선 아래에서 작업 중인 모습을 보여준다. 이동식 크레인에 하물을 매달아 옮기던 중 크레인의 붐대가 전선에 닿아 감전재해가 발생한다.

정답

① 절연용 방호구 설치
② 울타리 설치 또는 감시인 배치
③ 이격거리 확보: 차량 등을 충전부로부터 300[cm] 이상 이격시켜 유지하되, 대지전압이 50[kV]를 넘는 경우 10[kV]가 증가할 때마다 이격거리 10[cm]씩 증가
④ 접지된 차량 등이 충전전로와 접촉할 우려가 있는 경우 근로자가 접지점에 접촉하지 않도록 조치

#법령 #설치장치 #특수화학설비 #이상상태

05 특수화학설비 내부의 이상상태를 조기에 파악하기 위하여 설치해야 할 장치 4가지를 쓰시오. (4점)

정답

① 온도계　　　　　　　　　　　　　② 유량계
③ 압력계　　　　　　　　　　　　　④ 자동경보장치

※ 계측장치를 묻는 경우: 온도계, 유량계, 압력계
　　계측장치 제외하고 묻는 경우: 자동경보장치, 긴급차단장치

#법령 #적정공기 #밀폐공간

06 적정공기에 대한 설명으로 알맞은 것을 쓰시오. (5점)

> 적정공기란 산소 농도의 범위가 (　①　)[%] 이상 (　②　)[%] 미만, 이산화탄소의 농도가 (　③　)[%] 미만, 일산화탄소 농도가 (　④　)[ppm] 미만, 황화수소의 농도가 (　⑤　)[ppm] 미만인 수준의 공기를 말한다.

정답

① 18　　　　　　　　　　　　　　② 23.5
③ 1.5　　　　　　　　　　　　　　④ 30
⑤ 10

#안전작업수칙 #밀폐공간

07 밀폐공간에서 작업 시 안전수칙 3가지를 쓰시오. (6점)

> 정답

① 산소 및 유해가스 농도 측정 후 작업을 시작한다.

② 작업 전 및 작업 중에도 계속 환기한다.

③ 작업자는 (공기공급식)호흡용 보호구를 착용한다.

④ 감시인을 배치하여 작업자와 수시로 연락한다.

#재해발생원인 #크레인 #인양 작업

08 화면을 보고 재해발생원인 3가지를 쓰시오. (6점)

> ▶ 동영상 설명

타워크레인을 이용하여 강관비계를 인양 중인 모습을 보여준다. 크레인 아래 신호수가 운전자에게 신호를 보내던 중 비계가 흔들리며 신호수의 머리에 부딪힌다.

> 정답

① 유도로프(보조로프) 미사용

② 작업 시 신호체계 미흡

③ 낙하 위험구간 내 신호 실시

#보호구 #안전대 #구조조건

09 화면에 나타나는 보호구 부품의 명칭과 정의, 이것이 부착된 안전대의 구조 2가지를 쓰시오. (5점)

> 정답

(1) 명칭: 안전블록

(2) 정의: 안전그네와 연결하여 추락발생 시 추락을 억제할 수 있는 자동잠김장치가 갖추어져 있고 죔줄이 자동적으로 수축되는 장치

(3) 안전대의 구조

① 안전블록을 부착하여 사용하는 안전대는 신체지지의 방법으로 안전그네만을 사용할 것

② 안전블록은 정격 사용 길이가 명시될 것

③ 안전블록의 줄은 합성섬유로프, 웨빙(webbing), 와이어로프이어야 하며, 와이어로프인 경우 최소지름이 4[mm] 이상일 것

2018년 2회 기출문제

1부

#위험점 #롤러기 #회전운동

01 화면에 나타나는 재해의 위험점과 그 정의를 쓰시오. (4점)

▶ **동영상 설명**

작업자가 인쇄용 윤전기의 전원을 끄지 않고 롤러를 걸레로 닦고 있다. 체중을 실어서 힘 있게 닦고, 위험하게 맞물리는 지점까지 걸레를 집어넣는 순간 작업자의 장갑이 롤러기 사이에 끼인다.

정답

① 위험점: 물림점
② 위험점의 정의: 서로 반대방향으로 맞물려 회전하는 두 개의 회전체 사이에 물려 들어가는 위험점

#재해위험요인 #배전반

02 화면에 나타나는 재해위험요인 2가지를 쓰시오. (4점)

▶ **동영상 설명**

작업자가 배전반에서 맨손으로 드라이버를 이용해 나사를 조이고, 다른 손으로는 배전반 문을 잡고 있다. 잠시 후 동료 작업자가 옆에 있는 배전반의 전원을 투입하는 순간 작업자가 손을 움켜잡고 고통스러워한다.

정답

① 절연용 보호구(절연장갑 등) 미착용
② 작업 시 신호체계 미흡

#유해물질 #작업장 바닥

03 화면에 나타나는 작업장의 바닥이 갖추어야 할 조건 2가지를 적으시오. (4점)

> ▶ 동영상 설명

실험실에서 작업자가 황산을 비커에 따르고, 약품을 넣고 섞는 작업을 하고 있다.

정답

① 작업장 바닥을 불침투성 재료로 마감한다.

② 점화원이 될 수 있는 정전기를 방지할 수 있도록 한다.

③ 청소하기 쉬운 재료로 하여야 한다.

④ 유해물질이 확산되지 않도록 경사를 주거나 높이 15[cm] 이상의 턱을 설치한다.

#보호구 #보안면

04 화면에 나타나는 보호구에 대하여 알맞은 답을 쓰시오. (5점)

① 용접용 보안면의 등급을 나누는 기준은?

② 용접용 보안면의 투과율 종류는?

정답

① 차광도 번호

② 자외선 최대 분광 투과율, 시감 투과율, 적외선 투과율

#법령 #작업중지 기준 #철골 작업

05 철골 작업 시 작업을 중지해야 하는 경우 3가지를 쓰시오. (6점)

정답

① 풍속이 초속 10[m] 이상인 경우

② 강우량이 시간당 1[mm] 이상인 경우

③ 강설량이 시간당 1[cm] 이상인 경우

#법령 #작업시작 전 점검사항 #용접 작업

06 화면에 나타나는 작업시작 전 점검사항 2가지를 쓰시오. (4점)

▶ 동영상 설명

보안면과 절연장갑을 착용한 작업자가 용접봉을 용접봉 홀더에 끼운 후 용접을 하는 장면을 보여준다.

정답

① 작업 준비 및 작업 절차 수립 여부

② 화기작업에 따른 인근 가연성 물질에 대한 방호조치 및 소화기구 비치 여부

③ 용접불티 비산방지덮개 또는 용접방화포 등 불꽃·불티 등의 비산을 방지하기 위한 조치 여부

④ 인화성 액체의 증기 또는 인화성 가스가 남아있지 않도록 하는 환기 조치 여부

⑤ 작업근로자에 대한 화재예방 및 피난교육 등 비상조치 여부

#미준수 사항 #점검·수리·청소 #차량용 리프트

07 화면을 보고 작업 중 미준수 사항 3가지를 쓰시오. (6점)

▶ 동영상 설명

시내버스를 정비하기 위하여 차량용 리프트로 차량을 들어올린 상태에서 한 작업자가 버스 밑에 들어가 샤프트(Shaft) 계통을 점검하고 있다. 그런데 다른 한 사람이 주변 상황을 전혀 살피지 않고 버스에 올라 엔진을 시동하였다. 그 순간 밑에 있던 작업자의 소매가 버스의 회전하는 샤프트에 말려들며 재해가 발생한다.

정답

① 정비 작업 중임을 나타내는 표지판을 설치하지 않았다.

② 작업 과정을 지휘할 작업자를 배치하지 않았다.

③ 기동(시동)장치에 잠금장치를 하지 않았다.

④ 작업 시 운전금지를 위하여 열쇠를 별도 관리하지 않았다.

PART 02

2018년 2회 기출문제

#법령 #유해물질 #게시사항

08 관리대상 유해물질을 취급하는 장소에 게시하여야 하는 내용 3가지를 쓰시오. (6점)

> **정답**
> ① 관리대상 유해물질의 명칭
> ② 인체에 미치는 영향
> ③ 취급상 주의사항
> ④ 착용해야 할 보호구
> ⑤ 응급조치와 긴급 방재 요령

#핵심위험요인 #건설현장 #추락

09 화면에서 나타나는 핵심위험요인 3가지를 적으시오. (6점)

> **▶ 동영상 설명**
>
> 아파트 건설현장에서 승강기 개구부에 나무판자 여러 개를 이어붙인 작업발판 위에서 못을 제거하는 작업을 하고 있다. 작업자가 끝 부분으로 이동하며 콘크리트 조각들이 개구부 아래로 떨어지는 모습을 보여준다. 작업자는 안전모를 착용하고 있고, 작업발판 바닥 은 지저분하다.

> **정답**
> ① 불안정한 작업발판(작업발판 불량)
> ② 안전대 및 안전대 부착설비 미사용
> ③ 추락방호망 미설치
> ④ 안전난간 미설치
> ⑤ 작업장 주변정리 미흡

2부

#보호구 #보안면

01 보안면의 채색 투시부의 차광도를 구분하여 그 투과율[%]을 쓰시오. (3점)

밝음	①
중간 밝기	②
어두움	③

정답

① 50±7[%]   ② 23±4[%]   ③ 14±4[%]

#가스폭발 #인화성 물질 #구름모양

02 화면을 보고 가스폭발의 종류와 그 정의를 쓰시오. (6점)

▶ 동영상 설명

인화성 물질 취급 및 저장소에서 작업자가 외투를 벗고 있다. 작업자 뒤에 놓인 통에서 새어나온 가스가 구름모양을 만들고, 작업자가 옷을 내려놓으며 유출된 가스가 폭발한다.

정답

① 폭발의 종류: 증기운 폭발(UVCE)

② 정의: 가연성의 위험물질이 서서히 누출되어 대기 중에 구름형태로 모이다 발화원에 의하여 순간적으로 모든 가스가 동시에 폭발하는 현상

#법령 #작업계획서 #해체작업

03 화면에 나타나는 작업 시 작업계획서에 포함되어야 하는 사항 3가지를 쓰시오.(단, 그 밖에 안전·보건에 관련된 사항은 제외한다.) (6점)

▶ 동영상 설명

압쇄기를 이용한 건물 해체작업을 보여준다.

정답

① 해체의 방법 및 해체 순서도면

② 가설설비·방호설비·환기설비 및 살수·방화설비 등의 방법

③ 사업장 내 연락방법

④ 해체물의 처분계획

⑤ 해체작업용 기계·기구 등의 작업계획서

⑥ 해체작업용 화약류 등의 사용계획서

#퍼지 작업

04 퍼지 작업의 종류 4가지를 쓰시오. (4점)

정답

① 진공퍼지   ② 압력퍼지

③ 스위프퍼지   ④ 사이폰퍼지

#재해발생원인 #교량 하부

05 화면을 보고 재해발생원인 3가지를 쓰시오. (6점)

▶ **동영상 설명**

안전대를 착용하지 않은 작업자가 교량 하부 점검 작업 중에 추락한다. 교량에는 추락방지 시설물이나 작업발판이 설치되어 있지 않다.

정답

① 작업발판 미설치

② 안전대 및 안전대 부착설비 미사용

③ 추락방호망 미설치

#핵심위험요인 #활선전로

06 화면에 나타나는 작업 시 내재되어 있는 핵심위험요인 3가지를 쓰시오. (6점)

▶ **동영상 설명**

작업자 2명이 전주에서 활선 작업을 하고 있다. 작업자 1명은 밑에서 절연용 방호구를 올리고 다른 1명은 크레인 위에서 물건을 받아 활선에 절연용 방호구 설치 작업을 하던 중 감전사고가 발생한다.

정답

① 근접활선(절연용 방호구 미설치)에 대한 감전위험

② 절연용 보호구 착용상태 불량에 따른 감전위험

③ 활선 작업거리 미준수에 따른 감전위험

#법령 #설치기준 #작업발판 #2[m] 이상

07 화면에서와 같이 높이가 2[m] 이상인 작업장소에 적합한 작업발판의 설치기준 3가지를 쓰시오.(단, 작업발판의 폭과 틈의 기준은 제외한다.) (6점)

▶ 동영상 설명

작업자 2명이 비계 최상단에서 기둥을 밟고 불안정하게 서서 작업발판을 주고 받다가 추락한다.

정답

① 발판재료는 작업할 때의 하중을 견딜 수 있도록 견고한 것으로 할 것
② 작업발판의 지지물은 하중에 의하여 파괴될 우려가 없는 것을 사용할 것
③ 작업발판재료는 뒤집히거나 떨어지지 아니하도록 둘 이상의 지지물에 연결하거나 고정시킬 것
④ 작업발판을 작업에 따라 이동시킬 경우에는 위험 방지에 필요한 조치를 할 것

#재해예방대책 #프레스

08 화면을 보고 재해 예방을 위해 조치하여야 할 사항 2가지를 쓰시오. (4점)

▶ 동영상 설명

작업자가 몸을 기울인 채 손으로 프레스의 이물질을 제거하는 작업을 하다가 실수로 페달을 밟아 손이 다치는 재해가 발생한다.

정답

① 이물질 제거 시 수공구(플라이어 등)를 이용한다.
② 프레스를 일시 정지할 때에는 페달에 U자형 덮개를 씌운다.

#재해발생원인 #전동 권선기

09 화면을 보고 재해발생원인 2가지를 쓰시오. (4점)

▶ 동영상 설명

전동 권선기에 동선을 감는 작업 중 기계가 정지한다. 면장갑을 착용한 작업자가 기계를 열고 점검하던 중 갑자기 깜짝 놀라며 쓰러진다.

정답

① 절연용 보호구(절연장갑 등) 미착용
② 점검 전 정전작업 미실시

3부

#조치사항 #인양 작업 #낙하·비래

01 화면을 보고 화물의 낙하·비래 위험을 방지하기 위한 조치사항 3가지를 쓰시오. (6점)

▶ 동영상 설명

이동식 크레인을 이용하여 배관을 위로 올리는 작업을 하고 있다. 배관 아래의 신호수가 크레인 운전자에게 수신호를 보낸다. 흔들리는 배관에는 유도로프가 보이지 않는다.

정답

① 보조로프(유도로프) 사용   ② 작업 전 신호체계 확립
③ 와이어로프 등 체결 상태 점검   ④ 낙하 위험구간 근로자 출입 통제

#법령 #준수사항 #동바리 #조립

02 동바리 붕괴사고 예방을 위해 동바리 조립 시 준수해야 하는 사항 3가지를 쓰시오. (6점)

정답

① 받침목이나 깔판의 사용, 콘크리트 타설, 말뚝박기 등 동바리의 침하를 방지하기 위한 조치를 할 것
② 동바리의 상하 고정 및 미끄러짐 방지 조치를 할 것
③ 동바리의 이음은 같은 품질의 재료를 사용할 것
④ 강재의 접속부 및 교차부는 볼트·클램프 등 전용철물을 사용하여 단단히 연결할 것

#법령 #설치기준

03 화면을 보고 다음 질문에 알맞은 것을 쓰시오. (2점)

▶ 동영상 설명

안전대를 착용하지 않은 작업자가 교량 하부 점검 작업 중에 추락한다. 교량에는 추락방지 시설물이나 작업발판이 설치되어 있지 않다.

① 추락방지를 위해 추락의 위험이 있는 장소에 설치하는 방망을 쓰시오.
② 작업면으로부터 망의 설치지점까지의 최대수직거리를 쓰시오.

정답

① 추락방호망   ② 10[m]

#사용 전 점검사항 #습윤장소 #이동전선
04 습윤한 장소에서 사용되는 이동전선에 대한 사용 전 점검사항 3가지를 쓰시오. (6점)

정답
① 접속부위의 절연상태 점검
② 전선 피복의 손상 유무 점검
③ 전선의 절연저항 측정
④ 감전방지용 누전차단기 설치 여부 확인

#보호구 #방독마스크
05 화면에 나타나는 보호구에 표시해야 할 사항 4가지를 쓰시오.(단, 안전인증대상 기계 등의 안전인증의 표시는 제외한다.) (4점)

정답
① 파과곡선도
② 사용시간 기록카드
③ 정화통의 외부 측면의 표시 색
④ 사용상의 주의사항

#재해발생형태 #유해물질
06 화면을 보고 재해발생형태와 그 정의를 쓰시오. (5점)

▶ **동영상 설명**

실험실에서 작업자가 황산을 비커에 따르다가 손에 묻는다.

정답
① 재해발생형태: 유해·위험물질 노출·접촉
② 정의: 유해·위험물질에 노출·접촉 또는 흡입하였거나 독성동물에 쏘이거나 물린 경우

#재해방지대책 #전기 작업

07 화면을 보고 동종재해방지대책 2가지를 쓰시오. (4점)

▶ **동영상 설명**

작업자가 전기패널 내부의 차단기 투입 작업을 하고 있다. 지나가던 작업자에게 차단기를 올리라고 신호를 보내고, 차단기를 올리자 패널 작업 중이던 작업자가 깜짝 놀라며 쓰러진다.

정답

① 절연용 보호구(절연장갑 등) 착용　　　　　② 차단기별로 회로명 표기(오동작 방지)
③ 작업 전 신호체계 확립

#안전작업수칙 #유해물질

08 크롬 도금 작업 시 유해물질에 대한 안전수칙 3가지를 쓰시오. (6점)

정답

① 국소배기장치 등을 통한 실내환기
② 작업장 격리 또는 작업공정의 은폐
③ 작업 전 적합한 보호구 착용
④ 작업 전 작업장 상태점검 및 작업 후 정리정돈

#재해예방대책 #인양 작업 #낙하·비래

09 화면을 보고 화물의 낙하·비래 위험을 방지하기 위한 재해예방대책 3가지를 쓰시오. (6점)

▶ **동영상 설명**

작업자가 크레인을 이용하여 비계를 운반하고 있다. 보조로프 없이 와이어로프로 한 번 둘러 인양하던 중 신호수 간에 신호 방법이 맞지 않아 물체가 흔들리며 철골에 부딪힌 뒤 아래로 떨어진다.

정답

① 보조로프(유도로프) 사용　　　　　② 신호방법을 정하고 신호수의 신호에 따라 작업
③ 훅의 해지장치 점검　　　　　④ 화물이 빠지지 않도록 점검

2018년 3회 기출문제

1부

#재해발생원인 #건설현장 #추락

01 화면을 보고 재해원인 2가지를 쓰시오. (4점)

> ▶ 동영상 설명

아파트 건설 공사장에서 두 명의 작업자가 각각 창틀, 처마 위에서 작업 중인 모습을 보여준다. 창틀의 작업자가 다른 작업자에게 작업발판을 넘겨주고 옆 처마로 이동하던 중 추락하였다. 현장에는 추락방호망, 안전대, 안전난간 등이 없다.

정답

① 안전대 및 안전대 부착설비 미사용
② 추락방호망 미설치
③ 안전난간 미설치

#법령 #작업시작 전 점검사항 #지게차

02 「산업안전보건법령」상 지게차를 사용하여 작업을 하는 때의 작업시작 전 점검사항 3가지를 쓰시오. (6점)

정답

① 제동장치 및 조종장치 기능의 이상 유무
② 하역장치 및 유압장치 기능의 이상 유무
③ 바퀴의 이상 유무
④ 전조등·후미등·방향지시기 및 경보장치 기능의 이상 유무

#가스누설감지경보기 #설치 위치 #설정값

03 LPG 가스에 대한 가스누설감지경보기를 설치할 때 적절한 설치 위치와 경보설정값을 쓰시오. (4점)

정답

① 설치 위치: 바닥에 인접한 낮은 곳에 설치한다.(LPG는 공기보다 무거우므로 가라앉음)
② 경보설정값: 폭발하한계의 25[%] 이하

#재해발생원인 #활선작업

04 화면에 나타나는 재해의 발생원인 2가지를 쓰시오. (4점)

▶ **동영상 설명**

항타기로 콘크리트 전주 세우기 작업 중 항타기에 고정된 전주가 조금씩 돌아가더니 항타기를 조금 움직이는 순간 전주가 인접 활선전로에 접촉되며 스파크가 발생한다.

정답

① 충전전로에 대한 접근 한계거리 미준수
② 인접 충전전로에 절연용 방호구 미설치

#보호구 #에어 컴프레셔

05 화면의 기계를 이용한 작업 시 작업자가 착용하여야 하는 보호구 3가지를 쓰시오. (6점)

▶ **동영상 설명**

작업자가 개폐기함 근처에서 에어 컴프레셔를 이용해 먼지를 청소하고 있다. 바닥을 확인하며 작업을 하다 눈을 감싸며 아파한다.

정답

① 보안경
② 방진마스크
③ 방음용 귀마개 · 귀덮개

#재해예방대책 #인양 작업

06 화면을 보고 재해예방대책 3가지를 쓰시오. (6점)

> ▶ 동영상 설명

비계 위의 작업자가 로프에 느슨하게 묶인 철제 파이프를 들어올리던 중 로프가 풀리며 파이프가 아래를 지나던 작업자에게 떨어진다.

정답

① 인양 전 인양로프 점검
② 물건 인양 시 적당한 기계, 기구 이용
③ 낙하 위험구간 근로자 출입 통제

#재해발생원인 #개구부(피트)

07 화면을 보고 재해발생원인 3가지를 쓰시오. (6점)

> ▶ 동영상 설명

작업자가 승강기 설치 전 피트 내부를 청소하고 있다. 순간 작업발판이 흔들리며 작업자가 추락한다.

정답

① 불안정한 작업발판
② 안전대 및 안전대 부착설비 미사용
③ 추락방호망 미설치

#법령 #항타기·항발기 #도르래 위치

08 다음은 항타기 또는 항발기의 조립 작업 시 도르래의 위치에 관한 법적 기준이다. 알맞은 것을 쓰시오. (3점)

권상장치의 드럼축과 권상장치로부터 첫 번째 도르래의 축 간의 거리를 권상장치 드럼폭의 (①) 이상으로 하여야 하고, 도르래는 권상장치의 드럼 (②)을 지나야 하며 축과 (③) 상에 있어야 한다.

정답

① 15배   ② 중심   ③ 수직면

#보호구 #구분 기준 #가죽제 안전화

09 가죽제 안전화의 뒷굽 높이를 제외한 몸통 높이에 따른 구분을 쓰시오. (6점)

정답

① 단화: 113[mm] 미만
② 중단화: 113[mm] 이상
③ 장화: 178[mm] 이상

2부

#화학물질 #취급실

01 화면과 같이 작업자가 신발에 물을 묻히는 이유와 화재 시 소화방법에 대해 쓰시오. (6점)

▶ 동영상 설명

폭발성 물질 저장소에 들어가는 작업자가 신발에 물을 묻히고 있다.

정답

① 신발에 물을 묻히는 이유: 작업화 표면의 대전성 저하로 정전기에 의한 화재 폭발 방지

② 화재 시 소화방법: 다량 주수에 의한 냉각소화

#보호구 #용접 작업

02 화면을 보고 작업자가 착용해야 할 보호구 4가지를 쓰시오. (4점)

▶ 동영상 설명

교류아크용접 작업 중인 작업자가 용접 작업 중 쓰러지는 장면을 보여준다. 작업자는 일반 캡 모자와 일반 장갑을 착용하고 있으며 다른 보호구는 착용하지 않았다.

정답

① 용접용 보안면 　　　　② 용접용 장갑 　　　　③ 용접용 앞치마 　　　　④ 용접용 안전화

#법령 #준수사항 #차량계 하역운반기계 #장착·해체작업

03 차량계 하역운반기계 등의 수리 또는 부속장치의 장착 및 해체작업을 하는 때 준수사항 3가지를 쓰시오. (6점)

정답

① 작업지휘자를 지정할 것

② 안전지지대 또는 안전블록 등의 사용 상황 등을 점검할 것

③ 작업지휘자가 작업순서를 결정하고 작업을 지휘하게 할 것

#불안전한 행동 #컨베이어

04 화면을 보고 작업자의 안전하지 않은 행동 2가지를 쓰시오. (4점)

▶ 동영상 설명

작업자가 작동 중인 컨베이어 벨트 끝부분에 발을 딛고 올라서서 불안정한 자세로 형광등을 교체하다 추락한다.

정답

① 불안정한 작업자세(작업발판)　　　　　　　　② 작업 전 전원 미차단

#법령 #준수사항 #가설통로

05 작업장에 가설통로 설치 시 준수하여야 하는 사항 2가지를 쓰시오. (4점)

정답

① 견고한 구조로 할 것

② 경사는 30° 이하로 할 것. 다만, 계단을 설치하거나 높이 2[m] 미만의 가설통로로서 튼튼한 손잡이를 설치한 경우에는 그러하지 아니하다.

③ 경사가 15°를 초과하는 경우에는 미끄러지지 아니하는 구조로 할 것

④ 추락할 위험이 있는 장소에는 안전난간을 설치할 것. 다만, 작업상 부득이한 경우에는 필요한 부분만 임시로 해체할 수 있다.

⑤ 수직갱에 가설된 통로의 길이가 15[m] 이상인 경우에는 10[m] 이내마다 계단참을 설치할 것

⑥ 건설공사에 사용하는 높이 8[m] 이상인 비계다리에는 7[m] 이내마다 계단참을 설치할 것

#법령 #설치장치 #특수화학설비 #이상상태

06 특수화학설비 내부의 이상상태를 조기에 파악하기 위하여 설치해야 할 장치 3가지를 쓰시오. (3점)

정답

① 온도계　　　　　　　　　　　　　　　　② 유량계

③ 압력계　　　　　　　　　　　　　　　　④ 자동경보장치

※ 계측장치를 묻는 경우: 온도계, 유량계, 압력계

　계측장치 제외하고 묻는 경우: 자동경보장치, 긴급차단장치

#보호구 #방독마스크
07 다음 방독마스크에 대하여 알맞은 것을 쓰시오.(단, 정화통의 문자 표기는 무시한다.) (6점)

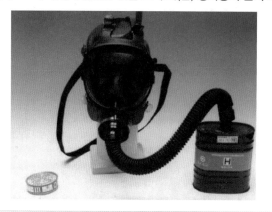 

① 방독마스크의 종류를 쓰시오.
② 방독마스크의 형식을 쓰시오.
③ 방독마스크 정화통의 시험가스 종류를 쓰시오.

정답

① 암모니아용 방독마스크　　　　② 격리식 전면형　　　　③ 암모니아가스

#조치사항 #인양 작업 #낙하 · 비래
08 화면을 보고 화물의 낙하 · 비래 위험을 방지하기 위한 조치사항 3가지를 쓰시오. (6점)

▶ 동영상 설명

이동식 크레인을 이용하여 배관을 위로 올리는 작업을 하고 있다. 배관 아래의 신호수가 크레인 운전자에게 수신호를 보낸다. 흔들리는 배관에는 유도로프가 보이지 않는다.

정답

① 보조로프(유도로프) 사용　　　　② 작업 전 신호체계 확립
③ 와이어로프 등 체결 상태 점검　　　　④ 낙하 위험구간 근로자 출입 통제

#재해발생원인 #개구부(피트)
09 화면을 보고 재해의 발생원인 3가지를 쓰시오. (6점)

▶ 동영상 설명

작업자가 엘리베이터 피트 주변에서 작업 중 발을 헛디뎌 피트 단부로 추락한다.

정답

① 피트 내부에 추락방호망 미설치
② 개구부(피트) 단부 안전난간 미설치
③ 안전대 및 안전대 부착설비 미사용

3부

#보호구 #방열복

01 방열복에 대하여 제작 시 규정된 최대 질량을 쓰시오. (5점)

상의 (①)[kg] / 하의 (②)[kg] / 일체복 (③)[kg] / 장갑 (④)[kg] / 두건 (⑤)[kg]

정답

① 3.0[kg]　　　　　　　　　　　　② 2.0[kg]

③ 4.3[kg]　　　　　　　　　　　　④ 0.5[kg]

⑤ 2.0[kg]

#재해위험요인 #해체작업

02 화면을 보고 위험요인 3가지를 쓰시오. (6점)

▶ 동영상 설명

안전화, 안전모, 목장갑을 착용한 작업자가 파괴해머를 이용해서 보도블럭 옆 인도를 파헤치고 있다. 주변에 울타리는 쳐 있지 않으며, 별도의 감시자는 없다. 전원은 리드선에서 따왔는데, 전기줄이 파괴해머를 휘감고 있다. 마지막에 얼굴을 강조하는데, 마스크, 귀마개, 보안경은 없다.

정답

① 분진 등이 호흡기로 침투할 위험이 있는 작업에서 호흡용 보호구 미착용

② 보안경 미착용

③ 방음용 보호구 미착용

#법령 #작업계획서 #해체작업

03 화면에 나타나는 작업 시 작업계획서에 포함되어야 하는 사항 3가지를 쓰시오.(단, 그 밖에 안전·보건에 관련된 사항은 제외한다.) (6점)

▶ 동영상 설명

압쇄기를 이용한 건물 해체작업을 보여준다.

정답

① 해체의 방법 및 해체 순서도면

② 가설설비·방호설비·환기설비 및 살수·방화설비 등의 방법

③ 사업장 내 연락방법

④ 해체물의 처분계획

⑤ 해체작업용 기계·기구 등의 작업계획서

⑥ 해체작업용 화약류 등의 사용계획서

#재해발생요인 #지게차

04 **화면에 나타나는 재해발생요인 3가지를 쓰시오. (6점)**

> ▶ 동영상 설명

납품시간이 촉박한 지게차 운전자가 급히 물건을 적재(화물을 높게 적재하여 시계 불충분)하여 운반하던 중 통로의 작업자와 충돌한다. 화물은 로프 등으로 결박되지 않았다.

> 정답

① 물건의 적재불량(과적)으로 인한 운전자의 시야 불충분
② 지게차의 운행 경로상 근로자 출입 미통제
③ 작업지휘자(유도자) 미배치
④ 물건의 불안전한 적재(로프 미사용)

#재해위험요인 #추락

05 **동영상의 위험요인 2가지를 쓰시오. (4점)**

> ▶ 동영상 설명

작업자 1명이 변압기 볼트 위 매우 불안한 발판 위에 올라가서 스패너로 볼트를 풀면서 작업하다가 추락한다. 작업자는 면장갑을 끼고 있으며, 안전대를 허리에 착용하고는 있으나, 어디에 걸지 않았다.

> 정답

① 안전대 부착설비에 안전대 걸지 않음
② 불안정한 작업발판

#위험점 #반대방향 회전운동

06 **화면을 보고 위험점과 그 위험점의 정의를 쓰시오. (5점)**

> ▶ 동영상 설명

작업자가 장갑을 착용한 상태에서 인쇄용 윤전기 작업을 하고 있다. 인쇄용 윤전기의 전원을 차단하지 않고 체중을 실어 롤러를 닦고 있다가 손이 끼인다.

> 정답

① 위험점: 물림점
② 위험점의 정의: 서로 반대방향으로 맞물려 회전하는 두 회전체 사이에 물려 들어가는 위험점

#법령 #크레인 #작업중지 기준

07 타워크레인 작업 시 작업을 중지하여야 하는 풍속을 쓰시오. (4점)

> 정답

① 순간 풍속이 초당 10[m]를 초과하는 경우 타워크레인의 설치·수리·점검 또는 해체작업을 중지

② 순간 풍속이 초당 15[m]를 초과하는 경우에는 타워크레인의 운전 작업을 중지

#가스누설감지경보기 #설치 위치 #설정값

08 LPG 가스에 대한 가스누설감지경보기의 적절한 설치 위치와 경보설정값을 쓰시오. (4점)

> 정답

① 설치 위치: 바닥에 인접한 낮은 곳에 설치한다.(LPG는 공기보다 무거우므로 가라앉음)

② 경보설정값: 폭발하한계의 25[%] 이하

#위험점 #직선운동 - 고정부위

09 화면에 나타나는 재해의 위험점과 그 정의를 쓰시오. (5점)

> ▶ 동영상 설명

작업자가 승강기 모터 벨트 부분에 묻은 기름과 먼지를 걸레로 청소 중 벨트와 덮개 사이에 손이 끼인다.

> 정답

① 위험점: 끼임점

② 위험점의 정의: 기계의 고정 부분과 회전 또는 직선운동 부분 사이에 형성되는 위험점

※ 작동 중인 모터 벨트와 풀리 사이에 손이 끼이는 경우: 접선물림점

2017년 1회 기출문제

1부

#재해발생원인 #기인물 #가해물 #건설현장 #추락

01 화면을 보고 재해원인 3가지와 기인물, 가해물을 각각 쓰시오. (8점)

▶ 동영상 설명

아파트 건설 공사장에서 두 명의 작업자가 각각 창틀, 처마 위에서 작업 중인 모습을 보여준다. 창틀의 작업자가 다른 작업자에게 작업발판을 넘겨주고 옆 처마로 이동하던 중 추락하였다. 현장에는 추락방호망, 안전대, 안전난간 등이 없다.

정답

(1) 재해원인
  ① 안전대 및 안전대 부착설비 미사용
  ② 추락방호망 미설치
  ③ 안전난간 미설치
(2) 기인물: 작업발판
(3) 가해물: 바닥

#핵심위험요인 #활선전로

02 화면에 나타나는 작업 시 내재되어 있는 핵심위험요인 2가지를 쓰시오. (4점)

▶ 동영상 설명

작업자 2명이 전주에서 활선 작업을 하고 있다. 작업자 1명은 밑에서 절연용 방호구를 올리고 다른 1명은 크레인 위에서 물건을 받아 활선에 절연용 방호구 설치 작업을 하던 중 감전사고가 발생한다.

정답

① 근접활선(절연용 방호구 미설치)에 대한 감전위험
② 절연용 보호구 착용상태 불량에 따른 감전위험
③ 활선 작업거리 미준수에 따른 감전위험

#조치사항 #지게차 #운전자

03 지게차에 적재된 화물이 현저하게 시계를 방해할 경우 운전자의 조치사항 3가지를 쓰시오. (6점)

> 정답

① 하차하여 주변의 안전을 확인 후 주행한다.

② 유도자를 배치하여 지게차를 유도하고 후진으로 서행한다.

③ 지게차의 이동 상태를 알리는 경적, 경광등을 사용한다.

#조치사항 #인양 작업 #낙하 · 비래

04 화면을 보고 화물의 낙하 · 비래 위험을 방지하기 위한 조치사항 2가지를 쓰시오. (4점)

> ▶ 동영상 설명

이동식 크레인을 이용하여 배관을 위로 올리는 작업을 하고 있다. 배관 아래의 신호수가 크레인 운전자에게 수신호를 보낸다. 흔들리는 배관에는 유도로프가 보이지 않는다.

> 정답

① 보조로프(유도로프) 사용   ② 작업 전 신호체계 확립

③ 와이어로프 등 체결 상태 점검   ④ 낙하 위험구간 근로자 출입 통제

#보호구 #고무제 안전화

05 화면에 표시되는 보호구의 사용장소에 따른 종류를 쓰시오. (3점)

> ▶ 동영상 설명

도금 작업에 사용하는 보호구 사진 A, B, C 3가지를 보여준 후, C 보호구에 노란색 동그라미가 표시되면서 정지된다.

A   B   C

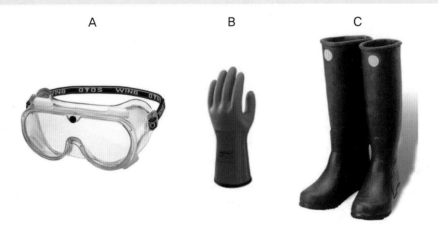

> 정답

① 일반용

② 내유용

※ 일반용은 일반작업장, 내유용은 탄화수소류 윤활유 등을 취급하는 작업장에서 사용한다.

#발화원 형태 #주유 중 #흡연

06 화면에서 지게차 운전자의 흡연(담뱃불)에 해당하는 발화원의 형태를 무엇이라고 하는지 쓰시오. (3점)

▶ 동영상 설명

지게차 주유 중 지게차 운전자는 담배를 피우며 주유원과 이야기하고 있다. 이때 지게차는 시동이 걸려 있는 상태이다.

정답

나화

※ 나화: 가연성 가스 등의 물질에 점화할 수 있는 불꽃(담뱃불, 라이터 등)

#가스폭발 #인화성 물질 #구름모양

07 화면을 보고 가스폭발의 종류와 그 정의를 쓰시오. (5점)

▶ 동영상 설명

인화성 물질 취급 및 저장소에서 작업자가 외투를 벗고 있다. 작업자 뒤에 놓인 통에서 새어나온 가스가 구름모양을 만들고, 작업자가 옷을 내려놓으며 유출된 가스가 폭발한다.

정답

① 폭발의 종류: 증기운 폭발(UVCE)

② 정의: 가연성의 위험물질이 서서히 누출되어 대기 중에 구름형태로 모이다 발화원에 의하여 순간적으로 모든 가스가 동시에 폭발하는 현상

#재해위험요인 #점검 · 수리 · 청소 #프레스

08 화면을 보고 작업 중 위험요인 3가지를 쓰시오. (6점)

▶ 동영상 설명

작업자가 크랭크 프레스로 철판에 구멍을 뚫던 중 철판의 바닥을 손으로 만져보며 구멍을 확인한다. 손으로 철판을 털어내다 프레스가 갑자기 작동하며 재해가 발생한다. 프레스에는 방호장치가 설치되어 있지 않고, 페달에는 커버가 부착되어 있지 않다.

정답

① 이물질 제거 시 전용공구(수공구) 미사용

② 청소 전 전원 미차단

③ 프레스 방호장치 및 페달 덮개 미설치

#재해예방대책 #활선전로 #크레인

09 화면에 나타나는 작업 시 사업주의 감전 예방 조치사항 3가지를 쓰시오. (6점)

▶ **동영상 설명**

30[kV] 전압이 흐르는 고압선 아래에서 작업 중인 모습을 보여준다. 이동식 크레인에 하물을 매달아 옮기던 중 크레인의 붐대가 전선에 닿아 감전재해가 발생한다.

정답

① 절연용 방호구 설치

② 울타리 설치 또는 감시인 배치

③ 이격거리 확보: 차량 등을 충전부로부터 300[cm] 이상 이격시켜 유지하되, 대지전압이 50[kV]를 넘는 경우 10[kV]가 증가할 때마다 이격
거리 10[cm]씩 증가

④ 접지된 차량 등이 충전전로와 접촉할 우려가 있는 경우 근로자가 접지점에 접촉하지 않도록 조치

PART 02

2017년 1회 기출문제

2부

#위험점 #롤러기 #회전운동

01 화면을 보고 롤러기의 청소 작업 시 핵심위험요인 2가지를 쓰시오. (4점)

▶ 동영상 설명

작업자가 인쇄용 윤전기의 전원을 끄지 않고 롤러를 걸레로 닦고 있다. 체중을 실어서 힘 있게 닦고, 위험하게 맞물리는 지점까지 걸레를 집어넣는 순간 작업자의 장갑이 롤러기 사이에 끼인다.

정답

① (말려들기 쉬운)장갑 착용
② 청소 전 전원 미차단
③ 롤러기 안전장치 미설치

#재해발생원인 #교량 하부

02 화면을 보고 재해발생원인 2가지를 쓰시오. (4점)

▶ 동영상 설명

안전대를 착용하지 않은 작업자가 교량 하부 점검 작업 중에 추락한다. 교량에는 추락방지 시설물이나 작업발판이 설치되어 있지 않다.

정답

① 작업발판 미설치
② 안전대 및 안전대 부착설비 미사용
③ 추락방호망 미설치

#안전점검사항 #프레스 #금형 교체 작업

03 프레스기에 금형 교체 작업 시 안전점검사항 3가지를 쓰시오. (6점)

정답

① 안전블록 설치상태 점검
② 슬라이드의 인터록 상태 점검
③ 동력차단 및 기동 스위치에 경고표지 부착상태 점검
④ 기동 스위치는 분리하여 별도 보관 여부 확인

#재해발생형태 #가해물 #배전반

04 화면을 보고 재해발생형태와 가해물을 각각 쓰시오. (3점)

▶ 동영상 설명

배전반 뒤쪽에서 작업자가 보수작업 중이고, 배전반 앞쪽에서도 다른 작업자가 작업 중이다. 배전반 앞의 작업자가 절연저항기를 들고 한 선은 배전반 접지에 꽂은 후 장비의 스위치를 ON시키고, 배선용 차단기에 나머지 한 선을 여기 저기 대보고 있는데 뒤쪽 작업자가 놀라며 쓰러진다.

정답

① 재해발생형태: 감전

② 가해물: 전기(전류)

#재해발생요인 #변전실 #변압기

05 화면을 보고 재해발생요인 3가지를 쓰시오. (6점)

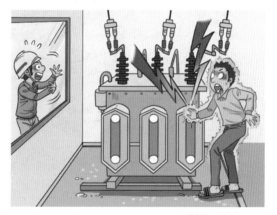

▶ 동영상 설명

작업자가 변압기의 2차 전압을 측정하기 위해 변전실 밖의 작업자에게 전원을 투입하라는 신호를 보낸다. 측정 완료 후 다시 전원 차단 신호를 보내고 측정기기를 철거하다 감전사고가 발생한다. 변전실 안의 작업자는 보호구를 착용하지 않았다.

정답

① 절연용 보호구(절연장갑 등) 미착용

② 신호전달체계 불량

③ 작업자 안전수칙 미준수(활선 및 정전상태 미확인 후 작업)

#안전작업수칙 #유해물질

06 크롬 도금 작업 시 유해물질에 대한 안전수칙 3가지를 쓰시오. (6점)

정답

① 국소배기장치 등을 통한 실내환기

② 작업장 격리 또는 작업공정의 은폐

③ 작업 전 적합한 보호구 착용

④ 작업 전 작업장 상태점검 및 작업 후 정리정돈

#안전작업수칙 #활선전로

07 화면과 같은 작업 시 안전작업수칙 2가지를 쓰시오. (4점)

▶ 동영상 설명

항타기 · 항발기 장비로 땅을 파고 콘크리트 전주 세우기 작업 도중에 항타기에 고정된 전주가 조금 불안정한 듯 싶더니 조금씩 돌아가서 항타기로 전주를 조금 움직이는 순간 인접한 고압활선전로에 접촉되어서 스파크가 일어난다.

정답

① 절연용 방호구 설치

② 울타리 설치 또는 감시인 배치

③ 이격거리 확보: 차량 등을 충전부로부터 300[cm] 이상 이격시켜 유지하되, 대지전압이 50[kV]를 넘는 경우 10[kV]가 증가할 때마다 이격거리 10[cm]씩 증가

④ 접지된 차량 등이 충전전로와 접촉할 우려가 있는 경우 근로자가 접지점에 접촉하지 않도록 조치

#보호구 #화학물질

08 화면을 보고 작업자의 눈, 손, 신체에 필요한 보호구를 각각 쓰시오. (6점)

▶ 동영상 설명

보호구를 착용하지 않은 작업자가 변압기의 양쪽에 나와 있는 선을 양손으로 들고 유기화합물통에 넣었다 빼서 앞쪽 선반에 올리는 작업을 하고 있다.

정답

① 눈: 보안경
② 손: 불침투성 보호장갑
③ 신체: 불침투성 보호복

#보호구 #방독마스크

09 다음 방독마스크에 대하여 알맞은 것을 쓰시오.(단, 정화통의 문자 표기는 무시한다.) (6점)

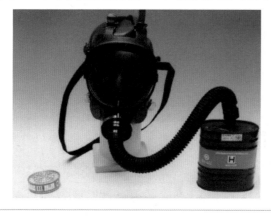

① 방독마스크 종류를 쓰시오.
② 방독마스크의 형식을 쓰시오.
③ 방독마스크 정화통의 시험가스 종류를 쓰시오.

정답

① 암모니아용 방독마스크
② 격리식 전면형
③ 암모니아가스

3부

01 #석면 취급 작업 #직업성 질환

일반 마스크를 착용하고 석면 작업을 하는 경우 석면분진 폭로 위험성에 노출되어 직업성 질환으로 이환될 우려가 있다. 그 이유를 설명하고, 장기간 폭로 시 어떤 종류의 직업병이 발생할 위험이 있는지 3가지를 쓰시오. (4점)

정답

⑴ 이유: 해당 작업자가 착용한 마스크는 방진마스크가 아니기 때문에 석면분진이 흡입될 수 있다.

⑵ 발생 가능한 직업병: ① 폐암 ② 석면폐증 ③ 악성중피종

※ 석면해체·제거작업에 근로자를 종사하도록 하는 경우 방진마스크(특등급), 고글형 보호안경, 신체를 감싸는 보호복, 보호장갑 및 보호신발 등을 착용하도록 하여야 한다.

02 #퍼지 작업

퍼지 작업의 종류 4가지를 쓰시오. (4점)

정답

① 진공퍼지 ② 압력퍼지

③ 스위프퍼지 ④ 사이폰퍼지

03 #보호구 #안전모

다음 보호구의 각부의 명칭을 쓰시오. (6점)

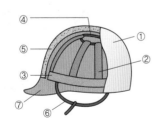

번호	각부 명칭		
①	(㉠)		
②	착장체		(㉡)
③			(㉢)
④			(㉣)
⑤	(㉤)		
⑥	(㉥)		
⑦	챙(차양)		

정답

㉠ 모체

㉡ 머리받침끈

㉢ 머리고정대

㉣ 머리받침고리

㉤ 충격흡수재

㉥ 턱끈

#재해방지대책 #습윤장소 #수중펌프

04 화면을 보고 재해방지대책 3가지를 쓰시오. (6점)

▶ 동영상 설명

작업자가 단무지 공장 작업장에서 작업을 하고 있다. 무릎 정도 물이 찬 상태에서 펌프를 작동함과 동시에 감전재해가 발생한다.

정답

① 사용 전 수중펌프와 전선 등의 절연상태 점검　　② 전원 측에 감전방지용 누전차단기 설치
③ 수중 모터 외함 접지상태 확인

#핵심위험요인 #활선전로

05 화면에 나타나는 작업 시 내재되어 있는 핵심위험요인 2가지를 쓰시오. (4점)

▶ 동영상 설명

작업자 2명이 전주에서 활선 작업을 하고 있다. 작업자 1명은 밑에서 절연용 방호구를 올리고 다른 1명은 크레인 위에서 물건을 받아 활선에 절연용 방호구 설치 작업을 하던 중 감전사고가 발생한다.

정답

① 근접활선(절연용 방호구 미설치)에 대한 감전위험　　② 절연용 보호구 착용상태 불량에 따른 감전위험
③ 활선 작업거리 미준수에 따른 감전위험

#방호장치 #롤러기 #설치 위치

06 롤러기의 방호장치(급정지장치)의 종류별 설치 위치를 쓰시오. (6점)

정답

① 손조작식: 밑면에서 1.8[m] 이내
② 복부조작식: 밑면에서 0.8[m] 이상 1.1[m] 이내
③ 무릎조작식: 밑면에서 0.6[m] 이내

#재해위험요인 #조치사항 #경사형 컨베이어

07 화면에 나타나는 재해위험요인 2가지와 재해발생 시 조치사항을 쓰시오. (7점)

> ▶ 동영상 설명

작업자가 작동 중인 경사형 컨베이어에 기계 오른쪽의 포대를 컨베이어 벨트 위로 올리고 있다. 작업자 한 명은 경사진 컨베이어 위에 회전하는 벨트 양 끝부분 모서리에 다리를 벌리고 서 있고, 아래 작업자가 포대를 빠르게 컨베이어에 올리던 중 컨베이어 위의 작업자 발에 포대 끝부분이 부딪친다. 작업자가 무게 중심을 잃고 기계 오른쪽으로 쓰러지면서 팔이 기계 하단으로 들어간다.

> 정답

(1) 재해위험요인
　① 불안정한 작업자세
　② 작업발판 미확보
(2) 조치사항: 비상정지장치를 작동하여 기계를 정지시킨다.

#재해위험요인 #점검·수리·청소 #프레스

08 화면을 보고 작업 중 위험요인 3가지를 쓰시오. (6점)

> ▶ 동영상 설명

작업자가 크랭크 프레스로 철판에 구멍을 뚫던 중 철판의 바닥을 손으로 만져보며 구멍을 확인한다. 손으로 철판을 털어내다 프레스가 갑자기 작동하며 재해가 발생한다. 프레스에는 방호장치가 설치되어 있지 않고, 페달에는 커버가 부착되어 있지 않다.

> 정답

① 이물질 제거 시 전용공구(수공구) 미사용
② 청소 전 전원 미차단
③ 프레스 방호장치 및 페달 덮개 미설치

#법령 #설치기준 #작업발판 #2[m] 이상

09 2[m] 이상 비계에 설치하여야 하는 작업발판의 구조에 대하여 발판의 폭과 발판재료 간의 틈의 설치기준을 쓰시오. (2점)

> 정답

① 작업발판의 폭: 40[cm] 이상　　　　② 발판재료 간의 틈: 3[cm] 이하

2017년 2회 기출문제

1부

#가스누설감지경보기 #설치 위치 #설정값

01 LPG 가스에 대한 가스누설감지경보기의 적절한 설치 위치와 경보설정값은 몇 [%]가 적당한지 쓰시오. (4점)

> **정답**
>
> ① 설치 위치: 바닥에 인접한 낮은 곳에 설치한다.(LPG는 공기보다 무거우므로 가라앉음)
>
> ② 경보설정값: 폭발하한계의 25[%] 이하

#보호구 #방진마스크 #분리식

02 화면에 나타나는 보호구의 여과재 분진 등 포집효율을 쓰시오. (3점)

형태 및 등급		염화나트륨(NaCl) 및 파라핀 오일(Paraffin Oil) 시험[%]
분리식	특급	①
	1급	②
	2급	③

> **정답**
>
> ① 99.95 이상   ② 94.0 이상   ③ 80.0 이상

#재해예방대책 #점검·수리·청소 #컨베이어

03 화면을 보고 컨베이어 벨트 점검 시 재해예방대책 2가지를 쓰시오. (4점)

> **▶ 동영상 설명**
>
> 작업자가 어두운 장소에서 플래시를 들고 컨베이어 벨트를 점검하는 모습을 보여준다. 잠시 한눈을 판 사이 손이 벨트 사이에 말려 들어간다.

> **정답**
>
> ① 점검 전 전원 차단 후 작업한다.
>
> ② 비상정지장치를 설치한다.(작업자가 신속히 조작 가능한 위치)
>
> ③ 끼임 위험부위에 방호덮개를 설치한다.
>
> ④ 작업장에 적정 조도를 유지한다.

#법령 #작업시작 전 점검사항 #이동식 크레인

04 이동식 크레인을 사용하는 작업시작 전 점검사항 2가지를 쓰시오. (4점)

> 정답

① 권과방지장치나 그 밖의 경보장치의 기능

② 브레이크 · 클러치 및 조정장치의 기능

③ 와이어로프가 통하고 있는 곳 및 작업장소의 지반 상태

#법령 #작업계획서 #해체작업

05 화면에 나타나는 작업 시 작업계획서에 포함되어야 하는 사항 4가지를 쓰시오.(단, 그 밖에 안전 · 보건에 관련된 사항은 제외한다.) (8점)

▶ 동영상 설명

압쇄기를 이용한 건물 해체작업을 보여준다.

> 정답

① 해체의 방법 및 해체 순서도면

② 가설설비 · 방호설비 · 환기설비 및 살수 · 방화설비 등의 방법

③ 사업장 내 연락방법

④ 해체물의 처분계획

⑤ 해체작업용 기계 · 기구 등의 작업계획서

⑥ 해체작업용 화약류 등의 사용계획서

#보호구 #방독마스크

06 화면을 보고 작업자가 착용하여야 하는 마스크의 종류와 마스크 정화통의 흡수제 3가지를 쓰시오. (8점)

▶ 동영상 설명

방독마스크와 보안경을 쓴 작업자가 스프레이건으로 쇠파이프 여러 개를 눕혀 놓고 아이보리색 페인트칠을 하고 있다.

> 정답

(1) 마스크: 유기화합물용 방독마스크

(2) 흡수제

  ① 활성탄

  ② 소다라임

  ③ 알칼리제재

#재해위험요인 #선반 작업

07 화면을 보고 안전준수사항을 지키지 않고 작업할 때 일어날 수 있는 재해요인 2가지를 쓰시오. (4점)

▶ 동영상 설명

작업자가 선반에서 샌드페이퍼로 작업을 하고 있다. 한 손으로 기계를 잡고 다른 손으로 샌드페이퍼를 지지하며 작업 중 곁눈질로 다른 곳을 보고 있다. 회전부에는 덮개가 설치되어 있지 않다.

정답

① 불안정한 작업자세(샌드페이퍼를 손으로 지지)

② 작업에 집중하지 못하고 있음

③ 방호장치(덮개) 미설치

#VDT #작업자세

08 화면을 보고 VDT 작업 시 작업자 자세의 개선사항 3가지를 쓰시오. (6점)

정답

① 작업자의 시선은 화면 상단과 눈높이 일치, 시거리 40[cm] 이상 확보할 것

② 위팔은 자연스럽게 늘어뜨리고, 팔꿈치의 내각은 90° 이상이 되도록 할 것

③ 의자 등받이에 작업자의 등이 충분히 지지되도록 할 것

④ 무릎의 내각이 90° 전후가 되도록 할 것

⑤ 작업자의 발바닥 전면이 바닥에 닿도록 하고, 그러지 못할 경우 발 받침대를 조건에 맞는 높이와 각도로 설치할 것

#재해발생형태 #전선 작업

09 화면을 보고 재해발생형태와 그 정의를 쓰시오. (4점)

▶ 동영상 설명

일반 차량도로 공사에서 붉은 도로 구획 전면 점검 중 작업자가 전선끼리 절연테이프로 연결한 부분을 만지다 재해가 발생한다.

정답

① 재해발생형태: 감전

② 재해발생형태의 정의: 인체의 일부 또는 전체에 전류가 흐르는 현상

2부

#법령 #작업시작 전 점검사항 #컨베이어

01 화면에 나타나는 기계의 「산업안전보건법령」상 작업시작 전 점검사항 2가지를 쓰시오. (4점)

▶ 동영상 설명

정지된 컨베이어를 작업자가 점검하고 있다. 작업자가 점검 중일 때 다른 작업자가 전원 스위치의 전원버튼을 눌러 점검 중이던 작업자가 벨트에 손이 끼이는 재해를 당한다.

정답

① 원동기 및 풀리 기능의 이상 유무

② 이탈 등의 방지장치 기능의 이상 유무

③ 비상정지장치 기능의 이상 유무

④ 원동기·회전축·기어 및 풀리 등의 덮개 또는 울 등의 이상 유무

#재해발생요인 #전주 작업

02 화면을 보고 재해발생요인 2가지를 쓰시오. (4점)

▶ 동영상 설명

작업자가 안전대를 체결하지 않고 전주에 올라가 볼트로 된 작업발판을 딛고 변압기 볼트를 조이는 작업을 하다 발을 헛디뎌 추락한다.

정답

① 불안정한 작업발판

② 안전대 및 안전대 부착설비 미사용

#보호구 #방독마스크

03 다음 방독마스크에 대하여 알맞은 것을 쓰시오.(단, 정화통의 문자 표기는 무시한다.) (12점)

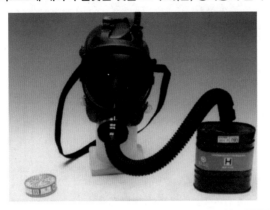 

---

① 방독마스크의 종류를 쓰시오.

② 방독마스크의 형식을 쓰시오.

③ 방독마스크 정화통의 시험가스 종류를 쓰시오.

④ 방독마스크의 정화통 흡수제 1가지를 쓰시오.

⑤ 방독마스크가 직결식 전면형일 경우 누설률은 몇 [%]인지 쓰시오.

⑥ 방독마스크 정화통의 시험가스 농도가 0.5[%]일 때 파과시간을 쓰시오.

정답

① 암모니아용 방독마스크

② 격리식 전면형

③ 암모니아가스

④ 큐프라마이트

⑤ 0.05[%] 이하

⑥ 40분 이상

#보호구 #화학물질

04 화면에 나타나는 작업 시 작업자가 착용해야 하는 보호구의 종류 3가지를 쓰시오. (3점)

▶ 동영상 설명

작업자가 무색의 암모니아 냄새가 나는 수용성 액체인 유해물질 DMF(디메틸포름아미드) 취급 작업을 하고 있다.

정답

① 유기화합물용 방독마스크

② 보안경

③ 불침투성 보호복

④ 불침투성 보호장갑

⑤ 불침투성 보호장화

#재해예방대책 #프레스
05 화면을 보고 재해 예방을 위해 조치하여야 할 사항 2가지를 쓰시오. (4점)

▶ 동영상 설명

작업자가 몸을 기울인 채 손으로 프레스의 이물질을 제거하는 작업을 하다가 실수로 페달을 밟아 손이 다치는 재해가 발생한다.

정답

① 이물질 제거 시 수공구(플라이어 등)를 이용한다.
② 프레스를 일시 정지할 때에는 페달에 U자형 덮개를 씌운다.

#재해방지대책 #배전반
06 화면을 보고 패널 작업 시 감전방지대책 2가지를 쓰시오. (4점)

▶ 동영상 설명

작업자가 맨손으로 배전반(분전반) 내부 패널 작업을 하고 있다. 다른 작업자가 개폐기의 전원 버튼을 누르는 순간, 패널 작업을 하던 작업자가 쓰러진다.

정답

① 작업 전 검전기 등을 통한 충전상태 확인
② 작업 전 신호체계 확립 및 작업지휘자에 의한 작업지휘
③ 절연용 보호구(절연장갑 등) 착용

#유해물질 #유입경로
07 작업자가 실험실에서 화학약품을 맨손으로 만지고 있다. 이때 작업자에게 유해물질이 신체로 유입되는 경로 3가지를 쓰시오. (6점)

정답

① 피부 및 점막   ② 호흡기   ③ 구강을 통한 소화기

#법령 #점검사항 #항타기 · 항발기

08 항타기 또는 항발기를 조립하거나 해체하는 경우 점검해야 할 사항 2가지를 쓰시오. (4점)

> 정답

① 본체 연결부의 풀림 또는 손상의 유무

② 권상용 와이어로프 · 드럼 및 도르래의 부착상태의 이상 유무

③ 권상장치의 브레이크 및 쐐기장치 기능의 이상 유무

④ 권상기의 설치상태의 이상 유무

⑤ 리더(leader)의 버팀 방법 및 고정상태의 이상 유무

⑥ 본체 · 부속장치 및 부속품의 강도가 적합한지 여부

⑦ 본체 · 부속장치 및 부속품에 심한 손상 · 마모 · 변형 또는 부식이 있는지 여부

#계측방법 #NATM 공법

09 NATM 공법에 의한 터널 굴착 작업 시 공사의 안전성 및 설계의 타당성 판단 등을 확인하기 위해 실시하는 계측의 종류 2가지를 쓰시오. (4점)

> 정답

① 내공변위 측정

② 천단침하 측정

③ 지중, 지표 침하 측정

④ 록 볼트 축력 측정

⑤ 뿜어붙이기 콘크리트 응력 측정

3부

#핵심위험요인 #롤러기

01 화면을 보고 핵심위험요인 2가지를 쓰시오. (4점)

▶ 동영상 설명

작업자가 스패너로 롤러기의 볼트를 조인다. 롤러기의 전원을 켠 뒤 면장갑을 착용한 채 입으로 이물질을 불어내며 손으로 롤러기 안의 이물질을 제거하다가 회전 중인 롤러기에 손이 물려 들어간다.

정답

① 회전기계 작업 중 (말려들기 쉬운)장갑 착용
② 점검 전 전원 미차단
③ 방호장치 미설치

#안전작업수칙 #밀폐공간

02 화면을 보고 밀폐공간 작업 시 안전작업수칙 3가지를 쓰시오. (6점)

▶ 동영상 설명

탱크 내부의 밀폐된 공간에서 작업자가 그라인더 작업을 하고 있고, 다른 작업자가 외부에 설치된 국소배기장치를 발로 차 전원공급이 차단되어 내부 작업자가 의식을 잃고 쓰러진다.

정답

① 산소 및 유해가스 농도 측정 후 작업을 시작한다.
② 작업 전 및 작업 중에도 계속 환기한다.
③ 작업자는 (공기공급식)호흡용 보호구를 착용한다.
④ 감시인을 배치하여 작업자와 수시로 연락한다.

#퍼지 작업 #목적

03 작업공간에 다음과 같은 가스가 존재할 경우 각각 환기(퍼지) 목적을 쓰시오. (6점)

① 가연성 가스 및 지연성 가스의 경우
② 독성 가스의 경우
③ 불활성 가스의 경우

정답

① 화재 및 폭발사고 방지
② 중독사고 방지
③ 산소결핍에 의한 질식사고 방지

#법령 #설치기준 #작업발판 #2[m] 이상
04 화면에 나타나는 작업 시 작업발판을 설치할 경우 발판의 폭과 발판재료 간의 틈의 설치기준을 쓰시오. (2점)

▶ 동영상 설명

안전대를 착용하지 않은 작업자가 교량 하부 점검 작업 중에 추락한다. 교량에는 추락방지 시설물이나 작업발판이 설치되어 있지 않다.

정답

① 작업발판의 폭: 40[cm] 이상
② 발판재료 간의 틈: 3[cm] 이하

#재해발생원인 #건설현장 #추락
05 화면을 보고 재해원인 2가지를 쓰시오. (4점)

▶ 동영상 설명

아파트 건설 공사장에서 두 명의 작업자가 각각 창틀, 처마 위에서 작업 중인 모습을 보여준다. 창틀의 작업자가 다른 작업자에게 작업발판을 넘겨주고 옆 처마로 이동하던 중 추락하였다. 현장에는 추락방호망, 안전대, 안전난간 등이 없다.

정답

① 안전대 및 안전대 부착설비 미사용   ② 추락방호망 미설치   ③ 안전난간 미설치

#재해발생요인 #변전실 #변압기
06 화면을 보고 재해발생요인 3가지를 쓰시오. (6점)

▶ 동영상 설명

작업자가 변압기의 2차 전압을 측정하기 위해 변전실 밖의 작업자에게 전원을 투입하라는 신호를 보낸다. 측정 완료 후 다시 전원차단 신호를 보내고 측정기기를 철거하다 감전사고가 발생한다. 변전실 안의 작업자는 보호구를 착용하지 않았다.

정답

① 절연용 보호구(절연장갑 등) 미착용   ② 신호전달체계 불량
③ 작업자 안전수칙 미준수(활선 및 정전상태 미확인 후 작업)

#재해위험요인 #점검 · 수리 · 청소 #양수기
07 화면을 보고 재해위험요인 3가지를 쓰시오. (6점)

▶ 동영상 설명

작업자가 작동 중인 양수기를 점검하고 있다. 맞은편의 작업자와 잡담을 하며 수공구를 던져주던 중 장갑을 낀 손이 벨트에 물려 들어간다.

정답

① 작업 전 전원 미차단   ② 작업상태 불량(공구 던지기 등)
③ (말려 들어가기 쉬운)장갑 착용   ④ 방호장치(덮개, 울 등) 미설치

#보호구 #안전대

08 화면에 나타나는 안전대의 명칭과 그 부품의 명칭을 각각 쓰시오. (6점)

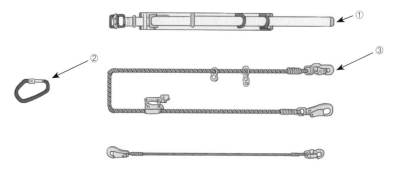

> **정답**

① U자 걸이용 안전대

② 카라비너(Carabiner)

③ 훅(Hook)

#위험점 #선반 작업 #회전부위

09 화면에 나타나는 재해의 위험점과 그 정의를 쓰시오. (5점)

> ▶ **동영상 설명**

작업자가 회전물에 샌드페이퍼를 감고 손으로 지지하여 작업을 하다 장갑을 낀 손이 회전부에 말려 들어가는 재해가 발생한다.

> **정답**

① 위험점: 회전말림점

② 위험점의 정의: 회전하는 물체의 회전부위에 장갑, 작업복 등이 말려드는 위험점

2017년 3회 기출문제

1부

#법령 #누전차단기 설치 대상

01 감전방지용 누전차단기를 설치해야 하는 대상 2가지를 쓰시오. (4점)

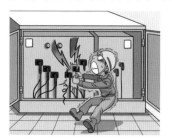

> **정답**
> ① 대지전압이 150[V]를 초과하는 이동형 또는 휴대형 전기기계·기구
> ② 물 등 도전성이 높은 액체가 있는 습윤장소에서 사용하는 저압용 전기기계·기구
> ③ 철판·철골 위 등 도전성이 높은 장소에서 사용하는 이동형 또는 휴대형 전기기계·기구
> ④ 임시배선의 전로가 설치되는 장소에서 사용하는 이동형 또는 휴대형 전기기계·기구

#법령 #적정공기 #밀폐공간

02 적정공기에 대한 설명으로 알맞은 것을 쓰시오. (5점)

> 적정공기란 산소 농도의 범위가 (①)[%] 이상 (②)[%] 미만, 이산화탄소의 농도가 (③)[%] 미만, 일산화탄소 농도가 (④)[ppm] 미만, 황화수소의 농도가 (⑤)[ppm] 미만인 수준의 공기를 말한다.

> **정답**
> ① 18 ② 23.5
> ③ 1.5 ④ 30
> ⑤ 10

#석면 취급 작업 #직업성 질환

03 일반 마스크를 착용하고 석면 작업을 하는 경우 석면분진 폭로 위험성에 노출되어 직업성 질환으로 이환될 우려가 있다. 그 이유를 설명하시오. (2점)

> **정답**
> 작업자가 방진마스크를 착용하지 않을 경우 석면분진이 체내로 흡입될 수 있다.
> ※ 석면해체·제거작업에 근로자를 종사하도록 하는 경우 방진마스크(특등급), 고글형 보호안경, 신체를 감싸는 보호복, 보호장갑 및 보호신발 등을 착용하도록 하여야 한다.

#기인물 #안전장치 #연삭기

04 화면에 나타나는 재해의 기인물과 연마 작업 시 파편이나 칩의 비래에 의한 위험에 대비하기 위해 설치해야 하는 장치명을 쓰시오. (4점)

> ▶ 동영상 설명

작업자가 탁상용 연삭기를 이용해 연마 작업 중인 모습을 보여준다. 봉강 연마 작업 중 환봉 파편이 튀어 작업자가 눈을 찡그린다.

정답

① 기인물: 탁상용 연삭기
② 장치명: 칩비산방지판

#재해위험요인 #재해방지대책 #추락

05 화면에 나타나는 작업 시 위험요인 및 안전대책을 각각 2가지씩 쓰시오. (8점)

> ▶ 동영상 설명

안전대를 착용하지 않은 작업자가 공장 지붕 패널 설치 작업 중이다. 주변에는 이동전선 등이 널려있다.

정답

(1) 위험요인
    ① 안전대 부착설비 미설치 및 안전대 미착용
    ② 추락방호망 미설치
    ③ 작업장 정리 상태 불량
(2) 안전대책
    ① 안전대 부착설비에 안전대 걸고 작업
    ② 작업장 하부에 추락방호망 설치
    ③ (걸려 넘어질 우려가 있는)이동전선 등 정리 후 작업

#보호구 #구분 기준 #가죽제 안전화

06 화면에 나타나는 안전화의 뒷굽 높이를 제외한 몸통 높이에 따른 구분을 쓰시오. (6점)

정답

① 단화: 113[mm] 미만
② 중단화: 113[mm] 이상
③ 장화: 178[mm] 이상

#둥근톱기계 #덮개
07 안전장치가 없는 둥근톱기계에 고정식 날접촉예방장치(덮개)를 설치하고자 한다. 이때 덮개 하단과 가공재 사이의 간격, 덮개 하단과 테이블 사이의 높이는 각각 얼마로 조정하는지 쓰시오. (4점)

> **정답**
>
> ① 8[mm] 이하 ② 25[mm] 이하

#법령 #설치기준 #작업발판 #2[m] 이상
08 화면에서와 같이 높이가 2[m] 이상인 작업장소에 적합한 작업발판의 설치기준 3가지를 쓰시오.(단, 작업발판의 폭과 틈의 기준은 제외한다.) (6점)

> **▶ 동영상 설명**
>
> 작업자 2명이 비계 최상단에서 기둥을 밟고 불안정하게 서서 작업발판을 주고 받다가 추락한다.

> **정답**
>
> ① 발판재료는 작업할 때의 하중을 견딜 수 있도록 견고한 것으로 할 것
> ② 작업발판의 지지물은 하중에 의하여 파괴될 우려가 없는 것을 사용할 것
> ③ 작업발판재료는 뒤집히거나 떨어지지 아니하도록 둘 이상의 지지물에 연결하거나 고정시킬 것
> ④ 작업발판을 작업에 따라 이동시킬 경우에는 위험 방지에 필요한 조치를 할 것

#재해위험요인 #전기 형강 작업
09 화면을 보고 전기 형강 작업 중 위험요인 3가지를 쓰시오. (6점)

> **▶ 동영상 설명**
>
> 전주를 아래에서부터 위로 보여주는데 발판용 볼트에 COS(Cut Out Switch)가 임시로 걸쳐 있음이 보인다. 작업자 1명은 변압기 위에 올라가서 볼트를 풀면서 흡연을 하며 작업하고 있고, 다른 작업자 근처에서는 이동식 크레인에 작업대를 매달고 또 다른 작업을 하는 화면을 보여준다.

> **정답**
>
> ① 작업자세 및 상태불량 등 ② 절연용 보호구 미착용
> ③ 불안정한 작업발판 ④ COS 고정상태 불량
> ⑤ (크레인 이용 작업 시)이격거리 미준수

2부

#핵심위험요인 #섬유공장
01 화면을 보고 핵심위험요인 2가지를 쓰시오. (4점)

▶ 동영상 설명

섬유공장에서 실을 감는 기계가 돌아가고 있다. 실이 끊어지며 기계가 멈추자 작업자가 대형 회전체의 문을 열어 몸을 허리까지 집어넣고 안을 들여다보며 점검한다. 갑자기 기계가 돌아가며 작업자의 손이 회전체에 끼인다.

정답
① 점검 전 전원 미차단
② (기계 열면 작동이 멈추는)연동장치(인터록) 미설치

#점화원 유형 #인화성 물질
02 화면에 나타나는 재해의 점화원의 유형과 종류를 쓰시오. (6점)

▶ 동영상 설명

인화성 물질 드럼통이 세워져 있는 작업장을 보여준다. 작업자가 작은 용기에 있는 것을 큰 용기에 담기 위해 드럼통 뚜껑을 열고 있다. 작업을 멈추고 옷을 벗는 순간 화재가 발생한다.

정답
① 점화원의 유형: 작업복에 의한 정전기
② 점화원의 종류: 박리대전

#법령 #보호구 #밀폐공간 #구조자
03 밀폐공간에서 위급한 작업자를 구조할 때 구조자가 착용해야 할 보호구를 쓰시오. (2점)

정답
① 공기호흡기   ② 송기마스크

#보호구 #성능기준 항목 #가죽제 안전화

04 가죽제 안전화의 성능기준 항목 4가지를 쓰시오. (8점)

정답

① 내압박성   ② 내답발성

③ 내부식성   ④ 내충격성

⑤ 내유성   ⑥ 박리저항

#습윤장소 #피부저항 #감전

05 작업자가 수중펌프 접속부위에 감전사고를 당했을 경우, 그 원인을 인체의 피부저항과 관련하여 설명하시오. (4점)

▶ 동영상 설명

작업자가 단무지 공장에서 작업을 하고 있다. 무릎 정도 물이 차 있는 작업장에서 작업자가 펌프 작동과 동시에 감전되었다.

정답

인체의 피부저항은 물에 젖어 있을 경우 약 $\frac{1}{25}$로 감소하므로 그만큼 통전전류가 커져 감전의 위험이 높아진다.

#재해발생원인 #경사지붕 #추락 #낙하

06 화면을 보고 재해의 발생원인 4가지를 쓰시오. (8점)

▶ 동영상 설명

작업자들이 경사지붕 설치 작업 중 휴식을 취하고 있다. 이때 작업자를 향해 적치되어 있던 자재가 굴러와 작업자가 맞으면서 추락한다. 건물 하부에서 휴식 중인 작업자가 떨어지는 자재에 맞는다.

정답

① 추락 방호망 및 낙하물 방지망 미설치

② 경사지붕 적치상태 불량

③ 안전대 및 안전대 부착설비 미사용

④ 근로자가 낙하 위험 장소에서 휴식

⑤ 낙하 위험구간 출입통제 미실시

#보호구 #전주 작업

07 화면에 나타나는 작업 시 작업자가 착용하는 안전대의 명칭은 무엇인지 쓰시오. (4점)

> ▶ 동영상 설명
>
> 작업자가 안전대를 착용하고 전주 작업을 실시하고 있다.

정답

U자 걸이용 안전대

#핵심위험요인 #롤러기 #점검 · 수리 · 청소

08 화면을 보고 롤러기의 청소 작업 시 핵심위험요인 3가지를 쓰시오. (6점)

> ▶ 동영상 설명
>
> 작업자가 인쇄용 윤전기의 전원을 끄지 않고 롤러를 걸레로 닦고 있다. 체중을 실어서 힘 있게 닦고, 위험하게 맞물리는 지점까지 걸레를 집어넣는 순간 작업자의 장갑이 롤러기 사이에 끼인다.

정답

① (말려들기 쉬운)장갑 착용
② 청소 전 전원 미차단
③ 롤러기 방호장치 미설치

#법령 #항타기 · 항발기 #도르래 위치

09 다음은 항타기 또는 항발기의 조립 작업 시 도르래의 위치에 관한 법적 기준이다. 알맞은 것을 쓰시오. (3점)

> 권상장치의 드럼축과 권상장치로부터 첫 번째 도르래의 축 간의 거리를 권상장치 드럼폭의 (①) 이상으로 하여야 하고, 도르래는 권상장치의 드럼 (②)을 지나야 하며 축과 (③) 상에 있어야 한다.

정답

① 15배
② 중심
③ 수직면

3부

#법령 #준수사항 #차량계 하역운반기계 #장착·해체작업

01 차량계 하역운반기계 등의 수리 또는 부속장치의 장착 및 해체작업을 하는 때 준수사항 3가지를 쓰시오. (6점)

정답

① 작업지휘자를 지정할 것

② 안전지지대 또는 안전블록 등의 사용 상황 등을 점검할 것

③ 작업지휘자가 작업순서를 결정하고 작업을 지휘하게 할 것

#법령 #밀폐공간 #대피용 기구

02 화면에 나타나는 재해에 대하여 비상 시 필요한 피난용구 4가지를 쓰시오. (4점)

▶ 동영상 설명

선박 밸러스트 탱크 내부의 슬러지를 제거하는 작업 중 작업자가 의식을 잃고 쓰러진다.

정답

① 공기호흡기

② 송기마스크

③ 사다리

④ 섬유로프

#위험점 #롤러기 #회전운동

03 화면에 나타나는 재해의 위험점과 그 정의를 쓰시오. (4점)

▶ 동영상 설명

작업자가 인쇄용 윤전기의 전원을 끄지 않고 롤러를 걸레로 닦고 있다. 체중을 실어서 힘 있게 닦고, 위험하게 맞물리는 지점까지 걸레를 집어넣는 순간 작업자의 장갑이 롤러기 사이에 끼인다.

정답

① 위험점: 물림점

② 위험점의 정의: 서로 반대방향으로 맞물려 회전하는 두 개의 회전체 사이에 물려 들어가는 위험점

#보호구 #안전대 #구조조건

04 화면에 나타나는 보호구 부품의 명칭과 이 기구가 갖추어야 하는 구조조건 2가지를 쓰시오. (5점)

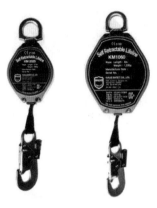

> 정답

(1) 명칭: 안전블록

(2) 갖추어야 하는 구조

　　① 자동잠김장치를 갖출 것

　　② 안전블록의 부품은 부식방지처리를 할 것

#보호구 #화학물질

05 화면을 보고 작업자의 눈, 손, 신체에 필요한 보호구를 각각 쓰시오. (6점)

> ▶ 동영상 설명

보호구를 착용하지 않은 작업자가 변압기의 양쪽에 나와 있는 선을 양손으로 들고 유기화합물통에 넣었다 빼서 앞쪽 선반에 올리는 작업을 하고 있다.

> 정답

① 눈: 보안경　　　　　　　② 손: 불침투성 보호장갑　　　　　　　③ 신체: 불침투성 보호복

#재해위험요인 #점검 · 수리 · 청소 #드릴 작업

06 화면을 보고 재해위험요인 2가지를 쓰시오. (4점)

> ▶ 동영상 설명

면장갑을 착용한 작업자가 드릴 작업 중인 모습을 보여준다. 작업자는 드릴 작업을 하면서 이물질을 입으로 불어 제거하고, 동시에 손으로 제거하려다 회전하는 날에 손을 다친다.

> 정답

① 전용공구(브러시 등) 미사용　　　　　② 청소 전 전원 미차단　　　　　③ (말려들기 쉬운)장갑 착용

#재해예방대책 #점검 · 수리 · 청소 #사출성형기

07 화면과 같은 상황에서 발생할 수 있는 재해의 예방대책 3가지를 쓰시오. (6점)

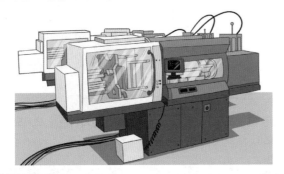

▶ 동영상 설명

작업자가 사출성형기를 점검하던 중 성형기 틈에 끼인 이물질을 잡아당기다 감전된다.

정답

① 점검 전 전원 차단
② 절연용 보호구(절연장갑, 안전모 등) 착용
③ 청소 시 전용공구(수공구) 사용
④ 사출성형기 충전부 방호조치(덮개) 실시

#재해예방대책 #인양 작업 #낙하 · 비래

08 화면을 보고 화물의 낙하 · 비래 위험을 방지하기 위한 재해예방대책 3가지를 쓰시오. (6점)

▶ 동영상 설명

작업자가 크레인을 이용하여 비계를 운반하고 있다. 보조로프 없이 와이어로프로 한 번 둘러 인양하던 중 신호수 간에 신호 방법이 맞지 않아 물체가 흔들리며 철골에 부딪힌 뒤 아래로 떨어진다.

정답

① 보조로프(유도로프) 사용
② 신호방법을 정하고 신호수의 신호에 따라 작업
③ 훅의 해지장치 점검
④ 화물이 빠지지 않도록 점검

#재해발생원인 #활선전로

09 화면에 나타나는 재해의 발생원인 2가지를 쓰시오. (4점)

▶ 동영상 설명

항타기 · 항발기 장비로 땅을 파고 콘크리트 전주 세우기 작업 도중에 항타기에 고정된 전주가 조금 불안정한 듯 싶더니 조금씩 돌아가서 항타기로 전주를 조금 움직이는 순간 인접한 고압활선전로에 접촉되어서 스파크가 일어난다.

정답

① (작업 장소 인접 충전전로에)절연용 방호구 미설치
② 울타리 미설치 및 감시인 미배치
③ (충전전로 인근 작업 시)이격거리 미준수

2016년 1회 기출문제

1부

#법령 #설치기준 #작업발판 #2[m] 이상

01 화면에 나타나는 작업 시 작업발판을 설치할 경우 발판의 폭과 발판재료 간의 틈의 설치기준을 쓰시오. (4점)

> ▶ 동영상 설명

안전대를 착용하지 않은 작업자가 교량 하부 점검 작업 중에 추락한다. 교량에는 추락방지 시설물이나 작업발판이 설치되어 있지 않다.

정답

① 작업발판의 폭: 40[cm] 이상

② 발판재료 간의 틈: 3[cm] 이하

#법령 #누전차단기 설치 대상

02 감전방지용 누전차단기를 설치해야 하는 대상 4가지를 쓰시오. (8점)

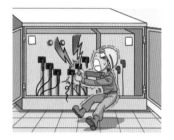  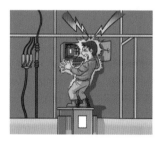

정답

① 대지전압이 150[V]를 초과하는 이동형 또는 휴대형 전기기계·기구

② 물 등 도전성이 높은 액체가 있는 습윤장소에서 사용하는 저압용 전기기계·기구

③ 철판·철골 위 등 도전성이 높은 장소에서 사용하는 이동형 또는 휴대형 전기기계·기구

④ 임시배선의 전로가 설치되는 장소에서 사용하는 이동형 또는 휴대형 전기기계·기구

#석면 취급 작업 #직업성 질환

03 일반 마스크를 사용하고 석면 작업을 하는 경우 석면분진 폭로 위험성에 노출되어 직업성 질환으로 이환될 우려가 있다. 장기간 폭로 시 어떤 종류의 직업병이 발생할 위험이 있는지 3가지를 쓰시오. (6점)

정답

① 폐암   ② 석면폐증   ③ 악성중피종

#법령 #작업시작 전 점검사항 #리프트

04 화면에 나타나는 양중기의 작업시작 전 점검사항 2가지를 쓰시오. (4점)

▶ 동영상 설명

아파트 건설 현장에서 건설용 리프트가 운행 중인 모습을 보여준다.

정답

① 방호장치 · 브레이크 및 클러치의 기능

② 와이어로프가 통하고 있는 곳의 상태

#재해발생요인 #전주 작업

05 화면을 보고 재해발생요인 2가지를 쓰시오. (4점)

▶ 동영상 설명

작업자가 안전대를 체결하지 않고 전주에 올라가 볼트로 된 작업발판을 딛고 변압기 볼트를 조이는 작업을 하다 발을 헛디뎌 추락한다.

정답

① 불안정한 작업발판

② 안전대 및 안전대 부착설비 미사용

#법령 #보호구 #밀폐공간 #구조자

06 밀폐공간에서 위급한 작업자를 구조할 때 구조자가 착용해야 할 보호구를 쓰시오. (3점)

정답

① 공기호흡기   ② 송기마스크

#재해예방대책 #드릴 작업

07 화면을 보고 재해예방대책 3가지를 쓰시오. (6점)

▶ 동영상 설명

보호구를 착용하지 않은 작업자가 전기드릴을 이용하여 금속제의 구멍을 넓히는 작업을 하고 있다. 한 손으로 자재를 지지하고 있고, 드릴에는 방호장치가 설치되어 있지 않다.

정답

① 개인 보호구(보안경, 방진마스크 등) 착용

② 방호장치(드릴 날 덮개) 설치

③ 물건을 바이스, 클램프 등으로 고정

#재해예방대책 #프레스

08 화면을 보고 재해 예방을 위해 조치하여야 할 사항 2가지를 쓰시오. (4점)

▶ 동영상 설명

작업자가 몸을 기울인 채 손으로 프레스의 이물질을 제거하는 작업을 하다가 실수로 페달을 밟아 손이 다치는 재해가 발생한다.

정답

① 이물질 제거 시 수공구(플라이어 등)를 이용한다.

② 프레스를 일시 정지할 때에는 페달에 U자형 덮개를 씌운다.

#법령 #안전모

09 다음 보호구의 각부의 명칭을 쓰시오. (6점)

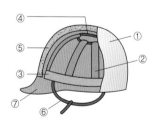

번호	각부명칭	
①	(㉠)	
②		(㉡)
③	착장체	(㉢)
④		(㉣)
⑤	(㉤)	
⑥	(㉥)	
⑦	챙(차양)	

정답

㉠ 모체

㉡ 머리받침끈

㉢ 머리고정대

㉣ 머리받침고리

㉤ 충격흡수재

㉥ 턱끈

2부

#시험성능기준 #방열복 내열원단

01 방열복 내열원단의 시험성능기준 항목 3가지를 쓰시오. (6점)

정답

① 난연성   ② 절연저항

③ 인장강도   ④ 내열성

⑤ 내한성

#조치사항 #터널 건설 작업 #낙반

02 화면에 나타나는 재해를 방지하기 위해 필요한 조치사항 2가지를 쓰시오. (4점)

▶ 동영상 설명

터널 건설 작업 중 낙반에 의한 재해를 보여주고 있다.

정답

① 터널 지보공 설치   ② 록볼트 설치   ③ 부석의 제거

#보호구 #방독마스크

03 화면을 보고 작업자가 착용한 방독마스크 정화통의 흡수제 2가지를 쓰시오. (4점)

▶ 동영상 설명

방독마스크와 보안경을 쓴 작업자가 스프레이건으로 쇠파이프 여러 개를 눕혀 놓고 아이보리색 페인트칠을 하고 있다.

정답

① 활성탄   ② 소다라임   ③ 알칼리제재

#재해위험요인 #점검 · 수리 · 청소 #양수기

04 화면을 보고 재해위험요인 3가지를 쓰시오. (6점)

▶ 동영상 설명

작업자가 작동 중인 양수기를 점검하고 있다. 맞은편의 작업자와 잡담을 하며 수공구를 던져주던 중 장갑을 낀 손이 벨트에 물려 들어간다.

정답

① 작업 전 전원 미차단

② 작업상태 불량(공구 던지기 등)

③ (말려 들어가기 쉬운)장갑 착용

④ 방호장치(덮개, 울 등) 미설치

05 화면에 나타나는 작업 시 내재되어 있는 핵심위험요인 3가지를 쓰시오. (6점)

▶ 동영상 설명

작업자 2명이 전주에서 활선 작업을 하고 있다. 작업자 1명은 밑에서 절연용 방호구를 올리고 다른 1명은 크레인 위에서 물건을 받아 활선에 절연용 방호구 설치 작업을 하던 중 감전사고가 발생한다.

정답

① 근접활선(절연용 방호구 미설치)에 대한 감전위험
② 절연용 보호구 착용상태 불량에 따른 감전위험
③ 활선 작업거리 미준수에 따른 감전위험

#지게차 #안정도

06 지게차의 안정도를 각각 쓰시오.(단, 지게차는 5톤 미만이다.) (6점)

> ① 하역 작업 시의 전후 안정도
> ② 하역 작업 시의 좌우 안정도
> ③ 주행 시의 전후 안정도

정답

① 4[%] 이내   ② 6[%] 이내   ③ 18[%] 이내

#재해발생원인 #건설현장 #추락

07 화면을 보고 재해원인 3가지를 쓰시오. (4점)

▶ 동영상 설명

아파트 건설 공사장에서 두 명의 작업자가 각각 창틀, 처마 위에서 작업 중인 모습을 보여준다. 창틀의 작업자가 다른 작업자에게 작업발판을 넘겨주고 옆 처마로 이동하던 중 추락하였다. 현장에는 추락방호망, 안전대, 안전난간 등이 없다.

정답

① 안전대 및 안전대 부착설비 미사용   ② 추락방호망 미설치
③ 안전난간 미설치

#불안전한 행동 #재해발생형태 #주유 중

08 화면에 나타나는 불안전한 행동을 자세히 쓰고, 재해발생형태를 쓰시오. (5점)

▶ **동영상 설명**

작업자가 시동이 걸린 지게차에 주유를 하고 있다. 주유 중 다른 작업자와 흡연을 하며 이야기를 나누다가 폭발이 발생한다.

정답

(1) 불안전한 행동

　① 인화성 물질이 있는 곳에서 담배를 피우고 있다.

　② 지게차에 시동이 걸려있어 임의동작 또는 오동작 위험이 있다.

(2) 재해발생형태: 폭발

#재해발생형태 #전선 작업

09 화면과 같이 가설전선·이동전선 작업 중 발생하는 재해발생형태와 그 정의를 쓰시오. (4점)

관련 그림

정답

① 재해발생형태: 감전

② 재해발생형태의 정의: 인체의 일부 또는 전체에 전류가 흐르는 현상

3부

#계측방법 #NATM 공법

01 NATM 공법에 의한 터널 굴착 작업 시 공사의 안전성 및 설계의 타당성 판단 등을 확인하기 위해 실시하는 계측의 종류 4가지를 쓰시오. (8점)

> **정답**
> ① 내공변위 측정　　　　　　　　　　② 천단침하 측정
> ③ 지중, 지표 침하 측정　　　　　　　④ 록 볼트 축력 측정
> ⑤ 뿜어붙이기 콘크리트 응력 측정

#위험점 #반대방향 회전운동

02 화면을 보고 위험점과 그 위험점의 정의를 쓰시오. (4점)

> **▶ 동영상 설명**
> 작업자가 장갑을 착용한 상태에서 인쇄용 윤전기 작업을 하고 있다. 인쇄용 윤전기의 전원을 차단하지 않고 체중을 실어 롤러를 닦고 있다가 손이 끼인다.

> **정답**
> ① 위험점: 물림점
> ② 위험점의 정의: 서로 반대방향으로 맞물려 회전하는 두 회전체 사이에 물려 들어가는 위험점

#방호장치 #휴대용 연삭기

03 휴대용 연삭기의 방호장치와, 숫돌의 노출 각도를 쓰시오. (4점)

> **정답**
> ① 방호장치: 덮개
> ② 노출 각도: 180° 이내

#보호구 #방진마스크 #분리식

04 화면에 나타난 보호구의 여과재 분진 등 포집효율을 쓰시오. (3점)

형태 및 등급		염화나트륨(NaCl) 및 파라핀 오일(Paraffin Oil) 시험[%]
분리식	특급	①
	1급	②
	2급	③

정답

① 99.95 이상

② 94.0 이상

③ 80.0 이상

#퍼지 작업 #목적

05 작업공간에 다음과 같은 가스가 존재할 경우 각각 환기(퍼지) 목적을 쓰시오. (6점)

> ① 가연성 가스 및 지연성 가스의 경우
> ② 독성 가스의 경우
> ③ 불활성 가스의 경우

정답

① 화재 및 폭발사고 방지

② 중독사고 방지

③ 산소결핍에 의한 질식사고 방지

#법령 #조치사항 #정전작업

06 정전작업을 완료한 후 조치사항 3가지를 쓰시오. (6점)

정답

① 작업기구, 단락 접지기구 등을 제거하고 전기기기 등이 안전하게 통전될 수 있는지를 확인할 것

② 모든 작업자가 작업이 완료된 전기기기 등에서 떨어져 있는지를 확인할 것

③ 잠금장치와 꼬리표는 설치한 근로자가 직접 철거할 것

④ 모든 이상 유무를 확인한 후 전기기기 등의 전원을 투입할 것

#법령 #밀폐공간 #대피용 기구

07 화면에 나타나는 재해에 대하여 비상 시 필요한 피난용구 4가지를 쓰시오. (4점)

▶ 동영상 설명

선박 밸러스트 탱크 내부의 슬러지를 제거하는 작업 중 작업자가 의식을 잃고 쓰러진다.

정답

① 공기호흡기

② 송기마스크

③ 사다리

④ 섬유로프

#재해발생형태 #개구부(피트) #인양 작업

08 화면을 보고 재해발생형태와 그 정의를 쓰시오. (5점)

▶ 동영상 설명

승강기 개구부에서 두 명의 작업자가 작업 중인 모습을 보여준다. 안쪽의 작업자가 물건을 묶은 뒤 위쪽의 작업자가 안전난간에 밧줄을 걸쳐 끌어올리는데, 순간적으로 밧줄을 놓치며 물건이 작업자에게 떨어진다.

정답

① 재해발생형태: 맞음(낙하)

② 정의: 구조물, 기계 등에 고정되어 있던 물체가 중력, 원심력, 관성력 등에 의하여 고정부에서 이탈하거나 또는 설비 등으로부터 물질이 분출되어 사람을 가해하는 경우

#재해발생형태 #유해물질

09 화면을 보고 재해발생형태와 그 정의를 쓰시오. (5점)

▶ 동영상 설명

실험실에서 작업자가 황산을 비커에 따르다가 손에 묻는다.

정답

① 재해형태: 유해·위험물질 노출·접촉

② 정의: 유해·위험물질에 노출·접촉 또는 흡입하였거나 독성동물에 쏘이거나 물린 경우

2016년 2회 / 기출문제

1부

#법령 #설치기준 #작업발판 #2[m] 이상

01 화면에서와 같이 높이가 2[m] 이상인 작업장소에 적합한 작업발판의 설치기준 3가지를 쓰시오.(단, 작업발판의 폭과 틈의 기준은 제외한다.) (6점)

▶ 동영상 설명

작업자 2명이 비계 최상단에서 기둥을 밟고 불안정하게 서서 작업발판을 주고 받다가 추락한다.

정답

① 발판재료는 작업할 때의 하중을 견딜 수 있도록 견고한 것으로 할 것

② 작업발판의 지지물은 하중에 의하여 파괴될 우려가 없는 것을 사용할 것

③ 작업발판재료는 뒤집히거나 떨어지지 아니하도록 둘 이상의 지지물에 연결하거나 고정시킬 것

④ 작업발판을 작업에 따라 이동시킬 경우에는 위험 방지에 필요한 조치를 할 것

#법령 #적정공기 #밀폐공간

02 적정공기에 대한 설명으로 알맞은 것을 쓰시오. (5점)

적정공기란 산소 농도의 범위가 (①)[%] 이상 (②)[%] 미만, 이산화탄소의 농도가 (③)[%] 미만, 일산화탄소 농도가 (④)[ppm] 미만, 황화수소의 농도가 (⑤)[ppm] 미만인 수준의 공기를 말한다.

정답

① 18

② 23.5

③ 1.5

④ 30

⑤ 10

#지게차 #안정도

03 지게차가 최고속도 5[km/h]로 주행 시 좌우안정도를 구하시오. (3점)

정답

$15+(1.1 \times 5)=20.5[\%]$ 이내

※ 주행 시 좌우 안정도 $=15+(1.1 \times V)[\%]$ 이내

여기서, V: 구내최고속도[km/h]

#재해발생원인 #전동 권선기

04 화면을 보고 재해발생원인 2가지를 쓰시오. (4점)

▶ 동영상 설명

전동 권선기에 동선을 감는 작업 중 기계가 정지한다. 맨손 작업자가 기계를 열고 점검하던 중 갑자기 깜짝 놀라며 쓰러진다.

정답

① 절연용 보호구(절연장갑 등) 미착용
② 점검 전 정전작업 미실시

#보호구 #안전대 #구조조건

05 화면에 나타나는 보호구 부품의 명칭과 이 기구가 갖추어야 하는 구조조건 2가지를 쓰시오. (5점)

정답

(1) 명칭: 안전블록
(2) 갖추어야 하는 구조
    ① 자동잠김장치를 갖출 것
    ② 안전블록의 부품은 부식방지처리를 할 것

#재해위험요인 #전기 형강 작업

06 화면을 보고 전기 형강 작업 중 위험요인 3가지를 쓰시오. (6점)

> ▶ 동영상 설명

전주를 아래에서부터 위로 보여주는데 발판용 볼트에 COS(Cut Out Switch)가 임시로 걸쳐 있음이 보인다. 작업자 1명은 변압기 위에 올라가서 볼트를 풀면서 흡연을 하며 작업하고 있고, 다른 작업자 근처에서는 이동식 크레인에 작업대를 매달고 또 다른 작업을 하는 화면을 보여준다.

정답

① 작업자세 및 상태불량 등
③ 불안정한 작업발판
⑤ (크레인 이용 작업 시)이격거리 미준수

② 절연용 보호구 미착용
④ COS 고정상태 불량

#재해위험요인 #용접 작업 #인화성 물질

07 화면에 나타나는 작업 시 위험요인 3가지를 쓰시오. (6점)

> ▶ 동영상 설명

용접용 보호구를 착용한 작업자가 혼자서 피복아크용접을 하고 있다. 주위에 인화성 물질 경고가 붙은 빨간색 드럼통이 보이고, 작업장 바닥이 정돈되어 있지 않다. 한 손으로 용접기를 지탱하고, 다른 손으로 작업봉을 받친 채 용접한다. 용접 중에 발생한 불꽃이 사방으로 튄다.

정답

① 작업자 주변에 인화성 물질 방치
③ (용접불티 비산방지덮개, 용접방화포 등)불꽃, 불티 등 비산방지조치 미흡

② 작업장 정리상태 불량

#재해예방대책 #추락

08 화면을 보고 재해예방대책 3가지를 쓰시오. (6점)

> ▶ 동영상 설명

두 명의 작업자가 공장 지붕 철골 상에 패널을 설치하고 있다. 한 명이 패널을 옮기다 발을 헛디디며 지붕 아래로 떨어진다.

정답

① 안전대 및 안전대 부착설비 사용
③ 안전난간 설치

② 추락방호망 설치

#둥근톱기계 #덮개

09 안전장치가 없는 둥근톱기계에 고정식 날접촉예방장치(덮개)를 설치하고자 한다. 이때 덮개 하단과 가공재 사이의 간격, 덮개 하단과 테이블 사이의 높이는 각각 얼마로 조정하는지 쓰시오. (4점)

정답

① 8[mm] 이하

② 25[mm] 이하

2부

#불안전한 행동 #발파 작업

01 **화면에 나타나는 불안전한 행동을 쓰시오. (3점)**

▶ 동영상 설명

작업자가 길고 얇은 철근을 이용하여 화약을 발파공 안으로 밀어 넣는다. 3~4개 정도 넣은 후 접속한 전선을 꼬아서 주변 선에 올려둔다. 주변에는 폭파 스위치 장비와 터널이 보인다.

정답

화약은 충격이나 마찰에 매우 민감하므로 철근으로 찌를 경우 (충격 또는 마찰에 의해)화약이 폭발할 수 있다.

#보호구 #귀마개

02 **화면에 나타나는 보호구의 등급에 따른 기호와 각각의 성능을 쓰시오. (6점)**

정답

등급	기호	성능
1종	EP−1	저음부터 고음까지 차음하는 것
2종	EP−2	주로 고음을 차음하고 저음(회화음영역)은 차음하지 않는 것

※ 방음용 보호구는 귀마개 1종(EP−1), 귀마개 2종(EP−2), 귀덮개(EM)로 구분된다.

#조치사항 #지게차 #운전자

03 **지게차에 적재된 화물이 현저하게 시계를 방해할 경우 운전자의 조치사항 3가지를 쓰시오. (6점)**

정답

① 하차하여 주변의 안전을 확인 후 주행한다.

② 유도자를 배치하여 지게차를 유도하고 후진으로 서행한다.

③ 지게차의 이동 상태를 알리는 경적, 경광등을 사용한다.

#법령 #작업계획서 #해체작업

04 화면에 나타나는 작업 시 작업계획서에 포함되어야 하는 사항 3가지를 쓰시오.(단, 그 밖에 안전·보건에 관련된 사항은 제외한다.) (6점)

▶ **동영상 설명**

압쇄기를 이용한 건물 해체작업을 보여준다.

정답

① 해체의 방법 및 해체 순서도면
② 가설설비·방호설비·환기설비 및 살수·방화설비 등의 방법
③ 사업장 내 연락방법
④ 해체물의 처분계획
⑤ 해체작업용 기계·기구 등의 작업계획서
⑥ 해체작업용 화약류 등의 사용계획서

#재해예방대책 #점검·수리·청소 #사출성형기

05 화면과 같은 상황에서 발생할 수 있는 재해의 예방대책 3가지를 쓰시오. (6점)

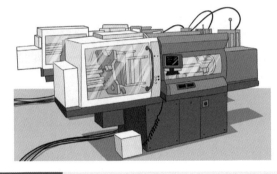 

▶ **동영상 설명**

작업자가 사출성형기를 점검하던 중 성형기 틈에 끼인 이물질을 잡아당기다 감전된다.

정답

① 점검 전 전원 차단
② 절연용 보호구(절연장갑, 안전모 등) 착용
③ 청소 시 전용공구(수공구) 사용
④ 사출성형기 충전부 방호조치(덮개) 실시

#불안전한 행동 #컨베이어

06 화면을 보고 작업자의 안전하지 않은 행동 2가지를 쓰시오. (4점)

▶ **동영상 설명**

작업자가 작동 중인 컨베이어 벨트 끝부분에 발을 딛고 올라서서 불안정한 자세로 형광등을 교체하다 추락한다.

정답

① 불안정한 작업자세(작업발판)
② 작업 전 전원 미차단

#유해물질 #유입경로

07 작업자가 실험실에서 화학약품을 맨손으로 만지고 있다. 이때 작업자에게 유해물질이 신체로 유입되는 경로 2가지를 쓰시오. (4점)

> **정답**
> ① 피부 및 점막
> ② 호흡기
> ③ 구강을 통한 소화기

#기인물 #안전장치 #연삭기

08 화면에 나타나는 재해의 기인물과 연마 작업 시 파편이나 칩의 비래에 의한 위험에 대비하기 위해 설치해야 하는 장치명을 쓰시오. (4점)

> **▶ 동영상 설명**
> 작업자가 탁상용 연삭기를 이용해 연마 작업 중인 모습을 보여준다. 봉강 연마 작업 중 환봉 파편이 튀어 작업자가 눈을 찡그린다.

> **정답**
> ① 기인물: 탁상용 연삭기
> ② 장치명: 칩비산방지판

#안전작업수칙 #석면 취급 작업

09 화면을 보고 안전작업수칙 3가지를 쓰시오.(단, 근로자는 석면의 위험성을 인지하고 있다.) (6점)

> **▶ 동영상 설명**
> 작업자가 브레이크 패드를 제조하는 중 석면을 사용하고 있다.

> **정답**
> ① 호흡용 보호구(방진마스크 등) 착용
> ② 국소배기장치 설치 및 작업 중 가동
> ③ (석면이 흩날리지 않도록)적정 습도 유지

3부

#재해발생원인 #개구부(피트)

01 화면을 보고 재해발생원인 3가지를 쓰시오. (6점)

▶ 동영상 설명

작업자가 승강기 설치 전 피트 내부를 청소하고 있다. 순간 작업발판이 흔들리며 작업자가 추락한다.

정답

① 불안정한 작업발판
② 안전대 및 안전대 부착설비 미사용
③ 추락방호망 미설치

#점화원 유형 #인화성 물질

02 화면에 나타나는 재해의 점화원의 유형과 종류를 쓰시오. (5점)

▶ 동영상 설명

인화성 물질 드럼통이 세워져 있는 작업장을 보여준다. 작업자가 작은 용기에 있는 것을 큰 용기에 담기 위해 드럼통 뚜껑을 열고 있다. 작업을 멈추고 옷을 벗는 순간 화재가 발생한다.

정답

① 점화원의 유형: 작업복에 의한 정전기 ② 점화원의 종류: 박리대전

#보호구 #화학물질

03 화면을 보고 작업자의 눈, 손, 신체에 필요한 보호구를 각각 쓰시오. (6점)

▶ 동영상 설명

보호구를 착용하지 않은 작업자가 변압기의 양쪽에 나와 있는 선을 양손으로 들고 유기화합물통에 넣었다 빼서 앞쪽 선반에 올리는 작업을 하고 있다.

정답

① 눈: 보안경 ② 손: 불침투성 보호장갑 ③ 신체: 불침투성 보호복

#안전작업수칙 #인양 작업

04 화면을 보고 하물 인양 작업 시 안전수칙 3가지를 쓰시오. (6점)

> ▶ 동영상 설명
>
> 파이프를 로프에 걸어 인양하는 모습을 보여준다. 로프는 1줄걸이이고, 슬링벨트는 손상되어 있다. 이때 인양 중인 하물이 흔들리며 아래를 지나던 작업자에게 부딪힌다.

정답

① 하물 줄걸이 상태(슬링벨트 손상 여부 등) 확인

② 보조로프(유도로프) 사용

③ 작업반경 내 근로자 출입 통제

#재해위험요인 #안전대책 #롤러기

05 화면을 보고 작업자 행동의 위험요인 및 안전대책을 각각 2가지씩 쓰시오. (6점)

> ▶ 동영상 설명
>
> 작업자가 가동 중인 롤러기의 전원 차단 스위치를 꺼 정지시킨 후 내부 수리를 하던 중 다시 롤러기를 가동시켜 내부의 이물질을 면 장갑을 착용한 손으로 제거하다 손이 롤러기에 말려 들어간다.

정답

(1) 위험요인

　　① 회전기계 작업 중 (말려들기 쉬운)장갑 착용

　　② 점검 전 전원 미차단

　　③ 방호장치 미설치

(2) 안전대책

　　① 회전기계 취급 시 (말려들기 쉬운)장갑을 착용하지 않는다.

　　② 점검 · 수리 시 전원 차단 후 작업한다.

　　③ 롤러기에 방호장치를 설치한다.

#보호구 #방진마스크 #구조조건

06 「보호구 안전인증 고시」상 방진마스크 일반구조의 각 세목에 명시된 일반적인 구조조건 2가지를 쓰시오. (4점)

정답

① 착용 시 이상한 압박감이나 고통을 주지 않을 것

② 전면형은 호흡 시에 투시부가 흐려지지 않을 것

③ 분리식 마스크에 있어서는 여과재, 흡기밸브, 배기밸브 및 머리끈을 쉽게 교환할 수 있고 착용자 자신이 안면과 분리식 마스크의 안면부와의 밀착성 여부를 수시로 확인할 수 있어야 할 것

④ 안면부여과식 마스크는 여과재로 된 안면부가 사용기간 중 심하게 변형되지 않을 것

⑤ 안면부여과식 마스크는 여과재를 안면에 밀착시킬 수 있어야 할 것

#재해발생원인 #활선전로

07 화면에 나타나는 재해의 발생원인 2가지를 쓰시오. (4점)

▶ 동영상 설명

항타기·항발기 장비로 땅을 파고 콘크리트 전주 세우기 작업 도중에 항타기에 고정된 전주가 조금 불안정한 듯 싶더니 조금씩 돌아가서 항타기로 전주를 조금 움직이는 순간 인접한 고압활선전로에 접촉되어서 스파크가 일어난다.

정답

① (작업 장소 인접 충전전로에)절연용 방호구 미설치　　　　② 울타리 미설치 및 감시인 미배치
③ (충전전로 인근 작업 시)이격거리 미준수

#습윤장소 #피부저항 #감전

08 작업자가 수중펌프 접속부위에 감전 사고를 당했을 경우, 그 원인을 인체의 피부저항과 관련하여 설명하시오. (4점)

▶ 동영상 설명

작업자가 단무지 공장에서 작업을 하고 있다. 무릎 정도 물이 차 있는 작업장에서 작업자가 펌프 작동과 동시에 감전되었다.

정답

인체의 피부저항은 물에 젖어 있을 경우 약 $\frac{1}{25}$로 감소하므로 그만큼 통전전류가 커져 감전의 위험이 높아진다.

#기인물 #가해물 #슬라이스

09 화면을 보고 기인물과 가해물을 각각 쓰시오. (4점)

▶ 동영상 설명

작업자가 무채 슬라이스 기계로 작업 중이다. 기계가 급정지하여 맨손으로 끼인 무를 제거하던 중 기계가 갑자기 작동하며 작업자가 쓰러진다.

정답

(1) 기인물: 무채 슬라이스 기계
(2) 가해물
　① 절단되는 경우: 슬라이스 칼날(기계)　　　　② 감전되는 경우: 전기(전류)

2016년 3회 기출문제

1부

#법령 #보호구 #밀폐공간

01 화면에 나타나는 장소에 작업자가 들어갈 때 필요한 호흡용 보호구의 종류 2가지를 쓰시오. (3점)

▶ 동영상 설명

작업자가 폐수처리조에서 슬러지 제거 작업을 하고 있다.

정답

① 공기호흡기
② 송기마스크

#기인물 #보호구 #용접 작업

02 화면에 나타나는 재해의 기인물과, 이때 작업자가 착용해야 할 보호구 2가지를 쓰시오. (4점)

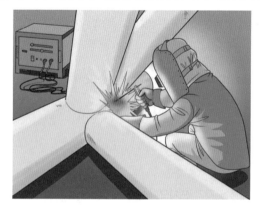

▶ 동영상 설명

작업자가 교류아크용접기를 이용한 용접 작업을 하고 있다. 불티가 사방으로 날리는 모습이 보인다. 용접을 하기 위해 아크불꽃을 내는 순간 감전되어 쓰러진다.

정답

(1) 기인물: 교류아크용접기
(2) 보호구

　① 용접용 보안면　　　　② 용접용 장갑　　　　③ 용접용 앞치마　　　　④ 용접용 안전화

#보호구 #방독마스크

03 다음 방독마스크에 대하여 알맞은 것을 쓰시오.(단, 정화통의 문자 표기는 무시한다.) (6점)

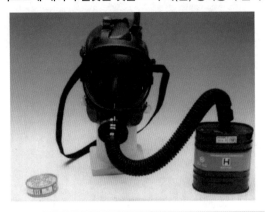 

> ① 방독마스크의 종류를 쓰시오.
> ② 방독마스크의 형식을 쓰시오.
> ③ 방독마스크 정화통의 시험가스 종류를 쓰시오.

정답

① 암모니아용 방독마스크   ② 격리식 전면형   ③ 암모니아가스

#재해발생원인 #전동 권선기

04 화면을 보고 재해발생원인 2가지를 쓰시오. (4점)

▶ **동영상 설명**

전동 권선기에 동선을 감는 작업 중 기계가 정지한다. 면장갑을 착용한 작업자가 기계를 열고 점검하던 중 갑자기 깜짝 놀라며 쓰러진다.

정답

① 절연용 보호구(절연장갑 등) 미착용   ② 점검 전 정전작업 미실시

#안전작업수칙 #개구부(피트)

05 화면을 보고 피트에서의 작업 시 안전작업수칙 3가지를 쓰시오. (6점)

▶ **동영상 설명**

작업자가 피트 뚜껑을 한쪽으로 열어 놓고 불안정한 나무 발판 위에 발을 올려 놓은 상태로 내부를 보고 있다. 왼손으로 뚜껑을 잡고 오른손으로 플래시를 안쪽으로 비추면서 점검하는 중 발이 미끄러지며 재해가 발생한다.

정답

① 피트 내부에 추락방호망 설치
② 피트에 방호장치(안전난간, 울타리 등) 설치
③ 안전대 착용 및 안전대 부착설비 설치

#법령 #관리감독자 #밀폐공간

06 화면에 나타나는 공간에서의 작업 시 관리감독자의 직무 3가지를 쓰시오. (6점)

▶ 동영상 설명

탱크 내부의 밀폐된 공간에서 작업자가 그라인더 작업을 하고 있고, 다른 작업자가 외부에 설치된 국소배기장치를 발로 차 전원공급이 차단되어 내부 작업자가 의식을 잃고 쓰러진다.

정답

① 산소가 결핍된 공기나 유해가스에 노출되지 않도록 작업 시작 전에 해당 근로자의 작업을 지휘하는 업무

② 작업을 하는 장소의 공기가 적절한지를 작업 시작 전에 측정하는 업무

③ 측정장비·환기장치 또는 공기호흡기 또는 송기마스크를 작업 시작 전에 점검하는 업무

④ 근로자에게 공기호흡기 또는 송기마스크의 착용을 지도하고 착용 상황을 점검하는 업무

#불안전한 행동 #컨베이어

07 화면을 보고 작업자의 안전하지 않은 행동 2가지를 쓰시오. (4점)

▶ 동영상 설명

작업자가 작동 중인 컨베이어 벨트 끝부분에 발을 딛고 올라서서 불안정한 자세로 형광등을 교체하다 추락한다.

정답

① 불안정한 작업자세(작업발판)   ② 작업 전 전원 미차단

#재해발생원인 #크레인 #인양 작업

08 화면을 보고 재해발생원인 3가지를 쓰시오. (6점)

▶ 동영상 설명

타워크레인을 이용하여 강관비계를 인양 중인 모습을 보여준다. 크레인 아래 신호수가 운전자에게 신호를 보내던 중 비계가 흔들리며 신호수의 머리에 부딪힌다.

정답

① 유도로프(보조로프) 미사용   ② 작업 시 신호체계 미흡   ③ 낙하 위험구간 내 신호 실시

#재해예방대책 #경사지붕 #추락 #낙하

09 화면을 보고 재해예방대책 3가지를 쓰시오. (6점)

▶ 동영상 설명

작업자들이 경사지붕 설치 작업 중 휴식을 취하고 있다. 이때 작업자를 향해 적치되어 있던 자재가 굴러와 작업자가 맞으면서 추락한다. 건물 하부에서 휴식 중인 작업자가 떨어지는 자재에 맞는다.

정답

① 추락 방호망 및 낙하물 방지망 설치   ② 낙하 위험 장소에서 휴식 금지

③ 낙하 위험구간 출입통제   ④ 안전대 및 안전대 부착설비 사용

⑤ 적재물에 구름멈춤대, 쐐기 등 이용

2부

#법령 #설치기준 #작업발판 #2[m] 이상

01 화면에서와 같이 높이가 2[m] 이상인 작업장소에 적합한 작업발판의 설치기준 3가지를 쓰시오.(단, 작업발판의 폭과 틈의 기준은 제외한다.) (6점)

▶ 동영상 설명

작업자 2명이 비계 최상단에서 기둥을 밟고 불안정하게 서서 작업발판을 주고 받다가 추락한다.

정답

① 발판재료는 작업할 때의 하중을 견딜 수 있도록 견고한 것으로 할 것
② 작업발판의 지지물은 하중에 의하여 파괴될 우려가 없는 것을 사용할 것
③ 작업발판재료는 뒤집히거나 떨어지지 아니하도록 둘 이상의 지지물에 연결하거나 고정시킬 것
④ 작업발판을 작업에 따라 이동시킬 경우에는 위험 방지에 필요한 조치를 할 것

#보호구 #안전대 #구조조건

02 화면에 나타나는 보호구 부품의 명칭과 이 기구가 갖추어야 할 구조조건 2가지를 쓰시오. (5점)

정답

(1) 명칭: 안전블록
(2) 갖추어야 하는 구조
    ① 자동잠김장치를 갖출 것
    ② 안전블록의 부품은 부식방지처리를 할 것

#재해발생원인 #전주 작업

03 화면을 보고 재해발생원인 2가지를 쓰시오. (4점)

▶ 동영상 설명

작업자가 안전대를 착용하지 않은 상태에서 전주에 오르다가 장애물에 머리를 부딪혀 추락한다.

정답

① 통행에 방해되는 장애물을 이설하지 않았다.
② 머리 위의 시야 확보를 소홀히 하였다.
③ 안전대를 착용하지 않았다.

#법령 #방호장치 #크레인 #안전검사
04 크레인에 대하여 알맞은 것을 쓰시오. (5점)

(1) 방호장치를 쓰시오.
(2) 크레인(이동식 크레인 제외)은 사업장에 설치가 끝난 날부터 (　①　)년 이내에 최초 안전검사를 실시하되, 그 이후부터 (　②　)년(건설현장에서 사용하는 것은 최초로 설치한 날부터 6개월)마다 안전검사를 실시하여야 한다.

정답

(1) 방호장치
  ① 과부하방지장치　　　② 권과방지장치　　　③ 비상정지장치　　　④ 제동장치
(2) 안전검사 주기
  ① 3　　　　　　　② 2

#방호장치 #프레스
05 화면에 나타나는 기계에 유효한 방호장치 4가지를 쓰시오. (4점)

▶ 동영상 설명

작업자가 프레스기로 철판에 구멍을 뚫는 작업 중 철판 위 가루를 털어내다 작동하는 프레스에 손을 다친다. 프레스에는 급정지기구가 설치되지 않았다.

정답

① 가드식 방호장치
② 수인식 방호장치
③ 손쳐내기식 방호장치
④ 양수기동식 방호장치

#재해발생형태 #가해물 #보호구 #전주 작업
06 화면을 보고 알맞은 것을 쓰시오. (6점)

▶ 동영상 설명

이동식 크레인으로 전주를 옮기던 중 크레인 아래를 지나던 작업자가 흔들리는 전주에 머리를 맞는다.

① 재해발생형태
② 가해물
③ 전주 작업 시 착용해야 하는 안전모의 종류

정답

① 재해발생형태: 맞음(비래)
② 가해물: 전주
③ 안전모: AE종, ABE종

#보호구 #방독마스크

07 화면을 보고 작업자가 착용하여야 하는 마스크의 종류와 마스크 정화통의 흡수제 3가지를 쓰시오. (8점)

▶ **동영상 설명**

방독마스크와 보안경을 쓴 작업자가 스프레이건으로 쇠파이프 여러 개를 눕혀 놓고 아이보리색 페인트칠을 하고 있다.

정답

(1) 마스크: 유기화합물용 방독마스크

(2) 흡수제

① 활성탄 ② 소다라임 ③ 알칼리제재

#재해발생형태 #스팀배관

08 화면에 나타나는 재해를 「산업재해 기록·분류에 관한 지침」에 따라 분류할 때 해당되는 재해발생형태를 쓰시오.

(3점)

▶ **동영상 설명**

작업자가 스팀배관의 보수를 위해 누출부위를 점검하던 중 배관에서 누출된 스팀에 의해 재해가 발생한다.

정답

이상온도 노출·접촉

※ "이상온도 노출·접촉"이라 함은 고·저온 환경 또는 물체에 노출·접촉된 경우를 말한다.

#법령 #점검사항 #항타기·항발기

09 항타기 또는 항발기를 조립하거나 해체하는 경우 점검해야 할 사항 2가지를 쓰시오. (4점)

정답

① 본체 연결부의 풀림 또는 손상의 유무

② 권상용 와이어로프·드럼 및 도르래의 부착상태의 이상 유무

③ 권상장치의 브레이크 및 쐐기장치 기능의 이상 유무

④ 권상기의 설치상태의 이상 유무

⑤ 리더(leader)의 버팀 방법 및 고정상태의 이상 유무

⑥ 본체·부속장치 및 부속품의 강도가 적합한지 여부

⑦ 본체·부속장치 및 부속품에 심한 손상·마모·변형 또는 부식이 있는지 여부

3부

#둥근톱기계 #덮개

01 안전장치가 없는 둥근톱기계에 고정식 날접촉예방장치(덮개)를 설치하고자 한다. 이때 덮개 하단과 가공재 사이의 간격, 덮개 하단과 테이블 사이의 높이는 각각 얼마로 조정하는지 쓰시오. (4점)

정답

① 8[mm] 이하   ② 25[mm] 이하

#보호구 #방열복

02 방열복에 대하여 제작 시 규정된 최대 질량을 쓰시오. (5점)

상의 (①)[kg] / 하의 (②)[kg] / 일체복 (③)[kg] / 장갑 (④)[kg] / 두건 (⑤)[kg]

정답

① 3.0[kg]   ② 2.0[kg]

③ 4.3[kg]   ④ 0.5[kg]

⑤ 2.0[kg]

#재해예방대책 #활선전로 #크레인

03 화면에 나타나는 작업 시 사업주의 감전 예방 조치사항 3가지를 쓰시오. (6점)

▶ 동영상 설명

30[kV] 전압이 흐르는 고압선 아래에서 작업 중인 모습을 보여준다. 이동식 크레인에 하물을 매달아 옮기던 중 크레인의 붐대가 전선에 닿아 감전재해가 발생한다.

정답

① 절연용 방호구 설치

② 울타리 설치 또는 감시인 배치

③ 이격거리 확보: 차량 등을 충전부로부터 300[cm] 이상 이격시켜 유지하되, 대지전압이 50[kV]를 넘는 경우 10[kV]가 증가할 때마다 이격거리 10[cm]씩 증가

④ 접지된 차량 등이 충전전로와 접촉할 우려가 있는 경우 근로자가 접지점에 접촉하지 않도록 조치

#보호구 #화학물질

04 화면을 보고 작업자가 착용해야 할 보호구 2가지를 쓰시오. (4점)

> ▶ 동영상 설명

작업자가 화학약품을 사용하여 자동차 부품(브레이크 라이닝)을 세척하는 작업과정을 보여준다. 세정제가 바닥에 흩어져 있으며, 고무장화 등을 착용하지 않고 작업을 하고 있다.

> 정답

① 보안경
② 불침투성 보호복
③ 불침투성 보호장화
④ 불침투성 보호장갑
⑤ 유기화합물용 방독마스크

#재해발생요인 #크레인 #인양 작업

05 화면을 보고 재해발생요인 3가지를 쓰시오. (6점)

> ▶ 동영상 설명

타워크레인을 이용하여 2줄걸이로 여러 개의 파이프를 인양하는 모습을 보여준다. 보조로프(유도로프)는 없고, 로프에 샤클 1개는 반대로 체결되어 있다. 안전대, 안전모를 착용하지 않은 신호수가 비계 중간에서 수신호 중 신호가 잘 이뤄지지 않아 파이프가 H빔에 부딪힌다. 이때 작업자가 손으로 받으려 하다 파이프에 맞는다.

> 정답

① 보조로프(유도로프) 미사용
② 작업 시 신호체계 미흡
③ 샤클 체결방향 불량
④ 개인 보호구(안전대, 안전모 등) 미착용

#안전조치사항 #위험점 #차량용 리프트 #회전부위

06 화면을 보고 버스정비작업 중 안전을 위해 취해야 할 사전 안전조치사항 2가지를 쓰시오. 또한 화면의 작업자가 당한 사고는 기계설비의 위험점 중 어느 것에 해당하는지 쓰시오. (6점)

> ▶ 동영상 설명

시내버스를 정비하기 위하여 차량용 리프트로 차량을 들어 올린 상태에서 한 작업자가 버스 밑에 들어가 샤프트(Shaft) 계통을 점검하고 있다. 그런데 다른 한 사람이 주변 상황을 전혀 살피지 않고 버스에 올라 엔진을 시동하였다. 그 순간 밑에 있던 작업자의 소매가 버스의 회전하는 샤프트에 말려들며 재해가 발생한다.

> 정답

(1) 안전조치사항
　① 정비 작업 중임을 나타내는 표지판을 설치할 것
　② 작업 과정을 지휘할 작업자를 배치할 것
　③ 기동(시동)장치에 잠금장치를 할 것
　④ 작업 시 운전금지를 위하여 열쇠를 별도 관리할 것
　⑤ 말려 들어갈 위험이 있는 작업복은 착용을 금할 것
(2) 위험점: 회전말림점

#준수사항 #개구부(피트) #인양 작업

07 화면을 보고 작업 시 준수사항 2가지를 쓰시오. (4점)

▶ 동영상 설명

승강기 개구부에서 두 명의 작업자가 작업 중인 모습을 보여준다. 안쪽의 작업자가 물건을 묶은 뒤 위쪽의 작업자가 안전난간에 밧줄을 걸쳐 끌어올리는데, 순간적으로 밧줄을 놓치며 물건이 작업자에게 떨어진다.

정답

① 물건 인양 시 적당한 기계, 기구 이용
③ 난간을 설치하기 곤란한 경우 안전대 착용

② 개구부에는 안전난간 설치
④ 낙하 위험구간 출입통제

#화학물질 #취급실

08 화면과 같이 작업자가 신발에 물을 묻히는 이유와 화재 시 소화방법에 대하여 쓰시오. (4점)

정답

① 신발에 물을 묻히는 이유: 작업화 표면의 대전성 저하로 정전기에 의한 화재폭발 방지
② 화재 시 소화방법: 다량 주수에 의한 냉각소화

#사용 전 점검사항 #습윤장소 #이동전선

09 습윤한 장소에서 사용되는 이동전선에 대한 사용 전 점검사항 3가지를 쓰시오. (6점)

정답

① 접속부위의 절연상태 점검
③ 전선의 절연저항 측정

② 전선 피복의 손상 유무 점검
④ 감전방지용 누전차단기 설치 여부 확인

2015년 1회 기출문제

1부

#보호구 #고무제 안전화

01 화면에 표시되는 보호구의 사용장소에 따른 종류를 쓰시오. (3점)

▶ 동영상 설명

도금 작업에 사용하는 보호구 사진 A, B, C 3가지를 보여준 후, C 보호구에 노란색 동그라미가 표시되면서 정지된다.

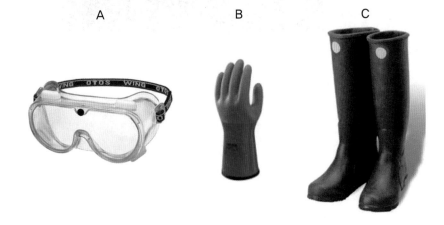

A   B   C

정답

① 일반용

② 내유용

※ 일반용은 일반작업장, 내유용은 탄화수소류 윤활유 등을 취급하는 작업장에서 사용한다.

#재해위험요인 #선반 작업

02 화면을 보고 안전준수사항을 지키지 않고 작업할 때 일어날 수 있는 재해요인 2가지를 쓰시오. (4점)

▶ 동영상 설명

작업자가 선반에서 샌드페이퍼로 작업을 하고 있다. 한 손으로 기계를 잡고 다른 손으로 샌드페이퍼를 지지하며 작업 중 곁눈질로 다른 곳을 보고 있다. 회전부에는 덮개가 설치되어 있지 않다.

정답

① 불안정한 작업자세(샌드페이퍼를 손으로 지지)

② 작업에 집중하지 못하고 있음

③ 방호장치(덮개) 미설치

#법령 #작업계획서 #해체작업

03 화면에 나타나는 작업 시 작업계획서에 포함되어야 하는 사항 3가지를 쓰시오.(단, 그 밖에 안전·보건에 관련된 사항은 제외한다.) (6점)

▶ 동영상 설명

압쇄기를 이용한 건물 해체작업을 보여준다.

정답

① 해체의 방법 및 해체 순서도면

② 가설설비·방호설비·환기설비 및 살수·방화설비 등의 방법

③ 사업장 내 연락방법

④ 해체물의 처분계획

⑤ 해체작업용 기계·기구 등의 작업계획서

⑥ 해체작업용 화약류 등의 사용계획서

#재해발생형태 #재해발생원인 #전동 권선기

04 화면에 나타난 재해발생형태와 재해발생원인 2가지를 쓰시오. (6점)

▶ 동영상 설명

전동 권선기에 동선을 감는 작업 중 기계가 정지한다. 면장갑을 착용한 작업자가 기계를 열고 점검하던 중 갑자기 깜짝 놀라며 쓰러진다.

정답

(1) 재해발생형태: 감전

(2) 재해발생원인

　① 절연용 보호구(절연장갑 등) 미착용

　② 점검 전 정전작업 미실시

#재해예방대책 #활선전로 #크레인
05 화면에 나타나는 작업 시 사업주의 감전 예방 조치사항 3가지를 쓰시오. (6점)

▶ 동영상 설명

30[kV] 전압이 흐르는 고압선 아래에서 작업 중인 모습을 보여준다. 이동식 크레인에 하물을 매달아 옮기던 중 크레인의 붐대가 전선에 닿아 감전재해가 발생한다.

정답

① 절연용 방호구 설치
② 울타리 설치 또는 감시인 배치
③ 이격거리 확보: 차량 등을 충전부로부터 300[cm] 이상 이격시켜 유지하되, 대지전압이 50[kV]를 넘는 경우 10[kV]가 증가할 때마다 이격
   거리 10[cm]씩 증가
④ 접지된 차량 등이 충전전로와 접촉할 우려가 있는 경우 근로자가 접지점에 접촉하지 않도록 조치

#보호구 #화학물질
06 화면을 보고 작업자의 눈, 손, 신체에 필요한 보호구를 각각 쓰시오. (6점)

▶ 동영상 설명

보호구를 착용하지 않은 작업자가 변압기의 양쪽에 나와 있는 선을 양손으로 들고 유기화합물통에 넣었다 빼서 앞쪽 선반에 올리는 작업을 하고 있다.

정답

① 눈: 보안경
② 손: 불침투성 보호장갑
③ 신체: 불침투성 보호복

#방호장치 #슬라이스

07 화면에 나타나는 기계에 설치해야 하는 방호장치를 쓰시오. (3점)

> ▶ 동영상 설명

작업자가 무채 슬라이스 기계로 작업 중이다. 기계가 갑자기 작동을 멈추자 작업자가 날 부분을 살펴보고 있다.

> 정답

인터록(연동장치)

#안전작업수칙 #인양 작업

08 화면을 보고 하물 인양 작업 시 안전수칙 3가지를 쓰시오. (6점)

> ▶ 동영상 설명

파이프를 로프에 걸어 인양하는 모습을 보여준다. 로프는 1줄걸이이고, 슬링벨트는 손상되어 있다. 이때 인양 중인 하물이 흔들리며 아래를 지나던 작업자에게 부딪힌다.

> 정답

① 하물 줄걸이 상태(슬링벨트 손상 여부 등) 확인
② 보조로프(유도로프) 사용
③ 작업반경 내 근로자 출입 통제

#석면 취급 작업 #직업성 질환

09 일반 마스크를 착용하고 석면 작업을 하는 경우 석면분진 폭로 위험성에 노출되어 직업성 질환으로 이환될 우려가 있다. 그 이유를 설명하고, 장기간 폭로 시 어떤 종류의 직업병이 발생할 위험이 있는지 3가지를 쓰시오. (5점)

> 정답

⑴ 이유: 해당 작업자가 착용한 마스크는 방진마스크가 아니기 때문에 석면분진이 흡입될 수 있다.
⑵ 발생 가능한 직업병: ① 폐암 ② 석면폐증 ③ 악성중피종
※ 석면해체·제거작업에 근로자를 종사하도록 하는 경우 방진마스크(특등급), 고글형 보호안경, 신체를 감싸는 보호복, 보호장갑 및 보호신발 등
을 착용하도록 하여야 한다.

2부

#안전조치사항 #위험점 #차량용 리프트 #회전부위

01 화면을 보고 버스정비작업 중 안전을 위해 취해야 할 사전 안전조치사항 3가지를 쓰시오. 또한 화면의 작업자가 당한 사고는 기계설비의 위험점 중 어느 것에 해당하는지 쓰시오. (8점)

> ▶ **동영상 설명**
>
> 시내버스를 정비하기 위하여 차량용 리프트로 차량을 들어 올린 상태에서 한 작업자가 버스 밑에 들어가 샤프트(Shaft) 계통을 점검하고 있다. 그런데 다른 한 사람이 주변 상황을 전혀 살피지 않고 버스에 올라 엔진을 시동하였다. 그 순간 밑에 있던 작업자의 소매가 버스의 회전하는 샤프트에 말려들며 재해가 발생한다.

정답

(1) 안전조치사항

① 정비 작업 중임을 나타내는 표지판을 설치할 것   ② 작업 과정을 지휘할 작업자를 배치할 것

③ 기동(시동)장치에 잠금장치를 할 것   ④ 작업 시 운전금지를 위하여 열쇠를 별도 관리할 것

⑤ 말려 들어갈 위험이 있는 작업복은 착용을 금할 것

(2) 위험점: 회전말림점

#불안전한 행동 #컨베이어

02 화면을 보고 작업자의 안전하지 않은 행동 2가지를 쓰시오. (4점)

> ▶ **동영상 설명**
>
> 작업자가 작동 중인 컨베이어 벨트 끝부분에 발을 딛고 올라서서 불안정한 자세로 형광등을 교체하다 추락한다.

정답

① 불안정한 작업자세(작업발판)   ② 작업 전 전원 미차단

#보호구 #안전대 #구조조건

03 화면에 나타나는 보호구 부품의 명칭과 정의, 이것이 부착된 안전대의 구조 2가지를 쓰시오. (6점)

정답

(1) 명칭: 안전블록

(2) 정의: 안전그네와 연결하여 추락발생 시 추락을 억제할 수 있는 자동잠금장치가 갖추어져 있고 죔줄이 자동적으로 수축되는 장치

(3) 안전대의 구조

① 안전블록을 부착하여 사용하는 안전대는 신체지지의 방법으로 안전그네만을 사용할 것

② 안전블록은 정격 사용 길이가 명시될 것

③ 안전블록의 줄은 합성섬유로프, 웨빙(webbing), 와이어로프이어야 하며, 와이어로프인 경우 최소지름이 4[mm] 이상일 것

#재해위험요인 #인양 작업 #낙하 · 비래

04 화면을 보고 재해위험요인 2가지를 쓰시오. (4점)

▶ 동영상 설명

작업자가 크레인을 이용하여 비계를 운반하고 있다. 보조로프 없이 와이어로프로 한 번 둘러 인양하던 중 신호수 간에 신호 방법이 맞지 않아 물체가 흔들리며 철골에 부딪힌 뒤 아래로 떨어진다.

정답

① 하물의 인양상태 불량
② 보조로프(유도로프) 미사용
③ 작업 시 신호체계 미흡

#재해발생형태 #스팀배관

05 화면에 나타나는 재해를 「산업재해 기록 · 분류에 관한 지침」에 따라 분류할 때 해당되는 재해발생형태를 쓰시오.
(4점)

▶ 동영상 설명

작업자가 스팀배관의 보수를 위해 누출부위를 점검하던 중 배관에서 누출된 스팀에 의해 재해가 발생한다.

정답

이상온도 노출 · 접촉
※ "이상온도 노출 · 접촉"이라 함은 고 · 저온 환경 또는 물체에 노출 · 접촉된 경우를 말한다.

#재해위험요인 #점검 · 수리 · 청소 #드릴 작업

06 화면을 보고 재해위험요인 2가지를 쓰시오. (4점)

▶ 동영상 설명

면장갑을 착용한 작업자가 드릴 작업 중인 모습을 보여준다. 작업자는 드릴 작업을 하면서 이물질을 입으로 불어 제거하고, 동시에 손으로 제거하려다 회전하는 날에 손을 다친다.

정답

① 전용공구(브러시 등) 미사용   ② 청소 전 전원 미차단   ③ (말려들기 쉬운)장갑 착용

#법령 #밀폐공간 #대피용 기구

07 화면에 나타나는 재해에 대하여 비상 시 필요한 피난용구 3가지를 쓰시오. (3점)

▶ 동영상 설명

선박 밸러스트 탱크 내부의 슬러지를 제거하는 작업 중 작업자가 의식을 잃고 쓰러진다.

정답

① 공기호흡기   ② 송기마스크   ③ 사다리   ④ 섬유로프

#법령 #설치기준 #작업발판 #2[m] 이상

08 화면에서와 같이 높이가 2[m] 이상인 작업 장소에 적합한 작업발판의 설치기준 3가지를 쓰시오.(단, 작업발판의 폭과 틈의 기준은 제외한다.) (6점)

▶ 동영상 설명

작업자 2명이 비계 최상단에서 기둥을 밟고 불안정하게 서서 작업발판을 주고 받다가 추락한다.

정답

① 발판재료는 작업할 때의 하중을 견딜 수 있도록 견고한 것으로 할 것

② 작업발판의 지지물은 하중에 의하여 파괴될 우려가 없는 것을 사용할 것

③ 작업발판재료는 뒤집히거나 떨어지지 아니하도록 둘 이상의 지지물에 연결하거나 고정시킬 것

④ 작업발판을 작업에 따라 이동시킬 경우에는 위험 방지에 필요한 조치를 할 것

#재해예방대책 #점검 · 수리 · 청소 #사출성형기

09 화면과 같은 상황에서 발생할 수 있는 재해의 예방대책 3가지를 쓰시오. (6점)

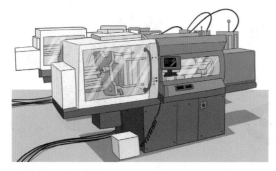

▶ 동영상 설명

작업자가 사출성형기를 점검하던 중 성형기 틈에 끼인 이물질을 잡아당기다 감전된다.

정답

① 점검 전 전원 차단

② 절연용 보호구(절연장갑, 안전모 등) 착용

③ 청소 시 전용공구(수공구) 사용

④ 사출성형기 충전부 방호조치(덮개) 실시

3부

#법령 #작업시작 전 점검사항 #컨베이어

01 화면에 나타나는 기계의 「산업안전보건법령」상 작업시작 전 점검사항 3가지를 쓰시오. (6점)

▶ **동영상 설명**

정지된 컨베이어를 작업자가 점검하고 있다. 작업자가 점검 중일 때 다른 작업자가 전원 스위치의 전원버튼을 눌러 점검 중이던 작업자가 벨트에 손이 끼이는 재해를 당한다.

정답

① 원동기 및 풀리 기능의 이상 유무

② 이탈 등의 방지장치 기능의 이상 유무

③ 비상정지장치 기능의 이상 유무

④ 원동기·회전축·기어 및 풀리 등의 덮개 또는 울 등의 이상 유무

#보호구 #방독마스크

02 다음 방독마스크에 대하여 알맞은 것을 쓰시오.(단, 정화통의 문자 표기는 무시한다.) (6점)

① 방독마스크의 종류를 쓰시오.

② 방독마스크의 정화통 흡수제 1가지를 쓰시오.

③ 방독마스크가 직결식 전면형일 경우 누설률은 몇 [%]인지 쓰시오.

정답

① 암모니아용 방독마스크

② 큐프라마이트

③ 0.05[%] 이하

#재해발생요인 #변전실 #변압기

03 화면을 보고 재해발생요인 2가지를 쓰시오. (4점)

▶ 동영상 설명

작업자가 변압기의 2차 전압을 측정하기 위해 변전실 밖의 작업자에게 전원을 투입하라는 신호를 보낸다. 측정 완료 후 다시 전원 차단 신호를 보내고 측정기기를 철거하다 감전사고가 발생한다. 변전실 안의 작업자는 보호구를 착용하지 않았다.

정답

① 절연용 보호구(절연장갑 등) 미착용

② 신호전달체계 불량

③ 작업자 안전수칙 미준수(활선 및 정전상태 미확인 후 작업)

#재해예방대책 #점검 · 수리 · 청소 #컨베이어

04 화면을 보고 컨베이어 벨트 점검 시 재해예방대책 2가지를 쓰시오. (4점)

▶ 동영상 설명

작업자가 어두운 장소에서 플래시를 들고 컨베이어 벨트를 점검하는 모습을 보여준다. 잠시 한눈을 판 사이 손이 벨트 사이에 말려들어간다.

정답

① 점검 전 전원 차단 후 작업한다.

② 비상정지장치를 설치한다.(작업자가 신속히 조작 가능한 위치)

③ 끼임 위험부위에 방호덮개를 설치한다.

④ 작업장에 적정 조도를 유지한다.

#재해발생원인 #교량 하부
05 화면을 보고 재해발생원인 3가지를 쓰시오. (6점)

▶ 동영상 설명

안전대를 착용하지 않은 작업자가 교량 하부 점검 작업 중에 추락한다. 교량에는 추락방지 시설물이나 작업발판이 설치되어 있지 않다.

정답

① 작업발판 미설치
② 안전대 및 안전대 부착설비 미사용
③ 추락방호망 미설치

#재해위험요인 #밀폐공간
06 화면을 보고 재해위험요인 2가지를 쓰시오. (4점)

▶ 동영상 설명

밀폐된 공간에서 보호구를 착용하지 않은 작업자가 그라인더로 작업을 하고 있다. 다른 작업자가 외부에 설치된 국소배기장치를 발로 차서 전원공급이 차단되고, 내부 작업자가 의식을 잃고 쓰러진다.

정답

① 개인 보호구(공기호흡기 등) 미착용
② 감시인 미배치
③ 국소배기장치 전원 차단

#유해물질 #유입경로
07 작업자가 실험실에서 화학약품을 맨손으로 만지고 있다. 이때 작업자에게 유해물질이 신체로 유입되는 경로 2가지를 쓰시오. (4점)

정답

① 피부 및 점막
② 호흡기
③ 구강을 통한 소화기

#습윤장소 #피부저항 #감전

08 작업자가 수중펌프 접속부위에 감전사고를 당했을 경우, 그 원인을 인체의 피부저항과 관련하여 설명하시오. (3점)

정답

인체의 피부저항은 물에 젖어 있을 경우 약 $\frac{1}{25}$로 감소하므로 그만큼 통전전류가 커져 감전의 위험이 높아진다.

#재해위험요인 #재해방지대책 #추락

09 화면에 나타나는 작업 시 위험요인 및 안전대책을 각각 2가지씩 쓰시오. (8점)

▶ 동영상 설명

안전대를 착용하지 않은 작업자가 공장 지붕 패널 설치 작업 중이다. 주변에는 이동전선 등이 널려있다.

정답

(1) 위험요인

　① 안전대 부착설비 미설치 및 안전대 미착용

　② 추락방호망 미설치

　③ 작업장 정리 상태 불량

(2) 안전대책

　① 안전대 부착설비에 안전대 걸고 작업

　② 작업장 하부에 추락방호망 설치

　③ (걸려 넘어질 우려가 있는)이동전선 등 정리 후 작업

2015년 2회 기출문제

1부

#재해위험요인 #점검·수리·청소 #프레스

01 화면을 보고 작업 중 위험요인 3가지를 쓰시오. (6점)

▶ 동영상 설명

작업자가 크랭크 프레스로 철판에 구멍을 뚫던 중 철판의 바닥을 손으로 만져보며 구멍을 확인한다. 손으로 철판을 털어내다 프레스가 갑자기 작동하며 재해가 발생한다. 프레스에는 방호장치가 설치되어 있지 않고, 페달에는 커버가 부착되어 있지 않다.

정답

① 이물질 제거 시 전용공구(수공구) 미사용
② 청소 전 전원 미차단
③ 프레스 방호장치 및 페달 덮개 미설치

#보호구 #성능기준 항목 #가죽제 안전화

02 가죽제 안전화의 성능기준 항목 4가지를 쓰시오. (8점)

정답

① 내압박성
② 내답발성
③ 내부식성
④ 내충격성
⑤ 내유성
⑥ 박리저항

#재해발생원인 #롤러기

03 화면을 보고 재해발생원인 2가지를 쓰시오. (4점)

▶ 동영상 설명

보호구를 착용하지 않은 작업자가 전동 카렌더기의 롤러를 닦던 중 갑자기 기계가 작동하여 감전된다.

정답

① 청소 전 정전작업 미실시
② 절연용 보호구(절연장갑 등) 미착용

#퍼지 작업

04 퍼지 작업의 종류 4가지를 쓰시오. (4점)

정답

① 진공퍼지 ② 압력퍼지

③ 스위프퍼지 ④ 사이폰퍼지

#재해발생요인 #지게차

05 화면을 보고 재해발생요인 2가지를 쓰시오. (4점)

▶ 동영상 설명

운전자가 지게차에 화물을 급히 쌓아 올려 운반하던 중 지게차 앞을 지나가던 작업자와 부딪히고 화물이 떨어지며 작업자가 쓰러진다.

정답

① 물건의 적재불량(과적)으로 인한 운전자의 시야 불충분

② 지게차의 운행 경로상 근로자 출입 미통제

③ 물건 적재 시 로프 등 미사용(불안정한 적재)

#안전작업수칙 #고압전선로 #항타기 · 항발기

06 고압전선로 인근에서 항타기 · 항발기 작업 시 안전작업수칙 2가지를 쓰시오. (4점)

정답

① 절연용 방호구 설치

② 울타리 설치 또는 감시인 배치

③ 이격거리 확보: 차량 등을 충전부로부터 300[cm] 이상 이격시켜 유지하되, 대지전압이 50[kV]를 넘는 경우 10[kV]가 증가할 때마다 이격 거리 10[cm]씩 증가

④ 접지된 차량 등이 충전전로와 접촉할 우려가 있는 경우 근로자가 접지점에 접촉하지 않도록 조치

#보호구 #화학약품

07 화면을 보고 작업자가 착용해야 할 보호구 3가지를 쓰시오. (3점)

▶ 동영상 설명

작업자가 화학약품을 사용하여 자동차 부품(브레이크 라이닝)을 세척하는 작업과정을 보여준다. 세정제가 바닥에 흩어져 있으며, 고무장화 등을 착용하지 않고 작업을 하고 있다.

정답

① 보안경
② 불침투성 보호복
③ 불침투성 보호장화
④ 불침투성 보호장갑
⑤ 유기화합물용 방독마스크

#재해발생요인 #크레인 #인양 작업

08 화면을 보고 재해발생요인 3가지를 쓰시오. (6점)

▶ 동영상 설명

타워크레인을 이용하여 2줄걸이로 여러 개의 파이프를 인양하는 모습을 보여준다. 보조로프(유도로프)는 없고, 로프에 샤클 1개는 반대로 체결되어 있다. 안전대, 안전모를 착용하지 않은 신호수가 비계 중간에서 수신호 중 신호가 잘 이뤄지지 않아 파이프가 H빔에 부딪힌다. 이때 작업자가 손으로 받으려 하다 파이프에 맞는다.

정답

① 보조로프(유도로프) 미사용
② 작업 시 신호체계 미흡
③ 샤클 체결방향 불량
④ 개인 보호구(안전대, 안전모 등) 미착용

#재해예방대책 #습윤장소

09 화면을 보고 감전사고 예방을 위한 안전대책 3가지를 쓰시오. (6점)

▶ 동영상 설명

절연장갑을 착용한 작업자가 강재에 물을 뿌리며 휴대용 연마기로 연마작업을 하고 있다. 푸른색 전류가 작업자 손 주변을 타고 나간다. 작업장 주변에는 물이 고여 있으며 전선의 연결부가 젖은 바닥에 놓여있다.

정답

① 습윤상태(또는 장소)에서 사용하는 전선은 충분한 절연효과가 있는 것을 사용
② 전원 측에 (감전방지용)누전차단기 설치
③ 전선을 접속하는 경우 해당 전선의 절연성능 이상으로 충분히 피복 또는 적합한 접속기구 사용

2부

#법령 #작업계획서 #해체작업

01 화면에 나타나는 작업 시 작업계획서에 포함되어야 하는 사항 2가지를 쓰시오.(단, 그 밖에 안전·보건에 관련된 사항은 제외한다.) (4점)

▶ **동영상 설명**

압쇄기를 이용한 건물 해체작업을 보여준다.

정답

① 해체의 방법 및 해체 순서도면

② 가설설비·방호설비·환기설비 및 살수·방화설비 등의 방법

③ 사업장 내 연락방법

④ 해체물의 처분계획

⑤ 해체작업용 기계·기구 등의 작업계획서

⑥ 해체작업용 화약류 등의 사용계획서

#재해위험요인 #조치사항 #경사형 컨베이어

02 화면에 나타나는 재해위험요인과 재해발생 시 조치사항을 각각 쓰시오. (7점)

▶ **동영상 설명**

작업자가 작동 중인 경사형 컨베이어에 기계 오른쪽의 포대를 컨베이어 벨트 위로 올리고 있다. 작업자 한 명은 경사진 컨베이어 위에 회전하는 벨트 양 끝부분 모서리에 다리를 벌리고 서 있고, 아래 작업자가 포대를 빠르게 컨베이어에 올리던 중 컨베이어 위의 작업자 발에 포대 끝부분이 부딪친다. 작업자가 무게 중심을 잃고 기계 오른쪽으로 쓰러지면서 팔이 기계 하단으로 들어간다.

정답

(1) 재해위험요인

① 불안정한 작업자세

② 작업발판 미확보

(2) 조치사항: 비상정지장치를 작동하여 기계를 정지시킨다.

#보호구 #방독마스크

03 화면에 나타나는 보호구에 표시해야 할 사항 4가지를 쓰시오.(단, 안전인증대상 기계 등의 안전인증의 표시는 제외한다.) (4점)

정답

① 파과곡선도

② 사용시간 기록카드

③ 정화통의 외부 측면의 표시 색

④ 사용상의 주의사항

#가스누설감지경보기 #설치 위치 #설정값

04 LPG 가스에 대한 가스누설감지경보기를 설치할 때 적절한 설치 위치와 경보설정값을 쓰시오. (4점)

정답

① 설치 위치: 바닥에 인접한 낮은 곳에 설치한다.(LPG는 공기보다 무거우므로 가라앉음)

② 경보설정값: 폭발하한계의 25[%] 이하

#재해발생형태 #가해물 #보호구 #전주 작업

05 화면을 보고 알맞은 것을 쓰시오. (6점)

▶ 동영상 설명

이동식 크레인으로 전주를 옮기던 중 크레인 아래를 지나던 작업자가 흔들리는 전주에 머리를 맞는다.

① 재해발생형태

② 가해물

③ 전주 작업 시 착용해야 하는 안전모의 종류

정답

① 재해발생형태: 맞음(비래)

② 가해물: 전주

③ 안전모: AE종, ABE종

#재해위험요인 #크레인 #인양 작업

06 화면을 보고 재해위험요인 3가지를 쓰시오. (6점)

▶ 동영상 설명

마그네틱 크레인(천장크레인, 호이스트)으로 보조로프 없이 금형을 인양하고 있다. 작업자가 상하좌우 조종장치를 누르면서 이동하다가 갑자기 쓰러지면서 오른손이 마그네틱 ON/OFF 봉을 건드린다. 인양하던 금형이 발등으로 떨어지며 재해가 발생한다. 크레인에는 훅 해지장치가 없다.

정답

① 보조로프(유도로프) 미사용
② 작업자가 낙하 위험구간에서 작업
③ 훅 해지장치 미사용
④ 신호수 미배치

#재해발생원인 #건설현장 #추락

07 화면을 보고 재해원인 2가지를 쓰시오. (4점)

▶ 동영상 설명

아파트 건설 공사장에서 두 명의 작업자가 각각 창틀, 처마 위에서 작업 중인 모습을 보여준다. 창틀의 작업자가 다른 작업자에게 작업발판을 넘겨주고 옆 처마로 이동하던 중 추락하였다. 현장에는 추락방호망, 안전대, 안전난간 등이 없다.

정답

① 안전대 및 안전대 부착설비 미사용
② 추락방호망 미설치
③ 안전난간 미설치

#석면 취급 작업 #직업성 질환

08 일반 마스크를 착용하고 석면 작업을 하는 경우 석면분진 폭로 위험성에 노출되어 직업성 질환으로 이환될 우려가 있다. 그 이유를 설명하고, 장기간 폭로 시 어떤 종류의 직업병이 발생할 위험이 있는지 3가지를 쓰시오. (4점)

정답

(1) 이유: 해당 작업자가 착용한 마스크는 방진마스크가 아니기 때문에 석면분진이 흡입될 수 있다.

(2) 발생 가능한 직업병

　① 폐암　　　　　　　　　　② 석면폐증　　　　　　　　　　③ 악성중피종

※ 석면해체·제거작업에 근로자를 종사하도록 하는 경우 방진마스크(특등급), 고글형 보호안경, 신체를 감싸는 보호복, 보호장갑 및 보호신발 등을 착용하도록 하여야 한다.

#핵심위험요인 #활선전로

09 화면에 나타나는 작업 시 내재되어 있는 핵심위험요인 3가지를 쓰시오. (6점)

▶ 동영상 설명

작업자 2명이 전주에서 활선 작업을 하고 있다. 작업자 1명은 밑에서 절연용 방호구를 올리고 다른 1명은 크레인 위에서 물건을 받아 활선에 절연용 방호구 설치 작업을 하던 중 감전사고가 발생한다.

정답

① 근접활선(절연용 방호구 미설치)에 대한 감전위험

② 절연용 보호구 착용상태 불량에 따른 감전위험

③ 활선 작업거리 미준수에 따른 감전위험

3부

01 화면에 나타나는 장소에 작업자가 들어갈 때 필요한 호흡용 보호구의 종류 2가지를 쓰시오. (2점)

▶ **동영상 설명**

작업자가 폐수처리조에서 슬러지 제거작업을 하고 있다.

정답

① 공기호흡기

② 송기마스크

#위험점 #슬라이스

02 화면에 나타나는 기계의 무채를 썰어내는 부분에서 형성되는 위험점과 그 정의를 쓰시오. (6점)

▶ **동영상 설명**

작업자가 김치제조 공장에서 무채 슬라이스 작업 중 작동이 멈춰 기계를 점검하는데 갑자기 기계가 작동하며 재해가 발생한다.

정답

① 위험점: 절단점

② 위험점의 정의: 회전하는 운동부분 자체의 위험이나 운동하는 기계부분 자체의 위험에서 초래되는 위험점

#보호구 #방독마스크

03 다음 방독마스크에 대하여 알맞은 것을 쓰시오.(단, 정화통의 문자 표기는 무시한다.) (6점)

① 방독마스크의 종류를 쓰시오.
② 방독마스크의 형식을 쓰시오.
③ 방독마스크 정화통의 시험가스 종류를 쓰시오.

정답

① 암모니아용 방독마스크

② 격리식 전면형

③ 암모니아가스

#재해발생원인 #전주 작업
04 화면에 나타나는 재해발생원인 2가지를 쓰시오. (4점)

▶ 동영상 설명

작업자가 안전대를 착용하지 않은 상태에서 전주에 오르다가 장애물에 머리를 부딪혀 추락한다.

정답

① 통행에 방해되는 장애물을 이설하지 않았다.

② 머리 위의 시야 확보를 소홀히 하였다.

③ 안전대를 착용하지 않았다.

#화학물질 #취급실
05 화면과 같이 작업자가 신발에 물을 묻히는 이유와 화재 시 소화방법에 대하여 쓰시오. (5점)

정답

① 신발에 물을 묻히는 이유: 작업화 표면의 대전성 저하로 정전기에 의한 화재폭발 방지

② 화재 시 소화방법: 다량 주수에 의한 냉각소화

#안전작업수칙 #개구부(피트)

06 화면을 보고 피트에서의 작업 시 안전작업수칙 3가지를 쓰시오. (6점)

▶ 동영상 설명

작업자가 피트 뚜껑을 한쪽으로 열어 놓고 불안정한 나무 발판 위에 발을 올려 놓은 상태로 내부를 보고 있다. 왼손으로 뚜껑을 잡고 오른손으로 플래시를 안쪽으로 비추면서 점검하는 중 발이 미끄러지며 재해가 발생한다.

정답

① 피트 내부에 추락방호망 설치
② 피트에 방호장치(안전난간, 울타리 등) 설치
③ 안전대 착용 및 안전대 부착설비 설치

#재해발생원인 #크레인 #인양 작업

07 화면을 보고 재해발생원인 3가지를 쓰시오. (6점)

▶ 동영상 설명

타워크레인을 이용하여 강관비계를 인양 중인 모습을 보여준다. 크레인 아래 신호수가 운전자에게 신호를 보내던 중 비계가 흔들리며 신호수의 머리에 부딪힌다.

정답

① 유도로프(보조로프) 미사용
② 작업 시 신호체계 미흡
③ 낙하 위험구간 내 신호 실시

#준수사항 #개구부(피트) #인양 작업

08 화면을 보고 작업 시 준수사항 2가지를 쓰시오. (4점)

▶ 동영상 설명

승강기 개구부에서 두 명의 작업자가 작업 중인 모습을 보여준다. 안쪽의 작업자가 물건을 묶은 뒤 위쪽의 작업자가 안전난간에 밧줄을 걸쳐 끌어올리는데, 순간적으로 밧줄을 놓치며 물건이 작업자에게 떨어진다.

정답

① 물건 인양 시 적당한 기계, 기구 이용
② 개구부에는 안전난간 설치
③ 난간을 설치하기 곤란한 경우 안전대 착용
④ 낙하 위험구간 출입통제

#VDT #위험요인

09 VDT(영상표시단말기) 작업 시 위험요인 3가지를 쓰시오. (6점)

정답

① 불편한 자세: 책상 및 컴퓨터의 위치 또는 구조로 인한 불편한 자세 유발

② 반복성: 키보드, 마우스 작업 시 반복작업 발생

③ 정적 자세: 작업 시 정적 자세 발생

④ 접촉 스트레스: 책상 모서리 및 키보드, 마우스 사용 시 접촉 스트레스 발생

2015년 3회 기출문제

1부

#재해예방대책 #활선전로 #크레인

01 화면에 나타나는 작업 시 사업주의 감전 예방 조치사항 3가지를 쓰시오. (6점)

▶ 동영상 설명

30[kV] 전압이 흐르는 고압선 아래에서 작업 중인 모습을 보여준다. 이동식 크레인에 하물을 매달아 옮기던 중 크레인의 붐대가 전선에 닿아 감전재해가 발생한다.

정답

① 절연용 방호구 설치

② 울타리 설치 또는 감시인 배치

③ 이격거리 확보: 차량 등을 충전부로부터 300[cm] 이상 이격시켜 유지하되, 대지전압이 50[kV]를 넘는 경우 10[kV]가 증가할 때마다 이격거리 10[cm]씩 증가

④ 접지된 차량 등이 충전전로와 접촉할 우려가 있는 경우 근로자가 접지점에 접촉하지 않도록 조치

#보호구 #구분 기준 #가죽제 안전화

02 가죽제 안전화의 뒷굽 높이를 제외한 몸통 높이에 따른 구분을 쓰시오. (6점)

정답

① 단화: 113[mm] 미만

② 중단화: 113[mm] 이상

③ 장화: 178[mm] 이상

#재해방지대책 #습윤장소 #수중펌프

03 화면을 보고 재해방지대책 3가지를 쓰시오. (6점)

▶ **동영상 설명**

작업자가 단무지 공장에서 작업을 하고 있다. 무릎 정도 물이 찬 상태에서 펌프를 작동함과 동시에 감전재해가 발생한다.

정답

① 사용 전 수중펌프와 전선 등의 절연상태 점검
② 전원 측에 감전방지용 누전차단기 설치
③ 수중 모터 외함 접지상태 확인

#안전작업수칙 #롤러기 #점검 · 수리 · 청소

04 화면을 보고 롤러기의 청소 시 안전작업수칙 3가지를 쓰시오. (6점)

▶ **동영상 설명**

작업자가 인쇄용 윤전기의 전원을 끄지 않고 롤러를 걸레로 닦고 있다. 체중을 실어서 힘 있게 닦고, 위험하게 맞물리는 지점까지 걸레를 집어넣는 순간 작업자의 장갑이 롤러기 사이에 끼인다.

정답

① 회전기계 취급 시 (말려들기 쉬운)장갑을 착용하지 않는다.
② 점검 · 수리 시 전원 차단 후 작업한다.
③ 롤러기에 방호장치를 설치한다.

#행동목표 #도금 작업

05 화면을 보고 작업자에게 해당하는 안전을 위한 행동목표 2가지를 쓰시오. (4점)

▶ 동영상 설명

작업자가 고무장갑, 고무장화를 착용하고 담배를 피우면서 자동차 부품을 도금한 후 세척하고 있다.

정답

① 점화원을 멀리하여 화재, 폭발을 예방하자.

② 적절한 보호구(불침투성 보호장갑·보호장화 등)를 착용하여 유기용제에 의한 중독 등을 예방하자.

#재해발생원인 #경사지붕 #추락 #낙하

06 화면을 보고 재해의 발생원인 3가지를 쓰시오. (6점)

▶ 동영상 설명

작업자들이 경사지붕 설치 작업 중 휴식을 취하고 있다. 이때 작업자를 향해 적치되어 있던 자재가 굴러와 작업자가 맞으면서 추락한다. 건물 하부에서 휴식 중인 작업자가 떨어지는 자재에 맞는다.

정답

① 추락 방호망 및 낙하물 방지망 미설치

② 경사지붕 적치상태 불량

③ 안전대 및 안전대 부착설비 미사용

④ 근로자가 낙하 위험 장소에서 휴식

⑤ 낙하 위험구간 출입통제 미실시

#보호구 #유해물질

07 화면에 나타나는 작업 시 작업자가 착용해야 하는 보호구의 종류 4가지를 쓰시오. (4점)

▶ 동영상 설명

작업자가 무색의 암모니아 냄새가 나는 수용성 액체인 유해물질 DMF(디메틸포름아미드) 취급 작업을 하고 있다.

정답

① 보안경

② 유기화합물용 방독마스크

③ 불침투성 보호복

④ 불침투성 보호장갑

⑤ 불침투성 보호장화

#재해발생형태 #기인물 #작업발판

08 화면을 보고 재해발생형태와 기인물을 쓰시오. (5점)

▶ 동영상 설명

작업자가 작업발판용 목재토막을 가공대 위에 올려놓고 한 발로 목재를 고정하고 톱질을 하던 중 약 40[cm] 높이의 작업발판이 흔들리며 작업자가 균형을 잃고 넘어진다.

정답

① 재해발생형태: 넘어짐(전도)
② 기인물: 작업발판

#법령 #설치기준 #작업발판 #2[m] 이상

09 2[m] 이상 비계에 설치하여야 하는 작업발판의 구조에 대하여 발판의 폭과 발판재료 간의 틈의 설치기준을 쓰시오.

(2점)

정답

① 작업발판의 폭: 40[cm] 이상   ② 발판재료 간의 틈: 3[cm] 이하

2부

#보호구 #방진마스크

01 다음과 같은 마스크의 명칭, 등급, 사용 가능한 장소의 산소 농도를 쓰시오. (6점)

정답

① 명칭: 방진마스크

② 등급: 특급, 1급, 2급

③ 산소 농도: 18[%] 이상

#퍼지 작업

02 퍼지 작업의 종류 4가지를 쓰시오. (4점)

정답

① 진공퍼지   ② 압력퍼지

③ 스위프퍼지   ④ 사이폰퍼지

#법령 #항타기·항발기 #도르래 위치

03 다음은 항타기 또는 항발기의 조립 작업 시 도르래의 위치에 관한 법적 기준이다. 알맞은 것을 쓰시오. (3점)

> 권상장치의 드럼축과 권상장치로부터 첫 번째 도르래의 축 간의 거리를 권상장치 드럼폭의 (①) 이상으로 하여야 하고, 도르래는 권상장치의 드럼 (②)을 지나야 하며 축과 (③) 상에 있어야 한다.

정답

① 15배   ② 중심   ③ 수직면

#법령 #설치장치 #특수화학설비 #이상상태

04 특수화학설비 내부의 이상상태를 조기에 파악하기 위하여 설치해야 할 장치 3가지를 쓰시오. (3점)

정답

① 온도계   ② 유량계   ③ 압력계   ④ 자동경보장치

※ 계측장치를 묻는 경우: 온도계, 유량계, 압력계
   계측장치 제외하고 묻는 경우: 자동경보장치, 긴급차단장치

#위험점 #선반 작업 #회전부위

05 화면에 나타나는 재해의 위험점과 그 정의를 쓰시오. (5점)

▶ 동영상 설명

작업자가 회전물에 샌드페이퍼를 감고 손으로 지지하여 작업을 하다 장갑을 낀 손이 회전부에 말려 들어가는 재해가 발생한다.

정답

① 위험점: 회전말림점
② 위험점의 정의: 회전하는 물체의 회전부위에 장갑, 작업복 등이 말려드는 위험점

#재해예방대책 #롤러기

06 화면을 보고 재해예방대책 3가지를 쓰시오. (6점)

▶ 동영상 설명

작업자가 가동 중인 롤러기의 전원 차단 스위치를 꺼 정지시킨 후 내부 수리를 하던 중 롤러기를 가동시켜 내부의 이물질을 면장갑을 착용한 손으로 제거하다 손이 롤러기에 말려 들어간다.

정답

① 회전기계 취급 시 (말려들기 쉬운)장갑을 착용하지 않는다.
② 점검 · 수리 시 전원 차단 후 작업한다.
③ 롤러기에 방호장치를 설치한다.

#법령 #작업시작 전 점검사항 #이동식 크레인

07 이동식 크레인을 사용하는 작업시작 전 점검사항 3가지를 쓰시오. (6점)

정답

① 권과방지장치나 그 밖의 경보장치의 기능
② 브레이크 · 클러치 및 조정장치의 기능
③ 와이어로프가 통하고 있는 곳 및 작업장소의 지반상태

#재해방지대책 #배전반

08 화면을 보고 패널 작업 시 감전방지대책 3가지를 쓰시오. (6점)

▶ 동영상 설명

작업자가 맨손으로 배전반(분전반) 내부 패널 작업을 하고 있다. 다른 작업자가 개폐기의 전원 버튼을 누르는 순간, 패널 작업을 하던 작업자가 쓰러진다.

정답

① 작업 전 검전기 등을 통한 충전상태 확인
② 작업 전 신호체계 확립 및 작업지휘자에 의한 작업지휘
③ 절연용 보호구(절연장갑 등) 착용

#재해발생요인 #변전실 #변압기

09 화면을 보고 재해발생요인 3가지를 쓰시오. (6점)

▶ 동영상 설명

작업자가 변압기의 2차 전압을 측정하기 위해 변전실 밖의 작업자에게 전원을 투입하라는 신호를 보낸다. 측정 완료 후 다시 전원 차단 신호를 보내고 측정기기를 철거하다 감전사고가 발생한다. 변전실 안의 작업자는 보호구를 착용하지 않았다.

정답

① 절연용 보호구(절연장갑 등) 미착용
② 신호전달체계 불량
③ 작업자 안전수칙 미준수(활선 및 정전상태 미확인 후 작업)

3부

#보호구 #방독마스크

01 다음 방독마스크에 대하여 알맞은 것을 쓰시오.(단, 정화통의 문자 표기는 무시한다.) (6점)

① 방독마스크의 종류를 쓰시오.
② 방독마스크 정화통의 주요성분을 쓰시오.
③ 방독마스크 정화통의 시험가스 종류를 쓰시오.

정답

① 할로겐용 방독마스크
② 활성탄, 소다라임
③ 염소가스

#위험점 #직선운동 – 고정부위 #재해발생형태

02 화면에 나타나는 재해의 위험점과 재해발생형태, 그 재해발생형태의 정의를 쓰시오. (6점)

▶ 동영상 설명

작업자가 승강기 모터 벨트 부분에 묻은 기름과 먼지를 걸레로 청소 중 벨트와 덮개 사이에 손이 끼인다.

정답

① 위험점: 끼임점
② 재해발생형태: 끼임
③ 재해발생형태의 정의: 두 물체 사이의 움직임에 의하여 일어난 것으로 직선 운동하는 물체 사이의 끼임, 회전부와 고정체 사이의 끼임, 롤러 등 회전체 사이에 물리거나 또는 회전체·돌기부 등에 감긴 경우
※ 작동 중인 모터 벨트와 풀리 사이에 손이 끼이는 경우: 접선물림점

#법령 #준수사항 #차량계 하역운반기계 #장착·해체작업

03 차량계 하역운반기계 등의 수리 또는 부속장치의 장착 및 해체작업을 하는 때 준수사항 3가지를 쓰시오. (6점)

정답

① 작업지휘자를 지정할 것
② 안전지지대 또는 안전블록 등의 사용 상황 등을 점검할 것
③ 작업지휘자가 작업순서를 결정하고 작업을 지휘하게 할 것

#재해방지대책 #배선용 차단기

04 화면을 보고 동종재해방지대책 3가지를 쓰시오. (6점)

▶ 동영상 설명

작업자가 MCCB 패널의 문을 열고 스피커를 통해 나오는 지시사항을 정확히 듣지 못한 상태에서 차단기 2개를 쳐다보며 어느 것을 투입할까 고민하다 그중 하나를 투입하여 재해가 발생한다.

정답

① 작업 전 검전기 등을 통한 충전상태 확인
② 작업 전 신호체계 확립
③ 연락 장비(무전기 등) 활용하여 명확한 지시 전달

#핵심위험요인 #섬유공장

05 화면을 보고 핵심위험요인 2가지를 쓰시오. (4점)

▶ 동영상 설명

섬유공장에서 실을 감는 기계가 돌아가고 있다. 실이 끊어지며 기계가 멈추자 작업자가 대형 회전체의 문을 열어 몸을 허리까지 집어넣고 안을 들여다보며 점검한다. 갑자기 기계가 돌아가며 작업자의 손이 회전체에 끼인다.

정답

① 점검 전 전원 미차단
② (기계 열면 작동이 멈추는)연동장치(인터록) 미설치

#가스폭발 #인화성 물질 #구름모양

06 화면을 보고 가스폭발의 종류와 그 정의를 쓰시오. (5점)

▶ 동영상 설명

인화성 물질 취급 및 저장소에서 작업자가 외투를 벗고 있다. 작업자 뒤에 놓인 통에서 새어나온 가스가 구름모양을 만들고, 작업자가 옷을 내려놓으며 유출된 가스가 폭발한다.

정답

① 폭발의 종류: 증기운 폭발(UVCE)
② 정의: 가연성의 위험물질이 서서히 누출되어 대기 중에 구름형태로 모이다 발화원에 의하여 순간적으로 모든 가스가 동시에 폭발하는 현상

#보호구 #전주 작업

07 화면에 나타나는 작업 시 작업자가 착용하는 안전대의 명칭을 쓰시오. (3점)

▶ 동영상 설명

작업자가 안전대를 착용하고 전주 작업을 실시하고 있다.

정답

U자 걸이용 안전대

#작업안전수칙 #유해물질

08 크롬 도금 작업 시 유해물질에 대한 안전수칙 3가지를 쓰시오. (6점)

정답

① 국소배기장치 등을 통한 실내환기
② 작업장 격리 또는 작업공정의 은폐
③ 작업 전 적합한 보호구 착용
④ 작업 전 작업장 상태점검 및 작업 후 정리정돈

#건설현장 #해체장비

09 아파트 등 해체작업 시 작업자는 해체장비로부터 최소 몇 [m] 떨어져야 하는지 쓰시오. (3점)

정답

4[m]

2014년 1회 기출문제

1부

#위험점 #선반 작업 #회전부위

01 화면에 나타나는 재해의 위험점과 정의를 쓰시오. (5점)

▶ 동영상 설명

작업자가 회전물에 샌드페이퍼를 감고 손으로 지지하여 작업을 하다 장갑을 낀 손이 회전부에 말려 들어가는 재해가 발생한다.

정답

① 위험점: 회전말림점
② 회전말림점의 정의: 회전하는 물체의 회전부위에 장갑, 작업복 등이 말려드는 위험점

#핵심위험요인 #활선전로

02 화면에 나타나는 작업 시 내재되어 있는 핵심위험요인 2가지를 쓰시오. (4점)

▶ 동영상 설명

작업자 2명이 전주에서 활선 작업을 하고 있다. 작업자 1명은 밑에서 절연용 방호구를 올리고 다른 1명은 크레인 위에서 물건을 받아 활선에 절연용 방호구 설치 작업을 하던 중 감전사고가 발생한다.

정답

① 근접활선(절연용 방호구 미설치)에 대한 감전위험
② 절연용 보호구 착용상태 불량에 따른 감전위험
③ 활선 작업거리 미준수에 따른 감전위험

#조치사항 #터널 건설 작업 #낙반

03 화면에 나타나는 재해를 방지하기 위해 필요한 조치사항 3가지를 쓰시오. (6점)

▶ 동영상 설명

터널 건설 작업 중 낙반에 의한 재해를 보여주고 있다.

정답

① 터널 지보공 설치   ② 록볼트 설치   ③ 부석의 제거

#보호구 #귀마개

04 화면에 나타나는 보호구의 등급에 따른 기호와 각각의 성능을 쓰시오. (6점)

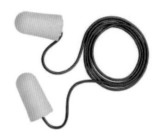

정답

등급	기호	성능
1종	EP-1	저음부터 고음까지 차음하는 것
2종	EP-2	주로 고음을 차음하고 저음(회화음영역)은 차음하지 않는 것

※ 방음용 보호구는 귀마개 1종(EP-1), 귀마개 2종(EP-2), 귀덮개(EM)로 구분된다.

#재해위험요인 #선반 작업

05 화면을 보고 안전준수사항을 지키지 않고 작업할 때 일어날 수 있는 재해요인 3가지를 쓰시오. (6점)

▶ 동영상 설명

작업자가 선반에서 샌드페이퍼로 작업을 하고 있다. 한 손으로 기계를 잡고 다른 손으로 샌드페이퍼를 지지하며 작업 중 곁눈질로 다른 곳을 보고 있다. 회전부에는 덮개가 설치되어 있지 않다.

정답

① 불안정한 작업자세(샌드페이퍼를 손으로 지지)

② 작업에 집중하지 못하고 있음

③ 방호장치(덮개) 미설치

#재해발생형태 #스팀배관

06 화면에 나타나는 재해를 「산업재해 기록·분류에 관한 지침」에 따라 분류할 때 해당되는 재해발생형태를 쓰시오.

(5점)

▶ 동영상 설명

작업자가 스팀배관의 보수를 위해 누출부위를 점검하던 중 배관에서 누출된 스팀에 의해 재해가 발생한다.

정답

이상온도 노출·접촉

※ "이상온도 노출·접촉"이라 함은 고·저온 환경 또는 물체에 노출·접촉된 경우를 말한다.

#법령 #설치기준 #작업발판 #2[m] 이상

07 화면에서와 같이 높이가 2[m] 이상인 작업장소에 적합한 작업발판의 설치기준 3가지를 쓰시오.(단, 작업발판의 폭과 틈의 기준은 제외한다.) (6점)

▶ 동영상 설명

작업자 2명이 비계 최상단에서 기둥을 밟고 불안정하게 서서 작업발판을 주고 받다가 추락한다.

정답

① 발판재료는 작업할 때의 하중을 견딜 수 있도록 견고한 것으로 할 것

② 작업발판의 지지물은 하중에 의하여 파괴될 우려가 없는 것을 사용할 것

③ 작업발판재료는 뒤집히거나 떨어지지 아니하도록 둘 이상의 지지물에 연결하거나 고정시킬 것

④ 작업발판을 작업에 따라 이동시킬 경우에는 위험 방지에 필요한 조치를 할 것

#보호구 #전주 작업

08 화면에 나타나는 작업 시 작업자가 착용하는 안전대의 명칭을 쓰시오. (3점)

▶ 동영상 설명

작업자가 안전대를 착용하고 전주 작업을 실시하고 있다.

정답

U자 걸이용 안전대

#법령 #밀폐공간 #대피용 기구

09 화면에 니디나는 재해에 대하여 비상 시 필요한 피난용구 4가지를 쓰시오. (4점)

▶ 동영상 설명

선박 밸러스트 탱크 내부의 슬러지를 제거하는 작업 중 작업자가 의식을 잃고 쓰러진다.

정답

① 공기호흡기
② 송기마스크
③ 사다리
④ 섬유로프

2부

#VDT #작업자세

01 VDT 작업 시 올바른 작업자세 3가지를 쓰시오. (6점)

정답

① 작업자의 시선은 화면 상단과 눈높이가 일치, 시거리 40[cm] 이상 확보할 것

② 위팔은 자연스럽게 늘어뜨리고, 팔꿈치의 내각은 90° 이상이 되도록 할 것

③ 의자 등받이에 작업자의 등이 충분히 지지되도록 할 것

④ 무릎의 내각이 90° 전후가 되도록 할 것

⑤ 작업자의 발바닥 전면이 바닥에 닿도록 하고, 그러지 못할 경우 발 받침대를 조건에 맞는 높이와 각도로 설치할 것

#보호구 #방독마스크

02 다음 방독마스크에 대하여 알맞은 것을 쓰시오.(단, 정화통의 문자 표기는 무시한다.) (6점)

---

① 방독마스크의 종류를 쓰시오.

② 방독마스크가 직결식 전면형일 경우 누설률은 몇 [%]인지 쓰시오.

③ 방독마스크의 정화통 흡수제 1가지를 쓰시오.

정답

① 암모니아용 방독마스크

② 0.05[%] 이하

③ 큐프라마이트

#보호구 #화학물질

03 화면을 보고 작업자의 눈, 손, 신체에 필요한 보호구를 각각 쓰시오. (6점)

▶ **동영상 설명**

보호구를 착용하지 않은 작업자가 변압기의 양쪽에 나와 있는 선을 양손으로 들고 유기화합물통에 넣었다 빼서 앞쪽 선반에 올리는 작업을 하고 있다.

정답

① 눈: 보안경

② 손: 불침투성 보호장갑

③ 신체: 불침투성 보호복

#안전작업수칙 #개구부(피트)

04 화면을 보고 피트에서의 작업 시 안전작업수칙 3가지를 쓰시오. (6점)

▶ **동영상 설명**

작업자가 피트 뚜껑을 한쪽으로 열어 놓고 불안정한 나무 발판 위에 발을 올려 놓은 상태로 내부를 보고 있다. 왼손으로 뚜껑을 잡고 오른손으로 플래시를 안쪽으로 비추면서 점검하는 중 발이 미끄러지며 재해가 발생한다.

정답

① 피트 내부에 추락방호망 설치

② 피트에 방호장치(안전난간, 울타리 등) 설치

③ 안전대 착용 및 안전대 부착설비 설치

#가스누설감지경보기 #설치 위치 #설정값

05 LPG 가스에 대한 가스누설감지경보기의 적절한 설치 위치와 경보설정값은 몇 [%]가 적당한지 쓰시오. (4점)

정답

① 설치 위치: 바닥에 인접한 낮은 곳에 설치한다.(LPG는 공기보다 무거우므로 가라앉음)

② 경보설정값: 폭발하한계의 $25[\%]$ 이하

#방호장치 #휴대용 연삭기

06 휴대용 연삭기의 방호장치와, 숫돌의 노출 각도를 쓰시오. (4점)

정답

① 방호장치: 덮개

② 노출 각도: $180°$ 이내

#재해발생원인 #건설현장 #추락

07 화면을 보고 재해원인 3가지를 쓰시오. (6점)

> ▶ **동영상 설명**

아파트 건설 공사장에서 두 명의 작업자가 각각 창틀, 처마 위에서 작업 중인 모습을 보여준다. 창틀의 작업자가 다른 작업자에게 작업발판을 넘겨주고 옆 처마로 이동하던 중 추락하였다. 현장에는 추락방호망, 안전대, 안전난간 등이 없다.

정답

① 안전대 및 안전대 부착설비 미사용

② 추락방호망 미설치

③ 안전난간 미설치

#건설현장 #해체장비

08 아파트 등 해체작업 시 작업자는 해체장비로부터 최소 몇 [m] 떨어져야 하는지 쓰시오. (3점)

정답

4[m]

#보호구 #용접 작업

09 화면을 보고 작업자가 착용해야 할 보호구 4가지를 쓰시오. (4점)

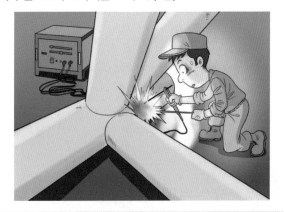

> ▶ **동영상 설명**

교류아크용접 작업 중인 작업자가 용접 작업 중 쓰러지는 장면을 보여준다. 작업자는 일반 캡 모자와 일반 장갑을 착용하고 있으며 다른 보호구는 착용하지 않았다.

정답

① 용접용 보안면   ② 용접용 장갑

③ 용접용 앞치마   ④ 용접용 안전화

3부

#재해발생형태 #가해물 #보호구 #전주작업

01 화면을 보고 알맞은 것을 쓰시오. (6점)

▶ 동영상 설명

이동식 크레인으로 전주를 옮기던 중 크레인 아래를 지나던 작업자가 흔들리는 전주에 머리를 맞는다.

① 재해발생형태

② 가해물

③ 전주 작업 시 착용해야 하는 안전모의 종류

정답

① 재해발생형태: 맞음(비래)

② 가해물: 전주

③ 안전모: AE종, ABE종

#법령 #점검사항 #항타기·항발기

02 항타기 또는 항발기를 조립하거나 해체하는 경우 점검해야 할 사항 2가지를 쓰시오. (4점)

정답

① 본체 연결부의 풀림 또는 손상의 유무

② 권상용 와이어로프·드럼 및 도르래의 부착상태의 이상 유무

③ 권상장치의 브레이크 및 쐐기장치 기능의 이상 유무

④ 권상기의 설치상태의 이상 유무

⑤ 리더(leader)의 버팀 방법 및 고정상태의 이상 유무

⑥ 본체·부속장치 및 부속품의 강도가 적합한지 여부

⑦ 본체·부속장치 및 부속품에 심한 손상·마모·변형 또는 부식이 있는지 여부

#안전작업수칙 #석면 취급 작업

03 화면을 보고 안전작업수칙 3가지를 쓰시오.(단, 근로자는 석면의 위험성을 인지하고 있다.) (6점)

▶ 동영상 설명

작업자가 브레이크 패드를 제조하는 중 석면을 사용하고 있다.

정답

① 호흡용 보호구(방진마스크 등) 착용

② 국소배기장치 설치 및 작업 중 가동

③ (석면이 흩날리지 않도록)적정 습도 유지

#핵심위험요인 #섬유공장
04 화면을 보고 핵심위험요인 2가지를 쓰시오. (4점)

▶ 동영상 설명

섬유공장에서 실을 감는 기계가 돌아가고 있다. 실이 끊어지며 기계가 멈추자 작업자가 대형 회전체의 문을 열어 몸을 허리까지 집어넣고 안을 들여다보며 점검한다. 갑자기 기계가 돌아가며 작업자의 손이 회전체에 끼인다.

정답

① 점검 전 전원 미차단
② (기계 열면 작동이 멈추는)연동장치(인터록) 미설치

#준수사항 #개구부(피트) #인양 작업
05 화면을 보고 작업 시 준수사항 2가지를 쓰시오. (4점)

▶ 동영상 설명

승강기 개구부에서 두 명의 작업자가 작업 중인 모습을 보여준다. 안쪽의 작업자가 물건을 묶은 뒤 위쪽의 작업자가 안전난간에 밧줄을 걸쳐 끌어올리는데, 순간적으로 밧줄을 놓치며 물건이 작업자에게 떨어진다.

정답

① 물건 인양 시 적당한 기계, 기구 이용
② 개구부에는 안전난간 설치
③ 난간을 설치하기 곤란한 경우 안전대 착용
④ 낙하 위험구간 출입통제

#조치사항 #지게차 #운전자
06 지게차에 적재된 화물이 현저하게 시계를 방해할 경우 운전자의 조치사항 3가지를 쓰시오. (6점)

정답

① 하차하여 주변의 안전을 확인 후 주행한다.
② 유도자를 배치하여 지게차를 유도하고 후진으로 서행한다.
③ 지게차의 이동 상태를 알리는 경적, 경광등을 사용한다.

#재해위험요인 #발화원 형태 #주유 중 #흡연
07 화면을 보고 다음 물음에 답하시오. (5점)

▶ 동영상 설명

지게차 주유 중 지게차 운전자는 담배를 피우며 주유원과 이야기하고 있다. 지게차는 시동이 걸려 있는 상태이다.

(1) 화면에서 위험요소 2가지를 쓰시오.
(2) 화면에서 담뱃불에 해당하는 발화원의 형태를 쓰시오.

정답

(1) 위험요소
　① 인화성 물질이 있는 곳에서 담배를 피우고 있다.
　② 지게차에 시동이 걸려 있어 임의동작 또는 오동작 위험이 있다.
(2) 발화원의 형태: 나화

#재해예방대책 #활선전로 #크레인
08 화면에 나타나는 작업 시 사업주의 감전 예방 조치사항 2가지를 쓰시오. (4점)

▶ 동영상 설명

30[kV] 전압이 흐르는 고압선 아래에서 작업 중인 모습을 보여준다. 이동식 크레인에 하물을 매달아 옮기던 중 크레인의 붐대가 전선에 닿아 감전재해가 발생한다.

정답

① 절연용 방호구 설치

② 울타리 설치 또는 감시인 배치

③ 이격거리 확보: 차량 등을 충전부로부터 300[cm] 이상 이격시켜 유지하되, 대지전압이 50[kV]를 넘는 경우 10[kV]가 증가할 때마다 이격거리 10[cm]씩 증가

④ 접지된 차량 등이 충전전로와 접촉할 우려가 있는 경우 근로자가 접지점에 접촉하지 않도록 조치

#보호구 #방독마스크
09 다음 방독마스크에 대하여 알맞은 것을 쓰시오.(단, 정화통의 문자 표기는 무시한다.) (6점)

① 방독마스크의 종류를 쓰시오.
② 방독마스크 정화통의 주요성분을 쓰시오.
③ 방독마스크 정화통의 시험가스 종류를 쓰시오.

정답

① 할로겐용 방독마스크   ② 활성탄, 소다라임   ③ 염소가스

2014년 2회 기출문제

1부

#안전작업수칙 #고압전선로 #항타기·항발기

01 고압전선로 인근에서 항타기·항발기 작업 시 안전작업수칙 2가지를 쓰시오. (4점)

정답

① 절연용 방호구 설치

② 울타리 설치 또는 감시인 배치

③ 이격거리 확보: 차량 등을 충전부로부터 300[cm] 이상 이격시켜 유지하되, 대지전압이 50[kV]를 넘는 경우 10[kV]가 증가할 때마다 이격 거리 10[cm]씩 증가

④ 접지된 차량 등이 충전전로와 접촉할 우려가 있는 경우 근로자가 접지점에 접촉하지 않도록 조치

#재해발생형태 #기인물 #가해물 #작업발판

02 화면을 보고 재해발생형태와 기인물, 가해물을 각각 쓰시오. (6점)

▶ 동영상 설명

작업자가 작업발판용 목재토막을 가공대 위에 올려놓고 한 발로 목재를 고정하고 톱질을 하던 중 약 40[cm] 높이의 작업발판이 흔들리며 작업자가 균형을 잃고 넘어진다.

정답

① 재해발생형태: 넘어짐(전도)

② 기인물: 작업발판

③ 가해물: 바닥

#석면 취급 작업 #직업성 질환

03 일반 마스크를 사용하고 석면 작업을 하는 경우 석면분진 폭로 위험성에 노출되어 직업성 질환으로 이환될 우려가 있다. 장기간 폭로 시 어떤 종류의 직업병이 발생할 위험이 있는지 3가지를 쓰시오. (6점)

> **정답**
>
> ① 폐암 　　　　　　　　② 석면폐증 　　　　　　　　③ 악성중피종

#법령 #작업시작 전 점검사항 #이동식 크레인

04 이동식 크레인을 사용하는 작업시작 전 점검사항 2가지를 쓰시오.(단, 권과방지장치나 그 밖의 경보장치의 기능은 제외한다.) (4점)

> **정답**
>
> ① 브레이크 · 클러치 및 조정장치의 기능
> ② 와이어로프가 통하고 있는 곳 및 작업장소의 지반상태

#사고방지대책 #점검 · 수리 · 청소 #차량용 리프트

05 화면을 보고 사고방지대책 2가지를 쓰시오. (4점)

> **▶ 동영상 설명**
>
> 시내버스를 정비하기 위하여 차량용 리프트로 차량을 들어 올린 상태에서 한 작업자가 버스 밑에 들어가 샤프트(Shaft) 계통을 점검하고 있다. 그런데 다른 한 사람이 주변 상황을 전혀 살피지 않고 버스에 올라 엔진을 시동하였다. 그 순간 밑에 있던 작업자의 소매가 버스의 회전하는 샤프트에 말려들며 재해가 발생한다.

> **정답**
>
> ① 정비 작업 중임을 나타내는 표지판을 설치할 것
> ② 작업 과정을 지휘할 작업자를 배치할 것
> ③ 기동(시동)장치에 잠금장치를 할 것
> ④ 작업 시 운전금지를 위하여 열쇠를 별도 관리할 것
> ⑤ 말려 들어갈 위험이 있는 작업복은 착용을 금할 것

#재해위험요인 #개구부(피트)

06 화면에 나타나는 재해의 위험요인 2가지를 쓰시오. (4점)

> **▶ 동영상 설명**
>
> 작업자가 엘리베이터 피트 내부의 나무로 엉성하게 만든 작업발판 위에서 폼타이 핀을 망치로 제거하고 있다. 핀을 힘주어 잡을 때마다 작업발판이 흔들리다 작업자가 피트 내부로 떨어진다.

> **정답**
>
> ① 불안정한 작업발판
> ② 안전대 및 안전대 부착설비 미사용
> ③ 피트 내부에 추락방호망 미설치

#습윤장소 #피부저항 #감전

07 작업자가 수중펌프 접속부위에 감전사고를 당했을 경우, 그 원인을 인체의 피부저항과 관련하여 설명하시오. (3점)

> **정답**

인체의 피부저항은 물에 젖어 있을 경우 약 $\frac{1}{25}$로 감소하므로 그만큼 통전전류가 커져 감전의 위험이 높아진다.

#시험성능기준 #방열복 내열원단

08 방열복 내열원단의 시험성능기준 항목 3가지를 쓰시오. (6점)

> **정답**
>
> ① 난연성
> ② 절연저항
> ③ 인장강도
> ④ 내열성
> ⑤ 내한성

#보호구 #방독마스크

09 화면을 보고 작업자가 착용하여야 하는 마스크의 종류와 마스크 정화통의 흡수제 3가지를 쓰시오. (8점)

> **▶ 동영상 설명**
>
> 방독마스크와 보안경을 쓴 작업자가 스프레이건으로 쇠파이프 여러 개를 눕혀 놓고 아이보리색 페인트칠을 하고 있다.

> **정답**
>
> (1) 마스크: 유기화합물용 방독마스크
> (2) 흡수제
>   ① 활성탄
>   ② 소다라임
>   ③ 알칼리제재

2부

#재해발생요인 #변전실 #변압기

01 화면을 보고 재해발생요인 3가지를 쓰시오. (6점)

> ▶ 동영상 설명

작업자가 변압기의 2차 전압을 측정하기 위해 변전실 밖의 작업자에게 전원을 투입하라는 신호를 보낸다. 측정 완료 후 다시 전원 차단 신호를 보내고 측정기기를 철거하다 감전사고가 발생한다. 변전실 안의 작업자는 보호구를 착용하지 않았다.

> 정답

① 절연용 보호구(절연장갑 등) 미착용
② 신호전달체계 불량
③ 작업자 안전수칙 미준수(활선 및 정전상태 미확인 후 작업)

#기인물 #안전장치 #연삭기

02 화면에 나타나는 재해의 기인물과 연마 작업 시 파편이나 칩의 비래에 의한 위험에 대비하기 위해 설치해야 하는 장치명을 쓰시오. (4점)

> ▶ 동영상 설명

작업자가 탁상용 연삭기를 이용해 연마 작업 중인 모습을 보여준다. 봉강 연마 작업 중 환봉 파편이 튀어 작업자가 눈을 찡그린다.

> 정답

① 기인물: 탁상용 연삭기
② 장치명: 칩비산방지판

#안전작업수칙 #롤러기 #점검 · 수리 · 청소

03 화면을 보고 롤러기의 청소 시 안전작업수칙 2가지를 쓰시오. (4점)

> ▶ 동영상 설명

작업자가 인쇄용 윤전기의 전원을 끄지 않고 롤러를 걸레로 닦고 있다. 체중을 실어서 힘 있게 닦고, 위험하게 맞물리는 지점까지 걸레를 집어넣는 순간 작업자의 장갑이 롤러기 사이에 끼인다.

> 정답

① 회전기계 취급 시 (말려들기 쉬운)장갑을 착용하지 않는다.
② 점검 · 수리 시 전원 차단 후 작업한다.
③ 롤러기에 방호장치를 설치한다.

#보호구 #안전대 #구조조건

04 화면에 나타나는 보호구 부품의 명칭과 이 기구가 갖추어야 하는 구조조건 2가지를 쓰시오. (5점)

정답

(1) 명칭: 안전블록

(2) 갖추어야 하는 구조

　① 자동잠김장치를 갖출 것　　　　　　　　② 안전블록의 부품은 부식방지처리를 할 것

#재해발생원인 #활선전로

05 화면에 나타나는 재해의 발생원인 2가지를 쓰시오. (4점)

▶ 동영상 설명

항타기·항발기 장비로 땅을 파고 콘크리트 전주 세우기 작업 도중에 항타기에 고정된 전주가 조금 불안정한 듯 싶더니 조금씩 돌아가서 항타기로 전주를 조금 움직이는 순간 인접한 고압활선전로에 접촉되어서 스파크가 일어난다.

정답

① (작업 장소 인접 충전전로에)절연용 방호구 미설치

② 울타리 미설치 및 감시인 미배치

③ (충전전로 인근 작업 시)이격거리 미준수

#퍼지 작업

06 퍼지 작업의 종류 4가지를 쓰시오. (4점)

정답

① 진공퍼지　　　　　② 압력퍼지　　　　　③ 스위프퍼지　　　　　④ 사이폰퍼지

#법령 #준수사항 #차량계 하역운반기계 #장착·해체작업

07 차량계 하역운반기계 등의 수리 또는 부속장치의 장착 및 해체작업을 하는 때 준수사항 3가지를 쓰시오. (6점)

정답

① 작업지휘자를 지정할 것

② 안전지지대 또는 안전블록 등의 사용 상황 등을 점검할 것

③ 작업지휘자가 작업순서를 결정하고 작업을 지휘하게 할 것

#재해예방대책 #활선전로 #크레인

08 화면에 나타나는 작업 시 사업주의 감전 예방 조치사항 3가지를 쓰시오. (6점)

▶ 동영상 설명

30[kV] 전압이 흐르는 고압선 아래에서 작업 중인 모습을 보여준다. 이동식 크레인에 하물을 매달아 옮기던 중 크레인의 붐대가 전선에 닿아 감전재해가 발생한다.

정답

① 절연용 방호구 설치

② 울타리 설치 또는 감시인 배치

③ 이격거리 확보: 차량 등을 충전부로부터 300[cm] 이상 이격시켜 유지하되, 대지전압이 50[kV]를 넘는 경우 10[kV]가 증가할 때마다 이격거리 10[cm]씩 증가

④ 접지된 차량 등이 충전전로와 접촉할 우려가 있는 경우 근로자가 접지점에 접촉하지 않도록 조치

#보호구 #화학물질

09 화면을 보고 작업자의 눈, 손, 신체에 필요한 보호구를 각각 쓰시오. (6점)

▶ 동영상 설명

보호구를 착용하지 않은 작업자가 변압기의 양쪽에 나와 있는 선을 양손으로 들고 유기화합물통에 넣었다 빼서 앞쪽 선반에 올리는 작업을 하고 있다.

정답

① 눈: 보안경

② 손: 불침투성 보호장갑

③ 신체: 불침투성 보호복

3부

#법령 #작업시작 전 점검사항 #컨베이어

01 화면에 나타나는 기계의 「산업안전보건법령」상 작업시작 전 점검사항 3가지를 쓰시오. (6점)

▶ 동영상 설명

정지된 컨베이어를 작업자가 점검하고 있다. 작업자가 점검 중일 때 다른 작업자가 전원 스위치의 전원버튼을 눌러 점검 중이던 작업자가 벨트에 손이 끼이는 재해를 당한다.

정답

① 원동기 및 풀리 기능의 이상 유무

② 이탈 등의 방지장치 기능의 이상 유무

③ 비상정지장치 기능의 이상 유무

④ 원동기 · 회전축 · 기어 및 풀리 등의 덮개 또는 울 등의 이상 유무

#보호구 #화학물질

02 화면에 나타나는 작업 시 작업자가 착용해야 하는 보호구의 종류 4가지를 쓰시오. (4점)

▶ 동영상 설명

작업자가 무색의 암모니아 냄새가 나는 수용성 액체인 유해물질 DMF(디메틸포름아미드) 취급 작업을 하고 있다.

정답

① 유기화합물용 방독마스크

② 보안경

③ 불침투성 보호복

④ 불침투성 보호장갑

⑤ 불침투성 보호장화

#유해물질 #유입경로

03 작업자가 실험실에서 화학약품을 맨손으로 만지고 있다. 이때 작업자에게 유해물질이 신체로 유입되는 경로 3가지를 쓰시오. (6점)

정답

① 피부 및 점막

② 호흡기

③ 구강을 통한 소화기

#재해발생원인 #경사지붕 #추락 #낙하

04 화면을 보고 재해의 발생원인 3가지를 쓰시오. (6점)

▶ 동영상 설명

작업자들이 경사지붕 설치 작업 중인 모습을 보여준다. 지붕 위에 쌓아 놓았던 자재가 건물의 하부에서 휴식을 취하던 작업자 쪽으로 떨어지며 재해가 발생한다.

정답

① 추락 방호망 및 낙하물 방지망 미설치
② 경사지붕 적치상태 불량
③ 안전대 및 안전대 부착설비 미사용
④ 근로자가 낙하 위험 장소에서 휴식
⑤ 낙하 위험구간 출입통제 미실시

#재해위험요인 #선반 작업

05 화면을 보고 안전준수사항을 지키지 않고 작업할 때 일어날 수 있는 재해요인 2가지를 쓰시오. (4점)

▶ 동영상 설명

작업자가 선반에서 샌드페이퍼로 작업을 하고 있다. 한 손으로 기계를 잡고 다른 손으로 샌드페이퍼를 지지하며 작업 중 곁눈질로 다른 곳을 보고 있다. 회전부에는 덮개가 설치되어 있지 않다.

정답

① 불안정한 작업자세(샌드페이퍼를 손으로 지지)
② 작업에 집중하지 못하고 있음
③ 방호장치(덮개) 미설치

#불안전한 행동 #컨베이어

06 화면을 보고 작업자의 안전하지 않은 행동 2가지를 쓰시오. (4점)

▶ 동영상 설명

작업자가 작동 중인 컨베이어 벨트 끝부분에 발을 딛고 올라서서 불안정한 자세로 형광등을 교체하다 추락한다.

정답

① 불안정한 작업자세(작업발판)
② 작업 전 전원 미차단

#재해위험요인 #전기 형강 작업

07 화면을 보고 전기 형강 작업 중 위험요인 3가지를 쓰시오. (6점)

▶ 동영상 설명

전주를 아래에서부터 위로 보여주는데 발판용 볼트에 COS(Cut Out Switch)가 임시로 걸쳐 있음이 보인다. 작업자 1명은 변압기 위에 올라가서 볼트를 풀면서 흡연을 하며 작업하고 있고, 다른 작업자 근처에서는 이동식 크레인에 작업대를 매달고 또 다른 작업을 하는 화면을 보여준다.

정답

① 작업자세 및 상태불량 등
② 절연용 보호구 미착용
③ 불안정한 작업발판
④ COS 고정상태 불량
⑤ (크레인 이용 작업 시)이격거리 미준수

#불안전한 행동 #발파 작업

08 화면에 나타나는 불안전한 행동을 쓰시오. (3점)

▶ 동영상 설명

작업자가 길고 얇은 철근을 이용하여 화약을 발파공 안으로 밀어 넣는다. 3~4개 정도 넣은 후 접속한 전선을 꼬아서 주변 선에 올려둔다. 주변에는 폭파 스위치 장비와 터널이 보인다.

정답

화약은 충격이나 마찰에 매우 민감하므로 철근으로 찌를 경우 (충격 또는 마찰에 의해)화약이 폭발할 수 있다.

#보호구 #성능기준 항목 #가죽제 안전화

09 가죽제 안전화의 성능기준 항목 3가지를 쓰시오. (6점)

정답

① 내압박성   ② 내답발성
③ 내부식성   ④ 내충격성
⑤ 내유성   ⑥ 박리저항

2014년 3회 기출문제

1부

#보호구 #방진마스크

01 다음과 같은 마스크의 명칭, 등급, 사용 가능한 장소의 산소 농도를 쓰시오. (6점)

정답

① 명칭: 방진마스크   ② 등급: 특급, 1급, 2급   ③ 산소 농도: 18[%] 이상

#위험점 #재해발생형태 #직선운동 – 고정부위

02 화면에 나타나는 재해의 위험점과 재해발생형태를 쓰시오. (5점)

▶ 동영상 설명

작업자가 모터 벨트 부분에 묻은 기름과 먼지를 걸레로 청소하던 중 벨트와 덮개 사이에 손이 끼인다.

정답

① 위험점: 끼임점

② 재해발생형태: 끼임

※ 작업 중인 모터 벨트와 풀리 사이에 손이 끼이는 경우: 접선물림점

#재해예방대책 #점검·수리·청소 #컨베이어

03 화면을 보고 컨베이어 벨트 점검 시 재해예방대책 2가지를 쓰시오. (4점)

▶ 동영상 설명

작업자가 어두운 장소에서 플래시를 들고 컨베이어 벨트를 점검하는 모습을 보여준다. 잠시 한눈을 판 사이 손이 벨트 사이에 말려 들어간다.

정답

① 점검 전 전원 차단 후 작업한다.

② 비상정지장치를 설치한다.(작업자가 신속히 조작 가능한 위치)

③ 끼임 위험부위에 방호덮개를 설치한다.

④ 작업장에 적정 조도를 유지한다.

#재해예방대책 #점검 · 수리 · 청소 #사출성형기

04 화면과 같은 상황에서 발생할 수 있는 재해의 예방대책 3가지를 쓰시오. (6점)

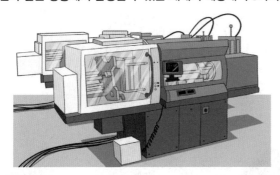

▶ 동영상 설명

작업자가 사출성형기를 점검하던 중 성형기 틈에 끼인 이물질을 잡아당기다 감전된다.

정답

① 점검 전 전원 차단

② 절연용 보호구(절연장갑, 안전모 등) 착용

③ 청소 시 전용공구(수공구) 사용

④ 사출성형기 충전부 방호조치(덮개) 실시

#재해발생원인 #건설현장 #추락

05 화면을 보고 재해원인 3가지를 쓰시오. (6점)

▶ 동영상 설명

아파트 건설 공사장에서 두 명의 작업자가 각각 창틀, 처마 위에서 작업 중인 모습을 보여준다. 창틀의 작업자가 다른 작업자에게 작업발판을 넘겨주고 옆 처마로 이동하던 중 추락하였다. 현장에는 추락방호망, 안전대, 안전난간 등이 없다.

정답

① 안전대 및 안전대 부착설비 미사용

② 추락방호망 미설치

③ 안전난간 미설치

#핵심위험요인 #활선전로

06 화면에 나타나는 작업 시 내재되어 있는 핵심위험요인 2가지를 쓰시오. (4점)

▶ 동영상 설명

작업자 2명이 전주에서 활선 작업을 하고 있다. 작업자 1명은 밑에서 절연용 방호구를 올리고 다른 1명은 크레인 위에서 물건을 받아 활선에 절연용 방호구 설치 작업을 하던 중 감전사고가 발생한다.

정답

① 근접활선(절연용 방호구 미설치)에 대한 감전위험

② 절연용 보호구 착용상태 불량에 따른 감전위험

③ 활선 작업거리 미준수에 따른 감전위험

#재해위험요인 #용접 작업 #인화성 물질
07 화면을 보고 재해위험요인 2가지를 쓰시오. (4점)

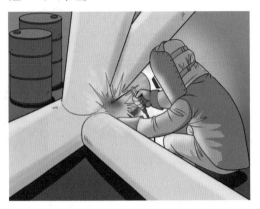

▶ 동영상 설명

용접용 보호구를 착용한 작업자가 혼자서 피복아크용접을 하고 있다. 주위에 인화성 물질 경고가 붙은 빨간색 드럼통이 보이고, 작업장 바닥이 정돈되어 있지 않다. 용접 중에 발생한 불꽃이 사방으로 튄다.

정답

① 작업자 주변에 인화성 물질 방치

② 작업장 정리상태 불량

③ (용접불티 비산방지덮개, 용접방화포 등)불꽃, 불티 등 비산방지조치 미흡

#법령 #설치장치 #특수화학설비 #이상상태
08 특수화학설비 내부의 이상상태를 조기에 파악하기 위하여 설치해야 할 장치 4가지를 쓰시오. (4점)

정답

① 온도계

② 유량계

③ 압력계

④ 자동경보장치

※ 계측장치를 묻는 경우: 온도계, 유량계, 압력계

　계측장치 제외하고 묻는 경우: 자동경보장치, 긴급차단장치

#재해발생원인 #경사지붕 #추락 #낙하
09 화면을 보고 재해예방대책 3가지를 쓰시오. (6점)

▶ 동영상 설명

작업자들이 경사지붕 설치 작업 중 휴식을 취하고 있다. 이때 작업자를 향해 적치되어 있던 자재가 굴러와 작업자가 맞으면서 추락한다. 건물 하부에서 휴식 중인 작업자가 떨어지는 자재에 맞는다.

정답

① 추락 방호망 및 낙하물 방지망 설치　　② 낙하 위험 장소에서 휴식 금지

③ 낙하 위험구간 출입통제　　④ 안전대 및 안전대 부착설비 사용

⑤ 적재물에 구름멈춤대, 쐐기 등 이용

2부

#안전작업수칙 #밀폐공간

01 화면을 보고 밀폐공간 작업 시 안전작업수칙 3가지를 쓰시오. (6점)

▶ 동영상 설명

탱크 내부의 밀폐된 공간에서 작업자가 그라인더 작업을 하고 있고, 다른 작업자가 외부에 설치된 국소배기장치를 발로 차 전원공급이 차단되어 내부 작업자가 의식을 잃고 쓰러진다.

정답

① 산소 및 유해가스 농도 측정 후 작업을 시작한다.

② 작업 전 및 작업 중에도 계속 환기한다.

③ 작업자는 (공기공급식)호흡용 보호구를 착용한다.

④ 감시인을 배치하여 작업자와 수시로 연락한다.

#조치사항 #인양 작업 #낙하 · 비래

02 화면을 보고 화물의 낙하 · 비래 위험을 방지하기 위한 조치사항 3가지를 쓰시오. (6점)

▶ 동영상 설명

이동식 크레인을 이용하여 배관을 위로 올리는 작업을 하고 있다. 배관 아래의 신호수가 크레인 운전자에게 수신호를 보낸다. 흔들리는 배관에는 유도로프가 보이지 않는다.

정답

① 보조로프(유도로프) 사용

② 작업 전 신호체계 확립

③ 와이어로프 등 체결 상태 점검

④ 낙하 위험구간 근로자 출입 통제

#안전작업수칙 #고압전선로 #항타기 · 항발기

03 고압전선로 인근에서 항타기 · 항발기 작업 시 안전작업수칙 3가지를 쓰시오. (6점)

정답

① 절연용 방호구 설치

② 울타리 설치 또는 감시인 배치

③ 이격거리 확보: 차량 등을 충전부로부터 $300[cm]$ 이상 이격시켜 유지하되, 대지전압이 $50[kV]$를 넘는 경우 $10[kV]$가 증가할 때마다 이격거리 $10[cm]$씩 증가

④ 접지된 차량 등이 충전전로와 접촉할 우려가 있는 경우 근로자가 접지점에 접촉하지 않도록 조치

#사용 전 점검사항 #습윤장소 #이동전선

04 습윤한 장소에서 사용되는 이동전선에 대한 사용 전 점검사항 3가지를 쓰시오. (6점)

정답

① 접속부위의 절연상태 점검

② 전선 피복의 손상 유무 점검

③ 전선의 절연저항 측정

④ 감전방지용 누전차단기 설치 여부 확인

#안전작업수칙 #롤러기 #점검·수리·청소

05 화면을 보고 롤러기의 청소 시 안전작업수칙 3가지를 쓰시오. (6점)

▶ **동영상 설명**

작업자가 인쇄용 윤전기의 전원을 끄지 않고 롤러를 걸레로 닦고 있다. 체중을 실어서 힘 있게 닦고, 위험하게 맞물리는 지점까지 걸레를 집어넣는 순간 작업자의 장갑이 롤러기 사이에 끼인다.

정답

① 회전기계 취급 시 (말려들기 쉬운)장갑을 착용하지 않는다.

② 점검·수리 시 전원 차단 후 작업한다.

③ 롤러기에 방호장치를 설치한다.

#재해발생형태 #재해발생원인 #전동 권선기

06 화면에 나타난 재해발생형태와 재해발생원인 2가지를 쓰시오. (6점)

▶ **동영상 설명**

전동 권선기에 동선을 감는 작업 중 기계가 정지한다. 면장갑을 착용한 작업자가 기계를 열고 점검하던 중 갑자기 깜짝 놀라며 쓰러진다.

정답

(1) 재해발생형태: 감전

(2) 재해발생원인

　　① 절연용 보호구(절연장갑 등) 미착용

　　② 점검 전 정전작업 미실시

#법령 #보호구 #밀폐공간

07 화면에 나타나는 장소에 작업자가 들어갈 때 필요한 호흡용 보호구의 종류 2가지를 쓰시오. (2점)

▶ 동영상 설명

작업자가 폐수처리조에서 슬러지 제거 작업을 하고 있다.

정답

① 공기호흡기
② 송기마스크

#재해위험요인 #경사형 컨베이어

08 화면에 나타나는 재해위험요인 2가지를 쓰시오. (4점)

▶ 동영상 설명

작업자가 작동 중인 경사형 컨베이어에 기계 오른쪽의 포대를 컨베이어 벨트 위로 올리고 있다. 작업자 한 명은 경사진 컨베이어 위에 회전하는 벨트 양 끝부분 모서리에 다리를 벌리고 서 있고, 아래 작업자가 포대를 빠르게 컨베이어에 올리던 중 컨베이어 위의 작업자 발에 포대 끝부분이 부딪친다. 작업자가 무게 중심을 잃고 기계 오른쪽으로 쓰러지면서 팔이 기계 하단으로 들어간다.

정답

① 불안정한 작업자세
② 작업발판 미확보

#보호구 #방진마스크 #분리식

09 화면에 나타나는 보호구의 여과재 분진 등 포집효율을 쓰시오. (3점)

형태 및 등급		염화나트륨(NaCl) 및 파라핀 오일(Paraffin Oil) 시험[%]
분리식	특급	①
	1급	②
	2급	③

정답

① 99.95 이상
② 94.0 이상
③ 80.0 이상

3부

#재해위험요인 #크레인 #인양 작업

01 화면을 보고 재해위험요인 3가지를 쓰시오. (6점)

▶ 동영상 설명

마그네틱 크레인(천장크레인, 호이스트)으로 보조로프 없이 금형을 인양하고 있다. 작업자가 상하좌우 조종장치를 누르면서 이동하다가 갑자기 쓰러지면서 오른손이 마그네틱 ON/OFF 봉을 건드린다. 인양하던 금형이 발등으로 떨어지며 재해가 발생한다. 크레인에는 훅 해지장치가 없다.

정답

① 보조로프(유도로프) 미사용

② 작업자가 낙하 위험구간에서 작업

③ 훅 해지장치 미사용

④ 신호수 미배치

#화학물질 #취급실

02 화면과 같이 작업자가 신발에 물을 묻히는 이유와 화재 시 적합한 소화 방법을 쓰시오. (5점)

▶ 동영상 설명

화학물질 취급실 앞 첫 번째 작업자는 들어가기 전 물이 약간 채워진 철판에 안전화를 담갔다 들어가 작업한다. 두 번째 작업자는 안전화에 물을 묻히지 않고 들어가는데, 바닥의 흰 가루를 밟으면서 폭발음이 들린다.

정답

① 신발에 물을 묻히는 이유: 작업화 표면의 대전성 저하로 정전기에 의한 화재 폭발 방지

② 화재 시 소화방법: 다량 주수에 의한 냉각소화

#보호구 #방독마스크

03 다음 방독마스크에 대하여 알맞은 것을 쓰시오.(단, 정화통의 문자 표기는 무시한다.) (6점)

① 방독마스크의 종류를 쓰시오.
② 방독마스크의 정화통 흡수제 1가지를 쓰시오.
③ 방독마스크가 직결식 전면형일 경우 누설률은 몇 [%]인지 쓰시오.

정답

① 암모니아용 방독마스크
② 큐프라마이트
③ 0.05[%] 이하

#재해방지대책 #배전반

04 화면을 보고 패널 작업 시 감전방지대책 2가지를 쓰시오. (4점)

▶ **동영상 설명**

작업자가 맨손으로 배전반(분전반) 내부 패널 작업을 하고 있다. 다른 작업자가 개폐기의 전원 버튼을 누르는 순간, 패널 작업을 하던 작업자가 쓰러진다.

정답

① 작업 전 검전기 등을 통한 충전상태 확인
② 작업 전 신호체계 확립 및 작업지휘자에 의한 작업지휘
③ 절연용 보호구(절연장갑 등) 착용

#재해위험요인 #인양 작업 #낙하 · 비래

05 화면을 보고 재해위험요인 2가지를 쓰시오. (4점)

▶ **동영상 설명**

작업자가 크레인을 이용하여 비계를 운반하고 있다. 보조로프 없이 와이어로프로 한 번 둘러 인양하던 중 신호수 간에 신호 방법이 맞지 않아 물체가 흔들리며 철골에 부딪힌 뒤 아래로 떨어진다.

정답

① 하물의 인양상태 불량
② 보조로프(유도로프) 미사용
③ 작업 시 신호체계 미흡

#재해발생요인 #전주 작업

06 화면을 보고 재해발생요인 2가지를 쓰시오. (4점)

▶ **동영상 설명**

작업자가 안전대를 체결하지 않고 전주에 올라가 볼트로 된 작업발판을 딛고 변압기 볼트를 조이는 작업을 하다 발을 헛디뎌 추락한다.

정답

① 불안정한 작업발판
② 안전대 및 안전대 부착설비 미사용

#작업안전수칙 #유해물질

07 크롬 도금 작업 시 유해물질에 대한 안전수칙 2가지를 쓰시오. (4점)

정답

① 국소배기장치 등을 통한 실내환기
② 작업장 격리 또는 작업공정의 은폐
③ 작업 전 적합한 보호구 착용
④ 작업 전 작업장 상태점검 및 작업 후 정리정돈

#재해위험요인 #점검 · 수리 · 청소 #띠톱 작업

08 화면을 보고 작업자의 복장 또는 행동의 문제점 3가지를 쓰시오. (6점)

▶ 동영상 설명

작업자가 띠톱 작업을 하고 있다. 노란 버튼을 누르면 띠톱이 위로 이동하며 회전하는 장면이 보인다. 띠톱이 정지한 후 작업자가 작업물을 꺼내기 위해 몸을 기울이는데 면장갑이 띠톱에 걸리며 손을 다친다. 작업자는 면장갑과 안전모를 착용했고 보안경은 착용하지 않았다.

정답

① (끼일 위험이 있는)장갑 착용   ② 자재를 빼낼 때 전원 미차단   ③ 개인 보호구(보안경 등) 미착용

#계측방법 #NATM 공법

09 NATM 공법에 의한 터널 굴착 작업 시 공사의 안전성 및 설계의 타당성 판단 등을 확인하기 위해 실시하는 계측의 종류 3가지를 쓰시오. (6점)

정답

① 내공변위 측정   ② 천단침하 측정

③ 지중, 지표 침하 측정   ④ 록 볼트 축력 측정

⑤ 뿜어붙이기 콘크리트 응력 측정

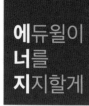

내가 꿈을 이루면
나는 누군가의 꿈이 된다.

– 이도준

여러분의 작은 소리
에듀윌은 크게 듣겠습니다.

본 교재에 대한 여러분의 목소리를 들려주세요.
공부하시면서 어려웠던 점, 궁금한 점,
칭찬하고 싶은 점, 개선할 점, 어떤 것이라도 좋습니다.

에듀윌은 여러분께서 나누어 주신 의견을
통해 끊임없이 발전하고 있습니다.

에듀윌 도서몰 book.eduwill.net
• 부가학습자료 및 정오표: 에듀윌 도서몰 → 도서자료실
• 교재 문의: 에듀윌 도서몰 → 문의하기 → 교재(내용, 출간) / 주문 및 배송

2024 에듀윌 산업안전기사 실기 한권끝장

발 행 일	2024년 2월 1일 초판 │ 2024년 5월 22일 2쇄
저 자	최창률
펴 낸 이	양형남
개 발	목진재, 원은지, 이윤신
펴 낸 곳	(주)에듀윌
등록번호	제25100-2002-000052호
주 소	08378 서울특별시 구로구 디지털로34길 55
	코오롱싸이언스밸리 2차 3층

www.eduwill.net
대표전화 1600-6700

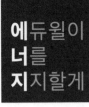

에듀윌이
너를
지지할게

ENERGY

시작하라.  그 자체가 천재성이고,
힘이며, 마력이다.

– 요한 볼프강 폰 괴테(Johann Wolfgang von Goethe)

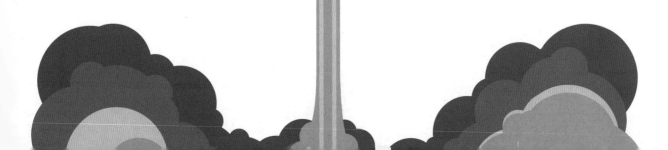

에듀윌
산업안전기사

실기 필답형

필답형을 먼저 준비하라.

필답형 시험을 치른 이후에 작업형 시험 응시 가능

산업안전기사 필기시험은 하루에 시행되지만 실기시험은 필답형과 작업형 시험이 각각 다른 날에 시행됩니다. 연도별로 약간씩 차이는 있지만 보통 필답형 시험을 치른 후 1주일 정도 후에 작업형 시험을 봅니다. 산업안전기사 시험은 오랜 기간 동안 공부하기 보다는 단기간에 집중하여 공부하는 시험입니다. 따라서 처음 실기 공부를 시작할 때에는 필답형 시험에 집중하고 작업형 시험은 시험 직전 일주일에 집중하는 것이 효과적입니다.

필답형과 작업형의 학습내용 유사성

필답형을 준비하는 과정에서 학습하는 내용은 대부분 작업형에도 포함되는 내용입니다. 따라서 필답형 시험공부를 할 때 관련 이론과 기출문제를 완벽하게 공부하면 자연스럽게 작업형 대비도 가능하게 됩니다.

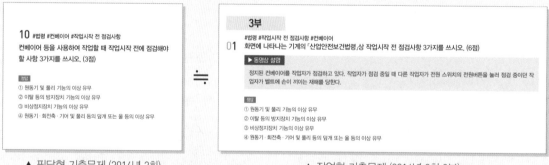

▲ 필답형 기출문제 (2014년 2회)   ▲ 작업형 기출문제 (2014년 2회 3부)

필답형, 작업형 학습내용을 모두 포함한 이론

01 산업안전관리

실기 시험에 나오는 모든 개념을 KEYWORD별로 압축하여 정리하였습니다.

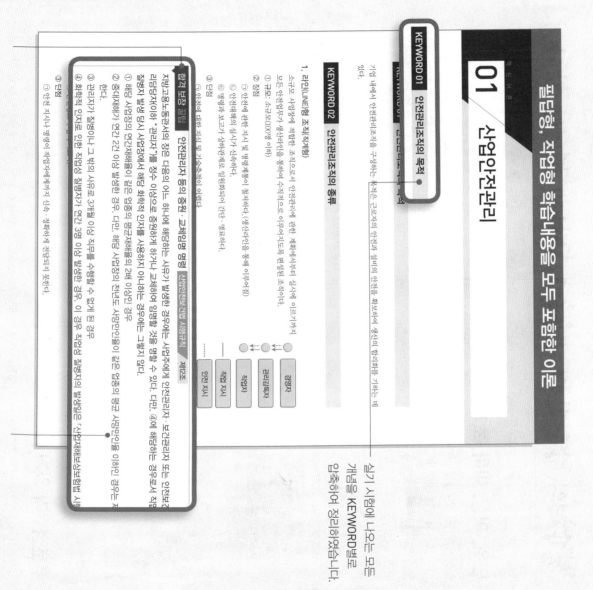

KEYWORD 01 안전관리조직의 목적

기업 내에서 안전관리조직을 구성하는 목적은 근로자의 안전과 설비의 안전을 확보하여 생산의 합리화를 기하는 데 있다.

KEYWORD 02 안전관리조직의 종류

1. 라인(LINE)형 조직(직계형)

소규모 사업장에 적합한 조직으로서 안전관리에 관한 계획에서부터 실시에 이르기까지 모든 안전업무가 생산라인을 통하여 수직적으로 이루어지도록 편성된 조직이다.

① 규모: 소규모(100명 이하)
② 장점
　㉠ 안전에 관한 지시 및 명령계통이 철저하다. (생산라인을 통해 이루어짐)
　㉡ 안전대책의 실시가 신속하다.
　㉢ 명령과 보고가 상하관계로 일원화되어 간단·명료하다.
③ 단점
　㉠ 안전에 대한 지식 및 기술축적이 어렵다.

경영자 → 관리감독자 → 작업자 → 직업 지시 → 안전 지시

합격 보장 꿀팁 안전관리자 등의 증원·교체임명 명령 | 산업재해간별 시행규칙 제12조

지방고용노동관서의 장은 다음의 어느 하나에 해당하는 사유가 발생한 경우에는 사업주에게 안전관리자·보건관리자 또는 안전보건관리담당자("관리자")를 정수 이상으로 증원하게 하거나 교체하여 임명할 것을 명할 수 있다. 다만, (4)에 해당하는 경우로서 직업병 발생 당시 사업장에서 해당 화학적 인자를 사용하지 아니하는 경우에는 그렇지 않다.
① 해당 사업장의 연간재해율이 같은 업종의 평균재해율의 2배 이상인 경우
② 중대재해가 연간 2건 이상 발생한 경우. 다만, 해당 사업장의 전년도 사망만인율이 같은 업종의 평균 사망만인율 이하인 경우는 제외한다.
③ 관리자가 질병이나 그 밖의 사유로 3개월 이상 직무를 수행할 수 없게 된 경우
④ 화학적 인자로 인한 직업성 질병자가 연간 3명 이상 발생한 경우. 이 경우 직업성 질병자의 발생일은 「산업재해보상보험법 시행...

① 단점
　㉠ 안전 지시나 명령이 작업자에게까지 신속·정확하게 전달되지 못한다.

답안지의 답은 민감한 내용을 정확하게 적어야 한다.

단위, 이상, 이하, 초과 등의 표현을 정확하게 기재

산업안전기사 실기시험은 주관식이기 때문에 관련 내용을 정확하게 적어야 합니다. 중요한 단어의 경우에는 맞춤법도 틀리지 않는 것이 좋습니다. 특히 중요한 것은 단위와 이상, 이하, 초과, 미만 등이 표현됩니다. 공부할 때 내용만 외우고 단위나 이상, 이하 등의 표현은 소홀하게 생각하는 경우가 있는데 실제 시험에서 이러한 표현을 넣지 않으면 감점의 요인이 됩니다.

05 #폭발등급 #안전간격

폭발등급에 따른 안전간격을 쓰고, 해당 등급에 속하는 가스를 2개씩 쓰시오. (6점)

정답

폭발등급	1등급	2등급	3등급
안전간격	0.6	0.4 ~ 0.6	0.4
해당 가스	메탄, 에탄	에틸렌, 석탄가스	수소, 아세틸렌

▲ 맞는 내용을 작성했지만 단위와 초과, 이하 등의 표현을 누락하여 감점이 됨

05 #폭발등급 #안전간격

폭발등급에 따른 안전간격을 쓰고, 해당 등급에 속하는 가스를 2개씩 쓰시오. (6점)

정답

폭발등급	1등급	2등급	3등급
안전간격	0.6[mm] 초과	0.4[mm] 이상 0.6[mm] 이하	0.4[mm] 미만
해당 가스	메탄, 에탄	에틸렌, 석탄가스	수소, 아세틸렌

▲ 모든 내용을 정확하게 적어 감점 없이 점수를 획득함

부분점수가 있기 때문에 포기는 금물

산업안전기사 실기시험은 주관식이고 부분점수가 있기 때문에 잘 모르는 문제가 나오더라도 포기하지 않고 일단 답을 적어야 합니다. 이무런 답을 적지 않으면 0점이고, 모두 틀린 답을 적어도 0점입니다. 하지만 단어를 답안을 작성한 내용 중에서 일부 맞는 내용이 있으면 부분점수를 받을 수 있습니다.

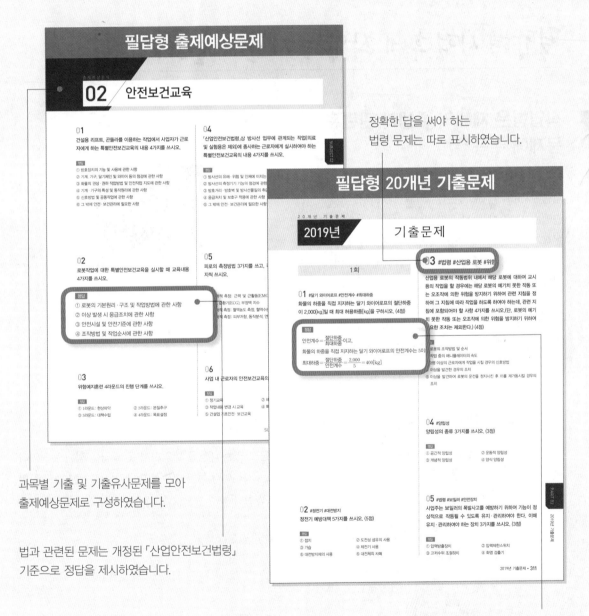

정확한 답을 써야 하는
법령 문제는 따로 표시하였습니다.

과목별 기출 및 기출유사문제를 모아
출제예상문제로 구성하였습니다.

법과 관련된 문제는 개정된 「산업안전보건법령」
기준으로 정답을 제시하였습니다.

계산문제는 감점을 당하지 않도록
계산과정을 모두 넣었고, 초과, 이하
등의 표현을 모두 담아내었습니다.

한달 합격전략 3

필답형 시험 후에 작업형 시험에 올인하라.

작업형은 재해의 발생과 관련된 문제에 주목

작업형 시험에서 다루고 있는 대부분의 문제는 필답형에서도 다루고 있는 문제입니다. 하지만 작업형에는 재해 발생 시 문제점과 대책에 대해 쓰는 문제가 많이 출제됩니다. 따라서 처음 시험공부를 시작할 때에는 필답형과 관련된 내용을 철저하게 공부하고, 남은 1주일 동안 작업형에 특화되어 있는 문제 위주로 공부하는 것이 효과적입니다. 실기 시험은 과락이 없기 때문에 필답형에서 높은 점수를 받지 못해도 작업형에서 고득점을 받으면 합격할 수 있습니다.

작업형은 화면에서 묻고 있는 내용 파악이 중요

작업형 시험은 필답형에 비해 내용은 어렵지 않지만 화면에서 묻고 있는 내용을 파악하지 못해 답을 적지 못하거나 잘못된 답을 적어 감점을 당하는 경우가 많습니다. 화면에 나오는 사진이나 동영상이 잘 이해가 되지 않더라도 화면에서 묻고 있는 내용을 명확하게 파악하면 정확한 답을 적을 수 있습니다.

▲ 화면을 보고 푸는 문제이지만 결국 배관 인양 작업 시 안전대책을 묻고 있음

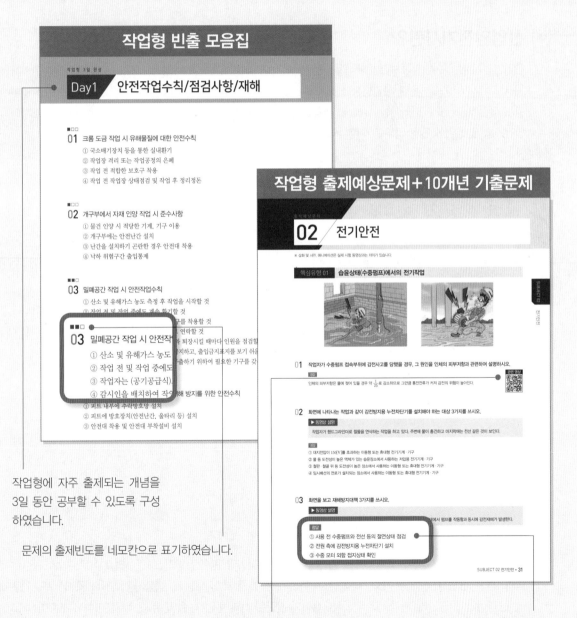

작업형 빈출 모음집

작업형 3일 완성

Day1 | 안전작업수칙/점검사항/재해

01 크롬 도금 작업 시 유해물질에 대한 안전수칙
① 국소배기장치 등을 통한 실내환기
② 작업장 격리 또는 작업공정의 은폐
③ 작업 전 적당한 보호구 착용
④ 작업 전 작업장 상태점검 및 작업 후 정리정돈

02 개구부에서 자재 인양 작업 시 준수사항
① 물건 인양 시 적당한 기계, 기구 이용
② 개구부에는 안전난간 설치
③ 난간을 설치하기 곤란한 경우 안전대 착용
④ 낙하 위험구간 출입통제

03 밀폐공간 작업 시 안전작업수칙
① 산소 및 유해가스 농도 측정 후 작업을 시작할 것
② 작업 전 및 작업 중에도 계속 환기할 것
③ 작업자는 (공기공급식)
④ 감시인을 배치하여 작업상태 파악
⑤ 피트 내부에 추락방호망 설치
② 피트에 방호장치(안전난간, 울타리 등) 설치
③ 안전대 착용 및 안전대 부착설비 설치

03 밀폐공간 작업 시 안전작업수칙
① 산소 및 유해가스 농도 측정 후 작업을 시작할 것
② 작업 전 및 작업 중에도 계속 환기할 것
③ 작업자는 (공기공급식)
④ 감시인을 배치하여 작업상태 파악

작업형에 자주 출제되는 개념을
3일 동안 공부할 수 있도록 구성
하였습니다.

문제의 출제빈도를 네모칸으로 표기하였습니다.

작업형 출제예상문제+10개년 기출문제

02 | 전기안전

※ 삽화 및 사진, 애니메이션은 실제 시험 동영상과는 차이가 있습니다.

핵심유형 01 습윤상태(수중펌프)에서의 전기작업

01 작업자가 수중펌프 접속부위에 감전사고를 당했을 경우, 그 원인을 인체의 피부저항과 관련하여 설명하시오.
정답
인체의 피부저항은 물에 젖어 있을 경우 약 $\frac{1}{25}$로 감소하므로 그만큼 통전전류가 커져 감전의 위험이 높아진다.

02 화면에 나타나는 작업과 같이 감전방지용 누전차단기를 설치해야 하는 대상 3가지를 쓰시오.
▶ 동영상 설명
작업자가 핸드그라인더로 철물을 연삭하는 작업을 하고 있다. 주변에 물이 흥건하고 마지막에는 전선 같은 것이 보인다.
정답
① 대지전압이 150[V]를 초과하는 이동형 또는 휴대형 전기기계·기구
② 물 등 도전성이 높은 액체가 있는 습윤장소에서 사용하는 저압용 전기기계·기구
③ 철판·철골 위 등 도전성이 높은 장소에서 사용하는 이동형 또는 휴대형 전기기계·기구
④ 임시배선의 전로가 설치되는 장소에서 사용하는 이동형 또는 휴대형 전기기계·기구

03 화면을 보고 재해방지대책 3가지를 쓰시오.
▶ 동영상 설명
작업자가 ~ 에서 펌프를 작동함과 동시에 감전재해가 발생한다.
정답
① 사용 전 수중펌프와 전선 등의 절연상태 점검
② 전원 측에 감전방지용 누전차단기 설치
③ 수중 모터 외함 접지상태 확인

작업형 기출문제의 동영상을
애니메이션으로 복원하여 QR
코드로 수록하였습니다.

감점 없이 모든 점수를 받을 수 있
는 모범답안을 수록하였습니다.

☑ 산업안전기사란?

산업안전기사는 「산업안전보건법」에 의해 안전관리자 자격을 취득하기 위해 실시하는 시험이다. 안전관리자는 제조 및 서비스업 등 각 산업현장에 배치되어 산업재해 예방계획의 수립에 관한 사항을 수행하며, 작업환경의 점검 및 개선에 관한 사항, 유해 및 위험방지에 관한 사항, 사고사례 분석 및 개선에 관한 사항, 근로자의 안전교육 및 훈련에 관한 업무를 수행한다.

☑ 시험일정 & 합격자 발표시기

실기 원서 접수	실기시험	최종 합격자 발표일
2024.03.26 ~ 2024.03.29	2024.04.27 ~ 2024.05.12	2024.06.18
2024.06.25 ~ 2024.06.28	2024.07.28 ~ 2024.08.14	2024.09.10
2024.09.10 ~ 2024.09.13	2024.10.19 ~ 2024.11.08	2024.12.11

＊ 정확한 시험일정은 한국산업인력공단 참고

☑ 응시자격

대학 및 전문대학의 경영 · 회계 · 사무 중 생산관리 직무분야와 관련된 학과, 보건 · 의료 직무분야와 관련된 학과, 건설, 광업자원, 기계, 재료, 화학, 섬유 · 의복, 전기 · 전자, 정보통신, 식품가공, 인쇄 · 목재 · 가구 · 공예, 농림어업, 안전관리, 환경 · 에너지 직무분야와 관련된 학과 졸업생, 동일 유사 직무분야에서 4년 이상 실무에 종사한 자가 응시 가능하다.

＊ 정확한 관련 학과의 명칭, 경력 인정범위, 학점은행제 졸업생의 정확한 응시 가능 여부는 한국산업인력공단에 별도 문의

☑ 실기시험 출제기준

실기 과목명	주요항목	세부항목	
산업 안전 실무	산업안전관리 계획수립	• 산업안전계획 수립하기 • 안전보건관리규정 작성하기	• 산업재해예방계획 수립하기 • 산업안전관리 매뉴얼 개발하기
	기계작업공정 특성 분석	• 안전관리상 고려사항 결정하기 • 유사 공정 안전관리 사례 분석하기	• 관련 공정 특성 분석하기 • 기계 위험 안전조건 분석하기
	산업재해 대응	• 산업재해 처리 절차 수립하기 • 산업재해원인 분석하기	• 산업재해자 응급조치하기 • 산업재해 대책 수립하기
	사업장 안전점검	• 산업안전 점검계획 수립하기 • 산업안전 점검 실행하기	• 산업안전 점검표 작성하기 • 산업안전 점검 평가하기
	기계안전시설 관리	• 안전시설 관리 계획하기 • 안전시설 관리하기	• 안전시설 설치하기
	산업안전 보호장비관리	• 보호구 관리하기	• 안전장구 관리하기
	정전기 위험관리	• 정전기 발생방지 계획수립하기 • 정전기 위험요소 제거하기	• 정전기 위험요소 파악하기
	전기 방폭 관리	• 사고 예방 계획수립하기 • 전기 방폭 결함요소 제거하기	• 전기 방폭 결함요소 파악하기
	전기작업안전관리	• 전기작업 위험성 파악하기 • 활선작업 지원하기	• 정전작업 지원하기 • 충전전로 근접작업 안전지원하기
	화재·폭발·누출사고 예방	• 화재·폭발·누출요소 파악하기 • 화재·폭발·누출 사고 예방활동 하기	• 화재·폭발·누출 예방 계획수립하기
	화학물질 안전관리 실행	• 유해·위험성 확인하기	• MSDS 활용하기
	화공안전점검	• 안전점검계획 수립하기 • 안전점검 실행하기	• 안전점검표 작성하기 • 안전점검 평가하기
	건설공사 특성분석	• 건설공사 특수성 분석하기 • 관련 공사자료 활용하기	• 안전관리 고려사항 확인하기
	건설현장 안전시설 관리	• 안전시설 관리 계획하기 • 안전시설 관리하기	• 안전시설 설치하기 • 안전시설 적용하기
	건설공사 위험성평가	• 건설공사 위험성평가 사전준비하기 • 건설공사 위험성 결정하기 • 건설공사 위험성 감소대책 수립하기 • 건설공사 위험성 감소대책 타당성 검토하기	• 건설공사 유해·위험요인파악하기 • 건설공사 위험성평가 보고서 작성하기

☑ 시험시간 & 합격기준

① 시험시간: 필답형은 1시간 30분, 작업형은 1시간 정도이다.

② 합격기준: 필답형은 55점, 작업형은 45점 만점이고, 두 시험의 점수를 합하여 60점 이상이면 합격이다.

차례

PART 01 필답형 핵심이론 및 출제예상문제

PART 02 필답형 기출문제

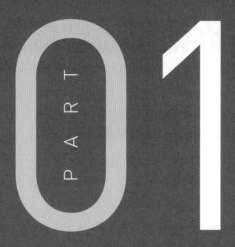

PART **01**

필답형 핵심이론 및 출제예상문제

┃합격 GUIDE

산업안전기사 실기 필답형 시험은 산업안전실무에 관한 내용으로, 이론과 관련된 내용보다는 「산업안전보건법령」과 관련된 내용이 더 많이 출제됩니다. 이론편은 지난 10년 간의 기출문제를 분석하여 시험에 자주 나오는 개념을 핵심 KEYWORD로 정리했습니다. 이론편을 공부한 후 뒤에 있는 출제예상문제를 풀어보면 자신이 약한 분야가 무엇인지 파악하여 단시간에 합격점수를 만들 수 있습니다.

┃학습 FLOW

핵심이론		출제예상문제		NEXT
KEYWORD로 핵심 파악	⇨	최빈출 기출문제로 이론 완벽 파악	⇨	기출문제 풀이

KEYWORD로 정리하는
기출기반 이론

과목별 출제비중

01 / 산업안전관리

CHAPTER 01 안전관리조직

KEYWORD 01 안전관리조직의 목적

기업 내에서 안전관리조직을 구성하는 목적은 근로자의 안전과 설비의 안전을 확보하여 생산의 합리화를 기하는 데 있다.

KEYWORD 02 안전관리조직의 종류

1. 라인(LINE)형 조직(직계형)

소규모 사업장에 적합한 조직으로서 안전관리에 관한 계획에서부터 실시에 이르기까지 모든 안전업무가 생산라인을 통하여 수직적으로 이루어지도록 편성된 조직이다.

① 규모: 소규모(100명 이하)

② 장점

ㄱ 안전에 관한 지시 및 명령계통이 철저하다.(생산라인을 통해 이루어짐)

ㄴ 안전대책의 실시가 신속하다.

ㄷ 명령과 보고가 상하관계로 일원화되어 간단·명료하다.

③ 단점

ㄱ 안전에 대한 지식 및 기술축적이 어렵다.

ㄴ 안전에 대한 정보수집 및 신기술 개발이 미흡하다.

ㄷ 라인에 과중한 책임을 지우기 쉽다.

경영자

관리감독자

작업자

―――― 작업 지시

------- 안전 지시

▲ 라인형 조직 구성도

2. 스태프(STAFF)형 조직(참모형)

중규모 사업장에 적합한 조직으로서 안전업무를 관장하는 참모(STAFF)를 두고 안전관리에 관한 계획·조정·조사·검토·보고 등의 업무와 현장에 대한 기술지원을 담당하도록 편성된 조직이다.

① 규모: 중규모(100~1,000명)

② 장점

ㄱ 사업장 특성에 맞는 전문적인 기술연구가 가능하다.

ㄴ 경영자에게 조언과 자문 역할을 할 수 있다.

ㄷ 안전정보 수집이 빠르다.

③ 단점

ㄱ 안전 지시나 명령이 작업자에게까지 신속·정확하게 전달되지 못한다.

ㄴ 생산부문은 안전에 대한 책임과 권한이 없다.

ⓒ 권한 다툼이나 조정 때문에 시간과 노력이 소모된다.

④ **스태프의 주된 역할**

㉠ 실시계획의 추진

㉡ 안전관리 계획안의 작성

㉢ 정보수집과 주지, 활용

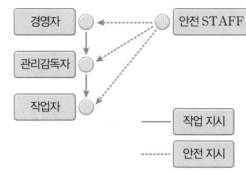

▲ 스태프형 조직 구성도

3. 라인 · 스태프(LINE – STAFF)형 조직(직계참모형)

대규모 사업장에 적합한 조직으로서 라인형과 스태프형의 장점만을 채택한 형태이며 안전업무를 전담하는 스태프를 두고 생산라인의 각 계층에서도 각 부서장으로 하여금 안전업무를 수행하도록 하여 스태프에서 안전에 관한 사항이 결정되면 라인을 통하여 실천하도록 편성된 조직이다.

① **규모**: 대규모(1,000명 이상)

② **장점**

㉠ 안전에 대한 기술 및 경험 축적이 용이하다.

㉡ 사업장에 맞는 독자적인 안전개선책을 강구할 수 있다.

㉢ 안전에 관한 명령과 지시가 생산라인을 통해 신속하게 전달된다.

③ **단점**

㉠ 명령계통과 조언의 권고적 참여가 혼동되기 쉽다.

㉡ 스태프의 월권행위가 있을 수 있다.

④ **특징**: 라인 – 스태프형은 라인과 스태프형의 장점을 절충 · 조정한 유형으로 라인과 스태프가 협조를 이루어 나갈 수 있고 라인에는 생산과 안전보건에 관한 책임을 동시에 지우므로 안전보건업무와 생산업무가 균형을 유지할 수 있는 이상적인 조직이다.

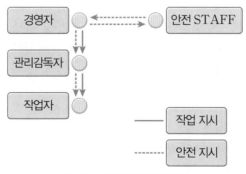

▲ 라인 · 스태프형 조직 구성도

1. 안전관리자의 업무 등 ㅣ산업안전보건법 시행령ㅣ 제18조

① 산업안전보건위원회 또는 노사협의체에서 심의·의결한 업무와 안전보건관리규정 및 취업규칙에서 정한 업무

② 위험성평가에 관한 보좌 및 지도·조언

③ 안전인증대상기계 등과 자율안전확인대상기계 등 구입 시 적격품의 선정에 관한 보좌 및 지도·조언

④ 해당 사업장 안전교육계획의 수립 및 안전교육 실시에 관한 보좌 및 지도·조언

⑤ 사업장 순회점검, 지도 및 조치 건의

⑥ 산업재해 발생의 원인 조사·분석 및 재발 방지를 위한 기술적 보좌 및 지도·조언

⑦ 산업재해에 관한 통계의 유지·관리·분석을 위한 보좌 및 지도·조언

⑧ 법 또는 법에 따른 명령으로 정한 안전에 관한 사항의 이행에 관한 보좌 및 지도·조언

⑨ 업무 수행 내용의 기록·유지

⑩ 그 밖에 안전에 관한 사항으로서 고용노동부장관이 정하는 사항

> **합격 보장 꿀팁** 안전관리자 등의 증원·교체임명 명령 ㅣ산업안전보건법 시행규칙ㅣ 제12조
>
> 지방고용노동관서의 장은 다음의 어느 하나에 해당하는 사유가 발생한 경우에는 사업주에게 안전관리자·보건관리자 또는 안전보건관리담당자(이하 "관리자")를 정수 이상으로 증원하게 하거나 교체하여 임명할 것을 명할 수 있다. 다만, ④에 해당하는 경우로서 직업성 질병자 발생 당시 사업장에서 해당 화학적 인자를 사용하지 아니하는 경우에는 그렇지 않다.
>
> ① 해당 사업장의 연간재해율이 같은 업종의 평균재해율의 2배 이상인 경우
>
> ② 중대재해가 연간 2건 이상 발생한 경우. 다만, 해당 사업장의 전년도 사망만인율이 같은 업종의 평균 사망만인율 이하인 경우는 제외한다.
>
> ③ 관리자가 질병이나 그 밖의 사유로 3개월 이상 직무를 수행할 수 없게 된 경우
>
> ④ 화학적 인자로 인한 직업성 질병자가 연간 3명 이상 발생한 경우. 이 경우 직업성 질병자의 발생일은 「산업재해보상보험법 시행규칙」에 따른 요양급여의 결정일로 한다.

2. 보건관리자의 업무 등 ㅣ산업안전보건법 시행령ㅣ 제22조

① 산업안전보건위원회 또는 노사협의체에서 심의·의결한 업무와 안전보건관리규정 및 취업규칙에서 정한 업무

② 안전인증대상기계 등과 자율안전확인대상기계 등 중 보건과 관련된 보호구 구입 시 적격품 선정에 관한 보좌 및 지도·조언

③ 위험성평가에 관한 보좌 및 지도·조언

④ 작성된 물질안전보건자료의 게시 또는 비치에 관한 보좌 및 지도·조언

⑤ 산업보건의의 직무

⑥ 해당 사업장 보건교육계획의 수립 및 보건교육 실시에 관한 보좌 및 지도·조언

⑦ 해당 사업장의 근로자를 보호하기 위한 다음의 조치에 해당하는 의료행위

　　㉠ 자주 발생하는 가벼운 부상에 대한 치료

　　㉡ 응급처치가 필요한 사람에 대한 처치

　　㉢ 부상·질병의 악화를 방지하기 위한 처치

　　㉣ 건강진단 결과 발견된 질병자의 요양 지도 및 관리

　　㉤ ㉠부터 ㉣까지의 의료행위에 따르는 의약품의 투여

⑧ 작업장 내에서 사용되는 전체 환기장치 및 국소 배기장치 등에 관한 설비의 점검과 작업방법의 공학적 개선에 관한 보좌 및 지도·조언

⑨ 사업장 순회점검, 지도 및 조치 건의

⑩ 산업재해 발생의 원인 조사·분석 및 재발 방지를 위한 기술적 보좌 및 지도·조언

⑪ 산업재해에 관한 통계의 유지·관리·분석을 위한 보좌 및 지도·조언

⑫ 법 또는 법에 따른 명령으로 정한 보건에 관한 사항의 이행에 관한 보좌 및 지도·조언

⑬ 업무 수행 내용의 기록·유지

⑭ 그 밖에 보건과 관련된 작업관리 및 작업환경관리에 관한 사항으로서 고용노동부장관이 정하는 사항

3. 안전보건관리책임자의 업무 `산업안전보건법` `제15조`

① 사업장의 산업재해 예방계획의 수립에 관한 사항

② 안전보건관리규정의 작성 및 변경에 관한 사항

③ 안전보건교육에 관한 사항

④ 작업환경 측정 등 작업환경의 점검 및 개선에 관한 사항

⑤ 근로자의 건강진단 등 건강관리에 관한 사항

⑥ 산업재해의 원인 조사 및 재발 방지대책 수립에 관한 사항

⑦ 산업재해에 관한 통계의 기록 및 유지에 관한 사항

⑧ 안전장치 및 보호구 구입 시 적격품 여부 확인에 관한 사항

⑨ 그 밖에 근로자의 유해·위험 방지조치에 관한 사항으로서 고용노동부령으로 정하는 사항

4. 관리감독자의 업무 `산업안전보건법 시행령` `제15조`

① 사업장 내 관리감독자가 지휘·감독하는 작업(이하 "해당작업")과 관련된 기계·기구 또는 설비의 안전·보건 점검 및 이상 유무의 확인

② 관리감독자에게 소속된 근로자의 작업복·보호구 및 방호장치의 점검과 그 착용·사용에 관한 교육·지도

③ 해당작업에서 발생한 산업재해에 관한 보고 및 이에 대한 응급조치

④ 해당작업의 작업장 정리·정돈 및 통로확보에 대한 확인·감독

⑤ 안전관리자, 보건관리자, 안전보건관리담당자 및 산업보건의의 지도·조언에 대한 협조

⑥ 위험성평가에 관한 유해·위험요인의 파악 및 개선조치의 시행에 대한 참여

⑦ 그 밖에 해당작업의 안전 및 보건에 관한 사항으로서 고용노동부령으로 정하는 사항

KEYWORD 04 산업안전보건위원회 등의 법적체제

1. 구성 `산업안전보건법 시행령` `제35조`

① 근로자위원

　㉠ 근로자대표

　㉡ 근로자대표가 지명하는 1명 이상의 명예산업안전감독관

　㉢ 근로자대표가 지명하는 9명 이내의 해당 사업장의 근로자

② 사용자위원

　㉠ 해당 사업의 대표자

　㉡ 안전관리자 1명

　㉢ 보건관리자 1명

　㉣ 산업보건의

　㉤ 해당 사업의 대표자가 지명하는 9명 이내의 해당 사업장 부서의 장

2. 산업안전보건위원회 설치대상 산업안전보건법 시행령 별표 9

사업의 종류	사업장의 상시근로자 수
1. 토사석 광업 2. 목재 및 나무제품 제조업; 가구 제외 3. 화학물질 및 화학제품 제조업; 의약품 제외(세제, 화장품 및 광택제 제조업과 화학섬유 제조업 제외) 4. 비금속 광물제품 제조업 5. 1차 금속 제조업 6. 금속가공제품 제조업; 기계 및 가구 제외 7. 자동차 및 트레일러 제조업 8. 기타 기계 및 장비 제조업(사무용 기계 및 장비 제조업 제외) 9. 기타 운송장비 제조업(전투용 차량 제조업 제외)	상시근로자 50명 이상
10. 농업 11. 어업 12. 소프트웨어 개발 및 공급업 13. 컴퓨터 프로그래밍, 시스템 통합 및 관리업 14. 정보서비스업 15. 금융 및 보험업 16. 임대업; 부동산 제외 17. 전문, 과학 및 기술 서비스업(연구개발업 제외) 18. 사업지원 서비스업 19. 사회복지 서비스업	상시근로자 300명 이상
20. 건설업	공사금액 120억 원 이상 (토목공사업의 경우에는 150억 원 이상)
21. 1부터 20까지의 사업을 제외한 사업	상시근로자 100명 이상

3. 회의 등 산업안전보건법 시행령 제37조

① 산업안전보건위원회의 회의는 정기회의와 임시회의로 구분하되, 정기회의는 분기마다 산업안전보건위원회의 위원장이 소집하며, 임시회의는 위원장이 필요하다고 인정할 때에 소집한다.
② 회의는 근로자위원 및 사용자위원 각 과반수의 출석으로 개의하고 출석위원 과반수의 찬성으로 의결한다.
③ 근로자대표, 명예산업안전감독관, 해당 사업의 대표자, 안전관리자 또는 보건관리자는 회의에 출석할 수 없는 경우에는 해당 사업에 종사하는 사람 중에서 1명을 지정하여 위원으로서의 직무를 대리하게 할 수 있다.
④ 산업안전보건위원회는 다음의 사항을 기록한 회의록을 작성하여 갖추어 두어야 한다.
    ㉠ 개최 일시 및 장소
    ㉡ 출석위원
    ㉢ 심의 내용 및 의결·결정 사항
    ㉣ 그 밖의 토의사항

4. 회의 결과 등의 공지 산업안전보건법 시행령 제39조

① 사내방송이나 사내보
② 게시 또는 자체 정례조회
③ 그 밖의 적절한 방법

5. 협의체의 구성 및 운영 <small>산업안전보건법 시행규칙</small> <small>제79조</small>

① 구성: 도급인 및 그의 수급인 전원

② 협의사항

ㄱ 작업의 시작 시간

ㄴ 작업 또는 작업장 간의 연락방법

ㄷ 재해발생 위험이 있는 경우 대피방법

ㄹ 작업장에서의 위험성평가의 실시에 관한 사항

ㅁ 사업주와 수급인 또는 수급인 상호 간의 연락방법 및 작업공정의 조정

③ 운영 주기: 매월 1회 이상 정기적인 회의를 개최하고 그 결과를 기록·보존

CHAPTER 02 안전보건관리계획

KEYWORD 01 안전보건관리규정

1. 작성내용 <small>산업안전보건법</small> <small>제25조</small>

① 안전 및 보건에 관한 관리조직과 그 직무에 관한 사항

② 안전보건교육에 관한 사항

③ 작업장의 안전 및 보건 관리에 관한 사항

④ 사고 조사 및 대책 수립에 관한 사항

⑤ 그 밖에 안전 및 보건에 관한 사항

2. 안전보건관리규정 세부내용 <small>산업안전보건법 시행규칙</small> <small>별표 3</small>

① 총칙

ㄱ 안전보건관리규정 작성의 목적 및 적용 범위에 관한 사항

ㄴ 사업주 및 근로자의 재해 예방 책임 및 의무 등에 관한 사항

ㄷ 하도급 사업장에 대한 안전·보건관리에 관한 사항

② 안전·보건 관리조직과 그 직무

ㄱ 안전·보건 관리조직의 구성방법, 소속, 업무 분장 등에 관한 사항

ㄴ 안전보건관리책임자(안전보건총괄책임자), 안전관리자, 보건관리자, 관리감독자의 직무 및 선임에 관한 사항

ㄷ 산업안전보건위원회의 설치·운영에 관한 사항

ㄹ 명예산업안전감독관의 직무 및 활동에 관한 사항

ㅁ 작업지휘자 배치 등에 관한 사항

③ 안전·보건교육

ㄱ 근로자 및 관리감독자의 안전·보건교육에 관한 사항

ㄴ 교육계획의 수립 및 기록 등에 관한 사항

④ 작업장 안전관리

　　㉠ 안전 · 보건관리에 관한 계획의 수립 및 시행에 관한 사항

　　㉡ 기계 · 기구 및 설비의 방호조치에 관한 사항

　　㉢ 유해 · 위험기계 등에 대한 자율검사프로그램에 의한 검사 또는 안전검사에 관한 사항

　　㉣ 근로자의 안전수칙 준수에 관한 사항

　　㉤ 위험물질의 보관 및 출입 제한에 관한 사항

　　㉥ 중대재해 및 중대산업사고 발생, 급박한 산업재해 발생의 위험이 있는 경우 작업중지에 관한 사항

　　㉦ 안전표지 · 안전수칙의 종류 및 게시에 관한 사항과 그 밖에 안전관리에 관한 사항

⑤ 작업장 보건관리

　　㉠ 근로자 건강진단, 작업환경측정의 실시 및 조치절차 등에 관한 사항

　　㉡ 유해물질의 취급에 관한 사항

　　㉢ 보호구의 지급 등에 관한 사항

　　㉣ 질병자의 근로 금지 및 취업 제한 등에 관한 사항

　　㉤ 보건표지 · 보건수칙의 종류 및 게시에 관한 사항과 그 밖에 보건관리에 관한 사항

⑥ 사고 조사 및 대책 수립

　　㉠ 산업재해 및 중대산업사고의 발생 시 처리 절차 및 긴급조치에 관한 사항

　　㉡ 산업재해 및 중대산업사고의 발생원인에 대한 조사 및 분석, 대책 수립에 관한 사항

　　㉢ 산업재해 및 중대산업사고 발생의 기록 · 관리 등에 관한 사항

⑦ 위험성평가에 관한 사항

　　㉠ 위험성평가의 실시 시기 및 방법, 절차에 관한 사항

　　㉡ 위험성 감소대책 수립 및 시행에 관한 사항

⑧ 보칙

　　㉠ 무재해운동 참여, 안전 · 보건 관련 제안 및 포상 · 징계 등 산업재해 예방을 위하여 필요하다고 판단하는 사항

　　㉡ 안전 · 보건 관련 문서의 보존에 관한 사항

　　㉢ 그 밖의 사항: 사업장의 규모 · 업종 등에 적합하게 작성하며, 필요한 사항을 추가하거나 그 사업장에 관련되지 않는 사항은 제외할 수 있다.

3. 안전보건관리규정 작성대상 　산업안전보건법 시행규칙　 별표 2

사업의 종류	상시근로자 수
1. 농업 2. 어업 3. 소프트웨어 개발 및 공급업 4. 컴퓨터 프로그래밍, 시스템 통합 및 관리업 5. 정보서비스업 6. 금융 및 보험업 7. 임대업; 부동산 제외 8. 전문, 과학 및 기술 서비스업(연구개발업 제외) 9. 사업지원 서비스업 10. 사회복지 서비스업	300명 이상
11. 1부터 10까지의 사업을 제외한 사업	100명 이상

4. 안전보건관리규정의 작성 · 변경 절차 `산업안전보건법` 제26조

안전보건관리규정을 작성하거나 변경할 때에는 산업안전보건위원회의 심의 · 의결을 거쳐야 한다. 다만, 산업안전보건위원회가 설치되어 있지 아니한 사업장의 경우에는 근로자대표의 동의를 받아야 한다.

KEYWORD 02   안전보건관리계획

1. 안전보건개선계획 수립 대상 사업장 `산업안전보건법` 제49조

① 산업재해율이 같은 업종의 규모별 평균 산업재해율보다 높은 사업장
② 사업주가 필요한 안전조치 또는 보건조치를 이행하지 아니하여 중대재해가 발생한 사업장
③ 직업성 질병자가 연간 2명 이상 발생한 사업장
④ 유해인자의 노출기준을 초과한 사업장

2. 안전보건진단을 받아 안전보건개선계획을 수립할 대상 사업장 `산업안전보건법 시행령` 제49조

① 산업재해율이 같은 업종 평균 산업재해율의 2배 이상인 사업장
② 사업주가 필요한 안전조치 또는 보건조치를 이행하지 아니하여 중대재해가 발생한 사업장
③ 직업성 질병자가 연간 2명 이상(상시근로자 1천 명 이상 사업장의 경우 3명 이상) 발생한 사업장
④ 그 밖에 작업환경 불량, 화재 · 폭발 또는 누출 사고 등으로 사업장 주변까지 피해가 확산된 사업장으로서 고용노동부령으로 정하는 사업장

3. 유해위험방지계획서 제출 대상 사업장 `산업안전보건법 시행령` 제42조

다음의 어느 하나에 해당하는 사업으로서 전기 계약용량이 300[kW] 이상인 경우이다.

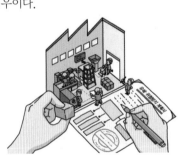

① 금속가공제품 제조업; 기계 및 가구 제외
② 비금속 광물제품 제조업
③ 기타 기계 및 장비 제조업
④ 자동차 및 트레일러 제조업
⑤ 식료품 제조업
⑥ 고무제품 및 플라스틱제품 제조업
⑦ 목재 및 나무제품 제조업
⑧ 기타 제품 제조업
⑨ 1차 금속 제조업
⑩ 가구 제조업
⑪ 화학물질 및 화학제품 제조업
⑫ 반도체 제조업
⑬ 전자부품 제조업

4. 유해위험방지계획서 제출 대상 기계 · 기구 및 설비 `산업안전보건법 시행령` 제42조

① 금속이나 그 밖의 광물의 용해로
② 화학설비

③ 건조설비

④ 가스집합 용접장치

⑤ 근로자의 건강에 상당한 장해를 일으킬 우려가 있는 물질로서 고용노동부령으로 정하는 물질의 밀폐 · 환기 · 배기를 위한 설비

5. 유해위험방지계획서 제출 대상 건설공사 `산업안전보건법 시행령` `제42조`

① 다음의 어느 하나에 해당하는 건축물 또는 시설 등의 건설 · 개조 또는 해체(이하 "건설 등") 공사

　㉠ 지상높이가 31[m] 이상인 건축물 또는 인공구조물

　㉡ 연면적 3만[m²] 이상인 건축물

　㉢ 연면적 5천[m²] 이상인 시설로서 다음 어느 하나에 해당하는 시설

　　• 문화 및 집회시설(전시장 및 동물원 · 식물원 제외)

　　• 판매시설, 운수시설(고속철도의 역사 및 집배송시설 제외)

　　• 종교시설

　　• 의료시설 중 종합병원

　　• 숙박시설 중 관광숙박시설

　　• 지하도상가

　　• 냉동 · 냉장 창고시설

② 연면적 5천[m²] 이상인 냉동 · 냉장 창고시설의 설비공사 및 단열공사

③ 최대 지간길이가 50[m] 이상인 다리의 건설 등 공사

④ 터널의 건설 등 공사

⑤ 다목적댐, 발전용댐, 저수용량 2천만 톤 이상의 용수 전용 댐 및 지방상수도 전용 댐의 건설 등 공사

⑥ 깊이 10[m] 이상인 굴착공사

6. 제출서류 `산업안전보건법 시행규칙` `제42조`

① 제조업 등 유해위험방지계획서에 다음의 서류를 첨부하여 해당 작업 시작 15일 전까지 한국산업안전보건공단에 2부 제출해야 한다.

　㉠ 건축물 각 층의 평면도

　㉡ 기계 · 설비의 개요를 나타내는 서류

　㉢ 기계 · 설비의 배치도면

　㉣ 원재료 및 제품의 취급, 제조 등의 작업방법의 개요

　㉤ 그 밖에 고용노동부장관이 정하는 도면 및 서류

② 건설공사 유해위험방지계획서에 다음의 서류를 첨부하여 해당 공사의 착공 전날까지 한국산업안전보건공단에 2부 제출해야 한다.

　㉠ 공사 개요서

　㉡ 공사현장의 주변현황 및 주변과의 관계를 나타내는 도면(매설물 현황 포함)

　㉢ 전체 공정표

　㉣ 산업안전보건관리비 사용계획서

　㉤ 안전관리 조직표

　㉥ 재해 발생 위험 시 연락 및 대피방법

KEYWORD 03 　안전보건개선계획

1. 안전보건개선계획의 제출시기

안전보건개선계획의 수립·시행 명령을 받은 사업주는 고용노동부령으로 정하는 바에 따라 안전보건개선계획서를 작성하여 그 명령을 받은 날부터 60일 이내에 관할 지방고용노동관서의 장에게 제출(전자문서로 제출하는 것 포함)하여야 한다.

2. 안전보건개선계획서에 포함되어야 할 내용 　산업안전보건법 시행규칙　제61조

① 시설
② 안전보건관리체제
③ 안전보건교육
④ 산업재해 예방 및 작업환경의 개선을 위하여 필요한 사항

3. 안전보건개선계획서의 중점 개선 항목

① 시설
② 기계장치
③ 원료·재료
④ 작업방법
⑤ 작업환경

CHAPTER 03 산업재해 처리 및 분석

KEYWORD 01 　재해조사 목적

1. 재해조사 시 유의사항

① 사실을 수집한다.
② 목격자 등이 증언하는 사실 이외의 추측의 말은 참고만 한다.
③ 조사는 신속하게 행하고 긴급조치를 하여 2차 재해의 방지를 도모한다.
④ 사람, 기계설비, 환경의 측면에서 재해요인을 모두 도출한다.
⑤ 객관적인 입장에서 공정하게 조사하며, 조사는 2인 이상이 한다.
⑥ 책임추궁보다 재발방지를 우선하는 기본 태도를 갖는다.

2. 산업재해 기록

① 산업재해가 발생한 때에는 다음의 사항을 기록·보존하여야 한다. 다만, 산업재해조사표 사본을 보존하거나 요양신청서의 사본에 재해 재발방지 계획을 첨부하여 보존한 경우에는 그렇지 않다. 　산업안전보건법 시행규칙　제72조
　㉠ 사업장의 개요 및 근로자의 인적사항
　㉡ 재해 발생의 일시 및 장소

ⓒ 재해 발생의 원인 및 과정

ⓔ 재해 재발방지 계획

② 목적

㉠ 재해예방 자료수집

㉡ 동종 및 유사재해 재발방지

㉢ 재해발생 원인 및 결함 규명

3. 재해조사에서 방지대책까지의 순서(재해사례연구)

① 1단계: 사실의 확인

㉠ 사람   ㉡ 물건

㉢ 관리   ㉣ 재해 발생까지의 경과

② 2단계: 직접 원인과 문제점의 발견

③ 3단계: 근본적 문제점의 결정

④ 4단계: 대책 수립

4. 산업재해 발생 보고 〔산업안전보건법 시행규칙〕 〔제73조〕

① 산업재해로 사망자가 발생하거나 3일 이상의 휴업이 필요한 부상을 입거나 질병에 걸린 사람이 발생한 경우에는 해당 산업재해가 발생한 날부터 1개월 이내에 산업재해조사표를 작성하여 관할 지방고용노동관서의 장에게 제출(전자문서로 제출하는 것 포함)하여야 한다.

② 산업재해조사표에 근로자대표의 확인을 받아야 하며, 그 기재 내용에 대하여 근로자대표의 이견이 있는 경우에는 그 내용을 첨부하여야 한다. 다만, 근로자대표가 없는 경우에는 재해자 본인의 확인을 받아 산업재해조사표를 제출할 수 있다.

※ 중대재해가 발생한 사실을 알게 된 경우에는 지체 없이 관할 지방고용노동관서의 장에게 전화·팩스 또는 그 밖에 적절한 방법으로 보고하여야 한다.

KEYWORD 02   재해 발생 시 조치순서

1. 긴급처리

① 재해 발생 기계의 정지 및 피해확산 방지

② 재해자의 구조 및 응급조치

③ 관계자에게 통보

④ 2차 재해방지

⑤ 현장보존

2. 재해조사

누가, 언제, 어디서, 어떤 작업을 하고 있을 때, 어떤 환경에서, 불안전 행동이나 상태는 없었는지 등에 대한 조사를 실시한다.

3. 원인강구(4M)

인간(Man), 기계(Machine), 작업매체(Media), 관리(Management) 측면에서의 원인을 분석한다.

4. 대책수립(3E)

유사한 재해를 예방하기 위한 기술적(Engineering), 교육적(Education), 관리적(Enforcement) 측면에서의 대책을 수립한다.

5. 대책실시계획

6. 실시

7. 평가

KEYWORD 03 **재해 발생 모델**

① **단순 자극형(집중형):** 상호자극에 의하여 순간적으로 재해가 발생하는 유형으로 재해가 일어난 장소나 그 시점에 일시적으로 사고요인이 집중된다.

② **연쇄형(사슬형):** 하나의 사고요인이 또 다른 요인을 발생시키면서 재해가 발생하는 유형이다. 단순 연쇄형과 복합 연쇄형이 있다.

③ **복합형:** 단순 자극형과 연쇄형의 복합적인 발생유형이다. 일반적으로 대부분의 산업재해는 재해 원인들이 복잡하게 결합되어 있는 복합형이다.

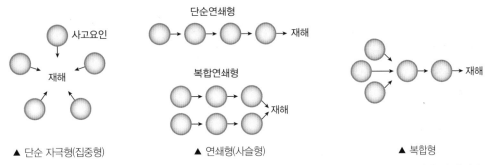

▲ 단순 자극형(집중형)　　　　▲ 연쇄형(사슬형)　　　　▲ 복합형

④ 연쇄형의 경우에는 원인들 중 하나를 제거하면 재해가 일어나지 않는다. 그러나 단순 자극형이나 복합형은 원인 하나를 제거하더라도 재해가 일어나지 않는다는 보장이 없으므로 도미노 이론이 적용되지 않는다. 이런 요인들은 부속적인 요인들에 불과하다. 따라서 재해조사에 있어서는 가능한 한 모든 요인들을 파악하도록 하여야 한다.

떨어짐(추락)	사람이 인력(중력)에 의하여 건축물, 구조물, 가설물, 수목, 사다리 등의 높은 장소에서 떨어지는 경우
넘어짐(전도)	사람이 거의 평면 또는 경사면, 층계 등에서 구르거나 넘어지는 경우
깔림·뒤집힘(전도·전복)	기대어져 있거나 세워져 있는 물체 등이 쓰러져 깔린 경우 및 지게차 등의 건설기계 등이 운행 또는 작업 중 뒤집어진 경우
부딪힘·접촉(충돌)	재해자 자신의 움직임·동작으로 인하여 기인물에 접촉 또는 부딪히거나, 물체가 고정부에서 이탈하지 않은 상태로 움직임(규칙, 불규칙) 등에 의하여 부딪히거나 접촉한 경우
맞음(낙하·비래)	구조물, 기계 등에 고정되어 있던 물체가 중력, 원심력, 관성력 등에 의하여 고정부에서 이탈하거나 또는 설비 등으로부터 물질이 분출되어 사람을 가해하는 경우
끼임(협착)	두 물체 사이의 움직임에 의하여 일어난 것으로 직선 운동하는 물체 사이의 끼임, 회전부와 고정체 사이의 끼임, 롤러 등 회전체 사이에 물리거나 또는 회전체·돌기부 등에 감긴 경우
무너짐(붕괴·도괴)	토사, 적재물, 구조물, 건축물, 가설물 등이 전체적으로 허물어져 내리거나 또는 주요 부분이 꺾어져 무너지는 경우

KEYWORD 05 · 재해 발생 원인

1. 직접 원인

① 불안전한 행동(인적 원인, 전체 재해발생 원인의 88[%] 정도)

ㄱ 위험장소 접근   ㄴ 안전장치의 기능 제거
ㄷ 복장·보호구의 잘못된 사용   ㄹ 기계·기구의 잘못된 사용
ㅁ 운전 중인 기계 장치의 점검   ㅂ 불안전한 속도 조작
ㅅ 위험물 취급 부주의   ㅇ 불안전한 상태 방치
ㅈ 불안전한 자세나 동작   ㅊ 감독 및 연락 불충분

② 불안전한 행동을 일으키는 내적요인과 외적요인의 발생형태 및 대책

ㄱ 내적요인

- 소질적 조건: 적성배치
- 의식의 우회: 상담
- 경험 및 미경험: 교육

ㄴ 외적요인

- 작업 및 환경조건 불량: 환경 정비
- 작업순서의 부적당: 작업순서정비

ㄷ 적성배치에 있어서 고려되어야 할 기본사항

- 적성검사를 실시하여 개인의 능력을 파악한다.
- 직무평가를 통하여 자격수준을 정한다.
- 인사관리의 기준원칙을 고수한다.

③ 불안전한 상태(물적 원인)

ㄱ 물건 자체의 결함
ㄴ 안전방호장치의 결함
ㄷ 복장·보호구의 결함

ⓔ 기계의 배치 및 작업장소의 결함
ⓜ 작업환경의 결함(부적당한 조명, 부적당한 온·습도, 과다한 소음, 부적당한 배기)
ⓗ 생산공정의 결함
ⓢ 경계표시 및 설비의 결함

2. 간접 원인

① **기술적 원인**: 기계·기구·설비 등의 방호 설비, 경계 설비, 보호구 정비, 구조재료의 부적당 등의 기술적 결함
② **교육적 원인**: 무지, 경시, 불이해, 훈련 미숙, 나쁜 습관 등
③ **신체적 원인**: 각종 질병, 스트레스, 피로, 수면 부족 등
④ **정신적 원인**: 태만, 반항, 불만, 초조, 긴장, 공포 등
⑤ **관리적 원인**: 책임감의 부족, 부적절한 인사 배치, 작업 기준의 불명확, 점검·보건 제도의 결함, 근로 의욕 침체, 작업지시 부적절 등

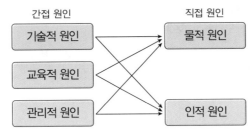

KEYWORD 06 상해의 종류

① **골절**: 뼈에 금이 가거나 부러진 상해
② **동상**: 저온물 접촉으로 생긴 동상 상해
③ **부종**: 국부의 혈액순환의 이상으로 몸이 퉁퉁 부어오르는 상해
④ **자상**: 칼날 등 날카로운 물건에 찔린 상해
⑤ **좌상**: 타박, 충돌, 추락 등으로 피부의 표면보다는 피하조직 또는 근육부를 다친 상해(삔 것 포함)
⑥ **절상**: 뼈가 부러지거나 뼈마디가 어긋나 다침 또는 그런 부상
⑦ **중독, 질식**: 음식, 약물, 가스 등에 의해 중독이나 질식된 상태
⑧ **찰과상**: 스치거나 문질러서 벗겨진 상태
⑨ **창상**: 창, 칼 등에 베인 상처
⑩ **청력 장해**: 청력이 감퇴 또는 난청이 된 상태
⑪ **시력 장해**: 시력이 감퇴 또는 실명이 된 상태
⑫ **화상**: 화재 또는 고온물 접촉으로 인한 상해

1. 재해조사의 목적

① 동종 및 유사한 재해의 재발을 방지한다.
② 재해발생의 원인을 분석한다.
③ 재해예방의 적절한 대책을 수립한다.
④ 불안전한 상태와 행동 등을 파악하기 위한 것이다.

2. 재해통계의 역할

① 재해의 원인을 분석하고 위험한 작업 및 여건을 도출한다.
② 합리적이고 경제적인 재해예방 정책방향을 설정한다.
③ 재해실태를 파악하여 예방활동에 필요한 기초자료 및 지표를 제공한다.
④ 재해예방사업의 추진실적을 평가하는 측정 수단이다.

3. 재해통계의 활용

① 제도의 개선 및 시정
② 재해의 경향파악
③ 동종 업종과의 비교

4. 재해통계 작성 시 유의할 점

① 활용 목적을 수행할 수 있도록 충분한 내용이 포함되어야 한다.
② 재해통계는 구체적으로 표시되고, 그 내용은 용이하게 이해되며 이용할 수 있어야 한다.
③ 재해통계는 항목 내용 등 재해요소가 정확히 파악될 수 있도록 예방대책이 수립되어야 한다.
④ 재해통계는 정량적으로 정확하게 수치적으로 표시되어야 한다.
⑤ 재해통계를 기반으로 안전조건이나 상태를 추측해서는 안 된다.
⑥ 재해통계 그 자체보다는 재해통계에 나타난 경향과 성질의 활용을 중요시하여야 한다.
⑦ 이용 및 활용가치가 없는 재해통계는 그 작성에 따른 시간과 경비의 낭비임을 인지하여야 한다.

1. 배경

하인리히는 재해를 예방하기 위하여 "재해예방 4원칙"이란 예방이론을 제시하였다. 사고는 손실우연의 원칙에 의하여 반복적으로 발생할 수 있으므로 사고발생 자체를 예방해야 한다고 주장하였다.

2. 하인리히의 재해예방 4원칙

① 손실우연의 원칙: 재해손실은 사고발생 시 사고대상의 조건에 따라 달라지므로 한 사고의 결과로서 생긴 재해손실은 우연성에 의해서 결정된다.
② 원인계기(원인연계)의 원칙: 재해발생은 반드시 원인이 있다.

③ 예방가능의 원칙: 재해는 원칙적으로 원인만 제거하면 예방이 가능하다.

④ 대책선정의 원칙: 재해예방을 위한 가능한 안전대책은 반드시 존재한다.

KEYWORD 09 사고예방대책의 기본원리 5단계

1. 1단계 – 조직(안전관리조직)

① 경영층의 안전목표 설정

② 안전관리조직 구성(안전관리자 선임 등)

③ 안전활동 및 계획 수립

2. 2단계 – 사실의 발견(현상파악)

① 사고 및 안전활동의 기록 검토

② 작업분석

③ 안전점검, 검사 및 조사

④ 사고조사

⑤ 각종 안전회의 및 토의

⑥ 근로자의 건의 및 애로 조사

3. 3단계 – 분석 · 평가(원인규명)

① 사고조사 결과의 분석

② 불안전 상태 및 불안전 행동 분석

③ 작업공정 및 작업형태 분석

④ 교육 및 훈련의 분석

⑤ 안전수칙 및 안전기준 분석

4. 4단계 – 시정책의 선정

① 기술의 개선

② 인사조정

③ 교육 및 훈련 개선

④ 안전규정 및 수칙의 개선

⑤ 이행의 감독과 제재 강화

5. 5단계 – 시정책의 적용

① 목표 설정

② 3E(기술, 교육, 관리)의 적용

1. 재해율

산재보험적용 근로자 수 100명당 발생하는 재해자 수의 비율이다.

$$재해율 = \frac{재해자\ 수}{산재보험적용\ 근로자\ 수} \times 100$$

※ 산재보험적용 근로자 수란 「산업재해보상보험법」이 적용되는 근로자 수를 말한다.

2. 연천인율

1년간 평균 임금근로자 1,000명당 재해자 수이다.

$$연천인율 = \frac{연간\ 재해(사상)자\ 수}{연평균\ 근로자\ 수} \times 1,000$$

$$연천인율 = 도수율(빈도율) \times 2.4$$

※ 2.4는 연근로자 수가 주어지지 않을 때 근로자 1인당 연근로시간 수를 2,400시간(8시간×300일)으로 가정하여 계산한 수치이다.

3. 도수율(빈도율)(F.R; Frequency Rate of Injury)

100만 근로시간당 발생하는 재해건수이다.

$$도수율(빈도율) = \frac{재해건수}{연근로시간\ 수} \times 1,000,000$$

※ 연근로시간 수 = 근로자 수×1일 근로시간(8시간)×1년(300일)

4. 강도율(S.R; Severity Rate of Injury)

① 근로시간 1,000시간당 요양재해로 인해 발생하는 근로손실일수이다.

$$강도율 = \frac{총\ 요양근로손실일수}{연근로시간\ 수} \times 1,000$$

② 총 요양근로손실일수

총 요양근로손실일수는 재해자의 총 요양기간을 합산하여 산출하되, 사망, 부상 또는 질병이나 장해자의 등급별 요양근로손실일수는 아래 표와 같다. 사망, 1~3등급일 때 요양근로손실일수는 7,500일이다.

등급	4	5	6	7	8	9	10	11	12	13	14
일수	5,500	4,000	3,000	2,200	1,500	1,000	600	400	200	100	50

③ 일시 전노동 불능

의사의 진단에 따라 일정기간 노동에 종사할 수 없는 상해의 경우, $휴업일수 \times \dfrac{연근무일수}{365}$ 로 산출한다.

5. 종합재해지수(F.S.I; Frequency Severity Indicator)

재해 빈도의 다수와 상해 정도의 강약을 종합한다.

$$종합재해지수(FSI) = \sqrt{도수율(FR) \times 강도율(SR)}$$

6. 환산강도율

근로자가 입사하여 퇴직할 때까지 잃을 수 있는 근로손실일수이다.

$$환산강도율 = 강도율 \times \frac{총 \ 근로시간 \ 수}{1,000}$$

※ 총 근로시간 수가 주어지지 않을 때 입사하여 퇴직할 때까지(40년) 총 근로시간 수를 10만 시간으로 가정하여

환산강도율 = 강도율 × 100으로 나타낼 수 있다.

7. 환산도수율

근로자가 입사하여 퇴직할 때까지 당할 수 있는 재해건수이다.

$$환산도수율 = 도수율 \times \frac{총 \ 근로시간 \ 수}{1,000,000}$$

※ 총 근로시간 수가 주어지지 않을 때 입사하여 퇴직할 때까지(40년) 총 근로시간 수를 10만 시간으로 가정하여

환산도수율 $= \dfrac{도수율}{10}$ 로 나타낼 수 있다.

8. 평균강도율

재해 1건당 평균 근로손실일수이다.

$$평균강도율 = \frac{강도율}{도수율} \times 1,000$$

9. 사망만인율

임금근로자 수 10,000명당 발생하는 사망자 수의 비율이다.

$$사망만인율 = \frac{사망자 \ 수}{산재보험적용 \ 근로자 \ 수} \times 10,000$$

10. 세이프티스코어(Safe T. Score)

① 과거와 현재의 안전성적을 비교, 평가하는 방법으로 단위가 없으며 계산 결과가 (+)이면 과거에 비해 나쁜 기록, (−)이면 과거에 비해 좋은 기록으로 본다.

$$Safe \ T. \ Score = \frac{도수율(현재) - 도수율(과거)}{\sqrt{\dfrac{도수율(과거)}{현재 \ 총 \ 근로시간 \ 수} \times 1,000,000}}$$

② 평가방법

㉠ +2.0 이상인 경우: 과거보다 심각하게 나쁘다.

㉡ +2.0~−2.0인 경우: 심각한 차이가 없다.

㉢ −2.0 이하인 경우: 과거보다 좋다.

11. 안전활동률(R. P. Blake, 미국)

100만 시간당 안전활동건수를 말한다.

$$\text{안전활동률} = \frac{\text{안전활동건수}}{\text{평균 근로자 수} \times \text{근로시간 수}} \times 1{,}000{,}000$$

※ 안전활동건수는 일정 기간 내에 행한 안전개선 권고 수, 안전조치한 불안전 작업 수, 불안전한 행동 적발 수, 불안전한 상태 지적 수, 안전회의 건수 및 안전홍보 건수를 합한 수이다.

KEYWORD 11 재해손실비용

1. 하인리히 방식

$$\text{총 재해코스트} = \text{직접비} + \text{간접비}$$

① **직접비**: 법령으로 지급되는 산재보상비 산업재해보상보험법 제36조
- ㉠ 요양급여
- ㉡ 휴업급여
- ㉢ 장해급여
- ㉣ 간병급여
- ㉤ 유족급여
- ㉥ 상병보상연금
- ㉦ 장례비
- ㉧ 직업재활급여

② **간접비**: 재산 손실, 생산중단 등으로 기업이 입은 손실
- ㉠ 인적 손실: 본인 및 제3자에 관한 것을 포함한 손실
- ㉡ 물적 손실: 기계, 공구, 재료, 시설의 복구에 소비된 시간손실 및 재산손실
- ㉢ 생산 손실: 생산감소, 생산중단, 판매감소 등에 의한 손실
- ㉣ 특수 손실
- ㉤ 기타 손실

③ 직접비 : 간접비 = 1 : 4

※ 우리나라의 재해손실비용은 「경제적 손실 추정액」이라 칭하며 하인리히 방식으로 산정한다.

2. 시몬즈 방식

① 총 재해 코스트

$$\text{총 재해 코스트} = \text{보험 코스트} + \text{비보험 코스트}$$

※ 비보험 코스트 = 휴업상해건수 × A + 통원상해건수 × B + 응급조치건수 × C + 무상해사고건수 × D

A, B, C, D는 장해정도별 비보험 코스트의 평균치

② 상해의 종류
- ㉠ 휴업상해: 영구 부분노동 불능 및 일시 전노동 불능
- ㉡ 통원상해: 일시 부분노동 불능 및 의사의 통원조치를 필요로 하는 상태
- ㉢ 응급조치상해: 응급조치상해 또는 8시간 미만의 휴업 의료조치 상해
- ㉣ 무상해사고: 의료조치를 필요로 하지 않는 상해사고

3. 버드의 방식

총 재해비용＝보험비(1)＋비보험 재산비용(5~50)＋비보험 기타비용(1~3)

① 보험비: 의료비, 보상금
② 비보험 재산비용: 건물손실, 기구 및 장비손실, 조업중단 및 지연
③ 비보험 기타비용: 조사시간, 교육 등

KEYWORD 12 재해사례 연구순서

① 전제 조건 – 재해상황의 파악: 사례연구의 전제 조건인 재해상황의 파악은 다음의 항목에 관하여 실시한다.

㉠ 재해발생 일시, 장소	㉡ 업종, 규모	㉢ 상해의 상황
㉣ 물적 피해상황	㉤ 피해 근로자의 특성	㉥ 사고형태
㉦ 기인물과 가해물	㉧ 조직 계통도	㉨ 재해현황 도면

② 제1단계 – 사실의 확인: 작업의 개시에서 재해의 발생까지의 경과 가운데 재해와 관계가 있는 사실 및 재해요인으로 알려진 사실을 객관적으로 확인한다. 이상 시, 사고 시 또는 재해발생 시의 조치도 포함된다.
③ 제2단계 – 문제점의 발견: 파악된 사실로부터 판단하여 각종 기준에서 차이의 문제점을 발견한다.(직접 원인)
④ 제3단계 – 근본적 문제점의 결정: 문제점 가운데 재해의 중심이 된 근본적 문제점을 결정하고 다음에 재해원인을 결정한다.(기본원인)
⑤ 제4단계 – 대책수립: 사례를 해결하기 위한 대책을 세운다.

CHAPTER 04 산업안전점검

KEYWORD 01 안전점검의 정의 및 목적

1. 안전점검의 정의

안전점검은 설비의 불안전한 상태나 인간의 불안전한 행동으로부터 일어나는 결함을 발견하여 안전대책을 세우기 위한 활동을 말한다.

2. 안전점검의 목적

① 기기 및 설비의 결함이나 불안전한 상태의 제거로 사전에 안전성을 확보하기 위함이다.
② 기기 및 설비의 안전상태 유지 및 본래의 성능을 유지하기 위함이다.
③ 재해방지를 위한 대책을 계획적으로 실시하기 위함이다.

1. 안전점검의 종류

① **일상점검(수시점검):** 작업 전·중·후 수시로 실시하는 점검
② **정기점검:** 정해진 기간에 정기적으로 실시하는 점검
③ **특별점검:** 기계·기구의 신설 및 변경 또는 고장, 수리 등에 의해 부정기적으로 실시하는 점검, 안전강조기간에 실시하는 점검 등
④ **임시점검:** 이상 발견 시 또는 재해발생 시 임시로 실시하는 점검

2. 안전점검표(체크리스트)에 포함되어야 할 사항

① 점검대상
② 점검부분(점검개소)
③ 점검항목(점검내용: 마모, 균열, 부식, 파손, 변형 등)
④ 점검주기 또는 기간(점검시기)
⑤ 점검방법(육안점검, 기능점검, 기기점검, 정밀점검)
⑥ 판정기준(안전검사기준, 법령에 의한 기준, KS기준 등)
⑦ 조치사항(점검결과에 따른 결과의 시정)

3. 안전점검표(체크리스트) 작성 시 유의사항

① 위험성이 높은 순이나 긴급을 요하는 순으로 작성할 것
② 정기적으로 검토하여 설비나 작업방법이 타당성 있게 개조된 내용일 것
③ 점검항목을 이해하기 쉽게 구체적으로 표현할 것
④ 사업장에 적합한 독자적 내용을 가지고 작성할 것

4. 안전점검보고서에 수록될 내용

① 작업현장의 현 배치 상태와 문제점
② 안전교육 실시 현황 및 추진방향
③ 안전방침과 중점개선 계획
④ 재해다발요인과 유형분석 및 비교 데이터 제시
⑤ 보호구, 방호장치 작업환경 실태와 개선 제시

5. 작업시작 전 점검사항 안전보건규칙 별표 3

작업의 종류	점검내용
프레스 등을 사용하여 작업을 할 때	가. 클러치 및 브레이크의 기능 나. 크랭크축·플라이휠·슬라이드·연결봉 및 연결 나사의 풀림 여부 다. 1행정 1정지기구·급정지장치 및 비상정지장치의 기능 라. 슬라이드 또는 칼날에 의한 위험방지 기구의 기능 마. 프레스의 금형 및 고정볼트 상태 바. 방호장치의 기능 사. 전단기의 칼날 및 테이블의 상태

로봇의 작동 범위에서 그 로봇에 관하여 교시 등(로봇의 동력원을 차단하고 하는 것 제외)의 작업을 할 때	가. 외부 전선의 피복 또는 외장의 손상 유무 나. 매니퓰레이터(Manipulator) 작동의 이상 유무 다. 제동장치 및 비상정지장치의 기능
공기압축기를 가동할 때	가. 공기저장 압력용기의 외관 상태 나. 드레인밸브(Drain Valve)의 조작 및 배수 다. 압력방출장치의 기능 라. 언로드밸브(Unloading Valve)의 기능 마. 윤활유의 상태 바. 회전부의 덮개 또는 울 사. 그 밖의 연결 부위의 이상 유무
크레인을 사용하여 작업을 하는 때	가. 권과방지장치·브레이크·클러치 및 운전장치의 기능 나. 주행로의 상측 및 트롤리(Trolley)가 횡행하는 레일의 상태 다. 와이어로프가 통하고 있는 곳의 상태
이동식 크레인을 사용하여 작업을 할 때	가. 권과방지장치나 그 밖의 경보장치의 기능 나. 브레이크·클러치 및 조정장치의 기능 다. 와이어로프가 통하고 있는 곳 및 작업장소의 지반상태
리프트(자동차정비용 리프트 포함)를 사용하여 작업을 할 때	가. 방호장치·브레이크 및 클러치의 기능 나. 와이어로프가 통하고 있는 곳의 상태
지게차를 사용하여 작업을 하는 때	가. 제동장치 및 조종장치 기능의 이상 유무 나. 하역장치 및 유압장치 기능의 이상 유무 다. 바퀴의 이상 유무 라. 전조등·후미등·방향지시기 및 경보장치 기능의 이상 유무
구내운반차를 사용하여 작업을 할 때	가. 제동장치 및 조종장치 기능의 이상 유무 나. 하역장치 및 유압장치 기능의 이상 유무 다. 바퀴의 이상 유무 라. 전조등·후미등·방향지시기 및 경음기 기능의 이상 유무 마. 충전장치를 포함한 홀더 등의 결합상태의 이상 유무
컨베이어 등을 사용하여 작업을 할 때	가. 원동기 및 풀리(Pulley) 기능의 이상 유무 나. 이탈 등의 방지장치 기능의 이상 유무 다. 비상정지장치 기능의 이상 유무 라. 원동기·회전축·기어 및 풀리 등의 덮개 또는 울 등의 이상 유무

KEYWORD 03 안전검사 및 안전인증

1. 안전인증대상기계 등 산업안전보건법 시행령 제74조

① 안전인증대상 기계 또는 설비
- ㉠ 프레스
- ㉡ 전단기 및 절곡기
- ㉢ 크레인
- ㉣ 리프트
- ㉤ 압력용기
- ㉥ 롤러기
- ㉦ 사출성형기
- ㉧ 고소작업대
- ㉨ 곤돌라

② 안전인증대상 방호장치
- ㉠ 프레스 및 전단기 방호장치
- ㉡ 양중기용 과부하방지장치

   ⓒ 보일러 압력방출용 안전밸브

   ⓓ 압력용기 압력방출용 안전밸브

   ⓜ 압력용기 압력방출용 파열판

   ⓗ 절연용 방호구 및 활선작업용 기구

   ⓢ 방폭구조 전기기계·기구 및 부품

   ⓞ 추락·낙하 및 붕괴 등의 위험 방지 및 보호에 필요한 가설기자재로서 고용노동부장관이 정하여 고시하는 것

   ⓩ 충돌·협착 등의 위험 방지에 필요한 산업용 로봇 방호장치로서 고용노동부장관이 정하여 고시하는 것

 ③ 안전인증대상 보호구

   ⓐ 추락 및 감전 위험방지용 안전모   ⓑ 안전화

   ⓒ 안전장갑   ⓓ 방진마스크

   ⓜ 방독마스크   ⓗ 송기마스크

   ⓢ 전동식 호흡보호구   ⓞ 보호복

   ⓩ 안전대   ⓩ 차광 및 비산물 위험방지용 보안경

   ⓚ 용접용 보안면   ⓣ 방음용 귀마개 또는 귀덮개

2. 자율안전확인대상기계 등 　산업안전보건법 시행령　 제77조

 ① 자율안전확인대상 기계 또는 설비

   ⓐ 연삭기 또는 연마기(휴대형 제외)

   ⓑ 산업용 로봇

   ⓒ 혼합기

   ⓓ 파쇄기 또는 분쇄기

   ⓜ 식품가공용 기계(파쇄·절단·혼합·제면기만 해당)

   ⓗ 컨베이어

   ⓢ 자동차정비용 리프트

   ⓞ 공작기계(선반, 드릴기, 평삭·형삭기, 밀링만 해당)

   ⓩ 고정형 목재가공용 기계(둥근톱, 대패, 루타기, 띠톱, 모떼기 기계만 해당)

   ⓩ 인쇄기

 ② 자율안전확인대상 방호장치

   ⓐ 아세틸렌 용접장치용 또는 가스집합 용접장치용 안전기

   ⓑ 교류 아크용접기용 자동전격방지기

   ⓒ 롤러기 급정지장치

   ⓓ 연삭기 덮개

   ⓜ 목재 가공용 둥근톱 반발예방장치와 날접촉예방장치

   ⓗ 동력식 수동대패용 칼날접촉방지장치

   ⓢ 추락·낙하 및 붕괴 등의 위험 방지 및 보호에 필요한 가설기자재로서 고용노동부장관이 정하여 고시하는 것

 ③ 자율안전확인대상 보호구

   ⓐ 안전모(추락 및 감전 위험방지용 안전모 제외)

   ⓑ 보안경(차광 및 비산물 위험방지용 보안경 제외)

   ⓒ 보안면(용접용 보안면 제외)

3. 안전검사대상기계 등

① 안전검사대상 유해·위험기계 등 `산업안전보건법 시행령` 제78조
- ㉠ 프레스
- ㉡ 전단기
- ㉢ 크레인(정격 하중이 2톤 미만인 것 제외)
- ㉣ 리프트
- ㉤ 압력용기
- ㉥ 곤돌라
- ㉦ 국소배기장치(이동식 제외)
- ㉧ 원심기(산업용만 해당)
- ㉨ 롤러기(밀폐형 구조 제외)
- ㉩ 사출성형기(형 체결력 294[kN] 미만 제외)
- ㉪ 고소작업대(화물자동차 또는 특수자동차에 탑재한 고소작업대로 한정)
- ㉫ 컨베이어
- ㉬ 산업용 로봇

② 안전검사의 신청 `산업안전보건법 시행규칙` 제124조, 127조
- ㉠ 안전검사를 받아야 하는 자는 안전검사 신청서를 검사주기 만료일 30일 전에 안전검사 업무를 위탁받은 기관 (이하 "안전검사기관")에 제출(전자문서로 제출하는 것 포함)하여야 한다.
- ㉡ 안전검사 신청을 받은 안전검사기관은 검사 주기 만료일 전후 각각 30일 이내에 해당 기계·기구 및 설비별 로 안전검사를 하여야 한다.
- ㉢ 고용노동부장관은 안전검사에 합격한 사업주에게 안전검사대상기계 등에 직접 부착 가능한 안전검사합격증 명서를 발급하고, 부적합한 경우에는 해당 사업주에게 안전검사 불합격 통지서에 그 사유를 밝혀 통지하여야 한다.

③ 안전검사의 주기 `산업안전보건법 시행규칙` 제126조
- ㉠ 크레인(이동식 크레인 제외), 리프트(이삿짐운반용 리프트 제외) 및 곤돌라: 사업장에 설치가 끝난 날부터 3년 이내에 최초 안전검사를 실시하되, 그 이후부터 2년마다(건설현장에서 사용하는 것은 최초로 설치한 날부터 6개월마다) 실시한다.
- ㉡ 이동식 크레인, 이삿짐운반용 리프트 및 고소작업대: 신규등록 이후 3년 이내에 최초 안전검사를 실시하되, 그 이후부터 2년마다 실시한다.
- ㉢ 프레스, 전단기, 압력용기, 국소배기장치, 원심기, 롤러기, 사출성형기, 컨베이어 및 산업용 로봇: 사업장에 설치 가 끝난 날부터 3년 이내에 최초 안전검사를 실시하되, 그 이후부터 2년마다(공정안전보고서를 제출하여 확 인을 받은 압력용기는 4년마다) 실시한다.

④ 자율검사프로그램을 인정받기 위한 충족 요건 `산업안전보건법 시행규칙` 제132조
- ㉠ 검사원을 고용하고 있을 것
- ㉡ 검사를 할 수 있는 장비를 갖추고 이를 유지·관리할 수 있을 것
- ㉢ 안전검사 주기의 $\frac{1}{2}$에 해당하는 주기(크레인 중 건설현장 외에서 사용하는 크레인의 경우에는 6개월)마다 검 사를 할 것
- ㉣ 자율검사프로그램의 검사기준이 안전검사기준을 충족할 것

01 산업안전관리

01

자동차 회사에서 발생한 산업재해 비용이 [보기]와 같다. 총 재해비용과 직접비, 간접비를 각각 계산하시오.

| 보기 |

(1) 요양급여 200만 원   (2) 생산손실비 1,000만 원

(3) 설계개선비 300만 원   (4) 교육훈련비 500만 원

(5) 작업개선비 700만 원   (6) 휴업보상비 800만 원

정답

① 직접비: 1,000만 원(요양급여＋휴업보상비)

② 간접비: 2,500만 원(생산손실비＋설계개선비＋교육훈련비＋작업개선비)

③ 총 재해비용＝직접비＋간접비＝1,000만＋2,500만＝3,500만 원

02

어느 사업장에서 재해로 인해 신체장해등급을 받은 사람이 다음과 같을 때 총 요양근로손실일수를 계산하시오.

| (1) 사망 2명 | (2) 1급 1명 | (3) 2급 1명 |
| (4) 3급 1명 | (5) 9급 1명 | (6) 10급 4명 |

정답

$7,500 \times (2+1+1+1) + 1,000 \times 1 + 600 \times 4 = 40,900$일

※ 근로손실일수

① 사망 및 영구 전노동 불능(장해등급 1~3등급): 7,500일

② 영구 일부노동 불능(장해등급 4~14등급)

등급	4	5	6	7	8	9	10	11	12	13	14
일수	5,500	4,000	3,000	2,200	1,500	1,000	600	400	200	100	50

03

500명이 근무하는 공장에서 5건의 요양재해가 발생하였다. 이 공장의 도수율을 계산하시오.(단, 연 근로시간은 하루 8시간, 300일이고, 결근율은 5[%]이다.)

정답

$$도수율 = \frac{재해건수}{연근로시간 수} \times 1,000,000$$

$$= \frac{5}{500 \times (8 \times 300 \times 0.95)} \times 1,000,000 ≒ 4.39$$

04

재해예방의 4원칙을 쓰시오.

정답

① 손실우연의 원칙

② 원인계기(원인연계)의 원칙

③ 예방가능의 원칙

④ 대책선정의 원칙

05

안전점검의 종류 4가지를 쓰고, 설명하시오.

정답

① 일상점검(수시점검): 작업 전·중·후 수시로 실시하는 점검

② 정기점검: 정해진 기간에 정기적으로 실시하는 점검

③ 특별점검: 기계·기구의 신설 및 변경 또는 고장, 수리 등에 의해 부정기적으로 실시하는 점검, 안전강조기간에 실시하는 점검 등

④ 임시점검: 이상 발견 시 또는 재해 발생 시 임시로 실시하는 점검

06

상시 근로자 1,000명이 근로하는 H 기업의 연간재해 건수는 60건이며, 지난해에 납부한 산재보험료는 18,000,000원, 산재보상금은 12,650,000원이었다. H 기업의 재해 건수 중 휴업상해(A)건수는 10건, 통원상해(B)건수는 15건, 응급조치(C)건수는 8건, 무상해사고(D)건수는 20건 발생하였다면 하인리히 방식과 시몬즈 방식에 의한 재해손실비용을 각각 계산하시오.(단, A: 900,000원, B: 290,000원, C: 150,000원, D: 200,000원이고, 공식과 계산식도 함께 서술한다.)

정답

① 하인리히 방식

총 재해코스트＝직접비＋간접비

$\qquad$＝12,650,000＋(12,650,000×4)＝63,250,000원

※ 직접비는 법령으로 지급되는 산재보상금을 의미하고,

간접비＝직접비×4이다.

② 시몬즈 방식

총 재해코스트＝보험코스트＋비보험코스트

$\qquad$＝18,000,000＋18,550,000＝36,550,000원

※ 비보험코스트＝휴업상해건수×A＋통원상해건수×B

$\qquad$＋응급조치건수×C＋무상해사고건수×D

$\qquad$＝(10×900,000)＋(15×290,000)＋(8×150,000)

$\qquad$＋(20×200,000)

$\qquad$＝18,550,000원

07

라인형 조직과 라인·스태프형 조직의 장단점을 2가지씩 쓰시오.

정답

① 라인(LINE)형 조직(직계형)

 ㉠ 장점

 • 안전에 관한 지시 및 명령계통이 철저하다.

 • 안전대책의 실시가 신속하다.

 • 명령과 보고가 상하관계로 일원화되어 간단·명료하다.

 ㉡ 단점

 • 안전에 대한 지식 및 기술축적이 어렵다.

 • 안전에 대한 정보수집 및 신기술 개발이 미흡하다.

 • 라인에 과중한 책임을 지우기 쉽다.

② 라인·스태프(LINE-STAFF)형 조직(직계참모형)

 ㉠ 장점

 • 안전에 대한 기술 및 경험 축적이 용이하다.

 • 사업장에 맞는 독자적인 안전개선책을 강구할 수 있다.

 • 안전에 관한 명령과 지시가 생산라인을 통해 신속하게 전달된다.

 ㉡ 단점

 • 명령계통과 조언의 권고적 참여가 혼동되기 쉽다.

 • 스태프의 월권행위가 있을 수 있다.

08

재해사례 연구순서 중 전제조건을 제외한 4단계를 쓰시오.

정답

① 1단계: 사실의 확인

② 2단계: 문제점의 발견

③ 3단계: 근본적 문제점의 결정

④ 4단계: 대책수립

09

근로자 400명이 작업하는 어느 작업장에서 1일 8시간, 연 300일 근무하는 동안 지각 및 조퇴 500시간, 잔업 10,000시간, 사망재해 건수 2건, 기타 휴업일수가 27일이다. 이 작업장의 강도율을 계산하시오.

정답

$$강도율 = \frac{총\ 요양근로손실일수}{연근로시간\ 수} \times 1,000$$

$$= \frac{(7,500 \times 2) + \left(27 \times \frac{300}{365}\right)}{(400 \times 8 \times 300) + 10,000 - 500} \times 1,000 \fallingdotseq 15.49$$

※ 사망은 근로손실일수를 7,500일로 산정한다.

10

안전점검을 하기 위하여 체크리스트(Check List) 작성 시 유의해야 할 사항 3가지를 쓰시오.

정답

① 위험성이 높은 순이나 긴급을 요하는 순으로 작성할 것
② 정기적으로 검토하여 설비나 작업방법이 타당성 있게 개조된 내용일 것
③ 점검항목을 이해하기 쉽게 구체적으로 표현할 것
④ 사업장에 적합한 독자적 내용을 가지고 작성할 것

11

미끄러운 기름이 기계 주위의 바닥에 퍼져 있어 작업자가 작업 중에 넘어져 기계에 부딪혀 다쳤다. 이 경우의 재해분석을 하시오.

정답

① 재해 발생 형태: 넘어짐(전도)
② 기인물: 기름
③ 가해물: 기계
④ 불안전한 상태: 작업장 바닥에 퍼져 있는 기름의 방치

12

재해조사 시 유의사항 5가지를 쓰시오.

정답

① 사실을 수집한다.
② 목격자 등이 증언하는 사실 이외의 추측의 말은 참고만 한다.
③ 조사는 신속하게 행하고, 긴급조치를 하여 2차 재해의 방지를 도모한다.
④ 사람, 기계설비, 환경의 측면에서 재해요인을 모두 도출한다.
⑤ 객관적인 입장에서 공정하게 조사하며, 조사는 2인 이상이 한다.
⑥ 책임추궁보다 재발방지를 우선하는 기본 태도를 갖는다.

13

500명의 근로자가 있는 사업장에서 1년 동안 요양재해는 6건, 장해등급 3급, 5급, 7급, 11급이 각각 1명씩 발생했고, 휴업일수가 438일일 때 이 사업장의 도수율과 강도율을 각각 계산하시오.

정답

① 도수율 $= \dfrac{재해건수}{연근로시간\ 수} \times 1,000,000$

$$= \frac{6}{500 \times (8 \times 300)} \times 1,000,000 = 5$$

② 강도율 $= \dfrac{총\ 요양근로손실일수}{연근로시간\ 수} \times 1,000$

$$= \frac{7,500 + 4,000 + 2,200 + 400 + \left(438 \times \frac{300}{365}\right)}{500 \times (8 \times 300)} \times 1,000 = 12.05$$

※ 근로손실일수
　① 사망 및 영구 전노동 불능(장해등급 1~3급): 7,500일
　② 영구 일부노동 불능(장해등급 4~14등급)

등급	4	5	6	7	8	9	10	11	12	13	14
일수	5,500	4,000	3,000	2,200	1,500	1,000	600	400	200	100	50

14

하인리히의 1:29:300 법칙에 대해 설명하시오.

정답

하인리히의 법칙에 따르면 330건의 사고 가운데 중상 또는 사망 1회, 경상 29회, 무상해사고 300회의 비율로 사고가 발생한다.

15

400명의 근로자가 근무하고 있는 어떤 공장에서 4명의 재해자가 발생했다. 이때 연천인율을 계산하시오.

정답

$$연천인율 = \frac{연간\ 재해(사상)자\ 수}{연평균\ 근로자\ 수} \times 1,000 = \frac{4}{400} \times 1,000 = 10$$

16

차량계 하역운반기계(지게차)를 사용하기 전에 점검해야 할 사항 4가지를 쓰시오.

정답

① 제동장치 및 조종장치 기능의 이상 유무
② 하역장치 및 유압장치 기능의 이상 유무
③ 바퀴의 이상 유무
④ 전조등·후미등·방향지시기 및 경보장치 기능의 이상 유무

17

버드의 최신 도미노(연쇄성) 이론을 순서대로 쓰고, 간략히 설명하시오.

정답

① 1단계: 통제의 부족(관리소홀) → 재해발생의 근원적 요인
② 2단계: 기본 원인(기원) → 개인적 또는 과업과 관련된 요인
③ 3단계: 직접 원인(징후) → 불안전한 행동 및 불안전한 상태
④ 4단계: 사고(접촉)
⑤ 5단계: 상해(손해)

18

하인리히의 재해 예방대책 5단계를 순서대로 쓰시오.

정답

① 1단계: 조직(안전관리조직)
② 2단계: 사실의 발견(현상파악)
③ 3단계: 분석·평가(원인규명)
④ 4단계: 시정책의 선정
⑤ 5단계: 시정책의 적용

19

다음은 상해의 종류에 해당되는 내용이다. 각각의 상해에 대해 설명하시오.

> ① 골절　　　　② 자상
> ③ 좌상　　　　④ 창상

정답

① 골절: 뼈에 금이 가거나 부러진 상해
② 자상: 칼날 등 날카로운 물건에 찔린 상해
③ 좌상: 타박, 충돌, 추락 등으로 피부의 표면보다는 피하조직 또는 근육부를 다친 상해(삔 것 포함)
④ 창상: 창, 칼 등에 베인 상처

20

다음에 해당하는 근로 불능 상해의 종류에 관하여 간략히 설명하시오.

> ① 영구 전노동 불능 상해
> ② 영구 일부노동 불능 상해
> ③ 일시 전노동 불능 상해
> ④ 일시 일부노동 불능 상해

정답

① 부상 결과로 노동기능을 완전히 잃게 되는 부상으로 신체장해등급 1~3급에 해당되며 노동손실일수는 7,500일이다.
② 부상 결과로 신체 부분의 일부가 노동기능을 상실한 부상으로 신체장해등급 4~14급에 해당된다.
③ 의사의 진단에 따라 일정기간 정규노동에 종사할 수 없는 정도의 상해로 신체장해가 남지 않는 일반적 휴업재해이다.
④ 의사의 진단에 따라 부상 이후에 정규노동에 종사할 수 없는 휴업재해 이외의 상해로 일시적으로 작업시간 중에 업무를 떠나 치료를 받는 정도의 상해이다.

21

안전관리자 수를 정수 이상으로 증원하게 하거나 교체하여 임명할 수 있는 경우에 해당하는 내용 4가지를 쓰시오.

정답

① 해당 사업장의 연간재해율이 같은 업종의 평균재해율의 2배 이상인 경우
② 중대재해가 연간 2건 이상 발생한 경우
③ 관리자가 질병이나 그 밖의 사유로 3개월 이상 직무를 수행할 수 없게 된 경우
④ 화학적 인자로 인한 직업성 질병자가 연간 3명 이상 발생한 경우

22

평균 근로자 400명이 작업하는 프레스 금형 공장에서 요양 재해자 수 11명, 요양재해건수 11건, 장해등급 1급 1명, 14급 3명이 발생하였으며, 총 재해코스트는 5,000만 원이었다. 이 공장의 모든 근로자가 1일 8시간, 연간 300일 근로한다면 FSI는 얼마인지 계산하시오.

정답

① 도수율 $= \dfrac{\text{재해건수}}{\text{연근로시간 수}} \times 1,000,000$

$\quad = \dfrac{11}{400 \times (8 \times 300)} \times 1,000,000 ≒ 11.46$

② 강도율 $= \dfrac{\text{총 요양근로손실일수}}{\text{연근로시간 수}} \times 1,000$

$\quad = \dfrac{7,500 + (50 \times 3)}{400 \times (8 \times 300)} \times 1,000 ≒ 7.97$

③ 종합재해지수(FSI) $= \sqrt{\text{도수율} \times \text{강도율}} = \sqrt{11.46 \times 7.97} ≒ 9.56$

※ 장해등급 1급은 근로손실일수를 7,500일, 장해등급 14급은 근로손실일수를 50일로 산정한다.

23

유해위험방지계획서 제출대상 사업의 종류 3가지를 쓰시오.(단, 전기 계약용량이 300[kV] 이상인 경우에 한한다.)

정답

① 금속가공제품 제조업(기계 및 가구 제외)
② 비금속 광물제품 제조업
③ 기타 기계 및 장비 제조업
④ 자동차 및 트레일러 제조업
⑤ 식료품 제조업
⑥ 고무제품 및 플라스틱제품 제조업
⑦ 목재 및 나무제품 제조업
⑧ 기타 제품 제조업
⑨ 1차 금속 제조업
⑩ 가구 제조업
⑪ 화학물질 및 화학제품 제조업
⑫ 반도체 제조업
⑬ 전자부품 제조업

24

아담스의 사고연쇄성 이론 중 (   ) 안에 알맞은 내용을 쓰시오.

$$(\quad ① \quad)-(\quad ② \quad)-(\quad ③ \quad)-\text{사고}-\text{상해}$$

정답

① 관리구조 결함   ② 작전적 에러   ③ 전술적 에러

25

다음 ( ) 안에 알맞은 내용을 쓰시오.

> 총 공사금액이 (①) 이상인 건설공사발주자는 산업재해
> 예방을 위하여 건설공사의 계획, 설계 및 시공단계에서 다음
> 의 구분에 따른 조치를 하여야 한다.
> (1) 건설공사 계획단계: 해당 건설공사에서 중점적으로 관리
> 하여야 할 유해·위험요인과 이의 감소방안을 포함한
> (②)을 작성할 것
> (2) 건설공사 설계단계: (②)을 설계자에게 제공하고, 설
> 계자로 하여금 유해·위험요인의 감소방안을 포함한
> (③)을 작성하게 하고 이를 확인할 것
> (3) 건설공사 시공단계: 건설공사발주자로부터 건설공사를 최
> 초로 도급받은 수급인에게 (③)을 제공하고, 그 수급
> 인에게 이를 반영하여 안전한 작업을 위한 (④)을 작
> 성하게 하고 그 이행 여부를 확인할 것

정답

① 50억 원 ② 기본안전보건대장

③ 설계안전보건대장 ④ 공사안전보건대장

26

1,000명이 근무하는 A 사업장에서 전년도에 3건의 산업재
해가 발생하였다. 이에 따라 이 사업장의 안전관리부서 주
관으로 6개월 동안 다음과 같은 안전활동을 전개하였다. A
사업장의 근무자가 월 26일 근무하였다면 A 사업장의 안전
활동률을 계산하시오.(단, 하루 근무시간은 8시간이다.)

> (1) 불안전 행동의 발견 및 조치 건수: 21건
> (2) 안전제안 건수: 8건
> (3) 안전홍보 건수: 12건
> (4) 안전회의 건수: 8건

정답

$$안전활동률 = \frac{안전활동건수}{평균\ 근로자\ 수 \times 근로시간\ 수} \times 1,000,000$$

$$= \frac{21+8+12+8}{1,000 \times (8 \times 26 \times 6)} \times 1,000,000 ≒ 39.26$$

27

「산업안전보건법령」상 고용노동부장관이 산업재해를 예방
하기 위하여 산업재해 발생건수, 재해율 또는 그 순위 등을
공표하여야 하는 사업장 3가지를 쓰시오.

정답

① 산업재해로 인한 사망자가 연간 2명 이상 발생한 사업장

② 사망만인율이 규모별 같은 업종의 평균 사망만인율 이상인 사업장

③ 중대산업사고가 발생한 사업장

④ 산업재해 발생 사실을 은폐한 사업장

⑤ 산업재해의 발생에 관한 보고를 최근 3년 이내 2회 이상 하지 않은 사
업장

28

다음과 같은 자료의 내용을 기준으로 2006년도와 2007년
도의 Safe T. Score를 계산하고, 안전도에 대한 개선 여부
를 판정하시오.

구분	2006년	2007년
인원	80	100
재해건수	100	125
총 근로시간 수	1,000,000	1,100,000

정답

① 2006년 도수율 $= \dfrac{100}{1,000,000} \times 1,000,000 = 100$,

2007년 도수율 $= \dfrac{125}{1,100,000} \times 1,000,000 ≒ 113.64$이므로

$$\text{Safe T. Score} = \frac{도수율(현재) - 도수율(과거)}{\sqrt{\dfrac{도수율(과거)}{현재\ 총\ 근로시간\ 수} \times 1,000,000}}$$

$$= \frac{113.64 - 100}{\sqrt{\dfrac{100}{1,100,000} \times 1,000,000}} ≒ 1.43$$

② Safe T. Score가 +2.0~-2.0 사이의 값이므로 안전성적은 과거에
비해 심각한 차이가 없다.

29

「산업안전보건법령」상 자율안전확인대상 기계 또는 설비 3가지를 쓰시오.

정답

① 연삭기 또는 연마기(휴대형 제외)
② 산업용 로봇
③ 혼합기
④ 파쇄기 또는 분쇄기
⑤ 식품가공용 기계(파쇄·절단·혼합·제면기만 해당)
⑥ 컨베이어
⑦ 자동차정비용 리프트
⑧ 공작기계(선반, 드릴기, 평삭·형삭기, 밀링만 해당)
⑨ 고정형 목재가공용 기계(둥근톱, 대패, 루타기, 띠톱, 모떼기 기계만 해당)
⑩ 인쇄기

30

집단의 응집력을 결정하는 요소 3가지를 쓰시오.

정답

① 타 집단과의 비교
② 집단 목표성취에 대한 기대
③ 집단혜택
④ 구성원의 자발적 동기

31

산업안전보건위원회의 구성에 있어 사용자 및 근로자위원의 자격을 각각 1가지씩 쓰시오.(단, 산업안전보건위원회의 구성에 있어 사업자대표와 근로자대표는 제외한다.)

정답

| 사용자위원 | ① 안전관리자 1명
② 보건관리자 1명
③ 산업보건의
④ 해당 사업의 대표자가 지명하는 9명 이내의 해당 사업장 부서의 장 |
| 근로자위원 | ① 근로자대표가 지명하는 1명 이상의 명예산업안전감독관
② 근로자대표가 지명하는 9명 이내의 해당 사업장의 근로자 |

32

종업원 1,000명, 도수율 11.37, 강도율 6.3, 연간 근로일수는 275일, 근로시간은 8시간이다. 다음 물음에 답하시오.

① 총 요양근로손실일수를 산정하라.
② 연간 요양재해 건수는?
③ 재해자가 30명 발생했을 때 연천인율은?
④ 종합재해지수는?

정답

① $강도율 = \frac{총 요양근로손실일수}{연근로시간 수} \times 1,000$
$= \frac{총 요양근로손실일수}{1,000 \times (8 \times 275)} \times 1,000 = 6.3$

총 요양근로손실일수 $= \frac{6.3 \times 1,000 \times (8 \times 275)}{1,000} = 13,860$일

② $도수율 = \frac{재해건수}{연근로시간 수} \times 1,000,000$
$= \frac{재해건수}{1,000 \times (8 \times 275)} \times 1,000,000 = 11.37$

재해건수 $= \frac{11.37 \times 1,000 \times (8 \times 275)}{1,000,000} ≒ 25$건

③ $연천인율 = \frac{연간 재해(사상)자 수}{연평균 근로자 수} \times 1,000 = \frac{30}{1,000} \times 1,000 = 30$

④ 종합재해지수(FSI) $= \sqrt{도수율 \times 강도율} = \sqrt{11.37 \times 6.3} ≒ 8.46$

33

컨베이어 등을 사용하여 작업할 때 작업시작 전 점검해야 할 사항 3가지를 쓰시오.

정답

① 원동기 및 풀리 기능의 이상 유무
② 이탈 등의 방지장치 기능의 이상 유무
③ 비상정지장치 기능의 이상 유무
④ 원동기·회전축·기어 및 풀리 등의 덮개 또는 울 등의 이상 유무

34

재해발생 시 조치순서이다. (   ) 안에 알맞은 내용을 쓰시오.

산업재해 발생 → (①   ) → (②   ) → 원인강구 →
(③   ) → 대책실시 계획 → 실시 → (④   )

정답

① 긴급처리   ② 재해조사
③ 대책수립   ④ 평가

35

「산업안전보건법령」상 사업장에 안전보건관리규정을 작성할 때 포함되어야 할 사항 4가지를 쓰시오.(단, 그 밖에 안전 및 보건에 관한 사항은 제외한다.)

정답

① 안전 및 보건에 관한 관리조직과 그 직무에 관한 사항
② 안전보건교육에 관한 사항
③ 작업장의 안전 및 보건 관리에 관한 사항
④ 사고 조사 및 대책 수립에 관한 사항

36

「산업안전보건법령」에 따른 산업안전보건위원회의 심의·의결사항 4가지를 쓰시오.

정답

① 사업장의 산업재해 예방계획의 수립에 관한 사항
② 안전보건관리규정의 작성 및 변경에 관한 사항
③ 안전보건교육에 관한 사항
④ 작업환경측정 등 작업환경의 점검 및 개선에 관한 사항
⑤ 근로자의 건강진단 등 건강관리에 관한 사항
⑥ 중대재해의 원인조사 및 재발 방지대책 수립에 관한 사항
⑦ 산업재해에 관한 통계의 기록 및 유지에 관한 사항
⑧ 유해하거나 위험한 기계·기구·설비를 도입한 경우 안전 및 보건 관련 조치에 관한 사항
⑨ 그 밖에 해당 사업장 근로자의 안전 및 보건을 유지·증진시키기 위하여 필요한 사항

37

다음 중 안전인증대상 기계 또는 설비, 방호장치 또는 보호구에 해당하는 것 4가지를 고르시오.

① 안전대
② 연삭기 덮개
③ 아세틸렌 용접장치용 안전기
④ 압력용기
⑤ 양중기용 과부하 방지장치
⑥ 교류 아크용접기용 자동전격방지기
⑦ 선반
⑧ 동력식 수동대패용 칼날접촉방지장치
⑨ 보호복

정답

① 안전대   ④ 압력용기
⑤ 양중기용 과부하 방지장치   ⑨ 보호복

38

「산업안전보건법령」에 따라 구내운반차를 사용하여 작업을 하고자 할 때 작업시작 전 점검사항 3가지를 쓰시오.

정답

① 제동장치 및 조종장치 기능의 이상 유무
② 하역장치 및 유압장치 기능의 이상 유무
③ 바퀴의 이상 유무
④ 전조등·후미등·방향지시기 및 경음기 기능의 이상 유무
⑤ 충전장치를 포함한 홀더 등의 결합 상태의 이상 유무

39

산업재해조사표의 주요 항목에 해당하지 않는 것을 [보기]에서 3가지 고르시오.

┤ 보기 ├

① 재해자의 국적   ② 재발방지계획
③ 재해 발생일시   ④ 고용형태
⑤ 휴업예상일수   ⑥ 급여수준
⑦ 응급조치 내역   ⑧ 재해자 복직 예정일

정답

⑥ 급여수준   ⑦ 응급조치 내역
⑧ 재해자 복직 예정일

40

안전보건총괄책임자 지정 대상 사업장 2개를 쓰시오.

정답

① 관계수급인에게 고용된 근로자를 포함한 상시근로자가 100명(선박 및 보트 건조업, 1차 금속 제조업 및 토사석 광업의 경우 50명) 이상인 사업
② 관계수급인의 공사금액을 포함한 해당 공사의 총공사금액이 20억 원 이상인 건설업

41

자율검사프로그램의 인정을 취소하거나 인정받은 자율검사프로그램의 내용에 따라 검사를 하도록 시정을 명할 수 있는 경우 2가지를 쓰시오.

정답

① 자율검사프로그램을 인정받고도 검사를 하지 아니한 경우
② 인정받은 자율검사프로그램의 내용에 따라 검사를 하지 아니한 경우
③ 자격 및 경험을 가진 사람 또는 자율안전검사기관이 검사를 하지 아니한 경우
※ 거짓이나 그 밖의 부정한 방법으로 자율검사프로그램을 인정받은 경우에는 인정을 취소하여야 한다.

42

「산업안전보건법령」상 안전보건총괄책임자의 직무 4가지를 쓰시오.

정답

① 위험성평가의 실시에 관한 사항
② 산업재해 또는 중대재해 발생에 따른 작업의 중지
③ 도급 시 산업재해 예방조치
④ 산업안전보건관리비의 관계수급인 간의 사용에 관한 협의·조정 및 그 집행의 감독
⑤ 안전인증대상기계 등과 자율안전확인대상 기계 등의 사용 여부 확인

43

재해사례 연구방법의 가장 중요한 1단계인 사실의 확인 단계에서 파악해야 할 내용 4가지를 쓰시오.

정답

① 사람   ② 물건
③ 관리   ④ 재해 발생까지의 경과

44

[보기]에 해당하는 안전관리자의 최소 인원을 쓰시오.

┤ 보기 ├

① 펄프 제조업: 상시 근로자 600명
② 고무제품 제조업: 상시 근로자 300명
③ 운수업: 상시 근로자 500명
④ 건설업: 공사금액 50억 원

정답

① 2명   ② 1명
③ 2명   ④ 1명

45

근로자가 반복하여 계속적으로 중량물을 취급하는 작업을 할 때 작업시작 전 점검사항 2가지를 쓰시오.(단, 그 밖에 하역운반기계 등의 적절한 사용방법은 제외한다.)

정답

① 중량물 취급의 올바른 자세 및 복장
② 위험물이 날아 흩어짐에 따른 보호구의 착용
③ 카바이드 · 생석회(산화칼슘) 등과 같이 온도 상승이나 습기에 의하여 위험성이 존재하는 중량물의 취급방법

46

이동식 크레인을 사용하여 작업할 때 작업시작 전 점검사항 2가지를 쓰시오.

정답

① 권과방지장치나 그 밖의 경보장치의 기능
② 브레이크 · 클러치 및 조정장치의 기능
③ 와이어로프가 통하고 있는 곳 및 작업장소의 지반상태

47

「산업안전보건법령」에서 규정하는 산업안전보건위원회의 회의록 작성사항 3가지를 쓰시오.

정답

① 개최 일시 및 장소   ② 출석위원
③ 심의 내용 및 의결 · 결정 사항   ④ 그 밖의 토의사항

48

「산업안전보건법령」상 관리감독자의 업무 4가지를 쓰시오.

정답

① 사업장 내 관리감독자가 지휘 · 감독하는 작업과 관련된 기계 · 기구 또는 설비의 안전 · 보건 점검 및 이상 유무의 확인
② 관리감독자에게 소속된 근로자의 작업복 · 보호구 및 방호장치의 점검과 그 착용 · 사용에 관한 교육 · 지도
③ 해당작업에서 발생한 산업재해에 관한 보고 및 이에 대한 응급조치
④ 해당작업의 작업장 정리 · 정돈 및 통로 확보에 대한 확인 · 감독
⑤ 안전관리자, 보건관리자, 안전보건관리담당자 및 산업보건의의 지도 · 조언에 대한 협조
⑥ 위험성평가에 관한 유해 · 위험요인의 파악 및 개선조치의 시행에 대한 참여
⑦ 그 밖에 해당작업의 안전 및 보건에 관한 사항으로서 고용노동부령으로 정하는 사항

49

공기압축기를 가동할 때 작업시작 전 점검사항 4가지를 쓰시오.

정답

① 공기저장 압력용기의 외관 상태
② 드레인밸브의 조작 및 배수
③ 압력방출장치의 기능
④ 언로드밸브의 기능
⑤ 윤활유의 상태
⑥ 회전부의 덮개 또는 울
⑦ 그 밖의 연결 부위의 이상 유무

50

안전인증대상 기계 · 설비 3가지를 쓰시오.

정답

① 프레스   ② 전단기 및 절곡기
③ 크레인   ④ 리프트
⑤ 압력용기   ⑥ 롤러기
⑦ 사출성형기   ⑧ 고소 작업대
⑨ 곤돌라

02 / 안전보건교육

CHAPTER 01 안전보건교육

KEYWORD 01 교육의 필요성과 목적

1. 교육의 목적

피교육자의 발달을 효과적으로 도와줌으로써 이상적인 상태가 되도록 한다.

2. 교육의 개념

① 재해, 기계설비의 소모 등의 감소에 유효하며 산업재해를 예방한다.
② 새로 도입된 신기술에 대한 종업원의 적응을 원활하게 한다.
③ 직무에 대한 지도를 받아 질과 양이 모두 표준에 도달하고 임금의 증가를 도모한다.
④ 직원의 불만과 결근, 이동을 방지한다.
⑤ 내부 이동에 대비한 능력의 다양화 및 승진에 대비한 능력 향상을 도모한다.
⑥ 신입직원은 기업의 내용, 방침과 규정을 파악함으로써 친근감과 안정감을 준다.

3. 학습지도 이론

① **개별화의 원리**: 학습자가 가지고 있는 각각의 요구 및 능력에 맞게 지도해야 한다는 원리
② **통합의 원리**: 학습을 종합적으로 지도하는 것으로 학습자의 능력을 조화있게 발달시키는 원리
③ **사회화의 원리**: 공동학습을 통해 협력과 사회화를 도와준다는 원리
④ **자발성의 원리**: 학습자 스스로 학습에 참여해야 한다는 원리
⑤ **직관의 원리**: 구체적인 사물을 제시하거나 경험 등을 통해 학습효과를 거둘 수 있다는 원리

KEYWORD 02 교육법의 4단계

1. 교육법의 4단계

① **1단계**: 도입-학습할 준비를 시킨다.(배우고자 하는 마음가짐을 일으키는 단계)
② **2단계**: 제시-작업을 설명한다.(내용을 확실하게 이해시키고 납득시키는 단계)
③ **3단계**: 적용-작업을 지휘한다.(이해시킨 내용을 활용시키거나 응용시키는 단계)
④ **4단계**: 확인-가르친 뒤 살펴본다.(교육내용을 정확하게 이해하였는가를 평가하는 단계)

2. 교육법에 따른 교육시간

교육법의 4단계	강의식	토의식
1단계 – 도입(준비)	5분	5분
2단계 – 제시(설명)	40분	10분
3단계 – 적용(응용)	10분	40분
4단계 – 확인(총괄)	5분	5분

KEYWORD 03 안전교육의 기본방향

1. 안전교육의 내용(안전교육계획 수립 시 포함되어야 할 사항)

① 교육 대상(가장 먼저 고려)
② 교육의 종류
③ 교육과목 및 교육내용
④ 교육기간 및 시간
⑤ 교육장소
⑥ 교육방법
⑦ 교육담당자 및 강사
⑧ 교육목표 및 목적

2. 교육준비계획에 포함되어야 할 사항

① 교육목표 설정
② 교육 대상자 범위 결정
③ 교육 과정의 결정
④ 교육방법의 결정
⑤ 강사, 조교 편성
⑥ 교육보조자료의 선정

3. 안전보건교육계획 수립 시 고려사항

① 필요한 정보를 수집한다.
② 현장의 의견을 충분히 반영한다.
③ 안전교육 시행 체계와의 관련을 고려한다.
④ 법 규정에 의한 교육에만 그치지 않는다.

4. 교육지도의 8원칙

① 상대방의 입장고려
② 동기부여
③ 쉬운 것에서 어려운 것 순으로
④ 반복
⑤ 한 번에 하나씩
⑥ 인상의 강화
⑦ 오감의 활용
⑧ 기능적인 이해

5. 학습경험 선정의 원리

① 동기유발의 원리
② 가능성의 원리
③ 다목적 달성의 원리

6. 성인학습의 원리

① 자발적 학습의 원리: 강제적인 학습이 아니다.

② 자기주도적 학습의 원리: 자기가 설계한 목적 및 방법으로 학습한다.

③ 상호학습의 원리: 교학상장을 기하는 학습이다.

④ 생활적응의 원리: 이론보다 실생활에 적용되는 학습이어야 한다.

KEYWORD 04   안전교육의 3단계

1. 1단계: 지식교육

① 강의, 시청각 교육을 통해 지식을 전달하고 이해시킨다.

② 작업의 종류나 내용에 따라 교육범위가 다르다.

2. 2단계: 기능교육

① 교육 대상자가 그것을 스스로 행함으로 얻어진다.

② 개인의 반복적 시행착오에 의해서만 얻어진다.

③ 시험, 견학, 실습, 현장실습 교육을 통해 경험 체득과 이해를 한다.

3. 3단계: 태도교육 – 생활지도, 작업 동작 지도, 적성배치 등을 통한 안전의 습관화

① 청취(들어본다) → ② 이해, 납득(이해시킨다) → ③ 모범(시범을 보인다) → ④ 권장(평가한다) → ⑤ 칭찬한다 또는 ⑥ 벌을 준다

KEYWORD 05   안전보건교육 계획

1. 학습목적과 학습성과의 설정

① 학습목적의 3요소

    ㉠ 주제: 목표달성을 위한 중점 사항

    ㉡ 학습정도: 주제를 학습시킬 범위와 내용의 정도

    ㉢ 학습 목표: 학습목적의 핵심, 학습을 통해 달성하려는 지표

② 학습성과: 학습목적을 세분화하여 구체적으로 결정하는 것이다.

③ 학습성과 설정 시 유의사항

    ㉠ 주제와 학습정도가 포함되어야 한다.

    ㉡ 학습목적에 적합하고 타당해야 한다.

    ㉢ 구체적으로 서술해야 한다.

    ㉣ 수강자의 입장에서 기술해야 한다.

2. 학습자료의 수집 및 체계화

3. 교수방법의 선정

4. 강의안 작성

KEYWORD 06   OJT 및 Off JT

1. OJT(직장 내 교육훈련)

직속상사가 직장 내에서 작업표준을 가지고 업무상의 개별교육이나 지도훈련을 하는 것으로 개별교육에 적합하다.

① 개개인에게 적절한 지도훈련이 가능하다.

② 직장의 실정에 맞게 실제적 훈련이 가능하다.

③ 효과가 곧 업무에 나타나며 훈련의 좋고 나쁨에 따라 개선이 쉽다.

④ 직장의 직속상사에 의한 교육이 가능하고, 훈련 효과에 의해 서로의 신뢰 및 이해도가 높아진다.

2. Off JT(직장 외 교육훈련)

계층별, 직능별로 공통된 교육대상자를 현장 이외의 한 장소에 모아 집합교육을 실시하는 교육형태로 집단교육에 적합하다.

① 다수의 근로자에게 조직적 훈련을 행하는 것이 가능하다.

② 훈련에만 전념할 수 있다.

③ 외부의 전문가를 강사로 초청하는 것이 가능하다.

④ 특별교재·교구 및 설비를 사용하는 것이 가능하다.

⑤ Off JT 안전교육 4단계

    ㉠ 1단계: 학습할 준비를 시킨다.

    ㉡ 2단계: 작업을 설명한다.

    ㉢ 3단계: 작업을 시켜본다.

    ㉣ 4단계: 가르친 뒤 이를 살펴본다.

KEYWORD 07   교육의 3요소와 학습정도의 4단계

1. 교육의 3요소

① 주체: 강사

② 객체: 수강자(학생)

③ 매개체: 교재(교육내용)

2. 학습정도(Level of Learning)

① 인지(to recognize): ~을 인지하여야 한다.

② 지각(to know): ~을 알아야 한다.

③ 이해(to understand): ~을 이해하여야 한다.

④ 적용(to apply): ~을 ~에 적용할 줄 알아야 한다.

1. 학습평가의 기본적인 기준

① 타당성　　　② 신뢰성　　　③ 객관성　　　④ 실용성

2. 교육훈련평가의 4단계

① 반응　　　② 학습　　　③ 행동　　　④ 결과

3. 교육훈련의 평가방법

① 관찰　　　② 면접　　　③ 자료분석　　　④ 과제

⑤ 설문　　　⑥ 감상문　　　⑦ 상호평가　　　⑧ 시험

1. 근로자 안전보건교육

① 정기교육　산업안전보건법 시행규칙　별표 5

교육내용
• 산업안전 및 사고 예방에 관한 사항　　• 산업보건 및 직업병 예방에 관한 사항
• 위험성평가에 관한 사항　　　　　　　• 건강증진 및 질병 예방에 관한 사항
• 유해 · 위험 작업환경 관리에 관한 사항　• 「산업안전보건법령」 및 산업재해보상보험 제도에 관한 사항
• 직무스트레스 예방 및 관리에 관한 사항
• 직장 내 괴롭힘, 고객의 폭언 등으로 인한 건강장해 예방 및 관리에 관한 사항

② 채용 시 교육 및 작업내용 변경 시 교육　산업안전보건법 시행규칙　별표 5

교육내용
• 산업안전 및 사고 예방에 관한 사항　　• 산업보건 및 직업병 예방에 관한 사항
• 위험성평가에 관한 사항　　　　　　　• 「산업안전보건법령」 및 산업재해보상보험 제도에 관한 사항
• 직무스트레스 예방 및 관리에 관한 사항
• 직장 내 괴롭힘, 고객의 폭언 등으로 인한 건강장해 예방 및 관리에 관한 사항
• 기계 · 기구의 위험성과 작업의 순서 및 동선에 관한 사항　　• 작업 개시 전 점검에 관한 사항
• 정리정돈 및 청소에 관한 사항　　　　• 사고 발생 시 긴급조치에 관한 사항
• 물질안전보건자료에 관한 사항

③ 안전보건교육 교육과정별 교육시간　산업안전보건법 시행규칙　별표 4

교육과정	교육대상		교육시간
가. 정기교육	사무직 종사 근로자		매반기 6시간 이상
	그 밖의 근로자	판매업무에 직접 종사하는 근로자	매반기 6시간 이상
		판매업무에 직접 종사하는 근로자 외의 근로자	매반기 12시간 이상
나. 채용 시 교육	일용근로자 및 근로계약기간이 1주일 이하인 기간제근로자		1시간 이상
	근로계약기간이 1주일 초과 1개월 이하인 기간제근로자		4시간 이상
	그 밖의 근로자		8시간 이상

다. 작업내용 변경 시 교육	일용근로자 및 근로계약기간이 1주일 이하인 기간제근로자	1시간 이상
	그 밖의 근로자	2시간 이상
라. 특별교육	일용근로자 및 근로계약기간이 1주일 이하인 기간제근로자 (타워크레인 신호작업 제외)	2시간 이상
	타워크레인 신호작업에 종사하는 일용근로자 및 근로계약기간이 1주일 이하인 기간제근로자	8시간 이상
	그 밖의 근로자	• 16시간 이상(최초 작업에 종사하기 전 4시간 이상 실시하고 12시간은 3개월 이내에서 분할하여 실시 가능) • 단기간 작업 또는 간헐적 작업인 경우에는 2시간 이상
마. 건설업 기초안전 · 보건교육	건설 일용근로자	4시간 이상

2. 관리감독자 안전보건교육

① 정기교육　산업안전보건법 시행규칙 / 별표 5

교육내용
• 산업안전 및 사고 예방에 관한 사항　• 산업보건 및 직업병 예방에 관한 사항 • 위험성평가에 관한 사항　• 유해 · 위험 작업환경 관리에 관한 사항 • 「산업안전보건법령」 및 산업재해보상보험 제도에 관한 사항　• 직무스트레스 예방 및 관리에 관한 사항 • 직장 내 괴롭힘, 고객의 폭언 등으로 인한 건강장해 예방 및 관리에 관한 사항 • 작업공정의 유해 · 위험과 재해 예방대책에 관한 사항 • 사업장 내 안전보건관리체제 및 안전 · 보건조치 현황에 관한 사항 • 표준안전 작업방법 결정 및 지도 · 감독 요령에 관한 사항 • 현장 근로자와의 의사소통능력 및 강의능력 등 안전보건교육 능력 배양에 관한 사항 • 비상시 또는 재해 발생 시 긴급조치에 관한 사항　• 그 밖의 관리감독자의 직무에 관한 사항

② 채용 시 및 작업내용 변경 시 교육　산업안전보건법 시행규칙 / 별표 5

교육내용
• 산업안전 및 사고 예방에 관한 사항　• 산업보건 및 직업병 예방에 관한 사항 • 위험성평가에 관한 사항　• 「산업안전보건법령」 및 산업재해보상보험 제도에 관한 사항 • 직무스트레스 예방 및 관리에 관한 사항 • 직장 내 괴롭힘, 고객의 폭언 등으로 인한 건강장해 예방 및 관리에 관한 사항 • 기계 · 기구의 위험성과 작업의 순서 및 동선에 관한 사항　• 작업 개시 전 점검에 관한 사항 • 물질안전보건자료에 관한 사항 • 사업장 내 안전보건관리체제 및 안전 · 보건조치 현황에 관한 사항 • 표준안전 작업방법 결정 및 지도 · 감독 요령에 관한 사항　• 비상시 또는 재해 발생 시 긴급조치에 관한 사항 • 그 밖의 관리감독자의 직무에 관한 사항

③ 안전보건교육 교육과정별 교육시간　산업안전보건법 시행규칙 / 별표 4

교육과정	교육시간
가. 정기교육	연간 16시간 이상
나. 채용 시 교육	8시간 이상
다. 작업내용 변경 시 교육	2시간 이상
라. 특별교육	• 16시간 이상(최초 작업에 종사하기 전 4시간 이상 실시하고 12시간은 3개월 이내에서 분할하여 실시 가능) • 단기간 작업 또는 간헐적 작업인 경우에는 2시간 이상

3. 안전보건관리책임자 등에 대한 교육시간 | 산업안전보건법 시행규칙 | 별표 4

교육대상	교육시간	
	신규교육	보수교육
가. 안전보건관리책임자	6시간 이상	6시간 이상
나. 안전관리자, 안전관리전문기관의 종사자	34시간 이상	24시간 이상
다. 보건관리자, 보건관리전문기관의 종사자	34시간 이상	24시간 이상
라. 건설재해예방전문지도기관의 종사자	34시간 이상	24시간 이상
마. 석면조사기관의 종사자	34시간 이상	24시간 이상
바. 안전보건관리담당자	–	8시간 이상
사. 안전검사기관, 자율안전검사기관의 종사자	34시간 이상	24시간 이상

4. 특별교육 대상 작업별 교육 | 산업안전보건법 시행규칙 | 별표 5

작업명	교육내용
〈공통내용〉	채용 시 교육 및 작업내용 변경 시 교육과 같은 내용
아세틸렌 용접장치 또는 가스집합 용접장치를 사용하는 금속의 용접·용단 또는 가열작업(발생기·도관 등에 의하여 구성되는 용접장치만 해당)	• 용접 흄, 분진 및 유해광선 등의 유해성에 관한 사항 • 가스용접기, 압력조정기, 호스 및 취관두 등의 기기점검에 관한 사항 • 작업방법·순서 및 응급처치에 관한 사항 • 안전기 및 보호구 취급에 관한 사항 • 화재예방 및 초기대응에 관한 사항 • 그 밖에 안전·보건관리에 필요한 사항
밀폐된 장소(탱크 내 또는 환기가 극히 불량한 좁은 장소)에서 하는 용접작업 또는 습한 장소에서 하는 전기용접작업	• 작업순서, 안전작업방법 및 수칙에 관한 사항 • 환기설비에 관한 사항 • 전격 방지 및 보호구 착용에 관한 사항 • 질식 시 응급조치에 관한 사항 • 작업환경 점검에 관한 사항 • 그 밖에 안전·보건관리에 필요한 사항
전압이 75[V] 이상인 정전 및 활선작업	• 전기의 위험성 및 전격 방지에 관한 사항 • 해당 설비의 보수 및 점검에 관한 사항 • 정전작업·활선작업 시의 안전작업방법 및 순서에 관한 사항 • 절연용 보호구, 절연용 방호구 및 활선작업용 기구 등의 사용에 관한 사항 • 그 밖에 안전·보건관리에 필요한 사항
방사선 업무에 관계되는 작업(의료 및 실험용 제외)	• 방사선의 유해·위험 및 인체에 미치는 영향 • 방사선의 측정기기 기능의 점검에 관한 사항 • 방호거리·방호벽 및 방사선물질의 취급 요령에 관한 사항 • 응급처치 및 보호구 착용에 관한 사항 • 그 밖에 안전·보건관리에 필요한 사항
밀폐공간에서의 작업	• 산소농도 측정 및 작업환경에 관한 사항 • 사고 시의 응급처치 및 비상 시 구출에 관한 사항 • 보호구 착용 및 보호 장비 사용에 관한 사항 • 작업내용·안전작업방법 및 절차에 관한 사항 • 장비·설비 및 시설 등의 안전점검에 관한 사항 • 그 밖에 안전·보건관리에 필요한 사항
석면해체·제거작업	• 석면의 특성과 위험성 • 석면해체·제거의 작업방법에 관한 사항 • 장비 및 보호구 사용에 관한 사항 • 그 밖에 안전·보건관리에 필요한 사항

	• 타워크레인의 기계적 특성 및 방호장치 등에 관한 사항
타워크레인을 사용하는 작업 시 신호업무를 하는 작업	• 화물의 취급 및 안전작업방법에 관한 사항 • 신호방법 및 요령에 관한 사항 • 인양 물건의 위험성 및 낙하·비래·충돌재해 예방에 관한 사항 • 인양물이 적재될 지반의 조건, 인양하중, 풍압 등이 인양물과 타워크레인에 미치는 영향 • 그 밖에 안전·보건관리에 필요한 사항

CHAPTER 02 산업안전심리

KEYWORD 01 착각현상

1. 의미
착각은 물리현상을 왜곡하는 지각현상을 말한다.

2. 종류
① **자동운동**: 암실 내에서 정지된 작은 빛을 응시하고 있으면 그 빛이 움직이는 것처럼 보이는데 이것을 자동운동이라 한다.
② **유도운동**: 실제로 움직이지 않는 것이 어느 기준의 이동에 유도되어 움직이는 것처럼 느껴지는 현상을 말한다.
③ **가현운동(β 운동)**: 객관적으로 정지하고 있는 대상물이 급속히 나타나거나 소멸하는 것으로 인하여 일어나는 운동으로, 마치 대상이 운동하는 것처럼 인식되는 현상을 말한다. ⑩ 영화·영상의 방법

KEYWORD 02 주의와 부주의

1. 주의의 특성
① 선택성(한번에 많은 종류의 자극을 받을 때 소수의 특정한 것에만 반응하는 성질)
　㉠ 인간은 어떤 사물을 기억하는 데 3단계의 과정을 거친다. 첫째 단계는 감각보관(Sensory Storage)으로 시각적인 잔상과 같이 자극이 사라진 후에도 감각기관에 그 자극감각이 잠시 지속되는 것을 말한다. 둘째 단계는 단기기억(Short-term Memory)으로 누구에게 전해야 할 메시지를 잠시 기억하는 것처럼 관련 정보를 잠시 기억하는 것인데, 감각보관으로부터 정보를 암호화하여 단기기억으로 이전하기 위해서는 인간이 그 과정에 주의를 집중해야 한다. 셋째 단계인 장기기억(Long-term Memory)은 단기기억 내의 정보를 의미론적으로 암호화하여 보관하는 것이다.
　㉡ 인간의 정보처리능력은 한계가 있으므로 모든 정보가 단기기억으로 입력될 수는 없다. 따라서 입력정보들 중 필요한 것만을 골라내는 기능을 담당하는 선택여과기(Selective Filter)가 있는 셈인데, 브로드벤트(Broadbent)는 이러한 주의의 특성을 선택적 주의(Selective Attention)라 하였다.

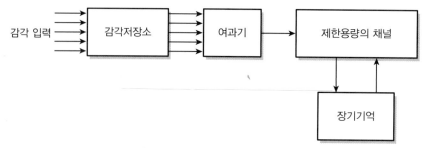

▲ 브로드벤트(Broadbent)의 선택적 주의 모형

② 방향성(시선의 초점이 맞았을 때 쉽게 인지됨): 주의의 초점에 합치된 것은 쉽게 인식되지만 초점으로부터 벗어난 부분은 무시되는 성질을 말하는데, 얼마나 집중하였느냐에 따라 무시되는 정도도 달라진다. 정보를 입수할 때에 중요한 정보의 발생방향을 선택하여 그곳으로부터 중점적인 정보를 입수하고 그 이외의 것을 무시하는 이러한 주의의 특성을 집중적 주의(Focused Attention)라고 하기도 한다.

③ 변동성: 인간은 한 점에 계속하여 주의를 집중할 수 없다. 주의를 계속하는 사이에 자신도 모르게 다른 일을 생각하게 된다. 이것을 다른 말로 '의식의 우회'라고 표현하기도 한다. 대체적으로 변화가 없는 한 가지 자극에 명료하게 의식을 집중할 수 있는 시간은 불과 수초에 지나지 않고, 주의집중 작업 혹은 각성을 요하는 작업(Vigilance Task)은 30분을 넘어서면 작업성능이 현저하게 저하된다.

2. 부주의 원인(현상)

① 의식의 우회: 의식의 흐름이 옆으로 빗나가 발생하는 것(걱정, 고민, 욕구불만 등에 의하여 정신을 빼앗기는 것)이다.

② 의식수준의 저하: 혼미한 정신상태에서 심신이 피로할 경우나 단조로운 반복작업 등의 경우에 일어나기 쉽다.

③ 의식의 단절: 지속적인 의식의 흐름에 단절이 생기고 공백의 상태가 나타나는 것으로, 주로 질병의 경우에 나타난다.

④ 의식의 과잉: 돌발사태에 직면하면 공포를 느끼게 되고 주의가 일점(주시점)에 집중되어 판단정지 및 긴장 상태에 빠지게 되어 유효한 대응을 못하게 된다.

⑤ 의식의 혼란: 외부의 자극이 애매모호하거나, 자극이 강할 때 및 약할 때 등과 같이 외적 조건에 의해 의식이 혼란하거나 분산되어 위험요인에 대응할 수 없을 때 발생한다.

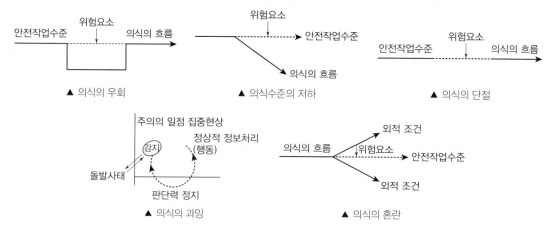

3. 부주의 발생원인 및 대책

① 내적 원인 및 대책
- ㉠ 소질적 조건: 적성배치
- ㉡ 경험 및 미경험: 교육
- ㉢ 의식의 우회: 상담

② 외적 원인 및 대책
- ㉠ 작업 환경조건 불량: 환경 정비
- ㉡ 작업순서의 부적당: 작업순서 변경

③ 정신적 측면에 대한 대책
- ㉠ 주의력 집중 훈련
- ㉡ 스트레스의 해소
- ㉢ 안전의식의 제고
- ㉣ 작업의욕의 고취

④ 기능 및 작업적 측면에 대한 대책
- ㉠ 적성배치
- ㉡ 안전작업방법 습득
- ㉢ 표준작업 동작의 습관화

⑤ 설비 및 환경적 측면에 대한 대책
- ㉠ 설비 및 작업환경의 안전화
- ㉡ 표준작업제도의 도입
- ㉢ 긴급 시의 안전대책

KEYWORD 03　안전사고와 산업안전심리

1. 안전사고 요인

① 생리적 요소
- ㉠ 극도의 피로
- ㉡ 시력 및 청각기능 이상
- ㉢ 근육운동 부적합
- ㉣ 생리 및 신경계통 이상

② 정신적 요소
- ㉠ 안전의식 부족
- ㉡ 주의력 부족
- ㉢ 방심, 공상
- ㉣ 판단력 부족

③ 불안전 행동
- ㉠ 직접적인 원인: 지식의 부족, 기능 미숙, 태도불량, 인간에러 등
- ㉡ 간접적인 원인
  - 망각: 학습된 행동이 지속되지 않고 소멸되는 것으로 기억된 내용의 망각은 시간의 경과에 비례하여 급격히 이루어진다.
  - 의식의 우회: 공상, 회상 등이 있다.
  - 생략행위: 정해진 순서를 빠뜨리는 것이다.
  - 억측판단: 자기 멋대로 하는 주관적인 판단 후 행동에 옮기는 것이다.
  - 4M 요인: 인간(Man), 설비(Machine), 작업환경(Media), 관리(Management)

④ 억측판단이 발생하는 배경
- ㉠ 희망적인 관측: '그때도 그랬으니까 괜찮겠지' 하는 관측이다.
- ㉡ 불확실한 정보나 지식: 위험에 대한 정보의 불확실 및 지식의 부족이다.
- ㉢ 과거의 성공한 경험: 과거에 그 행위로 성공한 경험의 선입관이다.
- ㉣ 초조한 심정: 일을 빨리 끝내고 싶은 초조한 심정이다.

2. 산업안전심리의 요소

① 동기(Motive): 감각에 의한 자극에서 일어나는 사고의 결과로서 사람의 마음을 움직이는 원동력이다.

② 기질(Temper): 인간의 성격, 능력 등 개인적인 특성을 말하는 것으로 생활환경에 영향을 받는다.

③ 감정(Emotion): 희로애락의 의식이다.

④ 습성(Habits): 동기, 기질, 감정 등이 밀접한 관계를 형성하여 인간의 행동에 영향을 미칠 수 있도록 하는 것이다.

⑤ 습관(Custom): 자신도 모르게 습관화된 현상을 말하며 습관에 영향을 미치는 요소는 동기, 기질, 감정, 습성이다.

3. 착상심리

인간판단의 과오로 사람의 생각이 항상 건전하고 올바르다고 볼 수는 없다.

4. 착오

① 착오의 종류

    ㉠ 위치착오   ㉡ 순서착오

    ㉢ 패턴의 착오   ㉣ 기억의 착오

    ㉤ 형(모양)의 착오

② 착오의 원인

    ㉠ 인지과정 착오의 요인

        • 생리, 심리적 능력한계   • 감각차단현상

        • 정보량(정보 수용능력)의 한계   • 정서 불안정

    ㉡ 판단과정 착오의 요인

        • 자기합리화   • 작업조건 불량

        • 정보부족   • 능력부족

        • 과신(자신 과잉)

    ㉢ 조치과정 착오의 요인

        • 기능 미숙   • 작업경험 부족

        • 피로

KEYWORD 04　재해빈발성

1. 사고경향

사고의 대부분은 소수에 의해 발생되며, 사고를 낸 사람이 또다시 사고를 발생시키는 경향이 있다.

2. 성격의 유형(재해누발자 유형)

① 미숙성 누발자: 환경에 익숙하지 못하거나 기능 미숙으로 인한 재해누발자이다.

② 상황성 누발자: 작업이 어렵거나, 기계설비의 결함, 환경상 주의력의 집중이 혼란된 경우, 심신의 근심으로 사고 경향자가 되는 경우이다. 이 경우, 상황이 변하면 안전한 성향으로 바뀐다.

③ 습관성 누발자: 재해의 경험으로 신경과민이 되거나 슬럼프에 빠져 불안전한 행동을 수행하게 되어 사고 또는 재해를 습관적으로 발생시키는 경우이다.

④ 소질성 누발자: 지능, 성격, 감각운동 등에 의한 소질적 요소에 의해서 결정되는 특수성격 소유자이다.

3. 재해빈발성

① 기회설: 개인의 문제가 아니라 작업 자체에 문제가 있어 재해가 빈발한다.

② 암시설: 재해를 한 번 경험한 사람은 심리적 압박을 받게 되어 대처능력이 떨어져 재해가 빈발한다.

③ 빈발경향자설: 재해를 자주 일으키는 소질을 가진 근로자가 있다는 설이다.

KEYWORD 05 피로와 생체리듬

1. 피로의 증상 및 대책

① 피로의 발생원인

   ㉠ 피로의 요인

- 작업조건: 작업강도, 작업속도, 작업시간 등
- 환경조건: 온도, 습도, 소음, 조명 등
- 생활조건: 수면, 식사, 취미활동 등
- 사회적 조건: 대인관계, 생활수준 등
- 신체적, 정신적 조건

   ㉡ 기계적 요인과 인간적 요인

- 기계적 요인: 기계의 종류, 조작부분의 배치, 색채, 조작부분의 감촉 등
- 인간적 요인: 신체상태, 정신상태, 작업내용, 작업시간, 사회환경, 작업환경 등

② 피로의 종류

   ㉠ 정신적(주관적) 피로: 피로감을 느끼는 자각증세이다.

   ㉡ 육체적(객관적) 피로: 작업 피로가 질적, 양적 생산성의 저하로 나타난다.

   ㉢ 생리적 피로: 작업능력 또는 생리적 기능의 저하이다.

③ 피로의 예방과 회복대책

   ㉠ 작업 부하를 적게 할 것

   ㉡ 정적 동작을 피할 것

   ㉢ 작업속도를 적절하게 할 것

   ㉣ 근로시간과 휴식을 적절하게 할 것

   ㉤ 목욕이나 가벼운 체조를 할 것

   ㉥ 수면을 충분히 취할 것

2. 피로의 측정법

① 신체활동의 생리학적 측정분류: 작업을 할 때 인체가 받는 부담은 작업의 성질에 따라 상당한 차이가 있다. 이 차이를 연구하기 위한 방법이 생리적 변화를 측정하는 것이다. 즉, 산소소비량, 근전도, 플리커치 등으로 인체의 생리적 변화를 측정한다.

   ㉠ 근전도(EMG): 근육활동의 전위차를 기록하여 측정한다.

   ㉡ 심전도(ECG): 심장의 근육활동의 전위차를 기록하여 측정한다.

   ㉢ 산소소비량

   ㉣ 정신적 작업부하에 관한 생리적 측정치

- 점멸융합주파수(플리커법): 사이가 벌어져 회전하는 원판으로 들어오는 광원의 빛을 단속시켜 연속광으로 보이는지 단속광으로 보이는지 경계에서의 빛의 단속주기를 플리커치라고 한다. 정신적으로 피로한 경우에는 주파수 값이 내려가는 것으로 알려져 있다.
- 기타 정신부하에 관한 생리적 측정치: 눈꺼풀의 깜박임률(Blink Rate), 동공지름(Pupil Diameter), 뇌의 활동전위를 측정하는 뇌파도(EEG; Electro Encephalo Gram), 부정맥 지수

② 피로의 측정방법
  ㉠ 생리학적 측정: 근력 및 근활동(EMG), 대뇌활동(EEG), 호흡(산소소비량), 순환기(ECG), 부정맥 지수
  ㉡ 생화학적 측정: 혈액농도 측정, 혈액수분 측정, 요전해질·요단백질 측정
  ㉢ 심리학적 측정: 피부저항, 동작분석, 연속반응시간, 집중력

3. 작업강도와 피로

① 작업강도(RMR; Relative Metabolic Rate): 에너지 대사율

$$RMR = \frac{\text{작업 시 소비에너지} - \text{안정 시 소비에너지}}{\text{기초대사 시 소비에너지}} = \frac{\text{작업대사량}}{\text{기초대사량}}$$

  ㉠ 작업 시 소비에너지: 작업 중 소비한 산소량
  ㉡ 안정 시 소비에너지: 의자에 앉아서 호흡하는 동안 소비한 산소량

② 에너지 대사율(RMR)에 의한 작업강도
  ㉠ 경작업: 0~2 RMR – 사무실 작업, 정신작업 등
  ㉡ 중(中)작업(보통작업): 2~4 RMR – 힘이나 동작, 속도가 작은 하체작업 등
  ㉢ 중(重)작업: 4~7 RMR – 전신작업 등
  ㉣ 초중(超重)작업: 7 RMR 이상 – 과격한 전신작업

4. 생체리듬

① 생체리듬(바이오리듬)의 종류
  ㉠ 육체적(신체적) 리듬(P, Physical): 신체의 물리적인 상태를 나타내는 리듬, 청색 실선으로 표시하며 23일의 주기이다.
  ㉡ 감성적 리듬(S, Sensitivity): 기분이나 신경계통의 상태를 나타내는 리듬, 적색 점선으로 표시하며 28일의 주기이다.
  ㉢ 지성적 리듬(I, Intellectual): 기억력, 인지력, 판단력 등을 나타내는 리듬, 녹색 일점쇄선으로 표시하며 33일의 주기이다.

② 생체리듬(바이오리듬)의 변화
  ㉠ 야간에는 체중이 감소한다.
  ㉡ 야간에는 말초운동 기능이 저하되고, 피로의 자각증상이 증대한다.
  ㉢ 혈액의 수분과 염분량은 주간에 감소하고 야간에 증가한다.
  ㉣ 체온, 혈압, 맥박은 주간에 상승하고 야간에 감소한다.

1. 직업적성의 분류

① 기계적 적성(기계 작업에 성공하기 쉬운 특성)

    ㉠ 손과 팔의 솜씨: 신속하고 정확한 능력

    ㉡ 공간 시각화: 형상, 크기의 판단능력

    ㉢ 기계적 이해: 공간지각능력, 지각속도, 경험, 기술적 지식 등 복합적 인자가 합쳐져 만들어진 적성

② 사무적 적성

    ㉠ 지능   ㉡ 지각속도

    ㉢ 정확성

③ 작업자 적성의 요인

    ㉠ 직업적성   ㉡ 지능

    ㉢ 흥미   ㉣ 인간성

④ 적성배치 시 작업자의 특성

    ㉠ 지적 능력   ㉡ 성격

    ㉢ 기능   ㉣ 업무수행력

    ㉤ 연령적 특성   ㉥ 신체적 특성

    ㉦ 태도   ㉧ 업무경력

⑤ 직업적성 검사

    ㉠ 지능   ㉡ 형태식별능력

    ㉢ 운동속도

2. 적성검사의 종류

① 시각적 판단검사   ② 정확도 및 기민성 검사(정밀성 검사)

③ 계산에 의한 검사   ④ 속도에 의한 검사

3. 직무분석 및 직무평가(직무분석 방법)

① 면접법   ② 설문지법

③ 직접관찰법   ④ 일지작성법

⑤ 결정사건기법

4. 선발 및 배치

① 적성배치의 효과

    ㉠ 근로의욕 고취   ㉡ 재해의 예방

    ㉢ 근로자 자신의 자아실현   ㉣ 생산성 및 능률 향상

② 적성배치에 있어서 고려되어야 할 기본사항

    ㉠ 적성검사를 실시하여 개인의 능력을 파악한다.

    ㉡ 직무평가를 통하여 자격수준을 정한다.

    ㉢ 객관적인 감정 요소에 따른다.

    ㉣ 인사관리의 기준원칙을 고수한다.

5. 인사관리의 기초(인사관리의 중요한 기능)

① 조직과 리더십(Leadership)
② 선발(적성검사 및 시험)
③ 배치
④ 작업분석과 업무평가
⑤ 상담 및 노사 간의 이해

KEYWORD 07 동기부여

1. 동기부여

동기부여란 동기를 불러일으키게 하고 일어난 행동을 유지시켜 일정한 목표로 이끌어 가는 과정을 말한다.

2. 매슬로우(Maslow)의 욕구위계이론

① 제1단계: 생리적 욕구-기아, 갈증, 호흡, 배설, 성욕 등
② 제2단계: 안전의 욕구-안전을 기하려는 욕구
③ 제3단계: 사회적 욕구-소속 및 애정에 대한 욕구(친화 욕구)
④ 제4단계: 자기존경의 욕구-자존심, 명예, 성취, 지위에 대한 욕구(안정의 욕구 또는 자기존중의 욕구)
⑤ 제5단계: 자아실현의 욕구-잠재적인 능력을 실현하고자 하는 욕구(성취욕구)

▲ 매슬로우의 욕구위계이론

3. 맥그리거(Mcgregor)의 X 이론과 Y 이론

① X 이론에 대한 가정
  ㉠ 원래 종업원들은 일하기 싫어하며 가능하면 일하는 것을 피하려고 한다.
  ㉡ 종업원들은 일하는 것을 싫어하므로 바람직한 목표를 달성하기 위해서는 그들을 통제하고 위협하여야 한다.
  ㉢ 종업원들은 책임을 회피하고 가능하면 공식적인 지시를 바란다.
  ㉣ 인간은 명령되는 쪽을 좋아하며 무엇보다 안전을 바라고 있다는 인간관이다.

② Y 이론에 대한 가정
  ㉠ 종업원들은 일하는 것을 놀이나 휴식과 동일한 것으로 볼 수 있다.
  ㉡ 종업원들은 조직의 목표에 관여하는 경우에 자기지향과 자기통제를 행한다.
  ㉢ 보통 인간들은 책임을 수용하고 심지어는 구하는 것을 배울 수 있다.
  ㉣ 작업에서 몸과 마음을 구사하는 것은 인간의 본성이라는 인간관이다.
  ㉤ 인간은 조건에 따라 자발적으로 책임을 지려고 한다는 인간관이다.
  ㉥ 매슬로우의 욕구위계 중 자아실현의 욕구에 해당한다.

③ X 이론과 Y 이론에 대한 관리 처방

X 이론	Y 이론
㉠ 경제적 보상체제의 강화	㉠ 민주적 리더십의 확립
㉡ 권위주의적 리더십의 확립	㉡ 분권화 및 권한의 위임
㉢ 면밀한 감독과 엄격한 통제	㉢ 직무의 확장
㉣ 상부책임제도의 강화	㉣ 자율적인 통제
㉤ 통제에 의한 관리	㉤ 목표에 의한 관리

4. 허즈버그(Herzberg)의 2요인 이론(위생요인, 동기요인)

① 위생요인(Hygiene): 작업조건, 급여, 직무환경, 감독 등 일의 조건, 보상에서 오는 욕구(충족되지 않을 경우 조직의 성과가 떨어지나, 충족되었다고 성과가 향상되지는 않음)

② 동기요인(Motivation): 책임감, 성취, 인정, 개인발전 등 일 자체에서 오는 심리적 욕구(충족될 경우 조직의 성과가 향상되며 충족되지 않아도 성과가 떨어지지는 않음)

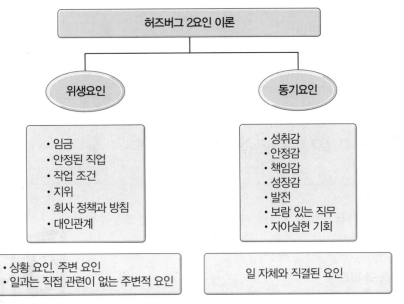

5. 알더퍼(Alderfer)의 ERG 이론

① E(Existence, 존재의 욕구): 생리적 욕구나 안전의 욕구와 같이 인간이 자신의 존재를 확보하는 데 필요한 욕구이다. 여기에는 급여, 부가급, 육체적 작업에 대한 욕구 그리고 물질적 욕구가 포함된다.

② R(Relatedness, 관계 욕구): 개인이 주변사람들(가족, 감독자, 동료작업자, 하위자, 친구 등)과 상호작용을 통하여 만족을 추구하고 싶어하는 욕구로서 매슬로우의 욕구위계 중 사회적 욕구에 속한다.

③ G(Growth, 성장 욕구): 매슬로우의 자기존중의 욕구와 자아실현의 욕구를 포함하는 것으로서, 개인의 잠재력 개발과 관련되는 욕구이다.

④ ERG 이론에 따르면 경영자가 종업원의 고차원 욕구를 충족시켜야 하는 것은 동기부여를 위해서만이 아니라 발생할 수 있는 직·간접비용을 절감한다는 차원에서도 중요하다는 것을 밝히고 있다.

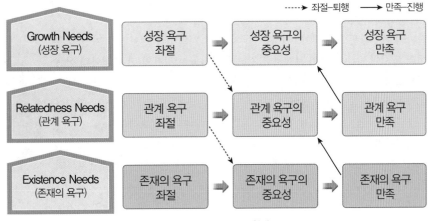

▲ ERG 이론의 작동원리

6. 데이비스(K. Davis)의 동기부여 이론

① 지식(Knowledge)×기능(Skill)=능력(Ability)

② 상황(Situation)×태도(Attitude)=동기유발(Motivation)

③ 능력(Ability)×동기유발(Motivation)=인간의 성과(Human Performance)

④ 인간의 성과×물질적 성과=경영의 성과

7. 안전에 대한 동기유발 방법

① 안전의 근본이념을 인식시킨다.

② 상벌제도를 합리적으로 시행한다.

③ 동기유발의 최적수준을 유지한다.

④ 안전목표를 명확히 설정한다.

⑤ 결과를 알려준다.

⑥ 경쟁과 협동을 유발시킨다.

KEYWORD 08 | 무재해 운동과 위험예지훈련

1. 무재해의 정의

사업장에서 산업재해로 근로자가 사망하거나 부상을 입거나 질병에 걸리지 않는 것이다.

2. 무재해 운동의 목적

① 회사의 손실방지와 생산성 향상으로 기업에 경제적 이익을 발생시킨다.

② 자율적인 문제해결 능력으로서의 생산, 품질의 향상 능력을 제고한다.

③ 전원 참가운동으로 밝고 명랑한 직장 풍토를 조성한다.

④ 노사 간 화합분위기 조성으로 노사 신뢰도를 향상한다.

3. 무재해 운동 이론

① 무재해 운동의 3원칙

   ⊙ 무의 원칙: 모든 잠재위험요인을 사전에 발견·파악·해결함으로써 근원적으로 산업재해를 제거한다.

   ⓛ 참여의 원칙(참가의 원칙): 작업에 따르는 잠재적인 위험요인을 발견·해결하기 위하여 전원이 협력하여 문제 해결 운동을 실천한다.

   ⓒ 안전제일의 원칙(선취의 원칙): 직장의 위험요인을 행동하기 전에 발견·파악·해결하여 재해를 예방한다.

② 무재해 운동의 3기둥(3요소)

   ⊙ 소집단의 자주활동의 활성화: 일하는 한 사람 한 사람이 안전보건을 자신의 문제이며 동시에 같은 동료의 문제로 진지하게 받아들여 직장의 팀 멤버와의 협동 노력으로 자주적으로 추진해 가는 것이 필요하다.

   ⓛ 라인관리자에 의한 안전보건의 추진: 안전보건을 추진하는 데는 라인관리자들의 생산활동 속에 안전보건을 접목시켜 실천하는 것이 꼭 필요하다.

   ⓒ 최고경영자의 경영자세

     • 안전보건은 최고경영자의 "무재해, 무질병"에 대한 확고한 경영자세로부터 시작된다.

     • "일하는 한 사람 한 사람이 중요하다."라는 최고경영자의 인간존중의 결의로 무재해 운동이 출발한다.

▲ 무재해 운동의 3기둥

4. 무재해 소집단 활동

① 원포인트 위험예지훈련: 위험예지훈련 4라운드 중 2R, 3R, 4R를 모두 원포인트로 요약하여 실시하는 기법으로, 2~3분이면 실시가 가능한 현장 활동용 기법이다.

② 브레인스토밍(Brain Storming): 알렉스 오스본(A. F. Osborn)에 의해 창안된 발상법으로 6~12명의 구성원이 타인의 비판 없이 자유로운 토론을 통하여 다량의 독창적인 아이디어를 이끌어내고, 대안적 해결안을 찾기 위한 집단적 사고기법이다.

    ㉠ 비판금지: "좋다, 나쁘다"등의 비평을 하지 않는다.

    ㉡ 자유분방: 자유로운 분위기에서 발표한다.

    ㉢ 대량발언: 무엇이든지 좋으니 많이 발언한다.

    ㉣ 수정발언: 자유자재로 변하는 아이디어를 개발한다.(타인 의견의 수정발언)

▲ 브레인스토밍

③ 지적확인: 작업의 정확성이나 안전을 확인하기 위해 오관의 감각기관을 이용하여 작업시작 전에 뇌를 자극시켜 안전을 확보하기 위한 기법으로 작업을 안전하게 오조작 없이 실시하기 위해 작업 공정의 각 요소에서 자신의 행동을 「…, 좋아!」하고 대상을 지적하여 큰소리로 확인하는 것이다.

④ 터치앤콜(Touch and Call)

    ㉠ 왼손을 맞잡고 같이 소리치는 것으로 전원이 스킨십(Skinship)을 느끼도록 하는 것이다.

    ㉡ 팀의 일체감, 연대감을 조성할 수 있다.

    ㉢ 대뇌 피질에 좋은 이미지를 불어넣어 안전행동을 하도록 하는 것이다.

▲ 지적확인

⑤ TBM(Tool Box Meeting) 위험예지훈련: 작업 개시 전 또는 종료 후 10명 이하의 작업원이 리더를 중심으로 둘러앉아(또는 서서) 10분 내외에 걸쳐 작업 중 발생할 수 있는 위험을 예측하고 사전에 점검하여 대책을 수립하는 등 단시간 내에 의논하는 문제해결 기법이다. 작업현장에서 상황에 맞추어 실시할 수 있는 장점이 있다.

    ㉠ TBM 실시요령

      • 작업시작 전, 중식 후, 작업종료 후 짧은 시간을 활용하여 실시한다.

      • 때와 장소에 구애받지 않고 10명 이하의 작업자가 모여서 공구나 기계 앞에서 행한다.

      • 일방적인 명령이나 지시가 아니라 잠재위험에 대해 같이 생각하고 해결한다.

      • 모두가 "이렇게 하자", "이렇게 한다"라고 합의하고 실행한다.

    ㉡ TBM의 내용

▲ 터치앤콜

      • 작업시작 전(실시순서 5단계)

도입	직장체조, 무재해기 게양, 목표제안
점검 및 정비	건강상태, 복장 및 보호구 점검, 자재 및 공구확인
작업지시	작업내용 및 안전사항 전달
위험예측	당일 작업에 대한 위험예측, 위험예지훈련
확인	위험에 대한 대책과 팀목표 확인

      • 작업종료 시

        – 실시사항의 적절성 확인: 작업시작 전 TBM에서 결정된 사항의 적절성 확인

        – 검토 및 보고: 그날 작업의 위험요인 도출, 대책 등 검토 및 보고

        – 문제 제기: 그날의 작업에 대한 문제 제기

⑥ 1인 위험예지훈련: 각자가 위험에 대한 감수성 향상을 도모하기 위하여 삼각 및 원포인트 위험예지훈련을 실시하는 것이다.

⑦ 롤플레잉(Role Playing): 참가자에게 일정한 역할을 주어 실제적으로 연기를 시켜봄으로써 자기의 역할을 보다 확실히 인식시키는 것이다.

5. 위험예지훈련 및 진행방법

① 위험예지훈련의 추진을 위한 문제해결 4단계(4라운드)

㉠ 1라운드: 현상파악(사실의 파악) – 어떤 위험이 잠재하고 있는가?

㉡ 2라운드: 본질추구(원인조사) – 이것이 위험의 포인트이다.

㉢ 3라운드: 대책수립(대책을 세운다) – 당신이라면 어떻게 하겠는가?

㉣ 4라운드: 목표설정(행동계획 작성) – 우리들은 이렇게 하자!

② 위험예지훈련의 3가지 효용

㉠ 위험에 대한 감수성 향상

㉡ 작업행동의 각 요소에서 집중력 증대

㉢ 문제(위험)해결의 의욕(하고자 하는 생각) 증대

6. TWI의 교육내용(기업 내 정형교육)

① JMT(Job Method Training): 작업방법훈련

② JIT(Job Instruction Training): 작업지도훈련

③ JRT(Job Relation Training): 인간관계훈련

④ JST(Job Safety Training): 작업안전훈련

02 안전보건교육

01

건설용 리프트, 곤돌라를 이용하는 작업에서 사업자가 근로자에게 하는 특별안전보건교육의 내용 4가지를 쓰시오.

정답

① 방호장치의 기능 및 사용에 관한 사항
② 기계, 기구, 달기체인 및 와이어 등의 점검에 관한 사항
③ 화물의 권상·권하 작업방법 및 안전작업 지도에 관한 사항
④ 기계·기구의 특성 및 동작원리에 관한 사항
⑤ 신호방법 및 공동작업에 관한 사항
⑥ 그 밖에 안전·보건관리에 필요한 사항

02

로봇작업에 대한 특별안전보건교육을 실시할 때 교육내용 4가지를 쓰시오.

정답

① 로봇의 기본원리·구조 및 작업방법에 관한 사항
② 이상 발생 시 응급조치에 관한 사항
③ 안전시설 및 안전기준에 관한 사항
④ 조작방법 및 작업순서에 관한 사항

03

위험예지훈련 4라운드의 진행 단계를 쓰시오.

정답

① 1라운드: 현상파악　　② 2라운드: 본질추구
③ 3라운드: 대책수립　　④ 4라운드: 목표설정

04

「산업안전보건법령」상 방사선 업무에 관계되는 작업(의료 및 실험용은 제외)에 종사하는 근로자에게 실시하여야 하는 특별안전보건교육의 내용 4가지를 쓰시오.

정답

① 방사선의 유해·위험 및 인체에 미치는 영향
② 방사선의 측정기기 기능의 점검에 관한 사항
③ 방호거리·방호벽 및 방사선물질의 취급 요령에 관한 사항
④ 응급처치 및 보호구 착용에 관한 사항
⑤ 그 밖에 안전·보건관리에 필요한 사항

05

피로의 측정방법 3가지를 쓰고, 각 측정방법의 예시를 2가지씩 쓰시오.

정답

① 생리학적 측정: 근력 및 근활동(EMG), 대뇌활동(EEG), 호흡(산소소비량), 순환기(ECG), 부정맥 지수
② 생화학적 측정: 혈액농도 측정, 혈액수분 측정, 요전해질·요단백질 측정
③ 심리학적 측정: 피부저항, 동작분석, 연속반응시간, 집중력

06

사업 내 근로자의 안전보건교육의 종류 4가지를 쓰시오.

정답

① 정기교육　　　　　　② 채용 시 교육
③ 작업내용 변경 시 교육　④ 특별교육
⑤ 건설업 기초안전·보건교육

07

재해누발자 유형 4가지를 쓰시오.

정답

① 미숙성 누발자　　　② 상황성 누발자
③ 습관성 누발자　　　④ 소질성 누발자

08

허가 또는 관리 대상 유해물질의 제조 또는 취급 작업 시 근로자에게 실시하는 특별안전보건교육의 내용 5가지를 쓰시오.

정답

① 취급물질의 성질 및 상태에 관한 사항
② 유해물질이 인체에 미치는 영향
③ 국소배기장치 및 안전설비에 관한 사항
④ 안전작업방법 및 보호구 사용에 관한 사항
⑤ 그 밖에 안전 · 보건관리에 필요한 사항

09

다음은 데이비스의 동기부여에 관한 이론 공식이다. ( ) 안에 알맞은 내용을 쓰시오.

(1) 능력 = (①) × (②)
(2) 동기유발 = (③) × (④)

정답

① 지식　　　　② 기능
③ 상황　　　　④ 태도

10

폭발성 물질이나 자연발화성 · 인화성 액체를 제조하고 취급하는 근로자들에게 실시하는 특별안전보건교육의 내용 5가지를 쓰시오.

정답

① 폭발성 · 물반응성 · 자기반응성 · 자기발열성 물질, 자연발화성 액체 · 고체 및 인화성 액체의 성질이나 상태에 관한 사항
② 폭발 한계점, 발화점 및 인화점 등에 관한 사항
③ 취급방법 및 안전수칙에 관한 사항
④ 이상 발견 시의 응급처치 및 대피 요령에 관한 사항
⑤ 화기 · 정전기 · 충격 및 자연발화 등의 위험방지에 관한 사항
⑥ 작업순서, 취급주의사항 및 방호거리 등에 관한 사항
⑦ 그 밖에 안전 · 보건관리에 필요한 사항

11

안전교육 중 강의식 교육의 장점 4가지를 쓰시오.

정답

① 시간, 장소의 제한 없이 어디서나 할 수 있다.
② 학생의 다소에 제한을 받지 않는다.
③ 여러 가지 수업매체를 동시에 다양하게 활용이 가능하다.
④ 학습자의 태도, 정서 등의 강화를 위한 학습에 효과적이다.

12

파블로프의 조건반사설의 학습이론 원리 4가지를 쓰시오.

정답

① 시간의 원리　　　② 강도의 원리
③ 계속성의 원리　　④ 일관성의 원리

13

다음은 동기부여의 이론 중 매슬로우의 욕구위계이론, 허즈버그의 2요인 이론, 알더퍼의 ERG 이론을 비교한 것이다. ( ) 안에 들어갈 알맞은 내용을 쓰시오.

욕구위계이론	2요인 이론	ERG 이론
자아실현의 욕구	(②)	(④)
자기존경의 욕구		
사회적 욕구		관계욕구, Relatedness
(①)	(③)	
생리적 욕구		(⑤)

정답

① 안전의 욕구　　② 동기요인
③ 위생요인　　④ 성장욕구, Growth
⑤ 존재욕구, Existence

14

부주의의 원인 3가지를 쓰시오.

정답

① 의식의 우회　　② 의식수준의 저하
③ 의식의 단절　　④ 의식의 과잉
⑤ 의식의 혼란

15

안전교육의 단계에서 기능교육의 3단계를 쓰시오.

정답

① 준비
② 위험작업의 규제
③ 안전작업의 표준화

16

「산업안전보건법령」상 사업장 내 안전보건교육에 있어 근로자의 채용 시 및 작업내용 변경 시 교육내용 4가지를 쓰시오.(단, 「산업안전보건법령」 및 산업재해보상보험 제도에 관한 사항은 제외한다.)

정답

① 산업안전 및 사고 예방에 관한 사항
② 산업보건 및 직업병 예방에 관한 사항
③ 위험성평가에 관한 사항
④ 직무스트레스 예방 및 관리에 관한 사항
⑤ 직장 내 괴롭힘, 고객의 폭언 등으로 인한 건강장해 예방 및 관리에 관한 사항
⑥ 기계·기구의 위험성과 작업의 순서 및 동선에 관한 사항
⑦ 작업 개시 전 점검에 관한 사항
⑧ 정리정돈 및 청소에 관한 사항
⑨ 사고 발생 시 긴급조치에 관한 사항
⑩ 물질안전보건자료에 관한 사항

17

기업 내 정형교육인 TWI의 교육내용 4가지를 쓰시오.

정답

① 작업지도훈련(JIT ; Job Instruction Training)
② 작업방법훈련(JMT ; Job Method Training)
③ 인간관계훈련(JRT ; Job Relation Training)
④ 작업안전훈련(JST ; Job Safety Training)

18

보일러의 설치 및 취급작업 시 특별교육하여야 할 항목 4가지를 쓰시오.

정답

① 기계 및 기기 점화장치 계측기의 점검에 관한 사항
② 열관리 및 방호장치에 관한 사항
③ 작업순서 및 방법에 관한 사항
④ 그 밖에 안전·보건관리에 필요한 사항

19

안전교육계획을 수립할 때 꼭 포함되어야 할 사항 4가지를 쓰시오.

정답

① 교육 대상
② 교육의 종류
③ 교육과목 및 교육내용
④ 교육기간 및 시간
⑤ 교육장소
⑥ 교육방법
⑦ 교육담당자 및 강사
⑧ 교육목표 및 목적

20

「산업안전보건법령」상 산업안전보건 관련 교육과정별 교육시간에 대해 다음 물음에 답하시오.

> ① 사업 내 안전보건교육에 있어 사무직 종사 근로자의 정기 교육시간을 쓰시오.
> ② 사업 내 안전보건교육에 있어 일용근로자의 채용 시의 교육시간을 쓰시오.
> ③ 사업 내 안전보건교육에 있어 일용근로자 및 근로계약기간이 1주일 이하인 기간제 근로자를 제외한 근로자의 작업내용 변경 시의 교육시간을 쓰시오.
> ④ 안전보건관리책임자의 신규 교육시간이 6시간 이상일 때 보수 교육시간을 쓰시오.
> ⑤ 안전관리자의 보수 교육시간을 쓰시오.

정답

① 매반기 6시간 이상
② 1시간 이상
③ 2시간 이상
④ 6시간 이상
⑤ 24시간 이상

21

밀폐된 장소에서 하는 용접작업 또는 습한 장소에서 하는 전기 용접작업 시 특별안전보건교육을 실시할 때 교육내용 4가지를 쓰시오.(단, 그 밖에 안전·보건관리에 필요한 사항은 제외한다.)

정답

① 작업순서, 안전작업방법 및 수칙에 관한 사항
② 환기설비에 관한 사항
③ 전격 방지 및 보호구 착용에 관한 사항
④ 질식 시 응급조치에 관한 사항
⑤ 작업환경 점검에 관한 사항

22

「산업안전보건법령」에 따른 관리감독자 정기안전보건교육 내용 5가지를 쓰시오.

정답

① 산업안전 및 사고 예방에 관한 사항
② 산업보건 및 직업병 예방에 관한 사항
③ 위험성평가에 관한 사항
④ 유해·위험 작업환경 관리에 관한 사항
⑤ 「산업안전보건법령」 및 산업재해보상보험 제도에 관한 사항
⑥ 직무스트레스 예방 및 관리에 관한 사항
⑦ 직장 내 괴롭힘, 고객의 폭언 등으로 인한 건강장해 예방 및 관리에 관한 사항
⑧ 작업공정의 유해·위험과 재해 예방대책에 관한 사항
⑨ 사업장 내 안전보건관리체제 및 안전·보건조치 현황에 관한 사항
⑩ 표준안전 작업방법 결정 및 지도·감독 요령에 관한 사항
⑪ 현장근로자와의 의사소통능력 및 강의능력 등 안전보건교육 능력 배양에 관한 사항
⑫ 비상시 또는 재해 발생 시 긴급조치에 관한 사항
⑬ 그 밖의 관리감독자의 직무에 관한 사항

23

타워크레인의 설치 · 해체 시 근로자 특별안전보건교육내용
4가지를 쓰시오.

정답

① 붕괴 · 추락 및 재해 방지에 관한 사항
② 설치 · 해체 순서 및 안전작업방법에 관한 사항
③ 부재의 구조 · 재질 및 특성에 관한 사항
④ 신호방법 및 요령에 관한 사항
⑤ 이상 발생 시 응급조치에 관한 사항
⑥ 그 밖에 안전 · 보건관리에 필요한 사항

25

신체 내에서 1[L] 산소를 소비하면 5[kcal]의 에너지가 소
모된다. 작업 시 산소소비량 측정결과 분당 1.5[L]를 소비한
다면 작업시간 60분 동안 포함되어야 하는 휴식시간을 계
산하시오.(단, 평균에너지 상한은 5[kcal/min], 휴식시간의
에너지 소비량은 1.5[kcal/min]이다.)

정답

① 작업 시 평균에너지 소비량(E)=5[kcal/L]×1.5[L/min]

$\qquad\qquad\qquad\qquad\quad$ =7.5[kcal/min]

② 휴식시간(R)=$\dfrac{60(E-\text{작업 시 평균에너지 소비량 상한})}{E-\text{휴식 시 평균에너지 소비량}}$

$\qquad\qquad\quad$ =$\dfrac{60\times(7.5-5)}{7.5-1.5}$=25[min]

24

다음 조건에 따라 RMR을 계산하시오.

(1) 기초대사량: 7,000[kcal/day]
(2) 작업 시 소비에너지: 20,000[kcal/day]
(3) 안정 시 소비에너지: 6,000[kcal/day]

정답

$\text{RMR}=\dfrac{\text{작업 시 소비에너지}-\text{안정 시 소비에너지}}{\text{기초대사 시 소비에너지}}$

$\qquad\quad$ =$\dfrac{20,000-6,000}{7,000}$=2

※ 실제로는 '안정 시 소비에너지＞기초대사 시 소비에너지'입니다.

26

다음에서 제시된 인간의 주의에 관한 특성에 대하여 설명하
시오.

① 선택성
② 변동성
③ 방향성

정답

① 선택성: 한 번에 많은 종류의 자극을 받을 때 소수의 특정한 것에만 반
응한다.
② 변동성: 인간은 한 점에 계속하여 주의를 집중할 수는 없으며 주의를 계
속하는 사이에 언제인가 자신도 모르게 다른 일을 생각하게 된다.
③ 방향성: 시선의 초점이 맞았을 때 쉽게 인지된다.

03 기계작업 위험 · 안전 분석

CHAPTER 01 인간-기계작업

KEYWORD 01 인간 - 기계 체계

1. 인간 - 기계 체계

인간 – 기계 통합체계는 인간과 기계의 상호작용으로 인간의 역할에 중점을 두고 시스템을 설계하는 것이 바람직하다.

2. 인간 - 기계 체계의 기본기능

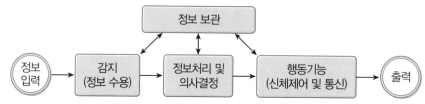

▲ 인간 – 기계 체계에서 인터페이스 설계

① 감지기능(Sensing)
   ㉠ 인간: 시각, 청각, 촉각 등의 감각기관
   ㉡ 기계: 전자, 사진, 음파탐지기 등 기계적인 감지장치
② 정보저장기능(Information Storage)
   ㉠ 인간: 기억된 학습 내용
   ㉡ 기계: 펀치카드(Punch Card), 자기테이프, 형판(Template), 기록표 등 물리적 기구
③ 정보처리 및 의사결정기능(Information Processing and Decision)
   ㉠ 인간: 행동을 한다는 결심
   ㉡ 기계: 입력된 모든 정보에 대해 미리 정해진 방식으로 반응하게 하는 프로그램(Program)
④ 행동기능(Acting Function)
   ㉠ 물리적인 조정행위: 조종장치 작동, 물체나 물건의 취급 · 이동 · 변경 · 개조 등
   ㉡ 통신행위: 음성(사람의 경우), 신호, 기록 등

3. 인간의 정보처리 능력

① 밀러(Miller)의 신비의 수(Magical Number): 인간이 신뢰성 있게 정보 전달을 할 수 있는 기억은 5가지 미만이며 감각에 따라 정보를 신뢰성 있게 전달할 수 있는 한계 개수는 5~9가지로 '신비의 수 7±2(5~9)'를 발표했다.

② 정보량 계산

정보량 $H = \log_2 n = \log_2 \dfrac{1}{p}$, $p = \dfrac{1}{n}$

여러 개의 실현가능한 대안이 있는 경우 평균정보량 $H = \sum\limits_{i=1}^{n} p_i \log_2 n \left(\dfrac{1}{p_i} \right)$

여기서, p: 실현확률, n: 대안 수, 정보량의 단위는 [bit](Binary Digit)

KEYWORD 02 인간과 기계의 상대적 기능

1. 인간이 현존하는 기계를 능가하는 기능

① 매우 낮은 수준의 시각, 청각, 촉각, 후각, 미각적인 자극 감지(복잡한 자극의 형태 식별)
② 주위의 이상하거나 예기치 못한 사건 감지
③ 다양한 경험을 토대로 의사결정(상황에 따른 적절한 결정)
④ 관찰을 통해 일반화하여 귀납적(Inductive)으로 추진
⑤ 주관적으로 추산하고 평가
⑥ 완전히 새로운 해결책 도출 가능
⑦ 원칙을 적용하여 다양한 문제 해결

2. 현존하는 기계가 인간을 능가하는 기능

① 인간의 정상적인 감지 범위 밖에 있는 자극 감지
② 자극을 연역적(Deductive)으로 추리
③ 암호화(Coded)된 정보를 신속하게, 대량으로 보관
④ 명시된 절차에 따라 신속하고, 정량적인 정보처리
⑤ 과부하 시에도 효율적으로 작동(여러 개의 프로그램 동시 수행)

KEYWORD 03 체계기준의 구비조건(연구조사의 기준척도)

① 실제적 요건: 객관적, 정량적이고, 수집 또는 연구가 쉬우며, 특수한 자료 수집기법이나 기기가 필요 없어, 돈이나 실험자의 수고가 적게 드는 것
② 신뢰성(반복성): 시간이나 대표적 표본의 선정에 관계없이, 변수 측정의 일관성이나 안정성이 있는 것
③ 타당성(적절성): 어느 것이나 공통적으로 변수가 실제로 의도하는 바를 어느 정도 측정하는가를 결정하는 것(시스템의 목표를 잘 반영하는가를 나타내는 척도)
④ 순수성(무오염성): 측정하는 구조 외적인 변수의 영향을 받지 않는 것
⑤ 민감도: 피검자 사이에서 볼 수 있는 예상 차이점에 비례하는 단위로 측정하는 것

1. 휴먼에러

$$SP = K(H \cdot E) = f(H \cdot E)$$

여기서, SP: 시스템퍼포먼스(체계성능), H·E: 인간과오(Human Error), K: 상수, f: 함수

※ $K \fallingdotseq 1$: 중대한 영향, $K < 1$: 위험, $K \fallingdotseq 0$: 무시

2. 휴먼에러의 분류

① 심리적(행위에 의한) 분류(Swain)
  ㉠ 생략(부작위적)에러(Omission Error): 작업 내지 필요한 절차를 수행하지 않는 데서 기인한 에러
  ㉡ 실행(작위적)에러(Commission Error): 작업 내지 절차를 수행했으나 잘못한 실수(선택착오, 순서착오, 시간 착오)에서 기인한 에러
  ㉢ 과잉행동에러(Extraneous Error): 불필요한 작업 내지 절차를 수행함으로써 기인한 에러
  ㉣ 순서에러(Sequential Error): 작업수행의 순서를 잘못한 실수
  ㉤ 시간(지연)에러(Timing Error): 소정의 기간에 수행하지 못한 실수(너무 빨리 혹은 늦게)
② 원인레벨(level)적 분류
  ㉠ 1차 실수(Primary Error, 주과오): 작업자 자신으로부터 발생한 에러(안전교육을 통하여 제거)
  ㉡ 2차 실수(Secondary Error, 2차 과오): 작업 형태나 작업조건 중에서 다른 문제가 생겨 그 때문에 필요한 사항을 실행할 수 없는 오류나 어떤 결함으로부터 파생하여 발생하는 에러
  ㉢ 지시과오(Command Error): 요구되는 것을 실행하고자 하여도 필요한 정보, 에너지 등이 공급되지 않아 작업자가 움직이려 해도 움직이지 않는 에러

KEYWORD 05 신뢰도

1. 인간의 신뢰성 요인
① 주의력 수준 ② 의식 수준(경험, 지식, 기술)
③ 긴장 수준

2. 기계의 신뢰성 요인
① 재질 ② 기능
③ 작동방법

3. 설비의 신뢰도
① 직렬(Series System)

$$R = R_1 \times R_2 \times R_3 \times \cdots \times R_n = \prod_{i=1}^{n} R_i$$

② 병렬(Parallel System)

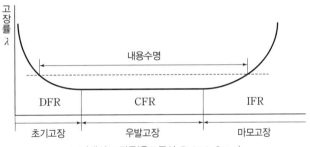

$$R=1-(1-R_1)\times(1-R_2)\times\cdots\times(1-R_n)=1-\prod_{i=1}^{n}(1-R_i)$$

KEYWORD 06 　고장률

1. 욕조곡선

① 초기고장(감소형): 제조가 불량하거나 생산과정에서 품질관리가 안 되어서 생기는 고장이다.

　㉠ 디버깅(Debugging) 기간: 결함을 찾아내어 고장률을 안정시키는 기간이다.

　㉡ 번인(Burn-in) 기간: 장시간 움직여보고 그동안에 고장난 것을 스크리닝(Screening)하여 제거하는 기간이다.

② 우발고장(일정형): 실제 사용하는 상태에서 발생하는 고장으로 예측할 수 없는 랜덤의 간격으로 생기는 고장이다.

기계의 신뢰도 $R(t)=e^{-\lambda t}=e^{-\frac{t}{t_0}}$

여기서, λ: 고장률, t: 가동시간, t_0: 평균수명

③ 마모고장(증가형): 설비 또는 장치가 수명을 다하여 생기는 고장으로, 이 시기의 예방대책은 예방보전(PM)이다.

▲ 기계의 고장률(욕조곡선, Bathtub Curve)

2. 평균고장간격(MTBF; Mean Time Between Failure)

시스템, 부품 등의 고장 간의 동작시간 평균치이다.

① $MTBF=\dfrac{1}{\lambda}$, λ(평균고장률)$=\dfrac{고장건수}{총\ 가동시간}$

② $MTBF=\dfrac{1}{\lambda_1}+\dfrac{1}{\lambda_2}+\cdots+\dfrac{1}{\lambda_n}=$평균동작시간(MTTF)$+$평균수리시간(MTTR)

3. 평균동작시간(MTTF; Mean Time to Failure)

시스템, 부품 등이 고장나기까지 동작시간의 평균치로, 평균수명이라고도 한다.

① 직렬계

$$System의\ 수명=\dfrac{MTTF}{n}=\dfrac{1}{\lambda}$$

② 병렬계

$$\text{System의 수명} = \text{MTTF}\left(1 + \frac{1}{2} + \frac{1}{3} + \cdots + \frac{1}{n}\right)$$

※ n: 직렬 또는 병렬계 요소 수

4. 평균수리시간(MTTR; Mean Time to Repair)

총 수리시간을 그 기간의 수리횟수로 나눈 시간으로, 사후보전에 필요한 수리시간의 평균치를 나타낸다.

$$\text{MTTR} = \frac{1}{U(\text{평균수리율})} = \frac{\text{수리시간합계}}{\text{수리횟수}} \, [\text{시간}]$$

5. 가용도(이용률, Availability)

일정 기간에 시스템이 고장 없이 가동될 확률이다.

$$\text{가용도(A)} = \frac{\text{MTTF}}{\text{MTTF} + \text{MTTR}} = \frac{\text{MTTF}}{\text{MTBF}}$$

KEYWORD 07 Fail Safe

1. 페일 세이프(Fail Safe) 정의 및 기능적 측면 3단계

① 정의
- ㉠ 기계나 그 부품에 고장이나 기능 불량이 생겨도 항상 안전을 유지하는 구조와 기능이다.
- ㉡ 인간 또는 기계의 과오나 오작동이 있어도 사고 및 재해가 발생하지 않도록 2중, 3중으로 안전장치를 한 시스템(System)이다.

② Fail Safe의 종류
- ㉠ 다경로 하중 구조
- ㉡ 하중 경감 구조
- ㉢ 교대 구조
- ㉣ 중복 구조

③ Fail Safe의 기능분류
- ㉠ Fail Passive: 부품이 고장나면 통상 정지하는 방향으로 이동한다.
- ㉡ Fail Active: 부품이 고장나면 기계는 경보를 울리며 짧은 시간 동안 운전이 가능하다.
- ㉢ Fail Operational: 부품에 고장이 있더라도 추후 보수가 있을 때까지 안전한 기능을 유지한다.

④ Fail Safe의 예
- ㉠ 승강기 정전 시 마그네틱 브레이크가 작동하여 운전을 정지시키는 경우와 정격속도 이상의 주행 시 조속기가 작동하여 긴급 정지시키는 것
- ㉡ 석유난로가 일정각도 이상 기울어지면 자동적으로 불이 꺼지도록 소화기구를 내장시킨 것
- ㉢ 한쪽 밸브 고장 시 다른 쪽 브레이크의 압축공기를 배출시켜 급정지시키도록 한 것

2. 풀 프루프(Fool Proof)

① **정의**: 기계장치의 설계단계에서 안전화를 도모하는 것으로 근로자가 기계 등의 취급을 잘못해도 사고로 연결되는 일이 없도록 하는 안전기구이다. 즉, 인간과오(Human Error)를 방지하기 위한 것이다.

② Fool Proof의 예
  ㉠ 가드
  ㉡ 록(Lock, 잠금) 장치
  ㉢ 오버런 기구
  ㉣ 덮개
  ㉤ 울

3. 리던던시(Redundancy)

시스템 일부에 고장이 나더라도 전체가 고장이 나지 않도록 기능적인 부분을 부가해서 신뢰도를 향상시키는 중복설계로, 병렬 리던던시, 대기 리던던시, M out of N 리던던시, 스페어에 의한 교환, Fail Safe 등이 있다.

KEYWORD 08 │ 인간에 대한 모니터링 방식

① **셀프 모니터링 방법(자기감지)**: 자극, 고통, 피로, 권태, 이상감각 등의 지각에 의해서 자신의 상태를 알고 행동하는 감시 방법이다.

② **생리학적 모니터링 방법**: 맥박수, 체온, 호흡 속도, 혈압, 뇌파 등으로 모니터링하는 방법이다.

③ **비주얼 모니터링 방법(시각적 감지)**: 작업자의 태도를 보고 작업자의 상태를 파악하는 방법이다.

④ **반응에 의한 모니터링 방법**: 자극(청각 또는 시각에 의한 자극)을 가하여 이에 대한 반응을 보고 정상 또는 비정상을 판단하는 방법이다.

⑤ **환경의 모니터링 방법**: 간접적인 감시방법으로서 환경조건의 개선으로 인체의 안락과 기분을 좋게 하여 정상작업을 할 수 있도록 만드는 방법이다.

KEYWORD 09 │ 인체계측자료의 응용원칙

1. 극단치 설계

특정한 설비를 설계할 때, 거의 모든 사람을 수용할 수 있도록 설계한다.

① **최소치 설계**: 하위 백분위 수 기준 1, 5, 10[%tile]
  ⑩ 선반의 높이, 조종장치의 거리 등

② **최대치 설계**: 상위 백분위 수 기준 90, 95, 99[%tile]
  ⑩ 문, 통로, 탈출구 등

2. 조절식 설계(5~95[%tile])

체격이 다른 여러 사람에게 맞도록 조절식으로 만드는 것이다.

⑩ 자동차 좌석의 전후 조절, 사무실 의자의 상하 조절 등

3. 평균치 설계

최대치나 최소치를 기준 또는 조절식으로 설계하기 부적절한 경우, 평균치를 기준으로 설계한다.

⑩ 손님의 평균 신장을 기준으로 만든 은행의 계산대 등

KEYWORD 10 근골격계질환 안전보건규칙 제656조

반복적인 동작, 부적절한 작업자세, 무리한 힘의 사용, 날카로운 면과의 신체접촉, 진동 및 온도 등의 요인에 의하여 발생하는 건강장해로서 목, 어깨, 허리, 팔·다리의 신경·근육 및 그 주변 신체조직 등에 나타나는 질환을 말한다.

 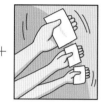   

무리한 힘 　　　반복동작 　　　부적절한 자세 　　　휴식 부족 　　　근골격계질환

KEYWORD 11 작업공간

1. 작업공간

① 작업공간 포락면(Envelope): 한 장소에 앉아서 수행하는 작업활동에서 사람이 작업하는 데 사용하는 공간으로 작업의 특성에 따라 포락면이 변경될 수 있다.

② 파악한계(Grasping Reach): 앉은 작업자가 특정한 수작업을 편히 수행할 수 있는 공간의 외곽한계이다.

③ 특수작업역: 특정 공간에서 작업하는 구역이다.

2. 수평작업대의 정상작업영역과 최대작업영역

① 정상작업영역: 위팔(상완)을 자연스럽게 수직으로 늘어뜨린 채, 아래팔(전완)만으로 편하게 뻗어 파악할 수 있는 구역(34~45[cm])이다.

② 최대작업영역: 아래팔(전완)과 위팔(상완)을 곧게 펴서 파악할 수 있는 구역(55~65[cm])이다.

▲ 정상작업영역(왼팔), 최대작업영역(오른팔) 예시

KEYWORD 12 작업대 및 의자설계 원칙

1. 입식 작업대 높이(팔꿈치 높이 기준)

① **정밀작업**: 팔꿈치 높이보다 5~10[cm] 높게 설계
② **일반작업**: 팔꿈치 높이보다 5~10[cm] 낮게 설계
③ **힘든작업(重작업)**: 팔꿈치 높이보다 10~20[cm] 낮게 설계

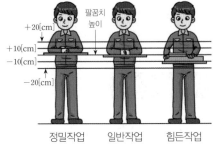

▲ 팔꿈치 높이와 작업대 높이의 관계

2. 의자설계 원칙

① 등받이는 요추 전만(앞으로 굽힘)자세를 유지하며, 추간판의 압력 및 등근육의 정적부하를 감소시킬 수 있도록 설계한다.
② 의자 좌판의 높이는 좌판 앞부분이 무릎 높이보다 높지 않게(치수는 5[%tile] 되는 사람까지 수용할 수 있게) 설계한다.
③ 의자 좌판의 깊이와 폭은 작업자의 등이 등받이에 닿을 수 있도록 설계하며 골반 너비보다 넓게 설계한다.
④ 몸통의 안정은 체중이 골반뼈에 실려야 몸통안정이 쉬워진다.
⑤ 고정된 자세가 장시간 유지되지 않도록 설계한다.

KEYWORD 13 부품배치의 원칙

① **중요성의 원칙**: 부품의 작동성능이 목표달성에 중요한 정도에 따라 우선순위를 결정한다.
② **사용빈도의 원칙**: 부품이 사용되는 빈도에 따른 우선순위를 결정한다.
③ **기능별 배치의 원칙**: 기능적으로 관련된 부품을 모아서 배치한다.
④ **사용순서의 원칙**: 사용순서에 맞게 순차적으로 부품들을 배치한다.

KEYWORD 14 조정-반응 비율(통제비, C/D비, C/R비)

1. 통제표시비(선형조정장치)

$$\frac{X}{Y} = \frac{C}{D} = \frac{\text{통제기기의 변위량}}{\text{표시계기지침의 변위량}}$$

2. 조종구의 통제비

$$\frac{C}{D} = \frac{\frac{a}{360} \times 2\pi L}{\text{표시계기지침의 이동거리}}$$

여기서, a: 조종장치가 움직인 각도
L: 반경(조이스틱의 길이)

3. 통제표시비의 설계 시 고려해야 할 요소

① **계기의 크기**: 조절시간이 짧게 소요되는 사이즈를 선택하되 너무 작으면 오차가 클 수 있다.
② **공차**: 짧은 주행시간 내에 공차의 인정범위를 초과하지 않는 계기를 마련한다.
③ **목시거리**: 목시거리(눈과 계기표 사이의 거리)가 길수록 조절의 정확도는 떨어지고 시간이 걸린다.
④ **조작시간**: 조작시간이 지연되면 통제비가 크게 작용한다.
⑤ **방향성**: 계기의 방향성은 안전과 능률에 영향을 미친다.

KEYWORD 15 제어장치의 종류

1. 개폐에 의한 제어(On−Off 제어)

$\dfrac{C}{D}$비로 동작을 제어하는 제어장치이다.

⑩ 누름단추(Push Button), 발(Foot) 푸시, 토글 스위치(Toggle Switch), 로터리스위치(Rotary Switch)

2. 양의 조절에 의한 통제

연료량, 전기량 등으로 양을 조절하는 통제장치이다.
⑩ 노브(Knob), 핸들(Hand Wheel), 페달(Pedal), 크랭크

3. 반응에 의한 통제

계기신호, 감각에 의한 통제 또는 자동경보 시스템이다.

KEYWORD 16 표시장치

1. 정량적 표시장치

온도나 속도 같이 동적으로 변하는 변수나 자로 재는 길이 같은 계량치에 관한 정보를 제공하는 데 사용한다.
① **동침형(Moving Pointer)**: 고정된 눈금상에서 지침이 움직이면서 값을 나타내는 방법으로 지침의 위치가 일종의 인식상의 단서로 작용하는 이점이 있다.
② **동목형(Moving Scale)**: 동침형과 달리 표시장치의 공간을 적게 차지하는 이점이 있으나, "이동부분의 원칙"과 "동작방향의 운동양립성"을 동시에 만족시킬 수가 없으므로 지침의 빠른 인식을 요구하는 작업에 부적합하다.
③ **계수형(Digital Display)**: 수치를 정확히 읽어야 하며, 지침의 위치를 추정할 필요가 없는 경우에 적합하다. 수치가 빨리 변하는 경우 판독이 곤란하며 시각피로 유발도가 높다.

▲ 동침형   ▲ 동목형   ▲ 계수형

2. 정성적 표시장치

온도, 압력, 속도와 같이 연속적으로 변하는 변수의 대략적인 값이나 변화추세 또는 현재 상태의 정상·비정상 여부 등을 알고자 할 때 사용한다.

3. 표시장치의 선택

시각장치 사용이 유리한 경우	청각장치 사용이 유리한 경우
• 메시지가 복잡한 경우 • 메시지가 긴 경우 • 메시지가 후에 재참조되는 경우 • 메시지가 공간적인 위치를 다루는 경우 • 메시지가 즉각적인 행동을 요구하지 않는 경우 • 수신자의 청각 계통이 과부하 상태인 경우 • 수신 장소가 너무 소란스러운 경우 • 직무상 수신자가 한 곳에 머무르는 경우	• 메시지가 간단한 경우 • 메시지가 짧은 경우 • 메시지가 후에 재참조되지 않는 경우 • 메시지가 시간적인 사건을 다루는 경우 • 메시지가 즉각적인 행동을 요구하는 경우 • 수신자의 시각 계통이 과부하 상태인 경우 • 수신장소가 너무 밝거나 암순응이 요구될 경우 • 직무상 수신자가 자주 움직이는 경우

KEYWORD 17 실효온도(감각온도, 실감온도, Effective Temperature)

1. 실효온도의 의미

온도, 습도, 기류 등의 조건에 따라 인간의 감각을 통해 느껴지는 온도로 상대습도 100[%]일 때의 건구온도에서 느끼는 것과 동일한 온도감이다.

2. 옥스퍼드(Oxford) 지수(습건지수)

$$W_D = 0.85W(습구온도) + 0.15D(건구온도)$$

3. 불쾌지수

① 불쾌지수 = (건구온도[℃] + 습구온도[℃]) × 0.72 + 40.6[℃]

② 불쾌지수 = (건구온도[℉] + 습구온도[℉]) × 0.4 + 15[℉]

③ 불쾌지수가 80 이상일 때에는 모든 사람이 불쾌감을 가지기 시작하고, 75의 경우에는 절반 정도가 불쾌감을 가지며, 70~75에서는 불쾌감을 느끼기 시작한다. 70 이하에서는 모두가 쾌적하다.

KEYWORD 18 조명

$$소요조명[fc] = \frac{광속\ 발산도[fL]}{반사율[\%]} \times 100$$

KEYWORD 19 　조도와 광도

1. 조도(Illuminance)

어떤 물체나 대상면에 도달하는 빛의 양[lux]이다.

$$조도[\text{lux}] = \frac{광속[\text{lm}]}{(거리[\text{m}])^2}$$

2. 광도(Luminous Intensity)

광원에서 어느 특정 방향으로 나오는 빛의 세기[cd]이다.

KEYWORD 20 　반사율

1. 반사율

반사광의 에너지와 입사광의 에너지의 비율이다.

$$반사율[\%] = \frac{광도[fL]}{조도[fc]} \times 100 = \frac{광속\ 발산도}{소요조명} \times 100$$

합격 보장 꿀팁 　**옥내 추천 반사율**

① 천장: 80~90[%] 　　　　　　　　② 벽: 40~60[%]
③ 가구: 25~45[%] 　　　　　　　　④ 바닥: 20~40[%]
※ 천장과 바닥의 반사비율은 최소한 3 : 1 이상 유지해야 한다.

---

2. 휘광(눈부심, Glare)

① 의미: 시야 내 어떤 광도로 인하여 불쾌감, 고통, 눈의 피로 또는 시력의 일시적인 감퇴를 초래하는 현상이다.
② 광원으로부터의 휘광의 처리방법
　　㉠ 광원의 휘도를 줄이고, 광원의 수를 늘린다.
　　㉡ 광원을 시선에서 멀리 위치시킨다.
　　㉢ 휘광원 주위를 밝게 하여 광도비를 줄인다.
　　㉣ 가리개(Blind), 갓(Hood) 혹은 차양(Visor)을 사용한다.

KEYWORD 21 　대비

표적의 광속 발산도와 배경의 광속 발산도의 차이를 말한다.

$$대비 = \frac{L_b - L_t}{L_b} \times 100$$

여기서, L_b: 배경의 광속 발산도, L_t: 표적의 광속 발산도

1. 소음(Noise)

바람직하지 않은 소리를 의미하며 음성, 음악 등의 전달을 방해하거나 생활에 장해, 고통을 주거나 하는 소리를 말한다.

2. 소음의 영향

① 일반적인 영향: 불쾌감을 주거나 대화, 마음의 집중, 수면, 휴식을 방해하며 피로를 가중시킨다.

② 청력손실: 진동수가 높아짐에 따라 청력손실이 증가한다. 청력손실은 4,000[Hz](C5-dip 현상)에서 크게 나타난다.

    ㉠ 청력손실의 정도는 노출 소음수준에 따라 증가한다.

    ㉡ 약한 소음에 대해서는 노출기간은 청력손실과 관계가 없다.

    ㉢ 강한 소음에 대해서는 노출기간에 따라 청력손실도 증가한다.

3. 소음을 통제하는 방법(소음대책)

① 소음원의 통제   ② 소음의 격리

③ 차폐장치 및 흡음재 사용   ④ 음향처리제 사용

⑤ 적절한 배치

4. 음의 강도(Sound Intensity)

① 인간이 감지하는 음의 세기(진폭)이다.

② 음의 강도는 단위면적당 동력[W/m^2]으로 정의되는데 그 범위가 매우 넓기 때문에 로그(log)를 사용한다.

    [B](Bell, 두 음의 강도비의 로그값)을 기본측정 단위로 사용하고 보통은 [dB](Decibel)을 사용한다. (1[dB]=0.1[B])

5. 음량(Loudness)

① Phon 음량수준: 정량적 평가를 위한 음량수준 척도이다. [phon]으로 표시한 음량수준은 이 음과 같은 크기로 들리는 1,000[Hz] 순음의 음압수준[dB]이다.

② Sone 음량수준: 다른 음의 상대적인 주관적 크기 비교이다. 40[dB]의 1,000[Hz] 순음 크기(=40[phon])를 1[sone]으로 정의하고, 기준음보다 10배 크게 들리는 음이 있다면 이 음의 음량은 10[sone]이다.

$$[sone]치 = 2^{\frac{[phon]-40}{10}}$$

CHAPTER 02 위험분석기법

KEYWORD 01 시스템 안전성 확보방법

① 위험상태의 존재 최소화
③ 경보장치의 채택
② 안전장치의 채용
④ 특수 수단 개발과 표식 등의 규격화

KEYWORD 02 예비위험분석(PHA; Preliminary Hazards Analysis)

시스템 내의 위험요소가 얼마나 위험상태에 있는가를 평가하는 시스템 안전프로그램 최초단계(시스템 구상단계)의 정성적인 분석 방식이다.

> **합격 보장 꿀팁 PHA에 의한 위험등급**
>
> ① Class-1: 파국(Catastrophic)[사망, 시스템 손상]
> ② Class-2: 중대(위기)(Critical)[심각한 상해, 시스템 중대손상]
> ③ Class-3: 한계적(Marginal)[경미한 상해, 시스템 성능저하]
> ④ Class-4: 무시가능(Negligible)[경미한 상해, 시스템 손상없음]

▲ 시스템 수명 주기에서의 PHA

KEYWORD 03 고장형태와 영향분석법(FMEA; Failure Mode and Effect Analysis)

시스템에 영향을 미치는 모든 요소의 고장을 형태별로 분석하고, 그 고장이 미치는 영향을 분석하는 귀납적, 정성적인 방법으로 치명도 해석을 추가할 수 있다.

1. 특징

① FTA보다 서식이 간단하고 적은 노력으로 분석이 가능하다.
② 논리성이 부족하고, 특히 각 요소 간의 영향을 분석하기 어렵기 때문에 동시에 두 가지 이상의 요소가 고장이 날 경우에 분석이 곤란하다.
③ 요소가 물체로 한정되어 있기 때문에 인적 원인을 분석하는 데는 곤란하다.

2. 시스템에 영향을 미치는 고장형태

① 폐로 또는 폐쇄된 고장
③ 기동 및 정지의 고장
⑤ 오동작
② 개로 또는 개방된 고장
④ 운전계속의 고장

KEYWORD 04 DT(Decision Tree)

요소의 신뢰도를 이용하여 시스템의 신뢰도를 나타내는 시스템 모델의 하나로, 귀납적이고 정량적인 분석 방식이며, 성공사상은 상방에, 실패사상은 하방에 분기된다. 재해사고의 분석에 이용될 때는 Event Tree라고 한다.

KEYWORD 05　사건수 분석(ETA; Event Tree Analysis)

정량적, 귀납적 분석(정상 또는 고장)으로 발생경로를 파악하는 기법으로 DT에서 변천해 온 것이다. 재해의 확대 요인의 분석(나뭇가지가 갈라지는 형태)에 적합하며 각 사상의 확률합은 1.0이다. 설비의 설계, 심사, 제작, 검사, 보전, 운전, 안전대책의 과정에서 그 대응조치가 성공인가 실패인가를 확대해 가는 과정을 검토한다.

KEYWORD 06　인간과오율 추정법(THERP; Technique for Human Error Rate Prediction)

인간실수확률(HEP)에 대한 정량적 예측기법으로, 분석하고자 하는 작업을 기본행위로 하여 각 행위의 성공, 실패확률을 계산하는 방법이다.

$$인간실수확률(HEP)=\frac{인간실수의\ 수}{실수발생의\ 전체\ 기회\ 수}$$

$$인간의\ 신뢰도(R)=1-HEP=1-P$$

KEYWORD 07　모트(MORT; Management Oversight and Risk Tree)

미국의 W. G. Johnson에 의해 개발된 것으로 원자력 산업과 같이 안전이 확보되어 있는 장소에서 추가적인 고도의 안전달성을 목적으로, FTA와 같은 논리기법을 이용하여 관리, 설계, 생산, 보전 등에 대해서 광범위하게 안전성을 확보하기 위한 기법이다.

KEYWORD 08　결함수분석법(FTA; Fault Tree Analysis)

1. FTA의 정의 및 특징

① 정의: 시스템의 고장을 논리게이트로 찾아가는 연역적, 정성적, 정량적 분석기법이다.
　　㉠ 1962년 미국 벨 연구소의 H. A. Watson에 의해 개발된 기법으로 최초에는 미사일 발사사고를 예측하는 데 활용해오다 점차 우주선, 원자력 사업, 산업안전 분야로 확장되었다.
　　㉡ 시스템의 고장을 발생시키는 사상(Event)과 그 원인과의 관계를 논리기호(AND 게이트, OR 게이트 등)를 활용하여 나뭇가지 모양(Tree)의 고장 계통도를 작성하고, 이를 기초로 시스템의 고장확률을 구한다.
② 특징
　　㉠ Top-down(하향식)방법이다.
　　㉡ 정성적, 정량적(컴퓨터 처리가 가능) 분석기법이다.
　　㉢ 논리기호를 사용한 특정사상에 대한 해석이다.
　　㉣ 서식이 간단해서 비전문가도 짧은 훈련으로 사용할 수 있다.
　　㉤ 복잡하고 대형화된 시스템에 사용할 수 있다.
　　㉥ 기능적 결함의 원인을 분석하는 데 용이하다.
　　㉦ Human Error의 검출이 어렵다.

2. FTA의 실시순서

① 분석 대상 시스템의 파악
② 정상사상의 선정
③ FT도의 작성과 단순화
④ 정량적 평가
    ⊙ 재해발생 확률 목표치 설정
    ⓛ 실패 대수 표시
    ⓒ 고장발생 확률과 인간에러 확률 계산
    ⓔ 재해발생 확률 계산
    ⓜ 재검토
⑤ 종결(평가 및 개선권고)

KEYWORD 09   **FTA에 의한 재해사례 연구순서(D. R. Cheriton)**

① Top(정상)사상의 선정   ② 각 사상의 재해원인 규명
③ FT도의 작성 및 분석   ④ 개선계획의 작성

KEYWORD 10   **확률사상의 계산**

1. 논리곱의 확률(독립사상)

$$A(x_1 \cdot x_2 \cdot x_3) = Ax_1 \cdot Ax_2 \cdot Ax_3$$

2. 논리합의 확률(독립사상)

$$A(x_1 + x_2 + x_3) = 1 - (1 - Ax_1) \times (1 - Ax_2) \times (1 - Ax_3)$$

3. 불 대수의 법칙

① 동정법칙: $A + A = A$, $A \cdot A = A$
② 교환법칙: $A \cdot B = B \cdot A$, $A + B = B + A$
③ 흡수법칙: $A(A \cdot B) = (A \cdot A)B$, $A(A+B) = A$
           $A + A \cdot B = A \cup (A \cap B) = (A \cup A) \cap (A \cup B) = A \cap (A \cup B) = A$
④ 분배법칙: $A(B+C) = A \cdot B + A \cdot C$, $A + (B \cdot C) = (A+B) \cdot (A+C)$
⑤ 결합법칙: $A(B \cdot C) = (A \cdot B)C$, $A + (B+C) = (A+B) + C$
⑥ 기타: $A \cdot 0 = 0$, $A + 1 = 1$, $A \cdot 1 = A$, $A + \overline{A} = 1$, $A \cdot \overline{A} = 0$

4. 드 모르간의 법칙

① $\overline{A \cdot B} = \overline{A} + \overline{B}$
② $\overline{A + B} = \overline{A} \cdot \overline{B}$

1. 컷셋과 미니멀 컷셋

컷셋이란 그 속에 포함되어 있는 모든 기본사상이 일어났을 때 정상사상을 일으키는 기본사상의 집합으로 미니멀 컷셋은 정상사상을 일으키기 위한 최소한의 컷셋을 말한다. 즉 미니멀 컷셋은 컷셋 중에 타 컷셋을 포함하고 있는 것을 배제하고 남은 컷셋들을 의미한다.(시스템의 위험성 또는 안전성)

2. 패스셋과 미니멀 패스셋

패스셋이란 그 속에 포함되어 있는 기본사상이 일어나지 않을 때 정상사상이 일어나지 않는 기본사상의 집합으로 미니멀 패스셋은 그 필요한 최소한의 패스셋을 말한다.(시스템의 신뢰성)

※ 미니멀 패스셋을 구하기 위해서는 미니멀 컷셋과 미니멀 패스셋의 쌍대성을 이용한다. 즉, 문제에서 주어진 FT도의 쌍대 FT도를 구한 후 미니멀 컷셋을 구하면 미니멀 패스셋이 된다.(쌍대 FT도는 AND 게이트는 OR 게이트로, OR 게이트는 AND 게이트로 바꿔서 만든다.)

3. 미니멀 컷셋 구하는 법

① 정상사상에서 차례로 하단의 사상으로 치환하면서 AND 게이트는 가로로, OR 게이트는 세로로 나열한다.

② 중복사상이나 컷을 제거하면 미니멀 컷셋이 된다.

③ 미니멀 컷셋 구하는 법

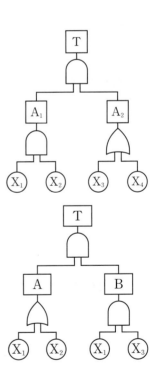

㉠ $T = A_1 \cdot A_2 = (X_1 \, X_2) \begin{pmatrix} X_3 \\ X_4 \end{pmatrix} = \begin{matrix} (X_1 \, X_2 \, X_3) \\ (X_1 \, X_2 \, X_4) \end{matrix}$

즉, 컷셋은 $(X_1 \, X_2 \, X_3)$, $(X_1 \, X_2 \, X_4)$, 미니멀 컷셋은 $(X_1 \, X_2 \, X_3)$ 또는 $(X_1 \, X_2 \, X_4)$ 중 1개이다.

㉡ $T = A \cdot B = \begin{pmatrix} X_1 \\ X_2 \end{pmatrix} (X_1 \, X_3) = \begin{matrix} (X_1 \, X_1 \, X_3) \\ (X_2 \, X_1 \, X_3) \end{matrix} = \begin{matrix} (X_1 \, X_3) \\ (X_1 \, X_2 \, X_3) \end{matrix}$

즉, 컷셋은 $(X_1 \, X_3)$, $(X_1 \, X_2 \, X_3)$, 미니멀 컷셋은 $(X_1 \, X_3)$이다.

1. 안전성 평가

설비나 제품의 제조, 사용 등에 있어 안전성을 사전에 평가하고 적절한 대책을 강구하기 위한 평가 행위이다.

2. 안전성 평가의 종류

① 테크놀로지 어세스먼트(Technology Assessment): 기술 개발과정에서의 효율성과 위험성을 종합적으로 분석, 판단하는 프로세스이다.

② 세이프티 어세스먼트(Safety Assessment): 인적, 물적 손실을 방지하기 위한 설비 전공정에 걸친 안전성 평가이다.

③ 리스크 어세스먼트(Risk Assessment): 생산 활동에 지장을 줄 수 있는 리스크(Risk)를 파악하고 제거하는 활동이다.

④ 휴먼 어세스먼트(Human Assessment): 인적오류, 인간과 관련된 사고 상의 평가이다.

KEYWORD 13 안전성 평가 6단계

1. 제1단계: 관계 자료의 정비검토

① 입지조건
② 화학설비 배치도
③ 건조물/기계실/전기실의 평면도, 단면도 및 입면도
④ 제조공정 개요
⑤ 공정 계통도
⑥ 운전요령, 요원배치 계획
⑦ 배관이나 계장 등의 계통도
⑧ 안전설비의 종류와 설치장소 등

2. 제2단계: 정성적 평가(안전확보를 위한 기본적인 자료의 검토)

① 설계관계: 입지조건, 공장 내 배치, 건조물, 소방설비, 공정기기 등
② 운전관계: 원재료, 운송, 저장 등

3. 제3단계: 정량적 평가(재해중복 또는 가능성이 높은 것에 대한 위험도 평가)

① 평가항목(5가지 항목): 취급물질, 온도, 압력, 해당설비용량, 조작
② 화학설비 정량평가 등급
　　㉠ 위험등급 I: 합산점수 16점 이상　　㉡ 위험등급 II: 합산점수 11~15점
　　㉢ 위험등급 III: 합산점수 10점 이하

4. 제4단계: 안전대책 수립

① 보전
② 설비적 대책: 안전장치 및 방재 장치에 관하여 대책을 세운다.
③ 관리적 대책: 인원배치, 교육훈련 등에 관하여 대책을 세운다.

5. 제5단계: 재해정보에 의한 재평가

6. 제6단계: FTA에 의한 재평가

위험등급 I(16점 이상)에 해당하는 화학설비에 대해 FTA에 의한 재평가를 실시한다.

※ 안전성 평가를 5단계로 구분하는 경우 5단계와 6단계를 합쳐 (재해정보, FTA에 의한) 재평가 단계로 나타낸다.

03 기계작업 위험 · 안전 분석

01
정보의 단위인 [bit]의 의미를 설명하시오.

정답
정보의 단위로서 실현 가능성이 같은 2개의 대안 중 하나가 명시되었을 때에 얻는 정보량이다.

02
인간-기계 통합 시스템에서 인간-기계의 기본기능 4가지를 쓰시오.

정답
① 감지기능 ② 정보저장기능
③ 정보처리 및 의사결정기능 ④ 행동기능
⑤ 입력기능 ⑥ 출력기능

03
FTA에 의한 재해사례 연구순서를 4단계로 구분하여 쓰시오.

정답
① 1단계: Top(정상) 사상의 선정
② 2단계: 각 사상의 재해원인 규명
③ 3단계: FT도의 작성 및 분석
④ 4단계: 개선계획의 작성

04
아래의 FT도에서 컷셋(Cut Set)을 구하시오.

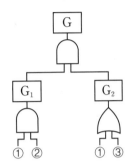

정답
AND 게이트는 가로로, OR 게이트는 세로로 나열한다.

$$G = G_1 \cdot G_2 = (①, ②)\begin{pmatrix}①\\③\end{pmatrix} = \frac{(①, ②, ①)}{(①, ②, ③)} = \frac{(①, ②)}{(①, ②, ③)}$$

따라서 컷셋은 (①, ②), (①, ②, ③)이다.

05
인체계측자료를 장비나 설비의 설계에 응용하는 경우에 활용되는 3가지 원칙을 쓰시오.

정답
① 극단치 설계(최소치와 최대치)
② 조절식 설계
③ 평균치 설계

06

화학설비의 안전성 평가 5단계를 쓰시오.

정답

① 제1단계: 관계 자료의 정비검토
② 제2단계: 정성적 평가
③ 제3단계: 정량적 평가
④ 제4단계: 안전대책 수립
⑤ 제5단계: (재해정보, FTA에 의한) 재평가
※ 안전성 평가를 6단계로 구분하는 경우
　제5단계: 재해정보에 의한 재평가,
　제6단계: FTA에 의한 재평가로 나타낸다.

07

[보기]의 시스템의 신뢰도를 계산하시오.(단, 그림에 나타난 숫자는 신뢰도를 의미하고, 소수 셋째 자리까지 나타내어라.)

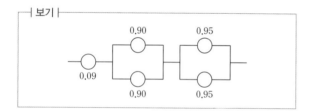

정답

신뢰도 $=0.09\times\{1-(1-0.9)\times(1-0.9)\}\times\{1-(1-0.95)\times(1-0.95)\}$
$\fallingdotseq 0.089$

08

어떤 기계를 1시간 가동하였을 때 고장발생확률이 0.004일 경우 다음 물음에 답하시오.

① 평균고장간격은?
② 10시간 가동하였을 때 기계의 신뢰도는?
③ 10시간 가동하였을 때 고장이 발생될 확률은?

정답

① 평균고장간격(MTBF) $=\dfrac{1}{\lambda(\text{고장률})}=\dfrac{1}{0.004}=250$시간
② 신뢰도 $R(t)=e^{-\lambda t}=e^{-0.004\times10}\fallingdotseq0.96$
③ 고장발생확률 $F(t)=1-R(t)=1-0.96=0.04$

09

Fail-safe의 기능적인 면에서의 분류 3가지를 쓰고, 설명하시오.

정답

① Fail Passive: 부품이 고장나면 통상 정지하는 방향으로 이동한다.
② Fail Active: 부품이 고장나면 기계는 경보를 울리며 짧은 시간 동안 운전이 가능하다.
③ Fail Operational: 부품에 고장이 있더라도 추후 보수가 있을 때까지 안전한 기능을 유지한다.

10

탁자, 책상 등 수평면 작업 시의 정상작업영역에 대하여 설명하시오.

정답

위팔(상완)을 자연스럽게 수직으로 늘어뜨린 채, 아래팔(전완)만으로 편하게 뻗어 파악할 수 있는 구역(34~45[cm])이다.

11

광원으로부터 2[m] 거리에서 조도가 150[lux]일 때, 3[m] 거리에서의 조도는 몇 [lux]인지 계산하시오.

정답

① 광속 $=$ 조도 $\times$ 거리$^2=150\times2^2=600$[lm]
② 조도 $=\dfrac{\text{광속}}{\text{거리}^2}=\dfrac{600}{3^2}\fallingdotseq66.67$[lux]

12

체계나 설비를 설계함에 있어 부품을 배치하는 경우 고려해야 하는 부품배치의 원칙 4가지를 쓰시오.

정답

① 중요성의 원칙　　　② 사용빈도의 원칙
③ 기능별 배치의 원칙　④ 사용순서의 원칙

13

자동차로부터 25[m] 떨어진 장소에서의 음압수준이 120[dB]이라면 4,000[m]에서의 음압은 몇 [dB]인지 계산하시오.

정답

두 거리 d_1, d_2에 따른 음의 변화는 다음과 같다.

$$\text{dB}_2 = \text{dB}_1 - 20\log\frac{d_2}{d_1} = 120 - 20\log\frac{4,000}{25} = 75.92[\text{dB}]$$

14

다음과 같은 FT도에서 G_1의 발생확률을 소수 넷째 자리까지 계산하시오.

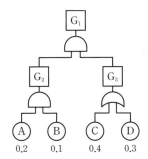

정답

① G_2의 발생확률: $0.2 \times 0.1 = 0.02$
② G_3의 발생확률: $1 - (1-0.4) \times (1-0.3) = 0.58$
③ G_1의 발생확률: $G_2 \times G_3 = 0.02 \times 0.58 = 0.0116$

15

근골격계질환의 원인 4가지를 쓰시오.

정답

① 반복적인 동작
② 부적절한 작업자세
③ 무리한 힘의 사용
④ 날카로운 면과의 신체접촉
⑤ 진동 및 온도 등의 요인

16

페일 세이프(Fail-safe)와 풀 프루프(Fool-proof)를 간단히 설명하시오.

정답

① Fail-safe: 기계나 그 부품에 고장이나 기능불량이 생겨도 항상 안전하게 작동하는 구조와 기능을 추구하는 본질적 안전
② Fool-proof: 근로자가 기계를 잘못 취급하여 불안전한 행동이나 실수를 하여도 기계설비의 안전기능이 작동되어 재해를 방지할 수 있는 기능

17

다음 휴먼에러에 대하여 설명하시오.

① Omission Error
② Commission Error
③ Sequential Error

정답

① Omission Error(생략에러): 작업 내지 필요한 절차를 수행하지 않는 데서 기인한 에러
② Commission Error(실행에러): 작업 내지 절차를 수행했으나 잘못한 실수(선택착오, 순서착오, 시간착오)에서 기인한 에러
③ Sequential Error(순서에러): 작업수행의 순서를 잘못한 실수

18

미국방성에서 미사일을 개발할 때 분류한 재해의 위험수준을 4가지 범주로 설명하시오.

정답

① 범주 1: 파국
② 범주 2: 중대(위기)
③ 범주 3: 한계
④ 범주 4: 무시가능

19

사람이 작업할 때 느끼는 체감온도 또는 실효온도에 영향을 주는 요인 3가지를 적으시오.

정답

① 온도   ② 습도   ③ 기류

20

HAZOP 기법에 사용되는 가이드 워드에 관한 의미를 각각 쓰시오.

① AS WELL AS	② PART OF
③ OTHER THAN	④ REVERSE

정답

① AS WELL AS: 설계의도 외의 다른 변수가 부가되는 상태(성질상의 증가)
② PART OF: 설계의도대로 완전히 이루어지지 않는 상태(성질상의 감소)
③ OTHER THAN: 설계의도대로 설치되지 않거나 운전 유지되지 않는 상태(완전한 대체)
④ REVERSE: 설계의도와 정반대로 나타나는 상태

21

[보기] 중에서 인간과오 불안전 분석 가능 도구 4가지를 고르시오.

보기		
① FTA	② ETA	③ HAZOP
④ THERP	⑤ CA	⑥ PHA
⑦ MORT	⑧ FMEA	

정답

① FTA   ② ETA   ④ THERP
⑦ MORT

22

안전성 평가 방법을 순서대로 나열하시오.

① 정성적 평가	② 재해정보에 의한 재평가
③ FTA에 의한 재평가	④ 대책검토
⑤ 자료정비	⑥ 정량적 평가

정답

⑤ 자료정비 → ① 정성적 평가 → ⑥ 정량적 평가 → ④ 대책검토 → ② 재해정보에 의한 재평가 → ③ FTA에 의한 재평가

23

실내 작업장의 8시간 소음측정결과가 85[dB(A)] 2시간, 90[dB(A)] 4시간, 95[dB(A)] 2시간일 때 소음노출수준[%]을 계산하고, 소음노출기준의 초과 여부를 쓰시오.

정답

① 소음노출수준 $= \left(\dfrac{4}{8} + \dfrac{2}{4} \right) \times 100 = 100[\%]$
② 소음노출기준의 초과 여부: 초과하지 않음

24

조명은 작업환경의 측면에서 중요한 안전요소이다. 「산업안전보건기준에 관한 규칙」에 의거, 근로자가 상시 작업하는 장소의 조도기준을 쓰시오.(단, 갱내 작업장과 감광재료를 취급하는 작업장은 제외한다.)

초정밀작업	정밀작업	보통작업	그 밖의 작업
(①)[lux] 이상	(②)[lux] 이상	(③)[lux] 이상	(④)[lux] 이상

정답

① 750   ② 300
③ 150   ④ 75

25

[보기]를 Omission Error와 Commission Error로 분류하시오.

┤ 보기 ├
① 납 접합을 빠트렸다.
② 전선의 연결이 바뀌었다.
③ 부품을 빠트렸다.
④ 부품이 거꾸로 배열되었다.
⑤ 틀린 부품을 사용하였다.

정답

① Omission Error
② Commission Error
③ Omission Error
④ Commission Error
⑤ Commission Error

26

양립성의 종류 3가지를 쓰고, 예를 들어 설명하시오.

정답

① 공간적 양립성: 어떤 사물들, 특히 표시장치나 조정장치의 물리적 형태나 공간적인 배치가 사용자의 기대와 일치하는 것(예 가스버너에서 오른쪽 조리대는 오른쪽, 왼쪽 조리대는 왼쪽 조절장치로 조정하도록 배치하는 것)
② 운동적 양립성: 표시장치, 조정장치, 체계반응 등의 운동방향이 사용자의 기대와 일치하는 것(예 자동차 핸들 조작방향으로 바퀴가 회전하는 것)
③ 개념적 양립성: 외부로부터의 자극에 대해 인간이 가지고 있는 개념적 연상의 일관성(예 파란색 수도꼭지는 냉수, 빨간색 수도꼭지는 온수로 연상하는 것)
④ 양식 양립성: 언어 또는 문화적 관습이나 특정 신호에 따라 적합하게 반응하는 것(예 기계가 특정 음성에 대해 정해진 반응을 하는 것)

27

4[m] 거리에서 Landolt Ring을 1.2[mm]까지 관찰할 수 있는 사람의 시력을 계산하시오.(단, 시각은 600′ 이하일 때이며, Radian 단위를 분으로 환산하기 위한 상수값은 57.3과 60을 모두 적용한다.)

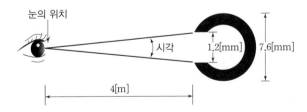

정답

① 시각 $= L \times 57.3 \times \dfrac{60}{D} = 1.2 \times 57.3 \times \dfrac{60}{4,000} \fallingdotseq 1.03$분

여기서, L: 시각 자극의 높이[mm]
         D: 눈으로부터의 거리[mm]

② 시력 $= \dfrac{1}{\text{시각}} = \dfrac{1}{1.03} \fallingdotseq 0.97$

04 기계설비 안전관리

KEYWORD 01 기계의 위험요인

1. 기계설비의 위험점 종류

① 협착점(Squeeze Point): 왕복운동을 하는 동작부분과 움직임이 없는 고정부분 사이에 형성되는 위험점이다.
   ⑩ 프레스, 전단기

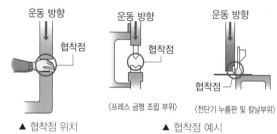

▲ 협착점 위치 　　　　　 ▲ 협착점 예시

② 끼임점(Shear Point): 기계의 고정부분과 회전 또는 직선운동 부분 사이에 형성되는 위험점이다.
   ⑩ 회전 풀리와 베드 사이, 연삭숫돌과 작업대, 교반기의 날개와 하우스

▲ 끼임점 위치 　　　　　 ▲ 끼임점 예시

③ 절단점(Cutting Point): 회전하는 운동부분 자체의 위험이나 운동하는 기계부분 자체의 위험에서 초래되는 위험점
   ⑩ 목공용 띠톱 부분, 밀링커터, 둥근톱날

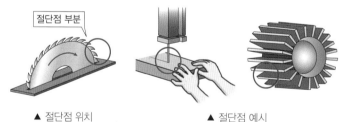

▲ 절단점 위치 　　　　　 ▲ 절단점 예시

④ 물림점(Nip Point): 회전하는 두 개의 회전체가 맞닿아서 위험성이 있는 곳을 말하며, 위험점이 발생되는 조건은 회전체가 서로 반대방향으로 맞물려 회전되어야 한다.
   ⑩ 기어, 롤러

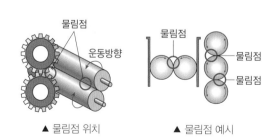

▲ 물림점 위치 　　　　　 ▲ 물림점 예시

⑤ 접선물림점(Tangential Nip Point): 회전하는 부분의 접선방향으로 물려 들어갈 위험이
존재하는 위험점이다.
　　예 풀리와 벨트, 체인과 스프라켓

▲ 접선물림점 위치

⑥ 회전말림점(Trapping Point): 회전하는 물체의 길이, 굵기, 속도 등이 불규칙한 부위와
돌기 회전부위에 작업복 등이 말려드는 위험이 존재하는 점이다.
　　예 회전축, 드릴

▲ 회전말림점 위치

2. 사고 체인(Accident Chain)의 5요소

① 1요소(함정, Trap): 기계의 운동에 의해서 회전말림점(Trapping Point)이 발생할 가능성이 있는가?
② 2요소(충격, Impact): 운동하는 어떤 기계 요소들과 사람이 부딪혀 그 요소의 운동에너지에 의해 사고가 일어날 가능성이 없는가?
③ 3요소(접촉, Contact): 날카롭거나, 뜨겁거나 또는 전류가 흐름으로써 접촉 시 상해가 일어날 요소들이 있는가?
④ 4요소(얽힘, 말림, Entanglement): 작업자의 신체 일부가 기계설비에 말려 들어갈 염려가 없는가?
⑤ 5요소(튀어나옴, Ejection): 기계요소나 피가공재가 기계로부터 튀어나올 염려가 없는가?

KEYWORD 02 　본질안전조건

① 근로자가 동작상 과오나 실수를 하여도 재해가 일어나지 않도록 하는 것이다.
② 기계설비에 이상이 발생되어도 안전성이 확보되어 재해나 사고가 발생하지 않도록 설계되는 기본적 개념이다.

KEYWORD 03 　기계의 안전조건

1. 외형의 안전화

① 묻힘형이나 덮개의 설치　안전보건규칙　제87조
　　㉠ 기계의 원동기·회전축·기어·풀리·플라이휠·벨트 및 체인 등 근로자가 위험에 처할 우려가 있는 부위에 덮개·울·슬리브 및 건널다리 등을 설치하여야 한다.
　　㉡ 회전축·기어·풀리 및 플라이휠 등에 부속되는 키·핀 등의 기계요소는 묻힘형으로 하거나 해당 부위에 덮개를 설치하여야 한다.
　　㉢ 벨트의 이음 부분에 돌출된 고정구를 사용하여서는 아니 된다.
　　㉣ ㉠의 건널다리에는 안전난간 및 미끄러지지 아니하는 구조의 발판을 설치하여야 한다.
② 별실 또는 구획된 장소에의 격리: 원동기 및 동력전달장치(벨트, 기어, 샤프트, 체인 등)
③ 안전색채 사용: 기계설비의 위험 요소를 쉽게 인지할 수 있도록 주의를 요하는 안전색채를 사용한다.

2. 작업의 안전화

작업 중의 안전은 그 기계설비의 제어방법(자동, 반자동, 수동)에 따라 다르며 기계 또는 설비의 작업환경과 작업방법을 검토하고 작업위험분석을 하여 작업을 표준화할 수 있도록 한다.

3. 기능상의 안전화

최근 기계는 반자동 또는 자동 제어장치를 갖추고 있어서 에너지 변동에 따라 오작동이 발생하여 주요 문제로 대두되므로 이에 따른 기능상의 안전화가 요구되고 있다.

例 전압 강화 및 정전에 따른 오작동, 사용압력 변동 시의 오작동, 단락 또는 스위치 고장 시의 오작동

4. 구조적 안전화(강도적 안전화)

① 재료에 있어서의 결함 방지
② 설계에 있어서의 결함 방지
③ 가공에 있어서의 결함 방지: 최근에 고급강을 재료로 사용하는 경우는 필요한 기계적 특성을 얻기 위하여 적절한 열처리를 필요로 한다.

KEYWORD 04 풀 프루프(Fool Proof)

① **정의**: 근로자가 기계를 잘못 취급하여 불안전한 행동이나 실수를 하여도 기계설비의 안전기능이 작용하여 재해를 방지할 수 있는 기능이다.
② **가드의 종류**: 인터록가드(Interlock Guard), 조절가드(Adjustable Guard), 고정가드(Fixed Guard)

KEYWORD 05 페일 세이프(Fail Safe)

1. Fail Safe의 정의

① 기계나 그 부품에 고장이나 기능불량이 생겨도 항상 안전을 유지하는 구조와 기능이다.
② 인간 또는 기계의 과오나 오작동이 있어도 사고 및 재해가 발생하지 않도록 2중, 3중으로 안전장치를 한 시스템(System)이다.

2. Fail Safe의 기능분류

① Fail Passive: 부품이 고장나면 통상 정지하는 방향으로 이동한다.
② Fail Active: 부품이 고장나면 기계는 경보를 울리며 짧은 시간 동안 운전이 가능하다.
③ Fail Operational: 부품에 고장이 있더라도 추후 보수가 있을 때까지 안전한 기능을 유지한다.

KEYWORD 06 기계설비의 방호장치

1. 격리형 방호장치

작업자가 작업점에 접촉되어 재해를 당하지 않도록 기계설비 외부에 차단벽이나 방호망을 설치하는 것으로 작업장에서 가장 많이 사용하는 방식(덮개)이다.

例 완전차단형 방호장치, 덮개형 방호장치, 울타리

2. 위치제한형 방호장치

조작자의 신체부위가 위험한계 밖에 있도록 기계의 조작장치를 위험구역에서 일정거리 이상 떨어지게 한 방호장치(양수조작식 안전장치)이다.

3. 접근거부형 방호장치

작업자의 신체부위가 위험한계 내로 접근하면 기계의 동작위치에 설치해 놓은 기구가 접근하는 신체부위를 안전한 위치로 되돌리는 것(손쳐내기식 안전장치)이다.

4. 접근반응형 방호장치

작업자의 신체부위가 위험한계 내로 접근하면 이를 감지하여 작동 중인 기계를 즉시 정지시키거나 스위치가 꺼지도록 하는 것(광전자식 안전장치)이다.

5. 포집형 방호장치

목재가공기의 반발예방장치와 같이 위험장소에 설치하여 위험원이 비산하거나 튀는 것을 방지하는 등 작업자로부터 위험원을 차단하는 방호장치이다.

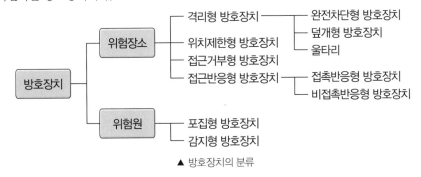

▲ 방호장치의 분류

KEYWORD 07 기계의 동력차단장치 안전보건규칙 제88조

동력차단장치(비상정지장치)를 설치할 때에는 기계 중 절단·인발·압축·꼬임·타발 또는 굽힘 등의 가공을 하는 기계에 설치하되, 근로자가 작업위치를 이동하지 아니하고 조작할 수 있는 위치에 설치하여야 한다.

KEYWORD 08 「산업안전보건법령」상 유해하거나 위험한 기계·기구

1. 안전인증대상 기계 또는 설비 산업안전보건법 시행령 제74조

① 프레스
② 전단기 및 절곡기
③ 크레인
④ 리프트
⑤ 압력용기
⑥ 롤러기
⑦ 사출성형기
⑧ 고소작업대
⑨ 곤돌라

2. 자율안전확인대상 기계 또는 설비 산업안전보건법 시행령 제77조

① 연삭기 또는 연마기(휴대형 제외)
② 산업용 로봇
③ 혼합기
④ 파쇄기 또는 분쇄기
⑤ 식품가공용 기계(파쇄 · 절단 · 혼합 · 제면기만 해당)
⑥ 컨베이어
⑦ 자동차정비용 리프트
⑧ 공작기계(선반, 드릴기, 평삭 · 형삭기, 밀링만 해당)
⑨ 고정형 목재가공용 기계(둥근톱, 대패, 루타기, 띠톱, 모떼기 기계만 해당)
⑩ 인쇄기

3. 안전검사대상기계 등 산업안전보건법 시행령 제78조

① 프레스
② 전단기
③ 크레인(정격 하중이 2톤 미만인 것 제외)
④ 리프트
⑤ 압력용기
⑥ 곤돌라
⑦ 국소배기장치(이동식 제외)
⑧ 원심기(산업용만 해당)
⑨ 롤러기(밀폐형 구조 제외)
⑩ 사출성형기(형 체결력 294[kN] 미만 제외)
⑪ 고소작업대(화물자동차 또는 특수자동차에 탑재한 고소작업대로 한정)
⑫ 컨베이어
⑬ 산업용 로봇

4. 유해하거나 위험한 기계 등의 방호장치 산업안전보건법 시행규칙 제98조

① 예초기: 날접촉예방장치
② 원심기: 회전체 접촉예방장치
③ 공기압축기: 압력방출장치
④ 금속절단기: 날접촉예방장치
⑤ 지게차: 헤드가드, 백레스트(Backrest), 전조등, 후미등, 안전벨트
⑥ 포장기계: 구동부 방호 연동장치

1. 가드식(Guard) 방호장치

① 정의: 가드의 개폐를 이용한 방호장치로서 기계의 작동을 서로 연동하여 가드가 열려 있는 상태에서는 기계의 위험부분이 가동되지 않고, 또한 기계가 작동하여 위험한 상태로 있을 때에는 가드를 열 수 없게 한 장치를 말한다.

② 종류: 가드방식, 게이트 가드방식

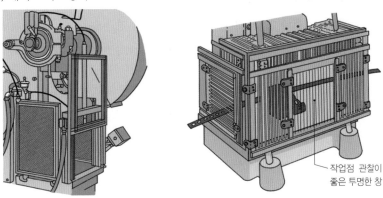

▲ 가드식 방호장치

작업점 관찰이
좋은 투명한 창

2. 양수조작식(Two-hand Control) 방호장치

① 양수조작식

　㉠ 정의: 기계의 조작을 양손으로 동시에 하지 않으면 기계가 가동하지 않으며 한 손이라도 떼어내면 기계가 급정지 또는 급상승하게 하는 장치를 말한다. 급정지기구가 있는 마찰프레스에 적합하다.

▲ 양수조작식 방호장치

　㉡ 안전거리

$$D = 1,600 \times (T_L + T_S)[\text{mm}]$$

여기서, T_L: 방호장치의 작동시간(누름버튼에서 손을 떼는 순간부터 급정지기구가 작동 개시하기까지의 시간)[초]
　　　　T_S: 프레스의 급정지시간(급정지기구가 작동을 개시할 때부터 슬라이드가 정지할 때까지의 시간)[초]
　　　　※ $T_L + T_S$: 최대정지시간

　㉢ 양수조작식 방호장치의 일반구조

　　• 정상동작표시등은 녹색, 위험표시등은 붉은색으로 하며, 쉽게 근로자가 볼 수 있는 곳에 설치하여야 한다.
　　• 방호장치는 릴레이, 리미트스위치 등의 전기부품의 고장, 전원전압의 변동 및 정전에 의해 슬라이드가 불시에 동작되지 않아야 하며, 사용전원전압의 ±20[%]의 변동에 대하여 정상으로 작동되어야 한다.
　　• 1행정 1정지기구에 사용할 수 있어야 한다.
　　• 누름버튼을 양손으로 동시에 조작하지 않으면 작동시킬 수 없는 구조이어야 하며, 양쪽버튼의 작동시간 차이는 최대 0.5초 이내일 때 프레스가 동작되도록 하여야 한다.
　　• 누름버튼의 상호 간 내측거리는 300[mm] 이상이어야 한다.
　　• 누름버튼(레버 포함)은 매립형 구조로 한다.

② 양수기동식

　㉠ 정의: 양손으로 누름단추 등의 조작장치를 동시에 1회 누르면 기계가 작동을 개시하는 것을 말한다. 급정지기구가 없는 확동식 프레스에 적합하다.

ⓛ 안전거리

$$D_m = 1,600 \times T_m \text{[mm]}$$
$$T_m = \left(\frac{1}{2} + \frac{1}{\text{클러치 개소 수}} \right) \times \frac{60}{\text{분당 행정수[SPM]}}$$

여기서, T_m: 누름버튼을 누른 때부터 슬라이드가 하사점에 도달하기까지의 소요 최대시간[초]

3. 손쳐내기식(Push Away, Sweep Guard) 방호장치

① 정의: 기계의 작동에 연동시켜 위험상태로 되기 전에 손을 위험 영역에서 밀어내거나 쳐냄으로써 위험을 배제하는 장치를 말한다.

② 손쳐내기식 방호장치의 일반구조 및 설치

ㄱ 슬라이드 행정수가 100[SPM] 이하, 행정길이가 40[mm] 이상의 것에 사용한다.

ㄴ 슬라이드 하행정거리의 $\frac{3}{4}$ 위치에서 손을 완전히 밀어내야 한다.

ㄷ 손쳐내기봉의 행정(Stroke) 길이를 금형의 높이에 따라 조정할 수 있고 진동폭은 금형 폭 이상이어야 한다.

ㄹ 방호판의 폭은 금형 폭의 $\frac{1}{2}$ 이상이어야 하고, 행정길이 300[mm] 이상의 프레스 기계에는 방호판 폭을 300[mm]로 하여야 한다.

ㅁ 부착볼트 등의 고정금속부분은 예리하게 돌출되지 않아야 한다.

4. 수인식(Pull Out) 방호장치

① 정의: 슬라이드와 작업자 손을 끈으로 연결하여 슬라이드 하강 시 작업자 손을 당겨 위험영역에서 빼낼 수 있도록 한 장치를 말한다.

② 수인식 방호장치의 일반구조 및 설치

ㄱ 슬라이드 행정수가 100[SPM] 이하, 행정길이가 50[mm] 이상의 것에 사용한다.

ㄴ 손목밴드(Wrist Band)의 재료는 유연한 내유성 피혁 또는 이하 동등한 재료를 사용하여야 한다.

ㄷ 수인끈의 재료는 합성섬유로 직경이 4[mm] 이상이어야 한다.

ㄹ 수인끈은 작업자와 작업공정에 따라 그 길이를 조정할 수 있어야 한다.

ㅁ 수인끈의 안내통은 끈의 마모와 손상을 방지할 수 있는 조치를 하여야 한다.

5. 광전자식(감응식)(Photosensor Type) 방호장치

① 정의: 광선 검출트립기구를 이용한 방호장치로서 신체의 일부가 광선을 차단하면 기계를 급정지 또는 급상승시켜 안전을 확보하는 장치를 말한다.

② 안전거리

$$D = 1,600 \times (T_L + T_S) \text{[mm]}$$

여기서, T_L: 방호장치의 작동시간(신체가 광선을 차단한 순간부터 급정지기구가 작동 개시하기까지의 시간)[초]
   T_S: 프레스의 급정지시간(급정지기구가 작동을 개시할 때부터 슬라이드가 정지할 때까지의 시간)[초]
   ※ $T_L + T_S$: 최대정지시간

③ 광전자식 방호장치의 일반구조

ㄱ 정상동작표시램프는 녹색, 위험표시램프는 붉은색으로 하며, 쉽게 근로자가 볼 수 있는 곳에 설치하여야 한다.

ㄴ 슬라이드 하강 중 정전 또는 방호장치의 이상 시에 정지할 수 있는 구조이어야 한다.

ⓒ 방호장치의 정상작동 중에 감지가 이루어지거나 공급전원이 중단되는 경우 적어도 두 개 이상의 독립된 출력 신호 개폐장치가 꺼진 상태로 되어야 한다.

ⓔ 방호장치의 감지기능은 규정한 검출영역 전체에 걸쳐 유효하여야 한다.

④ 광전자식 방호장치의 특징

ⓐ 핀클러치 구조의 프레스에는 사용할 수 없다.

ⓑ 연속 운전작업에 사용할 수 있다.

ⓒ 기계적 고장에 의한 2차 낙하에는 효과가 없다.

ⓓ 시계를 차단하지 않기 때문에 작업에 지장을 주지 않는다.

손목 밴드

▲ 손쳐내기식 방호장치　　　▲ 수인식 방호장치　　　▲ 광전자식 방호장치

KEYWORD 10　아세틸렌 용접장치 및 가스집합 용접장치의 방호장치

1. 용접법의 분류 및 압력의 제한

① 용접법의 분류

ⓐ 가스용접법(Gas Fusion Welding): 용접할 부분을 가스로 가열하여 접합한다.

ⓑ 가스압접법(Gas Pressure Welding): 용접부에 압력을 가하여 접합한다.

아세틸렌 압력이 127[kPa]을 초과하여서는 안 된다.

② 압력의 제한　안전보건규칙　제285조

아세틸렌 용접장치를 사용하여 금속의 용접·용단 또는 가열작업을 하는 경우에는 게이지 압력이 127[kPa] ($1.3[kg/cm^2]$)을 초과하는 압력의 아세틸렌을 발생시켜 사용해서는 아니 된다.

2. 용기 등의 사용 시 주의사항　안전보건규칙　제234조

금속의 용접·용단 또는 가열에 사용되는 가스 등의 용기를 취급하는 경우에 다음의 사항을 준수하여야 한다.

① 다음의 어느 하나에 해당하는 장소에서 사용하거나 해당 장소에 설치·저장 또는 방치하지 않도록 할 것

ⓐ 통풍이나 환기가 불충분한 장소

ⓑ 화기를 사용하는 장소 및 그 부근

ⓒ 위험물 또는 인화성 액체를 취급하는 장소 및 그 부근

② 용기의 온도를 40[℃] 이하로 유지할 것

③ 전도의 위험이 없도록 할 것

④ 충격을 가하지 않도록 할 것

⑤ 운반하는 경우에는 캡을 씌울 것

⑥ 사용하는 경우에는 용기의 마개에 부착되어 있는 유류 및 먼지를 제거할 것

⑦ 밸브의 개폐는 서서히 할 것

⑧ 사용 전 또는 사용 중인 용기와 그 밖의 용기를 명확히 구별하여 보관할 것

⑨ 용해아세틸렌의 용기는 세워 둘 것

⑩ 용기의 부식·마모 또는 변형상태를 점검한 후 사용할 것

3. 방호장치의 종류 및 설치방법

① **수봉식 안전기**: 안전기는 용접 중 역화현상이 생기거나, 토치(Torch)가 막혀 산소가 아세틸렌가스 쪽으로 역류하여 가스 발생장치에 도달하면 폭발사고가 일어날 위험이 있으므로 가스발생기와 토치 사이에 수봉식 안전기를 설치한다. 즉, 발생기에서 발생한 아세틸렌가스가 수중을 통과하여 토치에 도달하고(그림 a), 고압의 산소가 토치로부터 아세틸렌 발생기를 향하여 역류(역화)할 때 물이 아세틸렌가스 발생기로의 진입을 차단하여 위험을 방지한다(그림 b).

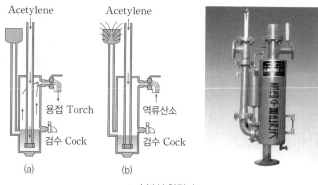

▲ 수봉식 안전기

② **건식 안전기(역화방지기)**: 최근에는 아세틸렌 용접장치를 이용하는 것이 극히 드물고 용해아세틸렌, LP가스 등의 용기를 이용하는 일이 많아지고 있다. 여기에 이용하는 것이 건식 안전기이다.

▲ 역화방지기

③ **방호장치의 설치방법**

㉠ 아세틸렌 용접장치 안전보건규칙 제289조

• 아세틸렌 용접장치의 취관마다 안전기를 설치하여야 한다. 다만, 주관 및 취관에 가장 가까운 분기관마다 안전기를 부착한 경우에는 그러하지 아니한다.

• 가스용기가 발생기와 분리되어 있는 아세틸렌 용접장치에 대하여 발생기와 가스용기 사이에 안전기를 설치하여야 한다.

㉡ 가스집합 용접장치 안전보건규칙 제293조

주관 및 분기관에는 안전기를 설치하여야 한다. 이 경우에 하나의 취관에 2개 이상의 안전기를 설치하여야 한다.

1. 양중기의 정의 안전보건규칙 제132조

작업장에서 화물 또는 사람을 올리고 내리는 데 사용하는 기계로서 크레인, 이동식 크레인, 리프트, 곤돌라 및 승강기를 포함하여 말한다.

① 크레인(호이스트(Hoist) 포함): 동력을 사용하여 중량물을 매달아 상하 및 좌우(수평 또는 선회)로 운반하는 것을 목적으로 하는 기계 또는 기계장치를 말하며, 호이스트란 훅이나 그 밖의 달기구 등을 사용하여 화물을 권상 및 횡행 또는 권상동작만을 하여 양중하는 것을 말한다.

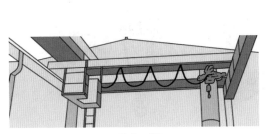 

▲ 천장크레인 　　　　　　　▲ 이동식 크레인

② 이동식 크레인: 원동기를 내장하고 있는 것으로서 불특정 장소에 스스로 이동할 수 있는 크레인으로 동력을 사용하여 중량물을 매달아 상하 및 좌우(수평 또는 선회)로 운반하는 설비로서 기중기 또는 화물·특수자동차의 작업부에 탑재하여 화물운반 등에 사용하는 기계 또는 기계장치를 말한다.

③ 리프트(이삿짐운반용 리프트의 경우에는 적재하중이 0.1톤 이상인 것으로 한정): 동력을 사용하여 사람이나 화물을 운반하는 것을 목적으로 하는 기계설비로서 다음의 것을 말한다.

　㉠ 건설용 리프트: 동력을 사용하여 가이드레일을 따라 상하로 움직이는 운반구를 매달아 사람이나 화물을 운반할 수 있는 설비 또는 이와 유사한 구조 및 성능을 가진 것으로 건설현장에서 사용하는 것

　㉡ 산업용 리프트: 동력을 사용하여 가이드레일을 따라 상하로 움직이는 운반구를 매달아 화물을 운반할 수 있는 설비 또는 이와 유사한 구조 및 성능을 가진 것으로 건설현장 외의 장소에서 사용하는 것

　㉢ 자동차정비용 리프트: 동력을 사용하여 가이드레일을 따라 움직이는 지지대로 자동차 등을 일정한 높이로 올리거나 내리는 구조의 리프트로서 자동차 정비에 사용하는 것

　㉣ 이삿짐운반용 리프트: 연장 및 축소가 가능하고 끝단을 건축물 등에 지지하는 구조의 사다리형 붐에 따라 동력을 사용하여 움직이는 운반구를 매달아 화물을 운반하는 설비로서 화물자동차 등 차량 위에 탑재하여 이삿짐 운반 등에 사용하는 것

④ 곤돌라: 달기발판 또는 운반구, 승강장치, 그 밖의 장치 및 이들에 부속된 기계부품에 의하여 구성되고, 와이어로프 또는 달기강선에 의하여 달기발판 또는 운반구가 전용 승강장치에 의하여 오르내리는 설비를 말한다.

⑤ 승강기: 건축물이나 고정된 시설물에 설치되어 일정한 경로에 따라 사람이나 화물을 승강장으로 옮기는 데에 사용되는 설비로서 다음의 것을 말한다.

　㉠ 승객용 엘리베이터: 사람의 운송에 적합하게 제조·설치된 엘리베이터

　㉡ 승객화물용 엘리베이터: 사람의 운송과 화물 운반을 겸용하는 데 적합하게 제조·설치된 엘리베이터

　㉢ 화물용 엘리베이터: 화물 운반에 적합하게 제조·설치된 엘리베이터로서 조작자 또는 화물취급자 1명은 탑승할 수 있는 것(적재용량이 300[kg] 미만인 것 제외)

　㉣ 소형 화물용 엘리베이터: 음식물이나 서적 등 소형 화물의 운반에 적합하게 제조·설치된 엘리베이터로서 사람의 탑승이 금지된 것

ⓜ 에스컬레이터: 일정한 경사로 또는 수평로를 따라 위·아래 또는 옆으로 움직이는 디딤판을 통해 사람이나 화물을 승강장으로 운송시키는 설비

2. 양중기의 방호장치 안전보건규칙 제134조, 135조

① **방호장치의 조정**: 다음의 양중기에 과부하방지장치, 권과방지장치, 비상정지장치 및 제동장치, 그 밖의 방호장치 (승강기의 파이널 리미트 스위치(Final Limit Switch), 속도조절기, 출입문 인터 록(Inter Lock) 등)가 정상적으로 작동될 수 있도록 미리 조정해 두어야 한다.

ㄱ 크레인　　　　　　　ㄴ 이동식 크레인　　　　　　ㄷ 리프트
ㄹ 곤돌라　　　　　　　ㅁ 승강기

② **권과방지장치**: 크레인 및 이동식 크레인에 대한 권과방지장치는 훅·버킷 등 달기구의 윗면이 드럼, 상부 도르래, 트롤리프레임 등 권상장치의 아랫면과 접촉할 우려가 있는 경우에 그 간격이 0.25[m] 이상(직동식 권과방지장치는 0.05[m] 이상)이 되도록 조정하여야 한다.
③ **과부하의 제한**: 양중기에 그 적재하중을 초과하는 하중을 걸어서 사용하도록 해서는 아니 된다.

KEYWORD 12 보일러의 안전장치

보일러의 폭발사고를 예방하기 위하여 압력방출장치, 압력제한스위치, 고저수위 조절장치, 화염검출기 등의 기능이 정상적으로 작동될 수 있도록 유지·관리하여야 한다.

1. 고저수위 조절장치 안전보건규칙 제118조

고저수위 조절장치의 동작 상태를 작업자가 쉽게 감시하도록 하기 위하여 고저수위지점을 알리는 경보등·경보음장치 등을 설치하여야 하며, 자동으로 급수되거나 단수되도록 설치하여야 한다.

2. 압력방출장치 안전보건규칙 제116조

보일러의 안전한 가동을 위하여 보일러 규격에 맞는 압력방출장치를 1개 또는 2개 이상 설치하고 최고사용압력(설계압력 또는 최고허용압력) 이하에서 작동되도록 하여야 한다. 다만, 압력방출장치가 2개 이상 설치된 경우에는 최고사용압력 이하에서 1개가 작동되고, 다른 압력방출장치는 최고사용압력 1.05배 이하에서 작동되도록 부착하여야 한다.

3. 압력제한스위치 안전보건규칙 제117조

보일러의 과열을 방지하기 위하여 최고사용압력과 상용압력 사이에서 보일러의 버너연소를 차단할 수 있도록 압력제한스위치를 부착하여 사용하여야 한다.

압력제한스위치는 상용운전압력 이상으로 압력이 상승할 경우 보일러의 파열을 방지하기 위하여 버너의 연소를 차단하여 열원을 제거함으로써 정상압력으로 유도하는 장치이다.

> **합격 보장 꿀팁** **보일러에서 발생하는 발생증기의 이상**
> ① 프라이밍(Priming): 보일러가 과부하로 사용될 경우 수위가 상승하거나 드럼 내의 부착품에 기계적 결함이 있으면 보일러수가 극심하게 끓어서 수면에서 물방울이 끊임없이 격심하게 비산하고 증기부가 물방울로 충만하여 수위가 불안정하게 되는 현상을 말한다.
> ② 포밍(Foaming): 보일러수에 불순물이 많이 포함되었을 경우 보일러수의 비등과 함께 수면부 위에 거품층을 형성하여 수위가 불안정하게 되는 현상을 말한다.
> ③ 캐리오버(Carry Over): 보일러 증기관 쪽에 보내는 증기에 대량의 물방울이 포함되는 경우가 있는데 이것을 캐리오버라 하며, 프라이밍이나 포밍이 생기면 필연적으로 캐리오버가 발생한다.

KEYWORD 13 | 롤러기의 방호장치

1. 롤러기의 방호장치

① 급정지장치
- ㉠ 손조작식: 비상안전제어로프(Safety Trip Wire Cable)장치는 송급 및 인출 컨베이어, 슈트 및 호퍼 등에 의해서 제한이 되는 밀기에 사용한다.
- ㉡ 복부조작식
- ㉢ 무릎조작식
- ㉣ 급정지장치 조작부의 위치

종류	설치 위치	비고
손조작식	밑면에서 1.8[m] 이내	위치는 급정지장치 조작부의 중심점을 기준으로 함
복부조작식	밑면에서 0.8[m] 이상 1.1[m] 이내	
무릎조작식	밑면에서 0.6[m] 이내	

② 가드(Guard)
- ㉠ 가드를 설치할 때 일반적인 개구부의 간격은 다음의 식으로 계산한다.

> $Y=6+0.15X(X<160[\text{mm}])$
>
> 여기서, Y: 개구부의 간격[mm]
> X: 개구부에서 위험점까지의 최단거리[mm]
> 단, $X≥160[\text{mm}]$이면 $Y=30[\text{mm}]$이다.

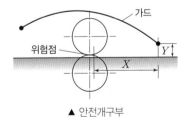

▲ 안전개구부

- ㉡ 위험점이 전동체인 경우 개구부의 간격은 다음 식으로 계산한다.

> $Y=6+0.1X$(단, $X<760[\text{mm}]$에서 유효)

③ 발광다이오드 광선식 장치

2. 롤러기의 급정지거리

① 급정지장치의 성능

앞면 롤러의 표면속도[m/min]	급정지거리
30 미만	앞면 롤러 원주의 $\frac{1}{3}$ 이내
30 이상	앞면 롤러 원주의 $\frac{1}{2.5}$ 이내

② 앞면 롤러의 표면속도

$$V = \frac{\pi DN}{1,000}[\text{m/min}]$$

여기서, D: 롤러의 지름[mm], N: 분당회전수[rpm]

KEYWORD 14 연삭기

1. 연삭기의 재해유형

① 회전하던 연삭숫돌이 외력 또는 숫돌자체의 결함에 의해 파괴되면서 파괴된 조각이 작업자의 신체 부위와 충돌한다.
② 가공재료의 비산하는 입자가 시력 장해를 일으킨다.
③ 회전하는 연삭숫돌에 의한 말림 재해가 발생한다.
④ 숫돌에 작업자의 무릎 또는 신체가 접촉한다.

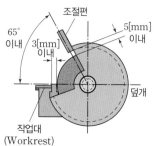

2. 연삭숫돌의 파괴원인

① 숫돌에 균열이 있는 경우
② 숫돌이 고속으로 회전하는 경우
③ 회전력이 결합력보다 큰 경우
④ 무거운 물체가 충돌한 경우(외부의 큰 충격을 받은 경우)
⑤ 숫돌의 측면을 일감으로써 심하게 가압했을 경우(특히 숫돌이 얇을 때 위험)
⑥ 베어링이 마모되어 진동을 일으키는 경우
⑦ 플랜지 지름이 현저하게 작은 경우
⑧ 회전중심이 잡히지 않은 경우

3. 연삭숫돌의 덮개 등 안전보건규칙 제122조

① 회전 중인 연삭숫돌(지름이 5[cm] 이상인 것으로 한정)이 근로자에게 위험을 미칠 우려가 있는 경우에 그 부위에 덮개를 설치하여야 한다.
② 연삭숫돌을 사용하는 작업의 경우 작업을 시작하기 전에는 1분 이상, 연삭숫돌을 교체한 후에는 3분 이상 시험운전을 하고 해당 기계에 이상이 있는지를 확인하여야 한다.

③ 시험운전에 사용하는 연삭숫돌은 작업시작 전에 결함이 있는지를 확인한 후 사용하여야 한다.

④ 연삭숫돌의 최고 사용회전속도를 초과하여 사용하도록 해서는 아니 된다.

⑤ 측면을 사용하는 것을 목적으로 하지 않는 연삭숫돌을 사용하는 경우 측면을 사용하도록 해서는 아니 된다.

4. 안전덮개의 노출각도

① 탁상용 연삭기
- ㉠ 일반 연삭작업 등에 사용하는 것을 목적으로 하는 경우: 125° 이내
- ㉡ 연삭숫돌의 상부사용을 목적으로 하는 경우: 60° 이내

② 원통연삭기, 만능연삭기: 180° 이내

③ 휴대용 연삭기, 스윙(Swing) 연삭기: 180° 이내

④ 평면연삭기, 절단연삭기: 150° 이내

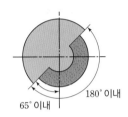

㉮ 원통연삭기, 센터리스 연삭기, 공구 연삭기, 만능연삭기, 기타 이와 비슷한 연삭기

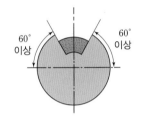

㉯ 연삭숫돌의 상부를 사용하는 것을 목적으로 하는 탁상용 연삭기

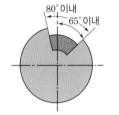

㉰ ㉯ 및 ㉶ 이외의 탁상용 연삭기, 기타 이와 비슷한 연삭기

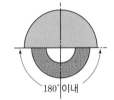

㉱ 휴대용 연삭기, 스윙 연삭기, 슬라브 연삭기, 기타 이와 비슷한 연삭기

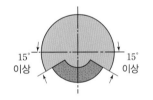

㉲ 평면연삭기, 절단연삭기, 기타 이와 비슷한 연삭기

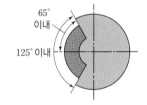

㉶ 일반 연삭작업 등에 사용하는 것을 목적으로 하는 탁상용 연삭기

5. 숫돌의 원주속도 및 플랜지의 지름

① 숫돌의 원주속도

$$V = \frac{\pi DN}{60 \times 1,000} [\text{m/s}]$$

여기서, D: 숫돌의 지름[mm], N: 분당회전수[rpm]

② 플랜지의 지름: 플랜지의 지름은 숫돌 직경의 $\frac{1}{3}$ 이상인 것이 적당하다.

1. 산업용 로봇의 방호장치

① 동력차단장치

② 비상정지기능

③ 안전방호 울타리(방책)

④ 안전매트: 위험한계 내에 근로자가 들어갈 때 압력 등을 감지할 수 있는 방호장치

2. 교시 등 　안전보건규칙　제222조

산업용 로봇의 작동범위에서 해당 로봇에 대하여 교시 등(매니퓰레이터(Manipulator)의 작동순서, 위치ㆍ속도의 설정ㆍ변경 또는 그 결과를 확인하는 것)의 작업을 하는 경우에는 해당 로봇의 예기치 못한 작동 또는 오조작에 의한 위험을 방지하기 위하여 다음의 조치를 하여야 한다. 다만, 로봇의 구동원을 차단하고 작업을 하는 경우에는 ②, ③의 조치를 하지 아니할 수 있다.

① 다음의 사항에 관한 지침을 정하고 그 지침에 따라 작업을 시킬 것

ㄱ 로봇의 조작방법 및 순서

ㄴ 작업 중의 매니퓰레이터의 속도

ㄷ 2명 이상의 근로자에게 작업을 시킬 경우의 신호방법

ㄹ 이상을 발견한 경우의 조치

ㅁ 이상을 발견하여 로봇의 운전을 정지시킨 후 이를 재가동시킬 경우의 조치

ㅂ 그 밖의 로봇의 예기치 못한 작동 또는 오조작에 의한 위험을 방지하기 위하여 필요한 조치

② 작업에 종사하고 있는 근로자 또는 그 근로자를 감시하는 사람은 이상을 발견하면 즉시 로봇의 운전을 정지시키기 위한 조치를 할 것

③ 작업을 하고 있는 동안 로봇의 기동스위치 등에 작업 중이라는 표시를 하는 등 작업에 종사하고 있는 근로자가 아닌 사람이 그 스위치 등을 조작할 수 없도록 필요한 조치를 할 것

3. 작업시작 전 점검사항(로봇의 작동범위에서 그 로봇에 관하여 교시 등의 작업을 할 때) 　안전보건규칙　별표 3

① 외부 전선의 피복 또는 외장의 손상 유무

② 매니퓰레이터(Manipulator) 작동의 이상 유무

③ 제동장치 및 비상정지장치의 기능

1. 둥근톱기계의 방호장치

톱날접촉예방장치	반발예방장치	
가동식 덮개	분할날	
	겸형식 분할날	현수식 분할날
덮개의 하단이 항상 가공재 또는 테이블에 접한다. / 분할날은 대면해 있는 부분의 날이다.		
고정식 덮개	반발방지기구	
최대 8[mm] 최대 25[mm]	송급위치에 부착한다.	

2. 분할날(Spreader)

① **분할날의 두께**

  ㉠ 분할날은 톱 뒷(Back)날 바로 가까이에 설치되고 절삭된 가공재의 홈 사이로 들어가면서 가공재의 모든 두께에 걸쳐서 쐐기작용을 하여 가공재가 톱날을 조이지 않게 하는 것을 말한다.

  ㉡ 분할날의 두께(t_2)는 톱날 두께(t_1)의 1.1배 이상이고 톱날의 치진폭(b) 미만으로 하여야 한다. → $1.1t_1 \leq t_2 < b$

② **분할날의 길이**

$$l = \frac{\pi D}{4} \times \frac{2}{3} = \frac{\pi D}{6}$$

여기서, D: 톱날의 지름

③ 톱의 후면날과 12[mm] 이내가 되도록 설치한다.

④ 재료는 탄성이 큰 탄소공구강 5종에 상당하는 재질이어야 한다.

⑤ 표준 테이블 위 톱의 후면날 $\frac{2}{3}$ 이상을 덮어야 한다.

⑥ 설치부는 둥근톱니와 분할날과의 간격 조절이 가능한 구조여야 한다.

⑦ 둥근톱 직경이 610[mm] 이상일 때의 분할날은 양단 고정식의 현수식이어야 한다.

3. 방호장치의 설치방법

① 분할날에 대면하고 있는 부분과 가공재를 절단하는 부분 이외의 톱날을 덮을 수 있는 구조로 톱날접촉예방장치를 설치할 것

② 목재의 반발을 충분히 방지할 수 있도록 반발방지기구를 설치할 것

③ 분할날의 두께는 둥근톱 두께의 1.1배 이상일 것(톱날과의 간격 12[mm] 이내)

④ 표준테이블 위의 톱 후면날을 $\frac{2}{3}$ 이상 덮을 수 있도록 분할날을 설치할 것

KEYWORD 17 | 비파괴검사

1. 비파괴검사의 종류

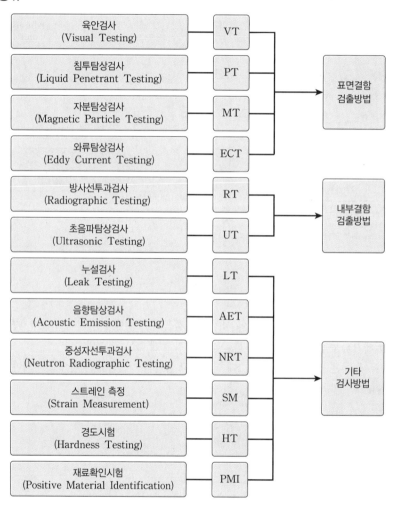

2. 비파괴검사의 실시 안전보건규칙 제115조

고속회전체(회전축의 중량이 1톤을 초과하고 원주속도가 120[m/s] 이상인 것으로 한정)의 회전시험을 하는 경우 미리 회전축의 재질 및 형상 등에 상응하는 종류의 비파괴검사를 해서 결함 유무를 확인하여야 한다.

1. 지게차 안정도

① 지게차는 화물 적재 시에 지게차 카운터밸런스(Counter Balance) 무게에 의하여 안정된 상태를 유지할 수 있도록 최대하중 이하로 적재하여야 한다.

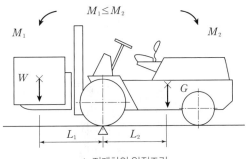

▲ 지게차의 안정조건

$M_1 \leq M_2$
화물의 모멘트 $M_1 = W \times L_1$
지게차의 모멘트 $M_2 = G \times L_2$

여기서, W: 화물의 중량[kgf]
G: 지게차 중량[kgf]
L_1: 앞바퀴에서 화물 중심까지의 최단거리[cm]
L_2: 앞바퀴에서 지게차 중심까지의 최단거리[cm]

② 지게차의 주행·하역작업 시 안정도 기준

안정도	지게차의 상태	
	옆에서 본 경우	위에서 본 경우
하역 작업 시의 전후 안정도: 4[%] 이내 (5톤 이상은 3.5[%] 이내) (최대하중상태에서 포크를 가장 높이 올린 경우)	A ⊕ ⊕ B	
주행 시의 전후 안정도: 18[%] 이내 (기준 부하 상태)	A ⊕ ⊕ B	Y A ⊕ B X
하역작업 시의 좌우 안정도: 6[%] 이내 (최대하중상태에서 포크를 가장 높이 올리고 마스트를 가장 뒤로 기울인 경우)	X ⊕ Y	
주행 시의 좌우 안정도: (15+1.1V)[%] 이내 (V는 구내 최고 속도[km/h]) (기준 무부하 상태)	X Y	

안정도$=\dfrac{h}{l} \times 100$[%]

전도구배 $\dfrac{h}{l}$

2. 헤드가드(Head Guard)

① **정의**: 지게차를 이용한 작업 중에 위쪽으로부터 떨어지는 물건에 의한 위험을 방지하기 위하여 운전자의 머리 위쪽에 설치하는 덮개이다.

② **구조** `안전보건규칙` `제180조`

　ㄱ 강도는 지게차의 최대하중의 2배 값(4톤을 넘는 값에 대해서는 4톤)의 등분포정하중에 견딜 수 있을 것

　ㄴ 상부틀의 각 개구의 폭 또는 길이가 16[cm] 미만일 것

　ㄷ 운전자가 앉아서 조작하거나 서서 조작하는 지게차의 헤드가드는 한국산업표준에서 정하는 높이 기준 이상일 것(입승식: 1.88[m] 이상, 좌승식: 0.903[m] 이상)

---

1. 와이어로프의 의미

양질의 탄소강 소재를 인발한 많은 소선(Wire)을 집합하여 꼬아서 스트랜드(Strand)를 만들고 이 스트랜드를 심(Core) 주위에 일정한 피치(Pitch)로 감아서 제작한 일종의 로프이다.

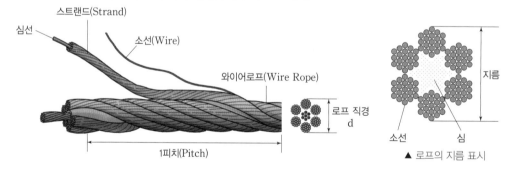

▲ 로프의 지름 표시

2. 와이어로프의 구성

로프의 구성은 로프의 "스트랜드 수(꼬임의 수량)×소선의 개수"로 표시하며, 크기는 단면 외접원의 지름으로 나타낸다.

3. 와이어로프의 꼬임모양과 꼬임방향

① 보통 꼬임(Regular Lay): 스트랜드의 꼬임방향과 소선의 꼬임방향이 반대인 것이다.

② 랭 꼬임(Lang's Lay): 스트랜드의 꼬임방향과 소선의 꼬임방향이 같은 것이다.

| (a) 보통 Z 꼬임 | (b) 보통 S 꼬임 | (c) 랭 Z 꼬임 | (d) 랭 S 꼬임 |

▲ 와이어로프의 꼬임 명칭

4. 와이어로프 등 달기구의 안전계수 `안전보건규칙` 제163조

양중기의 와이어로프 등 달기구의 안전계수(달기구 절단하중의 값을 그 달기구에 걸리는 하중의 최대값으로 나눈 값)가 다음의 구분에 따른 기준에 맞지 아니한 경우에는 이를 사용해서는 아니 된다.

① 근로자가 탑승하는 운반구를 지지하는 달기 와이어로프 또는 달기 체인의 경우: 10 이상

② 화물의 하중을 직접 지지하는 달기 와이어로프 또는 달기 체인의 경우: 5 이상

③ 훅, 샤클, 클램프, 리프팅 빔의 경우: 3 이상

④ 그 밖의 경우: 4 이상

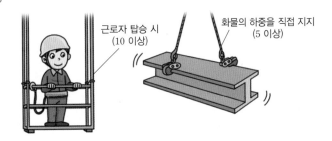

5. 와이어로프의 사용금지 기준 `안전보건규칙` 제166조

① 이음매가 있는 것

② 와이어로프의 한 꼬임(Strand)에서 끊어진 소선(필러(pillar)선 제외)의 수가 10[%] 이상인 것

③ 지름의 감소가 공칭지름의 7[%]를 초과하는 것

④ 꼬인 것

⑤ 심하게 변형되거나 부식된 것

⑥ 열과 전기충격에 의해 손상된 것

| 이음매가 있는 것 | 소선의 수가 10[%] 이상 끊어진 것 | 지름의 감소가 공칭지름의 7[%]를 초과하는 것 | 꼬인 것 | 심하게 변형, 부식된 것 |

6. 와이어로프에 걸리는 하중

① 와이어로프에 걸리는 하중은 매다는 각도에 따라 로프에 걸리는 하중이 달라진다. 와이어로프에 걸리는 하중은 다음과 같이 계산할 수 있다.

$$T = \frac{w}{2 \times \cos\dfrac{\theta}{2}} \rightarrow T = \frac{500}{2 \times \cos 30°} \fallingdotseq 288.68[\text{kg}]$$

여기서, w: 물건의 중량, θ: 매다는 각도

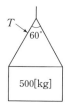

② 로프로 중량물을 들어올릴 때 부하가 걸리는 상태에서 θ는 다음과 같이 계산할 수 있다.

$$\sin\theta = \frac{\dfrac{w}{2}}{T} \rightarrow \sin\theta = \frac{\dfrac{200}{2}}{200} = \frac{1}{2} \text{이므로 } \theta = 30°$$

여기서, T: 로프에 걸리는 하중, w: 물건의 중량

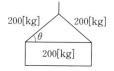

7. 늘어난 체인 등의 사용금지 `안전보건규칙` 제167조

① 달기 체인의 길이가 달기 체인이 제조된 때의 길이의 5[%]를 초과한 것
② 링의 단면지름이 달기 체인이 제조된 때의 해당 링의 지름의 10[%]를 초과하여 감소한 것
③ 균열이 있거나 심하게 변형된 것

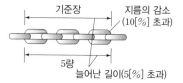

04 기계설비 안전관리

01

「산업안전보건기준에 관한 규칙」에서 규정하는 원동기, 회전축 등의 위험방지를 위한 기계적인 안전조치 3가지를 쓰시오.

> 정답
> ① 덮개 설치   ② 울 설치
> ③ 슬리브 설치   ④ 건널다리 설치

02

지게차를 사용하여 작업을 하는 때 작업시작 전 점검사항 4가지를 쓰시오.

> 정답
> ① 제동장치 및 조종장치 기능의 이상 유무
> ② 하역장치 및 유압장치 기능의 이상 유무
> ③ 바퀴의 이상 유무
> ④ 전조등·후미등·방향지시기 및 경보장치 기능의 이상 유무

03

크레인을 이용하여 1톤의 화물을 2줄걸이 로프로 상부 각도 60°로 인양 시 와이어로프의 한 가닥에 걸리는 하중[kg]을 계산하시오.

> 정답
> $$T = \frac{w}{2 \times \cos\frac{\theta}{2}} = \frac{1,000}{2 \times \cos 30°} \fallingdotseq 577.35[\text{kg}]$$
> 여기서, w: 화물의 중량
> θ: 매다는 각도

04

프레스 및 전단기의 방호장치의 종류 5가지를 쓰시오.

> 정답
> ① 가드식 방호장치   ② 양수조작식 방호장치
> ③ 손쳐내기식 방호장치   ④ 수인식 방호장치
> ⑤ 광전자식 방호장치

05

프레스기의 방호장치 중에서 양수조작식 방호장치의 설치방법 3가지를 쓰시오.

> 정답
> ① 정상동작표시등은 녹색, 위험표시등은 붉은색으로 하며, 쉽게 근로자가 볼 수 있는 곳에 설치하여야 한다.
> ② 방호장치는 릴레이, 리미트스위치 등의 전기부품의 고장, 전원전압의 변동 및 정전에 의해 슬라이드가 불시에 동작되지 않아야 하며, 사용전원전압의 ±20[%]의 변동에 대하여 정상으로 작동되어야 한다.
> ③ 1행정 1정지기구에 사용할 수 있어야 한다.
> ④ 누름버튼을 양손으로 동시에 조작하지 않으면 작동시킬 수 없는 구조이어야 하며, 양쪽버튼의 작동시간 차이는 최대 0.5초 이내일 때 프레스가 동작되도록 하여야 한다.
> ⑤ 누름버튼의 상호 간 내측거리는 300[mm] 이상이어야 한다.
> ⑥ 누름버튼(레버 포함)은 매립형의 구조로 한다.

06

목재가공용 둥근톱기계의 방호장치의 설치방법 3가지를 쓰시오.

> 정답
> ① 반발예방장치는 목재의 반발을 충분히 방지할 수 있도록 설치하여야 한다.
> ② 분할날은 톱의 후면날과 12[mm] 이내가 되도록 설치하고 그 두께는 톱날 두께의 1.1배 이상이고 치진폭보다 작아야 한다.
> ③ 날접촉예방장치는 분할날에 대면하고 있는 부분과 가공재를 절단하는 부분 이외의 톱날을 덮을 수 있는 구조이어야 한다.

07

연삭숫돌의 파괴원인 4가지를 쓰시오.

정답

① 숫돌에 균열이 있는 경우
② 숫돌이 고속으로 회전하는 경우
③ 회전력이 결합력보다 큰 경우
④ 무거운 물체가 충돌한 경우(외부의 큰 충격을 받은 경우)
⑤ 숫돌의 측면을 일감으로써 심하게 가압했을 경우(특히 숫돌이 얇을 때 위험)
⑥ 베어링이 마모되어 진동을 일으키는 경우
⑦ 플랜지 지름이 현저하게 작은 경우
⑧ 회전중심이 잡히지 않은 경우

08

승강기에 있어서 카(Car)만의 무게가 3,000[kg], 정격 적재 하중이 2,000[kg], 오버밸런스(Over-balance)율이 40[%] 일 때, 평형추의 무게[kg]는 얼마인지 계산하시오.

정답

평형추의 무게＝카의 무게＋(정격 적재하중×오버밸런스율)
$$＝3,000＋(2,000×0.4)＝3,800[kg]$$

09

둥근톱기계의 방호장치 중 반발예방장치 2가지를 쓰시오.

정답

① 분할날
② 반발방지기구

10

이동식 크레인의 방호장치 5가지를 쓰시오.

정답

① 과부하방지장치
② 권과방지장치
③ 비상정지장치
④ 제동장치
⑤ 해지장치

11

승강기의 와이어로프 검사 후, 사용불가능 기준 4가지를 쓰시오.

정답

① 이음매가 있는 것
② 와이어로프의 한 꼬임에서 끊어진 소선의 수가 10[%] 이상인 것
③ 지름의 감소가 공칭지름의 7[%]를 초과하는 것
④ 꼬인 것
⑤ 심하게 변형되거나 부식된 것
⑥ 열과 전기충격에 의해 손상된 것

12

프레스 작업이 끝난 후 페달에 U자형 커버를 씌우는 이유를 설명하시오.

정답

근로자의 부주의로 페달을 작동시키거나, 낙하물 등에 의해 페달이 작동하는 등 예상치 못한 불시작동을 방지하고 안전을 유지하기 위하여 설치한다.

13

사업주는 보일러의 폭발사고를 예방하기 위하여 기능이 정상적으로 작동될 수 있도록 유지·관리하여야 한다. 이때 유지·관리하여야 하는 장치 3가지를 쓰시오.

정답

① 압력방출장치 　　　　② 압력제한스위치
③ 고저수위 조절장치 　　④ 화염 검출기

14

클러치 맞물림 개소 수 4개, SPM이 200인 프레스의 양수기동식 방호장치의 안전거리[mm]를 계산하시오.

정답

$T_m = \left(\dfrac{1}{2} + \dfrac{1}{\text{클러치 개소 수}}\right) \times \dfrac{60}{\text{분당 행정수[SPM]}}$

$\quad = \left(\dfrac{1}{2} + \dfrac{1}{4}\right) \times \dfrac{60}{200} = 0.225$초이므로

$D_m = 1,600 \times T_m = 1,600 \times 0.225 = 360\text{[mm]}$

여기서, D_m: 안전거리[mm]

$\qquad\quad T_m$: 누름버튼을 누른 때부터 사용하는 프레스의 슬라이드가 하사점에 도달할 때까지의 소요 최대시간[초]

15

산업용 로봇의 작동범위 내에서 해당 로봇에 대하여 교시 등의 작업을 할 경우에는 해당 로봇의 예기치 못한 작동 또는 오조작에 의한 위험을 방지하기 위하여 관련 지침을 정하여 그 지침에 따라 작업을 하도록 하여야 하는데, 관련 지침에 포함되어야 할 사항 4가지를 쓰시오.(단, 로봇의 예기치 못한 작동 또는 오조작에 의한 위험을 방지하기 위하여 필요한 조치는 제외한다.)

정답

① 로봇의 조작방법 및 순서
② 작업 중의 매니퓰레이터의 속도
③ 2명 이상의 근로자에게 작업을 시킬 경우의 신호방법
④ 이상을 발견한 경우의 조치
⑤ 이상을 발견하여 로봇의 운전을 정지시킨 후 이를 재가동시킬 경우의 조치

16

1,000[rpm]으로 회전하는 롤러의 앞면 롤러의 지름이 50[cm]인 경우 앞면 롤러의 표면속도[m/min]와 관련 규정에 따른 급정지거리[cm]를 계산하시오.

정답

① 표면속도 $V = \dfrac{\pi DN}{1,000} = \dfrac{\pi \times 500 \times 1,000}{1,000} = 1,570.80\text{[m/min]}$

　여기서, D: 롤러의 지름[mm]
　　　　　N: 분당회전수[rpm]

② 급정지거리 = 앞면 롤러 원주 $\times \dfrac{1}{2.5} = (\pi \times 50) \times \dfrac{1}{2.5} = 62.83\text{[cm]}$

※ 급정지장치의 성능

앞면 롤러의 표면속도[m/min]	급정지거리
30 미만	앞면 롤러 원주의 $\dfrac{1}{3}$ 이내
30 이상	앞면 롤러 원주의 $\dfrac{1}{2.5}$ 이내

17

기계 설비의 근원적 안전을 확보하기 위한 안전화방법 4가지를 쓰시오.

정답

① 외형의 안전화　　　　② 작업의 안전화

③ 작업점의 안전화　　　④ 기능상의 안전화

⑤ 구조적 안전화(강도적 안전화)

18

아세틸렌 용접장치에서 안전기를 설치하는 장소 3가지를 쓰시오.

정답

① 취관

② 주관 및 취관에 가장 가까운 분기관

③ 발생기와 가스용기 사이

19

롤러 물림점 전방에 개구간격 12[mm]인 가드를 설치할 경우 안전거리를 ILO 기준으로 계산하시오.

정답

$Y = 6 + 0.15X (X < 160[mm])$

여기서, Y : 개구부의 간격[mm]

X : 개구부에서 위험점까지의 최단거리[mm]

(단, $X \geq 160[mm]$이면 $Y = 30[mm]$이다.)

$12 = 6 + 0.15X$에서 $X = \dfrac{12 - 6}{0.15} = 40[mm]$

20

목재가공용 둥근톱에서 분할날이 갖추어야 할 사항 3가지를 쓰시오.

정답

① 분할날의 두께는 둥근톱 두께의 1.1배 이상이고 톱날의 치진폭 미만으로 할 것

② 견고히 고정할 수 있으며 분할날과 톱날 원주면과의 거리는 12[mm] 이내로 조정, 유지할 수 있어야 할 것

③ 표준 테이블면 상의 톱 뒷날의 $\dfrac{2}{3}$ 이상을 덮도록 할 것

④ 분할날 조임볼트는 2개 이상일 것

21

롤러기 방호장치(급정지장치)의 종류 3가지와 조작부의 설치위치를 쓰시오.

정답

종류	위치	비고
손조작식	밑면에서 1.8[m] 이내	위치는 급정지장치 조작부의 중심점을 기준으로 함
복부조작식	밑면에서 0.8[m] 이상 1.1[m] 이내	
무릎조작식	밑면에서 0.6[m] 이내	

22

다음은 연삭숫돌에 관한 내용이다. (　　) 안에 알맞은 내용을 쓰시오.

사업주는 연삭숫돌을 사용하는 작업의 경우 작업을 시작하기 전에는 (　①　) 이상, 연삭숫돌을 교체한 후에는 (　②　) 이상 시험운전을 하고 해당 기계에 이상이 있는지를 확인하여야 한다.

정답

① 1분　　　　　　　　　　② 3분

23

유해·위험 방지를 위한 방호조치를 하지 아니하고는 양도, 대여, 설치, 진열해서는 안 되는 기계·기구 4가지를 쓰시오.

정답

① 예초기   ② 원심기

③ 공기압축기   ④ 금속절단기

⑤ 지게차   ⑥ 포장기계(진공포장기, 래핑기로 한정)

24

목재가공용 둥근톱기계를 사용하는 목재 가공공장에서 근로자의 안전을 유지하기 위하여 설치하여야 하는 방호장치 2가지를 쓰시오.

정답

① 반발예방장치   ② 톱날접촉예방장치

25

본질적 안전화에 대하여 설명하시오.

정답

근로자가 동작상 과오나 실수를 하여도, 기계설비에 이상이 발생되어도 안전성이 확보되어 재해나 사고가 발생하지 않도록 설계되는 기본적 개념이다.

26

「산업안전보건법령」상 양중기의 종류 5가지를 쓰시오.

정답

① 크레인(호이스트 포함)   ② 이동식 크레인

③ 리프트(이삿짐운반용 리프트의 경우에는 적재하중이 0.1톤 이상인 것으로 한정)

④ 곤돌라   ⑤ 승강기

27

광전자식 방호장치가 설치된 마찰 클러치식 기계 프레스에서 최대정지시간이 200[ms]일 경우 안전거리[mm]를 계산하시오.

정답

$D = 1,600 \times (T_L + T_S) = 1,600 \times 0.2 = 320[mm]$

여기서, T_L: 방호장치의 작동시간[s]

T_S: 프레스의 급정지시간[s]

※ $1[ms] = 10^{-3}[s]$이므로 $200[ms] = 0.2[s]$이다.

28

연삭기 덮개의 각도를 쓰시오.(단, 이상, 이하, 이내를 정확히 구분해서 쓰시오.)

일반 연삭작업 등에 사용하는 것을 목적으로 하는 탁상용 연삭기

연삭숫돌의 상부를 사용하는 것을 목적으로 하는 탁상용 연삭기

평면 연삭기, 절단 연삭기, 그 밖에 이와 비슷한 연삭기

정답

① 125° 이내   ② 60° 이상   ③ 15° 이상

05 전기설비 안전관리

KEYWORD 01 감전재해 위험요소

1. 감전(전격)의 위험을 결정하는 주된 인자

① 통전전류의 크기(가장 근본적인 원인이며 감전피해의 위험도에 가장 큰 영향을 미침)
② 통전시간
③ 통전경로
④ 전원의 종류(교류 또는 직류)
⑤ 주파수 및 파형
⑥ 전격인가위상(심장 맥동주기의 어느 위상에서의 통전 여부)
⑦ 기타 간접적으로는 인체저항과 전압의 크기 등이 관련 있다.

2. 통전경로별 위험도

통전경로별 위험도는 숫자가 클수록 높아진다.

통전경로	위험도	통전경로	위험도
왼손 – 가슴	1.5	왼손 – 등	0.7
오른손 – 가슴	1.3	한손 또는 양손 – 앉아 있는 자리	0.7
왼손 – 한발 또는 양발	1.0	왼손 – 오른손	0.4
양손 – 양발	1.0	오른손 – 등	0.3
오른손 – 한발 또는 양발	0.8		

3. 전압의 구분

전압구분	개정 전 기술기준	KEC
저압	교류: 600[V] 이하, 직류: 750[V] 이하	교류: 1[kV] 이하, 직류: 1.5[kV] 이하
고압	교류 및 직류: 7[kV] 이하	교류: 1[kV] 초과 7[kV] 이하 직류: 1.5[kV] 초과 7[kV] 이하
특고압	상한 없음	7[kV] 초과

4. 1, 2차적 감전요소

1차적 감전요소	2차적 감전요소
① 통전전류의 크기 ② 통전경로 ③ 통전시간 ④ 전원의 종류	① 인체의 조건(인체의 저항) ② 전압의 크기 ③ 계절 등 주위환경

KEYWORD 02   통전전류

1. 통전전류와 인체반응

통전전류 구분	통전전류의 세기[통전전류(교류) 값]	전격의 영향
최소감지전류	상용주파수 60[Hz]에서 성인 남자의 경우 1[mA]	고통을 느끼지 않으면서 짜릿하게 전기가 흐르는 것을 감지할 수 있는 최소전류
고통한계전류	상용주파수 60[Hz]에서 7~8[mA]	통전전류가 최소감지전류보다 커지면 어느 순간부터 고통을 느끼게 되지만 참을 수 있는 전류
가수전류 (이탈전류)	상용주파수 60[Hz]에서 10~15[mA] (최저가수전류치는 남: 9[mA], 여: 6[mA])	자력으로 이탈 가능한 전류(마비한계전류라고도 함)
불수전류 (교착전류)	상용주파수 60[Hz]에서 20~50[mA]	통전전류가 고통한계전류보다 커지면 인체 각부의 근육이 수축현상을 일으키고 신경이 마비되어 신체를 자유로이 움직일 수 없는 전류 (자력으로 이탈 불가능)
심실세동전류 (치사전류)	$I = \dfrac{165}{\sqrt{T}}$ I: 심실세동진류[mA] T: 통전시간[s]	심근의 미세한 진동으로 혈액을 송출하는 펌프의 기능이 장애를 받는 때의 전류

2. 심실세동전류

① 심실세동전류와 통전시간과의 관계

$$I = \frac{165}{\sqrt{T}}$$

여기서, I: 심실세동전류(1,000명 중 5명 정도가 심실세동을 일으키는 값)[mA], T: 통전시간[s]

② 위험한계에너지

㉠ 정의: 심실세동을 일으키는 위험한 전기에너지

㉡ 인체의 전기저항 R을 500[Ω]으로 본 경우: 13.6[W]의 전력이 1초간 공급되는 아주 미약한 전기에너지이지만 인체에 직접 가해지면 생명을 위협할 정도로 위험한 상태가 된다.

$$W = I^2 RT = \left(\frac{165}{\sqrt{T}} \times 10^{-3} \right)^2 \times 500 \times T = (165^2 \times 10^{-6}) \times 500$$
$$= 13.6[\text{W} \cdot \text{sec}] = 13.6[\text{J}]$$
$$= 13.6 \times 0.24[\text{cal}] = 3.3[\text{cal}]$$

KEYWORD 03   감전사고 방지대책

1. 감전사고방지 일반대책

① 전기설비의 점검 철저

② 전기기기 및 설비의 정비

③ 전기기기 및 설비의 위험부에 위험표시

④ 설비의 필요부분에 보호접지 실시

⑤ 충전부가 노출된 부분에는 절연방호구 사용

⑥ 고전압 선로 및 충전부에 근접하여 작업하는 작업자에게는 보호구를 착용시킬 것
⑦ 유자격자 이외는 전기기계 및 기구에 전기적인 접촉 금지
⑧ 관리감독자는 작업에 대한 안전교육 시행
⑨ 사고발생 시의 처리순서를 미리 작성하여 둘 것

2. 전기기계·기구에 의한 감전사고 방지대책

① 직접접촉에 의한 감전방지대책 `안전보건규칙` `제301조`
  ㉠ 충전부가 노출되지 않도록 폐쇄형 외함이 있는 구조로 할 것
  ㉡ 충전부에 충분한 절연효과가 있는 방호망이나 절연덮개를 설치할 것
  ㉢ 충전부는 내구성이 있는 절연물로 완전히 덮어 감쌀 것
  ㉣ 발전소·변전소 및 개폐소 등 구획되어 있는 장소로서 관계 근로자가 아닌 사람의 출입이 금지되는 장소에 충전부를 설치하고, 위험표시 등의 방법으로 방호를 강화할 것
  ㉤ 전주 위 및 철탑 위 등 격리되어 있는 장소로서 관계 근로자가 아닌 사람이 접근할 우려가 없는 장소에 충전부를 설치할 것
② 간접접촉(누전)에 의한 감전방지대책
  ㉠ 안전전압(「산업안전보건법」에서 30[V]로 규정) 이하 전원의 기기 사용
  ㉡ 보호접지
  ㉢ 누전차단기의 설치
  ㉣ 이중절연기기의 사용
  ㉤ 비접지식 전로의 채용

3. 배선 등에 의한 감전사고 방지대책

① 습윤한 장소의 이동전선 `안전보건규칙` `제314조`
  물 등의 도전성이 높은 액체가 있는 습윤한 장소에서 근로자가 작업 중에나 통행하면서 이동전선 및 이에 부속하는 접속기구에 접촉할 우려가 있는 경우에 충분한 절연효과가 있는 것을 사용하여야 한다.
② 꽂음접속기의 설치·사용 시 준수사항 `안전보건규칙` `제316조`
  ㉠ 서로 다른 전압의 꽂음접속기는 접속되지 아니한 구조의 것을 사용할 것
  ㉡ 습윤한 장소에 사용되는 꽂음접속기는 방수형 등 해당 장소에 적합한 것을 사용할 것
  ㉢ 근로자가 해당 꽂음접속기를 접속시킬 경우에는 땀 등으로 젖은 손으로 취급하지 않도록 할 것
  ㉣ 해당 꽂음접속기에 잠금장치가 있는 경우에는 접속 후 잠그고 사용할 것
③ 임시로 사용하는 전등 등의 위험방지대책 `안전보건규칙` `제309조`
  이동전선에 접속하여 임시로 사용하는 전등이나 가설의 배선 또는 이동전선에 접속하는 가공 매달기식 전등 등을 접촉함으로 인한 감전 및 전구의 파손에 의한 위험을 방지하기 위하여 보호망을 부착하여야 한다.

> **합격 보장 꿀팁** 보호망 설치 시 준수사항 `안전보건규칙` `제309조`
> ① 전구의 노출된 금속 부분에 근로자가 쉽게 접촉되지 아니하는 구조로 할 것
> ② 재료는 쉽게 파손되거나 변형되지 아니하는 것으로 할 것

1. 개폐기

개폐기는 전로의 개폐에만 사용되고, 통전상태에서 차단능력이 없다.

① **개폐기의 시설**: 고압용 또는 특고압용의 개폐기로서 부하전류를 차단하기 위한 것이 아닌 개폐기는 부하전류가 통하고 있을 경우에는 회로가 열리지 않도록 시설하여야 한다.

② **개폐기의 부착장소**
  ㉠ 퓨즈의 전원 측
  ㉡ 인입구 및 고장점검 회로
  ㉢ 평소 부하전류를 단속하는 장소

③ **개폐기 부착 시 유의사항**
  ㉠ 기구나 전선 등에 직접 닿지 않도록 할 것
  ㉡ 나이프 스위치나 콘센트 등의 커버가 부서지지 않도록 할 것
  ㉢ 나이프 스위치에는 규정된 퓨즈를 사용할 것
  ㉣ 전자식 개폐기는 반드시 용량에 맞는 것을 선택할 것

2. 과전류차단기

① **차단기의 개요**: 차단기는 전선로에 전류가 흐르고 있는 상태에서 그 선로를 개폐하며, 차단기 부하 측에서 과부하, 단락 및 지락사고가 발생했을 때 각종 계전기와의 조합으로 신속히 선로를 차단하는 역할을 한다.

② **부하 상태에서 전로를 개폐할 수 있는 CB(Circuit Breaker) 차단기의 3가지 역할**
  ㉠ 고장전류 차단
  ㉡ 전기화재 방지
  ㉢ 전기기기 보호

1. 성능 및 역할

① 용단 특성, 단시간 허용 특성, 전차단 특성
② 부하전류를 안전하게 통전(과전류를 차단하여 전로나 기기 보호)

2. 고압용 퓨즈 규격

① **포장퓨즈**: 정격전류의 1.3배에 견디고, 2배의 전류에 120분 안에 용단
② **비포장퓨즈**: 정격전류의 1.25배에 견디고, 2배의 전류에 2분 안에 용단

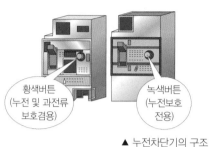

황색버튼
(누전 및 과전류
보호겸용)

녹색버튼
(누전보호
전용)

▲ 누전차단기의 구조

〈누전표시창〉 　〈누전검출장치〉

1. 누전차단기의 종류

구분		정격감도전류[mA]	작동시간
고감도형	고속형	5, 10, 15, 30	정격감도전류에서 0.1초 이내
	시연형		정격감도전류에서 0.1초 초과 2초 이내
	반한시형		① 정격감도전류에서 0.2초 초과 2초 이내 ② 정격감도전류의 1.4배에서 0.1초 초과 0.5초 이내 ③ 정격감도전류의 4.4배에서 0.05초 이내
중감도형	고속형	50, 100, 200 500, 1,000	정격감도전류에서 0.1초 이내
	시연형		정격감도전류에서 0.1초 초과 2초 이내

> **합격 보장 꿀팁** | 안전보건규칙 | 제304조
>
> 감전방지용 누전차단기: 정격감도전류 30[mA] 이하, 작동시간 0.03초 이내

2. 누전차단기 선정 시 주의사항

① 누전차단기는 전로의 전기방식에 따른 차단기의 극수를 보유해야 하고, 그 해당전로의 전압, 전류 및 주파수에 적합하도록 사용할 것

② 다음의 성능을 가진 누전차단기를 사용할 것

　㉠ 부하에 적합한 정격전류를 갖출 것

　㉡ 전로에 적합한 차단용량을 갖출 것

　㉢ 전로의 정격전압이 공칭전압의 85~110[%] 이내일 것

　㉣ 누전차단기와 접속되어 있는 각각의 전기기계 · 기구에 대하여 정격감도전류가 30[mA] 이하이고 작동시간은 0.03초 이내일 것. 다만, 정격전부하전류가 50[A] 이상인 전기기계 · 기구에 설치되는 누전차단기는 오동작을 방지하기 위하여 정격감도전류가 200[mA] 이하인 경우 작동시간은 0.1초 이내일 것

　㉤ 정격부동작전류가 정격감도전류의 50[%] 이상이어야 하고 이들의 전류치가 가능한 한 작을 것

　㉥ 절연저항이 5[MΩ] 이상일 것

3. 누전차단기의 적용범위 　안전보건규칙 | 제304조

① 적용 대상

　㉠ 대지전압이 150[V]를 초과하는 이동형 또는 휴대형 전기기계 · 기구

　㉡ 물 등 도전성이 높은 액체가 있는 습윤장소에서 사용하는 저압용 전기기계 · 기구

ⓒ 철판·철골 위 등 도전성이 높은 장소에서 사용하는 이동형 또는 휴대형 전기기계·기구

ⓔ 임시배선의 전로가 설치되는 장소에서 사용하는 이동형 또는 휴대형 전기기계·기구

② 적용 비대상

　　ⓐ 「전기용품 및 생활용품 안전관리법」이 적용되는 이중절연 또는 이와 같은 수준 이상으로 보호되는 구조로 된 전기기계·기구

　　ⓑ 절연대 위 등과 같이 감전위험이 없는 장소에서 사용하는 전기기계·기구

　　ⓒ 비접지방식의 전로

4. 누전차단기의 설치 환경조건

① 주위 온도(-10~40[℃] 범위 내)에 유의할 것

② 표고 1,000[m] 이하의 장소로 할 것

③ 비나 이슬에 젖지 않는 장소로 할 것

④ 먼지가 적은 장소로 할 것

⑤ 이상한 진동 또는 충격을 받지 않는 장소로 할 것

⑥ 습도가 적은 장소로 할 것

⑦ 전원전압의 변동(정격전압의 85~110[%] 사이)에 유의할 것

⑧ 배선상태를 건전하게 유지할 것

⑨ 불꽃 또는 아크에 의한 폭발의 위험이 없는 장소(비방폭지역)에 설치할 것

KEYWORD 07　피뢰기 및 피뢰침

1. 피뢰설비

① 피뢰기(LA; Lightning Arrester)

　　ⓐ 피뢰기는 피보호기 주위의 선로와 대지 사이에 접속되어 평상시에는 직렬갭에 의해 대지절연되어 있으나 계통에 이상전압이 발생되면 직렬갭이 방전, 이상 전압의 파고값을 내려서 기기의 속류를 신속히 차단하고 원상으로 복귀시키는 작용을 한다.

　　ⓑ 구성요소: 직렬갭＋특성요소

② 피뢰기의 동작책무와 성능

피뢰기의 동작책무	피뢰기의 성능
ⓐ 이상전압의 내습으로 피뢰기 단자전압이 어느 일정값 이상이 되면 즉시 방전하여 전압상승을 억제하여 기기를 보호한다. ⓑ 이상전압이 소멸하여 피뢰기 단자전압이 일정값 이하가 되면 즉시 방전을 정지하여 원래의 송전상태로 돌아가게 한다.	ⓐ 제한전압 또는 충격방전개시전압이 충분히 낮고 보호능력이 있을 것 ⓑ 속류차단이 완전히 행해져 동작책무특성이 충분할 것 ⓒ 뇌전류 방전능력이 클 것 ⓓ 대전류의 방전, 속류차단의 반복동작에 대하여 장기간 사용에 견딜 수 있을 것 ⓔ 상용주파방전개시전압은 회로전압보다 충분히 높아서 상용주파방전을 하지 않을 것

- 보호여유도[%] = $\dfrac{충격절연강도 - 제한전압}{제한전압} \times 100$
- 피뢰기의 정격전압: 속류를 차단할 수 있는 최고의 교류전압(통상 실효값으로 나타냄)

2. 피뢰기의 설치장소

고압 및 특고압의 전로 중 다음에 열거하는 곳 또는 이에 근접한 곳에는 피뢰기를 시설하여야 한다.

① 발전소·변전소 또는 이에 준하는 가공전선 인입구 및 인출구

② 특고압 가공전선로에 접속하는 배전용 변압기의 고압측 및 특고압측

③ 고압 및 특고압 가공전선로로부터 공급을 받는 수용장소의 인입구

④ 가공전선로와 지중전선로가 접속되는 곳

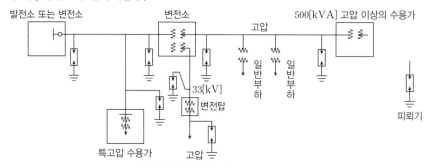

▲ 피뢰기의 설치가 의무화되어 있는 장소의 예

KEYWORD 08 정전작업

1. 정전전로에서의 전기작업 <u>안전보건규칙</u> 제319조

① 근로자가 노출된 충전부 또는 그 부근에서 작업함으로써 감전될 우려가 있는 경우에는 작업에 들어가기 전에 해당 전로를 차단하여야 한다. 다만, 다음의 경우에는 그러하지 아니하다.

 ㉠ 생명유지장치, 비상경보설비, 폭발위험장소의 환기설비, 비상조명설비 등의 장치·설비의 가동이 중지되어 사고의 위험이 증가되는 경우

 ㉡ 기기의 설계상 또는 작동상 제한으로 전로차단이 불가능한 경우

 ㉢ 감전, 아크 등으로 인한 화상, 화재·폭발의 위험이 없는 것으로 확인된 경우

② 전로 차단은 다음의 절차에 따라 시행하여야 한다.

 ㉠ 전기기기 등에 공급되는 모든 전원을 관련 도면, 배선도 등으로 확인할 것

 ㉡ 전원을 차단한 후 각 단로기 등을 개방하고 확인할 것

 ㉢ 차단장치나 단로기 등에 잠금장치 및 꼬리표를 부착할 것

 ㉣ 개로된 전로에서 유도전압 또는 전기에너지가 축적되어 근로자에게 전기위험을 끼칠 수 있는 전기기기 등은 접촉하기 전에 잔류전하를 완전히 방전시킬 것

 ㉤ 검전기를 이용하여 작업 대상 기기가 충전되었는지를 확인할 것

 ㉥ 전기기기 등이 다른 노출 충전부와의 접촉, 유도 또는 예비동력원의 역송전 등으로 전압이 발생할 우려가 있는 경우에는 충분한 용량을 가진 단락 접지기구를 이용하여 접지할 것

③ ①의 각 경우 외의 부분 본문에 따른 작업 중 또는 작업을 마친 후 전원을 공급하는 경우에는 작업에 종사하는 근로자 또는 그 인근에서 작업하거나 정전된 전기기기 등(고정 설치된 것으로 한정)과 접촉할 우려가 있는 근로자에게 감전의 위험이 없도록 다음의 사항을 준수하여야 한다.

 ㉠ 작업기구, 단락 접지기구 등을 제거하고 전기기기 등이 안전하게 통전될 수 있는지를 확인할 것

ⓛ 모든 작업자가 작업이 완료된 전기기기 등에서 떨어져 있는지를 확인할 것

ⓒ 잠금장치와 꼬리표는 설치한 근로자가 직접 철거할 것

ⓔ 모든 이상 유무를 확인한 후 전기기기 등의 전원을 투입할 것

2. 정전작업 절차

국제사회안전협회(ISSA)에서 제시하는 정전작업의 5대 안전수칙이다.

① **첫째:** 작업 전 전원차단

② **둘째:** 전원 투입의 방지

③ **셋째:** 작업장소의 무전압 여부 확인

④ **넷째:** 단락접지

⑤ **다섯째:** 작업장소의 보호

KEYWORD 09 활선작업 및 활선근접작업

1. 충전전로에서의 전기작업 안전보건규칙 제321조

근로자가 충전전로를 취급하거나 그 인근에서 작업하는 경우에는 다음의 조치를 하여야 한다.

① 충전전로를 정전시키는 경우에는 KEYWORD 08 에 따른 조치를 할 것

② 충전전로를 방호, 차폐하거나 절연 등의 조치를 하는 경우에는 근로자의 신체가 전로와 직접 접촉하거나 도전재료, 공구 또는 기기를 통하여 간접 접촉되지 않도록 할 것

근로자와 전로 간 접촉을 방지!

③ 충전전로를 취급하는 근로자에게 그 작업에 적합한 절연용 보호구를 착용 시킬 것

④ 충전전로에 근접한 장소에서 전기작업을 하는 경우에는 해당 전압에 적합한 절연용 방호구를 설치할 것. 다만, 저압인 경우에는 해당 전기작업자가 절연용 보호구를 착용하되, 충전전로에 접촉할 우려가 없는 경우에는 절연용 방호구를 설치하지 아니할 수 있다.

절연용 보호구 착용!

안전모
안전작업복
절연장갑
절연화

⑤ 고압 및 특고압의 전로에서 전기작업을 하는 근로자에게 활선작업용 기구 및 장치를 사용하도록 할 것

⑥ 근로자가 절연용 방호구의 설치·해체작업을 하는 경우에는 절연용 보호구를 착용하거나 활선작업용 기구 및 장치를 사용하도록 할 것

일정한 거리 이내 접근 금지!

⑦ 유자격자가 아닌 근로자가 충전전로 인근의 높은 곳에서 작업할 때에 근로자의 몸 또는 긴 도전성 물체가 방호되지 않은 충전전로에서 대지전압이 50[kV] 이하인 경우에는 300[cm] 이내로, 대지전압이 50[kV]를 넘는 경우에는 10[kV]당 10[cm]씩 더한 거리 이내로 각각 접근할 수 없도록 할 것

⑧ 유자격자가 충전전로 인근에서 작업하는 경우에는 다음의 경우를 제외하고는 노출 충전부에 다음 표에 제시된 접근한계거리 이내로 접근하거나 절연 손잡이가 없는 도전체에 접근할 수 없도록 할 것

ⓐ 근로자가 노출 충전부로부터 절연된 경우 또는 해당 전압에 적합한 절연장갑을 착용한 경우

ⓑ 노출 충전부가 다른 전위를 갖는 도전체 또는 근로자와 절연된 경우

ⓒ 근로자가 다른 전위를 갖는 모든 도전체로부터 절연된 경우

충전전로의 선간전압[kV]	충전전로에 대한 접근한계거리[cm]
0.3 이하	접촉금지
0.3 초과 0.75 이하	30
0.75 초과 2 이하	45
2 초과 15 이하	60
15 초과 37 이하	90
37 초과 88 이하	110
88 초과 121 이하	130
121 초과 145 이하	150
145 초과 169 이하	170
169 초과 242 이하	230
242 초과 362 이하	380
362 초과 550 이하	550
550 초과 800 이하	790

2. 충전전로 인근에서의 차량·기계장치 작업 [안전보건규칙] [제322조]

① 충전전로 인근에서 차량, 기계장치 등(이하 "차량 등")의 작업이 있는 경우에는 차량 등을 충전전로의 충전부로부터 300[cm] 이상 이격시켜 유지시키되, 대지전압이 50[kV]를 넘는 경우 이격시켜 유지하여야 하는 거리(이하 "이격거리")는 10[kV] 증가할 때마다 10[cm]씩 증가시켜야 한다. 다만, 차량 등의 높이를 낮춘 상태에서 이동하는 경우에는 이격거리를 120[cm] 이상(대지전압이 50[kV]를 넘는 경우에는 10[kV] 증가할 때마다 이격거리를 10[cm]씩 증가)으로 할 수 있다.

② ①에도 불구하고 충전전로의 전압에 적합한 절연용 방호구 등을 설치한 경우에는 이격거리를 절연용 방호구 앞면까지로 할 수 있으며, 차량 등의 가공 붐대의 버킷이나 끝부분 등이 충전전로의 전압에 적합하게 절연되어 있고 유자격자가 작업을 수행하는 경우에는 붐대의 절연되지 않은 부분과 충전전로 간의 이격거리는 **1.**의 표에 따른 접근한계거리까지로 할 수 있다.

③ 다음의 경우를 제외하고는 근로자가 차량 등의 그 어느 부분과도 접촉하지 않도록 울타리를 설치하거나 감시인 배치 등의 조치를 하여야 한다.
 ㉠ 근로자가 해당 전압에 적합한 절연용 보호구 등을 착용하거나 사용하는 경우
 ㉡ 차량 등의 절연되지 않은 부분이 **1.**의 표에 따른 접근한계거리 이내로 접근하지 않도록 하는 경우

④ 충전전로 인근에서 접지된 차량 등이 충전전로와 접촉할 우려가 있을 경우에는 지상의 근로자가 접지점에 접촉하지 않도록 조치하여야 한다.

3. 활선작업 시의 절연용 안전장구

전기작업용(절연용) 안전장구에는 절연용 보호구, 절연용 방호구, 표시용구, 검출용구, 접지용구, 활선장구 등이 있다.

① **절연용 보호구**: 작업자가 전기작업에 임할 때 위험으로부터 자신을 보호하기 위하여 착용하는 것이다.
 ㉠ 전기안전모(절연모)
 ㉡ 절연고무장갑(절연장갑)
 ㉢ 절연고무장화(절연장화)
 ㉣ 절연복(절연상의 및 하의, 어깨받이 등) 및 절연화
 ㉤ 도전성 작업복 및 작업화

② 절연용 안전방호구: 위험설비에 시설하여 작업자 및 공중에 대한 안전을 확보하기 위한 용구이다.

  ㉠ 방호관
  ㉡ 점퍼호스
  ㉢ 건축지장용 방호관
  ㉣ 고무블랭킷
  ㉤ 컷아웃 스위치 커버
  ㉥ 애자후드
  ㉦ 완금커버

KEYWORD 10 접지공사

1. 접지시스템 구분

① **공통접지**

고압 및 특고압 접지계통과 저압 접지계통이 등전위가 되도록 공통으로 접지하는 방식이다.

② **통합접지**

  ㉠ 전기설비 접지, 통신설비 접지, 피뢰설비 접지 및 수도관, 가스관, 철근, 철골 등과 같이 전기설비와 무관한 계통외 도전부도 모두 함께 접지하여 그들 간에 전위차가 없도록 함으로써 인체의 감전우려를 최소화하는 방식을 말한다.

  ㉡ 통합접지의 본질적 목적은 건물 내에 사람이 접촉할 수 있는 모든 도전부가 항상 같은 대지전위를 유지할 수 있도록 등전위를 형성하는 것이다.

  ㉢ 하나의 접지이기 때문에 사고나 문제가 발생하면 접지선을 타고 들어가 모든 계통에 손상이 발생할 수 있으므로 반드시 과전압 보호장치나 서지보호장치(SPD)를 피뢰설비와 통신설비에 설치하여야 한다.

2. 계통접지방식

① **용어의 정의**

  ㉠ 계통외 도전부(Extraneous Conductive Part): 전기설비의 일부는 아니지만 지면에 전위 등을 전해줄 위험이 있는 도전성 부분을 말한다.

  ㉡ 노출 도전부(Exposed Conductive Part): 충전부는 아니지만 고장 시에 충전될 위험이 있고, 사람이 쉽게 접촉할 수 있는 기기의 도전성 부분을 말한다.

  ㉢ 등전위 본딩(Equipotential Bonding): 등전위를 형성하기 위해 도전부 상호 간을 전기적으로 연결하는 것을 말한다.

  ㉣ 보호 등전위 본딩(Protective Equipotential Bonding): 감전에 대한 보호 등과 같은 안전을 목적으로 하는 등전위 본딩을 말한다.

  ㉤ 보호 본딩 도체(Protective Bonding Conductor): 보호 등전위 본딩을 제공하는 보호도체를 말한다.

  ㉥ 보호접지(Protective Earthing): 고장 시 감전에 대한 보호를 목적으로 기기의 한 점 또는 여러 점을 접지하는 것을 말한다.

  ㉦ PEN 도체(Protective Earthing Conductor and Neutral Conductor): 교류회로에서 중성선 겸용 보호도체를 말한다.

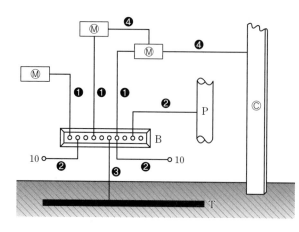

①: 보호도체(PE)
②: 보호 등전위 본딩용 전선
③: 접지선
④: 보조 보호 등전위 본딩용 전선

Ⓜ: 전기기기의 노출 도전성 부분
Ⓒ: 철골, 금속덕트 등의 계통외 도전성 부분
B: 주 접지단자
P: 수도관, 가스관 등 금속배관
T: 접지극
10: 기타 기기(예 정보통신시스템, 뇌보호시스템)

② 문자의 의미

이니셜	영단어	뜻
T	Terra	땅, 대지, 흙
N	Neutral	중성선
I	Insulation or Impedence	절연 또는 임피던스
C	Combined	결합
S	Seperated	구분, 분리

첫 번째	두 번째
T	N
T	T
I	T

첫 번째 문자: 전원측 변압기의 접지상태
두 번째 문자: 설비의 접지상태

③ 계통접지방식(TN방식, TT방식, IT방식)

　㉠ TN방식

　　대지(T)−중성선(N)을 연결하는 방식으로 다중접지방식이라고도 하며 TN방식은 TN−C, TN−S, TN−C−S 방식으로 구분된다.

　　• TN−C
　　　− 변압기(전원부)는 접지되어 있고 중성선과 보호도체는 각각 결합(C)되어 사용하므로 PE+N을 합하여 PEN으로 기재한다.
　　　− 3상 불평형이 흐르면 중성선에도 전류가 흘러 이를 누전차단기가 정확히 판단하기 어렵기 때문에 접지선과 중성선을 공유하므로 누전차단기를 사용할 수 없고 배선용 차단기를 사용한다.
　　　− 현재 우리나라 배전선로에서 사용된다.
　　• TN−S
　　　− 변압기(전원부)는 접지되어 있고 중성선과 보호도체는 각각 분리(S)되어 사용된다.
　　　− 통신기기나 전산센터, 병원 등 예민한 전기설비가 있는 경우 사용된다.
　　• TN−C−S
　　　− TN−S방식과 TN−C방식의 결합형태로 계통의 중간에서 나누는데 이때 TN−C부분에서는 누전차단기를 사용할 수 없다.
　　　− 보통 자체 수변전실을 갖춘 대형 건축물에서 사용하는 방식으로 전원부는 TN−C를 적용하고 간선계통은 TN−S를 사용한다.

　㉡ TT방식
　　　− 변압기 측과 전기설비 측이 개별적으로 접지하는 방식으로 독립접지방식이라고도 한다.
　　　− TT방식은 반드시 누전차단기를 설치하여야 한다.

ⓒ IT방식

　　– 변압기(전원부)의 중성점 접지를 비접지로 하고 설비쪽은 접지를 실시한다.

　　– 병원과 같이 전원이 차단되어서는 안 되는 곳에서 사용하며, 절연 또는 임피던스와 같이 전류가 흐르기 매우 어려운 상태이므로 변압기가 있는 전원부의 지락전류가 매우 작아 감전위험이 적다.

④ 수용가 인입점(책임분기점)의 접지방식

　ⓐ TN–S: 접지선이 전원선 및 중성선과 분리되어 시설된 경우

　ⓑ TN–C–S: 접지선이 수용가 인입점(책임분계점)에서 중성선과 분기되어 시설된 경우

　ⓒ TT: 접지선이 독립되어 대지에 직접 시설된 경우

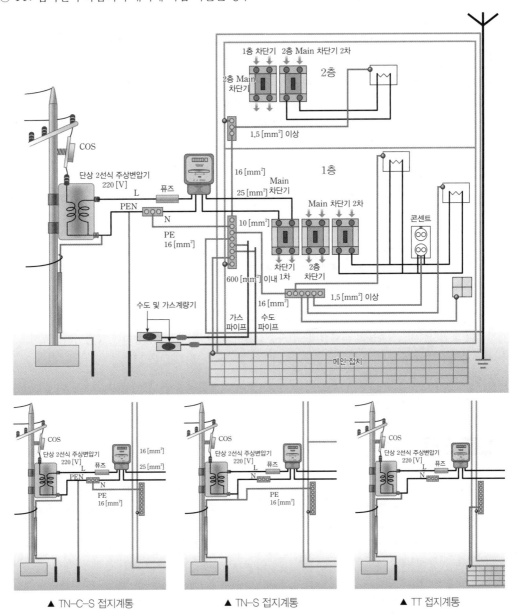

▲ TN–C–S 접지계통　　　　▲ TN–S 접지계통　　　　▲ TT 접지계통

3. 변압기 중성점 접지

① 중성점 접지 저항값

    ㉠ 일반적으로 변압기의 고압·특고압측 전로 1선 지락전류로 150을 나눈 값과 같은 저항 값 이하

    ㉡ 변압기의 고압·특고압측 전로 또는 사용전압이 35[kV] 이하의 특고압전로가 저압측 전로와 혼촉하고 저압 전로의 대지전압이 150[V]를 초과하는 경우 저항 값은 다음에 의한다.

        • 1초 초과 2초 이내에 고압·특고압 전로를 자동으로 차단하는 장치를 설치할 때는 300을 나눈 값 이하

        • 1초 이내에 고압·특고압 전로를 자동으로 차단하는 장치를 설치할 때는 600을 나눈 값 이하

    ㉢ 전로의 1선 지락전류는 실측값에 의한다. 다만, 실측이 곤란한 경우에는 선로정수 등으로 계산한 값에 의한다.

② 공통접지 및 통합접지

    ㉠ 고압 및 특고압과 저압 전기설비의 접지극이 서로 근접하여 시설되어 있는 변전소 또는 이와 유사한 곳에서는 다음과 같이 공통접지시스템으로 할 수 있다.

        • 저압 전기설비의 접지극이 고압 및 특고압 접지극의 접지저항 형성영역에 완전히 포함되어 있다면 위험전압이 발생하지 않도록 이들 접지극을 상호 접속하여야 한다.

        • 접지시스템에서 고압 및 특고압 계통의 지락사고 시 저압계통에 가해지는 상용주파 과전압은 아래 표에서 정한 값을 초과해서는 안 된다.

합격 보장 꿀팁 | 저압설비 허용 상용주파 과전압

고압계통에서 지락고장시간[초]	저압설비 허용 상용주파 과전압[V]	비고
>5	$U_0 + 250$	중성선 도체가 없는 계통에서 U_0는 선간전압을 말한다.
≤5	$U_0 + 1,200$	

(1) 순시 상용주파 과전압에 대한 저압기기의 절연 설계기준과 관련된다.

(2) 중성선이 변전소 변압기의 접지계통에 접속된 계통에서, 건축물 외부에 설치한 외함이 접지되지 않은 기기의 절연에는 일시적 상용주파 과전압이 나타날 수 있다.

    ㉡ 기타 공통접지와 관련한 사항은 규정에 의한다.

③ 전기설비의 접지설비, 건축물의 피뢰설비·전자통신설비 등의 접지극을 공용하는 통합접지시스템으로 하는 경우 다음과 같이 하여야 한다.

    ㉠ 통합접지시스템은 ②에 의한다.

    ㉡ 낙뢰에 의한 과전압 등으로부터 전기·전자기기 등을 보호하기 위해 규정에 따라 서지보호장치를 설치하여야 한다.

합격 보장 꿀팁 | 접지의 목적에 따른 종류

접지의 종류	접지목적
계통접지	고압전로와 저압전로 혼촉 시 감전이나 화재 방지
기기접지	누전되고 있는 기기에 접촉되었을 때의 감전 방지
피뢰기접지(낙뢰방지용 접지)	낙뢰로부터 전기기기의 손상 방지
정전기방지용 접지	정전기의 축적에 의한 폭발재해 방지
지락검출용 접지	누전차단기의 동작을 확실하게 하기 위함
등전위 접지	병원에 있어서의 의료기기 사용 시의 안전 확보
잡음대책용 접지	잡음에 의한 전자장치의 파괴나 오동작 방지
기능용 접지	전기방식 설비 등의 접지

4. 기계 · 기구의 철대 및 외함의 접지

① 전로에 시설하는 기계 · 기구의 철대 및 금속제 외함(외함이 없는 변압기 또는 계기용변성기는 철심)에는 접지공사를 하여야 한다.

② 다음의 어느 하나에 해당하는 경우에는 ①을 따르지 않을 수 있다.

    ⊙ 사용전압이 직류 300[V] 또는 교류 대지전압이 150[V] 이하인 기계 · 기구를 건조한 곳에 시설하는 경우

    ⓒ 저압용의 기계 · 기구를 건조한 목재의 마루 기타 이와 유사한 절연성 물건 위에서 취급하도록 시설하는 경우

    ⓒ 저압용이나 고압용의 기계 · 기구, 특고압 전선로에 접속하는 배전용 변압기나 이에 접속하는 전선에 시설하는 기계 · 기구 또는 특고압 가공전선로의 전로에 시설하는 기계 · 기구를 사람이 쉽게 접촉할 우려가 없도록 목주 기타 이와 유사한 것의 위에 시설하는 경우

    ⓔ 철대 또는 외함의 주위에 적당한 절연대를 설치하는 경우

    ⓜ 외함이 없는 계기용변성기가 고무 · 합성수지 기타의 절연물로 피복한 것일 경우

    ⓗ 「전기용품 및 생활용품 안전관리법」의 적용을 받는 이중절연구조로 되어 있는 기계 · 기구를 시설하는 경우

    ⓢ 저압용 기계 · 기구에 전기를 공급하는 전로의 전원 측에 절연변압기(2차 전압이 300[V] 이하이며, 정격용량이 3[kVA] 이하인 것에 한함)를 시설하고 또한 그 절연변압기의 부하 측 전로를 접지하지 않은 경우

    ⓞ 물기 있는 장소 이외의 장소에 시설하는 저압용의 개별 기계 · 기구에 전기를 공급하는 전로에 인체감전보호용 누전차단기(정격감도전류가 30[mA] 이하, 작동시간이 0.03초 이하의 전류동작형에 한함)를 시설하는 경우

    ⓩ 외함을 충전하여 사용하는 기계 · 기구에 사람이 접촉할 우려가 없도록 시설하거나 절연대를 시설하는 경우

> **합격 보장 꿀팁** **접지 적용 비대상** 안전보건규칙 제302조
>
> ① 「전기용품 및 생활용품 안전관리법」이 적용되는 이중절연 또는 이와 같은 수준 이상으로 보호되는 구조로 된 전기기계 · 기구
> ② 절연대 위 등과 같이 감전 위험이 없는 장소에서 사용하는 전기기계 · 기구
> ③ 비접지방식의 전로(그 전기기계 · 기구의 전원 측의 전로에 설치한 절연변압기의 2차 전압이 300[V] 이하, 정격용량이 3[kVA] 이하이고 그 절연변압기의 부하 측의 전로가 접지되어 있지 아니한 것으로 한정)에 접속하여 사용되는 전기기계 · 기구

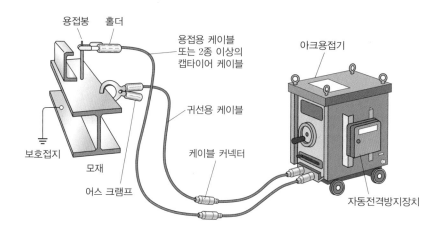

용접봉 홀더
용접용 케이블 또는 2종 이상의 캡타이어 케이블
아크용접기
귀선용 케이블
보호접지
모재
어스 크램프
케이블 커넥터
자동전격방지장치

1. 자동전격방지장치

① 전격방지장치의 기능: 전격방지장치라 불리는 교류아크용접기의 안전장치는 용접기의 1차 측 또는 2차 측에 부착시켜 용접기의 주회로를 제어하는 기능을 보유함으로써 용접봉의 조작, 모재에의 접촉 또는 분리에 따라, 원칙적으로 용접을 할 때에만 용접기의 주회로를 폐로(ON)시키고, 용접을 행하지 않을 때에는 용접기 주회로를 개로(OFF)시켜 용접기 2차(출력) 측의 무부하 전압(보통 60~95[V])을 25[V] 이하로 저하시킨다. 그러므로 용접기 무부하 시(용접을 행하지 않을 시)에 작업

▲ 교류아크용접기

▲ 자동전격방지기

자가 용접봉과 모재 사이에 접촉하여 발생하는 감전의 위험을 방지(용접작업 중단 직후부터 다음 아크 발생 시까지 유지)하고, 아울러 용접기 무부하 시 전력손실을 격감시키는 2가지 기능을 보유하였다.(용접선의 수명증가와는 무관)

② 전격방지장치의 구성 및 동작원리

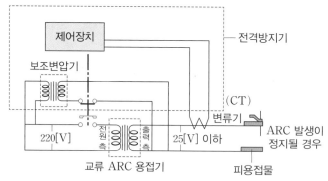

제어장치
전격방지기
보조변압기
(CT)
변류기
ARC 발생이 정지될 경우
220[V]
전원측
출력측
25[V] 이하
교류 ARC 용접기
피용접물

▲ 교류아크용접기의 전기회로도

㉠ 용접상태와 용접휴지상태를 감지하는 감지부
㉡ 감지신호를 제어부로 보내기 위한 신호증폭부
㉢ 증폭된 신호를 받아서 주제어장치를 개폐하도록 제어하는 제어부 및 주제어장치

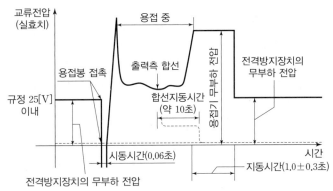

▲ 전격방지장치의 동작특성

- 시동시간: 용접봉이 모재에 접촉하고 나서 주제어장치의 주접점이 폐로되어 용접기 2차 측에 순간적인 높은 전압(용접기 2차 무부하 전압)을 유지시켜 아크를 발생시키는 데까지 소요되는 시간(0.06초 이내)
- 지동시간: 시동시간과 반대되는 개념으로 용접봉을 모재로부터 분리시킨 후 주접점이 개로되어 용접기 2차 측의 무부하 전압이 전격방지장치의 무부하 전압(25[V] 이하)으로 될 때까지의 시간(접점(Magnet) 방식: 1±0.3초, 무접점(SCR, TRIAC) 방식: 1초 이내)
- 시동감도: 용접봉을 모재에 접촉시켜 아크를 시동시킬 때 전격방지장치가 동작할 수 있는 용접기의 2차 측의 최대저항[Ω](용접봉과 모재 사이의 접촉저항)

2. 교류아크용접기의 감전사고 방지대책

① 감전사고의 방지대책

㉠ 자동전격방지장치의 사용

㉡ 절연 용접봉 홀더의 사용

㉢ 적정한 케이블의 사용

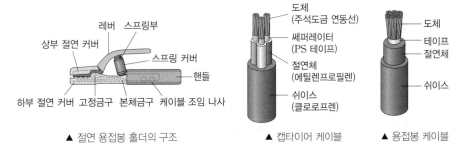

▲ 절연 용접봉 홀더의 구조   ▲ 캡타이어 케이블   ▲ 용접봉 케이블

㉣ 2차 측 공통선의 연결

㉤ 용접용 가죽장갑의 사용

㉥ 기타

- 케이블 커넥터: 커넥터는 충전부가 고무 등의 절연물로 완전히 덮힌 것을 사용하여야 하며, 작업바닥에 물이 고일 우려가 있을 경우에는 방수형을 사용한다.
- 용접기 단자와 케이블의 접속
- 접지: 용접기 외함 및 피용접모재에는 보호접지를 실시한다.

② 교류아크용접기의 재해 및 보호구

재해의 구분		보호구
눈	아크에 의한 장애 (가시광선, 적외선, 자외선)	차광보호구(보안경과 보호면)
피부	화상	가죽제품의 장갑, 앞치마, 각반, 안전화
용접흄 및 가스(CO_2, H_2O)에 의한 재해		방진마스크, 방독마스크, 송기마스크

▲ 교류아크용접기 작업의 주요 위험요인

KEYWORD 12 전기화재

1. 전기화재의 원인

전기화재의 경우는 발화원과 출화의 경과(발화형태)로 분류하고 있으며, 출화의 경과에 의한 전기화재의 원인은 다음과 같다.

> **합격 보장 꿀팁**
>
> 화재 발생 시 조사해야 할 사항(전기화재의 원인): 발화원, 착화물, 출화의 경과(발화형태)

① **단락(합선)**: 전선의 피복이 벗겨지거나 전선에 압력이 가해지게 되면 두 가닥의 전선이 직접 또는 낮은 저항으로 접촉되는 경우에 전류가 전선에 연결된 전기기기 쪽보다는 저항이 적은 접촉부분으로 집중적으로 흐르게 되는데 이러한 현상을 단락(합선, Short)이라고 한다.

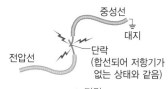

▲ 단락

② **누전(지락)**: 전선의 피복 또는 전기기기의 절연물이 열화되거나 기계적인 손상 등을 입게 되면 전류가 금속체를 통하여 대지로 새어나가게 되는데 이러한 현상을 누전이라 하며, 이로 인하여 주위의 인화성 물질이 발화되는 현상을 누전화재라고 한다.

③ **과전류**: 전선에 전류가 흐르면 전류의 제곱과 전선의 저항값의 곱(I^2R)에 비례하는 열(H)이 발생($H=I^2RT[J]=0.24I^2RT[cal]$)하며 이때 발생하는 열량과 주위 공간에 빼앗기는 열량이 서로 같은 점에서 전선의 온도는 일정하게 된다. 이 일정하게 되는 온도(최고허용온도)는 전선의 피복을 상하게 하지 않는 범위 이내로 제한되어야 하고, 그때의 전류를 전선의 허용전류라 하며 이 허용전류를 초과하는 전류를 과전류라 한다.

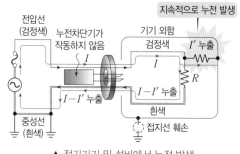

▲ 전기기기 및 설비에서 누전 발생

과전류 단계	인화단계	착화단계	발화단계		순간용단단계
			발화 후 용단	용단과 동시발화	
전선전류밀도[A/mm²]	40~43	43~60	60~70	75~120	120

④ **스파크(Spark, 전기불꽃)**: 개폐기로 전기회로를 개폐할 때 또는 퓨즈가 용단될 때 스파크가 발생하는데, 특히 회로를 끊을 때 심하게 발생한다. 직류인 경우는 더욱 심하며 또한 아크가 연속되기 쉽다.

⑤ **접촉부 과열**: 전선과 전선, 전선과 단자 또는 접속편 등의 도체에 있어서 접촉이 불완전한 상태에서 전류가 흐르면 접촉저항에 의해서 접촉부가 발열된다.

⑥ **절연열화(탄화)**: 배선 또는 기구의 절연체는 그 대부분이 유기질로 되어 있는데 일반적으로 유기질은 장시일이 경과하면 열화하여 그 절연저항이 떨어진다. 또한, 유기질 절연체는 고온상태에서 공기의 유동이 나쁜 곳에서 가열되면 탄화과정을 거쳐 도전성을 띠게 되며 이것에 전압이 걸리면 전류로 인한 발열로 탄화현상이 누진적으로 촉진된다. 이때 유기질 자체가 타거나 주위의 가연물에 착화하게 되는데 이 현상을 트래킹(Tracking) 현상이라고 한다.

▲ 전열기의 높은 전력으로 인한 전기기구의 탄화

⑦ **낙뢰**: 낙뢰는 일종의 정전기로서 구름과 대지 간의 방전현상으로, 낙뢰가 생기면 전기회로에 이상전압이 유기되어 절연을 파괴시킬 뿐만 아니라 이때 흐르는 대전류가 화재의 원인이 된다.

⑧ **정전기 스파크**: 정전기는 물질의 마찰에 의하여 발생되는 것으로서 정전기의 크기 및 구성은 대전서열에 의해 결정되며 대전된 도체 사이에서 방전이 생길 경우 스파크가 발생한다.

2. 출화의 경과에 의한 화재예방대책

구분	예방대책
단락 및 혼촉방지	① 이동전선의 관리 철저 ② 전선 인출부 보강 ③ 규격전선의 사용 ④ 전원 스위치 차단 후 작업
누전방지	① 절연파괴의 원인 제거 ② 퓨즈나 누전차단기를 설치하여 누전 시 전원차단 ③ 누전화재경보기 설치 등 ※ 절연 불량(파괴의 주요원인) 　• 높은 이상전압 등에 의한 전기적 요인 　• 진동, 충격 등에 의한 기계적 요인 　• 산화 등에 의한 화학적 요인 　• 온도상승에 의한 열적 요인
과전류방지	① 적정용량의 퓨즈 또는 배선용 차단기의 사용 ② 문어발식 배선사용 금지 ③ 스위치 등의 접촉부분 점검 ④ 고장난 전기기기 또는 누전되는 전기기기의 사용금지 ⑤ 동일전선관에 많은 전선 삽입금지
접촉불량 방지	전기공사 시공 및 감독 철저, 전기설비 점검 철저
안전점검 철저	설비별 안전점검 철저

1. 전로의 절연저항 및 절연내력

① 저압전로의 절연저항

전로의 사용전압	DC 시험전압[V]	절연저항[MΩ]
SELV 및 PELV	250	0.5 이상
FELV, 500[V] 이하	500	1 이상
500[V] 초과	1,000	1 이상

※ 특별저압(Extra Low Voltage, 2차 전압이 AC 50[V], DC 120[V] 이하)으로 SELV(비접지회로 구성) 및 PELV(접지회로 구성)는 1차와 2차가 전기적으로 절연된 회로, FELV는 1차와 2차가 전기적으로 절연되지 않은 회로

② 저압전선로 중 절연부분의 전선과 대지 사이 및 심선 상호 간의 절연저항은 사용전압에 대한 누설전류가 최대 공급전류의 $\dfrac{1}{2,000}$이 넘지 않도록 하여야 한다.

2. 변압기 전로의 절연내력

종류	시험전압
① 최대 사용전압이 7[kV] 이하인 기구 등의 전로	최대 사용전압의 1.5배의 전압(직류의 충전 부분에 대하여는 최대 사용전압의 1.5배의 직류전압 또는 1배의 교류전압) (500[V] 미만으로 되는 경우에는 500[V])
② 최대 사용전압이 7[kV] 초과 25[kV] 이하인 기구 등의 전로로서 중성점 접지식 전로(중성선을 가지는 것으로서 그 중성선에 다중접지하는 것에 한함)에 접속하는 것	최대 사용전압의 0.92배의 전압
③ 최대 사용전압이 7[kV] 초과 60[kV] 이하인 기구 등의 전로(②의 것 제외)	최대 사용전압의 1.25배의 전압 (10.5[kV] 미만으로 되는 경우에는 10.5[kV])
④ 최대 사용전압이 60[kV] 초과인 기구 등의 전로로서 중성점 비접지식 전로(전위변성기를 사용하여 접지하는 것 포함)에 접속하는 것(⑧의 것 제외)	최대 사용전압의 1.25배의 전압
⑤ 최대 사용전압이 60[kV] 초과인 기구 등의 전로로서 중성점 접지식 전로(전위변성기를 사용하여 접지하는 것 제외)에 접속하는 것(⑦과 ⑧의 것 제외)	최대 사용전압의 1.1배의 전압 (75[kV] 미만으로 되는 경우에는 75[kV])
⑥ 최대 사용전압이 170[kV] 초과인 기구 등의 전로로서 중성점 직접접지식 전로에 접속하는 것(⑦과 ⑧의 것 제외)	최대 사용전압의 0.72배의 전압
⑦ 최대 사용전압이 170[kV] 초과인 기구 등의 전로로서 중성점 직접접지식 전로 중 중성점이 직접접지 되어 있는 발전소 또는 변전소 혹은 이에 준하는 장소의 전로에 접속하는 것(⑧의 것 제외)	최대 사용전압의 0.64배의 전압
⑧ 최대 사용전압이 60[kV] 초과인 정류기의 교류측 및 직류측 전로에 접속하는 기구 등의 전로	교류측 및 직류 고전압측에 접속하는 기구 등의 전로는 교류측의 최대 사용전압의 1.1배의 교류전압 또는 직류측의 최대 사용전압의 1.1배의 직류전압
	직류 저압측 전로에 접속하는 기구 등의 전로는 규정하는 계산식으로 구한 값

1. 정전기 발생에 영향을 주는 요인

① **물체의 특성**

 ㉠ 일반적으로 대전량은 접촉이나 분리하는 두 물체가 대전서열 내에서 가까운 위치에 있으면 적고, 먼 위치에 있으면 큰 경향이 있다.

 ㉡ 물체가 불순물을 포함하고 있으면 이 불순물로 인해 정전기 발생량이 커진다.

② **물체의 표면 상태**: 물체의 표면이 원활하면 정전기 발생량이 적고, 수분이나 기름 등에 의해 오염되었을 때에는 산화, 부식에 의해 정전기 발생량이 크다.

③ **물질의 이력**: 정전기 발생량은 일반적으로 처음 접촉·분리가 일어날 때 최대가 되며, 이후 접촉·분리가 반복됨에 따라 점차 감소한다.

④ **접촉면적 및 압력**: 접촉면적 및 압력이 클수록 정전기 발생량이 커진다.

⑤ **분리속도**: 일반적으로 분리속도가 빠를수록 정전기 발생량이 커진다.

2. 정전기의 발생현상

대전종류	대전현상	
마찰대전	두 물체의 마찰이나 마찰에 의한 접촉위치의 이동으로 전하의 분리 및 재배열이 일어나서 정전기 발생	
박리대전	① 서로 밀착되어 있는 물체가 떨어질 때 전하의 분리가 일어나 정전기 발생 ② 접촉면적, 접촉면의 밀착력, 박리속도 등에 의해서 정전기 발생량이 변화하며 일반적으로 마찰에 의한 것보다 더 큰 정전기 발생	
유동대전	① 액체류가 파이프 등 내부에서 유동할 때 액체와 관벽 사이에 정전기 발생 ② 정전기 발생에 가장 크게 영향을 미치는 요인은 유동속도이나 흐름의 상태, 배관의 굴곡, 밸브 등과도 관계가 있음	
분출대전	분체류, 액체류, 기체류가 단면적이 작은 분출구를 통해 공기 중으로 분출될 때 분출되는 물질과 분출구의 마찰로 정전기 발생	
충돌대전	분체류와 같은 입자상호 간이나 입자와 고체와의 충돌에 의해 빠른 접촉·분리가 행하여짐으로써 정전기 발생	

파괴대전	고체나 분체류와 같은 물체가 파괴되었을 때 전하분리 또는 부전하의 균형이 깨지면서 정전기 발생	

3. 정전기 방전의 형태 및 영향

구분(형태)	방전현상 및 대상	영향(위험성)
코로나 방전	① 돌기형 도체와 평판 도체 사이에 전압이 상승하면 그림과 같은 모양의 코로나 방전이 발생 ② 정코로나>부코로나 ③ 코로나 방전 발생 시 공기 중에 생성되는 물질: 오존(O_3)	방전에너지가 작기 때문에 재해 원인이 될 확률이 비교적 낮음
스트리머 방전	① 일반적으로 불꽃 코로나가 강해서 파괴음과 발광을 수반하는 방전 ② 공기 중에서 나뭇가지 형태의 발광현상 동반	코로나 방전에 비해서 점화원 및 전격의 확률이 높음
불꽃방전	전극 간의 전압을 더욱 상승시키면 코로나 방전에 의한 도전로를 통하여 강한 빛과 큰 소리가 발생되며, 공기절연을 완전 파괴하거나 단락하는 과도현상	착화원 및 전격의 확률이 대단히 높음
연면방전	① 정전기로 대전되어 있는 부도체에 접지체가 접근할 경우 대전체와 접지체 사이에서 발생하는 방전으로 부도체 표면을 따라 발생 ② 나뭇가지 형태의 발광을 수반하는 방전	착화원 및 전격의 확률이 대단히 높음

4. 정전기 재해의 방지대책

① 정전기 발생방지 대책
  ㉠ 설비와 물질 및 물질 상호 간의 접촉면적 및 압력 감소
  ㉡ 접촉횟수의 감소
  ㉢ 접촉·분리 속도의 저하(속도의 변화는 서서히)
  ㉣ 접촉물의 급속 박리방지
  ㉤ 표면상태의 청정·원활화
  ㉥ 불순물 등의 이물질 혼입방지
  ㉦ 정전기 발생이 적은 재료 사용(대전서열이 가까운 재료의 사용)

② 정전기 대전방지 대책

도체의 대전방지	부도체의 대전방지
㉠ 정전기 장해 · 재해의 대부분은 도체가 대전된 결과로 인한 불꽃방전에 의해 발생되므로 도체의 대전방지를 위해서는 도체와 대지와의 사이를 전기적으로 접속하여 대지와 등전위화(접지)함으로써 정전기 축적을 방지하는 방법이다. ㉡ 접지에 의한 대전방지 대책은 도체에만 적용되며 부도체에는 적용이 불가능하다.	부도체에 발생한 정전기는 다른 곳으로 이동하지 않기 때문에 접지에 의하여 대전방지를 하기 어려우므로 다음과 같은 방법으로 대전방지가 가능하다.(도전성 향상) ㉠ 대전방지제의 사용 ㉡ 가습 ㉢ 도전성 섬유의 사용 ㉣ 대전체의 차폐 ㉤ 제전기 사용

③ 배관 내 액체의 유속제한

㉠ 저항률 $10^{10}[\Omega \cdot cm]$ 미만의 도전성 위험물: $7[m/s]$ 이하

㉡ 에테르, 이황화탄소 등과 같이 유동대전이 심하고 폭발 위험성이 높은 것: $1[m/s]$ 이하

㉢ 물이나 기체를 혼합한 비수용성 위험물: $1[m/s]$ 이하

㉣ 저항률 $10^{10}[\Omega \cdot cm]$ 이상인 위험물: 아래 표의 값 이하

단, 주입구가 액면 밑에 충분히 침하할 때까지는 $1[m/s]$ 이하

관 내경 D[m]	유속 V[m/s]	$V^2[m^2/s^2]$	$V^2D[m^3/s^2]$
0.01	8	64	0.64
0.025	4.9	24	0.6
0.05	3.5	12.25	0.61
0.1	2.5	6.25	0.63
0.2	1.8	3.25	0.64
0.4	1.3	1.6	0.67
0.6	1.0	1.0	0.6

④ 인체의 대전방지

㉠ 보호구 착용

- 손목 접지대
- 정전기 대전방지용 안전화
- 발 접지대
- 대전방지용 작업복(제전복)

㉡ 대전체 차폐

㉢ 바닥의 재료 등에 고유저항이 큰 물질의 사용 금지(작업장 바닥에 도전성을 갖추도록 할 것)

⑤ 제전기에 의한 대전방지

㉠ 제전의 원리: 제전기를 대전체에 가까이 설치하면 제전기에서 생성된 이온(양이온, 음이온) 중 대전체와 반대 극성의 이온이 대전체의 방향으로 이동하여 그 이온과 대전체의 전하가 재결합 또는 중화됨으로써 대전체의 정전기가 제거된다.

㉡ 제전의 목적

- 주로 부도체의 정전기 대전 방지
- 대전 물체의 정전기를 완전히 제전하는 것이 아니라 재해 및 장해가 발생하지 않을 정도까지만 제전

⑥ 제전기의 종류 및 특성

종류	이온 생성방법	
전압인가식	⊙ 금속세침이나 세선 등을 전극으로 하는 제전전극에 고전압(약 7(kV))을 인가하여 전극의 선단에 코로나 방전을 일으켜 제전에 필요한 이온을 발생시키는 것으로서 코로나 방전식 제전기라고도 함 ⓒ 방폭형 제전기: 가연성 물질이 존재하는 위험장소에서 사용하더라도 제전기 자신이 착화원이 되지 않도록 방폭 성능을 갖는 제전기	
자기방전식	접지된 도전성의 침상이나 세선 상의 전극에 제전하고자 하는 물체의 발산정전계를 모으고 이 정전계에 의해 제전에 필요한 이온을 만드는 제전기(작은 코로나 방전을 일으켜 공기를 이온화하는 방식)	
방사선식	방사선 동위원소의 전리작용에 의해 제전에 필요한 이온을 만들어내는 제전기	

5. 정전기로 인한 화재 · 폭발 등 방지 [안전보건규칙] 제325조

① 다음의 설비를 사용할 때에 정전기에 의한 화재 또는 폭발 등의 위험이 발생할 우려가 있는 경우에는 해당 설비에 대하여 확실한 방법으로 접지를 하거나, 도전성 재료를 사용하거나 가습 및 점화원이 될 우려가 없는 제전장치를 사용하는 등 정전기의 발생을 억제하거나 제거하기 위하여 필요한 조치를 하여야 한다.

대상설비	
⊙ 위험물을 탱크로리 · 탱크차 및 드럼 등에 주입하는 설비	
ⓒ 탱크로리 · 탱크차 및 드럼 등 위험물저장설비	
ⓒ 인화성 액체를 함유하는 도료 및 접착제 등을 제조 · 저장 · 취급 또는 도포하는 설비	

ⓔ 위험물 건조설비 또는 그 부속설비	
ⓜ 인화성 고체를 저장하거나 취급하는 설비	
ⓗ 드라이클리닝설비, 염색가공설비 또는 모피류 등을 씻는 설비 등 인화성유기용제를 사용하는 설비	인화성 유기용제를 사용하는 설비
ⓢ 유압, 압축공기 또는 고전위정전기 등을 이용하여 인화성 액체나 인화성 고체를 분무하거나 이송하는 설비	
ⓞ 고압가스를 이송하거나 저장·취급하는 설비	
ⓩ 화약류 제조설비	탄약공장
ⓒ 발파공에 장전된 화약류를 점화시키는 경우에 사용하는 발파기(발파공을 막는 재료로 물을 사용하거나 갱도발파를 하는 경우 제외)	

② 인체에 대전된 정전기에 의한 화재 또는 폭발 위험이 있는 경우에는 정전기 대전방지용 안전화 착용, 제전복 착용, 정전기 제전용구의 사용 등의 조치를 하거나 작업장 바닥 등에 도전성을 갖추도록 하는 등 필요한 조치를 하여야 한다.

KEYWORD 15 　전기설비의 방폭화 방법

1. 폭발의 기본조건

폭발이 성립되기 위한 기본조건은 다음과 같은 3가지 요소가 동시에 존재하여야 하며 이 중 한 가지라도 결핍되면 연소 혹은 폭발이 일어나지 않는다.
① 가연성 가스 또는 증기의 존재
② 폭발위험분위기의 조성(가연성 물질+지연성 물질)
③ 최소착화에너지 이상의 점화원 존재

2. 방폭이론

전기설비로 인한 화재·폭발 방지를 위해서는 위험분위기가 생성될 확률과 전기설비가 점화원으로 작용할 확률의 곱이 0에 가까운 아주 작은 값을 갖도록 하여야 한다.

① 위험분위기 생성방지
　㉠ 가연성 물질의 누설 및 방출 방지
　㉡ 가연성 물질의 체류 방지
② 전기설비의 점화원 억제
　㉠ 전기설비의 점화원

현재적(정상상태에서) 점화원	잠재적(이상상태에서) 점화원
• 직류전동기의 정류자, 권선형 유도전동기의 슬립링 등 • 고온부로서 전열기, 저항기, 전동기의 고온부 등 • 개폐기 및 차단기류의 접점, 제어기기 및 보호계전기의 전기접점 등	전동기의 권선, 변압기의 권선, 마그넷 코일, 전기적 광원, 케이블, 기타 배선 등

　㉡ 전기설비의 방폭화

방폭화 기본	적요	방폭구조
점화원의 방폭적 격리	전기설비에서 점화원이 되는 부분을 가연성 물질과 격리시켜 서로 접촉하지 못하도록 하는 방법	압력방폭구조 유입방폭구조
	전기설비 내부에서 발생한 폭발이 설비 주변에 존재하는 가연성 물질로 파급되지 않도록 실질적으로 격리하는 방법	내압방폭구조
전기설비의 안전도 증강	정상상태에서 점화원이 되는 전기불꽃의 발생부 및 고온부가 존재하지 않는 전기설비에 대하여 특히 안전도를 증가시켜 고장이 발생할 확률을 0에 가깝게 하는 방법	안전증방폭구조
점화능력의 본질적 억제	약전류회로의 전기설비와 같이 정상상태뿐만 아니라 사고 시에도 발생하는 전기불꽃 고온부가 최소착화에너지 이하의 값으로 되어 가연물에 착화할 위험이 없는 것으로 충분히 확인된 것은 본질적으로 점화능력이 억제된 것으로 봄	본질안전방폭구조

1. 폭발등급의 개요

① 혼합가스폭발에 의한 화염은 좁은 틈을 통과하면 냉각되어 소멸하게 되는데 이것은 틈의 폭, 길이, 혼합가스의 성질에 따라 달라진다. 표준용기에 의해 외부가스가 폭발하지 않는 값인 화염일주한계값에 따라 폭발성 가스를 분류하여 등급을 정한 것을 폭발등급이라고 한다.

② 화염일주한계(최대안전틈새, MESG; Maximum Experimental Safe Gap): 폭발성 분위기 내에 방치된 표준용기의 접합면 틈새를 통하여 폭발화염이 내부에서 외부로 전파되는 것을 저지(최소점화에너지 이하)할 수 있는 틈새의 최대간격치이며 폭발성 가스의 종류에 따라 다르다.

③ 폭발등급 측정에 사용되는 표준용기: 내용적이 8[L], 틈새의 안길이 L이 25[mm]인 용기로서 틈인 폭 W[mm]를 변환시켜서 화염일주한계를 측정하도록 한 것이다.

2. 가스 · 증기 발화온도 및 전기기기의 온도등급

폭발위험장소 구분에 따른 온도등급	가스 · 증기의 발화온도[℃]	전기기기의 최고표면온도[℃]
T1	450 초과	300 초과 450 이하
T2	300 초과 450 이하	200 초과 300 이하
T3	200 초과 300 이하	135 초과 200 이하
T4	135 초과 200 이하	100 초과 135 이하
T5	100 초과 135 이하	85 초과 100 이하
T6	85 초과 100 이하	85 이하

1. 가스폭발 위험장소

분류	적요	장소
0종 장소	인화성 액체의 증기 또는 가연성 가스에 의한 폭발위험이 지속적으로 또는 장기 간 존재하는 장소	용기 · 장치 · 배관 등의 내부 등
1종 장소	정상작동상태에서 인화성 액체의 증기 또는 가연성 가스에 의한 폭발위험분위기 가 존재하기 쉬운 장소	맨홀 · 벤트 · 피트 등의 주위
2종 장소	정상작동상태에서 인화성 액체의 증기 또는 가연성 가스에 의한 폭발위험분위기 가 존재할 우려가 없으나, 존재할 경우 그 빈도가 아주 적고 단기간만 존재할 수 있는 장소	개스킷 · 패킹 등의 주위

2. 분진폭발 위험장소

분류	적요	장소
20종 장소	분진운 형태의 가연성 분진이 폭발농도를 형성할 정도로 충분한 양이 정상작동 중에 연속적으로 또는 자주 존재하거나, 제어할 수 없을 정도의 양 및 두께의 분진층이 형성될 수 있는 장소	호퍼 · 분진저장소 · 집진장치 · 필터 등의 내부
21종 장소	20종 장소 외의 장소로서, 분진운 형태의 가연성 분진이 폭발농도를 형성할 정도의 충분한 양이 정상작동 중에 존재할 수 있는 장소	집진장치 · 백필터 · 배기구 등의 주위, 이송벨트의 샘플링 지역 등
22종 장소	21종 장소 외의 장소로서, 가연성 분진운 형태가 드물게 발생 또는 단기간 존재할 우려가 있거나, 이상작동상태 하에서 가연성 분진층이 형성될 수 있는 장소	21종 장소에서 예방조치가 취하여진 지역, 환기설비 등과 같은 안전장치 배출구 주위 등

KEYWORD 18 방폭구조의 전기기계 · 기구 표시방법

합격 보장 꿀팁 방폭구조의 전기기계 · 기구 표시방법

구조명칭	표기방법	기타
내압	Ex d ⅡA T1~T6 IPxx	ⅡA, ⅡB, ⅡC
압력	Ex p Ⅱ T1~T6 IPxx	px, py, pz
안전증	Ex e Ⅱ T1~T6 IPxx	
본질안전	Ex ia ⅡA T1~T6 IPxx	ia, ib, ⅡA, ⅡB, ⅡC
유입	Ex o Ⅱ T1~T6 IPxx	
특수	Ex s Ⅱ T1~T6 IPxx	

발화도와 폭발등급에 따른 인화성 가스 분류

구분	T1	T2	T3	T4	T5	T6
ⅡA	아세톤 암모니아 일산화탄소 에탄 초산 초산에틸 톨루엔 프로판 벤젠 메탄올 메탄	에탄올 초산인펜틸 1-부탄올 무수초산 부탄 클로로벤젠 에틸렌 초산비닐 프로필렌	가솔린 헥산 2-부탄올 이소프렌 헵탄 염화부틸	아세트알데히드 디에틸에테르		아질산에틸
ⅡB	석탄가스 부타디엔	에틸렌 에틸렌옥시드	황화수소			
ⅡC	수성가스 수소	아세틸렌			이황화탄소	질산에틸

KEYWORD 19 방폭구조의 종류

1. 폭발성 가스 또는 증기에 대한 방폭구조

방폭구조(Ex) 종류	구조의 원리
내압방폭 (d)	용기 내부에 폭발성 가스 및 증기가 폭발하였을 때 용기가 그 압력에 견디며 또한 접합면, 개구부 등을 통해서 외부의 폭발성 가스·증기에 인화되지 않도록 한 구조(점화원 격리) ① 내부에서 폭발할 경우 그 압력에 견딜 것 ② 폭발화염이 외부로 유출되지 않을 것 ③ 외함 표면온도가 주위의 가연성 가스를 점화하지 않을 것
압력방폭 (p)	① 용기 내부에 보호가스(신선한 공기 또는 불연성 기체)를 압입하여 내부 압력을 유지함으로써 폭발성 가스 또는 증기가 내부로 유입되지 않도록 한 구조(점화원 격리) ② 종류: 통풍식, 봉입식, 밀봉식
유입방폭 (o)	전기불꽃, 아크 또는 고온이 발생하는 부분을 기름 속에 넣고 기름면 위에 존재하는 폭발성 가스 또는 증기에 인화되지 않도록 한 구조(점화원 격리)
안전증방폭 (e)	① 정상운전 중에 폭발성 가스 또는 증기에 점화원이 될 전기불꽃, 아크 또는 고온 부분 등의 발생을 방지하기 위하여 기계적, 전기적 구조상 또는 온도 상승에 대해서 특히 안전도를 증가시킨 구조(점화원 격리와 무관, 전기설비의 안전도 증강) ② 정상적으로 운전되고 있을 때 내부에서 불꽃이 발생하지 않도록 절연성능을 강화하고, 또 고온으로 인해 외부 가스에 착화되지 않도록 표면온도 상승을 더 낮게 설계한 구조

본질안전방폭 (ia 또는 ib)	정상 시 및 사고 시(단선, 단락, 지락 등)에 발생하는 전기불꽃, 아크 또는 고온에 의하여 폭발성 가스 또는 증기에 점화되지 않는 것이 점화시험, 기타에 의하여 확인된 구조(점화원 격리와 무관, 점화원의 본질적 억제)	
특수방폭 (s)	상기 이외의 방폭구조로서 폭발성 가스 또는 증기에 점화 또는 위험분위기로 인화를 방지할 수 있는 것이 시험, 기타에 의하여 확인된 구조
몰드방폭 (m)	전기기기의 스파크 또는 열로 인해 폭발성 위험분위기에 점화되지 않도록 컴파운드를 충전해서 보호한 방폭구조
충전방폭 (q)	폭발성 가스 분위기를 점화시킬 수 있는 부품을 고정하여 설치하고 그 주위를 충전재로 완전히 둘러싸서 외부의 폭발성 가스 분위기를 점화시키지 않도록 하는 방폭구조

2. 폭발위험장소에 따른 방폭구조의 선정

① 가스폭발 위험장소

폭발위험장소 분류	방폭구조 전기기계·기구의 선정기준
0종 장소	⊙ 본질안전방폭구조(ia) ⓒ 그 밖에 관련 공인 인증기관이 0종 장소에서 사용이 가능한 방폭구조로 인증한 방폭구조
1종 장소	⊙ 내압방폭구조(d)　　　　ⓒ 압력방폭구조(p)　　　　ⓒ 충전방폭구조(q) ⓔ 유입방폭구조(o)　　　　ⓜ 안전증방폭구조(e)　　　ⓗ 본질안전방폭구조(ia, ib) ⓐ 몰드방폭구조(m) ⓞ 그 밖에 관련 공인 인증기관이 1종 장소에서 사용이 가능한 방폭구조로 인증한 방폭구조
2종 장소	⊙ 0종 장소 및 1종 장소에 사용 가능한 방폭구조 ⓒ 비점화방폭구조(n) ⓒ 그 밖에 2종 장소에서 사용하도록 특별히 고안된 비방폭형 구조

② 분진폭발 위험장소

폭발위험장소 분류	방폭구조 전기기계·기구의 선정기준
20종 장소	⊙ 밀폐방진방폭구조(DIP A20 또는 B20) ⓒ 그 밖에 관련 공인 인증기관이 20종 장소에서 사용이 가능한 방폭구조로 인증한 방폭구조
21종 장소	⊙ 밀폐방진방폭구조(DIP A20 또는 A21, DIP B20 또는 B21) ⓒ 특수분진방폭구조(SDP) ⓒ 그 밖에 관련 공인 인증기관이 21종 장소에서 사용이 가능한 방폭구조로 인증한 방폭구조
22종 장소	⊙ 20종 장소 및 21종 장소에 사용 가능한 방폭구조 ⓒ 일반방진방폭구조(DIP A22 또는 B22) ⓒ 보통방진방폭구조(DP) ⓔ 그 밖에 22종 장소에서 사용하도록 특별히 고안된 비방폭형 구조

05 / 전기설비 안전관리

01

정격부하전류가 50[A] 미만인 전기기계·기구에 감전방지용 누전차단기를 설치할 때 정격감도전류[mA]와 작동시간은 몇 초인지 쓰시오.

정답

① 정격감도전류: 30[mA] 이하
② 작동시간: 0.03초 이내

02

100[V]로 흐르는 전압을 물에 젖은 손으로 만져서 감전되었을 경우 심실세동전류[mA]와 심실세동시간[s]을 계산하시오.(단, 인체의 저항은 5,000[Ω], Gilbert와 Dalziel의 이론에 따라 계산한다.)

정답

① 전류(I)

인체저항은 물에 젖은 경우 $\frac{1}{25}$로 감소하므로

$V = 100[V]$이고, $R = 5,000 \times \frac{1}{25} = 200[Ω]$

$I = \dfrac{V}{R} = \dfrac{100}{200} = 0.5[A] = 500[mA]$

② 시간(T)

$I[mA] = \dfrac{165}{\sqrt{T}}$이므로

$T = \left(\dfrac{165}{I}\right)^2 = \left(\dfrac{165}{500}\right)^2 ≒ 0.11[s]$

03

이동전선에 접속하여 임시로 사용하는 전등이나 가설의 배선 또는 이동전선에 접속하는 가공 매달기식 전등 등을 접촉함으로 인한 감전 및 전구의 파손에 의한 위험을 방지하기 위하여 보호망을 설치할 때 준수해야 할 사항 2가지를 쓰시오.

정답

① 전구의 노출된 금속 부분에 근로자가 쉽게 접촉되지 아니하는 구조로 할 것
② 재료는 쉽게 파손되거나 변형되지 아니하는 것으로 할 것

04

정전기로 인한 폭발, 화재방지를 위한 설비에 대한 조치사항 4가지를 쓰시오.

정답

① 해당 설비에 대하여 확실한 방법으로 접지
② 도전성 재료 사용
③ 가습
④ 점화원이 될 우려가 없는 제전장치 사용

05

피뢰기의 성능(피뢰기 구비요건) 5가지를 쓰시오.

정답

① 제한전압 또는 충격방전개시전압이 충분히 낮고 보호능력이 있을 것
② 속류차단이 완전히 행해져 동작책무특성이 충분할 것
③ 뇌전류 방전능력이 클 것
④ 대전류의 방전, 속류차단의 반복동작에 대하여 장기간 사용에 견딜 수 있을 것
⑤ 상용주파방전개시전압은 회로전압보다 충분히 높아서 상용주파방전을 하지 않을 것

06

감전사고방지를 위한 일반적인 대책 4가지를 쓰시오.

정답

① 전기설비의 점검 철저
② 전기기기 및 설비의 정비
③ 전기기기 및 설비의 위험부에 위험표시
④ 설비의 필요부분에 보호접지 실시
⑤ 충전부가 노출된 부분에는 절연방호구 사용
⑥ 고전압 선로 및 충전부에 근접하여 작업하는 작업자에게는 보호구를 착용시킬 것
⑦ 유자격자 이외는 전기기계 및 기구에 전기적인 접촉 금지
⑧ 관리감독자는 작업에 대한 안전교육 시행
⑨ 사고발생 시의 처리순서를 미리 작성하여 둘 것

07

정전기를 예방할 수 있는 대책 5가지를 쓰시오.

정답

① 접지   ② 도전성 섬유의 사용
③ 가습   ④ 제전기 사용
⑤ 대전방지제의 사용   ⑥ 대전체의 차폐

08

가스폭발 위험장소에 설치하여 사용할 수 있는 방폭구조의 종류 4가지와 그 표시기호를 [예시]와 같이 다음 표에 써넣으시오.

방폭구조의 종류	표시기호
[예시] 압력방폭구조	p

정답

방폭구조의 종류	표시기호
압력방폭구조	p
내압방폭구조	d
충전방폭구조	q
유입방폭구조	o
안전증방폭구조	e
본질안전방폭구조	ia 또는 ib
몰드방폭구조	m
비점화방폭구조	n

09

A.C(교류) 220[V]용 변압기 등 전기기계·기구의 절연내력시험의 전압과 시간을 쓰시오.(단, 사용 1차 전원 기준이다.)

정답

① 최대 사용전압의 1.5배의 전압(500[V] 미만으로 되는 경우에는 500[V])
② 시험되는 권선과 다른 권선, 철심 및 외함 간에 시험전압을 연속하여 10분간 가한다.

10

근원적 안전방폭 전기기기에서 유래된 말로 원래는 폭발성의 분위기에서 사용하는 전기기기의 내부 또는 배선 사이에 단선의 문제가 일어나더라도 외부의 분위기에 의해 착화되지 않도록 설계된 구조를 가리키는 말이었다. 그러나 이 개념은 더욱 넓은 개념으로 확장되어 현재 일반적으로 작업자나 사용자가 의도적으로 혹은 실수로 위험기기나 설비를 작동시키더라도 사고가 발생하지 않게 하는 설계기능을 지칭하는 의미가 되었는데 이 개념은 무엇인지 쓰시오.

정답

풀 프루프(Fool-proof)

11

저압 전기기기의 누전으로 인한 감전재해의 방지대책 4가지를 쓰시오.

정답

① 안전전압(「산업안전보건법」에서 30[V]로 규정) 이하 전원의 기기 사용
② 보호접지
③ 누전차단기의 설치
④ 이중절연기기의 사용
⑤ 비접지식 전로의 채용

12

[보기]는 위험물에 관한 사항이다. 각각의 위험물에 알맞은 유속제한 속도를 쓰시오.

| 보기 |
① 에테르, 이황화탄소 등 폭발성 물질
② 저항률이 $10^{10}[\Omega \cdot cm]$ 미만의 도전성 위험물

정답

① 1[m/s] 이하   ② 7[m/s] 이하

13

전기설비가 원인이 되어 발생할 수 있는 폭발은 3가지 기본 조건이 충족되어야 폭발이 가능하다. 폭발의 성립조건 3가지를 쓰시오.

정답

① 가연성 가스 또는 증기의 존재
② 폭발위험분위기의 조성(가연성 물질+지연성 물질)
③ 최소착화에너지 이상의 점화원 존재

14

부하 상태의 전로를 개폐할 수 있는 CB(Circuit breaker)차단기의 역할 2가지를 쓰시오.

정답

① 고장전류 차단
② 전기화재 방지
③ 전기기기 보호

15

다음의 위험장소에 해당하는 전기설비의 방폭구조를 2가지씩 쓰시오.

| ① 0종 장소 | ② 1종 장소 |

정답

폭발위험장소 분류	방폭구조 전기기계·기구
① 0종 장소	ⓐ 본질안전방폭구조(ia) ⓑ 그 밖에 관련 공인 인증기관이 0종 장소에서 사용이 가능한 방폭구조로 인증한 방폭구조
② 1종 장소	ⓐ 내압방폭구조(d) ⓑ 압력방폭구조(p) ⓒ 충전방폭구조(q) ⓓ 유입방폭구조(o) ⓔ 안전증방폭구조(e) ⓕ 본질안전방폭구조(ia, ib) ⓖ 몰드방폭구조(m) ⓗ 그 밖에 관련 공인 인증기관이 1종 장소에서 사용이 가능한 방폭구조로 인증한 방폭구조

16

온도등급에 따른 전기기기의 최고표면온도[℃]의 범위를 쓰시오.

> (1) T1: 300 초과 450 이하
> (2) T2: (①)
> (3) T3: (②)
> (4) T4: (③)
> (5) T5: (④)
> (6) T6: 85 이하

정답

① 200 초과 300 이하 ② 135 초과 200 이하
③ 100 초과 135 이하 ④ 85 초과 100 이하

17

가스폭발 위험장소 3가지를 분류하고, 설명하시오.

정답

분류	적요	장소
0종 장소	인화성 액체의 증기 또는 가연성 가스에 의한 폭발위험이 지속적으로 또는 장기간 존재하는 장소	용기·장치·배관 등의 내부 등
1종 장소	정상 작동상태에서 인화성 액체의 증기 또는 가연성 가스에 의한 폭발 위험분위기가 존재하기 쉬운 장소	맨홀·벤트·피트 등의 주위
2종 장소	정상 작동상태에서 인화성 액체의 증기 또는 가연성 가스에 의한 폭발 위험분위기가 존재할 우려가 없으나, 존재할 경우 그 빈도가 아주 적고 단기간만 존재할 수 있는 장소	개스킷·패킹 등의 주위

18

정전작업의 안전수칙 5가지를 쓰시오.

정답

① 작업 전 전원차단
② 전원투입의 방지
③ 작업장소의 무전압 여부 확인
④ 단락접지
⑤ 작업장소의 보호

19

다음과 같은 방폭구조의 표시에서 밑줄 친 부분의 의미를 설명하시오.

> Ex   <u>d</u>   <u>ⅡA</u>   <u>T4</u>   IP54
>   ①   ②   ③

정답

① d: 방폭구조 – 내압방폭구조
② ⅡA: 가스등급 – 산업용 폭발성 가스 또는 증기의 그룹
③ T4: 온도등급(최고표면온도) – 100[℃] 초과 135[℃] 이하

20

작업이나 통행 등으로 인해 전기기계·기구 등의 충전부분에 접촉하거나 접근함으로써 감전 위험이 있는 부분에 대한 감전방지 대책 4가지를 쓰시오.

정답

① 충전부가 노출되지 않도록 폐쇄형 외함이 있는 구조로 할 것
② 충전부에 충분한 절연효과가 있는 방호망이나 절연덮개를 설치할 것
③ 충전부는 내구성이 있는 절연물로 완전히 덮어 감쌀 것
④ 발전소·변전소 및 개폐소 등 구획되어 있는 장소로서 관계 근로자가 아닌 사람의 출입이 금지되는 장소에 충전부를 설치하고, 위험표시 등의 방법으로 방호를 강화할 것
⑤ 전주 위 및 철탑 위 등 격리되어 있는 장소로서 관계 근로자가 아닌 사람이 접근할 우려가 없는 장소에 충전부를 설치할 것

21

정전기 대전의 형태 4가지를 쓰시오.

정답

① 마찰대전 ② 박리대전 ③ 유동대전
④ 분출대전 ⑤ 충돌대전 ⑥ 파괴대전

22

[보기] 중 통전경로별 인체의 위험도가 큰 것부터 순서대로 나열하시오.

┤ 보기 ├
① 왼손 - 오른손 ② 양손 - 양발
③ 왼손 - 등 ④ 왼손 - 가슴

정답

④ > ② > ③ > ①

※ 통전경로별 위험도

통전경로	위험도	통전경로	위험도
왼손 - 가슴	1.5	왼손 - 등	0.7
오른손 - 가슴	1.3	한손 또는 양손 - 앉아 있는 자리	0.7
왼손 - 한발 또는 양발	1.0	왼손 - 오른손	0.4
양손 - 양발	1.0	오른손 - 등	0.3
오른손 - 한발 또는 양발	0.8	숫자가 클수록 위험도가 높아짐	

23

「산업안전보건기준에 관한 규칙」에서 누전에 의한 감전의 위험을 방지하기 위해 코드와 플러그를 접속하여 접지를 실시하는 전기기계·기구 중 노출된 비충전 금속체 3가지를 쓰시오.

정답

① 사용전압이 대지전압 150[V]를 넘는 것
② 냉장고·세탁기·컴퓨터 및 주변기기 등과 같은 고정형 전기기계·기구
③ 고정형·이동형 또는 휴대형 전동기계·기구
④ 물 또는 도전성이 높은 곳에서 사용하는 전기기계·기구, 비접지형 콘센트
⑤ 휴대형 손전등

24

다음 설명에 맞는 방폭구조의 명칭을 쓰시오.

① 유체 상부 또는 용기 외부에 존재할 수 있는 폭발성 분위기가 발화할 수 없도록 전기설비 또는 전기설비의 부품을 보호액에 함침시키는 방폭구조
② 전기기기가 정상작동과 규정된 특정한 비정상 상태에서 주위의 폭발성 가스 분위기를 점화시키지 못하도록 만든 방폭구조
③ 전기기기의 불꽃 또는 열로 인해 폭발성 위험 분위기에 점화되지 않도록 컴파운드를 충전해서 보호한 방폭구조
④ 폭발성 가스 분위기를 점화시킬 수 있는 부품을 고정하여 설치하고 그 주위를 충전재로 완전히 둘러싸서 외부의 폭발성 가스 분위기를 점화시키지 않도록 하는 방폭구조

정답

① 유입방폭구조 ② 비점화방폭구조
③ 몰드방폭구조 ④ 충전방폭구조

06 화학설비 안전관리

1. 연소의 정의와 3요소

① **연소의 정의**: 연소(Combustion)란 어떤 물질이 산소와 만나 급격히 산화(Oxidation)하면서 열과 빛을 동반하는 현상을 말한다.

② **연소의 3요소**: 물질이 연소하기 위해서는 가연성 물질(가연물), 산소공급원(공기 또는 산소), 점화원(불씨)이 필요하며, 이들을 연소의 3요소라 한다.

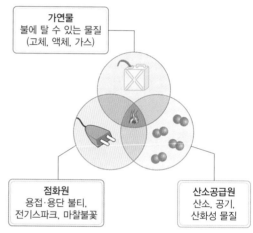

가연물
불에 탈 수 있는 물질
(고체, 액체, 가스)

점화원
용접·용단 불티,
전기스파크, 마찰불꽃

산소공급원
산소, 공기,
산화성 물질

▲ 연소의 3요소

2. 연소의 분류

구분	연소 형태	정의	해당 물질
기체	확산연소	① 가연성 가스가 공기(산소) 중에 확산되어 연소범위에 도달했을 때 연소하는 현상 ② 기체연소의 일반적 형태	수소, 메탄, 프로판, 부탄 등
	예혼합연소	연소되기 전에 미리 연소범위의 혼합가스를 만들어 연소하는 형태	
액체	증발연소	① 액체 표면에서 발생한 가연성 증기가 공기(산소)와 혼합하여 연소범위를 형성하게 되고, 점화원에 의해 점화되어 연소하는 현상 ② 액체연소의 가장 일반적 형태	알코올, 에테르, 가솔린, 벤젠 등
	분무연소	① 점도가 높고 비휘발성인 액체의 경우 액체 입자를 분무하여 연소하는 형태 ② 액적의 표면적을 넓게 하여 공기와의 접촉면을 크게 해서 연소하는 형태	
고체	표면연소	① 연소물 표면에서 산소와의 급격한 산화반응으로 빛과 열을 수반하는 연소반응 ② 가연성 가스 발생이나 열분해 없이 진행되는 연소 형태로 불꽃이 없는 것이 특징	코크스, 목탄, 금속분(알루미늄, 나트륨 등), 숯 등
	분해연소	고체 가연물이 가열됨에 따라 가연성 증기가 발생하여, 공기와 가스의 혼합으로 연소범위를 형성하게 되면서 연소하는 형태	목재, 종이, 석탄, 플라스틱 등
	증발연소	고체 가연물이 가열되어 융해되며 가연성 증기가 발생하고, 공기와 혼합하면서 연소하는 형태	황, 나프탈렌, 파라핀 등
	자기연소	분자 내 산소를 함유하고 있는 고체 가연물이 외부 산소공급원 없이 점화원에 의해 자신이 분해되며 연소하는 형태	니트로화합물(피크린산, TNT 등), 질산에스테르류(니트로글리세린, 니트로글리콜 등)

3. 인화점(Flash Point)

가연성 증기가 발생하는 액체 또는 고체가 공기 중에서 점화원에 의해 표면 부근에서 연소하기에 충분한 농도(폭발 하한계)를 만드는 최저의 온도를 인화점이라 한다. 즉, 가연성 액체 또는 고체가 공기 중에서 생성한 가연성 증기가 폭발(연소)범위의 하한계에 도달할 때의 온도를 말한다. 인화점은 가연성 물질의 위험성을 나타내는 대표적인 척도 이며, 인화점이 낮을수록 위험한 물질이라고 할 수 있다.

밀폐용기에 인화성 액체가 저장되어 있는 경우 용기의 온도가 낮아 액체의 인화점 이하가 되면 용기 내부의 혼합가 스는 인화의 위험이 없다.

4. 발화점(AIT; Auto Ignition Temperature)

① 의미: 가연성 물질을 외부에서 화염, 전기불꽃 등의 착화원을 주지 않고 공기 중 또는 산소 중에서 가열할 경우에 착화 또는 폭발을 일으키는 최저온도를 발화점(발화온도, 착화점, 착화온도)이라 한다. 이는 외부의 직접적인 점화원 없이 열의 축적에 의해 연소반응이 일어나는 것이다.

② 발화점에 영향을 주는 인자
  - ㉠ 가연성 가스와 공기와의 혼합비
  - ㉡ 용기의 크기와 형태
  - ㉢ 용기벽의 재질
  - ㉣ 가열속도와 지속시간
  - ㉤ 압력
  - ㉥ 산소농도
  - ㉦ 유속

③ 발화점이 낮아질 수 있는 조건
  - ㉠ 물질의 반응성이 높은 경우
  - ㉡ 산소와의 친화력이 좋은 경우
  - ㉢ 물질의 발열량이 높은 경우
  - ㉣ 압력이 높은 경우

KEYWORD 02 폭발

1. 폭발의 정의와 성립 조건

① 폭발의 정의: 폭발이란 어떤 원인으로 인해 급격한 압력 상승과 함께 폭음과 화염 등이 일어나는 현상을 말한다.

② 폭발의 성립 조건
  - ㉠ 가연성 가스, 증기 및 분진이 공기 또는 산소와 혼합되어 연소범위 내에 있어야 한다.
  - ㉡ 혼합가스 및 분진에 발화를 일으킬 수 있는 최소점화에너지 이상의 에너지가 주어져야 한다.
  - ㉢ 혼합가스 및 분진이 어떤 구획된 범위나 용기 같은 공간 안에 존재하여야 한다.

2. 폭발의 분류

① 기상폭발
  - ㉠ 혼합가스의 폭발: 가연성 가스와 조연성 가스의 혼합가스가 폭발범위 내에 있을 때 폭발이 발생한다.
  - ㉡ 가스의 분해폭발: 반응열이 큰 가스분자 분해 시 단일성분이라도 점화원에 의해 폭발이 발생한다.
  - ㉢ 분진(분무)폭발: 가연성 고체의 미분(가연성 액체의 액적)에 의해 폭발이 발생한다.

② 응상폭발
  - ㉠ 수증기폭발: 물의 폭발적인 비등현상으로 상변화에 따른 폭발현상이다.
  - ㉡ 증기폭발: 액화가스의 폭발적인 비등현상으로 인한 상변화에 따른 폭발현상으로 넓은 의미로 수증기폭발을 포함한다.

ⓒ 전선폭발: 고상에서 급격히 액상을 거쳐 기상으로 전이할 때 폭발현상이 일어나는데 알루미늄계 전선에 한도 이상의 대전류를 흘렸을 때 순식간에 전선이 가열되어 용융과 기화가 급격히 진행될 경우 폭발이 발생한다.

ⓓ 고상 간 전이에 의한 폭발: 고체인 부정형 안티모니가 고상의 안티모니로 전이할 때 발열함으로써 주위의 공기가 팽창하여 폭발이 발생한다.

③ 분진폭발

㉠ 정의: 가연성 고체의 미분이나 가연성 액체의 액적에 의한 폭발현상이다.

㉡ 입자의 크기: 75[μm] 이하의 고체입자가 공기 중에 부유하여 폭발분위기를 형성한다.

㉢ 분진폭발의 순서: 퇴적분진 → 비산 → 분산 → 발화원 → 전면폭발 → 2차폭발

④ 증기운 폭발(UVCE; Unconfined Vapor Cloud Explosion)

㉠ 가연성 위험물질이 용기 또는 배관 내에 저장 · 취급되는 과정에서 지속적으로 누출되면서 대기 중에 구름 형태로 모이게 되어 바람 등의 영향으로 움직이다가 발화원에 의하여 순간적으로 모든 가스가 동시에 폭발하는 현상이다.

㉡ 증기운 크기가 증가하면 점화 확률이 높아진다.

⑤ 비등액 팽창증기폭발(BLEVE; Boiling Liquid Expanding Vapor Explosion)

㉠ 비점이 낮은 액체 저장탱크 주위에 화재가 발생하였을 때 저장탱크 내부의 비등 현상으로 인한 압력 상승으로 탱크가 파열되어 그 내용물이 증발, 팽창하면서 발생하는 폭발현상이다.

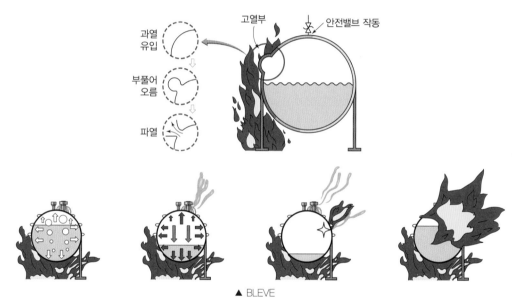

▲ BLEVE

㉡ 폭발 영향인자

- 저장 용기의 재질
- 주위 온도와 압력 상태
- 저장된 물질의 종류와 형태
- 내용물의 물리적 역학 상태
- 내용물의 인화성 여부

㉢ BLEVE 방지 대책

- 열의 침투 억제: 보온조치, 열의 침투속도를 느리게 한다.(액의 이송시간 확보)
- 탱크의 과열방지: 물분무설비 설치, 냉각조치(살수장치)
- 탱크에 화염 접근 금지: 방유제의 경사화, 화염차단 및 최대한 지연

3. 혼합가스의 폭발범위

① 폭발한계(Explosion Limit): 가스 등의 농도가 일정한 범위 내에 있을 때 폭발현상이 일어나는 것으로, 그 농도가 지나치게 낮거나 지나치게 높아도 폭발은 일어나지 않는다.

② 폭발하한계(LEL; Lower Explosive Limit): 가스 등이 공기 중에서 점화원에 의해 착화되어 화염이 전파되는 최소 농도이다.

③ 폭발상한계(UEL; Upper Explosive Limit): 가스 등이 공기 중에서 점화원에 의해 착화되어 화염이 전파되는 최대 농도이다.

④ 연소(폭발)범위: 연소가 가능한 가연성 기체와 산소의 혼합기체의 농도범위로 폭발하한계부터 폭발상한계까지의 범위이다.

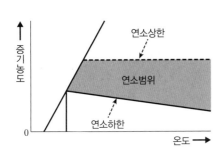

▲ 연소(폭발)범위의 정의

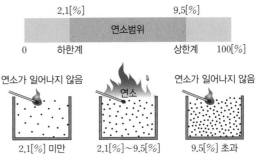

▲ 프로판 가스의 연소범위를 통한 폭발범위의 이해

4. 혼합가스 농도 계산 관련 식

① 완전연소 조성농도(C_{st})

화학양론농도라고도 하며, 가연성 물질 1[mol]이 완전히 연소할 수 있는 공기와의 혼합비를 부피비[vol%]로 표현한 것이다. 화학양론에 따른 가연성 물질과 산소와의 결합 몰수를 기준으로 계산된다. 일반적으로 완전연소 시 발열량과 폭발력은 최대가 된다.

유기물 $C_nH_xO_y$에 대하여 완전연소 시 반응식과 공기몰수, 양론농도는 다음과 같이 계산할 수 있다.

완전연소 반응식: $C_nH_xO_y + \left(n + \dfrac{x}{4} - \dfrac{y}{2}\right)O_2 \rightarrow nCO_2 + \left(\dfrac{x}{2}\right)H_2O$

여기서, n: CO_2 몰수, $\dfrac{x}{2}$: H_2O 몰수

공기몰수 $= \left(n + \dfrac{x}{4} - \dfrac{y}{2}\right) \times \dfrac{100}{21} = 4.77n + 1.19x - 2.38y$

양론농도 $C_{st} = \dfrac{1}{(4.77n + 1.19x - 2.38y) + 1} \times 100[\text{vol}\%]$

② 최소산소농도(C_m)

$$\text{최소산소농도 } C_m = \text{폭발하한}[\%] \times \dfrac{\text{산소 mol수}}{\text{연소가스 mol수}}$$

③ 혼합가스의 연소범위: 르−샤틀리에(Le Chatelier) 법칙

$$L = \frac{V_1 + V_2 + \cdots + V_n}{\dfrac{V_1}{L_1} + \dfrac{V_2}{L_2} + \cdots + \dfrac{V_n}{L_n}}$$

여기서, L: 혼합가스의 연소한계[%] → 연소상한, 연소하한 모두 적용 가능
L_n: 각 성분가스의 연소한계[%] → 연소상한, 연소하한 모두 적용 가능
V_n: 전체 혼합가스 중 각 성분가스의 비율[%]

5. 위험도

연소하한계 값과 연소상한계 값의 차이를 연소하한계 값으로 나눈 것으로, 기체의 연소 위험수준을 나타낸다. 일반적으로 위험도 값이 큰 가스는 연소상한계 값과 연소하한계 값의 차이가 크며, 위험도가 클수록 공기 중에서 연소위험이 크다.

$$H = \frac{U - L}{L}$$

여기서, H: 위험도, U: 연소상한계 값, L: 연소하한계 값

6. 폭발등급

① 안전간격(화염일주한계): 내측의 가스점화 시 외측의 폭발성 혼합가스까지 화염이 전달되지 않는 틈새의 최대 간격치이다. 8[L]의 둥근 용기 안에 폭발성 혼합가스를 채우고 점화시켜 발생된 화염이 용기 외부의 폭발성 혼합가스에 전달되는가의 여부를 측정하였을 때 화염을 전달시킬 수 없는 한계의 틈 사이를 말한다. 안전간격이 작은 가스일수록 폭발 위험이 크다. 가스폭발 한계 측정 시 화염 방향이 상향일 때 가장 넓은 값을 나타낸다.

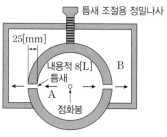

▲ 안전간격 측정 시험장치

② 폭발등급
　㉠ 안전간격(화염일주한계) 값에 따라 폭발성 가스를 분류하여 등급을 정한다.
　㉡ 폭발등급에 따른 안전간격과 해당 물질

폭발등급	안전간격[mm]	해당물질
1등급	0.6 초과	메탄, 에탄, 프로판, n−부탄, 가솔린, 일산화탄소, 암모니아, 아세톤, 벤젠, 에틸에테르
2등급	0.4 이상 0.6 이하	에틸렌, 석탄가스, 이소프렌, 산화에틸렌
3등급	0.4 미만	수소, 아세틸렌, 이황화탄소, 수성가스

7. 폭발방지대책

① 예방대책
　㉠ 폭발을 일으킬 수 있는 위험성 물질과 발화원의 특성을 알고, 그에 따른 폭발이 일어나지 않도록 관리한다.
　㉡ 공정에 대하여 폭발 가능성을 충분히 검토하여 예방할 수 있도록 설계단계부터 페일 세이프(Fail Safe) 원칙을 적용한다.
② 국한대책: 폭발의 피해를 최소화하기 위한 대책(안전장치, 방폭설비 설치 등)
③ 폭발방호(Explosion Protection)
　㉠ 봉쇄(Containment): 폭발이 일어날 수 있는 장치나 건물 폭발 시 발생하는 압력에 견딜 수 있도록 충분히 강하게 만드는 것을 말한다.

ⓛ 차단(Isolation): 폭발이 다른 곳으로 전파되지 않도록 자동으로 고속차단할 수 있는 설비를 말하며, 이런 장치는 매우 빨리 검지하는 설비와 밸브를 차단시키는 설비를 설치하여야 한다.

ⓒ 불꽃방지기(Flame Arrest): 불꽃이 인화성 가스나 증기-증기 혼합물로의 전파를 예방하는 설비이다. 가스나 증기가 통과할 수 있는 좁은 틈을 가진 망이 설치되어 있으며, 이 망은 너무 좁아 불꽃을 통과시키지 않는다.

ⓔ 폭발억제(Explosion Suppression): 폭발억제 대책은 폭발의 발단을 검지해서 자동고속 억제설비에 의해 억제될 수 있는 조건하에서 가능하다. 폭발억제설비의 원리는 파괴적인 압력이 발달하기 전에 인화성 분위기 내로 소화약제를 고속으로 분사하는 것이다.

ⓜ 폭발방산(Explosion Venting): 건물이나 공정용기에 Vent를 설치하여 폭발 시 발생하는 압력 및 열을 외부로 방출하는 것이다. 이러한 Vent의 강도는 건물이나 공정의 용기보다 약하게 설계한다.

8. 고압가스 용기의 도색

가스의 종류	용기 도색
액화석유가스	밝은 회색
수소	주황색
아세틸렌	황색
액화암모니아	백색
액화염소	갈색
기타 가스	회색

▲ 고압가스 용기

KEYWORD 03 화재 및 소화

1. 화재의 종류

구분	A급 화재	B급 화재	C급 화재	D급 화재
명칭	일반 화재	유류 화재	전기 화재	금속 화재
가연물	목재, 종이, 섬유, 석탄 등	각종 유류 및 가스	전기기계·기구, 전선 등	Mg 분말, Al 분말 등
유효 소화효과	냉각효과	질식효과	질식, 냉각효과	질식효과
적용 소화제	① 물 ② 산·알칼리소화기 ③ 강화액 소화기	① 포소화기 ② 이산화탄소소화기 ③ 분말소화기 ④ 할로겐화합물소화기 ⑤ 할론1211 ⑥ 할론1301	① 유기성소화기 ② 이산화탄소소화기 ③ 분말소화기 ④ 할론1211 ⑤ 할론1301	① 마른모래 ② 팽창진주암
표현색	백색	황색	청색	색 표시 없음

① 일반 화재(A급 화재)

ⓐ 목재, 종이, 섬유 등의 일반 가연물에 의한 화재이다.

ⓛ 물 또는 물을 많이 함유한 용액에 의한 냉각소화, 산·알칼리, 강화액, 포소화기 등이 유효하다.

② 유류 화재(B급 화재)

　　㉠ 제4류 위험물(특수인화물, 석유류, 알코올류, 동식물유류 등)과 제4류 준위험물(고무풀, 나프탈렌, 파라핀, 제1종 및 제2종 인화물 등)에 의한 화재로 인화성 액체, 기체 등에 의한 화재이다.

　　㉡ 연소 후에 재가 거의 남지 않는 화재로 가연성 액체 등에 발생한다.

　　㉢ 공기 차단에 의한 질식소화를 위해 포소화기, 이산화탄소소화기, 분말소화기, 할로겐화합물소화기 등이 유효하다.

　　㉣ 유류 화재 시 발생할 수 있는 화재 현상

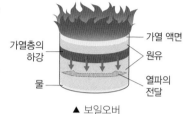

▲ 보일오버

　　　　• 보일오버(Boil Over): 유류탱크 화재 시 유면에서부터 열파(Heat Wave)가 서서히 아래쪽으로 전파되어 탱크 저부의 물에 도달했을 때 이 물이 급히 증발하면서 대량의 수증기가 되어 상층의 유류를 밀어 올려 거대한 화염을 불러일으키는 동시에 다량의 기름이 불이 붙은 채 탱크 밖으로 방출되는 현상이다.

　　　　• 슬롭오버(Slop Over): 위험물 저장탱크 화재 시 물 또는 포를 화염이 왕성한 표면에 방사할 때 위험물과 함께 탱크 밖으로 흘러넘치는 현상이다.

③ 전기 화재(C급 화재)

　　㉠ 전기를 이용하는 기계·기구 또는 전선 등 전기적 에너지에 의해서 발생하는 화재이다.

　　㉡ 질식, 냉각효과에 의한 소화가 유효하며, 전기적 절연성을 가진 소화기로 소화하여야 한다. 유기성소화기, 이산화탄소소화기, 분말소화기, 할로겐화합물소화기 등이 유효하다.

④ 금속 화재(D급 화재)

　　㉠ Mg 분말, Al 분말 등 공기 중에 비산한 금속분진에 의한 화재이다.

　　㉡ 소화에 물을 사용하면 안 되며, 건조사, 팽창진주암 등을 이용한 질식소화가 유효하다.

2. 소화이론

구분	물리적 소화			화학적 소화
	제거소화	질식소화	냉각소화	억제소화
소화 원리	가연물의 공급을 중단하여 소화하는 방법	산소(공기) 공급을 차단함으로써 연소에 필요한 산소 농도 이하가 되게 하여 소화하는 방법	물 등의 액체의 증발잠열을 이용, 가연물을 인화점 및 발화점 이하로 낮추어 소화하는 방법	가연물 분자가 산화되면서 연소가 계속되는 과정을 억제하여 소화하는 방법
소화기 종류	제거소화의 예 ① 가스의 화재: 공급밸브를 차단하여 가스 공급을 중단한다. ② 산불: 화재 진행방향의 목재를 제거하여 진화한다.	① 포소화기 ② 분말소화기 ③ 이산화탄소소화기 ④ 마른모래, 팽창질석, 팽창진주암	① 물 ② 강화액 소화기 ③ 산·알칼리소화기	① 할론 1040 ② 할론 1011 ③ 할론 1301 ④ 할론 1211 ⑤ 할론 2402

3. 소화기

① 포소화기

　　㉠ 가연물의 표면을 포(거품)로 둘러싸고 덮는 질식소화를 이용한 소화기이다.

　　㉡ 다량의 물을 함유하고 있어 전기설비에 의한 화재에는 누전, 감전 등의 위험으로 사용이 적절하지 않다.

② 분말소화기

       ⊙ 분말 입자로 가연물의 표면을 덮어 소화하는 것으로, 질식소화 효과를 얻을 수 있다.

       ⓛ 전기 화재와 유류 화재에 효과적이다.

③ 할로겐화합물소화기(증발성 액체 소화기)

       ⊙ 증발성이 강한 액체를 화재표면에 뿌려 증발잠열을 이용해 온도를 낮추어 냉각소화 효과를 얻을 수 있다.

       ⓛ 할로겐 원소가 가연물이 산소와 결합하는 것을 방해하는 부촉매로 작용하여 연소가 계속되는 것을 억제하는 억제소화 효과를 얻을 수 있다.

④ 이산화탄소소화기: 이산화탄소를 고압으로 압축, 액화하여 용기에 담아놓은 것으로 가스 상태로 방사된다. 연소 중 산소 농도를 필요한 농도 이하로 낮추는 질식소화가 주된 소화효과이며, 냉각효과를 동반하여 상승적으로 작용하여 소화한다.

⑤ 강화액 소화기: 물소화약제의 단점을 보완하기 위하여 물에 탄산칼륨(K_2CO_3) 등을 녹인 수용액으로서 부동성이 높은 알칼리성 소화약제이다.

⑥ 산·알칼리소화기

       ⊙ 황산과 탄산수소나트륨의 화학반응에 의해 생성된 이산화탄소의 압력으로 물을 방출시키는 소화기이다.

       ⓛ 일반 화재에 적합하며 분무 노즐을 사용하는 경우 전기 화재에도 유효하다.

⑦ 간이 소화제: 소화기 및 소화제가 없는 곳에서 초기소화에 사용하거나 소화를 보강하기 위해 간이로 사용할 수 있는 소화제를 말하며, 마른모래, 팽창질석, 팽창진주암 등이 있다.

KEYWORD 04   화학설비의 안전장치

1. 특수화학설비 안전장치 `안전보건규칙` 제273~276조

① 계측장치 등의 설치: 특수화학설비를 설치하는 경우에는 내부의 이상상태를 조기에 파악하기 위하여 필요한 온도계·유량계·압력계 등의 계측장치를 설치하여야 한다.

② 자동경보장치의 설치 등

③ 긴급차단장치의 설치 등

④ 예비동력원 등

2. 안전거리 `안전보건규칙` 제271조

위험물을 저장·취급하는 화학설비 및 그 부속설비를 설치하는 경우에는 폭발이나 화재에 따른 피해를 줄일 수 있도록 설비 및 시설 간에 충분한 안전거리를 유지하여야 한다.

구분	안전거리
단위공정시설 및 설비로부터 다른 단위공정시설 및 설비의 사이	설비의 바깥면으로부터 10[m] 이상
플레어스택으로부터 단위공정시설 및 설비, 위험물질 저장탱크 또는 위험물질 하역설비의 사이	플레어스택으로부터 반경 20[m] 이상 (단위공정시설 등이 불연재로 시공된 지붕 아래에 설치된 경우 예외)
위험물질 저장탱크로부터 단위공정시설 및 설비, 보일러 또는 가열로의 사이	저장탱크 바깥면으로부터 20[m] 이상 (저장탱크의 방호벽, 원격조종 소화설비 또는 살수설비를 설치한 경우 예외)
사무실·연구실·실험실·정비실 또는 식당으로부터 단위공정시설 및 설비, 위험물질 저장탱크, 위험물질 하역설비, 보일러 또는 가열로의 사이	사무실 등의 바깥면으로부터 20[m] 이상 (난방용 보일러인 경우 또는 사무실 등의 벽을 방호구조로 설치한 경우 예외)

3. 설비별 위험요소 및 안전조치

① **반응기**: 반응기는 화학반응을 최적 조건에서 수율이 좋도록 행하는 기구이다. 화학반응은 물질, 온도, 농도, 압력, 시간, 촉매 등의 영향을 받으므로 이런 인자들을 고려하여 설계·설치·운전하여야 안전한 작업을 할 수 있다.

② **증류탑(정류탑)**: 증류탑(정류탑)은 두 개 또는 그 이상의 액체의 혼합물을 끓는점(비점) 차이를 이용하여 특정 성분을 분리하는 것을 목적으로 하는 장치이다. 기체와 액체를 접촉시켜 물질 전달 및 열전달을 이용하여 분리한다.

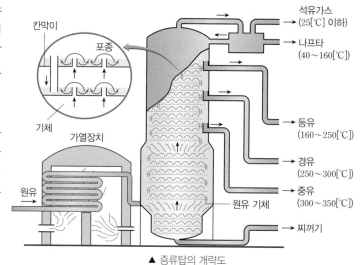

▲ 증류탑의 개략도

합격 보장 꿀팁 · 증류탑 점검 항목	
일상점검 항목	자체검사(개방점검) 항목
① 도장의 열화 상태 ② 기초볼트 상태 ③ 보온재 및 보냉재 상태 ④ 배관 등 연결부 상태 ⑤ 외부 부식 상태 ⑥ 감시창, 출입구, 배기구 등 개구부의 이상 유무	① 트레이 부식상태, 정도, 범위 ② 용접선의 상태 ③ 내부 부식 및 오염 여부 ④ 라이닝, 코팅, 가스켓 손상 여부 ⑤ 예비 동력원의 기능 이상 유무 ⑥ 가열장치 및 제어장치 기능의 이상 유무 ⑦ 뚜껑, 플랜지 등 접합상태의 이상 유무

③ **열교환기**: 열교환기는 열에너지 보유량이 서로 다른 두 유체 사이에서 열에너지를 교환해 주는 장치이다. 상대적으로 고온 또는 저온인 유체 간의 온도차에 의해 열교환이 이루어진다.

④ **건조설비**: 건조설비는 물, 유기용제 등의 습기가 있는 원재료의 수분을 제거하고 조작하는 기구이다. 건조설비는 대상물의 성상, 함수율, 처리능력, 열원 등에 따라 그 형태와 크기가 매우 다양하다.

4. 안전장치의 종류

① **안전밸브(Safety Valve)**: 설비나 배관의 압력이 설정압력을 초과하는 경우 작동하여 내부압력을 분출하는 장치이다.

▲ 안전밸브의 여러 가지 형상

㉠ 안전밸브 설치기준
- 압력 상승 우려가 있는 경우
- 반응 생성물에 따라 안전밸브 설치가 적절한 경우
- 열팽창 우려가 있을 때 압력 상승을 방지할 경우

ⓛ 안전밸브 또는 파열판을 설치하여야 하는 설비 안전보건규칙 제261조
- 압력용기(안지름이 150[mm] 이하인 압력용기 제외, 압력용기 중 관형 열교환기의 경우에는 관의 파열로 인하여 상승한 압력이 압력용기의 최고사용압력을 초과할 우려가 있는 경우만 해당)
- 정변위 압축기
- 정변위 펌프(토출축에 차단밸브가 설치된 것만 해당)
- 배관(2개 이상의 밸브에 의하여 차단되어 대기온도에서 액체의 열팽창에 의하여 파열될 우려가 있는 것으로 한정)
- 그 밖의 화학설비 및 그 부속설비로서 해당 설비의 최고사용압력을 초과할 우려가 있는 것

② 파열판(Rupture Disk)

ⓖ 밀폐된 압력용기나 화학설비 등이 설정 압력 이상으로 급격하게 압력이 상승하면 파열되면서 압력을 토출하는 장치이다. 스프링식 안전밸브를 대체 가능하며 짧은 시간 내에 급격하게 압력이 변하는 경우 적합하다.

ⓛ 파열판을 설치하여야 하는 경우 안전보건규칙 제262조
- 반응 폭주 등 급격한 압력 상승 우려가 있는 경우
- 급성 독성물질의 누출로 인하여 주위의 작업환경을 오염시킬 우려가 있는 경우
- 운전 중 안전밸브에 이상 물질이 누적되어 안전밸브가 작동되지 아니할 우려가 있는 경우

③ 블로우밸브(Blow Valve)

ⓖ 수동 또는 자동제어에 의한 과잉의 압력을 방출할 수 있도록 한 안전장치이다.

ⓛ 자압형, 솔레노이드(Solenoid)형, 다이아프램(Diaphragm)형 등이 있다.

④ 벨로스(Bellows)식 안전방출장치

ⓖ 주름이 있는 금속부품(Bellows)이 스프링 압력에 의해 고정되어 있고, 설정압력을 넘는 경우 작동되어 압력을 정상화시키는 안전장치이다.

ⓛ 후압이 존재하고 증기압 변화량을 제어할 목적으로 사용한다.

ⓔ 부식성, 독성 가스에 사용한다.

⑤ 통기밸브(Breather Valve) 안전보건규칙 제268조

ⓖ 대기압 근처의 압력으로 운전되거나 저장되는 용기의 내부압력과 대기압 차이가 발생하였을 경우 대기를 탱크 내에 흡입 또는 탱크 내의 압력을 방출하여 항상 탱크 내부를 대기압과 평형한 상태로 유지하여 보호하는 밸브이다.

ⓛ 인화성 액체를 저장·취급하는 대기압탱크에는 통기관 또는 통기밸브(Breather Valve) 등(이하 "통기설비")을 설치하여야 한다.

ⓔ 통기설비는 정상운전 시에 대기압탱크 내부가 진공 또는 가압되지 않도록 충분한 용량의 것을 사용하여야 하며, 철저하게 유지·보수를 하여야 한다.

⑥ 화염방지기(Flame Arrester) 안전보건규칙 제269조

ⓖ 비교적 저압 또는 상압에서 가연성 증기를 발생시키는 인화성 물질 등을 저장하는 탱크에서 외부에 그 증기를 방출하거나 탱크 내에 외기를 흡입하는 부분에 설치하는 안전장치이다.

ⓛ 외부로부터의 화염을 방지하기 위하여 화염방지기를 그 설비 상단에 설치하여야 한다.

ⓔ 대기로 연결된 통기관에 화염방지 기능이 있는 통기밸브가 설치되어 있거나, 인화점이 38[℃] 이상 60[℃] 이하인 인화성 액체를 저장·취급할 때에 화염방지 기능을 가지는 인화방지망을 설치한 경우에는 제외한다.

ⓢ 화염방지기를 설치하는 경우에는 한국산업표준에서 정하는 화염방지장치 기준에 적합한 것을 설치하여야 하며, 항상 철저하게 보수·유지하여야 한다.

⑦ 밴트스택(Ventstack)

    ⑤ 탱크 내의 압력을 정상상태로 유지하기 위한 안전장치이다.

    ⓒ 상압탱크에서 직사광선에 의한 온도상승 시 탱크 내의 공기를 자동으로 대기에 방출하여 내부 압력의 상승을 막아주는 역할을 한다.

    ⓒ 가연성 가스나 증기를 직접 방출할 경우 그 배출구는 지상보다 높고 안전한 장소에 설치하여야 한다.

KEYWORD 05　공정안전보고서

1. 공정안전의 개요

① 공정안전관리의 정의: 화재, 폭발 및 유해위험물질의 누출로 인한 중대산업사고 등의 발생 시 그 피해를 최소화하기 위하여 평상시 관리 및 비상시 대응과 관련한 사항을 종합적으로 체계화한 안전관리시스템이다.

② 공정안전관리체계

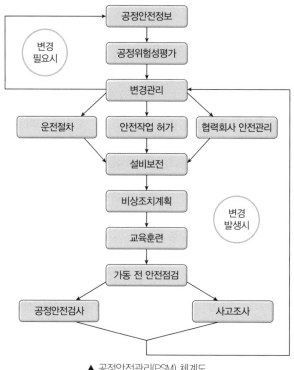

▲ 공정안전관리(PSM) 체계도

2. 공정안전보고서

> **합격 보장 꿀팁　공정안전보고서의 개요**
>
> 석유화학공장의 누출, 화재 등에 따른 사고를 예방하기 위하여 미국에서 채택된 안전관리체계로 1995년 처음 도입되어 중대사고 발생 위험이 큰 화학물질을 사용하는 사업장 또는 유해·위험설비를 보유한 사업장에서 「산업안전보건법」에 따라 고용노동부장관에게 제출하여야 하는 법적 서류이다.

① 제출대상 사업장 산업안전보건법 시행령 제43조

    ⊙ 원유 정제처리업

    ⓒ 기타 석유정제물 재처리업

ⓒ 석유화학계 기초화학물질 제조업 또는 합성수지 및 기타 플라스틱물질 제조업

ⓔ 질소 화합물, 질소·인산 및 칼리질 화학비료 제조업 중 질소질 비료 제조

ⓜ 복합비료 및 기타 화학비료 제조업 중 복합비료 제조(단순혼합 또는 배합에 의한 경우 제외)

ⓗ 화학 살균·살충제 및 농업용 약제 제조업(농약 원제 제조만 해당)

ⓢ 화약 및 불꽃제품 제조업

② **공정안전보고서의 제출대상 제외 설비** `산업안전보건법 시행령` `제43조`

ⓚ 원자력 설비

ⓛ 군사시설

ⓒ 사업주가 해당 사업장 내에서 직접 사용하기 위한 난방용 연료의 저장설비 및 사용설비

ⓔ 도매·소매시설

ⓜ 차량 등의 운송설비

ⓗ 액화석유가스의 충전·저장시설

ⓢ 가스공급시설

ⓞ 그 밖에 고용노동부장관이 누출·화재·폭발 등의 사고가 있더라도 그에 따른 피해의 정도가 크지 않다고 인정하여 고시하는 설비

③ **공정안전보고서의 내용** `산업안전보건법 시행령` `제44조`

ⓚ 공정안전자료

ⓛ 공정위험성 평가서

ⓒ 안전운전계획

ⓔ 비상조치계획

ⓜ 그 밖에 공정상의 안전과 관련하여 고용노동부장관이 필요하다고 인정하여 고시하는 사항

④ **공정안전자료** `산업안전보건법 시행규칙` `제50조`

ⓚ 취급·저장하고 있거나 취급·저장하려는 유해·위험물질의 종류 및 수량

ⓛ 유해·위험물질에 대한 물질안전보건자료

ⓒ 유해하거나 위험한 설비의 목록 및 사양

ⓔ 유해하거나 위험한 설비의 운전방법을 알 수 있는 공정도면

ⓜ 각종 건물·설비의 배치도

ⓗ 폭발위험장소 구분도 및 전기단선도

ⓢ 위험설비의 안전설계·제작 및 설치 관련 지침서

⑤ **공정위험성평가서** `산업안전보건법 시행규칙` `제50조`

공정의 특성 등을 고려하여 다음의 위험성평가 기법 중 한 가지 이상을 선정하여 위험성평가를 한 후 그 결과에 따라 작성하여야 하며, 사고예방·피해최소화 대책은 위험성평가 결과 잠재위험이 있다고 인정되는 경우에만 작성한다.

ⓚ 체크리스트(Check List)

ⓛ 상대위험순위 결정(Dow and Mond Indices)

ⓒ 작업자 실수 분석(HEA)

ⓔ 사고 예상 질문 분석(What-if)

ⓜ 위험과 운전 분석(HAZOP)

ⓗ 이상위험도 분석(FMECA)

ⓢ 결함수 분석(FTA)

ⓞ 사건수 분석(ETA)

ⓩ 원인결과 분석(CCA)

ⓩ ⊙~ⓩ까지의 규정과 같은 수준 이상의 기술적 평가기법

   • 안전성 검토법: 공장의 운전 및 유지 절차가 설계목적과 기준에 부합되는지를 확인하는 것을 목적으로 하며, 결과의 형태로 검사보고서를 제공한다.

   • 예비위험분석(PHA) 기법

⑥ **안전운전계획** 산업안전보건법 시행규칙 제50조

  ⊙ 안전운전지침서

  ⓒ 설비점검 · 검사 및 보수계획, 유지계획 및 지침서

  ⓒ 안전작업허가

합격 보장 꿀팁	안전작업허가가 필요한 위험작업의 종류		
① 화기 작업	② 일반위험 작업	③ 밀폐공간 출입 작업	④ 정전 작업
⑤ 굴착 작업	⑥ 방사선 사용 작업	⑦ 고소 작업	⑧ 중장비 사용 작업

  ⓔ 도급업체 안전관리계획

  ⓜ 근로자 등 교육계획

  ⓗ 가동 전 점검지침

  ⓢ 변경요소 관리계획

  ⓞ 자체감사 및 사고조사계획

  ⓩ 그 밖에 안전운전에 필요한 사항

⑦ **비상조치계획** 산업안전보건법 시행규칙 제50조

  ⊙ 비상조치를 위한 장비 · 인력 보유현황

  ⓒ 사고발생 시 각 부서 · 관련 기관과의 비상연락체계

  ⓒ 사고발생 시 비상조치를 위한 조직의 임무 및 수행 절차

  ⓔ 비상조치계획에 따른 교육계획

  ⓜ 주민홍보계획

  ⓗ 그 밖에 비상조치 관련 사항

⑧ **공정안전보고서의 제출 시기** 산업안전보건법 시행규칙 제51조, 54조

  ⊙ 유해하거나 위험한 설비의 설치 · 이전 또는 주요 구조부분의 변경공사의 착공일 30일 전까지 공정안전보고서를 2부 작성하여 한국산업안전보건공단에 제출하여야 한다.

  ⓒ 공정안전보고서의 내용을 변경하여야 할 사유가 발생한 경우에는 지체 없이 그 내용을 보완하여야 한다.

  ⓒ 고용노동부장관은 공정안전보고서의 확인 후 1년이 지난 날부터 2년 이내에 공정안전보고서 이행 상태의 평가(이하 "이행상태평가")를 하여야 한다.

  ⓔ 고용노동부장관은 최초 이행상태평가 후 4년마다 이행상태평가를 하여야 한다. 다만, 사업주가 요청하거나 공정안전보고서 이행상태가 불량한 것으로 인정되는 경우에는 1년 또는 2년마다 이행상태평가를 할 수 있다.

1. 위험물

① **위험물의 정의**: 위험물은 다양한 관점에서 정의될 수 있으나 화학적 관점에서 정의하면, 일정 조건에서 화학적 반응에 의해 화재 또는 폭발을 일으킬 수 있는 성질을 가지거나 인간의 건강을 해칠 수 있는 우려가 있는 물질을 말한다.

② **위험물의 일반적 성질**

ㄱ 상온, 상압 조건에서 산소, 수소 또는 물과 반응이 잘 된다.

ㄴ 반응속도가 다른 물질에 비해 **빠르고**, 반응 시 대부분 발열반응이며 그 열량 또한 비교적 크다.

ㄷ 반응 시 가연성 가스 또는 유독성 가스가 발생한다.

ㄹ 보통 화학적으로 불안정하여 다른 물질과의 결합 또는 스스로 분해가 잘 된다.

③ **위험물의 특징**

ㄱ 화재 또는 폭발을 일으킬 수 있는 성질이 다른 물질에 비해 매우 크다.

ㄴ 발화성 또는 인화성이 강하다.

ㄷ 외부로부터의 충격이나 마찰, 가열 등에 의하여 화학변화를 일으킬 수 있다.

ㄹ 다른 물질과 격렬하게 반응하거나 공기 중에서 매우 빠르게 산화되어 폭발할 수 있다.

ㅁ 화학반응 시 높은 열이 발생하거나, 폭발 및 폭음을 내는 경우가 대부분이다.

④ **위험물의 종류와 물질의 구분**(「산업안전보건법령」에 따른 구분) 안전보건규칙 별표 1

위험물의 종류	물질의 구분
폭발성 물질 및 유기과산화물	ㄱ 질산에스테르류 ㄴ 니트로화합물 ㄷ 니트로소화합물 ㄹ 아조화합물 ㅁ 디아조화합물 ㅂ 하이드라진 유도체 ㅅ 유기과산화물 ㅇ 그 밖에 ㄱ부터 ㅅ까지의 물질과 같은 정도의 폭발 위험이 있는 물질 ㅈ ㄱ부터 ㅇ까지의 물질을 함유한 물질
물반응성 물질 및 인화성 고체	ㄱ 리튬 ㄴ 칼륨·나트륨 ㄷ 황 ㄹ 황린 ㅁ 황화인·적린 ㅂ 셀룰로이드류 ㅅ 알킬알루미늄·알킬리튬 ㅇ 마그네슘 분말 ㅈ 금속 분말(마그네슘 분말 제외) ㅊ 알칼리금속(리튬·칼륨 및 나트륨 제외) ㅋ 유기 금속화합물(알킬알루미늄 및 알킬리튬 제외) ㅌ 금속의 수소화물 ㅍ 금속의 인화물 ㅎ 칼슘 탄화물, 알루미늄 탄화물 ㉮ 그 밖에 ㄱ부터 ㅎ까지의 물질과 같은 정도의 발화성 또는 인화성이 있는 물질 ㉯ ㄱ부터 ㉮까지의 물질을 함유한 물질

산화성 액체 및 산화성 고체	⊙ 차아염소산 및 그 염류 ⓒ 아염소산 및 그 염류 ⓒ 염소산 및 그 염류 ⓔ 과염소산 및 그 염류 ⓜ 브롬산 및 그 염류 ⓗ 요오드산 및 그 염류 ⓢ 과산화수소 및 무기 과산화물 ⓞ 질산 및 그 염류 ⓩ 과망간산 및 그 염류 ⓧ 중크롬산 및 그 염류 ⓒ 그 밖에 ⊙부터 ⓧ까지의 물질과 같은 정도의 산화성이 있는 물질 ⓔ ⊙부터 ⓒ까지의 물질을 함유한 물질
인화성 액체	⊙ 에틸에테르, 가솔린, 아세트알데히드, 산화프로필렌, 그 밖에 인화점이 23[℃] 미만이고 초기 끓는점이 35[℃] 이하인 물질 ⓒ 노르말헥산, 아세톤, 메틸에틸케톤, 메틸알코올, 에틸알코올, 이황화탄소, 그 밖에 인화점이 23[℃] 미만이고 초기 끓는점이 35[℃]를 초과하는 물질 ⓒ 크실렌, 아세트산아밀, 등유, 경유, 테레핀유, 이소아밀알코올, 아세트산, 하이드라진, 그 밖에 인화점이 23[℃] 이상 60[℃] 이하인 물질
인화성 가스	⊙ 수소 ⓒ 아세틸렌 ⓒ 에틸렌 ⓔ 메탄 ⓜ 에탄 ⓗ 프로판 ⓢ 부탄 ⓞ 「산업안전보건법 시행령」 별표 13에 따른 인화성 가스
부식성 물질	⊙ 부식성 산류 • 농도가 20[%] 이상인 염산, 황산, 질산, 그 밖에 이와 같은 정도 이상의 부식성을 가지는 물질 • 농도가 60[%] 이상인 인산, 아세트산, 불산, 그 밖에 이와 같은 정도 이상의 부식성을 가지는 물질 ⓒ 부식성 염기류 농도가 40[%] 이상인 수산화나트륨, 수산화칼륨, 그 밖에 이와 같은 정도 이상의 부식성을 가지는 염기류
급성 독성 물질	⊙ 쥐에 대한 경구투입실험에 의하여 실험동물의 50[%]를 사망시킬 수 있는 물질의 양, 즉 LD50(경구, 쥐)이 [kg]당 300[mg]-(체중) 이하인 화학물질 ⓒ 쥐 또는 토끼에 대한 경피흡수실험에 의하여 실험동물의 50[%]를 사망시킬 수 있는 물질의 양, 즉 LD50(경피, 토끼 또는 쥐)이 [kg]당 1,000[mg]-(체중) 이하인 화학물질 ⓒ 쥐에 대한 4시간 동안의 흡입실험에 의하여 실험동물의 50[%]를 사망시킬 수 있는 물질의 농도, 즉 가스 LC50(쥐, 4시간 흡입)이 2,500[ppm] 이하인 화학물질, 증기 LC50(쥐, 4시간 흡입)이 10[mg/L] 이하인 화학물질, 분진 또는 미스트 1[mg/L] 이하인 화학물질

⑤ 독성 물질의 표현단위

　⊙ 고체 및 액체 화합물의 독성 표현단위

　　• LD(Lethal Dose): 한 마리 동물의 치사량

　　• MLD(Minimum Lethal Dose): 실험동물 한 무리에서 한 마리가 죽는 최소의 양

　　• LD50: 실험동물 한 무리에서 50[%]가 죽는 양

　　• LD100: 실험동물 한 무리 전부가 죽는 양

　ⓒ 가스 및 증발하는 화합물의 독성 표현단위

　　• LC(Lethal Concentration): 한 마리 동물을 치사시키는 농도

　　• MLC(Minimum Lethal Concentration): 실험동물 한 무리에서 한 마리가 죽는 최소의 농도

- LC50: 실험동물 한 무리에서 50[%]가 죽는 농도
- LC100: 실험동물 한 무리 전부가 죽는 농도

ⓒ 고독성 물질 기준: 경구투여 시 LD50이 25[mg/kg] 이하인 물질

2. 위험물질 등의 제조 등 작업 시의 조치 안전보건규칙 제225조

위험물질(이하 "위험물")을 제조하거나 취급하는 경우에 폭발·화재 및 누출을 방지하기 위한 적절한 방호조치를 하지 아니하고 다음의 행위를 하여서는 아니 된다.

① 폭발성 물질, 유기과산화물을 화기나 그 밖에 점화원이 될 우려가 있는 것에 접근시키거나 가열하거나 마찰시키거나 충격을 가하는 행위

② 물반응성 물질, 인화성 고체를 각각 그 특성에 따라 화기나 그 밖에 점화원이 될 우려가 있는 것에 접근시키거나 발화를 촉진하는 물질 또는 물에 접촉시키거나 가열하거나 마찰시키거나 충격을 가하는 행위

③ 산화성 액체·산화성 고체를 분해가 촉진될 우려가 있는 물질에 접촉시키거나 가열하거나 마찰시키거나 충격을 가하는 행위

④ 인화성 액체를 화기나 그 밖에 점화원이 될 우려가 있는 것에 접근시키거나 주입 또는 가열하거나 증발시키는 행위

⑤ 인화성 가스를 화기나 그 밖에 점화원이 될 우려가 있는 것에 접근시키거나 압축·가열 또는 주입하는 행위

⑥ 부식성 물질 또는 급성 독성 물질을 누출시키는 등으로 인체에 접촉시키는 행위

⑦ 위험물을 제조하거나 취급하는 설비가 있는 장소에 인화성 가스 또는 산화성 액체 및 산화성 고체를 방치하는 행위

3. 유해물질 작업장의 관리

① 관리대상 유해물질 취급 작업장의 게시사항 안전보건규칙 제442조
  ㉠ 관리대상 유해물질의 명칭　　　　㉡ 인체에 미치는 영향
  ㉢ 취급상 주의사항　　　　　　　　㉣ 착용하여야 할 보호구
  ㉤ 응급조치와 긴급 방재 요령

② 금지유해물질의 보관 및 게시사항 안전보건규칙 제504조
  ㉠ 실험실 등의 일정한 장소나 별도의 전용장소에 보관할 것
  ㉡ 금지유해물질 보관장소에는 금지유해물질의 명칭, 인체에 미치는 영향, 위급상황 시의 대처방법과 응급처치 방법의 사항을 게시할 것
  ㉢ 금지유해물질 보관장소에는 잠금장치를 설치하는 등 시험·연구 외의 목적으로 외부로 내가지 않도록 할 것

③ 유해물질의 인체 흡수 경로
  ㉠ 피부 및 점막 접촉에 의한 흡수
  ㉡ 호흡기를 통한 호흡기로의 흡수
  ㉢ 구강을 통한 소화기로의 흡수

4. 위험물질 농도 표시단위

① 가스 및 증기: [ppm] 또는 [mg/m³]
② 분진: [mg/m³](단, 석면은 [개/cm³])
③ 단위환산: 25[℃], 1[atm] 기준

$$[\text{mg/L}] = \frac{\text{농도[ppm]} \times \text{분자량}}{24.45 \times 10^{-3}}, \quad [\text{mg/m}^3] = \frac{\text{농도[ppm]} \times \text{분자량}}{24.45}$$

5. 물질안전보건자료(MSDS)

① 물질안전보건자료대상물질을 제조하거나 수입하는 자가 작성 및 제출해야 하는 사항 [산업안전보건법] 제110조

    ㉠ 제품명

    ㉡ 화학물질의 명칭 및 함유량

    ㉢ 안전 및 보건상의 취급 주의사항

    ㉣ 건강 및 환경에 대한 유해성, 물리적 위험성

    ㉤ 물리·화학적 특성 등 고용노동부령으로 정하는 사항

- 물리·화학적 특성
- 독성에 관한 정보
- 폭발·화재 시의 대처방법
- 응급조치 요령
- 그 밖에 고용노동부장관이 정하는 사항

② 물질안전보건자료 작성 시 포함되어야 할 항목

    ㉠ 화학제품과 회사에 관한 정보   ㉡ 유해성·위험성

    ㉢ 구성성분의 명칭 및 함유량   ㉣ 응급조치 요령

    ㉤ 폭발·화재 시 대처방법   ㉥ 누출사고 시 대처방법

    ㉦ 취급 및 저장방법   ㉧ 노출방지 및 개인보호구

    ㉨ 물리·화학적 특성   ㉩ 안정성 및 반응성

    ㉪ 독성에 관한 정보   ㉫ 환경에 미치는 영향

    ㉬ 폐기 시 주의사항   ㉭ 운송에 필요한 정보

    ㉮ 법적 규제현황   ㉯ 그 밖의 참고사항

③ 물질안전보건자료의 작성·제출 제외 대상 [산업안전보건법 시행령] 제86조

    ㉠「건강기능식품에 관한 법률」에 따른 건강기능식품

    ㉡「농약관리법」에 따른 농약

    ㉢「마약류 관리에 관한 법률」에 따른 마약 및 향정신성의약품

    ㉣「비료관리법」에 따른 비료

    ㉤「사료관리법」에 따른 사료

    ㉥「생활주변방사선 안전관리법」에 따른 원료물질

    ㉦「생활화학제품 및 살생물제의 안전관리에 관한 법률」에 따른 안전확인대상 생활화학제품 및 살생물제품 중 일반소비자의 생활용으로 제공되는 제품

    ㉧「식품위생법」에 따른 식품 및 식품첨가물

    ㉨「약사법」에 따른 의약품 및 의약외품

    ㉩「원자력안전법」에 따른 방사성물질

    ㉪「위생용품 관리법」에 따른 위생용품

    ㉫「의료기기법」에 따른 의료기기

    ㉬「첨단재생의료 및 첨단바이오의약품 안전 및 지원에 관한 법률」에 따른 첨단바이오의약품

    ㉭「총포·도검·화약류 등의 안전관리에 관한 법률」에 따른 화약류

    ㉮「폐기물관리법」에 따른 폐기물

    ㉯「화장품법」에 따른 화장품

ⓑ 위 규정 외의 화학물질 또는 혼합물로서 일반소비자의 생활용으로 제공되는 것(일반소비자의 생활용으로 제공되는 화학물질 또는 혼합물이 사업장 내에서 취급되는 경우 포함)

ⓐ 고용노동부장관이 정하여 고시하는 연구ㆍ개발용 화학물질 또는 화학제품

ⓜ 그 밖에 고용노동부장관이 독성ㆍ폭발성 등으로 인한 위해의 정도가 적다고 인정하여 고시하는 화학물질

④ 물질안전보건자료에 관한 교육내용 산업안전보건법 시행규칙 별표 5

 ⓐ 대상화학물질의 명칭(또는 제품명)

 ⓑ 물리적 위험성 및 건강 유해성

 ⓒ 취급상의 주의사항

 ⓓ 적절한 보호구

 ⓔ 응급조치 요령 및 사고 시 대처방법

 ⓕ 물질안전보건자료 및 경고표지를 이해하는 방법

KEYWORD 07   작업환경 개선의 기본원칙

1. 작업환경 유해요인

물리적 요인	이상기온, 습도, 이상기압, 조명, 소음, 진동, 복사열, 방사선, 유해광선 등
화학적 요인	가스, 증기, 분진, 유기용제, 중금속, 기타 유독물 등
생물학적 요인	각종 전염성 병균

2. 작업환경 개선의 기본 3원칙

대치	사용물질의 변경	독성이 강한 것을 독성이 적거나 없는 것으로 변경
	작업공정의 변경	원료를 바꿀 수 없을 경우 공정을 변경
	생산시설의 변경	위험시설을 줄이기 위해 생산시설을 변경
격리	작업자 격리	보호구 등의 사용으로 작업자를 유해환경으로부터 격리
	작업공정 격리	공정의 격리 또는 밀폐, 원격조정이 가능하도록 격리
	생산시설 격리	위험성이 큰 시설은 시설 전체를 격리
	저장물질 격리	물질의 특성에 따라 보관방법을 달리하여 격리
환기	전체환기	작업장 전체의 공기순환으로 오염물질 배출
	국소배기	오염물질 발산원마다 후드를 설치하여 작업장 내 오염물질의 확산 방지

1. 국소배기장치의 정의

① 유해물의 그 발생원(Source)에 되도록 가까운 장소(Part)에서 동력에 의해 흡인배출하는 장치이다.

② 후드(Hood), 덕트(Duct), 공기정화장치(Air Cleaner Equipment), 배풍기(Exhaust Fan) 및 배기구(Air Outlet)의 각 부분으로 구성되어 있다.

2. 국소배기장치의 구성 [안전보건규칙] 제72~75조

① 후드(Hood): 인체에 해로운 분진, 흄, 미스트, 증기 또는 가스 상태의 물질(이하 "분진 등")을 배출하기 위하여 설치하는 국소배기장치의 후드가 다음의 기준에 맞도록 하여야 한다.

   ⊙ 유해물질이 발생하는 곳마다 설치할 것

   © 유해인자의 발생형태와 비중, 작업방법 등을 고려하여 해당 분진 등의 발산원을 제어할 수 있는 구조로 설치할 것

   © 후드 형식은 가능한 포위식 또는 부스식 후드를 설치할 것

   © 외부식 또는 리시버식 후드는 해당 분진 등의 발산원에 가장 가까운 위치에 설치할 것

② 덕트(Duct): 분진 등을 배출하기 위하여 설치하는 국소배기장치(이동식 제외)의 덕트가 다음의 기준에 맞도록 하여야 한다.

   ⊙ 가능하면 길이는 짧게 하고 굴곡부의 수는 적게 할 것

   © 접속부의 안쪽은 돌출된 부분이 없도록 할 것

   © 청소구를 설치하는 등 청소하기 쉬운 구조로 할 것

   © 덕트 내부에 오염물질이 쌓이지 않도록 이송속도를 유지할 것

   ◎ 연결 부위 등은 외부 공기가 들어오지 않도록 할 것

③ 배풍기(송풍기): 국소배기장치에 공기정화장치를 설치하는 경우 정화 후의 공기가 통하는 위치에 배풍기를 설치하여야 한다. 다만, 빨아들여진 물질로 인하여 폭발할 우려가 없고 배풍기의 날개가 부식될 우려가 없는 경우에는 정화 전의 공기가 통하는 위치에 배풍기를 설치할 수 있다.

④ 배기구: 분진 등을 배출하기 위하여 설치하는 국소배기장치(공기정화장치가 설치된 이동식 국소배기장치 제외)의 배기구를 직접 외부로 향하도록 개방하여 실외에 설치하는 등 배출되는 분진 등이 작업장으로 재유입되지 않는 구조로 하여야 한다.

3. 국소배기장치 사용 전 점검사항 [안전보건규칙] 제456조

① 덕트와 배풍기의 분진상태

② 덕트 접속부가 헐거워졌는지 여부

③ 흡기 및 배기 능력

④ 그 밖에 국소배기장치의 성능을 유지하기 위하여 필요한 사항

1. 소음(Noise)

바람직하지 않은 소리를 의미하며 음성, 음악 등의 전달을 방해하거나 생활에 장애, 고통을 주거나 하는 소리를 말한다.

① 가청주파수: 20~20,000[Hz]

② 소리은폐효과(Sound Masking): 음의 한 성분이 다른 성분에 대한 귀의 감수성을 감소시키는 상황으로 피은폐된 한 음의 가청 역치가 다른 은폐된 음때문에 높아지는 현상을 말한다.

2. 소음의 영향

① 일반적인 영향: 불쾌감을 주거나 대화, 마음의 집중, 수면, 휴식을 방해하며 피로를 가중시킨다.

② 청력 손실

　㉠ 주파수가 높아짐에 따라 청력 손실이 증가한다.

　㉡ 청력 손실은 4,000[Hz](C5-dip 현상)에서 크게 나타난다.

　㉢ 청력 손실의 정도는 노출 소음수준에 따라 증가한다.

　㉣ 약한 소음에 대해서는 노출기간과 청력 손실의 관계가 없다.

　㉤ 강한 소음에 대해서는 노출기간에 따라 청력 손실도 증가한다.

3. 소음을 통제하는 방법(소음방지 대책)

① 소음원의 통제

② 소음의 격리

③ 차폐장치 및 흡음재 사용

④ 음향처리제 사용

⑤ 적절한 배치

4. 진동피해 및 진동방지 대책

① 진동피해: 진동에 의한 피해는 수면방해 등 생리적 피해와 심리적 충격이 있다.

② 진동방지 대책

　㉠ 안정된 장소에 기계를 설치하고, 진동을 적게 하여 사용할 것

　㉡ 진동이 존재할 경우 고체음의 영향이 적은 곳에 배치할 것

　㉢ 발생된 진동을 감소할 수 있도록 진동흡수방안을 강구할 것(방진보호구 등)

KEYWORD 10 밀폐공간 작업으로 인한 건강장해 예방

1. 용어의 정의 안전보건규칙 제618조

밀폐공간	산소결핍, 유해가스로 인한 질식·화재·폭발 등의 위험이 있는 장소
유해가스	이산화탄소·일산화탄소·황화수소 등의 기체로서 인체에 유해한 영향을 미치는 물질
적정공기	산소농도의 범위가 18[%] 이상 23.5[%] 미만, 이산화탄소의 농도가 1.5[%] 미만, 일산화탄소의 농도가 30[ppm] 미만, 황화수소의 농도가 10[ppm] 미만인 수준의 공기
산소결핍	공기 중의 산소농도가 18[%] 미만인 상태
산소결핍증	산소가 결핍된 공기를 들이마심으로써 생기는 증상

2. 밀폐공간 작업 프로그램의 수립·시행 안전보건규칙 제619조

밀폐공간에서 근로자에게 작업을 하도록 하는 경우 다음의 내용이 포함된 밀폐공간 작업 프로그램을 수립하여 시행하여야 한다.

① 사업장 내 밀폐공간의 위치 파악 및 관리 방안
② 밀폐공간 내 질식·중독 등을 일으킬 수 있는 유해·위험 요인의 파악 및 관리 방안
③ 밀폐공간 작업 시 사전 확인이 필요한 사항에 대한 확인 절차
④ 안전보건교육 및 훈련
⑤ 그 밖에 밀폐공간 작업 근로자의 건강장해 예방에 관한 사항

3. 밀폐공간 작업 시 특별안전보건 교육내용 산업안전보건법 시행규칙 별표 5

① 산소농도 측정 및 작업환경에 관한 사항
② 사고 시의 응급처치 및 비상 시 구출에 관한 사항
③ 보호구 착용 및 보호 장비 사용에 관한 사항
④ 작업내용·안전작업방법 및 절차에 관한 사항
⑤ 장비·설비 및 시설 등의 안전점검에 관한 사항
⑥ 그 밖에 안전·보건관리에 필요한 사항

4. 밀폐공간 작업 시 관리감독자의 직무 안전보건규칙 별표 2

① 산소가 결핍된 공기나 유해가스에 노출되지 않도록 작업시작 전에 해당 근로자의 작업을 지휘하는 업무
② 작업을 하는 장소의 공기가 적절한지를 작업시작 전에 측정하는 업무
③ 측정장비·환기장치 또는 공기호흡기 또는 송기마스크를 작업시작 전에 점검하는 업무
④ 근로자에게 공기호흡기 또는 송기마스크의 착용을 지도하고 착용 상황을 점검하는 업무

5. 밀폐공간 작업 시 착용하여야 할 보호구

① 송기마스크
② 공기호흡기
③ 안전대
④ 구명밧줄

6. 퍼지 작업의 목적

① 가연성 및 지연성 가스: 화재·폭발사고와 산소결핍사고 예방

② 독성 가스: 중독사고 예방

③ 불활성 가스: 산소결핍사고 예방

7. 퍼지 작업의 종류

① 진공퍼지

② 압력퍼지

③ 스위프퍼지

④ 사이폰퍼지

KEYWORD 11 중금속의 유해성

1. 카드뮴 중독

① 이타이이타이 병: 일본 도야마현 진쯔강 유역에서 1910년경 발병했고, 폐광에서 흘러나온 카드뮴이 원인이었다.

② 허리와 관절에 심한 통증, 골절 등의 증상을 보인다.

2. 수은 중독

① 미나마타 병: 1953년 이래 일본 미나마타만 연안에서 발생했다.

② 흡인 시 인체에 구내염과 혈뇨, 손떨림 등의 증상을 일으킨다.

3. 크롬 화합물(Cr 화합물) 중독

① 3가와 6가의 화합물이 있으며, 중독현상은 크롬 정련 공정에서 발생하는 6가 크롬에 의해 발생한다.

② 수포성피부염, 비중격천공증을 유발한다.

4. 석면의 위험성

① 석면을 흡입할 경우 폐암, 석면폐, 악성중피종 등이 발생할 위험이 크다.

② 석면을 취급하는 작업(해체, 제거) 시 적절한 개인보호구를 착용하여야 한다.

③ 석면의 해체, 제거작업 시 석면이 흩날리지 않도록 적절한 조치를 취하여야 한다.

06 화학설비 안전관리

01

공정안전보고서의 제출대상 사업장 종류 3가지를 쓰시오.

정답

① 원유 정제처리업

② 기타 석유정제물 재처리업

③ 석유화학계 기초화학물질 제조업 또는 합성수지 및 기타 플라스틱 물질 제조업

④ 질소 화합물, 질소·인산 및 칼리질 화학비료 제조업 중 질소질 비료 제조

⑤ 복합비료 및 기타 화학비료 제조업 중 복합비료 제조(단순혼합 또는 배합에 의한 경우 제외)

⑥ 화학 살균·살충제 및 농업용 약제 제조업(농약 원제 제조만 해당)

⑦ 화약 및 불꽃제품 제조업

02

화학설비의 폭발 위험을 방지하기 위한 안전장치 4가지를 쓰시오.

정답

① 안전밸브   ② 파열판

③ 블로우밸브   ④ 벨로스식 안전방출장치

⑤ 통기밸브   ⑥ 화염방지기

⑦ 밴트스택

03

기체의 조성비가 아세틸렌 70[%], 클로로벤젠 30[%]일 때 아세틸렌의 위험도와 혼합기체의 폭발한계[vol%]를 각각 계산하시오.(단, 아세틸렌의 폭발범위는 2.5~81[vol%], 클로로벤젠의 폭발범위는 1.3~7.1[vol%]이다.)

정답

① 아세틸렌의 위험도

$$H = \frac{U-L}{L} = \frac{81-2.5}{2.5} = 31.4$$

여기서, U : 폭발상한계 값[vol%]

L : 폭발하한계 값[vol%]

② 혼합기체의 폭발하한계

$$L = \frac{V_1 + V_2 + \cdots + V_n}{\dfrac{V_1}{L_1} + \dfrac{V_2}{L_2} + \cdots + \dfrac{V_n}{L_n}} = \frac{70+30}{\dfrac{70}{2.5} + \dfrac{30}{1.3}} \fallingdotseq 1.96[\text{vol}\%]$$

여기서, L_n : 각 성분가스의 폭발하한계[vol%]

V_n : 전체 혼합가스 중 각 성분가스의 비율[vol%]

04

사업주가 해당 화학설비 또는 부속설비의 용도를 변경하는 경우(사용하는 원재료의 종류를 변경하는 경우를 포함) 해당 설비의 점검사항 3가지를 쓰시오.

정답

① 그 설비 내부에 폭발이나 화재의 우려가 있는 물질이 있는지 여부

② 안전밸브·긴급차단장치 및 그 밖의 방호장치 기능의 이상 유무

③ 냉각장치·가열장치·교반장치·압축장치·계측장치 및 제어장치 기능의 이상 유무

05

연소의 3요소를 쓰시오.

정답

① 가연성 물질(가연물)

② 산소공급원(공기 또는 산소)

③ 점화원(불씨)

06

국소배기장치의 사용 전 점검사항 4가지를 쓰시오.

정답

① 덕트와 배풍기의 분진상태
② 덕트 접속부가 헐거워졌는지 여부
③ 흡기 및 배기 능력
④ 그 밖에 국소배기장치의 성능을 유지하기 위하여 필요한 사항

07

화학물질 또는 이를 포함한 혼합물로서 「산업안전보건법령」에 따른 분류기준에 해당되는 것을 제조하거나 수입하는 자가 물질안전보건자료를 작성하여 고용노동부장관에게 제출할 때 포함해야 하는 사항 4가지를 쓰시오.

정답

① 제품명
② 화학물질의 명칭 및 함유량
③ 안전 및 보건상의 취급 주의사항
④ 건강 및 환경에 대한 유해성, 물리적 위험성
⑤ 물리 · 화학적 특성 등 고용노동부령으로 정하는 사항

08

화학설비 중 증류탑 개방 시에 점검해야 할 사항 5가지를 쓰시오.

정답

① 트레이 부식상태, 정도, 범위
② 용접선의 상태
③ 내부 부식 및 오염 여부
④ 라이닝, 코팅, 가스켓 손상 여부
⑤ 예비 동력원의 기능 이상 유무
⑥ 가열장치 및 제어장치 기능의 이상 유무
⑦ 뚜껑, 플랜지 등 접합상태의 이상 유무

09

관리대상 유해물질을 취급하는 작업장의 보기 쉬운 장소에 게시해야 할 사항 5가지를 쓰시오.

정답

① 관리대상 유해물질의 명칭
② 인체에 미치는 영향
③ 취급상 주의사항
④ 착용하여야 할 보호구
⑤ 응급조치와 긴급 방재 요령

10

Slop Over에 대해 설명하시오.

정답

위험물 저장탱크 화재 시 물 또는 포를 화염이 왕성한 표면에 방사할 때 위험물과 함께 탱크 밖으로 흘러넘치는 현상이다.

11

폭발등급에 따른 안전간격을 쓰고, 해당 등급에 속하는 가스를 2개씩 쓰시오.

정답

폭발등급	1등급	2등급	3등급
안전간격	0.6[mm] 초과	0.4[mm] 이상 0.6[mm] 이하	0.4[mm] 미만
해당 가스	메탄, 에탄	에틸렌, 석탄가스	수소, 아세틸렌

12

다음 고체의 연소형태를 쓰시오.

① 목탄   ② 종이
③ 파라핀   ④ 피크린산

정답

① 목탄: 표면연소   ② 종이: 분해연소
③ 파라핀: 증발연소   ④ 피크린산: 자기연소

13

「산업안전보건법령」상 위험물질을 제조 또는 취급할 때 폭발·화재 및 누출을 방지하기 위해 제한해야 할 사항 3가지를 쓰시오.

정답

① 폭발성 물질, 유기과산화물을 화기나 그 밖에 점화원이 될 우려가 있는 것에 접근시키거나 가열하거나 마찰시키거나 충격을 가하는 행위
② 물반응성 물질, 인화성 고체를 각각 그 특성에 따라 화기나 그 밖에 점화원이 될 우려가 있는 것에 접근시키거나 발화를 촉진하는 물질 또는 물에 접촉시키거나 가열하거나 마찰시키거나 충격을 가하는 행위
③ 산화성 액체·산화성 고체를 분해가 촉진될 우려가 있는 물질에 접촉시키거나 가열하거나 마찰시키거나 충격을 가하는 행위
④ 인화성 액체를 화기나 그 밖에 점화원이 될 우려가 있는 것에 접근시키거나 주입 또는 가열하거나 증발시키는 행위
⑤ 인화성 가스를 화기나 그 밖에 점화원이 될 우려가 있는 것에 접근시키거나 압축·가열 또는 주입하는 행위
⑥ 부식성 물질 또는 급성 독성물질을 누출시키는 등으로 인체에 접촉시키는 행위
⑦ 위험물을 제조하거나 취급하는 설비가 있는 장소에 인화성 가스 또는 산화성 액체 및 산화성 고체를 방치하는 행위

14

인화성 물질의 증기, 가연성 가스 등으로 인한 폭발 또는 화재를 예방하기 위한 조치 3가지를 쓰시오.

정답

① 해당 증기·가스 또는 분진에 의한 폭발 또는 화재를 예방하기 위해 환풍기, 배풍기 등의 환기장치를 적절하게 설치해야 한다.
② 증기나 가스에 의한 폭발이나 화재를 미리 감지하기 위하여 가스 검지 및 경보 성능을 갖춘 가스 검지 및 경보장치를 설치해야 한다.
③ 한국산업표준에 따른 0종 또는 1종 폭발위험장소에 해당하는 경우에는 그에 해당하는 방폭구조 전기기계·기구를 설치해야 한다.

15

MSDS(물질안전보건자료) 내용에 포함되어야 할 16가지 세부사항 중 5가지를 쓰시오.

정답

① 화학제품과 회사에 관한 정보   ② 유해성·위험성
③ 구성성분의 명칭 및 함유량   ④ 응급조치 요령
⑤ 폭발·화재 시 대처방법   ⑥ 누출사고 시 대처방법
⑦ 취급 및 저장방법   ⑧ 노출방지 및 개인보호구
⑨ 물리·화학적 특성   ⑩ 안정성 및 반응성
⑪ 독성에 관한 정보   ⑫ 환경에 미치는 영향
⑬ 폐기 시 주의사항   ⑭ 운송에 필요한 정보
⑮ 법적 규제현황   ⑯ 그 밖의 참고사항

16

다음 각 경우에 적응성이 있는 소화기를 [보기]에서 골라 2가지씩 쓰시오.

┌─ 보기 ─────────────────────────────┐
① 이산화탄소소화기 ② 마른모래
③ 봉상수소화기 ④ 물통 또는 수조
⑤ 포소화기 ⑥ 할로겐화합물소화기
└──────────────────────────────────┘

(1) 전기설비: (   )
(2) 인화성 액체: (   )
(3) 자기반응성 물질: (   )

정답
(1) 전기설비: ①, ⑥
(2) 인화성 액체: ①, ②, ⑤, ⑥
(3) 자기반응성 물질: ②, ③, ④, ⑤

17

특수화학설비 설치 시 내부의 이상 상태를 조기에 파악하기 위한 계측장치의 종류 3가지를 쓰시오.

정답
① 온도계 ② 유량계 ③ 압력계

18

스팀이 누출되는 장소를 확인하기 위해 증기배관의 보온커버를 벗기는 작업을 하고 있다. 해당 작업의 위험요인 및 안전대책을 3가지씩 쓰시오.

정답
① 위험요인
  ㉠ 고온의 배관과의 접촉 → 화상 위험
  ㉡ 고온의 증기가 계속적으로 누출 → 얼굴의 화상 위험
  ㉢ 보온커버 등에서 발생하는 가루나 분진 등 → 눈의 상해 위험
② 안전대책
  ㉠ 방열장갑 등 고온의 배관과의 접촉을 방지하기 위한 보호구 착용
  ㉡ 보안면을 착용하여 얼굴 보호
  ㉢ 보안경을 착용하여 눈 보호
  ㉣ 공정에 지장이 없다면 스팀밸브 차단 후 작업

19

다음에 해당하는 위험물질의 종류를 모두 찾아 번호를 쓰시오.

┌──────────────────────────────────┐
① 황화인 ② 하이드라진
③ 아세톤 ④ 염소산
⑤ 니트로화합물 ⑥ 리튬
⑦ 과망간산 ⑧ 테레핀유
└──────────────────────────────────┘

(1) 폭발성 물질 및 유기과산화물
(2) 물반응성 물질 및 인화성 고체

정답
(1) 폭발성 물질 및 유기과산화물: ⑤
(2) 물반응성 물질 및 인화성 고체: ①, ⑥
※ 하이드라진 유도체는 폭발성 물질 및 유기과산화물이지만 하이드라진은 인화성 액체이다.

20

화재에 대한 소화방법을 물리적 소화와 화학적 소화로 구분하여 설명하시오.

정답

구분	물리적 소화			화학적 소화
	제거소화	질식소화	냉각소화	억제소화
소화 원리	가연물의 공급을 중단하여 소화하는 방법	산소(공기)공급을 차단함으로써 연소에 필요한 산소 농도 이하가 되게 하여 소화하는 방법	물 등의 액체의 증발잠열을 이용, 가연물을 인화점 및 발화점 이하로 낮추어 소화하는 방법	가연물 분자가 산화되면서 연소가 계속되는 과정을 억제하여 소화하는 방법

21

유해물질의 취급 등으로 근로자에게 유해한 작업에 있어서 그 원인을 제거하기 위하여 조치할 때 적용해야 할 사항 3가지를 쓰시오.

정답
① 대치(사용물질의 변경, 작업공정의 변경, 생산시설의 변경)
② 격리(작업자 격리, 작업공정 격리, 생산시설 격리, 저장물질 격리)
③ 환기(전체환기, 국소배기)

22

[보기]의 고압가스용기의 색을 쓰시오.

┌─| 보기 |─────────────────────┐
│ ① 산소   ② 아세틸렌   │
│ ③ 액화암모니아   ④ 질소   │
└────────────────────────────┘

정답

① 녹색   ② 황색

③ 백색   ④ 회색

23

폭발의 정의에서 UVCE와 BLEVE를 설명하시오.

정답

① UVCE(증기운 폭발; Unconfined Vapor Cloud Explosion): 가연성 위험물질이 용기 또는 배관 내에 저장·취급되는 과정에서 지속적으로 누출되면서 대기 중에 구름 형태로 모이게 되어 바람 등의 영향으로 움직이다가 발화원에 의하여 순간적으로 모든 가스가 동시에 폭발하는 현상이다.

② BLEVE(비등액 팽창증기폭발; Boiling Liquid Expanding Vapor Explosion): 비점이 낮은 액체 저장탱크 주위에 화재가 발생하였을 때 저장탱크 내부의 비등 현상으로 인한 압력 상승으로 탱크가 파열되어 그 내용물이 증발, 팽창하면서 발생하는 폭발현상이다.

24

발화점과 인화점에 대하여 간단히 설명하시오.

정답

① 발화점: 가연성 물질을 외부에서 화염, 전기불꽃 등의 착화원을 주지 않고 공기 중 또는 산소 중에서 가열할 경우에 착화 또는 폭발을 일으키는 최저온도

② 인화점: 가연성 증기가 발생하는 액체 또는 고체가 공기 중에서 점화원에 의해 표면 부근에서 연소하기에 충분한 농도(폭발하한계)를 만드는 최저의 온도. 즉, 가연성 액체 또는 고체가 공기 중에서 생성한 가연성 증기가 폭발(연소)범위의 하한계에 도달할 때의 온도

25

「산업안전보건법령」상 위험물질의 종류를 물질의 특성에 따라 7가지로 구분하여 쓰시오.

정답

① 폭발성 물질 및 유기과산화물
② 물반응성 물질 및 인화성 고체
③ 산화성 액체 및 산화성 고체
④ 인화성 액체
⑤ 인화성 가스
⑥ 부식성 물질
⑦ 급성 독성 물질

26

기체의 연소형태 2가지와 고체의 연소형태 4가지를 쓰시오.

정답

① 기체의 연소형태: 확산연소, 예혼합연소
② 고체의 연소형태: 표면연소, 분해연소, 증발연소, 자기연소

작은 문제를 해결해 나가면
큰 문제는 저절로 해결될 것이다.

– 디어도어 루빈

07 건설공사 안전관리

KEYWORD 01 유해위험방지계획서

1. 유해위험방지계획서 제출대상 건설공사 `산업안전보건법 시행령` 제42조

① 다음의 어느 하나에 해당하는 건축물 또는 시설 등의 건설·개조 또는 해체(이하 "건설 등") 공사
- ㉠ 지상높이가 31[m] 이상인 건축물 또는 인공구조물
- ㉡ 연면적 30,000[m²] 이상인 건축물
- ㉢ 연면적 5,000[m²] 이상인 시설로서 다음의 어느 하나에 해당하는 시설
  - 문화 및 집회시설(전시장 및 동물원·식물원 제외)
  - 판매시설, 운수시설(고속철도의 역사 및 집배송시설 제외)
  - 종교시설
  - 의료시설 중 종합병원
  - 숙박시설 중 관광숙박시설
  - 지하도상가
  - 냉동·냉장 창고시설
② 연면적 5,000[m²] 이상인 냉동·냉장 창고시설의 설비공사 및 단열공사
③ 최대 지간길이가 50[m] 이상인 다리의 건설 등 공사
④ 터널의 건설 등 공사
⑤ 다목적댐, 발전용댐, 저수용량 2천만 톤 이상의 용수 전용 댐 및 지방상수도 전용 댐의 건설 등 공사
⑥ 깊이가 10[m] 이상인 굴착공사

2. 유해위험방지계획서 제출 시 첨부서류 `산업안전보건법 시행규칙` 별표 10

① 공사 개요 및 안전보건관리계획
- ㉠ 공사 개요서
- ㉡ 공사현장의 주변 현황 및 주변과의 관계를 나타내는 도면(매설물 현황 포함)
- ㉢ 전체 공정표

  ⓔ 산업안전보건관리비 사용계획서

  ⓜ 안전관리 조직표

  ⓗ 재해 발생 위험 시 연락 및 대피방법

② **작업공사 종류별 유해위험방지계획**

  ㉠ 해당 작업공사 종류별 작업개요 및 재해예방 계획

  ⓛ 위험물질의 종류별 사용량과 저장·보관 및 사용 시의 안전작업계획

KEYWORD 02 추락재해

1. 추락재해 방호설비

① **추락방호망**

 ㉠ 추락방호망의 구조

  • 방망: 그물코가 다수 연속된 것

  • 그물코: 사각 또는 마름모로서 크기는 10[cm] 이하

  • 테두리로프: 방망주변을 형성하는 로프

  • 달기로프: 방망을 지지점에 부착하기 위한 로프

  • 재봉사: 테두리로프와 방망을 일체화하기 위한 실

  • 시험용사: 등속인장시험에 사용하기 위한 것

 ⓛ 추락방호망의 설치기준 `안전보건규칙` 제42조

  • 추락방호망의 설치위치는 가능하면 작업면으로부터 가까운 지점에 설치하여야 하며, 작업면으로부터 망의 설치지점까지의 수직거리는 10[m]를 초과하지 아니할 것

  • 추락방호망은 수평으로 설치하고, 망의 처짐은 짧은 변 길이의 12[%] 이상이 되도록 할 것

  • 건축물 등의 바깥쪽으로 설치하는 경우 추락방호망의 내민 길이는 벽면으로부터 3[m] 이상 되도록 할 것. 다만, 그물코가 20[mm] 이하인 추락방호망을 사용한 경우에는 낙하물방지망을 설치한 것으로 본다.

 ⓔ 강도

  • 방망사의 인장강도

( ): 폐기기준 인장강도

그물코의 크기[cm]	방망의 종류(단위: [kg])	
	매듭없는 방망	매듭방망
10	240(150)	200(135)
5	–	110(60)

  • 지지점의 강도: 600[kg]의 외력에 견딜 수 있어야 한다.

  • 테두리로프 및 달기로프 인장강도: 1,500[kg] 이상이어야 한다.

② **안전난간** `안전보건규칙` 제13조

 ㉠ 상부 난간대, 중간 난간대, 발끝막이판 및 난간기둥으로 구성할 것

 ⓛ 상부 난간대는 바닥면·발판 또는 경사로의 표면(이하 "바닥면 등")으로부터 90[cm] 이상 지점에 설치하고, 상부 난간대를 120[cm] 이하에 설치하는 경우에는 중간 난간대는 상부 난간대와 바닥면 등의 중간에 설치하여야 하며, 120[cm] 이상 지점에 설치하는 경우에는 중간 난간대를 2단 이상으로 균등하게 설치하고 난간의 상하 간격은 60[cm] 이하가 되도록 할 것

ⓒ 발끝막이판은 바닥면 등으로부터 10[cm] 이상의 높이를 유지할 것

ⓐ 난간기둥은 상부 난간대와 중간 난간대를 견고하게 떠받칠 수 있도록 적정한 간격을 유지할 것

ⓜ 상부 난간대와 중간 난간대는 난간 길이 전체에 걸쳐 바닥면 등과 평행을 유지할 것

ⓗ 난간대는 지름 2.7[cm] 이상의 금속제 파이프나 그 이상의 강도가 있는 재료일 것

ⓢ 안전난간은 구조적으로 가장 취약한 지점에서 가장 취약한 방향으로 작용하는 100[kg] 이상의 하중에 견딜 수 있는 튼튼한 구조일 것

▲ 안전난간의 구조

③ 작업발판

ㄱ 설치기준(비계 높이 2[m] 이상인 작업장소) 안전보건규칙 제56조

• 발판재료는 작업할 때의 하중을 견딜 수 있도록 견고한 것으로 할 것

• 작업발판의 폭은 40[cm] 이상으로 하고, 발판재료 간의 틈은 3[cm] 이하로 할 것. 다만, 외줄비계의 경우에는 고용노동부장관이 별도로 정하는 기준에 따른다.

• 위의 내용에도 불구하고 선박 및 보트 건조작업의 경우 선박블록 또는 엔진실 등의 좁은 작업공간에 작업발판을 설치하기 위하여 필요하면 작업발판의 폭을 30[cm] 이상으로 할 수 있고, 걸침비계의 경우 강관기둥 때문에 발판재료 간의 틈을 3[cm] 이하로 유지하기 곤란하면 5[cm] 이하로 할 수 있다. 이 경우 그 틈 사이로 물체 등이 떨어질 우려가 있는 곳에는 출입금지 등의 조치를 하여야 한다.

• 추락의 위험이 있는 장소에는 안전난간을 설치할 것

• 작업발판의 지지물은 하중에 의하여 파괴될 우려가 없는 것을 사용할 것

• 작업발판재료는 뒤집히거나 떨어지지 않도록 둘 이상의 지지물에 연결하거나 고정시킬 것

• 작업발판을 작업에 따라 이동시킬 경우에는 위험 방지에 필요한 조치를 할 것

ㄴ 작업발판의 최대적재하중 안전보건규칙 제55조

• 비계의 구조 및 재료에 따라 작업발판의 최대적재하중을 정하고, 이를 초과하여 실어서는 아니 된다.

• 달비계(곤돌라의 달비계 제외)의 최대적재하중을 정하는 경우 안전계수

구분		안전계수
달기 와이어로프 및 달기 강선		10 이상
달기 체인 및 달기 훅		5 이상
달기 강대와 달비계의 하부 및 상부 지점	강재	2.5 이상
	목재	5 이상

④ 개구부 방호설비

ㄱ 소형 바닥 개구부: 안전한 구조의 덮개 설치 및 표면에는 개구부임을 표시한다. 덮개의 재료는 손상·변형·부식이 없는 것으로 하고, 덮개의 크기는 개구부보다 10[cm] 정도 여유 있게 설치하고 유동이 없도록 스토퍼를 설치한다.

ㄴ 대형 바닥 개구부: 안전난간을 설치하고, 하부에는 발끝막이판을 설치한다.

ㄷ 벽면 개구부: 안전난간은 강관파이프를 설치하고 수평력 100[kg] 이상 확보한다.

▲ 바닥 개구부 설치

2. 철골작업 시 추락방지

① 작업의 제한기준 `안전보건규칙` 제383조

구분	내용
강풍	풍속이 초당 10[m] 이상인 경우
강우	강우량이 시간당 1[mm] 이상인 경우
강설	강설량이 시간당 1[cm] 이상인 경우

② 강풍 시 조치: 높은 곳에 있는 부재나 공구류가 낙하, 비래하지 않도록 조치한다.

KEYWORD 03   낙하·비래재해

1. 낙하물방지망 및 방호선반

① 설치기준 `안전보건규칙` 제14조

ㄱ 높이 10[m] 이내마다 설치하고, 내민 길이는 벽면으로부터 2[m] 이상으로 할 것

ㄴ 수평면과의 각도는 20° 이상 30° 이하를 유지할 것

② 방호선반의 종류

ㄱ 외부 비계용 방호선반

ㄴ 출입구 방호선반

ㄷ 리프트 주변 방호선반

ㄹ 가설통로 방호선반

▲ 낙하물방지망 설치

2. 수직보호망

수직보호망이란 비계 등 가설구조물의 외측 면에 수직으로 설치하여 작업장소에서 낙하물 및 비래 등에 의한 재해를 방지할 목적으로 설치하는 보호망이다.

3. 투하설비

투하설비란 높이 3[m] 이상인 장소에서 자재 투하 시 재해를 예방하기 위하여 설치하는 설비를 말한다.

KEYWORD 04 │ 토사 붕괴재해

1. 토석 및 토사 붕괴 위험성

① 사면의 붕괴형태
- ㉠ 사면 중심부 붕괴(사면 내 파괴, Slope Failure)
- ㉡ 사면 천단부 붕괴(사면 선단 파괴, Toe Failure)
- ㉢ 사면 하단부 붕괴(사면 저부 파괴, Base Failure)

② 토석 붕괴의 원인
- ㉠ 외적 원인
  - 사면, 법면의 경사 및 기울기의 증가
  - 절토 및 성토 높이의 증가
  - 공사에 의한 진동 및 반복 하중의 증가
  - 지표수 및 지하수의 침투에 의한 토사 중량의 증가
  - 지진, 차량, 구조물의 하중작용
  - 토사 및 암석의 혼합층 두께
- ㉡ 내적 원인
  - 절토 사면의 토질·암질
  - 성토 사면의 토질구성 및 분포
  - 토석의 강도 저하

2. 지반굴착 시 위험방지

① 사전 지반조사 항목 [안전보건규칙] [별표 4]
- ㉠ 형상·지질 및 지층의 상태
- ㉡ 균열·함수·용수 및 동결의 유무 또는 상태
- ㉢ 매설물 등의 유무 또는 상태
- ㉣ 지반의 지하수위 상태

② 굴착면의 기울기 기준 [안전보건규칙] [별표 11]

지반의 종류	굴착면의 기울기
모래	1 : 1.8
연암 및 풍화암	1 : 1.0
경암	1 : 0.5
그 밖의 흙	1 : 1.2

3. 지반의 붕괴 등에 의한 위험방지

① 토사 등에 의한 위험방지 안전보건규칙 제50조
    ㉠ 지반은 안전한 경사로 하고 낙하의 위험이 있는 토석을 제거하거나 옹벽, 흙막이 지보공 등을 설치할 것
    ㉡ 토사 등의 붕괴 또는 낙하 원인이 되는 빗물이나 지하수 등을 배제할 것
    ㉢ 갱내의 낙반·측벽 붕괴의 위험이 있는 경우에는 지보공을 설치하고 부석을 제거하는 등 필요한 조치를 할 것

② 굴착작업 시 토사 등의 붕괴 또는 낙하에 의한 위험방지 안전보건규칙 제340조
    ㉠ 흙막이 지보공의 설치
    ㉡ 방호망의 설치
    ㉢ 근로자의 출입 금지

③ 흙막이 지보공의 고정·조립 또는 해체작업 시 관리감독자 유해·위험방지 안전보건규칙 별표 2
    ㉠ 안전한 작업방법을 결정하고 작업을 지휘하는 일
    ㉡ 재료·기구의 결함 유무를 점검하고 불량품을 제거하는 일
    ㉢ 작업 중 안전대 및 안전모 등 보호구 착용 상황을 감시하는 일

4. 흙막이 지보공의 붕괴위험방지

① 조립도의 작성 안전보건규칙 제346조
    ㉠ 흙막이 지보공을 조립하는 경우 미리 그 구조를 검토한 후 조립도를 작성하여 그 조립도에 따라 조립하도록 하여야 한다.
    ㉡ 조립도는 흙막이판·말뚝·버팀대 및 띠장 등 부재의 배치·치수·재질 및 설치방법과 순서가 명시되어야 한다.

② 정기점검 및 보수사항 안전보건규칙 제347조
    ㉠ 부재의 손상·변형·부식·변위 및 탈락의 유무와 상태
    ㉡ 버팀대의 긴압의 정도
    ㉢ 부재의 접속부·부착부 및 교차부의 상태
    ㉣ 침하의 정도

③ 흙막이 지보공의 계측관리
    ㉠ 지표침하계: 흙막이벽 배면에 동결심도보다 깊게 설치하여 지표면 침하량을 측정한다.
    ㉡ 지중경사계: 흙막이벽 배면에 설치하여 토류벽의 기울어짐을 측정한다.
    ㉢ 하중계: 스트러트, 어스앵커에 설치하여 축하중 측정으로 부재의 안정성 여부를 판단한다.
    ㉣ 간극수압계: 굴착, 성토에 의한 간극수압의 변화를 측정한다.
    ㉤ 균열측정기: 인접구조물, 지반 등의 균열 부위에 설치하여 균열 크기와 변화를 측정한다.
    ㉥ 변형률계: 스트러트, 띠장 등에 부착하여 굴착작업 시 구조물의 변형을 측정한다.
    ㉦ 지하수위계: 굴착에 따른 지하수위 변동을 측정한다.

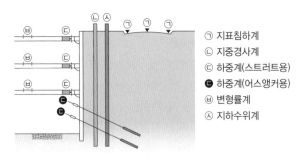

ㄱ 지표침하계
ㄴ 지중경사계
ㄷ 하중계(스트러트용)
ㄹ 하중계(어스앵커용)
ㅂ 변형률계
ㅅ 지하수위계

▲ 흙막이 지보공 계측기의 종류

5. 터널 굴착공사 위험방지

① 자동경보장치의 작업시작 전 점검사항 안전보건규칙 제350조
  ㉠ 계기의 이상 유무
  ㉡ 검지부의 이상 유무
  ㉢ 경보장치의 작동상태

▲ 터널 지보공 작업

② 낙반 등에 의한 위험방지 안전보건규칙 제351조
  ㉠ 터널 지보공 및 록볼트의 설치
  ㉡ 부석의 제거

③ 터널 지보공 수시점검 및 보강·보수사항 안전보건규칙 제366조
  ㉠ 부재의 손상·변형·부식·변위 탈락의 유무 및 상태
  ㉡ 부재의 긴압 정도
  ㉢ 부재의 접속부 및 교차부의 상태
  ㉣ 기둥침하의 유무 및 상태

④ 터널굴착작업 시 작업계획서 포함내용 안전보건규칙 별표 4
  ㉠ 굴착의 방법
  ㉡ 터널지보공 및 복공의 시공방법과 용수의 처리방법
  ㉢ 환기 또는 조명시설을 설치할 때에는 그 방법

6. 옹벽공사의 안전

① 옹벽의 종류
  ㉠ 중력식 옹벽: 옹벽 자체의 무게로 토압 등의 외력을 지지하여 자중으로 토압에 대항
  ㉡ 반중력식 옹벽: 중력식 옹벽의 벽두께를 얇게 하고 이로 인해 생기는 인장응력에 저항하기 위해 철근을 배치한 형식
  ㉢ 역T형 옹벽: 옹벽의 배면에 기초 슬래브가 일부 돌출한 모양의 옹벽형식
  ㉣ 부벽식 옹벽: 벽의 전면 또는 후면에서 바깥쪽으로 튀어나와 벽체가 쓰러지지 않게 지탱하기 위하여 부벽을 이용한 형식

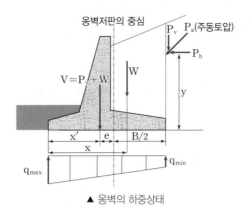

▲ 옹벽의 하중상태

② 옹벽의 안정조건

　　㉠ 활동에 대한 안정

$$F_s = \frac{\text{활동에 저항하려는 힘}}{\text{활동하려는 힘}} \geq 1.5$$

　　㉡ 전도에 대한 안정

$$F_s = \frac{\text{저항 모멘트}}{\text{전도 모멘트}} \geq 2.0$$

　　㉢ 지반 지지력(침하)에 대한 안정

$$F_s = \frac{\text{지반의 허용지지력}(q_a)}{\text{지반에 작용하는 최대하중}(q_{max})} \geq 1.0$$

7. 잠함 내 굴착작업 위험방지

① 잠함 또는 우물통의 급격한 침하로 인한 위험방지 　안전보건규칙　 제376조

　　㉠ 침하관계도에 따라 굴착방법 및 재하량 등을 정할 것

　　㉡ 바닥으로부터 천장 또는 보까지의 높이는 1.8[m] 이상으로 할 것

② 잠함·우물통·수직갱 등 내부에서의 작업 시 준수사항 　안전보건규칙　 제377조

　　㉠ 산소 결핍 우려가 있는 경우에는 산소의 농도를 측정하는 사람을 지명하여 측정하도록 할 것

　　㉡ 근로자가 안전하게 오르내리기 위한 설비를 설치할 것

　　㉢ 굴착 깊이가 20[m]를 초과하는 경우에는 해당 작업장소와 외부와의 연락을 위한 통신설비 등을 설치할 것

　　㉣ 산소농도 측정 결과 산소 결핍이 인정되거나 굴착 깊이가 20[m]를 초과하는 경우에는 송기를 위한 설비를 설치하여 필요한 양의 공기를 공급할 것

1. 비계의 종류 및 기준

① 가설구조물의 특성

    ㉠ 연결재가 적은 구조로 되기 쉽다.

    ㉡ 부재의 결합이 간단하나 불완전 결합이 많다.

    ㉢ 구조물이라는 통상의 개념이 확고하지 않아 조립의 정밀도가 낮다.

    ㉣ 부재는 과소단면이거나 결함이 있는 재료를 사용하기 쉽다.

    ㉤ 전체구조에 대한 구조계산 기준이 부족하다.

② 비계의 종류별 설치기준

    ㉠ 강관비계 안전보건규칙 제60조

구분	준수사항
비계기둥의 간격	• 띠장 방향에서 1.85[m] 이하 • 장선 방향에서 1.5[m] 이하
띠장 간격	2[m] 이하
강관보강	비계기둥의 제일 윗부분으로부터 31[m] 되는 지점 밑부분의 비계기둥은 2개의 강관으로 묶어 세울 것
적재하중	비계기둥 간 적재하중은 400[kg]을 초과하지 않도록 할 것

    ㉡ 강관틀비계 안전보건규칙 제62조

구분	준수사항
비계기둥의 밑둥	• 밑받침철물 사용 • 고저차가 있는 경우에는 조절형 밑받침철물을 사용하여 수평 및 수직 유지
주틀 간 간격	높이가 20[m]를 초과하거나 중량물의 적재를 수반하는 작업을 할 경우에는 주틀 간의 간격을 1.8[m] 이하로 할 것
가새 및 수평재	주틀 간에 교차 가새를 설치하고 최상층 및 5층 이내마다 수평재를 설치할 것
벽이음	• 수직방향으로 6[m] 이내마다 설치 • 수평방향으로 8[m] 이내마다 설치
버팀기둥	길이가 띠장 방향으로 4[m] 이하이고 높이가 10[m]를 초과하는 경우에는 10[m] 이내마다 띠장 방향으로 버팀기둥을 설치할 것

▲ 강관틀비계 설치

③ 달비계 `안전보건규칙` `제63조`

㉠ 사용금지 조건

구분	사용금지 조건
와이어로프	• 이음매가 있는 것 • 와이어로프의 한 꼬임(Strand)에서 끊어진 소선의 수가 10[%] 이상인 것 • 지름의 감소가 공칭지름의 7[%]를 초과하는 것 • 꼬인 것 • 심하게 변형되거나 부식된 것 • 열과 전기충격에 의해 손상된 것
달기 체인	• 달기 체인의 길이가 달기 체인이 제조된 때의 길이의 5[%]를 초과한 것 • 링의 단면지름이 달기 체인이 제조된 때의 해당 링의 지름의 10[%]를 초과하여 감소한 것 • 균열이 있거나 심하게 변형된 것
달기 강선 및 달기 강대	심하게 손상·변형 또는 부식된 것
섬유로프 또는 섬유벨트	• 꼬임이 끊어진 것 • 심하게 손상되거나 부식된 것 • 2개 이상의 작업용 섬유로프 또는 섬유벨트를 연결한 것 • 작업높이보다 길이가 짧은 것

㉡ 달비계의 구조
- 달기 와이어로프, 달기 체인, 달기 강선, 달기 강대는 한쪽 끝을 비계의 보 등에, 다른 쪽 끝을 내민 보, 앵커볼트 또는 건축물의 보 등에 각각 풀리지 않도록 설치할 것
- 작업발판은 폭을 40[cm] 이상으로 하고 틈새가 없도록 할 것
- 작업발판의 재료는 뒤집히거나 떨어지지 않도록 비계의 보 등에 연결하거나 고정시킬 것
- 비계가 흔들리거나 뒤집히는 것을 방지하기 위하여 비계의 보·작업발판 등에 버팀을 설치하는 등 필요한 조치를 할 것
- 선반 비계에서는 보의 접속부 및 교차부를 철선·이음철물 등을 사용하여 확실하게 접속시키거나 단단하게 연결시킬 것
- 근로자의 추락 위험을 방지하기 위하여 다음의 조치를 할 것
  - 달비계에 구명줄을 설치할 것
  - 근로자에게 안전대를 착용하도록 하고 근로자가 착용한 안전줄을 달비계의 구명줄에 체결하도록 할 것
  - 달비계에 안전난간을 설치할 수 있는 구조인 경우에는 안전난간을 설치할 것

④ 말비계 `안전보건규칙` `제67조`

㉠ 지주부재의 하단에는 미끄럼 방지장치를 하고, 근로자가 양측 끝부분에 올라서서 작업하지 않도록 할 것
㉡ 지주부재와 수평면과의 기울기를 75° 이하로 하고, 지주부재와 지주부재 사이를 고정시키는 보조부재를 설치할 것
㉢ 말비계의 높이가 2[m]를 초과하는 경우에는 작업발판의 폭을 40[cm] 이상으로 할 것

⑤ 이동식비계 `안전보건규칙` `제68조`

㉠ 이동식비계의 바퀴에는 뜻밖의 갑작스러운 이동 또는 전도를 방지하기 위하여 브레이크·쐐기 등으로 바퀴를 고정시킨 다음 비계의 일부를 견고한 시설물에 고정하거나 아웃트리거(Outrigger)를 설치하는 등 필요한 조치를 할 것
㉡ 승강용사다리는 견고하게 설치할 것
㉢ 비계의 최상부에서 작업을 하는 경우에는 안전난간을 설치할 것

ⓔ 작업발판은 항상 수평을 유지하고 작업발판 위에서 안전난간을 딛고 작업을 하거나 받침대 또는 사다리를 사용하여 작업하지 않도록 할 것

ⓜ 작업발판의 최대적재하중은 250[kg]을 초과하지 않도록 할 것

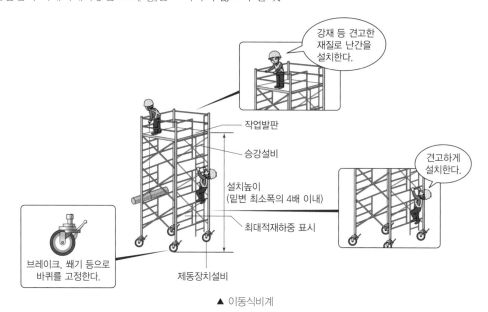

▲ 이동식비계

⑥ 시스템비계

　㉠ 시스템비계의 구조 　안전보건규칙　 제69조

　　• 수직재·수평재·가새재를 견고하게 연결하는 구조가 되도록 할 것

　　• 비계 밑단의 수직재와 받침철물은 밀착되도록 설치하고, 수직재와 받침철물의 연결부의 겹침길이는 받침철물 전체길이의 $\frac{1}{3}$ 이상이 되도록 할 것

　　• 수평재는 수직재와 직각으로 설치하여야 하며, 체결 후 흔들림이 없도록 견고하게 설치할 것

▲ 시스템비계 설치

　　• 수직재와 수직재의 연결철물은 이탈되지 않도록 견고한 구조로 할 것

　　• 벽 연결재의 설치간격은 제조사가 정한 기준에 따라 설치할 것

　㉡ 조립 작업 시 준수사항 　안전보건규칙　 제70조

　　• 비계 기둥의 밑둥에는 밑받침철물을 사용하여야 하며, 밑받침에 고저차가 있는 경우에는 조절형 밑받침철물을 사용하여 시스템비계가 항상 수평 및 수직을 유지하도록 할 것

　　• 경사진 바닥에 설치하는 경우에는 피벗형 받침철물 또는 쐐기 등을 사용하여 밑받침철물의 바닥면이 수평을 유지하도록 할 것

　　• 가공전로에 근접하여 비계를 설치하는 경우에는 가공전로를 이설하거나 가공전로에 절연용 방호구를 설치하는 등 가공전로와의 접촉을 방지하기 위하여 필요한 조치를 할 것

　　• 비계 내에서 근로자가 상하 또는 좌우로 이동하는 경우에는 반드시 지정된 통로를 이용하도록 주지시킬 것

　　• 비계 작업 근로자는 같은 수직면상의 위와 아래 동시 작업을 금지할 것

　　• 작업발판에는 제조사가 정한 최대적재하중을 초과하여 적재해서는 아니 되며, 최대적재하중이 표기된 표지판을 부착하고 근로자에게 주지시키도록 할 것

2. 비계의 점검 및 보수사항 `안전보건규칙` 제58조

① 발판 재료의 손상 여부 및 부착 또는 걸림 상태
② 해당 비계의 연결부 또는 접속부의 풀림 상태
③ 연결 재료 및 연결 철물의 손상 또는 부식 상태
④ 손잡이의 탈락 여부
⑤ 기둥의 침하, 변형, 변위 또는 흔들림 상태
⑥ 로프의 부착 상태 및 매단 장치의 흔들림 상태

3. 작업통로의 종류 및 설치기준

① 통로의 종류 및 구조

  ㉠ 가설통로 `안전보건규칙` 제23조
  - 견고한 구조로 할 것
  - 경사는 30° 이하로 할 것. 다만, 계단을 설치하거나 높이 2[m] 미만의 가설통로로서 튼튼한 손잡이를 설치한 경우에는 그러하지 아니하다.
  - 경사가 15°를 초과하는 경우에는 미끄러지지 아니하는 구조로 할 것
  - 추락할 위험이 있는 장소에는 안전난간을 설치할 것. 다만, 작업상 부득이한 경우에는 필요한 부분만 임시로 해체할 수 있다.
  - 수직갱에 가설된 통로의 길이가 15[m] 이상인 경우에는 10[m] 이내마다 계단참을 설치할 것
  - 건설공사에 사용하는 높이 8[m] 이상인 비계다리에는 7[m] 이내마다 계단참을 설치할 것

  ㉡ 사다리식 통로 등 `안전보건규칙` 제24조
  - 견고한 구조로 할 것
  - 심한 손상·부식 등이 없는 재료를 사용할 것
  - 발판의 간격은 일정하게 할 것
  - 발판과 벽과의 사이는 15[cm] 이상의 간격을 유지할 것
  - 폭은 30[cm] 이상으로 할 것
  - 사다리가 넘어지거나 미끄러지는 것을 방지하기 위한 조치를 할 것
  - 사다리의 상단은 걸쳐놓은 지점으로부터 60[cm] 이상 올라가도록 할 것
  - 사다리식 통로의 길이가 10[m] 이상인 경우에는 5[m] 이내마다 계단참을 설치할 것
  - 사다리식 통로의 기울기는 75° 이하로 할 것. 다만, 고정식 사다리식 통로의 기울기는 90° 이하로 하고, 그 높이가 7[m] 이상인 경우에는 바닥으로부터 높이가 2.5[m] 되는 지점부터 등받이울을 설치할 것
  - 접이식 사다리 기둥은 사용 시 접혀지거나 펼쳐지지 않도록 철물 등을 사용하여 견고하게 조치할 것

② 작업통로 설치 시 준수사항
  ㉠ 경사로
    • 건설현장에서 상부 또는 하부로 재료운반이나 작업원이 이동할 수 있도록 설치된 통로로 경사가 30° 이내
      일 때 사용한다.
    • 사용 시 준수사항
      – 시공하중 또는 폭풍, 진동 등 외력에 대하여 안전하도록 설계하여야 한다.
      – 경사로는 항상 정비하고 안전통로를 확보하여야 한다.
      – 비탈면의 경사각은 30° 이내로 하고 미끄럼막이 간격은 다음 표에 의한다.

경사각	미끄럼막이 간격	경사각	미끄럼막이 간격
30°	30[cm]	22°	40[cm]
29°	33[cm]	19° 20'	43[cm]
27°	35[cm]	17°	45[cm]
24° 15'	37[cm]	14°	47[cm]

      – 경사로의 폭은 최소 90[cm] 이상이어야 한다.
      – 높이 7[m] 이내마다 계단참을 설치하여야 한다.
      – 추락방지용 안전난간을 설치하여야 한다.
      – 목재는 미송, 육송 또는 그 이상의 재질을 가진 것이어야 한다.
      – 경사로 지지기둥은 3[m] 이내마다 설치하여야 한다.
      – 발판은 폭 40[cm] 이상으로 하고, 틈은 3[cm] 이내로 설치하여야 한다.
      – 발판이 이탈하거나 한쪽 끝을 밟으면 다른 쪽이 들리지 않게 장선에 결속하여야 한다.
      – 결속용 못이나 철선이 발에 걸리지 않아야 한다.

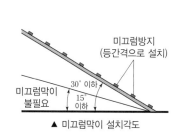
▲ 미끄럼막이 설치각도

  ㉡ 가설계단
    • 작업장에서 근로자가 사용하기 위한 계단식 통로로 경사는 35°가 적당하다.
    • 설치기준 안전보건규칙 제26~28조, 제30조

구분	설치기준
강도	– 계단 및 계단참을 설치하는 경우 500[kg/m²] 이상의 하중에 견딜 수 있도록 – 안전율 4 이상(안전율 = $\dfrac{\text{재료의 파괴응력도}}{\text{재료의 허용응력도}} \geq 4$) – 계단 및 승강구 바닥을 구멍이 있는 재료로 만드는 경우 렌치나 그 밖의 공구 등이 낙하할 위험이 없도록
폭	– 폭은 1[m] 이상 – 계단에 손잡이 외의 다른 물건 등을 설치 또는 적재 금지
계단참의 높이	높이가 3[m]를 초과하는 계단에 높이 3[m] 이내마다 진행 방향으로 길이 1.2[m] 이상의 계단참 설치
계단의 난간	높이 1[m] 이상인 계단의 개방된 측면에 안전난간 설치

1. 지반의 이상현상

① 보일링(Boiling)

　㉠ 정의: 투수성이 좋은 사질토 지반을 굴착할 때 흙막이벽 배면의 지하수위가 굴착면 보다 높을 경우 굴착면 위로 액상화된 모래가 솟아오르는 현상이다.

　㉡ 예방대책

　　• 흙막이벽의 근입 깊이 증가

　　• 차수성이 높은 흙막이 설치

　　• 흙막이벽 배면지반 그라우팅 실시

　　• 흙막이벽 배면지반의 지하수위 저하

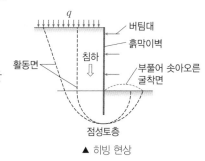

▲ 보일링 현상

② 히빙(Heaving)

　㉠ 정의: 연약한 점토지반을 굴착할 때 흙막이벽 배면 흙의 중량이 굴착면 이하의 흙보다 중량이 클 경우 흙막이 배면에 있는 흙이 안으로 밀려들어 굴착면이 부풀어오르는 현상이다.

　㉡ 예방대책

　　• 흙막이벽의 근입 깊이 증가

　　• 흙막이벽 배면지반의 상재하중 제거

　　• 저면의 굴착부분을 남겨두어 굴착예정인 부분의 일부를 미리 굴착하여 기초콘크리트 타설

　　• 굴착주변을 웰 포인트(Well Point) 공법과 병행

　　• 굴착저면에 토사 등 인공중력 증가

▲ 히빙 현상

2. 연약지반의 개량공법

① 점성토 개량공법

　㉠ 치환공법: 연약지반을 양질의 흙으로 치환하는 공법으로 굴착, 활동, 폭파 치환

　㉡ 재하공법(압밀공법)

　　• 프리로딩공법(Pre-Loading): 사전에 성토를 미리하여 흙의 전단강도 증가

　　• 압성토공법(Surcharge): 측방에 압성토하여 압밀에 의해 강도 증가

　　• 사면선단 재하공법: 성토한 비탈면 옆부분을 덧붙임하여 비탈면 끝의 전단강도 증가

　㉢ 탈수공법: 연약지반에 모래말뚝, 페이퍼드레인, 팩을 설치하여 물을 배제시켜 압밀을 촉진하는 것으로 샌드드레인, 페이퍼드레인, 팩드레인공법이 있음

　㉣ 배수공법: 중력배수(집수정, Deep Well), 강제배수(Well Point, 진공 Deep Well)

　㉤ 고결공법: 생석회 말뚝공법, 동결공법, 소결공법

② 사질토 개량공법

　㉠ 진동다짐공법(Vibro Floatation): 봉상진동기 이용, 진동과 물다짐 병용

　㉡ 동다짐(압밀)공법: 무거운 추를 자유낙하시켜 지반충격으로 다짐효과

　㉢ 약액주입공법: 지반 내 화학약액(LW, Bentonite, Hydro)을 주입하여 지반고결

　㉣ 폭파다짐공법: 인공지진을 발생시켜 모래지반 다짐

　㉤ 전기충격공법: 지반 속에서 고압방전을 일으켜 발생하는 충격력으로 지반 다짐

　㉥ 모래다짐말뚝공법: 충격, 진동 타입에 의해 모래를 압입시켜 모래 말뚝을 형성하여 다짐에 의한 지지력 향상

1. 거푸집 및 동바리의 구조 검토 및 조립도

① 거푸집 및 동바리의 조립도 안전보건규칙 제331조

    ㉠ 거푸집 및 동바리를 조립하는 경우에는 그 구조를 검토한 후 조립도를 작성하고, 그 조립도에 따라 조립하도록 하여야 한다.

    ㉡ 조립도에는 거푸집 및 동바리를 구성하는 부재의 재질·단면규격·설치간격 및 이음방법 등을 명시하여야 한다.

② 구조검토 시 고려하여야 할 하중

    ㉠ 종류

- 연직방향 하중: 거푸집, 지보공(동바리), 콘크리트, 철근, 작업원, 타설용 기계기구, 가설설비 등의 중량 및 충격하중
- 횡방향 하중: 작업할 때의 진동, 충격, 시공오차 등에 기인되는 횡방향 하중 이외의 풍압, 유수압, 지진 등
- 콘크리트 측압: 굳지 않은 콘크리트의 측압
- 특수하중: 시공 중에 예상되는 특수한 하중(콘크리트 편심하중 등)

    ㉡ 거푸집 및 동바리의 연직방향 하중

- 계산식

$$W = 고정하중 + 작업하중$$
$$= (콘크리트\ 무게 + 거푸집\ 무게) + (충격하중 + 작업하중)$$
$$= \gamma \times t + 40[\text{kg/m}^2] + 250[\text{kg/m}^2]$$

여기서, γ: 철근콘크리트의 단위중량$[\text{kg/m}^3]$, t: 슬래브 두께[m]

- 고정하중: 철근콘크리트와 거푸집의 무게를 합한 하중이며, 거푸집 무게는 최소 $0.4[\text{kN/m}^2]$ 이상을 적용하고, 특수 거푸집의 경우에는 그 실제 거푸집 및 철근의 무게를 적용한다.
- 작업하중: 작업원, 경량의 장비하중, 기타 콘크리트 타설에 필요한 자재 및 공구 등의 하중을 포함하며, 콘크리트의 타설 높이가 $0.5[\text{m}]$ 미만인 경우 구조물의 수평투영면적당 최소 $2.5[\text{kN/m}^2]$을 적용하며, $0.5[\text{m}]$ 이상 $1.0[\text{m}]$ 미만일 경우 $3.5[\text{kN/m}^2]$, $1.0[\text{m}]$ 이상인 경우에는 $5.0[\text{kN/m}^2]$ 이상을 적용한다.
- 상기 고정하중과 작업하중을 합한 연직하중은 콘크리트 타설 높이에 관계없이 $5.0[\text{kN/m}^2]$ 이상을 적용한다.

▲ 거푸집 동바리 설치사례

2. 거푸집 및 동바리 조립 시 안전조치 사항

① 거푸집 조립 시 준수사항 안전보건규칙 제331조의 2

    ㉠ 거푸집을 조립하는 경우에는 거푸집이 콘크리트 하중이나 그 밖에 외력에 견딜 수 있거나, 넘어지지 않도록 견고한 구조의 긴결재, 버팀대 또는 지지대를 설치하는 등 필요한 조치를 할 것

    ㉡ 거푸집이 곡면인 경우에는 버팀대의 부착 등 그 거푸집의 부상을 방지하기 위한 조치를 할 것

② 동바리 조립 시 준수사항 안전보건규칙 제332조

    ㉠ 받침목이나 깔판의 사용, 콘크리트 타설, 말뚝박기 등 동바리의 침하를 방지하기 위한 조치를 할 것

    ㉡ 동바리의 상하 고정 및 미끄러짐 방지 조치를 할 것

    ㉢ 상부·하부의 동바리가 동일 수직선 상에 위치하도록 하여 깔판·받침목에 설치할 것

ⓔ 개구부 상부에 동바리를 설치하는 경우에는 상부하중을 견딜 수 있는 견고한 받침대를 설치할 것

ⓜ U헤드 등의 단판이 없는 동바리의 상단에 멍에 등을 올릴 경우에는 해당 상단에 U헤드 등의 단판을 설치하고, 멍에 등이 전도되거나 이탈되지 않도록 고정시킬 것

ⓗ 동바리의 이음은 같은 품질의 재료를 사용할 것

ⓢ 강재의 접속부 및 교차부는 볼트·클램프 등 전용철물을 사용하여 단단히 연결할 것

ⓞ 거푸집의 형상에 따른 부득이한 경우를 제외하고는 깔판이나 받침목은 2단 이상 끼우지 않도록 할 것

ⓩ 깔판이나 받침목을 이어서 사용하는 경우에는 그 깔판·받침목을 단단히 연결할 것

③ 동바리로 사용하는 파이프서포트 안전조치 사항 안전보건규칙 제332조의 2

ⓒ 파이프서포트를 3개 이상 이어서 사용하지 않도록 할 것

ⓛ 파이프서포트를 이어서 사용하는 경우에는 4개 이상의 볼트 또는 전용철물을 사용하여 이을 것

ⓒ 높이가 3.5[m]를 초과하는 경우에는 높이 2[m] 이내마다 수평연결재를 2개 방향으로 만들고 수평연결재의 변위를 방지할 것

④ 시스템동바리 안전조치 사항 안전보건규칙 제332조의 2

규격화·부품화된 수직재, 수평재 및 가새재 등의 부재를 현장에서 조립하여 거푸집으로 지지하는 시스템동바리 조립 시 다음의 사항을 준수하여야 한다.

ⓒ 수평재는 수직재와 직각으로 설치하여야 하며, 흔들리지 않도록 견고하게 설치할 것

ⓛ 연결철물을 사용하여 수직재를 견고하게 연결하고, 연결 부위가 탈락 또는 꺾어지지 않도록 할 것

ⓒ 수직 및 수평하중에 의한 동바리의 구조적 안전성이 확보되도록 조립도에 따라 수직재 및 수평재에는 가새재를 견고하게 설치할 것

ⓔ 동바리 최상단과 최하단의 수직재와 받침철물은 서로 밀착되도록 설치하고 수직재와 받침철물의 연결부의 겹침길이는 받침철물 전체길이의 $\frac{1}{3}$ 이상이 되도록 할 것

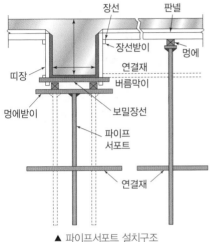

▲ 파이프서포트 설치구조

3. 콘크리트 타설작업의 안전대책

① 콘크리트 타설작업 시 준수사항 안전보건규칙 제334조

ⓒ 당일의 작업을 시작하기 전에 해당 작업에 관한 거푸집 및 동바리의 변형·변위 및 지반의 침하 유무 등을 점검하고 이상이 있으면 보수할 것

ⓛ 작업 중에는 감시자를 배치하는 등의 방법으로 거푸집 및 동바리의 변형·변위 및 침하 유무 등을 확인하여야 하며, 이상이 있으면 작업을 중지하고 근로자를 대피시킬 것

ⓒ 콘크리트 타설작업 시 거푸집 붕괴의 위험이 발생할 우려가 있으면 충분한 보강조치를 할 것

ⓔ 설계도서상의 콘크리트 양생기간을 준수하여 거푸집 및 동바리를 해체할 것

ⓜ 콘크리트를 타설하는 경우에는 편심이 발생하지 않도록 골고루 분산하여 타설할 것

② 측압이 커지는 조건

　　㉠ 거푸집 부재단면이 클수록

　　㉡ 거푸집 수밀성이 클수록(투수성이 작을수록)

　　㉢ 거푸집의 강성이 클수록

　　㉣ 거푸집 표면이 평활할수록

　　㉤ 시공연도(Workability)가 좋을수록

　　㉥ 철골 또는 철근량이 적을수록

　　㉦ 외기온도가 낮을수록, 습도가 높을수록

　　㉧ 콘크리트의 타설속도가 빠를수록

　　㉨ 콘크리트의 다짐이 과할수록

　　㉩ 콘크리트의 슬럼프가 클수록

　　㉪ 콘크리트의 비중이 클수록

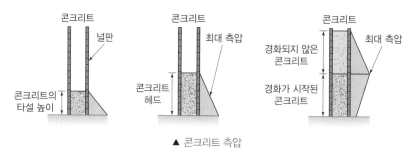

▲ 콘크리트 측압

KEYWORD 08　해체공사

1. 해체작업 시 작업계획서 내용 　안전보건규칙　별표 4

　① 해체의 방법 및 해체 순서도면

　② 가설설비·방호설비·환기설비 및 살수·방화설비 등의 방법

　③ 사업장 내 연락방법

　④ 해체물의 처분계획

　⑤ 해체작업용 기계·기구 등의 작업계획서

　⑥ 해체작업용 화약류 등의 사용계획서

　⑦ 그 밖에 안전·보건에 관련된 사항

2. 해체공사 시 안전대책

① 작업 구역 내에는 관계자 외 출입금지
② 강풍, 폭우, 폭설 등 악천후 시 작업 중지
③ 사용 기계·기구 등을 인양하거나 내릴 때 그물망 또는 그물포대 등 사용
④ 전도작업 시 작업자 이외의 다른 작업자 대피상태 확인 후 전도
⑤ 파쇄공법의 특성에 따라 방진벽, 비산 차단벽, 분진억제 살수시설 설치
⑥ 작업자 상호 간 신호규정 준수
⑦ 적정한 위치에 대피소 설치

KEYWORD 09 | 건설기계

1. 차량계 건설기계

① 전도 등의 방지 | 안전보건규칙 | 제199조
  ㉠ 유도자 배치
  ㉡ 지반의 부동침하 방지 조치
  ㉢ 갓길의 붕괴 방지 조치
  ㉣ 도로 폭의 유지
② 차량계 건설기계의 작업계획서 내용 | 안전보건규칙 | 별표 4
  ㉠ 사용하는 차량계 건설기계의 종류 및 성능
  ㉡ 차량계 건설기계의 운행경로
  ㉢ 차량계 건설기계에 의한 작업방법

2. 차량계 하역운반기계

① 전도 등의 방지 | 안전보건규칙 | 제171조
  ㉠ 유도자 배치
  ㉡ 지반의 부동침하 방지 조치
  ㉢ 갓길의 붕괴 방지 조치
② 단위화물의 무게가 100[kg] 이상인 화물을 싣거나 내리는 작업 | 안전보건규칙 | 제177조
  ㉠ 작업순서 및 그 순서마다의 작업방법을 정하고 작업을 지휘할 것
  ㉡ 기구와 공구를 점검하고 불량품을 제거할 것
  ㉢ 해당 작업을 하는 장소에 관계 근로자가 아닌 사람이 출입하는 것을 금지할 것
  ㉣ 로프 풀기 작업 또는 덮개 벗기기 작업은 적재함의 화물이 떨어질 위험이 없음을 확인한 후에 하도록 할 것

3. 토공사용 건설기계

① 굴착장비

구분	사용
드래그셔블(Drag Shovel)/ 백호우(Backhoe)	⊙ 기계가 설치된 지면보다 낮은 곳을 굴착하는 데 적합하다. ⓒ 단단한 토질의 굴착 및 수중굴착도 가능하다. ⓒ 굴착된 구멍이나 도랑의 굴착면의 마무리가 비교적 깨끗하고 정확해서 배관작업 등에 편리하다. ⓔ 동력 전달이 유압 배관으로 되어 있어 구조가 간단하고 정비가 쉽다. ⓜ 비교적 경량이며 이동과 운반이 편리하고, 협소한 장소에서 선취와 작업이 가능하다. ⓗ 조작이 부드럽고 사이클 타임이 짧아 작업능률이 좋다.
파워셔블 (Power Shovel)	⊙ 디퍼(Dipper)를 아래에서 위로 조작하여 굴착한다. ⓒ 굴착기가 위치한 지면보다 높은 곳을 굴착하는 데 적합하다. ⓒ 비교적 단단한 토질의 굴착도 가능하며 적재, 석산 작업에 편리하다. ⓔ 크기는 버킷과 디퍼의 크기에 따라 결정한다.
드래그라인 (Drag Line)	⊙ 와이어로프에 의하여 고정된 버킷을 지면에 따라 끌어당기면서 굴착하는 방식의 장비이다. ⓒ 굴착기가 위치한 지면보다 낮은 장소를 굴착하는 데 사용한다. ⓒ 작업반경이 커서 넓은 지역의 굴착작업에 용이하다. ⓔ 정확한 굴착작업을 기대할 수는 없지만 수중굴착 및 모래 채취 등에 많이 이용한다. ⓜ 단단하게 다져진 토질에 부적합하다.
클램셸 (Clamshell)	⊙ 굴착기가 위치한 지면보다 낮은 곳을 굴착하는 데 적합하다. ⓒ 좁은 장소의 깊은 굴착에 효과적이다. ⓒ 기계 위치와 굴착 지반의 높이 등에 관계없이 고저에 대하여 작업이 가능하다. ⓔ 정확한 굴착 및 단단한 지반작업이 불가능하다. ⓜ 사이클 타임이 길어 작업능률이 떨어진다.

② 운반장비 – 스크레이퍼

⊙ 굴착(Digging), 싣기(Loading), 운반(Hauling), 하역(Dumping), 정지(Grading) 작업을 일관하여 연속작업이 가능하다.

ⓒ 대량 토공작업을 위한 기계로서 대단위 대량 운반이 용이하고 운반 속도가 빠르다.

ⓒ 장거리 운반에도 적합하다.

③ 다짐장비 – 롤러

구분	사용
탠덤 롤러 (Tandem Roller)	⊙ 전륜, 후륜 각 1개의 철륜을 가진 롤러를 2축 탠덤 롤러 또는 단순히 탠덤 롤러라 하며, 3륜을 따라 나열한 것을 3축 탠덤 롤러라 한다. ⓒ 점성토나 자갈, 쇄석의 다짐, 아스팔트 포장의 마무리 전압 작업에 적합하다.
머캐덤 롤러 (Macadam Roller)	⊙ 3륜차의 형식으로 쇠바퀴 롤러가 배치된 기계로, 중량 6~18톤 정도이다. ⓒ 부순돌이나 자갈길의 1차 전압 및 마감 전압이나 아스팔트 포장 초기 전압에 사용된다.
타이어 롤러 (Tire Roller)	⊙ 고무 타이어에 의해 흙을 다지는 롤러로, 자주식과 피견인식이 있다. ⓒ 토질에 따라서 밸러스트나 타이어 공기압의 조정이 가능하여 점성토의 다짐에도 사용할 수 있으며, 또한 아스팔트 합재에 의한 포장 전압에도 사용된다.
진동 롤러 (Vibration Roller)	전륜 또는 후륜에 기동장치를 부착하고, 철 바퀴를 진동시키면서 자중 및 진동을 주어 다지는 기계를 말한다.
탬핑 롤러 (Tamping Roller)	⊙ 롤러의 표면에 돌기를 부착한 것으로서 돌기가 전압층에 매입하여 풍화암을 파쇄해서 흙 속의 간극 수압을 소산시키는 롤러를 말한다. ⓒ 다른 롤러에 비해서 점착성이 큰 점토질의 다지기에 적당하고, 다지기 유효깊이가 대단히 큰 장점이 있다.

4. 항타기 및 항발기

① 조립·해체 시 점검사항 `안전보건규칙` `제207조`

    ㉠ 본체 연결부의 풀림 또는 손상의 유무

    ㉡ 권상용 와이어로프·드럼 및 도르래의 부착상태의 이상 유무

    ㉢ 권상장치의 브레이크 및 쐐기장치 기능의 이상 유무

    ㉣ 권상기의 설치상태의 이상 유무

    ㉤ 리더(Leader)의 버팀 방법 및 고정상태의 이상 유무

    ㉥ 본체·부속장치 및 부속품의 강도가 적합한지 여부

    ㉦ 본체·부속장치 및 부속품에 심한 손상·마모·변형 또는 부식이 있는지 여부

② 무너짐의 방지 `안전보건규칙` `제209조`

    ㉠ 연약한 지반에 설치하는 경우에는 아웃트리거·받침 등 지지구조물의 침하를 방지하기 위하여 깔판·받침목 등을 사용할 것

    ㉡ 시설 또는 가설물 등에 설치하는 경우에는 그 내력을 확인하고 내력이 부족하면 그 내력을 보강할 것

    ㉢ 아웃트리거·받침 등 지지구조물이 미끄러질 우려가 있는 경우에는 말뚝 또는 쐐기 등을 사용하여 해당 지지구조물을 고정시킬 것

    ㉣ 궤도 또는 차로 이동하는 항타기 또는 항발기에 대해서는 불시에 이동하는 것을 방지하기 위하여 레일 클램프 및 쐐기 등으로 고정시킬 것

    ㉤ 상단 부분은 버팀대·버팀줄로 고정하여 안정시키고, 그 하단 부분은 견고한 버팀·말뚝 또는 철골 등으로 고정시킬 것

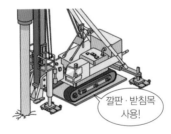
깔판·받침목 사용!

레일 클램프, 쐐기 등으로 고정!

③ 권상용 와이어로프의 준수사항 `안전보건규칙` `제210~211조`

    ㉠ 사용금지 사항

      • 이음매가 있는 것

      • 와이어로프의 한 꼬임(Strand)에서 끊어진 소선의 수가 10[%] 이상인 것

      • 지름의 감소가 공칭지름의 7[%]를 초과하는 것

      • 꼬인 것

      • 심하게 변형되거나 부식된 것

      • 열과 전기충격에 의해 손상된 것

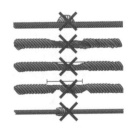

    ㉡ 안전계수 기준: 와이어로프의 안전계수가 5 이상이 아니면 이를 사용해서는 아니 된다.

5. 지게차

① 헤드가드의 구조 `안전보건규칙` `제180조`

    ㉠ 강도는 지게차의 최대하중의 2배 값(4톤을 넘는 값에 대해서는 4톤)의 등분포정하중에 견딜 수 있을 것

    ㉡ 상부틀의 각 개구의 폭 또는 길이가 16[cm] 미만일 것

ⓒ 운전자가 앉아서 조작하거나 서서 조작하는 지게차의 헤드가드는 한국산업표준에서 정하는 높이 기준 이상일 것(입승식: 1.88[m] 이상, 좌승식: 0.903[m] 이상)

② 작업시작 전 점검사항 안전보건규칙 별표 3

ⓐ 제동장치 및 조종장치 기능의 이상 유무

ⓑ 하역장치 및 유압장치 기능의 이상 유무

ⓒ 바퀴의 이상 유무

ⓓ 전조등·후미등·방향지시기 및 경보장치 기능의 이상 유무

KEYWORD 10 양중기

1. 양중기 안전보건규칙 제132조

① 크레인(호이스트(Hoist) 포함)

② 이동식 크레인

③ 리프트(이삿짐운반용 리프트의 경우에는 적재하중이 0.1톤 이상인 것으로 한정)

④ 곤돌라

⑤ 승강기

2. 양중기의 종류

① 크레인

ⓐ 종류: 고정식 크레인, 이동식 크레인

ⓑ 방호장치

- 권과방지장치: 권과를 방지하기 위하여 자동적으로 동력을 차단하고 작동을 제동하는 장치이다.
- 과부하방지장치: 크레인에 있어서 정격하중 이상의 하중이 부하되었을 때 자동적으로 상승이 정지되면서 경보음을 발생시키는 장치이다.
- 비상정지장치: 이동 중 이상상태 발생 시 급정지시킬 수 있는 장치이다.
- 제동장치: 운동체를 감속시키거나 정지상태로 유지하는 기능을 가진 장치이다.
- 훅 해지장치: 훅에서 와이어로프가 이탈하는 것을 방지하는 장치이다.

② 리프트

종류		방호장치	
ⓐ 건설용 리프트	ⓑ 산업용 리프트	ⓐ 권과방지장치	ⓑ 과부하방지장치
ⓒ 자동차정비용 리프트	ⓓ 이삿짐운반용 리프트	ⓒ 비상정지장치	ⓓ 제동장치

③ **곤돌라**: 달기발판 또는 운반구, 승강장치, 그 밖의 장치 및 이들에 부속된 기계부품에 의하여 구성되고, 와이어로프 또는 달기강선에 의하여 달기발판 또는 운반구가 전용의 승강장치에 의하여 오르내리는 설비이다.

④ **승강기**

종류		방호장치	
⊙ 승객용 엘리베이터 ⓒ 화물용 엘리베이터 ⓜ 에스컬레이터	ⓛ 승객화물용 엘리베이터 ⓔ 소형화물용 엘리베이터	⊙ 과부하방지장치 ⓒ 비상정지장치 ⓜ 파이널 리미트 스위치 ⓢ 출입문 인터록(Inter Lock)	ⓛ 권과방지장치 ⓔ 제동장치 ⓗ 속도조절기

3. 양중기의 안전수칙

① 정격하중 등의 표시 `안전보건규칙` `제133조`

양중기(승강기 제외) 및 달기구를 사용하여 작업하는 운전자 또는 작업자가 보기 쉬운 곳에 다음을 부착하여야 한다.

　⊙ 정격하중(달기구는 정격하중만 표시)

　ⓛ 운전속도

　ⓒ 경고표시

② 폭풍에 의한 이탈 방지 `안전보건규칙` `제140조`

순간풍속이 30[m/s]를 초과하는 바람이 불어올 우려가 있는 경우 옥외에 설치되어 있는 주행 크레인에 대하여 이탈방지장치를 작동시키는 등 이탈 방지를 위한 조치를 하여야 한다.

③ **타워크레인의 설치·조립·해체 시 준수사항**

　⊙ 작업계획서 내용 `안전보건규칙` `별표 4`

　　• 타워크레인의 종류 및 형식

　　• 설치·조립 및 해체순서

　　• 작업도구·장비·가설설비 및 방호설비

　　• 작업인원의 구성 및 작업근로자의 역할 범위

　　• 타워크레인의 지지 방법

　ⓛ 강풍 시 타워크레인의 작업 중지 `안전보건규칙` `제37조`

　　순간풍속이 10[m/s]를 초과하는 경우 타워크레인의 설치·수리·점검 또는 해체 작업을 중지하여야 하며, 순간풍속이 15[m/s]를 초과하는 경우에는 타워크레인의 운전 작업을 중지하여야 한다.

4. 양중기의 와이어로프

① 안전계수 `안전보건규칙` `제163조`

　⊙ 안전계수 $= \dfrac{\text{절단하중}}{\text{최대사용하중}}$

　ⓛ 안전계수의 구분

구분	안전계수
근로자가 탑승하는 운반구를 지지하는 달기 와이어로프 또는 달기 체인의 경우	10 이상

화물의 하중을 직접 지지하는 달기 와이어로프 또는 달기 체인의 경우	5 이상
훅, 샤클, 클램프, 리프팅 빔의 경우	3 이상
그 밖의 경우	4 이상

② 부적격한 와이어로프의 사용금지 기준 안전보건규칙 제166조

  ㉠ 이음매가 있는 것

  ㉡ 와이어로프의 한 꼬임(Strand)에서 끊어진 소선의 수가 10[%] 이상인 것

  ㉢ 지름의 감소가 공칭지름의 7[%]를 초과하는 것

  ㉣ 꼬인 것

  ㉤ 심하게 변형되거나 부식된 것

  ㉥ 열과 전기충격에 의해 손상된 것

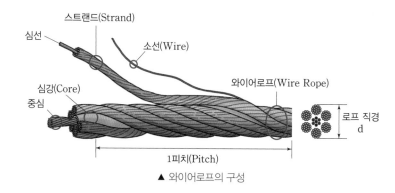

▲ 와이어로프의 구성

5. 작업시작 전 점검사항 안전보건규칙 별표 3

① 크레인

  ㉠ 권과방지장치·브레이크·클러치 및 운전장치의 기능

  ㉡ 주행로의 상측 및 트롤리가 횡행하는 레일의 상태

  ㉢ 와이어로프가 통하고 있는 곳의 상태

② 이동식 크레인

  ㉠ 권과방지장치나 그 밖의 경보장치의 기능

  ㉡ 브레이크·클러치 및 조정장치의 기능

  ㉢ 와이어로프가 통하고 있는 곳 및 작업장소의 지반상태

③ 리프트

  ㉠ 방호장치·브레이크 및 클러치의 기능

  ㉡ 와이어로프가 통하고 있는 곳의 상태

④ 곤돌라

  ㉠ 방호장치·브레이크의 기능

  ㉡ 와이어로프·슬링와이어 등의 상태

07 / 건설공사 안전관리

01

토석 붕괴의 외적 원인 4가지를 쓰시오.

정답

① 사면, 법면의 경사 및 기울기의 증가
② 절토 및 성토 높이의 증가
③ 공사에 의한 진동 및 반복 하중의 증가
④ 지표수 및 지하수의 침투에 의한 토사 중량의 증가
⑤ 지진, 차량 구조물의 하중작용
⑥ 토사 및 암석의 혼합층 두께

02

가설통로 설치 시 준수사항 3가지를 쓰시오.

정답

① 견고한 구조로 할 것
② 경사는 30° 이하로 할 것
③ 경사가 15°를 초과하는 경우에는 미끄러지지 아니하는 구조로 할 것
④ 추락할 위험이 있는 장소에는 안전난간을 설치할 것
⑤ 수직갱에 가설된 통로의 길이가 15[m] 이상인 경우에는 10[m] 이내마다 계단참을 설치할 것
⑥ 건설공사에 사용하는 높이 8[m] 이상인 비계다리에는 7[m] 이내마다 계단참을 설치할 것

03

지반 굴착작업을 할 때 위험방지를 위하여 사전에 조사해야 하는 항목 4가지를 쓰시오.

정답

① 형상·지질 및 지층의 상태
② 균열·함수·용수 및 동결의 유무 또는 상태
③ 매설물 등의 유무 또는 상태
④ 지반의 지하수위 상태

04

건물 등의 해체작업을 할 때 작업계획서에 포함해야 하는 사항 5가지를 쓰시오.

정답

① 해체의 방법 및 해체 순서도면
② 가설설비·방호설비·환기설비 및 살수·방화설비 등의 방법
③ 사업장 내 연락방법
④ 해체물의 처분계획
⑤ 해체작업용 기계·기구 등의 작업계획서
⑥ 해체작업용 화약류 등의 사용계획서
⑦ 그 밖에 안전·보건에 관련된 사항

05

차량계 하역운반기계의 운전자가 운전위치를 이탈하고자 할 때 운전자가 준수하여야 할 사항 2가지를 쓰시오.

정답

① 포크, 버킷, 디퍼 등의 장치를 가장 낮은 위치 또는 지면에 내려 둘 것
② 원동기를 정지시키고 브레이크를 확실히 거는 등 갑작스러운 주행이나 이탈을 방지하기 위한 조치를 할 것
③ 운전석을 이탈하는 경우에는 시동키를 운전대에서 분리시킬 것

06

잠함, 피트, 우물통의 내부에서 굴착작업을 하는 경우에 사업주가 할 일 3가지를 쓰시오.

정답

① 산소 결핍 우려가 있는 경우에는 산소의 농도를 측정하는 사람을 지명하여 측정하도록 할 것
② 근로자가 안전하게 오르내리기 위한 설비를 설치할 것
③ 굴착 깊이가 20[m]를 초과하는 경우에는 해당 작업장소와 외부와의 연락을 위한 통신설비 등을 설치할 것

07

콘크리트 타설작업 시 준수사항 3가지를 쓰시오.

정답

① 당일의 작업을 시작하기 전에 해당 작업에 관한 거푸집 및 동바리의 변형·변위 및 지반의 침하 유무 등을 점검하고 이상이 있으면 보수할 것
② 작업 중에는 감시자를 배치하는 등 거푸집 및 동바리의 변형·변위 및 침하 유무 등을 확인하여야 하며, 이상이 있으면 작업을 중지하고 근로자를 대피시킬 것
③ 콘크리트 타설작업 시 거푸집 붕괴의 위험이 발생할 우려가 있으면 충분한 보강조치를 할 것
④ 설계도서상의 콘크리트 양생기간을 준수하여 거푸집 및 동바리를 해체할 것
⑤ 콘크리트를 타설하는 경우에는 편심이 발생하지 않도록 골고루 분산하여 타설할 것

08

항타기·항발기의 조립·해체 시 점검사항 5가지를 쓰시오.

정답

① 본체 연결부의 풀림 또는 손상의 유무
② 권상용 와이어로프·드럼 및 도르래의 부착상태의 이상 유무
③ 권상장치의 브레이크 및 쐐기장치 기능의 이상 유무
④ 권상기 설치상태의 이상 유무
⑤ 리더(Leader)의 버팀 방법 및 고정상태의 이상 유무
⑥ 본체·부속장치 및 부속품의 강도가 적합한지 여부
⑦ 본체·부속장치 및 부속품에 심한 손상·마모·변형 또는 부식이 있는지 여부

09

콘크리트 타설 시 거푸집에 작용하는 측압에 영향을 미치는 요인 5가지를 쓰시오.

정답

① 거푸집 부재단면이 클수록 측압이 크다.
② 거푸집 수밀성이 클수록(투수성이 작을수록) 측압이 크다.
③ 거푸집의 강성이 클수록 측압이 크다.
④ 거푸집 표면이 평활할수록 측압이 크다.
⑤ 시공연도(Workability)가 좋을수록 측압이 크다.
⑥ 철골 또는 철근량이 적을수록 측압이 크다.
⑦ 외기온도가 낮을수록, 습도가 높을수록 측압이 크다.
⑧ 콘크리트의 타설속도가 빠를수록 측압이 크다.
⑨ 콘크리트의 다짐이 과할수록 측압이 크다.
⑩ 콘크리트의 슬럼프가 클수록 측압이 크다.
⑪ 콘크리트의 비중이 클수록 측압이 크다.

10

비계를 조립·해체하거나 변경한 후 그 비계에서 작업을 하는 경우 작업시작 전 점검사항 4가지를 쓰시오.

정답

① 발판 재료의 손상 여부 및 부착 또는 걸림 상태
② 해당 비계의 연결부 또는 접속부의 풀림 상태
③ 연결 재료 및 연결 철물의 손상 또는 부식 상태
④ 손잡이의 탈락 여부
⑤ 기둥의 침하, 변형, 변위 또는 흔들림 상태
⑥ 로프의 부착 상태 및 매단 장치의 흔들림 상태

11

지반 굴착작업 시 지반의 종류에 따른 기울기 기준에 대하여 쓰시오.

정답

지반의 종류	기울기
모래	1 : 1.8
연암 및 풍화암	1 : 1.0
경암	1 : 0.5
그 밖의 흙	1 : 1.2

12

동바리 조립 시 사용하는 파이프서포트에 대한 준수사항 3 가지를 쓰시오.

> **정답**
>
> ① 파이프서포트를 3개 이상 이어서 사용하지 않도록 할 것
> ② 파이프서포트를 이어서 사용할 경우에는 4개 이상의 볼트 또는 전용철물을 사용하여 이을 것
> ③ 높이가 3.5[m]를 초과하는 경우에는 높이 2[m] 이내마다 수평연결재를 2개 방향으로 만들고 수평연결재의 변위를 방지할 것

13

사다리식 통로를 설치할 경우 준수해야 할 사항 5가지를 쓰시오.

> **정답**
>
> ① 견고한 구조로 할 것
> ② 심한 손상·부식 등이 없는 재료를 사용할 것
> ③ 발판의 간격은 일정하게 할 것
> ④ 발판과 벽과의 사이는 15[cm] 이상의 간격을 유지할 것
> ⑤ 폭은 30[cm] 이상으로 할 것
> ⑥ 사다리가 넘어지거나 미끄러지는 것을 방지하기 위한 조치를 할 것
> ⑦ 사다리의 상단은 걸쳐놓은 지점으로부터 60[cm] 이상 올라가도록 할 것
> ⑧ 사다리식 통로의 길이가 10[m] 이상인 경우에는 5[m] 이내마다 계단참을 설치할 것
> ⑨ 사다리식 통로의 기울기는 75° 이하로 할 것. 다만, 고정식 사다리식 통로의 기울기는 90° 이하로 하고, 그 높이가 7[m] 이상인 경우에는 바닥으로부터 높이가 2.5[m] 되는 지점부터 등받이울을 설치할 것
> ⑩ 접이식 사다리 기둥은 사용 시 접혀지거나 펼쳐지지 않도록 철물 등을 사용하여 견고하게 조치할 것

14

굴착작업 시 토사 등의 붕괴 또는 낙하에 의하여 근로자에게 위험을 미칠 우려가 있을 때의 조치사항 3가지를 쓰시오.

> **정답**
>
> ① 흙막이 지보공의 설치
> ② 방호망의 설치
> ③ 근로자의 출입 금지

15

콘크리트 옹벽을 축조할 경우, 옹벽에 필요한 안정조건 3가지를 쓰시오.

> **정답**
>
> ① 활동에 대한 안정
> ② 전도에 대한 안정
> ③ 지반 지지력(침하)에 대한 안정

16

토공사 시 연약지반의 보강공법을 점성토 지반과 사질토 지반으로 구분하여 각각 3가지씩 쓰시오.

> **정답**
>
> ① 점성토 지반 보강공법
> ㉠ 치환공법
> ㉡ 재하공법(압밀공법)
> ㉢ 탈수공법
> ㉣ 배수공법
> ㉤ 고결공법
> ② 사질토 지반 보강공법
> ㉠ 진동다짐공법(Vibro Flotation)
> ㉡ 동다짐공법
> ㉢ 약액주입공법
> ㉣ 폭파다짐공법
> ㉤ 전기충격공법
> ㉥ 모래다짐말뚝공법

17

「산업안전보건법령」상 양중기의 와이어로프 등 달기구의 안전계수를 쓰시오.

> ① 훅, 샤클, 클램프, 리프팅 빔의 경우
> ② 화물의 하중을 직접 지지하는 달기와이어로프의 경우
> ③ 근로자가 탑승하는 운반구를 지지하는 달기와이어로프의 경우

정답

① 3 이상   ② 5 이상   ③ 10 이상

18

보일링 현상을 방지하기 위한 대책 3가지를 쓰시오.

정답

① 흙막이벽의 근입 깊이 증가
② 차수성이 높은 흙막이 설치
③ 흙막이벽 배면지반 그라우팅 실시
④ 흙막이벽 배면지반의 지하수위 저하

19

다음은 비계의 높이가 2[m] 이상인 경우 설치하는 작업발판에 대한 내용이다. (   ) 안에 알맞은 내용을 쓰시오.

> (1) 추락의 위험이 있는 장소에는 (①   )을 설치할 것. 다만, 작업의 성질상 설치하는 것이 곤란한 경우에는 그러하지 아니하다.
> (2) 작업발판의 폭은 (②   )[cm] 이상으로 하고, 발판재료 간의 틈은 (③   )[cm] 이하로 할 것

정답

① 안전난간   ② 40   ③ 3

20

「산업안전보건법령」에 의거, 대통령령으로 정하는 크기, 높이 등에 해당하는 건설공사를 착공하려는 경우 사업주는 유해위험방지계획서를 작성할 때 건설안전 분야의 자격 등 고용노동부령으로 정하는 자격을 갖춘 자의 의견을 들어야 한다. 유해위험방지계획서 작성 대상인 대통령령으로 정하는 크기, 높이 등에 해당하는 건설공사에 해당하는 것 5가지를 쓰시오.

정답

① 다음의 어느 하나에 해당하는 건축물 또는 시설 등의 건설 등 공사
  ㉠ 지상높이가 31[m] 이상인 건축물 또는 인공구조물
  ㉡ 연면적 30,000[m²] 이상인 건축물
  ㉢ 연면적 5,000[m²] 이상인 문화 및 집회시설(전시장 및 동물원·식물원 제외), 판매시설·운수시설(고속철도의 역사 및 집배송시설 제외), 종교시설, 의료시설 중 종합병원, 숙박시설 중 관광숙박시설, 지하도상가, 냉동·냉장 창고시설
② 연면적 5,000[m²] 이상인 냉동·냉장 창고시설의 설비공사 및 단열공사
③ 최대 지간길이가 50[m] 이상인 다리의 건설 등 공사
④ 터널의 건설 등 공사
⑤ 다목적 댐, 발전용 댐, 저수용량 2천만 톤 이상의 용수 전용 댐 및 지방상수도 전용 댐의 건설 등 공사
⑥ 깊이 10[m] 이상인 굴착공사

08 보호구 및 안전보건표지

CHAPTER 01 보호구

KEYWORD 01 보호구의 선정 및 관리

1. 보호구의 종류

① 안전인증대상 보호구 `산업안전보건법 시행령` 제74조

- ㉠ 추락 및 감전 위험방지용 안전모
- ㉡ 안전화
- ㉢ 안전장갑
- ㉣ 방진마스크
- ㉤ 방독마스크
- ㉥ 송기마스크
- ㉦ 전동식 호흡보호구
- ㉧ 보호복
- ㉨ 안전대
- ㉩ 차광 및 비산물 위험방지용 보안경
- ㉪ 용접용 보안면
- ㉫ 방음용 귀마개 또는 귀덮개

② 자율안전확인대상 보호구 `산업안전보건법 시행령` 제77조

- ㉠ 안전모(추락 및 감전 위험방지용 안전모 제외)
- ㉡ 보안경(차광 및 비산물 위험방지용 보안경 제외)
- ㉢ 보안면(용접용 보안면 제외)

③ 안전인증의 표시

㉠ 안전인증마크 `산업안전보건법 시행규칙` 별표 14, 15

안전인증 및 자율안전확인신고 표시	안전인증대상기계 등이 아닌 유해·위험기계 등의 안전인증의 표시
KCs	S

㉡ 안전인증제품 및 자율안전확인 제품표시의 붙임
- 형식 또는 모델명
- 규격 또는 등급 등
- 제조자명
- 제조번호 및 제조연월
- 안전인증 번호(자율안전확인 제품의 경우, 자율안전확인 번호)

2. 보호구의 지급 `안전보건규칙` 제32조

① 안전모: 물체가 떨어지거나 날아올 위험 또는 근로자가 추락할 위험이 있는 작업
② 안전대: 높이 또는 깊이 2[m] 이상의 추락할 위험이 있는 장소에서 하는 작업

③ **안전화**: 물체의 낙하·충격, 물체에의 끼임, 감전 또는 정전기의 대전에 의한 위험이 있는 작업

④ **보안경**: 물체가 흩날릴 위험이 있는 작업

⑤ **보안면**: 용접 시 불꽃이나 물체가 흩날릴 위험이 있는 작업

⑥ **절연용 보호구**: 감전의 위험이 있는 작업

⑦ **방열복**: 고열에 의한 화상 등의 위험이 있는 작업

⑧ **방진마스크**: 선창 등에서 분진이 심하게 발생하는 하역작업

⑨ **방한모·방한복·방한화·방한장갑**: −18[℃] 이하인 급냉동어창에서 하는 하역작업

3. 보호구 관리요령

① 직사광선을 피하고 통풍이 잘되는 장소에 보관할 것

② 부식성 액체, 유기용제, 기름, 산 등과 통합하여 보관하지 아니할 것

③ 발열성 물질이 주위에 없을 것

④ 땀 등으로 오염된 경우 세척하고 건조시킨 후 보관할 것

⑤ 모래, 진흙 등이 묻은 경우는 세척 후 그늘에서 건조할 것

⑥ 상시 사용이 가능하도록 관리해야 하며 청결을 유지할 것

KEYWORD 02 안전모

1. 안전모의 명칭

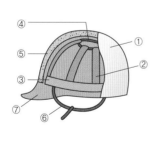

번호	명칭	
①	모체	
②	착장체	머리받침끈
③		머리고정대
④		머리받침고리
⑤	충격흡수재	
⑥	턱끈	
⑦	챙(차양)	

2. 안전모의 종류

종류(기호)	사용구분	비고
AB	물체의 낙하 또는 비래 및 추락에 의한 위험을 방지 또는 경감시키기 위한 것	–
AE	물체의 낙하 또는 비래에 의한 위험을 방지 또는 경감하고, 머리부위 감전에 의한 위험을 방지하기 위한 것	내전압성
ABE	물체의 낙하 또는 비래 및 추락에 의한 위험을 방지 또는 경감하고, 머리부위 감전에 의한 위험을 방지하기 위한 것	내전압성

※ 내전압성이란 7,000[V] 이하의 전압에 견디는 것을 말함

3. 안전모의 시험성능기준

① 시험성능기준

항목	시험성능기준
내관통성	AE, ABE종 안전모는 관통거리가 9.5[mm] 이하이고, AB종 안전모는 관통거리가 11.1[mm] 이하이어야 한다.
충격흡수성	최고전달충격력이 4,450[N]을 초과해서는 안 되며, 모체와 착장체의 기능이 상실되지 않아야 한다.
내전압성	AE, ABE종 안전모는 교류 20[kV]에서 1분간 절연파괴 없이 견뎌야 하고, 이때 누설되는 충전전류는 10[mA] 이하이어야 한다.
내수성	AE, ABE종 안전모는 질량증가율이 1[%] 미만이어야 한다.
난연성	모체가 불꽃을 내며 5초 이상 연소되지 않아야 한다.
턱끈풀림	150[N] 이상 250[N] 이하에서 턱끈이 풀려야 한다.

② **시험방법**

㉠ 내관통성 시험: 안전모를 머리고정대가 느슨한 상태(머리고정대 길이가 58[cm] 이상)로 머리모형에 장착하고 질량 450[g] 철제추를 낙하점이 모체정부를 중심으로 직경 76[mm] 이내가 되도록 높이 3[m]에서 자유 낙하시켜 관통거리를 측정한다.

㉡ 충격흡수성 시험: 안전모를 머리고정대가 느슨한 상태(머리고정대 길이가 58[cm] 이상)로 머리모형에 장착하고 질량 3,600[g]의 충격추를 낙하점이 모체정부를 중심으로 직경 76[mm] 이내가 되도록 높이 1.5[m]에서 자유 낙하시켜 전달충격력을 측정한다.

㉢ 내전압성 시험
- 모체의 내부 수면에서 최소연면거리는 전부위에 챙이 있는 것은 챙 끝까지, 챙이 없는 것은 모체의 끝까지 30[mm]로 한다.
- 이 상태에서 모체 내외의 수중에 전극을 담그고, 주파수 60[Hz]의 정현파에 가까운 20[kV]의 전압을 가하고 충전전류를 측정한다.
- 전압을 가하는 방법은 규정 전압의 $\frac{75}{100}$까지 상승시키고, 이후에는 1초간에 약 1,000[V]의 비율로 전압을 상승시켜 20[kV]에 달한 후 1분간 이에 견디는지 확인한다.

㉣ 내수성 시험: AE, ABE종 안전모의 내수성 시험은 시험 안전모의 모체를 20~25[℃]의 수중에 24시간 담가놓은 후, 대기 중에 꺼내어 마른천 등으로 표면의 수분을 닦아내고 다음 계산식으로 질량증가율[%]을 산출한다.

$$질량증가율[\%] = \frac{담근\ 후의\ 질량 - 담그기\ 전의\ 질량}{담그기\ 전의\ 질량} \times 100$$

㉤ 난연성 시험: 고온 전처리하여 충격흡수성 시험을 마친 시편을 프로판 가스를 사용하는 분젠버너(직경 10[mm])에 가스 압력을 (3,430±50)[Pa]로 조절하고 청색불꽃의 길이가 (45±5)[mm]가 되도록 조절하여 시험한다.

㉥ 턱끈풀림 시험: 안전모를 머리모형에 장착하고 직경이 (12.5±0.5)[mm]이고 양단 간의 거리가 (75±2)[mm] 인 원형롤러에 턱끈을 고정시킨 후 초기 150[N]의 하중을 원형 롤러부에 가하고 이후 턱끈이 풀어질 때까지 분당 (20±2)[N]의 힘을 가하여 최대하중을 측정하고 턱끈풀림 여부를 확인한다.

1. 안전화의 종류

종류	성능구분
가죽제안전화	물체의 낙하, 충격 또는 날카로운 물체에 의한 찔림 위험으로부터 발을 보호하기 위한 것
고무제안전화	물체의 낙하, 충격 또는 날카로운 물체에 의한 찔림 위험으로부터 발을 보호하고 내수성을 겸한 것
정전기안전화	물체의 낙하, 충격 또는 날카로운 물체에 의한 찔림 위험으로부터 발을 보호하고 정전기의 인체대전을 방지하기 위한 것
발등안전화	물체의 낙하, 충격 또는 날카로운 물체에 의한 찔림 위험으로부터 발 및 발등을 보호하기 위한 것
절연화	물체의 낙하, 충격 또는 날카로운 물체에 의한 찔림 위험으로부터 발을 보호하고 저압의 전기에 의한 감전을 방지하기 위한 것
절연장화	고압에 의한 감전을 방지 및 방수를 겸한 것
화학물질용 안전화	물체의 낙하, 충격 또는 날카로운 물체에 의한 찔림 위험으로부터 발을 보호하고 화학물질로부터 유해위험을 방지하기 위한 것

2. 안전화의 등급

등급	사용장소
중작업용	광업, 건설업 및 철광업 등에서 원료취급, 가공, 강재취급 및 강재 운반, 건설업 등에서 중량물 운반작업, 가공대상물의 중량이 큰 물체를 취급하는 작업장으로서 날카로운 물체에 의해 찔릴 우려가 있는 장소
보통작업용	기계공업, 금속가공업, 운반, 건축업 등 공구 가공품을 손으로 취급하는 작업 및 차량 사업장, 기계 등을 운전 조작하는 일반작업장으로서 날카로운 물체에 의해 찔릴 우려가 있는 장소
경작업용	금속 선별, 전기제품 조립, 화학제품 선별, 반응장치 운전, 식품 가공업 등 비교적 경량의 물체를 취급하는 작업장으로서 날카로운 물체에 의해 찔릴 우려가 있는 장소

3. 안전화의 시험성능기준

① 가죽제안전화
    ㉠ 은면결렬 시험   ㉡ 인열강도 시험
    ㉢ 선심의 내부길이   ㉣ 내부식성 시험
    ㉤ 겉창 시편의 채취방법   ㉥ 인장강도 시험 및 신장률
    ㉦ 내유성 시험   ㉧ 내압박성 시험
    ㉨ 내충격성 시험   ㉩ 박리저항 시험
    ㉪ 내답발성 시험
② 고무제안전화
    ㉠ 인장강도 시험   ㉡ 내유성 시험
    ㉢ 파열강도 시험   ㉣ 선심 및 내답판의 내부식성 시험
    ㉤ 누출방지 시험

1. 안전대의 종류

종류	사용구분
벨트식, 안전그네식	1개걸이용
	U자걸이용
안전그네식	추락방지대
	안전블록

▲ 안전블록　　　　　▲ 추락방지대

2. 안전대의 구조

① **벨트**: 신체지지의 목적으로 허리에 착용하는 띠 모양의 부품

② **안전그네**: 신체지지의 목적으로 전신에 착용하는 띠 모양의 것으로서 상체 등 신체 일부분만 지지하는 것 제외

③ **지탱벨트**: U자걸이 사용 시 벨트와 겹쳐서 몸체에 대는 역할을 하는 띠 모양의 부품

④ **죔줄**: 벨트 또는 안전그네를 구명줄 또는 구조물 등 그 밖의 걸이설비와 연결하기 위한 줄 모양의 부품

⑤ **D링**: 벨트 또는 안전그네와 죔줄을 연결하기 위한 D자형의 금속 고리

⑥ **각링**: 벨트 또는 안전그네와 신축조절기를 연결하기 위한 사각형의 금속 고리

⑦ **버클**: 벨트 또는 안전그네를 신체에 착용하기 위해 그 끝에 부착한 금속장치

⑧ **추락방지대**: 신체의 추락을 방지하기 위해 자동잠김 장치를 갖추고 죔줄과 수직구명줄에 연결된 금속장치

⑨ **훅 및 카라비너**: 죔줄과 걸이설비 등 또는 D링과 연결하기 위한 금속장치

⑩ **보조훅**: U자걸이를 위해 훅 또는 카라비너를 지탱벨트의 D링에 걸거나 떼어낼 때 추락을 방지하기 위한 훅

⑪ **신축조절기**: 죔줄의 길이를 조절하기 위해 죔줄에 부착된 금속의 조절장치

⑫ **8자형 링**: 안전대를 1개걸이로 사용할 때 훅 또는 카라비너를 죔줄에 연결하기 위한 8자형의 금속고리

⑬ **안전블록**: 안전그네와 연결하여 추락발생 시 추락을 억제할 수 있는 자동잠김장치가 갖추어져 있고 죔줄이 자동 적으로 수축되는 장치

⑭ **보조죔줄**: 안전대를 U자걸이로 사용할 때 U자걸이를 위해 훅 또는 카라비너를 지탱벨트의 D링에 걸거나 떼어 낼 때 잘못하여 추락하는 것을 방지하기 위한 링과 걸이설비연결에 사용하는 훅 또는 카라비너를 갖춘 줄 모양 의 부품

⑮ **수직구명줄**: 로프 또는 레일 등과 같은 유연하거나 단단한 고정줄로서 추락발생 시 추락을 저지시키는 추락방지 대를 지탱해 주는 줄 모양의 부품

⑯ **충격흡수장치**: 추락 시 신체에 가해지는 충격하중을 완화시키는 기능을 갖는 죔줄에 연결되는 부품

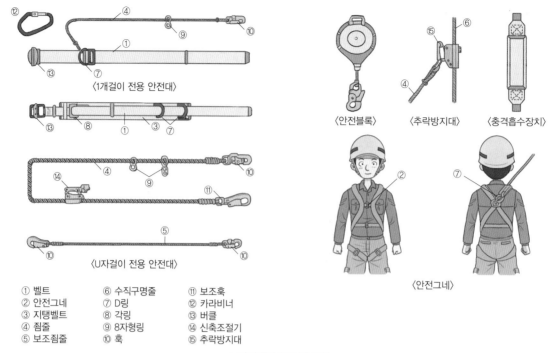

〈1개걸이 전용 안전대〉

〈U자걸이 전용 안전대〉

〈안전블록〉　〈추락방지대〉　〈충격흡수장치〉

〈안전그네〉

① 벨트	⑥ 수직구명줄	⑪ 보조훅
② 안전그네	⑦ D링	⑫ 카라비너
③ 지탱벨트	⑧ 각링	⑬ 버클
④ 죔줄	⑨ 8자형링	⑭ 신축조절기
⑤ 보조죔줄	⑩ 훅	⑮ 추락방지대

▲ 안전대의 종류 및 구조

KEYWORD 05　방진마스크

1. 방진마스크의 형태별 구조분류

종류	분리식		안면부여과식
	격리식	직결식	
형태	전면형	전면형	반면형
	반면형	반면형	
사용조건	산소농도 18[%] 이상인 장소에서 사용하여야 한다.		

2. 방진마스크의 등급

① 등급 및 사용장소

등급	특급	1급	2급
사용장소	• 베릴륨 등과 같이 독성이 강한 물질들을 함유한 분진 등 발생장소 • 석면 취급장소	• 특급마스크 착용장소를 제외한 분진 등 발생장소 • 금속흄 등과 같이 열적으로 생기는 분진 등 발생장소 • 기계적으로 생기는 분진 등 발생장소	특급 및 1급 마스크 착용장소를 제외한 분진 등 발생장소
	배기밸브가 없는 안면부여과식 마스크는 특급 및 1급 장소에 사용해서는 안 된다.		

② 여과재의 분진포집효율

$$P = \frac{C_1 - C_2}{C_1} \times 100$$

여기서, P: 여과재의 분진 등 포집효율
C_1: 여과재 통과 전의 염화나트륨($NaCl$) 농도
C_2: 여과재 통과 후의 염화나트륨($NaCl$) 농도

③ 여과재 분진 등 포집효율에 따른 등급

형태 및 등급		염화나트륨($NaCl$) 및 파라핀 오일(Paraffin Oil) 시험[%]
분리식	특급	99.95 이상
	1급	94.0 이상
	2급	80.0 이상
안면부여과식	특급	99.0 이상
	1급	94.0 이상
	2급	80.0 이상

3. 방진마스크 선정기준(구비조건)

① 분진포집효율(여과효율)이 좋을 것
② 흡기 · 배기저항이 낮을 것
③ 사용적이 적을 것
④ 중량이 가벼울 것
⑤ 시야가 넓을 것
⑥ 안면밀착성이 좋을 것

KEYWORD 06 방독마스크

1. 방독마스크의 종류

종류	시험가스
유기화합물용	시클로헥산(C_6H_{12})
	디메틸에테르(CH_3OCH_3)
	이소부탄(C_4H_{10})
할로겐용	염소가스 또는 증기(Cl_2)
황화수소용	황화수소가스(H_2S)
시안화수소용	시안화수소가스(HCN)
아황산용	아황산가스(SO_2)
암모니아용	암모니아가스(NH_3)

2. 방독마스크의 등급

등급	사용장소
고농도	가스 또는 증기의 농도가 $\frac{2}{100}$(암모니아에 있어서는 $\frac{3}{100}$) 이하의 대기 중에서 사용하는 것
중농도	가스 또는 증기의 농도가 $\frac{1}{100}$(암모니아에 있어서는 $\frac{1.5}{100}$) 이하의 대기 중에서 사용하는 것
저농도 및 최저농도	가스 또는 증기의 농도가 $\frac{0.1}{100}$ 이하의 대기 중에서 사용하는 것으로서 긴급용이 아닌 것

※ 방독마스크는 산소농도가 18[%] 이상인 장소에서 사용하여야 하고, 고농도와 중농도에서 사용하는 방독마스크는 전면형(격리식, 직결식)을 사용해야 한다.

3. 방독마스크의 형태 및 구조

형태		구조
격리식	전면형	① 정화통, 연결관, 흡기밸브, 안면부, 배기밸브 및 머리끈으로 구성 ② 정화통에 의해 가스 또는 증기를 여과한 청정공기를 연결관을 통하여 흡입하고 배기는 배기밸브를 통하여 외기 중으로 배출하는 것으로 안면부 전체를 덮는 구조
	반면형	① 정화통, 연결관, 흡기밸브, 안면부, 배기밸브 및 머리끈으로 구성 ② 정화통에 의해 가스 또는 증기를 여과한 청정공기를 연결관을 통하여 흡입하고 배기는 배기밸브를 통하여 외기 중으로 배출하는 것으로 코 및 입부분을 덮는 구조
직결식	전면형	① 정화통, 흡기밸브, 안면부, 배기밸브 및 머리끈으로 구성 ② 정화통에 의해 가스 또는 증기를 여과한 청정공기를 흡기밸브를 통하여 흡입하고 배기는 배기밸브를 통하여 외기 중으로 배출하는 것으로 정화통이 직접 연결된 상태로 안면부 전체를 덮는 구조
	반면형	① 정화통, 흡기밸브, 안면부, 배기밸브 및 머리끈으로 구성 ② 정화통에 의해 가스 또는 증기를 여과한 청정공기를 흡기밸브를 통하여 흡입하고 배기는 배기밸브를 통하여 외기 중으로 배출하는 것으로 안면부와 정화통이 직접 연결된 상태로 코 및 입부분을 덮는 구조

▲ 격리식 전면형　　　　▲ 격리식 반면형　　　　▲ 직결식 전면형(1안식)

안경

구획(격장)

흡기밸브

머리끈

배기밸브

▲ 직결식 전면형(2안식)

머리끈

정화통

배기밸브

▲ 직결식 반면형

4. 방독마스크 사용 시 주의사항

① 방독마스크를 과신하지 아니할 것

② 수명이 지난 것은 사용하지 아니할 것

③ 산소결핍 장소(산소농도 18[%] 미만)에서 사용하지 아니할 것

④ 가스 종류에 따라 용도 이외의 목적으로 사용하지 아니할 것

5. 방독마스크 표시사항

안전인증 방독마스크에는 「산업안전보건법 시행규칙」에 따른 안전인증의 표시 외에 다음의 내용을 추가로 표시해야 한다.

① 파과곡선도

② 사용시간 기록카드

③ 정화통의 외부측면의 표시 색

④ 사용상의 주의사항

6. 정화통 외부측면의 표시 색

종류	표시 색
유기화합물용 정화통	갈색
할로겐용 정화통	회색
황화수소용 정화통	
시안화수소용 정화통	
아황산용 정화통	노란색
암모니아용 정화통	녹색
복합용 및 겸용의 정화통	① 복합용의 경우 해당가스 모두 표시(2층 분리) ② 겸용의 경우 백색과 해당가스 모두 표시(2층 분리)

7. 정화통의 유효 사용시간(파과시간)

$$유효\ 사용시간 = \frac{표준\ 유효시간 \times 시험가스\ 농도}{공기\ 중\ 유해가스\ 농도}$$

송기마스크

1. 송기마스크의 종류 및 등급

종류	등급		구분
호스마스크	폐력흡인형		안면부
	송풍기형	전동	안면부, 페이스실드, 후드
		수동	안면부
에어라인마스크	일정유량형		안면부, 페이스실드, 후드
	디맨드형		안면부
	압력디맨드형		안면부
복합식 에어라인마스크	디맨드형		안면부
	압력디맨드형		안면부

2. 송풍기형 호스마스크의 분진포집효율

등급	효율[%]
전동	99.8 이상
수동	95.0 이상

차광보안경

종류	사용구분
자외선용	자외선이 발생하는 장소
적외선용	적외선이 발생하는 장소
복합용	자외선 및 적외선이 발생하는 장소
용접용	산소용접작업 등과 같이 자외선, 적외선 및 강렬한 가시광선이 발생하는 장소

용접용 보안면

형태	구조
헬멧형	안전모나 착용자의 머리에 지지대나 헤드밴드 등을 이용하여 적정위치에 고정시켜 사용하는 형태(자동용접필터형, 일반용접필터형)
핸드실드형	손에 들고 이용하는 보안면으로 적절한 필터를 장착하여 눈 및 안면을 보호하는 형태

종류	착용부위
방열상의	상체
방열하의	하체
방열일체복	몸체(상·하체)
방열장갑	손
방열두건	머리

KEYWORD 11   방음보호구

1. 방음용 귀마개 또는 귀덮개의 종류 및 등급

종류	등급	기호	성능	비고
귀마개	1종	EP-1	저음부터 고음까지 차음하는 것	귀마개의 경우 재사용 여부를 제조특성으로 표기
	2종	EP-2	주로 고음을 차음하고 저음(회화음영역)은 차음하지 않는 것	
귀덮개	–	EM		

2. 난청 발생에 따른 조치 안전보건규칙 제515조

소음으로 인하여 근로자에게 소음성 난청 등의 건강장해가 발생하였거나 발생할 우려가 있는 경우에 다음의 조치를 하여야 한다.
① 해당 작업장의 소음성 난청 발생 원인 조사
② 청력손실을 감소시키고 청력손실의 재발을 방지하기 위한 대책 마련
③ ②에 따른 대책의 이행 여부 확인
④ 작업전환 등 의사의 소견에 따른 조치

KEYWORD 12   내전압용 절연장갑

등급	최대사용전압		색상
	교류([V], 실효값)	직류[V]	
00	500	750	갈색
0	1,000	1,500	빨간색
1	7,500	11,250	흰색
2	17,000	25,500	노란색
3	26,500	39,750	녹색
4	36,000	54,000	등색

CHAPTER 02 안전보건표지

1. 안전보건표지의 종류

① 개요 산업안전보건법 / 제37조

ㄱ 사업주는 유해하거나 위험한 장소·시설·물질에 대한 경고, 비상시에 대처하기 위한 지시·안내 또는 그 밖에 근로자의 안전 및 보건 의식을 고취하기 위한 사항 등을 그림, 기호 및 글자 등으로 나타낸 표지(이하 "안전보건표지")를 근로자가 쉽게 알아 볼 수 있도록 설치하거나 붙여야 한다.

ㄴ 외국인근로자를 사용하는 사업주는 안전보건표지를 고용노동부장관이 정하는 바에 따라 해당 외국인근로자의 모국어로 작성하여야 한다.

② 종류 및 색채 산업안전보건법 시행규칙 / 별표 7

ㄱ 금지표지(8개 종류): 바탕은 흰색, 기본모형은 빨간색, 관련 부호 및 그림은 검은색

ㄴ 경고표지(15개 종류): 바탕은 노란색, 기본모형, 관련 부호 및 그림은 검은색

※ 인화성물질 경고, 산화성물질 경고, 폭발성물질 경고, 급성독성물질 경고 및 부식성물질 경고 및 발암성·변이원성·생식독성·전신독성·호흡기 과민성 물질 경고의 경우 바탕은 무색, 기본모형은 빨간색(검은색도 가능)

ㄷ 지시표지(9개 종류): 바탕은 파란색, 관련 그림은 흰색

ㄹ 안내표지(8개 종류): 바탕은 흰색, 기본모형 및 관련 부호는 녹색, 바탕은 녹색, 관련 부호 및 그림은 흰색

ㅁ 출입금지표지(3개 종류): 글자는 흰색바탕에 흑색

※ 다음 글자는 적색
– ○○○제조/사용/보관 중, 석면취급/해체 중, 발암물질취급 중

2. 안전보건표지의 형태

① 기본모형 산업안전보건법 시행규칙 / 별표 9

번호	기본모형	규격비율(크기)	표시사항
1		$d \geq 0.025L$ $d_1 = 0.8d$ $0.7d < d_2 < 0.8d$ $d_3 = 0.1d$	금지
2		$a \geq 0.034L$ $a_1 = 0.8a$ $0.7a < a_2 < 0.8a$	경고
		$a \geq 0.025L$ $a_1 = 0.8a$ $0.7a < a_2 < 0.8a$	

3		$d≥0.025L$ $d_1=0.8d$	지시
4		$b≥0.0224L$ $b_2=0.8b$	안내
5		$h< \ell$ $h_2=0.8h$ $\ell \times h≥0.0005L^2$ $h-h_2=\ell - \ell_2=2e_2$ $\dfrac{\ell}{h} =1, 2, 4, 8$ (4종류)	안내
6	A B C 모형 안쪽에는 A, B, C로 3가지 구역으로 구분하여 글씨를 기재한다.	㉠ 모형크기(가로 40[cm], 세로 25[cm] 이상) ㉡ 글자크기(A: 가로 4[cm], 세로 5[cm] 이상, B: 가로 2.5[cm], 세로 3[cm] 이상, C: 가로 3[cm], 세로 3.5[cm] 이상)	관계자 외 출입금지
7	A B C 모형 안쪽에는 A, B, C로 3가지 구역으로 구분하여 글씨를 기재한다.	㉠ 모형크기(가로 70[cm], 세로 50[cm] 이상) ㉡ 글자크기(A: 가로 8[cm], 세로 10[cm] 이상, B, C: 가로 6[cm], 세로 6[cm] 이상)	관계자 외 출입금지

※ 1. L은 안전보건표지를 인식할 수 있거나 인식해야 할 안전거리를 말한다.(L과 a, b, d, e, h, ℓ은 같은 단위로 계산해야 한다.)
　2. 점선 안 쪽에는 표시사항과 관련된 부호 또는 그림을 그린다.

② 형태 산업안전보건법 시행규칙 별표 6

　㉠ 금지표지

　㉡ 경고표지

ⓒ 지시표지

ⓔ 안내표지

ⓜ 관계자 외 출입금지

허가대상물질 작업장	석면취급/해체 작업장	금지대상물질의 취급 실험실 등
관계자 외 출입금지(허가물질 명칭) 제조/사용/보관 중 보호구/보호복 착용 흡연 및 음식물 섭취 금지	관계자 외 출입금지 석면 취급/해체 중 보호구/보호복 착용 흡연 및 음식물 섭취 금지	관계자 외 출입금지 발암물질 취급 중 보호구/보호복 착용 흡연 및 음식물 섭취 금지

KEYWORD 02   안전보건표지의 설치

1. 안전보건표지의 제작 및 설치

① 안전보건표지의 제작 [산업안전보건법 시행규칙] 제40조

  ㉠ 표시내용을 근로자가 빠르고 쉽게 알아볼 수 있는 크기로 제작하여야 한다.

  ㉡ 표지 속의 그림 또는 부호의 크기는 안전보건표지의 크기와 비례하여야 하며, 안전보건표지 전체 규격의 30[%] 이상이 되어야 한다.

  ㉢ 쉽게 파손되거나 변형되지 않는 재료로 제작하여야 한다.

  ㉣ 야간에 필요한 안전보건표지는 야광물질을 사용하는 등 쉽게 알아볼 수 있도록 제작하여야 한다.

② 안전보건표지의 설치 산업안전보건법 시행규칙 제39조

    ㉠ 근로자가 쉽게 알아볼 수 있는 장소·시설 또는 물체에 설치하거나 부착하여야 한다.

    ㉡ 표지를 설치하거나 부착할 때에는 흔들리거나 쉽게 파손되지 않도록 견고하게 설치하거나 부착하여야 한다.

    ㉢ 설치하거나 부착하는 것이 곤란한 경우에는 해당 물체에 직접 도색할 수 있다.

2. 안전보건표지의 색도기준 및 용도 산업안전보건법 시행규칙 별표 8

색채	색도기준	용도	사용 예
빨간색	7.5R 4/14	금지	정지신호, 소화설비 및 그 장소, 유해행위의 금지
		경고	화학물질 취급장소에서의 유해·위험 경고
노란색	5Y 8.5/12	경고	화학물질 취급장소에서의 유해·위험경고 이외의 위험경고, 주의표지 또는 기계방호물
파란색	2.5PB 4/10	지시	특정 행위의 지시 및 사실의 고지
녹색	2.5G 4/10	안내	비상구 및 피난소, 사람 또는 차량의 통행표지
흰색	N9.5	–	파란색 또는 녹색에 대한 보조색
검은색	N0.5	–	문자 및 빨간색 또는 노란색에 대한 보조색

08 보호구 및 안전보건표지

01

안전모의 종류 3가지와 각각의 특성을 쓰시오.

정답
① AB: 물체의 낙하 또는 비래 및 추락에 의한 위험을 방지 또는 경감시키기 위한 것
② AE: 물체의 낙하 또는 비래에 의한 위험을 방지 또는 경감하고, 머리부위 감전에 의한 위험을 방지하기 위한 것
③ ABE: 물체의 낙하 또는 비래 및 추락에 의한 위험을 방지 또는 경감하고, 머리부위 감전에 의한 위험을 방지하기 위한 것

02

가죽제 안전화의 성능시험 항목 4가지를 쓰시오.

정답
① 은면결렬시험
② 인열강도시험
③ 선심의 내부길이
④ 내부식성시험
⑤ 겉창 시편의 채취방법
⑥ 인장강도시험 및 신장률
⑦ 내유성시험
⑧ 내압박성시험
⑨ 내충격성시험
⑩ 박리저항시험
⑪ 내답발성시험

03

안전모의 성능시험 항목 5가지를 쓰시오.

정답
① 내관통성
② 충격흡수성
③ 내전압성
④ 내수성
⑤ 난연성
⑥ 턱끈풀림

04

차광보안경의 주목적 3가지를 쓰시오.

정답
① 자외선으로부터 눈의 보호
② 가시광선으로부터 눈의 보호
③ 적외선으로부터 눈의 보호

05

방진마스크를 선택할 때 고려해야 할 사항 5가지를 쓰시오.

정답
① 분진포집효율(여과효율)이 좋을 것
② 흡기, 배기저항이 낮을 것
③ 사용적(유효공간)이 적을 것
④ 중량이 가벼울 것
⑤ 시야가 넓을 것
⑥ 안면밀착성이 좋을 것

06

보호구의 안전인증 제품에 표시하여야 하는 사항 4가지를 쓰시오.

정답
① 형식 또는 모델명
② 규격 또는 등급 등
③ 제조자명
④ 제조번호 및 제조연월
⑤ 안전인증 번호

07

특급 방진마스크 사용장소 2곳을 쓰시오.

정답

① 베릴륨 등과 같이 독성이 강한 물질들을 함유한 분진 등 발생장소
② 석면 취급장소

08

방독마스크 사용 시 주의사항 3가지를 쓰시오.

정답

① 방독마스크를 과신하지 아니할 것
② 수명이 지난 것은 사용하지 아니할 것
③ 산소결핍 장소(산소농도 18[%] 미만)에서 사용하지 아니할 것
④ 가스 종류에 따라 용도 이외의 목적으로 사용하지 아니할 것

09

안전인증 방독마스크에 안전인증의 표시에 따른 표시 외에 추가로 표시해야 할 사항 4가지를 쓰시오.

정답

① 파과곡선도
② 사용시간 기록카드
③ 정화통의 외부측면의 표시 색
④ 사용상의 주의사항

10

시험가스 농도 1.6[%]에서 표준 유효시간이 80분인 정화통을 유해가스 농도가 0.8[%]인 작업장에서 사용할 경우 파과(유효)시간을 계산하시오.

정답

$$\text{파과시간} = \frac{\text{표준 유효시간} \times \text{시험가스 농도}}{\text{사용하는 작업장 공기 중 유해가스 농도}} = \frac{80 \times 1.6}{0.8} = 160\text{분}$$

11

차광보안경의 사용구분에 따른 종류 4가지를 쓰시오.

정답

① 자외선용
② 적외선용
③ 용접용
④ 복합용

12

착용 부위에 따른 방열복의 종류 4가지를 쓰시오.

정답

① 상체: 방열상의
② 하체: 방열하의
③ 몸체: 방열일체복
④ 손: 방열장갑
⑤ 머리: 방열두건

13

방독마스크의 종류별로 시험가스 및 표시색을 구분하여 쓰시오.

종류	시험가스	표시색
유기화합물용		
할로겐용		
황화수소용		
시안화수소용		
아황산용		
암모니아용		

정답

종류	시험가스	표시색
유기화합물용	시클로헥산(C_6H_{12}) 디메틸에테르(CH_3OCH_3) 이소부탄(C_4H_{10})	갈색
할로겐용	염소가스 또는 증기(Cl_2)	회색
황화수소용	황화수소가스(H_2S)	
시안화수소용	시안화수소가스(HCN)	
아황산용	아황산가스(SO_2)	노란색
암모니아용	암모니아가스(NH_3)	녹색

14

'출입금지' 표지를 그리고, 표지판의 색과 문자의 색을 쓰시오.

정답

①

② 바탕: 흰색

　기본모형: 빨간색

　관련 부호 및 그림: 검은색

16

「산업안전보건법령」상 다음에 해당하는 안전보건표지의 명칭을 각각 쓰시오.

정답

① 화기금지　　　　　　② 폭발성물질 경고

③ 부식성물질 경고　　　④ 고압전기 경고

15

「산업안전보건법령」상 안전보건표지에 있어 경고표지의 종류 4가지를 쓰시오.(단, 위험장소 경고는 제외한다.)

정답

① 인화성물질 경고　　　　　② 산화성물질 경고

③ 폭발성물질 경고　　　　　④ 급성독성물질 경고

⑤ 부식성물질 경고　　　　　⑥ 방사성물질 경고

⑦ 고압전기 경고　　　　　　⑧ 매달린 물체 경고

⑨ 낙하물 경고　　　　　　　⑩ 고온 경고

⑪ 저온 경고　　　　　　　　⑫ 몸균형 상실 경고

⑬ 레이저광선 경고

⑭ 발암성 · 변이원성 · 생식독성 · 전신독성 · 호흡기 과민성 물질 경고

17

안내표지의 종류 3가지를 쓰시오.

정답

① 녹십자표지　　　　　　② 응급구호표지

③ 들것　　　　　　　　　④ 세안장치

⑤ 비상용기구　　　　　　⑥ 비상구

⑦ 좌측비상구　　　　　　⑧ 우측비상구

09 산업안전보건법

CHAPTER 01 산업안전보건법

KEYWORD 01 안전보건관리체제

제15조【안전보건관리책임자】 ① 사업주는 사업장을 실질적으로 총괄하여 관리하는 사람에게 해당 사업장의 다음의 업무를 총괄하여 관리하도록 하여야 한다.

1. 사업장의 산업재해 예방계획의 수립에 관한 사항
2. 안전보건관리규정의 작성 및 변경에 관한 사항
3. 안전보건교육에 관한 사항
4. 작업환경측정 등 작업환경의 점검 및 개선에 관한 사항
5. 근로자의 건강진단 등 건강관리에 관한 사항
6. 산업재해의 원인 조사 및 재발 방지대책 수립에 관한 사항
7. 산업재해에 관한 통계의 기록 및 유지에 관한 사항
8. 안전장치 및 보호구 구입 시 적격품 여부 확인에 관한 사항
9. 그 밖에 근로자의 유해·위험 방지조치에 관한 사항으로서 고용노동부령으로 정하는 사항

② 안전보건관리책임자는 안전관리자와 보건관리자를 지휘·감독한다.

③ 안전보건관리책임자를 두어야 하는 사업의 종류와 사업장의 상시근로자 수, 그 밖에 필요한 사항은 대통령령으로 정한다.

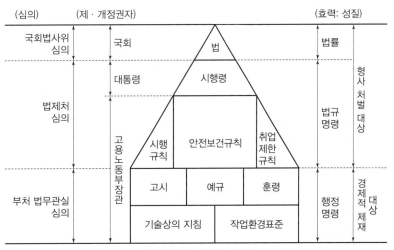

▲ 「산업안전보건법령」의 체계

제25조【안전보건관리규정의 작성】 ① 사업주는 사업장의 안전 및 보건을 유지하기 위하여 다음의 사항이 포함된 안전보건관리규정을 작성하여야 한다.

    1. 안전 및 보건에 관한 관리조직과 그 직무에 관한 사항

    2. 안전보건교육에 관한 사항

    3. 작업장의 안전 및 보건 관리에 관한 사항

    4. 사고 조사 및 대책 수립에 관한 사항

    5. 그 밖에 안전 및 보건에 관한 사항

② 안전보건관리규정은 단체협약 또는 취업규칙에 반할 수 없다. 이 경우 안전보건관리규정 중 단체협약 또는 취업규칙에 반하는 부분에 관하여는 그 단체협약 또는 취업규칙으로 정한 기준에 따른다.

③ 안전보건관리규정을 작성하여야 할 사업의 종류, 사업장의 상시근로자 수 및 안전보건관리규정에 포함되어야 할 세부적인 내용, 그 밖에 필요한 사항은 고용노동부령으로 정한다.

제63조【도급인의 안전조치 및 보건조치】 도급인은 관계수급인 근로자가 도급인의 사업장에서 작업을 하는 경우에 자신의 근로자와 관계수급인 근로자의 산업재해를 예방하기 위하여 안전 및 보건 시설의 설치 등 필요한 안전조치 및 보건조치를 하여야 한다. 다만, 보호구 착용의 지시 등 관계수급인 근로자의 작업행동에 관한 직접적인 조치는 제외한다.

제64조【도급에 따른 산업재해 예방조치】 ① 도급인은 관계수급인 근로자가 도급인의 사업장에서 작업을 하는 경우 다음의 사항을 이행하여야 한다.

    1. 도급인과 수급인을 구성원으로 하는 안전 및 보건에 관한 협의체의 구성 및 운영

    2. 작업장 순회점검

    3. 관계수급인이 근로자에게 하는 안전보건교육을 위한 장소 및 자료의 제공 등 지원

    4. 관계수급인이 근로자에게 하는 안전보건교육의 실시 확인

    5. 다음의 어느 하나의 경우에 대비한 경보체계 운영과 대피방법 등 훈련

        가. 작업 장소에서 발파작업을 하는 경우

        나. 작업 장소에서 화재·폭발, 토사·구축물 등의 붕괴 또는 지진 등이 발생한 경우

    6. 위생시설 등 고용노동부령으로 정하는 시설의 설치 등을 위하여 필요한 장소의 제공 또는 도급인이 설치한 위생시설 이용의 협조

    7. 같은 장소에서 이루어지는 도급인과 관계수급인 등의 작업에 있어서 관계수급인 등의 작업시기·내용, 안전조치 및 보건조치 등의 확인

    8. 7.에 따른 확인 결과 관계수급인 등의 작업 혼재로 인하여 화재·폭발 등 대통령령으로 정하는 위험이 발생할 우려가 있는 경우 관계수급인 등의 작업시기·내용 등의 조정

② ①에 따른 도급인은 고용노동부령으로 정하는 바에 따라 자신의 근로자 및 관계수급인 근로자와 함께 정기적으로 또는 수시로 작업장의 안전 및 보건에 관한 점검을 하여야 한다.

③ ①에 따른 안전 및 보건에 관한 협의체 구성 및 운영, 작업장 순회점검, 안전보건교육 지원, 그 밖에 필요한 사항은 고용노동부령으로 정한다.

KEYWORD 04　안전보건교육

제29조【근로자에 대한 안전보건교육】 ① 사업주는 소속 근로자에게 고용노동부령으로 정하는 바에 따라 정기적으로 안전보건교육을 하여야 한다.

② 사업주는 근로자를 채용할 때와 작업내용을 변경할 때에는 그 근로자에게 고용노동부령으로 정하는 바에 따라 해당 작업에 필요한 안전보건교육을 하여야 한다. 다만, 안전보건교육을 이수한 건설 일용근로자를 채용하는 경우에는 그러하지 아니하다.

③ 사업주는 근로자를 유해하거나 위험한 작업에 채용하거나 그 작업으로 작업내용을 변경할 때에는 ②에 따른 안전보건교육 외에 고용노동부령으로 정하는 바에 따라 유해하거나 위험한 작업에 필요한 안전보건교육을 추가로 하여야 한다.

④ 사업주는 ①부터 ③까지의 규정에 따른 안전보건교육을 고용노동부장관에게 등록한 안전보건교육기관에 위탁할 수 있다.

KEYWORD 05　유해 · 위험 기계 등에 대한 조치

제80조【유해하거나 위험한 기계 · 기구에 대한 방호조치】 ① 누구든지 동력으로 작동하는 기계 · 기구로서 대통령령으로 정하는 것은 고용노동부령으로 정하는 유해 · 위험 방지를 위한 방호조치를 하지 아니하고는 양도, 대여, 설치 또는 사용에 제공하거나 양도 · 대여의 목적으로 진열해서는 아니 된다.

② 누구든지 동력으로 작동하는 기계 · 기구로서 다음의 어느 하나에 해당하는 것은 고용노동부령으로 정하는 방호조치를 하지 아니하고는 양도, 대여, 설치 또는 사용에 제공하거나 양도 · 대여의 목적으로 진열해서는 아니 된다.

1. 작동 부분에 돌기 부분이 있는 것
2. 동력전달 부분 또는 속도조절 부분이 있는 것
3. 회전 기계에 물체 등이 말려 들어갈 부분이 있는 것

③ 사업주는 ① 및 ②에 따른 방호조치가 정상적인 기능을 발휘할 수 있도록 방호조치와 관련되는 장치를 상시적으로 점검하고 정비하여야 한다.

④ 사업주와 근로자는 ① 및 ②에 따른 방호조치를 해체하려는 경우 등 고용노동부령으로 정하는 경우에는 필요한 안전조치 및 보건조치를 하여야 한다.

KEYWORD 06　안전검사

제93조【안전검사】 ① 유해하거나 위험한 기계 · 기구 · 설비로서 대통령령으로 정하는 안전검사대상기계 등을 사용하는 사업주(근로자를 사용하지 아니하고 사업을 하는 자 포함)는 안전검사대상기계 등의 안전에 관한 성능이 고용노동부장관이 정하여 고시하는 검사기준에 맞는지에 대하여 고용노동부장관이 실시하는 안전검사를 받아야 한다. 이 경우 안전검사대상기계 등을 사용하는 사업주와 소유자가 다른 경우에는 안전검사대상기계 등의 소유자가 안전검사를 받아야 한다.

② ①에도 불구하고 안전검사대상기계 등이 다른 법령에 따라 안전성에 관한 검사나 인증을 받은 경우로서 고용노동부령으로 정하는 경우에는 안전검사를 면제할 수 있다.

③ 안전검사의 신청, 검사 주기 및 검사합격 표시방법, 그 밖에 필요한 사항은 고용노동부령으로 정한다. 이 경우 검사 주기는 안전검사대상기계 등의 종류, 사용연한 및 위험성을 고려하여 정한다.

제110조【물질안전보건자료의 작성 및 제출】 ① 화학물질 또는 이를 함유한 혼합물로서 유해인자의 분류기준에 해당하는 물질안전보건자료대상물질(대통령령으로 정하는 것 제외)을 제조하거나 수입하려는 자는 다음의 사항을 적은 물질안전보건자료를 고용노동부령으로 정하는 바에 따라 작성하여 고용노동부장관에게 제출하여야 한다. 이 경우 고용노동부장관은 고용노동부령으로 물질안전보건자료의 기재 사항이나 작성 방법을 정할 때 「화학물질관리법」 및 「화학물질의 등록 및 평가 등에 관한 법률」과 관련된 사항에 대해서는 환경부장관과 협의하여야 한다.

　　1. 제품명

　　2. 물질안전보건자료대상물질을 구성하는 화학물질 중 유해인자의 분류기준에 해당하는 화학물질의 명칭 및 함유량

　　3. 안전 및 보건상의 취급 주의사항

　　4. 건강 및 환경에 대한 유해성, 물리적 위험성

　　5. 물리·화학적 특성 등 고용노동부령으로 정하는 사항

② 물질안전보건자료대상물질을 제조하거나 수입하려는 자는 물질안전보건자료대상물질을 구성하는 화학물질 중 유해인자의 분류기준에 해당하지 아니하는 화학물질의 명칭 및 함유량을 고용노동부장관에게 별도로 제출하여야 한다. 다만, 다음의 어느 하나에 해당하는 경우는 그러하지 아니하다.

　　1. ①에 따라 제출된 물질안전보건자료에 ②의 각 경우 외의 부분 본문에 따른 화학물질의 명칭 및 함유량이 전부 포함된 경우

　　2. 물질안전보건자료대상물질을 수입하려는 자가 물질안전보건자료대상물질을 국외에서 제조하여 우리나라로 수출하려는 자로부터 물질안전보건자료에 적힌 화학물질 외에는 유해인자의 분류기준에 해당하는 화학물질이 없음을 확인하는 내용의 서류를 받아 제출한 경우

③ 물질안전보건자료대상물질을 제조하거나 수입한 자는 ①에 따른 사항 중 고용노동부령으로 정하는 사항이 변경된 경우 그 변경 사항을 반영한 물질안전보건자료를 고용노동부장관에게 제출하여야 한다.

④ ①부터 ③까지의 규정에 따른 물질안전보건자료 등의 제출 방법·시기, 그 밖에 필요한 사항은 고용노동부령으로 정한다.

제111조【물질안전보건자료의 제공】 ① 물질안전보건자료대상물질을 양도하거나 제공하는 자는 이를 양도받거나 제공받는 자에게 물질안전보건자료를 제공하여야 한다.

② 물질안전보건자료대상물질을 제조하거나 수입한 자는 이를 양도받거나 제공받은 자에게 변경된 물질안전보건자료를 제공하여야 한다.

③ 물질안전보건자료대상물질을 양도하거나 제공한 자(물질안전보건자료대상물질을 제조하거나 수입한 자 제외)는 물질안전보건자료를 제공받은 경우 이를 물질안전보건자료대상물질을 양도받거나 제공받은 자에게 제공하여야 한다.

④ ①부터 ③까지의 규정에 따른 물질안전보건자료 또는 변경된 물질안전보건자료의 제공방법 및 내용, 그 밖에 필요한 사항은 고용노동부령으로 정한다.

제42조【유해위험방지계획서의 작성·제출 등】 ① 사업주는 다음의 어느 하나에 해당하는 경우에는 「산업안전보건법령」에서 정하는 유해·위험 방지에 관한 사항을 적은 유해위험방지계획서를 작성하여 고용노동부령으로 정하는 바에 따라 고용노동부장관에게 제출하고 심사를 받아야 한다. 다만, 3.에 해당하는 사업주 중 산업재해발생률 등을 고려하여 고용노동부령으로 정하는 기준에 해당하는 사업주는 유해위험방지계획서를 스스로 심사하고, 그 심사결과서를 작성하여 고용노동부장관에게 제출하여야 한다.

　　1. 대통령령으로 정하는 사업의 종류 및 규모에 해당하는 사업으로서 해당 제품의 생산 공정과 직접적으로 관련된 건설물·기계·기구 및 설비 등 전부를 설치·이전하거나 그 주요 구조부분을 변경하려는 경우

　　2. 유해하거나 위험한 작업 또는 장소에서 사용하거나 건강장해를 방지하기 위하여 사용하는 기계·기구 및 설비로서 대통령령으로 정하는 기계·기구 및 설비를 설치·이전하거나 그 주요 구조부분을 변경하려는 경우

　　3. 대통령령으로 정하는 크기, 높이 등에 해당하는 건설공사를 착공하려는 경우

② ① 3.에 따른 건설공사를 착공하려는 사업주(①의 각 경우 외의 부분 단서에 따른 사업주 제외)는 유해위험방지계획서를 작성할 때 건설안전 분야의 자격 등 고용노동부령으로 정하는 자격을 갖춘 자의 의견을 들어야 한다.

③ ①에도 불구하고 사업주가 공정안전보고서를 고용노동부장관에게 제출한 경우에는 해당 유해·위험설비에 대해서는 유해위험방지계획서를 제출한 것으로 본다.

④ 고용노동부장관은 ①의 각 경우 외의 부분 본문에 따라 제출된 유해위험방지계획서를 고용노동부령으로 정하는 바에 따라 심사하여 그 결과를 사업주에게 서면으로 알려 주어야 한다. 이 경우 근로자의 안전 및 보건의 유지·증진을 위하여 필요하다고 인정하는 경우에는 해당 작업 또는 건설공사를 중지하거나 유해위험방지계획서를 변경할 것을 명할 수 있다.

⑤ ①에 따른 사업주는 ①의 각 경우 외의 부분 단서에 따라 스스로 심사하거나 ④에 따라 고용노동부장관이 심사한 유해위험방지계획서와 그 심사결과서를 사업장에 갖추어 두어야 한다.

⑥ ① 3.에 따른 건설공사를 착공하려는 사업주로서 ⑤에 따라 유해위험방지계획서 및 그 심사결과서를 사업장에 갖추어 둔 사업주는 해당 건설공사의 공법의 변경 등으로 인하여 그 유해위험방지계획서를 변경할 필요가 있는 경우에는 이를 변경하여 갖추어 두어야 한다.

제44조【공정안전보고서의 작성·제출】 ① 사업주는 사업장에 대통령령으로 정하는 유해하거나 위험한 설비가 있는 경우 그 설비로부터의 위험물질 누출, 화재 및 폭발 등으로 인하여 사업장 내의 근로자에게 즉시 피해를 주거나 사업장 인근 지역에 피해를 줄 수 있는 사고로서 대통령령으로 정하는 중대산업사고를 예방하기 위하여 대통령령으로 정하는 바에 따라 공정안전보고서를 작성하고 고용노동부장관에게 제출하여 심사를 받아야 한다. 이 경우 공정안전보고서의 내용이 중대산업사고를 예방하기 위하여 적합하다고 통보받기 전에는 관련된 유해하거나 위험한 설비를 가동해서는 아니 된다.

② 사업주는 ①에 따라 공정안전보고서를 작성할 때 산업안전보건위원회의 심의를 거쳐야 한다. 다만, 산업안전보건위원회가 설치되어 있지 아니한 사업장의 경우에는 근로자대표의 의견을 들어야 한다.

CHAPTER 02 산업안전보건법 시행령

KEYWORD 01   관리감독자의 업무내용

제15조【관리감독자의 업무 등】 ① "대통령령으로 정하는 관리감독자의 업무"란 다음의 업무를 말한다.

1. 사업장 내 해당작업과 관련된 기계·기구 또는 설비의 안전·보건 점검 및 이상 유무의 확인
2. 관리감독자에게 소속된 근로자의 작업복·보호구 및 방호장치의 점검과 그 착용·사용에 관한 교육·지도
3. 해당작업에서 발생한 산업재해에 관한 보고 및 이에 대한 응급조치
4. 해당작업의 작업장 정리·정돈 및 통로 확보에 대한 확인·감독
5. 사업장의 다음의 어느 하나에 해당하는 사람의 지도·조언에 대한 협조
    가. 안전관리자 또는 안전관리전문기관에 위탁한 사업장의 경우에는 그 안전관리전문기관의 해당 사업장 담당자
    나. 보건관리자 또는 보건관리전문기관에 위탁한 사업장의 경우에는 그 보건관리전문기관의 해당 사업장 담당자
    다. 안전보건관리담당자 또는 안전보건관리담당자의 업무를 안전관리전문기관 또는 보건관리전문기관에 위탁한 사업장의 경우에는 그 안전관리전문기관 또는 보건관리전문기관의 해당 사업장 담당자
    라. 산업보건의
6. 위험성평가에 관한 다음의 업무
    가. 유해·위험요인의 파악에 대한 참여
    나. 개선조치의 시행에 대한 참여
7. 그 밖에 해당작업의 안전 및 보건에 관한 사항으로서 고용노동부령으로 정하는 사항

KEYWORD 02   안전관리자의 업무내용

제18조【안전관리자의 업무 등】 ① 안전관리자의 업무는 다음과 같다.

1. 산업안전보건위원회 또는 노사협의체에서 심의·의결한 업무와 안전보건관리규정 및 취업규칙에서 정한 업무
2. 위험성평가에 관한 보좌 및 지도·조언
3. 안전인증대상기계 등과 자율안전확인대상기계 등 구입 시 적격품의 선정에 관한 보좌 및 지도·조언
4. 해당 사업장 안전교육계획의 수립 및 안전교육 실시에 관한 보좌 및 지도·조언
5. 사업장 순회점검, 지도 및 조치 건의
6. 산업재해 발생의 원인 조사·분석 및 재발 방지를 위한 기술적 보좌 및 지도·조언
7. 산업재해에 관한 통계의 유지·관리·분석을 위한 보좌 및 지도·조언
8. 법 또는 법에 따른 명령으로 정한 안전에 관한 사항의 이행에 관한 보좌 및 지도·조언
9. 업무 수행 내용의 기록·유지
10. 그 밖에 안전에 관한 사항으로서 고용노동부장관이 정하는 사항

KEYWORD 03 안전보건총괄책임자 지정 대상사업

제52조【안전보건총괄책임자 지정 대상사업】 안전보건총괄책임자를 지정해야 하는 사업의 종류 및 사업장의 상시근로자 수는 관계수급인에게 고용된 근로자를 포함한 상시근로자가 100명(선박 및 보트 건조업, 1차 금속 제조업 및 토사석 광업의 경우에는 50명) 이상인 사업이나 관계수급인의 공사금액을 포함한 해당 공사의 총공사금액이 20억 원 이상인 건설업으로 한다.

KEYWORD 04 안전보건총괄책임자의 직무내용

제53조【안전보건총괄책임자의 직무 등】 ① 안전보건총괄책임자의 직무는 다음과 같다.
    1. 위험성평가의 실시에 관한 사항
    2. 산업재해가 발생할 급박한 위험이 있을 때 및 중대재해가 발생하였을 때 작업의 중지
    3. 도급 시 산업재해 예방조치
    4. 산업안전보건관리비의 관계수급인 간의 사용에 관한 협의·조정 및 그 집행의 감독
    5. 안전인증대상기계 등과 자율안전확인대상기계 등의 사용 여부 확인
② 안전보건총괄책임자에 대한 지원에 관하여는 안전보건관리책임자에 대한 조항을 준용한다. 이 경우 "안전보건관리책임자"는 "안전보건총괄책임자"로 본다.
③ 사업주는 안전보건총괄책임자를 선임했을 때에는 그 선임 사실 및 ①의 직무의 수행내용을 증명할 수 있는 서류를 갖추어 두어야 한다.

KEYWORD 05 산업안전보건위원회

제34조【산업안전보건위원회 구성 대상】 산업안전보건위원회를 구성해야 할 사업의 종류 및 사업장의 상시근로자 수는 별표 9와 같다.

[별표 9] 산업안전보건위원회를 구성해야 할 사업의 종류 및 사업장의 상시근로자 수

사업의 종류	사업장의 상시근로자 수
1. 토사석 광업 2. 목재 및 나무제품 제조업; 가구 제외 3. 화학물질 및 화학제품 제조업; 의약품 제외(세제, 화장품 및 광택제 제조업과 화학섬유 제조업 제외) 4. 비금속 광물제품 제조업 5. 1차 금속 제조업 6. 금속가공제품 제조업; 기계 및 가구 제외 7. 자동차 및 트레일러 제조업 8. 기타 기계 및 장비 제조업(사무용 기계 및 장비 제조업 제외) 9. 기타 운송장비 제조업(전투용 차량 제조업 제외)	상시근로자 50명 이상

10. 농업 11. 어업 12. 소프트웨어 개발 및 공급업 13. 컴퓨터 프로그래밍, 시스템 통합 및 관리업 14. 정보서비스업 15. 금융 및 보험업 16. 임대업: 부동산 제외 17. 전문, 과학 및 기술 서비스업(연구개발업 제외) 18. 사업지원 서비스업 19. 사회복지 서비스업	상시근로자 300명 이상
20. 건설업	공사금액 120억 원 이상(토목공사업의 경우에는 150억 원 이상)
21. 위의 사업을 제외한 사업	상시근로자 100명 이상

제35조【산업안전보건위원회의 구성】 ① 산업안전보건위원회의 근로자위원은 다음의 사람으로 구성한다.

1. 근로자대표
2. 명예산업안전감독관이 위촉되어 있는 사업장의 경우 근로자대표가 지명하는 1명 이상의 명예산업안전감독관
3. 근로자대표가 지명하는 9명(근로자인 2.의 위원이 있는 경우에는 9명에서 그 위원의 수를 제외한 수) 이내의 해당 사업장의 근로자

② 산업안전보건위원회의 사용자위원은 다음의 사람으로 구성한다. 다만, 상시근로자 50명 이상 100명 미만을 사용하는 사업장에서는 5.에 해당하는 사람을 제외하고 구성할 수 있다.

1. 해당 사업의 대표자(같은 사업으로서 다른 지역에 사업장이 있는 경우에는 그 사업장의 안전보건관리책임자)
2. 안전관리자(안전관리자를 두어야 하는 사업장으로 한정하되, 안전관리자의 업무를 안전관리전문기관에 위탁한 사업장의 경우에는 그 안전관리전문기관의 해당 사업장 담당자) 1명
3. 보건관리자(보건관리자를 두어야 하는 사업장으로 한정하되, 보건관리자의 업무를 보건관리전문기관에 위탁한 사업장의 경우에는 그 보건관리전문기관의 해당 사업장 담당자) 1명
4. 산업보건의(해당 사업장에 선임되어 있는 경우로 한정)
5. 해당 사업의 대표자가 지명하는 9명 이내의 해당 사업장 부서의 장

③ ① 및 ②에도 불구하고 건설공사도급인이 안전 및 보건에 관한 협의체를 구성한 경우에는 산업안전보건위원회의 위원을 다음의 사람을 포함하여 구성할 수 있다.

1. 근로자위원: 도급 또는 하도급 사업을 포함한 전체 사업의 근로자대표, 명예산업안전감독관 및 근로자대표가 지명하는 해당 사업장의 근로자
2. 사용자위원: 도급인 대표자, 관계 수급인의 각 대표자 및 안전관리자

KEYWORD 06 안전인증

제74조【안전인증대상기계 등】 ① "대통령령으로 정하는 안전인증대상기계 등"이란 다음의 어느 하나에 해당하는 것을 말한다.

1. 다음의 어느 하나에 해당하는 기계 또는 설비
   가. 프레스
   나. 전단기 및 절곡기
   다. 크레인

라. 리프트

마. 압력용기

바. 롤러기

사. 사출성형기

아. 고소 작업대

자. 곤돌라

2. 다음의 어느 하나에 해당하는 방호장치

가. 프레스 및 전단기 방호장치

나. 양중기용 과부하방지장치

다. 보일러 압력방출용 안전밸브

라. 압력용기 압력방출용 안전밸브

마. 압력용기 압력방출용 파열판

바. 절연용 방호구 및 활선작업용 기구

사. 방폭구조 전기기계·기구 및 부품

아. 추락·낙하 및 붕괴 등의 위험 방지 및 보호에 필요한 가설기자재로서 고용노동부장관이 정하여 고시하는 것

자. 충돌·협착 등의 위험 방지에 필요한 산업용 로봇 방호장치로서 고용노동부장관이 정하여 고시하는 것

3. 다음의 어느 하나에 해당하는 보호구

가. 추락 및 감전 위험방지용 안전모

나. 안전화

다. 안전장갑

라. 방진마스크

마. 방독마스크

바. 송기마스크

사. 전동식 호흡보호구

아. 보호복

자. 안전대

차. 차광 및 비산물 위험방지용 보안경

카. 용접용 보안면

타. 방음용 귀마개 또는 귀덮개

② 안전인증대상기계 등의 세부적인 종류, 규격 및 형식은 고용노동부장관이 정하여 고시한다.

KEYWORD 07 유해성·위험성 조사 제외 화학물질

제85조【유해성·위험성 조사 제외 화학물질】 "대통령령으로 정하는 유해성·위험성 조사 제외 화학물질"이란 다음의 어느 하나에 해당하는 화학물질을 말한다.

1. 원소

2. 천연으로 산출된 화학물질

3. 「건강기능식품에 관한 법률」에 따른 건강기능식품

4. 「군수품관리법」 및 「방위사업법」에 따른 군수품(통상품 제외)

5. 「농약관리법」에 따른 농약 및 원제

6. 「마약류 관리에 관한 법률」에 따른 마약류

7. 「비료관리법」에 따른 비료

8. 「사료관리법」에 따른 사료

9. 「생활화학제품 및 살생물제의 안전관리에 관한 법률」에 따른 살생물물질 및 살생물제품

10. 「식품위생법」에 따른 식품 및 식품첨가물

11. 「약사법」에 따른 의약품 및 의약외품

12. 「원자력안전법」에 따른 방사성물질

13. 「위생용품 관리법」에 따른 위생용품

14. 「의료기기법」에 따른 의료기기

15. 「총포·도검·화약류 등의 안전관리에 관한 법률」에 따른 화약류

16. 「화장품법」에 따른 화장품과 화장품에 사용하는 원료

17. 고용노동부장관이 명칭, 유해성·위험성, 근로자의 건강장해 예방을 위한 조치사항 및 연간 제조량·수입량을 공표한 물질로서 공표된 연간 제조량·수입량 이하로 제조하거나 수입한 물질

18. 고용노동부장관이 환경부장관과 협의하여 고시하는 화학물질 목록에 기록되어 있는 물질

KEYWORD 08 물질안전보건자료의 작성·제출 제외 대상 화학물질 등

제86조【물질안전보건자료의 작성·제출 제외 대상 화학물질 등】 "대통령령으로 정하는 물질안전보건자료 제출 제외 대상 화학물질 등"이란 다음의 어느 하나에 해당하는 것을 말한다.

1. 「건강기능식품에 관한 법률」에 따른 건강기능식품

2. 「농약관리법」에 따른 농약

3. 「마약류 관리에 관한 법률」에 따른 마약 및 향정신성의약품

4. 「비료관리법」에 따른 비료

5. 「사료관리법」에 따른 사료

6. 「생활주변방사선 안전관리법」에 따른 원료물질

7. 「생활화학제품 및 살생물제의 안전관리에 관한 법률」에 따른 안전확인대상 생활화학제품 및 살생물제품 중 일반소비자의 생활용으로 제공되는 제품

8. 「식품위생법」에 따른 식품 및 식품첨가물

9. 「약사법」에 따른 의약품 및 의약외품

10. 「원자력안전법」에 따른 방사성물질

11. 「위생용품 관리법」에 따른 위생용품

12. 「의료기기법」에 따른 의료기기

12의 2. 「첨단재생의료 및 첨단바이오의약품 안전 및 지원에 관한 법률」에 따른 첨단바이오의약품

13. 「총포·도검·화약류 등의 안전관리에 관한 법률」에 따른 화약류

14. 「폐기물관리법」에 따른 폐기물

15. 「화장품법」에 따른 화장품

16. 1.부터 15.까지의 규정 외의 화학물질 또는 혼합물로서 일반소비자의 생활용으로 제공되는 것(일반소비자의 생활용으로 제공되는 화학물질 또는 혼합물이 사업장 내에서 취급되는 경우 포함)

17. 고용노동부장관이 정하여 고시하는 연구·개발용 화학물질 또는 화학제품. 이 경우 규정에 따른 자료의 제출만 제외된다.

18. 그 밖에 고용노동부장관이 독성·폭발성 등으로 인한 위해의 정도가 적다고 인정하여 고시하는 화학물질

제42조【유해위험방지계획서 제출 대상】 ① "대통령령으로 정하는 종류 및 규모의 유해위험방지계획서 제출 대상 사업"이란 다음의 어느 하나에 해당하는 사업으로서 전기 계약용량이 300[kW] 이상인 경우를 말한다.

1. 금속가공제품 제조업; 기계 및 가구 제외
2. 비금속 광물제품 제조업
3. 기타 기계 및 장비 제조업
4. 자동차 및 트레일러 제조업
5. 식료품 제조업
6. 고무제품 및 플라스틱제품 제조업
7. 목재 및 나무제품 제조업
8. 기타 제품 제조업
9. 1차 금속 제조업
10. 가구 제조업
11. 화학물질 및 화학제품 제조업
12. 반도체 제조업
13. 전자부품 제조업

② "대통령령으로 정하는 유해위험방지계획서 제출 대상 기계·기구 및 설비"란 다음의 어느 하나에 해당하는 기계·기구 및 설비를 말한다. 이 경우 다음에 해당하는 기계·기구 및 설비의 구체적인 범위는 고용노동부장관이 정하여 고시한다.

1. 금속이나 그 밖의 광물의 용해로
2. 화학설비
3. 건조설비
4. 가스집합 용접장치
5. 근로자의 건강에 상당한 장해를 일으킬 우려가 있는 물질로서 고용노동부령으로 정하는 물질의 밀폐·환기·배기를 위한 설비

③ "대통령령으로 정하는 크기 높이 등에 해당하는 유해위험방지계획서 제출 대상 건설공사"란 다음의 어느 하나에 해당하는 공사를 말한다.

1. 다음의 어느 하나에 해당하는 건축물 또는 시설 등의 건설·개조 또는 해체(이하 "건설 등") 공사
    가. 지상 높이가 31[m] 이상인 건축물 또는 인공구조물
    나. 연면적 3만[m²] 이상인 건축물
    다. 연면적 5천[m²] 이상인 시설로서 다음의 어느 하나에 해당하는 시설
        1) 문화 및 집회시설(전시장 및 동물원·식물원 제외)
        2) 판매시설, 운수시설(고속철도의 역사 및 집배송시설 제외)
        3) 종교시설
        4) 의료시설 중 종합병원
        5) 숙박시설 중 관광숙박시설
        6) 지하도상가
        7) 냉동·냉장 창고시설

2. 연면적 5천[m²] 이상인 냉동·냉장 창고시설의 설비공사 및 단열공사

3. 최대 지간길이(다리의 기둥과 기둥의 중심사이의 거리)가 50[m] 이상인 다리의 건설 등 공사

4. 터널의 건설 등 공사

5. 다목적 댐, 발전용 댐, 저수용량 2천만 톤 이상의 용수 전용 댐 및 지방상수도 전용 댐의 건설 등 공사

6. 깊이 10[m] 이상인 굴착공사

KEYWORD 10 공정안전보고서 제출 대상

제43조【공정안전보고서의 제출 대상】 ① "대통령령으로 정하는 유해하거나 위험한 설비"란 다음의 어느 하나에 해당하는 사업을 하는 사업장의 경우에는 그 보유설비를 말하고, 그 외의 사업을 하는 사업장의 경우에는 유해·위험물질 중 하나 이상의 물질을 규정량 이상 제조·취급·저장하는 설비 및 그 설비의 운영과 관련된 모든 공정설비를 말한다.

1. 원유 정제처리업

2. 기타 석유정제물 재처리업

3. 석유화학계 기초화학물질 제조업 또는 합성수지 및 기타 플라스틱물질 제조업. 다만, 합성수지 및 기타 플라스틱물질 제조업은 인화성 가스 또는 액체에 해당하는 경우로 한정한다.

4. 질소 화합물, 질소·인산 및 칼리질 화학비료 제조업 중 질소질 비료 제조

5. 복합비료 및 기타 화학비료 제조업 중 복합비료 제조(단순혼합 또는 배합에 의한 경우 제외)

6. 화학 살균·살충제 및 농업용 약제 제조업(농약 원제 제조만 해당)

7. 화약 및 불꽃제품 제조업

② ①에도 불구하고 다음의 설비는 유해하거나 위험한 설비로 보지 않는다.

1. 원자력 설비

2. 군사시설

3. 사업주가 해당 사업장 내에서 직접 사용하기 위한 난방용 연료의 저장설비 및 사용설비

4. 도매·소매시설

5. 차량 등의 운송설비

6. 「액화석유가스의 안전관리 및 사업법」에 따른 액화석유가스의 충전·저장시설

7. 「도시가스사업법」에 따른 가스공급시설

8. 그 밖에 고용노동부장관이 누출·화재·폭발 등의 사고가 있더라도 그에 따른 피해의 정도가 크지 않다고 인정하여 고시하는 설비

③ "대통령령으로 정하는 중대산업사고"란 다음의 어느 하나에 해당하는 사고를 말한다.

1. 근로자가 사망하거나 부상을 입을 수 있는 ①에 따른 설비(②에 따른 설비 제외)에서의 누출·화재·폭발 사고

2. 인근 지역의 주민이 인적 피해를 입을 수 있는 ①에 따른 설비(②에 따른 설비 제외)에서의 누출·화재·폭발 사고

KEYWORD 11　공정안전보고서의 내용

제44조【공정안전보고서의 내용】 ① 공정안전보고서에는 다음의 사항이 포함되어야 한다.

　　1. 공정안전자료

　　2. 공정위험성 평가서

　　3. 안전운전계획

　　4. 비상조치계획

　　5. 그 밖에 공정상의 안전과 관련하여 고용노동부장관이 필요하다고 인정하여 고시하는 사항

　② ① 1.부터 4.까지의 규정에 따른 사항에 관한 세부 내용은 고용노동부령으로 정한다.

KEYWORD 12　안전보건개선계획 수립 대상 사업장

제49조【안전보건진단을 받아 안전보건개선계획을 수립할 대상】 "대통령령으로 정하는 안전보건진단을 받아 안전보건개선계획을 수립할 대상 사업장"이란 다음의 사업장을 말한다.

　　1. 산업재해율이 같은 업종 평균 산업재해율의 2배 이상인 사업장

　　2. 사업주가 필요한 안전조치 또는 보건조치를 이행하지 아니하여 중대재해가 발생한 사업장

　　3. 직업성 질병자가 연간 2명 이상(상시근로자 1천 명 이상 사업장의 경우 3명 이상) 발생한 사업장

　　4. 그 밖에 작업환경 불량, 화재·폭발 또는 누출 사고 등으로 사업장 주변까지 피해가 확산된 사업장으로서 고용노동부령으로 정하는 사업장

제50조【안전보건개선계획 수립 대상】 "대통령령으로 정하는 수 이상의 직업성 질병자가 발생한 사업장"이란 직업성 질병자가 연간 2명 이상 발생한 사업장을 말한다.

KEYWORD 13　노사협의체

제63조【노사협의체의 설치 대상】 "대통령령으로 정하는 규모의 노사협의체 구성·운영 건설공사"란 공사금액이 120억 원(토목공사업은 150억 원) 이상인 건설공사를 말한다.

제64조【노사협의체의 구성】 ① 노사협의체는 다음에 따라 근로자위원과 사용자위원으로 구성한다.

　　1. 근로자위원

　　　가. 도급 또는 하도급 사업을 포함한 전체 사업의 근로자대표

　　　나. 근로자대표가 지명하는 명예산업안전감독관 1명. 다만, 명예산업안전감독관이 위촉되어 있지 않은 경우에는 근로자대표가 지명하는 해당 사업장 근로자 1명

　　　다. 공사금액이 20억 원 이상인 공사의 관계수급인의 각 근로자대표

　　2. 사용자위원

　　　가. 도급 또는 하도급 사업을 포함한 전체 사업의 대표자

　　　나. 안전관리자 1명

　　　다. 보건관리자 1명(보건관리자 선임대상 건설업으로 한정)

　　　라. 공사금액이 20억 원 이상인 공사의 관계수급인의 각 대표자

　② 노사협의체의 근로자위원과 사용자위원은 합의하여 노사협의체에 공사금액이 20억 원 미만인 공사의 관계수급인 및 관계수급인 근로자대표를 위원으로 위촉할 수 있다.

③ 노사협의체의 근로자위원과 사용자위원은 합의하여 「건설기계관리법」에 따라 건설기계를 직접 운전하는 사람을 노사협의체에 참여하도록 할 수 있다.

제65조【노사협의체의 운영 등】 ① 노사협의체의 회의는 정기회의와 임시회의로 구분하여 개최하되, 정기회의는 2개월마다 노사협의체의 위원장이 소집하며, 임시회의는 위원장이 필요하다고 인정할 때에 소집한다.

② 노사협의체 위원장의 선출, 노사협의체의 회의, 노사협의체에서 의결되지 않은 사항에 대한 처리방법 및 회의 결과 등의 공지에 관하여는 산업안전보건위원회에 관한 조항을 준용한다. 이 경우 "산업안전보건위원회"는 "노사협의체"로 본다.

CHAPTER 03 산업안전보건법 시행규칙

KEYWORD 01 중대재해의 정의

제3조【중대재해의 범위】 "고용노동부령으로 정하는 중대재해"란 다음의 어느 하나에 해당하는 재해를 말한다.
1. 사망자가 1명 이상 발생한 재해
2. 3개월 이상의 요양이 필요한 부상자가 동시에 2명 이상 발생한 재해
3. 부상자 또는 직업성 질병자가 동시에 10명 이상 발생한 재해

KEYWORD 02 산업재해 발생 보고

제73조【산업재해 발생 보고 등】 ① 사업주는 산업재해로 사망자가 발생하거나 3일 이상의 휴업이 필요한 부상을 입거나 질병에 걸린 사람이 발생한 경우에는 해당 산업재해가 발생한 날부터 1개월 이내에 산업재해조사표를 작성하여 관할 지방고용노동관서의 장에게 제출(전자문서로 제출하는 것 포함)해야 한다.

② ①에도 불구하고 다음의 모두에 해당하지 않는 사업주가 2014년 7월 1일 이후 해당 사업장에서 처음 발생한 산업재해에 대하여 지방고용노동관서의 장으로부터 산업재해조사표를 작성하여 제출하도록 명령을 받은 경우 그 명령을 받은 날부터 15일 이내에 이를 이행한 때에는 ①에 따른 보고를 한 것으로 본다. ①에 따른 보고기한이 지난 후에 자진하여 산업재해조사표를 작성·제출한 경우에도 또한 같다.
1. 안전관리자 또는 보건관리자를 두어야 하는 사업주
2. 안전보건총괄책임자를 지정해야 하는 도급인
3. 건설재해예방전문지도기관의 지도를 받아야 하는 건설공사도급인
4. 산업재해 발생사실을 은폐하려고 한 사업주

③ 사업주는 ①에 따른 산업재해조사표에 근로자대표의 확인을 받아야 하며, 그 기재 내용에 대하여 근로자대표의 이견이 있는 경우에는 그 내용을 첨부해야 한다. 다만, 근로자대표가 없는 경우에는 재해자 본인의 확인을 받아 산업재해조사표를 제출할 수 있다.

④ ①부터 ③까지의 규정에서 정한 사항 외에 산업재해발생 보고에 필요한 사항은 고용노동부장관이 정한다.

⑤ 「산업재해보상보험법」에 따라 요양급여의 신청을 받은 근로복지공단은 지방고용노동관서의 장 또는 공단으로부터 요양신청서 사본, 요양업무 관련 전산입력자료, 그 밖에 산업재해예방업무 수행을 위하여 필요한 자료의 송부를 요청받은 경우에는 이에 협조해야 한다.

제89조【산업안전보건관리비의 사용】 ① 건설공사도급인은 도급금액 또는 사업비에 계상된 산업안전보건관리비의 범위에서 그의 관계수급인에게 해당 사업의 위험도를 고려하여 적정하게 산업안전보건관리비를 지급하여 사용하게 할 수 있다.

② 건설공사 도급인은 산업안전보건관리비를 사용하는 해당 건설공사의 금액(고용노동부장관이 정하여 고시하는 방법에 따라 산정한 금액)이 4천만 원 이상인 때에는 고용노동부장관이 정하는 바에 따라 매월(건설공사가 1개월 이내에 종료되는 사업의 경우에는 해당 건설공사가 끝나는 날이 속하는 달) 사용명세서를 작성하고, 건설공사 종료 후 1년 동안 보존해야 한다.

제98조【방호조치】 ① 유해하거나 위험한 기계·기구에 설치해야 할 방호장치는 다음과 같다.

1. 예초기: 날접촉 예방장치
2. 원심기: 회전체 접촉 예방장치
3. 공기압축기: 압력방출장치
4. 금속절단기: 날접촉 예방장치
5. 지게차: 헤드가드, 백레스트(Backrest), 전조등, 후미등, 안전벨트
6. 포장기계: 구동부 방호 연동장치

② "고용노동부령으로 정하는 동력으로 작동하는 기계·기구의 방호조치"란 다음의 방호조치를 말한다.

1. 작동 부분의 돌기 부분은 묻힘형으로 하거나 덮개를 부착할 것
2. 동력전달부분 및 속도조절부분에는 덮개를 부착하거나 방호망을 설치할 것
3. 회전기계의 물림점(롤러나 톱니바퀴 등 반대방향의 두 회전체에 물려 들어가는 위험점)에는 덮개 또는 울을 설치할 것

③ ① 및 ②에 따른 방호조치에 필요한 사항은 고용노동부장관이 정하여 고시한다.

제99조【방호조치 해체 등에 필요한 조치】 ① "고용노동부령으로 정하는 방호조치를 해체하려는 경우"란 다음의 경우를 말하며, 그에 필요한 안전조치 및 보건조치는 다음에 따른다.

1. 방호조치를 해체하려는 경우: 사업주의 허가를 받아 해체할 것
2. 방호조치 해체 사유가 소멸된 경우: 방호조치를 지체 없이 원상으로 회복시킬 것
3. 방호조치의 기능이 상실된 것을 발견한 경우: 지체 없이 사업주에게 신고할 것

② 사업주는 ① 3.에 따른 신고가 있으면 즉시 수리, 보수 및 작업중지 등 적절한 조치를 해야 한다.

제108조【안전인증의 신청 등】 ① 안전인증을 받으려는 자는 심사종류별로 안전인증 신청서에 필요 서류를 첨부하여 안전인증기관에 제출(전자적 방법에 의한 제출 포함)해야 한다. 이 경우 외국에서 유해·위험기계 등을 제조하는 자는 국내에 거주하는 자를 대리인으로 선정하여 안전인증을 신청하게 할 수 있다.

② ①에 따라 안전인증을 신청하는 경우에는 고용노동부장관이 정하여 고시하는 바에 따라 안전인증 심사에 필요한 시료를 제출해야 한다.

③ ①에 따른 안전인증 신청서를 제출받은 안전인증기관은「전자정부법」에 따른 행정정보의 공동이용을 통하여 사업 자등록증을 확인해야 한다. 다만, 신청인이 확인에 동의하지 않은 경우에는 사업자등록증 사본을 첨부하도록 해야 한다.

KEYWORD 06 안전인증 방법

제110조【안전인증 심사의 종류 및 방법】 ① 유해·위험기계 등이 안전인증기준에 적합한지를 확인하기 위하여 안전인 증기관이 하는 심사는 다음과 같다.

1. 예비심사: 기계 및 방호장치·보호구가 유해·위험기계 등 인지를 확인하는 심사(안전인증을 신청한 경우만 해당)

2. 서면심사: 유해·위험기계 등의 종류별 또는 형식별로 설계도면 등 유해·위험기계 등의 제품기술과 관련된 문서가 안전인증기준에 적합한지에 대한 심사

3. 기술능력 및 생산체계 심사: 유해·위험기계 등의 안전성능을 지속적으로 유지·보증하기 위하여 사업장에서 갖추어야 할 기술능력과 생산체계가 안전인증기준에 적합한지에 대한 심사. 다만, 다음의 어느 하나에 해당하는 경우에는 기술능력 및 생산체계 심사를 생략한다.

   가. 방호장치 및 보호구를 고용노동부장관이 정하여 고시하는 수량 이하로 수입하는 경우

   나. 4. 가.의 개별 제품심사를 하는 경우

   다. 안전인증(4. 나.의 형식별 제품심사를 하여 안전인증을 받은 경우로 한정)을 받은 후 같은 공정에서 제조되는 같은 종류의 안전인증대상기계 등에 대하여 안전인증을 하는 경우

4. 제품심사: 유해·위험기계 등이 서면심사 내용과 일치하는지와 유해·위험기계 등의 안전에 관한 성능이 안전 인증기준에 적합한지에 대한 심사. 다만, 다음의 심사는 유해·위험기계 등별로 고용노동부장관이 정하여 고시 하는 기준에 따라 어느 하나만을 받는다.

   가. 개별 제품심사: 서면심사 결과가 안전인증기준에 적합할 경우에 유해·위험기계 등 모두에 대하여 하는 심사(안전인증을 받으려는 자가 서면심사와 개별 제품심사를 동시에 할 것을 요청하는 경우 병행할 수 있음)

   나. 형식별 제품심사: 서면심사와 기술능력 및 생산체계 심사 결과가 안전인증기준에 적합할 경우에 유해·위험기계 등의 형식별로 표본을 추출하여 하는 심사(안전인증을 받으려는 자가 서면심사, 기술능력 및 생산체계 심사와 형식별 제품심사를 동시에 할 것을 요청하는 경우 병행할 수 있음)

② ①에 따른 유해·위험기계 등의 종류별 또는 형식별 심사의 절차 및 방법은 고용노동부장관이 정하여 고시한다.

③ 안전인증기관은 안전인증 신청서를 제출받으면 다음의 구분에 따른 심사 종류별 기간 내에 심사해야 한다. 다만, 제품심사의 경우 처리기간 내에 심사를 끝낼 수 없는 부득이한 사유가 있을 때에는 15일의 범위에서 심사기간을 연장할 수 있다.

1. 예비심사: 7일

2. 서면심사: 15일(외국에서 제조한 경우는 30일)

3. 기술능력 및 생산체계 심사: 30일(외국에서 제조한 경우는 45일)

4. 제품심사

   가. 개별 제품심사: 15일

   나. 형식별 제품심사: 30일(방호장치와 보호구는 60일)

④ 안전인증기관은 ③에 따른 심사가 끝나면 안전인증을 신청한 자에게 심사결과 통지서를 발급해야 한다. 이 경우 해당 심사 결과가 모두 적합한 경우에는 안전인증서를 함께 발급해야 한다.

⑤ 안전인증기관은 안전인증대상기계 등이 특수한 구조 또는 재료로 제조되어 안전인증기준의 일부를 적용하기 곤란할 경우 해당 제품이 안전인증기준과 같은 수준 이상의 안전에 관한 성능을 보유한 것으로 인정(안전인증을 신청한 자의 요청이 있거나 필요하다고 판단되는 경우 포함)되면 한국산업표준 또는 관련 국제규격 등을 참고하여 안전인증기준의 일부를 생략하거나 추가하여 심사를 할 수 있다.

⑥ 안전인증기관은 ⑤에 따라 안전인증대상기계 등이 안전인증기준과 같은 수준 이상의 안전에 관한 성능을 보유한 것으로 인정되는지와 해당 안전인증대상기계 등에 생략하거나 추가하여 적용할 안전인증기준을 심의·의결하기 위하여 안전인증심의위원회를 설치·운영해야 한다. 이 경우 안전인증심의위원회의 구성·개최에 걸리는 기간은 ③에 따른 심사기간에 산입하지 않는다.

⑦ ⑥에 따른 안전인증심의위원회의 구성·기능 및 운영 등에 필요한 사항은 고용노동부장관이 정하여 고시한다.

KEYWORD 07 　화학물질의 유해성·위험성 조사결과 등의 제출

제155조【화학물질의 유해성·위험성 조사결과 등의 제출】 ① 화학물질의 유해성·위험성 조사결과의 제출을 명령받은 자는 화학물질의 유해성·위험성 조사결과서에 다음의 서류 및 자료를 첨부하여 명령을 받은 날부터 45일 이내에 고용노동부장관에게 제출해야 한다. 다만, 고용노동부장관은 독성시험 성적에 관한 서류의 경우 해당 화학물질의 시험에 상당한 시일이 걸리는 등 기한 내에 제출할 수 없는 부득이한 사유가 있을 때에는 30일의 범위에서 제출기한을 연장할 수 있다.

1. 해당 화학물질의 안전·보건에 관한 자료
2. 해당 화학물질의 독성시험 성적서
3. 해당 화학물질의 제조 또는 사용·취급방법을 기록한 서류 및 제조 또는 사용 공정도
4. 그 밖에 해당 화학물질의 유해성·위험성과 관련된 서류 및 자료

② 유해성·위험성평가에 필요한 자료의 제출 명령을 받은 사람은 명령을 받은 날부터 45일 이내에 해당 자료를 고용노동부장관에게 제출해야 한다.

KEYWORD 08 　물질안전보건자료의 작성방법 및 기재사항

제156조【물질안전보건자료의 작성방법 및 기재사항】 ① 물질안전보건자료대상물질을 제조·수입하려는 자가 물질안전보건자료를 작성하는 경우에는 그 물질안전보건자료의 신뢰성이 확보될 수 있도록 인용된 자료의 출처를 함께 적어야 한다.

② "물리·화학적 특성 등 고용노동부령으로 정하는 사항"이란 다음의 사항을 말한다.

1. 물리·화학적 특성
2. 독성에 관한 정보
3. 폭발·화재 시의 대처방법
4. 응급조치 요령
5. 그 밖에 고용노동부장관이 정하는 사항

③ 그 밖에 물질안전보건자료의 세부 작성방법, 용어 등 필요한 사항은 고용노동부장관이 정하여 고시한다.

[별표 4] 안전보건교육 교육과정별 교육시간

1. 근로자 안전보건교육

교육과정	교육대상		교육시간
가. 정기교육	사무직 종사 근로자		매반기 6시간 이상
	그 밖의 근로자	판매업무에 직접 종사하는 근로자	매반기 6시간 이상
		판매업무에 직접 종사하는 근로자 외의 근로자	매반기 12시간 이상
나. 채용 시 교육	일용근로자 및 근로계약기간이 1주일 이하인 기간제근로자		1시간 이상
	근로계약기간이 1주일 초과 1개월 이하인 기간제근로자		4시간 이상
	그 밖의 근로자		8시간 이상
다. 작업내용 변경 시 교육	일용근로자 및 근로계약기간이 1주일 이하인 기간제근로자		1시간 이상
	그 밖의 근로자		2시간 이상
라. 특별교육	일용근로자 및 근로계약기간이 1주일 이하인 기간제근로자 (타워크레인 신호작업 제외)		2시간 이상
	타워크레인 신호작업에 종사하는 일용근로자 및 근로계약기간이 1주일 이하인 기간제근로자		8시간 이상
	그 밖의 근로자		− 16시간 이상(최초 작업에 종사하기 전 4시간 이상 실시하고 12시간은 3개월 이내에서 분할하여 실시가능) − 단기간 작업 또는 간헐적 작업인 경우에는 2시간 이상
마. 건설업 기초안전·보건교육	건설 일용근로자		4시간 이상

※ 비고

1. 위 표의 적용을 받는 "일용근로자"란 근로계약을 1일 단위로 체결하고 그 날의 근로가 끝나면 근로관계가 종료되어 계속 고용이 보장되지 않는 근로자를 말한다.

2. 일용근로자가 위 표의 나. 또는 라.에 따른 교육을 받은 날 이후 1주일 동안 같은 사업장에서 같은 업무의 일용근로자로 다시 종사하는 경우에는 이미 받은 위 표의 나. 또는 라.에 따른 교육을 면제한다.

3. 다음의 어느 하나에 해당하는 경우는 위 표의 가.부터 라.까지의 규정에도 불구하고 해당 교육과정별 교육시간의 $\frac{1}{2}$ 이상을 그 교육시간으로 한다.

   가. 「산업안전보건법 시행령」 별표 1 제1호에 따른 사업

   나. 상시근로자 50명 미만의 도매업, 숙박 및 음식점업

4. 근로자가 다음의 어느 하나에 해당하는 안전교육을 받은 경우에는 그 시간만큼 위 표의 가.에 따른 해당 반기의 정기교육을 받은 것으로 본다.

   가. 「원자력안전법 시행령」에 따른 방사선작업종사자 정기교육

   나. 「항만안전특별법 시행령」에 따른 정기안전교육

   다. 「화학물질관리법 시행규칙」에 따른 유해화학물질 안전교육

5. 근로자가 「항만안전특별법 시행령」에 따른 신규안전교육을 받은 때에는 그 시간만큼 위 표의 나.에 따른 채용 시 교육을 받은 것으로 본다.

6. 방사선 업무에 관계되는 작업에 종사하는 근로자가 「원자력안전법 시행규칙」에 따른 방사선작업종사자 신규교육 중 직장교육을 받은 때에는 그 시간만큼 위 표의 라.에 따른 특별교육을 받은 것으로 본다.

1의 2. 관리감독자 안전보건교육

교육과정	교육시간
가. 정기교육	연간 16시간 이상
나. 채용 시 교육	8시간 이상
다. 작업내용 변경 시 교육	2시간 이상
라. 특별교육	− 16시간 이상(최초 작업에 종사하기 전 4시간 이상 실시하고, 12시간은 3개월 이내에서 분할하여 실시가능) − 단기간 작업 또는 간헐적 작업인 경우에는 2시간 이상

2. 안전보건관리책임자 등에 대한 교육

교육대상	교육시간	
	신규교육	보수교육
가. 안전보건관리책임자	6시간 이상	6시간 이상
나. 안전관리자, 안전관리전문기관의 종사자	34시간 이상	24시간 이상
다. 보건관리자, 보건관리전문기관의 종사자	34시간 이상	24시간 이상
라. 건설재해예방전문지도기관의 종사자	34시간 이상	24시간 이상
마. 석면조사기관의 종사자	34시간 이상	24시간 이상
바. 안전보건관리담당자	−	8시간 이상
사. 안전검사기관, 자율안전검사기관의 종사자	34시간 이상	24시간 이상

3. 특수형태근로종사자에 대한 안전보건교육

교육과정	교육시간
가. 최초 노무제공 시 교육	2시간 이상(단기간 작업 또는 간헐적 작업에 노무를 제공하는 경우에는 1시간 이상 실시하고, 특별교육을 실시한 경우는 면제)
나. 특별교육	16시간 이상(최초 작업에 종사하기 전 4시간 이상 실시하고 12시간은 3개월 이내에서 분할하여 실시가능)
	단기간 작업 또는 간헐적 작업인 경우에는 2시간 이상

※ 비고: 「화학물질관리법」에 따른 유해화학물질 안전교육을 받은 경우에는 그 시간만큼 가.에 따른 최초 노무제공 시 교육을 실시하지 않을 수 있다.

4. 검사원 성능검사 교육

교육과정	교육대상	교육시간
성능검사 교육	−	28시간 이상

[별표 5] 안전보건교육 교육대상별 교육내용

1. 근로자 안전보건교육

가. 정기교육

교육내용
• 산업안전 및 사고 예방에 관한 사항
• 산업보건 및 직업병 예방에 관한 사항
• 위험성평가에 관한 사항
• 건강증진 및 질병 예방에 관한 사항
• 유해 · 위험 작업환경 관리에 관한 사항
• 「산업안전보건법령」 및 산업재해보상보험 제도에 관한 사항
• 직무스트레스 예방 및 관리에 관한 사항
• 직장 내 괴롭힘, 고객의 폭언 등으로 인한 건강장해 예방 및 관리에 관한 사항

나. 채용 시 교육 및 작업내용 변경 시 교육

교육내용
• 산업안전 및 사고 예방에 관한 사항
• 산업보건 및 직업병 예방에 관한 사항
• 위험성평가에 관한 사항
• 「산업안전보건법령」 및 산업재해보상보험 제도에 관한 사항
• 직무스트레스 예방 및 관리에 관한 사항
• 직장 내 괴롭힘, 고객의 폭언 등으로 인한 건강장해 예방 및 관리에 관한 사항
• 기계·기구의 위험성과 작업의 순서 및 동선에 관한 사항
• 작업 개시 전 점검에 관한 사항
• 정리정돈 및 청소에 관한 사항
• 사고 발생 시 긴급조치에 관한 사항
• 물질안전보건자료에 관한 사항

1의 2. 관리감독자 안전보건교육

가. 정기교육

교육내용
• 산업안전 및 사고 예방에 관한 사항
• 산업보건 및 직업병 예방에 관한 사항
• 위험성평가에 관한 사항
• 유해·위험 작업환경 관리에 관한 사항
• 「산업안전보건법령」 및 산업재해보상보험 제도에 관한 사항
• 직무스트레스 예방 및 관리에 관한 사항
• 직장 내 괴롭힘, 고객의 폭언 등으로 인한 건강장해 예방 및 관리에 관한 사항
• 작업공정의 유해·위험과 재해 예방대책에 관한 사항
• 사업장 내 안전보건관리체제 및 안전·보건조치 현황에 관한 사항
• 표준안전 작업방법 결정 및 지도·감독 요령에 관한 사항
• 현장 근로자와의 의사소통능력 및 강의능력 등 안전보건교육 능력 배양에 관한 사항
• 비상시 또는 재해 발생 시 긴급조치에 관한 사항
• 그 밖의 관리감독자의 직무에 관한 사항

나. 채용 시 교육 및 작업내용 변경 시 교육

교육내용
• 산업안전 및 사고 예방에 관한 사항
• 산업보건 및 직업병 예방에 관한 사항
• 위험성평가에 관한 사항
• 「산업안전보건법령」 및 산업재해보상보험 제도에 관한 사항
• 직무스트레스 예방 및 관리에 관한 사항
• 직장 내 괴롭힘, 고객의 폭언 등으로 인한 건강장해 예방 및 관리에 관한 사항
• 기계·기구의 위험성과 작업의 순서 및 동선에 관한 사항
• 작업 개시 전 점검에 관한 사항
• 물질안전보건자료에 관한 사항
• 사업장 내 안전보건관리체제 및 안전·보건조치 현황에 관한 사항
• 표준안전 작업방법 결정 및 지도·감독 요령에 관한 사항
• 비상시 또는 재해 발생 시 긴급조치에 관한 사항
• 그 밖의 관리감독자의 직무에 관한 사항

CHAPTER 04 산업안전보건기준에 관한 규칙

제23조【가설통로의 구조】 사업주는 가설통로를 설치하는 경우 다음의 사항을 준수하여야 한다.

1. 견고한 구조로 할 것
2. 경사는 30° 이하로 할 것. 다만, 계단을 설치하거나 높이 2[m] 미만의 가설통로로서 튼튼한 손잡이를 설치한 경우에는 그러하지 아니하다.
3. 경사가 15°를 초과하는 경우에는 미끄러지지 아니하는 구조로 할 것
4. 추락할 위험이 있는 장소에는 안전난간을 설치할 것. 다만, 작업상 부득이한 경우에는 필요한 부분만 임시로 해체할 수 있다.
5. 수직갱에 가설된 통로의 길이가 15[m] 이상인 경우에는 10[m] 이내마다 계단참을 설치할 것
6. 건설공사에 사용하는 높이 8[m] 이상인 비계다리에는 7[m] 이내마다 계단참을 설치할 것

제24조【사다리식 통로 등의 구조】 ① 사업주는 사다리식 통로 등을 설치하는 경우 다음의 사항을 준수하여야 한다.

1. 견고한 구조로 할 것
2. 심한 손상·부식 등이 없는 재료를 사용할 것
3. 발판의 간격은 일정하게 할 것
4. 발판과 벽과의 사이는 15[cm] 이상의 간격을 유지할 것
5. 폭은 30[cm] 이상으로 할 것
6. 사다리가 넘어지거나 미끄러지는 것을 방지하기 위한 조치를 할 것
7. 사다리의 상단은 걸쳐놓은 지점으로부터 60[cm] 이상 올라가도록 할 것
8. 사다리식 통로의 길이가 10[m] 이상인 경우에는 5[m] 이내마다 계단참을 설치할 것
9. 사다리식 통로의 기울기는 75° 이하로 할 것. 다만, 고정식 사다리식 통로의 기울기는 90° 이하로 하고, 그 높이가 7[m] 이상인 경우에는 바닥으로부터 높이가 2.5[m] 되는 지점부터 등받이울을 설치할 것
10. 접이식 사다리 기둥은 사용 시 접혀지거나 펼쳐지지 않도록 철물 등을 사용하여 견고하게 조치할 것

계단

제26조【계단의 강도】① 사업주는 계단 및 계단참을 설치하는 경우 $500[\text{kg/m}^2]$ 이상의 하중에 견딜 수 있는 강도를 가진 구조로 설치하여야 하며, 안전율(안전의 정도를 표시하는 것으로서 재료의 파괴응력도와 허용응력도의 비율)은 4 이상으로 하여야 한다.

② 사업주는 계단 및 승강구 바닥을 구멍이 있는 재료로 만드는 경우 렌치나 그 밖의 공구 등이 낙하할 위험이 없는 구조로 하여야 한다.

제27조【계단의 폭】① 사업주는 계단을 설치하는 경우 그 폭을 1[m] 이상으로 하여야 한다. 다만, 급유용·보수용·비상용 계단 및 나선형 계단이거나 높이 1[m] 미만의 이동식 계단인 경우에는 그러하지 아니하다.

② 사업주는 계단에 손잡이 외의 다른 물건 등을 설치하거나 쌓아 두어서는 아니 된다.

제28조【계단참의 설치】사업주는 높이가 3[m] 초과하는 계단에 높이 3[m] 이내마다 진행방향으로 길이 1.2[m] 이상의 계단참을 설치하여야 한다.

양중기

제132조【양중기】① 양중기란 다음의 기계를 말한다.

1. 크레인(호이스트(Hoist) 포함)
2. 이동식 크레인
3. 리프트(이삿짐운반용 리프트의 경우에는 적재하중이 0.1톤 이상인 것으로 한정)
4. 곤돌라
5. 승강기

② ①의 각 기계의 뜻은 다음과 같다.

1. "크레인"이란 동력을 사용하여 중량물을 매달아 상하 및 좌우(수평 또는 선회)로 운반하는 것을 목적으로 하는 기계 또는 기계장치를 말하며, "호이스트"란 훅이나 그 밖의 달기구 등을 사용하여 화물을 권상 및 횡행 또는 권상동작만을 하여 양중하는 것을 말한다.

2. "이동식 크레인"이란 원동기를 내장하고 있는 것으로서 불특정 장소에 스스로 이동할 수 있는 크레인으로 동력을 사용하여 중량물을 매달아 상하 및 좌우(수평 또는 선회)로 운반하는 설비로서「건설기계관리법」을 적용받는 기중기 또는「자동차관리법」에 따른 화물·특수자동차의 작업부에 탑재하여 화물운반 등에 사용하는 기계 또는 기계장치를 말한다.

3. "리프트"란 동력을 사용하여 사람이나 화물을 운반하는 것을 목적으로 하는 기계설비로서 다음의 것을 말한다.
   가. 건설용 리프트: 동력을 사용하여 가이드레일(운반구를 지지하여 상승 및 하강 동작을 안내하는 레일)을 따라 상하로 움직이는 운반구를 매달아 사람이나 화물을 운반할 수 있는 설비 또는 이와 유사한 구조 및 성능을 가진 것으로 건설현장에서 사용하는 것
   나. 산업용 리프트: 동력을 사용하여 가이드레일을 따라 상하로 움직이는 운반구를 매달아 화물을 운반할 수 있는 설비 또는 이와 유사한 구조 및 성능을 가진 것으로 건설현장 외의 장소에서 사용하는 것
   다. 자동차정비용 리프트: 동력을 사용하여 가이드레일을 따라 움직이는 지지대로 자동차 등을 일정한 높이로 올리거나 내리는 구조의 리프트로서 자동차 정비에 사용하는 것
   라. 이삿짐운반용 리프트: 연장 및 축소가 가능하고 끝단을 건축물 등에 지지하는 구조의 사다리형 붐에 따라 동력을 사용하여 움직이는 운반구를 매달아 화물을 운반하는 설비로서 화물자동차 등 차량 위에 탑재하여 이삿짐 운반 등에 사용하는 것

4. "곤돌라"란 달기발판 또는 운반구, 승강장치, 그 밖의 장치 및 이들에 부속된 기계부품에 의하여 구성되고, 와이어로프 또는 달기강선에 의하여 달기발판 또는 운반구가 전용 승강장치에 의하여 오르내리는 설비를 말한다.

5. "승강기"란 건축물이나 고정된 시설물에 설치되어 일정한 경로에 따라 사람이나 화물을 승강장으로 옮기는 데에 사용되는 설비로서 다음의 것을 말한다.
   가. 승객용 엘리베이터: 사람의 운송에 적합하게 제조·설치된 엘리베이터
   나. 승객화물용 엘리베이터: 사람의 운송과 화물 운반을 겸용하는 데 적합하게 제조·설치된 엘리베이터
   다. 화물용 엘리베이터: 화물 운반에 적합하게 제조·설치된 엘리베이터로서 조작자 또는 화물취급자 1명은 탑승할 수 있는 것(적재용량이 300[kg] 미만인 것 제외)
   라. 소형화물용 엘리베이터: 음식물이나 서적 등 소형 화물의 운반에 적합하게 제조·설치된 엘리베이터로서 사람의 탑승이 금지된 것
   마. 에스컬레이터: 일정한 경사로 또는 수평로를 따라 위·아래 또는 옆으로 움직이는 디딤판을 통해 사람이나 화물을 승강장으로 운송시키는 설비

제37조【악천후 및 강풍 시의 작업 중지】 ① 사업주는 비·눈·바람 또는 그 밖의 기상상태의 불안정으로 인하여 근로자가 위험해질 우려가 있는 경우 작업을 중지하여야 한다. 다만, 태풍 등으로 위험이 예상되거나 발생되어 긴급 복구작업을 필요로 하는 경우에는 그러하지 아니하다.

② 사업주는 순간풍속이 10[m/s]를 초과하는 경우 타워크레인의 설치·수리·점검 또는 해체 작업을 중지하여야 하며, 순간풍속이 15[m/s]를 초과하는 경우에는 타워크레인의 운전작업을 중지하여야 한다.

제133조【정격하중 등의 표시】 사업주는 양중기(승강기 제외) 및 달기구를 사용하여 작업하는 운전자 또는 작업자가 보기 쉬운 곳에 해당 기계의 정격하중, 운전속도, 경고표시 등을 부착하여야 한다. 다만, 달기구는 정격하중만 표시한다.

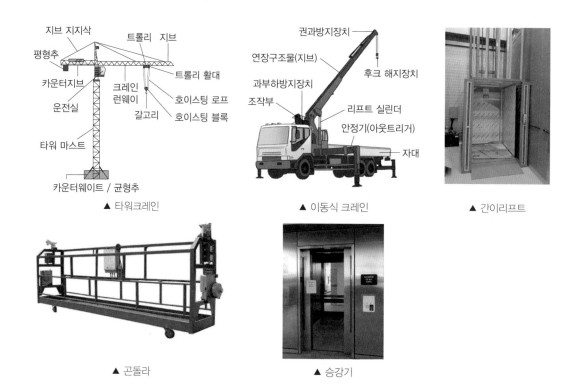

▲ 타워크레인　　　　▲ 이동식 크레인　　　　▲ 간이리프트

▲ 곤돌라　　　　▲ 승강기

[별표 4] 사전조사 및 작업계획서 내용

작업명	사전조사 내용	작업계획서 내용
1. 타워크레인을 설치·조립·해체하는 작업	–	가. 타워크레인의 종류 및 형식 나. 설치·조립 및 해체순서 다. 작업도구·장비·가설설비 및 방호설비 라. 작업인원의 구성 및 작업근로자의 역할 범위 마. 타워크레인의 지지 방법

제134조【방호장치의 조정】 ① 사업주는 다음의 양중기에 과부하방지장치, 권과방지장치, 비상정지장치 및 제동장치, 그 밖의 방호장치(승강기의 파이널 리미트 스위치(Final Limit Switch), 속도조절기, 출입문 인터 록(Inter Lock) 등)가 정상적으로 작동될 수 있도록 미리 조정해 두어야 한다.

　　1. 크레인
　　2. 이동식 크레인
　　3. 리프트
　　4. 곤돌라
　　5. 승강기

제134조【방호장치의 조정】 ① 사업주는 다음의 양중기에 과부하방지장치, 권과방지장치, 비상정지장치 및 제동장치, 그 밖의 방호장치(승강기의 파이널 리미트 스위치(Final Limit Switch), 속도조절기, 출입문 인터 록(Inter Lock) 등)가 정상적으로 작동될 수 있도록 미리 조정해 두어야 한다.

(생략)

② 크레인 및 이동식 크레인의 양중기에 대한 권과방지장치는 훅·버킷 등 달기구의 윗면(그 달기구에 권상용 도르래가 설치된 경우에는 권상용 도르래의 윗면)이 드럼, 상부 도르래, 트롤리프레임 등 권상장치의 아랫면과 접촉할 우려가 있는 경우에 그 간격이 0.25[m] 이상(직동식 권과방지장치는 0.05[m] 이상)이 되도록 조정하여야 한다.

③ ②의 권과방지장치를 설치하지 않은 크레인에 대해서는 권상용 와이어로프에 위험표시를 하고 경보장치를 설치하는 등 권상용 와이어로프가 지나치게 감겨서 근로자가 위험해질 상황을 방지하기 위한 조치를 하여야 한다.

[별표 3] 작업시작 전 점검사항

5. 이동식 크레인을 사용하여 작업을 할 때	가. 권과방지장치나 그 밖의 경보장치의 기능 나. 브레이크·클러치 및 조정장치의 기능 다. 와이어로프가 통하고 있는 곳 및 작업장소의 지반상태

제151조【권과방지 등】 사업주는 리프트(자동차정비용 리프트 제외)의 운반구 이탈 등의 위험을 방지하기 위하여 권과방지장치, 과부하방지장치, 비상정지장치 등을 설치하는 등 필요한 조치를 하여야 한다.

제135조【과부하의 제한 등】 사업주는 각 양중기에 그 적재하중을 초과하는 하중을 걸어서 사용하도록 해서는 아니 된다.

제135조【과부하의 제한 등】 사업주는 각 양중기에 그 적재하중을 초과하는 하중을 걸어서 사용하도록 해서는 아니 된다.

제160조【운전방법 등의 주지】 사업주는 곤돌라의 운전방법 또는 고장이 났을 때의 처치방법을 그 곤돌라를 사용하는 근로자에게 주지시켜야 한다.

제134조【방호장치의 조정】 ① 사업주는 다음의 양중기에 과부하방지장치, 권과방지장치, 비상정지장치 및 제동장치, 그 밖의 방호장치(승강기의 파이널 리미트 스위치(Final Limit Switch), 속도조절기, 출입문 인터 록(Inter Lock) 등)가 정상적으로 작동될 수 있도록 미리 조정해 두어야 한다.

(생략)

제135조【과부하의 제한 등】 사업주는 각 양중기에 그 적재하중을 초과하는 하중을 걸어서 사용하도록 해서는 아니 된다.

제161조【폭풍에 의한 무너짐 방지】 사업주는 순간풍속이 35[m/s]를 초과하는 바람이 불어 올 우려가 있는 경우 옥외에 설치되어 있는 승강기에 대하여 받침의 수를 증가시키는 등 승강기가 무너지는 것을 방지하기 위한 조치를 하여야 한다.

제166조【이음매가 있는 와이어로프 등의 사용 금지】 사업주는 다음의 어느 하나에 해당하는 와이어로프를 양중기에 사용하여서는 아니 된다.

　　가. 이음매가 있는 것

　　나. 와이어로프의 한 꼬임(Strand)에서 끊어진 소선(필러(Pillar)선 제외)의 수가 10[%] 이상(비자전로프의 경우에는 끊어진 소선의 수가 와이어로프 호칭지름의 6배 길이 이내에서 4개 이상이거나 호칭지름 30배 길이 이내에서 8개 이상)인 것

　　다. 지름의 감소가 공칭지름의 7[%]를 초과하는 것

　　라. 꼬인 것

　　마. 심하게 변형되거나 부식된 것

　　바. 열과 전기충격에 의해 손상된 것

제163조【와이어로프 등 달기구의 안전계수】 ① 사업주는 양중기의 와이어로프 등 달기구의 안전계수(달기구 절단하중의 값을 그 달기구에 걸리는 하중의 최댓값으로 나눈 값)가 다음의 구분에 따른 기준에 맞지 아니한 경우에는 이를 사용해서는 아니 된다.

　　1. 근로자가 탑승하는 운반구를 지지하는 달기와이어로프 또는 달기체인의 경우: 10 이상

　　2. 화물의 하중을 직접 지지하는 달기와이어로프 또는 달기체인의 경우: 5 이상

　　3. 훅, 샤클, 클램프, 리프팅 빔의 경우: 3 이상

　　4. 그 밖의 경우: 4 이상

② 사업주는 달기구의 경우 최대허용하중 등의 표식이 견고하게 붙어 있는 것을 사용하여야 한다.

제99조【운전위치 이탈 시의 조치】 ① 사업주는 차량계 하역운반기계 등, 차량계 건설기계의 운전자가 운전위치를 이탈하는 경우 해당 운전자에게 다음의 사항을 준수하도록 하여야 한다.

　　1. 포크, 버킷, 디퍼 등의 장치를 가장 낮은 위치 또는 지면에 내려둘 것

　　2. 원동기를 정지시키고 브레이크를 확실히 거는 등 갑작스러운 주행이나 이탈을 방지하기 위한 조치를 할 것

　　3. 운전석을 이탈하는 경우에는 시동키를 운전대에서 분리시킬 것. 다만, 운전석에 잠금장치를 하는 등 운전자가 아닌 사람이 운전하지 못하도록 조치한 경우에는 그러하지 아니하다.

[별표 4] 사전조사 및 작업계획서 내용

작업명	사전조사 내용	작업계획서 내용
2. 차량계 하역운반기계 등을 사용하는 작업	–	가. 해당 작업에 따른 추락·낙하·전도·협착 및 붕괴 등의 위험 예방대책 나. 차량계 하역운반기계 등의 운행경로 및 작업방법

제173조【화물적재 시의 조치】 ① 사업주는 차량계 하역운반기계 등에 화물을 적재하는 경우에 다음의 사항을 준수하여야 한다.

　　1. 하중이 한쪽으로 치우치지 않도록 적재할 것

　　2. 구내운반차 또는 화물자동차의 경우 화물의 붕괴 또는 낙하에 의한 위험을 방지하기 위하여 화물에 로프를 거는 등 필요한 조치를 할 것

3. 운전자의 시야를 가리지 않도록 화물을 적재할 것

② ①의 화물을 적재하는 경우에는 최대적재량을 초과해서는 아니 된다.

KEYWORD 11 지게차

[별표 3] 작업시작 전 점검사항

9. 지게차를 사용하여 작업을 하는 때	가. 제동장치 및 조종장치 기능의 이상 유무 나. 하역장치 및 유압장치 기능의 이상 유무 다. 바퀴의 이상 유무 라. 전조등 · 후미등 · 방향지시기 및 경보장치 기능의 이상 유무

KEYWORD 12 차량계 건설기계

제196조【차량계 건설기계의 정의】 "차량계 건설기계"란 동력원을 사용하여 특정되지 아니한 장소로 스스로 이동할 수 있는 건설기계로서 별표 6에서 정한 기계를 말한다.

[별표 6] 차량계 건설기계

1. 도저형 건설기계(불도저, 스트레이트도저, 틸트도저, 앵글도저, 버킷도저 등)
2. 모터그레이더(Motor Grader, 땅 고르는 기계)
3. 로더(포크 등 부착물 종류에 따른 용도 변경 형식 포함)
4. 스크레이퍼(Scraper, 흙을 절삭 · 운반하거나 펴 고르는 등의 작업을 하는 토공기계)
5. 크레인형 굴착기계(클램셀, 드래그라인 등)
6. 굴착기(브레이커, 크러셔, 드릴 등 부착물 종류에 따른 용도 변경 형식 포함)
7. 항타기 및 항발기
8. 천공용 건설기계(어스드릴, 어스오거, 크롤러드릴, 점보드릴 등)
9. 지반 압밀침하용 건설기계(샌드드레인머신, 페이퍼드레인머신, 팩드레인머신 등)
10. 지반 다짐용 건설기계(타이어롤러, 매커덤롤러, 탠덤롤러 등)
11. 준설용 건설기계(버킷준설선, 그래브준설선, 펌프준설선 등)
12. 콘크리트 펌프카
13. 덤프트럭
14. 콘크리트 믹서 트럭
15. 도로포장용 건설기계(아스팔트 살포기, 콘크리트 살포기, 아스팔트 피니셔, 콘크리트 피니셔 등)
16. 골재 채취 및 살포용 건설기계(쇄석기, 자갈채취기, 골재살포기 등)
17. 1.부터 16.까지와 유사한 구조 또는 기능을 갖는 건설기계로서 건설 작업에 사용하는 것

▲ 로더

▲ 덤프트럭

▲ 굴착기

▲ 콘크리트 믹서 트럭 · 펌프카

제197조【전조등의 설치】 사업주는 차량계 건설기계에 전조등을 갖추어야 한다. 다만, 작업을 안전하게 수행하기 위하여 필요한 조명이 있는 장소에서 사용하는 경우에는 그러하지 아니하다.

제198조【낙하물 보호구조】 사업주는 암석이 떨어질 우려가 있는 등 위험한 장소에서 차량계 건설기계(불도저, 트랙터, 굴착기, 로더, 스크레이퍼, 덤프트럭, 모터그레이더, 롤러, 천공기, 항타기 및 항발기로 한정)를 사용하는 경우에는 해당 차량계 건설기계에 견고한 낙하물 보호구조를 갖춰야 한다.

[별표 4] 사전조사 및 작업계획서 내용

작업명	사전조사 내용	작업계획서 내용
3. 차량계 건설기계를 사용하는 작업	해당 기계의 굴러 떨어짐, 지반의 붕괴 등으로 인한 근로자의 위험을 방지하기 위한 해당 작업장소의 지형 및 지반상태	가. 사용하는 차량계 건설기계의 종류 및 성능 나. 차량계 건설기계의 운행경로 다. 차량계 건설기계에 의한 작업방법

제99조【운전위치 이탈 시의 조치】 ① 사업주는 차량계 하역운반기계 등, 차량계 건설기계의 운전자가 운전위치를 이탈하는 경우 해당 운전자에게 다음의 사항을 준수하도록 하여야 한다.

1. 포크, 버킷, 디퍼 등의 장치를 가장 낮은 위치 또는 지면에 내려둘 것
2. 원동기를 정지시키고 브레이크를 확실히 거는 등 갑작스러운 주행이나 이탈을 방지하기 위한 조치를 할 것
3. 운전석을 이탈하는 경우에는 시동키를 운전대에서 분리시킬 것. 다만, 운전석에 잠금장치를 하는 등 운전자가 아닌 사람이 운전하지 못하도록 조치한 경우에는 그러하지 아니하다.

KEYWORD 13 항타기 및 항발기

제211조【권상용 와이어로프의 안전계수】 사업주는 항타기 또는 항발기의 권상용 와이어로프의 안전계수가 5 이상이 아니면 이를 사용해서는 아니 된다.

KEYWORD 14 위험물 등의 취급

제225조【위험물질 등의 제조 등 작업 시의 조치】 사업주는 위험물을 제조하거나 취급하는 경우에 폭발·화재 및 누출을 방지하기 위한 적절한 방호조치를 하지 아니하고 다음의 행위를 해서는 아니 된다.

1. 폭발성 물질, 유기과산화물을 화기나 그 밖에 점화원이 될 우려가 있는 것에 접근시키거나 가열하거나 마찰시키거나 충격을 가하는 행위
2. 물반응성 물질, 인화성 고체를 각각 그 특성에 따라 화기나 그 밖에 점화원이 될 우려가 있는 것에 접근시키거나 발화를 촉진하는 물질 또는 물에 접촉시키거나 가열하거나 마찰시키거나 충격을 가하는 행위
3. 산화성 액체·산화성 고체를 분해가 촉진될 우려가 있는 물질에 접촉시키거나 가열하거나 마찰시키거나 충격을 가하는 행위
4. 인화성 액체를 화기나 그 밖에 점화원이 될 우려가 있는 것에 접근시키거나 주입 또는 가열하거나 증발시키는 행위
5. 인화성 가스를 화기나 그 밖에 점화원이 될 우려가 있는 것에 접근시키거나 압축·가열 또는 주입하는 행위
6. 부식성 물질 또는 급성 독성물질을 누출시키는 등으로 인체에 접촉시키는 행위
7. 위험물을 제조하거나 취급하는 설비가 있는 장소에 인화성 가스 또는 산화성 액체 및 산화성 고체를 방치하는 행위

KEYWORD 15 아세틸렌 용접장치 및 가스집합 용접장치

제234조【가스 등의 용기】 사업주는 금속의 용접·용단 또는 가열에 사용되는 가스 등의 용기를 취급하는 경우에 다음의 사항을 준수하여야 한다.

1. 다음의 어느 하나에 해당하는 장소에서 사용하거나 해당 장소에 설치·저장 또는 방치하지 않도록 할 것
    가. 통풍이나 환기가 불충분한 장소
    나. 화기를 사용하는 장소 및 그 부근
    다. 위험물 또는 인화성 액체를 취급하는 장소 및 그 부근
2. 용기의 온도를 40[℃] 이하로 유지할 것
3. 전도의 위험이 없도록 할 것
4. 충격을 가하지 않도록 할 것
5. 운반하는 경우에는 캡을 씌울 것
6. 사용하는 경우에는 용기의 마개에 부착되어 있는 유류 및 먼지를 제거할 것
7. 밸브의 개폐는 서서히 할 것
8. 사용 전 또는 사용 중인 용기와 그 밖의 용기를 명확히 구별하여 보관할 것
9. 용해아세틸렌의 용기는 세워 둘 것
10. 용기의 부식·마모 또는 변형상태를 점검한 후 사용할 것

제289조【안전기의 설치】 ① 사업주는 아세틸렌 용접장치의 취관마다 안전기를 설치하여야 한다. 다만, 주관 및 취관에 가장 가까운 분기관마다 안전기를 부착한 경우에는 그러하지 아니하다.

② 사업주는 가스용기가 발생기와 분리되어 있는 아세틸렌 용접장치에 대하여 발생기와 가스용기 사이에 안전기를 설치하여야 한다.

역화방지기

발생기와 가스용기 사이에 안전기를 설치!

발생기

KEYWORD 16 전기작업에 대한 위험 방지

제318조【전기작업자의 제한】 사업주는 근로자가 감전위험이 있는 전기기계·기구 또는 전로(이하 "전기기기 등")의 설치·해체·정비·점검(설비의 유효성을 장비, 도구를 이용하여 확인하는 점검으로 한정) 등의 작업(이하 "전기작업")을 하는 경우에는 「유해·위험작업의 취업 제한에 관한 규칙」에 따른 자격·면허·경험 또는 기능을 갖춘 사람(이하 "유자격자")이 작업을 수행하도록 해야 한다.

제319조【정전전로에서의 전기작업】 ① 사업주는 근로자가 노출된 충전부 또는 그 부근에서 작업함으로써 감전될 우려가 있는 경우에는 작업에 들어가기 전에 해당 전로를 차단하여야 한다. 다만, 다음의 경우에는 그러하지 아니하다.

1. 생명유지장치, 비상경보설비, 폭발위험장소의 환기설비, 비상조명설비 등의 장치·설비의 가동이 중지되어 사고의 위험이 증가되는 경우
2. 기기의 설계상 또는 작동상 제한으로 전로차단이 불가능한 경우
3. 감전, 아크 등으로 인한 화상, 화재·폭발의 위험이 없는 것으로 확인된 경우

② ①의 전로 차단은 다음의 절차에 따라 시행하여야 한다.

1. 전기기기 등에 공급되는 모든 전원을 관련 도면, 배선도 등으로 확인할 것

2. 전원을 차단한 후 각 단로기 등을 개방하고 확인할 것

3. 차단장치나 단로기 등에 잠금장치 및 꼬리표를 부착할 것

4. 개로된 전로에서 유도전압 또는 전기에너지가 축적되어 근로자에게 전기위험을 끼칠 수 있는 전기기기 등은 접촉하기 전에 잔류전하를 완전히 방전시킬 것

5. 검전기를 이용하여 작업 대상 기기가 충전되었는지를 확인할 것

6. 전기기기 등이 다른 노출 충전부와의 접촉, 유도 또는 예비동력원의 역송전 등으로 전압이 발생할 우려가 있는 경우에는 충분한 용량을 가진 단락 접지기구를 이용하여 접지할 것

③ 사업주는 ①의 각 경우 외의 부분에 따른 작업 중 또는 작업을 마친 후 전원을 공급하는 경우에는 작업에 종사하는 근로자 또는 그 인근에서 작업하거나 정전된 전기기기 등(고정 설치된 것으로 한정)과 접촉할 우려가 있는 근로자에게 감전의 위험이 없도록 다음의 사항을 준수하여야 한다.

1. 작업기구, 단락 접지기구 등을 제거하고 전기기기 등이 안전하게 통전될 수 있는지를 확인할 것

2. 모든 작업자가 작업이 완료된 전기기기 등에서 떨어져 있는지를 확인할 것

3. 잠금장치와 꼬리표는 설치한 근로자가 직접 철거할 것

4. 모든 이상 유무를 확인한 후 전기기기 등의 전원을 투입할 것

KEYWORD 17 정전기로 인한 재해 예방

제325조【정전기로 인한 화재 폭발 등 방지】 ① 사업주는 다음의 설비를 사용할 때에 정전기에 의한 화재 또는 폭발 등의 위험이 발생할 우려가 있는 경우에는 해당 설비에 대하여 확실한 방법으로 접지를 하거나, 도전성 재료를 사용하거나 가습 및 점화원이 될 우려가 없는 제전장치를 사용하는 등 정전기의 발생을 억제하거나 제거하기 위하여 필요한 조치를 하여야 한다.

1. 위험물을 탱크로리 · 탱크차 및 드럼 등에 주입하는 설비

2. 탱크로리 · 탱크차 및 드럼 등 위험물저장설비

3. 인화성 액체를 함유하는 도료 및 접착제 등을 제조 · 저장 · 취급 또는 도포하는 설비

4. 위험물 건조설비 또는 그 부속설비

5. 인화성 고체를 저장하거나 취급하는 설비

6. 드라이클리닝설비, 염색가공설비 또는 모피류 등을 씻는 설비 등 인화성유기용제를 사용하는 설비

7. 유압, 압축공기 또는 고전위정전기 등을 이용하여 인화성 액체나 인화성 고체를 분무하거나 이송하는 설비

8. 고압가스를 이송하거나 저장 · 취급하는 설비

9. 화약류 제조설비

10. 발파공에 장전된 화약류를 점화시키는 경우에 사용하는 발파기(발파공을 막는 재료로 물을 사용하거나 갱도발파를 하는 경우 제외)

② 사업주는 인체에 대전된 정전기에 의한 화재 또는 폭발 위험이 있는 경우에는 정전기 대전방지용 안전화 착용, 제전복 착용, 정전기 제전용구 사용 등의 조치를 하거나 작업장 바닥 등에 도전성을 갖추도록 하는 등 필요한 조치를 하여야 한다.

③ 생산공정상 정전기에 의한 감전 위험이 발생할 우려가 있는 경우의 조치에 관하여는 ①과 ②를 준용한다.

제331조의 2【거푸집 조립 시의 안전조치】 사업주는 거푸집을 조립하는 경우에는 다음의 사항을 준수하여야 한다.

1. 거푸집을 조립하는 경우에는 거푸집이 콘크리트 하중이나 그 밖의 외력에 견딜 수 있거나, 넘어지지 않도록 견고한 구조의 긴결재(콘크리트를 타설할 때 거푸집이 변형되지 않게 연결하여 고정하는 재료), 버팀대 또는 지지대를 설치하는 등 필요한 조치를 할 것
2. 거푸집이 곡면인 경우에는 버팀대의 부착 등 그 거푸집의 부상을 방지하기 위한 조치를 할 것

제332조【동바리 조립 시의 안전조치】 사업주는 동바리를 조립하는 경우에는 하중의 지지상태를 유지할 수 있도록 다음의 사항을 준수하여야 한다.

1. 받침목이나 깔판의 사용, 콘크리트 타설, 말뚝박기 등 동바리의 침하를 방지하기 위한 조치를 할 것
2. 동바리의 상하 고정 및 미끄러짐 방지 조치를 할 것
3. 상부·하부의 동바리가 동일 수직선 상에 위치하도록 하여 깔판·받침목에 고정시킬 것
4. 개구부 상부에 동바리를 설치하는 경우에는 상부하중을 견딜 수 있는 견고한 받침대를 설치할 것
5. U헤드 등의 단판이 없는 동바리의 상단에 멍에 등을 올릴 경우에는 헤드 상단에 U헤드 등의 단판을 설치하고, 멍에 등이 전도되거나 이탈되지 않도록 고정시킬 것
6. 동바리의 이음은 같은 품질의 재료를 사용할 것
7. 강재의 접속부 및 교차부는 볼트·클램프 등 전용철물을 사용하여 단단히 연결할 것
8. 거푸집의 형상에 따른 부득이한 경우를 제외하고는 깔판이나 받침목은 2단 이상 끼우지 않도록 할 것
9. 깔판이나 받침목을 이어서 사용하는 경우에는 그 깔판·받침목을 단단히 연결할 것

제55조【작업발판의 최대적재하중】 ① 사업주는 비계의 구조 및 재료에 따라 작업발판의 최대적재하중을 정하고, 이를 초과하여 실어서는 아니 된다.

② 달비계(곤돌라의 달비계 제외)의 최대적재하중을 정하는 경우 그 안전계수는 다음과 같다.

1. 달기 와이어로프 및 달기 강선의 안전계수: 10 이상
2. 달기 체인 및 달기 훅의 안전계수: 5 이상
3. 달기 강대와 달비계의 하부 및 상부 지점의 안전계수: 강재의 경우 2.5 이상, 목재의 경우 5 이상

달기 와이어로프, 달기 강선의 안전계수는 10 이상!

달기 체인, 달기 훅의 안전계수는 5 이상!

제58조【비계의 점검 및 보수】 사업주는 비, 눈, 그 밖의 기상상태의 악화로 작업을 중지시킨 후 또는 비계를 조립·해체하거나 변경한 후에 그 비계에서 작업을 하는 경우에는 해낭 작업을 시작하기 전에 다음의 사항을 점검하고, 이상을 발견하면 즉시 보수하여야 한다.

1. 발판 재료의 손상 여부 및 부착 또는 걸림 상태
2. 해당 비계의 연결부 또는 접속부의 풀림 상태
3. 연결 재료 및 연결 철물의 손상 또는 부식 상태
4. 손잡이의 탈락 여부
5. 기둥의 침하, 변형, 변위 또는 흔들림 상태
6. 로프의 부착 상태 및 매단 장치의 흔들림 상태

제67조【말비계】 사업주는 말비계를 조립하여 사용하는 경우에 다음의 사항을 준수하여야 한다.

1. 지주부재의 하단에는 미끄럼 방지장치를 하고, 근로자가 양측 끝부분에 올라서서 작업하지 않도록 할 것
2. 지주부재와 수평면과의 기울기를 75° 이하로 하고, 지주부재와 지주부재 사이를 고정시키는 보조부재를 설치할 것
3. 말비계의 높이가 2[m]를 초과하는 경우에는 작업발판의 폭을 40[cm] 이상으로 할 것

제68조【이동식비계】 사업주는 이동식비계를 조립하여 작업을 하는 경우에는 다음의 사항을 준수하여야 한다.

1. 이동식비계의 바퀴에는 뜻밖의 갑작스러운 이동 또는 전도를 방지하기 위하여 브레이크·쐐기 등으로 바퀴를 고정시킨 다음 비계의 일부를 견고한 시설물에 고정하거나 아웃트리거(Outrigger, 전도방지용 지지대)를 설치하는 등 필요한 조치를 할 것
2. 승강용사다리는 견고하게 설치할 것
3. 비계의 최상부에서 작업을 하는 경우에는 안전난간을 설치할 것
4. 작업발판은 항상 수평을 유지하고 작업발판 위에서 안전난간을 딛고 작업을 하거나 받침대 또는 사다리를 사용하여 작업하지 않도록 할 것
5. 작업발판의 최대적재하중은 250[kg]을 초과하지 않도록 할 것

▲ 말비계

견고한 시설물에 고정한다.

브레이크, 쐐기 등으로 바퀴를 고정한다.

▲ 이동식비계

제339조【굴착면의 붕괴 등에 의한 위험 방지】 ① 사업주는 지반 등을 굴착하는 경우에는 굴착면의 기울기를 별표 11의 기준에 맞도록 하여야 한다. 다만, 「건설기술 진흥법」에 따른 건설기준에 맞게 작성한 설계도서상의 굴착면의 기울기를 준수하거나 흙막이 등 기울기면의 붕괴 방지를 위하여 적절한 조치를 한 경우에는 그러하지 아니하다.
② 사업주는 비가 올 경우를 대비하여 측구를 설치하거나 굴착경사면에 비닐을 덮는 등의 침투에 의한 붕괴재해를 예방하기 위하여 필요한 조치를 하여야 한다.

[별표 11] 굴착면의 기울기 기준

지반의 종류	굴착면의 기울기
모래	1 : 1.8
연암 및 풍화암	1 : 1.0
경암	1 : 0.5
그 밖의 흙	1 : 1.2

제42조【추락의 방지】 ① 사업주는 근로자가 추락하거나 넘어질 위험이 있는 장소(작업발판의 끝·개구부 등 제외) 또는 기계·설비·선박블록 등에서 작업을 할 때에 근로자가 위험해질 우려가 있는 경우 비계를 조립하는 등의 방법으로 작업발판을 설치하여야 한다.

② 사업주는 ①에 따른 작업발판을 설치하기 곤란한 경우 다음의 기준에 맞는 추락방호망을 설치하여야 한다. 다만, 추락방호망을 설치하기 곤란한 경우에는 근로자에게 안전대를 착용하도록 하는 등 추락위험을 방지하기 위하여 필요한 조치를 하여야 한다.

1. 추락방호망의 설치위치는 가능하면 작업면으로부터 가까운 지점에 설치하여야 하며, 작업면으로부터 망의 설치지점까지의 수직거리는 10[m]를 초과하지 아니할 것
2. 추락방호망은 수평으로 설치하고, 망의 처짐은 짧은 변 길이의 12[%] 이상이 되도록 할 것
3. 건축물 등의 바깥쪽으로 설치하는 경우 추락방호망의 내민 길이는 벽면으로부터 3[m] 이상 되도록 할 것. 다만, 그물코가 20[mm] 이하인 추락방호망을 사용한 경우에는 낙하물 방지망을 설치한 것으로 본다.

제50조【토사 등에 의한 위험 방지】 사업주는 토사 등 구축물의 붕괴 또는 낙하 등에 의하여 근로자가 위험해질 우려가 있는 경우 그 위험을 방지하기 위하여 다음의 조치를 하여야 한다.

1. 지반은 안전한 경사로 하고 낙하의 위험이 있는 토석을 제거하거나 옹벽, 흙막이 지보공 등을 설치할 것
2. 토사 등의 붕괴 또는 낙하 원인이 되는 빗물이나 지하수 등을 배제할 것
3. 갱내의 낙반·측벽 붕괴의 위험이 있는 경우에는 지보공을 설치하고 부석을 제거하는 등 필요한 조치를 할 것

제380조【철골조립 시의 위험 방지】 사업주는 철골을 조립하는 경우에 철골의 접합부가 충분히 지지되도록 볼트를 체결하거나 이와 같은 수준 이상의 견고한 구조가 되기 전에는 들어 올린 철골을 걸이로프 등으로부터 분리해서는 아니 된다.

[별표 4] 사전조사 및 작업계획서 내용

작업명	사전조사 내용	작업계획서 내용
10. 건물 등의 해체작업	해체건물 등의 구조, 주변 상황 등	가. 해체의 방법 및 해체 순서도면 나. 가설설비·방호설비·환기설비 및 살수·방화설비 등의 방법 다. 사업장 내 연락방법 라. 해체물의 처분계획 마. 해체작업용 기계·기구 등의 작업계획서 바. 해체작업용 화약류 등의 사용계획서 사. 그 밖에 안전·보건에 관련된 사항

KEYWORD 24   중량물 취급 작업

[별표 4] 사전조사 및 작업계획서 내용

작업명	사전조사 내용	작업계획서 내용
11. 중량물의 취급 작업	–	가. 추락위험을 예방할 수 있는 안전대책 나. 낙하위험을 예방할 수 있는 안전대책 다. 전도위험을 예방할 수 있는 안전대책 라. 협착위험을 예방할 수 있는 안전대책 마. 붕괴위험을 예방할 수 있는 안전대책

KEYWORD 25   원동기·회전축 등의 위험 방지

제87조【원동기·회전축 등의 위험 방지】 ① 사업주는 기계의 원동기·회전축·기어·풀리·플라이휠·벨트 및 체인 등 근로자가 위험에 처할 우려가 있는 부위에 덮개·울·슬리브 및 건널다리 등을 설치하여야 한다.

② 사업주는 회전축·기어·풀리 및 플라이휠 등에 부속되는 키·핀 등의 기계요소는 묻힘형으로 하거나 해당 부위에 덮개를 설치하여야 한다.

③ 사업주는 벨트의 이음 부분에 돌출된 고정구를 사용해서는 아니 된다.

④ 사업주는 ①의 건널다리에는 안전난간 및 미끄러지지 아니하는 구조의 발판을 설치하여야 한다.

KEYWORD 26   소음작업

제512조【정의】 소음작업에서 사용하는 용어의 뜻은 다음과 같다.

1. "소음작업"이란 1일 8시간 작업을 기준으로 85[dB] 이상의 소음이 발생하는 작업을 말한다.
2. "강렬한 소음작업"이란 다음의 어느 하나에 해당하는 작업을 말한다.
   가. 90[dB] 이상의 소음이 1일 8시간 이상 발생하는 작업
   나. 95[dB] 이상의 소음이 1일 4시간 이상 발생하는 작업
   다. 100[dB] 이상의 소음이 1일 2시간 이상 발생하는 작업
   라. 105[dB] 이상의 소음이 1일 1시간 이상 발생하는 작업
   마. 110[dB] 이상의 소음이 1일 30분 이상 발생하는 작업
   바. 115[dB] 이상의 소음이 1일 15분 이상 발생하는 작업
3. "충격소음작업"이란 소음이 1초 이상의 간격으로 발생하는 작업으로서 다음의 어느 하나에 해당하는 작업을 말한다.
   가. 120[dB]을 초과하는 소음이 1일 1만 회 이상 발생하는 작업
   나. 130[dB]을 초과하는 소음이 1일 1천 회 이상 발생하는 작업
   다. 140[dB]을 초과하는 소음이 1일 1백 회 이상 발생하는 작업

KEYWORD 27 관리감독자의 직무

[별표 2] 관리감독자의 유해·위험 방지

작업의 종류	직무수행 내용
1. 프레스 등을 사용하는 작업	가. 프레스 등 및 그 방호장치를 점검하는 일 나. 프레스 등 및 그 방호장치에 이상이 발견되면 즉시 필요한 조치를 하는 일 다. 프레스 등 및 그 방호장치에 전환스위치를 설치했을 때 그 전환스위치의 열쇠를 관리하는 일 라. 금형의 부착·해체 또는 조정작업을 직접 지휘하는 일
	(생략)
20. 밀폐공간 작업	가. 산소가 결핍된 공기나 유해가스에 노출되지 않도록 작업시작 전에 해당 근로자의 작업을 지휘하는 업무 나. 작업을 하는 장소의 공기가 적절한지를 작업시작 전에 측정하는 업무 다. 측정장비·환기장치 또는 공기호흡기 또는 송기마스크를 작업시작 전에 점검하는 업무 라. 근로자에게 공기호흡기 또는 송기마스크의 착용을 지도하고 착용 상황을 점검하는 업무

KEYWORD 28 산소결핍

제618조【정의】 밀폐공간 작업에서 사용하는 용어의 뜻은 다음과 같다.

4. "산소결핍"이란 공기 중의 산소농도가 18[%] 미만인 상태를 말한다.

KEYWORD 29 조도

제8조【조도】 사업주는 근로자가 상시 작업하는 장소의 작업면 조도를 다음의 기준에 맞도록 하여야 한다. 다만, 갱내 작업장과 감광재료를 취급하는 작업장은 그러하지 아니하다.

1. 초정밀작업: 750[lux] 이상
2. 정밀작업: 300[lux] 이상
3. 보통작업: 150[lux] 이상
4. 그 밖의 작업: 75[lux] 이상

09 산업안전보건법

01

공정안전보고서의 제출 대상 사업장 종류 3가지를 쓰시오.

정답

① 원유 정제처리업

② 기타 석유정제물 재처리업

③ 석유화학계 기초화학물질 또는 합성수지 및 기타 플라스틱물질 제조업

④ 질소 화합물, 질소·인산 및 칼리질 화학비료 제조업 중 질소질 비료 제조

⑤ 복합비료 및 기타 화학비료 제조업 중 복합비료 제조(단순혼합 또는 배합에 의한 경우 제외)

⑥ 화학 살균·살충제 및 농업용 약제 제조업(농약 원제 제조만 해당)

⑦ 화약 및 불꽃제품 제조업

02

사업 내 근로자의 안전보건교육의 종류 4가지를 쓰시오.

정답

① 정기교육　　　　② 채용 시 교육

③ 작업내용 변경 시 교육　　④ 특별교육

⑤ 건설업 기초안전·보건교육

03

화학물질 또는 이를 포함한 혼합물로서 「산업안전보건법령」에 따른 분류기준에 해당되는 것을 제조하거나 수입하는 자가 물질안전보건자료를 작성하여 고용노동부장관에게 제출할 때 포함해야 하는 사항 4가지를 쓰시오.

정답

① 제품명

② 화학물질의 명칭 및 함유량

③ 안전 및 보건상의 취급 주의사항

④ 건강 및 환경에 대한 유해성, 물리적 위험성

⑤ 물리·화학적 특성 등 고용노동부령으로 정하는 사항

04

「산업안전보건법령」상 작업장의 조도기준에 관하여 쓰시오.(단, 갱내 작업장과 감광재료를 취급하는 작업장은 제외한다.)

정답

① 초정밀작업: 750[lux] 이상

② 정밀작업: 300[lux] 이상

③ 보통작업: 150[lux] 이상

④ 그 밖의 작업: 75[lux] 이상

05

「산업안전보건법령」상 사업장 내 안전보건교육에 있어 근로자의 채용 시 및 작업내용 변경 시 교육내용 4가지를 쓰시오.(단, 「산업안전보건법령」 및 산업재해보상보험 제도에 관한 사항은 제외한다.)

정답

① 산업안전 및 사고 예방에 관한 사항

② 산업보건 및 직업병 예방에 관한 사항

③ 위험성평가에 관한 사항

④ 직무스트레스 예방 및 관리에 관한 사항

⑤ 직장 내 괴롭힘, 고객의 폭언 등으로 인한 건강장해 예방 및 관리에 관한 사항

⑥ 기계·기구의 위험성과 작업의 순서 및 동선에 관한 사항

⑦ 작업 개시 전 점검에 관한 사항

⑧ 정리정돈 및 청소에 관한 사항

⑨ 사고 발생 시 긴급조치에 관한 사항

⑩ 물질안전보건자료에 관한 사항

06

안전관리자 수를 정수 이상으로 증원하게 하거나 교체하여 임명할 수 있는 경우에 해당하는 내용 4가지를 쓰시오.

정답

① 해당 사업장의 연간재해율이 같은 업종의 평균재해율의 2배 이상인 경우
② 중대재해가 연간 2건 이상 발생한 경우
③ 관리자가 질병이나 그 밖의 사유로 3개월 이상 직무를 수행할 수 없게 된 경우
④ 화학적 인자로 인한 직업성 질병자가 연간 3명 이상 발생한 경우

07

중대재해 발생 시 사업주가 관할 지방고용노동관서의 장에게 전화·팩스 등의 방법으로 연락하여 보고해야 할 사항 2 가지(그 밖의 중요한 사항 제외)와 보고시점을 쓰시오.

정답

① 보고사항
  ㉠ 발생 개요 및 피해 상황
  ㉡ 조치 및 전망
② 보고시점: 지체 없이

08

「산업안전보건법령」상 안전인증대상 보호구 3가지를 쓰시오.

정답

① 추락 및 감전 위험방지용 안전모
② 안전화
③ 안전장갑
④ 방진마스크
⑤ 방독마스크
⑥ 송기마스크
⑦ 전동식 호흡보호구
⑧ 보호복
⑨ 안전대
⑩ 차광 및 비산물 위험방지용 보안경
⑪ 용접용 보안면
⑫ 방음용 귀마개 또는 귀덮개

09

「산업안전보건법령」상 고용노동부장관이 산업재해를 예방하기 위하여 산업재해 발생건수, 재해율 또는 그 순위 등을 공표하여야 하는 사업장 3가지를 쓰시오.

정답

① 산업재해로 인한 사망자가 연간 2명 이상 발생한 사업장
② 사망만인율이 규모별 같은 업종의 평균 사망만인율 이상인 사업장
③ 중대산업사고가 발생한 사업장
④ 산업재해 발생 사실을 은폐한 사업장
⑤ 산업재해의 발생에 관한 보고를 최근 3년 이내 2회 이상 하지 않은 사업장

10

「산업안전보건법령」상 사업장의 안전 및 보건에 관한 중요 사항을 심의 또는 의결하기 위하여 구성, 운영하여야 할 기구에 대한 다음 물음에 답하시오.

(1) 해당하는 기구의 명칭을 쓰시오.
(2) 기구의 구성에 있어 근로자위원과 사용자위원에 해당하는 위원의 기준을 각각 2가지씩 쓰시오.

정답

(1) 명칭: 산업안전보건위원회
(2) 구성위원

근로자 위원	① 근로자대표 ② 근로자대표가 지명하는 1명 이상의 명예산업안전감독관 ③ 근로자대표가 지명하는 9명 이내의 해당 사업장의 근로자
사용자 위원	① 해당 사업의 대표자 ② 안전관리자 1명 ③ 보건관리자 1명 ④ 산업보건의 ⑤ 해당 사업의 대표자가 지명하는 9명 이내의 해당 사업장 부서의 장

11

「산업안전보건법령」에 따른 관리감독자 정기안전보건교육 내용 5가지를 쓰시오.

정답

① 산업안전 및 사고 예방에 관한 사항
② 산업보건 및 직업병 예방에 관한 사항
③ 위험성평가에 관한 사항
④ 유해 · 위험 작업환경 관리에 관한 사항
⑤ 「산업안전보건법령」 및 산업재해보상보험 제도에 관한 사항
⑥ 직무스트레스 예방 및 관리에 관한 사항
⑦ 직장 내 괴롭힘, 고객의 폭언 등으로 인한 건강장해 예방 및 관리에 관한 사항
⑧ 작업공정의 유해 · 위험과 재해 예방대책에 관한 사항
⑨ 사업장 내 안전보건관리체제 및 안전 · 보건조치 현황에 관한 사항
⑩ 표준안전 작업방법 결정 및 지도 · 감독 요령에 관한 사항
⑪ 현장근로자와의 의사소통능력 및 강의능력 등 안전보건교육 능력 배양에 관한 사항
⑫ 비상시 또는 재해 발생 시 긴급조치에 관한 사항
⑬ 그 밖의 관리감독자의 직무에 관한 사항

12

안전 및 보건에 관한 노사협의체 구성원을 근로자위원과 사용자위원으로 구분하여 쓰시오.

정답

① 근로자위원
　㉠ 도급 또는 하도급 사업을 포함한 전체 사업의 근로자대표
　㉡ 근로자대표가 지명하는 명예산업안전감독관 1명. 다만, 명예산업안전감독관이 위촉되어 있지 않은 경우에는 근로자대표가 지명하는 해당 사업장 근로자 1명
　㉢ 공사금액이 20억 원 이상인 공사의 관계수급인의 각 근로자대표
② 사용자위원
　㉠ 도급 또는 하도급 사업을 포함한 전체 사업의 대표자
　㉡ 안전관리자 1명
　㉢ 보건관리자 1명(보건관리자 선임대상 건설업으로 한정)
　㉣ 공사금액이 20억 원 이상인 공사의 관계수급인의 각 대표자

13

공정안전보고서에 포함되어야 하는 사항 4가지를 쓰시오.

정답

① 공정안전자료
② 공정위험성 평가서
③ 안전운전계획
④ 비상조치계획
⑤ 그 밖에 공정상의 안전과 관련하여 고용노동부장관이 필요하다고 인정하여 고시하는 사항

14

안전보건관리규정을 작성할 때 포함되어야 할 사항 4가지를 쓰시오.(단, 그 밖에 안전 및 보건에 관한 사항은 제외한다.)

정답

① 안전 및 보건에 관한 관리조직과 그 직무에 관한 사항
② 안전보건교육에 관한 사항
③ 작업장의 안전 및 보건 관리에 관한 사항
④ 사고 조사 및 대책 수립에 관한 사항

15

다음 장치의 방호장치를 쓰시오.

> ① 원심기
> ② 공기압축기
> ③ 금속절단기

정답

① 원심기: 회전체 접촉 예방장치
② 공기압축기: 압력방출장치
③ 금속절단기: 날접촉 예방장치

16

「산업안전보건법령」상 산업안전보건 관련 교육과정별 교육시간에 대해 다음 물음에 답하시오.

① 사업 내 안전보건교육에 있어 사무직 종사 근로자의 정기 교육시간을 쓰시오.
② 사업 내 안전보건교육에 있어 일용근로자의 채용 시의 교육시간을 쓰시오.
③ 사업 내 안전보건교육에 있어 일용근로자 및 근로계약기간이 1주일 이하인 기간제근로자를 제외한 근로자의 작업내용 변경 시의 교육시간을 쓰시오.
④ 안전보건관리책임자의 신규 교육시간이 6시간 이상일 때 보수 교육시간을 쓰시오.
⑤ 안전관리자의 보수 교육시간을 쓰시오.

정답
① 매반기 6시간 이상   ② 1시간 이상
③ 2시간 이상   ④ 6시간 이상
⑤ 24시간 이상

17

「산업안전보건법령」에 따른 산업안전보건위원회의 심의·의결사항 4가지를 쓰시오.

정답
① 사업장의 산업재해 예방계획의 수립에 관한 사항
② 안전보건관리규정의 작성 및 변경에 관한 사항
③ 안전보건교육에 관한 사항
④ 작업환경측정 등 작업환경의 점검 및 개선에 관한 사항
⑤ 근로자의 건강진단 등 건강관리에 관한 사항
⑥ 중대재해의 원인 조사 및 재발 방지대책 수립에 관한 사항
⑦ 산업재해에 관한 통계의 기록 및 유지에 관한 사항
⑧ 유해하거나 위험한 기계·기구·설비를 도입한 경우 안전 및 보건 관련 조치에 관한 사항
⑨ 그 밖에 해당 사업장 근로자의 안전 및 보건을 유지·증진시키기 위하여 필요한 사항

18

안전보건관리책임자 등에 대한 교육시간을 쓰시오.

① 안전보건관리책임자 신규교육
② 안전보건관리책임자 보수교육
③ 안전관리자 신규교육
④ 건설재해예방전문지도기관 종사자의 보수교육

정답
① 6시간 이상   ② 6시간 이상
③ 34시간 이상   ④ 24시간 이상

19

안전보건총괄책임자 지정 대상 사업장 2개를 쓰시오.

정답
① 관계수급인에게 고용된 근로자를 포함한 상시근로자가 100명(선박 및 보트 건조업, 1차 금속 제조업 및 토사석 광업의 경우 50명) 이상인 사업
② 관계수급인의 공사금액을 포함한 해당 공사의 총공사금액이 20억 원 이상인 건설업

20

「산업안전보건법령」상 소음에 대한 정의이다. (   ) 안에 안에 알맞은 내용을 쓰시오. (3점)

(1) "소음작업"이란 하루 8시간 동안 (①   )[dB] 이상 발생하는 작업이다.
(2) "강렬한 소음작업"이란 90[dB] 이상의 소음을 하루 (②   )시간 발생하는 작업, 100[dB] 이상의 소음을 하루 (③   )시간 이상 발생하는 작업이다.

정답
① 85   ② 8   ③ 2

21

「산업안전보건법령」상 유해·위험기계 등이 안전인증기준에 적합한지 확인하기 위하여 안전인증기관이 심사하는 안전인증 심사의 종류 4가지를 쓰시오.

정답

① 예비심사　　　　　　　② 서면심사
③ 기술능력 및 생산체계 심사　④ 제품심사

22

「산업안전보건법령」상 신규화학물질의 제조 및 수입 등에 관한 설명이다. ( ) 안에 해당하는 내용을 쓰시오.

> 신규화학물질을 제조하거나 수입하려는 자는 제조하거나 수입하려는 날 (①)일(연간 제조하거나 수입하려는 양이 100[kg] 이상 1톤 미만인 경우에는 (②)일) 전까지 신규화학물질 유해성·위험성 조사보고서에 필요 서류를 첨부하여 (③)에게 제출해야 한다.

정답

① 30　　　　　　② 14　　　　　　③ 고용노동부장관

23

「산업안전보건법령」상 물질안전보건자료의 작성·제출 제외 대상 4가지를 쓰시오.

정답

① 「건강기능식품에 관한 법률」에 따른 건강기능식품
② 「농약관리법」에 따른 농약
③ 「마약류 관리에 관한 법률」에 따른 마약 및 향정신성의약품
④ 「비료관리법」에 따른 비료
⑤ 「사료관리법」에 따른 사료

24

「산업안전보건법령」상 안전보건총괄책임자의 직무 4가지를 쓰시오.

정답

① 위험성평가의 실시에 관한 사항
② 산업재해 또는 중대재해 발생에 따른 작업의 중지
③ 도급 시 산업재해 예방조치
④ 산업안전보건관리비의 관계수급인 간의 사용에 관한 협의·조정 및 그 집행의 감독
⑤ 안전인증대상기계 등과 자율안전확인대상기계 등의 사용 여부 확인

25

「산업안전보건법령」상의 계단에 관한 내용이다. 다음 ( ) 안에 알맞은 내용을 쓰시오.

> (1) 사업주는 계단 및 계단참을 설치하는 경우 매제곱미터당 (①)[kg] 이상의 하중에 견딜 수 있는 강도를 가진 구조로 설치하여야 하며, 안전율은 (②) 이상으로 하여야 한다.
> (2) 계단을 설치하는 경우 그 폭을 (③)[m] 이상으로 하여야 한다.
> (3) 높이가 (④)[m]를 초과하는 계단에는 높이 3[m] 이내마다 진행방향으로 길이 1.2[m] 이상의 계단참을 설치하여야 한다.
> (4) 높이 (⑤)[m] 이상인 계단의 개방된 측면에 안전난간을 설치하여야 한다.

정답

① 500　　　　　② 4　　　　　③ 1
④ 3　　　　　　⑤ 1

26

작업장에서 취급하는 대상 화학물질의 물질안전보건자료에 해당되는 내용을 근로자에게 교육하여야 한다. 근로자에게 실시하는 교육사항 4가지를 쓰시오.

정답

① 대상화학물질의 명칭(또는 제품명)
② 물리적 위험성 및 건강 유해성
③ 취급상의 주의사항
④ 적절한 보호구
⑤ 응급조치 요령 및 사고 시 대처방법
⑥ 물질안전보건자료 및 경고표지를 이해하는 방법

27

「산업안전보건법」상의 사업주의 의무와 근로자의 의무를 2가지씩 쓰시오.

정답

① 사업주의 의무
　㉠ 「산업안전보건법령」으로 정하는 산업재해 예방을 위한 기준 이행
　㉡ 근로자의 신체적 피로와 정신적 스트레스 등을 줄일 수 있는 쾌적한 작업환경의 조성 및 근로조건 개선
　㉢ 해당 사업장의 안전 및 보건에 관한 정보를 근로자에게 제공
② 근로자의 의무
　㉠ 「산업안전보건법령」으로 정하는 산업재해 예방을 위한 기준 준수
　㉡ 사업주 또는 근로감독관, 공단 등 관계인이 실시하는 산업재해 예방에 관한 조치 이행

28

「산업안전보건법령」에서 규정하는 산업안전보건위원회의 회의록 작성사항 3가지를 쓰시오.

정답

① 개최 일시 및 장소　　　② 출석위원
③ 심의 내용 및 의결·결정 사항　　④ 그 밖의 토의사항

29

도급사업의 합동 안전·보건점검을 할 때 점검반으로 구성하여야 하는 사람 3명을 쓰시오.

정답

① 도급인
② 관계수급인
③ 도급인 및 관계수급인의 근로자 각 1명

30

「산업안전보건법령」상 관리감독자의 업무 4가지를 쓰시오.

정답

① 사업장 내 관리감독자가 지휘·감독하는 작업과 관련된 기계·기구 또는 설비의 안전·보건 점검 및 이상 유무의 확인
② 관리감독자에게 소속된 근로자의 작업복·보호구 및 방호장치의 점검과 그 착용·사용에 관한 교육·지도
③ 해당작업에서 발생한 산업재해에 관한 보고 및 이에 대한 응급조치
④ 해당작업의 작업장 정리·정돈 및 통로 확보에 대한 확인·감독
⑤ 안전관리자, 보건관리자, 안전보건관리담당자 및 산업보건의의 지도·조언에 대한 협조
⑥ 위험성평가에 관한 유해·위험요인의 파악 및 개선조치의 시행에 대한 참여
⑦ 그 밖에 해당작업의 안전 및 보건에 관한 사항으로서 고용노동부령으로 정하는 사항

31

안전인증대상 기계·설비 3가지를 쓰시오.

정답

① 프레스　　　　　② 전단기 및 절곡기
③ 크레인　　　　　④ 리프트
⑤ 압력용기　　　　⑥ 롤러기
⑦ 사출성형기　　　⑧ 고소 작업대
⑨ 곤돌라

32

다음은 크레인의 안전검사의 주기에 관한 사항이다. (   ) 안에 알맞은 내용을 쓰시오.

사업장에 설치가 끝난 날부터 (①   ) 이내에 최초 안전검사를 실시하되, 그 이후부터 (②   )마다(건설현장에서 사용하는 것은 최초로 설치한 날로부터 (③   )마다) 안전검사를 실시한다.

정답

① 3년　　　　　② 2년　　　　　③ 6개월

33

「산업안전보건법령」상 자율안전확인대상 기계 또는 설비 3가지를 쓰시오.

정답

① 연삭기 또는 연마기(휴대형 제외)
② 산업용 로봇
③ 혼합기
④ 파쇄기 또는 분쇄기
⑤ 식품가공용 기계(파쇄 · 절단 · 혼합 · 제면기만 해당)
⑥ 컨베이어
⑦ 자동차정비용 리프트
⑧ 공작기계(선반, 드릴기, 평삭 · 형삭기, 밀링만 해당)
⑨ 고정형 목재가공용 기계(둥근톱, 대패, 루타기, 띠톱, 모떼기 기계만 해당)
⑩ 인쇄기

34

「산업안전보건법령」상의 중대재해 3가지를 쓰시오.

정답

① 사망자가 1명 이상 발생한 재해
② 3개월 이상의 요양이 필요한 부상자가 동시에 2명 이상 발생한 재해
③ 부상자 또는 직업성 질병자가 동시에 10명 이상 발생한 재해

35

다음의 각 업종에 해당하는 안전관리자의 최소 인원을 쓰시오.

① 펄프 제조업 – 상시 근로자 600명
② 고무제품 제조업 – 상시 근로자 300명
③ 통신업 – 상시 근로자 500명
④ 건설업 – 공사금액 150억 원

정답

① 2명　　　　　　　　② 1명
③ 1명　　　　　　　　④ 1명

36

유해 · 위험 방지를 위한 방호조치를 하지 아니하고는 양도, 대여, 설치, 진열해서는 안 되는 기계 · 기구 4가지를 쓰시오.

정답

① 예초기　　　　　　② 원심기
③ 공기압축기　　　　④ 금속절단기
⑤ 지게차　　　　　　⑥ 포장기계(진공포장기, 래핑기로 한정)

37

다음은 공정안전보고서 이행 상태의 평가에 관한 내용이다. (   ) 안에 알맞은 내용을 쓰시오.

(1) 고용노동부장관은 공정안전보고서의 확인 후 1년이 지난 날부터 (①   ) 이내에 공정안전보고서 이행 상태의 평가를 해야 한다.
(2) 이행상태평가 후 사업주가 이행상태평가를 요청하는 경우에는 (②   )마다 이행상태평가를 할 수 있다.

정답

① 2년　　　　　　　② 1년 또는 2년

에듀윌이
너를
지지할게
ENERGY

네가 세상에서 보고자 하는 변화가 있다면,
네 스스로 그 변화가 되어라.

– 마하트마 간디(Mahatma Gandhi)

PART 02

20개년
필답형 기출문제

합격 GUIDE

산업안전기사 필답형 시험은 기존에 출제되었던 기출문제에서 대부분의 문제가 출제됩니다. 따라서 기출문제 중 자주 출제되는 것은 문제 속 키워드를 파악하여 정확한 답을 찾는 것이 중요합니다. 기출문제 중에서도 최신 기출문제에서 더 많은 문제가 출제되기 때문에 시간이 부족한 수험생들은 최신 기출문제부터 오래된 기출문제 순으로 푸는 것이 좋습니다. '#법령' 표시가 된 문제는 「산업안전보건법령」에 나오는 내용을 쓰는 문제이므로 정확하게 작성하는 연습이 필요합니다.

최신 법 개정을 반영한
20개년 기출문제

2023년 기출문제

1회

01 #법령 #소음작업

「산업안전보건법령」상 소음에 대한 정의이다. ( ) 안에 안에 알맞은 내용을 쓰시오. (3점)

(1) "소음작업"이란 하루 8시간 동안 (①)[dB] 이상 발생하는 작업이다.

(2) "강렬한 소음작업"이란 90[dB] 이상의 소음을 하루 (②)시간 발생하는 작업, 100[dB] 이상의 소음을 하루 (③)시간 이상 발생하는 작업이다.

정답

① 85　　　　　② 8　　　　　③ 2

02 #법령 #공정안전보고서 #유해·위험물질

「산업안전보건법령」상 공정안전보고서 작성·제출 대상 사업장에서 제조·취급·저장하는 유해·위험물질의 규정량 [kg]을 쓰시오. (4점)

① 인화성 가스 제조·취급
② 암모니아 제조·취급·저장
③ 황산(중량 20[%] 이상) 제조·취급·저장
④ 염산(중량 20[%] 이상) 제조·취급·저장

정답

① 5,000　　　　　② 10,000

③ 20,000　　　　　④ 20,000

03 #법령 #접근한계거리

다음에 해당하는 충전전로에 대한 접근한계거리를 쓰시오. (4점)

| ① 380[V] | ② 1.5[kV] |
| ③ 6.6[kV] | ④ 22.9[kV] |

정답

① 30[cm]　　　　　② 45[cm]

③ 60[cm]　　　　　④ 90[cm]

※ 충전전로의 선간전압에 대한 접근한계거리

충전전로의 선간전압[kV]	충전전로에 대한 접근한계거리[cm]
0.3 이하	접촉금지
0.3 초과 0.75 이하	30
0.75 초과 2 이하	45
2 초과 15 이하	60
15 초과 37 이하	90
37 초과 88 이하	110
88 초과 121 이하	130
121 초과 145 이하	150
145 초과 169 이하	170
169 초과 242 이하	230
242 초과 362 이하	380
362 초과 550 이하	550
550 초과 800 이하	790

04 #차광보안경 #종류

차광보안경의 사용구분에 따른 종류 4가지를 쓰시오. (4점)

정답

① 자외선용　　　　　② 적외선용

③ 용접용　　　　　④ 복합용

05 #법령 #파열판의 설치

「산업안전보건법령」에 따라 과압에 따른 폭발을 방지하기 위하여 폭발 방지 성능과 규격을 갖춘 안전밸브 또는 파열판을 설치하여야 한다. 이때 파열판을 설치해야 하는 경우 3가지를 쓰시오. (6점)

정답

① 반응 폭주 등 급격한 압력 상승 우려가 있는 경우
② 급성 독성물질의 누출로 인하여 주위의 작업환경을 오염시킬 우려가 있는 경우
③ 운전 중 안전밸브에 이상 물질이 누적되어 안전밸브가 작동되지 아니할 우려가 있는 경우

06 #법령 #보호구 지급

「산업안전보건법령」에 따라 다음 작업조건에 맞는 보호구의 종류를 쓰시오. (4점)

① 물체가 떨어지거나 날아올 위험 또는 근로자가 추락할 위험이 있는 작업
② 물체가 흩날릴 위험이 있는 작업
③ 높이 또는 깊이 2[m] 이상의 추락할 위험이 있는 장소에서 하는 작업
④ 고열에 의한 화상 등의 위험이 있는 작업

정답

① 안전모   ② 보안경
③ 안전대   ④ 방열복

07 #종합재해지수

다음과 같은 상황에서 종합재해지수를 계산하시오. (4점)

(1) 근로자 수: 400명
(2) 하루 8시간, 280일 근무
(3) 근로손실일수: 800일
(4) 연간 요양재해 건수: 80건

정답

① 도수율 $= \dfrac{\text{재해건수}}{\text{연근로시간 수}} \times 1,000,000$

$= \dfrac{80}{400 \times (8 \times 280)} \times 1,000,000 = 89.29$

② 강도율 $= \dfrac{\text{총 요양근로손실일수}}{\text{연근로시간 수}} \times 1,000$

$= \dfrac{800}{400 \times (8 \times 280)} \times 1,000 = 0.89$

③ 종합재해지수(FSI) $= \sqrt{\text{도수율} \times \text{강도율}} = \sqrt{89.29 \times 0.89} = 8.91$

08 #법령 #비계 #점검 · 보수사항

사업주가 비 · 눈 또는 폭풍이나 악천후가 발생하여 작업을 중지시킨 후 그 비계에서 작업을 하는 경우 작업을 시작하기 전에 점검하고, 이상을 발견하면 즉시 보수하여야 할 사항 5가지를 쓰시오. (5점)

정답

① 발판 재료의 손상 여부 및 부착 또는 걸림 상태
② 해당 비계의 연결부 또는 접속부의 풀림 상태
③ 연결 재료 및 연결 철물의 손상 또는 부식 상태
④ 손잡이의 탈락 여부
⑤ 기둥의 침하, 변형, 변위 또는 흔들림 상태
⑥ 로프의 부착 상태 및 매단 장치의 흔들림 상태

09 #법령 #화재위험작업 #준수사항

가연성물질이 있는 장소에서 화재위험작업을 하는 경우 사업주가 준수하여야 하는 사항 3가지를 쓰시오. (3점)

정답

① 작업 준비 및 작업 절차 수립

② 작업장 내 위험물의 사용·보관 현황 파악

③ 화기작업에 따른 인근 가연성물질에 대한 방호조치 및 소화기구 비치

④ 용접불티 비산방지덮개, 용접방화포 등 불꽃, 불티 등 비산방지조치

⑤ 인화성 액체의 증기 및 인화성 가스가 남아 있지 않도록 환기 등의 조치

⑥ 작업근로자에 대한 화재예방 및 피난교육 등 비상조치

10 #법령 #조도기준

「산업안전보건법령」상 작업장의 조도기준에 관하여 쓰시오.(단, 갱내 작업장과 감광재료를 취급하는 작업장은 제외한다.) (4점)

정답

① 초정밀작업: 750[lux] 이상

② 정밀작업: 300[lux] 이상

③ 보통작업: 150[lux] 이상

④ 그 밖의 작업: 75[lux] 이상

11 #법령 #가설통로

가설통로 설치 시 준수사항 3가지를 쓰시오. (3점)

정답

① 견고한 구조로 할 것

② 경사는 30° 이하로 할 것

③ 경사가 15°를 초과하는 경우에는 미끄러지지 아니하는 구조로 할 것

④ 추락할 위험이 있는 장소에는 안전난간을 설치할 것

⑤ 수직갱에 가설된 통로의 길이가 15[m] 이상인 경우에는 10[m] 이내마다 계단참을 설치할 것

⑥ 건설공사에 사용하는 높이 8[m] 이상인 비계다리에는 7[m] 이내마다 계단참을 설치할 것

12 #위험성평가 #실시순서

위험성평가의 실시순서를 [보기]에서 찾아 나열하시오. (4점)

> ─┤ 보기 ├─
> ① 근로자의 작업과 관계되는 유해·위험요인의 파악
> ② 평가 대상의 선정 등 사전준비
> ③ 추정한 위험성이 허용 가능한 위험성인지 여부의 결정
> ④ 위험성평가 실시 내용 및 결과에 관한 기록
> ⑤ 위험성 감소대책의 수립 및 실행

정답

② → ① → ③ → ⑤ → ④

13 #법령 #유해위험방지계획서 #제출 기계 등

「산업안전보건법령」상 유해위험방지계획서 제출 대상 기계·기구 및 설비 3가지를 쓰시오.(단, 건설공사는 제외) (3점)

정답

① 금속이나 그 밖의 광물의 용해로

② 화학설비

③ 건조설비

④ 가스집합 용접장치

⑤ 근로자의 건강에 상당한 장해를 일으킬 우려가 있는 물질로서 고용노동부령으로 정하는 물질의 밀폐·환기·배기를 위한 설비

14 #법령 #안전보건교육 #특별교육 #타워크레인

타워크레인의 설치·해체 시 근로자 특별안전보건교육내용 4가지를 쓰시오. (4점)

정답

① 붕괴·추락 및 재해 방지에 관한 사항

② 설치·해체 순서 및 안전작업방법에 관한 사항

③ 부재의 구조·재질 및 특성에 관한 사항

④ 신호방법 및 요령에 관한 사항

⑤ 이상 발생 시 응급조치에 관한 사항

⑥ 그 밖에 안전·보건관리에 필요한 사항

2회

01 #법령 #안전보건표지 #경고표지
다음 장소에 설치해야 하는 경고표지의 종류를 쓰시오. (4점)

> ① 휘발유 등 화기의 취급을 극히 주의해야 하는 물질이 있는 장소
> ② 가열·압축하거나 강산·알칼리 등을 첨가하면 강한 산화성을 띠는 물질이 있는 장소
> ③ 돌 및 블록 등 떨어질 우려가 있는 물체가 있는 장소
> ④ 미끄러운 장소 등 넘어지기 쉬운 장소

정답

① 인화성물질 경고 　　② 산화성물질 경고
③ 낙하물 경고(낙하물체 경고) 　　④ 몸균형 상실 경고

02 #법령 #잠함·우물통 #침하방지
잠함 또는 우물통의 내부에서 굴착작업을 하는 경우에 잠함 또는 우물통의 급격한 침하로 인한 위험을 방지하기 위하여 준수해야 할 사항 2가지를 쓰시오. (5점)

정답

① 침하관계도에 따라 굴착방법 및 재하량 등을 정할 것
② 바닥으로부터 천장 또는 보까지의 높이는 1.8[m] 이상으로 할 것

03 #법령 #달비계의 최대적재하중 #안전계수
달비계의 최대적재하중을 정하는 경우 (　　) 안에 알맞은 안전계수를 쓰시오. (3점)

> ① 달기 와이어로프 및 달기 강선
> ② 달기 체인 및 달기 훅
> ③ 달기 강대와 달비계의 하부 및 상부 지점(강재의 경우)

정답

① 10 　　② 5 　　③ 2.5

04 #법령 #강아치 지보공 #조립 시 조치사항
강(鋼)아치 지보공의 조립 시 조치사항 4가지를 쓰시오. (4점)

정답

① 조립간격은 조립도에 따를 것
② 주재가 아치작용을 충분히 할 수 있도록 쐐기를 박는 등 필요한 조치를 할 것
③ 연결볼트 및 띠장 등을 사용하여 주재 상호 간을 튼튼하게 연결할 것
④ 터널 등의 출입구 부분에는 받침대를 설치할 것
⑤ 낙하물이 근로자에게 위험을 미칠 우려가 있는 경우에는 널판 등을 설치할 것

05 #법령 #누전차단기 #적용대상
감전방지용 누전차단기를 설치하여야 하는 전기기계·기구 대상 3가지를 쓰시오. (3점)

정답

① 대지전압이 150[V]를 초과하는 이동형 또는 휴대형 전기기계·기구
② 물 등 도전성이 높은 액체가 있는 습윤장소에서 사용하는 저압용 전기기계·기구
③ 철판·철골 위 등 도전성이 높은 장소에서 사용하는 이동형 또는 휴대형 전기기계·기구
④ 임시배선의 전로가 설치되는 장소에서 사용하는 이동형 또는 휴대형 전기기계·기구

06 #법령 #건설공사 유해위험방지계획서
건설업 중 건설공사 유해위험방지계획서의 제출기한과 첨부서류 2가지를 쓰시오. (5점)

정답

① 제출기한: 착공 전날까지
② 첨부서류
　　㉠ 공사 개요 및 안전보건관리계획
　　㉡ 작업 공사 종류별 유해위험방지계획

07 #법령 #안전보건관리규정 #작성대상 #포함사항

안전보건관리규정에 대한 설명이다. 다음을 쓰시오. (5점)

> (1) 안전보건관리규정을 작성해야 하는 소프트웨어 개발 및 공급업 사업장의 상시근로자 수
> (2) 안전보건관리규정에 포함해야 하는 사항 3가지

정답

(1) 상시근로자 수: 300명 이상
(2) 안전보건관리규정 포함사항
  ① 안전 및 보건에 관한 관리조직과 그 직무에 관한 사항
  ② 안전보건교육에 관한 사항
  ③ 작업장의 안전 및 보건 관리에 관한 사항
  ④ 사고 조사 및 대책 수립에 관한 사항
  ⑤ 그 밖에 안전 및 보건에 관한 사항

08 #와이어로프 #안전계수 #적합 여부

다음 달기 와이어로프의 안전율을 구하고, 와이어로프의 적합 여부를 판단하시오.(단, 와이어로프의 절단강도는 42.8[kN]이다.) (5점)

정답

① 와이어로프 한 가닥에 걸리는 하중 계산

$$T = \frac{w}{2 \times \cos\frac{\theta}{2}} = \frac{1,200 \times 9.8}{2 \times \cos 54°} = 10,000[\text{N}] = 10[\text{kN}]$$

② 안전율 계산

$$\text{안전율} = \frac{\text{절단하중}}{\text{최대하중}} = \frac{42.8}{10} = 4.28$$

③ 와이어로프의 적합 여부 판단
화물의 하중을 직접 지지하는 달기 와이어로프의 안전율은 5 이상이어야 하므로 부적합하다.

09 #분할날

목재가공용 둥근톱기계에 대한 설명이다. ( ) 안에 알맞은 내용을 쓰시오. (3점)

> (1) 분할날의 두께는 톱날 두께의 1.1배 이상일 것
> (2) 견고히 고정할 수 있으며 분할날과 톱날 원주면과의 거리는 (①)[mm] 이내로 조정, 유지할 수 있어야 하고 표준 테이블면 상의 톱 뒷날의 $\frac{2}{3}$ 이상을 덮도록 할 것
> (3) 분할날 조임볼트는 (②)개 이상일 것
> (4) 분할날 조임볼트는 둥근톱 직경에 따라 볼트를 사용하여야 하며 볼트는 (③)조치가 되어 있을 것

정답

① 12   ② 2   ③ 이완방지

10 #법령 #산업안전보건위원회 #근로자위원

산업안전보건위원회의 구성에서 근로자위원의 자격 3가지를 쓰시오. (3점)

정답

① 근로자대표
② 근로자대표가 지명하는 1명 이상의 명예산업안전감독관
③ 근로자대표가 지명하는 9명 이내의 해당 사업장의 근로자

11 #법령 #접근한계거리

다음 충전전로의 선간전압에 대한 접근한계거리를 쓰시오. (3점)

> ① 2[kV] 초과 15[kV] 이하
> ② 37[kV] 초과 88[kV] 이하
> ③ 145[kV] 초과 169[kV] 이하

정답

① 60[cm]   ② 110[cm]   ③ 170[cm]

12 #법령 #방호조치 필요 기계·기구

유해·위험 방지를 위한 방호조치를 하지 아니하고는 양도·대여·설치 또는 사용에 제공하거나 양도·대여의 목적으로 진열해서는 안 되는 기계·기구 4가지를 쓰시오. (4점)

정답

① 예초기   ② 원심기
③ 공기압축기   ④ 금속절단기
⑤ 지게차   ⑥ 포장기계(진공포장기, 래핑기로 한정)

13 #법령 #안전보건교육 #특별교육 #로봇작업

로봇작업에 대한 특별안전보건교육을 실시할 때 교육내용 4가지를 쓰시오. (4점)

정답

① 로봇의 기본원리·구조 및 작업방법에 관한 사항
② 이상 발생 시 응급조치에 관한 사항
③ 안전시설 및 안전기준에 관한 사항
④ 조작방법 및 작업순서에 관한 사항

14 #방폭구조 #기호

다음 방폭구조에 대한 표시기호를 쓰시오. (4점)

| ① 안전증방폭구조 | ② 충전방폭구조 |
| ③ 유입방폭구조 | ④ 특수방폭구조 |

정답

① Ex e   ② Ex q
③ Ex o   ④ Ex s

3회

01 #가이드 워드

HAZOP 기법에 사용되는 가이드 워드에 관한 의미를 영문으로 쓰시오. (4점)

| ① 설계의도 외의 다른 변수가 부가되는 상태 |
| ② 설계의도와 정반대로 나타나는 상태 |
| ③ 설계의도에 완전히 반하여 변수의 양이 없는 상태 |
| ④ 변수가 양적으로 증가하는 상태 |

정답

① AS WELL AS   ② REVERSE
③ NO 또는 NOT   ④ MORE

02 #법령 #달기구 #안전계수

「산업안전보건법령」상 양중기의 와이어로프 등 달기구의 안전계수를 쓰시오. (3점)

| ① 훅, 샤클, 클램프, 리프팅 빔의 경우 |
| ② 화물의 하중을 직접 지지하는 달기와이어로프의 경우 |
| ③ 근로자가 탑승하는 운반구를 지지하는 달기와이어로프의 경우 |

정답

① 3 이상   ② 5 이상   ③ 10 이상

03 #미니멀 컷셋 #미니멀 패스셋

최소 컷셋, 최소 패스셋의 정의를 쓰시오. (4점)

정답

① 최소 컷셋(Minimal Cut Set): 정상사상을 일으키기 위한 최소한의 컷셋(시스템의 위험성 또는 안전성)
② 최소 패스셋(Minimal Path Set): 정상사상이 일어나지 않는 최소한의 패스셋(시스템의 신뢰성)

04 #사망만인율 #사망자 수 산정 제외
사망만인율에 대하여 다음 물음에 답하시오. (4점)

> (1) 사망만인율을 계산하는 공식을 쓰시오.
> (2) 사망만인율을 계산하기 위한 사고사망자 수 산정에서 제외되는 경우 2가지를 쓰시오.

정답

(1) 공식

$$사망만인율 = \frac{사망자\ 수}{산재보험적용\ 근로자\ 수} \times 10,000$$

(2) 사망자 수 산정 제외
① 사업장 밖의 교통사고(운수업, 음식숙박업은 사업장 밖의 교통사고 포함)에 의한 사망
② 체육행사에 의한 사망
③ 폭력행위에 의한 사망
④ 통상의 출퇴근에 의한 사망
⑤ 사고발생일로부터 1년을 경과하여 사망한 경우

05 #법령 #안전관리자 #증원 · 교체
안전관리자를 정수 이상으로 증원하거나 교체하여 임명할 수 있는 사유 3가지를 쓰시오.(단, 화학적 인자로 인한 사유는 제외한다.) (4점)

정답

① 해당 사업장의 연간재해율이 같은 업종의 평균재해율의 2배 이상인 경우
② 중대재해가 연간 2건 이상 발생한 경우
③ 관리자가 질병이나 그 밖의 사유로 3개월 이상 직무를 수행할 수 없게 된 경우

06 #법령 #안전보건교육 #건설업
「산업안전보건법령」에 따른 건설업 기초안전보건교육의 교육내용 2가지를 쓰시오. (4점)

정답

① 건설공사의 종류(건축 · 토목 등) 및 시공 절차
② 산업재해 유형별 위험요인 및 안전보건조치
③ 안전보건관리체제 현황 및 산업안전보건 관련 근로자 권리 · 의무

07 #법령 #산업안전보건위원회
「산업안전보건법령」상 사업장의 안전 및 보건에 관한 중요 사항을 심의 또는 의결하기 위하여 구성, 운영하여야 할 기구에 대한 다음 물음에 답하시오. (6점)

> (1) 해당하는 기구의 명칭을 쓰시오.
> (2) 기구의 구성에 있어 근로자위원과 사용자위원에 해당하는 위원의 기준을 각각 1가지씩 쓰시오.
> (3) 해당 기구의 정기회의 개최주기를 쓰시오.

정답

(1) 명칭: 산업안전보건위원회
(2) 구성위원

근로자 위원	① 근로자대표 ② 근로자대표가 지명하는 1명 이상의 명예산업안전감독관 ③ 근로자대표가 지명하는 9명 이내의 해당 사업장의 근로자
사용자 위원	① 해당 사업의 대표자 ② 안전관리자 1명 ③ 보건관리자 1명 ④ 산업보건의 ⑤ 해당 사업의 대표자가 지명하는 9명 이내의 해당 사업장 부서의 장

(3) 개최주기: 분기마다

08 #법령 #유해 · 위험기구 #방호장치
다음 장치의 방호장치를 쓰시오. (3점)

> ① 원심기
> ② 공기압축기
> ③ 금속절단기

정답

① 원심기: 회전체 접촉 예방장치
② 공기압축기: 압력방출장치
③ 금속절단기: 날접촉 예방장치

09 #법령 #안전관리자 수

다음의 각 업종에 해당하는 안전관리자의 최소 인원을 쓰시오. (4점)

> ① 식료품 제조업 – 상시근로자 600명
> ② 1차 금속 제조업 – 상시근로자 200명
> ③ 플라스틱 제조업 – 상시근로자 300명
> ④ 건설업 – 총 공사금액 1,000억 원(전체 공사기간을 100으로 할 때 15에서 85에 해당하는 기간)

정답

① 2명 ② 1명
③ 1명 ④ 2명

10 #법령 #파열판 #안전밸브

화학설비 및 부속설비의 안전기준에서 (   ) 안에 알맞은 내용을 쓰시오. (4점)

> (1) 사업주는 급성 독성물질이 지속적으로 외부에 유출될 수 있는 화학설비 및 그 부속설비에 파열판과 안전밸브를 (①)로 설치하고 그 사이에는 압력지시계 또는 (②)를 설치하여야 한다.
> (2) 사업주는 안전밸브 등이 안전밸브 등을 통하여 보호하려는 설비의 최고사용압력 이하에서 작동되도록 하여야 한다. 다만, 안전밸브 등이 2개 이상 설치된 경우에는 1개는 최고사용압력의 (③)배(외부화재를 대비한 경우에는 (④)배) 이하에서 작동되도록 설치할 수 있다.

정답

① 직렬 ② 자동경보장치
③ 1.05 ④ 1.1

11 #인체계측자료 #응용원칙

인체계측자료를 장비나 설비의 설계에 응용하는 경우에 활용되는 3가지 원칙을 쓰시오. (3점)

정답

① 극단치 설계(최소치와 최대치)
② 조절식 설계
③ 평균치 설계

12 #연삭숫돌 #파괴원인

연삭숫돌의 파괴원인 4가지를 쓰시오. (4점)

정답

① 숫돌에 균열이 있는 경우
② 숫돌이 고속으로 회전하는 경우
③ 회전력이 결합력보다 큰 경우
④ 무거운 물체가 충돌한 경우(외부의 큰 충격을 받은 경우)
⑤ 숫돌의 측면을 일감으로써 심하게 가압했을 경우(특히 숫돌이 얇을 때 위험)
⑥ 베어링이 마모되어 진동을 일으키는 경우
⑦ 플랜지 지름이 현저하게 작은 경우
⑧ 회전중심이 잡히지 않은 경우

13 #물에 젖은 #심실세동전류 #통전시간

용접작업을 하는 작업자가 전압이 300[V]인 충전 부분에 물에 젖은 손이 접촉, 감전되어 사망하였다. 이때 인체에 통전된 심실세동전류[mA]와 통전시간[ms]을 계산하시오.(단, 인체의 저항은 1,000[Ω]으로 한다.) (4점)

정답

① 전류(I)

인체저항은 물에 젖은 경우 $\frac{1}{25}$로 감소하므로

$V = 300[V]$이고, $R = 1,000 \times \frac{1}{25} = 40[\Omega]$

$I = \frac{V}{R} = \frac{300}{40} = 7.5[A] = 7,500[mA]$

② 시간(T)

$I[mA] = \frac{165}{\sqrt{T}}$이므로

$T = \left(\frac{165}{I}\right)^2 = \left(\frac{165}{7,500}\right)^2 = 0.000484[s] ≒ 0.48[ms]$

14 #방진마스크 #사용장소

특급 방진마스크 사용장소 2곳을 쓰시오. (4점)

정답

① 베릴륨 등과 같이 독성이 강한 물질들을 함유한 분진 등 발생장소
② 석면 취급장소

2022년 기출문제

1회

01 #법령 #건설공사발주자 #조치사항

다음 ( ) 안에 알맞은 내용을 쓰시오. (4점)

> 총 공사금액이 (①) 이상인 건설공사발주자는 산업재해 예방을 위하여 건설공사의 계획, 설계 및 시공단계에서 다음의 구분에 따른 조치를 하여야 한다.
> (1) 건설공사 계획단계: 해당 건설공사에서 중점적으로 관리하여야 할 유해·위험요인과 이의 감소방안을 포함한 (②)을 작성할 것
> (2) 건설공사 설계단계: (②)을 설계자에게 제공하고, 설계자로 하여금 유해·위험요인의 감소방안을 포함한 (③)을 작성하게 하고 이를 확인할 것
> (3) 건설공사 시공단계: 건설공사발주자로부터 건설공사를 최초로 도급받은 수급인에게 (③)을 제공하고, 그 수급인에게 이를 반영하여 안전한 작업을 위한 (④)을 작성하게 하고 그 이행 여부를 확인할 것

정답

① 50억 원   ② 기본안전보건대장
③ 설계안전보건대장   ④ 공사안전보건대장

02 #법령 #아세틸렌 용접장치 #안전기

아세틸렌 용접장치 안전기의 설치위치에 대해 다음 ( ) 안에 알맞은 내용을 쓰시오. (3점)

> (1) 사업주는 아세틸렌 용접장치의 (①)마다 안전기를 설치하여야 한다. 다만, 주관 및 취관에 가장 가까운 (②)마다 안전기를 부착한 경우에는 그러하지 아니하다.
> (2) 사업주는 가스용기가 (③)와 분리되어 있는 아세틸렌 용접장치에 대하여 (③)와 가스용기 사이에 안전기를 설치하여야 한다.

정답

① 취관   ② 분기관   ③ 발생기

03 #법령 #안전인증대상 #보호구

「산업안전보건법령」상 안전인증대상 보호구 3가지를 쓰시오. (3점)

정답

① 추락 및 감전 위험방지용 안전모
② 안전화
③ 안전장갑
④ 방진마스크
⑤ 방독마스크
⑥ 송기마스크
⑦ 전동식 호흡보호구
⑧ 보호복
⑨ 안전대
⑩ 차광 및 비산물 위험방지용 보안경
⑪ 용접용 보안면
⑫ 방음용 귀마개 또는 귀덮개

04 #법령 #차량계 하역운반기계 #이송 시 준수사항

차량계 하역운반기계 등을 이송하기 위하여 자주 또는 견인에 의하여 화물자동차에 싣거나 내리는 작업을 할 때 발판·성토 등을 사용하는 경우 기계의 전도 또는 굴러 떨어짐에 의한 위험을 방지하기 위하여 준수하여야 할 사항 4가지를 쓰시오. (4점)

정답

① 싣거나 내리는 작업은 평탄하고 견고한 장소에서 할 것
② 발판을 사용하는 경우에는 충분한 길이·폭 및 강도를 가진 것을 사용하고 적당한 경사를 유지하기 위하여 견고하게 설치할 것
③ 가설대 등을 사용하는 경우에는 충분한 폭 및 강도와 적당한 경사를 확보할 것
④ 지정운전자의 성명·연락처 등을 보기 쉬운 곳에 표시하고 지정운전자 외에는 운전하지 않도록 할 것

05 #법령 #타워크레인 #작업계획서

타워크레인을 설치·조립·해체하는 작업 시 작업계획서의 내용 3가지를 쓰시오. (3점)

정답

① 타워크레인의 종류 및 형식
② 설치·조립 및 해체순서
③ 작업도구·장비·가설설비 및 방호설비
④ 작업인원의 구성 및 작업근로자의 역할 범위
⑤ 타워크레인의 지지 방법

06 #달기 와이어로프 #안전계수 #최대하중

화물의 하중을 직접 지지하는 달기 와이어로프의 절단하중이 2,000[kg]일 때 최대 안전하중[kg]을 구하시오. (3점)

정답

안전계수 $= \dfrac{절단하중}{최대하중}$ 이고,

화물의 하중을 직접 지지하는 달기 와이어로프의 안전계수는 5이므로

최대하중 $= \dfrac{절단하중}{안전계수} = \dfrac{2,000}{5} = 400[kg]$

※ 2줄걸이 적용 시

최대하중 $= \dfrac{절단하중}{안전계수} \times 2 = \dfrac{2,000}{5} \times 2 = 800[kg]$

07 #법령 #방호조치 필요 기계·기구

유해·위험 방지를 위한 방호조치를 하지 아니하고는 양도, 대여, 설치, 진열해서는 안 되는 기계·기구 5가지를 쓰시오. (5점)

정답

① 예초기   ② 원심기
③ 공기압축기   ④ 금속절단기
⑤ 지게차
⑥ 포장기계(진공포장기, 래핑기로 한정)

08 #휴먼에러 #Swain

Swain은 인간의 오류를 작위적 오류(Commission Error)와 부작위적 오류(Omission Error)로 구분한다. 작위적 오류와 부작위적 오류에 대해 설명하시오. (4점)

정답

① 작위적 오류(Commission Error, 실행에러): 작업 내지 절차를 수행했으나 잘못한 실수(선택착오, 순서착오, 시간착오)에서 기인한 에러
② 부작위적 오류(Omission Error, 생략에러): 작업 내지 필요한 절차를 수행하지 않는 데서 기인한 에러

09 #법령 #사다리식 통로 #구조

사다리식 통로를 설치할 경우 준수해야 할 사항 5가지를 쓰시오. (5점)

정답

① 견고한 구조로 할 것
② 심한 손상·부식 등이 없는 재료를 사용할 것
③ 발판의 간격은 일정하게 할 것
④ 발판과 벽과의 사이는 15[cm] 이상의 간격을 유지할 것
⑤ 폭은 30[cm] 이상으로 할 것
⑥ 사다리가 넘어지거나 미끄러지는 것을 방지하기 위한 조치를 할 것
⑦ 사다리의 상단은 걸쳐놓은 지점으로부터 60[cm] 이상 올라가도록 할 것
⑧ 사다리식 통로의 길이가 10[m] 이상인 경우에는 5[m] 이내마다 계단참을 설치할 것
⑨ 사다리식 통로의 기울기는 75° 이하로 할 것. 다만, 고정식 사다리식 통로의 기울기는 90° 이하로 하고, 그 높이가 7[m] 이상인 경우에는 바닥으로부터 높이가 2.5[m] 되는 지점부터 등받이울을 설치할 것
⑩ 접이식 사다리 기둥은 사용 시 접혀지거나 펼쳐지지 않도록 철물 등을 사용하여 견고하게 조치할 것

10 #법령 #충전부 방호

전기기계, 기구 또는 전로 등의 충전부분에 접촉하거나 접근함으로써 감전 위험이 있는 충전부분에 대하여 감전을 방지하기 위한 방법 5가지를 쓰시오. (5점)

정답

① 충전부가 노출되지 않도록 폐쇄형 외함이 있는 구조로 할 것
② 충전부에 충분한 절연효과가 있는 방호망이나 절연덮개를 설치할 것
③ 충전부는 내구성이 있는 절연물로 완전히 덮어 감쌀 것
④ 발전소·변전소 및 개폐소 등 구획되어 있는 장소로서 관계 근로자가 아닌 사람의 출입이 금지되는 장소에 충전부를 설치하고, 위험표시 등의 방법으로 방호를 강화할 것
⑤ 전주 위 및 철탑 위 등 격리되어 있는 장소로서 관계 근로자가 아닌 사람이 접근할 우려가 없는 장소에 충전부를 설치할 것

11 #사망만인율

다음 [조건]에서 사망만인율을 계산하시오. (5점)

┌─ 조건 ├─
(1) 사망: 2명
(2) 재해자 수: 10명
(3) 재해건수: 11건
(4) 연근로시간: 2,400시간
(5) 근로자 수: 2,000명
└─

정답

$$\text{사망만인율} = \frac{\text{사망자 수}}{\text{산재보험적용 근로자 수}} \times 10,000 = \frac{2}{2,000} \times 10,000 = 10$$

12 #조도

광원으로부터 2[m] 거리에서 조도가 150[lux]일 때, 3[m] 거리에서의 조도는 몇 [lux]인지 계산하시오. (4점)

정답

① 광속 = 조도 × 거리^2 = 150 × 2^2 = 600[lm]

② 조도 = $\frac{\text{광속}}{\text{거리}^2}$ = $\frac{600}{3^2}$ ≒ 66.67[lux]

13 #인간관계 매커니즘

인간관계의 매커니즘 중 ( ) 안에 알맞은 내용을 쓰시오. (3점)

> (1) (①): 자기 속의 억압된 것을 다른 사람의 것으로 생각하는 것
> (2) (②): 다른 사람의 행동양식이나 태도를 투입시키는 것
> (3) (③): 남의 행동이나 판단을 표본으로 하여 그것과 같거나 또는 그것에 가까운 행동 또는 판단을 취하려는 것

정답

① 투사   ② 동일화   ③ 모방

14 #법령 #화학설비 #안전거리

화학설비의 안전거리 기준이다. ( ) 안에 알맞은 내용을 쓰시오. (4점)

구분	안전거리
단위공정시설 및 설비로부터 다른 단위공정시설 및 설비의 사이	설비의 바깥 면으로부터 (①) 이상
플레어스택으로부터 단위공정시설 및 설비, 위험물질 저장탱크 또는 위험물질 하역설비의 사이	플레어스택으로부터 반경 (②) 이상. 다만, 단위공정시설 등이 불연재로 시공된 지붕 아래에 설치된 경우에는 그러하지 아니하다.
위험물질 저장탱크로부터 단위공정시설 및 설비, 보일러 또는 가열로의 사이	저장탱크의 바깥면으로부터 (③) 이상. 다만, 저장탱크의 방호벽, 원격조종소화설비 또는 살수설비를 설치한 경우에는 그러하지 아니하다.
사무실·연구실·실험실·정비실 또는 식당으로부터 단위공정시설 및 설비, 위험물질 저장탱크, 위험물질 하역설비, 보일러 또는 가열로의 사이	사무실 등의 바깥면으로부터 (④) 이상. 다만, 난방용 보일러인 경우 또는 사무실 등의 벽을 방호구조로 설치한 경우에는 그러하지 아니하다.

정답

① 10[m]   ② 20[m]
③ 20[m]   ④ 20[m]

2회

01 #법령 #공정안전보고서 #포함사항
공정안전보고서에 포함되어야 하는 사항 4가지를 쓰시오. (4점)

정답
① 공정안전자료
② 공정위험성 평가서
③ 안전운전계획
④ 비상조치계획
⑤ 그 밖에 공정상의 안전과 관련하여 고용노동부장관이 필요하다고 인정하여 고시하는 사항

02 #법령 #전기기계·기구 설치 #고려사항
사업주가 전기기계·기구를 설치하려는 경우에 전기적 측면에서 고려해야 할 사항 3가지를 쓰시오. (6점)

정답
① 전기기계·기구의 충분한 전기적 용량 및 기계적 강도
② 습기·분진 등 사용장소의 주위 환경
③ 전기적·기계적 방호수단의 적정성

03 #법령 #사다리식 통로 #구조
사다리식 통로를 설치할 경우 준수해야 할 사항이다. ( ) 안에 알맞은 내용을 쓰시오. (3점)

(1) 사다리식 통로의 길이가 10[m] 이상인 경우에는 (①)[m] 이내마다 계단참을 설치할 것
(2) 고정식 사다리식 통로의 기울기는 (②)° 이하로 하고, 높이 7[m] 이상인 경우에는 바닥으로부터 높이가 (③)[m] 되는 지점부터 등받이울을 설치할 것

정답
① 5   ② 90   ③ 2.5

04 #법령 #안전보건관리규정 #포함사항
안전보건관리규정을 작성할 때 포함되어야 할 사항 4가지를 쓰시오.(단, 그 밖에 안전 및 보건에 관한 사항은 제외한다.) (4점)

정답
① 안전 및 보건에 관한 관리조직과 그 직무에 관한 사항
② 안전보건교육에 관한 사항
③ 작업장의 안전 및 보건 관리에 관한 사항
④ 사고 조사 및 대책 수립에 관한 사항

05 #시스템 위험분석
사상의 안전도를 사용하여 시스템의 안전도를 나타내는 시스템 모델의 하나로서 귀납적, 정량적인 분석 기법을 쓰시오. (4점)

정답
사건수 분석(ETA; Event Tree Analysis)

06 #화재의 종류
화재의 종류를 구분하여 쓰고, 그에 따른 표시색을 쓰시오. (4점)

유형	화재의 분류	표시색
A	일반 화재	(①)
B	유류 화재	(②)
C	(③)	청색
D	(④)	무색

정답
① 백색   ② 황색
③ 전기 화재   ④ 금속 화재

07 #법령 #안전인증대상 #기계·설비

[보기] 중 안전인증대상 기계에 해당하는 것 3가지를 고르시오. (3점)

┌─ 보기 ├─
① 프레스   ② 압력용기   ③ 크레인
④ 파쇄기   ⑤ 컨베이어   ⑥ 산업용 로봇
└─

정답

① 프레스   ② 압력용기   ③ 크레인

08 #법령 #비계 #점검·보수사항

비계를 조립·해체하거나 변경한 후 그 비계에서 작업을 하는 경우 작업시작 전 점검사항 4가지를 쓰시오. (4점)

정답

① 발판 재료의 손상 여부 및 부착 또는 걸림 상태
② 해당 비계의 연결부 또는 접속부의 풀림 상태
③ 연결 재료 및 연결 철물의 손상 또는 부식 상태
④ 손잡이의 탈락 여부
⑤ 기둥의 침하, 변형, 변위 또는 흔들림 상태
⑥ 로프의 부착 상태 및 매단 장치의 흔들림 상태

09 #법령 #안전보건교육 #특수형태근로자

특수형태근로자 최초 노무제공 시 안전보건교육 내용 5가지를 쓰시오. (5점)

정답

① 산업안전 및 사고 예방에 관한 사항
② 산업보건 및 직업병 예방에 관한 사항
③ 건강증진 및 질병 예방에 관한 사항
④ 유해·위험 작업환경 관리에 관한 사항
⑤ 「산업안전보건법령」 및 산업재해보상보험 제도에 관한 사항
⑥ 직무스트레스 예방 및 관리에 관한 사항
⑦ 직장 내 괴롭힘, 고객의 폭언 등으로 인한 건강장해 예방 및 관리에 관한 사항
⑧ 기계·기구의 위험성과 작업의 순서 및 동선에 관한 사항
⑨ 작업 개시 전 점검에 관한 사항
⑩ 정리정돈 및 청소에 관한 사항
⑪ 사고 발생 시 긴급조치에 관한 사항
⑫ 물질안전보건자료에 관한 사항
⑬ 교통안전 및 운전안전에 관한 사항
⑭ 보호구 착용에 관한 사항

10 #법령 #화재감시자 #배치장소

용접·용단 작업 시 화재감시자를 배치해야 하는 장소 3가지를 쓰시오. (3점)

정답

① 작업반경 11[m] 이내에 건물구조 자체나 내부(개구부 등으로 개방된 부분 포함)에 가연성물질이 있는 장소
② 작업반경 11[m] 이내의 바닥 하부에 가연성물질이 11[m] 이상 떨어져 있지만 불꽃에 의해 쉽게 발화될 우려가 있는 장소
③ 가연성물질이 금속으로 된 칸막이·벽·천장 또는 지붕의 반대쪽 면에 인접해 있어 열전도나 열복사에 의해 발화될 우려가 있는 장소

11 #페일 세이프 #풀 프루프

Fail-safe와 Fool-proof를 간단히 설명하시오. (4점)

정답

① Fail-safe: 기계나 그 부품에 고장이나 기능불량이 생겨도 항상 안전하게 작동하는 구조와 기능을 추구하는 본질적 안전
② Fool-proof: 근로자가 기계를 잘못 취급하여 불안전한 행동이나 실수를 하여도 기계설비의 안전기능이 작동되어 재해를 방지할 수 있는 기능

12 #법령 #하역작업장 #조치사항

부두·안벽 등 하역작업을 하는 장소에서 사업주가 조치하여야 하는 사항 3가지를 쓰시오. (3점)

정답

① 작업장 및 통로의 위험한 부분에는 안전하게 작업할 수 있는 조명을 유지할 것
② 부두 또는 안벽의 선을 따라 통로를 설치하는 경우에는 폭을 90[cm] 이상으로 할 것
③ 육상에서의 통로 및 작업장소로서 다리 또는 선거 갑문을 넘는 보도 등의 위험한 부분에는 안전난간 또는 울타리 등을 설치할 것

13 #평균고장간격 #신뢰도

어떤 기계를 1시간 가동하였을 때 고장발생확률이 0.004일 경우 다음 물음에 답하시오. (4점)

> ① 평균고장간격을 계산하시오.
> ② 10시간 가동하였을 때 기계의 신뢰도를 계산하시오.

정답

① 평균고장간격(MTBF)$=\dfrac{1}{\lambda(\text{고장률})}=\dfrac{1}{0.004}=250\text{시간}$

② 신뢰도 $R(t)=e^{-\lambda t}=e^{-0.004\times10}\fallingdotseq0.96$

14 #법령 #안전보건표지

「산업안전보건법령」상 다음에 해당하는 안전보건표지의 명칭을 각각 쓰시오. (4점)

정답

① 화기금지
② 폭발성물질경고
③ 부식성물질경고
④ 고압전기경고

3회

01 #법령 #산업용 로봇 #작업시작 전 점검사항

로봇의 작동범위 내에서 그 로봇에 관하여 교시 등의 작업을 하는 때 작업시작 전 점검사항 3가지를 쓰시오. (3점)

정답

① 외부 전선의 피복 또는 외장의 손상 유무
② 매니퓰레이터(Manipulator) 작동의 이상 유무
③ 제동장치 및 비상정지장치의 기능

02 #법령 #교류아크용접기 #자동전격방지기

교류아크용접기에 자동전격방지기를 설치해야 하는 장소 2가지를 쓰시오. (4점)

정답

① 선박의 이중 선체 내부, 밸러스트 탱크, 보일러 내부 등 도전체에 둘러싸인 장소
② 추락할 위험이 있는 높이 2[m] 이상의 장소로 철골 등 도전성이 높은 물체에 근로자가 접촉할 우려가 있는 장소
③ 근로자가 물·땀 등으로 인하여 도전성이 높은 습윤 상태에서 작업하는 장소

03 #법령 #안전인증대상 #보호구

「산업안전보건법령」상 안전인증대상 보호구 8가지를 쓰시오. (4점)

정답

① 추락 및 감전 위험방지용 안전모
② 안전화
③ 안전장갑
④ 방진마스크
⑤ 방독마스크
⑥ 송기마스크
⑦ 전동식 호흡보호구
⑧ 보호복
⑨ 안전대
⑩ 차광 및 비산물 위험방지용 보안경
⑪ 용접용 보안면
⑫ 방음용 귀마개 또는 귀덮개

04 #인간-기계 체계 #기본기능

인간-기계 통합 시스템에서 시스템(System)이 갖는 기본 기능 4가지를 쓰시오. (4점)

정답

① 감지기능   ② 정보저장기능
③ 정보처리 및 의사결정기능   ④ 행동기능
⑤ 입력기능   ⑥ 출력기능

05 #FT도 #고장발생확률

다음 FT도에서 정상사상 A1의 발생확률[%]을 소수 다섯째 자리까지 계산하시오.(단, 기본사상 ①, ③, ⑤, ⑦의 발생확률은 각각 0.2이고, ②, ④, ⑥의 발생확률은 각각 0.1이다.)

(4점)

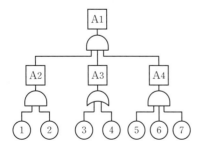

정답

$A2 = ① \times ② = 0.2 \times 0.1 = 0.02$

$A3 = 1 - \{(1-③) \times (1-④)\} = 1 - \{(1-0.2) \times (1-0.1)\} = 0.28$

$A4 = ⑤ \times ⑥ \times ⑦ = 0.2 \times 0.1 \times 0.2 = 0.004$

$A1 = A2 \times A3 \times A4 = 0.02 \times 0.28 \times 0.004 = 0.0000224 = 0.00224[\%]$

06 #법령 #말비계 #조립 시 준수사항

말비계 조립 시 사업주의 준수사항이다. (   ) 안에 알맞은 내용을 쓰시오. (4점)

(1) 지주부재의 하단에는 (①   )를 하고, 근로자가 양측 끝 부분에 올라서서 작업하지 않도록 할 것
(2) 지주부재와 수평면의 기울기를 (②   )° 이하로 하고, 지주부재와 지주부재 사이를 고정시키는 보조부재를 설치할 것
(3) 말비계의 높이가 (③   )[m]를 초과하는 경우에는 작업발판의 폭을 (④   )[cm] 이상으로 할 것

정답

① 미끄럼 방지장치   ② 75
③ 2   ④ 40

07 #기계설비 #방호원리

기계설비 방호의 기본원리 3가지를 쓰시오. (3점)

정답

① 위험의 제거   ② 덮어씌움   ③ 차단

08 #법령 #파열판 #안전밸브 #직렬설치

화학설비 및 부속설비의 안전기준에서 (   ) 안에 알맞은 내용을 쓰시오. (3점)

사업주는 급성 독성물질이 지속적으로 외부에 유출될 수 있는 화학설비 및 그 부속설비에 파열판과 안전밸브를 (①   )로 설치하고 그 사이에는 (②   ) 또는 (③   )를 설치하여야 한다.

정답

① 직렬   ② 압력지시계   ③ 자동경보장치

09 #법령 #추락방호망 #설치기준

「산업안전보건법령」상 사업주가 설치해야 하는 추락방호망의 기준이다. (　) 안에 알맞은 내용을 쓰시오. (4점)

(1) 추락방호망의 설치위치는 가능하면 작업면으로부터 가까운 지점에 설치하여야 하며, 작업면으로부터 망의 설치지점까지의 수직거리는 (　①　)[m]를 초과하지 아니할 것

(2) 추락방호망은 수평으로 설치하고, 망의 처짐은 짧은 변 길이의 12[%] 이상이 되도록 할 것

(3) 건축물 등의 바깥쪽으로 설치하는 경우 추락방호망의 내민 길이는 벽면으로부터 (　②　)[m] 이상 되도록 할 것. 다만, 그물코가 20[mm] 이하인 추락방호망을 사용한 경우에는 낙하물 방지망을 설치한 것으로 본다.

정답

① 10　　　　　　　　　　② 3

10 #근로손실일수

어느 사업장에서 재해로 인해 신체장해등급을 받은 사람이 다음과 같을 때 총 요양근로손실일수를 계산하시오. (5점)

| (1) 사망 2명 | (2) 1급 1명 | (3) 2급 1명 |
| (4) 3급 1명 | (5) 9급 1명 | (6) 10급 4명 |

정답

$7,500 \times (2+1+1+1) + 1,000 \times 1 + 600 \times 4 = 40,900$일

※ 근로손실일수

① 사망 및 영구 전노동 불능(장해등급 1~3등급): 7,500일

② 영구 일부노동 불능(장해등급 4~14등급)

등급	4	5	6	7	8	9	10	11	12	13	14
일수	5,500	4,000	3,000	2,200	1,500	1,000	600	400	200	100	50

11 #법령 #안전보건관리규정 #포함사항

안전보건관리규정 작성 시 포함해야 할 사항 4가지를 쓰시오.(단, 그 밖에 안전 및 보건에 관한 사항은 제외한다.) (4점)

정답

① 안전 및 보건에 관한 관리조직과 그 직무에 관한 사항

② 안전보건교육에 관한 사항

③ 작업장의 안전 및 보건 관리에 관한 사항

④ 사고 조사 및 대책 수립에 관한 사항

12 #법령 #정전기 #화재예방

「산업안전보건법령」상 정전기에 의한 화재 또는 폭발 등의 위험이 발생할 우려가 있는 경우 사업주의 준수사항이다. (　) 안에 알맞은 내용을 쓰시오. (3점)

사업주는 정전기에 의한 화재 또는 폭발 등의 위험이 발생할 우려가 있는 경우에는 해당 설비에 대하여 확실한 방법으로 (　①　)를 하거나 (　②　) 재료를 사용하거나 가습 및 점화원이 될 우려가 없는 (　③　)를 사용하는 등 정전기의 발생을 억제하거나 제거하기 위하여 필요한 조치를 하여야 한다.

정답

① 접지　　　　　② 도전성　　　　　③ 제전장치

13 #법령 #안전보건교육 #근로자 #정기교육

근로자의 정기안전보건교육에 포함되어야 할 내용 3가지를 쓰시오. (6점)

정답

① 산업안전 및 사고 예방에 관한 사항

② 산업보건 및 직업병 예방에 관한 사항

③ 위험성 평가에 관한 사항

④ 건강증진 및 질병 예방에 관한 사항

⑤ 유해 · 위험 작업환경 관리에 관한 사항

⑥ 「산업안전보건법령」 및 산업재해보상보험 제도에 관한 사항

⑦ 직무스트레스 예방 및 관리에 관한 사항

⑧ 직장 내 괴롭힘, 고객의 폭언 등으로 인한 건강장해 예방 및 관리에 관한 사항

14 #법령 #안전보건관리담당자 #업무

「산업안전보건법령」상 안전보건관리담당자의 업무 4가지를 쓰시오. (4점)

정답

① 안전보건교육 실시에 관한 보좌 및 지도 · 조언

② 위험성평가에 관한 보좌 및 지도 · 조언

③ 작업환경측정 및 개선에 관한 보좌 및 지도 · 조언

④ 건강진단에 관한 보좌 및 지도 · 조언

⑤ 산업재해 발생의 원인 조사, 산업재해 통계의 기록 및 유지를 위한 보좌 및 지도 · 조언

⑥ 산업안전 · 보건과 관련된 안전장치 및 보호구 구입 시 적격품 선정에 관한 보좌 및 지도 · 조언

2021년 기출문제

1회

01 #물에 젖은 #심실세동전류 #통전시간

용접작업을 하는 작업자가 전압이 300[V]인 충전 부분에 물에 젖은 손이 접촉, 감전되어 사망하였다. 이때 인체에 통전된 심실세동전류[mA]와 통전시간[ms]을 계산하시오.(단, 인체의 저항은 1,000[Ω]으로 한다.) (4점)

정답

① 전류(I)

인체저항은 물에 젖은 경우 $\frac{1}{25}$로 감소하므로

$V=300[V]$이고, $R=1,000\times\frac{1}{25}=40[\Omega]$

$I=\dfrac{V}{R}=\dfrac{300}{40}=7.5[A]=7,500[mA]$

② 시간(T)

$I[mA]=\dfrac{165}{\sqrt{T}}$이므로

$T=\left(\dfrac{165}{I}\right)^2=\left(\dfrac{165}{7,500}\right)^2=0.000484[s]≒0.48[ms]$

02 #법령 #안전보건교육 #근로자 #채용 시 #작업내용 변경 시

「산업안전보건법령」상 사업장 내 안전보건교육에 있어 근로자의 채용 시 및 작업내용 변경 시 교육내용 4가지를 쓰시오.(단, 「산업안전보건법령」 및 산업재해보상보험 제도에 관한 사항은 제외한다.) (4점)

정답

① 산업안전 및 사고 예방에 관한 사항
② 산업보건 및 직업병 예방에 관한 사항
③ 위험성 평가에 관한 사항
④ 직무스트레스 예방 및 관리에 관한 사항
⑤ 직장 내 괴롭힘, 고객의 폭언 등으로 인한 건강장해 예방 및 관리에 관한 사항
⑥ 기계·기구의 위험성과 작업의 순서 및 동선에 관한 사항
⑦ 작업 개시 전 점검에 관한 사항
⑧ 정리정돈 및 청소에 관한 사항
⑨ 사고 발생 시 긴급조치에 관한 사항
⑩ 물질안전보건자료에 관한 사항

03 #급정지장치 #조작부의 위치

롤러기 급정지장치 조작부의 설치위치이다. (   ) 안에 알맞은 내용을 쓰시오.(단, 위치는 급정지장치 조작부의 중심점을 기준으로 한다.) (3점)

종류	설치위치
손조작식	밑면에서 (①)
복부조작식	밑면에서 (②)
무릎조작식	밑면에서 (③)

정답

① 1.8[m] 이내
② 0.8[m] 이상 1.1[m] 이내
③ 0.6[m] 이내

04 #강도율

연평균 근로자수 300명, 1일 8시간씩 연 300일 근무, 요양재해 5건 발생, 사망 2명, 장해등급 4급 1명, 장해등급 10급 1명, 휴업일수 300일 1명일 때 강도율을 계산하시오.(근로손실일수는 사망 7,500일, 4급 5,500일, 10급 600일로 한다.) (5점)

정답

강도율 $=\dfrac{총\ 요양근로손실일수}{연근로시간\ 수}\times1,000$

$=\dfrac{(7,500\times2)+(5,500\times1)+(600\times1)+\left(300\times\dfrac{300}{365}\right)}{300\times(8\times300)}\times1,000$

$≒29.65$

※ 휴업일수가 주어진 경우 근로손실일수 산정방법

근로손실일수 $=$ 휴업일수 $\times\dfrac{연근무일수}{365}$

05 #법령 #가설통로

다음은 가설통로 설치 시 준수사항이다. ( ) 안에 알맞은 내용을 쓰시오. (3점)

> (1) 경사가 (①)°를 초과하는 경우에는 미끄러지지 아니하는 구조로 할 것
> (2) 수직갱에 가설된 통로의 길이가 15[m] 이상인 경우에는 (②)[m] 이내마다 계단참을 설치할 것
> (3) 건설공사에 사용하는 높이 8[m] 이상인 비계다리에는 (③)[m] 이내마다 계단참을 설치할 것

정답

① 15 ② 10 ③ 7

06 #방진마스크 #시험성능기준

방진마스크의 성능 시험 항목 5가지를 쓰시오. (5점)

정답

① 안면부 흡기저항 　 ② 여과재 분진 등 포집효율
③ 안면부 배기저항 　 ④ 안면부 누설률
⑤ 배기밸브 작동 　 ⑥ 시야
⑦ 강도, 신장률 및 영구 변형률 　 ⑧ 불연성
⑨ 음성전달판 　 ⑩ 투시부의 내충격성
⑪ 여과재 질량 　 ⑫ 여과재 호흡저항
⑬ 안면부 내부의 이산화탄소 농도

07 #법령 #공사용 가설도로

공사용 가설도로 설치 시 준수사항 3가지를 쓰시오. (3점)

정답

① 도로는 장비와 차량이 안전하게 운행할 수 있도록 견고하게 설치할 것
② 도로와 작업장이 접하여 있을 경우에는 울타리 등을 설치할 것
③ 도로는 배수를 위하여 경사지게 설치하거나 배수시설을 설치할 것
④ 차량의 속도제한 표지를 부착할 것

08 #법령 #공정안전보고서 #포함사항

공정안전보고서에 포함되어야 할 사항 4가지를 쓰시오.(단, 공정상의 안전과 관련하여 고용노동부장관이 필요하다고 인정하여 고시하는 사항은 제외한다.) (4점)

정답

① 공정안전자료
② 공정위험성 평가서
③ 안전운전계획
④ 비상조치계획

09 #FTA #재해사례 연구순서

FTA에 의한 재해사례 연구순서 4단계를 순서에 맞게 나열하시오. (4점)

> ① FT도의 작성 　 ② 사상마다의 재해원인 규명
> ③ Top 사상의 선정 　 ④ 개선계획의 작성

정답

③ Top 사상의 선정 → ② 사상마다의 재해원인 규명 → ① FT도의 작성 → ④ 개선계획의 작성

10 #법령 #노사협의체 #설치대상 #정기회의

「산업안전보건법령」상 노사협의체의 설치대상 사업 1가지와 노사협의체의 운영에 있어서 정기회의의 개최주기를 각각 쓰시오. (4점)

정답

① 설치대상 사업: 공사금액이 120억 원(토목공사업은 150억 원) 이상인 건설공사
② 정기회의 개최주기: 2개월

11 #법령 #조도기준

조명은 근로자들의 작업환경의 측면에서 중요한 안전요소이다. 「산업안전보건기준에 관한 규칙」에서 규정하는 다음의 작업에서 근로자를 상시 취업시키는 장소의 조도기준을 쓰시오.(단, 갱내 작업장과 감광재료를 취급하는 작업장은 제외한다.) (4점)

① 초정밀작업: ( )[lux] 이상	
② 정밀작업: ( )[lux] 이상	
③ 보통작업: ( )[lux] 이상	
④ 그 밖의 작업: ( )[lux] 이상	

정답

① 750 ② 300
③ 150 ④ 75

12 #법령 #국소배기장치 #후드의 기준

인체에 해로운 분진, 흄(Fume), 미스트(Mist), 증기 또는 가스 상태의 물질을 배출하기 위하여 설치하는 국소배기장치의 후드 설치 시 준수사항 3가지를 쓰시오. (3점)

정답

① 유해물질이 발생하는 곳마다 설치할 것
② 유해인자의 발생형태와 비중, 작업방법 등을 고려하여 해당 분진 등의 발산원을 제어할 수 있는 구조로 설치할 것
③ 후드 형식은 가능하면 포위식 또는 부스식 후드를 설치할 것
④ 외부식 또는 리시버식 후드는 해당 분진 등의 발산원에 가장 가까운 위치에 설치할 것

13 #연삭숫돌 #파괴원인

연삭숫돌의 파괴원인 4가지를 쓰시오. (4점)

정답

① 숫돌에 균열이 있는 경우
② 숫돌이 고속으로 회전하는 경우
③ 회전력이 결합력보다 큰 경우
④ 무거운 물체가 충돌한 경우(외부의 큰 충격을 받은 경우)
⑤ 숫돌의 측면을 일감으로써 심하게 가압했을 경우(특히 숫돌이 얇을 때 위험)
⑥ 베어링이 마모되어 진동을 일으키는 경우
⑦ 현저하게 플랜지 지름이 작은 경우
⑧ 회전중심이 잡히지 않은 경우

14 #도미노 이론 #사고연쇄반응 이론

하인리히의 도미노 이론 5단계, 아담스의 사고연쇄반응 이론 5단계를 각각 쓰시오. (5점)

정답

① 하인리히의 도미노 이론
  ㉠ 1단계: 사회적 환경 및 유전적 요소(기초 원인)
  ㉡ 2단계: 개인적 결함(간접 원인)
  ㉢ 3단계: 불안전한 행동 및 불안전한 상태(직접 원인)
  ㉣ 4단계: 사고
  ㉤ 5단계: 재해
② 아담스의 사고연쇄반응 이론
  ㉠ 1단계: 관리구조 결함
  ㉡ 2단계: 작전적 에러
  ㉢ 3단계: 전술적 에러
  ㉣ 4단계: 사고
  ㉤ 5단계: 상해, 손해

2회

01 #연삭기 덮개 #작동시험

연삭기 덮개의 시험방법 중 연삭기 작동시험 확인사항으로 ( ) 안에 알맞은 내용을 쓰시오. (3점)

(1) 연삭(①)과 덮개의 접촉 여부
(2) 탁상용 연삭기는 덮개, (②) 및 (③) 부착상태의 적합성 여부

정답

① 숫돌   ② 워크레스트   ③ 조정편

02 #신뢰도 #직렬 #병렬

다음 시스템의 전체의 신뢰도를 0.85로 설계하고자 할 때 부품 R_x의 신뢰도를 소수 둘째 자리까지 계산하시오.(단, 그림의 R값은 신뢰도를 나타낸다.) (5점)

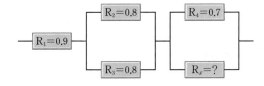

정답

$0.85 = 0.9 \times \{1 - (1 - 0.8) \times (1 - 0.8)\} \times \{1 - (1 - 0.7) \times (1 - R_x)\}$

$\therefore R_x \fallingdotseq 0.95$

03 #산업안전보건관리비

[보기]에서 설명하는 건설공사의 건설업 산업안전보건관리비를 계산하시오. (5점)

| 보기 |

(1) 건축공사
(2) 낙찰률 70[%]
(3) 재료비 25억 원
(4) 관급재료비 3억 원
(5) 직접노무비 10억 원
(6) 관리비(간접비 포함) 10억 원

정답

① 관급재료비를 포함할 경우
  (3억 + 25억 + 10억) × 0.0186 + 5,349,000 = 76,029,000원
② 관급재료비를 포함하지 않을 경우
  {(25억 + 10억) × 0.0186 + 5,349,000} × 1.2 = 84,538,800원
③ 산업안전보건관리비 계상액: 둘 중 작은 값인 76,029,000원
※ 공사종류 및 규모별 산업안전보건관리비 계상기준표

구분 공사 종류	대상액 5억 원 미만	대상액 5억 원 이상 50억 원 미만		대상액 50억 원 이상	보건관리자 선임 대상 건설공사
		비율	기초액		
건축공사	2.93[%]	1.86[%]	5,349,000원	1.97[%]	2.15[%]
토목공사	3.09[%]	1.99[%]	5,499,000원	2.10[%]	2.29[%]
중건설공사	3.43[%]	2.35[%]	5,400,000원	2.44[%]	2.66[%]
특수건설공사	1.85[%]	1.20[%]	3,250,000원	1.27[%]	1.38[%]

※ 「건설업 산업안전보건관리비 계상 및 사용기준」 개정으로 산업안전보건관리비 산정 시 낙찰률은 적용하지 않습니다.

04 #법령 #크레인 #작업시작 전 점검사항

크레인을 사용하여 작업을 하는 때에 작업시작 전 점검사항 3가지를 쓰시오. (3점)

정답

① 권과방지장치·브레이크·클러치 및 운전장치의 기능
② 주행로의 상측 및 트롤리가 횡행하는 레일의 상태
③ 와이어로프가 통하고 있는 곳의 상태

05 #위험도 #폭발하한계

기체의 조성비가 아세틸렌 70[%], 클로로벤젠 30[%]일 때 아세틸렌의 위험도와 혼합기체의 폭발하한계[vol%]를 각각 계산하시오.(단, 아세틸렌의 폭발범위는 2.5~81[vol%], 클로로벤젠의 폭발범위는 1.3~7.1[vol%]이다.) (5점)

정답

① 아세틸렌의 위험도

$$H = \frac{U-L}{L} = \frac{81-2.5}{2.5} = 31.4$$

여기서, U: 폭발상한계 값[vol%]

L: 폭발하한계 값[vol%]

② 혼합기체의 폭발하한계

$$L = \frac{V_1 + V_2 + \cdots + V_n}{\frac{V_1}{L_1} + \frac{V_2}{L_2} + \cdots + \frac{V_n}{L_n}} = \frac{70+30}{\frac{70}{2.5} + \frac{30}{1.3}} ≒ 1.96[\text{vol}\%]$$

여기서, L_n: 각 성분가스의 폭발하한계[vol%]

V_n: 전체 혼합가스 중 각 성분가스의 비율[vol%]

06 #양립성

양립성의 종류 3가지를 쓰고, 예를 들어 설명하시오. (3점)

정답

① 공간적 양립성: 어떤 사물들, 특히 표시장치나 조정장치의 물리적 형태나 공간적인 배치가 사용자의 기대와 일치하는 것(예) 가스버너에서 오른쪽 조리대는 오른쪽, 왼쪽 조리대는 왼쪽 조절장치로 조정하도록 배치하는 것)

② 운동적 양립성: 표시장치, 조정장치, 체계반응 등의 운동방향이 사용자의 기대와 일치하는 것(예) 자동차 핸들 조작방향으로 바퀴가 회전하는 것)

③ 개념적 양립성: 외부로부터의 자극에 대해 인간이 가지고 있는 개념적 연상의 일관성(예) 파란색 수도꼭지는 냉수, 빨간색 수도꼭지는 온수로 연상하는 것)

④ 양식 양립성: 언어 또는 문화적 관습이나 특정 신호에 따라 적합하게 반응하는 것(예) 기계가 특정 음성에 대해 정해진 반응을 하는 것)

07 #연천인율

[보기]의 조건을 보고, 연천인율을 계산하시오. (4점)

보기

(1) 근로자 수: 400명

(2) 재해자 수: 8명

(3) 연근로시간수: 2,400시간

정답

$$연천인율 = \frac{연간\ 재해(사상)자\ 수}{연평균\ 근로자\ 수} \times 1,000 = \frac{8}{400} \times 1,000 = 20$$

08 #법령 #안전보건표지 #경고표지

위험장소경고 표지에 대해 다음 물음에 답하시오. (4점)

① 위험장소경고 표지를 그리시오.

② 위험장소경고 표지의 색을 쓰시오.

정답

①

② 바탕: 노란색

기본모형, 관련 부호 및 그림: 검은색

09 #재해구성비율 #하인리히

하인리히의 1:29:300 법칙에 대해 설명하시오. (3점)

정답

하인리히의 법칙에 따르면 330건의 사고 가운데 중상 또는 사망 1회, 경상 29회, 무상해사고 300회의 비율로 사고가 발생한다.

10 #법령 #작업발판 #설치기준

다음은 비계의 높이가 2[m] 이상인 경우 설치하는 작업발판에 대한 내용이다. ( ) 안에 알맞은 내용을 쓰시오. (3점)

(1) 추락의 위험이 있는 장소에는 (①)을 설치할 것. 다만, 작업의 성질상 설치하는 것이 곤란한 경우에는 그러하지 아니하다.
(2) 작업발판의 폭은 (②)[cm] 이상으로 하고, 발판재료 간의 틈은 (③)[cm] 이하로 할 것

정답
① 안전난간　　　② 40　　　③ 3

11 #법령 #안전보건교육 #관리감독자 #정기교육

「산업안전보건법령」에 따른 관리감독자 정기안전보건교육 내용 5가지를 쓰시오. (5점)

정답
① 산업안전 및 사고 예방에 관한 사항
② 산업보건 및 직업병 예방에 관한 사항
③ 위험성평가에 관한 사항
④ 유해·위험 작업환경 관리에 관한 사항
⑤ 「산업안전보건법령」 및 산업재해보상보험 제도에 관한 사항
⑥ 직무스트레스 예방 및 관리에 관한 사항
⑦ 직장 내 괴롭힘, 고객의 폭언 등으로 인한 건강장해 예방 및 관리에 관한 사항
⑧ 작업공정의 유해·위험과 재해 예방대책에 관한 사항
⑨ 사업장 내 안전보건관리체제 및 안전·보건조치 현황에 관한 사항
⑩ 표준안전 작업방법 결정 및 지도·감독 요령에 관한 사항
⑪ 현장근로자와의 의사소통능력 및 강의능력 등 안전보건교육 능력 배양에 관한 사항
⑫ 비상시 또는 재해 발생 시 긴급조치에 관한 사항
⑬ 그 밖의 관리감독자의 직무에 관한 사항

12 #법령 #차량계 하역운반기계 #작업계획서

차량계 하역운반기계의 작업계획서 내용 2가지를 쓰시오. (4점)

정답
① 해당작업에 따른 추락·낙하·전도·협착 및 붕괴 등의 위험 예방대책
② 차량계 하역운반기계 등의 운행경로 및 작업방법

13 #법령 #헤드가드 #구비조건

다음은 화물의 낙하로 인하여 지게차 운전자에게 위험을 미칠 우려가 있는 작업장에서 사용되는 지게차의 헤드가드가 갖추어야 할 사항이다. ( ) 안에 알맞은 내용을 쓰시오. (4점)

(1) 강도는 지게차의 최대하중의 (①)배 값(4톤을 넘는 값에 대해서는 4톤)의 등분포정하중에 견딜 수 있을 것
(2) 상부틀의 각 개구의 폭 또는 길이가 (②)[cm] 미만일 것

정답
① 2　　　② 16

14 #법령 #접근한계거리

다음에 해당하는 충전전로에 대한 접근한계거리를 쓰시오. (4점)

① 380[V]　　　② 1.5[kV]
③ 6.6[kV]　　　④ 22.9[kV]

정답
① 30[cm]　　　② 45[cm]
③ 60[cm]　　　④ 90[cm]

※ 충전전로의 선간전압에 대한 접근한계거리

충전전로의 선간전압[kV]	충전전로에 대한 접근한계거리[cm]
0.3 이하	접촉금지
0.3 초과 0.75 이하	30
0.75 초과 2 이하	45
2 초과 15 이하	60
15 초과 37 이하	90
37 초과 88 이하	110
88 초과 121 이하	130
121 초과 145 이하	150
145 초과 169 이하	170
169 초과 242 이하	230
242 초과 362 이하	380
362 초과 550 이하	550
550 초과 800 이하	790

3회

01 #법령 #유해위험방지계획서 #제출건설공사

「산업안전보건법령」에 의거, 대통령령으로 정하는 크기, 높이 등에 해당하는 건설공사를 착공하려는 경우 사업주는 유해위험방지계획서를 작성할 때 건설안전 분야의 자격 등 고용노동부령으로 정하는 자격을 갖춘 자의 의견을 들어야 한다. 유해위험방지계획서 작성 대상인 대통령령으로 정하는 크기, 높이 등에 해당하는 건설공사에 해당하는 것 5가지를 쓰시오. (5점)

정답

① 다음의 어느 하나에 해당하는 건축물 또는 시설 등의 건설 등 공사
  ㉠ 지상높이가 31[m] 이상인 건축물 또는 인공구조물
  ㉡ 연면적 30,000[m²] 이상인 건축물
  ㉢ 연면적 5,000[m²] 이상인 문화 및 집회시설(전시장 및 동물원·식물원 제외), 판매시설·운수시설(고속철도의 역사 및 집배송시설 제외), 종교시설, 의료시설 중 종합병원, 숙박시설 중 관광숙박시설, 지하도상가, 냉동·냉장 창고시설
② 연면적 5,000[m²] 이상인 냉동·냉장 창고시설의 설비공사 및 단열공사
③ 최대 지간길이가 50[m] 이상인 다리의 건설 등 공사
④ 터널의 건설 등 공사
⑤ 다목적 댐, 발전용 댐, 저수용량 2천만 톤 이상의 용수 전용 댐 및 지방상수도 전용 댐의 건설 등 공사
⑥ 깊이 10[m] 이상인 굴착공사

02 #법령 #산업용 로봇 #위험방지 지침

산업용 로봇의 작동범위 내에서 해당 로봇에 대하여 교시 등의 작업을 할 경우에는 해당 로봇의 예기치 못한 작동 또는 오조작에 의한 위험을 방지하기 위하여 관련 지침을 정하여 그 지침에 따라 작업을 하도록 하여야 하는데, 관련 지침에 포함되어야 할 사항 5가지를 쓰시오.(단, 로봇의 예기치 못한 작동 또는 오조작에 의한 위험을 방지하기 위하여 필요한 조치는 제외한다.) (5점)

정답

① 로봇의 조작방법 및 순서
② 작업 중의 매니퓰레이터의 속도
③ 2명 이상의 근로자에게 작업을 시킬 경우의 신호방법
④ 이상을 발견한 경우의 조치
⑤ 이상을 발견하여 로봇의 운전을 정지시킨 후 이를 재가동시킬 경우의 조치

03 #법령 #안전난간 #설치구조

안전난간에 관련된 설명이다. (   ) 안에 알맞은 내용을 쓰시오. (3점)

(1) 상부 난간대: 바닥면·발판 또는 경사로의 표면으로부터 (①)[cm] 이상 지점에 설치
(2) 난간대: 지름 (②)[cm] 이상의 금속제 파이프나 그 이상의 강도가 있는 재료
(3) 하중: 구조적으로 가장 취약한 지점에서 가장 취약한 방향으로 작용하는 (③)[kg] 이상의 하중에 견딜 수 있는 튼튼한 구조일 것

정답

① 90   ② 2.7   ③ 100

04 #법령 #용용고열물 #수증기 폭발방지

사업주는 용용고열물을 취급하는 설비를 내부에 설치한 건축물에 대하여 수증기 폭발을 방지하기 위하여 조치를 하여야 한다. 사업주가 해야 하는 조치 2가지를 쓰시오. (4점)

정답

① 바닥은 물이 고이지 아니하는 구조로 할 것
② 지붕·벽·창 등은 빗물이 새어들지 아니하는 구조로 할 것

05 #법령 #헤드가드 #구비조건

다음은 화물의 낙하로 인하여 지게차 운전자에게 위험을 미칠 우려가 있는 작업장에서 사용되는 지게차의 헤드가드가 갖추어야 할 사항이다. ( ) 안에 알맞은 내용을 쓰시오.

(4점)

(1) 강도는 지게차의 최대하중의 (①)배 값(4톤을 넘는 값에 대해서는 4톤)의 등분포정하중에 견딜 수 있을 것
(2) 상부틀의 각 개구의 폭 또는 길이가 (②)[cm] 미만일 것

정답

① 2   ② 16

06 #법령 #접지 #코드와 플러그

「산업안전보건기준에 관한 규칙」에서 누전에 의한 감전의 위험을 방지하기 위해 코드와 플러그를 접속하여 접지를 실시하는 전기기계·기구 중 노출된 비충전 금속체 3가지를 쓰시오. (3점)

정답

① 사용전압이 대지전압 150[V]를 넘는 것
② 냉장고·세탁기·컴퓨터 및 주변기기 등과 같은 고정형 전기기계·기구
③ 고정형·이동형 또는 휴대형 전동기계·기구
④ 물 또는 도전성이 높은 곳에서 사용하는 전기기계·기구, 비접지형 콘센트
⑤ 휴대형 손전등

07 #위험등급

미국방성 위험성 평가 중 위험도(MIL-STD-882B) 4단계를 쓰시오. (4점)

정답

① 1단계: 파국   ② 2단계: 중대(위기)
③ 3단계: 한계   ④ 4단계: 무시가능

08 #법령 #조도기준

「산업안전보건법령」상의 기준에 맞는 정밀작업의 조도기준을 쓰시오.(단, 갱내 작업장과 감광재료를 취급하는 작업장은 제외한다.) (4점)

정답

300[lux] 이상

09 #종합재해지수

A 사업장의 근무 및 재해발생 현황이 아래와 같을 때, A 사업장의 종합재해지수를 계산하시오.(단, 소수 넷째 자리에서 반올림하여 소수 셋째 자리까지 표기하시오.) (5점)

(1) 작업자 수: 500명
(2) 연 근무시간: 2,400시간
(3) 연간 재해건수: 21건
(4) 근로손실일수: 900일

정답

① 도수율 = $\dfrac{\text{재해건수}}{\text{연근로시간 수}} \times 1,000,000$

$= \dfrac{21}{500 \times 2,400} \times 1,000,000 = 17.5$

② 강도율 = $\dfrac{\text{총 요양근로손실일수}}{\text{연근로시간 수}} \times 1,000$

$= \dfrac{900}{500 \times 2,400} \times 1,000 = 0.75$

③ 종합재해지수(FSI) = $\sqrt{\text{도수율} \times \text{강도율}} = \sqrt{17.5 \times 0.75} ≒ 3.623$

10 #방진마스크 #포집효율

분리식 방진마스크의 포집효율을 쓰시오. (3점)

형태 및 등급		염화나트륨 및 파라핀 오일 시험[%]
분리식	특급	(①)
	1급	(②)
	2급	(③)

정답

① 99.95 이상   ② 94.0 이상   ③ 80.0 이상

※ 여과재 분진 등 포집효율에 따른 등급

형태 및 등급		염화나트륨(NaCl) 및 파라핀 오일(Paraffin oil) 시험[%]
분리식	특급	99.95 이상
	1급	94.0 이상
	2급	80.0 이상
안면부 여과식	특급	99.0 이상
	1급	94.0 이상
	2급	80.0 이상

11 #법령 #산업안전보건위원회 #회의록

「산업안전보건법령」상 산업안전보건위원회의 회의록 작성 사항 3가지를 쓰시오. (3점)

정답

① 개최 일시 및 장소
② 출석위원
③ 심의 내용 및 의결·결정 사항
④ 그 밖의 토의사항

12 #법령 #가스장치실

사업주가 공장을 지을 때 가스장치실을 설치하려 한다. 가스장치실 설치 시 고려하여야 하는 구조 3가지를 쓰시오. (6점)

정답

① 가스가 누출된 경우에는 그 가스가 정체되지 않도록 할 것
② 지붕과 천장에는 가벼운 불연성 재료를 사용할 것
③ 벽에는 불연성 재료를 사용할 것

13 #법령 #달기 체인 #사용금지

달기 체인 등의 사용금지 규정 3가지를 쓰시오. (3점)

정답

① 달기 체인의 길이가 달기 체인이 제조된 때의 길이의 5[%]를 초과한 것
② 링의 단면지름이 달기 체인이 제조된 때의 해당 링의 지름의 10[%]를 초과하여 감소한 것
③ 균열이 있거나 심하게 변형된 것

14 #주의의 특성

인간의 주의의 특성 3가지를 쓰시오. (3점)

정답

① 선택성   ② 방향성   ③ 변동성

2020년 기출문제

1회

01 #법령 #안전보건표지 #금지표지
'출입금지' 표지를 그리고, 표지판의 색과 문자의 색을 쓰시오. (3점)

정답
①

② 바탕: 흰색

　기본모형: 빨간색

　관련 부호 및 그림: 검은색

02 #법령 #유해위험방지계획서 #제출사업장
유해위험방지계획서 제출대상 사업의 종류 3가지를 쓰시오.(단, 전기 계약용량이 300[kV] 이상인 경우에 한한다.)
(3점)

정답
① 금속가공제품 제조업(기계 및 가구 제외)
② 비금속 광물제품 제조업
③ 기타 기계 및 장비 제조업
④ 자동차 및 트레일러 제조업
⑤ 식료품 제조업
⑥ 고무제품 및 플라스틱제품 제조업
⑦ 목재 및 나무제품 제조업
⑧ 기타 제품 제조업
⑨ 1차 금속 제조업
⑩ 가구 제조업
⑪ 화학물질 및 화학제품 제조업
⑫ 반도체 제조업
⑬ 전자부품 제조업

03 #법령 #안전보건관리규정 #포함사항
「산업안전보건법령」상 사업장에 안전보건관리규정을 작성할 때 포함되어야 할 사항 4가지를 쓰시오.(단, 그 밖에 안전 및 보건에 관한 사항은 제외한다.) (4점)

정답
① 안전 및 보건에 관한 관리조직과 그 직무에 관한 사항
② 안전보건교육에 관한 사항
③ 작업장의 안전 및 보건 관리에 관한 사항
④ 사고 조사 및 대책 수립에 관한 사항

04 #법령 #안전밸브 등의 설치
「산업안전보건법령」에 따라 과압에 따른 폭발을 방지하기 위하여 폭발방지성능과 규격을 갖춘 안전밸브 또는 파열판을 설치해야 하는 설비 3가지를 쓰시오. (6점)

정답
① 압력용기(안지름이 150[mm] 이하인 압력용기는 제외하며, 압력용기 중 관형 열교환기의 경우에는 관의 파열로 인하여 상승한 압력이 압력용기의 최고사용압력을 초과할 우려가 있는 경우만 해당)
② 정변위 압축기
③ 정변위 펌프(토출축에 차단밸브가 설치된 것만 해당)
④ 배관(2개 이상의 밸브에 의하여 차단되어 대기온도에서 액체의 열팽창에 의하여 파열될 우려가 있는 것으로 한정)
⑤ 그 밖의 화학설비 및 그 부속설비로서 해당 설비의 최고사용압력을 초과할 우려가 있는 것

05 #롤러기 #급정지거리

롤러기 급정지장치의 원주속도에 따른 안전거리에 대해 ( ) 안에 알맞은 내용을 쓰시오. (4점)

> (1) 30[m/min] 이상 – 앞면 롤러 원주의 (①) 이내
> (2) 30[m/min] 미만 – 앞면 롤러 원주의 (②) 이내

정답

① $\dfrac{1}{2.5}$ 　　　　　　② $\dfrac{1}{3}$

06 #법령 #비계 #점검·보수사항

비, 눈, 그 밖의 기상상태의 악화로 작업을 중지시킨 후 또는 비계를 조립·해체하거나 변경한 후 그 비계에서 작업을 하는 경우 작업시작 전 사업주가 점검하고, 이상을 발견하면 즉시 보수해야 하는 항목 4가지를 쓰시오. (4점)

정답

① 발판 재료의 손상 여부 및 부착 또는 걸림 상태
② 해당 비계의 연결부 또는 접속부의 풀림 상태
③ 연결 재료 및 연결 철물의 손상 또는 부식 상태
④ 손잡이의 탈락 여부
⑤ 기둥의 침하, 변형, 변위 또는 흔들림 상태
⑥ 로프의 부착 상태 및 매단 장치의 흔들림 상태

07 #법령 #중량물 #작업계획서

중량물 취급에 따른 작업계획서 작성 시 포함사항 3가지를 쓰시오. (3점)

정답

① 추락위험을 예방할 수 있는 안전대책
② 낙하위험을 예방할 수 있는 안전대책
③ 전도위험을 예방할 수 있는 안전대책
④ 협착위험을 예방할 수 있는 안전대책
⑤ 붕괴위험을 예방할 수 있는 안전대책

08 #법령 #접지 #코드와 플러그

「산업안전보건기준에 관한 규칙」에서 누전에 의한 감전의 위험을 방지하기 위해 코드와 플러그를 접속하여 접지를 실시하는 전기기계·기구 중 노출된 비충전 금속체 3가지를 쓰시오. (3점)

정답

① 사용전압이 대지전압 150[V]를 넘는 것
② 냉장고·세탁기·컴퓨터 및 주변기기 등과 같은 고정형 전기기계·기구
③ 고정형·이동형 또는 휴대형 전동기계·기구
④ 물 또는 도전성이 높은 곳에서 사용하는 전기기계·기구, 비접지형 콘센트
⑤ 휴대형 손전등

09 #고장률 #고장발생확률

A 회사의 전기제품은 10,000시간 동안 10개의 제품에 고장이 발생된다. 이 제품의 수명이 지수분포를 따른다고 할 경우 고장률과 900시간 동안 적어도 1개의 제품이 고장날 확률을 계산하시오.(단, 소수 셋째 자리까지 표기하시오.) (6점)

정답

① 고장률

$$\lambda(\text{평균고장률}) = \frac{\text{고장건수}}{\text{총 가동시간}} = \frac{10}{10,000} = 0.001$$

② 900시간 동안 1개의 제품이 고장날 확률
　　신뢰도 $R(t) = e^{-\lambda t} = e^{-0.001 \times 900} \fallingdotseq 0.407$이므로
　　고장발생확률 $F(t) = 1 - R(t) = 1 - 0.407 = 0.593$

10 #법령 #발생기실 #설치장소

다음 (   ) 안에 알맞은 내용을 쓰시오. (3점)

> (1) 사업주는 아세틸렌 용접장치의 아세틸렌 발생기를 설치하는 경우에는 전용의 발생기실에 설치하여야 한다.
> (2) 발생기실은 건물의 (①   )에 위치하여야 하며, 화기를 사용하는 설비로부터 (②   )[m]를 초과하는 장소에 설치하여야 한다.
> (3) 발생기실을 옥외에 설치한 경우에는 그 개구부를 다른 건축물로부터 (③   )[m] 이상 떨어지도록 하여야 한다.

정답

① 최상층   ② 3   ③ 1.5

11 #강도율 #정의

다음 (   ) 안에 알맞은 내용을 쓰시오. (4점)

> 강도율이라 함은 연 근로시간 (①   )시간당 요양재해로 인해 발생하는 (②   )를 말한다.

정답

① 1,000   ② 근로손실일수

12 #법령 #안전보건교육 #특별교육 #로봇작업

로봇작업에 대한 특별안전보건교육을 실시할 때 교육내용 4가지를 쓰시오. (4점)

정답

① 로봇의 기본원리 · 구조 및 작업방법에 관한 사항
② 이상 발생 시 응급조치에 관한 사항
③ 안전시설 및 안전기준에 관한 사항
④ 조작방법 및 작업순서에 관한 사항

13 #안전성 평가 #6단계

안전성 평가 방법을 순서대로 나열하시오. (5점)

> ① 정성적 평가   ② 재해정보에 의한 재평가
> ③ FTA에 의한 재평가   ④ 대책검토
> ⑤ 자료정비   ⑥ 정량적 평가

정답

⑤ 자료정비 → ① 정성적 평가 → ⑥ 정량적 평가 → ④ 대책검토 → ② 재해정보에 의한 재평가 → ③ FTA에 의한 재평가

14 #법령 #달기 체인 #사용금지

달기 체인 등의 사용금지 규정 3가지를 쓰시오. (3점)

정답

① 달기 체인의 길이가 달기 체인이 제조된 때의 길이의 5[%]를 초과한 것
② 링의 단면지름이 달기 체인이 제조된 때의 해당 링의 지름의 10[%]를 초과하여 감소한 것
③ 균열이 있거나 심하게 변형된 것

2회

01 #연천인율

한 공장의 연평균 근로자 수는 1,500명이며 연간 요양재해가 60건 발생했다. 이 중 사망이 2건, 근로손실일수가 1,200일일 경우 연천인율을 계산하시오. (4점)

정답

① 도수율 $= \dfrac{\text{재해건수}}{\text{연근로시간 수}} \times 1,000,000$

$\quad\quad\quad = \dfrac{60}{1,500 \times (8 \times 300)} \times 1,000,000 \fallingdotseq 16.67$

② 연천인율 = 도수율 $\times 2.4 = 16.67 \times 2.4 \fallingdotseq 40.01$

※ 문제에서 연간 재해(사상)자수가 아닌 연간 재해건수가 주어졌으므로 도수율을 이용하여 연천인율을 구해야 한다. 도수율을 구할 때 연근로시간 수에 대한 언급이 없을 경우 1일 8시간, 연평균 근로일수 300일을 적용한다.

02 #법령 #안전관리자 #증원·교체

안전관리자 수를 정수 이상으로 증원하게 하거나 교체하여 임명할 수 있는 경우에 해당하는 내용 4가지를 쓰시오. (4점)

정답

① 해당 사업장의 연간재해율이 같은 업종의 평균재해율의 2배 이상인 경우

② 중대재해가 연간 2건 이상 발생한 경우

③ 관리자가 질병이나 그 밖의 사유로 3개월 이상 직무를 수행할 수 없게 된 경우

④ 화학적 인자로 인한 직업성 질병자가 연간 3명 이상 발생한 경우

03 #법령 #낙하물방지망 #방호선반 #설치기준

다음은 낙하물방지망 또는 방호선반을 설치하는 기준이다. ( ) 안에 알맞은 내용을 쓰시오. (4점)

(1) 높이 (①)[m] 이내마다 설치하고, 내민 길이는 벽면으로부터 (②)[m] 이상으로 할 것
(2) 수평면과의 각도는 (③)˚ 이상 (④)˚ 이하를 유지할 것

정답

① 10   ② 2

③ 20   ④ 30

04 #법령 #자율검사프로그램 #시정명령

고용노동부장관이 자율검사프로그램의 인정을 취소하거나 인정받은 자율검사프로그램의 내용에 따라 검사를 하도록 하는 등 시정을 명할 수 있는 경우 3가지를 쓰시오. (3점)

정답

① 자율검사프로그램을 인정받고도 검사를 하지 아니한 경우

② 인정받은 자율검사프로그램의 내용에 따라 검사를 하지 아니한 경우

③ 자격 및 경험을 가진 사람 또는 자율안전검사기관이 검사를 하지 아니한 경우

※ 거짓이나 그 밖의 부정한 방법으로 자율검사프로그램을 인정받은 경우에는 인정을 취소하여야 한다.

05

접지공사의 종류에서 접지저항 값 및 접지선의 굵기에 대한 설명이다. ( ) 안에 알맞은 내용을 쓰시오. (5점)

종별	접지저항	접지선의 굵기
제1종	(①)[Ω] 이하	공칭단면적 (②)[mm²] 이상의 연동선
제2종	(③)[Ω] 이하	공칭단면적 (④)[mm²] 이상의 연동선
특별 제3종	(⑤)[Ω] 이하	공칭단면적 2.5[mm²] 이상의 연동선

정답

※ 「한국전기설비규정」 개정으로 접지대상에 따라 일괄 적용한 종별접지는 폐지되었습니다. 이에 따라 성립될 수 없는 문제입니다.

06 #양립성

양립성의 종류 2가지를 쓰고, 사례를 들어 설명하시오. (4점)

정답

① 공간적 양립성: 어떤 사물들, 특히 표시장치나 조정장치의 물리적 형태나 공간적인 배치가 사용자의 기대와 일치하는 것(예 가스버너에서 오른쪽 조리대는 오른쪽, 왼쪽 조리대는 왼쪽 조절장치로 조정하도록 배치하는 것)

② 운동적 양립성: 표시장치, 조정장치, 체계반응 등의 운동방향이 사용자의 기대와 일치하는 것(예 자동차 핸들 조작방향으로 바퀴가 회전하는 것)

③ 개념적 양립성: 외부로부터의 자극에 대해 인간이 가지고 있는 개념적 연상의 일관성(예 파란색 수도꼭지는 냉수, 빨간색 수도꼭지는 온수로 연상하는 것)

④ 양식 양립성: 언어 또는 문화적 관습이나 특정 신호에 따라 적합하게 반응하는 것(예 기계가 특정 음성에 대해 정해진 반응을 하는 것)

07 #광전자식 방호장치 #안전거리

광전자식 방호장치가 설치된 마찰 클러치식 기계 프레스에서 최대정지시간이 200[ms]일 경우 안전거리[mm]를 계산하시오. (4점)

정답

$D = 1,600 \times (T_L + T_S) = 1,600 \times 0.2 = 320[\text{mm}]$

여기서, T_L: 방호장치의 작동시간[s]

$\qquad T_S$: 프레스의 급정지시간[s]

※ $1[\text{ms}] = 10^{-3}[\text{s}]$이므로 $200[\text{ms}] = 0.2[\text{s}]$이다.

08 #법령 #안전보건교육 #안전보건관리책임자 등 #교육시간

다음 안전보건교육 대상자의 교육종류별 교육시간을 쓰시오.

(4점)

① 안전보건관리책임자 신규교육
② 안전보건관리책임자 보수교육
③ 안전관리자 신규교육
④ 건설재해예방전문지도기관 종사자의 보수교육

정답

① 6시간 이상　　　　　② 6시간 이상
③ 34시간 이상　　　　④ 24시간 이상

09 #차광보안경 #목적

차광보안경의 주목적 3가지를 쓰시오. (3점)

정답

① 자외선으로부터 눈의 보호
② 가시광선으로부터 눈의 보호
③ 적외선으로부터 눈의 보호

10 #법령 #타워크레인 #순간풍속

타워크레인의 작업 중지에 관한 내용이다. (　　) 안에 알맞은 내용을 쓰시오. (4점)

(1) 운전 작업을 중지하여야 하는 순간풍속: (　①　)[m/s] 초과

(2) 설치·수리·점검 또는 해체 작업을 중지하여야 하는 순간풍속: (　②　)[m/s] 초과

정답

① 15　　　　　　　　② 10

11 #법령 #폭발위험장소 #내화기준

가스폭발 위험장소 또는 분진폭발 위험장소에 설치되는 건축물 등에 대해서 해당하는 부분을 내화구조로 하여야 하며, 그 성능이 항상 유지될 수 있도록 점검·보수 등 적절한 조치를 하여야 한다. 이 경우에 해당하는 부분 2가지를 쓰시오. (4점)

정답

① 건축물의 기둥 및 보: 지상 1층(지상 1층의 높이가 6[m]를 초과하는 경우에는 6[m])까지

② 위험물 저장·취급용기의 지지대(높이가 30[cm] 이하인 것은 제외): 지상으로부터 지지대의 끝부분까지

③ 배관·전선관 등의 지지대: 지상으로부터 1단(1단의 높이가 6[m]를 초과하는 경우에는 6[m])까지

12 #FT도 #컷셋

다음 FT도에서 컷셋(Cut Set)을 모두 구하시오. (4점)

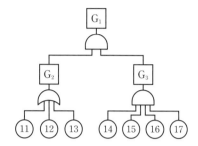

정답

AND 게이트는 가로로, OR 게이트는 세로로 나열한다.

$$G_1 = G_2 \cdot G_3 = \begin{pmatrix} ⑪ \\ ⑫ \\ ⑬ \end{pmatrix} (⑭, ⑮, ⑯, ⑰) = \begin{pmatrix} (⑪, ⑭, ⑮, ⑯, ⑰) \\ (⑫, ⑭, ⑮, ⑯, ⑰) \\ (⑬, ⑭, ⑮, ⑯, ⑰) \end{pmatrix}$$

따라서 컷셋은 (⑪, ⑭, ⑮, ⑯, ⑰), (⑫, ⑭, ⑮, ⑯, ⑰), (⑬, ⑭, ⑮, ⑯, ⑰)
이다.

13 #재해분석

미끄러운 기름이 기계 주위의 바닥에 퍼져 있어 작업자가 작업 중에 넘어져 기계에 부딪혀 다쳤다. 이 경우의 재해분석을 하시오. (4점)

정답

① 재해 발생 형태: 넘어짐(전도) 또는 부딪힘(충돌)
② 기인물: 기름
③ 가해물: 기계
④ 불안전한 상태: 작업장 바닥에 퍼져 있는 기름의 방치

14 #법령 #연삭숫돌 #시험운전

다음은 연삭숫돌에 관한 내용이다. ( ) 안에 알맞은 내용을 쓰시오. (4점)

사업주는 연삭숫돌을 사용하는 작업의 경우 작업을 시작하기 전에는 (①) 이상, 연삭숫돌을 교체한 후에는 (②) 이상 시험운전을 하고 해당 기계에 이상이 있는지를 확인하여야 한다.

정답

① 1분   ② 3분

3회

01 #보일링 #예방대책

보일링 현상을 방지하기 위한 대책 3가지를 쓰시오. (3점)

정답

① 흙막이벽의 근입 깊이 증가
② 차수성이 높은 흙막이 설치
③ 흙막이벽 배면지반 그라우팅 실시
④ 흙막이벽 배면지반의 지하수위 저하

02 #법령 #해체작업 #작업계획서

건물 등의 해체작업 시 작업계획서에 포함되어야 하는 사항 4가지를 쓰시오. (4점)

정답

① 해체의 방법 및 해체 순서도면
② 가설설비·방호설비·환기설비 및 살수·방화설비 등의 방법
③ 사업장 내 연락방법
④ 해체물의 처분계획
⑤ 해체작업용 기계·기구 등의 작업계획서
⑥ 해체작업용 화약류 등의 사용계획서
⑦ 그 밖에 안전·보건에 관련된 사항

03 #풀 프루프

Fool Proof가 적용된 기계·기구 3가지를 쓰시오. (3점)

정답

① 가드   ② 록(Lock, 잠금) 장치
③ 오버런 기구   ④ 덮개
⑤ 울

04 #FT도 #미니멀 컷셋

다음 FT도의 미니멀 컷셋(Minimal Cut Set)을 구하시오.

(4점)

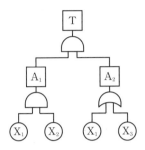

정답

AND 게이트는 가로로, OR 게이트는 세로로 나열한다.

$$T = A_1 \cdot A_2 = (X_1, X_2)\binom{X_1}{X_3} = \frac{(X_1, X_2, X_1)}{(X_1, X_2, X_3)} = \frac{(X_1, X_2)}{(X_1, X_2, X_3)}$$

따라서 미니멀 컷셋은 (X_1, X_2)이다.

05 #음의 변화

자동차로부터 20[m] 떨어진 장소에서 음압수준이 100[dB]
이라면 200[m]에서의 음압은 몇 [dB]인지 계산하시오. (4점)

정답

두 거리 d_1, d_2에 따른 음의 변화는 다음과 같다.

$$dB_2 = dB_1 - 20\log\frac{d_2}{d_1} = 100 - 20\log\frac{200}{20} = 80[dB]$$

06 #법령 #화학설비 #용도변경 #점검사항

사업주가 해당 화학설비 또는 부속설비의 용도를 변경하는
경우(사용하는 원재료의 종류를 변경하는 경우를 포함) 해
당 설비의 점검사항 3가지를 쓰시오. (6점)

정답

① 그 설비 내부에 폭발이나 화재의 우려가 있는 물질이 있는지 여부
② 안전밸브 · 긴급차단장치 및 그 밖의 방호장치 기능의 이상 유무
③ 냉각장치 · 가열장치 · 교반장치 · 압축장치 · 계측장치 및 제어장치 기능
   의 이상 유무

07 #법령 #프레스 #작업시작 전 점검사항

프레스 등을 사용하여 작업을 할 때 작업시작 전 작업자가
점검해야 할 사항 2가지를 쓰시오. (4점)

정답

① 클러치 및 브레이크의 기능
② 크랭크축 · 플라이휠 · 슬라이드 · 연결봉 및 연결 나사의 풀림 여부
③ 1행정 1정지기구 · 급정지장치 및 비상정지장치의 기능
④ 슬라이드 또는 칼날에 의한 위험방지 기구의 기능
⑤ 프레스의 금형 및 고정볼트 상태
⑥ 방호장치의 기능
⑦ 전단기의 칼날 및 테이블의 상태

08 #법령 #안전보건교육 #관리감독자 #정기교육

「산업안전보건법령」상 사업장 내 안전보건교육 중 관리감
독자 정기안전보건교육의 교육내용 3가지를 쓰시오. (3점)

정답

① 산업안전 및 사고 예방에 관한 사항
② 산업보건 및 직업병 예방에 관한 사항
③ 위험성평가에 관한 사항
④ 유해 · 위험 작업환경 관리에 관한 사항
⑤ 「산업안전보건법령」 및 산업재해보상보험 제도에 관한 사항
⑥ 직무스트레스 예방 및 관리에 관한 사항
⑦ 직장 내 괴롭힘, 고객의 폭언 등으로 인한 건강장해 예방 및 관리에 관
   한 사항
⑧ 작업공정의 유해 · 위험과 재해 예방대책에 관한 사항
⑨ 사업장 내 안전보건관리체제 및 안전 · 보건조치 현황에 관한 사항
⑩ 표준안전 작업방법 결정 및 지도 · 감독 요령에 관한 사항
⑪ 현장근로자와의 의사소통능력 및 강의능력 등 안전보건교육 능력 배양
   에 관한 사항
⑫ 비상시 또는 재해 발생 시 긴급조치에 관한 사항
⑬ 그 밖의 관리감독자의 직무에 관한 사항

09 #법령 #누전차단기 #적용대상

감전방지용 누전차단기를 설치하여야 하는 전기기계·기구 대상 3가지를 쓰시오. (6점)

정답

① 대지전압이 150[V]를 초과하는 이동형 또는 휴대형 전기기계·기구
② 물 등 도전성이 높은 액체가 있는 습윤장소에서 사용하는 저압용 전기기계·기구
③ 철판·철골 위 등 도전성이 높은 장소에서 사용하는 이동형 또는 휴대형 전기기계·기구
④ 임시배선의 전로가 설치되는 장소에서 사용하는 이동형 또는 휴대형 전기기계·기구

10 #종합재해지수

다음과 같은 상황에서 종합재해지수를 계산하시오. (4점)

(1) 근로자 수: 400명
(2) 하루 8시간, 280일 근무
(3) 근로손실일수: 800일
(4) 연간 요양재해 건수: 80건

정답

① 도수율 $= \dfrac{\text{재해건수}}{\text{연근로시간 수}} \times 1,000,000$

$= \dfrac{80}{400 \times (8 \times 280)} \times 1,000,000 ≒ 89.29$

② 강도율 $= \dfrac{\text{총 요양근로손실일수}}{\text{연근로시간 수}} \times 1,000$

$= \dfrac{800}{400 \times (8 \times 280)} \times 1,000 ≒ 0.89$

③ 종합재해지수(FSI) $= \sqrt{\text{도수율} \times \text{강도율}} = \sqrt{89.29 \times 0.89} ≒ 8.91$

11 #절연장갑 #최대사용전압

내전압용 절연장갑의 성능기준에 있어 각 등급에 대한 최대사용전압을 쓰시오. (4점)

등급	최대사용전압		색상
	교류([V], 실효값)	직류[V]	
00	500	(①)	갈색
0	(②)	1,500	빨간색
1	7,500	11,250	흰색
2	17,000	25,500	노란색
3	26,500	39,750	녹색
4	(③)	(④)	등색

정답

① 750   ② 1,000
③ 36,000   ④ 54,000

12 #법령 #아세틸렌 용접장치 #안전기

아세틸렌 용접장치 검사 시 안전기의 설치위치를 확인하려고 한다. 안전기의 설치 위치에 대해 ( ) 안에 알맞은 내용을 쓰시오. (3점)

(1) 사업주는 아세틸렌 용접장치의 (①)마다 안전기를 설치하여야 한다. 다만, (②) 및 (①)에 가장 가까운 분기관마다 안전기를 부착한 경우에는 그러하지 아니하다.
(2) 사업주는 가스용기가 발생기와 분리되어 있는 아세틸렌 용접장치에 대하여 (③) 사이에 안전기를 설치하여야 한다.

정답

① 취관   ② 주관   ③ 발생기와 가스용기

13 #법령 #연삭숫돌 #시험운전

다음은 연삭숫돌에 관한 내용이다. (   ) 안에 알맞은 내용을 쓰시오. (4점)

> 사업주는 연삭숫돌을 사용하는 작업의 경우 작업을 시작하기 전에는 (①   ) 이상, 연삭숫돌을 교체한 후에는 (②   ) 이상 시험운전을 하고 해당 기계에 이상이 있는지를 확인하여야 한다.

정답

① 1분   ② 3분

14 #법령 #방호조치 필요 기계·기구

유해·위험 방지를 위하여 방호조치가 필요한 기계 또는 기구 3가지를 쓰시오. (3점)

정답

① 예초기   ② 원심기
③ 공기압축기   ④ 금속절단기
⑤ 지게차   ⑥ 포장기계(진공포장기, 래핑기로 한정)

4회

01 #법령 #타워크레인 #작업계획서

타워크레인을 설치·조립·해체하는 작업을 할 때 작업계획서에 포함하여야 할 내용 4가지를 쓰시오. (4점)

정답

① 타워크레인의 종류 및 형식
② 설치·조립 및 해체순서
③ 작업도구·장비·가설설비 및 방호설비
④ 작업인원의 구성 및 작업근로자의 역할 범위
⑤ 타워크레인의 지지 방법

02 #법령 #유해물질 #게시사항

관리대상 유해물질을 취급하는 작업장의 보기 쉬운 장소에 게시해야 할 사항 5가지를 쓰시오. (5점)

정답

① 관리대상 유해물질의 명칭
② 인체에 미치는 영향
③ 취급상 주의사항
④ 착용하여야 할 보호구
⑤ 응급조치와 긴급 방재 요령

03 #방폭구조 #기호

다음 방폭구조의 기호를 쓰시오. (4점)

> ① 내압방폭구조   ② 충전방폭구조

정답

① Ex d   ② Ex q

04 #위험분석 #인간과오

[보기] 중에서 인간과오 불안전 분석 가능 도구 4가지를 골라 번호를 쓰시오. (4점)

| 보기 |
① FTA   ② ETA   ③ HAZOP
④ THERP   ⑤ CA   ⑥ PHA
⑦ MORT   ⑧ FMEA

정답

① FTA   ② ETA   ④ THERP
⑦ MORT

05 #도수율

다음과 같은 경우 도수율을 계산하시오. (3점)

(1) 근로자 수: 500명
(2) 연간 요양재해 건수: 3건
(3) 1인당 연간 근로시간: 3,000시간

정답

$$도수율 = \frac{재해건수}{연근로시간 수} \times 1,000,000$$
$$= \frac{3}{500 \times 3,000} \times 1,000,000 = 2$$

06 #정전기 #대전방지

정전기 예방대책 3가지를 쓰시오. (3점)

정답

① 접지   ② 도전성 섬유의 사용
③ 가습   ④ 제전기 사용
⑤ 대전방지제의 사용   ⑥ 대전체의 차폐

07 #법령 #안전보건표지 #안내표지

「산업안전보건법령」상 안전보건표지 중 '응급구호표지'를 그리시오.(단, 색상 표시는 글로 나타내도록 하고, 크기에 대한 기준은 표시하지 않아도 된다.) (3점)

정답

①

② 바탕: 녹색
   관련 부호 및 그림: 흰색

08 #법령 #안전보건교육 #근로자 #채용 시 #작업내용 변경 시

「산업안전보건법령」상 사업장 내 안전보건교육에 있어 근로자의 채용 시 및 작업내용 변경 시 교육내용 3가지를 쓰시오.(단, 「산업안전보건법령」 및 산업재해보상보험 제도에 관한 사항은 제외한다.) (6점)

정답

① 산업안전 및 사고 예방에 관한 사항
② 산업보건 및 직업병 예방에 관한 사항
③ 위험성 평가에 관한 사항
④ 직무스트레스 예방 및 관리에 관한 사항
⑤ 직장 내 괴롭힘, 고객의 폭언 등으로 인한 건강장해 예방 및 관리에 관한 사항
⑥ 기계·기구의 위험성과 작업의 순서 및 동선에 관한 사항
⑦ 작업 개시 전 점검에 관한 사항
⑧ 정리정돈 및 청소에 관한 사항
⑨ 사고 발생 시 긴급조치에 관한 사항
⑩ 물질안전보건자료에 관한 사항

09 #법령 #유해·위험기구 #방호장치

다음 장치의 방호장치를 쓰시오. (3점)

> ① 원심기
> ② 공기압축기
> ③ 금속절단기

정답

① 원심기: 회전체 접촉 예방장치

② 공기압축기: 압력방출장치

③ 금속절단기: 날접촉 예방장치

10 #강도율

다음과 같은 상황에서 사업장의 강도율을 계산하시오. (3점)

> (1) 근로자 수 : 400명
> (2) 1일 작업시간: 8시간
> (3) 연간근무일수: 250일
> (4) 연간 요양재해 건수 : 2건
> (5) 재해로 인한 근로손실일수: 100일

정답

$$강도율 = \frac{총\ 요양근로손실일수}{연근로시간\ 수} \times 1,000$$

$$= \frac{100}{400 \times (8 \times 250)} \times 1,000 = 0.13$$

11 #법령 #파열판의 설치

「산업안전보건법령」에 따라 과압에 따른 폭발을 방지하기 위하여 폭발 방지 성능과 규격을 갖춘 안전밸브 또는 파열판을 설치하여야 한다. 이때 파열판을 설치해야 하는 경우 2가지를 쓰시오. (4점)

정답

① 반응 폭주 등 급격한 압력 상승 우려가 있는 경우

② 급성 독성물질의 누출로 인하여 주위의 작업환경을 오염시킬 우려가 있는 경우

③ 운전 중 안전밸브에 이상 물질이 누적되어 안전밸브가 작동되지 아니할 우려가 있는 경우

12 #FT도 #컷셋

다음 FT도에서 컷셋(Cut Set)을 모두 구하시오. (4점)

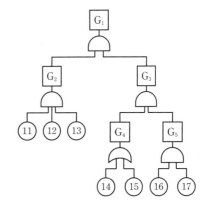

정답

AND 게이트는 가로로, OR 게이트는 세로로 나열한다.

$$G_1 = G_2 \cdot G_3 = (⑪, ⑫, ⑬) \cdot G_4 \cdot G_5$$

$$= (⑪, ⑫, ⑬) \binom{⑭}{⑮} (⑯, ⑰)$$

$$= \frac{(⑪, ⑫, ⑬, ⑭, ⑯, ⑰)}{(⑪, ⑫, ⑬, ⑮, ⑯, ⑰)}$$

따라서 컷셋은 (⑪, ⑫, ⑬, ⑭, ⑯, ⑰), (⑪, ⑫, ⑬, ⑮, ⑯, ⑰)이다.

13 #법령 #아세틸렌 용접장치 #관리

다음 (   ) 안에 알맞은 내용을 쓰시오. (5점)

> 사업주는 아세틸렌 용접장치를 사용하여 금속의 용접·용단 또는 가열작업을 하는 경우에 다음의 사항을 준수하여야 한다.
> (1) 발생기(이동식 아세틸렌 용접장치의 발생기는 제외함)의 (①), (②), (③), 매 시 평균 가스발생량 및 1회 카바이드 공급량을 발생기실 내의 보기 쉬운 장소에 게시할 것
> (2) 발생기실에는 관계 근로자가 아닌 사람이 출입하는 것을 금지할 것
> (3) 발생기에서 (④)[m] 이내 또는 발생기실에서 (⑤)[m] 이내의 장소에서는 흡연, 화기의 사용 또는 불꽃이 발생할 위험한 행위를 금지시킬 것

정답

① 종류   ② 형식   ③ 제작업체명
④ 5   ⑤ 3

14 #법령 #작업발판 일체형 거푸집

건설현장에서 사용하는 작업발판 일체형 거푸집의 종류 4가지를 쓰시오. (4점)

정답

① 갱 폼(Gang Form)
② 슬립 폼(Slip Form)
③ 클라이밍 폼(Climbing Form)
④ 터널 라이닝 폼(Tunnel Lining Form)

2019년 기출문제

1회

01 #달기 와이어로프 #안전계수 #최대하중

화물의 하중을 직접 지지하는 달기 와이어로프의 절단하중이 2,000[kg]일 때 최대 허용하중[kg]을 구하시오. (4점)

정답

안전계수$=\dfrac{절단하중}{최대하중}$이고,

화물의 하중을 직접 지지하는 달기 와이어로프의 안전계수는 5이므로

최대하중$=\dfrac{절단하중}{안전계수}=\dfrac{2,000}{5}=400[kg]$

※ 2줄걸이 적용 시

최대하중$=\dfrac{절단하중}{안전계수}\times 2=\dfrac{2,000}{5}\times 2=800[kg]$

02 #정전기 #대전방지

정전기 예방대책 5가지를 쓰시오. (5점)

정답

① 접지
② 도전성 섬유의 사용
③ 가습
④ 제전기 사용
⑤ 대전방지제의 사용
⑥ 대전체의 차폐

03 #법령 #산업용 로봇 #위험방지 지침

산업용 로봇의 작동범위 내에서 해당 로봇에 대하여 교시 등의 작업을 할 경우에는 해당 로봇의 예기치 못한 작동 또는 오조작에 의한 위험을 방지하기 위하여 관련 지침을 정하여 그 지침에 따라 작업을 하도록 하여야 하는데, 관련 지침에 포함되어야 할 사항 4가지를 쓰시오.(단, 로봇의 예기치 못한 작동 또는 오조작에 의한 위험을 방지하기 위하여 필요한 조치는 제외한다.) (4점)

정답

① 로봇의 조작방법 및 순서
② 작업 중의 매니퓰레이터의 속도
③ 2명 이상의 근로자에게 작업을 시킬 경우의 신호방법
④ 이상을 발견한 경우의 조치
⑤ 이상을 발견하여 로봇의 운전을 정지시킨 후 이를 재가동시킬 경우의 조치

04 #양립성

양립성의 종류 3가지를 쓰시오. (3점)

정답

① 공간적 양립성
② 운동적 양립성
③ 개념적 양립성
④ 양식 양립성

05 #법령 #보일러 #안전장치

사업주는 보일러의 폭발사고를 예방하기 위하여 기능이 정상적으로 작동될 수 있도록 유지·관리하여야 한다. 이때 유지·관리하여야 하는 장치 3가지를 쓰시오. (3점)

정답

① 압력방출장치
② 압력제한스위치
③ 고저수위 조절장치
④ 화염 검출기

06 #방진마스크 #사용장소

특급 방진마스크 사용장소 2곳을 쓰시오. (4점)

정답

① 베릴륨 등과 같이 독성이 강한 물질들을 함유한 분진 등 발생장소
② 석면 취급장소

07 #강도율

A사업장의 도수율이 12였고 지난 한 해 동안 12건의 요양재해로 인하여 15명의 재해자가 발생하였고 총 휴업일수는 146일이었다. 이 사업장의 강도율을 계산하시오.(단, 근로자는 1일 10시간씩, 연간 250일을 근무했고, 총 근로시간은 100만 시간이다.) (5점)

정답

① 도수율 $= \dfrac{재해건수}{연근로시간 수} \times 1,000,000$

$\qquad = \dfrac{12}{근로자 수 \times (10 \times 250)} \times 1,000,000 = 12$

근로자 수 $= \dfrac{12}{12 \times (10 \times 250)} \times 1,000,000 = 400$명

② 강도율 $= \dfrac{총 요양근로손실일수}{연근로시간 수} \times 1,000$

$\qquad = \dfrac{146 \times \frac{250}{365}}{400 \times (10 \times 250)} \times 1,000 = 0.1$

08 #법령 #안전보건총괄책임자 #직무

「산업안전보건법령」상 안전보건총괄책임자의 직무 4가지를 쓰시오. (4점)

정답

① 위험성평가의 실시에 관한 사항
② 산업재해 또는 중대재해 발생에 따른 작업의 중지
③ 도급 시 산업재해 예방조치
④ 산업안전보건관리비의 관계수급인 간의 사용에 관한 협의·조정 및 그 집행의 감독
⑤ 안전인증대상기계 등과 자율안전확인대상기계 등의 사용 여부 확인

09 #법령 #굴착작업 #작업계획서

「산업안전보건법령」에 따라 굴착면의 높이가 2[m] 이상이 되는 지반의 굴착작업을 하는 경우 작업장의 지형, 지반 및 지층 상태 등에 대한 사전조사 후 작성하는 작업계획서에 포함되어야 하는 사항 4가지를 쓰시오.(단, 그 밖에 안전·보건에 관련된 사항은 제외한다.) (4점)

정답

① 굴착방법 및 순서, 토사 등 반출 방법
② 필요한 인원 및 장비 사용계획
③ 매설물 등에 대한 이설·보호대책
④ 사업장 내 연락방법 및 신호방법
⑤ 흙막이 지보공 설치방법 및 계측계획
⑥ 작업지휘자의 배치계획

10 #보일링 #예방대책

보일링 현상의 방지대책 3가지를 쓰시오.(단, 작업중지, 굴착토 원상 매립은 제외한다.) (3점)

정답

① 흙막이벽의 근입 깊이 증가
② 차수성이 높은 흙막이 설치
③ 흙막이벽 배면지반 그라우팅 실시
④ 흙막이벽 배면지반의 지하수위 저하

11 #에너지 대사율

기초대사량이 7,000[kcal/day]이고 작업 시 소비에너지가 20,000[kcal/day], 안정 시 소비에너지가 6,000[kcal/day]일 때 에너지 대사율(RMR)을 계산하시오. (4점)

정답

$RMR = \dfrac{작업 시 소비에너지 - 안정 시 소비에너지}{기초대사 시 소비에너지}$

$\qquad = \dfrac{20,000 - 6,000}{7,000} = 2$

※ 실제로 '안정 시 소비에너지 > 기초대사 시 소비에너지'이므로 이 문제는 출제 오류입니다.

12 #조도

광원으로부터 2[m] 거리에서 조도가 150[lux]일 때, 3[m] 거리에서의 조도는 몇 [lux]인지 계산하시오. (3점)

정답

① 광속＝조도×거리^2＝150×2^2＝600[lm]

② 조도＝$\dfrac{광속}{거리^2}$＝$\dfrac{600}{3^2}$≒66.67[lux]

13 #법령 #위험물질

「산업안전보건법령」상 위험물질의 종류 5가지를 쓰시오. (5점)

정답

① 폭발성 물질 및 유기과산화물

② 물반응성 물질 및 인화성 고체

③ 산화성 액체 및 산화성 고체

④ 인화성 액체

⑤ 인화성 가스

⑥ 부식성 물질

⑦ 급성 독성 물질

14 #법령 #잠함·우물통 #침하방지

잠함 또는 우물통의 내부에서 굴착작업을 하는 경우에 잠함 또는 우물통의 급격한 침하로 인한 위험을 방지하기 위하여 준수해야 할 사항 2가지를 쓰시오. (4점)

정답

① 침하관계도에 따라 굴착방법 및 재하량 등을 정할 것

② 바닥으로부터 천장 또는 보까지의 높이는 1.8[m] 이상으로 할 것

2회

01 #위험예지훈련 4R

위험예지훈련 4라운드의 진행방식을 쓰시오. (4점)

정답

① 1라운드: 현상파악　　② 2라운드: 본질추구

③ 3라운드: 대책수립　　④ 4라운드: 목표설정

02 #인체계측자료 #응용원칙

인체계측자료를 장비나 설비의 설계에 응용하는 경우에 활용되는 3가지 원칙을 쓰시오. (3점)

정답

① 극단치 설계(최소치와 최대치)

② 조절식 설계

③ 평균치 설계

03 #법령 #공기압축기 #작업시작 전 점검사항

공기압축기를 가동할 때 작업시작 전 점검사항 5가지를 쓰시오. (5점)

정답

① 공기저장 압력용기의 외관 상태　② 드레인밸브의 조작 및 배수

③ 압력방출장치의 기능　　　　　　④ 언로드밸브의 기능

⑤ 윤활유의 상태　　　　　　　　　⑥ 회전부의 덮개 또는 울

⑦ 그 밖의 연결 부위의 이상 유무

04 #법령 #보일러 #안전장치

사업주는 보일러의 폭발사고를 예방하기 위하여 기능이 정상적으로 작동될 수 있도록 유지·관리하여야 한다. 이때 유지·관리하여야 하는 장치 3가지를 쓰시오. (3점)

정답

① 압력방출장치　　　　② 압력제한스위치

③ 고저수위 조절장치　　④ 화염 검출기

05 #법령 #전기기계·기구 설치 #고려사항

사업주가 전기기계·기구를 설치하려는 경우에 고려해야 할 사항 3가지를 쓰시오. (3점)

정답

① 전기기계·기구의 충분한 전기적 용량 및 기계적 강도
② 습기·분진 등 사용장소의 주위 환경
③ 전기적·기계적 방호수단의 적정성

06 #안전모 #시험성능기준

안전모의 성능시험 항목 5가지를 쓰시오. (5점)

정답

① 내관통성   ② 충격흡수성
③ 내전압성   ④ 내수성
⑤ 난연성   ⑥ 턱끈풀림

07 #가이드 워드

HAZOP 기법에 사용되는 가이드 워드에 관한 의미를 쓰시오. (4점)

| ① AS WELL AS | ② PART OF |
| ③ OTHER THAN | ④ REVERSE |

정답

① AS WELL AS: 설계의도 외의 다른 변수가 부가되는 상태(성질상의 증가)
② PART OF: 설계의도대로 완전히 이루어지지 않는 상태(성질상의 감소)
③ OTHER THAN: 설계의도대로 설치되지 않거나 운전 유지되지 않는 상태(완전한 대체)
④ REVERSE: 설계의도와 정반대로 나타나는 상태

08 #법령 #달기구 #안전계수

「산업안전보건법령」상 다음 경우에 해당하는 양중기의 와이어로프(또는 달기 체인)의 안전계수를 쓰시오. (3점)

> 화물의 하중을 직접 지지하는 달기 와이어로프 또는 달기 체인의 경우: (   ) 이상

정답

5

09 #급성 독성 물질

LD50에 대하여 설명하시오. (4점)

정답

LD50이란 Lethal(치명적인) Dose(복용량) 50의 약자로 실험동물 한 무리에서 50[%]가 죽는 복용량을 의미한다.

10 #법령 #안전인증 심사

「산업안전보건법령」상 유해·위험기계 등이 안전기준에 적합한지를 확인하기 위하여 안전인증기관이 심사하는 심사의 종류 4가지를 쓰시오. (4점)

정답

① 예비심사
② 서면심사
③ 기술능력 및 생산체계 심사
④ 제품심사

11 #법령 #중대재해

「산업안전보건법령」상의 중대재해 3가지를 쓰시오. (3점)

정답

① 사망자가 1명 이상 발생한 재해
② 3개월 이상의 요양이 필요한 부상자가 동시에 2명 이상 발생한 재해
③ 부상자 또는 직업성 질병자가 동시에 10명 이상 발생한 재해

12 #법령 #이동식 크레인 #방호장치

「산업안전보건법령」상 이동식 크레인에 설치할 방호장치 3가지를 쓰시오. (6점)

정답

① 과부하방지장치
② 권과방지장치
③ 비상정지장치
④ 제동장치
⑤ 해지장치

13 #도수율 #강도율

다음과 같은 경우에 도수율 및 강도율을 계산하시오. (4점)

(1) 근로자 수: 300명
(2) 연간 요양재해 건수: 15건
(3) 휴업일수: 288일
(4) 1일 8시간 근무
(5) 1년에 280일 근무

정답

① 도수율 $= \dfrac{\text{재해건수}}{\text{연근로시간 수}} \times 1{,}000{,}000$

$= \dfrac{15}{300 \times (8 \times 280)} \times 1{,}000{,}000 ≒ 22.32$

② 강도율 $= \dfrac{\text{총 요양근로손실일수}}{\text{연근로시간 수}} \times 1{,}000$

$= \dfrac{288 \times \frac{280}{365}}{300 \times (8 \times 280)} \times 1{,}000 ≒ 0.33$

14 #법령 #안전관리자 수

다음의 각 업종에 해당하는 안전관리자의 최소 인원을 쓰시오. (4점)

① 펄프 제조업 – 상시 근로자 600명
② 고무제품 제조업 – 상시 근로자 300명
③ 통신업 – 상시 근로자 500명
④ 건설업 – 공사금액 150억 원

정답

① 2명
② 1명
③ 1명
④ 1명

3회

01 #가죽제 안전화 #시험성능기준

가죽제 안전화의 성능시험 항목 4가지를 쓰시오. (4점)

정답

① 은면결렬시험
② 인열강도시험
③ 선심의 내부길이
④ 내부식성시험
⑤ 겉창 시편의 채취방법
⑥ 인장강도시험 및 신장률
⑦ 내유성시험
⑧ 내압박성시험
⑨ 내충격성시험
⑩ 박리저항시험
⑪ 내답발성시험

02 #법령 #산업안전보건위원회 #근로자위원

산업안전보건위원회의 구성에서 근로자위원의 자격 3가지를 쓰시오. (3점)

정답

① 근로자대표
② 근로자대표가 지명하는 1명 이상의 명예산업안전감독관
③ 근로자대표가 지명하는 9명 이내의 해당 사업장의 근로자

03 #법령 #방호조치 필요 기계 · 기구

유해 · 위험 방지를 위하여 방호조치가 필요한 기계 또는 기구 5가지를 쓰시오. (5점)

정답

① 예초기
② 원심기
③ 공기압축기
④ 금속절단기
⑤ 지게차
⑥ 포장기계(진공포장기, 래핑기로 한정)

04 #법령 #달비계 #와이어로프 #사용금지

달비계에 사용 불가능한 와이어로프 3가지를 쓰시오. (3점)

정답

① 이음매가 있는 것
② 와이어로프의 한 꼬임에서 끊어진 소선의 수가 10[%] 이상인 것
③ 지름의 감소가 공칭지름의 7[%]를 초과하는 것
④ 꼬인 것
⑤ 심하게 변형되거나 부식된 것
⑥ 열과 전기충격에 의해 손상된 것

05 #법령 #노사협의체 #근로자위원

「산업안전보건법령」상 안전 및 보건에 관한 노사협의체의 구성에 있어서 근로자위원의 자격 3가지를 쓰시오. (3점)

정답

① 도급 또는 하도급 사업을 포함한 전체 사업의 근로자대표
② 근로자대표가 지명하는 명예산업안전감독관 1명. 다만, 명예산업안전감독관이 위촉되어 있지 않은 경우에는 근로자대표가 지명하는 해당 사업장 근로자 1명
③ 공사금액이 20억 원 이상인 공사의 관계수급인의 각 근로자대표

06 #법령 #공정안전보고서 #이행상태평가

다음은 공정안전보고서의 이행 상태의 평가에 관한 내용이다. ( ) 안에 알맞은 내용을 쓰시오. (4점)

(1) 고용노동부장관은 공정안전보고서의 확인 후 1년이 지난 날부터 (①) 이내에 공정안전보고서 이행 상태의 평가를 해야 한다.
(2) 이행상태평가 후 사업주가 이행상태평가를 요청하는 경우에는 (②)마다 이행상태평가를 할 수 있다.

정답

① 2년   ② 1년 또는 2년

07 #인간–기계 체계 #행동기능

인간-기계 기능 체계의 기본 행동기능 중 ( ) 안에 알맞은 내용을 쓰시오. (6점)

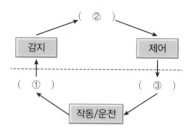

정답

① 출력 → 감지 → ② 정보처리 및 보관 → 제어 → ③ 입력 → 작동/운전 → ① 출력

08 #안전인증 #표시사항

보호구 안전인증 제품의 표시사항 4가지를 쓰시오.(단, 안전인증 번호는 제외한다.) (4점)

정답

① 형식 또는 모델명   ② 규격 또는 등급 등
③ 제조자명   ④ 제조번호 및 제조연월

09 #법령 #안전보건총괄책임자 #직무

「산업안전보건법령」상 안전보건총괄책임자의 직무 4가지를 쓰시오. (4점)

정답

① 위험성평가의 실시에 관한 사항
② 산업재해 또는 중대재해 발생에 따른 작업의 중지
③ 도급 시 산업재해 예방조치
④ 산업안전보건관리비의 관계수급인 간의 사용에 관한 협의·조정 및 그 집행의 감독
⑤ 안전인증대상기계 등과 자율안전확인대상기계 등의 사용 여부 확인

10 #법령 #흙막이 지보공 #점검사항

흙막이 지보공을 설치하였을 때 정기적으로 점검하고 보수하여야 할 사항 4가지를 쓰시오. (4점)

정답

① 부재의 손상·변형·부식·변위 및 탈락의 유무와 상태
② 버팀대의 긴압의 정도
③ 부재의 접속부·부착부 및 교차부의 상태
④ 침하의 정도

11 #법령 #동력식 수동대패기 #방호장치

동력식 수동대패기의 방호장치를 쓰고, 방호장치의 종류 2가지를 쓰시오. (4점)

정답

① 방호장치: 날접촉예방장치
② 종류: 고정식, 가동식

12 #인간 – 기계 체계

인간 – 기계 시스템의 통제 제어 정도에 따른 분류 3가지를 쓰시오. (3점)

정답

① 수동   ② 기계화 또는 반자동   ③ 자동

13 #법령 #안전인증대상

다음 중 안전인증대상 기계 또는 설비, 방호장치 또는 보호구에 해당하는 것 4가지를 고르시오. (4점)

① 안전대
② 연삭기 덮개
③ 파쇄기
④ 압력용기
⑤ 양중기용 과부하 방지장치
⑥ 교류 아크용접기용 자동전격방지기
⑦ 이동식 사다리
⑧ 동력식 수동대패용 칼날접촉방지장치
⑨ 용접용 보안면

정답

① 안전대   ④ 압력용기
⑤ 양중기용 과부하 방지장치   ⑨ 용접용 보안면

14 #법령 #안전보건교육 #근로자 #정기교육

근로자의 정기안전보건교육에 포함되어야 할 내용 4가지를 쓰시오. (4점)

정답

① 산업안전 및 사고 예방에 관한 사항
② 산업보건 및 직업병 예방에 관한 사항
③ 위험성 평가에 관한 사항
④ 건강증진 및 질병 예방에 관한 사항
⑤ 유해·위험 작업환경 관리에 관한 사항
⑥ 「산업안전보건법령」 및 산업재해보상보험 제도에 관한 사항
⑦ 직무스트레스 예방 및 관리에 관한 사항
⑧ 직장 내 괴롭힘, 고객의 폭언 등으로 인한 건강장해 예방 및 관리에 관한 사항

2018년 기출문제

1회

01 #법령 #철골작업 #제한기준

다음 ( ) 안에 철골작업을 중지하여야 하는 조건 3가지를 쓰시오. (3점)

| (1) 풍속 (①)[m/s] 이상 |
| (2) 강우량 (②)[mm/h] 이상 |
| (3) 강설량 (③)[cm/h] 이상 |

정답

① 10　　　　　② 1　　　　　③ 1

02 #연천인율

한 공장의 연평균 근로자 수는 1,500명이고 연간 재해자 수가 60명이며 이 중 사망이 2명, 근로손실일수가 1,200이다. 이 경우의 연천인율을 계산하시오. (5점)

정답

$$연천인율 = \frac{연간\ 재해(사상)자\ 수}{연평균\ 근로자\ 수} \times 1,000 = \frac{60}{1,500} \times 1,000 = 40$$

03 #휴먼에러 #분류

다음 휴먼에러의 분류 중 각각의 종류를 2가지씩 쓰시오. (4점)

| ① 심리적 분류(독립행동에 관한 분류) |
| ② 원인에 대한 분류 |

정답

① 심리적 분류
　　㉠ 생략에러(Omission Error)
　　㉡ 실행에러(Commission Error)
　　㉢ 과잉행동에러(Extraneous Error)
　　㉣ 순서에러(Squential Error)
　　㉤ 시간(지연)에러(Timing Error)
② 원인에 대한 분류
　　㉠ 주과오(Primary Error)
　　㉡ 2차과오(Secondary Error)
　　㉢ 지시과오(Command Error)

04 #법령 #방호조치 필요 기계 · 기구

유해 · 위험 방지를 위한 방호조치를 하지 아니하고는 양도, 대여, 설치, 진열해서는 안 되는 기계 · 기구 4가지를 쓰시오. (4점)

정답

① 예초기	② 원심기
③ 공기압축기	④ 금속절단기
⑤ 지게차	⑥ 포장기계(진공포장기, 래핑기로 한정)

05 #연삭기 덮개 #작동시험

연삭기 덮개의 시험방법 중 연삭기 작동시험 확인사항으로 ( ) 안에 알맞은 내용을 쓰시오. (3점)

(1) 연삭(①)과 덮개의 접촉 여부
(2) 탁상용 연삭기는 덮개, (②) 및 (③) 부착상태의 적합성 여부

정답

① 숫돌   ② 워크레스트   ③ 조정편

06 #법령 #가설통로

다음은 가설통로 설치 시 준수사항이다. ( ) 안에 알맞은 내용을 쓰시오. (3점)

(1) 경사가 (①)°를 초과하는 경우에는 미끄러지지 아니하는 구조로 할 것
(2) 수직갱에 가설된 통로의 길이가 15[m] 이상인 경우에는 (②)[m] 이내마다 계단참을 설치할 것
(3) 건설공사에 사용하는 높이 8[m] 이상인 비계다리에는 (③)[m] 이내마다 계단참을 설치할 것

정답

① 15   ② 10   ③ 7

07 #법령 #공정안전보고서 #제외 대상

「산업안전보건법령」상 공정안전보고서의 제출대상이 되는 유해하거나 위험한 설비로 보지 않는 시설이나 설비의 종류 2가지를 쓰시오. (4점)

정답

① 원자력 설비
② 군사시설
③ 사업주가 해당 사업장 내에서 직접 사용하기 위한 난방용 연료의 저장 설비 및 사용설비
④ 도매·소매시설
⑤ 차량 등의 운송설비
⑥ 액화석유가스의 충전·저장시설
⑦ 가스공급시설
⑧ 그 밖에 고용노동부장관이 누출·화재·폭발 등의 사고가 있더라도 그에 따른 피해의 정도가 크지 않다고 인정하여 고시하는 설비

08 #법령 #충전부 방호

「산업안전보건기준에 관한 규칙」상 근로자가 작업이나 통행 등으로 인해 전기기계·기구 등 또는 전로 등의 충전부분에 접촉하거나 접근함으로써 감전 위험이 있는 충전부분에 대하여 감전을 방지하기 위한 방법 3가지를 쓰시오. (6점)

정답

① 충전부가 노출되지 않도록 폐쇄형 외함이 있는 구조로 할 것
② 충전부에 충분한 절연효과가 있는 방호망이나 절연덮개를 설치할 것
③ 충전부는 내구성이 있는 절연물로 완전히 덮어 감쌀 것
④ 발전소·변전소 및 개폐소 등 구획되어 있는 장소로서 관계 근로자가 아닌 사람의 출입이 금지되는 장소에 충전부를 설치하고, 위험표시 등의 방법으로 방호를 강화할 것
⑤ 전주 위 및 철탑 위 등 격리되어 있는 장소로서 관계 근로자가 아닌 사람이 접근할 우려가 없는 장소에 충전부를 설치할 것

09 #법령 #원동기 · 회전축 #방호장치

「산업안전보건기준에 관한 규칙」에서 규정하는 원동기, 회전축 등의 위험방지를 위한 기계적인 안전조치 3가지를 쓰시오. (3점)

정답

① 덮개 설치   ② 울 설치
③ 슬리브 설치   ④ 건널다리 설치

10 #설비 배치

공장의 설비 배치 3단계를 [보기]에서 찾아 순서대로 나열하시오. (3점)

┤ 보기 ├──
① 건물 배치   ② 기계 배치   ③ 지역 배치

정답

③ 지역 배치 → ① 건물 배치 → ② 기계 배치

11 #방독마스크 #등급

「보호구 안전인증 고시」상 사용장소에 따른 방독마스크의 성능기준 중 다음 (   ) 안에 알맞은 내용을 쓰시오. (6점)

등급	사용장소
고농도	가스 또는 증기의 농도가 100분의 (①) 이하의 대기 중에서 사용하는 것
중농도	가스 또는 증기의 농도가 100분의 (②) 이하의 대기 중에서 사용하는 것
비고	방독마스크는 산소농도가 (③)[%] 이상인 장소에서 사용하여야 하고, 고농도와 중농도에서 사용하는 방독마스크는 전면형(격리식, 직결식)을 사용하여야 한다.

정답

① 2   ② 1   ③ 18

12 #비등액 팽창증기폭발 #영향인자

비등액 팽창증기폭발(BLEVE)에 영향을 주는 인자 3가지를 쓰시오. (3점)

정답

① 저장 용기의 재질   ② 주위 온도와 압력 상태
③ 저장된 물질의 종류와 형태   ④ 내용물의 물리적 역학 상태
⑤ 내용물의 인화성 여부

13 #법령 #안전보건교육 #관리감독자 #정기교육

관리감독자의 정기안전보건교육 내용 4가지를 쓰시오. (4점)

정답

① 산업안전 및 사고 예방에 관한 사항
② 산업보건 및 직업병 예방에 관한 사항
③ 위험성평가에 관한 사항
④ 유해 · 위험 작업환경 관리에 관한 사항
⑤ 「산업안전보건법령」 및 산업재해보상보험 제도에 관한 사항
⑥ 직무스트레스 예방 및 관리에 관한 사항
⑦ 직장 내 괴롭힘, 고객의 폭언 등으로 인한 건강장해 예방 및 관리에 관한 사항
⑧ 작업공정의 유해 · 위험과 재해 예방대책에 관한 사항
⑨ 사업장 내 안전보건관리체제 및 안전 · 보건조치 현황에 관한 사항
⑩ 표준안전 작업방법 결정 및 지도 · 감독 요령에 관한 사항
⑪ 현장근로자와의 의사소통능력 및 강의능력 등 안전보건교육 능력 배양에 관한 사항
⑫ 비상시 또는 재해 발생 시 긴급조치에 관한 사항
⑬ 그 밖의 관리감독자의 직무에 관한 사항

14 #법령 #고속회전체 #비파괴검사

다음은 고속회전체의 비파괴검사에 대한 내용이다. (   ) 안에 알맞은 내용을 쓰시오. (4점)

사업주는 고속회전체(회전축의 중량이 (①)톤을 초과하고 원주속도가 초당 (②)[m] 이상인 것으로 한정함)의 회전시험을 하는 경우 미리 회전축의 재질 및 형상 등에 상응하는 종류의 비파괴검사를 해서 결함 유무를 확인하여야 한다.

정답

① 1   ② 120

2회

01 #법령 #가스장치실

사업주가 공장을 지을 때 가스장치실 설치 시 고려하여야 하는 구조 3가지를 쓰시오. (3점)

정답

① 가스가 누출된 경우에는 그 가스가 정체되지 않도록 할 것
② 지붕과 천장에는 가벼운 불연성 재료를 사용할 것
③ 벽에는 불연성 재료를 사용할 것

02 #법령 #콘크리트타설장비 #준수사항

콘크리트 타설작업을 하기 위하여 콘크리트타설장비를 사용하는 경우 준수해야 할 사항 3가지를 쓰시오. (3점)

정답

① 작업을 시작하기 전에 콘크리트타설장비를 점검하고 이상을 발견하였으면 즉시 보수할 것
② 건축물의 난간 등에서 작업하는 근로자가 호스의 요동·선회로 인하여 추락하는 위험을 방지하기 위하여 안전난간 설치 등 필요한 조치를 할 것
③ 콘크리트타설장비의 붐을 조정하는 경우에는 주변의 전선 등에 의한 위험을 예방하기 위한 적절한 조치를 할 것
④ 작업 중에 지반의 침하나 아웃트리거 등 콘크리트타설장비 지지구조물의 손상 등에 의하여 콘크리트타설장비가 넘어질 우려가 있는 경우에는 이를 방지하기 위한 적절한 조치를 할 것

03 #법령 #비상구 #설치기준

위험물질을 제조·취급하는 작업장과 그 작업장이 있는 건축물에 출입구 외에 안전한 장소로 대피할 수 있는 비상구를 설치할 때 갖추어야 할 구조요건 4가지를 쓰시오. (4점)

정답

① 출입구와 같은 방향에 있지 아니하고, 출입구로부터 3[m] 이상 떨어져 있을 것
② 작업장의 각 부분으로부터 하나의 비상구 또는 출입구까지의 수평거리가 50[m] 이하가 되도록 할 것
③ 비상구의 너비는 0.75[m] 이상으로 하고, 높이는 1.5[m] 이상으로 할 것
④ 비상구의 문은 피난 방향으로 열리도록 하고, 실내에서 항상 열 수 있는 구조로 할 것

04 #법령 #헤드가드 #구비조건

화물의 낙하에 의하여 지게차의 운전자에게 위험을 미칠 우려가 있는 작업장에서 사용되는 지게차의 헤드가드가 갖추어야 할 사항 2가지를 쓰시오. (4점)

정답

① 강도는 지게차의 최대하중의 2배 값(4톤을 넘는 값에 대해서는 4톤)의 등분포정하중에 견딜 수 있을 것
② 상부틀의 각 개구의 폭 또는 길이가 16[cm] 미만일 것
③ 운전자가 앉아서 조작하거나 서서 조작하는 지게차의 헤드가드는 한국산업표준에서 정하는 높이 기준 이상일 것(입승식: 1.88[m] 이상, 좌승식: 0.903[m] 이상)

05 #법령 #아세틸렌 용접장치 #안전기

아세틸렌 용접장치 검사 시 안전기가 설치된 위치를 확인하려고 한다. 아세틸렌 용접장치의 안전기가 설치된 위치 3군데를 쓰시오. (3점)

정답

① 취관
② 주관 및 취관에 가장 가까운 분기관
③ 발생기와 가스용기 사이

06 #법령 #이동식 크레인 #작업시작 전 점검사항

「산업안전보건법령」상 이동식 크레인을 사용하여 작업할 때 작업시작 전 점검사항 2가지를 쓰시오. (4점)

정답

① 권과방지장치나 그 밖의 경보장치의 기능
② 브레이크·클러치 및 조정장치의 기능
③ 와이어로프가 통하고 있는 곳 및 작업장소의 지반상태

07 #법령 #안전보건교육 #종류

사업 내 근로자의 안전보건교육의 종류 4가지를 쓰시오.

(4점)

> **정답**
> ① 정기교육
> ② 채용 시 교육
> ③ 작업내용 변경 시 교육
> ④ 특별교육
> ⑤ 건설업 기초안전 · 보건교육

08 #법령 #중대재해

「산업안전보건법령」에서 규정하는 중대재해 3가지를 쓰시오. (6점)

> **정답**
> ① 사망자가 1명 이상 발생한 재해
> ② 3개월 이상의 요양이 필요한 부상자가 동시에 2명 이상 발생한 재해
> ③ 부상자 또는 직업성 질병자가 동시에 10명 이상 발생한 재해

09 #법령 #안전보건표지

「산업안전보건법령」상 다음에 해당하는 안전보건표지의 명칭을 각각 쓰시오. (4점)

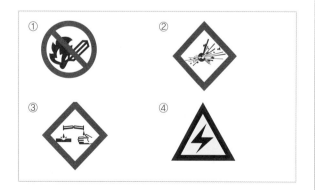

> **정답**
> ① 화기금지
> ② 폭발성물질경고
> ③ 부식성물질경고
> ④ 고압전기경고

10 #광전자식 방호장치 #형식구분

프레스의 광전자식 방호장치의 광축 수에 따른 형식구분을 쓰시오. (6점)

> **정답**

형식구분	광축의 범위
Ⓐ	12광축 이하
Ⓑ	13~56광축 미만
Ⓒ	56광축 이상

11 #위험점

다음 기계설비에 형성되는 위험점을 쓰시오. (3점)

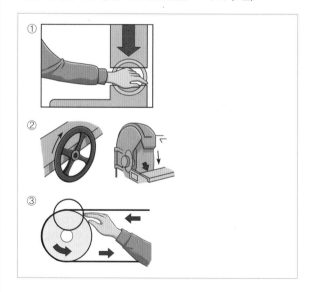

> **정답**
> ① 협착점
> ② 끼임점
> ③ 접선물림점

12

다음 (   ) 안에 알맞은 전로의 절연저항을 쓰시오. (4점)

전로의 사용전압의 구분		절연저항치
400[V] 미만인 것	대지전압이 150[V] 이하인 경우	(①)[MΩ]
	대지전압이 150[V]를 넘고 300[V] 이하인 경우	(②)[MΩ]
	사용전압이 300[V]를 넘고 400[V] 미만인 경우	(③)[MΩ]
400[V] 이상인 것		(④)[MΩ]

정답

※「한국전기설비규정」 개정에 의해 성립될 수 없는 문제입니다.

13 #인체계측자료 #응용원칙

인체계측자료를 장비나 설비의 설계에 응용하는 경우에 활용되는 3가지 원칙을 쓰시오. (3점)

정답

① 극단치 설계(최소치와 최대치)
② 조절식 설계
③ 평균치 설계

14 #음의 변화

자동차로부터 20[m] 떨어진 장소에서 음압수준이 100[dB] 이라면 200[m]에서의 음압은 몇 [dB]인지 계산하시오. (4점)

정답

두 거리 d_1, d_2에 따른 음의 변화는 다음과 같다.

$$\text{dB}_2 = \text{dB}_1 - 20\log\frac{d_2}{d_1} = 100 - 20\log\frac{200}{20} = 80[\text{dB}]$$

3회

01 #법령 #양중기 #와이어로프 #사용금지

타워크레인에 사용하는 와이어로프의 사용금지기준 4가지를 쓰시오. (4점)

정답

① 이음매가 있는 것
② 와이어로프의 한 꼬임에서 끊어진 소선의 수가 10[%] 이상인 것
③ 지름의 감소가 공칭지름의 7[%]를 초과하는 것
④ 꼬인 것
⑤ 심하게 변형되거나 부식된 것
⑥ 열과 전기충격에 의해 손상된 것

02 #법령 #국소배기장치 #덕트의 기준

「산업안전보건법령」에서 정하는 국소배기장치 덕트의 설치기준 3가지를 쓰시오. (3점)

정답

① 가능하면 길이는 짧게 하고 굴곡부의 수는 적게 할 것
② 접속부의 안쪽은 돌출된 부분이 없도록 할 것
③ 청소구를 설치하는 등 청소하기 쉬운 구조로 할 것
④ 덕트 내부에 오염물질이 쌓이지 않도록 이송속도를 유지할 것
⑤ 연결 부위 등은 외부 공기가 들어오지 않도록 할 것

03 #법령 #이동식비계 #조립 시 준수사항

이동식비계를 조립하여 작업을 하는 경우 준수하여야 하는 사항 4가지를 쓰시오. (4점)

정답

① 이동식비계의 바퀴에는 뜻밖의 갑작스러운 이동 또는 전도를 방지하기 위하여 브레이크·쐐기 등으로 바퀴를 고정시킨 다음 비계의 일부를 견고한 시설물에 고정하거나 아웃트리거(Outrigger)를 설치하는 등 필요한 조치를 할 것
② 승강용사다리는 견고하게 설치할 것
③ 비계의 최상부에서 작업을 하는 경우에는 안전난간을 설치할 것
④ 작업발판은 항상 수평을 유지하고 작업발판 위에서 안전난간을 딛고 작업을 하거나 받침대 또는 사다리를 사용하여 작업하지 않도록 할 것
⑤ 작업발판의 최대적재하중은 250[kg]을 초과하지 않도록 할 것

04 #법령 #하역작업장 #조치사항

부두 · 안벽 등 하역작업을 하는 장소에서 사업주가 조치하여야 하는 사항 3가지를 쓰시오. (3점)

정답

① 작업장 및 통로의 위험한 부분에는 안전하게 작업할 수 있는 조명을 유지할 것
② 부두 또는 안벽의 선을 따라 통로를 설치하는 경우에는 폭을 90[cm] 이상으로 할 것
③ 육상에서의 통로 및 작업장소로서 다리 또는 선거 갑문을 넘는 보도 등의 위험한 부분에는 안전난간 또는 울타리 등을 설치할 것

05 #재해예방 4원칙

하인리히의 재해예방 4원칙을 쓰시오. (4점)

정답

① 손실우연의 원칙　　　　② 원인계기(원인연계)의 원칙
③ 예방가능의 원칙　　　　④ 대책선정의 원칙

06 #인간-기계 체계 #기본기능

인간-기계 통합 시스템에서 인간-기계의 기본기능 4가지를 쓰시오. (4점)

정답

① 감지기능　　　　　　　② 정보저장기능
③ 정보처리 및 의사결정기능　④ 행동기능
⑤ 입력기능　　　　　　　⑥ 출력기능

07 #위험등급

미국방성 위험성 평가 중 위험도(MIL-STD-882B) 4단계를 쓰시오. (4점)

정답

① 1단계: 파국　　　　　② 2단계: 중대(위기)
③ 3단계: 한계　　　　　④ 4단계: 무시가능

08 #법령 #정전기 #화재예방

정전기로 인한 폭발과 화재의 방지를 위한 설비에 대한 조치사항 4가지를 쓰시오. (4점)

정답

① 해당 설비에 대하여 확실한 방법으로 접지
② 도전성 재료 사용
③ 가습
④ 점화원이 될 우려가 없는 제전장치 사용

09 #완전연소반응식 #최소산소농도

부탄(C_4H_{10})이 완전연소하기 위한 화학양론식을 쓰고, 완전연소에 필요한 최소산소농도[%]를 계산하시오.(단, 부탄의 폭발하한계는 1.6[vol%]이다.) (5점)

정답

① 화학양론식

$$2C_4H_{10} + 13O_2 \rightarrow 8CO_2 + 10H_2O$$

② 최소산소농도

$$C_m = 폭발하한[\%] \times \frac{산소\ mol수}{연소가스\ mol수} = 1.6 \times \frac{13}{2} = 10.4[\%]$$

10 #인간관계 매커니즘

인간관계의 매커니즘 중 (　) 안에 알맞은 내용을 쓰시오.
(3점)

---

(1) (　①　): 자기 속의 억압된 것을 다른 사람의 것으로 생각하는 것
(2) (　②　): 다른 사람의 행동양식이나 태도를 투입시키는 것
(3) (　③　): 남의 행동이나 판단을 표본으로 하여 그것과 같거나 또는 그것에 가까운 행동 또는 판단을 취하려는 것

정답

① 투사　　　　　② 동일화　　　　　③ 모방

11 #법령 #안전인증대상 #보호구

「산업안전보건법령」상 안전인증대상 보호구 6가지를 쓰시오.
(6점)

정답

① 추락 및 감전 위험방지용 안전모
② 안전화
③ 안전장갑
④ 방진마스크
⑤ 방독마스크
⑥ 송기마스크
⑦ 전동식 호흡보호구
⑧ 보호복
⑨ 안전대
⑩ 차광 및 비산물 위험방지용 보안경
⑪ 용접용 보안면
⑫ 방음용 귀마개 또는 귀덮개

12 #법령 #자율안전확인대상 #기계·설비

「산업안전보건법령」상 자율안전확인대상 기계 또는 설비 4가지를 쓰시오. (4점)

정답

① 연삭기 또는 연마기(휴대형 제외)
② 산업용 로봇
③ 혼합기
④ 파쇄기 또는 분쇄기
⑤ 식품가공용 기계(파쇄·절단·혼합·제면기만 해당)
⑥ 컨베이어
⑦ 자동차정비용 리프트
⑧ 공작기계(선반, 드릴기, 평삭·형삭기, 밀링만 해당)
⑨ 고정형 목재가공용 기계(둥근톱, 대패, 루타기, 띠톱, 모떼기 기계만 해당)
⑩ 인쇄기

13 #법령 #철골작업 #제한기준

철골작업을 중지하여야 하는 조건 3가지를 쓰시오. (3점)

정답

① 풍속이 초당 10[m] 이상인 경우
② 강우량이 시간당 1[mm] 이상인 경우
③ 강설량이 시간당 1[cm] 이상인 경우

14 #법령 #벌목작업 #준수사항

벌목작업 시 사업주가 준수하여야 하는 사항 2가지를 쓰시오.(단, 유압식 벌목기는 사용하지 않는 경우이다.) (4점)

정답

① 벌목하려는 경우에는 미리 대피로 및 대피장소를 정해 둘 것
② 벌목하려는 나무의 가슴높이지름이 20[cm] 이상인 경우에는 수구의 상면·하면의 각도를 30° 이상으로 하며, 수구 깊이는 뿌리부분 지름의 $\frac{1}{4}$ 이상 $\frac{1}{3}$ 이하로 만들 것
③ 벌목작업 중에는 벌목하려는 나무로부터 해당 나무 높이의 2배에 해당하는 직선거리 안에서 다른 작업을 하지 않을 것
④ 나무가 다른 나무에 걸려있는 경우에는 걸려있는 나무 밑에서 작업 및 받치고 있는 나무를 벌목하지 않을 것

2017년 기출문제

1회

01 #법령 #달기 체인 #사용금지

양중기 달기 체인의 사용금지 사항 2가지를 쓰시오.(단, 균열이 있거나 심하게 변형된 것은 제외한다.) (4점)

정답

① 달기 체인의 길이가 달기 체인이 제조된 때의 길이의 5[%]를 초과한 것
② 링의 단면지름이 달기 체인이 제조된 때의 해당 링의 지름의 10[%]를 초과하여 감소한 것

02 #법령 #말비계 #조립 시 준수사항

말비계 조립 시 사업주의 준수사항 3가지를 쓰시오. (3점)

정답

① 지주부재의 하단에는 미끄럼 방지장치를 하고, 근로자가 양측 끝부분에 올라서서 작업하지 않도록 할 것
② 지주부재와 수평면의 기울기를 $75°$ 이하로 하고, 지주부재와 지주부재 사이를 고정시키는 보조부재를 설치할 것
③ 말비계의 높이가 2[m]를 초과하는 경우에는 작업발판의 폭을 40[cm] 이상으로 할 것

03 #FT도 #미니멀 컷셋

다음 FT도의 미니멀 컷셋을 구하시오. (5점)

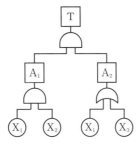

정답

AND 게이트는 가로로, OR 게이트는 세로로 나열한다.

$$T = A_1 \cdot A_2 = (X_1, X_2)\binom{X_1}{X_3} = \frac{(X_1, X_2, X_1)}{(X_1, X_2, X_3)} = \frac{(X_1, X_2)}{(X_1, X_2, X_3)}$$

따라서 미니멀 컷셋은 (X_1, X_2)이다.

04 #종합재해지수

어떤 사업장의 연평균 근로자 수가 400명, 1일 8시간 작업, 연간 280일 근로하는 동안 80건의 요양재해가 발생하였으며, 재해자 수는 100명이었고, 총 근로손실일수는 800일이었다. 이때 종합재해지수를 계산하시오. (6점)

정답

① 도수율 = $\dfrac{\text{재해건수}}{\text{연근로시간 수}} \times 1,000,000$

$= \dfrac{80}{400 \times (8 \times 280)} \times 1,000,000 ≒ 89.29$

② 강도율 = $\dfrac{\text{총 요양근로손실일수}}{\text{연근로시간 수}} \times 1,000$

$= \dfrac{800}{400 \times (8 \times 280)} \times 1,000 ≒ 0.89$

③ 종합재해지수(FSI) = $\sqrt{\text{도수율} \times \text{강도율}} = \sqrt{89.29 \times 0.89} ≒ 8.91$

05 #법령 #유해위험방지계획서 #제출건설공사

건설업에서 유해위험방지계획서를 제출해야 할 공사의 종류 5가지를 쓰시오. (5점)

정답

① 다음의 어느 하나에 해당하는 건축물 또는 시설 등의 건설 등 공사
  ㉠ 지상높이가 31[m] 이상인 건축물 또는 인공구조물
  ㉡ 연면적 30,000[m²] 이상인 건축물
  ㉢ 연면적 5,000[m²] 이상인 문화 및 집회시설(전시장 및 동물원·식물원 제외), 판매시설·운수시설(고속철도의 역사 및 집배송시설 제외), 종교시설, 의료시설 중 종합병원, 숙박시설 중 관광숙박시설, 지하도상가, 냉동·냉장 창고시설
② 연면적 5,000[m²] 이상인 냉동·냉장 창고시설의 설비공사 및 단열공사
③ 최대 지간길이가 50[m] 이상인 다리의 건설 등 공사
④ 터널의 건설 등 공사
⑤ 다목적 댐, 발전용 댐, 저수용량 2천만 톤 이상의 용수 전용 댐 및 지방상수도 전용 댐의 건설 등 공사
⑥ 깊이 10[m] 이상인 굴착공사

06 #법령 #해체작업 #작업계획서

건물 등의 해체작업을 할 때 작업계획서에 포함해야 하는
사항 5가지를 쓰시오. (5점)

정답

① 해체의 방법 및 해체 순서도면
② 가설설비 · 방호설비 · 환기설비 및 살수 · 방화설비 등의 방법
③ 사업장 내 연락방법
④ 해체물의 처분계획
⑤ 해체작업용 기계 · 기구 등의 작업계획서
⑥ 해체작업용 화약류 등의 사용계획서
⑦ 그 밖에 안전 · 보건에 관련된 사항

07 #양수기동식 방호장치 #안전거리

클러치 맞물림 개소 수 5개, SPM이 200인 프레스의 양수
기동식 방호장치의 안전거리[mm]를 계산하시오. (4점)

정답

$$T_m = \left(\frac{1}{2} + \frac{1}{\text{클러치 개소 수}}\right) \times \frac{60}{\text{분당 행정수[SPM]}}$$

$$= \left(\frac{1}{2} + \frac{1}{5}\right) \times \frac{60}{200} = 0.21초이므로$$

$$D = 1,600 \times T_m = 1,600 \times 0.21 = 336[mm]$$

여기서, D_m: 안전거리[mm]

T_m: 누름버튼을 누른 때부터 사용하는 프레스의 슬라이드가 하사
점에 도달할 때까지의 소요 최대시간[초]

08 #법령 #전기미사용 #접지

누전에 의한 감전의 위험을 방지하기 위하여 전기를 사용하
지 아니하는 설비 중 접지를 해야 하는 금속체 부분 3가지
를 쓰시오. (3점)

정답

① 전동식 양중기의 프레임과 궤도
② 전선이 붙어 있는 비전동식 양중기의 프레임
③ 고압 이상의 전기를 사용하는 전기기계 · 기구 주변의 금속제 칸막이 ·
망 및 이와 유사한 장치

09 #법령 #안전인증 면제

안전인증을 전부 면제할 수 있는 경우 3가지를 쓰시오. (3점)

정답

① 연구 · 개발을 목적으로 제조 · 수입하거나 수출을 목적으로 제조하는 경우
② 「건설기계관리법」에 따른 검사를 받은 경우 또는 같은 법에 따른 형식
승인을 받거나 형식신고를 한 경우
③ 「고압가스 안전관리법」에 따른 검사를 받은 경우
④ 「광산안전법」에 따른 검사 중 광업시설의 설치공사 또는 변경공사가 완
료되었을 때에 받는 검사를 받은 경우
⑤ 「방위사업법」에 따른 품질보증을 받은 경우
⑥ 「선박안전법」에 따른 검사를 받은 경우
⑦ 「에너지이용 합리화법」에 따른 검사를 받은 경우
⑧ 「원자력안전법」에 따른 검사를 받은 경우
⑨ 「위험물안전관리법」에 따른 검사를 받은 경우
⑩ 「전기사업법」에 따른 검사를 받은 경우
⑪ 「항만법」에 따른 검사를 받은 경우
⑫ 「소방시설 설치 및 관리에 관한 법률」에 따른 형식승인을 받은 경우

10 #안전모 #내관통성

다음은 안전모의 내관통성 시험의 성능기준에 관한 내용이
다. ( ) 안에 알맞은 내용을 쓰시오. (4점)

(1) AE종 및 ABE종의 관통거리: (①)[mm] 이하
(2) AB종의 관통거리: (②)[mm] 이하

정답

① 9.5
② 11.1

11 #법령 #급성 독성 물질

다음 급성 독성 물질에 대한 설명에서 (   ) 안에 알맞은 내용을 쓰시오. (4점)

---

(1) LD50은 (①   )[mg/kg]을 쥐에 대한 경구투입실험에 의하여 실험동물의 50[%]를 사망케 한다.

(2) LD50은 (②   )[mg/kg]을 쥐 또는 토끼에 대한 경피흡수실험에 의하여 실험동물의 50[%]를 사망케 한다.

(3) LC50은 가스로 (③   )[ppm]을 쥐에 대한 4시간 동안 흡입실험에 의하여 실험동물의 50[%]를 사망케 한다.

(4) LC50은 증기로 (④   )[mg/L]을 쥐에 대한 4시간 동안 흡입실험에 의하여 실험동물의 50[%]를 사망케 한다.

정답

① 300

② 1,000

③ 2,500

④ 10

12 #법령 #잠함 등 #굴착작업 #준수사항

잠함, 피트, 우물통의 내부에서 굴착작업을 하는 경우에 사업주가 할 일 3가지를 쓰시오. (3점)

정답

① 산소 결핍 우려가 있는 경우에는 산소의 농도를 측정하는 사람을 지명하여 측정하도록 할 것

② 근로자가 안전하게 오르내리기 위한 설비를 설치할 것

③ 굴착 깊이가 20[m]를 초과하는 경우에는 해당 작업장소와 외부와의 연락을 위한 통신설비 등을 설치할 것

13 #안전대 #U자걸이 사용가능

U자걸이를 사용할 수 있는 안전대의 구조기준 3가지를 쓰시오. (3점)

정답

① 지탱벨트, 각링 및 신축조절기가 있을 것

② U자걸이 사용 시 D링, 각링은 안전대 착용자의 몸통 양 측면에 해당하는 곳에 고정되도록 지탱벨트 또는 안전그네에 부착할 것

③ 신축조절기는 죔줄로부터 이탈하지 않도록 할 것

④ U자걸이 사용상태에서 신체의 추락을 방지하기 위하여 보조죔줄을 사용할 것

⑤ 보조훅 부착 안전대는 신축조절기의 역방향으로 낙하저지 기능을 갖출 것

⑥ 보조훅이 없는 U자걸이 안전대는 1개걸이로 사용할 수 없도록 훅이 열리는 너비가 죔줄의 직경보다 작고 8자형링 및 이음형 고리를 갖추지 않을 것

14 #법령 #안전보건교육 #특별교육 #타워크레인

타워크레인의 설치·해체 시 근로자 특별안전보건교육내용 3가지를 쓰시오. (3점)

정답

① 붕괴·추락 및 재해 방지에 관한 사항

② 설치·해체 순서 및 안전작업방법에 관한 사항

③ 부재의 구조·재질 및 특성에 관한 사항

④ 신호방법 및 요령에 관한 사항

⑤ 이상 발생 시 응급조치에 관한 사항

⑥ 그 밖에 안전·보건관리에 필요한 사항

2회

01 #법령 #낙하물방지망 #방호선반 #설치기준

다음은 낙하물방지망 또는 방호선반을 설치하는 기준이다.
( ) 안에 알맞은 내용을 쓰시오. (4점)

> (1) 높이 (①)[m] 이내마다 설치하고, 내민 길이는 벽면
>   으로부터 (②)[m] 이상으로 할 것
> (2) 수평면과의 각도는 (③)˚ 이상 (④)˚ 이하를 유
>   지할 것

정답

① 10   ② 2
③ 20   ④ 30

02 #법령 #안전보건교육 #특별교육 #건설용 리프트·곤돌라

건설용 리프트, 곤돌라를 이용하는 작업에서 사업자가 근로
자에게 하는 특별안전보건교육의 내용 4가지를 쓰시오.

(4점)

정답

① 방호장치의 기능 및 사용에 관한 사항
② 기계, 기구, 달기체인 및 와이어 등의 점검에 관한 사항
③ 화물의 권상·권하 작업방법 및 안전작업 지도에 관한 사항
④ 기계·기구의 특성 및 동작원리에 관한 사항
⑤ 신호방법 및 공동작업에 관한 사항
⑥ 그 밖에 안전·보건관리에 필요한 사항

03 #법령 #안전보건관리규정 #포함사항

「산업안전보건법령」상 사업장의 안전보건관리규정을 작성
하고자 할 때 포함되어야 할 사항 4가지를 쓰시오.(단, 그
밖에 안전 및 보건에 관한 사항은 제외한다.) (4점)

정답

① 안전 및 보건에 관한 관리조직과 그 직무에 관한 사항
② 안전보건교육에 관한 사항
③ 작업장의 안전 및 보건 관리에 관한 사항
④ 사고 조사 및 대책 수립에 관한 사항

04 #법령 #아세틸렌 용접장치 #안전기

다음 ( ) 안에 알맞은 내용을 쓰시오. (3점)

> (1) 사업주는 아세틸렌 용접장치의 (①)마다 안전기를 설치
>   하여야 한다. 다만, 주관 및 취관에 가장 가까운 (②)
>   마다 안전기를 부착한 경우에는 그러하지 아니하다.
> (2) 사업주는 가스용기가 발생기와 분리되어 있는 아세틸렌 용
>   접장치에 대하여 (③)와 가스용기 사이에 안전기를
>   설치하여야 한다.

정답

① 취관   ② 분기관   ③ 발생기

05 #강도율

근로자 수 1,440명이 주당 40시간씩 연간 50주 근무하고
조기출근 및 잔업시간 합계가 100,000시간, 요양재해건수
40건으로 인한 근로손실일수가 1,200일(사망재해 제외), 사
망재해가 1건이 발생했다. 이때 강도율을 계산하시오. (5점)

정답

$$강도율 = \frac{총\ 요양근로손실일수}{연근로시간\ 수} \times 1,000$$
$$= \frac{1,200 + 7,500}{1,440 \times (40 \times 50) + 100,000} \times 1,000 ≒ 2.92$$

※ 사망은 근로손실일수를 7,500일로 산정한다.

06 #법령 #안전보건표지 #경고표지

다음과 같은 장소에 설치해야 하는 경고표지의 종류를 쓰시
오. (3점)

> ① 돌 및 블록 등 떨어질 우려가 있는 물체가 있는 장소
> ② 미끄러운 장소 등 넘어지기 쉬운 장소
> ③ 휘발유 등 화기의 취급을 극히 주의해야 하는 물질이 있는
>   장소

정답

① 낙하물 경고(낙하물체 경고)
② 몸균형 상실 경고
③ 인화성물질 경고

07 #법령 #유해위험방지계획서 #작업공종

지상높이 31[m] 이상의 건축공사에서 유해위험방지계획서 제출대상 작업공종(건축물, 인공구조물 등의 건설공사)의 종류 5개를 쓰시오.(단, 그 밖의 공사는 제외한다.) (5점)

정답

① 가설공사
② 구조물공사
③ 마감공사
④ 기계 설비공사
⑤ 해체공사

08 #법령 #화학설비 #용도변경 #점검사항

사업주가 해당 화학설비 또는 부속설비의 용도를 변경하는 경우(사용하는 원재료의 종류를 변경하는 경우를 포함) 해당 설비를 점검하고 사용하여야 하는 사항 3가지를 쓰시오. (3점)

정답

① 그 설비 내부에 폭발이나 화재의 우려가 있는 물질이 있는지 여부
② 안전밸브·긴급차단장치 및 그 밖의 방호장치 기능의 이상 유무
③ 냉각장치·가열장치·교반장치·압축장치·계측장치 및 제어장치 기능의 이상 유무

09 #법령 #물질안전보건자료 #제외 대상

「산업안전보건법령」상 물질안전보건자료의 작성·제출 제외 대상 화학물질 4가지를 쓰시오. (4점)

정답

① 「건강기능식품에 관한 법률」에 따른 건강기능식품
② 「농약관리법」에 따른 농약
③ 「마약류 관리에 관한 법률」에 따른 마약 및 향정신성의약품
④ 「비료관리법」에 따른 비료
⑤ 「사료관리법」에 따른 사료

10 #법령 #지게차 #작업시작 전 점검사항

지게차를 사용하여 작업을 하는 때 작업시작 전 점검사항 4가지를 쓰시오. (4점)

정답

① 제동장치 및 조종장치 기능의 이상 유무
② 하역장치 및 유압장치 기능의 이상 유무
③ 바퀴의 이상 유무
④ 전조등·후미등·방향지시기 및 경보장치 기능의 이상 유무

11 #휴먼에러 #심리적 분류

[보기]를 Omission Error와 Commission Error로 분류하시오. (5점)

┤ 보기 ├
① 납 접합을 빠트렸다.
② 전선의 연결이 바뀌었다.
③ 부품을 빠트렸다.
④ 부품이 거꾸로 배열되었다.
⑤ 틀린 부품을 사용하였다.

정답

① Omission Error
② Commission Error
③ Omission Error
④ Commission Error
⑤ Commission Error

12 #법령 #정전기 #화재예방

다음 ( ) 안에 알맞은 내용을 쓰시오. (3점)

사업주는 정전기 방지를 위하여 화재 또는 폭발 등의 위험이 발생할 우려가 있는 경우에는 확실한 방법으로 (①)를 하거나, (②) 재료를 사용하거나 가습 및 점화원이 될 우려가 없는 (③)장치를 사용하는 등 정전기의 발생을 억제하거나 제거하기 위하여 필요한 조치를 하여야 한다.

정답

① 접지   ② 도전성   ③ 제전

13 #법령 #타워크레인 #순간풍속

타워크레인의 작업 중지에 관한 내용이다. ( ) 안에 알맞은 내용을 쓰시오. (4점)

(1) 운전 작업을 중지하여야 하는 순간풍속 (①)[m/s] 초과
(2) 설치·수리·점검 또는 해체 작업을 중지하여야 하는 순간풍속 (②)[m/s] 초과

정답

① 15   ② 10

14 #법령 #화재위험작업 #준수사항

가연성물질이 있는 장소에서 화재위험작업을 하는 경우 사업주가 준수하여야 하는 사항 4가지를 쓰시오. (4점)

정답

① 작업 준비 및 작업 절차 수립
② 작업장 내 위험물의 사용·보관 현황 파악
③ 화기작업에 따른 인근 가연성물질에 대한 방호조치 및 소화기구 비치
④ 용접불티 비산방지덮개, 용접방화포 등 불꽃, 불티 등 비산방지조치
⑤ 인화성 액체의 증기 및 인화성 가스가 남아 있지 않도록 환기 등의 조치
⑥ 작업근로자에 대한 화재예방 및 피난교육 등 비상조치

3회

01 #안전성 평가 #6단계

안전성 평가 방법을 순서대로 나열하시오. (6점)

① 정성적 평가	② 재해정보에 의한 재평가
③ FTA에 의한 재평가	④ 대책검토
⑤ 자료정비	⑥ 정량적 평가

정답

⑤ 자료정비 → ① 정성적 평가 → ⑥ 정량적 평가 → ④ 대책검토 → ② 재해정보에 의한 재평가 → ③ FTA에 의한 재평가

02 #법령 #안전검사의 주기

다음은 크레인의 안전검사의 주기에 관한 사항이다. ( ) 안에 알맞은 내용을 쓰시오. (3점)

사업장에 설치가 끝난 날부터 (①) 이내에 최초 안전검사를 실시하되, 그 이후부터 (②)마다(건설현장에서 사용하는 것은 최초로 설치한 날로부터 (③)마다) 안전검사를 실시한다.

정답

① 3년   ② 2년   ③ 6개월

03 #재해 발생 형태

다음 설명에 해당되는 재해 발생 형태를 쓰시오. (4점)

① 폭발과 화재의 2가지 현상이 복합적으로 발생한 경우
② 재해 당시 바닥면과 신체가 떨어진 상태로 더 낮은 위치로 떨어진 경우
③ 재해 당시 바닥면과 신체가 접해 있는 상태에서 더 낮은 위치로 떨어진 경우
④ 재해자가 전도로 인하여 기계의 동력 전달 부위 등에 협착되어 신체 부위가 절단된 경우

정답

① 폭발   ② 떨어짐(추락)
③ 넘어짐(전도)   ④ 끼임(협착)

04 #휴식시간

산소 에너지 당량이 5[kcal/L], 작업 시 산소소비량이 1.5 [L/min], 작업 시 평균에너지 소비량 상한이 5[kcal/min], 휴식 시 평균에너지 소비량이 1.5[kcal/min], 작업시간 60 분일 때 휴식시간[min]을 계산하시오. (3점)

정답

① 작업 시 평균에너지 소비량(E)$=5[\text{kcal/L}] \times 1.5[\text{L/min}]$
$$= 7.5[\text{kcal/min}]$$

② 휴식시간(R)$= \dfrac{60(E - \text{작업 시 평균에너지 소비량 상한})}{E - \text{휴식 시 평균에너지 소비량}}$
$$= \dfrac{60 \times (7.5 - 5)}{7.5 - 1.5} = 25[\text{min}]$$

05 #법령 #지게차 #작업시작 전 점검사항

지게차를 사용하여 작업을 하는 때 작업시작 전 점검사항 4가지를 쓰시오. (4점)

정답

① 제동장치 및 조종장치 기능의 이상 유무
② 하역장치 및 유압장치 기능의 이상 유무
③ 바퀴의 이상 유무
④ 전조등 · 후미등 · 방향지시기 및 경보장치 기능의 이상 유무

06 #법령 #안전난간 #설치구조

다음은 안전난간의 구조에 대한 설명이다. (   ) 안에 알맞은 내용을 쓰시오. (3점)

(1) 상부 난간대: 바닥면 · 발판 또는 경사로의 표면으로부터 (①   )[cm] 이상
(2) 난간대: 지름 (②   )[cm] 이상 금속제 파이프
(3) 하중: (③   )[kg] 이상 하중에 견딜 수 있는 튼튼한 구조

정답

① 90   ② 2.7   ③ 100

07 #법령 #안전관리자 #증원 · 교체

안전관리자를 정수 이상으로 증원하거나 교체하여 임명할 수 있는 사유 3가지를 쓰시오. (3점)

정답

① 해당 사업장의 연간재해율이 같은 업종의 평균재해율의 2배 이상인 경우
② 중대재해가 연간 2건 이상 발생한 경우
③ 관리자가 질병이나 그 밖의 사유로 3개월 이상 직무를 수행할 수 없게 된 경우
④ 화학적 인자로 인한 직업성 질병자가 연간 3명 이상 발생한 경우

08 #법령 #공정안전보고서 #포함사항

공정안전보고서에 포함되어야 할 사항 4가지를 쓰시오. (4점)

정답

① 공정안전자료
② 공정위험성 평가서
③ 안전운전계획
④ 비상조치계획
⑤ 그 밖에 공정상의 안전과 관련하여 고용노동부장관이 필요하다고 인정하여 고시하는 사항

09 #법령 #파열판의 설치

「산업안전보건법령」에 따라 과압에 따른 폭발을 방지하기 위하여 폭발 방지 성능과 규격을 갖춘 안전밸브 또는 파열판을 설치하여야 한다. 이때 파열판을 설치해야 하는 경우 2가지를 쓰시오. (4점)

정답

① 반응 폭주 등 급격한 압력 상승 우려가 있는 경우
② 급성 독성물질의 누출로 인하여 주위의 작업환경을 오염시킬 우려가 있는 경우
③ 운전 중 안전밸브에 이상 물질이 누적되어 안전밸브가 작동되지 아니할 우려가 있는 경우

10 #방독마스크 #시험가스 #표시색

방독마스크의 종류별로 시험가스 및 표시색을 구분하여 쓰시오. (6점)

종류	시험가스	표시색
유기화합물용		
할로겐용		
황화수소용		
시안화수소용		
아황산용		
암모니아용		

정답

종류	시험가스	표시색
유기화합물용	시클로헥산(C_6H_{12}) 디메틸에테르(CH_3OCH_3) 이소부탄(C_4H_{10})	갈색
할로겐용	염소가스 또는 증기(Cl_2)	회색
황화수소용	황화수소가스(H_2S)	회색
시안화수소용	시안화수소가스(HCN)	
아황산용	아황산가스(SO_2)	노란색
암모니아용	암모니아가스(NH_3)	녹색

11 #법령 #폭발위험장소 #내화기준

가스폭발 위험장소 또는 분진폭발 위험장소에 설치되는 건축물 등에 대해서 해당하는 부분을 내화구조로 하여야 하며, 그 성능이 항상 유지될 수 있도록 점검·보수 등 적절한 조치를 하여야 한다. 이 경우에 해당하는 부분 2가지를 쓰시오. (4점)

정답

① 건축물의 기둥 및 보: 지상 1층(지상 1층의 높이가 6[m]를 초과하는 경우에는 6[m])까지

② 위험물 저장·취급용기의 지지대(높이가 30[cm] 이하인 것은 제외): 지상으로부터 지지대의 끝부분까지

③ 배관·전선관 등의 지지대: 지상으로부터 1단(1단의 높이가 6[m]를 초과하는 경우에는 6[m])까지

12 #롤러기 #급정지거리

롤러기 급정지장치의 원주속도에 따른 안전거리와 관련하여 ( ) 안에 알맞은 내용을 쓰시오. (4점)

(1) 30[m/min] 이상 – 앞면 롤러 원주의 (①) 이내
(2) 30[m/min] 미만 – 앞면 롤러 원주의 (②) 이내

정답

① $\dfrac{1}{2.5}$ 　　　　② $\dfrac{1}{3}$

13 #법령 #가설통로

가설통로 설치 시 준수사항 3가지를 쓰시오. (3점)

정답

① 견고한 구조로 할 것
② 경사는 30° 이하로 할 것
③ 경사가 15°를 초과하는 경우에는 미끄러지지 아니하는 구조로 할 것
④ 추락할 위험이 있는 장소에는 안전난간을 설치할 것
⑤ 수직갱에 가설된 통로의 길이가 15[m] 이상인 경우에는 10[m] 이내마다 계단참을 설치할 것
⑥ 건설공사에 사용하는 높이 8[m] 이상인 비계다리에는 7[m] 이내마다 계단참을 설치할 것

14 #법령 #접근한계거리

충전전로에 대한 접근한계거리를 쓰시오. (4점)

① 380[V]　　　　② 1.5[kV]
③ 6.6[kV]　　　　④ 22.9[kV]

정답

① 30[cm]　　　　② 45[cm]
③ 60[cm]　　　　④ 90[cm]

※ 충전전로의 선간전압에 대한 접근한계거리

충전전로의 선간전압[kV]	충전전로에 대한 접근한계거리[cm]
0.3 이하	접촉금지
0.3 초과 0.75 이하	30
0.75 초과 2 이하	45
2 초과 15 이하	60
15 초과 37 이하	90
37 초과 88 이하	110

2016년 기출문제

1회

01 #차광보안경 #종류
차광보안경의 종류 3가지를 쓰시오. (3점)

정답
① 적외선용 ② 자외선용
③ 용접용 ④ 복합용

02 #법령 #안전보건교육 #종류
「산업안전보건법령」에서 사업주가 근로자에게 시행해야 하는 안전보건교육의 종류 4가지를 쓰시오. (4점)

정답
① 정기교육 ② 채용 시 교육
③ 작업내용 변경 시 교육 ④ 특별교육
⑤ 건설업 기초안전 · 보건교육

03 #법령 #양중기 #종류
「산업안전보건법령」상 양중기의 종류 5가지를 쓰시오. (5점)

정답
① 크레인(호이스트 포함) ② 이동식 크레인
③ 리프트(이삿짐운반용 리프트의 경우에는 적재하중이 0.1톤 이상인 것으로 한정)
④ 곤돌라 ⑤ 승강기

04 #법령 #헤드가드 #구비조건
화물의 낙하에 의하여 지게차의 운전자에게 위험을 미칠 우려가 있는 작업장에서 사용하는 지게차의 헤드가드가 갖추어야 할 사항 2가지를 쓰시오. (4점)

정답
① 강도는 지게차의 최대하중의 2배 값(4톤을 넘는 값에 대해서는 4톤)의 등분포정하중에 견딜 수 있을 것
② 상부틀의 각 개구의 폭 또는 길이가 16[cm] 미만일 것
③ 운전자가 앉아서 조작하거나 서서 조작하는 지게차의 헤드가드는 한국산업표준에서 정하는 높이 기준 이상일 것(입승식: 1.88[m] 이상, 좌승식: 0.903[m] 이상)

05 #폭발등급 #안전간격
폭발등급에 따른 안전간격을 쓰고, 해당 등급에 속하는 가스를 2개씩 쓰시오. (6점)

정답

폭발등급	1등급	2등급	3등급
안전간격	0.6[mm] 초과	0.4[mm] 이상 0.6[mm] 이하	0.4[mm] 미만
해당 가스	메탄, 에탄	에틸렌, 석탄가스	수소, 아세틸렌

06 #법령 #중량물 #작업시작 전 점검사항

근로자가 반복하여 계속적으로 중량물을 취급하는 작업을 할 때 작업시작 전 점검사항 2가지를 쓰시오.(단, 그 밖에 하역운반기계 등의 적절한 사용방법은 제외한다.) (4점)

정답

① 중량물 취급의 올바른 자세 및 복장
② 위험물이 날아 흩어짐에 따른 보호구의 착용
③ 카바이드 · 생석회(산화칼슘) 등과 같이 온도 상승이나 습기에 의하여 위험성이 존재하는 중량물의 취급방법

07 #아세틸렌 용접기 #도관의 시험

아세틸렌 용접기 도관의 시험 종류 3가지를 쓰시오. (3점)

정답

① 내압시험   ② 기밀시험
③ 내열성시험   ④ 내식성시험

08 #화재의 종류

화재의 종류를 구분하여 쓰고, 그에 따른 표시색을 쓰시오. (5점)

유형	화재의 분류	표시색
A	일반 화재	(④)
B	(①)	(⑤)
C	(②)	청색
D	(③)	무색

정답

① 유류 화재   ② 전기 화재
③ 금속 화재   ④ 백색
⑤ 황색

09 #감응식 방호장치 #안전거리

감응식 방호장치를 설치한 프레스에서 광선을 차단한 후 200[ms] 후에 슬라이드가 정지하였다. 이때 방호장치의 안전거리는 최소 몇 [mm] 이상인지 계산하시오. (3점)

정답

$D = 1,600 \times (T_L + T_S) = 1,600 \times 0.2 = 320[mm]$

여기서, T_L: 신체가 광선을 차단한 순간부터 급정지기구가 작동 개시하기까지의 시간[s]

T_S: 급정지기구가 작동을 개시할 때부터 슬라이드가 정지할 때까지의 시간[s]

※ $1[ms] = 10^{-3}[s]$이므로 $200[ms] = 0.2[s]$이다.

10 #환산도수율

도수율이 18.73인 사업장에서 근로자 1명에게 평생 동안 약 몇 건의 재해가 발생하는지 계산하시오.(단, 1일 8시간, 월 25일, 12개월 근무, 평생 근로연수는 35년, 연간 평균 잔업시간은 240시간으로 한다.) (3점)

정답

환산도수율 $=$ 도수율 $\times \dfrac{\text{총 근로시간 수}}{1,000,000}$

$= 18.73 \times \dfrac{(8 \times 25 \times 12 + 240) \times 35}{1,000,000} = 1.73$건

※ 환산도수율은 근로자가 입사하여 퇴직할 때까지 당할 수 있는 재해건수이다.

11 #법령 #양중기 #와이어로프 #사용금지

타워크레인에 사용하는 와이어로프의 사용금지기준 4가지를 쓰시오.(단, 심하게 변형되거나 부식된 것, 열과 전기충격에 의해 손상된 것은 제외한다.) (4점)

정답

① 이음매가 있는 것
② 와이어로프의 한 꼬임에서 끊어진 소선의 수가 10[%] 이상인 것
③ 지름의 감소가 공칭지름의 7[%]를 초과하는 것
④ 꼬인 것

12 #법령 #중대재해 #보고사항

중대재해 발생 시 사업장 소재지를 관할하는 지방고용노동관서의 장에게 전화나 팩스로 보고해야 하는 사항 3가지를 쓰시오. (3점)

정답
① 발생 개요 및 피해 상황
② 조치 및 전망
③ 그 밖의 중요한 사항

13 #휴먼에러 #Swain

Swain은 인간의 오류를 작위적 오류(Commission Error)와 부작위적 오류(Omission Error)로 구분한다. 작위적 오류와 부작위적 오류에 대해 설명하시오. (4점)

정답
① 작위적 오류(Commission Error, 실행에러): 작업 내지 절차를 수행했으나 잘못된 실수(선택착오, 순서착오, 시간착오)에서 기인한 에러
② 부작위적 오류(Omission Error, 생략에러): 작업 내지 필요한 절차를 수행하지 않는 데서 기인한 에러

14 #FT도 #컷셋

다음 FT도에서 컷셋(Cut Set)을 모두 구하시오. (4점)

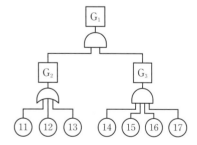

정답
AND 게이트는 가로로, OR 게이트는 세로로 나열한다.
$$G_1 = G_2 \cdot G_3 = \begin{pmatrix} ⑪ \\ ⑫ \\ ⑬ \end{pmatrix} (⑭, ⑮, ⑯, ⑰) = \begin{pmatrix} (⑪, ⑭, ⑮, ⑯, ⑰) \\ (⑫, ⑭, ⑮, ⑯, ⑰) \\ (⑬, ⑭, ⑮, ⑯, ⑰) \end{pmatrix}$$
따라서 컷셋은 (⑪, ⑭, ⑮, ⑯, ⑰), (⑫, ⑭, ⑮, ⑯, ⑰), (⑬, ⑭, ⑮, ⑯, ⑰)이다.

2회

01 #법령 #운전위치 이탈 시 #조치사항

차량계 하역운반기계의 운전자가 운전위치를 이탈하고자 할 때 운전자가 준수하여야 할 사항 2가지를 쓰시오. (4점)

정답
① 포크, 버킷, 디퍼 등의 장치를 가장 낮은 위치 또는 지면에 내려 둘 것
② 원동기를 정지시키고 브레이크를 확실히 거는 등 갑작스러운 주행이나 이탈을 방지하기 위한 조치를 할 것
③ 운전석을 이탈하는 경우에는 시동키를 운전대에서 분리시킬 것

02 #법령 #공정안전보고서 #포함사항

공정안전보고서에 포함되어야 할 사항 4가지를 쓰시오. (4점)

정답
① 공정안전자료   ② 공정위험성 평가서
③ 안전운전계획   ④ 비상조치계획
⑤ 그 밖에 공정상의 안전과 관련하여 고용노동부장관이 필요하다고 인정하여 고시하는 사항

03 #법령 #비계 #점검·보수사항

비계작업 시 비, 눈, 그 밖의 기상상태의 불안정으로 날씨가 몹시 나빠서 작업을 중지시킨 후 그 비계에서 다시 작업을 재개할 때 작업시작 전 점검사항 3가지를 쓰시오. (3점)

정답
① 발판 재료의 손상 여부 및 부착 또는 걸림 상태
② 해당 비계의 연결부 또는 접속부의 풀림 상태
③ 연결 재료 및 연결 철물의 손상 또는 부식 상태
④ 손잡이의 탈락 여부
⑤ 기둥의 침하, 변형, 변위 또는 흔들림 상태
⑥ 로프의 부착 상태 및 매단 장치의 흔들림 상태

04 #소음노출기준

실내 작업장의 8시간 소음측정결과가 85[dB(A)] 2시간, 90[dB(A)] 4시간, 95[dB(A)] 2시간일 때 소음노출수준[%]을 계산하고, 소음노출기준의 초과 여부를 쓰시오. (4점)

정답

① 소음노출수준 $= \left(\dfrac{4}{8} + \dfrac{2}{4} \right) \times 100 = 100[\%]$

② 소음노출기준의 초과 여부: 초과하지 않음

05 #법령 #공기압축기 #작업시작 전 점검사항

공기압축기를 가동할 때 작업시작 전 점검사항 4가지를 쓰시오. (4점)

정답

① 공기저장 압력용기의 외관 상태
② 드레인밸브의 조작 및 배수
③ 압력방출장치의 기능
④ 언로드밸브의 기능
⑤ 윤활유의 상태
⑥ 회전부의 덮개 또는 울
⑦ 그 밖의 연결 부위의 이상 유무

06 #욕구위계이론 #ERG 이론

다음은 동기부여의 이론 중 매슬로우의 욕구위계이론, 알더퍼의 ERG 이론을 비교한 것이다. (   ) 안에 들어갈 알맞은 내용을 쓰시오. (4점)

구분	욕구위계이론	ERG이론
제1단계	생리적 욕구	존재욕구 (Existence)
제2단계	(①)	
제3단계	(②)	(③)
제4단계	자기존경의 욕구	(④)
제5단계	자아실현의 욕구	

정답

① 안전의 욕구
② 사회적 욕구
③ 관계욕구(Relatedness)
④ 성장욕구(Growth)

07 #근로 불능 상해

다음에서 제시된 근로 불능 상해의 종류를 설명하시오. (3점)

> ① 영구 전노동 불능 상해
> ② 영구 일부노동 불능 상해
> ③ 일시 전노동 불능 상해

정답

① 부상 결과로 노동기능을 완전히 잃게 되는 부상으로 신체장해등급 1~3급에 해당되며 노동손실일수는 7,500일이다.
② 부상 결과로 신체 부분의 일부가 노동기능을 상실한 부상으로 신체장해등급 4~14급에 해당된다.
③ 의사의 진단에 따라 일정기간 정규노동에 종사할 수 없는 정도의 상해로 신체장해가 남지 않는 일반적인 휴업재해이다.

08 #법령 #방호조치 필요 기계·기구

유해·위험 방지를 위한 방호조치를 하지 아니하고는 양도·대여·설치 또는 사용에 제공하거나 양도·대여의 목적으로 진열해서는 안 되는 기계·기구 4가지를 쓰시오. (4점)

정답

① 예초기
② 원심기
③ 공기압축기
④ 금속절단기
⑤ 지게차
⑥ 포장기계(진공포장기, 래핑기로 한정)

09 #FTA #실시순서

FTA의 각 단계별 내용이 [보기]와 같을 때 올바른 순서대로 번호를 나열하시오. (6점)

> **보기**
> ① 정상사상의 원인이 되는 기초사상을 나열한다.
> ② 정상사상과의 관계는 논리게이트를 이용하여 도해한다.
> ③ 분석현상이 된 시스템을 정의한다.
> ④ 이전 단계에서 결정된 사상이 조금 더 전개가 가능한지 검토한다.
> ⑤ 정성·정량적으로 해석, 평가한다.
> ⑥ FT도를 간소화한다.

정답

③ → ① → ② → ④ → ⑥ → ⑤

10 #법령 #안전보건표지 #색도기준

안전보건표지의 색도기준에 관한 다음 표의 (   ) 안에 알맞은 내용을 쓰시오. (4점)

색채	색도기준	용도	사용 예
(①)	7.5R 4/14	금지	정지신호, 소화설비 및 그 장소, 유해행위의 금지
		(②)	화학물질 취급장소에서의 유해·위험 경고
파란색	2.5PB 4/10	지시	특정 행위의 지시 및 사실의 고지
흰색	N9.5	−	(③)
검은색	(④)	−	문자 및 빨간색 또는 노란색에 대한 보조색

정답
① 빨간색 ② 경고
③ 파란색 또는 녹색에 대한 보조색 ④ N0.5

11 #증기운 폭발 #비등액 팽창증기폭발

폭발의 정의에서 UVCE와 BLEVE를 설명하시오. (4점)

정답
① UVCE(증기운 폭발; Unconfined Vapor Cloud Explosion): 가연성 위험물질이 용기 또는 배관 내에 저장·취급되는 과정에서 지속적으로 누출되면서 대기 중에 구름 형태로 모이게 되어 바람 등의 영향으로 움직이다가 발화원에 의하여 순간적으로 모든 가스가 동시에 폭발하는 현상이다.
② BLEVE(비등액 팽창증기폭발; Boiling Liquid Expanding Vapor Explosion): 비점이 낮은 액체 저장탱크 주위에 화재가 발생하였을 때 저장탱크 내부의 비등 현상으로 인한 압력 상승으로 탱크가 파열되어 그 내용물이 증발, 팽창하면서 발생되는 폭발현상이다.

12 #재해발생 시 조치사항

다음은 산업재해 발생 시의 조치내용을 순서대로 표시한 것이다. (   ) 안에 알맞은 내용을 쓰시오. (4점)

산업재해 발생 → (①) → (②) → 원인강구 → (③) → 대책실시 계획 → 실시 → (④)

정답
① 긴급처리 ② 재해조사
③ 대책수립 ④ 평가

13 #물질안전보건자료 #포함사항

물질안전보건자료(MSDS) 작성 시 포함해야 할 16가지 세부항목 중 제외사항을 뺀 4가지를 쓰시오. (4점)

[제외]
㉠ 화학제품과 회사에 관한 정보
㉡ 구성성분의 명칭 및 함유량
㉢ 취급 및 저장방법
㉣ 물리·화학적 특성
㉤ 폐기 시 주의사항
㉥ 그 밖의 참고사항

정답
① 유해성·위험성 ② 응급조치 요령
③ 폭발·화재 시 대처방법 ④ 누출사고 시 대처방법
⑤ 노출방지 및 개인보호구 ⑥ 안정성 및 반응성
⑦ 독성에 관한 정보 ⑧ 환경에 미치는 영향
⑨ 운송에 필요한 정보 ⑩ 법적규제 현황

14 #방폭구조의 표시

다음 방폭구조의 표시를 쓰시오. (3점)

⑴ 방폭구조: 외부의 가스가 용기 내로 침입하여 폭발하더라도 용기는 그 압력에 견디고 외부의 폭발성 가스에 착화될 우려가 없도록 만들어진 구조
⑵ 가스그룹: ⅡB
⑶ 최고표면온도: 100[℃]

정답
Ex d ⅡB T5
※ d는 내압방폭구조의 기호이다.

3회

01 #방진마스크 #사용장소

1급 방진마스크를 사용하는 장소 3군데를 쓰시오. (3점)

정답

① 특급마스크 착용장소를 제외한 분진 등 발생장소

② 금속흄 등과 같이 열적으로 생기는 분진 등 발생장소

③ 기계적으로 생기는 분진 등 발생장소

02 #광전자식 방호장치 #일반사항

프레스의 광전자식 방호장치에 관한 설명 중 ( ) 안에 알맞은 내용을 쓰시오. (4점)

(1) 프레스 또는 전단기에서 일반적으로 많이 활용하고 있는 형태로서 투광부, 수광부, 컨트롤 부분으로 구성된 것으로서 신체의 일부가 광선을 차단하면 기계를 급정지시키는 방호장치로 (①) 분류에 해당한다.

(2) 정상동작표시램프는 (②), 위험표시램프는 (③)으로 하며, 쉽게 근로자가 볼 수 있는 곳에 설치해야 한다.

(3) 방호장치는 릴레이, 리미트 스위치 등의 전기부품의 고장, 전원전압의 변동 및 정전에 의해 슬라이드가 불시에 동작하지 않아야 하며, 사용전원전압의 ±(④)의 변동에 대하여 정상으로 작동되어야 한다.

정답

① A-1

② 녹색

③ 붉은색

④ 100분의 20(20[%])

03 #법령 #가설통로

가설통로의 설치기준에 관한 사항이다. ( ) 안에 알맞은 내용을 쓰시오. (5점)

(1) 경사는 (①)° 이하로 할 것

(2) 경사가 (②)°를 초과하는 경우에는 미끄러지지 아니하는 구조로 할 것

(3) 추락할 위험이 있는 장소에는 (③)을 설치할 것

(4) 수직갱에 가설된 통로의 길이가 15[m] 이상인 경우에는 (④)[m] 이내마다 계단참을 설치할 것

(5) 건설공사에 사용하는 높이 8[m] 이상인 비계다리에는 (⑤)[m] 이내마다 계단참을 설치할 것

정답

① 30   ② 15   ③ 안전난간

④ 10   ⑤ 7

04 #와이어로프에 걸리는 하중

980[kg]의 화물을 두줄걸이 로프로 상부 각도 90°로 들어올릴 때, 각각의 와이어로프에 걸리는 하중[kg]을 계산하시오. (3점)

정답

$$T = \frac{w}{2 \times \cos\frac{\theta}{2}} = \frac{980}{2 \times \cos 45°} = 692.96[kg]$$

여기서, w: 물건의 중량

θ: 매다는 각도

※ 「운반하역 표준안전 작업지침」상 매다는 각도는 60° 이내로 하여야 하므로 이 문제는 출제 오류입니다.

05 #법령 #안전보건표지 #관계자 외 출입금지

'관계자 외 출입금지' 표지의 종류 3가지를 쓰시오. (3점)

정답

① 허가대상물질 작업장

② 석면취급/해체 작업장

③ 금지대상물질의 취급 실험실 등

06 #법령 #조도기준

조명은 작업환경의 측면에서 중요한 안전요소이다. 「산업안전보건기준에 관한 규칙」에 의거, 근로자가 상시 작업하는 장소의 조도기준을 쓰시오.(단, 갱내 작업장과 감광재료를 취급하는 작업장은 제외한다.) (4점)

초정밀작업	정밀작업	보통작업	그 밖의 작업
(①)[lux] 이상	(②)[lux] 이상	(③)[lux] 이상	(④)[lux] 이상

정답

① 750　　　　　　　　② 300
③ 150　　　　　　　　④ 75

07 #법령 #유해물질 #게시사항

관리대상 유해물질을 취급하는 작업장의 보기 쉬운 곳에 게시하여야 할 사항 5가지를 쓰시오. (5점)

정답

① 관리대상 유해물질의 명칭
② 인체에 미치는 영향
③ 취급상 주의사항
④ 착용하여야 할 보호구
⑤ 응급조치와 긴급 방재 요령

08 #법령 #안전보건교육 #관리감독자 #정기교육

「산업안전보건법령」에서 관리감독자의 정기안전보건교육의 내용 4가지를 쓰시오. (4점)

정답

① 산업안전 및 사고 예방에 관한 사항
② 산업보건 및 직업병 예방에 관한 사항
③ 위험성평가에 관한 사항
④ 유해 · 위험 작업환경 관리에 관한 사항
⑤ 「산업안전보건법령」 및 산업재해보상보험 제도에 관한 사항
⑥ 직무스트레스 예방 및 관리에 관한 사항
⑦ 직장 내 괴롭힘, 고객의 폭언 등으로 인한 건강장해 예방 및 관리에 관한 사항
⑧ 작업공정의 유해 · 위험과 재해 예방대책에 관한 사항
⑨ 사업장 내 안전보건관리체제 및 안전 · 보건조치 현황에 관한 사항
⑩ 표준안전 작업방법 결정 및 지도 · 감독 요령에 관한 사항
⑪ 현장근로자와의 의사소통능력 및 강의능력 등 안전보건교육 능력 배양에 관한 사항
⑫ 비상시 또는 재해 발생 시 긴급조치에 관한 사항
⑬ 그 밖의 관리감독자의 직무에 관한 사항

09 #법령 #이동식 크레인 #작업시작 전 점검사항

「산업안전보건법령」상 이동식 크레인을 사용하여 작업할 때 작업시작 전 점검사항 3가지를 쓰시오. (3점)

정답

① 권과방지장치나 그 밖의 경보장치의 기능
② 브레이크 · 클러치 및 조정장치의 기능
③ 와이어로프가 통하고 있는 곳 및 작업장소의 지반상태

10 #법령 #안전인증대상 #기계 · 설비

안전인증대상 기계 · 설비 3가지를 쓰시오. (3점)

정답

① 프레스　　　　　　② 전단기 및 절곡기
③ 크레인　　　　　　④ 리프트
⑤ 압력용기　　　　　⑥ 롤러기
⑦ 사출성형기　　　　⑧ 고소 작업대
⑨ 곤돌라

11 #위험도 #폭발하한계

아세틸렌 70[%], 클로로벤젠 30[%]일 때, 아세틸렌의 위험도와 이 혼합기체의 공기 중 폭발하한계[vol%]를 각각 계산하시오. (6점)

구분	폭발하한계	폭발상한계
아세틸렌	2.5[vol%]	81[vol%]
클로로벤젠	1.3[vol%]	7.1[vol%]

정답

① 아세틸렌의 위험도

$$H = \frac{U-L}{L} = \frac{81-2.5}{2.5} = 31.4$$

여기서, U: 폭발상한계 값[vol%]

L: 폭발하한계 값[vol%]

② 혼합기체의 폭발하한계

$$L = \frac{V_1+V_2+\cdots+V_n}{\dfrac{V_1}{L_1}+\dfrac{V_2}{L_2}+\cdots+\dfrac{V_n}{L_n}} = \frac{70+30}{\dfrac{70}{2.5}+\dfrac{30}{1.3}} ≒ 1.96[vol\%]$$

여기서, L_n: 각 성분가스의 폭발하한계[vol%]

V_n: 전체 혼합가스 중 각 성분가스의 비율[vol%]

12 #법령 #계단의 안전

「산업안전보건법령」상의 계단에 관한 내용이다. 다음 (   ) 안에 알맞은 내용을 쓰시오. (5점)

(1) 사업주는 계단 및 계단참을 설치하는 경우 매제곱미터당 (①   )[kg] 이상의 하중에 견딜 수 있는 강도를 가진 구조로 설치하여야 하며, 안전율은 (②   ) 이상으로 하여야 한다.

(2) 계단을 설치하는 경우 그 폭을 (③   )[m] 이상으로 하여야 한다.

(3) 높이가 (④   )[m]를 초과하는 계단에는 높이 3[m] 이내마다 진행방향으로 길이 1.2[m] 이상의 계단참을 설치하여야 한다.

(4) 높이 (⑤   )[m] 이상인 계단의 개방된 측면에 안전난간을 설치하여야 한다.

정답

① 500   ② 4   ③ 1

④ 3   ⑤ 1

13 #법령 #산업재해조사표 #상해종류

「산업안전보건법 시행규칙」에서 산업재해조사표에 작성해야 할 상해의 종류 4가지를 쓰시오. (4점)

정답

① 골절   ② 절단   ③ 타박상

④ 찰과상   ⑤ 중독·질식   ⑥ 화상

⑦ 감전   ⑧ 뇌진탕   ⑨ 고혈압

⑩ 뇌졸중   ⑪ 피부염   ⑫ 진폐

⑬ 수근관증후군

14 #법령 #접지 #코드와 플러그

「산업안전보건기준에 관한 규칙」에서 누전에 의한 감전의 위험을 방지하기 위해 코드와 플러그를 접속하여 접지를 실시하는 전기기계·기구 중 노출된 비충전 금속체 3가지를 쓰시오. (3점)

정답

① 사용전압이 대지전압 150[V]를 넘는 것

② 냉장고·세탁기·컴퓨터 및 주변기기 등과 같은 고정형 전기기계·기구

③ 고정형·이동형 또는 휴대형 전동기계·기구

④ 물 또는 도전성이 높은 곳에서 사용하는 전기기계·기구, 비접지형 콘센트

⑤ 휴대형 손전등

2015년
기출문제

1회

01 #법령 #하역작업장 #조치사항
화물을 취급하는 작업 등에 대한 내용이다. 다음 ( ) 안에 알맞은 내용을 쓰시오. (3점)

(1) 사업주는 바닥으로부터의 높이가 2[m] 이상 되는 하적단과 인접 하적단 사이의 간격을 하적단의 밑부분을 기준하여 (①)[cm] 이상으로 하여야 한다.
(2) 부두 또는 안벽의 선을 따라 통로를 설치하는 경우에는 폭을 (②)[cm] 이상으로 할 것
(3) 육상에서의 통로 및 작업장소로서 다리 또는 선거 갑문을 넘는 보도 등의 위험한 부분에는 (③) 또는 울타리 등을 설치할 것

정답

① 10   ② 90   ③ 안전난간

02 #방폭구조의 표시
다음 설명에 해당되는 방폭구조의 표시를 쓰시오. (5점)

(1) 방폭구조: 외부의 가스가 용기 내로 침입하여 폭발하더라도 용기는 그 압력에 견디고 외부의 폭발성 가스에 착화될 우려가 없도록 만들어진 구조
(2) 그룹: 잠재적 폭발성 위험 분위기에서 사용되는 전기기기 (폭발성 메탄가스 위험 분위기에서 사용되는 광산용 전기기기 제외)
(3) 최대안전틈새: 0.8[mm]
(4) 최고표면온도: 180[℃]

정답

Ex d IIB T3

※ 내압방폭구조(d)를 대상으로 하는 가스 또는 증기의 분류

최대안전틈새(MESG)	가스 또는 증기의 분류	내압방폭구조 전기기기의 분류
0.9[mm] 이상	A	IIA
0.5[mm] 초과 0.9[mm] 미만	B	IIB
0.5[mm] 이하	C	IIC

03 #유해작업 #작업환경 개선
유해물질의 취급 등으로 근로자에게 유해한 작업에 있어서 그 원인을 제거하기 위하여 조치할 때 적용해야 할 사항 3가지를 쓰시오. (3점)

정답

① 대치(사용물질의 변경, 작업공정의 변경, 생산시설의 변경)
② 격리(작업자 격리, 작업공정 격리, 생산시설 격리, 저장물질 격리)
③ 환기(전체환기, 국소배기)

04 #캐리오버 #원인

보일러에서 발생하는 캐리오버(Carry Over) 현상의 원인 4가지를 쓰시오. (4점)

정답

① 보일러수가 과잉 농축되었을 때
② 열부하가 급격하게 변동할 때
③ 운전 중 수위 조절이 원활하게 이루어지지 못할 때
④ 보일러의 운전압력을 너무 낮게 설정하였을 때
⑤ 기수분리기의 불량 등 기계적 고장이 발생하였을 때

05 #법령 #물질안전보건자료 #제외 대상

「산업안전보건법령」상 물질안전보건자료의 작성·제출 제외 대상 물질 4가지를 쓰시오.(단, 일반 소비자의 생활용으로 제공되는 것과 그 밖에 고용노동부장관이 독성·폭발성 등으로 인한 위해의 정도가 적다고 인정하여 고시하는 화학물질은 제외한다.) (4점)

정답

① 「건강기능식품에 관한 법률」에 따른 건강기능식품
② 「농약관리법」에 따른 농약
③ 「마약류 관리에 관한 법률」에 따른 마약 및 향정신성의약품
④ 「비료관리법」에 따른 비료
⑤ 「사료관리법」에 따른 사료

06 #법령 #안전보건교육 #특별교육 #로봇작업

로봇작업에 대한 특별안전보건교육을 실시할 때 교육내용 4가지를 쓰시오. (4점)

정답

① 로봇의 기본원리·구조 및 작업방법에 관한 사항
② 이상 발생 시 응급조치에 관한 사항
③ 안전시설 및 안전기준에 관한 사항
④ 조작방법 및 작업순서에 관한 사항

07 #사고예방대책 5단계 #하인리히

하인리히의 재해 예방대책 5단계를 순서대로 쓰시오. (5점)

정답

① 1단계: 조직(안전관리조직)
② 2단계: 사실의 발견(현상파악)
③ 3단계: 분석·평가(원인규명)
④ 4단계: 시정책의 선정
⑤ 5단계: 시정책의 적용

08 #법령 #산업재해조사표 #항목

[보기]에서 산업재해조사표의 주요항목에 해당하지 않는 것 4가지를 고르시오. (4점)

┌ 보기 ┐
① 재해자의 국적   ② 보호자의 성명
③ 재해 발생일시   ④ 고용형태
⑤ 휴업예상일수   ⑥ 급여수준
⑦ 응급조치 내역   ⑧ 재해자의 직업
⑨ 재해자 복직예정일

정답

② 보호자의 성명   ⑥ 급여수준
⑦ 응급조치 내역   ⑨ 재해자 복직예정일

09 #평균고장간격 #신뢰도

어떤 기계를 1시간 가동하였을 때 고장발생확률이 0.004일 경우 다음 물음에 답하시오. (4점)

① 평균고장간격을 계산하시오.
② 10시간 가동하였을 때 기계의 신뢰도를 계산하시오.

정답

① 평균고장간격(MTBF)$=\dfrac{1}{\lambda(\text{고장률})}=\dfrac{1}{0.004}=250$시간
② 신뢰도 $R(t)=e^{-\lambda t}=e^{-0.004\times10}\fallingdotseq0.96$

10 #법령 #이동식 크레인 #작업시작 전 점검사항

이동식 크레인을 사용하여 작업을 할 때 작업시작 전 점검 사항 2가지를 쓰시오. (4점)

정답

① 권과방지장치나 그 밖의 경보장치의 기능
② 브레이크 · 클러치 및 조정장치의 기능
③ 와이어로프가 통하고 있는 곳 및 작업장소의 지반상태

11 #법령 #안전보건표지 #안내표지

「산업안전보건법령」상 안전보건표지 중 '응급구호표지'를 그리시오.(단, 색상 표시는 글로 나타내도록 하고, 크기에 대한 기준은 표시하지 않아도 된다.) (4점)

정답

①

② 바탕: 녹색

관련 부호 및 그림: 흰색

12 #법령 #달비계의 최대적재하중 #안전계수

달비계의 최대적재하중을 정하고자 한다. 다음 (   ) 안에 안전계수를 쓰시오. (4점)

(1) 달기 와이어로프 및 달기 강선의 안전계수: (①   ) 이상
(2) 달기 체인 및 달기 훅의 안전계수: (②   ) 이상
(3) 달기 강대와 달비계의 하부 및 상부 지점의 안전계수: 강재의 경우 (③   ) 이상, 목재의 경우 (④   ) 이상

정답

① 10   ② 5
③ 2.5   ④ 5

13 #분할날

목재가공용 둥근톱에 대한 방호장치 중 분할날이 갖추어야 할 사항이다. (   ) 안에 알맞은 내용을 쓰시오. (3점)

(1) 분할날의 두께는 둥근톱 두께의 (①   )배 이상으로 한다.
(2) 견고히 고정할 수 있으며 분할날과 톱날 원주면과의 거리는 (②   )[mm] 이내로 조정, 유지할 수 있어야 한다.
(3) 표준 테이블면 상의 톱 뒷날의 (③   ) 이상을 덮도록 한다.

정답

① 1.1   ② 12   ③ $\frac{2}{3}$

14 #시스템 안전프로그램 #포함사항

시스템 안전을 실행하기 위한 시스템 안전프로그램(SSPP)의 포함사항 4가지를 쓰시오. (4점)

정답

① 시스템 안전 업무활동
② 리스크 평가방법 및 수용기준
③ 시스템 안전의 문서양식
④ 시스템 개발과정에서의 주요 안전업무활동 시기 및 방법
⑤ 시스템 안전조직

2회

01 #와이어로프의 꼬임

다음 와이어로프의 꼬임형식을 쓰시오. (4점)

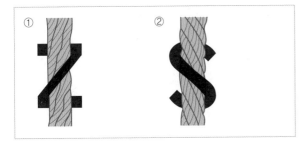

정답

① 랭 Z 꼬임

② 보통 S 꼬임

02 #재해 발생개요

「산업안전보건법령」에 따라 산업재해조사표를 작성하고자 한다. 재해 발생개요를 작성하시오. (4점)

> 사출 성형부 플라스틱 용기 생산 1팀 사출공정에서 재해자 A 와 동료 작업자 1명이 같이 작업 중이었으며 재해자 A가 사출 성형기 2호기에서 플라스틱 용기를 꺼낸 후 금형을 점검하던 중 재해자가 점검 중임을 모르던 동료 근로자 B가 사출 성형기 조작 스위치를 가동하여 금형 사이에 재해자가 끼어 사망하였다. 재해 당시 사출 성형기 도어인터록 장치는 설치가 되어 있었으나 고장 중이어서 기능을 상실한 상태였고, 점검과 관련하여 '수리 중·조작금지'의 안전표지판이나 전원 스위치 작동 금지용 잠금장치는 설치하지 않은 상태에서 동료 근로자가 조작 스위치를 잘못 조작하여 재해가 발생하였다.

(1) 어디서: (2) 누가:

(3) 무엇을: (4) 어떻게:

정답

(1) 어디서: 사출 성형부 플라스틱 용기 생산 1팀 사출공정

(2) 누가: 재해자 A와 동료 작업자 1명

(3) 무엇을: 재해자 A가 사출 성형기 2호기에서 플라스틱 용기를 꺼낸 후 금형을 점검

(4) 어떻게: 재해자가 점검 중임을 모르던 동료 근로자 B가 사출 성형기 조작 스위치를 가동하여 금형 사이에 재해자가 끼어 사망

03 #법령 #사업주의 의무 #근로자의 의무

「산업안전보건법」상의 사업주의 의무와 근로자의 의무를 2가지씩 쓰시오. (4점)

정답

① 사업주의 의무

  ㉠ 「산업안전보건법령」으로 정하는 산업재해 예방을 위한 기준 이행

  ㉡ 근로자의 신체적 피로와 정신적 스트레스 등을 줄일 수 있는 쾌적한 작업환경의 조성 및 근로조건 개선

  ㉢ 해당 사업장의 안전 및 보건에 관한 정보를 근로자에게 제공

② 근로자의 의무

  ㉠ 「산업안전보건법령」으로 정하는 산업재해 예방을 위한 기준 준수

  ㉡ 사업주 또는 근로감독관, 공단 등 관계인이 실시하는 산업재해 예방에 관한 조치 이행

04 #법령 #안전보건교육 #근로자 #채용 시 #작업내용 변경 시

「산업안전보건법령」상 사업장 내 안전보건교육에 있어 근로자의 채용 시 및 작업내용 변경 시 교육내용 4가지를 쓰시오.(단, 「산업안전보건법령」 및 산업재해보상보험 제도에 관한 사항은 제외한다.) (4점)

정답

① 산업안전 및 사고 예방에 관한 사항

② 산업보건 및 직업병 예방에 관한 사항

③ 위험성 평가에 관한 사항

④ 직무스트레스 예방 및 관리에 관한 사항

⑤ 직장 내 괴롭힘, 고객의 폭언 등으로 인한 건강장해 예방 및 관리에 관한 사항

⑥ 기계·기구의 위험성과 작업의 순서 및 동선에 관한 사항

⑦ 작업 개시 전 점검에 관한 사항

⑧ 정리정돈 및 청소에 관한 사항

⑨ 사고 발생 시 긴급조치에 관한 사항

⑩ 물질안전보건자료에 관한 사항

05 #페일 세이프 #기능분류

페일 세이프(Fail-safe)의 기능분류 3가지를 쓰고, 그 의미를 설명하시오. (3점)

정답

① Fail Passive: 부품이 고장나면 통상 정지하는 방향으로 이동한다.
② Fail Active: 부품이 고장나면 기계는 경보를 울리며 짧은 시간 동안 운전이 가능하다.
③ Fail Operational: 부품에 고장이 있더라도 추후 보수가 있을 때까지 안전한 기능을 유지한다.

06 #법령 #산업안전보건위원회 #회의록

「산업안전보건법령」에서 규정하는 산업안전보건위원회의 회의록 작성사항 3가지를 쓰시오. (3점)

정답

① 개최 일시 및 장소　　　② 출석위원
③ 심의 내용 및 의결·결정 사항　　　④ 그 밖의 토의사항

07 #연소의 3요소 #소화방법

연소의 3요소와 각 요소별 소화방법을 쓰시오. (6점)

정답

① 가연성 물질: 제거소화
② 산소공급원: 질식소화
③ 점화원: 냉각소화

08 #법령 #신규화학물질 #조사보고서

「산업안전보건법령」상 신규화학물질의 제조 및 수입 등에 관한 설명이다. (　) 안에 해당하는 내용을 쓰시오. (3점)

> 신규화학물질을 제조하거나 수입하려는 자는 제조하거나 수입하려는 날 (　①　)일(연간 제조하거나 수입하려는 양이 100[kg] 이상 1톤 미만인 경우에는 (　②　)일) 전까지 신규화학물질 유해성·위험성 조사보고서에 필요 서류를 첨부하여 (　③　)에게 제출해야 한다.

정답

① 30　　　② 14　　　③ 고용노동부장관

09 #인간-기계 체계 #기본기능

인간-기계 통합 시스템에서 시스템(System)이 갖는 기능 5가지를 쓰시오. (5점)

정답

① 감지기능　　　② 정보저장기능
③ 정보처리 및 의사결정기능　　　④ 행동기능
⑤ 입력기능　　　⑥ 출력기능

10 #법령 #콘크리트 타설작업 #준수사항

콘크리트 타설작업 시 준수사항 3가지를 쓰시오. (3점)

정답

① 당일의 작업을 시작하기 전에 해당 작업에 관한 거푸집 및 동바리의 변형·변위 및 지반의 침하 유무 등을 점검하고 이상이 있으면 보수할 것
② 작업 중에는 감시자를 배치하는 등 거푸집 및 동바리의 변형·변위 및 침하 유무 등을 확인하여야 하며, 이상이 있으면 작업을 중지하고 근로자를 대피시킬 것
③ 콘크리트 타설작업 시 거푸집 붕괴의 위험이 발생할 우려가 있으면 충분한 보강조치를 할 것
④ 설계도서상의 콘크리트 양생기간을 준수하여 거푸집 및 동바리를 해체할 것
⑤ 콘크리트를 타설하는 경우에는 편심이 발생하지 않도록 골고루 분산하여 타설할 것

11 #고장발생확률

고장률이 1시간당 0.01로 일정한 기계가 있다. 이 기계에서 처음 100시간 동안 고장이 발생할 확률을 계산하시오. (4점)

정답

신뢰도 $R(t) = e^{-\lambda t} = e^{-0.01 \times 100} ≒ 0.37$이므로
고장발생확률 $F(t) = 1 - R(t) = 1 - 0.37 = 0.63$

12 #법령 #누전차단기 #준수사항

감전방지용 누전차단기의 정격감도전류와 작동시간을 쓰시오.(단, 정격전부하전류는 50[A] 미만) (4점)

정답

① 정격감도전류: 30[mA] 이하

② 작동시간: 0.03초 이내

13 #법령 #도급사업 #점검반

도급사업의 합동 안전·보건점검을 할 때 점검반으로 구성하여야 하는 사람 3명을 쓰시오. (3점)

정답

① 도급인

② 관계수급인

③ 도급인 및 관계수급인의 근로자 각 1명

14 #법령 #안전보건표지 #경고표지 #지시표지

다음 중 경고표지 및 지시표지를 각각 고르시오. (5점)

①	②	③	④
⑤	⑥	⑦	⑧
⑨	⑩		

정답

(1) 경고표지: ①, ③, ⑤, ⑥, ⑨, ⑩

(2) 지시표지: ②, ④, ⑦, ⑧

01 #위험점

다음 기계설비에 형성되는 위험점을 쓰시오. (4점)

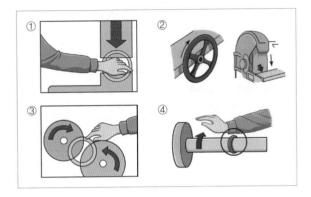

정답

① 협착점 ② 끼임점

③ 물림점 ④ 회전말림점

02 #법령 #관리감독자 #업무

「산업안전보건법령」상 관리감독자의 업무 4가지를 쓰시오. (4점)

정답

① 사업장 내 관리감독자가 지휘·감독하는 작업과 관련된 기계·기구 또는 설비의 안전·보건 점검 및 이상 유무의 확인

② 관리감독자에게 소속된 근로자의 작업복·보호구 및 방호장치의 점검과 그 착용·사용에 관한 교육·지도

③ 해당작업에서 발생한 산업재해에 관한 보고 및 이에 대한 응급조치

④ 해당작업의 작업장 정리·정돈 및 통로 확보에 대한 확인·감독

⑤ 안전관리자, 보건관리자, 안전보건관리담당자 및 산업보건의의 지도·조언에 대한 협조

⑥ 위험성평가에 관한 유해·위험요인의 파악 및 개선조치의 시행에 대한 참여

⑦ 그 밖에 해당작업의 안전 및 보건에 관한 사항으로서 고용노동부령으로 정하는 사항

03 #법령 #산업재해조사표 #항목

「산업안전보건법령」에 따라 산업재해조사표를 작성하고자 할 때, [보기]에서 산업재해조사표의 주요 작성항목이 아닌 것을 고르시오. (4점)

| 보기 |

① 발생일시 ② 목격자 인적사항
③ 재해발생 당시 상황 ④ 상해종류
⑤ 고용형태 ⑥ 직업
⑦ 가해물 ⑧ 요양기관
⑨ 재해 발생 후 첫 출근일자

정답

② 목격자 인적사항 ⑦ 가해물
⑧ 요양기관 ⑨ 재해 발생 후 첫 출근일자

04 #안전덮개의 각도

연삭기 덮개의 각도를 쓰시오.(단, 이상, 이하, 이내를 정확히 구분해서 쓰시오.) (3점)

일반 연삭작업 등에 사용하는 것을 목적으로 하는 탁상용 연삭기

연삭숫돌의 상부를 사용하는 것을 목적으로 하는 탁상용 연삭기

평면 연삭기, 절단 연삭기, 그 밖에 이와 비슷한 연삭기

정답

① 125° 이내 ② 60° 이상 ③ 15° 이상

05 #고압가스용기 도색

다음 [보기]의 고압가스용기의 색을 쓰시오. (4점)

| 보기 |

① 산소 ② 아세틸렌
③ 액화암모니아 ④ 질소

정답

① 녹색 ② 황색
③ 백색 ④ 회색

06 #위험예지훈련 4R

위험예지훈련 4라운드의 진행 단계를 쓰시오. (4점)

정답

① 1라운드: 현상파악 ② 2라운드: 본질추구
③ 3라운드: 대책수립 ④ 4라운드: 목표설정

07

다음은 접지공사 종류에서 접지저항 값 및 접지선의 굵기에 관한 내용이다. ( ) 안에 알맞은 내용을 쓰시오. (4점)

종별	접지저항	접지선의 굵기
제1종	(①)[Ω] 이하	공칭단면적 6[mm^2] 이상의 연동선
제2종	$\dfrac{150}{1선 지락전류}$[Ω] 이하	공칭단면적 (②)[mm^2] 이상의 연동선
제3종	(③)[Ω] 이하	공칭단면적 2.5[mm^2] 이상의 연동선
특별 제3종	10[Ω] 이하	공칭단면적 (④)[mm^2] 이상의 연동선

정답

※ 「한국전기설비규정」 개정으로 접지대상에 따라 일괄 적용한 종별접지는 폐지되었습니다. 이에 따라 성립될 수 없는 문제입니다.

08 #고장발생확률

고장률이 시간당 0.01로 일정한 기계가 있다. 이 기계가 처음 100시간 동안 고장이 발생할 확률을 계산하시오. (5점)

정답

신뢰도 $R(t) = e^{-\lambda t} = e^{-0.01 \times 100} ≒ 0.37$이므로
고장발생확률 $F(t) = 1 - R(t) = 1 - 0.37 = 0.63$

09 #법령 #잠함·우물통 #침하방지

잠함 또는 우물통의 내부에서 굴착작업을 하는 경우에 잠함 또는 우물통의 급격한 침하로 인한 위험을 방지하기 위하여 준수해야 할 사항 2가지를 쓰시오. (4점)

정답

① 침하관계도에 따라 굴착방법 및 재하량 등을 정할 것
② 바닥으로부터 천장 또는 보까지의 높이는 1.8[m] 이상으로 할 것

10 #PHA #특성

PHA의 목표를 달성하기 위한 4가지 특성을 쓰시오. (4점)

정답

① 시스템의 모든 주요 사고 식별 및 대략적인 표현
② 사고 요인 식별
③ 사고를 가정한 후 시스템에 생기는 결과 식별·평가
④ 식별된 사고를 파국적, 위기적, 한계적, 무시가능의 4가지 카테고리로 분리

11 #법령 #양중기 #와이어로프 #사용금지

타워크레인에 사용하는 와이어로프의 사용금지기준 4가지를 쓰시오. (4점)

정답

① 이음매가 있는 것
② 와이어로프의 한 꼬임에서 끊어진 소선의 수가 10[%] 이상인 것
③ 지름의 감소가 공칭지름의 7[%]를 초과하는 것
④ 꼬인 것
⑤ 심하게 변형되거나 부식된 것
⑥ 열과 전기충격에 의해 손상된 것

12 #절연장갑 #최대사용전압

내전압용 절연장갑의 성능기준에 있어 (   ) 안에 알맞은 내용을 쓰시오. (4점)

등급	최대사용전압		색상
	교류([V], 실효값)	직류[V]	
00	500	(①)	갈색
0	(②)	1,500	빨간색
1	7,500	11,250	흰색
2	17,000	25,500	노란색
3	26,500	39,750	녹색
4	(③)	(④)	등색

정답

① 750   ② 1,000
③ 36,000   ④ 54,000

13 #법령 #자율검사프로그램 #시정명령

고용노동부장관이 자율검사프로그램의 인정을 취소하거나 인정받은 자율검사프로그램의 내용에 따라 검사를 하도록 하는 등 시정을 명할 수 있는 경우 3가지를 쓰시오. (3점)

정답

① 자율검사프로그램을 인정받고도 검사를 하지 아니한 경우
② 인정받은 자율검사프로그램의 내용에 따라 검사를 하지 아니한 경우
③ 자격 및 경험을 가진 사람 또는 자율안전검사기관이 검사를 하지 아니한 경우
※ 거짓이나 그 밖의 부정한 방법으로 자율검사프로그램을 인정받은 경우에는 인정을 취소하여야 한다.

14 #위험성평가 #실시순서

위험성평가의 실시순서를 [보기]에서 찾아 나열하시오. (4점)

| 보기 |
① 근로자의 작업과 관계되는 유해·위험요인의 파악
② 평가 대상의 선정 등 사전준비
③ 추정한 위험성이 허용 가능한 위험성인지 여부의 결정
④ 위험성평가 실시 내용 및 결과에 관한 기록
⑤ 위험성 감소대책의 수립 및 실행

정답

② → ① → ③ → ⑤ → ④

2014년 기출문제

1회

01 #보일링 #예방대책

지반의 이상현상 중 보일링에 대한 방지대책 3가지를 쓰시오. (3점)

정답
① 흙막이벽의 근입 깊이 증가
② 차수성이 높은 흙막이 설치
③ 흙막이벽 배면지반 그라우팅 실시
④ 흙막이벽 배면지반의 지하수위 저하

02 #페일 세이프 #풀 프루프

다음을 간단히 설명하시오. (4점)

| ① Fail-safe | ② Fool-proof |

정답
① Fail-safe : 기계나 그 부품에 고장이나 기능불량이 생겨도 항상 안전하게 작동하는 구조와 기능을 추구하는 본질적 안전
② Fool-proof : 근로자가 기계를 잘못 취급하여 불안전한 행동이나 실수를 하여도 기계설비의 안전기능이 작동되어 재해를 방지할 수 있는 기능

03 #법령 #타워크레인 #작업계획서

타워크레인을 설치·조립·해체하는 작업을 할 때 작업계획서에 포함하여야 할 내용 4가지를 쓰시오. (4점)

정답
① 타워크레인의 종류 및 형식
② 설치·조립 및 해체순서
③ 작업도구·장비·가설설비 및 방호설비
④ 작업인원의 구성 및 작업근로자의 역할 범위
⑤ 타워크레인의 지지 방법

04 #법령 #안전보건표지 #안내표지

「산업안전보건법령」상 안전보건표지 중 '응급구호표지'를 그리시오.(단, 색상 표시는 글로 나타내도록 하고, 크기에 대한 기준은 표시하지 않아도 된다.) (4점)

정답
①

② 바탕: 녹색
　관련 부호 및 그림: 흰색

05 #법령 #위생시설

도급인은 관계수급인인 근로자가 도급인의 사업을 하는 경우 위생시설 등 고용노동부령으로 정하는 시설의 설치 등을 위하여 필요한 장소를 제공하거나 도급인이 설치한 위생시설을 이용할 수 있도록 하는 등 적절한 협조를 하여야 한다. 이때 고용노동부령으로 정하는 위생시설의 종류 4가지를 쓰시오. (4점)

정답
① 휴게시설　　　　　　　② 세면·목욕시설
③ 세탁시설　　　　　　　④ 탈의시설
⑤ 수면시설

06 #조건반사설

파블로프 조건반사설의 4가지 원리를 쓰시오. (4점)

정답
① 시간의 원리　　　　　　② 강도의 원리
③ 계속성의 원리　　　　　④ 일관성의 원리

07 #무재해

무재해운동을 추진하던 중에 사고나 재해가 발생하여도 무재해로 인정되는 경우 4가지를 쓰시오. (4점)

정답

① 천재지변 또는 돌발적인 사고로 인한 구조행위 또는 긴급피난 중 발생한 사고
② 출·퇴근 도중에 발생한 재해
③ 운동경기 등 각종 행사 중 발생한 재해
④ 천재지변 또는 돌발적인 사고 우려가 많은 장소에서 사회통념상 인정되는 업무수행 중 발생한 사고
⑤ 제3자의 행위에 의한 업무상 재해
⑥ 뇌혈관질병 또는 심장질병에 의한 재해

08 #법령 #안전인증 심사

「산업안전보건법령」상 유해·위험기계 등이 안전인증기준에 적합한지를 확인하기 위하여 안전인증기관이 심사하는 심사의 종류 4가지를 쓰시오. (4점)

정답

① 예비심사
② 서면심사
③ 기술능력 및 생산체계 심사
④ 제품심사

09 #법령 #사업주의 의무 #근로자의 의무

「산업안전보건법령」상의 사업주의 의무와 근로자의 의무를 2가지씩 쓰시오. (4점)

정답

① 사업주의 의무
  ㉠ 「산업안전보건법령」으로 정하는 산업재해 예방을 위한 기준 이행
  ㉡ 근로자의 신체적 피로와 정신적 스트레스 등을 줄일 수 있는 쾌적한 작업환경 조성 및 근로조건 개선
  ㉢ 해당 사업장의 안전 및 보건에 관한 정보를 근로자에게 제공
② 근로자의 의무
  ㉠ 「산업안전보건법령」으로 정하는 산업재해 예방을 위한 기준 준수
  ㉡ 사업주 또는 근로감독관, 공단 등 관계인이 실시하는 산업재해 예방에 관한 조치 이행

10 #물에 젖은 #심실세동전류 #통전시간

전압이 100[V]인 충전 부분에 작업자의 물에 젖은 손이 접촉되어 감전, 사망하였다. 이때 인체에 흐른 심실세동전류[mA]와 통전시간[s]을 계산하시오.(단, 인체의 저항은 5,000[Ω]으로 하고, 소수 넷째 자리에서 반올림하여 소수 셋째 자리까지 표기한다.) (5점)

정답

① 전류(I)

인체저항은 물에 젖은 경우 $\frac{1}{25}$로 감소하므로

$V=100[\text{V}]$이고, $R=5,000 \times \frac{1}{25}=200[\Omega]$

$I=\dfrac{V}{R}=\dfrac{100}{200}=0.5[\text{A}]=500[\text{mA}]$

② 시간(T)

$I[\text{mA}]=\dfrac{165}{\sqrt{T}}$이므로

$T=\left(\dfrac{165}{I}\right)^2=\left(\dfrac{165}{500}\right)^2 \fallingdotseq 0.109[\text{s}]$

11 #법령 #공정안전보고서 #이행상태평가

다음은 공정안전보고서 이행 상태의 평가에 관한 내용이다. ( ) 안에 알맞은 내용을 쓰시오. (4점)

> (1) 고용노동부장관은 공정안전보고서의 확인 후 1년이 지난 날부터 (①) 이내에 공정안전보고서 이행 상태의 평가를 해야 한다.
> (2) 이행상태평가 후 사업주가 이행상태평가를 요청하는 경우에는 (②)마다 이행상태평가를 할 수 있다.

정답

① 2년   ② 1년 또는 2년

12 #휴먼에러 #분류

휴먼에러에서 독립행동에 관한 분류와 원인에 의한 분류를 각각 2가지씩 쓰시오. (4점)

정답

① 독립행동에 관한 분류
  ㉠ 생략에러(Omission Error)
  ㉡ 실행에러(Commission Error)
  ㉢ 과잉행동에러(Extraneous Error)
  ㉣ 순서에러(Sequential Error)
  ㉤ 시간(지연)에러(Timing Error)
② 원인에 의한 분류
  ㉠ 주과오(Primary Error)
  ㉡ 2차 과오(Secondary Error)
  ㉢ 지시과오(Command Error)

13 #고장확률 #평가기법

직렬이나 병렬구조로 단순화될 수 없는 복잡한 시스템의 신뢰도나 고장확률을 평가하는 기법 3가지를 쓰시오. (3점)

정답

① 사상공간법   ② 경로추적법   ③ 분해법

14 #광전자식 방호장치 #일반사항

프레스의 광전자식 방호장치에 관한 설명 중 ( ) 안에 알맞은 내용을 쓰시오. (4점)

(1) 프레스 또는 전단기에서 일반적으로 많이 활용하고 있는 형태로서 투광부, 수광부, 컨트롤 부분으로 구성된 것으로서 신체의 일부가 광선을 차단하면 기계를 급정지시키는 방호장치로 (①) 분류에 해당한다.
(2) 정상동작표시램프는 (②), 위험표시램프는 (③)으로 하며, 쉽게 근로자가 볼 수 있는 곳에 설치해야 한다.
(3) 방호장치는 릴레이, 리미트 스위치 등의 전기부품의 고장, 전원전압의 변동 및 정전에 의해 슬라이드가 불시에 동작하지 않아야 하며, 사용전원전압의 ±(④)의 변동에 대하여 정상으로 작동되어야 한다.

정답

① A-1   ② 녹색
③ 붉은색   ④ 100분의 20(20[%])

2회

01 #소화기 #적응성

다음 각 경우에 적응성이 있는 소화기를 [보기]에서 골라 2가지씩 쓰시오. (6점)

보기
① 이산화탄소소화기   ② 마른모래
③ 봉상수소화기   ④ 물통 또는 수조
⑤ 포소화기   ⑥ 할로겐화합물소화기

(1) 전기설비: (   )
(2) 인화성 액체: (   )
(3) 자기반응성 물질: (   )

정답

(1) 전기설비: ①, ⑥
(2) 인화성 액체: ①, ②, ⑤, ⑥
(3) 자기반응성 물질: ②, ③, ④, ⑤

02 #법령 #보일러 #안전장치

사업주는 보일러의 폭발사고를 예방하기 위하여 기능이 정상적으로 작동될 수 있도록 유지·관리하여야 한다. 이때 유지·관리하여야 하는 장치 3가지를 쓰시오. (3점)

정답

① 압력방출장치   ② 압력제한스위치
③ 고저수위 조절장치   ④ 화염 검출기

03 #휴식시간

도끼로 나무를 자르는 데 소요되는 에너지(E)는 8[kcal/min]이고, 작업에 대한 평균에너지 상한은 5[kcal/min]이며 휴식 시 소모되는 에너지는 1.5[kcal/min]이다. 이때 작업시간 60분에 포함되어야 할 휴식시간[min]을 계산하시오. (5점)

정답

$$휴식시간(R) = \frac{60(E - 작업\ 시\ 평균에너지\ 소비량\ 상한)}{E - 휴식\ 시\ 평균에너지\ 소비량}$$
$$= \frac{60 \times (8-5)}{8-1.5} ≒ 27.69[min]$$

04 #법령 #비상구 #설치기준

위험물질을 제조·취급하는 작업장과 그 작업장이 있는 건축물에 출입구 외에 안전한 장소로 대피할 수 있는 비상구를 설치할 때 갖추어야 할 구조요건 4가지를 쓰시오. (4점)

정답

① 출입구와 같은 방향에 있지 아니하고, 출입구로부터 3[m] 이상 떨어져 있을 것
② 작업장의 각 부분으로부터 하나의 비상구 또는 출입구까지의 수평거리가 50[m] 이하가 되도록 할 것
③ 비상구의 너비는 0.75[m] 이상으로 하고, 높이는 1.5[m] 이상으로 할 것
④ 비상구의 문은 피난 방향으로 열리도록 하고, 실내에서 항상 열 수 있는 구조로 할 것

05 #산업안전보건관리비 #계상기준

다음은 산업안전보건관리비의 계상 및 사용에 관한 내용이다. (   ) 안에 알맞은 내용을 쓰시오. (6점)

(1) 발주자가 재료를 제공하거나 일부 물품이 완제품의 형태로 제작·납품되는 경우에는 해당 재료비 또는 완제품의 가액을 대상액에 포함시킬 경우의 산업안전보건관리비는 해당 재료비 또는 완제품의 가액을 대상액에서 제외하고 산출한 산업안전보건관리비의 (①   )에 해당하는 값을 비교하여 그 중 작은 값 이상의 금액으로 계산한다.

(2) 대상액이 명확하지 않은 공사는 도급계약 또는 자체사업계획상 책정된 총공사금액의 (②   )[%]를 대상액으로 하여 산업안전보건관리비를 계상하여야 한다.

(3) 도급인은 산업안전보건관리비 사용내역에 대하여 공사 시작 후 (③   )마다 1회 이상 발주자 또는 감리자의 확인을 받아야 한다. 다만, (③   ) 이내에 공사가 종료되는 경우에는 종료 시 확인을 받아야 한다.

정답

① 1.2배   ② 70   ③ 6개월

06 #신뢰도

에어컨 스위치의 수명은 지수분포를 따르며, 평균수명은 1,000시간이다. 다음을 계산하시오. (6점)

① 새로 구입한 스위치가 향후 500시간 동안 고장 없이 작동할 확률
② 이미 1,000시간을 사용한 스위치가 향후 500시간 이상 견딜 확률

정답

① $R_a = e^{-\frac{t}{t_0}} = e^{-\frac{500}{1,000}} ≒ 0.61$
② $R_b = e^{-\frac{t}{t_0}} = e^{-\frac{500}{1,000}} ≒ 0.61$

여기서, t : 가동시간
t_0 : 평균수명

※ 지수분포를 따르는 것은 우발고장기간이며, 우발고장기간에는 사용 시간과 관계없이 고장율은 일정하다.

07 #누전차단기

누전차단기에 관한 내용이다. (   ) 안에 알맞은 내용을 쓰시오. (3점)

(1) 누전차단기는 지락검출장치, (①   ), 개폐기구 등으로 구성된다.
(2) 중감도형 누전차단기는 정격감도전류가 (②   )~1,000[mA]이다.
(3) 시연형 누전차단기는 작동시간이 0.1초 초과 (③   ) 이내이다.

정답

① 트립장치   ② 50   ③ 2초

08 #양립성

양립성의 종류 2가지를 쓰고, 사례를 들어 설명하시오. (4점)

정답

① 공간적 양립성: 어떤 사물들, 특히 표시장치나 조정장치의 물리적 형태나 공간적인 배치가 사용자의 기대와 일치하는 것(예) 가스버너에서 오른쪽 조리대는 오른쪽, 왼쪽 조리대는 왼쪽 조절장치로 조정하도록 배치하는 것)

② 운동적 양립성: 표시장치, 조정장치, 체계반응 등의 운동방향이 사용자의 기대와 일치하는 것(예) 자동차 핸들 조작방향으로 바퀴가 회전하는 것)

③ 개념적 양립성: 외부로부터의 자극에 대해 인간이 가지고 있는 개념적 연상의 일관성(예) 파란색 수도꼭지는 냉수, 빨간색 수도꼭지는 온수로 연상하는 것)

④ 양식 양립성: 언어 또는 문화적 관습이나 특정 신호에 따라 적합하게 반응하는 것(예) 기계가 특정 음성에 대해 정해진 반응을 하는 것)

09 #법령 #안전보건표지 #금지표지

'출입금지'표지를 그리고, 표지판의 색과 문자의 색을 쓰시오. (4점)

정답

①

② 바탕: 흰색
  기본모형: 빨간색
  관련 부호 및 그림: 검은색

10 #법령 #컨베이어 #작업시작 전 점검사항

컨베이어 등을 사용하여 작업할 때 작업시작 전에 점검해야 할 사항 3가지를 쓰시오. (3점)

정답

① 원동기 및 풀리 기능의 이상 유무
② 이탈 등의 방지장치 기능의 이상 유무
③ 비상정지장치 기능의 이상 유무
④ 원동기 · 회전축 · 기어 및 풀리 등의 덮개 또는 울 등의 이상 유무

11 #법령 #물질안전보건자료 #변경사항

물질안전보건자료 대상물질을 제조하거나 수입한 자는 고용노동부령이 정하는 사항이 변경된 경우 그 변경사항을 반영한 물질안전보건자료를 고용노동부장관에게 제출해야 한다. 이때 고용노동부령이 정하는 변경사항 3가지를 쓰시오. (3점)

정답

① 제품명(구성성분의 명칭 및 함유량의 변경이 없는 경우로 한정)
② 화학물질의 명칭 및 함유량(제품명의 변경 없이 구성성분의 명칭 및 함유량만 변경된 경우로 한정)
③ 건강 및 환경에 대한 유해성, 물리적 위험성

12 #재해예방 4원칙

재해예방 대책의 4원칙을 쓰고, 설명하시오. (4점)

정답

① 손실우연의 원칙: 재해손실은 사고발생 시 사고대상의 조건에 따라 달라지므로, 한 사고의 결과로서 생긴 재해손실은 우연성에 의해서 결정된다.
② 원인계기(원인연계)의 원칙: 재해발생은 반드시 원인이 있다.
③ 예방가능의 원칙: 재해는 원칙적으로 원인만 제거하면 예방이 가능하다.
④ 대책선정의 원칙: 재해예방을 위한 가능한 안전대책은 반드시 존재한다.

13 #법령 #안전보건총괄책임자 #지정사업

안전보건총괄책임자 지정 대상 사업장 2개를 쓰시오. (4점)

정답

① 관계수급인에게 고용된 근로자를 포함한 상시근로자가 100명(선박 및 보트 건조업, 1차 금속 제조업 및 토사석 광업의 경우 50명) 이상인 사업
② 관계수급인의 공사금액을 포함한 해당 공사의 총공사금액이 20억 원 이상인 건설업

3회

01 #법령 #안전인증대상

안전인증대상 기계 및 설비, 방호장치 또는 보호구에 해당하는 것 4가지를 고르시오. (4점)

> ① 안전대
> ② 연삭기 덮개
> ③ 파쇄기
> ④ 압력용기
> ⑤ 양중기용 과부하 방지장치
> ⑥ 교류 아크용접기용 자동전격방지기
> ⑦ 이동식 사다리
> ⑧ 동력식 수동대패용 칼날접촉방지장치
> ⑨ 용접용 보안면

정답

① 안전대　　　　　　　④ 압력용기
⑤ 양중기용 과부하 방지장치　　⑨ 용접용 보안면

02 #물에 젖은 #심실세동전류 #통전시간

용접작업을 하는 작업자가 전압이 300[V]인 충전 부분에 물에 젖은 손이 접촉, 감전되어 사망하였다. 이때 인체에 통전된 심실세동전류[mA]와 통전시간[ms]을 계산하시오.(단, 인체의 저항은 1,000[Ω]으로 한다.) (4점)

정답

① 전류(I)

인체저항은 물에 젖은 경우 $\frac{1}{25}$로 감소하므로

$V = 300[\text{V}]$이고, $R = 1,000 \times \frac{1}{25} = 40[\Omega]$

$I = \dfrac{V}{R} = \dfrac{300}{40} = 7.5[\text{A}] = 7,500[\text{mA}]$

② 시간(T)

$I[\text{mA}] = \dfrac{165}{\sqrt{T}}$이므로

$T = \left(\dfrac{165}{I}\right)^2 = \left(\dfrac{165}{7,500}\right)^2 = 0.000484[\text{s}] \fallingdotseq 0.48[\text{ms}]$

03 #옹벽의 안정조건

콘크리트 옹벽 구조물을 시공할 때 검토하여야 할 안정조건 3가지를 쓰시오. (6점)

정답

① 활동에 대한 안정
② 전도에 대한 안정
③ 지반 지지력(침하)에 대한 안정

04 #무재해

무재해운동 추진 중 사고나 재해가 발생해도 무재해로 인정되는 경우 4가지를 쓰시오. (4점)

정답

① 천재지변 또는 돌발적인 사고로 인한 구조행위 또는 긴급피난 중 발생한 사고
② 출·퇴근 도중에 발생한 재해
③ 운동경기 등 각종 행사 중 발생한 재해
④ 천재지변 또는 돌발적인 사고 우려가 많은 장소에서 사회통념상 인정되는 업무수행 중 발생한 사고
⑤ 제3자의 행위에 의한 업무상 재해
⑥ 뇌혈관질병 또는 심장질병에 의한 재해

05 #기계의 안전조건

기계 설비의 근원적 안전을 확보하기 위한 안전화방법 4가지를 쓰시오. (4점)

정답

① 외형의 안전화　　　　② 작업의 안전화
③ 작업점의 안전화　　　④ 기능상의 안전화
⑤ 구조적 안전화(강도적 안전화)

06 #역화방지기 #성능시험

아세틸렌 또는 가스집합 용접장치에 설치하는 역화방지기 성능시험의 종류 4가지를 쓰시오. (4점)

정답

① 내압시험 　　　　　② 기밀시험
③ 역류방지시험 　　　④ 역화방지시험
⑤ 가스압력손실시험 　⑥ 방출장치동작시험

07 #법령 #안전보건표지 #안내표지

안내표지의 종류 3가지를 쓰시오. (3점)

정답

① 녹십자표지 　　　② 응급구호표지
③ 들것 　　　　　　④ 세안장치
⑤ 비상용기구 　　　⑥ 비상구
⑦ 좌측비상구 　　　⑧ 우측비상구

08 #법령 #위험물질

「산업안전보건법령」상 위험물질의 종류에 있어 각 종류에 해당하는 것을 [보기]에서 찾아 2가지씩 쓰시오. (4점)

보기

① 황 　　　　　　　　② 염소산
③ 하이드라진 유도체 　④ 아세톤
⑤ 과망간산 　　　　　⑥ 니트로소화합물
⑦ 수소 　　　　　　　⑧ 리튬

(1) 폭발성 물질 및 유기과산화물
(2) 물반응성 물질 및 인화성 고체

정답

(1) 폭발성 물질 및 유기과산화물: ③, ⑥
(2) 물반응성 물질 및 인화성 고체: ①, ⑧

09 #법령 #공정안전보고서 #포함사항

공정안전보고서에 포함되어야 할 사항 4가지를 쓰시오. (4점)

정답

① 공정안전자료
② 공정위험성 평가서
③ 안전운전계획
④ 비상조치계획
⑤ 그 밖에 공정상의 안전과 관련하여 고용노동부장관이 필요하다고 인정하여 고시하는 사항

10 #사건수 분석

X_2 '고장'을 초기 사상으로 다음을 사건나무(Event Tree)로 도해하고, 각 가지마다 '작동', '고장'을 그림상에 표시하시오. (4점)

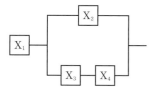

정답

X_2를 '고장'으로 두고 X_1, X_3, X_4의 작동 및 고장 여부를 가지치기하여 전체시스템의 작동 및 고장 여부를 판단한다.

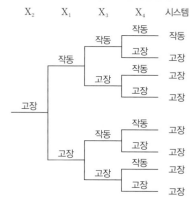

11 #연천인율 #강도율 #정의

다음의 재해 통계지수에 대하여 설명하시오. (6점)

① 연천인율	② 강도율

정답

① 연천인율: 1년간 평균 임금근로자 1,000명당 재해자 수

$$연천인율 = \frac{연간\ 재해(사상)자\ 수}{연평균\ 근로자\ 수} \times 1,000$$

② 강도율: 근로시간 1,000시간당 요양재해로 인해 발생하는 근로손실일수

$$강도율 = \frac{총\ 요양근로손실일수}{연근로시간\ 수} \times 1,000$$

13 #인간-기계 체계 #기본기능

인간-기계 통합 시스템에서 인간-기계의 기본기능 4가지를 쓰시오. (4점)

정답

① 감지기능   ② 정보저장기능
③ 정보처리 및 의사결정기능   ④ 행동기능
⑤ 입력기능   ⑥ 출력기능

12 #법령 #굴착작업 #작업계획서

굴착면의 높이가 2[m] 이상이 되는 지반의 굴착작업 시 작업계획서에 포함하여야 할 사항 4가지를 쓰시오. (4점)

정답

① 굴착방법 및 순서, 토사 등 반출 방법
② 필요한 인원 및 장비 사용계획
③ 매설물 등에 대한 이설·보호대책
④ 사업장 내 연락방법 및 신호방법
⑤ 흙막이 지보공 설치방법 및 계측계획
⑥ 작업지휘자의 배치계획
⑦ 그 밖에 안전·보건에 관련된 사항

2013년 기출문제

1회

01 #프레스 #방호장치

다음 설명에 맞는 프레스 및 전단기의 방호장치를 각각 쓰시오. (4점)

> ① 슬라이드 하강 중 정전 또는 방호장치의 이상 시에 정지할 수 있는 구조이어야 한다.
> ② 전압의 변동 및 정전에 의해 슬라이드가 불시에 동작하지 않아야 하고, 1행정 1정지기구에 사용할 수 있어야 한다.
> ③ 슬라이드 하행정거리의 $\frac{3}{4}$ 위치에서 손을 완전히 밀어내야 한다.
> ④ 손목밴드는 착용감이 좋으며 쉽게 착용할 수 있는 구조이고, 수인끈은 작업자와 작업공정에 따라 그 길이를 조정할 수 있어야 한다.

정답

① 광전자식 방호장치 ② 양수조작식 방호장치
③ 손쳐내기식 방호장치 ④ 수인식 방호장치

02 #법령 #접근한계거리

다음에 해당하는 충전전로에 대한 접근한계거리를 쓰시오. (4점)

> ① 380[V] ② 1.5[kV]
> ③ 6.6[kV] ④ 22.9[kV]

정답

① 30[cm] ② 45[cm]
③ 60[cm] ④ 90[cm]

※ 충전전로의 선간전압에 대한 접근한계거리

충전전로의 선간전압[kV]	충전전로에 대한 접근한계거리[cm]
0.3 이하	접촉금지
0.3 초과 0.75 이하	30
0.75 초과 2 이하	45
2 초과 15 이하	60
15 초과 37 이하	90
37 초과 88 이하	110
88 초과 121 이하	130
121 초과 145 이하	150
145 초과 169 이하	170
169 초과 242 이하	230
242 초과 362 이하	380
362 초과 550 이하	550
550 초과 800 이하	790

03 #시몬즈 #비보험 코스트

시몬즈 방식의 보험 코스트와 비보험 코스트 중 비보험 코스트 항목 4가지를 쓰시오. (4점)

정답

① 휴업상해건수 ② 통원상해건수
③ 응급조치건수 ④ 무상해사고건수

04 #법령 #작업발판 일체형 거푸집

거푸집의 설치·해체, 철근 조립, 콘크리트 타설, 콘크리트 면처리 작업 등을 위하여 거푸집을 작업발판과 일체로 제작하여 사용하는 작업발판 일체형 거푸집의 종류 4가지를 쓰시오. (4점)

정답

① 갱 폼(Gang Form)
② 슬립 폼(Slip Form)
③ 클라이밍 폼(Climbing Form)
④ 터널 라이닝 폼(Tunnel Lining Form)

05 #법령 #산업안전보건위원회 #심의·의결사항

「산업안전보건법령」에 따른 산업안전보건위원회의 심의·의결사항 4가지를 쓰시오. (4점)

정답

① 사업장의 산업재해 예방계획의 수립에 관한 사항
② 안전보건관리규정의 작성 및 변경에 관한 사항
③ 안전보건교육에 관한 사항
④ 작업환경측정 등 작업환경의 점검 및 개선에 관한 사항
⑤ 근로자의 건강진단 등 건강관리에 관한 사항
⑥ 중대재해의 원인 조사 및 재발 방지대책 수립에 관한 사항
⑦ 산업재해에 관한 통계의 기록 및 유지에 관한 사항
⑧ 유해하거나 위험한 기계·기구·설비를 도입한 경우 안전 및 보건 관련 조치에 관한 사항
⑨ 그 밖에 해당 사업장 근로자의 안전 및 보건을 유지·증진시키기 위하여 필요한 사항

06 #파과시간

시험가스 농도 1.6[%]에서 표준 유효시간이 80분인 정화통을 유해가스 농도가 0.8[%]인 작업장에서 사용할 경우 파과(유효)시간을 계산하시오. (4점)

정답

$$파과시간 = \frac{표준\ 유효시간 \times 시험가스\ 농도}{사용하는\ 작업장\ 공기\ 중\ 유해가스\ 농도} = \frac{80 \times 1.6}{0.8} = 160분$$

07 #법령 #안전보건교육 #교육시간

다음에 해당하는 교육시간을 쓰시오. (5점)

> (1) 안전관리자 신규교육 시간: (①)시간 이상
> (2) 안전보건관리책임자 보수교육 시간: (②)시간 이상
> (3) 사무직 종사 근로자의 정기교육 시간: 매반기 (③)시간 이상
> (4) 일용근로자 및 근로계약기간이 1개월 이하인 기간제근로자를 제외한 근로자의 채용 시의 교육 시간: (④)시간 이상
> (5) 일용근로자 및 근로계약기간이 1주일 이하인 기간제근로자를 제외한 근로자의 작업내용 변경 시의 교육 시간: (⑤)시간 이상

정답

① 34   ② 6   ③ 6
④ 8   ⑤ 2

08 #시각 #시력

4[m] 거리에서 Landolt Ring을 1.2[mm]까지 관찰할 수 있는 사람의 시력을 계산하시오.(단, 시각은 600′ 이하일 때이며, Radian 단위를 분으로 환산하기 위한 상수값은 57.3과 60을 모두 적용한다.) (4점)

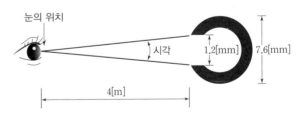

정답

① 시각 $= L \times 57.3 \times \dfrac{60}{D} = 1.2 \times 57.3 \times \dfrac{60}{4,000} \fallingdotseq 1.03분$

　여기서, L: 시각 자극의 높이[mm]
　　　　　D: 눈으로부터의 거리[mm]

② 시력 $= \dfrac{1}{시각} = \dfrac{1}{1.03} \fallingdotseq 0.97$

09 #가이드 워드

HAZOP 기법에 사용되는 가이드 워드에 관한 의미를 영문으로 쓰시오. (4점)

① 완전한 대체	② 성질상의 증가
③ 설계 의도의 완전한 부정	④ 설계 의도의 논리적인 역

정답

① OTHER THAN	② AS WELL AS
③ NO, NOT	④ REVERSE

10 #안전덮개의 각도

연삭기 덮개의 각도를 쓰시오.(단, 이상, 이하, 이내를 정확히 구분해서 쓰시오.) (3점)

일반 연삭작업 등에 사용하는 것을 목적으로 하는 탁상용 연삭기

연삭숫돌의 상부를 사용하는 것을 목적으로 하는 탁상용 연삭기

평면 연삭기, 절단 연삭기, 그 밖에 이와 비슷한 연삭기

정답

① 125° 이내   ② 60° 이상   ③ 15° 이상

11 #노출기준

다음 중 노출기준([ppm] 기준)이 가장 낮은 것과 높은 것을 각각 쓰시오. (4점)

① 암모니아	② 불소
③ 과산화수소	④ 사염화탄소
⑤ 염화수소	

정답

(1) 낮은 것: ② 불소   (2) 높은 것: ① 암모니아

※ 유해물질의 노출기준

① 암모니아(NH_3): 25[ppm]   ② 불소(F_2): 0.1[ppm]

③ 과산화수소(H_2O_2): 1[ppm]   ④ 사염화탄소(CCl_4): 5[ppm]

⑤ 염화수소(HCl): 1[ppm]

12 #법령 #안전난간 #구성요소

근로자의 추락 등의 위험을 방지하기 위하여 설치하는 안전난간의 주요 구성요소 4가지를 쓰시오. (4점)

정답

① 상부 난간대	② 중간 난간대
③ 발끝막이판	④ 난간기둥

13

[보기] 중 산업안전보건관리비로 사용이 가능한 항목 4가지를 골라 번호를 쓰시오. (4점)

보기
① 면장갑 및 코팅장갑의 구입비
② 안전보건 교육장 내 냉·난방 설비 설치비
③ 안전보건 관리자용 안전순찰차량의 유류비
④ 교통 통제를 위한 교통정리자의 인건비
⑤ 외부인 출입금지, 공사장 경계표시를 위한 가설울타리
⑥ 위생 및 긴급 피난용 시설비
⑦ 안전보건 교육장의 대지 구입비
⑧ 안전 관련 간행물, 잡지 구독비

정답

※ 「건설업 산업안전보건관리비 계상 및 사용기준」 개정으로 산업안전보건관리비 항목별 사용 불가내역은 삭제되었습니다. 이에 따라 성립될 수 없는 문제입니다.

14 #위험물의 혼재기준

[보기]에 있는 각각의 물질에 대하여 그 물질과 혼재 가능한 물질을 [보기]에서 골라 쓰시오.(단, 지정수량의 $\frac{1}{10}$ 초과의 위험물에 해당한다.) (3점)

보기	
① 산화성 고체	② 가연성 고체
③ 자연발화성 및 금수성 물질	④ 인화성 액체
⑤ 자기반응성 물질	⑥ 산화성 액체

정답

① 산화성 고체: ⑥	② 가연성 고체: ④, ⑤
③ 자연발화성 및 금수성 물질: ④	④ 인화성 액체: ②, ③, ⑤
⑤ 자기반응성 물질: ②, ④	⑥ 산화성 액체: ①

2회

01 #법령 #헤드가드 #구비조건

다음은 화물의 낙하로 인하여 지게차 운전자에게 위험을 미칠 우려가 있는 작업장에서 사용되는 지게차의 헤드가드가 갖추어야 할 사항이다. (   ) 안에 알맞은 내용을 쓰시오. (4점)

(1) 강도는 지게차의 최대하중의 (①)배 값(4톤을 넘는 값에 대해서는 4톤)의 등분포정하중에 견딜 수 있을 것
(2) 상부틀의 각 개구의 폭 또는 길이가 (②)[cm] 미만일 것

정답
① 2   ② 16

02 #위험등급

미국방성 위험성 평가 중 위험도(MIL-STD-882B) 4단계를 쓰시오. (4점)

정답
① 1단계: 파국   ② 2단계: 중대(위기)
③ 3단계: 한계   ④ 4단계: 무시가능

03 #법령 #잠함·우물통 #침하방지

잠함 또는 우물통의 내부에서 굴착작업을 하는 경우에 잠함 또는 우물통의 급격한 침하로 인한 위험을 방지하기 위하여 준수해야 할 사항 2가지를 쓰시오. (4점)

정답
① 침하관계도에 따라 굴착방법 및 재하량 등을 정할 것
② 바닥으로부터 천장 또는 보까지의 높이는 1.8[m] 이상으로 할 것

04

접지공사 종류에서 접지저항값 및 접지선의 굵기에 관한 내용이다. (   ) 안에 알맞은 내용을 쓰시오. (4점)

종별	접지저항	접지선의 굵기
제1종	(①)[Ω] 이하	공칭단면적 6[mm²] 이상의 연동선
제2종	$\dfrac{150}{1선 지락전류}$[Ω] 이하	공칭단면적 (②)[mm²] 이상의 연동선
제3종	(③)[Ω] 이하	공칭단면적 2.5[mm²] 이상의 연동선
특별 제3종	10[Ω] 이하	공칭단면적 (④)[mm²] 이상의 연동선

정답
※ 「한국전기설비규정」 개정으로 접지대상에 따라 일괄 적용한 종별접지는 폐지되었습니다. 이에 따라 성립될 수 없는 문제입니다.

05 #법령 #계단의 안전

다음은 「산업안전보건기준에 관한 규칙」의 계단에 대한 내용이다. (   ) 안에 알맞은 내용을 쓰시오. (5점)

(1) 계단 및 계단참을 설치하는 경우 매제곱미터당 (①)[kg] 이상의 하중에 견딜 수 있는 강도를 가진 구조로 설치하여야 하며, 안전율은 (②) 이상으로 하여야 한다.
(2) 계단을 설치하는 경우 그 폭을 (③)[m] 이상으로 하여야 한다.
(3) 높이가 (④)[m]를 초과하는 계단에는 높이 3[m] 이내마다 진행방향으로 길이 1.2[m] 이상의 계단참을 설치하여야 한다.
(4) 높이 (⑤)[m] 이상인 계단의 개방된 측면에 안전난간을 설치하여야 한다.

정답
① 500   ② 4   ③ 1
④ 3   ⑤ 1

06 #법령 #비계 #점검·보수사항

비·눈, 그 밖의 기상상태의 악화로 작업을 중지시킨 후 또는 비계를 조립·해체하거나 변경한 후 그 비계에서 작업을 시작하기 전에 점검하고, 이상을 발견하면 즉시 보수하여야 하는 항목 4가지를 쓰시오. (4점)

정답

① 발판 재료의 손상 여부 및 부착 또는 걸림 상태
② 해당 비계의 연결부 또는 접속부의 풀림 상태
③ 연결 재료 및 연결 철물의 손상 또는 부식 상태
④ 손잡이의 탈락 여부
⑤ 기둥의 침하, 변형, 변위 또는 흔들림 상태
⑥ 로프의 부착 상태 및 매단 장치의 흔들림 상태

07 #고장률 #고장발생확률

A 회사의 전기제품은 10,000시간 동안 10개의 제품에 고장이 발생된다고 한다. 이 제품의 수명이 지수분포를 따른다고 할 경우 고장률과 900시간 동안 적어도 1개의 제품이 고장날 확률을 계산하시오. (4점)

정답

① 고장률

$$\lambda(\text{평균고장률})=\frac{\text{고장건수}}{\text{총 가동시간}}=\frac{10}{10,000}=0.001$$

② 900시간 동안 1개의 제품이 고장날 확률

신뢰도 $R(t)=e^{-\lambda t}=e^{-0.001 \times 900} ≒ 0.41$이므로

고장발생확률 $F(t)=1-R(t)=1-0.41=0.59$

08 #방열복 #종류

착용 부위에 따른 방열복의 종류 4가지를 쓰시오. (4점)

정답

① 상체: 방열상의
② 하체: 방열하의
③ 몸체: 방열일체복
④ 손: 방열장갑
⑤ 머리: 방열두건

09 #할로겐화합물소화기 #할로겐원소

할로겐화합물소화기의 소화약제 중 할로겐 구성원소 3가지를 쓰시오. (3점)

정답

① F(불소)
② Cl(염소)
③ Br(브롬)
④ I(요오드)

10 #연천인율 #평균강도율 #환산도수율 #안전활동률

연천인율, 평균강도율, 환산도수율, 안전활동률을 구하는 공식을 각각 쓰시오. (4점)

정답

① $\text{연천인율}=\dfrac{\text{연간 재해(사상)자 수}}{\text{연평균 근로자 수}} \times 1,000$

② $\text{평균강도율}=\dfrac{\text{강도율}}{\text{도수율}} \times 1,000$

③ $\text{환산도수율}=\text{도수율} \times \dfrac{\text{총 근로시간 수}}{1,000,000}$

④ $\text{안전활동률}=\dfrac{\text{안전활동건수}}{\text{평균 근로자 수} \times \text{근로시간 수}} \times 1,000,000$

※ 위 공식은 「산업재해통계업무처리규정」에 따른 것은 아닙니다.

11 #데이비스 #동기부여 이론

다음은 데이비스의 동기부여에 관한 이론 공식이다. (   ) 안에 알맞은 내용을 쓰시오. (4점)

⑴ 능력 = (①   ) × (②   )
⑵ 동기유발 = (③   ) × (④   )

정답

① 지식
② 기능
③ 상황
④ 태도

12 #FT도 #최소 패스셋

FT도가 다음과 같을 때 최소 패스셋(Minimal Path Set)을 모두 구하시오. (4점)

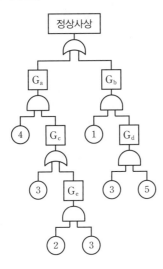

최소 패스셋을 구하기 위해서는 주어진 FT도에서 AND 게이트는 OR 게이트로, OR 게이트는 AND 게이트로 바꿔서 최소 컷셋을 구한다.

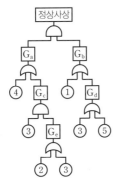

정상사상에서 하단의 사상으로 치환하면서 AND 게이트는 가로로, OR 게이트는 세로로 나열한다.

(1) $G_a = \binom{④}{G_c} = \binom{④}{③\ G_e} = \binom{④}{③\binom{②}{③}} = \binom{④}{③②} = \binom{④}{②③}$
$\qquad\qquad\qquad\qquad\qquad\qquad\qquad\quad = \binom{④}{③③}\ \ \binom{④}{③}$

(2) $G_b = \binom{①}{G_d} = \begin{pmatrix}①\\③\\⑤\end{pmatrix}$

(3) 정상사상 $= G_a \cdot G_b = \begin{pmatrix}④\\②③\\③\end{pmatrix}\begin{pmatrix}①\\③\\⑤\end{pmatrix}$

따라서 컷셋은 (④, ①), (④, ③), (④, ⑤), (②, ③, ①), (②, ③), (②, ③, ⑤), (③, ①), (③), (③, ⑤)이므로 최소 컷셋은 (④, ①), (④, ⑤), (③)이고, 이는 본래 FT도의 최소 패스셋이다.

13 #보일러 #이상현상

다음 설명에 해당되는 보일러에서 발생하는 현상을 각각 쓰시오. (4점)

> ① 보일러수 속의 용해 고형물이나 현탁 고형물이 증기에 섞여 보일러 밖으로 튀어 나가는 현상
> ② 유지분이나 부유물 등에 의하여 보일러수의 비등과 함께 수면부 위에 거품을 발생시키는 현상

① 캐리오버(Carry Over)
② 포밍(Foaming)

14 #보일링 #예방대책

보일링 현상을 방지하기 위한 대책 3가지를 쓰시오. (3점)

① 흙막이벽의 근입 깊이 증가
② 차수성이 높은 흙막이 설치
③ 흙막이벽 배면지반 그라우팅 실시
④ 흙막이벽 배면지반의 지하수위 저하

3회

01 #위험성평가기법 #단위공정

공정안전보고서의 내용 중 공정위험성 평가서에서 적용하는 위험성평가기법에 있어 제조공정 중 반응, 분리(증류, 추출 등), 이송시스템 및 전기·계장시스템 등의 단위공정에 대한 위험성평가기법 4가지를 쓰시오. (4점)

정답
① 위험과 운전분석기법
② 공정위험분석기법
③ 이상위험도분석기법
④ 원인결과분석기법
⑤ 결함수분석기법
⑥ 사건수분석기법
⑦ 공정안전성분석기법
⑧ 방호계층분석기법

02 #법령 #연삭숫돌 #시험운전

다음은 연삭숫돌에 관한 내용이다. ( ) 안에 알맞은 내용을 쓰시오. (4점)

> 사업주는 연삭숫돌을 사용하는 작업의 경우 작업을 시작하기 전에는 (①) 이상, 연삭숫돌을 교체한 후에는 (②) 이상 시험운전을 하고 해당 기계에 이상이 있는지를 확인하여야 한다.

정답
① 1분 　　　　　　　 ② 3분

03 #법령 #비계 #점검·보수사항

비·눈, 그 밖의 기상상태의 악화로 작업을 중지시킨 후 또는 비계를 조립·해체하거나 변경한 후 그 비계에서 작업을 시작하기 전 점검하고, 이상을 발견하면 즉시 보수하여야 하는 항목 4가지를 쓰시오. (4점)

정답
① 발판 재료의 손상 여부 및 부착 또는 걸림 상태
② 해당 비계의 연결부 또는 접속부의 풀림 상태
③ 연결 재료 및 연결 철물의 손상 또는 부식 상태
④ 손잡이의 탈락 여부
⑤ 기둥의 침하, 변형, 변위 또는 흔들림 상태
⑥ 로프의 부착 상태 및 매단 장치의 흔들림 상태

04 #법령 #중량물 #작업시작 전 점검사항

근로자가 반복하여 계속적으로 중량물을 취급하는 작업을 할 때 작업시작 전 점검사항 2가지를 쓰시오.(단, 그 밖에 하역운반기계 등의 적절한 사용방법은 제외한다.) (4점)

정답
① 중량물 취급의 올바른 자세 및 복장
② 위험물이 날아 흩어짐에 따른 보호구의 착용
③ 카바이드·생석회(산화칼슘) 등과 같이 온도 상승이나 습기에 의하여 위험성이 존재하는 중량물의 취급방법

05 #안전밸브 #표시형식

[보기]의 안전밸브 형식 표시사항을 상세히 설명하시오.
(4점)

┤ 보기 ├
SF Ⅱ 1 - B

정답
① S: 요구성능－증기의 분출압력 요구
② F: 유량제한기구－전량식
③ Ⅱ: 호칭지름－25[mm] 초과 50[mm] 이하
④ 1: 호칭압력－1[MPa] 이하
⑤ B: 평형형

06 #법령 #국소배기장치 #후드의 기준

인체에 해로운 분진, 흄(Fume), 미스트(Mist), 증기 또는 가스 상태의 물질을 배출하기 위하여 설치하는 국소배기장치의 후드 설치 시 준수사항 4가지를 쓰시오. (4점)

정답

① 유해물질이 발생하는 곳마다 설치할 것
② 유해인자의 발생형태와 비중, 작업방법 등을 고려하여 해당 분진 등의 발산원을 제어할 수 있는 구조로 설치할 것
③ 후드 형식은 가능하면 포위식 또는 부스식 후드를 설치할 것
④ 외부식 또는 리시버식 후드는 해당 분진 등의 발산원에 가장 가까운 위치에 설치할 것

07 #법령 #안전보건표지 #경고표지

경고표지에 관한 용도 및 사용장소에 관한 내용이다. (　　) 안에 적당한 안전표지의 종류를 쓰시오. (4점)

(1) 폭발성물질이 있는 장소: (　①　)
(2) 돌 및 블록 등 떨어질 우려가 있는 물체가 있는 장소: (　②　)
(3) 경사진 통로 입구: (　③　)
(4) 휘발유 등 화기의 취급을 극히 주의해야 하는 물질이 있는 장소: (　④　)

정답

① 폭발성물질 경고　　　　② 낙하물 경고(＝낙화물체 경고)
③ 몸균형 상실 경고　　　　④ 인화성물질 경고

08 #안전성 평가 #5단계

다음 항목을 이용하여 안전성 평가를 5단계로 나열하시오. (5점)

• 정성적 평가	• 재평가
• FTA 재평가	• 안전대책 수립
• 관계 자료의 정비검토	• 정량적 평가

정답

① 제1단계: 관계 자료의 정비검토
② 제2단계: 정성적 평가
③ 제3단계: 정량적 평가
④ 제4단계: 안전대책 수립
⑤ 제5단계: 재평가
※ 안전성 평가를 6단계로 구분하는 경우
　　제5단계: 재해정보에 의한 재평가,
　　제6단계: FTA에 의한 재평가로 나타낸다.

09 #FT도 #컷셋

다음 FT도에서 컷셋(Cut Set)을 모두 구하시오. (4점)

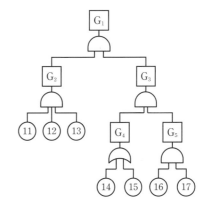

정답

AND 게이트는 가로로, OR 게이트는 세로로 나열한다.

$G_1 = G_2 \cdot G_3 = (⑪, ⑫, ⑬) \cdot G_4 \cdot G_5$

$= (⑪, ⑫, ⑬)\begin{pmatrix}⑭\\⑮\end{pmatrix}(⑯, ⑰)$

$= \dfrac{(⑪, ⑫, ⑬, ⑭, ⑯, ⑰)}{(⑪, ⑫, ⑬, ⑮, ⑯, ⑰)}$

따라서 컷셋은 (⑪, ⑫, ⑬, ⑭, ⑯, ⑰), (⑪, ⑫, ⑬, ⑮, ⑯, ⑰)이다.

10 #법령 #안전인증 면제

안전인증을 전부 면제할 수 있는 경우 3가지를 쓰시오. (3점)

정답

① 연구·개발을 목적으로 제조·수입하거나 수출을 목적으로 제조하는 경우
② 「건설기계관리법」에 따른 검사를 받은 경우 또는 같은 법에 따른 형식승인을 받거나 형식신고를 한 경우
③ 「고압가스 안전관리법」에 따른 검사를 받은 경우
④ 「광산안전법」에 따른 검사 중 광업시설의 설치공사 또는 변경공사가 완료되었을 때에 받는 검사를 받은 경우
⑤ 「방위사업법」에 따른 품질보증을 받은 경우
⑥ 「선박안전법」에 따른 검사를 받은 경우
⑦ 「에너지이용 합리화법」에 따른 검사를 받은 경우
⑧ 「원자력안전법」에 따른 검사를 받은 경우
⑨ 「위험물안전관리법」에 따른 검사를 받은 경우
⑩ 「전기사업법」에 따른 검사를 받은 경우
⑪ 「항만법」에 따른 검사를 받은 경우
⑫ 「소방시설 설치 및 관리에 관한 법률」에 따른 형식승인을 받은 경우

11 #종합재해지수

A 사업장의 근무 및 재해발생 현황이 다음과 같을 때, 이 사업장의 종합재해지수를 계산하시오. (4점)

---

(1) 평균 근로자 수: 300명
(2) 월평균 요양재해 건수: 2건
(3) 휴업일수: 219일
(4) 근로시간: 1일 8시간, 연간 280일 근무

정답

① 도수율 $= \dfrac{\text{재해건수}}{\text{연근로시간 수}} \times 1,000,000$

$ = \dfrac{24}{300 \times (8 \times 280)} \times 1,000,000 ≒ 35.71$

② 강도율 $= \dfrac{\text{총 요양근로손실일수}}{\text{연근로시간 수}} \times 1,000$

$ = \dfrac{219 \times \frac{280}{365}}{300 \times (8 \times 280)} \times 1,000 = 0.25$

③ 종합재해지수(FSI) $= \sqrt{\text{도수율} \times \text{강도율}} = \sqrt{35.71 \times 0.25} ≒ 2.99$

12 #법령 #건설공사 유해위험방지계획서

건설업 중 건설공사 유해위험방지계획서의 제출기한과 첨부서류 2가지를 쓰시오. (4점)

정답

① 제출기한: 착공 전날까지
② 첨부서류
  ㉠ 공사 개요 및 안전보건관리계획
  ㉡ 작업 공사 종류별 유해위험방지계획

13 #법령 #안전보건교육 #물질안전보건자료

작업장에서 취급하는 대상 화학물질의 물질안전보건자료에 해당되는 내용을 근로자에게 교육하여야 한다. 근로자에게 실시하는 교육사항 4가지를 쓰시오. (4점)

정답

① 대상화학물질의 명칭(또는 제품명)
② 물리적 위험성 및 건강 유해성
③ 취급상의 주의사항
④ 적절한 보호구
⑤ 응급조치 요령 및 사고 시 대처방법
⑥ 물질안전보건자료 및 경고표지를 이해하는 방법

14 #표시크기 축소 시 #표시사항

소형 전기기기 및 방폭부품은 공간이 제한되어 있으므로 표시 크기를 줄일 수 있다. 그럼에도 불구하고 최소 표시사항 3가지를 쓰시오. (3점)

정답

① 제조자의 이름 또는 등록상표
② 형식
③ 기호 Ex 및 방폭구조의 기호
④ 인증서 발급기관의 이름 또는 마크, 합격번호
⑤ X 또는 U 기호

2012년 기출문제

1회

01 #법령 #산업재해조사표 #항목

「산업안전보건법령」에 따라 산업재해조사표를 작성하고자 할 때 작성항목이 아닌 것을 모두 고르시오. (3점)

① 발생일시	② 목격자 인적사항
③ 재해발생 당시 상황	④ 상해종류
⑤ 고용형태	⑥ 직업
⑦ 가해물	⑧ 재발방지계획
⑨ 재해 발생 후 첫 출근일자	

정답

② 목격자 인적사항   ⑦ 가해물

⑨ 재해 발생 후 첫 출근일자

02 #고압가스용기 도색

다음의 고압가스용기에 해당하는 색을 쓰시오. (4점)

① 산소	② 아세틸렌
③ 액화암모니아	④ 질소

정답

① 녹색   ② 황색

③ 백색   ④ 회색

03 #법령 #산업용 로봇 #위험방지 지침

산업용 로봇의 작동범위 내에서 해당 로봇에 대하여 교시 등의 작업을 할 경우에는 해당 로봇의 예기치 못한 작동 또는 오조작에 의한 위험을 방지하기 위하여 관련 지침을 정하여 그 지침에 따라 작업을 하도록 하여야 한다. 이때 관련 지침에 포함되어야 할 사항 4가지를 쓰시오.(단, 로봇의 예기치 못한 작동 또는 오조작에 의한 위험을 방지하기 위하여 필요한 조치는 제외한다.) (4점)

정답

① 로봇의 조작방법 및 순서

② 작업 중의 매니퓰레이터의 속도

③ 2명 이상의 근로자에게 작업을 시킬 경우의 신호방법

④ 이상을 발견한 경우의 조치

⑤ 이상을 발견하여 로봇의 운전을 정지시킨 후 이를 재가동시킬 경우의 조치

04 #법령 #물질안전보건자료 #제외 대상

「산업안전보건법령」상 물질안전보건자료의 작성·제출 제외 대상 4가지를 쓰시오. (4점)

정답

① 「건강기능식품에 관한 법률」에 따른 건강기능식품

② 「농약관리법」에 따른 농약

③ 「마약류 관리에 관한 법률」에 따른 마약 및 향정신성의약품

④ 「비료관리법」에 따른 비료

⑤ 「사료관리법」에 따른 사료

05 #정전기 #대전방지

정전기 방지의 일반적인 대책 5가지를 쓰시오. (5점)

정답

① 접지
② 도전성 섬유의 사용
③ 가습
④ 제전기 사용
⑤ 대전방지제의 사용
⑥ 대전체의 차폐

06 #법령 #비계 #점검·보수사항

비, 눈, 그 밖의 기상상태의 악화로 작업을 중지시킨 후 또는 비계를 조립·해체하거나 변경한 후 그 비계에서 작업을 하는 경우 작업시작 전 점검하고, 이상을 발견하면 즉시 보수하여야 하는 항목 4가지를 쓰시오. (4점)

정답

① 발판 재료의 손상 여부 및 부착 또는 걸림 상태
② 해당 비계의 연결부 또는 접속부의 풀림 상태
③ 연결 재료 및 연결 철물의 손상 또는 부식 상태
④ 손잡이의 탈락 여부
⑤ 기둥의 침하, 변형, 변위 또는 흔들림 상태
⑥ 로프의 부착 상태 및 매단 장치의 흔들림 상태

07 #법령 #철골작업 #제한기준

철골작업 시 작업을 중지하여야 하는 기상조건 3가지를 쓰시오. (3점)

정답

① 풍속이 초당 10[m] 이상인 경우
② 강우량이 시간당 1[mm] 이상인 경우
③ 강설량이 시간당 1[cm] 이상인 경우

08 #실효온도 #영향인자

사람이 작업할 때 느끼는 체감온도 또는 실효온도에 영향을 주는 요인 3가지를 쓰시오. (3점)

정답

① 온도
② 습도
③ 기류

09 #도수율 #강도율 #연천인율 #종합재해지수

평균 근로자 수가 540명인 A 사업장에서 연간 12건의 요양재해가 발생했고, 15명의 재해자 발생으로 인하여 근로손실일수가 총 6,500일 발생하였다. 다음을 계산하시오.(단, 근무시간은 1일 9시간, 근무일수는 연간 280일이다.) (4점)

① 도수율	② 강도율
③ 연천인율	④ 종합재해지수

정답

① 도수율 $= \dfrac{\text{재해건수}}{\text{연근로시간 수}} \times 1{,}000{,}000$

$ = \dfrac{12}{540 \times (9 \times 280)} \times 1{,}000{,}000 \fallingdotseq 8.82$

② 강도율 $= \dfrac{\text{총 요양근로손실일수}}{\text{연근로시간 수}} \times 1{,}000$

$ = \dfrac{6{,}500}{540 \times (9 \times 280)} \times 1{,}000 \fallingdotseq 4.78$

③ 연천인율 $= \dfrac{\text{연간 재해(사상)자 수}}{\text{연평균 근로자 수}} \times 1{,}000 = \dfrac{15}{540} \times 1{,}000 \fallingdotseq 27.78$

④ 종합재해지수(FSI) $= \sqrt{\text{도수율} \times \text{강도율}} = \sqrt{8.82 \times 4.78} \fallingdotseq 6.49$

10 #법령 #압력용기 #표시사항

압력용기 등을 식별할 수 있도록 그 압력용기에 지워지지 않도록 각인 표시해야 할 사항 3가지를 쓰시오. (4점)

정답

① 최고사용압력
② 제조연월일
③ 제조회사명

11 #휴먼에러 #심리적 분류

[보기]에 해당하는 휴먼에러의 종류를 쓰시오. (5점)

┤ 보기 ├
① 납 접합을 빠뜨렸다.
② 전선의 연결이 바뀌었다.
③ 부품을 빠뜨렸다.
④ 배선을 거꾸로 연결하였다.
⑤ 틀린 부품을 사용하였다.

정답

① Omission Error(생략에러)
② Commission Error(실행에러)
③ Omission Error(생략에러)
④ Commission Error(실행에러)
⑤ Commission Error(실행에러)

12 #차광보안경 #종류

차광보안경의 사용구분에 따른 종류 4가지를 쓰시오. (4점)

정답

① 자외선용　　　② 적외선용
③ 용접용　　　　④ 복합용

13 #위험성평가기법 #단위공정

공정안전보고서 내용 중 '공정위험성 평가서'에 적용하는 위험성평가기법에 있어 '저장탱크, 유틸리티 설비 및 제조공정 중 고체건조, 분쇄설비' 등 간단한 단위공정에 대한 위험성평가기법 4가지를 쓰시오. (4점)

정답

① 체크리스트기법
② 작업자실수분석기법
③ 사고예방질문분석기법
④ 위험과 운전분석기법
⑤ 상대 위험순위결정기법
⑥ 공정위험분석기법
⑦ 공정안정성분석기법

14 #법령 #안전보건교육 #안전보건관리책임자 등 #교육시간

다음은 교육시간을 나타낸 것이다. (　) 안에 알맞은 내용을 쓰시오. (4점)

교육대상	교육시간	
	신규교육	보수교육
안전관리자, 안전관리 전문기관의 종사자	34시간 이상	(①)시간 이상
보건관리자, 보건관리 전문기관의 종사자	(②)시간 이상	24시간 이상
안전보건관리책임자	6시간 이상	(③)시간 이상
건설재해예방 전문지도기관의 종사자	34시간 이상	(④)시간 이상

정답

① 24　　　　② 34
③ 6　　　　④ 24

2회

01 #롤러의 표면속도 #급정지거리

1,000[rpm]으로 회전하는 롤러의 앞면 롤러의 지름이 50[cm]인 경우 앞면 롤러의 표면속도[m/min]와 관련 규정에 따른 급정지거리[cm]를 계산하시오. (4점)

정답

① 표면속도 $V = \dfrac{\pi DN}{1,000} = \dfrac{\pi \times 500 \times 1,000}{1,000} ≒ 1,570.80[\text{m/min}]$

여기서, D: 롤러의 지름[mm]

N: 분당회전수[rpm]

② 급정지거리 = 앞면 롤러 원주 $\times \dfrac{1}{2.5} = (\pi \times 50) \times \dfrac{1}{2.5} ≒ 62.83[\text{cm}]$

※ 급정지장치의 성능

앞면 롤러의 표면속도[m/min]	급정지거리
30 미만	앞면 롤러 원주의 $\dfrac{1}{3}$ 이내
30 이상	앞면 롤러 원주의 $\dfrac{1}{2.5}$ 이내

02 #위험한계에너지

C. F. Dalziel의 관계식을 이용하여 심실세동을 일으킬 수 있는 에너지[J]를 계산하시오.(단, 통전시간은 1초, 인체의 전기저항은 500[Ω]이다.) (3점)

정답

$W = I^2RT = \left(\dfrac{165}{\sqrt{T}} \times 10^{-3}\right)^2 \times 500T$

$= (165^2 \times 10^{-6}) \times 500 ≒ 13.61[\text{J}]$

여기서, W: 위험한계에너지[J]

I: 심실세동전류[A]

R: 인체의 전기저항[Ω]

T: 통전시간[s]

※ 심실세동을 일으키는 위험한 전기에너지를 위험한계에너지라 하고, 심실세동전류 $I = \dfrac{165}{\sqrt{T}}[\text{mA}]$이다.

03 #법령 #안전인증 심사

「산업안전보건법령」상 유해·위험기계 등이 안전인증기준에 적합한지를 확인하기 위하여 안전인증기관이 하는 심사의 종류 3가지를 쓰시오. (3점)

정답

① 예비심사   ② 서면심사

③ 기술능력 및 생산체계 심사   ④ 제품심사

04 #법령 #안전보건교육 #방사선 업무

「산업안전보건법령」상 방사선 업무에 관계되는 작업(의료 및 실험용은 제외)에 종사하는 근로자에게 실시하여야 하는 특별안전보건교육의 내용 4가지를 쓰시오. (4점)

정답

① 방사선의 유해·위험 및 인체에 미치는 영향

② 방사선의 측정기기 기능의 점검에 관한 사항

③ 방호거리·방호벽 및 방사선물질의 취급 요령에 관한 사항

④ 응급처치 및 보호구 착용에 관한 사항

⑤ 그 밖에 안전·보건관리에 필요한 사항

05 #안전작업허가지침 #위험작업

공정안전보고서 내용 중 안전작업허가지침에 포함되어야 하는 위험작업의 종류 4가지를 쓰시오. (4점)

정답

① 화기작업   ② 일반위험작업

③ 밀폐공간 출입작업   ④ 정전작업

⑤ 굴착작업   ⑥ 방사선사용작업

⑦ 고소작업   ⑧ 중장비사용작업

06 #법령 #유해위험방지계획서 #작업공종

「산업안전보건법령」상 건축물을 건설하는 공사현장에서 유해위험방지계획서를 작성하여 제출하고자 할 때 첨부해야 하는 작업공사 종류별 해당 작업공종 4가지를 쓰시오. (4점)

정답

① 가설공사
② 구조물공사
③ 마감공사
④ 기계 설비공사
⑤ 해체공사

07 #법령 #아세틸렌 용접장치 #안전기

아세틸렌 용접장치 검사 시 안전기의 설치 위치를 확인하려고 한다. 아세틸렌 용접장치의 안전기 설치위치 3곳을 쓰시오. (3점)

정답

① 취관
② 주관 및 취관에 가장 가까운 분기관
③ 발생기와 가스용기 사이

08 #양립성

다음의 양립성에 대하여, 사례를 들어 설명하시오. (4점)

① 공간적 양립성	② 운동적 양립성

정답

① 공간적 양립성: 어떤 사물들, 특히 표시장치나 조정장치의 물리적 형태나 공간적인 배치가 사용자의 기대와 일치하는 것(예) 가스버너에서 오른쪽 조리대는 오른쪽, 왼쪽 조리대는 왼쪽 조절장치로 조정하도록 배치하는 것)
② 운동적 양립성: 표시장치, 조정장치, 체계반응 등의 운동방향이 사용자의 기대와 일치하는 것(예) 자동차 핸들 조작방향으로 바퀴가 회전하는 것)

09 #도미노 이론 #신도미노 이론 #사고연쇄반응 이론

[보기]를 참고하여 다음 이론에 해당하는 번호를 고르시오. (단, 중복해서 골라도 된다.) (6점)

┤ 보기 ├

① 사회적 환경 및 유전적 요소(유전과 환경)
② 기본적 원인
③ 불안전한 행동 및 불안전한 상태(직접 원인)
④ 작전적 에러
⑤ 사고
⑥ 재해
⑦ 관리(통제)의 부족
⑧ 개인적 결함
⑨ 관리적 결함
⑩ 전술적 에러

(1) 하인리히의 도미노 이론
(2) 버드의 신도미노 이론
(3) 아담스의 사고연쇄반응 이론

정답

(1) 하인리히의 도미노 이론: ①, ③, ⑤, ⑥, ⑧
(2) 버드의 신도미노 이론: ②, ③, ⑤, ⑥, ⑦
(3) 아담스의 사고연쇄반응 이론: ④, ⑤, ⑥, ⑨, ⑩

10 #안전인증대상 #안전화 #종류

안전인증대상 보호구 중 안전화의 성능 구분에 따른 종류 5가지를 쓰시오. (5점)

정답

① 가죽제안전화
② 고무제안전화
③ 정전기안전화
④ 발등안전화
⑤ 절연화
⑥ 절연장화
⑦ 화학물질용 안전화

11 #법령 #안전보건총괄책임자 #직무

「산업안전보건법령」상 안전보건총괄책임자의 직무 4가지를 쓰시오. (4점)

정답

① 위험성평가의 실시에 관한 사항

② 산업재해 또는 중대재해 발생에 따른 작업의 중지

③ 도급 시 산업재해 예방조치

④ 산업안전보건관리비의 관계수급인 간의 사용에 관한 협의·조정 및 그 집행의 감독

⑤ 안전인증대상기계 등과 자율안전확인대상기계 등의 사용 여부 확인

13 #가이드 워드

HAZOP 기법에 사용되는 가이드 워드에 관한 의미를 각각 쓰시오. (4점)

① AS WELL AS	② PART OF
③ OTHER THAN	④ REVERSE

정답

① AS WELL AS: 설계의도 외의 다른 변수가 부가되는 상태(성질상의 증가)

② PART OF: 설계의도대로 완전히 이루어지지 않는 상태(성질상의 감소)

③ OTHER THAN: 설계의도대로 설치되지 않거나 운전 유지되지 않는 상태(완전한 대체)

④ REVERSE: 설계의도와 정반대로 나타나는 상태

12 #법령 #공사용 가설도로

공사용 가설도로를 설치하는 경우에 준수하여야 할 사항 3가지를 쓰시오. (3점)

정답

① 도로는 장비와 차량이 안전하게 운행할 수 있도록 견고하게 설치할 것

② 도로와 작업장이 접하여 있을 경우에는 울타리 등을 설치할 것

③ 도로는 배수를 위하여 경사지게 설치하거나 배수시설을 설치할 것

④ 차량의 속도제한 표지를 부착할 것

14 #법령 #잠함·우물통 #침하방지

잠함 또는 우물통의 내부에서 근로자가 굴착작업을 하는 경우에 잠함 또는 우물통의 급격한 침하로 인한 위험을 방지하기 위하여 준수해야 할 사항 2가지를 쓰시오. (4점)

정답

① 침하관계도에 따라 굴착방법 및 재하량 등을 정할 것

② 바닥으로부터 천장 또는 보까지의 높이는 1.8[m] 이상으로 할 것

3회

01 #법령 #양중기

다음 ( ) 안에 알맞은 내용을 쓰시오. (3점)

(1) 사업주는 순간풍속이 (①)[m/s]를 초과하는 바람이 불어올 우려가 있는 경우 옥외에 설치되어 있는 주행 크레인에 대하여 이탈방지장치를 작동시키는 등 이탈 방지를 위한 조치를 하여야 한다.

(2) 사업주는 갠트리 크레인 등과 같이 작업장 바닥에 고정된 레일을 따라 주행하는 크레인의 새들(Saddle) 돌출부와 주변 구조물 사이의 안전공간이 (②)[cm] 이상 되도록 바닥에 표시를 하는 등 안전공간을 확보하여야 한다.

(3) 양중기에 대한 권과방지장치는 훅 · 버킷 등 달기구의 윗면이 드럼, 상부 도르래, 트롤리프레임 등 권상장치의 아랫면과 접촉할 우려가 있는 경우에 그 간격이 (③)[m] 이상이 되도록 조정하여야 한다.(단, 직동식 권과장치는 제외함)

정답

① 30   ② 40   ③ 0.25

02 #법령 #안전관리자 수

[보기]에 해당하는 안전관리자의 최소 인원을 쓰시오. (4점)

┤ 보기 ├
① 펄프 제조업: 상시 근로자 600명
② 고무제품 제조업: 상시 근로자 300명
③ 운수업: 상시 근로자 500명
④ 건설업: 공사금액 50억 원

정답

① 2명   ② 1명
③ 2명   ④ 1명

03 #법령 #밸브 등 #내구성

화학설비 또는 그 배관의 밸브나 콕에 내구성이 있는 재료를 선정할 때 고려사항 4가지를 쓰시오. (4점)

정답

① 개폐의 빈도   ② 위험물질 등의 종류
③ 위험물질 등의 온도   ④ 위험물질 등의 농도

04 #프라이밍 #원인

보일러 운전 중 프라이밍(Priming)의 발생원인 3가지를 쓰시오. (3점)

정답

① 보일러 관수의 농축
② 주증기 밸브의 급격한 개방
③ 보일러 부하의 급변화 운전
④ 보일러수 또는 관수의 수위를 높게 하여 운전
⑤ 청관제 및 급수처리제 사용 부적당

05 #법령 #비계 #점검 · 보수사항

비 · 눈, 그 밖의 기상상태의 악화로 작업을 중지시킨 후 또는 비계를 조립 · 해체하거나 변경한 후 그 비계에서 작업을 시작하기 전에 점검하고, 이상을 발견하면 즉시 보수하여야 하는 항목 4가지를 쓰시오. (4점)

정답

① 발판 재료의 손상 여부 및 부착 또는 걸림 상태
② 해당 비계의 연결부 또는 접속부의 풀림 상태
③ 연결 재료 및 연결 철물의 손상 또는 부식 상태
④ 손잡이의 탈락 여부
⑤ 기둥의 침하, 변형, 변위 또는 흔들림 상태
⑥ 로프의 부착 상태 및 매단 장치의 흔들림 상태

06 #법령 #산업재해 공표 사업장

「산업안전보건법령」상 고용노동부장관이 산업재해를 예방하기 위하여 산업재해 발생건수, 재해율 또는 그 순위 등을 공표하여야 하는 사업장 3가지를 쓰시오. (3점)

정답

① 산업재해로 인한 사망자가 연간 2명 이상 발생한 사업장
② 사망만인율이 규모별 같은 업종의 평균 사망만인율 이상인 사업장
③ 중대산업사고가 발생한 사업장
④ 산업재해 발생 사실을 은폐한 사업장
⑤ 산업재해의 발생에 관한 보고를 최근 3년 이내 2회 이상 하지 않은 사업장

07 #위험점

다음 기계설비에 형성되는 위험점을 쓰시오. (4점)

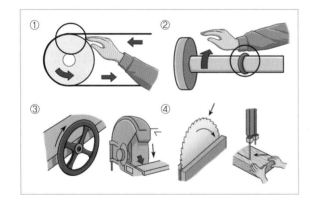

정답

① 접선물림점   ② 회전말림점
③ 끼임점   ④ 절단점

08 #FT도 #고장발생확률

다음 FT도에서 정상사상 T의 발생확률을 계산하시오.(단, 기본사상의 발생확률은 각각 0.1이다.) (4점)

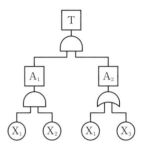

정답

기본사상 중 중복사상이 있는 경우에는 미니멀 컷셋의 발생확률과 전체 시스템의 발생확률은 같다.

$$T = A_1 \cdot A_2 = (X_1, X_2)\binom{X_1}{X_3} = \frac{(X_1, X_2, X_1)}{(X_1, X_2, X_3)} = \frac{(X_1, X_2)}{(X_1, X_2, X_3)}$$

미니멀 컷셋은 (X_1, X_2)이므로
T의 발생확률＝미니멀 컷셋 발생확률＝$0.1 \times 0.1 = 0.01$

09 #법령 #안전보건교육 #용접작업

밀폐된 장소에서 하는 용접작업 또는 습한 장소에서 하는 전기 용접작업 시 특별안전보건교육을 실시할 때 교육내용 4가지를 쓰시오.(단, 그 밖에 안전·보건 관리에 필요한 사항은 제외한다.) (4점)

정답

① 작업순서, 안전작업방법 및 수칙에 관한 사항
② 환기설비에 관한 사항
③ 전격 방지 및 보호구 착용에 관한 사항
④ 질식 시 응급조치에 관한 사항
⑤ 작업환경 점검에 관한 사항

10 #법령 #비상구 #설치기준

위험물질을 제조 · 취급하는 작업장과 그 작업장이 있는 건축물에 출입구 외에 안전한 장소로 대피할 수 있는 비상구 1개 이상을 아래와 같은 구조로 설치하여야 한다. (   ) 안에 알맞은 내용을 쓰시오. (4점)

> (1) 출입구와 같은 방향에 있지 아니하고, 출입구로부터 (①   )[m] 이상 떨어져 있을 것
> (2) 작업장의 각 부분으로부터 하나의 비상구 또는 출입구까지의 수평거리가 (②   )[m] 이하가 되도록 할 것
> (3) 비상구의 너비는 (③   )[m] 이상으로 하고, 높이는 (④   )[m] 이상으로 할 것

정답

① 3   ② 50
③ 0.75   ④ 1.5

11 #방폭구조의 표시

방폭전기기기 안전인증의 표시에 기재된 "Ex d ⅡA T4"에서 밑줄 친 부분의 표기내용에 대해 설명하시오. (4점)

정답

① d: 방폭구조 – 내압방폭구조
② ⅡA: 가스등급 – 산업용 폭발성 가스 또는 증기의 그룹
③ T4: 온도등급(최고표면온도) – 100[℃] 초과 135[℃] 이하

12 #법령 #안전보건표지 #안내표지

「산업안전보건법령」상 안전보건표지 중 '응급구호표지'를 그리시오.(단, 색상 표시는 글로 나타내도록 하고, 크기에 대한 기준은 표시하지 않아도 된다.) (4점)

정답

①

② 바탕: 녹색
    관련 부호 및 그림: 흰색

13 #위험분석 #인간과오

[보기] 중에서 인간과오 불안전 분석 가능 도구 4가지를 고르시오. (4점)

보기		
① FTA	② ETA	③ HAZOP
④ THERP	⑤ CA	⑥ PHA
⑦ MORT	⑧ FMEA	

정답

① FTA   ② ETA   ④ THERP
⑦ MORT

14 #도수율 #강도율

A 사업장의 근로자 수가 3월말 300명, 6월말 320명, 9월말 270명, 12월말 260명이고, 연간 15건의 요양재해가 발생하여 휴업일수 288일이 발생하였다. 이때 도수율과 강도율을 계산하시오.(단, 근무시간은 1일 8시간, 근무일수는 연간 280일이다.) (6점)

정답

평균 근로자 수 $= \dfrac{300 + 320 + 270 + 260}{4} ≒ 288$명

① 도수율 $= \dfrac{\text{재해건수}}{\text{연근로시간 수}} \times 1,000,000$

$\qquad = \dfrac{15}{288 \times (8 \times 280)} \times 1,000,000 ≒ 23.25$

② 강도율 $= \dfrac{\text{총 요양근로손실일수}}{\text{연근로시간 수}} \times 1,000$

$\qquad = \dfrac{288 \times \dfrac{280}{365}}{288 \times (8 \times 280)} \times 1,000 ≒ 0.34$

2011년 기출문제

1회

01 #법령 #물질안전보건자료 #작성내용

화학물질 또는 이를 포함한 혼합물로서 「산업안전보건법령」에 따른 분류기준에 해당되는 것을 제조하거나 수입하는 자가 물질안전보건자료를 작성하여 고용노동부장관에게 제출할 때 포함해야 하는 사항 4가지를 쓰시오. (4점)

정답

① 제품명
② 화학물질의 명칭 및 함유량
③ 안전 및 보건상의 취급 주의사항
④ 건강 및 환경에 대한 유해성, 물리적 위험성
⑤ 물리·화학적 특성 등 고용노동부령으로 정하는 사항

02 #시스템 안전 5단계

기계 설비의 설치에 있어 시스템 안전의 5단계를 순서에 맞게 [보기]에서 골라 나열하시오. (5점)

┌─ 보기 ─────────────────┐
│ ① 조업단계   ② 구상단계   │
│ ③ 사양결정단계   ④ 설계단계   │
│ ⑤ 제작단계   │
└────────────────────────┘

정답

② 구상단계 → ③ 사양결정단계 → ④ 설계단계 → ⑤ 제작단계 → ① 조업단계

03 #법령 #사다리식 통로 #구조

사다리식 통로를 설치할 때 준수해야 하는 사항 5가지를 쓰시오. (5점)

정답

① 견고한 구조로 할 것
② 심한 손상·부식 등이 없는 재료를 사용할 것
③ 발판의 간격은 일정하게 할 것
④ 발판과 벽과의 사이는 15[cm] 이상의 간격을 유지할 것
⑤ 폭은 30[cm] 이상으로 할 것
⑥ 사다리가 넘어지거나 미끄러지는 것을 방지하기 위한 조치를 할 것
⑦ 사다리의 상단은 걸쳐놓은 지점으로부터 60[cm] 이상 올라가도록 할 것
⑧ 사다리식 통로의 길이가 10[m] 이상인 경우에는 5[m] 이내마다 계단참을 설치할 것
⑨ 사다리식 통로의 기울기는 75° 이하로 할 것. 다만, 고정식 사다리식 통로의 기울기는 90° 이하로 하고, 그 높이가 7[m] 이상인 경우에는 바닥으로부터 높이가 2.5[m] 되는 지점부터 등받이울을 설치할 것
⑩ 접이식 사다리 기둥은 사용 시 접혀지거나 펼쳐지지 않도록 철물 등을 사용하여 견고하게 조치할 것

04 #법령 #안전보건표지 #경고표지

「산업안전보건법령」상 안전보건표지에 있어 경고표지의 종류 4가지를 쓰시오.(단, 위험장소 경고는 제외한다.) (4점)

정답

① 인화성물질 경고   ② 산화성물질 경고
③ 폭발성물질 경고   ④ 급성독성물질 경고
⑤ 부식성물질 경고   ⑥ 방사성물질 경고
⑦ 고압전기 경고   ⑧ 매달린 물체 경고
⑨ 낙하물 경고   ⑩ 고온 경고
⑪ 저온 경고   ⑫ 몸균형 상실 경고
⑬ 레이저광선 경고
⑭ 발암성·변이원성·생식독성·전신독성·호흡기 과민성 물질 경고

05 #법령 #위험물질

「산업안전보건법령」에서 분류하는 위험물질의 종류를 찾아 번호를 쓰시오. (4점)

① 니트로글리세린　　② 리튬
③ 황　　　　　　　　④ 염소산칼륨
⑤ 질산나트륨　　　　⑥ 셀룰로이드류
⑦ 마그네슘 분말　　　⑧ 질산에스테르류

(1) 산화성 액체 및 산화성 고체
(2) 폭발성 물질 및 유기과산화물

정답

(1) 산화성 액체 및 산화성 고체: ④, ⑤
(2) 폭발성 물질 및 유기과산화물: ①, ⑧

06 #도미노 이론 #사고연쇄반응 이론

하인리히의 도미노 이론 5단계, 아담스의 사고연쇄반응 이론 5단계를 각각 쓰시오. (6점)

정답

① 하인리히의 도미노 이론
　㉠ 1단계: 사회적 환경 및 유전적 요소(기초 원인)
　㉡ 2단계: 개인적 결함(간접 원인)
　㉢ 3단계: 불안전한 행동 및 불안전한 상태(직접 원인)
　㉣ 4단계: 사고
　㉤ 5단계: 재해
② 아담스의 사고연쇄반응 이론
　㉠ 1단계: 관리구조 결함
　㉡ 2단계: 작전적 에러
　㉢ 3단계: 전술적 에러
　㉣ 4단계: 사고
　㉤ 5단계: 상해, 손해

07 #신뢰도 #직렬계 평균수명

트랜지스터 고장률이 0.00002, 저항 고장률이 0.0001이며 트랜지스터 5개와 저항 10개가 모두 직렬로 연결된 회로가 있을 때 다음 물음에 답하시오. (4점)

① 이 회로의 1,500시간 가동 시 신뢰도는?
② 이 회로의 평균수명은?

정답

① 1,500시간 가동 시 신뢰도
　λ(고장률)$=0.00002 \times 5+0.0001 \times 10=0.0011$이므로
　신뢰도 $R(t)=e^{-\lambda t}=e^{-0.0011 \times 1,500} = 0.19$
② 평균수명
　직렬계의 수명$=\dfrac{1}{\lambda}=\dfrac{1}{0.0011} = 909.09$시간

08 #법령 #압력방출장치

다음 (　) 안에 알맞은 내용을 쓰시오. (4점)

사업주는 보일러의 안전한 가동을 위하여 보일러 규격에 맞는 압력방출장치를 1개 또는 2개 이상 설치하고 (　①　) 이하에서 작동되도록 하여야 한다. 다만, 압력방출장치가 2개 이상 설치된 경우에는 (　①　) 이하에서 1개가 작동되고, 다른 압력방출장치는 최고사용압력 (　②　)배 이하에서 작동되도록 부착하여야 한다.

정답

① 최고사용압력　　　　　　　② 1.05

09 #법령 #산업재해조사표 #항목

산업재해조사표의 주요 항목에 해당하지 않는 것을 [보기]에서 3가지 고르시오. (3점)

┤ 보기 ├

① 재해자의 국적   ② 재발방지계획
③ 재해 발생일시   ④ 고용형태
⑤ 휴업예상일수   ⑥ 급여수준
⑦ 응급조치 내역   ⑧ 재해자 복직 예정일

정답

⑥ 급여수준   ⑦ 응급조치 내역
⑧ 재해자 복직 예정일

10 #법령 #안전보건총괄책임자 #지정사업

안전보건총괄책임자 지정 대상 사업장 2개를 쓰시오. (4점)

정답

① 관계수급인에게 고용된 근로자를 포함한 상시근로자가 100명(선박 및 보트 건조업, 1차 금속 제조업 및 토사석 광업의 경우 50명) 이상인 사업
② 관계수급인의 공사금액을 포함한 해당 공사의 총공사금액이 20억 원 이상인 건설업

11 #양중기 #방호장치

다음 설명에 해당하는 양중기의 방호장치를 쓰시오. (4점)

① 양중기에 정격하중 이상의 하중이 부과되었을 경우 자동적으로 감아올리는 동작을 정지하는 장치
② 양중기에 훅 등의 물건을 매달아 올릴 때 일정 높이 이상으로 감아올리는 것을 방지하는 장치

정답

① 과부하방지장치   ② 권과방지장치

12 #법령 #안전보건교육 #안전보건관리책임자 등 #교육시간

안전보건관리책임자 등에 대한 교육시간을 쓰시오. (4점)

① 안전보건관리책임자 신규교육
② 안전보건관리책임자 보수교육
③ 안전관리자 신규교육
④ 건설재해예방전문지도기관 종사자의 보수교육

정답

① 6시간 이상   ② 6시간 이상
③ 34시간 이상   ④ 24시간 이상

13 #페일 세이프 #풀 프루프

Fail-safe와 Fool-proof를 간단히 설명하시오. (4점)

정답

① Fail-safe: 기계나 그 부품에 고장이나 기능불량이 생겨도 항상 안전하게 작동하는 구조와 기능을 추구하는 본질적 안전
② Fool-proof: 근로자가 기계를 잘못 취급하여 불안전한 행동이나 실수를 하여도 기계설비의 안전기능이 작동되어 재해를 방지할 수 있는 기능

2회

01 #종합재해지수
다음과 같은 상황에서 종합재해지수를 계산하시오. (5점)

> (1) 근로자 수: 400명
> (2) 하루 8시간, 280일 근무
> (3) 근로손실일수: 800일
> (4) 연간 요양재해 건수: 80건

정답

① 도수율 $=\dfrac{\text{재해건수}}{\text{연근로시간 수}}\times1,000,000$

$=\dfrac{80}{400\times(8\times280)}\times1,000,000\fallingdotseq89.29$

② 강도율 $=\dfrac{\text{총 요양근로손실일수}}{\text{연근로시간 수}}\times1,000$

$=\dfrac{800}{400\times(8\times280)}\times1,000\fallingdotseq0.89$

③ 종합재해지수(FSI)$=\sqrt{\text{도수율}\times\text{강도율}}=\sqrt{89.29\times0.89}\fallingdotseq8.91$

02 #무재해
무재해운동 추진 중 사고나 재해가 발생해도 무재해로 인정되는 경우 4가지를 쓰시오. (4점)

정답

① 천재지변 또는 돌발적인 사고로 인한 구조행위 또는 긴급피난 중 발생한 사고
② 출·퇴근 도중에 발생한 재해
③ 운동경기 등 각종 행사 중 발생한 재해
④ 천재지변 또는 돌발적인 사고 우려가 많은 장소에서 사회통념상 인정되는 업무수행 중 발생한 사고
⑤ 제3자의 행위에 의한 업무상 재해
⑥ 뇌혈관질병 또는 심장질병에 의한 재해

03 #법령 #곤돌라 #방호장치
곤돌라의 방호장치 4가지를 쓰시오. (4점)

정답

① 과부하방지장치 ② 권과방지장치
③ 비상정지장치 ④ 제동장치

04 #법령 #산업안전보건위원회 #근로자위원
산업안전보건위원회의 근로자위원 자격 3가지를 쓰시오.
(3점)

정답

① 근로자대표
② 근로자대표가 지명하는 1명 이상의 명예산업안전감독관
③ 근로자대표가 지명하는 9명 이내의 해당 사업장의 근로자

05 #음의 높이 #음의 강도
음파 그래프에 관한 문제이다. 다음 물음에 답하시오. (4점)

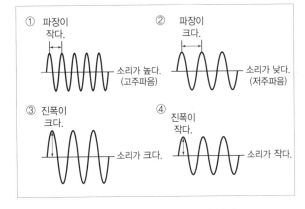

(1) 음의 높이가 가장 높은 음파의 종류와 그 이유는?
(2) 음의 강도가 가장 센 음파의 종류와 그 이유는?

정답

(1) ①, 파형의 주기가 가장 짧다.(주파수가 크다.)
(2) ③, 파형의 고저값이 가장 크다.(진폭이 크다.)

06 #FTA #재해사례 연구순서
FTA에 의한 재해사례 연구방법을 순서대로 쓰시오. (4점)

정답

① Top(정상) 사상의 선정 ② 각 사상의 재해원인 규명
③ FT도의 작성 및 분석 ④ 개선계획의 작성

07 #롤러기 #급정지거리

롤러기의 원주속도에 따른 급정지거리의 기준을 쓰시오. (4점)

정답

앞면 롤러의 표면속도[m/min]	급정지거리
30 미만	앞면 롤러 원주의 $\frac{1}{3}$ 이내
30 이상	앞면 롤러 원주의 $\frac{1}{2.5}$ 이내

08 #법령 #공정안전보고서 #제외 대상

공정안전보고서의 제출대상에서 제외되는 시설·설비 2가지를 쓰시오. (4점)

정답

① 원자력 설비
② 군사시설
③ 사업주가 해당 사업장 내에서 직접 사용하기 위한 난방용 연료의 저장 설비 및 사용설비
④ 도매·소매시설
⑤ 차량 등의 운송설비
⑥ 액화석유가스의 충전·저장시설
⑦ 가스공급시설
⑧ 그 밖에 고용노동부장관이 누출·화재·폭발 등의 사고가 있더라도 그에 따른 피해의 정도가 크지 않다고 인정하여 고시하는 설비

09 #할로겐화합물소화기 #할로겐원소

할로겐화합물소화기의 소화약제 중 할로겐 구성원소 3가지를 쓰시오. (3점)

정답

① F(불소)   ② Cl(염소)
③ Br(브롬)   ④ I(요오드)

10 #법령 #타워크레인 #순간풍속

타워크레인 작업 시 작업중지 풍속을 쓰시오. (4점)

정답

① 순간풍속이 10[m/s]를 초과하는 경우 타워크레인의 설치·수리·점검 또는 해체 작업 중지
② 순간풍속이 15[m/s]를 초과하는 경우 타워크레인의 운전 작업 중지

11 #와이어로프의 꼬임

다음 와이어로프 꼬임 형식을 쓰시오. (4점)

정답

① 랭 Z 꼬임   ② 보통 S 꼬임

12 #법령 #안전보건표지 #경고표지

위험장소에 대한 경고표지를 그리고, 그 표지의 색을 설명하시오. (4점)

정답

①

② 바탕: 노란색
　기본모형, 관련 부호 및 그림: 검은색

13 #법령 #자율검사프로그램 #시정명령

자율검사프로그램의 인정을 취소하거나 인정받은 자율검사 프로그램의 내용에 따라 검사를 하도록 시정을 명할 수 있는 경우 2가지를 쓰시오. (4점)

정답

① 자율검사프로그램을 인정받고도 검사를 하지 아니한 경우
② 인정받은 자율검사프로그램의 내용에 따라 검사를 하지 아니한 경우
③ 자격 및 경험을 가진 사람 또는 자율안전검사기관이 검사를 하지 아니한 경우
※ 거짓이나 그 밖의 부정한 방법으로 자율검사프로그램을 인정받은 경우에는 인정을 취소하여야 한다.

14 #방폭구조의 표시

다음과 같은 방폭구조의 표시에서 밑줄 친 부분의 의미를 설명하시오. (4점)

Ex	d	II A	T5	IP54
	①	②	③	

정답

① d: 방폭구조 – 내압방폭구조
② IIA: 가스등급 – 산업용 폭발성 가스 또는 증기의 그룹
③ T5: 온도등급(최고표면온도) – 85[℃] 초과 100[℃] 이하

3회

01 #법령 #안전보건표지 #관계자 외 출입금지

「산업안전보건법령」상 안전보건표지의 종류에 있어 '관계자 외 출입금지' 표지의 종류 3가지를 쓰시오. (3점)

정답

① 허가대상물질 작업장
② 석면취급/해체 작업장
③ 금지대상물질의 취급 실험실 등

02 #조건반사설

파블로프 조건반사설의 4가지 원리를 쓰시오. (4점)

정답

① 시간의 원리   ② 강도의 원리
③ 계속성의 원리   ④ 일관성의 원리

03 #법령 #굴착작업 #작업계획서

깊이 2[m] 이상 지반 굴착작업 시 작업계획서에 포함해야 할 사항 4가지를 쓰시오. (4점)

정답

① 굴착방법 및 순서, 토사 등 반출 방법
② 필요한 인원 및 장비 사용계획
③ 매설물 등에 대한 이설·보호대책
④ 사업장 내 연락방법 및 신호방법
⑤ 흙막이 지보공 설치방법 및 계측계획
⑥ 작업지휘자의 배치계획
⑦ 그 밖에 안전·보건에 관련된 사항

04 #법령 #안전인증 심사

「산업안전보건법령」상 유해 · 위험기계 등이 안전인증기준에 적합한지 확인하기 위하여 안전인증기관이 심사하는 안전인증 심사의 종류 4가지를 쓰시오. (4점)

정답

① 예비심사　　　　　　　② 서면심사
③ 기술능력 및 생산체계 심사　　④ 제품심사

05 #법령 #노사협의체 #설치대상 #정기회의

노사협의체의 설치대상 사업장 1개와 정기회의 개최주기를 쓰시오. (4점)

정답

① 설치대상 사업장: 공사금액이 120억 원(토목공사업은 150억 원) 이상인 건설공사
② 정기회의 개최주기: 2개월

06 #지게차 안정도

다음에서 지게차 화물의 최대중량[kg]을 계산하시오.(단, 지게차의 중량 $G = 1,000$[kg], $L_1 = 1.2$[m], $L_2 = 1.5$[m]이다.) (4점)

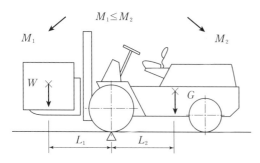

정답

$M_1 \leq M_2$이므로 $W \times L_1 \leq G \times L_2$이다.
$W \times 1.2 \leq 1,000 \times 1.5$, $W \leq 1,250$
따라서 화물의 최대중량(W) = 1,250[kg]이다.

07 #법령 #급성 독성 물질

「산업안전보건법령」상 위험물질 중 급성 독성 물질의 정의에 대한 다음 설명의 (　　) 안에 들어갈 수치를 순서대로 쓰시오. (5점)

(1) LD50(경구, 쥐)이 체중킬로그램당 (　①　)[mg] 이하인 화학물질
(2) LD50(경피, 토끼 또는 쥐)이 체중킬로그램당 (　②　)[mg] 이하인 화학물질
(3) 가스 LC50(쥐, 4시간 흡입)이 (　③　)[ppm] 이하인 화학물질
(4) 증기 LC50(쥐, 4시간 흡입)이 (　④　)[mg/L] 이하인 화학물질
(5) 분진 또는 미스트 LC50(쥐, 4시간 흡입)이 (　⑤　)[mg/L] 이하인 화학물질

정답

① 300　　　　② 1,000　　　　③ 2,500
④ 10　　　　⑤ 1

08 #양수기동식 방호장치 #안전거리

SPM 200, 클러치 개소 수가 5일 때 양수기동식 방호장치의 안전거리[mm]를 계산하시오. (3점)

정답

$$T_m = \left(\frac{1}{2} + \frac{1}{\text{클러치 개소 수}}\right) \times \frac{60}{\text{분당 행정수[SPM]}}$$

$$= \left(\frac{1}{2} + \frac{1}{5}\right) \times \frac{60}{200} = 0.21초이므로$$

$D = 1,600 \times T_m = 1,600 \times 0.21 = 336$[mm]

여기서, D_m: 안전거리[mm]

T_m: 누름버튼을 누른 때부터 사용하는 프레스의 슬라이드가 하사점에 도달할 때까지의 소요 최대시간[초]

09 #재해 발생 형태

다음의 재해 발생 형태를 쓰시오. (4점)

(1) 폭발, 화재의 두 가지 현상이 복합적으로 발생: (①)
(2) 재해 당시 바닥면과 신체가 떨어진 상태에서 더 낮은 위치로 떨어짐: (②)
(3) 재해 당시 바닥면과 신체가 접해 있는 상태에서 더 낮은 위치로 떨어짐: (③)
(4) 전도로 인해 기계의 동력 전달 부위 등에 협착되어 신체의 일부가 절단됨: (④)

정답

① 폭발
② 떨어짐(추락)
③ 넘어짐(전도)
④ 끼임(협착)

10 #법령 #화학물질의 유해성·위험성 #조사결과

다음 ( ) 안에 알맞은 내용을 쓰시오. (4점)

화학물질의 유해성·위험성 조사결과의 제출을 명령받은 자는 화학물질의 유해성·위험성 조사결과서에 필요 서류 및 자료를 첨부하여 명령을 받은 날부터 (①)일 이내에 (②)에게 제출해야 한다. 다만, 고용노동부장관은 독성시험 성적에 관한 서류의 경우 해당 화학물질의 시험에 상당한 시일이 걸리는 등 기한 내에 제출할 수 없는 부득이한 사유가 있을 때에는 30일의 범위에서 제출기한을 연장할 수 있다.

정답

① 45
② 고용노동부장관

11 #시스템 안전프로그램 #포함사항

시스템 안전을 실행하기 위한 시스템 안전프로그램 계획(SSPP)에 포함되어야 할 사항 4가지를 쓰시오. (4점)

정답

① 시스템 안전 업무활동
② 리스크 평가방법 및 수용기준
③ 시스템 안전의 문서양식
④ 시스템 개발과정에서의 주요 안전업무활동 시기 및 방법
⑤ 시스템 안전조직

12 #법령 #안전난간 #설치구조

안전난간에 관련된 설명이다. ( ) 안에 알맞은 내용을 쓰시오. (4점)

(1) 상부 난간대: 바닥면·발판 또는 경사로의 표면으로부터 (①)[cm] 이상 지점에 설치
(2) 발끝막이판: 바닥면 등으로부터 (②)[cm] 이상의 높이 유지
(3) 난간대: 지름 (③)[cm] 이상의 금속제 파이프나 그 이상의 강도가 있는 재료
(4) 하중: 구조적으로 가장 취약한 지점에서 가장 취약한 방향으로 작용하는 (④)[kg] 이상의 하중에 견딜 수 있는 튼튼한 구조

정답

① 90
② 10
③ 2.7
④ 100

13 #위험등급

미국방성에서 미사일을 개발할 때 분류한 재해의 위험수준을 4가지 범주로 설명하시오. (4점)

정답

① 범주 1: 파국
② 범주 2: 중대(위기)
③ 범주 3: 한계
④ 범주 4: 무시가능

14 #정전기 #발생방지

정전기의 발생방지 대책 4가지를 쓰시오. (4점)

정답

① 설비와 물질 및 물질 상호 간의 접촉면적 및 압력 감소
② 접촉횟수의 감소
③ 접촉·분리 속도의 저하(속도의 변화는 서서히)
④ 접촉물의 급속 박리방지
⑤ 표면상태의 청정·원활화
⑥ 불순물 등의 이물질 혼입방지
⑦ 정전기 발생이 적은 재료 사용(대전서열이 가까운 재료의 사용)

2010년 기출문제

1회

01 #법령 #굴착작업 #사전조사 내용

지반 굴착작업을 할 때 위험방지를 위하여 사전에 조사해야 하는 항목 4가지를 쓰시오. (4점)

정답
① 형상 · 지질 및 지층의 상태
② 균열 · 함수 · 용수 및 동결의 유무 또는 상태
③ 매설물 등의 유무 또는 상태
④ 지반의 지하수위 상태

02 #법령 #안전보건표지 #경고표지

안전보건표지 중 경고표지의 종류 4가지를 쓰시오. (4점)

정답
① 인화성물질 경고
② 산화성물질 경고
③ 폭발성물질 경고
④ 급성독성물질 경고
⑤ 부식성물질 경고
⑥ 방사성물질 경고
⑦ 고압전기 경고
⑧ 매달린 물체 경고
⑨ 낙하물 경고
⑩ 고온 경고
⑪ 저온 경고
⑫ 몸균형 상실 경고
⑬ 레이저광선 경고
⑭ 발암성 · 변이원성 · 생식독성 · 호흡기 과민성 물질 경고
⑮ 위험장소 경고

03 #법령 #안전인증대상 #보호구

안전인증대상 보호구 5가지를 쓰시오. (5점)

정답
① 추락 및 감전 위험방지용 안전모
② 안전화
③ 안전장갑
④ 방진마스크
⑤ 방독마스크
⑥ 송기마스크
⑦ 전동식 호흡보호구
⑧ 보호복
⑨ 안전대
⑩ 차광 및 비산물 위험방지용 보안경
⑪ 용접용 보안면
⑫ 방음용 귀마개 또는 귀덮개

04 #법령 #공정안전보고서 #포함사항

공정안전보고서에 포함되어야 할 사항 4가지를 쓰시오.
(4점)

정답
① 공정안전자료
② 공정위험성 평가서
③ 안전운전계획
④ 비상조치계획
⑤ 그 밖에 공정상의 안전과 관련하여 고용노동부장관이 필요하다고 인정하여 고시하는 사항

05 #법령 #컨베이어 #작업시작 전 점검사항

컨베이어 등을 사용하여 작업을 할 때 작업시작 전 점검사항 3가지를 쓰시오. (3점)

정답

① 원동기 및 풀리 기능의 이상 유무
② 이탈 등의 방지장치 기능의 이상 유무
③ 비상정지장치 기능의 이상 유무
④ 원동기·회전축·기어 및 풀리 등의 덮개 또는 울 등의 이상 유무

06 #FT도 #컷셋

다음 FT도의 컷셋(Cut Set)을 모두 구하시오. (3점)

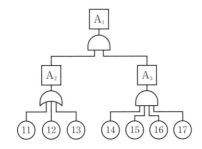

정답

AND 게이트는 가로로, OR 게이트는 세로로 나열한다.

$$A_1 = A_2 \cdot A_3 = \begin{pmatrix} ⑪ \\ ⑫ \\ ⑬ \end{pmatrix} (⑭, ⑮, ⑯, ⑰) = \begin{pmatrix} (⑪, ⑭, ⑮, ⑯, ⑰) \\ (⑫, ⑭, ⑮, ⑯, ⑰) \\ (⑬, ⑭, ⑮, ⑯, ⑰) \end{pmatrix}$$

따라서 컷셋은 (⑪, ⑭, ⑮, ⑯, ⑰), (⑫, ⑭, ⑮, ⑯, ⑰), (⑬, ⑭, ⑮, ⑯, ⑰)이다.

07 #법령 #위험물질

다음에 해당하는 위험물질의 종류를 모두 찾아 번호를 쓰시오. (4점)

① 황화인	② 하이드라진
③ 아세톤	④ 염소산
⑤ 니트로화합물	⑥ 리튬
⑦ 과망간산	⑧ 테레핀유

(1) 폭발성 물질 및 유기과산화물
(2) 물반응성 물질 및 인화성 고체

정답

(1) 폭발성 물질 및 유기과산화물: ⑤
(2) 물반응성 물질 및 인화성 고체: ①, ⑥
※ 하이드라진 유도체는 폭발성 물질 및 유기과산화물이지만 하이드라진은 인화성 액체이다.

08 #부품배치의 원칙

부품배치의 원칙 4가지를 쓰시오. (4점)

정답

① 중요성의 원칙　　② 사용빈도의 원칙
③ 기능별 배치의 원칙　　④ 사용순서의 원칙

09 #강도율

상시 근로자 1,500명이 근무하는 사업장에서 73건의 요양 재해가 발생하여 사망 2명, 영구 전노동 불능 상해 2명, 일시 부분노동 불능 상해 69명으로 인하여 근로손실일수가 1,200일 발생하였다. 이때 강도율을 계산하시오.(단, 1일 8시간, 연간 280일 근무하는 것으로 한다.) (3점)

정답

$$강도율 = \frac{총\ 요양근로손실일수}{연근로시간\ 수} \times 1,000$$

$$= \frac{(7,500 \times 2) + (7,500 \times 2) + 1,200}{1,500 \times (8 \times 280)} \times 1,000 ≒ 9.29$$

※ 사망 및 영구 전노동 불능 상해는 근로손실일수를 7,500일로 산정한다.

10 #재해예방 4원칙

하인리히의 재해예방 4가지 원칙 중 2가지를 쓰고, 설명하시오. (4점)

정답

① 손실우연의 원칙: 재해손실은 사고발생 시 사고대상의 조건에 따라 달라지므로, 한 사고의 결과로서 생긴 재해손실은 우연성에 의해서 결정된다.
② 원인계기(원인연계)의 원칙: 재해발생은 반드시 원인이 있다.
③ 예방가능의 원칙: 재해는 원칙적으로 원인만 제거하면 예방이 가능하다.
④ 대책선정의 원칙: 재해예방을 위한 가능한 안전대책은 반드시 존재한다.

11 #법령 #방호장치

「산업안전보건법령」상 다음 기계·기구의 방호장치를 각각 1가지씩 쓰시오. (4점)

> ① 롤러기
> ② 복합 동작을 할 수 있는 산업용 로봇

정답

① 롤러기: 급정지장치, 울 또는 가이드롤러
② 산업용 로봇: 울타리(높이 1.8[m] 이상), 안전매트, 감응형 방호장치

12 #방폭구조 #기호

다음 방폭구조의 표시기호를 쓰시오. (5점)

방폭구조(Ex)	표시기호
내압방폭구조	(①)
충전방폭구조	(②)
몰드방폭구조	(③)
비점화방폭구조	(④)
본질안전방폭구조	(⑤)

정답

① d   ② q   ③ m
④ n   ⑤ ia 또는 ib

13 #법령 #안전보건교육 #관리감독자 #정기교육

「산업안전보건법령」상 관리감독자 정기안전보건교육내용 4가지를 쓰시오. (4점)

정답

① 산업안전 및 사고 예방에 관한 사항
② 산업보건 및 직업병 예방에 관한 사항
③ 위험성평가에 관한 사항
④ 유해·위험 작업환경 관리에 관한 사항
⑤ 「산업안전보건법령」 및 산업재해보상보험 제도에 관한 사항
⑥ 직무스트레스 예방 및 관리에 관한 사항
⑦ 직장 내 괴롭힘, 고객의 폭언 등으로 인한 건강장해 예방 및 관리에 관한 사항
⑧ 작업공정의 유해·위험과 재해 예방대책에 관한 사항
⑨ 사업장 내 안전보건관리체제 및 안전·보건조치 현황에 관한 사항
⑩ 표준안전 작업방법 결정 및 지도·감독 요령에 관한 사항
⑪ 현장근로자와의 의사소통능력 및 강의능력 등 안전보건교육 능력 배양에 관한 사항
⑫ 비상시 또는 재해 발생 시 긴급조치에 관한 사항
⑬ 그 밖의 관리감독자의 직무에 관한 사항

14 #법령 #화물취급 작업 #섬유로프 #사용금지

사업장에서 화물운반용 또는 고정용으로 사용해서는 안 되는 섬유로프 2가지를 쓰시오. (4점)

정답

① 꼬임이 끊어진 것
② 심하게 손상되거나 부식된 것

2회

01 #완전연소반응식 #최소산소농도

부탄(C_4H_{10})이 완전연소하기 위한 화학양론식을 쓰고, 완전연소에 필요한 최소산소농도를 계산하시오.(단, 부탄의 폭발하한계는 1.6[vol%]이다.) (4점)

정답

① 화학양론식

$$2C_4H_{10} + 13O_2 \rightarrow 8CO_2 + 10H_2O$$

② 최소산소농도

$$C_m = 폭발하한[\%] \times \frac{산소 \ mol수}{연소가스 \ mol수} = 1.6 \times \frac{13}{2} = 10.4[\%]$$

02 #재해발생 시 조치사항

재해발생 시 조치순서이다. (   ) 안에 알맞은 내용을 쓰시오. (4점)

산업재해 발생 → (①) → (②) → 원인강구 → (③) → 대책실시 계획 → 실시 → (④)

정답

① 긴급처리 ② 재해조사
③ 대책수립 ④ 평가

03 #법령 #안전보건관리규정 #포함사항

「산업안전보건법령」상 사업장에서 안전보건관리규정을 작성할 때 포함되어야 할 사항 4가지를 쓰시오.(단, 그 밖에 안전 및 보건에 관한 사항은 제외한다.) (4점)

정답

① 안전 및 보건에 관한 관리조직과 그 직무에 관한 사항
② 안전보건교육에 관한 사항
③ 작업장의 안전 및 보건 관리에 관한 사항
④ 사고 조사 및 대책 수립에 관한 사항

04 #법령 #안전난간 #구성요소

근로자의 추락 등에 의한 위험을 방지하기 위하여 설치하는 안전난간의 주요 구성요소 4가지를 쓰시오. (4점)

정답

① 상부 난간대 ② 중간 난간대
③ 발끝막이판 ④ 난간기둥

05 #법령 #방호장치

「산업안전보건법령」상 다음 기계·기구에 설치하여야 할 방호장치를 1개씩 쓰시오. (4점)

① 아세틸렌 용접장치
② 교류 아크용접기
③ 압력용기
④ 연삭기

정답

① 아세틸렌 용접장치: 안전기
② 교류 아크용접기: 자동전격방지기
③ 압력용기: 안전밸브, 파열판
④ 연삭기: 덮개 또는 울

06 #주의의 특성

다음에서 제시된 인간의 주의에 관한 특성에 대하여 설명하시오. (3점)

> ① 선택성
> ② 변동성
> ③ 방향성

정답

① 선택성: 한번에 많은 종류의 자극을 받을 때 소수의 특정한 것에만 반응한다.
② 변동성: 인간은 한 점에 계속하여 주의를 집중할 수는 없으며 주의를 계속하는 사이에 언제인가 자신도 모르게 다른 일을 생각하게 된다.
③ 방향성: 시선의 초점이 맞았을 때 쉽게 인지된다.

07 #법령 #안전보건표지

「산업안전보건법령」상 다음에 해당하는 안전보건표지의 명칭을 쓰시오. (4점)

정답

① 화기금지
② 폭발성물질경고
③ 부식성물질경고
④ 고압전기경고

08

[보기] 중 산업안전보건관리비로 사용이 가능한 항목 4가지를 골라 번호를 쓰시오. (4점)

> ┤ 보기 ├
> ① 면장갑 및 코팅장갑의 구입비
> ② 안전보건 교육장 내 냉·난방 설비 및 유지비
> ③ 안전보건 관리자용 안전순찰차량의 유류비
> ④ 교통 통제를 위한 교통정리자의 인건비
> ⑤ 작업발판 및 가설계단의 시설비
> ⑥ 위생 및 긴급 피난용 시설비
> ⑦ 안전보건 교육장의 대지 구입비
> ⑧ 안전보건관계자의 지정 교육기관에서 자격, 면허취득 또는 기술습득을 위한 교육비

정답

※ 「건설업 산업안전보건관리비 계상 및 사용기준」 개정으로 산업안전보건관리비 항목별 사용 불가내역은 삭제되었습니다. 이에 따라 성립될 수 없는 문제입니다.

09 #고장률 #고장발생확률

A 회사의 전기제품은 10,000시간 동안 10개의 제품에 고장이 발생된다. 이 제품의 수명이 지수분포를 따른다고 할 경우 고장률과 900시간 동안 적어도 1개의 제품이 고장날 확률을 계산하시오. (5점)

정답

① 고장률

$$\lambda(\text{평균고장률}) = \frac{\text{고장건수}}{\text{총 가동시간}} = \frac{10}{10,000} = 0.001$$

② 900시간 동안 1개의 제품이 고장날 확률

신뢰도 $R(t) = e^{-\lambda t} = e^{-0.001 \times 900} \fallingdotseq 0.41$이므로

고장발생확률 $F(t) = 1 - R(t) = 1 - 0.41 = 0.59$

10

다음 표는 접지공사의 종류별 접지저항 및 접지선의 굵기 (공칭단면적)에 관한 기준이다. (   ) 안에 알맞은 내용을 쓰시오. (5점)

종별	접지저항	접지선의 굵기
제1종	(①)[Ω] 이하	(④)[mm²] 이상의 연동선
제3종	(②)[Ω] 이하	(⑤)[mm²] 이상의 연동선
특별 제3종	(③)[Ω] 이하	2.5[mm²] 이상의 연동선

정답

※ 「한국전기설비규정」 개정으로 접지대상에 따라 일괄 적용한 종별접지 는 폐지되었습니다. 이에 따라 성립될 수 없는 문제입니다.

11 #법령 #원동기·회전축 #방호장치

「산업안전보건법령」상 원동기, 회전축 등 근로자가 위험에 처할 우려가 있는 부위에 위험방지를 위해 설치해야 하는 방호장치 3가지를 쓰시오. (3점)

정답

① 덮개   ② 울
③ 슬리브   ④ 건널다리

12 #법령 #중량물 #작업계획서

중량물을 취급하는 작업에서 작성하는 작업계획서에 포함 되어야 할 사항 3가지를 쓰시오. (3점)

정답

① 추락위험을 예방할 수 있는 안전대책
② 낙하위험을 예방할 수 있는 안전대책
③ 전도위험을 예방할 수 있는 안전대책
④ 협착위험을 예방할 수 있는 안전대책
⑤ 붕괴위험을 예방할 수 있는 안전대책

13 #법령 #조도기준

「산업안전보건법령」에서 규정하는 작업면의 조도기준을 쓰 시오.(단, 갱내 작업장과 감광재료를 취급하는 작업장은 제 외한다.) (4점)

① 초정밀작업: (   )[lux] 이상
② 정밀작업: (   )[lux] 이상
③ 보통작업: (   )[lux] 이상
④ 그 밖의 작업: (   )[lux] 이상

정답

① 750   ② 300
③ 150   ④ 75

14 #방독마스크 #용어

방독마스크의 설명에 대한 다음의 용어를 쓰시오. (4점)

① 대응하는 가스에 대하여 정화통 내부 흡착제가 포화상태가 되어 흡착능력을 상실한 상태
② 방독마스크(복합형 포함)의 성능에 방진마스크의 성능이 포함된 마스크

정답

① 파과   ② 겸용 방독마스크

3회

01 #차광보안경 #종류

안전인증대상 보호구 중 차광보안경의 사용구분에 따른 종류 4가지를 쓰시오. (4점)

정답

① 자외선용   ② 적외선용
③ 복합용   ④ 용접용

02 #법령 #산업안전보건위원회 #심의·의결사항

「산업안전보건법령」에 따른 산업안전보건위원회의 심의·의결사항 4가지를 쓰시오. (4점)

정답

① 사업장의 산업재해 예방계획의 수립에 관한 사항
② 안전보건관리규정의 작성 및 변경에 관한 사항
③ 안전보건교육에 관한 사항
④ 작업환경측정 등 작업환경의 점검 및 개선에 관한 사항
⑤ 근로자의 건강진단 등 건강관리에 관한 사항
⑥ 중대재해의 원인 조사 및 재발 방지대책 수립에 관한 사항
⑦ 산업재해에 관한 통계의 기록 및 유지에 관한 사항
⑧ 유해하거나 위험한 기계·기구·설비를 도입한 경우 안전 및 보건 관련 조치에 관한 사항
⑨ 그 밖에 해당 사업장 근로자의 안전 및 보건을 유지·증진시키기 위하여 필요한 사항

03 #법령 #안전인증대상

다음 중 안전인증대상 기계·기구 및 설비, 방호장치 또는 보호구에 해당하는 것 4가지를 고르시오. (4점)

① 안전대
② 연삭기 덮개
③ 아세틸렌 용접장치용 안전기
④ 압력용기
⑤ 양중기용 과부하 방지장치
⑥ 교류 아크용접기용 자동전격방지기
⑦ 선반
⑧ 동력식 수동대패용 칼날접촉방지장치
⑨ 보호복

정답

① 안전대   ④ 압력용기
⑤ 양중기용 과부하 방지장치   ⑨ 보호복

04 #프레스 #방호장치

프레스의 방호장치에 관한 설명 중 (   ) 안에 알맞은 내용을 쓰시오. (5점)

(1) 광전자식 방호장치의 일반구조에 있어 정상동작표시램프는 (①), 위험표시램프는 (②)으로 하며, 쉽게 근로자가 볼 수 있는 곳에 설치하여야 한다.
(2) 양수조작식 방호장치의 일반구조에 있어 누름버튼의 상호 간 내측거리는 (③)[mm] 이상이어야 한다.
(3) 손쳐내기식 방호장치의 일반구조에 있어 슬라이드 하행정거리의 (④) 위치에서 손을 완전히 밀어내야 한다.
(4) 수인식 방호장치의 일반구조에 있어 수인끈의 재료는 합성섬유로 직경이 (⑤)[mm] 이상이어야 한다.

정답

① 녹색   ② 붉은색   ③ 300
④ $\frac{3}{4}$ ⑤ 4

05 #강도율

A 사업장의 도수율이 12이고 지난 한 해 동안 12건의 재해로 인하여 15명의 요양재해자가 발생하였으며 총 휴업일수는 146일이었다. A 사업장의 강도율을 계산하시오.(단, 근로자는 1일 10시간씩 연간 250일 근무했다.) (5점)

정답

① 도수율 $= \dfrac{재해건수}{연근로시간 수} \times 1,000,000$

$= \dfrac{12}{근로자 수 \times (10 \times 250)} \times 1,000,000 = 12$

근로자 수 $= \dfrac{12}{12 \times (10 \times 250)} \times 1,000,000 = 400명$

② 강도율 $= \dfrac{총 요양근로손실일수}{연근로시간 수} \times 1,000$

$= \dfrac{146 \times \dfrac{250}{365}}{400 \times (10 \times 250)} \times 1,000 = 0.1$

06 #보일링 #예방대책

굴착 공사에서 발생할 수 있는 보일링 현상에 대한 방지대책 3가지를 쓰시오. (4점)

정답

① 흙막이벽의 근입 깊이 증가
② 차수성이 높은 흙막이 설치
③ 흙막이벽 배면지반 그라우팅 실시
④ 흙막이벽 배면지반의 지하수위 저하

07 #법령 #파열판의 설치

「산업안전보건법령」에 따라 과압에 따른 폭발을 방지하기 위하여 폭발 방지 성능과 규격을 갖춘 안전밸브 또는 파열판을 설치하여야 한다. 이때 파열판을 설치해야 하는 경우 2가지를 쓰시오. (4점)

정답

① 반응 폭주 등 급격한 압력 상승 우려가 있는 경우
② 급성 독성물질의 누출로 인하여 주위의 작업환경을 오염시킬 우려가 있는 경우
③ 운전 중 안전밸브에 이상 물질이 누적되어 안전밸브가 작동되지 아니할 우려가 있는 경우

08 #FTA #실시순서

FTA의 각 단계별 내용이 [보기]와 같을 때 올바른 순서대로 번호를 나열하시오. (3점)

| 보기 |
① 정상사상의 원인이 되는 기초사상을 나열한다.
② 정상사상과의 관계는 논리게이트를 이용하여 도해한다.
③ 분석현상이 된 시스템을 정의한다.
④ 이전 단계에서 결정된 사상이 조금 더 전개가 가능한지 검토한다.
⑤ 정성·정량적으로 해석, 평가한다.
⑥ FT도를 간소화한다.

정답

③ → ① → ② → ④ → ⑥ → ⑤

09 #고장발생확률

고장률이 시간당 0.01로 일정한 기계가 있다. 이 기계가 처음 100시간 동안 고장이 발생할 확률을 계산하시오. (3점)

정답

신뢰도 $R(t)=e^{-\lambda t}=e^{-0.01\times100}≒0.37$이므로

고장발생확률 $F(t)=1-R(t)=1-0.37=0.63$

10 #법령 #안전보건표지 #색도기준

「산업안전보건법령」상 안전보건표지의 색채에 대한 색도기준을 ( ) 안에 알맞게 쓰시오. (4점)

색채	빨간색	노란색	파란색	녹색	흰색	검은색
색도기준	(①)	(②)	(③)	2.5G 4/10	N9.5	(④)

정답

① 7.5R 4/14　　② 5Y 8.5/12

③ 2.5PB 4/10　　④ N0.5

11 #법령 #비계 #점검 · 보수사항

비계를 이용한 작업을 하는 중에 비, 눈, 그 밖의 기상상태의 악화로 작업을 중지시킨 후 그 비계에서 다시 작업을 할 때 작업시작 전에 점검하고, 이상을 발견하면 즉시 보수하여야 할 사항 4가지를 쓰시오. (4점)

정답

① 발판 재료의 손상 여부 및 부착 또는 걸림 상태

② 해당 비계의 연결부 또는 접속부의 풀림 상태

③ 연결 재료 및 연결 철물의 손상 또는 부식 상태

④ 손잡이의 탈락 여부

⑤ 기둥의 침하, 변형, 변위 또는 흔들림 상태

⑥ 로프의 부착 상태 및 매단 장치의 흔들림 상태

12 #법령 #구내운반차 #작업시작 전 점검사항

「산업안전보건법령」에 따라 구내운반차를 사용하여 작업을 하고자 할 때 작업시작 전 점검사항 3가지를 쓰시오. (3점)

정답

① 제동장치 및 조종장치 기능의 이상 유무

② 하역장치 및 유압장치 기능의 이상 유무

③ 바퀴의 이상 유무

④ 전조등 · 후미등 · 방향지시기 및 경음기 기능의 이상 유무

⑤ 충전장치를 포함한 홀더 등의 결합상태의 이상 유무

13 #법령 #예초기 #방호장치

「산업안전보건법령」상 예초기의 방호장치를 쓰시오. (3점)

정답

날접촉 예방장치

14 #법령 #안전보건교육 #교육시간

「산업안전보건법령」상 산업안전보건 관련 교육과정별 교육시간에 대해 다음 물음에 답하시오. (5점)

① 사업 내 안전보건교육에 있어 사무직 종사 근로자의 정기 교육시간을 쓰시오.

② 사업 내 안전보건교육에 있어 일용근로자의 채용 시의 교육시간을 쓰시오.

③ 사업 내 안전보건교육에 있어 일용근로자 및 근로계약기간이 1주일 이하인 기간제근로자를 제외한 근로자의 작업내용 변경 시의 교육시간을 쓰시오.

④ 안전보건관리책임자의 신규 교육시간이 6시간 이상일 때 보수 교육시간을 쓰시오.

⑤ 안전관리자의 보수 교육시간을 쓰시오.

정답

① 매반기 6시간 이상　　② 1시간 이상

③ 2시간 이상　　④ 6시간 이상

⑤ 24시간 이상

2009년 기출문제

1회

01 #법령 #해체작업 #작업계획서

건물 등의 해체작업 시 작업계획서에 포함되어야 하는 사항 4가지를 쓰시오. (4점)

정답

① 해체의 방법 및 해체 순서도면
② 가설설비·방호설비·환기설비 및 살수·방화설비 등의 방법
③ 사업장 내 연락방법
④ 해체물의 처분계획
⑤ 해체작업용 기계·기구 등의 작업계획서
⑥ 해체작업용 화약류 등의 사용계획서
⑦ 그 밖에 안전·보건에 관련된 사항

02 #신뢰도 #직렬 #병렬

다음 그림의 전체 신뢰도를 0.85로 설계하고자 할 때 부품 R_x의 신뢰도를 소수 둘째 자리까지 계산하시오.(단, 그림의 R값은 각 부품의 신뢰도를 나타낸다.) (4점)

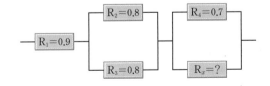

정답

$0.85 = 0.9 \times \{1 - (1 - 0.8) \times (1 - 0.8)\} \times \{1 - (1 - 0.7) \times (1 - R_x)\}$
$R_x ≒ 0.95$

03 #방폭구조

다음 설명에 맞는 방폭구조의 명칭을 쓰시오. (4점)

> ① 유체 상부 또는 용기 외부에 존재할 수 있는 폭발성 분위기가 발화할 수 없도록 전기설비 또는 전기설비의 부품을 보호액에 함침시키는 방폭구조
> ② 전기기기가 정상작동과 규정된 특정한 비정상 상태에서 주위의 폭발성 가스 분위기를 점화시키지 못하도록 만든 방폭구조
> ③ 전기기기의 불꽃 또는 열로 인해 폭발성 위험 분위기에 점화되지 않도록 컴파운드를 충전해서 보호한 방폭구조
> ④ 폭발성 가스 분위기를 점화시킬 수 있는 부품을 고정하여 설치하고 그 주위를 충전재로 완전히 둘러싸서 외부의 폭발성 가스 분위기를 점화시키지 않도록 하는 방폭구조

정답

① 유입방폭구조
② 비점화방폭구조
③ 몰드방폭구조
④ 충전방폭구조

04 #법령 #자율안전확인대상 #기계·설비

「산업안전보건법령」상 자율안전확인대상 기계 또는 설비 4가지를 쓰시오. (4점)

정답

① 연삭기 또는 연마기(휴대형 제외)
② 산업용 로봇
③ 혼합기
④ 파쇄기 또는 분쇄기
⑤ 식품가공용 기계(파쇄·절단·혼합·제면기만 해당)
⑥ 컨베이어
⑦ 자동차정비용 리프트
⑧ 공작기계(선반, 드릴기, 평삭·형삭기, 밀링만 해당)
⑨ 고정형 목재가공용 기계(둥근톱, 대패, 루타기, 띠톱, 모떼기 기계만 해당)
⑩ 인쇄기

05 #법령 #둥근톱기계 #방호장치

목재가공용 둥근톱기계에 부착하여야 하는 방호장치 2가지를 쓰시오. (4점)

정답

① 반발예방장치   ② 톱날접촉예방장치

06 #방진마스크 #포집효율

안면부 여과식 방진마스크의 각 등급별 여과재 분진 등 포집효율 기준을 표의 빈칸에 알맞게 쓰시오. (6점)

형태 및 등급		염화나트륨(NaCl) 및 파라핀 오일(Paraffin oil) 시험[%]
안면부 여과식	특급	
	1급	
	2급	

정답

형태 및 등급		염화나트륨(NaCl) 및 파라핀 오일(Paraffin oil) 시험[%]
안면부 여과식	특급	99.0 이상
	1급	94.0 이상
	2급	80.0 이상

07 #휴먼에러

다음 휴먼에러에 대하여 설명하시오. (3점)

① Omission Error
② Commission Error
③ Sequential Error

정답

① Omission Error(생략에러): 작업 내지 필요한 절차를 수행하지 않는 데서 기인한 에러
② Commission Error(실행에러): 작업 내지 절차를 수행했으나 잘못한 실수(선택착오, 순서착오, 시간착오)에서 기인한 에러
③ Sequential Error(순서에러): 작업수행의 순서를 잘못한 실수

08 #법령 #차량계 건설기계 #작업계획서

차량계 건설기계를 사용하여 작업을 하는 때에는 작업계획을 작성하고 그 작업계획에 따라 작업을 실시하도록 하여야 한다. 이 경우 작업계획서에 포함되어야 하는 사항 3가지를 쓰시오. (3점)

정답

① 사용하는 차량계 건설기계의 종류 및 성능
② 차량계 건설기계의 운행경로
③ 차량계 건설기계에 의한 작업방법

09 #법령 #안전보건교육 #교육시간

「산업안전보건법령」상 안전보건교육에 있어 일용근로자 및 근로계약기간이 1개월 이하인 기간제근로자를 제외한 근로자에 대한 채용 시 교육시간을 쓰시오. (3점)

정답

8시간 이상

10 #연천인율

어느 철강회사에서 연간 10명의 사상자가 발생하였고, 신체장해등급 14급인 근로자 1명과 456일의 휴업일수가 발생하였으며 도수율은 6.5이었다고 한다. 이 회사의 연천인율을 계산하시오.(단, 연간 근로시간 수는 ILO 기준에 따른다.) (3점)

정답

연천인율＝도수율×2.4＝6.5×2.4＝15.6
※ '연평균 근로자 수'에 대한 단서가 주어지지 않아, 도수율을 이용하여 풀이하였습니다.

11 #본질안전조건

본질적 안전화에 대하여 설명하시오. (4점)

정답

근로자가 동작상 과오나 실수를 하여도, 기계설비에 이상이 발생되어도 안전성이 확보되어 재해나 사고가 발생하지 않도록 설계되는 기본적 개념이다.

12 #연소형태

기체의 연소형태 2가지와 고체의 연소형태 4가지를 쓰시오. (6점)

정답

① 기체의 연소형태: 확산연소, 예혼합연소
② 고체의 연소형태: 표면연소, 분해연소, 증발연소, 자기연소

13 #집단의 응집력

집단의 응집력을 결정하는 요소 3가지를 쓰시오. (3점)

정답

① 타 집단과의 비교
② 집단 목표성취에 대한 기대
③ 집단혜택
④ 구성원의 자발적 동기

14 #법령 #산업안전보건위원회 #사용자위원 #근로자위원

산업안전보건위원회의 구성에 있어 사용자 및 근로자위원의 자격을 각각 1가지씩 쓰시오.(단, 산업안전보건위원회의 구성에 있어 사업자대표와 근로자대표는 제외한다.) (4점)

정답

사용자 위원	① 안전관리자 1명 ② 보건관리자 1명 ③ 산업보건의 ④ 해당 사업의 대표자가 지정하는 9명 이내의 해당 사업장 부서의 장
근로자 위원	① 근로대표가 지정하는 1명 이상의 명예산업안전감독관 ② 근로자대표가 지정하는 9명 이내의 해당 사업장의 근로자

2회

01 #안전인증 #표시사항

보호구의 안전인증 제품에 표시하여야 하는 사항 4가지를 쓰시오. (4점)

정답

① 형식 또는 모델명
② 규격 또는 등급 등
③ 제조자명
④ 제조번호 및 제조연월
⑤ 안전인증 번호

02 #법령 #안전보건교육 #관리감독자 #정기교육

「산업안전보건법령」상 사업장 내 안전보건교육 중 관리감독자 정기안전보건교육의 교육내용 4가지를 쓰시오. (4점)

정답

① 산업안전 및 사고 예방에 관한 사항
② 산업보건 및 직업병 예방에 관한 사항
③ 위험성평가에 관한 사항
④ 유해·위험 작업환경 관리에 관한 사항
⑤ 「산업안전보건법령」 및 산업재해보상보험 제도에 관한 사항
⑥ 직무스트레스 예방 및 관리에 관한 사항
⑦ 직장 내 괴롭힘, 고객의 폭언 등으로 인한 건강장해 예방 및 관리에 관한 사항
⑧ 작업공정의 유해·위험과 재해 예방대책에 관한 사항
⑨ 사업장 내 안전보건관리체제 및 안전·보건조치 현황에 관한 사항
⑩ 표준안전 작업방법 결정 및 지도·감독 요령에 관한 사항
⑪ 현장근로자와의 의사소통능력 및 강의능력 등 안전보건교육 능력 배양에 관한 사항
⑫ 비상시 또는 재해 발생 시 긴급조치에 관한 사항
⑬ 그 밖의 관리감독자의 직무에 관한 사항

03 #인체계측자료 #응용원칙

인체계측자료를 장비나 설비의 설계에 응용하는 경우 활용되는 3가지 원칙을 쓰시오. (3점)

정답

① 극단치 설계(최소치와 최대치)
② 조절식 설계
③ 평균치 설계

04 #연소형태

다음 물질이 공기 중에서 연소할 때 이루어지는 주된 연소의 종류를 쓰시오. (4점)

① 수소	② 알코올
③ TNT	④ 알루미늄 가루

정답

① 수소: 확산연소
② 알코올: 증발연소
③ TNT: 자기연소
④ 알루미늄 가루: 표면연소

05 #법령 #경보체계 운영과 대피방법 등 훈련

도급인이 관계수급인 근로자가 도급인의 사업장에서 작업을 할 때 경보체계 운영과 대피방법 등을 훈련해야 하는 경우 2가지를 쓰시오. (4점)

정답

① 작업 장소에서 발파작업을 하는 경우
② 작업 장소에서 화재·폭발, 토사·구축물 등의 붕괴 또는 지진 등이 발생한 경우

06 #법령 #안전보건표지 #안내표지

「산업안전보건법령」상 안전보건표지 중 "응급구호표지"를 그리고, 색깔을 글로 표현하시오. (4점)

정답

①

② 바탕: 녹색
   관련 부호 및 그림: 흰색

07 #계측기기

「굴착공사 표준안전 작업지침」상 깊이 10.5[m] 이상의 굴착의 경우 흙막이 구조의 안전을 예측하기 위해 설치하여야 하는 계측기기 3가지를 쓰시오. (3점)

정답

① 수위계   ② 경사계
③ 하중계   ④ 침하계
⑤ 응력계

08 #소화방법

화재에 대한 소화방법을 물리적 소화와 화학적 소화로 구분하여 설명하시오. (4점)

정답

구분	물리적 소화			화학적 소화
	제거소화	질식소화	냉각소화	억제소화
소화원리	가연물의 공급을 중단하여 소화하는 방법	산소(공기)공급을 차단함으로써 연소에 필요한 산소 농도 이하가 되게 하여 소화하는 방법	물 등의 액체의 증발잠열을 이용, 가연물을 인화점 및 발화점 이하로 낮추어 소화하는 방법	가연물 분자가 산화되면서 연소가 계속되는 과정을 억제하여 소화하는 방법

09 #부품배치의 원칙

체계나 설비를 설계함에 있어 부품을 배치하는 경우 고려해야 하는 부품배치의 원칙 4가지를 쓰시오. (4점)

정답

① 중요성의 원칙   ② 사용빈도의 원칙
③ 기능별 배치의 원칙   ④ 사용순서의 원칙

10 #종합재해지수

A 사업장의 근무 및 재해 발생 현황이 다음과 같을 때 이 사업장의 종합재해지수를 계산하시오. (5점)

(1) 평균 근로자 수: 800명
(2) 연간 요양재해자 수: 50명
(3) 연간 요양재해 건수: 45건
(4) 총 근로손실수: 8,900일
(5) 근로시간: 1일 8시간, 연간 280일 근무

정답

① 도수율 $=\dfrac{\text{재해건수}}{\text{연근로시간 수}} \times 1{,}000{,}000$

$\qquad =\dfrac{45}{800 \times (8 \times 280)} \times 1{,}000{,}000 ≒ 25.11$

② 강도율 $=\dfrac{\text{총 요양근로손실일수}}{\text{연근로시간 수}} \times 1{,}000$

$\qquad =\dfrac{8{,}900}{800 \times (8 \times 280)} \times 1{,}000 ≒ 4.97$

③ 종합재해지수(FSI) $=\sqrt{\text{도수율} \times \text{강도율}} = \sqrt{25.11 \times 4.97} ≒ 11.17$

11 #통전경로별 위험도

[보기]의 통전경로에서 위험도가 가장 높은 경로와 가장 낮은 경로의 번호를 쓰시오. (4점)

┤ 보기 ├
① 왼손 - 가슴 　　② 오른손 - 가슴
③ 왼손 - 한발 　　④ 오른손 - 양발
⑤ 왼손 - 오른손

정답

(1) 가장 높은 경로: ① 왼손 - 가슴
(2) 가장 낮은 경로: ⑤ 왼손 - 오른손

※ 통전경로별 위험도

통전경로	위험도	통전경로	위험도
왼손 - 가슴	1.5	왼손 - 등	0.7
오른손 - 가슴	1.3	한손 또는 양손 - 앉아 있는 자리	0.7
왼손 - 한발 또는 양발	1.0	왼손 - 오른손	0.4
양손 - 양발	1.0	오른손 - 등	0.3
오른손 - 한발 또는 양발	0.8	숫자가 클수록 위험도가 높아짐	

12 #광전자식 방호장치 #안전거리

광전자식 방호장치가 설치된 마찰 클러치식 기계 프레스에서 최대정지시간이 200[ms]일 경우 안전거리[mm]를 계산하시오. (5점)

정답

$D=1{,}600 \times (T_L + T_S) = 1{,}600 \times 0.2 = 320[mm]$

여기서, T_L: 방호장치의 작동시간[s]

$\qquad\quad T_S$: 프레스의 급정지시간[s]

※ $1[ms] = 10^{-3}[s]$이므로 $200[ms] = 0.2[s]$이다.

13 #법령 #노사협의체 #설치대상 #정기회의

「산업안전보건법령」상 노사협의체의 설치대상 사업 1가지와 노사협의체의 운영에 있어서 정기회의의 개최주기를 각각 쓰시오. (4점)

정답

① 설치대상 사업: 공사금액이 120억 원(토목공사업은 150억 원) 이상인 건설공사
② 정기회의 개최주기: 2개월

14 #정전기 #대전방지 #부도체

부도체에 대한 대전방지 대책 3가지를 쓰시오. (3점)

정답

① 대전방지제의 사용
② 가습
③ 도전성 섬유의 사용
④ 대전체의 차폐
⑤ 제전기 사용

3회

01 #법령 #건설공사 유해위험방지계획서

건설업 중 건설공사 유해위험방지계획서 제출기한까지 첨부해야 하는 서류 2가지와 제출기한을 쓰시오. (4점)

정답

① 첨부서류
  ㉠ 공사 개요 및 안전보건관리계획
  ㉡ 작업 공사 종류별 유해위험방지계획
② 제출기한: 착공 전날까지

02 #양수조작식 방호장치 #누름버튼

프레스 양수조작식 방호장치에서 누름버튼 거리는 어떻게 해야 하는지 쓰시오. (4점)

정답

누름버튼의 상호 간 내측거리는 300[mm] 이상이어야 한다.

03 #정보량

실현 가능성이 동일한 대안이 4개 있을 때 총 정보량[bit]을 계산하시오. (4점)

정답

정보량 $H = \log_2 n = \log_2 4 = 2$[bit]
여기서, n: 대안 수

04 #법령 #노사협의체 #근로자위원 #사용자위원

안전 및 보건에 관한 노사협의체 구성원을 근로자위원과 사용자위원으로 구분하여 쓰시오. (4점)

정답

① 근로자위원
  ㉠ 도급 또는 하도급 사업을 포함한 전체 사업의 근로자대표
  ㉡ 근로자대표가 지명하는 명예산업안전감독관 1명. 다만, 명예산업안전감독관이 위촉되어 있지 않은 경우에는 근로자대표가 지명하는 해당 사업장 근로자 1명
  ㉢ 공사금액이 20억 원 이상인 공사의 관계수급인의 각 근로자대표
② 사용자위원
  ㉠ 도급 또는 하도급 사업을 포함한 전체 사업의 대표자
  ㉡ 안전관리자 1명
  ㉢ 보건관리자 1명(보건관리자 선임대상 건설업으로 한정)
  ㉣ 공사금액이 20억 원 이상인 공사의 관계수급인의 각 대표자

05 #법령 #안전보건교육 #보일러

보일러(소형 보일러는 제외)의 설치 및 취급작업 시 특별교육 항목 4가지를 쓰시오. (4점)

정답

① 기계 및 기기 점화장치 계측기의 점검에 관한 사항
② 열관리 및 방호장치에 관한 사항
③ 작업순서 및 방법에 관한 사항
④ 그 밖에 안전 · 보건관리에 필요한 사항

06 #안전인증 #표시사항

보호구의 안전인증 제품에 표시하여야 하는 사항 4가지를 쓰시오. (4점)

정답

① 형식 또는 모델명   ② 규격 또는 등급 등
③ 제조자명   ④ 제조번호 및 제조연월
⑤ 안전인증 번호

07 #법령 #안전보건표지 #안내표지

안내표지의 종류 3가지를 쓰시오. (3점)

정답

① 녹십자표지 　　② 응급구호표지
③ 들것 　　④ 세안장치
⑤ 비상용기구 　　⑥ 비상구
⑦ 좌측비상구 　　⑧ 우측비상구

08 #강도율 #도수율 #연천인율 #종합재해지수

종업원 1,000명, 도수율 11.37, 강도율 6.3, 연간 근로일수는 275일, 근로시간은 8시간이다. 다음 물음에 답하시오. (6점)

> ① 총 요양근로손실일수를 산정하라.
> ② 연간 요양재해 건수는?
> ③ 재해자가 30명 발생했을 때 연천인율은?
> ④ 종합재해지수는?

정답

① 강도율 $= \dfrac{\text{총 요양근로손실일수}}{\text{연근로시간 수}} \times 1,000$

$= \dfrac{\text{총 요양근로손실일수}}{1,000 \times (8 \times 275)} \times 1,000 = 6.3$

총 요양근로손실일수 $= \dfrac{6.3 \times 1,000 \times (8 \times 275)}{1,000} = 13,860$일

② 도수율 $= \dfrac{\text{재해건수}}{\text{연근로시간 수}} \times 1,000,000$

$= \dfrac{\text{재해건수}}{1,000 \times (8 \times 275)} \times 1,000,000 = 11.37$

재해건수 $= \dfrac{11.37 \times 1,000 \times (8 \times 275)}{1,000,000} ≒ 25$건

③ 연천인율 $= \dfrac{\text{연간 재해(사상)자 수}}{\text{연평균 근로자 수}} \times 1,000 = \dfrac{30}{1,000} \times 1,000 = 30$

④ 종합재해지수(FSI) $= \sqrt{\text{도수율} \times \text{강도율}} = \sqrt{11.37 \times 6.3} ≒ 8.46$

09 #소화방법

화재에 대한 소화방법을 물리적 소화와 화학적 소화로 구분하여 설명하시오. (6점)

정답

구분	물리적 소화			화학적 소화
	제거소화	질식소화	냉각소화	억제소화
소화원리	가연물의 공급을 중단하여 소화하는 방법	산소(공기)공급을 차단함으로써 연소에 필요한 산소 농도 이하가 되게 하여 소화하는 방법	물 등의 액체의 증발잠열을 이용, 가연물을 인화점 및 발화점 이하로 낮추어 소화하는 방법	가연물 분자가 산화되면서 연소가 계속되는 과정을 억제하여 소화하는 방법

10 #조건반사설

파블로프 조건반사설에 의한 학습이론 4가지를 쓰시오. (4점)

정답

① 시간의 원리 　　② 강도의 원리
③ 계속성의 원리 　　④ 일관성의 원리

11 #FT도 #미니멀 컷셋

다음 시스템에 대해 다음 물음에 답하시오. (4점)

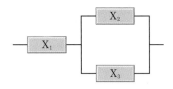

① 시스템 고장을 정상으로 하는 FT도를 그려라.
② 미니멀 컷셋을 구하여라.

정답

①

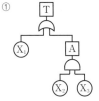

② AND 게이트는 가로로, OR 게이트는 세로로 나열한다.

$$T = \begin{pmatrix} X_1 \\ A \end{pmatrix} = \begin{matrix} (X_1) \\ (X_2, X_3) \end{matrix}$$

따라서 미니멀 컷셋은 (X_1) 또는 (X_2, X_3)이다.

12 #법령 #누전차단기 #준수사항

정격부하전류가 50[A] 미만인 전기기계·기구에 감전방지용 누전차단기를 설치할 때 정격감도전류[mA]와 작동시간은 몇 초인지 쓰시오. (4점)

정답

① 정격감도전류: 30[mA] 이하
② 작동시간: 0.03초 이내

13 #브레인스토밍

위험예지기법 중 브레인스토밍 4원칙을 나열하고, 각각의 의미를 설명하시오. (4점)

정답

① 비판금지: '좋다, 나쁘다' 등의 비평을 하지 않는다.
② 자유분방: 자유로운 분위기에서 발표한다.
③ 대량발언: 무엇이든지 좋으니 많이 발언한다.
④ 수정발언: 자유자재로 변하는 아이디어를 개발한다.(타인 의견의 수정 발언)

2008년 기출문제

1회

01 #방폭구조의 표시

방폭구조의 표시에서 Ex d ⅡA T4를 설명하시오. (4점)
① ② ③

정답

① d: 방폭구조 – 내압방폭구조
② ⅡA: 가스등급 – 산업용 폭발성 가스 또는 증기의 그룹
③ T4: 온도등급(최고표면온도) – 100[℃] 초과 135[℃] 이하

02 #법령 #원심기 #방호장치

「산업안전보건법령」상 원심기의 방호장치를 쓰시오. (4점)

정답

회전체 접촉 예방장치

03 #정전기 #대전의 종류

정전기 대전의 형태 4가지를 쓰시오. (4점)

정답

① 마찰대전   ② 박리대전   ③ 유동대전
④ 분출대전   ⑤ 충돌대전   ⑥ 파괴대전

04 #통전경로별 위험도

다음 [보기] 중 통전경로별 인체의 위험도가 큰 것부터 순서대로 나열하시오. (4점)

┤ 보기 ├
① 왼손 – 오른손   ② 양손 – 양발
③ 왼손 – 등   ④ 왼손 – 가슴

정답

④ > ② > ③ > ①

※ 통전경로별 위험도

통전경로	위험도	통전경로	위험도
왼손 – 가슴	1.5	왼손 – 등	0.7
오른손 – 가슴	1.3	한손 또는 양손 – 앉아 있는 자리	0.7
왼손 – 한발 또는 양발	1.0	왼손 – 오른손	0.4
양손 – 양발	1.0	오른손 – 등	0.3
오른손 – 한발 또는 양발	0.8	숫자가 클수록 위험도가 높아짐	

05 #법령 #작업발판 #설치기준

비계에서 철근조립 등의 작업을 하는 경우에 작업발판을 설치해야 하는 높이의 기준을 쓰시오. (4점)

정답

작업위치의 높이가 2[m] 이상인 경우

06 #절연장갑 #색상

안전인증대상 내전압용 절연장갑의 등급별 색상을 모두 쓰시오. (6점)

정답

등급	색상
00	갈색
0	빨간색
1	흰색
2	노란색
3	녹색
4	등색

07 #법령 #돌기부분 #방호조치

「산업안전보건법령」상 작동 부분의 돌기부분은 어떤 방호조치를 하여야 하는지 쓰시오. (4점)

정답

① 묻힘형   ② 덮개 부착

08 #안전활동률

1,000명이 근무하는 A 사업장에서 전년도에 3건의 산업재해가 발생하였다. 이에 따라 이 사업장의 안전관리부서 주관으로 6개월 동안 다음과 같은 안전활동을 전개하였다. A 사업장의 근무자가 월 26일 근무하였다면 A 사업장의 안전활동률을 계산하시오.(단, 하루 근무시간은 8시간이다.) (4점)

(1) 불안전 행동의 발견 및 조치 건수: 21건
(2) 안전제안 건수: 8건
(3) 안전홍보 건수: 12건
(4) 안전회의 건수: 8건

정답

$$안전활동률 = \frac{안전활동건수}{평균\ 근로자\ 수 \times 근로시간\ 수} \times 1,000,000$$
$$= \frac{21+8+12+8}{1,000 \times (8 \times 26 \times 6)} \times 1,000,000 ≒ 39.26$$

09 #법령 #산업재해 공표 사업장

「산업안전보건법령」상 산업재해를 예방하기 위하여 산업재해 발생건수, 재해율 또는 그 순위 등을 공표하여야 하는 사업장 3개를 쓰시오. (3점)

정답

① 산업재해로 인한 사망자가 연간 2명 이상 발생한 사업장
② 사망만인율이 규모별 같은 업종의 평균 사망만인율 이상인 사업장
③ 중대산업사고가 발생한 사업장
④ 산업재해 발생 사실을 은폐한 사업장
⑤ 산업재해의 발생에 관한 보고를 최근 3년 이내 2회 이상 하지 않은 사업장

10 #고장발생확률

고장률이 1시간당 0.01로 일정한 기계가 있다. 이 기계가 처음 100시간 동안에 고장이 발생할 확률을 계산하시오. (4점)

정답

신뢰도 $R(t) = e^{-\lambda t} = e^{-0.01 \times 100} ≒ 0.37$이므로
고장발생확률 $F(t) = 1 - R(t) = 1 - 0.37 = 0.63$

11 #법령 #헤드가드 #구비조건

화물의 낙하로 인하여 지게차의 운전자에게 위험을 미칠 우려가 있는 작업장에서 사용되는 지게차의 헤드가드가 갖추어야 할 사항 2가지를 쓰시오. (4점)

정답

① 강도는 지게차의 최대하중의 2배 값(4톤을 넘는 값에 대해서는 4톤)의 등분포정하중에 견딜 수 있을 것
② 상부틀의 각 개구의 폭 또는 길이가 16[cm] 미만일 것
③ 운전자가 앉아서 조작하거나 서서 조작하는 지게차의 헤드가드는 한국산업표준에서 정하는 높이 기준 이상일 것(입승식: 1.88[m] 이상, 좌승식: 0.903[m] 이상)

12 #사건수 분석

X_2 '고장'을 초기 사상으로 다음을 사건나무(Event Tree)로 도해하고, 각 가지마다 '작동', '고장'을 그림상에 표시하시오. (6점)

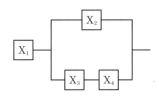

정답

X_2를 '고장'으로 두고 X_1, X_3, X_4의 작동 및 고장 여부를 가지치기하여 전체시스템의 작동 및 고장 여부를 판단한다.

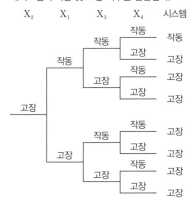

13 #법령 #근골격계질환 #원인

근골격계질환의 원인 4가지를 쓰시오. (4점)

정답

① 반복적인 동작
② 부적절한 작업자세
③ 무리한 힘의 사용
④ 날카로운 면과의 신체접촉
⑤ 진동 및 온도 등의 요인

2회

01 #법령 #경보체계 운영과 대피방법 등 훈련

도급에 따른 산업재해 예방을 위하여 경보체계 운영과 대피방법 등을 훈련해야 하는 경우 2가지를 쓰시오. (4점)

정답

① 작업 장소에서 발파작업을 하는 경우
② 작업 장소에서 화재·폭발, 토사·구축물 등의 붕괴 또는 지진 등이 발생한 경우

02 #페일 세이프 #풀 프루프

페일 세이프(Fail-safe)와 풀 프루프(Fool-proof)를 간단히 설명하시오. (4점)

정답

① Fail-safe: 기계나 그 부품에 고장이나 기능불량이 생겨도 항상 안전하게 작동하는 구조와 기능을 추구하는 본질적 안전
② Fool-proof: 근로자가 기계를 잘못 취급하여 불안전한 행동이나 실수를 하여도 기계설비의 안전기능이 작동되어 재해를 방지할 수 있는 기능

03 #증기운 폭발 #비등액 팽창증기폭발

폭발의 정의에서 UVCE와 BLEVE에 대하여 간단히 설명하시오. (4점)

정답

① UVCE(증기운 폭발; Unconfined Vapor Cloud Explosion): 가연성 위험물질이 용기 또는 배관 내에 저장·취급되는 과정에서 지속적으로 누출되면서 대기 중에 구름 형태로 모이게 되어 바람 등의 영향으로 움직이다가 발화원에 의하여 순간적으로 모든 가스가 동시에 폭발하는 현상이다.
② BLEVE(비등액 팽창증기폭발; Boiling Liquid Expanding Vapor Explosion): 비점이 낮은 액체 저장탱크 주위에 화재가 발생하였을 때 저장탱크 내부의 비등 현상으로 인한 압력 상승으로 탱크가 파열되어 그 내용물이 증발, 팽창하면서 발생되는 폭발현상이다.

04 #강도율

근로자 수가 1,440명이고, 주당 40시간씩 연간 50주 근무하는 A 사업장에서 1년 동안 발생한 요양재해 건수는 40건이고, 근로손실일수 1,200일, 사망재해 1건이 발생했다. 이때 강도율을 계산하시오.(단, 조기출근 및 잔업시간의 합계는 100,000시간, 조퇴 5,000시간, 결근율은 6[%]이다.) (5점)

정답

$$강도율 = \frac{총\ 요양근로손실일수}{연근로시간\ 수} \times 1,000$$

$$= \frac{7,500 + 1,200}{1,440 \times (40 \times 50 \times 0.94) + 100,000 - 5,000} \times 1,000$$

$$≒ 3.10$$

※ 사망은 근로손실일수를 7,500일로 산정한다.

05 #FT도 #미니멀 컷셋

다음 FT도에서 미니멀 컷셋을 구하시오. (4점)

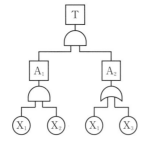

정답

AND 게이트는 가로로, OR 게이트는 세로로 나열한다.

$$T = A_1 \cdot A_2 = (X_1,\ X_2)\binom{X_1}{X_3} = \frac{(X_1,\ X_2,\ X_1)}{(X_1,\ X_2,\ X_3)} = \frac{(X_1,\ X_2)}{(X_1,\ X_2,\ X_3)}$$

따라서 미니멀 컷셋은 $(X_1,\ X_2)$이다.

06 #법령 #위험물질

다음 중 산화성 액체 및 산화성 고체를 모두 고르시오. (4점)

① 니트로글리세린	② 리튬
③ 황	④ 염소산칼륨
⑤ 질산나트륨	⑥ 셀룰로이드
⑦ 마그네슘 분말	⑧ 질산에스테르류

정답

④ 염소산칼륨   ⑤ 질산나트륨

07 #법령 #안전검사의 주기

「산업안전보건법령」상 크레인, 리프트 및 곤돌라의 안전검사의 주기를 쓰시오. (3점)

정답

사업장에 설치가 끝난 날부터 3년 이내에 최초 안전검사를 실시하되, 그 이후부터 2년마다(건설현장에서 사용하는 것은 최초로 설치한 날부터 6개월마다) 실시한다.

08 #방독마스크 #추가표시

안전인증 방독마스크에 안전인증의 표시에 따른 표시 외에 추가로 표시해야 할 사항 4가지를 쓰시오. (4점)

정답

① 파과곡선도   ② 사용시간 기록카드
③ 정화통의 외부측면의 표시 색   ④ 사용상의 주의사항

09 #양수조작식 방호장치 #누름버튼

프레스의 양수조작식 방호장치의 누름버튼의 상호 간 내측 거리는 얼마 이상인지 쓰시오. (4점)

정답

300[mm] 이상

10 #법령 #연삭숫돌 #덮개 #시험운전

연삭숫돌에 관한 내용에서 (   ) 안에 알맞은 내용을 쓰시오. (3점)

(1) 「산업안전보건법령」상 사업주는 회전 중인 연삭숫돌(지름이 5[cm] 이상)이 근로자에게 위험을 미칠 우려가 있는 경우에 그 부위에 (①   )를 설치하여야 한다.
(2) 작업을 시작하기 전에는 (②   )분 이상, 연삭숫돌을 교체한 후에는 (③   )분 이상 시험운전을 하고 해당 기계에 이상이 있는지를 확인하여야 한다.

정답

① 덮개　　　　② 1　　　　③ 3

11 #휴먼에러

휴먼에러에 관한 다음의 내용을 설명하시오. (4점)

① Omission Error
② Commission Error

정답

① Omission Error(생략에러): 작업 내지 필요한 절차를 수행하지 않는 데서 기인한 에러
② Commission Error(실행에러): 작업 내지 절차를 수행했으나 잘못한 실수(선택착오, 순서착오, 시간착오)에서 기인한 에러

12 #법령 #철골작업 #제한기준

철골작업을 중지하여야 하는 조건 3가지를 쓰시오. (3점)

정답

① 풍속이 초당 10[m] 이상인 경우
② 강우량이 시간당 1[mm] 이상인 경우
③ 강설량이 시간당 1[cm] 이상인 경우

13 #급정지장치 #조작부의 위치

롤러기의 방호장치를 쓰고, (   ) 안에 알맞은 내용을 쓰시오. (5점)

방호장치	(①)
손조작식	밑면에서 (②)[m] 이내
복부조작식	밑면에서 (③)[m] 이상 (④)[m] 이내
무릎조작식	밑면에서 (⑤)[m] 이내

정답

① 급정지장치　　② 1.8　　③ 0.8
④ 1.1　　⑤ 0.6

14 #세이프티스코어

다음과 같은 자료의 내용을 기준으로 2006년도와 2007년도의 Safe T. Score를 계산하고, 안전도에 대한 개선 여부를 판정하시오. (4점)

구분	2006년	2007년
인원	80	100
재해건수	100	125
총 근로시간 수	1,000,000	1,100,000

정답

① 2006년 도수율 $= \dfrac{100}{1,000,000} \times 1,000,000 = 100$,

2007년 도수율 $= \dfrac{125}{1,100,000} \times 1,000,000 ≒ 113.64$이므로

$$\text{Safe T. Score} = \dfrac{\text{도수율(현재)} - \text{도수율(과거)}}{\sqrt{\dfrac{\text{도수율(과거)}}{\text{현재 총 근로시간 수}} \times 1,000,000}}$$

$$= \dfrac{113.64 - 100}{\sqrt{\dfrac{100}{1,100,000} \times 1,000,000}} ≒ 1.43$$

② Safe T. Score가 +2.0 ~ −2.0 사이의 값이므로 안전성적은 과거에 비해 심각한 차이가 없다.

3회

01 #방독마스크 #고농도

「보호구 안전인증 고시」에서 정한 고농도 등급의 방독마스크 사용에 대한 다음 물음에 답하시오. (6점)

① 산소 농도가 몇 [%] 미만 되는 장소에서 방독마스크를 사용하여서는 아니 되는가?
② 유해물질인 유기화합물의 가스 또는 증기의 농도가 몇 [%]를 초과하는 장소에서 방독마스크를 사용하여서는 아니 되는가?
③ 암모니아에 있어서는 그 농도가 몇 [%]를 초과하는 장소에서 방독마스크를 사용하여서는 아니 되는가?

정답

① 18[%] 　　　② 2[%] 　　　③ 3[%]

02 #법령 #압력방출장치

다음은 보일러에 설치하는 압력방출장치에 대한 안전기준이다. ( ) 안에 알맞은 내용을 쓰시오. (4점)

(1) 사업주는 보일러의 안전한 가동을 위하여 보일러 규격에 맞는 압력방출장치를 1개 또는 2개 이상 설치하고 최고사용압력 이하에서 작동되도록 하여야 한다. 다만, 압력방출장치가 2개 이상 설치된 경우에는 최고사용압력 이하에서 1개가 작동되고, 다른 압력방출장치는 최고사용압력의 (①)배 이하에서 작동되도록 부착하여야 한다.
(2) 압력방출장치는 매년 (②)회 이상 산업통상자원부장관의 지정을 받은 국가교정업무 전담기관에서 교정을 받은 압력계를 이용하여 설정압력에서 압력방출장치가 적정하게 작동하는지를 검사한 후 (③)으로 봉인하여 사용하여야 한다.
(3) 공정안전보고서 제출 대상으로서 고용노동부장관이 실시하는 공정안전보고서 이행상태 평가결과가 우수한 사업장은 압력방출장치에 대하여 (④)년마다 1회 이상 설정압력에서 압력방출장치가 적정하게 작동하는지를 검사할 수 있다.

정답

① 1.05 　　　② 1
③ 납 　　　④ 4

03 #발화점 #인화점

발화점과 인화점에 대하여 간단히 설명하시오. (4점)

정답

① 발화점: 가연성 물질을 외부에서 화염, 전기불꽃 등의 착화원을 주지 않고 공기 중 또는 산소 중에서 가열할 경우에 착화 또는 폭발을 일으키는 최저온도
② 인화점: 가연성 증기가 발생하는 액체 또는 고체가 공기 중에서 점화원에 의해 표면 부근에서 연소하기에 충분한 농도(폭발하한계)를 만드는 최저의 온도. 즉, 가연성 액체 또는 고체가 공기 중에서 생성한 가연성 증기가 폭발(연소)범위의 하한계에 도달할 때의 온도

04 #재해예방 4원칙

재해예방의 4원칙을 쓰시오. (4점)

정답

① 손실우연의 원칙   ② 원인계기(원인연계)의 원칙
③ 예방가능의 원칙   ④ 대책선정의 원칙

05 #법령 #산업안전보건위원회 #근로자위원 #사용자위원

「산업안전보건법령」상 사업장의 안전 및 보건에 관한 중요 사항을 심의 또는 의결하기 위하여 구성, 운영하여야 할 기구에 대한 다음 물음에 답하시오. (5점)

(1) 해당하는 기구의 명칭을 쓰시오.
(2) 기구의 구성에 있어 근로자위원과 사용자위원에 해당하는 위원의 기준을 각각 2가지씩 쓰시오.

정답

(1) 명칭: 산업안전보건위원회
(2) 구성위원

근로자 위원	① 근로자대표 ② 근로자대표가 지명하는 1명 이상의 명예산업안전감독관 ③ 근로자대표가 지명하는 9명 이내의 해당 사업장의 근로자
사용자 위원	① 해당 사업의 대표자 ② 안전관리자 1명 ③ 보건관리자 1명 ④ 산업보건의 ⑤ 해당 사업의 대표자가 지명하는 9명 이내의 해당 사업장 부서의 장

06 #연천인율

연간 근로자 수가 600명인 A 사업장의 강도율이 4.68, 종합재해지수(FSI)가 2.55일 때 이 사업장의 연천인율을 계산하시오.(단, 연간 근로시간 수는 ILO 기준에 따른다.) (4점)

정답

① 종합재해지수$(\text{FSI}) = \sqrt{도수율 \times 강도율}$

$2.55 = \sqrt{도수율 \times 4.68}$이므로 도수율 $= \dfrac{2.55^2}{4.68} ≒ 1.39$

② 연천인율 $=$ 도수율 $\times 2.4 = 1.39 \times 2.4 ≒ 3.34$

※ '연간 재해(사상)자 수'에 대한 단서가 주어지지 않아, 도수율을 이용하여 풀이하였습니다.

07 #법령 #이동식 크레인 #작업시작 전 점검사항

「산업안전보건법령」상 이동식 크레인을 사용하여 작업을 할 때의 작업시작 전 점검사항 3가지를 쓰시오. (3점)

정답

① 권과방지장치나 그 밖의 경보장치의 기능
② 브레이크·클러치 및 조정장치의 기능
③ 와이어로프가 통하고 있는 곳 및 작업장소의 지반상태

08 #법령 #둥근톱기계 #방호장치

목재가공용 둥근톱기계를 사용하는 목재 가공공장에서 근로자의 안전을 유지하기 위하여 설치하여야 하는 방호장치 2가지를 쓰시오. (4점)

정답

① 반발예방장치   ② 톱날접촉예방장치

09 #옹벽의 안정조건

콘크리트 옹벽을 축조할 경우, 옹벽에 필요한 안정조건 3가지를 쓰시오. (3점)

정답

① 활동에 대한 안정
② 전도에 대한 안정
③ 지반 지지력(침하)에 대한 안정

PART 02

2008년 기출문제

10

고압 및 특고압의 전로에 시설하는 피뢰기에 보호접지공사를 하고자 할 때 접지공사의 종류와 접지저항치[Ω] 및 이에 사용되는 접지선(연동선)의 굵기의 기준을 쓰시오. (4점)

정답

※「한국전기설비규정」개정으로 2021년부터는 접지공사의 종류와 접지선의 굵기는 구할 수 없습니다. 접지대상에 따라 일괄 적용한 종별접지는 폐지되었으며 개정된「한국전기설비규정」의 접지는 접지공사 종류별 접지저항 값을 규정하지 않고, 계통사고 시 인체가 안전하기 위한 접지공사의 시행 또는 ELB 설치 등의 보호대책을 제시하고 있습니다.

11 #법령 #위험물질

「산업안전보건법령」상 위험물질의 종류를 물질의 특성에 따라 7가지로 구분하여 쓰시오. (7점)

정답

① 폭발성 물질 및 유기과산화물
② 물반응성 물질 및 인화성 고체
③ 산화성 액체 및 산화성 고체
④ 인화성 액체
⑤ 인화성 가스
⑥ 부식성 물질
⑦ 급성 독성 물질

12 #신뢰도

A사에서 생산하는 제품의 평균수명은 1,000시간이다. 이 제품을 500시간 사용하였을 때의 신뢰도를 계산하시오.(단, 이 제품의 고장까지의 시간분포는 지수분포를 따른다.) (3점)

정답

신뢰도 $R(t) = e^{-\frac{t}{t_0}} = e^{-\frac{500}{1,000}} ≒ 0.61$

여기서, t : 가동시간

t_0 : 평균수명

13 #방폭구조 #기호

가스폭발 위험장소에 설치하여 사용할 수 있는 방폭구조의 종류 4가지와 그 표시기호를 [예시]와 같이 다음 표에 써넣으시오. (4점)

방폭구조의 종류	표시기호
[예시] 압력방폭구조	p

정답

방폭구조의 종류	표시기호
압력방폭구조	p
내압방폭구조	d
충전방폭구조	q
유입방폭구조	o
안전증방폭구조	e
본질안전방폭구조	ia 또는 ib
몰드방폭구조	m
비점화방폭구조	n

2007년 기출문제

1회

01 #연소형태

다음 고체의 연소형태를 쓰시오. (4점)

> ① 목탄　　　　　② 종이
> ③ 파라핀　　　　④ 피크린산

정답

① 목탄: 표면연소　　　　② 종이: 분해연소
③ 파라핀: 증발연소　　　④ 피크린산: 자기연소

02 #안전모 #시험성능기준

안전모의 성능시험 항목 5가지를 쓰시오. (5점)

정답

① 내관통성　　　　② 충격흡수성
③ 내전압성　　　　④ 내수성
⑤ 난연성　　　　　⑥ 턱끈풀림

03 #종합재해지수

한 사업장에서 근로자 수 500명, 1일 9시간 작업, 연간 300일 근로하는 동안 8건의 요양재해가 발생하였으며, 총 휴업일수가 300일이었다. 이때 종합재해지수(FSI)를 계산하시오. (4점)

정답

① 도수율 $= \dfrac{\text{재해건수}}{\text{연근로시간 수}} \times 1,000,000$

$= \dfrac{8}{500 \times (9 \times 300)} \times 1,000,000 ≒ 5.93$

② 강도율 $= \dfrac{\text{총 요양근로손실일수}}{\text{연근로시간 수}} \times 1,000$

$= \dfrac{300 \times \frac{300}{365}}{500 \times (9 \times 300)} \times 1,000 ≒ 0.18$

③ 종합재해지수(FSI) $= \sqrt{\text{도수율} \times \text{강도율}} = \sqrt{5.93 \times 0.18} ≒ 1.03$

04 #신뢰도 #직렬계 평균수명

트랜지스터 고장률은 0.00002, 저항 고장률은 0.0001이고, 트랜지스터 5개와 저항 10개가 모두 직렬로 연결된 회로가 있을 때 다음 물음에 답하시오. (4점)

> ① 이 회로의 1,500시간 가동 시 신뢰도는?
> ② 이 회로의 평균수명은?

정답

① 1,500시간 가동 시 신뢰도
　λ(고장률) $= 0.00002 \times 5 + 0.0001 \times 10 = 0.0011$이므로
　신뢰도 $R(t) = e^{-\lambda t} = e^{-0.0011 \times 1,500} ≒ 0.19$
② 평균수명
　직렬계의 수명 $= \dfrac{1}{\lambda} = \dfrac{1}{0.0011} ≒ 909.09$시간

05 #보일링 #예방대책

보일링 현상을 예방할 수 있는 대책 3가지를 쓰시오. (3점)

정답

① 흙막이벽의 근입 깊이 증가
② 차수성이 높은 흙막이 설치
③ 흙막이벽 배면지반 그라우팅 실시
④ 흙막이벽 배면지반의 지하수위 저하

06 #방진마스크 #포집효율

안면부 여과식 방진마스크의 분진 초기농도가 30[mg/L], 여과 후 농도가 0.2[mg/L]일 때 다음에 답하시오. (4점)

> ① 포집효율(여과효율)은?
> ② 등급과 등급 판정 이유는?

정답

① 포집효율 $P = \dfrac{30 - 0.2}{30} \times 100 ≒ 99.33[\%]$
② 등급: 특급
　판정 이유: 안면부 여과식의 포집효율이 99.0[%] 이상이면 특급으로 판정

07 #휴식시간

신체 내에서 1[L] 산소를 소비하면 5[kcal]의 에너지가 소모된다. 작업 시 산소소비량 측정결과 분당 1.5[L]를 소비한다면 작업시간 60분 동안 포함되어야 하는 휴식시간을 계산하시오.(단, 평균에너지 상한은 5[kcal/min], 휴식시간의 에너지 소비량은 1.5[kcal/min]이다.) (4점)

정답

① 작업 시 평균에너지 소비량(E)$=5$[kcal/L]$\times 1.5$[L/min]

$\qquad\qquad\qquad\qquad\quad =7.5$[kcal/min]

② 휴식시간(R)$=\dfrac{60(E-\text{작업 시 평균에너지 소비량 상한})}{E-\text{휴식 시 평균에너지 소비량}}$

$\qquad\qquad\quad =\dfrac{60\times(7.5-5)}{7.5-1.5}=25$[min]

08 #온도등급 #최고표면온도

온도등급에 따른 전기기기의 최고표면온도[℃]의 범위를 쓰시오. (4점)

(1) T1: 300 초과 450 이하
(2) T2: (　①　)
(3) T3: (　②　)
(4) T4: (　③　)
(5) T5: (　④　)
(6) T6: 85 이하

정답

① 200 초과 300 이하　　② 135 초과 200 이하

③ 100 초과 135 이하　　④ 85 초과 100 이하

09 #롤러기 #개구부의 간격

롤러 물림점 전방에 개구간격 12[mm]인 가드를 설치할 경우 안전거리를 ILO 기준으로 계산하시오. (4점)

정답

$Y=6+0.15X\,(X<160[mm])$

여기서, Y : 개구부의 간격[mm]

$\qquad\quad X$: 개구부에서 위험점까지의 최단거리[mm]

$\qquad\quad$ (단, $X\geq 160[mm]$이면 $Y=30[mm]$이다.)

$12=6+0.15X$에서 $X=\dfrac{12-6}{0.15}=40[mm]$

10 #물에 젖은 #심실세동전류 #통전시간

전압이 300[V]이고 인체저항이 1,000[Ω]일 때 물에 젖은 손으로 회로를 조작하여 감전으로 인한 심실세동을 일으켰다. 이때 인체에 흐른 전류[mA]와 심실세동을 일으킨 시간[ms]을 계산하시오.(단, Dalziel의 심실세동전류 공식을 이용한다.) (6점)

정답

① 전류(I)

인체저항은 물에 젖은 경우 $\dfrac{1}{25}$로 감소하므로

$V=300$[V]이고, $R=1{,}000\times\dfrac{1}{25}=40[\Omega]$

$I=\dfrac{V}{R}=\dfrac{300}{40}=7.5$[A]$=7{,}500$[mA]

② 시간(T)

I[mA]$=\dfrac{165}{\sqrt{T}}$이므로

$T=\left(\dfrac{165}{I}\right)^2=\left(\dfrac{165}{7{,}500}\right)^2=0.000484$[s]$\fallingdotseq 0.48$[ms]

11 #법령 #중대재해 #보고사항 #보고시점

중대재해 발생 시 사업주가 관할 지방고용노동관서의 장에게 전화·팩스 등의 방법으로 연락하여 보고해야 할 사항 2가지(그 밖의 중요한 사항 제외)와 보고시점을 쓰시오. (4점)

정답

① 보고사항

　㉠ 발생 개요 및 피해 상황

　㉡ 조치 및 전망

② 보고시점: 지체 없이

12 #물질안전보건자료 #포함사항

MSDS(물질안전보건자료) 내용에 포함되어야 할 16가지 세부사항 중 5가지를 쓰시오. (5점)

정답

① 화학제품과 회사에 관한 정보　② 유해성·위험성

③ 구성성분의 명칭 및 함유량　④ 응급조치요령

⑤ 폭발·화재 시 대처방법　⑥ 누출사고 시 대처방법

⑦ 취급 및 저장방법　⑧ 노출방지 및 개인보호구

⑨ 물리·화학적 특성　⑩ 안정성 및 반응성

⑪ 독성에 관한 정보　⑫ 환경에 미치는 영향

⑬ 폐기 시 주의사항　⑭ 운송에 필요한 정보

⑮ 법적규제 현황　⑯ 그 밖의 참고사항

13 #법령 #포장기계 #방호장치

「산업안전보건법령」상 포장기계의 방호장치를 쓰시오. (4점)

정답

구동부 방호 연동장치

2회

01 #도수율 #강도율 #환산도수율 #환산강도율

연천인율이 36인 어느 사업장에서 1년 동안 총 근로시간이 120,000시간이고, 근로손실일수가 219일일 때 다음 물음에 답하시오. (4점)

> ① 도수율을 계산하시오.
> ② 강도율을 계산하시오.
> ③ 이 사업장에서 어느 작업자가 평생 근무한다면 몇 건의 재해를 당하겠는가?
> ④ 이 사업장에서 어느 작업자가 평생 근무한다면 며칠의 근로손실을 당하겠는가?

정답

① 연천인율＝도수율×2.4이므로 도수율＝$\frac{연천인율}{2.4}=\frac{36}{2.4}=15$

② 강도율＝$\frac{총 요양근로손실일수}{연근로시간 수}×1,000=\frac{219}{120,000}×1,000≒1.83$

③ 환산도수율＝도수율×$\frac{총 근로시간 수}{1,000,000}=15×\frac{120,000}{1,000,000}=1.8$건

④ 환산강도율＝강도율×$\frac{총 근로시간 수}{1,000}=1.83×\frac{120,000}{1,000}=219.6$일

02 #법령 #안전보건표지 #금지표지

안전보건표지 중 출입금지 표지판을 그리시오.(단, 색깔은 글로 표시해도 된다.) (4점)

정답

①

② 바탕: 흰색

　기본모형: 빨간색

　관련 부호 및 그림: 검은색

03 #법령 #중량물 #작업계획서

중량물 취급 작업 시 작업계획서에 포함해야 할 내용 5가지를 쓰시오. (5점)

정답

① 추락위험을 예방할 수 있는 안전대책
② 낙하위험을 예방할 수 있는 안전대책
③ 전도위험을 예방할 수 있는 안전대책
④ 협착위험을 예방할 수 있는 안전대책
⑤ 붕괴위험을 예방할 수 있는 안전대책

04 #가스폭발 위험장소

가스폭발 위험장소 3가지를 분류하고, 설명하시오. (6점)

정답

분류	적요	장소
0종 장소	인화성 액체의 증기 또는 가연성 가스에 의한 폭발위험이 지속적으로 또는 장기간 존재하는 장소	용기·장치·배관 등의 내부 등
1종 장소	정상 작동상태에서 인화성 액체의 증기 또는 가연성 가스에 의한 폭발위험분위기가 존재하기 쉬운 장소	맨홀·벤트·피트 등의 주위
2종 장소	정상 작동상태에서 인화성 액체의 증기 또는 가연성 가스에 의한 폭발위험분위기가 존재할 우려가 없으나, 존재할 경우 그 빈도가 아주 적고 단기간만 존재할 수 있는 장소	개스킷·패킹 등의 주위

05 #사고연쇄반응 이론

아담스의 사고연쇄성 이론 중 (   ) 안에 알맞은 내용을 쓰시오. (3점)

(①)-(②)-(③)-사고-상해

정답

① 관리구조 결함   ② 작전적 에러   ③ 전술적 에러

06 #정전기 #대전방지

정전기 예방대책 5가지를 쓰시오. (5점)

정답

① 접지   ② 도전성 섬유의 사용
③ 가습   ④ 제전기 사용
⑤ 대전방지제의 사용   ⑥ 대전체의 차폐

07 #위험점

다음 그림에서 나타내는 공통적인 위험점의 종류를 쓰고, 간단히 설명하시오. (4점)

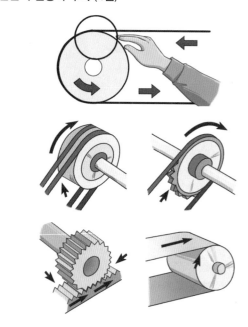

정답

① 위험점의 종류: 접선물림점
② 설명: 회전하는 부분의 접선방향으로 물려 들어갈 위험이 존재하는 위험점이다.

08 #저압용 수봉식 안전기

다음은 아세틸렌 용접장치의 저압용 수봉식 안전기 그림이다. ①~⑤에 알맞은 내용을 쓰시오. (5점)

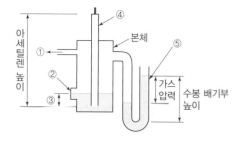

정답

① 아세틸렌 도출구   ② 검수창
③ 유효수주   ④ 아세틸렌 도입관
⑤ 수봉배기관

09 #평균고장간격 #신뢰도 #고장발생확률

어떤 기계를 1시간 가동하였을 때 고장발생확률이 0.004일 경우 다음 물음에 답하시오. (6점)

> ① 평균고장간격은?
> ② 10시간 가동하였을 때 기계의 신뢰도는?
> ③ 10시간 가동하였을 때 고장발생확률은?

정답

① 평균고장간격(MTBF)$=\dfrac{1}{\lambda(\text{고장률})}=\dfrac{1}{0.004}=250$시간

② 신뢰도 $R(t)=e^{-\lambda t}=e^{-0.004\times10}\fallingdotseq0.96$

③ 고장발생확률 $F(t)=1-R(t)=1-0.96=0.04$

11 #방폭구조의 표시

다음과 같은 방폭구조의 표시에서 밑줄 친 부분의 의미를 설명하시오. (3점)

Ex	d	IIA	T4	IP54
	①	②	③	

정답

① d: 방폭구조 – 내압방폭구조

② IIA: 가스등급 – 산업용 폭발성 가스 또는 증기의 그룹

③ T4: 온도등급(최고표면온도) – 100[℃] 초과 135[℃] 이하

12 #유해작업 #작업환경 개선

유해물질의 취급 등으로 근로자에게 유해한 작업에 있어서 그 원인을 제거하기 위하여 적용해야 할 원칙 3가지를 쓰시오. (3점)

정답

① 대치(사용물질의 변경, 작업공정의 변경, 생산시설의 변경)

② 격리(작업자 격리, 작업공정 격리, 생산시설 격리, 저장물질 격리)

③ 환기(전체환기, 국소배기)

10 #FT도 #컷셋

다음 FT도에서 컷셋(Cut Set)을 모두 구하시오. (4점)

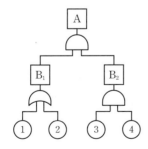

정답

AND 게이트는 가로로, OR 게이트는 세로로 나열한다.

$A=B_1\cdot B_2=\begin{pmatrix}①\\②\end{pmatrix}(③,④)=\dfrac{(①,③,④)}{(②,③,④)}$

따라서 컷셋은 (①, ③, ④), (②, ③, ④)이다.

13 #분할날

목재가공용 둥근톱에서 분할날이 갖추어야 할 사항 3가지를 쓰시오. (3점)

정답

① 분할날의 두께는 둥근톱 두께의 1.1배 이상이고 톱날의 치진폭 미만으로 할 것

② 견고히 고정할 수 있으며 분할날과 톱날 원주면과의 거리는 12[mm] 이내로 조정, 유지할 수 있어야 할 것

③ 표준 테이블면 상의 톱 뒷날의 $\dfrac{2}{3}$ 이상을 덮도록 할 것

④ 분할날 조임볼트는 2개 이상일 것

3회

01 #위험도 #폭발하한계

기체의 조성비가 아세틸렌 70[%], 클로로벤젠 30[%]일 때 아세틸렌의 위험도와 혼합기체의 폭발하한계[vol%]를 각각 계산하시오.(단, 아세틸렌의 폭발범위는 2.5~81[%], 클로로벤젠의 폭발범위는 1.3~7.1[%]이다.) (4점)

정답

① 아세틸렌의 위험도

$$H = \frac{U-L}{L} = \frac{81-2.5}{2.5} = 31.4$$

여기서, U : 폭발상한계 값[vol%]

L : 폭발하한계 값[vol%]

② 혼합기체의 폭발하한계

$$L = \frac{V_1 + V_2 + \cdots + V_n}{\frac{V_1}{L_1} + \frac{V_2}{L_2} + \cdots + \frac{V_n}{L_n}} = \frac{70+30}{\frac{70}{2.5} + \frac{30}{1.3}} \fallingdotseq 1.96[\%]$$

여기서, L_n : 각 성분가스의 폭발하한계[vol%]

V_n : 전체 혼합가스 중 각 성분가스의 비율[vol%]

02 #법령 #유해위험방지계획서 #작업공종

지상높이 31[m] 이상의 건축공사에서 유해위험방지계획서 제출대상 작업공종(건축물, 인공구조물 등의 건설공사)의 종류 5개를 쓰시오.(단, 그 밖의 공사는 제외한다.) (5점)

정답

① 가설공사   ② 구조물공사
③ 마감공사   ④ 기계 설비공사
⑤ 해체공사

03 #법령 #중량물 #작업계획서

중량물 취급 작업 시 사전조사 및 작업계획서 내용에 포함해야 할 사항 3가지를 쓰시오. (3점)

정답

① 추락위험을 예방할 수 있는 안전대책
② 낙하위험을 예방할 수 있는 안전대책
③ 전도위험을 예방할 수 있는 안전대책
④ 협착위험을 예방할 수 있는 안전대책
⑤ 붕괴위험을 예방할 수 있는 안전대책

04 #법령 #안전인증대상 #보호구

「산업안전보건법령」상 안전인증대상 보호구 4가지를 쓰시오. (4점)

정답

① 추락 및 감전 위험방지용 안전모
② 안전화
③ 안전장갑
④ 방진마스크
⑤ 방독마스크
⑥ 송기마스크
⑦ 전동식 호흡보호구
⑧ 보호복
⑨ 안전대
⑩ 차광 및 비산물 위험방지용 보안경
⑪ 용접용 보안면
⑫ 방음용 귀마개 또는 귀덮개

05 #급정지장치 #조작부의 위치

롤러기 방호장치(급정지장치)의 종류 3가지와 조작부의 설치위치를 쓰시오. (6점)

정답

종류	위치	비고
손조작식	밑면에서 1.8[m] 이내	위치는 급정지장치
복부조작식	밑면에서 0.8[m] 이상 1.1[m] 이내	조작부의 중심점을
무릎조작식	밑면에서 0.6[m] 이내	기준으로 함

06 #FT도 #컷셋

다음의 Fault Tree에서 모든 컷셋(Cut Set)을 구하시오. (4점)

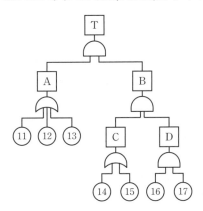

정답

AND 게이트는 가로로, OR 게이트는 세로로 나열한다.

$$T=A\cdot B=\begin{pmatrix}⑪\\⑫\\⑬\end{pmatrix}(C, D)=\begin{pmatrix}⑪\\⑫\\⑬\end{pmatrix}\begin{pmatrix}⑭\\⑮\end{pmatrix}(⑯, ⑰)=\begin{matrix}(⑪, ⑭, ⑯, ⑰)\\(⑪, ⑮, ⑯, ⑰)\\(⑫, ⑭, ⑯, ⑰)\\(⑫, ⑮, ⑯, ⑰)\\(⑬, ⑭, ⑯, ⑰)\\(⑬, ⑮, ⑯, ⑰)\end{matrix}$$

따라서 컷셋은 (⑪, ⑭, ⑯, ⑰), (⑪, ⑮, ⑯, ⑰), (⑫, ⑭, ⑯, ⑰),
(⑫, ⑮, ⑯, ⑰), (⑬, ⑭, ⑯, ⑰), (⑬, ⑮, ⑯, ⑰)이다.

07 #법령 #충전부 방호

작업이나 통행 등으로 인해 전기기계·기구 등의 충전부분에 접촉하거나 접근함으로써 감전 위험이 있는 부분에 대한 감전방지 대책 4가지를 쓰시오. (4점)

정답

① 충전부가 노출되지 않도록 폐쇄형 외함이 있는 구조로 할 것
② 충전부에 충분한 절연효과가 있는 방호망이나 절연덮개를 설치할 것
③ 충전부는 내구성이 있는 절연물로 완전히 덮어 감쌀 것
④ 발전소·변전소 및 개폐소 등 구획되어 있는 장소로서 관계 근로자가 아닌 사람의 출입이 금지되는 장소에 충전부를 설치하고, 위험표시 등의 방법으로 방호를 강화할 것
⑤ 전주 위 및 철탑 위 등 격리되어 있는 장소로서 관계 근로자가 아닌 사람이 접근할 우려가 없는 장소에 충전부를 설치할 것

08 #세이프티스코어

안전에 관한 중대성의 차이를 비교하기 위하여 과거의 안전성적과 현재의 안전성적을 비교·평가하는 방식으로 다음과 같은 Safe-T-Score를 사용한다. (   ) 안에 알맞은 내용을 쓰고, Safe-T-Score가 1.5일 때 판정기준을 쓰시오. (4점)

$$Safe-T-Score=\frac{(①)-(②)}{\sqrt{\frac{(③)}{총\ 근로시간\ 수(현재)}\times1,000,000}}$$

정답

① 도수율(현재)
② 도수율(과거)
③ 도수율(과거)
Safe-T-Score가 +2.00~−2.00인 경우 안전성적은 과거에 비해 심각한 차이가 없다.

09 #연소형태

다음 물질에 해당하는 연소의 종류를 쓰시오. (4점)

① 수소	② 알코올
③ TNT	④ 알루미늄 가루

정답

① 수소: 확산연소
② 알코올: 증발연소
③ TNT: 자기연소
④ 알루미늄 가루: 표면연소

10

고압 및 특고압의 전로에 시설하는 피뢰기에 보호접지공사를 하고자 할 때 접지공사의 종류와 접지저항치[Ω] 및 이에 사용하는 접지선(연동선)의 굵기기준을 쓰시오. (3점)

정답

※ 「한국전기설비규정」 개정으로 2021년부터는 접지공사의 종류와 접지선의 굵기는 구할 수 없습니다. 접지대상에 따라 일괄 적용한 종별접지는 폐지되었으며 개정된 「한국전기설비규정」의 접지는 접지공사 종류별 접지저항 값을 규정하지 않고, 계통사고 시 인체가 안전하기 위한 접지공사의 시행 또는 ELB 설치 등의 보호대책을 제시하고 있습니다.

11 #고압가스용기 도색

다음의 고압가스용기에 해당하는 색을 쓰시오. (4점)

① 산소	② 아세틸렌
③ 액화암모니아	④ 질소

정답

① 녹색

② 황색

③ 백색

④ 회색

12 #페일 세이프 #기능분류

페일 세이프(Fail-safe)의 기능분류 3가지를 쓰고, 그 의미를 설명하시오. (6점)

정답

① Fail Passive: 부품이 고장나면 통상 정지하는 방향으로 이동한다.

② Fail Active: 부품이 고장나면 기계는 경보를 울리며 짧은 시간 동안 운전이 가능하다.

③ Fail Operational: 부품에 고장이 있더라도 추후 보수가 있을 때까지 안전한 기능을 유지한다.

13 #재해손실비 #하인리히 #시몬즈

상시 근로자 1,000명이 근로하는 H 기업의 연간재해 건수는 60건이며, 지난해에 납부한 산재보험료는 18,000,000원, 산재보상금은 12,650,000원이었다. H 기업의 재해 건수 중 휴업상해(A)건수는 10건, 통원상해(B)건수는 15건, 응급조치(C)건수는 8건, 무상해사고(D)건수는 20건 발생하였다면 하인리히 방식과 시몬즈 방식에 의한 재해손실비용을 각각 계산하시오.(단, A: 900,000원, B: 290,000원, C: 150,000원, D: 200,000원이고, 공식과 계산식도 함께 서술한다.) (4점)

정답

① 하인리히 방식

총 재해코스트 = 직접비 + 간접비

$$= 12,650,000 + (12,650,000 \times 4) = 63,250,000원$$

※ 직접비는 법령으로 지급되는 산재보상금을 의미하고,

간접비 = 직접비 × 4이다.

② 시몬즈 방식

총 재해코스트 = 보험코스트 + 비보험코스트

$$= 18,000,000 + 18,550,000 = 36,550,000원$$

※ 비보험코스트 = 휴업상해건수 × A + 통원상해건수 × B

$$+ 응급조치건수 \times C + 무상해사고건수 \times D$$

$$= (10 \times 900,000) + (15 \times 290,000) + (8 \times 150,000)$$

$$+ (20 \times 200,000)$$

$$= 18,550,000원$$

2006년 기출문제

1회

01 #신뢰도 #직렬 #병렬

아래 시스템의 신뢰도를 소수 넷째 자리까지 계산하시오. (단, 그림에 나타난 숫자는 신뢰도를 의미한다.) (5점)

정답

신뢰도 $= 0.7 \times \{1 - (1-0.9) \times (1-0.9)\} \times 0.7 \times 0.7 \fallingdotseq 0.3396$

02 #법령 #운전위치 이탈 시 #준수사항

차량계 하역운반기계 등의 작업 시 운전자가 운전위치를 이탈하는 경우에 준수해야 할 사항 2가지를 쓰시오. (4점)

정답

① 포크, 버킷, 디퍼 등의 장치를 가장 낮은 위치 또는 지면에 내려 둘 것
② 원동기를 정지시키고 브레이크를 확실히 거는 등 갑작스러운 주행이나 이탈을 방지하기 위한 조치를 할 것
③ 운전석을 이탈하는 경우에는 시동키를 운전대에서 분리시킬 것

03 #법령 #컨베이어 #작업시작 전 점검사항

컨베이어 등을 사용하는 작업을 할 때 작업시작 전 점검해야 하는 사항 4가지를 쓰시오. (4점)

정답

① 원동기 및 풀리 기능의 이상 유무
② 이탈 등의 방지장치 기능의 이상 유무
③ 비상정지장치 기능의 이상 유무
④ 원동기·회전축·기어 및 풀리 등의 덮개 또는 울 등의 이상 유무

04 #법령 #원심기 #방호장치

원심기의 방호장치를 쓰시오. (4점)

정답

회전체 접촉 예방장치

05 #안전모 #내관통성

안전모의 성능시험 중 AE, ABE, AB종 안전모의 내관통성 시험의 관통거리는 얼마 이하로 하여야 하는지 쓰시오. (4점)

정답

① AE종, ABE종: 9.5[mm] 이하
② AB종: 11.1[mm] 이하

06 #법령 #항타기·항발기 #와이어로프 #안전계수

항타기 또는 항발기의 권상용 와이어로프의 안전계수는 얼마 이상으로 하여야 하는지 쓰시오. (4점)

정답

5 이상

07 #강도율

연 근로시간 수가 144,000시간인 공장에서 5건의 요양재해가 발생되어 219일의 휴업일수가 기록되었다. 이때 강도율을 계산하시오. (4점)

정답

강도율 $= \dfrac{\text{총 요양근로손실일수}}{\text{연근로시간 수}} \times 1,000 = \dfrac{219 \times \frac{300}{365}}{144,000} \times 1,000 = 1.25$

※ 연근무일수에 대한 언급이 없을 경우 300일을 적용한다.

08 #법령 #양중기 #종류

양중기의 종류 4가지를 쓰시오. (4점)

정답

① 크레인(호이스트 포함)　　　　② 이동식 크레인
③ 리프트(이삿짐운반용 리프트의 경우에는 적재하중이 0.1톤 이상인 것으로 한정)
④ 곤돌라　　　　　　　　　　　⑤ 승강기

09 #사고예방대책 5단계 #하인리히

하인리히의 사고 예방 기본원리 5단계를 단계별로 쓰시오. (5점)

정답

① 1단계: 조직(안전관리조직)
② 2단계: 사실의 발견(현상파악)
③ 3단계: 분석 · 평가(원인규명)
④ 4단계: 시정책의 선정
⑤ 5단계: 시정책의 적용

10 #연소의 3요소

연소의 3요소를 쓰시오. (6점)

정답

① 가연성 물질(가연물)
② 산소공급원(공기 또는 산소)
③ 점화원(불씨)

11 #도수율

500명이 근무하는 공장에서 5건의 요양재해가 발생하였다. 이 공장의 도수율을 계산하시오.(단, 연 근로시간은 하루 8시간, 300일이고, 결근율은 5[%]이다.) (4점)

정답

$$도수율 = \frac{재해건수}{연근로시간 수} \times 1,000,000$$

$$= \frac{5}{500 \times (8 \times 300 \times 0.95)} \times 1,000,000 ≒ 4.39$$

12 #프레스 #방호장치

프레스의 방호장치 종류 4가지를 쓰시오. (4점)

정답

① 가드식 방호장치　　　　② 양수조작식 방호장치
③ 손쳐내기식 방호장치　　④ 수인식 방호장치
⑤ 광전자식 방호장치

13

승강기 제조 및 관리 시 자체검사를 하는 경우 기록하여야 할 사항 3가지를 쓰시오. (3점)

정답

※ 「승강기법 시행규칙」 개정으로 위 문제에 대한 내용은 삭제되었습니다. 이에 따라 성립될 수 없는 문제입니다.

2회

01 #법령 #안전보건교육 #근로자 #채용 시 #작업내용 변경 시
근로자 채용 시 및 작업내용 변경 시 실시하여야 하는 교육내용 4가지를 쓰시오. (4점)

정답
① 산업안전 및 사고 예방에 관한 사항
② 산업보건 및 직업병 예방에 관한 사항
③ 위험성 평가에 관한 사항
④ 「산업안전보건법령」 및 산업재해보상보험 제도에 관한 사항
⑤ 직무스트레스 예방 및 관리에 관한 사항
⑥ 직장 내 괴롭힘, 고객의 폭언 등으로 인한 건강장해 예방 및 관리에 관한 사항
⑦ 기계 · 기구의 위험성과 작업의 순서 및 동선에 관한 사항
⑧ 작업 개시 전 점검에 관한 사항
⑨ 정리정돈 및 청소에 관한 사항
⑩ 사고 발생 시 긴급조치에 관한 사항
⑪ 물질안전보건자료에 관한 사항

02 #안전모 #내수성 #질량 증가율
안전모의 모체를 수중에 담그기 전 무게가 440[g], 모체를 20~25[℃]의 수중에서 24시간 담금 후의 무게가 443.5[g]이었다. 이때 무게 증가율과 합격 여부를 판단하시오. (4점)

정답
① 무게(질량) 증가율

$$질량 증가율[\%] = \frac{담근 후의 질량 - 담그기 전의 질량}{담그기 전의 질량} \times 100$$

$$= \frac{443.5 - 440}{440} \times 100 ≒ 0.80[\%]$$

② 합격 여부: 질량 증가율이 1[%] 미만이므로 합격이다.

03 #법령 #차량계 하역운반기계 #적재 시 준수사항
차량계 하역운반기계에 화물을 적재할 경우 준수해야 할 사항 3가지를 쓰시오. (3점)

정답
① 하중이 한쪽으로 치우치지 않도록 적재할 것
② 구내운반차 또는 화물자동차의 경우 화물의 붕괴 또는 낙하에 의한 위험을 방지하기 위하여 화물에 로프를 거는 등 필요한 조치를 할 것
③ 운전자의 시야를 가리지 않도록 화물을 적재할 것

04 #보일링 #예방대책
보일링 현상을 방지하기 위한 대책 3가지를 쓰시오. (3점)

정답
① 흙막이벽의 근입 깊이 증가
② 차수성이 높은 흙막이 설치
③ 흙막이벽 배면지반 그라우팅 실시
④ 흙막이벽 배면지반의 지하수위 저하

05 #단위 #노출기준 #조도 #음의 세기
작업환경 조사 시 사용되는 다음의 단위에 대하여 설명하시오. (4점)

| ① [ppm] | ② [mg/m³] |
| ③ [lux] | ④ [dB(A)] |

정답
① 화학물질의 가스, 증기, 미스트, 흄 등의 농도를 나타내는 단위
② 화학물질의 가스, 증기, 미스트, 흄 등의 농도와 분진의 농도를 나타내는 단위

$$[mg/m^3] = \frac{농도[ppm] \times 분자량}{24.45(25[℃], 1[atm] 기준)}$$

③ 어떤 물체나 대상면에 도달하는 빛의 양을 나타내는 조도의 단위

$$조도[lux] = \frac{광속[lm]}{(거리[m])^2}$$

④ 음의 세기를 나타내는 단위

06 #법령 #가설통로

가설통로 설치 시 준수사항 3가지를 쓰시오. (3점)

정답

① 견고한 구조로 할 것
② 경사는 30° 이하로 할 것
③ 경사가 15°를 초과하는 경우에는 미끄러지지 아니하는 구조로 할 것
④ 추락할 위험이 있는 장소에는 안전난간을 설치할 것
⑤ 수직갱에 가설된 통로의 길이가 15[m] 이상인 경우에는 10[m] 이내마다 계단참을 설치할 것
⑥ 건설공사에 사용하는 높이 8[m] 이상인 비계다리에는 7[m] 이내마다 계단참을 설치할 것

07 #법령 #특수화학설비 #계측장치

특수화학설비 설치 시 내부의 이상 상태를 조기에 파악하기 위한 계측장치의 종류 3가지를 쓰시오. (3점)

정답

① 온도계   ② 유량계   ③ 압력계

08 #연천인율

연평균 근로자가 500명인 H 사업장에서 연간 25명의 사상자가 발생하였다. 이때, 연천인율을 계산하시오.(단, 결근율은 3[%]이다.) (4점)

정답

$$연천인율 = \frac{연간\ 재해(사상)자\ 수}{연평균\ 근로자\ 수} \times 1{,}000 = \frac{25}{500} \times 1{,}000 = 50$$

※ 연천인율 계산 시 결근율은 고려하지 않는다.

09 #상해의 종류

다음은 상해의 종류에 해당되는 내용이다. 각각의 상해에 대해 설명하시오. (4점)

| ① 골절 | ② 자상 |
| ③ 좌상 | ④ 창상 |

정답

① 골절: 뼈에 금이 가거나 부러진 상해
② 자상: 칼날 등 날카로운 물건에 찔린 상해
③ 좌상: 타박, 충돌, 추락 등으로 피부의 표면보다는 피하조직 또는 근육부를 다친 상해(삔 것 포함)
④ 창상: 창, 칼 등에 베인 상처

10 #위험요인 #안전대책

스팀이 누출되는 장소를 확인하기 위해 증기배관의 보온커버를 벗기는 작업을 하고 있다. 해당 작업의 위험요인 및 안전대책을 3가지씩 쓰시오. (6점)

정답

① 위험요인
  ㉠ 고온의 배관과의 접촉 → 화상 위험
  ㉡ 고온의 증기가 계속적으로 누출 → 얼굴의 화상 위험
  ㉢ 보온커버 등에서 발생하는 가루나 분진 등 → 눈의 상해 위험
② 안전대책
  ㉠ 방열장갑 등 고온의 배관과의 접촉을 방지하기 위한 보호구 착용
  ㉡ 보안면을 착용하여 얼굴 보호
  ㉢ 보안경을 착용하여 눈 보호
  ㉣ 공정에 지장이 없다면 스팀밸브 차단 후 작업

11 #인간실수 확률

검사공정에서 제품을 검사하는 작업자가 한 로트에 10,000개의 제품을 검사하여 200개의 불량품을 발견하였으나 실제로 이 로트에는 500개의 불량품이 있었다. 이때의 인간실수 확률(Human Error Probability)을 계산하시오. (4점)

정답

$$인간실수\ 확률(HEP) = \frac{인간실수의\ 수}{실수발생의\ 전체\ 기회\ 수} = \frac{500-200}{10{,}000} = 0.03$$

12 #양수조작식 방호장치 #누름버튼

프레스의 양수조작식 방호장치의 누름버튼의 거리는 얼마 이상으로 하여야 하는지 쓰시오. (4점)

정답

누름버튼의 상호 간 내측거리는 300[mm] 이상이어야 한다.

13 #법령 #지게차 #방호장치

지게차의 방호장치 5가지를 쓰시오. (5점)

정답

① 전조등　　　　　　② 후미등
③ 헤드가드　　　　　④ 백레스트
⑤ 안전벨트

14 #FT도 #미니멀 컷셋

다음은 FT도의 미니멀 컷셋(Minimal Cut Set)을 구하시오. (4점)

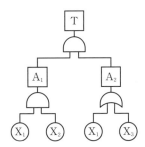

정답

AND 게이트는 가로로, OR 게이트는 세로로 나열한다.

$$T = A_1 \cdot A_2 = (X_1, X_2)\begin{pmatrix} X_1 \\ X_3 \end{pmatrix} = \frac{(X_1, X_2, X_1)}{(X_1, X_2, X_3)} = \frac{(X_1, X_2)}{(X_1, X_2, X_3)}$$

따라서 미니멀 컷셋은 (X_1, X_2)이다.

3회

01 #법령 #안전관리자 #증원·교체

안전관리자 수를 정수 이상으로 증원하게 하거나 교체하여 임명할 수 있는 경우에 해당하는 내용 3가지를 쓰시오. (3점)

정답

① 해당 사업장의 연간재해율이 같은 업종의 평균재해율의 2배 이상인 경우
② 중대재해가 연간 2건 이상 발생한 경우
③ 관리자가 질병이나 그 밖의 사유로 3개월 이상 직무를 수행할 수 없게 된 경우
④ 화학적 인자로 인한 직업성 질병자가 연간 3명 이상 발생한 경우

02 #부품배치의 원칙

부품배치의 4원칙을 쓰시오. (4점)

정답

① 중요성의 원칙　　　　② 사용빈도의 원칙
③ 기능별 배치의 원칙　　④ 사용순서의 원칙

03 #TWI

기업 내 정형교육인 TWI의 교육내용 4가지를 쓰시오. (4점)

정답

① 작업지도훈련(JIT ; Job Instruction Training)
② 작업방법훈련(JMT ; Job Method Training)
③ 인간관계훈련(JRT ; Job Relation Training)
④ 작업안전훈련(JST ; Job Safety Training)

04 #법령 #유해물질 #게시사항

관리대상 유해물질을 취급하는 작업장의 보기 쉬운 곳에 게시해야 할 사항 5가지를 쓰시오. (5점)

정답

① 관리대상 유해물질의 명칭
② 인체에 미치는 영향
③ 취급상 주의사항
④ 착용하여야 할 보호구
⑤ 응급조치 및 긴급 방재 요령

05 #보호구 #관리요령

근로자의 안전을 위해 착용하는 보호구의 올바른 관리요령 3가지를 쓰시오. (3점)

정답

① 직사광선을 피하고 통풍이 잘되는 장소에 보관할 것
② 부식성 액체, 유기용제, 기름, 산 등과 통합하여 보관하지 아니할 것
③ 발열성 물질이 주위에 없을 것
④ 땀 등으로 오염된 경우 세척하고 건조시킨 후 보관할 것
⑤ 모래, 진흙 등이 묻은 경우는 세척 후 그늘에서 건조할 것
⑥ 상시 사용이 가능하도록 관리해야 하며 청결을 유지할 것

06 #프레스 #방호장치

프레스 및 전단기의 방호장치의 종류 4가지를 쓰시오. (4점)

정답

① 가드식 방호장치
② 양수조작식 방호장치
③ 손쳐내기식 방호장치
④ 수인식 방호장치
⑤ 광전자식 방호장치

07 #근로 불능 상해

다음에 해당하는 근로 불능 상해의 종류에 관하여 간략히 설명하시오. (4점)

> ① 영구 전노동 불능 상해
> ② 영구 일부노동 불능 상해
> ③ 일시 전노동 불능 상해
> ④ 일시 일부노동 불능 상해

정답

① 부상 결과로 노동기능을 완전히 잃게 되는 부상으로 신체장해등급 1~3급에 해당되며 노동손실일수는 7,500일이다.
② 부상 결과로 신체 부분의 일부가 노동기능을 상실한 부상으로 신체장해등급 4~14급에 해당된다.
③ 의사의 진단에 따라 일정기간 정규노동에 종사할 수 없는 정도의 상해로 신체장해가 남지 않는 일반적 휴업재해이다.
④ 의사의 진단에 따라 부상 이후에 정규노동에 종사할 수 없는 휴업재해 이외의 상해로 일시적으로 작업시간 중에 업무를 떠나 치료를 받는 정도의 상해이다.

08 #법령 #위험물질

다음에서 폭발성 물질 및 유기과산화물의 종류를 찾아 번호를 쓰시오. (4점)

> ① 피크린산 　　② 마그네슘 분말
> ③ 과산화수소 　④ 가솔린
> ⑤ 테레핀유 　　⑥ 질산칼륨
> ⑦ 황화인 　　　⑧ 아조화합물

정답

①, ⑧
※ 피크린산은 니트로화합물로 폭발성 물질에 해당한다.

09 #법령 #터널굴착작업 #작업계획서

터널굴착작업 시 작업계획서에 포함되어야 할 사항 2가지를 쓰시오. (4점)

정답

① 굴착의 방법
② 터널지보공 및 복공의 시공방법과 용수의 처리방법
③ 환기 또는 조명시설을 설치할 때에는 그 방법

10 #법령 #누전차단기 #준수사항

감전방지용 누전차단기의 정격감도전류와 작동시간을 쓰시오.(단, 정격전부하전류가 50[A] 미만이다.) (4점)

정답

① 정격감도전류: 30[mA] 이하
② 작동시간: 0.03초 이내

11 #가스폭발 위험장소 #방폭구조

다음의 위험장소에 해당하는 전기설비의 방폭구조를 2가지씩 쓰시오. (4점)

| ① 0종 장소 | ② 1종 장소 |

정답

폭발위험장소 분류	방폭구조 전기기계·기구
① 0종 장소	⊙ 본질안전방폭구조(ia) ⓒ 그 밖에 관련 공인 인증기관이 0종 장소에서 사용이 가능한 방폭구조로 인증한 방폭구조
② 1종 장소	⊙ 내압방폭구조(d) ⓒ 압력방폭구조(p) ⓒ 충전방폭구조(q) @ 유입방폭구조(o) @ 안전증방폭구조(e) @ 본질안전방폭구조(ia, ib) Ⓐ 몰드방폭구조(m) ◎ 그 밖에 관련 공인 인증기관이 1종 장소에서 사용이 가능한 방폭구조로 인증한 방폭구조

12 #법령 #동바리 #조립 시 준수사항

동바리 조립 시 준수해야 할 사항 3가지를 쓰시오. (3점)

정답

① 받침목이나 깔판의 사용, 콘크리트 타설, 말뚝박기 등 동바리의 침하를 방지하기 위한 조치를 할 것
② 동바리의 상하 고정 및 미끄러짐 방지 조치를 할 것
③ 상부·하부의 동바리가 동일 수직선 상에 위치하도록 하여 깔판·받침목에 고정시킬 것
④ 개구부 상부에 동바리를 설치하는 경우에는 상부하중을 견딜 수 있는 견고한 받침대를 설치할 것
⑤ U헤드 등의 단판이 없는 동바리의 상단에 멍에 등을 올릴 경우에는 해당 상단에 U헤드 등의 단판을 설치하고, 멍에 등이 전도되거나 이탈되지 않도록 고정시킬 것
⑥ 동바리의 이음은 같은 품질의 재료를 사용할 것
⑦ 강재의 접속부 및 교차부는 볼트·클램프 등 전용철물을 사용하여 단단히 연결할 것
⑧ 거푸집의 형상에 따른 부득이한 경우를 제외하고는 깔판이나 받침목은 2단 이상 끼우지 않도록 할 것
⑨ 깔판이나 받침목을 이어서 사용하는 경우에는 그 깔판·받침목을 단단히 연결할 것

13 #파과시간

사염화탄소 농도가 0.2[%]인 작업장에서 사용하는 흡수관의 제품(흡수)능력이 사염화탄소 농도 0.6[%]인 조건에서 사용시간이 100분일 때 방독마스크의 파과(유효)시간을 계산하시오. (4점)

정답

$$파과시간 = \frac{표준\ 유효시간 \times 시험가스\ 농도}{사용하는\ 작업장\ 공기\ 중\ 유해가스\ 농도} = \frac{100 \times 0.6}{0.2} = 300분$$

14 #종합재해지수

평균 근로자 400명이 작업하는 프레스 금형 공장에서 요양재해자 수 11명, 요양재해건수 11건, 장해등급 1급 1명, 14급 3명이 발생하였으며, 총 재해코스트는 5,000만 원이었다. 이 공장의 모든 근로자가 1일 8시간, 연간 300일 근로한다면 FSI는 얼마인지 계산하시오. (5점)

정답

① $도수율 = \frac{재해건수}{연근로시간\ 수} \times 1,000,000$

$= \frac{11}{400 \times (8 \times 300)} \times 1,000,000 = 11.46$

② $강도율 = \frac{총\ 요양근로손실일수}{연근로시간\ 수} \times 1,000$

$= \frac{7,500 + (50 \times 3)}{400 \times (8 \times 300)} \times 1,000 = 7.97$

③ $종합재해지수(FSI) = \sqrt{도수율 \times 강도율} = \sqrt{11.46 \times 7.97} = 9.56$

※ 장해등급 1급은 근로손실일수를 7,500일, 장해등급 14급은 근로손실일수를 50일로 산정한다.

2005년 기출문제

1회

01 #폭발 #기본조건

전기설비가 원인이 되어 발생할 수 있는 폭발은 3가지 기본 조건이 충족되어야 폭발이 가능하다. 폭발의 성립조건 3가지를 쓰시오. (6점)

정답
① 가연성 가스 또는 증기의 존재
② 폭발위험분위기의 조성(가연성 물질＋지연성 물질)
③ 최소착화에너지 이상의 점화원 존재

02 #철골공사 #설계도·공작도

철골공사에서 설계도 및 공작도의 주요 검토사항 4가지를 쓰시오. (4점)

정답
① 부재의 형상 및 치수
② 접합부의 위치
③ 브라켓의 내민 치수
④ 건물의 높이

03 #FTA #재해사례 연구순서

FTA에 의한 재해사례 연구순서를 4단계로 구분하여 쓰시오. (4점)

정답
① 1단계: Top(정상) 사상의 선정
② 2단계: 각 사상의 재해원인 규명
③ 3단계: FT도의 작성 및 분석
④ 4단계: 개선계획의 작성

04 #법령 #지게차 #작업시작 전 점검사항

차량계 하역운반기계(지게차)를 사용하기 전에 점검해야 할 사항 4가지를 쓰시오. (4점)

정답
① 제동장치 및 조종장치 기능의 이상 유무
② 하역장치 및 유압장치 기능의 이상 유무
③ 바퀴의 이상 유무
④ 전조등·후미등·방향지시기 및 경보장치 기능의 이상 유무

05 #재해사례연구 #1단계

재해사례 연구방법의 가장 중요한 1단계인 사실의 확인 단계에서 파악해야 할 내용 4가지를 쓰시오. (4점)

정답
① 사람 ② 물건
③ 관리 ④ 재해 발생까지의 경과

06 #가죽제 안전화 #시험성능기준

가죽제 안전화의 성능시험 항목 4가지를 쓰시오. (4점)

정답
① 은면결렬시험 ② 인열강도시험
③ 선심의 내부길이 ④ 내부식성시험
⑤ 겉창 시편의 채취방법 ⑥ 인장강도시험 및 신장률
⑦ 내유성시험 ⑧ 내압박성시험
⑨ 내충격성시험 ⑩ 박리저항시험
⑪ 내답발성시험

07 #재해비용 #직접비 #간접비

자동차 회사에서 발생한 산업재해 비용이 [보기]와 같다. 총 재해비용과 직접비, 간접비를 각각 계산하시오. (6점)

┤ 보기 ├
(1) 요양급여 200만 원 (2) 생산손실비 1,000만 원
(3) 설계개선비 300만 원 (4) 교육훈련비 500만 원
(5) 작업개선비 700만 원 (6) 휴업보상비 800만 원

정답
① 직접비: 1,000만 원(요양급여＋휴업보상비)
② 간접비: 2,500만 원(생산손실비＋설계개선비＋교육훈련비＋작업개선비)
③ 총 재해비용＝직접비＋간접비＝1,000만＋2,500만＝3,500만 원

08 #취급·운반의 3조건

물자 취급운반 공정은 자동화 및 시스템화 되어 운반안전이 많이 발전되어 가고 있으나 여전히 사람의 조작을 필요로 하는 경우가 많다. 취급·운반을 안전관리 관점에서 분석·검토 시 고려해야 할 요건 3가지를 쓰시오. (3점)

정답
① 운반거리를 단축시킬 것
② 운반을 기계화할 것
③ 손이 닿지 않는 운반방식으로 할 것

09 #강도율

연평균 근로자 수 440명이 근무하는 공장에서 4건의 요양 재해가 발생되었다. 재해건수를 분류하면 1건은 장해등급 13급이 1명(100일), 1건은 장해등급 12급이 1명(200일), 2건은 휴업 재해일수가 27일로 분류되었다. 이때 강도율을 계산하시오. (5점)

정답

$$강도율 = \frac{총\ 요양근로손실일수}{연근로시간\ 수} \times 1,000$$

$$= \frac{(100 \times 1) + (200 \times 1) + \left(27 \times \frac{300}{365}\right)}{440 \times (8 \times 300)} \times 1,000 ≒ 0.31$$

※ 문제에서 근로시간에 대한 언급이 없을 경우 1일 8시간, 연평균 근로일 수 300일을 적용한다.

10 #CB차단기

부하 상태의 전로를 개폐할 수 있는 CB(Circuit breaker)차단기의 역할 2가지를 쓰시오. (4점)

정답
① 고장전류 차단
② 전기화재 방지
③ 전기기기 보호

11 #정전기 #발생방지

정전기의 발생방지 대책 4가지를 쓰시오. (4점)

정답
① 설비와 물질 및 물질 상호 간의 접촉면적 및 압력 감소
② 접촉횟수의 감소
③ 접촉·분리 속도의 저하(속도의 변화는 서서히)
④ 접촉물의 급속 박리방지
⑤ 표면상태의 청정·원활화
⑥ 불순물 등의 이물질 혼입방지
⑦ 정전기 발생이 적은 재료 사용(대전서열이 가까운 재료의 사용)

12 #주의의 특성

다음은 인간의 주의에 대한 설명이다. ( ) 안에 알맞은 번호를 [보기]에서 찾아 쓰시오. (3점)

> (1) 고도의 주의는 장시간 지속되지 않는다. ( )
> (2) 한 곳에 집중하면 다른 곳에 집중하기 어렵다. ( )
> (3) 주의의 초점에 합치된 것은 쉽게 인식되지만 초점에서 벗어난 부분은 무시된다. ( )

┤ 보기 ├
① 선택성　　　② 변동성　　　③ 방향성

정답

(1) 고도의 주의는 장시간 지속되지 않는다. (②)
(2) 한 곳에 집중하면 다른 곳에 집중하기 어렵다. (①)
(3) 주의의 초점에 합치된 것은 쉽게 인식되지만 초점에서 벗어난 부분은 무시된다. (③)

13 #브레인스토밍

브레인스토밍(Brain Storming)의 4가지 원칙을 쓰시오. (4점)

정답

① 비판금지: '좋다, 나쁘다' 등의 비평을 하지 않는다.
② 자유분방: 자유로운 분위기에서 발표한다.
③ 대량발언: 무엇이든지 좋으니 많이 발언한다.
④ 수정발언: 자유자재로 변하는 아이디어를 개발한다.(타인 의견의 수정 발언)

2회

01 #부주의 원인

부주의의 원인 3가지를 쓰시오. (3점)

정답

① 의식의 우회　　　② 의식수준의 저하
③ 의식의 단절　　　④ 의식의 과잉
⑤ 의식의 혼란

02 #절연 보호구

다음은 절연 보호구에 관한 사항이다. 각 부위별 절연 보호구의 종류를 쓰시오. (4점)

① 손	② 발
③ 어깨	④ 머리

정답

① 손: 절연고무장갑(절연장갑)
② 발: 절연고무장화(절연장화)
③ 어깨: 절연복(절연상의, 어깨받이 등)
④ 머리: 안전모(AE종 및 ABE종)

03 #신뢰도 #병렬

다음 시스템의 신뢰도를 구하는 공식을 쓰시오.(단, R_1, R_2, R_3는 신뢰도를 나타낸다.) (4점)

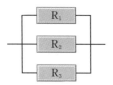

정답

$R = 1 - (1 - R_1) \times (1 - R_2) \times (1 - R_3)$

04 #법령 #비계 #점검 · 보수사항

사업주가 비 · 눈 또는 폭풍이나 악천후가 발생하여 작업을 중지시킨 후 그 비계에서 작업을 하는 경우 작업을 시작하기 전에 점검하고, 이상을 발견하면 즉시 보수하여야 할 사항 5가지를 쓰시오. (5점)

정답

① 발판 재료의 손상 여부 및 부착 또는 걸림 상태
② 해당 비계의 연결부 또는 접속부의 풀림 상태
③ 연결 재료 및 연결 철물의 손상 또는 부식 상태
④ 손잡이의 탈락 여부
⑤ 기둥의 침하, 변형, 변위 또는 흔들림 상태
⑥ 로프의 부착 상태 및 매단 장치의 흔들림 상태

05 #휴먼에러 #분류

인간의 에러를 분류하고, 예를 한 가지씩 쓰시오. (6점)

정답

① 심리적(행위에 의한) 분류
  ㉠ 생략에러(Omission Error)
  ㉡ 실행에러(Commission Error)
  ㉢ 과잉행동에러(Extraneous Error)
  ㉣ 순서에러(Sequential Error)
  ㉤ 시간(지연)에러(Timing Error)
② 원인 레벨(level)적 분류
  ㉠ 주과오(Primary Error)
  ㉡ 2차과오(Secondary Error)
  ㉢ 지시과오(Command Error)

06 #bit

정보의 단위인 [bit]의 의미를 설명하시오. (4점)

정답

정보의 단위로서 실현 가능성이 같은 2개의 대안 중 하나가 명시되었을 때에 얻는 정보량이다.

07 #법령 #양중기 #종류

양중기의 종류 4가지를 쓰시오. (4점)

정답

① 크레인(호이스트 포함)   ② 이동식 크레인
③ 리프트(이삿짐운반용 리프트의 경우에는 적재하중이 0.1톤 이상인 것으로 한정)
④ 곤돌라   ⑤ 승강기

08 #법령 #아세틸렌 용접장치 #안전기

아세틸렌 용접장치에서 안전기를 설치하는 장소 3가지를 쓰시오. (3점)

정답

① 취관
② 주관 및 취관에 가장 가까운 분기관
③ 발생기와 가스용기 사이

09 #부품배치의 원칙

체계나 설비를 설계함에 있어 부품을 배치하는 경우 고려해야 하는 부품배치의 원칙 4가지를 쓰시오. (4점)

정답

① 중요성의 원칙   ② 사용빈도의 원칙
③ 기능별 배치의 원칙   ④ 사용순서의 원칙

10 #물에 젖은 #심실세동전류 #통전시간

100[V]로 흐르는 전압을 물에 젖은 손으로 만져서 감전되었을 경우 심실세동전류[mA]와 심실세동시간[s]을 계산하시오.(단, 인체의 저항은 5,000[Ω], Gilbert와 Dalziel의 이론에 따라 계산한다.) (4점)

정답

① 전류(I)

인체저항은 물에 젖은 경우 $\frac{1}{25}$로 감소하므로

$V=100$[V]이고, $R=5,000 \times \frac{1}{25}=200$[Ω]

$I=\frac{V}{R}=\frac{100}{200}=0.5$[A]$=500$[mA]

② 시간(T)

I[mA]$=\frac{165}{\sqrt{T}}$ 이므로 $T=\left(\frac{165}{I}\right)^2=\left(\frac{165}{500}\right)^2 ≒ 0.11$[s]

11 #페일 세이프 #기능분류

다음 아래 항목의 뜻을 간략히 설명하시오. (6점)

> ① Fail Passive
> ② Fail Active
> ③ Fail Operational

정답

① Fail Passive: 부품이 고장나면 통상 정지하는 방향으로 이동한다.
② Fail Active: 부품이 고장나면 기계는 경보를 울리며 짧은 시간 동안 운전이 가능하다.
③ Fail Operational: 부품에 고장이 있더라도 추후 보수가 있을 때까지 안전한 기능을 유지한다.

12 #연천인율

연간 1,500명의 근로자가 작업하는 어느 업체에서 연간 20명의 재해자가 발생하였다면 연천인율은 얼마인지 계산하시오. (4점)

정답

연천인율 $= \dfrac{\text{연간 재해(사상)자 수}}{\text{연평균 근로자 수}} \times 1{,}000 = \dfrac{20}{1{,}500} \times 1{,}000 ≒ 13.33$

13 #조도

광원으로부터 2[m] 거리에서 조도가 150[lux]일 때, 3[m] 거리에서의 조도는 몇 [lux]인지 계산하시오. (4점)

정답

① 광속 = 조도 × 거리^2 = $150 \times 2^2 = 600$[lm]
② 조도 = $\dfrac{\text{광속}}{\text{거리}^2} = \dfrac{600}{3^2} ≒ 66.67$[lux]

3회

01 #법령 #인화성 물질 #폭발·화재예방

인화성 물질의 증기, 가연성 가스 등으로 인한 폭발 또는 화재를 예방하기 위한 조치 3가지를 쓰시오. (3점)

정답

① 해당 증기·가스 또는 분진에 의한 폭발 또는 화재를 예방하기 위해 환풍기, 배풍기 등의 환기장치를 적절하게 설치해야 한다.
② 증기나 가스에 의한 폭발이나 화재를 미리 감지하기 위하여 가스 검지 및 경보 성능을 갖춘 가스 검지 및 경보 장치를 설치해야 한다.
③ 한국산업표준에 따른 0종 또는 1종 폭발위험장소에 해당하는 경우에는 그에 해당하는 방폭구조 전기기계·기구를 설치해야 한다.

02 #안전교육 #기능교육

안전교육의 단계에서 기능교육의 3단계를 쓰시오. (3점)

정답

① 준비
② 위험작업의 규제
③ 안전작업의 표준화

03 #법령 #터널 지보공 #수시점검사항

터널 지보공 굴착공사를 할 때 수시로 점검해야 할 사항 4가지를 쓰시오. (4점)

정답

① 부재의 손상·변형·부식·변위 탈락의 유무 및 상태
② 부재의 긴압 정도
③ 부재의 접속부 및 교차부의 상태
④ 기둥침하의 유무 및 상태

04 #법령 #낙하·비래 #방지조치

물체의 낙하·비래로 인한 근로자의 위험을 방지하기 위한 시설이나 대책 4가지를 쓰시오. (4점)

정답

① 낙하물 방지망 설치
② 수직보호망 설치
③ 방호선반 설치
④ 출입금지구역의 설정
⑤ 보호구의 착용

05 #평균강도율

평균강도율을 구하는 공식을 쓰시오. (4점)

정답

$$평균강도율 = \frac{강도율}{도수율} \times 1,000$$

※ 평균강도율 공식은 「산업재해통계업무처리규정」에 따른 것은 아닙니다.

06 #강도율

근로자 400명이 작업하는 어느 작업장에서 1일 8시간, 연 300일 근무하는 동안 지각 및 조퇴 500시간, 잔업 10,000시간, 사망재해 건수 2건, 기타 휴업일수가 27일이다. 이 작업장의 강도율을 계산하시오. (4점)

정답

$$강도율 = \frac{총 \ 요양근로손실일수}{연근로시간 \ 수} \times 1,000$$

$$= \frac{(7,500 \times 2) + \left(27 \times \frac{300}{365}\right)}{400 \times (8 \times 300) + 10,000 - 500} \times 1,000 ≒ 15.49$$

※ 사망은 근로손실일수를 7,500일로 산정한다.

07 #법령 #건조설비 #관리감독자의 직무

건조설비를 사용하는 작업에서 관리감독자의 직무내용을 쓰시오. (4점)

정답

① 건조설비를 처음으로 사용하거나 건조방법 또는 건조물의 종류를 변경했을 때에는 근로자에게 미리 그 작업방법을 교육하고 작업을 직접 지휘하는 일
② 건조설비가 있는 장소를 항상 정리정돈하고 그 장소에 가연성 물질을 두지 않도록 하는 일

08 #FT도 #고장발생확률

다음과 같은 FT도에서 G_1의 발생확률을 소수 넷째 자리까지 계산하시오. (4점)

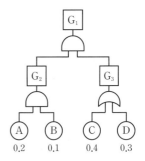

정답

① G_2의 발생확률: $0.2 \times 0.1 = 0.02$
② G_3의 발생확률: $1 - (1 - 0.4) \times (1 - 0.3) = 0.58$
③ G_1의 발생확률: $G_2 \times G_3 = 0.02 \times 0.58 = 0.0116$

09 #법령 #물질안전보건자료 #작성내용

「산업안전보건법령」상 물질안전보건자료 대상물질을 제조하거나 수입하려는 자가 물질안전보건자료(MSDS)를 작성하여 고용노동부장관에게 제출할 때 물질안전보건자료에 기재해야 할 사항 4가지를 쓰시오. (4점)

정답

① 제품명
② 화학물질의 명칭 및 함유량
③ 안전 및 보건상의 취급 주의사항
④ 건강 및 환경에 대한 유해성, 물리적 위험성
⑤ 물리·화학적 특성 등 고용노동부령으로 정하는 사항

10 #신도미노 이론

버드의 최신 도미노(연쇄성) 이론을 순서대로 쓰고, 간략히 설명하시오. (5점)

정답

① 1단계: 통제의 부족(관리소홀) → 재해발생의 근원적 요인
② 2단계: 기본 원인(기원) → 개인적 또는 과업과 관련된 요인
③ 3단계: 직접 원인(징후) → 불안전한 행동 및 불안전한 상태
④ 4단계: 사고(접촉)
⑤ 5단계: 상해(손해)

11 #활선작업 #장갑 착용방법

전기 활선작업을 할 경우 가죽장갑과 고무장갑의 올바른 착용방법을 쓰시오. (4점)

정답

고무장갑을 먼저 착용하고, 외부에 가죽장갑을 착용한다.(고무장갑 바깥쪽에 가죽장갑 착용)

12 #위생 보호구

보호구 중에서 위생 보호구의 종류 5가지를 쓰고, 산소농도가 18[%] 미만인 장소에서 사용이 가능한 보호구 1가지를 쓰시오. (4점)

정답

① 위생 보호구: 방진마스크, 방독마스크, 송기마스크, 보안경, 보호복, 귀마개 및 귀덮개
② 산소농도 18[%] 미만에서 사용 가능한 보호구: 송기마스크

13 #법령 #조도기준

「산업안전보건법령」상 작업장의 조도기준에 관하여 쓰시오.(단, 갱내 작업장과 감광재료를 취급하는 작업장은 제외한다.) (4점)

정답

① 초정밀작업: 750[lux] 이상
② 정밀작업: 300[lux] 이상
③ 보통작업: 150[lux] 이상
④ 그 밖의 작업: 75[lux] 이상

14 #음의 변화

자동차로부터 25[m] 떨어진 장소에서의 음압수준이 120[dB]이라면 4,000[m]에서의 음압은 몇 [dB]인지 계산하시오. (4점)

정답

두 거리 d_1, d_2에 따른 음의 변화는 다음과 같다.

$$dB_2 = dB_1 - 20\log\frac{d_2}{d_1} = 120 - 20\log\frac{4,000}{25} \fallingdotseq 75.92[dB]$$

2004년 기출문제

1회

01 #양수조작식 방호장치 #일반구조

프레스기의 방호장치 중에서 양수조작식 방호장치의 설치 방법 3가지를 쓰시오. (3점)

정답

① 정상동작표시등은 녹색, 위험표시등은 붉은색으로 하며, 쉽게 근로자가 볼 수 있는 곳에 설치하여야 한다.
② 방호장치는 릴레이, 리미트스위치 등의 전기부품의 고장, 전원전압의 변동 및 정전에 의해 슬라이드가 불시에 동작되지 않아야 하며, 사용전원전압의 ±20[%]의 변동에 대하여 정상으로 작동되어야 한다.
③ 1행정 1정지기구에 사용할 수 있어야 한다.
④ 누름버튼을 양손으로 동시에 조작하지 않으면 작동시킬 수 없는 구조이어야 하며, 양쪽버튼의 작동시간 차이는 최대 0.5초 이내일 때 프레스가 동작되도록 하여야 한다.
⑤ 누름버튼의 상호 간 내측거리는 300[mm] 이상이어야 한다.
⑥ 누름버튼(레버 포함)은 매립형의 구조로 한다.

02 #법령 #양중기 #와이어로프 #사용금지

승강기의 와이어로프 검사 후, 사용불가능 기준 4가지를 쓰시오. (4점)

정답

① 이음매가 있는 것
② 와이어로프의 한 꼬임에서 끊어진 소선의 수가 10[%] 이상인 것
③ 지름의 감소가 공칭지름의 7[%]를 초과하는 것
④ 꼬인 것
⑤ 심하게 변형되거나 부식된 것
⑥ 열과 전기충격에 의해 손상된 것

03 #프레스 #U자형 커버

프레스 작업이 끝난 후 페달에 U자형 커버를 씌우는 이유를 설명하시오. (3점)

정답

근로자의 부주의로 페달을 작동시키거나, 낙하물 등에 의해 페달이 작동하는 등 예상치 못한 불시작동을 방지하고 안전을 유지하기 위하여 설치한다.

04 #금속제 패널

거푸집에 사용되는 재료 중 금속제 패널의 장단점을 각각 3개씩 쓰시오. (6점)

정답

① 장점
  ㉠ 강성이 크고 정밀도가 높다.
  ㉡ 전용성이 우수하다.
  ㉢ 수밀성이 좋으며 강도가 크다.
  ㉣ 평면이 평활한 콘크리트가 된다.
② 단점
  ㉠ 녹물에 의해 콘크리트가 오염될 가능성이 있다.
  ㉡ 중량이 무거워 취급이 불편하다.
  ㉢ 재료비가 고가이므로 초기 투자비용이 높다.
  ㉣ 열전도율이 높아 한중·서중 작업에는 불리하다.

05 #법령 #위험물질 제조·취급 #제한사항

「산업안전보건법령」상 위험물질을 제조 또는 취급할 때 폭발·화재 및 누출을 방지하기 위해 제한해야 할 사항 3가지를 쓰시오. (3점)

정답

① 폭발성 물질, 유기과산화물을 화기나 그 밖에 점화원이 될 우려가 있는 것에 접근시키거나 가열하거나 마찰시키거나 충격을 가하는 행위
② 물반응성 물질, 인화성 고체를 각각 그 특성에 따라 화기나 그 밖에 점화원이 될 우려가 있는 것에 접근시키거나 발화를 촉진하는 물질 또는 물에 접촉시키거나 가열하거나 마찰시키거나 충격을 가하는 행위
③ 산화성 액체·산화성 고체를 분해가 촉진될 우려가 있는 물질에 접촉시키거나 가열하거나 마찰시키거나 충격을 가하는 행위
④ 인화성 액체를 화기나 그 밖에 점화원이 될 우려가 있는 것에 접근시키거나 주입 또는 가열하거나 증발시키는 행위
⑤ 인화성 가스를 화기나 그 밖에 점화원이 될 우려가 있는 것에 접근시키거나 압축·가열 또는 주입하는 행위
⑥ 부식성 물질 또는 급성 독성물질을 누출시키는 등으로 인체에 접촉시키는 행위
⑦ 위험물을 제조하거나 취급하는 설비가 있는 장소에 인화성 가스 또는 산화성 액체 및 산화성 고체를 방치하는 행위

06 #법령 #소음성 난청 #조치사항

3개월 동안 건설현장에서 항타기 작업을 하던 근로자가 건강진단 결과 기계의 소음으로 인한 소음성 난청장해로 진단되었다. 이와 같은 장해를 예방하기 위하여 취해야 할 조치사항 3가지를 쓰시오. (3점)

정답

① 해당 작업장의 소음성 난청 발생 원인 조사
② 청력손실을 감소시키고 청력손실의 재발을 방지하기 위한 대책 마련
③ ②에 따른 대책의 이행 여부 확인
④ 작업전환 등 의사의 소견에 따른 조치

07 #법령 #물질안전보건자료 #작성내용

「산업안전보건법령」상 물질안전보건자료 대상물질을 제조하거나 수입하려는 자가 물질안전보건자료(MSDS)를 작성하여 고용노동부장관에게 제출할 때 물질안전보건자료에 기재해야 할 사항 4가지를 쓰시오. (4점)

정답

① 제품명
② 화학물질의 명칭 및 함유량
③ 안전 및 보건상의 취급 주의사항
④ 건강 및 환경에 대한 유해성, 물리적 위험성
⑤ 물리·화학적 특성 등 고용노동부령으로 정하는 사항

08 #정전기 #대전방지

정전기를 예방할 수 있는 대책 5가지를 쓰시오. (5점)

정답

① 접지
② 도전성 섬유의 사용
③ 가습
④ 제전기 사용
⑤ 대전방지제의 사용
⑥ 대전체의 차폐

09 #양수기동식 방호장치 #안전거리

클러치 맞물림 개소 수 4개, SPM이 200인 프레스의 양수기동식 방호장치의 안전거리[mm]를 계산하시오. (4점)

정답

$$T_m = \left(\frac{1}{2} + \frac{1}{\text{클러치 개소 수}} \right) \times \frac{60}{\text{분당 행정수[SPM]}}$$
$$= \left(\frac{1}{2} + \frac{1}{4} \right) \times \frac{60}{200} = 0.225\text{초이므로}$$

$D_m = 1,600 \times T_m = 1,600 \times 0.225 = 360[\text{mm}]$

여기서, D_m: 안전거리[mm]

T_m: 누름버튼을 누른 때부터 사용하는 프레스의 슬라이드가 하사점에 도달할 때까지의 소요 최대시간[초]

10 #고장률 #평균고장간격

어떤 부품 10,000개를 1,000시간 가동하는 중에 5개의 불량품이 발생했다. 이때 평균고장률과 MTBF를 각각 계산하시오. (4점)

정답

① $\lambda(\text{평균고장률}) = \dfrac{\text{고장건수}}{\text{총 가동시간}} = \dfrac{5}{10,000 \times 1,000} = 5 \times 10^{-7}$

② 평균고장간격(MTBF) $= \dfrac{1}{\lambda(\text{고장률})} = \dfrac{1}{5 \times 10^{-7}} = 2 \times 10^6$시간

11 #법령 #원동기·회전축 #방호장치

기계의 원동기, 회전축, 기어, 풀리, 플라이휠, 벨트 및 체인 등 근로자에게 위험을 미칠 우려가 있는 부위에 사업주가 설치해야 하는 방호장치 3가지를 쓰시오. (3점)

정답

① 덮개
② 울
③ 슬리브
④ 건널다리

12 #연천인율 #강도율 #도수율

근로자 400명이 1일 8시간, 연간 300일 작업하는 어떤 작업장에서 연간 10건의 요양재해가 발생하였다. 2건은 사망, 8건은 신체장해등급 14급일 때 연천인율, 강도율, 도수율을 각각 계산하시오. (6점)

> 정답

① 강도율 $= \dfrac{\text{총 요양근로손실일수}}{\text{연근로시간 수}} \times 1{,}000$

$= \dfrac{(7{,}500 \times 2) + (50 \times 8)}{400 \times (8 \times 300)} \times 1{,}000 \fallingdotseq 16.04$

※ 사망은 근로손실일수를 7,500일, 신체장해등급 14급은 근로손실일수를 50일로 산정한다.

② 도수율 $= \dfrac{\text{재해건수}}{\text{연 근로시간 수}} \times 1{,}000{,}000$

$= \dfrac{10}{400 \times (8 \times 300)} \times 1{,}000{,}000 \fallingdotseq 10.42$

③ 연천인율 = 도수율 $\times 2.4 = 10.42 \times 2.4 \fallingdotseq 25.01$

13 #송기마스크 #분진포집효율

송풍기형 호스마스크의 종류 2가지를 쓰고, 각각의 분진포집효율[%]을 쓰시오. (4점)

> 정답

① 전동, 99.8[%] 이상
② 수동, 95.0[%] 이상

14 #법령 #말비계 #조립 시 준수사항

「산업안전보건법령」상 말비계를 조립하여 사용할 경우 준수해야 할 사항 3가지를 쓰시오. (3점)

> 정답

① 지주부재의 하단에는 미끄럼 방지장치를 하고, 근로자가 양측 끝부분에 올라서서 작업하지 않도록 할 것
② 지주부재와 수평면의 기울기를 75° 이하로 하고, 지주부재와 지주부재 사이를 고정시키는 보조부재를 설치할 것
③ 말비계의 높이가 2[m]를 초과하는 경우에는 작업발판의 폭을 40[cm] 이상으로 할 것

2회

01 #증류 목적

수증기를 증류하는 목적 3가지를 쓰시오. (3점)

> 정답

① 불순물의 제거
② 공정상에 필요한 압력의 유지
③ 순수한 수증기 확보(순도 유지)

02 #타워크레인 #고려하중

타워크레인 설계 시 고려해야 할 하중 5가지를 쓰시오. (5점)

> 정답

① 수직동하중   ② 수직정하중
③ 수평동하중   ④ 열하중
⑤ 풍하중   ⑥ 충돌하중
⑦ 지진하중

03 #법령 #정전기 #화재예방

정전기로 인한 폭발, 화재방지를 위한 설비에 대한 조치사항 4가지를 쓰시오. (4점)

> 정답

① 해당 설비에 대하여 확실한 방법으로 접지
② 도전성 재료 사용
③ 가습
④ 점화원이 될 우려가 없는 제전장치 사용

04 #미니멀 컷셋 #미니멀 패스셋

최소 컷셋, 최소 패스셋의 정의를 쓰시오. (4점)

> 정답

① 최소 컷셋(Minimal Cut Set): 정상사상을 일으키기 위한 최소한의 컷셋(시스템의 위험성 또는 안전성)
② 최소 패스셋(Minimal Path Set): 정상사상이 일어나지 않는 최소한의 패스셋(시스템의 신뢰성)

PART 02   2004년 기출문제

05 #연천인율

400명의 근로자가 근무하고 있는 어떤 공장에서 4명의 재해자가 발생했다. 이때 연천인율을 계산하시오. (4점)

정답

$$연천인율 = \frac{연간\ 재해(사상)자\ 수}{연평균\ 근로자\ 수} \times 1,000 = \frac{4}{400} \times 1,000 = 10$$

06 #위험점

아래 그림은 치차(기어)가 맞물림 상태로 회전하고 있는 그림이다. 그림에서 나타난 위험점에 대해 쓰고, 적절한 방호장치를 쓰시오. (4점)

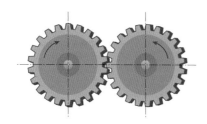

정답

① 위험점: 물림점
② 방호장치: 덮개

07 #둥근톱기계 #방호장치 #설치요령

목재가공용 둥근톱기계의 방호장치의 설치방법 3가지를 쓰시오. (3점)

정답

① 반발예방장치는 목재의 반발을 충분히 방지할 수 있도록 설치하여야 한다.
② 분할날은 톱의 후면날과 12[mm] 이내가 되도록 설치하고 그 두께는 톱날 두께의 1.1배 이상이고 치진폭보다 작아야 한다.
③ 날접촉예방장치는 분할날에 대면하고 있는 부분과 가공재를 절단하는 부분 이외의 톱날을 덮을 수 있는 구조이어야 한다.

08 #저압 #누전 #감전방지대책

저압 전기기기의 누전으로 인한 감전재해의 방지대책 4가지를 쓰시오. (4점)

정답

① 안전전압(「산업안전보건법」에서 30[V]로 규정) 이하 전원의 기기 사용
② 보호접지
③ 누전차단기의 설치
④ 이중절연기기의 사용
⑤ 비접지식 전로의 채용

09 #강의식 #장점

안전교육 중 강의식 교육의 장점 4가지를 쓰시오. (4점)

정답

① 시간, 장소의 제한 없이 어디서나 할 수 있다.
② 학생의 다소에 제한을 받지 않는다.
③ 여러 가지 수업매체를 동시에 다양하게 활용이 가능하다.
④ 학습자의 태도, 정서 등의 강화를 위한 학습에 효과적이다.

10 #재해예방 4원칙 #3E

하인리히의 재해예방의 4원칙과 3E에 대하여 쓰시오. (7점)

정답

① 재해예방 4원칙
  ㉠ 손실우연의 원칙
  ㉡ 원인계기(원인연계)의 원칙
  ㉢ 예방가능의 원칙
  ㉣ 대책선정의 원칙
② 3E
  ㉠ 기술적 측면(Engineering)
  ㉡ 교육적 측면(Education)
  ㉢ 관리적 측면(Enforcement)

11 #페일 세이프 #기능분류

Fail-safe의 기능적인 면에서의 분류 3가지를 쓰고, 설명하시오. (6점)

정답

① Fail Passive: 부품이 고장나면 통상 정지하는 방향으로 이동한다.
② Fail Active: 부품이 고장나면 기계는 경보를 울리며 짧은 시간 동안 운전이 가능하다.
③ Fail Operational: 부품에 고장이 있더라도 추후 보수가 있을 때까지 안전한 기능을 유지한다.

12 #정상작업영역

탁자, 책상 등 수평면 작업 시의 정상작업영역에 대하여 설명하시오. (3점)

정답

위팔(상완)을 자연스럽게 수직으로 늘어뜨린 채, 아래팔(전완)만으로 편하게 뻗어 파악할 수 있는 구역(34~45[cm])이다.

13 #신뢰도 #직렬 #병렬

아래의 시스템의 신뢰도를 소수 셋째 자리까지 계산하시오.(단, 그림의 백분율은 신뢰도를 나타낸다.) (4점)

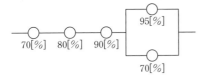

정답

신뢰도$=0.7\times0.8\times0.9\times\{1-(1-0.95)\times(1-0.7)\}≒0.496$

3회

01 #방진마스크 #선정기준

방진마스크를 선택할 때 고려해야 할 사항 5가지를 쓰시오. (5점)

정답

① 분진포집효율(여과효율)이 좋을 것
② 흡기, 배기저항이 낮을 것
③ 사용적(유효공간)이 적을 것
④ 중량이 가벼울 것
⑤ 시야가 넓을 것
⑥ 안면밀착성이 좋을 것

02 #재해분석

미끄러운 기름이 기계 주위의 바닥에 퍼져 있어 작업자가 작업 중에 넘어져 기계에 부딪혀 다쳤다. 이 경우의 재해분석을 하시오. (4점)

정답

① 재해 발생 형태: 넘어짐(전도) 또는 부딪힘(충돌)
② 기인물: 기름
③ 가해물: 기계
④ 불안전한 상태: 작업장 바닥에 퍼져 있는 기름의 방치

03 #강도율

K 사업장의 연평균 근로자 수는 100명, 연간 사망자가 1명, 장해등급 12급 1명, 14급 1명이 발생되고, 연간 휴업일수가 38일일 때, 강도율을 계산하시오. (3점)

정답

$$강도율=\frac{총\ 요양근로손실일수}{연근로시간\ 수}\times1,000$$

$$=\frac{(7,500\times1)+(200\times1)+(50\times1)+\left(38\times\frac{300}{365}\right)}{100\times(8\times300)}\times1,000≒32.42$$

※ 사망은 근로손실일수를 7,500일, 장해등급 12급은 200일, 14급은 50일로 산정한다.
※ 문제에서 근로시간에 대한 언급이 없을 경우 1일 8시간, 연평균 근로일수 300일을 적용한다.

04 #연약지반 개량공법

토공사 시 연약지반의 보강공법을 점성토 지반과 사질토 지반으로 구분하여 각각 3가지씩 쓰시오. (6점)

정답

① 점성토 지반 보강공법
  ㉠ 치환공법
  ㉡ 재하공법(압밀공법)
  ㉢ 탈수공법
  ㉣ 배수공법
  ㉤ 고결공법
② 사질토 지반 보강공법
  ㉠ 진동다짐공법(Vibro Flotation)
  ㉡ 동다짐공법
  ㉢ 약액주입공법
  ㉣ 폭파다짐공법
  ㉤ 전기충격공법
  ㉥ 모래다짐말뚝공법

05 #법령 #안전검사의 주기

「산업안전보건법령」상 크레인의 안전검사 주기를 쓰시오. (3점)

정답

사업장에 설치가 끝난 날부터 3년 이내에 최초 안전검사를 실시하되, 그 이후부터 2년마다(건설현장에서 사용하는 것은 최초로 설치한 날부터 6개월마다) 실시한다.

06 #리미트스위치

크레인의 권과방지장치에 사용하는 리미트스위치의 종류 3가지를 쓰시오. (3점)

정답

① 캠형 리미트스위치   ② 중추형 리미트스위치
③ 나사형 리미트스위치

07 #에너지 대사율

다음 조건에 따라 RMR을 계산하시오. (4점)

(1) 기초대사량: 7,000[kcal/day]
(2) 작업 시 소비에너지: 20,000[kcal/day]
(3) 안정 시 소비에너지: 6,000[kcal/day]

정답

$$RMR = \frac{\text{작업 시 소비에너지} - \text{안정 시 소비에너지}}{\text{기초대사 시 소비에너지}}$$
$$= \frac{20,000 - 6,000}{7,000} = 2$$

※ 실제로 '안정 시 소비에너지 > 기초대사 시 소비에너지'이므로 이 문제는 출제 오류입니다.

08 #법령 #가설통로

가설통로를 설치하는 경우에 준수해야 할 사항 5가지를 쓰시오. (5점)

정답

① 견고한 구조로 할 것
② 경사는 30° 이하로 할 것
③ 경사가 15°를 초과하는 경우에는 미끄러지지 아니하는 구조로 할 것
④ 추락할 위험이 있는 장소에는 안전난간을 설치할 것
⑤ 수직갱에 가설된 통로의 길이가 15[m] 이상인 경우에는 10[m] 이내마다 계단참을 설치할 것
⑥ 건설공사에 사용하는 높이 8[m] 이상인 비계다리에는 7[m] 이내마다 계단참을 설치할 것

09 #피로의 측정방법

피로의 측정방법 3가지를 쓰고, 각 측정방법의 예시를 2가지씩 쓰시오. (3점)

정답

① 생리학적 측정: 근력 및 근활동(EMG), 대뇌활동(EEG), 호흡(산소소비량), 순환기(ECG), 부정맥 지수
② 생화학적 측정: 혈액농도 측정, 혈액수분 측정, 요전해질·요단백질 측정
③ 심리학적 측정: 피부저항, 동작분석, 연속반응시간, 집중력

10 #정전작업 #안전수칙

정전작업의 안전수칙 5가지를 쓰시오. (5점)

정답

① 작업 전 전원차단
② 전원투입의 방지
③ 작업장소의 무전압 여부 확인
④ 단락접지
⑤ 작업장소의 보호

11 #감전사고 #방지대책

감전사고방지를 위한 일반적인 대책 4가지를 쓰시오. (4점)

정답

① 전기설비의 점검 철저
② 전기기기 및 설비의 정비
③ 전기기기 및 설비의 위험부에 위험표시
④ 설비의 필요부분에 보호접지 실시
⑤ 충전부가 노출된 부분에는 절연방호구 사용
⑥ 고전압 선로 및 충전부에 근접하여 작업하는 작업자에게는 보호구를 착용시킬 것
⑦ 유자격자 이외는 전기기계 및 기구에 전기적인 접촉 금지
⑧ 관리감독자는 작업에 대한 안전교육 시행
⑨ 사고발생 시의 처리순서를 미리 작성하여 둘 것

12 #위험물 #유속제한

[보기]는 위험물에 관한 사항이다. 각각의 위험물에 알맞은 유속제한 속도를 쓰시오. (4점)

┌─ 보기 ┐
① 에테르, 이황화탄소 등 폭발성 물질
② 저항률이 $10^{10}[\Omega \cdot cm]$ 미만의 도전성 위험물
└─────────┘

정답

① 1[m/s] 이하   ② 7[m/s] 이하

13 #법령 #안전보건표지 #경고표지

안전보건표지 중 경고표지의 종류 3가지를 쓰시오. (3점)

정답

① 인화성물질 경고   ② 산화성물질 경고
③ 폭발성물질 경고   ④ 급성독성물질 경고
⑤ 부식성물질 경고   ⑥ 방사성물질 경고
⑦ 고압전기 경고   ⑧ 매달린 물체 경고
⑨ 낙하물 경고   ⑩ 고온 경고
⑪ 저온 경고   ⑫ 몸균형 상실 경고
⑬ 레이저광선 경고
⑭ 발암성 · 변이원성 · 생식독성 · 전신독성 · 호흡기 과민성 물질 경고
⑮ 위험장소 경고

14 #FT도 #고장발생확률

다음은 결함수 분석(FTA)의 모식도이다. 어떠한 경우에 정상사상(G_1)이 발생되는지 ①과 ②의 관계로써 설명하고, 해당 FT도의 고장발생확률은 얼마인지 계산하시오. (3점)

정답

G_1은 ①과 ②가 동시에 발생해야 사상이 발생하는 논리곱이다.
G_1의 발생확률 = ① × ② = 0.2 × 0.3 = 0.06

끝이 좋아야 시작이 빛난다.

– 마리아노 리베라(Mariano Rivera)

▶ 대표저자 **최창률**

한국교통대학교 대학원(안전공학) 공학박사

전기안전기술사

한국산업안전보건공단 33년 근무(실장, 지사장 역임)

부산가톨릭대학교 안전보건학과 겸임교수 역임

사단법인 안전보건진흥원 안전인증이사

KSR인증원(국제인증기관) 원장

법무법인 대륙아주 안전고문

전기안전기술사/화공안전기술사 자격수험서 저자

산업안전기사/산업안전산업기사 자격수험서 저자(1992년 최초 저서)

위험물산업기사/위험물기능사 자격수험서 저자

2024 에듀윌 산업안전기사 실기 한권끝장

발 행 일	2024년 2월 1일 초판 ㅣ 2024년 5월 22일 2쇄
저 자	최창률
펴 낸 이	양형남
개 발	목진재, 원은지, 이윤신
펴 낸 곳	(주)에듀윌
등록번호	제25100-2002-000052호
주 소	08378 서울특별시 구로구 디지털로34길 55
	코오롱싸이언스밸리 2차 3층

www.eduwill.net

대표전화 1600-6700

여러분의 작은 소리
에듀윌은 크게 듣겠습니다.

본 교재에 대한 여러분의 목소리를 들려주세요.
공부하시면서 어려웠던 점, 궁금한 점,
칭찬하고 싶은 점, 개선할 점, 어떤 것이라도 좋습니다.

에듀윌은 여러분께서 나누어 주신 의견을
통해 끊임없이 발전하고 있습니다.

에듀윌 도서몰 book.eduwill.net
· 부가학습자료 및 정오표: 에듀윌 도서몰 → 도서자료실
· 교재 문의: 에듀윌 도서몰 → 문의하기 → 교재(내용, 출간) / 주문 및 배송

에듀윌 산업안전기사
실기 한권끝장

[필답형] 핵심이론 + 출제예상문제 + 20개년 기출문제
[작업형] 출제예상문제 + 10개년 기출문제

\<FINAL 실전 모의고사 3회\> + \<작업형 빈출 모음집\>
혜택받기 교재 내 수록, \<FINAL 실전 모의고사 3회\> 정답 및 해설은 교재 내 QR코드로 접속

\<작업형 애니메이션\>
혜택받기 교재 내 QR코드로 접속

\<필답형 족집게 50문항 + 작업형 족집게 20문항\> + \<작업형 빈출 암기카드\>
혜택받기 에듀윌 도서몰(book.eduwill.net) ▶ 부가학습자료 ▶ '산업안전기사' 검색
\<작업형 빈출 암기카드\>는 교재 내 QR코드로도 다운로드 가능

베스트셀러 1위
YES24 수험서 자격증 한국산업인력공단 안전관리분야 산업안전 베스트셀러 1위
(2021년 4월, 7월, 10월 월별 베스트)

4년 연속 1위
2023, 2022, 2021 대한민국 브랜드만족도 산업안전기사 교육 1위(한경비즈니스)
2020 한국소비자만족지수 산업안전기사 교육 1위(한경비즈니스, G밸리뉴스)

고객의 꿈, 직원의 꿈, 지역사회의 꿈을 실현한다

펴낸곳 (주)에듀윌 **펴낸이** 양형남 **출판총괄** 오용철 **에듀윌 대표번호** 1600-6700
주소 서울시 구로구 디지털로 34길 55 코오롱싸이언스밸리 2차 3층 **등록번호** 제25100-2002-000052호
협의 없는 무단 복제는 법으로 금지되어 있습니다.

에듀윌 도서몰
book.eduwill.net
- 부가학습자료 및 정오표: 에듀윌 도서몰 > 도서자료실
- 교재 문의: 에듀윌 도서몰 > 문의하기 > 교재(내용, 출간) / 주문 및 배송

본 교재는 총 2권 구성이며, 정가는 41,000원입니다
ISBN: 979-11-360-3123-5